반도체 공학 연습문제 풀이집

김동명 지음

한빛아카데미
Hanbit Academy, Inc.

지은이 **김동명** dmkim@kookmin.ac.kr

서울대학교 공과대학에서 전자공학 학사(1986년)와 석사(1988년)를 마치고, 한국과학기술연구원(KIST)에서 연구원으로 근무하였다. 1989년 국비 유학생으로 선발되어 미국 미네소타대학교에서 전기공학 박사 학위(1993년)를 취득하였다. 1993년 3월부터 국민대학교 전자공학부 교수로 재직중이며, 반도체 공학, 전자기학, 집적회로 등을 강의하고 있다. 반도체및집적회로연구실(S!LK)에서 반도체 소자 분야의 핵심 전문인력을 양성하고 있다.

반도체 소자와 집적회로 설계, 제작, 특성 분석 및 모델링 분야의 전문가로서 활발히 연구를 수행하고 있으며, SCI 등재저널에 약 100편의 논문을 발표하였다. 2005년에 SBS문화재단의 해외연구교수로 선정되었으며, 국민대학교에서 제1회 우수교수상(교육부분, 2011)을 받았다. 저서로는 『IT CookBook, 반도체 공학』(한빛미디어, 2011)이 있으며 매년 기업체에서 반도체 소자를 강의하고 있다.

- 2002년 ~ 현재 : 삼성전자(주), 년 2회(60시간/회)
- 2012년 ~ 현재 : LG디스플레이
- 2008년 ~ 2009년 : 동부하이텍

반도체 공학 연습문제 풀이집

초판발행 2013년 5월 31일
2쇄발행 2024년 3월 1일

지은이 김동명 / **펴낸이** 전태호
펴낸곳 한빛아카데미(주) / **주소** 서울시 서대문구 연희로2길 62 한빛아카데미(주) 2층
전화 02-336-7112 / **팩스** 02-336-7199
등록 2013년 1월 14일 제2017-000063호 / **ISBN** 978-89-98756-23-9 93560

총괄 박현진 / **책임편집** 김평화 / **기획** 이원휘 / **편집** 박현진, 김희진 / **진행** 심진성
디자인 여동일 / **전산편집** 임희남 / **제작** 박성우, 김정우
영업 김태진, 김성삼, 이정훈, 임현기, 이성훈, 김주성 / **마케팅** 길진철, 김호철, 심지연

이 책에 대한 의견이나 오탈자 및 잘못된 내용에 대한 수정 정보는 아래 이메일로 알려주십시오.
잘못된 책은 구입하신 서점에서 교환해 드립니다. 책값은 뒤표지에 표시되어 있습니다.

홈페이지 www.hanbit.co.kr / 이메일 question@hanbit.co.kr

원리를 알면 IT가 맛있다
IT COOKBOOK

1시간 강의를 위해 3시간을 준비하는 마음!

:: 군더더기 없는 핵심 원리 + 말랑말랑 쉬운 컨텐츠

핵심 원리 하나만 제대로 알면 열 가지 상황도 해결할 수 있습니다.
친절한 설명과 명확한 기승전결식 내용 전개로 학습 의욕을 배가시켜줍니다.

:: 핵심 원리 → 풍부한 예제와 연습문제 → 프로젝트로 이어지는 계단 학습법

기본 원리를 다져주는 예제, 본문에서 배운 내용을 촘촘하게 점검해볼 수 있는 연습문제,
현장에서 바로 응용할 수 있는 프로젝트를 단계별로 구성해 학습의 완성도를 높였습니다.

:: 학습욕구를 높여주는 현장 이야기가 담긴 IT 교과서

필드 어드바이저의 인터뷰와 주옥 같은 현업 이야기를 담았습니다.
강의실 밖 현장의 요구를 접하는 기회를 제공하고,
학생들 스스로 필요한 공부를 할 수 있도록 방향을 제시합니다.

>>

목차 Contents

Chapter

01 고체의 원자 배열

The Crystal Structure of Solids and Semiconductors

1.1 반도체란?

우리가 흔히 사용하는 전자 제품 중에서 반도체가 활용된 기기를 예로 들어, 경제학을 전공하는, 공학적 지식이 다소 부족한 친구를 대상으로 다음을 설명하라.

(a) 반도체란 무엇인가?

(b) 왜 반도체가 전자 소자와 전자 제품에 널리 사용되는가?

(c) 최첨단 자동차에는 어떤 반도체 부품이 사용되며, 그 기능은 무엇인가?

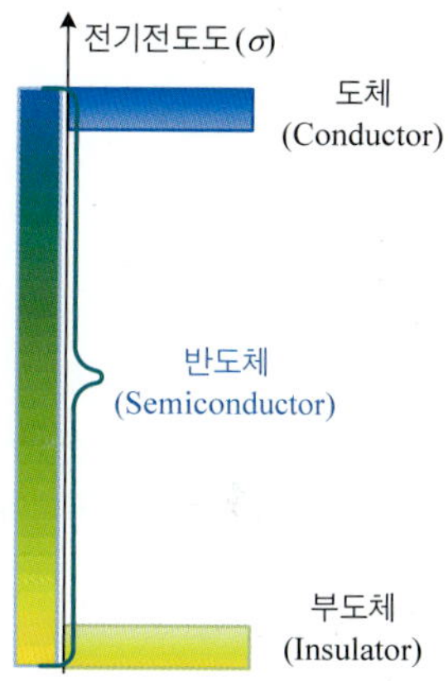

(a) 전자재료는 전기전도성을 기준으로 도체, 부도체, 반도체로 구분할 수 있다. 그림에 나타난 바와 같이 도체는 전기전도성이 아주 좋은 재료인 반면, 부도체는 전기전도성이 매우 낮은 재료이다. 이러한 도체나 부도체의 전기전도성을 인위적으로 조절하는 것은 거의 불가능하다. 이에 반해 반도체는 전기전도성의 크기를 필요에 따라 정밀하게 조절할 수 있다. 즉 반도체는 재료, 제조공정, 반도체의 기하학적 구조, 전압이나 빛과 같이 외부에서 인가된 바이어스를 통해 부도체와 같은 절연체의 특성에서부터 도체와 같이 우수한 전기전도성을 가지는 수준까지 전기전도성을 정확히 조절할 수 있다.

(b) 앞에서 설명한 바와 같이 반도체는 재료, 제조공정, 기하학적 구조, 인가된 외부 바이어스를 통하여 전기전도도를 조절함으로써, 부도체와 도체의 특성을 구현할 뿐 아니라 그 중간 범위의 전기전도도도 구현할 수 있다. 또 서로 다른 반도체의 접합 형성을 통해, 인가된 전압의 방향(부호)에 따라 전기적 특성과 방향성을 정확하게 조절할 수 있다. 전류 흐름에 수직인 단면적 조절을 통해 전류의 크기도 조절 가능하며, 특히 3단자 소자 구현을 통해 신호의 증폭이 가능하다는 장점도 있다. 따라서 반도체는 정보의 기억을 위한 반도체 메모리(DRAM, SRAM, Flash Memory 등), 아날로그 신호의 증폭을 위한 아날로그 집적회로, 디지털 신호에 대한 논리적 처리를 위한 디지털 집적회로, 컴퓨터의 중앙정보처리장치(CPU)는 물론이고, 가전제품, 통신기기, 휴대용 저장 장치, 첨단 자동차의 전자제어 시스템 구현 등에 널리 사용되고 있다.

(c) 최첨단 자동차에서 전자부품의 기능은 반도체 소자와 집적회로에 의해 제어되며, 이를 위해 통신용 반도체 소자와 집적회로 부품이 다양하게 사용되고 있다. 예를 들면, 자동차의 중앙조절장치(MPU), 차량 내부 통신 시스템, 내비게이션 시스템, 음향 장치, 조명 장치, 타이어 압력 자동감지 시스템, 정보 디스플레이, 전후방 조명시스템 등의 각종 부품에 반도체가 널리 사용되고 있다.

1.2 결정 구조 기초

그림과 같은 단위셀을 가진 주기적 원자 구조에 대해(격자상수 $a = 0.5$ [nm]),

(a) 단위셀의 체적을 구하라.
(b) 단위셀 내의 유효 원자수를 구하라.
(c) 단위 체적당 원자 밀도([cm^{-3}])를 구하라.
(d) [100] 방향을 표시하라.
(e) (100)면을 표시하라.
(f) (100)면의 단위 면적당 원자 밀도([cm^{-2}])를 구하라.
(g) [110] 방향을 표시하라.
(h) (110)면을 표시하라.
(i) (110)면의 단위 면적당 원자 밀도([cm^{-2}])를 구하라.
(j) (110)면을 표시하라.

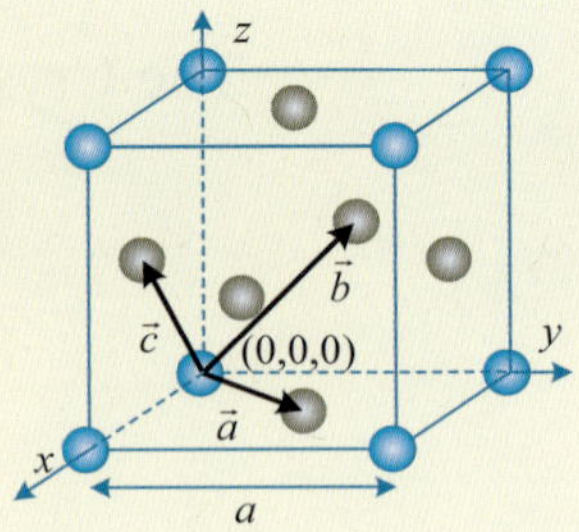

(a) 격자상수 $a = 0.5$ [nm]인 경우, 그림에 표시된 단위셀의 체적 V_u는 다음과 같이 구할 수 있다.

$$V_u = a^3 = \left(0.5 \times 10^{-9}\ [\text{m}]\right)^3 = \left(5 \times 10^{-10}\ [\text{m}]\right)^3 = \left(5 \times 10^{-8}\ [\text{cm}]\right)^3 = 1.25 \times 10^{-22}\ [\text{cm}^3 / \text{단위셀}]$$

(b) 단위셀 내의 유효 원자수 N_u는 다음과 같다.

$$N_u = \frac{1}{2} \times 6 + \frac{1}{8} \times 8 = 4\ [\text{개/단위셀}]$$

(c) 단위 체적당 원자 밀도 n_u [cm^{-3}]는 다음과 같다.

$$n_u = \frac{N_u}{V_u} = \frac{4}{1.25 \times 10^{-22}\ [\text{cm}^3]} = 3.2 \times 10^{22}\ [\text{cm}^{-3}]$$

(d), (e) [100] 방향과 (100)면은 그림과 같다. (100)면은 [100] 방향벡터에 수직인 면으로, (100)면에 수직인 단위벡터는 [100] 방향벡터와 평행이다.

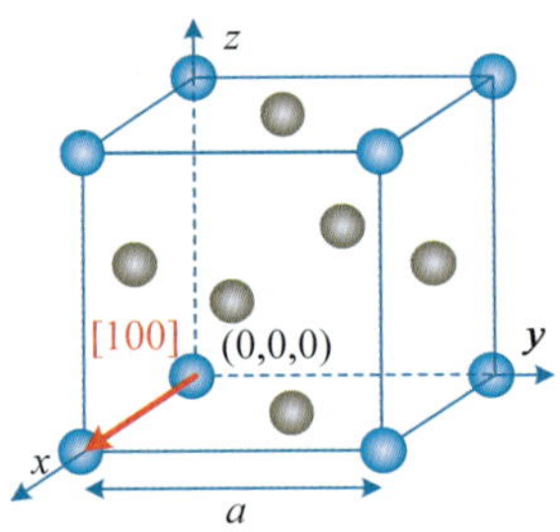

[100] 방향

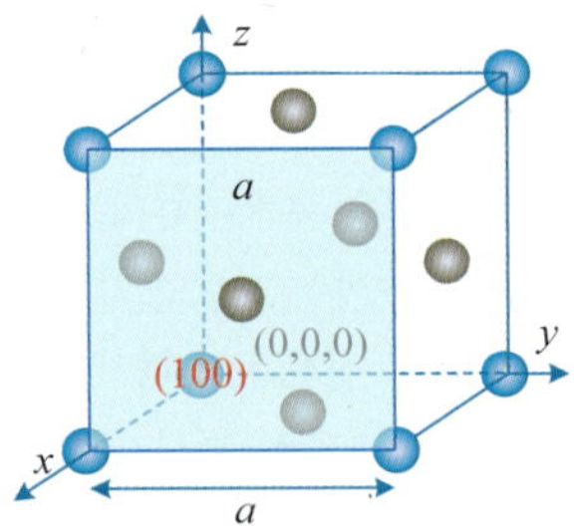

(100) 면

(f) (100)면의 단위 면적당 원자 밀도($N_S|_{(100)}$ [cm^{-2}])는 다음과 같다.

$$N_S|_{(100)} = \left.\frac{\text{단위셀 내의 유효 원자수}}{\text{단면적}}\right|_{(100)} = \frac{\frac{1}{4} \times 4 + 1}{a^2} = \frac{2}{\left(0.5 \times 10^{-7}\ [\text{m}]\right)^2} = \frac{2}{\left(5 \times 10^{-8}\ [\text{cm}]\right)^2} = 8 \times 10^{14}\ [\text{cm}^{-2}]$$

(g), (h) [110] 방향과 (110)면은 다음 그림과 같다.

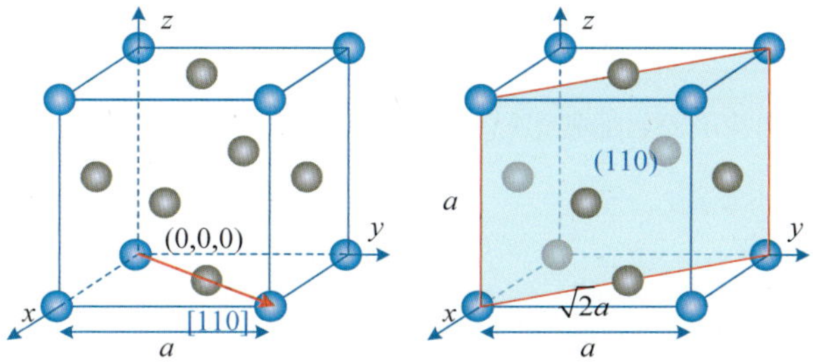

[110] 방향 (110) 면

(i) (110)면의 단위 면적당 원자 밀도 $N_S|_{(110)}$ [cm^{-2}]는 다음과 같이 구할 수 있다.

$$N_S|_{(110)} = \left.\frac{\text{유효 원자수}}{\text{단면적}}\right|_{(110)} = \frac{\frac{1}{4}\times 4+\frac{1}{2}\times 2}{a\times\sqrt{2}a} = \frac{2}{\sqrt{2}\left(0.5\times 10^{-9}\ [\text{m}]\right)^2} \cong 5.7\times 10^{14}\ [\text{cm}^{-2}]$$

1.3 최소 단위셀과 위그너-자이츠 셀

그림과 같은 2차원 주기적 원자 배열 구조에 대해 (격자상수 $a = 0.5$ [nm]),

(a) 최인접 원자 간 거리를 구하라.
(b) 차인접 원자 간 거리를 구하라.
(c) 위그너-자이츠 셀을 구하고 그 면적을 구하라.
(d) 위그너-자이츠 셀 내의 유효 원자수를 구하라.

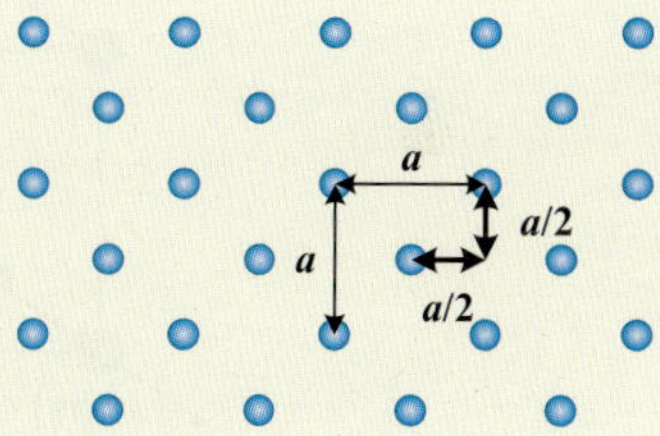

(a) 최인접 원자 간 거리는 대각선 방향에 존재하는 원자 간 거리로서 다음과 같이 구할 수 있다.

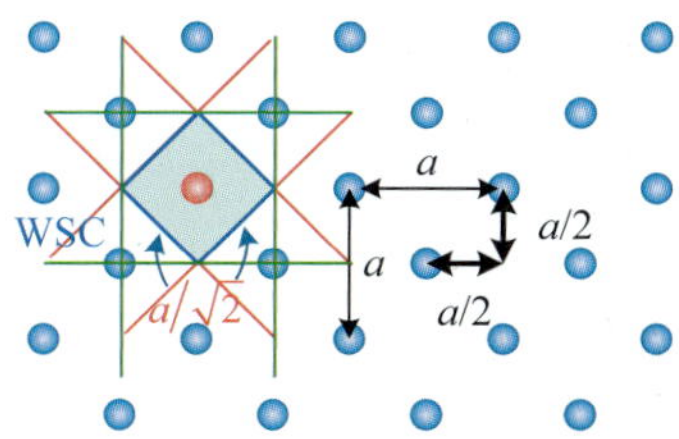

$$d_1 = \frac{a}{\sqrt{2}} = 0.71a = 0.71\times 0.5\ [\text{nm}] \cong 0.35\ [\text{nm}]$$

(b) 두 번째 가깝게 존재하는 (차인접) 원자 간 거리 d_2는 다음과 같다.

$$d_2 = a = 0.5\ [\text{nm}]$$

(c) 적색으로 표시한 원자를 중심으로 한 위그너-자이츠 셀(WSC)은 그림에서 한 변의 길이가 $\frac{a}{\sqrt{2}}$ 인 가장 안쪽의 정사각형과 같으며, 그 면적 S_{WSC}은 다음과 같다.

$$S_{\text{WSC}} = \text{WSC의 면적} = \frac{a^2}{2}$$

(d) 위그너-자이츠 셀은 최소 단위셀(puc)의 하나이며, 유효 원자수는 그림과 같이 1개다.

1.4 실공간과 역공간 변환

그림과 같은 2차원 주기적 원자 배열 구조에 대해(격자상수 $a = 0.5$ [nm]),

(a) 최인접 원자 간 거리를 구하라.
(b) 차인접 원자 간 거리를 구하라.
(c) 위그너-자이츠 셀을 구하고 그 면적을 구하라.
(d) 위그너-자이츠 셀 내의 유효 원자수를 구하라.

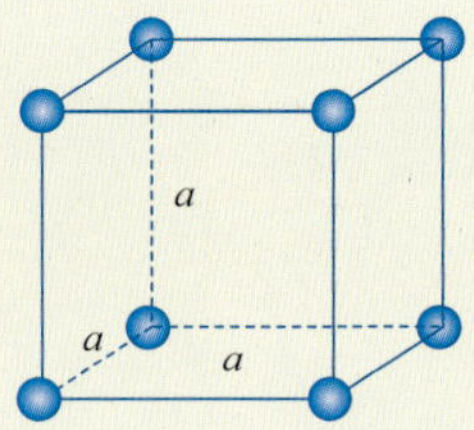

(a) 실공간에서 최소 단위셀 체적은 $V_u = a^3$ 이다.

(b) 실공간에서 기본 벡터가 $\{\vec{a},\vec{b},\vec{c}\} = \{a\hat{a}_x, a\hat{a}_y, a\hat{a}_z\}$인 경우, 역공간 기본 벡터 $\{\vec{a}_k,\vec{b}_k,\vec{c}_k\}$는 다음과 같이 구할 수 있으며, 이를 그림으로 표시하면 아래와 같다.

$$\vec{a}_k = \frac{2\pi(\vec{b}\times\vec{c})}{\vec{a}\cdot(\vec{b}\times\vec{c})} = \frac{2\pi}{a}\hat{a}_x,\quad \vec{b}_k = \frac{2\pi(\vec{c}\times\vec{a})}{\vec{b}\cdot(\vec{c}\times\vec{a})} = \frac{2\pi}{a}\hat{a}_y,\quad \vec{c}_k = \frac{2\pi(\vec{a}\times\vec{b})}{\vec{c}\cdot(\vec{a}\times\vec{b})} = \frac{2\pi}{a}\hat{a}_z$$

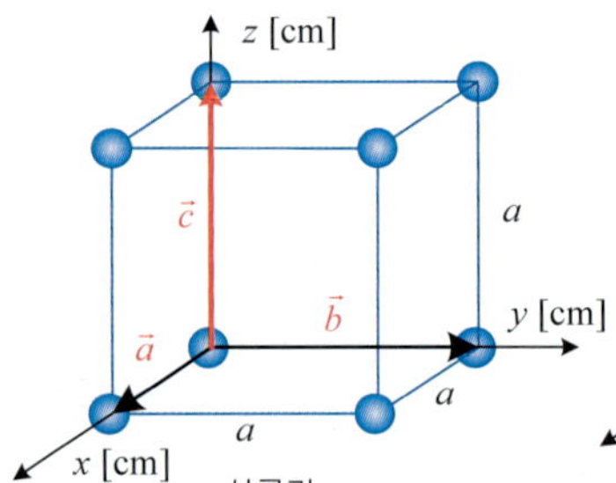

실공간

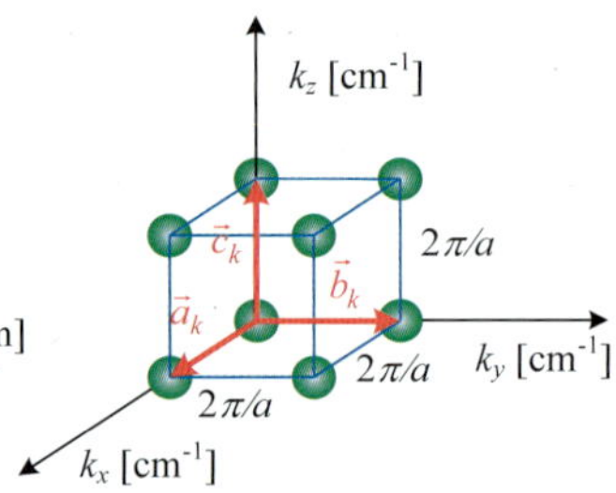

역공간

즉 실공간의 단순 정육면체(SC) 구조는 역공간에서 한 변의 길이가 $a_k = 2\pi/a$이며, 꼭지점마다 격자점이 존재하는 단순 정육면체 구조가 된다.

(c) 역공간에서의 격자상수는 $a_k = 2\pi/a$ [cm^{-1}]이다.

(d) 역공간에서 격자상수가 $a_k = 2\pi/a$ [cm^{-1}]인 정육면체 구조의 최소 단위셀 체적($V_{k,puc}|_{SC}$)은 다음과 같다.

$$V_{k,puc}\big|_{SC} = \left|(\vec{a}_k \times \vec{b}_k)\cdot\vec{c}_k\right| = \left(\frac{2\pi}{a}\right)^3$$

1.5 실공간과 역공간 변환

격자상수 a인 체심 정육면체 구조를 단위셀로 가지는 주기적 원자 배열 구조에 대해,

(a) 실공간에서 최소 단위셀의 체적을 구하라.
(b) 실공간 단위셀에 대해 (111)면의 단위 면적당 원자 밀도([cm^{-2}])를 구하라.
(c) 이 구조가 역공간에서는 면심 정육면체 구조를 단위셀로 하는 주기적 원자 배열 구조임을 보여라.
(d) 역공간에서의 격자상수를 구하라.
(e) 역공간에서의 최소 단위셀의 체적을 구하라.

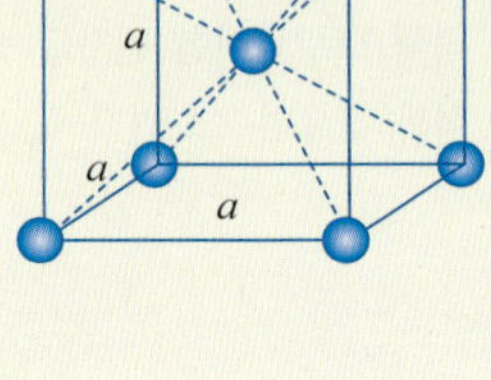

(a) 그림과 같은 형태로 단위셀을 선택하는 경우, 단위셀의 체적 $V_u|_{BCC}$은 다음과 같다.

$$V_u|_{BCC} = |(\vec{a}\times\vec{b})\cdot\vec{c}| = a^3$$

따라서 이 단위셀 내의 유효 원자수($N_u|_{BCC}$)와, 유효 원자수가 1개인 최소 단위셀의 체적($V_{u,puc}|_{BCC}$), 단위 체적당 원자 밀도(n_u [cm^{-3}])는 각각 다음과 같다.

$$N_u|_{BCC} = \frac{1}{8}\times 8 + 1 = 2, \quad V_{u,puc}|_{BCC} = \frac{V_u|_{BCC}}{\text{유효 원자수}} = \frac{a^3}{2}, \quad n_u = \frac{N_u|_{BCC}}{V_u|_{BCC}} = \frac{2}{a^3}\ [\text{cm}^{-3}]$$

(b) 실공간 단위셀에 대해 (111)면의 단위 면적당 원자 밀도($N_S|_{(111)}$ [cm^{-2}])는 다음과 같다.

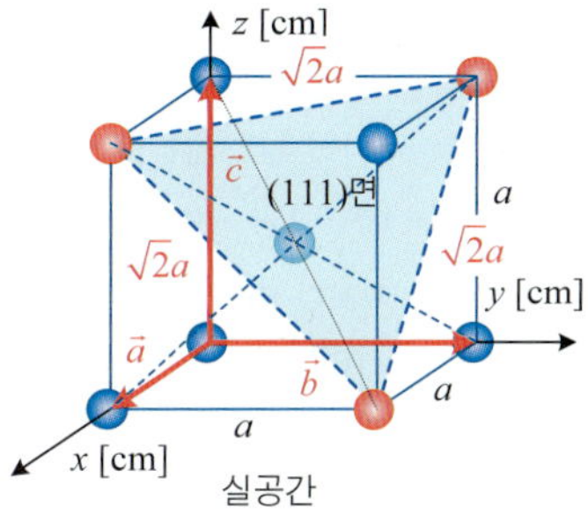

실공간

$$N_S|_{(111)} = \frac{1}{6}\times 3$$

$$n_S|_{(111)} = \frac{\text{유효 원자수}}{\text{단면적}}\bigg|_{(111)} = \frac{\frac{1}{6}\times 3}{0.5\times\sqrt{2}a\times\sqrt{2}a\times\sin(\pi/3)} = \frac{0.5}{0.5\times\sqrt{3}a^2} = \frac{1}{\sqrt{3}a^2}$$

(c) 실공간의 기본 벡터 $\{\vec{a},\vec{b},\vec{c}\}$를 다음과 같이 선택할 수 있다.

$$\vec{a} = \frac{a}{2}(\hat{a}_x + \hat{a}_y - \hat{a}_z),\quad \vec{b} = \frac{a}{2}(-\hat{a}_x + \hat{a}_y + \hat{a}_z),\quad \vec{c} = \frac{a}{2}(+\hat{a}_x - \hat{a}_y + \hat{a}_z)$$

따라서 이 실공간 기본 벡터에 대한 역공간의 기본 벡터 $\{\vec{a}_k,\vec{b}_k,\vec{c}_k\}$는 다음과 같다.

$$\begin{cases} \vec{a}_k = \dfrac{2\pi(\vec{b}\times\vec{c})}{\vec{a}\cdot(\vec{b}\times\vec{c})} = \dfrac{2\pi}{a}(\hat{a}_x + \hat{a}_y)\ ;\ \vec{b}\times\vec{c} = \dfrac{a^2}{2}(\hat{a}_x + \hat{a}_y) \\ \vec{b}_k = \dfrac{2\pi(\vec{c}\times\vec{a})}{\vec{b}\cdot(\vec{c}\times\vec{a})} = \dfrac{2\pi}{a}(\hat{a}_y + \hat{a}_z)\ ;\ \vec{a}\cdot(\vec{b}\times\vec{c}) = \dfrac{a^3}{2} \\ \vec{c}_k = \dfrac{2\pi(\vec{a}\times\vec{b})}{\vec{c}\cdot(\vec{a}\times\vec{b})} = \dfrac{2\pi}{a}(\hat{a}_z + \hat{a}_x) \end{cases}$$

즉 역공간에서는 면심 정육면체 구조를 단위셀로 하는 주기적 원자 배열 구조임을 확인할 수 있다.

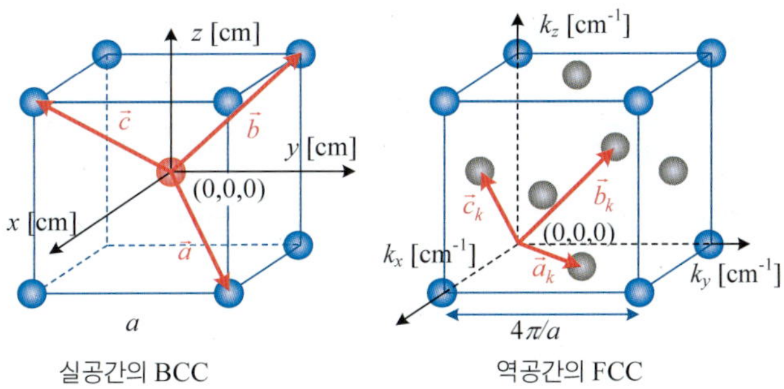

실공간의 BCC　　　　역공간의 FCC

(d) 앞에서 살펴본 바와 같이 실공간에서 격자상수 a인 BCC구조는 역공간에서 격자상수 $4\pi/a$인 면심 정육면체 구조(FCC)로 변환됨을 알 수 있다.

(e) 역공간의 단위셀을 위의 그림과 같이 선택하는 경우, 단위셀의 체적($V_{\text{ku}}|_{\text{FCC}}$)과 단위셀 내의 유효 격자점 수($N_{\text{ku}}|_{\text{FCC}}$),

역공간 최소 단위셀의 체적 $V_{\text{ku,puc}}|_{\text{BCC}}$은 각각 다음과 같다.

$$V_{ku}|_{FCC} = |(\bar{a}_k \times \bar{b}_k)\cdot \bar{c}_k| = (4\pi/a)^3, \quad N_{ku}|_{FCC} = \frac{1}{8}\times 8 + \frac{1}{2}\times 6 = 4,$$

$$V_{ku,puc}|_{FCC} = \frac{V_{ku}|_{FCC}}{N_{ku}|_{FCC}} = \frac{(4\pi/a)^3}{4}$$

1.6 반도체의 원자 밀도

그림과 같이 격자상수 a인 다이아몬드 구조를 단위셀로 가지는 Si 반도체(격자상수 $a \approx 0.5$ [nm])는 주기적으로 배열된 Si 원자 밀도에 비해 아주 적은 양의 3족 또는 5족의 불순물 원자($N_{imp} = 10^{16} \sim 10^{20}$ [cm^{-3}])를 주입하여 전기적 특성을 조절한다.

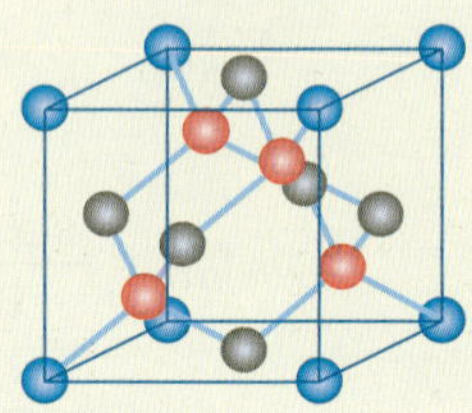

(a) 단위 체적당 Si 원자 농도 N_{Si} [cm^{-3}]를 구하라.

(b) $N_{imp} = 10^{16}$ [cm^{-3}]로 낮은 농도의 불순물을 주입한 경우,
Si 원자 몇 개당 불순물 원자 하나가 주입된 것인지 계산하라.

(c) $N_{imp} = 10^{20}$ [cm^{-3}]로 아주 높은 농도의 불순물을 주입한 경우,
Si 원자 몇 개당 불순물 원자 하나가 주입된 것인지 계산하라.

(a) 단위셀의 체적을 $V_u|_{\text{Si}}$, 단위셀 내의 유효 원자수를 $N_u|_{\text{Si}}$라 할 때, Si의 단위 체적당 원자 농도(N_{Si} [cm^{-3}])는 다음과 같다.

$$N_u|_{\text{Si}} = \frac{1}{8}\times 8 + \frac{1}{2}\times 6 + 4 = 8, \quad V_u|_{\text{Si}} = |(\bar{a}\times\bar{b})\cdot\bar{c}| = a^3$$

$$N_{\text{Si}} = \frac{N_u|_{\text{Si}}}{V_u|_{\text{Si}}} = \frac{8}{a^3} = \frac{8}{(0.5\ [\text{nm}])^3} = \frac{8}{\left(5\times 10^{-8}\ [\text{cm}]\right)^3} = \frac{8}{1.25\times 10^{-22}\ [\text{cm}^3]} = 6.4\times 10^{22}\ [\text{cm}^{-3}]$$

(b) N_{imp}=10^{16} [cm^{-3}]로 낮은 농도의 불순물을 주입한 경우, Si 원자와 불순물 원자의 상대적 농도는 다음과 같다.

$$\frac{\text{불순물 농도} : N_{imp}}{\text{Si 원자 농도} : N_{Si}} = \frac{1\times 10^{16}\ [\text{cm}^{-3}]}{6.4\times 10^{22}\ [\text{cm}^{-3}]} \cong \frac{1}{6.4\times 10^{6}}\ [\text{개/원자}]$$

즉 Si 원자 6.4×10^6개당 불순물 원자 1개가 주입된 셈이며, Si 원자 배열의 주기성에는 영향을 미치지 않는다.

(c) $N_{imp} = 10^{20}$ [cm^{-3}]로 아주 높은 농도의 불순물을 주입한 경우, Si 원자와 불순물의 원자의 상대적 농도는 다음과 같다.

$$\frac{\text{불순물 농도} : N_{imp}}{\text{Si 원자 농도} : N_{Si}} = \frac{1\times 10^{20}\ [\text{cm}^{-3}]}{6.4\times 10^{22}\ [\text{cm}^{-3}]} \cong \frac{1}{6.4\times 10^{2}} = \frac{1}{640}$$

즉 Si 원자 640개당 불순물 원자 1개가 주입된 셈이며, 원자 배열의 주기성에 거의 영향을 미치지 않는다.

Chapter

02 반도체 특성 이해를 위한 양자역학 기초

Basic Quantum Mechanics for Semiconductor Devices

2.1 에너지와 파장의 변환

파동과 입자의 이중성에 기반한 양자역학에서 양자의 에너지와 진동수의 관계는 $E = h\nu$ [eV]이며, 속도 υ와 파장 λ, 진동수 ν [Hz]는 $\upsilon = \nu\lambda$ [cm/s]의 관계를 가지고 있다. 경우에 따라 양자의 에너지를 파장으로 변환하거나 또는 파장을 양자의 에너지로 변환하여 사용하는 것이 편리하다. 이를 위해 광자의 에너지 E_{ph}와 진공에서의 파장 λ_o의 관계가 다음과 같음을 보여라.

$$E_{ph}\ [\text{eV}] \cong \frac{1.24}{\lambda_o\ [\mu\text{m}]} \quad \text{또는} \quad \lambda_o\ [\mu\text{m}] \cong \frac{1.24}{E_{ph}\ [\text{eV}]}$$

파동과 입자의 이중성에 기반한 양자역학에서 양자의 에너지(E)와 진동수(ν), 플랑크(Planck) 상수(h)의 관계는 $E_{ph} = h\nu$로 나타낼 수 있다. 전자의 단위 전하량의 절대값은 $q = e = 1.6\times10^{-19}$ [C]이므로 에너지 단위의 변환은

$$1\ [\text{eV}] = 1.6\times10^{-19}\ [\text{CV}] = 1.6\times10^{-19}\ [\text{J}],\quad 1\ [\text{CV}] = 1\ [\text{J}] \ \Leftrightarrow\ 1\ [\text{J}] = \frac{1}{1.6\times10^{-19}}\ [\text{eV}]$$

을 통해 파악할 수 있다. 따라서 진공에서 광자의 이동속도 c [m/s]와 파장 λ_o [μm], 에너지 E [eV]의 관계는 다음을 통해 변환할 수 있다.

$$\lambda_o = \frac{c}{\nu} = \frac{hc}{h\nu} = \frac{6.63\times10^{-34}\ [\text{J}\cdot\text{s}]\times3\times10^{8}\ [\text{m/s}]}{E_{ph}\ [\text{eV}]} = \frac{6.63\times10^{-34}\times\frac{1}{q}\ [\text{eV}\cdot\text{s}]\times3\times10^{8}\ [\text{m/s}]}{E_{ph}\ [\text{eV}]}$$

$$= \frac{6.63\times10^{-34}\ [\text{eV}\cdot\text{s}]\times3\times10^{8}\times10^{6}\ [\mu\text{m/s}]}{1.6\times10^{-19}\times E_{ph}\ [\text{eV}]} \cong \frac{1.24}{E_{ph}\ [\text{eV}]}\ [\mu\text{m}]$$

즉 진공에서 양자의 파장(λ_o)의 에너지 변환(E_{ph})은 다음 관계식을 통해 얻을 수 있다.

$$\lambda_o\ [\mu\text{m}] \cong \frac{1.24}{E_{ph}\ [\text{eV}]} \quad \text{또는} \quad E_{ph}\ [\text{eV}] \cong \frac{1.24}{\lambda_o\ [\mu\text{m}]}$$

단 반도체 내에서 양자의 이동속도는 진공에서의 이동속도를 굴절률(n_r)로 나눈 값이므로, 반도체 내의 파장(λ)은 $\lambda_o = n_r\lambda$를 만족한다. 따라서 양자의 에너지와 진공 내의 파장은 다음과 같이 상호 변환될 수 있다.

$$\lambda\ [\mu\text{m}] = \frac{\lambda_o}{n_r} \cong \frac{1}{n_r}\frac{1.24}{E_{ph}\ [\text{eV}]}\ ;\ \lambda_o = n_r\lambda \quad \text{또는} \quad E_{ph}\ [\text{eV}] \cong \frac{1.24}{\lambda_o\ [\mu\text{m}]} = \frac{1}{n_r}\frac{1.24}{\lambda\ [\mu\text{m}]}$$

2.2 1차원 무한 에너지 장벽

정전기적 에너지 장벽 $E_p(x,y,z,t)$이 시간에 따라 변하지 않고 공간에만 의존하는 경우, 공간 및 시간에 대한 파동함수 $\Psi(x,y,z,t) = \psi(x,y,z)\phi(t)$를 분리하여 얻을 때의 분리상수 η가 전자가 가진 총 에너지 E와 같음($\eta = E$)을 보여라.

정전기적 에너지 장벽($E_p(x,y,z,t)$)이 시간에 따라 변하지 않고 공간에만 의존하는 경우, 공간 및 시간에 대한 파동함수 ($\Psi(x,y,z,t)$)를 공간적 위치에만 의존하는 파동함수($\psi(x,y,z)$)와 시간에만 의존하는 파동함수($\phi(t)$)의 곱의 형태로 분리하여 나타낼 수 있다. 즉 에너지 장벽이 시간에 따라 변하지 않은 경우, 슈뢰딩거 파동방정식은 분리상수(η)를 이용하여 시간에 의존하는 파동방정식과 공간에 의한 파동방정식으로 변수분리할 수 있다. 이때 시간에 의존하는 파동방정식과 시간 의존 부분 파동함수 $\phi(t)$는 각각 다음과 같다.

$$\frac{\partial \phi(t)}{\partial t} + j\frac{\eta}{\hbar}\phi(t) = 0 \quad \Rightarrow \quad \eta = j\hbar \frac{1}{\phi(t)}\frac{\partial \phi(t)}{\partial t}$$

$$\phi(t) = e^{-j\frac{\eta}{\hbar}t} = e^{-j\omega t}\ ; \ \frac{\eta}{\hbar} \equiv \omega$$

그런데 양자의 총 에너지(E)와 주파수(ν)의 관계는 $E = h\nu\ (\omega = 2\pi\nu)$로 나타낼 수 있다. 각주파수($\omega$)와 분리상수($\eta$), 양자역학적 파동/입자로서 전자의 에너지(E)의 관계는 다음과 같이 상호 연관되어 있다.

$$\omega = 2\pi\nu = \frac{\eta}{\hbar} = \frac{E}{\hbar}\ [\text{rad/s}]$$

이를 통해 분리상수 η와 총 에너지 E의 관계가 $E = \eta$임을 알 수 있다. 즉 분리상수 η는 전자가 가진 총 에너지와 동일하다.

2.3 1차원 무한 에너지 장벽

그림과 같은 y축상의 1차원 무한 에너지 장벽 내에 갇힌 전자에 대해,

(a) 각 영역별로 전파상수를 구하라.
(b) 각 영역별로 파동함수를 구하라.
(c) 파동함수를 이용하여 영역 I과 영역 III에서 전자가 발견될 확률이 0임을 보여라.
(d) 양자화된 에너지 준위를 구하라.
(e) 두 번째 에너지 준위 E_2에 존재하는 전자의 파장을 구하라.
(f) E_2에 존재하는 전자의 축퇴 수가 2임을 보여라.
(g) E_2에 존재하는 전자를 발견할 확률이 가장 높은 지점을 구하라.

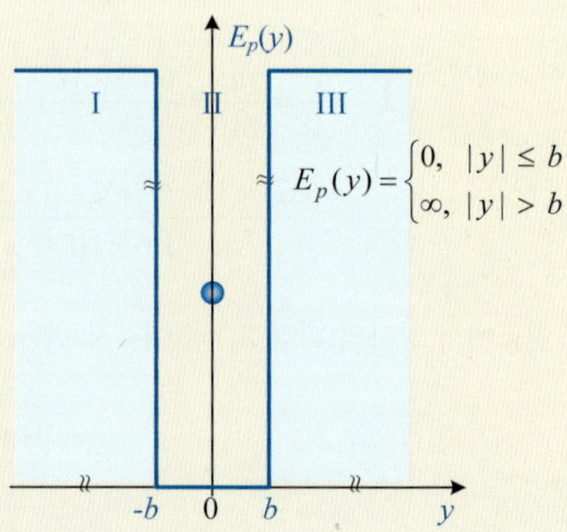

그림과 같이 y축상의 1차원 무한 에너지 장벽 내에 갇힌 전자의 전파특성을 생각해 보자. 그림에 주어진 좌표를 그대로 두고 해석해도 무방하나, 그 과정이 다소 복잡하다. 따라서 적절한 좌표 변환 또는 평행이동을 통해 전파특성을 해석하는 것이 훨씬 편리하고 효율적이다. 좌표를 다음과 같이 변환(평행이동; $x = y + b$)하면, 에너지 장벽 분포를 다음 식과 그림으로 나타낼 수 있다.

$$E_p(y) = \begin{cases} 0, & |y| \le b \\ \infty, & |y| > b \end{cases} \Leftrightarrow \begin{Bmatrix} x \equiv (y+b) \\ a = 2b \end{Bmatrix} \Leftrightarrow \boxed{E_p(x) = \begin{cases} \infty & x < 0,\ x > a = 2b \\ 0 & 0 < x < a \end{cases}}$$

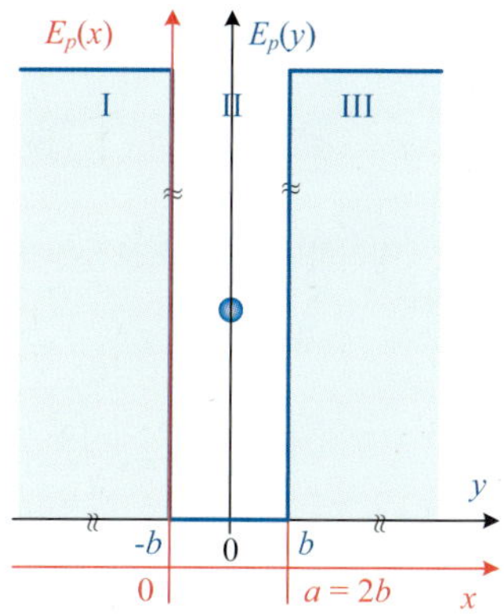

(a) 에너지 장벽의 높이에 따라 구분한 각 영역에서의 전파상수는 다음과 같다.

$$k = \begin{cases} k_1 = \sqrt{\dfrac{2m^*(E - E_p)}{\hbar^2}} = jk_{1o} & ;\ \text{순허수 : 영역 I}\ ;\ k_{1o} \equiv \sqrt{\dfrac{2m^*(E_p - E)}{\hbar^2}} = \infty \\ k_2 \equiv k = \sqrt{\dfrac{2m^* E}{\hbar^2}} & ;\ \text{실수 : 영역 II} \\ k_3 = k_1 = \sqrt{\dfrac{2m^*(E - E_p)}{\hbar^2}} = jk_{3o} & ;\ \text{순허수 : 영역 III}\ ;\ k_{3o} = k_{1o} = \infty \end{cases}$$

즉 무한 에너지 장벽을 가진 영역 I과 III는 크기가 무한대인 순허수의 전파상수를 가지며, 에너지 장벽이 없는 영역 II에서는 전파상수가 실수값이 된다.

(b) 좌표 변환한 각 영역별 파동함수의 일반 형태는 다음과 같다.

$$\psi(x) = \begin{cases} \psi_{\text{I}}(x) = A_1 e^{+jk_1 x} + B_1 e^{-jk_1 x} = A_1 e^{-k_{1o}x} + B_1 e^{+k_{1o}x} & x < 0 & :\ \text{영역 I} \\ \psi_{\text{II}}(x) = A\cos kx + B\sin kx & 0 \le x \le a & :\ \text{영역 II} \\ \psi_{\text{III}}(x) = A_3 e^{+jk_3 x} + B_3 e^{-jk_3 x} = A_3 e^{-k_{1o}x} + B_3 e^{+k_{1o}x} & x > a & :\ \text{영역 III} \end{cases}$$

한편 파동함수가 유한한 값을 갖기 위해서는 에너지 장벽이 무한대인 영역 I과 III의 파동함수가 다음과 같이 제한된다.

$$\psi(x) = \begin{cases} \psi_{\text{I}}(x) = A_1 e^{-k_{1o}x} + B_1 e^{+k_{1o}x} = A_1 e^{-\infty x} + B_1 e^{+\infty x} = A_1 e^{-\infty x}\ ;\ \text{유한} \Rightarrow A_1 = 0 \Rightarrow \boxed{\psi_{\text{I}}(x) = B_1 e^{+k_{1o}x}\ :\ \text{영역 I}} \\ \psi_{\text{III}}(x) = A_3 e^{-k_{1o}x} + B_3 e^{+k_{1o}x} = A_3 e^{-\infty x} + B_3 e^{+\infty x}\ ;\ \text{유한} \Rightarrow B_3 = 0 \Rightarrow \boxed{\psi_{\text{III}}(x) = A_3 e^{-k_{1o}x} :\ \text{영역 III}} \end{cases}$$

또 영역 I과 III에서 전파상수는 무한대 크기의 양의 실수값을 가지므로, 에너지 장벽의 경계에서 조금만 벗어나더라도 파동함수, 즉 전자가 발견될 확률이 0이 된다. 이를 반영하면 영역 I과 III의 파동함수는 다음과 같이 간략화할 수 있다.

$$\psi(x) = \begin{cases} \psi_{\text{I}}(x) = B_1 e^{+k_{o1}x} = B_1 e^{+\infty x} = 0 & x < 0 & :\ \text{영역 I} \\ \psi_{\text{III}}(x) = A_3 e^{-k_{1o}x} = A_3 e^{-\infty x} = 0 & x > a & :\ \text{영역 III} \end{cases}$$

따라서 세 영역의 파동함수는 다음과 같다.

$$\psi(x) = \begin{cases} 0 & x < 0,\ x > a & :\ \text{영역 I, III} \\ A\cos kx + B\sin kx & 0 \le x \le a & :\ \text{영역 II} \end{cases}$$

영역 I과 II, 영역 II와 III의 경계에서 파동함수의 연속을 위한 경계조건과, 이로 인해 제한되는 양자화된 전파상수는 다음과 같다.

$$\begin{cases} \psi(x = 0) = 0 & \Rightarrow & A = 0 \\ \psi(x = a) = 0 & \Rightarrow & B\sin k_n a = 0 \end{cases}$$

$$k_n a = n\pi,\ \text{또는}\ k_n = \frac{n\pi}{a}\ ;\ n = \pm 1,\ \pm 2,\ \pm 3,\ \cdots$$

따라서 경계조건에 의해 제한된 양자화된 전파상수를 반영한 영역별 파동함수는 다음과 같이 나타낼 수 있다.

$$\psi_n(x) = \begin{cases} 0 & :\ x < 0, x > a \\ B\sin k_n x = B\sin\left(\dfrac{n\pi}{a}x\right) & :\ 0 \le x \le a\ ;\ n = \pm 1,\ \pm 2,\ \pm 3,\ \cdots \end{cases}$$

한편 파동함수의 정규화 조건에 의해 계수 B를 결정하면 다음과 같다.

$$\int_{-\infty}^{+\infty}|\psi(x)|^2\,dx=\int_0^a|\psi(x)|^2\,dx=\int_0^a B^2\sin^2 k_n x\,dx=\frac{B^2a}{2}=1 \quad\Leftrightarrow\quad B=\sqrt{\frac{2}{a}}$$

정리하면, 정규화 조건을 반영한 파동함수 $\psi_n(x)$는 다음과 같다.

$$\psi_n(x)=\begin{cases}0 & : x<0,\ x>a\\ \sqrt{\frac{2}{a}}\sin k_n x=\sqrt{\frac{2}{a}}\sin\left(\frac{n\pi}{a}x\right) & : 0\le x\le a\ ;\ n=\pm1,\ \pm2,\ \pm3,\cdots\\ \text{또는}\ \sqrt{\frac{1}{b}}\sin k_n(y+b)=\sqrt{\frac{1}{b}}\sin\left(\frac{n\pi}{2b}(y+b)\right) & : x=y+b\ ;\ -b\le y\le +b\end{cases}$$

(c) 영역 I과 III의 한 점에서 전자가 발견될 확률 분포는 각 영역의 파동함수를 이용하여 구할 수 있다. 영역 I과 III의 파동함수 $\psi(x)$와 전자가 발견될 확률 분포 $|\psi(x)|^2$은 각각 다음과 같다.

$$\psi(x)=\begin{cases}\psi_{\text{I}}(x)=B_1e^{+k_{1o}x}=B_1e^{+\infty x}=0 & x<0\ :\text{영역 I}\\ \psi_{\text{III}}(x)=A_3e^{-k_{1o}x}=A_3e^{-\infty x}=0 & x>a\ :\text{영역 III}\end{cases}$$

$$|\psi(x)|^2=\begin{cases}|\psi_{\text{I}}(x)|^2=\left|B_1e^{+k_{1o}x}\right|^2=|B_1|^2e^{+2k_{1o}x}=|B_1|^2e^{+2\infty x}=0 & x<0\ :\text{영역 I}\\ |\psi_{\text{III}}(x)|^2=\left|A_3e^{-k_{1o}x}\right|^2=|A_3|^2e^{-2k_{1o}x}=|A_3|^2e^{-2\infty x}=0 & x>a\ :\text{영역 III}\end{cases}$$

즉 무한대의 에너지 장벽으로 인해 영역 I과 III에서 전자가 발견될 확률 또는 존재할 확률이 0임을 알 수 있다.

(d) 양자화된 에너지 준위(E_n)는 양자화된 전파상수(k_n)를 통해 구할 수 있다. 즉

$$\begin{cases}E_n=\frac{\hbar^2k_n^2}{2m^*}=\frac{\hbar^2}{2m^*}\left(\frac{\pi}{a}\right)^2\cdot n^2=\frac{\hbar^2}{2m^*}\left(\frac{\pi}{2b}\right)^2\cdot n^2 & :\text{양자화된 에너지 준위}\ ;\ n=\pm1,\ \pm2,\ \pm3,\cdots\\ k_n=\frac{n\pi}{a}=\frac{n\pi}{2b} & :\text{양자화된 전파상수}\end{cases}$$

로 나타낼 수 있으며, 그 값은 전적으로 에너지 장벽의 폭($a=2b$)에 의해 결정됨을 알 수 있다.

(e) 두 번째 에너지 준위 E_2에 존재하는 전자의 파장은 양자화된 전파상수를 통해 구할 수 있다. 그런데 양자화된 전파상수와 파장은 다음과 같이 반파장($\lambda_n/2$)의 정수배가 에너지 장벽의 폭(a)과 같다는 조건을 만족해야 한다.

$$k_n=\frac{2\pi}{\lambda_n}=\frac{n\pi}{a}\quad\Leftrightarrow\quad\left(\frac{\lambda_n}{2}\right)n=a$$

따라서 두 번째 에너지 준위에 존재하는 전자의 파장(λ_2)은 에너지 장벽의 폭(a)과 같다.

$$k_2=k_n|_{n=2}=\frac{2\pi}{\lambda_2}=\frac{2\pi}{a}\quad\Leftrightarrow\quad\lambda_2=a=2b$$

(f) 양자화된 에너지 준위 중 두 번째 에너지 준위는 양자수가 $n=+2$와 $n=-2$인 경우에 해당하며,

$$E_2=\frac{\hbar^2k_2^2}{2m^*}=\frac{\hbar^2}{2m^*}\left(\frac{\pi}{a}\right)^2\cdot 2^2=\frac{\hbar^2}{2m^*}\left(\frac{\pi}{2b}\right)^2\cdot 2^2\quad : n=\pm2$$

로 나타낼 수 있다. 즉 서로 다른 두 양자수 $n=+2$(전파상수 k_{+2})와 $n=-2$(전파상수 k_{-2})는 동일한 에너지를 가진다. 따라서 두 번째 에너지 준위의 중첩을 나타내는 축퇴 수는 2가 된다.

(g) E_2의 에너지를 가진 전자의 파동함수 $\psi_2(x)$는

$$\psi_2(x) = \begin{cases} 0 & : x < 0,\ x > a \\ \sqrt{\frac{2}{a}} \sin k_2 x = \sqrt{\frac{2}{a}} \sin\left(\frac{\pm 2\pi}{a} x\right) & : 0 \le x \le a\ ;\ n = \pm 1,\ \pm 2,\ \pm 3, \cdots \\ \text{또는}\ \sqrt{\frac{1}{b}} \sin k_2 (y+b) = \sqrt{\frac{1}{b}} \sin\left(\frac{\pm 2\pi}{2b}(y+b)\right) & : x = y + b\ ;\ -b \le y \le +b \end{cases}$$

이며, 전자가 발견될 확률을 나타내는 확률 분포함수 $|\psi_2(x)|^2$은 다음과 같다.

$$|\psi_2(x)|^2 = \begin{cases} 0 & : x < 0,\ x > a \\ \frac{2}{a} \sin^2 k_2 x = \frac{2}{a} \sin^2\left(\frac{\pm 2\pi}{a} x\right) & : 0 \le x \le a\ ;\ n = \pm 1,\ \pm 2,\ \pm 3, \cdots \\ \text{또는}\ \frac{1}{b} \sin^2 k_2 (y+b) = \frac{1}{b} \sin^2\left(\frac{\pm 2\pi}{2b}(y+b)\right) & : x = y + b\ ;\ -b \le x \le +b \end{cases}$$

따라서 E_2에 전자가 존재하는 경우, 전자가 발견될 확률이 가장 높은 지점은 무한 에너지 장벽의 경계로부터 장벽의 폭($a = 2b$)의 1/4인 지점, 즉 $y = -\frac{b}{2}$, $y = +\frac{b}{2}$ 인 지점이다.

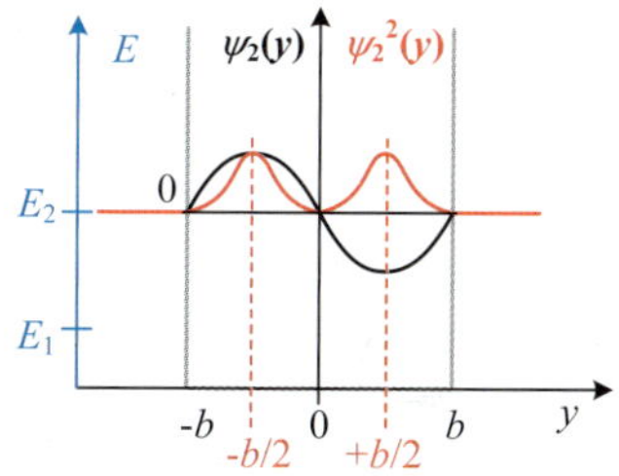

2.4 파동함수와 전자의 이동 방향

> 1차원 자유전자의 공간의존도를 나타내는 파동함수 $\psi(x)$는
>
> $$\psi(x) = Ae^{+jkx} + Be^{-jkx} = \psi_+(x) + \psi_-(x) \qquad \begin{cases} \psi_+(x) = Ae^{+jkx} \\ \psi_-(x) = Be^{-jkx} \end{cases}$$
>
> 로, 두 개의 서로 다른 특성을 가진 파동함수의 선형 조합으로 나타낼 수 있다. 공간에 대한 의존도를 나타내는 파동함수 중 $\psi_-(x) = Be^{-jkx}$가 x축의 음의 방향으로 이동하는 전자/전파를 뜻함을 보여라.

전자의 이동 또는 전파 방향은 전파특성을 지배하는 파동함수에서 특정 위상각(phase; ϕ_o)이 나타내는 위치가 시간에 따라 어떻게 변하는지를 살펴봄으로써 확인할 수 있다. $\psi_-(x)$는 자유전자의 파동함수를 구성하는 성분 중에서 공간에 대한 특성을 나타내는 함수이므로, 시간과 공간에 대한 의존도를 모두 포함하는 파동함수 $\Psi_-(x,t)$는 다음과 같다.

$$\Psi_-(x,t) = \psi_-(x)\phi(t)$$

이때 시간의존성을 지배하는 파동함수는 $\phi(t) = e^{-j\omega t}$로 표현되므로, 전자의 전파특성을 지배하는 파동함수 $\Psi_-(x,t)$는 다음과 같이 나타낼 수 있다.

$$\Psi_-(x,t) = \psi_-(x)\phi(t) = Ae^{-j(kx+\omega t)} = |A| \angle\phi_o = |A| \angle[-(kx+\omega t)]$$

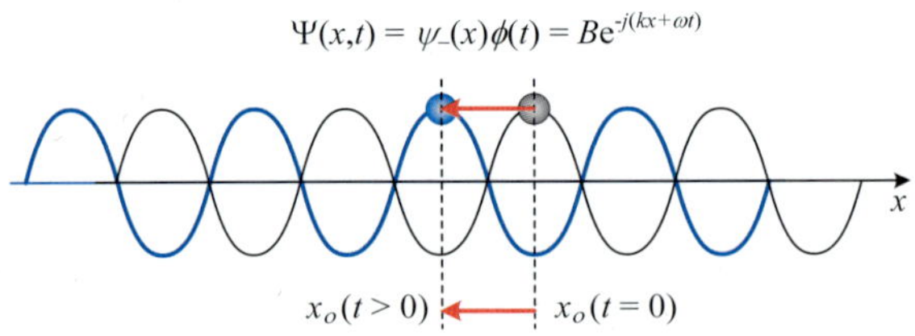

따라서 전자의 이동과 전파특성을 나타내는 파동함수 $\Psi_-(x,t)$의 위상각은 $\theta = -(kx + \omega t)$로 나타낼 수 있다. 따라서 특정한 위상각($\theta_o$)을 $\theta_o = -(kx_o + \omega t)$로 나타내면, 동일한 위상각 θ_o을 가진 지점 x_o의 시간에 따른 변화는 다음과 같다.

$$x_o = -(\theta_o + \omega t)/k$$

즉 x_o는 시간이 경과함에 따라 x축의 음의 방향으로 진행하게 된다. 이는 $\Psi_-(x,t) = \psi_-(x)\phi(t)$ 또는 $\psi_-(x)$가 윗그림과 같이 시간이 경과함에 따라 x축의 음의 방향으로 이동하는 특성을 가진 파동함수임을 나타낸다.

2.5 2차원 에너지 장벽과 양자화

그림과 같은 2차원 에너지 장벽은 나노 구조 반도체의 양자역학적 해석을 위해 반드시 이해해야 한다. 그림과 같이 z축 방향으로는 에너지 장벽이 없는 자유전자와 같으나, xy 평면상에서 2차원 무한 에너지 장벽에 갇힌 전자에 대해,

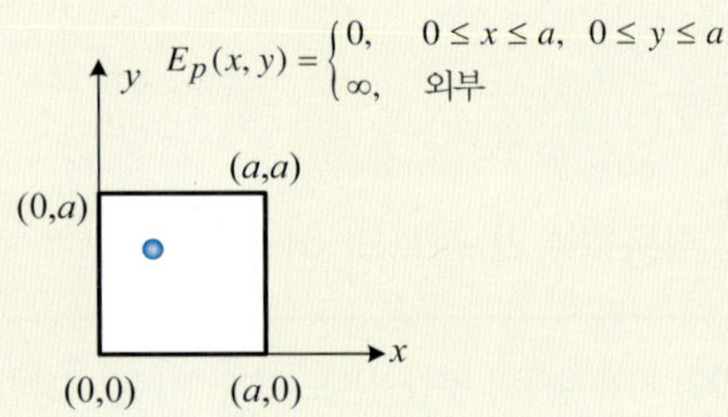

(a) 양자화된 전파상수를 구하라.
(b) 에너지 장벽 내의 파동함수를 구하라.
(c) 양자화된 에너지 준위를 구하라.
(d) 가장 낮은 에너지 준위의 축퇴 수가 4임을 보여라.
(e) 두 번째 에너지 준위의 축퇴 수가 8임을 보여라.
(f) 세 번째 에너지 준위의 축퇴 수가 4임을 보여라.
(g) 전자가 세 번째 에너지 준위에 있을 때, 전자를 발견할 확률이 가장 높은 지점을 구하라.

그림과 같은 2차원 에너지 장벽 내에 존재하는 전자의 이동 및 전파특성은 다음의 시불변 파동방정식을 통해 얻은 전파상수 (k)와 파동함수($\Psi(x,y)$)를 이용하여 해석할 수 있다.

$$\nabla^2\Psi(x,y) + \frac{2m^*(E - E_p(x,y))}{\hbar^2}\Psi(x,y) = \nabla^2\Psi(x,y) + k^2\Psi(x,y) = 0$$

$$k^2 = k_x^2 + k_y^2 \equiv \frac{2m^*(E - E_p(x,y))}{\hbar^2}; \quad \vec{k} = k_x\hat{a}_x + k_y\hat{a}_y$$

이때 2차원 에너지 장벽의 외부는 무한히 높은 에너지 장벽으로 인해 전자가 존재하지 않으므로, 외부 영역의 파동함수는 존재하지 않는다. 따라서 에너지 장벽이 0인 내부에서의 파동함수는 다음과 같이 x, y에 대해 변수를 분리하여 나타낼 수 있다.

$$\Psi(x,y) = \psi(x)\phi(y) = \begin{cases} ? : \text{내부}\,;\ 0 \le x \le a,\ 0 \le y \le a \\ 0 : \text{외부} \end{cases}$$

따라서 에너지 장벽 내의 전자에 대해 변수분리한 파동방정식과 전파상수는 각각 다음과 같다.

$$\frac{\partial^2\psi(x)}{\partial x^2}+\frac{2m^*E_x}{\hbar^2}\psi(x)=\frac{\partial^2\psi(x)}{\partial x^2}+k_x^2\psi(x)=0\,,\qquad k_x\equiv\sqrt{\frac{2m^*E_x}{\hbar^2}}$$

$$\frac{\partial^2\phi(y)}{\partial y^2}+\frac{2m^*E_y}{\hbar^2}\phi(y)=\frac{\partial^2\phi(y)}{\partial y^2}+k_y^2\phi(y)=0\,,\qquad k_y\equiv\sqrt{\frac{2m^*E_y}{\hbar^2}}$$

변수 x와 y에 의존하는 전자의 에너지와 전파상수의 관계는 다음과 같이 정리할 수 있다.

$$E=E_x+E_y=\frac{\hbar^2}{2m^*}k^2=\frac{\hbar^2}{2m^*}\left(k_x^2+k_y^2\right),\quad k^2\equiv\left(k_x^2+k_y^2\right)$$

에너지 장벽의 경계($x=0,\ y=0,\ x=a,\ y=a$)에서의 경계조건은 다음과 같다.

$$\Psi(x,y)=\psi(x)\phi(y)=0\qquad(x=0,\ y=0,\ x=a,\ y=a)$$

이 조건들을 반영한 양자화된 파동함수($\Psi_{nm}(x,y)$)와 양자화된 전파상수(k_{nm})는 다음과 같이 요약될 수 있다.

$$\Psi_{nm}(x,y)=\psi_n(x)\phi_m(y)=\begin{cases}\begin{cases}\psi_n(x)=A_x\sin k_{nx}x, & k_{nx}=\dfrac{n\pi}{a};\quad n=\pm1,\ \pm2,\ \pm3,\cdots\\ \phi_m(y)=A_y\sin k_{my}y, & k_{my}=\dfrac{m\pi}{a};\quad m=\pm1,\ \pm2,\ \pm3,\cdots\end{cases} & \begin{cases}0\le x\le a\\0\le y\le a\end{cases}\\ \psi_n(x)=0,\ \phi_m(y)=0 & \begin{cases}x<0,\ x>a\\ y<0,\ y>a\end{cases}\end{cases}$$

즉 2차원 무한 에너지 장벽 내의 전자에 대한 양자화된 파동함수는 아래와 같이 정리할 수 있다.

$$\Psi_{nm}(x,y)=\psi_n(x)\phi_m(y)=\begin{cases}A\sin k_{nx}x\cdot\sin k_{my}y & :\text{내부};\ A\equiv A_xA_y\\ 0 & :\text{외부}\end{cases}$$

(a) 앞에서 구한 바와 같이 에너지 장벽이 불연속인 지점($x=0,\ y=0,\ x=a,\ y=a$)의 경계조건에 의해 결정되는 x와 y에 대한 양자화된 전파상수($\boldsymbol{k}_{\rm nm}=k_{\rm nx}\boldsymbol{a}_x+k_{\rm my}\boldsymbol{a}_{\rm y}$)는 다음과 같다.

$$\vec{k}_{nm}=k_{nx}\hat{a}_x+k_{my}\hat{a}_y=\begin{cases}k_{nx}=\dfrac{n\pi}{a};\ n=\pm1,\ \pm2,\ \pm3,\cdots\\ k_{my}=\dfrac{m\pi}{a};\ m=\pm1,\ \pm2,\ \pm3,\cdots\end{cases}$$

(b) 파동함수의 정규화 조건과 정규화된 파동함수는 다음과 같다.

$$\int_{-\infty}^{+\infty}\int_{-\infty}^{+\infty}|\Psi_{nm}(x,y)|^2\,dxdy=A^2\left(\int_0^a\sin^2k_nx\,dx\right)\left(\int_0^a\sin^2k_my\,dy\right)=A^2\left(\frac{a}{2}\right)\left(\frac{a}{2}\right)=1\,;\quad A=\frac{2}{a}=\left(\sqrt{\frac{2}{a}}\right)^2$$

$$\Psi_{nm}(x,y)=\psi_n(x)\phi_m(y)=\begin{cases}\dfrac{2}{a}\sin k_{nx}x\cdot\sin k_{my}y & :\text{내부}\\ 0 & :\text{외부}\end{cases}$$

(c) 에너지 장벽이 불연속인 지점의 경계조건에 의해 제한된 전파상수를 이용하여 양자화된 에너지 준위를 구할 수 있으며, 그 결과는 다음과 같다.

$$E_{nm}=E_{nx}+E_{my}=\frac{\hbar^2}{2m^*}k^2=\frac{\hbar^2}{2m^*}\left(k_{nx}^2+k_{my}^2\right)=\frac{\hbar^2}{2m^*}\left(\frac{\pi}{a}\right)^2\left(n^2+m^2\right)\quad\begin{cases}n=\pm1,\ \pm2,\ \pm3,\cdots\\ m=\pm1,\ \pm2,\ \pm3,\cdots\end{cases}$$

여기서 양자화된 에너지 준위는 에너지 장벽의 폭 a에 의해 결정됨을 알 수 있다.

(d) 가장 낮은 에너지 준위 E_1은 다음과 같다.

$$E_1 = E_{\pm1\pm1} = \frac{\hbar^2}{2m^*}\left(\frac{\pi}{a}\right)^2(1^2+1^2) = \frac{\hbar^2}{m^*}\left(\frac{\pi}{a}\right)^2 \quad \begin{cases} n = +1,\ -1 \\ m = +1,\ -1 \end{cases}$$

따라서 $(n, m) = (+1,+1), (+1,-1), (-1,+1), (-1,-1)$의 4개의 양자수 조합이 동일한 에너지 준위를 가지므로, E_1의 에너지 중첩 수는 4이다.

(e) 두 번째 에너지 준위 E_2는 다음과 같다.

$$E_2 = E_{\pm2\pm1} = E_{\pm1\pm2} = \frac{\hbar^2}{2m^*}\left(\frac{\pi}{a}\right)^2 \cdot (1^2+2^2) = \frac{\hbar^2}{2m^*}\left(\frac{\pi}{a}\right)^2 \cdot 5 \quad \begin{cases} n = +1,\ -1 \\ m = +2,\ -2 \end{cases} \begin{cases} n = +2,\ -2 \\ m = +1,\ -1 \end{cases}$$

따라서 $(n, m) = (+1,+2), (+1,-2), (-1,+2), (-1,-2), (+2,+1), (+2,-1), (-2,+1), (-2,-1)$의 8개 양자수 조합이 동일한 에너지 준위를 가지므로, 두 번째 에너지 준위 E_2의 중첩 수는 8이다.

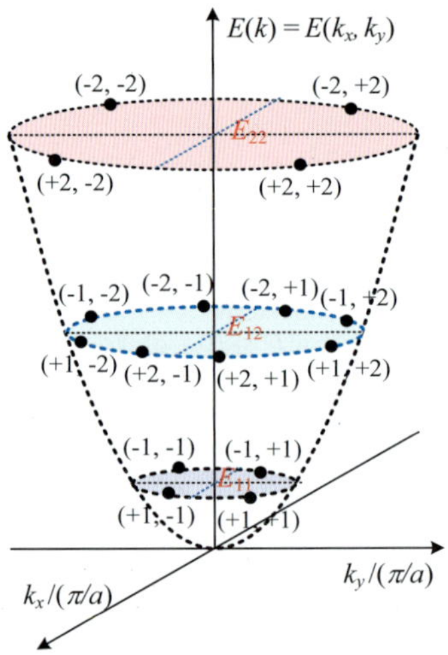

(f) 세 번째 에너지 준위 E_3는 다음과 같다.

$$E_3 = E_{\pm2\pm2} = \frac{\hbar^2}{2m^*}\left(\frac{\pi}{a}\right)^2(2^2+2^2) = \frac{\hbar^2}{2m^*}\left(\frac{\pi}{a}\right)^2 \cdot 8 = \frac{4\hbar^2}{m^*}\left(\frac{\pi}{a}\right)^2 \quad \begin{cases} n = +2,\ -2 \\ m = +2,\ -2 \end{cases}$$

따라서 $(n, m) = (+2,+2), (+2,-2), (-2,+2), (-2,-2)$의 4개의 양자수 조합이 동일한 에너지 준위를 가지므로, E_3의 에너지 중첩 수는 4이다.

(g) 전자가 세 번째 에너지 준위에 존재할 경우, 파동함수 $\Psi_{\pm2\pm2}(x, y)$와 확률 분포함수 $|\Psi_{\pm2\pm2}(x, y)|^2$는 다음과 같다.

$$\Psi_{\pm2\pm2}(x, y) = \psi_{\pm2}(x)\phi_{\pm2}(y) = \begin{cases} \frac{2}{a}\sin k_{2x}x \cdot \sin k_{2y}y & \text{: 내부} \\ 0 & \text{: 외부} \end{cases} \quad k_{2x} = \pm\frac{2\pi}{a},\ k_{2y} = \pm\frac{2\pi}{a}$$

$$|\Psi_{\pm2\pm2}(x, y)|^2 = |\psi_{\pm2}(x)\phi_{\pm2}(y)|^2 = \begin{cases} \left(\frac{2}{a}\right)^2 \sin^2 k_{2x}x \cdot \sin^2 k_{2y}y & \text{: 내부} \\ 0 & \text{: 외부} \end{cases} \quad k_{2x} = \pm\frac{2\pi}{a},\ k_{2y} = \pm\frac{2\pi}{a}$$

따라서 2차원 무한 에너지 장벽 내에 갇힌 3번째 에너지 준위의 전자의 경우, 에너지 장벽의 경계로부터 장벽 폭의 1/4인 지점, 즉 $(x, y)_{\max} = (1,1)a/4,\ (1,3)a/4,\ (3,1)a/4,\ (3,3)a/4$의 네 곳에서 전자가 발견될 확률이 동일하게 가장 높다.

2.6 3차원 에너지 장벽과 양자화

그림과 같은 3차원 무한 에너지 장벽 구조에 갇힌 전자는 마치 원자핵에 구속된 궤도 전자와 유사하다. 따라서 이를 이해하는 일은 반도체 내의 전자 농도를 이해하기 위한 중요한 과정이 된다. 그림과 같은 3차원 무한 에너지 장벽에 갇힌 전자에 대해,

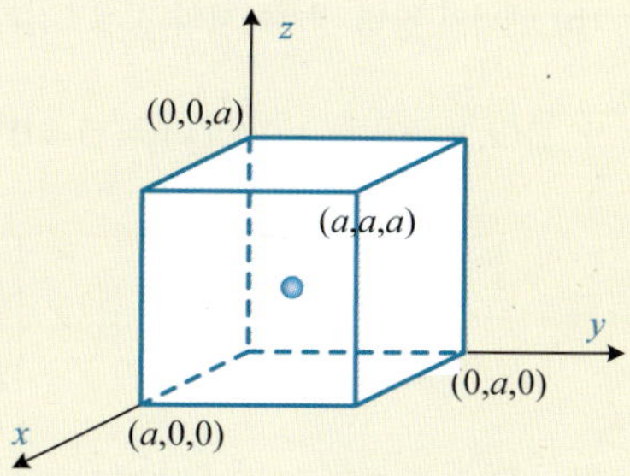

$$E_p(x,y,z)=\begin{cases}0 & : 0\le x\le a,\ 0\le y\le a,\ 0\le z\le a\\ \infty & : \text{외부}\end{cases}$$

(a) 양자화된 전파상수를 구하라.
(b) 에너지 장벽 내의 파동함수를 구하라.
(c) 양자화된 에너지 준위를 구하라.
(d) 가장 낮은 에너지 준위의 에너지 중첩 수를 구하라.
(e) 두 번째 에너지 준위의 에너지 중첩 수를 구하라.
(f) 가장 낮은 에너지 준위의 전자가 발견될 확률이 가장 높은 지점을 구하라.

그림과 같은 3차원 무한 에너지 장벽, 즉

$$E_p(x,y,z)=\begin{cases}0 & : 0\le x\le a,\ 0\le y\le a,\ 0\le z\le a\\ \infty & : \text{외부}\end{cases}$$

에 갇힌 전자의 이동과 분포 특성은 공간에 대한 시불변 3차원 파동방정식을 이용하여 해석할 수 있다.

$$\nabla^2\Psi(x,y,z)+\frac{2m^*(E-E_p(x,y,z))}{\hbar^2}\Psi(x,y,z)=\nabla^2\Psi(x,y,z)+k^2\Psi(x,y,z)=0$$

$$k^2=k_x^2+k_y^2+k_z^2\equiv\frac{2m^*(E-E_p(x,y,z))}{\hbar^2}$$

3차원 에너지 장벽의 외부는 무한 에너지 장벽으로 인해 전자가 존재하지 않는다. 따라서 외부 영역의 파동함수는 0이 된다.

한편 에너지 장벽이 $E_p(x,\ y,\ z)=0$인 내부에서 전자의 특성을 나타내는 파동함수는 변수 $x,\ y,\ z$에 대한 각각의 파동함수로 변수분리하여, 다음과 같이 $\psi(x)$, $\phi(y)$, $\varphi(z)$의 곱으로 나타낼 수 있다.

$$\Psi(x,y,z)=\psi(x)\phi(y)\varphi(z)=\begin{cases}? & : \text{내부};\quad 0\le x\le a,\ 0\le y\le a,\ 0\le z\le a\\ 0 & : \text{외부}\end{cases}$$

따라서 에너지 장벽 내의 전자에 대해 각 변수로 변수분리한 파동함수의 파동방정식과 전파상수($\boldsymbol{k}=k_x\boldsymbol{a_x}+k_y\boldsymbol{a_y}+k_z\boldsymbol{a_z}$)는 각각 다음과 같다.

$$\begin{cases}\dfrac{\partial^2\psi(x)}{\partial x^2}+\dfrac{2m^*E_x}{\hbar^2}\psi(x)=\dfrac{\partial^2\psi(x)}{\partial x^2}+k_x^2\psi(x)=0 & ;\ k_x\equiv\sqrt{\dfrac{2m^*E_x}{\hbar^2}}\\ \dfrac{\partial^2\phi(y)}{\partial y^2}+\dfrac{2m^*E_y}{\hbar^2}\phi(y)=\dfrac{\partial^2\phi(y)}{\partial y^2}+k_y^2\phi(y)=0 & ;\ k_y\equiv\sqrt{\dfrac{2m^*E_y}{\hbar^2}}\\ \dfrac{\partial^2\varphi(z)}{\partial z^2}+\dfrac{2m^*E_z}{\hbar^2}\varphi(z)=\dfrac{\partial^2\varphi(z)}{\partial z^2}+k_z^2\varphi(z)=0 & ;\ k_z\equiv\sqrt{\dfrac{2m^*E_z}{\hbar^2}}\end{cases}$$

또한 $x,\ y,\ z$에 의존하는 성분들로 구성된 전자의 에너지 E와 전파상수 k의 관계는 다음과 같다.

$$E = E_x + E_y + E_z = \frac{\hbar^2}{2m^*}k^2 = \frac{\hbar^2}{2m^*}\left(k_x^2 + k_y^2 + k_z^2\right), \quad k^2 \equiv \left(k_x^2 + k_y^2 + k_z^2\right)$$

(a), (b) 에너지 장벽 경계에서의 경계조건과, 이를 반영한 파동함수 및 양자화된 전파상수는 각각 다음과 같다.

$$\Psi_{nml}(x,y,z) = \psi_n(x)\phi_m(y)\varphi_l(z) = 0 \qquad \begin{cases} x=0, \ y=0, \ z=0 \\ x=a, \ y=a, \ z=a \end{cases}$$

$$\Psi_{nml}(x,y,z) = \psi_n(x)\phi_m(y)\varphi_l(z) = \begin{cases} \begin{cases} \psi_n(x) = A_x \sin k_{nx}x, \quad k_{nx} = \dfrac{n\pi}{a} \ ; \ n = \pm1, \ \pm2, \ \pm3, \cdots \\ \phi_m(y) = A_y \sin k_{my}y, \quad k_{my} = \dfrac{m\pi}{a} \ ; \ m = \pm1, \ \pm2, \ \pm3, \cdots \\ \varphi_l(z) = A_z \sin k_{lz}z, \quad k_{lz} = \dfrac{l\pi}{a} \ ; \ l = \pm1, \ \pm2, \ \pm3, \cdots \end{cases} & \begin{cases} 0 \le x \le a \\ 0 \le y \le a \\ 0 \le z \le a \end{cases} \\ \psi_n(x)\phi_m(y)\varphi_l(z) = 0 & \begin{cases} x<0, \ x>a \\ y<0, \ y>a \\ z<0, \ z>a \end{cases} \end{cases}$$

즉 3차원 무한 에너지 장벽 내의 전자에 대한 파동함수는 정규화 조건을 적용하여 아래와 같이 정리할 수 있으며, 양자화된 파동함수($\Psi_{nml}(x,y,z)$)와 전파상수(k_{nml})는 각각 다음과 같다.

$$\Psi_{nml}(x,y,z) = \psi_n(x)\phi_m(y)\varphi_l(z) = \begin{cases} A\sin k_{nx}x \cdot \sin k_{my}y \cdot \sin k_{lz}z \ : \text{내부} \ ; \ A \equiv A_xA_yA_z \\ 0 \qquad\qquad\qquad\qquad\qquad\qquad : \text{외부} \end{cases}$$

$$\vec{k}_{nml} = k_{nx}\hat{a}_x + k_{my}\hat{a}_y + k_{lz}\hat{a}_z = \begin{cases} k_{nx} = \dfrac{n\pi}{a} \ ; \ n = \pm1, \ \pm2, \ \pm3, \cdots \\ k_{my} = \dfrac{m\pi}{a} ; \ m = \pm1, \ \pm2, \ \pm3, \cdots \\ k_{lz} = \dfrac{l\pi}{a} \ ; \ l = \pm1, \ \pm2, \ \pm3, \cdots \end{cases}$$

$$\begin{aligned} \int_{-\infty}^{+\infty}\int_{-\infty}^{+\infty}\int_{-\infty}^{+\infty} |\Psi_{nml}(x,y,z)|^2 \, dxdydz &= A^2\left(\int_0^a \sin^2 k_{nx}x \, dx\right)\left(\int_0^a \sin^2 k_{my}y \, dy\right)\left(\int_0^a \sin^2 k_{lz}z \, dz\right) \\ &= A^2\left(\frac{a}{2}\right)^3 = 1 \quad \Leftrightarrow \quad A = \left(\frac{2}{a}\right)^{3/2} \end{aligned}$$

$$\Psi_{nml}(x,y) = \psi_n(x)\phi_m(y)\varphi_l(z) = \begin{cases} \left(\sqrt{\dfrac{2}{a}}\right)^3 \sin k_{nx}x \cdot \sin k_{my}y \cdot \sin k_{lz}z \ : \text{내부} \\ 0 \qquad\qquad\qquad\qquad\qquad\qquad\qquad : \text{외부} \end{cases}$$

(c) 허용된 에너지 준위는 에너지 장벽의 경계조건에 따라 양자화된 전파상수로부터 결정된다. 그로 인해 양자화된 허용에너지 준위는 다음과 같다.

$$E_{nml} = E_{nx} + E_{my} + E_{lz} = \frac{\hbar^2}{2m^*}k^2 = \frac{\hbar^2}{2m^*}\left(k_{nx}^2 + k_{ny}^2 + k_{lz}^2\right) = \frac{\hbar^2}{2m^*}\left(\frac{\pi}{a}\right)^2\left(n^2 + m^2 + l^2\right) \qquad \begin{cases} n = \pm1, \ \pm2, \ \pm3, \cdots \\ m = \pm1, \ \pm2, \ \pm3, \cdots \\ l = \pm1, \ \pm2, \ \pm3, \cdots \end{cases}$$

(d) 3차원 에너지 장벽에 갇힌 전자에 허용된 가장 낮은 에너지 준위 E_1은 다음과 같다.

$$E_1 = E_{111} = \frac{\hbar^2}{2m^*}\left(\frac{\pi}{a}\right)^2\left(1^2 + 1^2 + 1^2\right) = \frac{3\hbar^2}{2m^*}\left(\frac{\pi}{a}\right)^2 \qquad \begin{cases} n = +1, \ -1 \\ m = +1, \ -1 \\ l = +1, \ -1 \end{cases}$$

즉 $(n, m, l) = (+1,+1,+1), (+1,+1,-1), (+1,-1,+1), (+1,-1,-1), (-1,+1,+1), (-1,+1,-1), (-1,-1,+1), (-1,-1,-1)$

의 8개의 양자수 조합이 동일한 에너지를 가지므로 E_1의 에너지 중첩, 즉 축퇴 수는 8개다.

(e) 두 번째 에너지 준위 E_2는 다음과 같다.

$$E_2 = E_{112} = \frac{\hbar^2}{2m^*}\left(\frac{\pi}{a}\right)^2(1^2+1^2+2^2) = 3\frac{\hbar^2}{m^*}\left(\frac{\pi}{a}\right)^2; \quad (n,\ m,\ l) = (\pm1,\ \pm1,\ \pm2),\ (\pm1,\ \pm2,\ \pm1),\ (\pm2,\ \pm1,\ \pm1)$$

즉 두 번째 에너지 준위는 (±1, ±1, ±2)의 양자수 조합 8개, (±1, ±2, ±1)의 양자수 조합 8개, (±2, ±1, ±1)의 양자수 조합 8개가 각각 가능하다. 따라서 두 번째 에너지 준위 E_2는 총 24개의 중첩을 갖는다. 중첩된 에너지 준위들은 각각 상이한 전파상수를 가지며 전파특성도 서로 다르지만, 에너지는 모두 동일하다.

(f) 전자가 가장 낮은 에너지 준위에 존재할 경우, 파동함수와 분포함수는 각각 다음과 같다.

$$\Psi_{\pm1\pm1\pm1}(x,y,z) = \psi_{\pm1}(x)\phi_{\pm1}(y)\varphi_{\pm1}(z) = \begin{cases} \left(\sqrt{\dfrac{2}{a}}\right)^3 \sin k_{1x}x\cdot\sin k_{1y}y\cdot\sin k_{1z}z & :\text{내부} \\ 0 & :\text{외부} \end{cases}$$

$$|\Psi_{\pm1\pm1\pm1}(x,y,z)|^2 = |\psi_{\pm1}(x)\phi_{\pm1}(y)\varphi_{\pm1}(z)|^2 = \begin{cases} \left(\dfrac{2}{a}\right)^3 \sin^2 k_{1x}x\cdot\sin^2 k_{1y}y\cdot\sin^2 k_{1z}z & :\text{내부} \\ 0 & :\text{외부} \end{cases}$$

$$k_{1x} = \pm\frac{\pi}{a},\quad k_{1y} = \pm\frac{\pi}{a},\quad k_{1z} = \pm\frac{\pi}{a}$$

따라서 3차원 무한 에너지 장벽 내에 갇힌 전자가 가장 낮은 에너지 상태에 존재하는 경우, 장벽 내의 중앙, 즉 $(x,y,z)_{max} = (1,\ 1,\ 1)a/2$인 위치에서 전자가 발견될 확률이 가장 높다.

2.7 이중 계단형 장벽과 전자의 이동 특성

그림과 같이 에너지 장벽의 불연속이 두 군데($x=0,\ x=a$) 존재하는 1차원 계단형 장벽 구조를 통해, 이와 유사한 반도체 소자의 특성을 이해하기 위한 기초를 확립하고자 한다. 에너지가 $\Delta E_1 < E < \Delta E_2$인 전자가 x축의 양의 방향으로 입사한 경우,

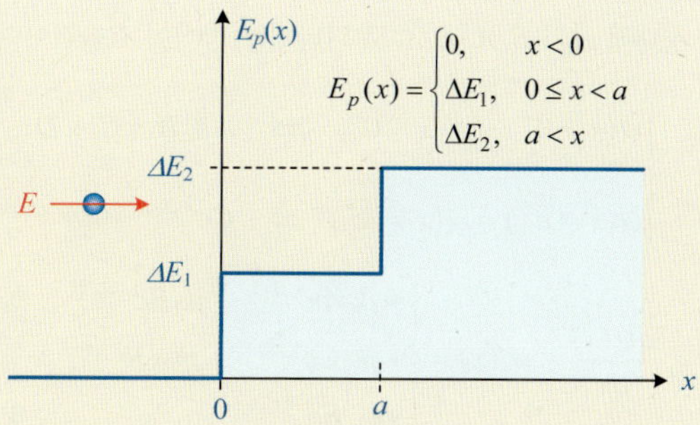

(a) 에너지 장벽의 높이가 일정한 세 영역으로 구분하고, 각 영역에서의 전파상수를 구하라.

(b) 각 영역에서의 파동함수를 구하라.

(c) 에너지가 불연속인 지점에서의 경계조건을 구하라.

(d) 영역 I에서의 반사계수 R을 구하라.

(e) 영역 III에서의 전달계수 T를 구하라.

(f) 위의 결과를 참고하여 $E < \Delta E_1$인 전자가 x축의 양의 방향으로 입사된 경우의 반사계수와 전달계수를 구하라.

그림과 같이 에너지 장벽의 불연속이 두 군데($x=0,\ x=a$) 존재하는 1차원 계단형 장벽 구조에 대해서는 먼저 에너지 장벽의 높이와 전파상수가 일정한 3개의 영역을 구분하고, 각 영역의 경계에서 파동함수에 대한 경계조건을 적용하여 전자의 전파/이동 특성을 해석하는 것이 편리하다. 우선 에너지 장벽을 기준으로 다음과 같이 세 영역으로 구분하자.

$$E_p(x) = \begin{cases} 0 & ;\ x<0 & :\text{영역 I} \\ \Delta E_1 & ;\ 0 \le x < a & :\text{영역 II} \\ \Delta E_2 & ;\ a < x & :\text{영역 III} \end{cases}$$

(a) 각 영역에서의 전파상수는 다음과 같다.

$$k = \begin{cases} k_1 = \sqrt{\dfrac{2m^* E}{\hbar^2}} & : \text{실수} & & : \text{영역 I} \\ k_2 = \sqrt{\dfrac{2m^*(E - \Delta E_1)}{\hbar^2}} & : \text{실수} & (\Delta E_1 < E < \Delta E_2) & : \text{영역 II} \\ k_3 = \sqrt{\dfrac{2m^*(E - \Delta E_2)}{\hbar^2}} = jk_{3o} : \text{순허수} ; & k_{3o} = \sqrt{\dfrac{2m^*(\Delta E_2 - E)}{\hbar^2}} & : \text{실수} & : \text{영역 III} \end{cases}$$

특히 영역 I과 II의 전파상수는 실수값인데 비해, 영역 III의 전파상수는 순허수이므로, 전자가 영역 III을 전파하는 동안 감쇄가 발생함을 알 수 있다.

(b) 각 영역별 파동함수의 일반적 형태는 다음과 같다.

$$\psi(x) = \begin{cases} Ae^{+jk_1x} + Be^{-jk_1x} & : \text{영역 I} \\ Ce^{+jk_2x} + De^{-jk_2x} & : \text{영역 II} \\ Ee^{+jk_3x} + Fe^{-jk_3x} = Ee^{-k_{3o}x} + Fe^{+k_{3o}x} & : \text{영역 III} \quad k_3 = jk_{3o} : \text{순허수} \ ; \quad k_{3o} = \sqrt{\dfrac{2m^*(\Delta E_2 - E)}{\hbar^2}} : \text{실수} \end{cases}$$

그런데 영역 III에서 파동함수가 유한하기 위해서는 $F = 0$이 되어야 하므로, 다음과 같이 간략화할 수 있다.

$$\psi(x) = \begin{cases} Ae^{+jk_1x} + Be^{-jk_1x} & : \text{영역 I} & ; \ Ae^{+jk_1x} : \text{입사파}, \ Be^{-jk_1x} : \text{반사파} \\ Ce^{+jk_2x} + De^{-jk_2x} & : \text{영역 II} & \\ Ee^{-k_{3o}x} & : \text{영역 III} \ ; \ k_3 = jk_{3o} : \text{순허수} & ; \ Ee^{-k_{3o}x} : \text{영역 III으로의 전달파} \end{cases}$$

(c) 에너지 장벽의 불연속 경계($x = 0$, $x = a$)에서의 파동함수와, 파동함수의 공간에 대한 변화율의 경계조건을 생각해 보자. 이때 A는 영역 I에서 x축의 양의 방향으로 입사된 입사파에 해당하므로, 다음과 같이 입사파에 대한 반사파 및 전달파의 상대적 크기(B/A, E/A)로 나타내는 방식이 효율적이다.

$$\begin{cases} \psi(x = 0^-) = \psi(x = 0^+) \ \Rightarrow \ A + B = C + D & \Rightarrow \ -\dfrac{B}{A} + \dfrac{C}{A} + \dfrac{D}{A} = 1 \\ \psi(x = a^-) = \psi(x = a^+) \ \Rightarrow \ Ce^{+jk_2a} + De^{-jk_2a} = Ee^{-k_{3o}a} & \Rightarrow \ +e^{+jk_2a}\dfrac{C}{A} + e^{-jk_2a}\dfrac{D}{A} - e^{-k_{3o}a}\dfrac{E}{A} = 0 \end{cases}$$

$$\frac{d\psi(x)}{dx} \equiv \psi'(x) = \begin{cases} +jk_1Ae^{+jk_1x} - jk_1Be^{-jk_1x} & : \text{영역 I} \\ +jk_2Ce^{+jk_2x} - jk_2De^{-jk_2x} & : \text{영역 II} \\ -k_{3o}Ee^{-k_{3o}x} & : \text{영역 III} \quad k_3 = jk_{3o} : \text{순허수} \end{cases}$$

$$\begin{cases} \psi'(x = 0^-) = \psi'(x = 0^+) \ \Rightarrow \ +jk_1A - jk_1B = +jk_2C - jk_2D & \Rightarrow \ +\dfrac{B}{A} + \dfrac{k_2}{k_1}\dfrac{C}{A} - \dfrac{k_2}{k_1}\dfrac{D}{A} = 1 \\ \psi'(x = a^-) = \psi'(x = a^+) \ \Rightarrow \ +jk_2Ce^{+jk_2a} - jk_2De^{-jk_2a} = -k_{3o}Ee^{-k_{3o}a} & \\ \quad \Rightarrow \ +jk_2e^{+jk_2a}\dfrac{C}{A} - jk_2e^{-jk_2a}\dfrac{D}{A} + k_{3o}e^{-k_{3o}a}\dfrac{E}{A} = 0 & \end{cases}$$

$$\begin{pmatrix} -1 & 1 & 1 & 0 \\ 0 & e^{+jk_2a} & e^{-jk_2a} & -e^{-k_{3o}a} \\ 1 & \dfrac{k_2}{k_1} & -\dfrac{k_2}{k_1} & 0 \\ 0 & +jk_2e^{+jk_2a} & -jk_2e^{-jk_2a} & k_{3o}e^{-k_{3o}a} \end{pmatrix} \begin{pmatrix} B/A \\ C/A \\ D/A \\ E/A \end{pmatrix} = \begin{pmatrix} 1 \\ 0 \\ 1 \\ 0 \end{pmatrix}$$

(d), (e) 경계조건으로부터 얻은 B/A, E/A를 이용하여 영역 I에서의 반사계수 R과 영역 III의 전달계수 T를 구할 수 있다. 전자의 에너지가 $\Delta E_1 < E < \Delta E_2$인 경우, 영역 III의 전달계수는 다음과 같다.

$$T = \frac{\text{전달 유동밀도(transmittted flux)}}{\text{입사 유동밀도(injected flux)}} = \frac{|\psi_{III+}(x)|^2 \upsilon_{III+}}{|\psi_{I+}(x)|^2 \upsilon_{I+}} = \frac{|\psi_{III+}(x)|^2 k_3\big|_{x=+\infty}}{|\psi_{I+}(x)|^2 k_1} = 0$$

따라서 영역 I에서의 반사계수는 다음과 같다.

$$R = 1 - T = 1 \quad \text{또는} \quad R = \frac{\text{반사 유동밀도(reflected flux)}}{\text{입사 유동밀도(injected flux)}} = \frac{|\psi_{I-}(x)|^2 \upsilon_{I-}}{|\psi_{I+}(x)|^2 \upsilon_{I+}} = \frac{|\psi_{I-}(x)|^2 k_1}{|\psi_{I+}(x)|^2 k_1} = \frac{|\psi_{I-}(x)|^2}{|\psi_{I+}(x)|^2} = \left|\frac{B}{A}\right|^2 = 1$$

즉 계단형 에너지 장벽 구조에서 전자의 에너지가 영역 III의 에너지 장벽 높이보다 작을 경우, 영역 III에서 경계와 멀리 떨어진 곳에서 전자가 발견될 확률은 ~0이 되므로, 전달계수 $T = 0$, 반사계수는 $R = 1 - T = 1$이 된다.

(f) 전자의 에너지가 $E < \Delta E_1$인 경우는 앞의 설명과 동일하게 전자의 에너지가 영역 III의 에너지 장벽 높이보다 작은 경우에 해당한다. 따라서 영역 III의 전파상수 k_3는 순허수가 되고, 영역 III의 파동함수와 확률 분포함수는 각각 다음과 같다.

$$\psi(x) = Ee^{-k_{3o}x} \qquad \text{: 영역 III}$$

$$|\psi(x)|^2 = |E|^2 e^{-2k_{3o}x} \text{ : 영역 III} \quad k_{3o} = \sqrt{\frac{2m^*(\Delta E_2 - E)}{\hbar^2}} \text{ : 실수}$$

따라서 영역 III에서 계단형 에너지 장벽의 경계로부터 먼 곳에서 전자가 발견될 확률은 ~0이 되므로, 전달계수 $T = 0$, 반사계수는 $R = 1 - T = 1$이 된다. 정리하면, 계단형 장벽에 입사된 전자의 에너지가 영역 III의 에너지 장벽의 높이보다 작은 경우, 파동방정식의 경계조건을 모두 적용하여 파동함수의 각각의 계수를 구할 필요 없이, 항상 반사계수 $R = 1$, 전달계수 $T = 0$임을 활용해도 좋다.

2.8 입사 방향과 전자의 전파특성

그림과 같이 에너지 장벽의 불연속이 존재하는 1차원 계단형 장벽 구조를 통해, 전자의 진행 방향에 따른 파동함수의 특성을 이해하고자 한다. 에너지가 $\Delta E_1 < E < \Delta E_2$인 전자가 x축의 음의 방향으로 입사된 경우,

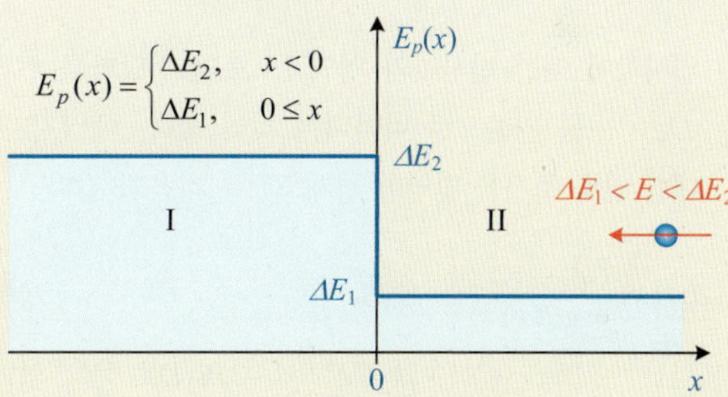

(a) 영역 I과 II에서의 전파상수를 구하라.
(b) 각 영역에서의 파동함수를 구하라.
(c) 에너지가 불연속인 지점에서의 경계조건을 구하라.
(d) 반사계수 R을 구하라.
(e) 전달계수 T를 구하라.
(f) $x = -\infty$에서 전자를 발견할 확률을 구하라.

이 경우에 에너지 장벽의 불연속이 존재하므로, 일단 에너지 장벽의 높이 및 전파상수가 일정한 2개의 영역으로 구분하고, 각 영역의 경계지점에서 파동함수에 대한 경계조건을 적용하여 전자의 전파특성을 알아보아야 한다. (이때 $x = -y$로 좌표를 변환하면, 반도체 공학 교재에서 다룬 '2.3.4 계단형 에너지 장벽 구조에서 전자의 전파특성'과 동일하게 해석할 수 있다.)

에너지 장벽의 높이가 일정한 두 영역으로 구분하면, 영역별 에너지 장벽은 다음과 같다.

$$E_p(x) = \begin{cases} \Delta E_2 \ ; \ x < 0 : \text{영역 I} \\ \Delta E_1 \ ; \ x > 0 : \text{영역 II} \end{cases}$$

(a) 영역 I과 II에서의 전파상수 k_1과 k_2는 각각 다음과 같다.

$$k = \begin{cases} k_1 = \sqrt{\dfrac{2m^*(E - \Delta E_2)}{\hbar^2}} = jk_{1o} \ : \text{순허수} \ ; \ k_{1o} = \sqrt{\dfrac{2m^*(\Delta E_2 - E)}{\hbar^2}} : \text{영역 I} \\ k_2 = \sqrt{\dfrac{2m^*(E - \Delta E_1)}{\hbar^2}} \qquad : \text{실수} \qquad : \text{영역 II} \end{cases}$$

그런데 전자의 에너지가 $\Delta E_1 < E < \Delta E_2$이므로, 영역 II에서의 전파상수는 실수, 영역 I에서의 전파상수는 순허수가 된다. 따라서 전자가 x축의 음의 방향으로 진행함에 따라 발견 확률이 급격히 감소함을 알 수 있다.

(b) 각 영역별 전파상수를 반영한 파동함수의 일반 형태는 다음과 같다.

$$\psi(x) = \begin{cases} Ae^{+jk_1x} + Be^{-jk_1x} = Ae^{-k_{1o}x} + Be^{+k_{1o}x} : \text{영역 I} \ ; \ k_1 = jk_{1o} : \text{순허수} \ ; \ k_{1o} = \sqrt{\dfrac{2m^*(\Delta E_2 - E)}{\hbar^2}} \\ Ce^{+jk_2x} + De^{-jk_2x} \qquad : \text{영역 II} \end{cases}$$

그런데 영역 I에서 전파상수가 순허수임을 고려하면, 영역 I의 파동함수가 유한하기 위해서는 $A = 0$이 되어야 하므로, 이를 반영한 파동함수는 다음과 같다.

$$\psi(x) = \begin{cases} Be^{+k_{1o}x} \qquad : \text{영역 I} \ ; \ k_1 = jk_{1o} : \text{순허수} \ ; \ k_{1o} = \sqrt{\dfrac{2m^*(\Delta E_2 - E)}{\hbar^2}} \\ Ce^{+jk_2x} + De^{-jk_2x} : \text{영역 II} \end{cases}$$

또한 전자가 x축의 음의 방향으로 입사되었으므로, 입사파, 반사파, 전달파는 각각 다음과 같다.

$$\begin{cases} De^{-jk_2x} & : \text{영역 II에서의 입사파} \\ Ce^{+jk_2x} & : \text{영역 II로의 반사파} \\ Be^{-jk_1x} = Be^{+k_{1o}x} & : \text{영역 I로의 전달파} \end{cases}$$

(c) 입사파에 대한 반사파와 영역 I으로의 전달파를 편리하게 나타내기 위해서는 영역 II에서 x축의 음의 방향으로 입사된 De^{-jk_2x}를 기준으로 나타내는 것이 좋다. 에너지가 불연속인 지점 $x = 0$에서 파동함수와 파동함수의 공간적 변화율에 대한 연속 조건을 반영한 경계조건은 다음과 같다.

$$\frac{d\psi(x)}{dx} = \psi'(x) = \begin{cases} +k_{1o}Be^{+k_{1o}x} \qquad : \text{영역 I} \ ; \ k_1 = jk_{1o} : \text{순허수} \ ; \ k_{1o} = \sqrt{\dfrac{2m^*(\Delta E_2 - E)}{\hbar^2}} \\ +jk_2Ce^{+jk_2x} - jk_2De^{-jk_2x} : \text{영역 II} \end{cases}$$

$$\begin{cases} \psi(x=0^-) = \psi(x=0^+) \ \Rightarrow \ B = C + D \ \Rightarrow \ \dfrac{B}{D} - \dfrac{C}{D} = 1 \\ \psi'(x=0^-) = \psi'(x=0^+) \ \Rightarrow \ +k_{1o}B = +jk_2C - jk_2D \ \Rightarrow \ +j\dfrac{k_{1o}}{k_2}\dfrac{B}{D} + \dfrac{C}{D} = 1 \end{cases} \Rightarrow \begin{pmatrix} 1 & -1 \\ j\dfrac{k_{1o}}{k_2} & 1 \end{pmatrix}\begin{pmatrix} B/D \\ C/D \end{pmatrix} = \begin{pmatrix} 1 \\ 1 \end{pmatrix}$$

따라서 전달계수와 반사계수를 결정하는 (C/D), (B/D)는 각각 다음과 같이 간략화할 수 있다.

$$\left(\frac{C}{D}\right) = \frac{1 - j(k_{1o}/k_2)}{1 + j(k_{1o}/k_2)}, \qquad \left(\frac{B}{D}\right) = \frac{2}{1 + j(k_{1o}/k_2)}$$

(d) $\Delta E_1 < E < \Delta E_2$의 에너지를 가진 전자가 영역 II로부터 x축의 음의 방향으로 입사된 경우, 경계조건으로부터 얻은 반사계수 R은 다음과 같다.

$$R = \frac{\text{반사 유동밀도}}{\text{입사 유동밀도}} = \frac{|\psi_{II+}(x)|^2 \upsilon_{II+}}{|\psi_{II-}(x)|^2 \upsilon_{II-}} = \frac{|\psi_{II+}(x)|^2 k_2}{|\psi_{II-}(x)|^2 k_2} = \frac{|\psi_{II+}(x)|^2}{|\psi_{II-}(x)|^2} = \left|\frac{C}{D}\right|^2 = \left|\frac{1-j(k_{1o}/k_2)}{1+j(k_{1o}/k_2)}\right| = 1$$

(e) $\Delta E_1 < E < \Delta E_2$의 에너지를 가진 전자가 영역 II로부터 x축의 음의 방향으로 입사된 경우, 전달계수 T는 다음과 같다.

$$T = \frac{\text{전달 유동밀도}}{\text{입사 유동밀도}} = \frac{|\psi_{I-}(x)|^2 \upsilon_{I-}}{|\psi_{II-}(x)|^2 \upsilon_{II-}} = \frac{|\psi_{I-}(x)|^2 k_1\big|_{x=-\infty}}{|\psi_{II-}(x)|^2 k_2} = 0, \quad \text{또는} \quad T = 1 - R = 0$$

즉 이 문제와 같은 계단형 에너지 장벽 구조에 x축의 양의 방향에서 음의 방향으로 입사된 전자의 경우, 영역 I에서 x축의 음의 방향으로 멀리 떨어진 곳에서 전자가 발견될 확률은 ~0이 되므로, 전달계수 $T = 0$, 반사계수는 $R = 1 - T = 1$이 된다.

(f) $x = -\infty$에서 전자를 발견할 확률은 영역 I의 파동함수를 이용하면 다음과 같이 0임을 알 수 있다.

$$|\psi(x = -\infty)|^2 = |B|^2 e^{-2k_{1o}\infty} = 0$$

즉 에너지 장벽보다 작은 에너지를 가진 전자가 계단형 에너지 장벽에 입사할 경우, 영역 II로부터 영역 I로의 전달계수는 0이 된다.

2.9 수소 원자 모델의 에너지 중첩의 수

구 대칭성을 가진 정전기적 에너지 장벽 내의 수소 원자는 주 양자수, 부 양자수, 자기 양자수 및 스핀 양자수로 양자 상태가 구분되며, 에너지는 주 양자수에 의해서만 결정된다. n번째 궤도의 에너지를 가지는 양자 상태 또는 에너지 중첩의 수가 $2n^2$임을 보여라.

구 대칭성을 가진 정전기적 에너지 장벽 내의 수소 원자는 주 양자수(n), 부 양자수(l), 자기 양자수(m) 및 스핀 양자수(s)로 양자 상태가 구분되며, 에너지는 주 양자수 n에 의해서만 결정된다.

스핀 양자수를 반영한 양자 상태를 포함하는 파동함수는 $\Psi_{nmls}(r, \theta, \phi)$로 표현할 수 있다. 이때 양자수 조합 n, l, m, s는 주 양자수 $n(\geq 1)$에 의해 좌우되며, 각각의 주 양자수 n에 대해 부 양자수 l은 $l = 0, 1, 2, 3, \ldots\ldots (n-1)$의 n개의 상태가 가능하다.

또 각각의 부 양자수에 대해 자기 양자수 m은 $m = -l, -(l-1), \ldots\ldots, -1, 0, +1, +2, \ldots\ldots, +(l-1), +l$의 $(2l+1)$개의 상태가 가능하다.

한편 각각의 자기 양자수에 대해서는 2개의 스핀 양자수가 가능하다.

따라서 이러한 조합의 수를 모두 합치면, 주 양자수 n에 허용된 총 양자 상태의 수는 $2n^2$이 되고, 이들 양자 상태는 모두 같은 에너지를 가진다. 즉 양자수 n의 축퇴 수는 $2n^2$개가 된다. (자세한 유도/증명 과정은 생략한다.)

Chapter

03 에너지 대역 형성과 이동전하

Energy Band and Charged Mobile Carriers in Periodic Semiconductors

3.1 반도체, 상태밀도함수(DOS)

오른쪽 그림과 같은 $E-k$ 관계도를 가진 동일한 결정 구조의 두 반도체 A와 B가 있다.

(a) 반도체 A와 B의 전도대역 전자의 유효질량 m^*_{nA}와 m^*_{nB}를 비교하라.

(b) 전도대역의 허용에너지 상태밀도함수 $g_{CA}(E)$와 $g_{CB}(E)$를 그림으로 비교하라.

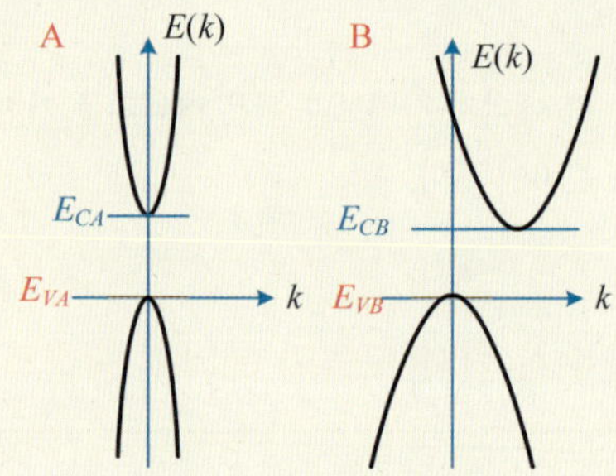

(a) 반도체 A와 B의 전도대역 전자의 유효질량 m^*_{nA}와 m^*_{nB}은 그림의 $E-k$ 관계도를 이용하여 비교할 수 있다. 전도대역 전자의 전파상수 k와 에너지의 관계 $E(k)$는

$$\begin{cases} A\text{의 전도대역 전자: } E_A(k) = E_{CA} + \dfrac{\hbar^2 k^2}{2m^*_{nA}} \iff E_A(k) - E_{CA} = \dfrac{\hbar^2 k^2}{2m^*_{nA}} \\ B\text{의 전도대역 전자: } E_B(k) = E_{CB} + \dfrac{\hbar^2 k^2}{2m^*_{nB}} \iff E_B(k) - E_{CB} = \dfrac{\hbar^2 k^2}{2m^*_{nB}} \end{cases}$$

이므로, 전자의 유효질량 m_n^*은 다음의 관계식을 이용하여 구할 수 있다.

$$m^*\big|_{E\geq E_C} \equiv m_n^* = 1\bigg/\left(\frac{1}{\hbar^2}\cdot\frac{d^2E(k)}{dk^2}\right)_{E\geq E_C}$$

2차 함수 형태를 띤 $E-k$ 관계도의 경우, 그래프가 완만할수록 유효질량이 큼을 의미한다. 따라서 다음과 같이 B의 전도대역 전자의 유효질량 m^*_{nB}가 A의 전도대역 전자의 유효질량 m^*_{nA}보다 큼을 알 수 있다.

$$m^*_{nA} < m^*_{nB}, \quad \text{또는} \quad \frac{m^*_{nA}}{m^*_{nB}} < 1$$

(b) A와 B의 전도대역의 허용에너지 상태밀도함수 $g_{CA}(E)$와 $g_{CB}(E)$는 $E-k$ 관계도를 이용하여 구할 수 있다. 전도대역의 허용에너지 상태밀도함수 $g_C(E)$는 다음과 같이 $E-k$ 관계도에서 도출되는 유효질량에 의해 결정된다.

$$g_C(E) = \frac{m_n^{*3/2}\sqrt{2}}{\pi^2\hbar^3}\sqrt{E-E_C} \propto m_n^{*3/2} : E \geq E_C \iff \frac{g_{cB}(E)}{g_{cA}(E)} = \left(\frac{m^*_{nB}}{m^*_{nA}}\right)^{3/2} > 1 \iff g_{CB}(E) > g_{CA}(E)$$

특히 A와 B가 동일한 운동에너지에 해당하는 에너지 준위, 즉 전도대역 최소에너지(E_C)로부터 같은 위치에 존재하는 경우($E_A - E_{CA} = E_B - E_{CB}$)에는 유효질량이 큰 B가 더욱 큰 허용에너지 상태밀도를 가진다. 이를 그림으로 비교하면 다음과 같다.

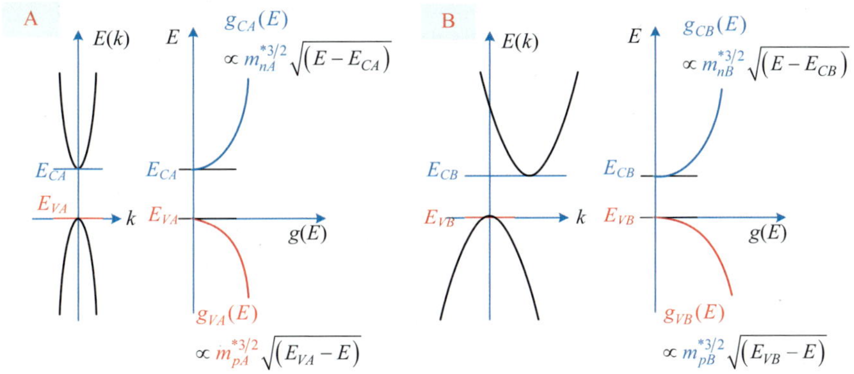

3.2 $E-k$ 관계도

그림과 같은 $E-k$ 관계도를 가진 반도체의 경우, 절대온도 $T=0$ [K]에서 $E \le E_{V1}$까지의 허용에너지 준위는 모두 전자에 의해 채워져 있고, $E \ge E_C$의 에너지 준위는 완전히 비어있다. (비교문제는 1보다 큰지 작은지를 표기한다.)

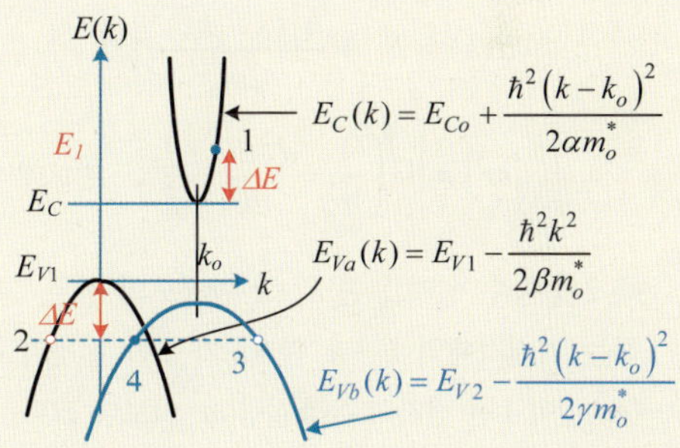

(a) E_C, E_{V1}, E_{V2}를 이용하여 이 반도체의 에너지 대역도를 표시하라.

(b) 이 반도체의 $E-k$ 관계도를 이용하여 정공의 의미에 대해 설명하라.

(c) 이 반도체는 직접 천이형 반도체인지 또는 간접 천이형 반도체인지 설명하라.

(d) 1번 전자와 4번 전자의 유효질량을 비교($|m^*_{n1}/m^*_{n4}|$)하라.

(e) 같은 에너지에 존재하는 2번 정공과 3번 정공의 유효질량을 근거를 제시하여 비교($|m^*_{p2}/m^*_{p3}|$)하라.

(f) 2번 정공과 3번 정공의 운동에너지(E_{k2}/E_{k3})를 비교하라(근거 설명).

(g) 같은 에너지에 존재하는 2번 정공과 3번 정공의 이동속도를 근거를 제시하여 비교($|\upsilon_{p2}/\upsilon_{p3}|$)하라.

(h) 1번 전자와 2번 정공의 운동에너지를 근거를 제시하여 비교(E_{k1}/E_{k2})하라.

(i) 1번 전자와 2번 정공의 이동속도를 근거를 제시하여 비교($|\upsilon_{n1}/\upsilon_{p2}|$)하라.

(j) 3번 정공과 4번 전자의 이동속도를 근거를 제시하여 비교($|\upsilon_{p3}/\upsilon_{n4}|$)하라.

(a) $E-k$ 관계도에 제시된 E_C, E_{V1}, E_{V2}를 이용하여 이 반도체의 에너지 대역도($E-x$)를 나타내면 아래 그림과 같다. 즉 $E \ge E_C$인 에너지 대역은 허용대역으로서 전도대역이 되고, $E \le E_{V1}$인 에너지 대역은 허용대역으로 가전자대역이 되며, $E_{V1} < E < E_C$는 금지대역, 그리고 에너지 밴드갭은 $E_g = E_C - E_{V1}$이 된다.

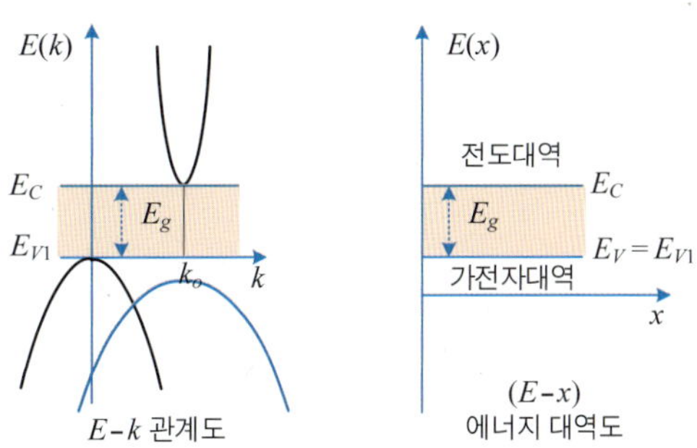

(b) 정공(hole)의 의미는 반도체의 $E-k$ 관계도를 이용하여 설명할 수 있다. 절대온도 $T=0$ [K]에서는 $E \le E_V$의 가전자대역에 허용된 에너지 상태들이 전자로 완전히 채워져 있다. 온도가 증가하여 $T>0$ [K]이 되면, 열에너지($E_{th}=kT$)에 의해 전자 일부가 전도대역($E \ge E_C$)으로 천이하게 되고, 이로 인해 가전자대역에는 빈 에너지 상태가 생성된다. 전자들의 이동에 따라 결정되는 반도체의 특성을 해석할 때, 에너지 준위의 대부분이 전자들로 채워진 상황에서는 소수의 비어있는 상태를 이용하여 전기적 특성을 해석하는 것이 더 편리하다. 이와 같이 가전자대역에 허용된 에너지 상태 중 일부 비어있는 자리를 정공(hole)이라 정의하고, 이를 전자의 전하$(-q)$와는 반대의 양전하$(+q)$를 띠고, 전계의 방향과 동일한 방향으로 이동하는 가상적인 전도성 이동전하로 해석한다. 정공이라는 개념은 반도체의 특성을 해석할 때 효율적인 도구로 사용되며, 가전자대역($E<E_V$)에서만 정의된 가상적인 이동전하임을 기억해야 한다.

(c) 반도체가 직접 천이형 반도체인지 또는 간접 천이형 반도체인지를 $E-k$ 관계도로부터 구별할 수 있다. $E-k$ 관계도에 의하면, 가전자대역의 최대 에너지를 갖는 전파상수($k_{VB,max}$)와 전도대역의 최소 에너지를 갖는 전파상수($k_{CB,min}$)가 서로 다른 값을 가지고 있다. 따라서 이 반도체는 전도대역의 전자가 가전자대역의 빈 자리로 이동(재결합)할 때, 에너지 차이(밴드갭과 같은 크기)를 운동에너지로 사용하여 빛 대신 열로 방출하는 간접 천이형 반도체이다.

(d) 전도대역 전자 또는 가전자대역 정공의 유효질량 m^*은 $E-k$ 관계도로부터 다음의 관계식을 이용하여 구할 수 있다.

$$\left.\begin{aligned} E(k) &= E_C + \frac{\hbar^2 k^2}{2m_n^*} \\ E(k) &= E_C + \frac{\hbar^2 (k-k_o)^2}{2m_n^*} \end{aligned}\right\} \Rightarrow \frac{d^2E(k)}{dk^2} = \frac{\hbar^2}{m_n^*} \Rightarrow m_n^* = 1\bigg/\left(\frac{1}{\hbar^2}\cdot\frac{d^2E(k)}{dk^2}\right) : \text{ 전도대역 전자}$$

$$|m^*| \equiv \left|1\bigg/\left(\frac{1}{\hbar^2}\cdot\frac{d^2E(k)}{dk^2}\right)\right| : \text{ 전도대역 전자와 가전자대역 정공}$$

즉 2차 함수 형태를 띤 $E-k$ 관계도의 경우, 그래프가 완만할수록 유효질량이 큼을 알 수 있다. 따라서 4번 전자가 존재하는 가전자대역 $E-k$ 관계도가 1번 전자가 존재하는 전도대역 $E-k$ 관계도보다 완만하므로, 4번 전자의 유효질량(m^*_{n4})이 1번 전자의 유효질량(m^*_{n1})보다 크다. 즉 다음과 같이 나타낼 수 있다.

$$|m_{n1}^*| < |m_{n4}^*| = |m_{p4}^*|, \quad \text{또는} \quad \left|\frac{m_{n1}^*}{m_{n4}^*}\right| < 1$$

(e) 2번 정공과 3번 정공의 유효질량을 비교해 보자. 2번 정공과 3번 정공은 같은 에너지 상태에 존재하지만, $E-k$ 관계가 상대적으로 완만한 대역에 존재하는 3번 정공의 유효질량(m^*_{p3})이 2번 정공의 유효질량(m^*_{p2})보다 크다.

$$|m_{p2}^*| < |m_{p3}^*|, \quad \text{또는} \quad \left|\frac{m_{p2}^*}{m_{p3}^*}\right| < 1$$

(f) 2번 정공과 3번 정공의 운동에너지(E_{k2}/E_{k3})를 비교하기 위한 가전자대역 정공의 에너지 E, 전파상수 k, 운동에너지 E_k의 관계는 다음과 같다.

$$\begin{cases} \text{가전자대역 정공 } 2 : E = E_{V1} - \dfrac{\hbar^2 k^2}{2m_{p2}^*} \\ \text{가전자대역 정공 } 3 : E = E_{V2} - \dfrac{\hbar^2 (k-k_o)^2}{2m_{p3}^*} \end{cases}$$

정공 2와 정공 3은 서로 다른 $E-k$ 대역에 존재하며, 정공 2와 정공 3의 운동에너지 E_{k2}와 E_{k3}는 각각 다음과 같다.

$$\begin{cases} E_{k2} = (E_{V1} - E) = \dfrac{\hbar^2 k_2^2}{2m_{p2}^*} \\ E_{k3} = (E_{V2} - E) = \dfrac{\hbar^2 (k_3 - k_o)^2}{2m_{p3}^*} \end{cases}$$

그런데 $E_{V1} > E_{V2}$이므로, 다음과 같이 2번 정공의 운동에너지 E_{k2}가 3번 정공의 운동에너지 E_{k3}보다 크다.

$$E_{k2} = \frac{\hbar^2 k_2^2}{2m_{p2}^*} = (E_{V1} - E) > (E_{V3} - E) = E_{k3} = \frac{\hbar^2 (k_3 - k_o)^2}{2m_{p3}^*} \quad \Leftrightarrow \quad \frac{E_{k3}}{E_{k2}} = \frac{(E_{V3} - E)}{(E_{V1} - E)} < 1$$

(g) 같은 에너지에 존재하는 2번 정공과 3번 정공의 이동속도는 $E-k$ 관계도와, 입자와 파동의 이중성을 기반으로 한 결정 운동량($p = \hbar k = m^* \upsilon$)을 이용하여 구할 수 있다. 전자와 정공의 이동속도($\upsilon_n(k)$, $\upsilon_p(k)$)는 각각 다음과 같이 $E-k$ 관계도의 기울기에 비례한다.

$$\upsilon_n(k) = \frac{1}{\hbar} \cdot \frac{dE(k)}{dk} \quad : E \ge E_C; \quad \text{전도대역 전자}$$

$$\upsilon_p(k) = -\frac{1}{\hbar} \cdot \frac{dE(k)}{dk} \quad : E \le E_V; \quad \text{가전자대역 정공}$$

따라서 유효질량이 다르고 에너지 대역도 다르나, 에너지는 동일한 정공 2와 정공 3의 이동속도는 $E-k$ 관계도의 기울기로부터 다음과 같이 비교할 수 있다.

$$\upsilon_{p2}(k)\big|_{2\text{번 정공}} = \left| -\frac{1}{\hbar} \cdot \frac{dE(k)}{dk} \right|_{2\text{번 정공}} > \upsilon_{p3}(k)\big|_{3\text{번 정공}} = \left| -\frac{1}{\hbar} \cdot \frac{dE(k)}{dk} \right|_{3\text{번 정공}}$$

또 운동에너지와 이동속도에 관한 관계식을 다음과 같이 적용할 수 있다.

$$E_{kp} = E_V - E = \frac{\hbar^2 k^2}{2m_p^*} = \frac{m_p^* \upsilon_p^2}{2} \quad \Leftrightarrow \quad |\upsilon_p| = \sqrt{\frac{2E_{kp}}{m_p^*}} = \sqrt{\frac{2(E_V - E)}{m_p^*}}$$

$$|\upsilon_{p2}| = \sqrt{\frac{2(E_{V1} - E)}{m_{p2}^*}} > |\upsilon_{p3}| = \sqrt{\frac{2(E_{V2} - E)}{m_{p3}^*}} \quad \begin{cases} (E_{V1} - E) > (E_{V2} - E) \\ m_{p2}^* < m_{p3}^* \end{cases} \quad \Leftrightarrow \quad \frac{|\upsilon_{p3}|}{|\upsilon_{p2}|} < 1$$

즉 3번 정공에 비해 유효질량은 적으나 운동에너지가 큰 2번 정공의 이동속도가, 유효질량이 상대적으로 크면서도 운동에너지는 작은 3번 정공의 이동속도보다 빠름을 알 수 있다.

(h) 1번 전자와 2번 정공의 운동에너지는 $E-k$ 관계도를 이용하여 구할 수 있다. 그림과 같이 1번 전자의 운동에너지 E_{k1}과 2번 정공의 운동에너지 E_{k2}는 각각

$$E_{k1} = \frac{\hbar^2 (k_1 - k_o)^2}{2m_{n1}^*} = (E_1 - E_C) = \Delta E = E_{k2} = \frac{\hbar^2 k_2^2}{2m_{p2}^*} = (E_{V1} - E_2) = \Delta E \quad \Leftrightarrow \quad \frac{E_{k2}}{E_{k1}} = 1$$

이므로, 그 크기가 같음을 알 수 있다.

(i) 1번 전자와 2번 정공의 이동속도는 다음의 관계식을 이용하여 해석할 수 있다.

$$|\upsilon_{n1}| = \sqrt{\frac{2(E_1 - E_C)}{m_{n1}^*}} = \sqrt{\frac{2\Delta E}{m_{n1}^*}} > |\upsilon_{p2}| = \sqrt{\frac{2(E_{V1} - E_2)}{m_{p2}^*}} = \sqrt{\frac{2\Delta E}{m_{p2}^*}} \quad \begin{cases} (E_1 - E_C) = (E_{V1} - E_2) = \Delta E \\ m_{n1}^* < m_{p2}^* \end{cases} \quad \Leftrightarrow \quad \frac{|\upsilon_{n1}|}{|\upsilon_{p2}|} > 1$$

즉 이들은 동일한 운동에너지를 가지지만, 유효질량의 차이로 1번 전자의 이동속도가 2번 정공의 이동속도보다 빠르다.

(j) 3번 정공과 4번 전자의 이동속도도 다음의 관계식을 이용하여 해석할 수 있다.

$$|\upsilon_{p3}| = \sqrt{\frac{2(E_{V2}-E)}{m^*_{p3}}} = |\upsilon_{n4}| = \sqrt{\frac{2(E_{V2}-E)}{m^*_{n4}}} \quad \begin{cases} (E_{V2}-E) = E_{k3} = E_{k4} \\ |m^*_{p3}| = |m^*_{n4}| \end{cases} \quad \Leftrightarrow \quad \frac{|\upsilon_{n4}|}{|\upsilon_{p3}|} = 1$$

즉 동일한 $E-k$ 관계를 갖는 에너지 대역에 존재하는 3번 정공과 4번 전자는 같은 크기의 유효질량을 갖는다. 따라서 같은 에너지 상태로 존재하기 때문에 운동에너지도 동일하다. 즉 가전자대역에서 동일한 에너지를 가진 3번 정공과 4번 전자의 이동속도의 크기는 동일하며, 전계가 인가되면 서로 반대 방향으로 이동함을 알 수 있다.

3.3 에너지 대역, 상태밀도함수(DOS)

$E-k$ 관계도는 반도체의 특성에 관한 중요한 정보를 제공한다. 그림과 같은 $E-k$ 관계도를 가진 두 종류의 반도체 A와 B에 대하여,

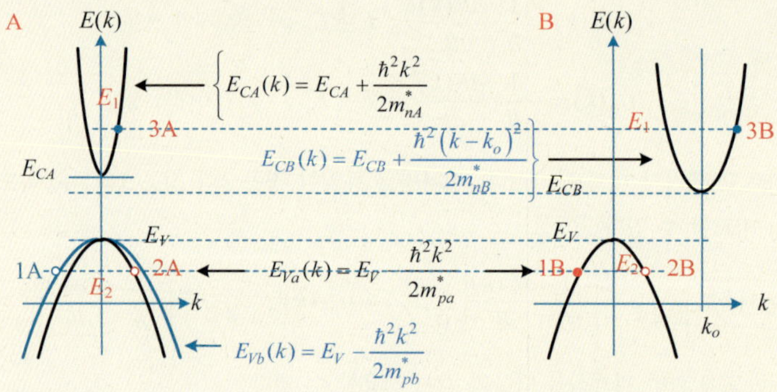

(a) A와 B 중 간접 천이형 반도체는 어느 것인지, 또 그 반도체가 빛을 감지하는 용도로 사용될 수 있는지를 간략히 설명하라.

(b) A에서 전도대역에 존재하는 3A 전자와 가전자대역에 존재하는 정공 1A의 유효질량(m^*_{nA}, m^*_{pa})의 크기를 비교하라.

(c) 같은 에너지 준위 E_1에 존재하는 전자 3A와 전자 3B의 유효질량을 비교하라.

(d) E_1에 존재하는 전자 3A와 3B의 이동속도($|\upsilon_{3B}/\upsilon_{3A}|$)를 비교하라.

(e) 같은 에너지 E_2를 가진 정공 1A와 2B의 이동속도($|\upsilon_{2B}/\upsilon_{1A}|$)를 비교하라.

(f) A의 전도대역과 가전자대역의 에너지 중첩 수를 구하라

(g) A와 B의 경우에 대해 허용 상태밀도함수 $g(E)$를 그림으로 비교하라.

(a) $E-k$ 관계도는 반도체의 특성에 관한 중요한 정보를 제공한다. B 반도체의 경우, $E-k$ 관계도에 의하면 가전자대역의 최대 에너지를 갖는 전파상수 $k_{VB,max}$와 전도대역의 최소 에너지를 갖는 전파상수 $k_{CB,min}$가 서로 다른 값을 가지므로, 이 반도체는 간접 천이형 반도체이다. 간접 천이형 반도체는 광발생 용도로 사용될 수 없으나, 빛에 의해 발생한 전자와 정공으로 인해 변하는 전기적 특성을 이용하여 빛을 감지하는 용도로는 사용될 수 있다.

(b) 전도대역에 존재하는 전자 3A와 가전자대역에 존재하는 정공 1A의 유효질량($m^*_{n3A} = m^*_{nA}$, $m^*_{p1A} = m^*_{pb}$)의 크기는 $E-k$ 관계도와 다음 식을 이용하여 구할 수 있다.

$$\left. \begin{aligned} E_e(k) &= E_C + \frac{\hbar^2 k^2}{2m^*_n} \ : \ E \ge E_C \\ E_h(k) &= E_V - \frac{\hbar^2 k^2}{2m^*_p} \ : \ E \le E_V \end{aligned} \right\} \Rightarrow \left| \frac{d^2E(k)}{dk^2} \right| = \frac{\hbar^2}{m^*} \Rightarrow m^* = \left| 1 \middle/ \left(\frac{1}{\hbar^2} \cdot \frac{d^2E(k)}{dk^2} \right) \right|$$

2차 함수 형태를 띤 $E-k$ 관계도의 경우, 그래프가 완만할수록 유효질량이 크다. 따라서 가전자대역에 존재하는 정공 1A의 유효질량(m^*_{p1A})이 전도대역에 존재하는 전자 3A의 유효질량(m^*_{n3A})보다 크다.

$$|m^*_{p1A}| = m^*_{pb} > |m^*_{n3A}| = m^*_{nA}, \quad \text{또는} \quad \left|\frac{m^*_{p1A}}{m^*_{n3A}}\right| = \frac{m^*_{pb}}{m^*_{nA}} > 1$$

(c) 같은 에너지 준위 E_1에 존재하는 전자 3A와 전자 3B의 유효질량($m^*_{n3A} = m^*_{nA}$, $m^*_{n3B} = m^*_{nB}$)을 비교하면 다음과 같다.

$$|m^*_{n3A}| = m^*_{nA} < |m^*_{n3B}| = m^*_{nB}, \quad \text{또는} \quad \left|\frac{m^*_{n3B}}{m^*_{n3A}}\right| = \frac{m^*_{nB}}{m^*_{nA}} > 1$$

(d) E_1에 존재하는 전자 3A와 3B의 이동속도($|\upsilon_{n3B}/\upsilon_{n3A}|$)는 다음과 같이 $E-k$ 관계도의 기울기를 이용해 구할 수 있다.

$$\upsilon_n(k) = \frac{1}{\hbar}\cdot\frac{dE(k)}{dk} \qquad \left(\Leftarrow \quad \frac{dE(k)}{dk} = \frac{\hbar^2 k}{m^*_n} \quad \Leftarrow \quad E_e(k) = E_C + \frac{\hbar^2 k^2}{2m^*_n} \ : \ E \ge E_C \quad \Leftarrow \quad p = m^*\upsilon = \hbar k\right)$$

또한 운동에너지와 유효질량, 이동속도의 관계를 이용하여 다음과 같이 해석할 수 있다.

$$\upsilon_n = \sqrt{\frac{2(E-E_C)}{m^*_n}} \quad \Leftarrow \quad E_{kn} = \frac{1}{2}m^*_n\upsilon_n^2 \ ; \quad \upsilon_{n3A} = \sqrt{\frac{2(E_1 - E_{CA})}{m^*_{nA}}}, \quad \upsilon_{n3B} = \sqrt{\frac{2(E_1 - E_{CB})}{m^*_{nB}}}$$

$$\frac{\upsilon_{n3B}}{\upsilon_{n3A}} = \sqrt{\frac{m^*_{n3A}}{m^*_{n3B}}} \times \sqrt{\frac{E_1 - E_{CB}}{E_1 - E_{CA}}} = \sqrt{\frac{m^*_{nA}}{m^*_{nB}}} \times \sqrt{\frac{E_1 - E_{CB}}{E_1 - E_{CA}}} \ \ge ? \le 1 \ ; \quad \sqrt{\frac{m^*_{nA}}{m^*_{nB}}} < 1, \quad \sqrt{\frac{E_1 - E_{CB}}{E_1 - E_{CA}}} > 1$$

그런데 3A 전자와 3B 전자의 경우, 유효질량과 운동에너지의 관계나 기울기 등을 명확하게 비교할 수 없어서, 이동속도의 크기도 정확하게 비교할 수 없다.

(e) 같은 에너지 E_2를 가진 정공 1A와 2B의 이동속도($|\upsilon_{p2B}/\upsilon_{p1A}|$)를 비교해보자. 정공 1A와 정공 2B는 동일한 에너지 상태이면서, 또한 동일한 운동에너지를 가지고 있다. 그런데 정공 1A가 존재하는 에너지 대역의 유효질량($m^*_{p1A} = m^*_{pb}$)이 정공 2B가 존재하는 에너지 대역의 유효질량($m^*_{p2B} = m^*_{pa}$)보다 크다. 이동속도의 비 $|\upsilon_{p2B}/\upsilon_{p1A}|$는 다음과 같이 $E-k$ 관계도의 기울기 또는 운동에너지와 유효질량, 이동속도의 관계를 이용해서 얻을 수 있다. 다음식

$$|\upsilon_p(k)| = \left|-\frac{1}{\hbar}\cdot\frac{dE(k)}{dk}\right|, \quad \upsilon_p = \sqrt{\frac{2(E_V - E)}{m^*_p}} \ ; \ E_{kp} = \frac{1}{2}m^*_p\upsilon_p^2$$

을 이용하여 해석하면, 정공 1A의 이동속도가 정공 2B의 이동속도보다 느림($\upsilon_{p1A} < \upsilon_{p2B}$)을 알 수 있다.

(f) 동일한 에너지를 갖는 전파상수의 수가 에너지 중첩의 수이다. 따라서 A의 전도대역 중첩의 수는 2, 가전자대역 중첩의 수는 4이다.

(g) A와 B의 허용 상태밀도함수 $g_A(E)$와 $g_A(E)$를 수식과 그림으로 비교하면 다음과 같다. A의 경우, 가전자대역에 존재하는 2개의 에너지 대역에 대한 허용에너지 상태밀도를 모두 고려하여야 한다.

$$g_A(E) = \begin{cases} g_{CA}(E) = \dfrac{m_{nA}^{*3/2}\sqrt{2}}{\pi^2\hbar^3}\sqrt{(E-E_{CA})} & : E \ge E_{CA} \\ g_{VA}(E) = g_{VA1}(E) + g_{VA2}(E) & : E \le E_V \\ \begin{cases} g_{VA1}(E) = \dfrac{m_{pa}^{*3/2}\sqrt{2}}{\pi^2\hbar^3}\sqrt{(E_V - E)} : E \le E_V \\ g_{VA2}(E) = \dfrac{m_{pb}^{*3/2}\sqrt{2}}{\pi^2\hbar^3}\sqrt{(E_V - E)} : E \le E_V \end{cases} \end{cases}, \quad g_B(E) = \begin{cases} g_{CB}(E) = \dfrac{m_{nB}^{*3/2}\sqrt{2}}{\pi^2\hbar^3}\sqrt{(E-E_{CB})} : E \ge E_{CB} \\ g_{VB}(E) = \dfrac{m_{pa}^{*3/2}\sqrt{2}}{\pi^2\hbar^3}\sqrt{(E_V - E)} \ : E \le E_V \end{cases}$$

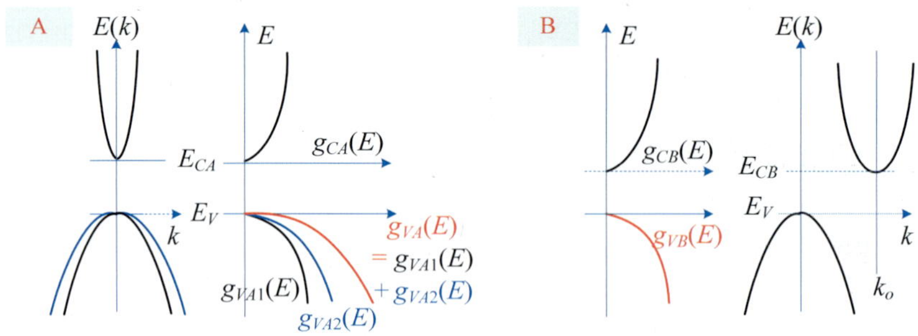

3.4 상태밀도함수(DOS)

2차원 무한 에너지 장벽 구조에 존재하는 전자에 대해 허용에너지 상태밀도함수 $g(E)$가 다음과 같음을 보여라.

$$g(E) = \frac{m^*}{\pi\hbar^2} = \text{일정 } [\text{eV}^{-1}\text{cm}^{-2}]$$

2차원 무한 에너지 장벽 내에 갇힌 전자에 대한 허용에너지 상태밀도함수 $g(E)$를 구해보자. 실공간에서 정사각형 형태의 무한 에너지 장벽 구조의 경우, k공간에서 허용된 전파상수 k값은 $k_x - k_y$ 평면상에서 한 변이 π/a인 정사각형이 주기적으로 반복되는 구조가 된다. 따라서 k공간에서 양자화된 k값 하나를 포함하는 최소 단위셀의 면적 $S_{k,puc}$는 다음과 같다.

$$S_{k,puc} = (\pi / a)^2$$

이 구조 내의 전자에 허용된 양자화된 유효 k값의 수는 1개이므로, k공간에서 양자화되어 허용된 k값 1개의 면적은 $S_{k,puc}$가 된다. 따라서 k공간에서 양자화된 상태밀도함수를 $g(k)$라고 하면, k공간 반지름(크기)이 k이고 두께 dk인 얇은 띠(band 또는 strip)의 내부에 존재하는 k의 수는 $g(k)dk$가 된다.

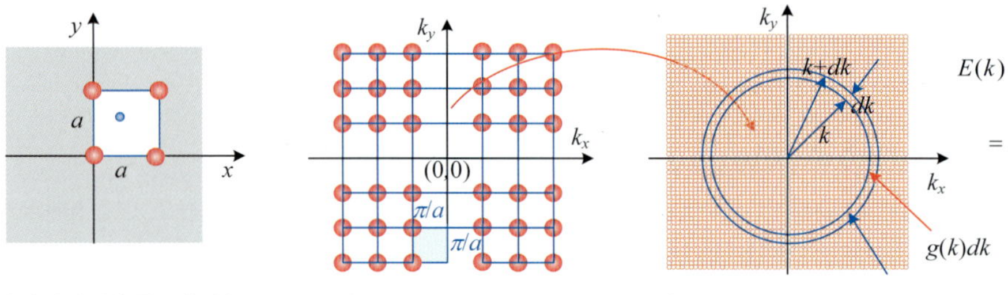

$$E(k) = E_{ref} + \frac{\hbar^2 k^2}{2m^*} = E_{ref} + \frac{\hbar^2}{2m^*}\left(k_x^2 + k_y^2\right)$$

2차원 원자 배열 구조와 같은 무한 에너지 장벽 내의 전자: 실공간(x, y) 최소 단위셀의 면적: $S_{r,puc} = a^2$

k공간 (k_x, k_y)에서 허용된 k의 주기적 배열에 대한 최소 단위셀의 면적: $S_{k,puc} = (\pi/a)^2$

주기적인 배열을 갖는 k공간에서 얇은 두께를 가진 띠(band)의 면적: $dS_k = 2\pi k dk$

이때 2차원 무한 에너지 장벽에서 에너지 중첩의 수(2^2)만큼의 k는 1개의 에너지로 계산하되, 스핀(자전 방향)이 다른 경우는 2개의 허용에너지 상태로 계산한다. 따라서 실공간에서 단위셀의 면적 $S_{r,puc} = a^2$을 고려하여 단위 면적당의 허용 상태 수를 환산하면, 그 결과는 다음과 같다.

$$g(k)dk = \left(\frac{k\text{공간 띠의 면적}}{k\text{값 1개의 체적}(S_{k,puc})}\right)\cdot\left(\frac{1}{\text{2차원 중첩 에너지의 수}}\right)\cdot(2 = spin \text{ 양자수})\cdot\left(\frac{1}{\text{실공간의 면적}}\right)$$
$$= \left(\frac{(2\pi k)dk}{(\pi/a)^2}\right)\cdot\left(\frac{1}{2^2}\right)\cdot(2)\cdot\left(\frac{1}{a^2}\right) = \left(\frac{k}{\pi}\right)dk$$

따라서 k공간에서 허용 상태밀도함수 $g(k)$는 다음과 같다.

$$g(k) = \frac{k}{\pi}$$

이제 전도대역과 가전자대역의 $E-k$ 관계를 이용하여 2차원 공간의 허용에너지 상태밀도함수 $g(E)$ $[\mathrm{eV^{-1}cm^{-2}}]$를 구해보자.

$$\left.\begin{array}{l} E = E_C + \dfrac{\hbar^2 k^2}{2m^*} \Leftrightarrow \dfrac{dE}{dk} = \dfrac{\hbar^2 k}{m^*} \Leftrightarrow kdk = \dfrac{m^*}{\hbar^2} dE \\ g(k)dk = \dfrac{k}{\pi} dk = \dfrac{m^*}{\pi\hbar^2} dE = g(E)dE \end{array}\right\} \Rightarrow g(E) = \frac{m^*}{\pi\hbar^2}\ [\mathrm{eV^{-1}cm^{-2}}]$$

즉 2차원 무한 에너지 장벽에 갇힌 전자의 양자화된 에너지 준위에는 에너지 준위에 관계없이 항상 일정한 농도의 허용 상태밀도가 존재함을 뜻한다.

3.5 상태밀도함수(DOS)

1차원 무한 에너지 장벽 구조에 존재하는 전자에 대해 허용에너지 상태밀도함수 $g(E)$가 다음과 같음을 보여라.

$$g(E) = \frac{1}{\pi\hbar}\sqrt{\frac{m^*}{2(E-E_C)}}\quad [\mathrm{eV^{-1}cm^{-1}}]$$

실공간에서 1차원 무한 에너지 장벽의 폭이 a인 경우, k공간에서 허용된 k값은 그 간격이 π/a인 주기 구조로 나타난다. 따라서 최소 단위셀의 길이 $L_{k,puc}$는 다음과 같다.

$$L_{k,puc} = (\pi/a)$$

이 구조 내의 양자화된 유효 k값의 수는 1개이므로, k공간에서 양자화되어 허용된 k값 1개의 길이가 $L_{k,puc}$임을 알 수 있다. 따라서 k공간에서의 허용 상태밀도함수를 $g(k)$라고 하면, k공간에서 원점으로부터 k만큼 떨어져 있고, 미소 길이가 dk인 짧은 선 내부에 존재하는 허용된 k의 수는 $g(k)dk$가 된다.

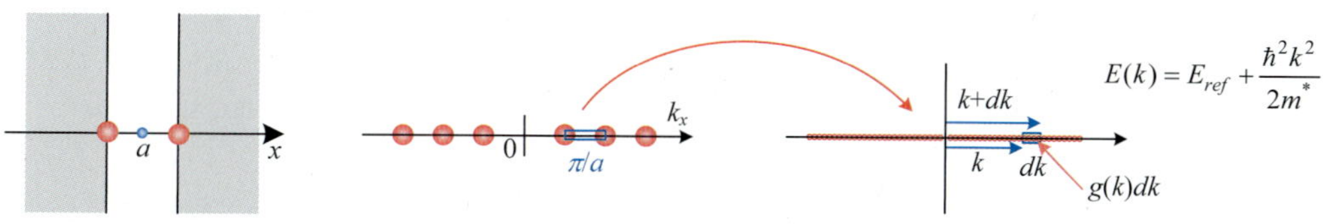

1차원 주기적 원자 배열 구조와 같은 무한 에너지 장벽 내의 전자: 실공간(x) 최소 단위셀의 길이: $l_{r,puc} = a$

역공간인 k공간에서 허용된 k의 주기적 배열에 대한 최소 단위셀의 길이: $L_{k,puc} = (\pi/a)$

주기적인 배열을 갖는 k공간에서 미소 길이: $dl_k = dk$

그런데 1차원 무한 에너지 장벽에서 에너지 중첩 수(2^1)만큼의 k는 1개의 허용된 에너지 상태로 계산하되, 스핀(자전 방향)을 고려하여 2개의 서로 다른 허용에너지 상태로 계산한다. 실공간에서 단위셀의 길이 $L_{r,puc} = a$에 해당하는 것을 단위 길이당 허용에너지 상태 수로 환산하면 다음과 같은 결과를 얻는다.

$$\begin{aligned} g(k)dk &= \left(\frac{k\text{공간 길이}}{k\text{값 1개의 길이}(L_{k,puc})}\right)\cdot\left(\frac{1}{\text{1차원 중첩 에너지의 수}}\right)\cdot(2 = spin\ \text{양자수})\cdot\left(\frac{1}{\text{실공간의 길이}}\right) \\ &= \left(\frac{dk}{(\pi/a)}\right)\cdot\left(\frac{1}{2^1}\right)\cdot(2)\cdot\left(\frac{1}{a^1}\right) = \left(\frac{1}{\pi}\right)dk \end{aligned}$$

따라서 k공간에서 허용 상태밀도함수는 $g(k)=1/\pi$임을 알 수 있다. 여기서 전도대역과 가전자대역의 $E-k$ 관계와 k공간에서의 상태밀도함수를 연립하면, 1차원 무한 에너지 장벽에 갇힌 전자에 대한 허용에너지 상태밀도함수 $g(E)$는 다음과 같다.

$$\left.\begin{aligned} &E=E_C+\frac{\hbar^2k^2}{2m^*} \Leftrightarrow \frac{dE}{dk}=\frac{\hbar^2k}{m^*} \Leftrightarrow dk=\frac{m^*}{\hbar^2k}dE \\ &g(k)dk=\frac{1}{\pi}dk=\frac{1}{\pi}\frac{m^*}{\hbar^2k}dE=\frac{1}{\pi\hbar}\sqrt{\frac{m^*}{2E_k}}dE=g(E)dE \end{aligned}\right\} \Rightarrow g(E)=\frac{1}{\pi\hbar}\sqrt{\frac{m^*}{2(E-E_C)}}\ [\mathrm{eV^{-1}cm^{-1}}]$$

3.6 분포함수

전자와 정공은 파울리의 배타원리를 따르며, 이들의 허용에너지 상태에서의 분포는 페르미-디랙 분포함수 $f_{FD}(E)$를 따른다. 필요한 경우 $f_{FD}(E)$를 맥스웰-볼츠만 분포함수 $f_{MB}(E)$로 가정하여 사용한다.

(a) 페르미 준위 E_F의 의미를 간략히 설명하라.
(b) 분포함수는 무엇을 의미하는지 간략히 설명하라.
(c) $E=E_F+6kT$인 에너지 준위가 전자로 채워져 있을 확률을 구하라.
(d) $E=E_F-6kT$인 에너지 준위가 비어 있을 확률을 구하라.
(e) $E=E_F+6kT$인 에너지 준위가 전자로 채워져 있을 확률을 볼츠만 분포함수와 페르미-디랙 분포함수를 이용하여 각각 구했을 때, 그 차이 $\Delta=f_{MB}(E)-f_{FD}(E)$를 구하라.
(f) 어떤 경우에 맥스웰-볼츠만 분포함수로 가정할 수 있는지 간략히 설명하라.

(a) 전자와 정공은 파울리의 배타원리를 따르므로, 허용에너지에서의 이들의 분포는 페르미-디랙 분포함수 $f_{FD}(E)$를 따른다. 그러나 반도체의 전기적 특성을 이해하고 분석할 때에는 맥스웰-볼츠만 분포함수 $f_{MB}(E)$를 가정하여 사용하는 것이 간편하고 효율적이다.

한편 열평형 상태에서 에너지에 대한 전자의 분포를 나타낼 때 기준이 되는 것이 바로 페르미 준위이다. 페르미 준위 E_F는 전자와 같이 파울리의 배타원리를 따르는 입자의 에너지에 대한 분포를 나타낼 때 사용되는 기준 에너지 준위로, 허용된 에너지 준위 중에서 전자가 존재할 확률이 50%, 비어 있을 확률도 50%인 에너지 준위를 말한다.

(b) 분포함수는 전자와 정공의 존재가 허용된 에너지 준위에 전자나 정공이 존재할 확률을 나타내는 함수이다.

(c) 페르미 준위 E_F에서 멀리 떨어진 에너지 준위일수록 페르미-디랙 분포함수 $f_{FD}(E)$와 맥스웰-볼츠만 분포함수 $f_{MB}(E)$는 거의 같은 값($f_{FD}(E)\approx f_{MB}(E)$)을 갖는다. 즉 $(E-E_F)>3kT$인 에너지 준위에 전자가 채워질 확률은

$$f_{FD}(E)\big|_{(E-E_F)>3kT}=\frac{1}{1+\exp\left(\dfrac{E-E_F}{kT}\right)}\cong\frac{1}{\exp\left(\dfrac{E-E_F}{kT}\right)}=f_{MB}(E)\big|_{(E-E_F)>3kT}$$

이 된다. 따라서 볼츠만 가정을 사용할 경우, $E=E_F+6kT$인 에너지 준위에 전자가 채워져 있을 확률은 다음과 같다.

$$f(E)\cong\exp\left(-\frac{E-E_F}{kT}\right)=\exp\left(-\frac{6kT}{kT}\right)=e^{-6}=\frac{1}{400}=0.25\%$$

(d) 볼츠만 가정을 사용할 경우, $E=E_F-6kT$인 에너지 준위가 비어 있을 확률은 다음과 같다.

$$1-f(E)\cong\exp\left(-\frac{E_F-E}{kT}\right)=e^{-6}=\frac{1}{400}=0.25\%$$

(e) $E=E_F+6kT$인 에너지 준위에 전자가 채워져 있을 확률을 볼츠만 분포함수와 페르미-디랙 분포함수를 이용하여 각각 구했을 경우, 그 차이 $\Delta\equiv f_{MB}(E)-f_{FD}(E)$는 다음과 같다.

$$f_{MB}(E) - f_{FD}(E) = \frac{1}{\exp\left(\frac{E - E_F}{kT}\right)} - \frac{1}{1 + \exp\left(\frac{E - E_F}{kT}\right)} = \frac{1}{400} - \frac{1}{401} = \frac{1}{160400}$$

(f) 허용된 에너지 준위의 밀도에 비해 전자의 농도가 낮을 때에는, 페르미-디랙 분포를 따르는 전자라도 맥스웰-볼츠만 분포함수를 따른다고 가정할 수 있다. 특히 전도대역 전자의 경우, 페르미 준위가 전도대역의 최소 에너지인 E_C로부터 $3kT$ 정도의 에너지 차이가 있을 때, 또는 전도대역 전자의 농도 n_o가 전도대역 유효 상태의 농도 N_C의 5%보다 낮을 때 ($n_o < 0.05 \times N_C$)에 맥스웰 분포로 가정할 수 있다. 가전자대역의 정공의 경우에도 정공의 농도 p_o가 가전자대역의 유효 상태 농도 N_V의 5%보다 낮을 때, 또는 페르미 준위가 가전자대역 최대 에너지 E_V보다 $3kT$ 이상에 위치할 때에는 오차에 대한 염려 없이 볼츠만 분포를 이용해도 좋다.

3.7 분포함수

전자에 허용된 에너지 준위가 비어 있을 확률은 페르미-디랙 분포함수에 의해 결정된다. 가전자대역 정공의 농도가 낮은 경우, 즉 가전자대역 최대 에너지 E_V와 페르미 준위 E_F의 차이가 큰 경우에는 볼츠만 가정에 의해 맥스웰-볼츠만 분포함수를 사용한다. $E = E_F - 3kT$의 에너지 준위가 비어 있을 확률을 페르미-디랙 분포함수와 맥스웰-볼츠만 분포함수를 이용하여 각각 구했을 때, 그 차이를 구하라.

페르미-디랙 분포함수($f_{FD}(E)$)와 맥스웰-볼츠만 분포함수($f_{MB}(E)$)를 적용한 경우의 차이와 오차율은 다음과 같다.

$$(1 - f_{MB}(E)) - (1 - f_{FD}(E)) = \frac{1}{\exp\left(\frac{E_F - E}{kT}\right)} - \frac{1}{1 + \exp\left(\frac{E_F - E}{kT}\right)} = \frac{1}{20} - \frac{1}{21} = \frac{1}{420}$$

$$\frac{\Delta}{(1 - f_{FD}(E))} = \frac{(1 - f_{MB}(E)) - (1 - f_{FD}(E))}{(1 - f_{FD}(E))} = \frac{(1/420)}{(1/21)} = \frac{21}{420} = \frac{1}{20} = 5\%\text{의 오차}$$

3.8 분포함수, 에너지 준위, 캐리어 농도

반도체 내의 전자의 특성을 이해할 때, 페르미-디랙 분포함수를 맥스웰-볼츠만 분포함수 $f_{MB}(E)$로 가정하여 간략화할 수 있다.

(a) 페르미 준위 E_F의 의미를 간략히 설명하라.
(b) 볼츠만 가정이 무엇인지 간략히 설명하라.

전도대역과 가전자대역의 유효질량이 동일한 경우,

(c) 그림과 같은 에너지에 대하여, A지점과 B지점에 전자가 존재할 확률을 비교하라.
(d) A지점에 전자가 존재할 확률과 C지점에 정공이 존재할 확률을 비교하라.
(e) B지점에 전자가 존재할 확률과 C지점에 정공이 존재할 확률을 비교하라.

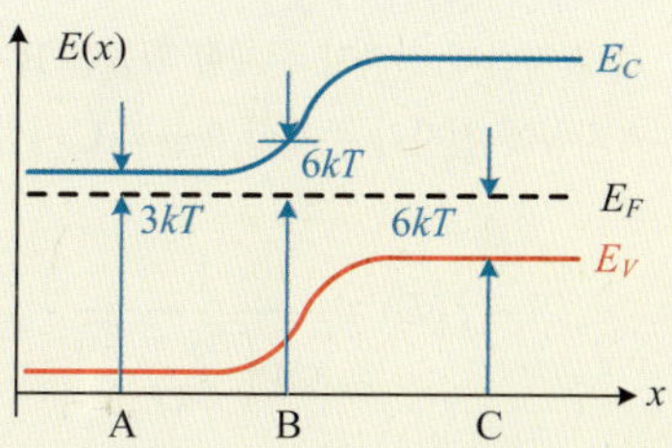

(a) 페르미 준위 E_F는 전자(또는 정공)와 같이 파울리의 배타원리를 따르는 입자의 에너지 분포를 나타내는 데 사용되는 기준 에너지 준위로, 허용된 에너지 준위 중에서 전자가 존재할 확률이 50%인 에너지 준위를 말한다. 달리 해석하면, 페르미 준위는 허용된 에너지 준위 중에서 비어 있을 확률이 50%인 에너지 준위이기도 하다. 가전자대역의 경우, 페르미 준

위를 정공이 존재할 확률이 50%인 에너지 준위로 해석할 수도 있다.

(b) 페르미 준위 E_F에서 멀리 떨어진 에너지 준위일수록 두 함수는 거의 같은 값($f_{FD}(E) \approx f_{MB}(E)$)이 된다. 즉 $(E - E_F) > 3kT$인 에너지 준위에 전자가 채워질 확률은

$$f_{FD}(E)|_{(E-E_F)>3kT} = \frac{1}{1+\exp\left(\frac{E-E_F}{kT}\right)} \cong \frac{1}{\exp\left(\frac{E-E_F}{kT}\right)} = f_{MB}(E)|_{(E-E_F)>3kT}$$

이 된다. 또한 페르미 준위 E_F보다 낮은 에너지 준위가 $(E_F - E) > 3kT$인 경우, 그 에너지 준위가 비어 있을 확률 또는 가전자대역인 경우 정공이 존재할 확률은 다음과 같이 가정할 수 있다.

$$1 - f_{FD}(E)|_{(E_F-E)>3kT} = 1 - \frac{1}{1+\exp\left(\frac{E-E_F}{kT}\right)} = \frac{1}{1+\exp\left(\frac{E_F-E}{kT}\right)} \cong \exp\left(-\frac{E_F-E}{kT}\right) = 1 - f_{MB}(E)|_{(E_F-E)>3kT}$$

따라서 반도체에서 전자의 분포와 농도를 해석할 때, 페르미-디랙 분포를 맥스웰-볼츠만 분포로 가정하더라도 큰 오차 없이 해석할 수 있으며, 이를 볼츠만 가정이라고 한다. 반도체 내의 전자의 특성을 이해할 때, 페르미-디랙 분포함수 $f_{FD}(E)$를 맥스웰-볼츠만 분포함수 $f_{MB}(E)$로 가정하여 사용하면, 분석 과정을 간략화할 수 있다.

(c) 전도대역과 가전자대역의 유효질량이 동일한 경우, 동일한 운동에너지에 대해 전도대역과 가전자대역 허용에너지 상태밀도함수는 동일하다. 즉 전도대역 유효상태 농도 N_C와 가전자대역 유효상태 농도 N_V가 동일하다는 것이다. 그러므로 A지점과 B지점에 존재하는 전자가 존재할 확률은 각각 다음과 같다.

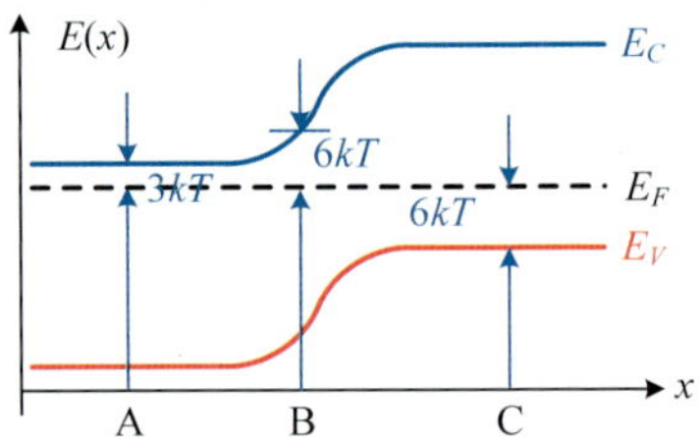

$$f(E) \cong \frac{1}{\exp\left(\frac{E-E_F}{kT}\right)};$$

$$f(E)|_A \cong \frac{1}{\exp\left(\frac{E_{CA}-E_F}{kT}\right)}, \quad f(E)|_B \cong \frac{1}{\exp\left(\frac{E_{CB}-E_F}{kT}\right)}$$

$$\frac{f(E)|_A}{f(E)|_B} \cong \exp\left(\frac{E_{CB}-E_{CA}}{kT}\right) = e^3 \cong 20 \quad \Rightarrow \quad f(E)|_A \cong 20 f(E)|_B$$

즉 A지점에 전자가 존재할 확률은 B지점에 전자가 존재할 확률의 20배에 해당한다.

(d) A지점에 전자가 존재할 확률과 C지점에 정공이 존재할 확률은 각각 다음과 같다.

$$1 - f(E) \cong \frac{1}{\exp\left(\frac{E_F-E}{kT}\right)}, \quad f(E) \cong \frac{1}{\exp\left(\frac{E-E_F}{kT}\right)} \quad ; \quad \frac{f(E)|_A}{1-f(E)|_C} \cong \frac{\exp\left(\frac{E_F-E_V}{kT}\right)_C}{\exp\left(\frac{E_C-E_F}{kT}\right)_A} = \frac{e^6}{e^3} = e^3 \cong 20$$

$$f(E)|_A = 20(1 - f(E)|_C)$$

즉 A지점에 전자가 존재할 확률은 C지점에 정공이 존재할 확률의 20배이다.

(e) B지점에 전자가 존재할 확률과 C지점에 정공이 존재할 확률은 다음과 같다.

$$\frac{f(E)|_B}{1-f(E)|_C} \cong \frac{\exp\left(\frac{E_F-E_V}{kT}\right)_C}{\exp\left(\frac{E_C-E_F}{kT}\right)_B} = \frac{e^{-6}}{e^{-6}} = 1 \quad \Leftrightarrow \quad f(E)|_B = 1 - f(E)|_C$$

즉 B지점에 전자가 존재할 확률과 C지점에 정공이 존재할 확률은 같다.

Chapter

04 열평형 상태 반도체 내의 이동전하 : 전자와 정공의 농도

Semiconductors under Thermal Equilibrium

4.1 페르미 준위와 캐리어 농도

반도체 내의 캐리어 농도는 에너지 대역도에 페르미 준위 E_F의 상대적 위치를 표시하여 나타낸다. 따라서 전자와 정공의 농도를 반도체의 에너지 대역도에 표시하는 방법을 잘 익히는 것이 중요하며, 또한 에너지 대역도를 보고 전자와 정공의 농도를 이해하고 응용하는 것도 매우 중요하다. 다음은 직관력을 기르기 위한 문제이다. 상온($T=300$ [K])에서 $E_g=1.12$ [eV], $n_i \cong 1\times10^{10}$ [cm^{-3}], $kT \cong 0.025$ [eV], $e^3=20$을 가정하여 풀어라.

(a) $E_F=E_i+3kT$인 반도체의 전자 농도와 정공 농도를 구하라.

(b) $E_F=E_i+6kT$인 반도체의 전자 농도와 정공 농도를 구하라.

(c) $E_F=E_i+0.5E_g$인 반도체의 전자 농도와 정공 농도를 구하라.

(d) $E_F=E_i-0.5E_g$인 반도체의 전자 농도와 정공 농도를 구하라.

(a) $E_F=E_i+3kT>E_i$이므로 n형 반도체이다. 다수 캐리어인 전자의 열평형 상태 농도 n_o는 다음과 같다.

$$n_o = n_i e^{(E_F-E_i)/kT} = n_i e^3 \cong 20 n_i = 2\times10^{11}\ [\text{cm}^{-3}]$$

단체행동법칙에 의해 소수 캐리어인 정공의 열평형 상태 농도 p_o는 다음의 두 가지 방법으로 구할 수 있다.

$$p_o = \frac{n_i^2}{n_o} = \frac{n_i^2}{20n_i} = \frac{n_i}{20} = \frac{10^{10}}{20} = 5\times10^8\ [\text{cm}^{-3}] \quad \text{또는} \quad p_o = n_i e^{-(E_F-E_i)/kT} = n_i e^{-3} \cong \frac{n_i}{20} = 5\times10^8\ [\text{cm}^{-3}]$$

(b) $E_F=E_i+6kT>E_i$이므로 n형 반도체이다. 다수 캐리어인 전자의 열평형 상태 농도 n_o는 다음과 같다.

$$n_o = n_i e^{(E_F-E_i)/kT} = n_i e^6 \cong 400 n_i = 4\times10^{12}\ [\text{cm}^{-3}]$$

단체행동법칙을 이용하여 소수 캐리어인 정공의 열평형 상태 농도 p_o를 다음과 같이 구할 수 있다.

$$p_o = \frac{n_i^2}{n_o} = \frac{n_i^2}{400n_i} = \frac{n_i}{400} = \frac{10^{10}}{400} = 2.5\times10^7\ [\text{cm}^{-3}]$$

(c) $E_F=E_i+0.5E_g>E_i$이므로 n형 반도체이다. 다수 캐리어인 전자의 열평형 상태 농도 n_o는 다음과 같다.

$$n_o = n_i e^{(E_F-E_i)/kT} = n_i e^{0.5E_g/kT} = n_i e^{0.5\times1.12/0.025} = n_i e^{22.4} \cong 5.35\times10^9 n_i = 5.35\times10^{19}\ [\text{cm}^{-3}]$$

(단 $E_F=E_i+0.5E_g=E_C$이므로 페르미-디랙 분포가 보다 정확하나, 여기서는 볼츠만 가정을 적용하였다.)

단체행동법칙에 의해 소수 캐리어인 정공의 열평형 상태 농도 p_o는 다음과 같다.

$$p_o = \frac{n_i^2}{n_o} = \frac{n_i^2}{n_i e^{22.4}} = \frac{n_i}{5.35\times10^9} = \frac{10}{5.35} \cong 1.87\text{~작음}\ [\text{cm}^{-3}]$$

(d) $E_F = E_i - 0.5E_g < E_i$이므로 p형 반도체이다. 다수 캐리어인 정공의 열평형 상태 농도 p_o는 다음과 같다.

$$p_o = n_i e^{(E_i - E_F)/kT} = n_i e^{0.5E_g/kT} = n_i e^{0.5\times1.12/0.025} = n_i e^{22.4} \cong 5.35\times10^9 n_i = 5.35\times10^{19}\ [\text{cm}^{-3}]$$

(단 $E_F = E_i - 0.5E_g = E_V$로서 페르미-디랙 분포가 보다 정확하나, 여기서는 볼츠만 가정을 적용하였다.)

단체행동법칙에 의해 소수 캐리어인 전자의 열평형 상태 농도 n_o는 다음과 같다.

$$n_o = \frac{n_i^2}{p_o} = \frac{n_i^2}{n_i e^{22.4}} = \frac{n_i}{5.35\times10^9} = \frac{10}{5.35} \cong 1.87\text{~ 작음}\ [\text{cm}^{-3}]$$

4.2 고유 캐리어 농도

상온(T=300 [K])에서 순수한 GaAs 반도체($E_g \cong 1.42$ [eV])의 고유 캐리어 농도는 $n_i \cong 1\times10^6$ [cm^{-3}]이다. 그런데 최근 초고주파용 소자로 사용되는 GaAs 트랜지스터의 크기는 일반적으로 가로×세로×높이=0.1 [μm]×0.1 [μm]×0.1 [μm]보다 훨씬 작다. 이 크기로 GaAs 트랜지스터를 만든다고 할 때, 그 속에 존재하는 고유 캐리어 수를 구하고, 최소한 1개의 고유 캐리어 농도가 존재하기 위해 필요한 체적을 구하라.

순수한 GaAs 반도체에서 상온의 열에너지에 의해 생성되는 고유 캐리어 농도(n_i)는

$$n_i \cong 1\times10^6\ [\text{cm}^{-3}]$$

이므로, 가로×세로×높이=0.1 [μm]×0.1 [μm]×0.1 [μm]의 체적 내에 존재하는 고유 캐리어의 수는 다음과 같다.

$$N_i|_{(0.1[\mu\text{m}])^3} = 1\times10^6\ [\text{cm}^{-3}]\times(0.1[\mu\text{m}])^3 = \frac{1\times10^6}{1\ [\text{cm}^3]}\times\left(0.1\times10^{-4}\ [\text{cm}]\right)^3 = 10^6\times10^{-15} = 10^{-9}\ [\text{개}]$$

즉 가로×세로×높이=0.1 [μm]×0.1 [μm]×0.1 [μm]의 체적 내에는 열생성된 고유 캐리어가 10^{-9}개가 존재한다. 열생성된 고유 캐리어가 최소한 1개 존재하기 위한 최소 체적(V_{min})은 다음과 같다.

$$N_i = n_i \times V_{min} = 1$$

$$V_{min} \cong \frac{N_i}{n_i} = \frac{1}{1\times10^6}[\text{cm}^3] = 1\times10^{-6}\ [\text{cm}^3] = 10^{-6}\times\left(10^4\ [\mu\text{m}]\right)^3 = 10^6\ [\mu\text{m}^3]$$

4.3 도핑 & 캐리어

서로 다른 반도체(Ge, Si, GaAs)에 대하여 온도에 따른 다수 캐리어 농도를 측정한 결과, 그림과 같은 자료를 얻었다. 이들 반도체 중 에너지 밴드갭이 가장 큰 반도체에는 도너를 불순물로 주입하고 나머지에는 억셉터를 주입하였다.

(a) 도핑이 가장 낮은 반도체는 어떤 특성의 반도체(Ge/Si/GaAs?, n/p?)인지 설명하라.

(b) 반도체 B는 어떤 종류의 반도체(Ge/Si/GaAs?, n/p?)인지 근거를 제시하여 설명하라.

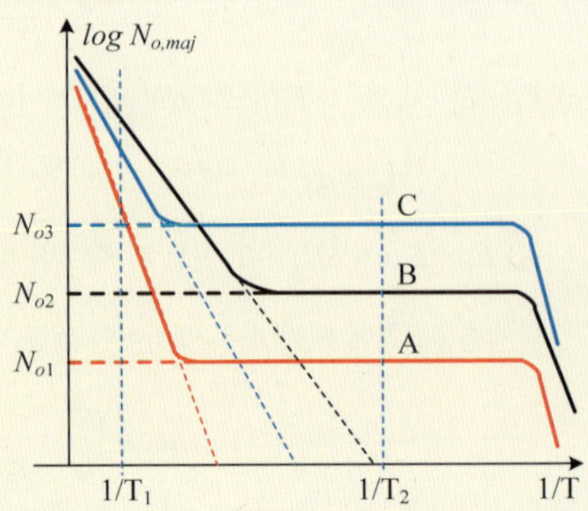

(c) 반도체 C는 어떤 종류의 반도체(Ge/Si/GaAs?, n/p?)인지 근거를 제시하여 설명하라.
(d) C의 경우에 대하여, 외인성 반도체로 유용하게 사용될 수 있는 영역에서 온도에 따른 다수 캐리어와 소수 캐리어 농도를 그림($N_{o,maj}$, $N_{o,min}$ vs. T)으로 나타내라.
(e) C의 경우에 대하여, 외인성 반도체로 유용하게 사용될 수 있는 영역에서 온도에 따른 페르미 준위 $E_F(T)$를 그림(E_F vs. T)으로 나타내라.

GaAs, Si, Ge의 밴드갭은 각각 $E_g|_{\text{GaAs}} \approx 1.42$ [eV], $E_g|_{\text{Si}} \approx 1.12$ [eV], $E_g|_{\text{Ge}} \approx 0.67$ [eV]이다. 고유 캐리어 농도는 온도에 대해 지수함수적으로 변하므로, 온도의 역수에 대한 $\log(n_i)$의 변화는 다음과 같이 표시된다.

$$n_i = \sqrt{N_C N_V}\exp\left(-\frac{E_g}{2kT}\right) \quad \text{또는} \quad \log(n_i) = \frac{1}{2}\log(N_C N_V) - \left(\frac{E_g}{2k}\right)(\log e)\frac{1}{T}$$

그림에서 순수반도체영역의 온도 변화에 따른 농도 변화 기울기는 밴드갭에 비례하므로, A는 GaAs, B는 Ge, C는 Si임을 알 수 있다. 또 밴드갭이 가장 큰 반도체에 도너를 불순물로 주입하였으므로, A가 n형 GaAs 반도체이다. 나머지에는 억셉터를 주입하였으므로 B는 p형 Ge, C는 p형 Si임을 알 수 있다.

(a) 앞의 설명과 같이 도핑이 가장 낮은 반도체는 A로, n형 GaAs이다.
(b) 앞의 설명과 같이 B는 순수반도체영역의 기울기가 가장 작고 억셉터가 주입되었으므로 p형 Ge이다.
(c) 앞의 설명과 같이 C는 순수반도체영역의 기울기가 중간이고 억셉터가 주입되었으므로 p형 Si이다.
(d) 외인성 반도체 영역에서는 주입한 억셉터가 모두 이온화되기 때문에, 온도 변화에 따라 다수 캐리어의 농도가 변하지 않는다. 즉 p형 Si 반도체 C의 경우, 완전 이온화가 이루어진 온도 구간에서 다수 캐리어인 정공 농도 $p_{o3}(T)$는 다음과 같다.

$$N_{o,maj}(T) = p_{o3}(T) = N_{o3} = \text{일정}$$

소수 캐리어 농도의 온도에 따른 변화는 열평형 상태의 단체행동법칙을 이용하여 다음과 같이 구할 수 있다.

$$p_o(T)n_o(T) = N_{o,maj}(T)N_{o,min}(T) = n_i^2 = N_C N_V \exp(-E_g/kT)$$

$$N_{o,min}(T) = n_{o3}(T) = \frac{n_i^2}{N_{o,maj}(T)} = \frac{N_C N_V \exp(-E_g/kT)}{N_{o,maj}} \Leftrightarrow \log N_{o,min}(T) = \log\left(\frac{N_C N_V}{N_{o,maj}}\right) - \frac{E_g}{kT}\log e$$

따라서 다수 캐리어 농도가 온도에 따른 변화 없이 일정하게 유지되는 외인성 반도체 구간에서 소수 캐리어 농도는 온도에 따라 급격하게 변함을 알 수 있다. 이를 그림으로 나타내면 다음과 같다.

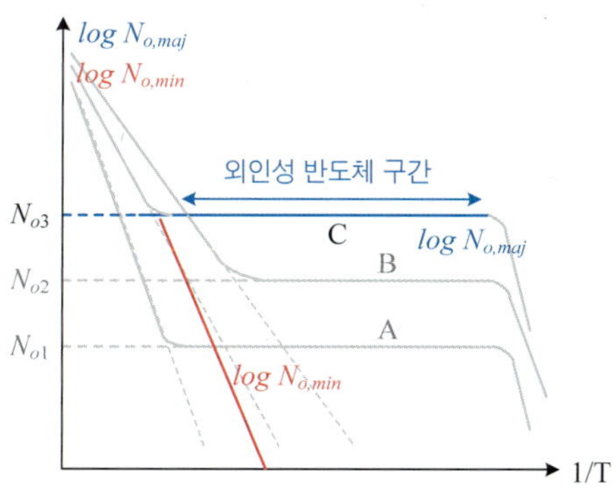

(e) 외인성 온도 구간에서 열평형 상태 반도체의 정공 농도와 페르미 준위의 관계는 다음과 같다.

$$p_o \cong N_{o3} = \text{일정} = n_i e^{(E_i - E_F)/kT}, \quad n_i = \sqrt{N_C N_V}\exp\left(-\frac{E_g}{2kT}\right)$$

$$N_C \equiv 2\left(\frac{2\pi m_n^* kT}{h^2}\right)^{3/2}, \quad N_V \equiv 2\left(\frac{2\pi m_p^* kT}{h^2}\right)^{3/2}, \quad \sqrt{N_C N_V} = 2\left(\frac{2\pi kT_o}{h^2}\sqrt{m_n^* m_p^*}\right)^{3/2}\left(\frac{T}{T_o}\right)^{3/2}$$

$$E_i(T) - E_F(T) = kT\ln\left(\frac{N_{o3}}{n_i}\right) = kT\ln\left(\frac{N_{o3}}{\sqrt{N_C N_V}}\exp\left(+\frac{E_g}{2kT}\right)\right)$$
$$\cong \frac{E_g}{2} - \ln\left(\frac{1}{N_{o3}}\left(\frac{2\pi kT_o}{h^2}\sqrt{m_n^* m_p^*}\right)^{3/2}\right) - \frac{3kT}{2}\left(\frac{T}{T_o}\right) \cong \text{일정}$$

즉 그림과 같이 페르미 준위는 온도 변화에 거의 무관하게 일정한 값을 가짐을 알 수 있다.

4.4 도핑 & 캐리어

4개의 서로 다른 반도체(Si, Ge)에 대하여 온도에 따른 다수 캐리어 농도를 측정하여 그림과 같은 결과를 얻었다. 이들 반도체 중 에너지 밴드갭이 큰 반도체에는 붕소(B)를 불순물로 주입하고, 나머지에는 비소(As)를 주입하였다.

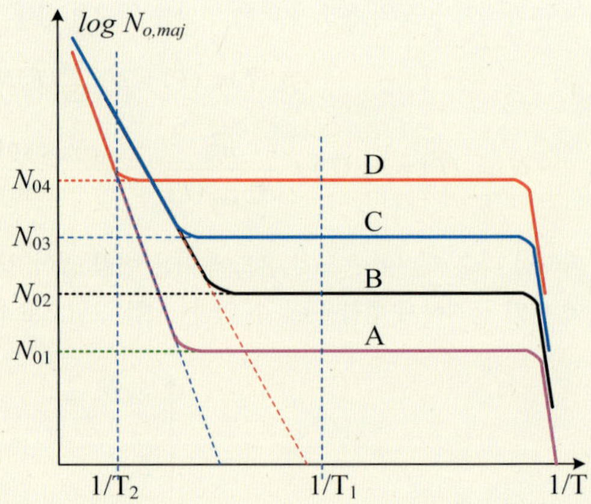

(a) 불순물 농도가 가장 높은 반도체는 어떤 반도체(Si/Ge 및 n/p)인지 설명하라.

(b) 반도체 B는 어떤 반도체인지 근거를 제시하여 설명하라.

(c) 반도체 C는 어떤 반도체인지 근거를 제시하여 설명하라.

(d) $T = T_1$에서 A와 D의 다수 캐리어 농도 $N_{o,maj}$와 소수 캐리어 농도 $N_{o,min}$의 곱($N_{o,maj} \cdot N_{o,min}$)을 비교하라.

(e) D의 경우, 외인성 반도체로 유용하게 사용될 수 있는 영역에서 온도에 따른 다수 캐리어 농도의 변화($\partial N_{o,maj}/\partial T$)를 구하라.

Si과 Ge의 밴드갭은 각각 $E_g|_{Si} \approx 1.12$ [eV], $E_g|_{Ge} \approx 0.67$ [eV]이다. 고유 캐리어 농도는 온도에 대해 지수함수 형태로 변하므로, 온도의 역수에 대한 $\log(n_i)$의 변화는 다음 관계식을 이용하여 해석할 수 있다.

$$n_i = \sqrt{N_C N_V}\exp\left(-\frac{E_g}{2kT}\right) \quad \text{또는} \quad \log(n_i) = \frac{1}{2}\log(N_C N_V) - \left(\frac{E_g}{2k}\right)(\log e)\frac{1}{T}$$

그림에서 순수반도체영역의 온도 변화에 따른 농도 변화 기울기는 밴드갭에 비례하므로, A와 D는 Si, B와 C는 Ge이다. 또 밴드갭이 큰 반도체는 억셉터로 작용하는 3족 원소인 붕소(B)를 불순물로 주입하였으므로 A와 D는 p형 Si이다. 나머지에는 도너로 작용하는 5족 비소(As)를 주입하였으므로 B와 C는 n형 Ge임을 알 수 있다.

(a) 앞의 설명과 같이 불순물 농도가 가장 높은 D는 p형 Si이다.

(b) 앞의 설명과 같이 B는 n형 Ge이다.

(c) 앞의 설명과 같이 C는 n형 Ge이다.

(d) 단체행동법칙에 의하면, 열평형 상태의 다수 캐리어 농도($N_{o,maj}$)와 소수 캐리어 농도($N_{o,min}$)의 곱은 도핑의 종류와 농도에 관계없이 항상 일정하며, 다음과 같이 나타낼 수 있다.

$$p_o n_o = N_{o,maj} N_{o,min} = n_i^2 = N_C N_V e^{-E_g/kT}$$

즉 이 값은 반도체의 전도대역과 가전자대역의 유효상태 농도 및 온도, 밴드갭에 의해 결정된다. 그런데 A와 D는 둘 다 밴드갭이 같은 Si이고, 온도도 동일하므로, 비록 도핑에 의한 다수 캐리어 농도는 다를지라도 다수 캐리어 농도와 소수 캐리어 농도의 곱은 같다.

$$N_{o,maj} N_{o,min}\big|_A = N_{o,maj} N_{o,min}\big|_D = n_i^2$$

(e) 외인성 반도체 영역에서는 주입한 억셉터가 모두 이온화되기 때문에, 다수 캐리어의 농도는 온도에 따라 변하지 않는다. 따라서 $\partial N_{o,maj}/\partial T = 0$이다.

Chapter

05 전하의 이동과 전류 형성

Carrier Transport and Current Equation

5.1 불균일 도핑과 내부 전계

집적회로를 구성하는 반도체 소자 내의 불순물은 제조공정상 공간적으로 불균일하게 도핑된 경우가 대부분이다. Si 반도체에서 $x > 0$에 $N(x) = N_o e^{-(x/L_o)^2}$ [cm^{-3}]의 분포를 갖도록 인(P)을 주입하였다. 반도체 내부에 형성된 열평형 상태의 전계 분포 $\mathcal{E}_{bi}(x)$를 구하라. 단, 주입된 불순물은 모두 이온화되었으며, $N_o \gg n_i$이다.

이 반도체는 5족인 인(P)이 주입된 n형 Si 반도체이다. 따라서 이 문제에서는 열평형 상태에서 다수 캐리어인 전자를 생성하는 도너 농도 분포($N_d(x)$)와 전자에 의한 전류 관계식($J_n(x)$)을 사용하는 것이 효과적이다. 열평형 상태에서 반도체 내에는 전류가 흐르지 않으므로, 다수 캐리어인 전자에 의한 전류 관계식은 다음과 같다.

$$J_n(x)|_{\text{열평형}} = q\mu_n n(x)\mathcal{E}(x) + qD_n \left.\frac{dn(x)}{dx}\right|_{\text{열평형}} = q\mu_n n_o(x)\mathcal{E}_{bi}(x) + qD_n \frac{dn_o(x)}{dx} = 0 \quad [\text{A/cm}^2]$$

또 주입된 도너는 모두 이온화되었고, $N_o \gg n_i$인 n형 반도체이므로, 열평형 상태의 다수 캐리어인 전자 농도 분포는 $n_o(x) \cong N_d(x)$로 가정할 수 있다. 따라서 열평형 상태의 내부 전계 $\mathcal{E}_{bi}(x)$는 다음과 같다.

$$\mathcal{E}_{bi}(x) = -\frac{D_n}{\mu_n}\frac{1}{n_o(x)}\frac{dn_o(x)}{dx} = -\frac{D_n}{\mu_n}\frac{1}{N_d(x)}\frac{dN_d(x)}{dx} \quad [\text{V/cm}]$$

도너 농도 분포와 내부 전계를 구하기 위해 필요한 농도 기울기는 다음과 같다.

$$N_d(x) = N(x) = N_o e^{-(x/L_o)^2}$$
$$\frac{dN_d(x)}{dx} = -\frac{2x}{L_o^2}N_o e^{-(x/L_o)^2} = -\frac{2x}{L_o^2}N_d(x)$$

따라서 열평형 상태의 반도체 내부에 형성된 내부 전계는 다음과 같이 x축을 따라 선형적으로 증가한다.

$$\mathcal{E}_{bi}(x) = -\frac{D_n}{\mu_n}\frac{1}{N_d(x)}\frac{dN_d(x)}{dx} = \frac{D_n}{\mu_n}\frac{2}{L_o^2}x = 2\frac{V_{th}}{L_o}\frac{x}{L_o} \quad [\text{V/cm}]$$

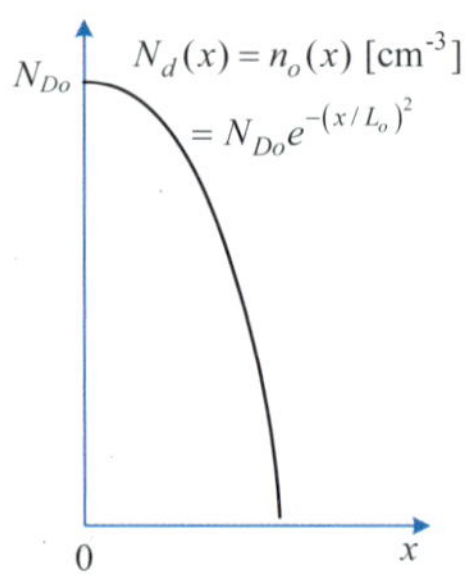

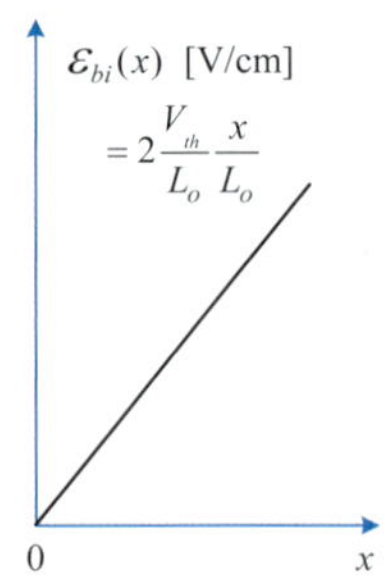

즉 도핑이 높은 쪽에서 낮은 쪽으로 향하는 내부 전계가 형성된다. 표면($x = 0$)으로부터 먼 지점일수록 도핑 농도의 변화가 크며, 내부 전계의 세기도 증가한다. 이로 인해 열평형 상태에서 전계에 의한 드리프트 성분과 농도 차이에 의한 확산 성분이 평형을 이루어, 전류가 흐르지 않는 상태가 유지된다.

5.2 도핑, 전류 및 내부 전계

이온주입공정에 의해 그림과 같이 도너를 불균일하게 도핑($N_d(x)$)한 Si 반도체가 상온($T = 300$ [K])에서 열평형 상태에 있다. ($N_d(x) \gg n_i$)

(a) 다수 캐리어의 종류와 농도 분포 $N_{o,maj}(x)$를 구하라.
(b) 소수 캐리어의 농도 분포 $N_{o,min}(x)$를 구하라.
(c) 다수 캐리어에 의한 전류밀도 분포 $J_{maj}(x)$를 구하라.
(d) 이 반도체 내의 임의의 점에서의 전계 분포 $\varepsilon_{bi}(x)$를 구하라.
(e) 이 반도체 내의 임의의 점에 전자를 주입하면, 이 전자가 어떻게 행동할지를 설명하라.

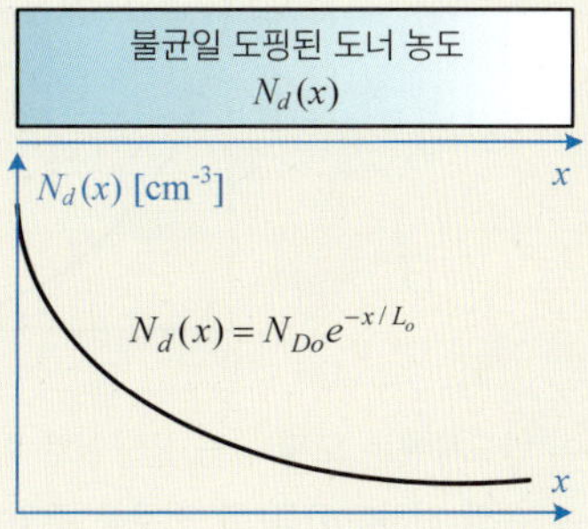

(a) 그림과 같이 도너($N_d(x)$)를 불균일하게 도핑하여 불순물이 완전 이온화된 Si 반도체($N_d(x) \gg n_i$)가 상온($T = 300$ [K])에서 열평형 상태에 있는 경우, 도핑 농도와 다수 캐리어인 전자 농도($n_o(x)$)는 동일하다고 가정할 수 있다. 즉 도너 농도가 주어졌으므로, 다수 캐리어인 전자의 농도 분포는 다음과 같다.

$$N_{o,maj}(x) = n_o(x) = N_d(x) = N_{Do}e^{-x/L_o}$$

(b) 열평형 상태에 있는 반도체의 다수 캐리어 농도($N_{o,maj}(x)$)와 소수 캐리어 농도($N_{o,min}(x)$)의 곱, 또는 전자 농도와 정공 농도($p_o(x)$)의 곱은 불순물의 종류와 농도에 무관하게 일정하다. 이를 전자와 정공의 단체행동법칙이라고 하며, 열평형 상태의 소수 캐리어 농도인 정공 농도 분포를 구하는 데 활용할 수 있다. 따라서 이를 이용하면 열평형 상태의 소수 캐리어 농도 분포($N_{o,min}(x)$)는 다음과 같다.

$$N_{o,maj}(x)N_{o,min}(x) = n_o(x)p_o(x) = n_i^2$$

$$N_{o,min}(x) = p_o(x) = \frac{n_i^2}{n_o(x)} = \frac{n_i^2}{N_{Do}e^{-x/L_o}} = \frac{n_i^2}{N_{Do}}e^{+x/L_o}$$

(c) 열평형 상태에서 도핑 농도 불균일에 의한 확산전류 성분이 존재할 수 있으나, 내부에 형성된 전계에 의한 반대 방향의 드리프트 전류도 존재한다. 열평형 상태에서는 이들이 균형을 이룸으로써 캐리어의 이동이 없으며, 결국 다수 캐리어에 의한 전류는 발생하지 않는다. 즉 다음과 같다.

$$J_n(x)|_{\text{열평형}} = J_{n,drift}(x) + J_{n,diff}(x) = q\mu_n n(x)\mathcal{E}(x) + qD_n\frac{dn(x)}{dx}\bigg|_{\text{열평형}} = q\mu_n n_o(x)\mathcal{E}_{bi}(x) + qD_n\frac{dn_o(x)}{dx} = 0$$

(d) 불균일하게 도핑된 도너의 농도 분포로 인해 반도체 내부에 형성된 내부 전계 분포 $\varepsilon_{bi}(x)$는 다음과 같이 전자에 대한 열평형 상태의 전류식을 이용하여 구할 수 있다.

$$J_n(x)|_{\text{열평형}} = q\mu_n n_o(x)\mathcal{E}_{bi}(x) + qD_n\frac{dn_o(x)}{dx} = 0$$

$$\frac{dN_d(x)}{dx} = -\frac{1}{L_o}N_{Do}e^{-x/L_o} = -\frac{N_d(x)}{L_o} \Leftrightarrow \frac{1}{N_d(x)}\frac{dN_d(x)}{dx} = -\frac{1}{L_o}$$

$$\mathcal{E}_{bi}(x) = -\frac{D_n}{\mu_n}\frac{1}{N_d(x)}\frac{dN_d(x)}{dx} = \frac{D_n}{\mu_n}\frac{1}{L_o} = \frac{V_{th}}{L_o} = \text{일정}$$

즉 열평형 상태에서는 일정한 세기의 내부 전계가 전 공간에 걸쳐 x축의 양의 방향으로 형성되어 있다.

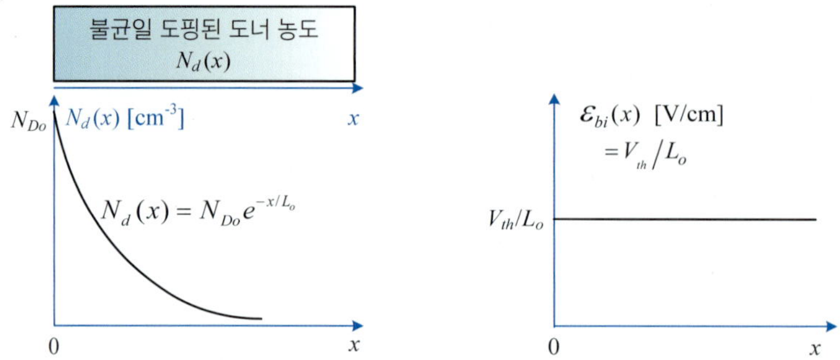

(e) 이 반도체에는 도핑 농도 불균일로 인해 x축의 양의 방향으로 일정한 세기의 내부 전계가 형성되어 있다. 따라서 이 공간에 음의 전하($-q$)를 띤 전자를 주입하면, 전자는 전계에 의한 힘(F_e)을 받아 전계와 반대 방향인 x축의 음의 방향으로 이동하게 된다.

$$F_e = -q\mathcal{E}_{bi}(x) = -q\frac{V_{th}}{L_o}\ \text{[N]}$$

5.3 도핑, 전류 및 내부 전계

이온주입공정을 통해 3족 불순물을 그림과 같이 불균일 도핑($N_3(x)$)한 Si 반도체가 열평형 상태에 있다($N_d \gg n_i$).

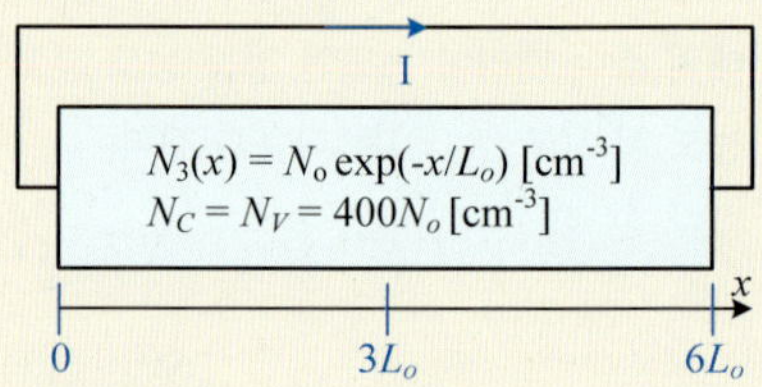

(a) 다수 캐리어의 종류와 농도 분포 $N_{o,maj}(x)$를 구하라.
(b) 소수 캐리어의 농도 분포 $N_{o,min}(x)$를 구하라.
(c) 열평형 상태의 에너지 대역도(EBD)를 그려라.
(d) 열평형 상태의 다수 캐리어에 의한 전류 I를 구하라.
(e) 열평형 상태의 다수 캐리어 확산에 의한 전류를 구하라.
(f) 열평형 상태의 다수 캐리어의 드리프트에 의한 전류를 구하라.
(g) 열평형 상태의 반도체 내부에 형성된 전계 분포 $\varepsilon_{bi}(x)$를 구하라.
(h) 이 반도체 내의 중간 지점($x = 3L_o$)에서 빛에 의해 전자와 정공이 켤레로 생성된 경우, 전자와 정공의 이동을 각각 설명하라.
(i) 위와 같이 빛이 인가된 경우에 전류가 흐를지, 흐르지 않을지를 설명하고, 또 전류가 흐른다면 어느 방향으로 흐를지를 설명하라.

(a) Si 반도체에서 억셉터로 작용하는 3족 불순물을 주입하였으므로 p형 반도체이며, 다수 캐리어는 정공이다. 불순물이 완전 이온화된 Si 반도체가 상온($T = 300$ [K])에서 열평형 상태에 있는 경우, 도핑 농도($N_a(x)$)와 다수 캐리어 농도($N_{o,maj}(x)$)는 동일하다고 가정할 수 있다. 따라서 억셉터 농도가 주어졌으므로, 다수 캐리어인 정공의 농도 분포($p_o(x)$)는 다음과 같다.

$$N_{o,maj}(x) = p_o(x) = N_a(x) = N_oe^{-x/L_o}$$

(b) 단체행동법칙에 따라 열평형 상태에 있는 반도체의 다수 캐리어 농도와 소수 캐리어 농도의 곱, 또는 전자 농도와 정공 농도의 곱은 불순물의 종류와 농도와 무관하게 일정하다. 이를 이용하면 열평형 상태의 소수 캐리어인 전자의 농도 분포는 다음과 같다.

$$N_{o,maj}(x)N_{o,min}(x) = n_o(x)p_o(x) = n_i^2 \quad \Leftrightarrow \quad N_{o,min}(x) = n_o(x) = \frac{n_i^2}{N_o e^{-x/L_o}} = \frac{n_i^2}{N_o} e^{+x/L_o}$$

(c) 열평형 상태의 에너지 대역도(EBD)는 다수 캐리어인 정공($p_o(x)$) 또는 소수 캐리어인 전자 농도($n_o(x)$)와 페르미 준위 $E_F(x)$)의 관계를 이용하여 다음과 같이 구할 수 있다.

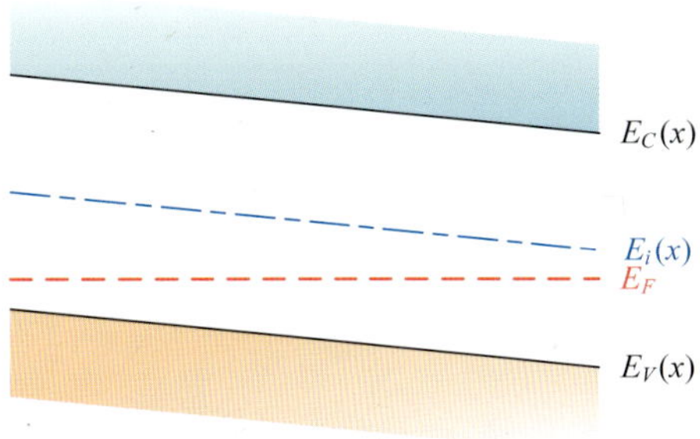

$$p_o(x) = n_i e^{(E_i(x)-E_F)/kT} \cong N_a(x) = N_o e^{-x/L_o}$$

$$\Leftrightarrow \quad E_i(x) - E_F = kT\ln\left(\frac{N_o}{n_i}\right) - kT\frac{x}{L_o}$$

즉 전도대역($E_C(x)$)과 가전자대역($E_V(x)$)의 가운데에 위치하는 고유 페르미 준위($E_i(x)$)와 페르미 준위($E_F(x)$ = 일정)의 차이는 선형함수의 관계로 나타난다. 따라서 이 반도체의 열평형 상태 에너지 대역도는 그림과 같이 공간에 대해 선형함수 형태가 된다.

또 열평형 상태의 에너지 대역도는 다음과 같이 전계($\mathcal{E}(x)$)와 에너지 대역($E_i(x)$)의 관계를 이용하여 구할 수도 있다.

$$\mathcal{E}(x) = \frac{1}{q}\frac{dE_i(x)}{dx} = \frac{1}{q}\frac{dE_C(x)}{dx} = \frac{1}{q}\frac{dE_V(x)}{dx} \quad \Rightarrow \quad \boxed{E_i(x) = \int q\mathcal{E}(x)dx}$$

$$\Rightarrow \quad \boxed{E_C(x) = E_i(x) + \frac{E_g}{2}, \ E_V(x) = E_i(x) - \frac{E_g}{2}}$$

이 방식은 불균일하게 도핑된 억셉터 농도 분포로 인해 반도체 내부에 형성된 열평형 상태의 내부 전계 분포 $\mathcal{E}_{bi}(x)$를 다음과 같이 정공에 대한 전류식을 이용하여 구할 수 있기 때문에 가능하다.

$$J_p(x)\big|_{\text{열평형}} = q\mu_p p_o(x)\mathcal{E}_{bi}(x) - qD_p\frac{dp_o(x)}{dx} \cong q\mu_p N_a(x)\mathcal{E}_{bi}(x) - qD_p\frac{dN_a(x)}{dx} = 0$$

$$\mathcal{E}_{bi}(x) = +\frac{D_p}{\mu_p}\frac{1}{N_a(x)}\frac{dN_a(x)}{dx} = -\frac{D_p}{\mu_p}\frac{1}{L_o} = -\frac{V_{th}}{L_o} = \text{일정} \quad \Leftarrow \quad \frac{dN_a(x)}{dx} = -\frac{1}{L_o}N_o e^{-x/L_o} = -\frac{N_a(x)}{L_o}$$

즉 이 반도체에는 전 구간에 걸쳐 동일한 세기의 내부 전계 $\mathcal{E}_{bi}(x)$가 x축의 음의 방향으로 형성되어 있다. 따라서 열평형 상태의 전계($\mathcal{E}_{bi}(x)$)와 에너지 대역의 관계를 이용하면, 다음과 같이 위치에 따라 선형으로 감소하는 에너지 대역도를 얻을 수 있다. 이는 앞에서 얻은 결과와 동일하다.

$$E_i(x) = \int q\mathcal{E}_{bi}(x)dx = -\int q\frac{V_{th}}{L_o}dx = -q\frac{V_{th}}{L_o}x \quad \Rightarrow \quad E_C(x) = E_i(x) + \frac{E_g}{2} = -q\frac{V_{th}}{L_o}x + \frac{E_g}{2}, \ E_V(x) = E_C(x) - E_g$$

(d) 열평형 상태에서 도핑 농도 불균일에 의한 확산전류 성분이 존재할 수 있으나, 내부에 형성된 전계에 의한 반대 방향의 드리프트 전류도 존재한다. 열평형 상태에서는 이 두 전류가 균형을 이루기 때문에 캐리어의 이동이 없다. 즉 다수 캐리어에 의한 전류는 흐르지 않는다.

$$I_{maj} = AJ_p(x)\big|_{\text{열평형}} = AJ_{maj,drift}(x) + AJ_{maj,diff}(x) = AJ_{p,drift}(x) + AJ_{p,diff}(x)$$

$$= qA\mu_p p(x)\mathcal{E}(x) - qAD_p\frac{dp(x)}{dx}\bigg|_{\text{열평형}} = qA\mu_p p_o(x)\mathcal{E}_{bi}(x) - qAD_p\frac{dp_o(x)}{dx} = 0$$

(e) 다수 캐리어인 정공의 확산에 의한 열평형 상태의 전류는 다음과 같다.

$$p_o(x) = N_a(x) = N_o e^{-x/L_o}, \quad \frac{dp_o(x)}{dx} = -\frac{1}{L_o} N_o e^{-x/L_o}$$

$$J_{maj,diff}(x)\Big|_{열평형} = J_{p,diff}(x)\Big|_{열평형} = -qD_p \frac{dp_o(x)}{dx}\Big|_{열평형} = q\frac{D_p}{L_o} N_o e^{-x/L_o}$$

(f) 열평형 상태에서 다수 캐리어의 드리프트 전류는 농도 기울기에 의한 확산전류와 균형을 이루고 있으므로, 전류가 흐르지 않는다. 따라서 열평형 상태에서 정공에 의한 드리프트 전류의 크기는 확산전류의 크기와 같으나, 그 방향은 반대임을 알 수 있다. 즉 다음과 같다.

$$J_p(x)\Big|_{열평형} = J_{p,drift}(x)\Big|_{열평형} + J_{p,diff}(x)\Big|_{열평형} = q\mu_p p_o(x)\mathcal{E}_{bi}(x)\Big|_{열평형} - qD_p \frac{dp_o(x)}{dx}\Big|_{열평형} = 0$$

$$J_{p,drift}(x)\Big|_{열평형} = q\mu_p p_o(x)\mathcal{E}_{bi}(x)\Big|_{열평형} = -J_{p,diff}(x)\Big|_{열평형} = -q\frac{D_p}{L_o} N_o e^{-x/L_o}$$

(g) 열평형 상태의 반도체 내부에 형성된 전계 분포 $\mathcal{E}_{bi}(x)$는 열평형 상태에서 전류가 흐르지 않는 사실을 이용하여 다음과 같이 구할 수 있다.

$$J_p(x)\Big|_{열평형} = q\mu_p p_o(x)\mathcal{E}_{bi}(x) - qD_p \frac{dp_o(x)}{dx} = 0\ ; \quad \frac{dp_o(x)}{dx} = \frac{dN_a(x)}{dx} = -\frac{1}{L_o} N_o e^{-x/L_o} = -\frac{N_a(x)}{L_o}$$

$$\mathcal{E}_{bi}(x) = \frac{D_p}{\mu_p}\frac{1}{p_o(x)}\frac{dp_o(x)}{dx} = \frac{D_p}{\mu_p}\frac{1}{N_a(x)}\frac{dN_a(x)}{dx} = -\frac{V_{th}}{L_o} = 일정$$

따라서 전 구간에 걸쳐 동일한 세기의 내부 전계 $\mathcal{E}_{bi}(x)$가 x축의 음의 방향으로 형성되어 있음을 알 수 있다.

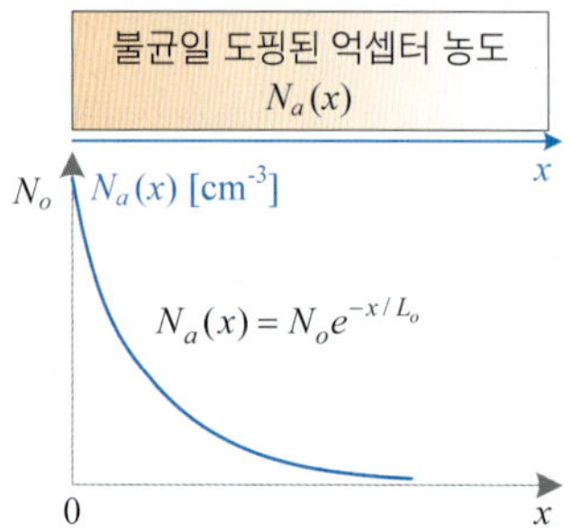

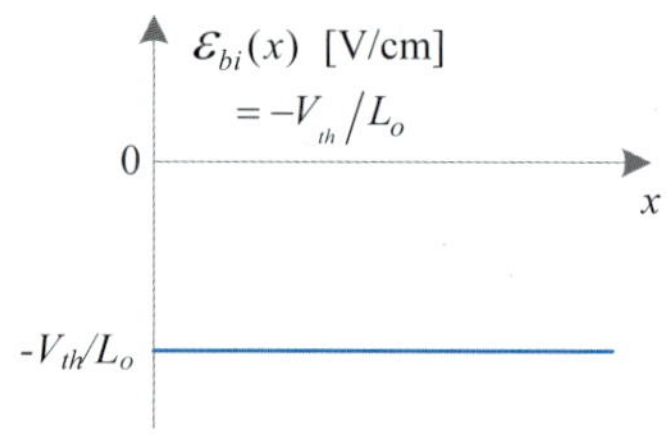

(h) 불균일한 불순물 농도로 인해 반도체 내부에는 일정한 크기의 내부 전계가 x축의 음의 방향으로 형성되어 있다. 따라서 반도체 내 중간 지점에서 빛에 의해 전자와 정공이 켤레로 생성된 경우, 양의 전하($+q$)를 띤 정공은 전계와 같은 x축의 음의 방향으로, 음의 전하($-q$)를 띤 전자는 전계와 반대 방향인 x축의 양의 방향으로 이동하게 된다.

$$F_h = (+q)\mathcal{E}_{bi} = -qV_{th}/L_o, \quad F_e = (-q)\mathcal{E}_{bi} = +qV_{th}/L_o$$

(i) 빛에 의해 생성된 전자와 정공은 내부 전계의 영향으로 드리프트되어 반도체 내부를 이동하게 되며, 이로 인해 내부 전계와 같은 방향으로 광생성 전류가 흐르게 된다.

5.4 홀 측정에 의한 반도체 특성 분석 : $Q'N\upsilon$

그림과 같이 균일하게 도핑한 2개의 Si 반도체 시료 S_1과 S_2를 통해 전류 형성과 홀 측정을 통한 특성 분석 방법을 이해하고자 한다.

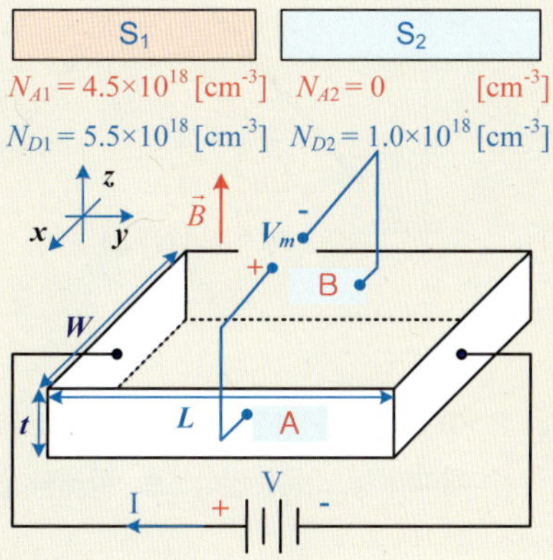

(a) 홀 측정 장치를 통해 측정할 수 있는 반도체의 특성을 설명하라.

(b) 두 반도체의 불순물 농도를 비교($N_{2,imp}/N_{1,imp}$)하라.

(c) 다수 캐리어 농도를 비교($N_{o2,maj}/N_{o1,maj}$)하라.

(d) 온도에 따른 확산계수를 그림(D vs. T)으로 비교하고 근거를 설명하라.

(e) $V>0$를 인가한 경우, S_1과 S_2에 흐르는 전류를 비교(I_2/I_1)하라.

(f) $V>0$를 인가한 상태에서 S_1과 S_2에 $\vec{B}=B_o\hat{a}_z$ [T]인 자장이 인가된 경우($B_o>0$), 홀 효과에 의해 다수 캐리어가 받게 되는 힘의 방향을 근거를 제시하여 설명하라.

(g) $V>0$를 인가한 경우, 홀 효과에 의해 S_1과 S_2에서 측정되는 전압 V_{m1}과 V_{m2}를 비교(V_{m2}/V_{m1}; 크기 및 부호)하라.

(a) 홀 측정 장치를 통해 측정할 수 있는 반도체의 특성은 다음과 같이 요약될 수 있다.

- 반도체의 n형과 p형의 구분, 또는 다수 캐리어와 소수 캐리어 종류(Q'_{maj}, Q'_{min})의 구분
- 반도체 내의 전자와 정공 농도, 또는 다수 캐리어와 소수 캐리어의 농도(n_o, p_o 또는 $N_{o,maj}$와 $N_{o,min}$)
- 반도체 내의 다수 캐리어 이동도(μ_{maj})나 확산계수(D_{maj})

(b) 두 반도체의 불순물 농도를 비교($N_{2,imp}/N_{1,imp}$)하면 다음과 같다.

$$N_{imp,1} = N_{D1} + N_{A1} = 1\times10^{19}\ [\text{cm}^{-3}], \qquad N_{imp,2} = N_{D2} + N_{A2} = 1\times10^{18}\ [\text{cm}^{-3}]$$

(c) 다수 캐리어 농도를 비교($N_{o2,maj}/N_{o1,maj}$)하면 다음과 같다.

$$N_{maj,1} = n_{o1} = N_{D1} - N_{A1} = 1\times10^{18}\ [\text{cm}^{-3}] \qquad N_{maj,2} = n_{o2} = N_{D2} - N_{A2} = 1\times10^{18}\ [\text{cm}^{-3}] \ \Rightarrow \ N_{maj,1} = N_{maj,2}$$

(d) 반도체 S_1의 불순물 농도 $N_{imp,1}=N_{D1}+N_{A1}=1\times10^{19}$ [cm^{-3}]가 반도체 S_2의 불순물 농도 $N_{imp,2}=N_{D2}+N_{A2}=1\times10^{18}$ [cm^{-3}]보다 높다. 따라서 이온화된 불순물과의 충돌로 인해 다음과 같이 S_1의 이동도가 S_2의 이동도보다 작은 값을 갖는다.

$$\left.\begin{array}{l} \mu = \dfrac{\mu_i\mu_l}{\mu_i+\mu_l}, \quad D = \mu V_{th} = \dfrac{\mu kT}{q} \\ \mu_{i1} < \mu_{i2} \ \Leftrightarrow \ \mu_1 < \mu_2 \ \Leftrightarrow \ D_1 < D_2 \end{array}\right\} \Rightarrow \left\{\begin{array}{l} \mu_i \propto T^{3/2} \ \Rightarrow \ D_i = \mu_i \dfrac{kT}{q} \propto T^{5/2} \\ \mu_l \propto T^{-3/2} \ \Rightarrow \ D_l = \mu_l \dfrac{kT}{q} \propto T^{-1/2} \end{array}\right.$$

아인슈타인 관계식에 따르면, 특정 온도에서 확산계수가 이동도에 비례하므로, S_1의 확산계수가 S_2의 확산계수보다 작다.

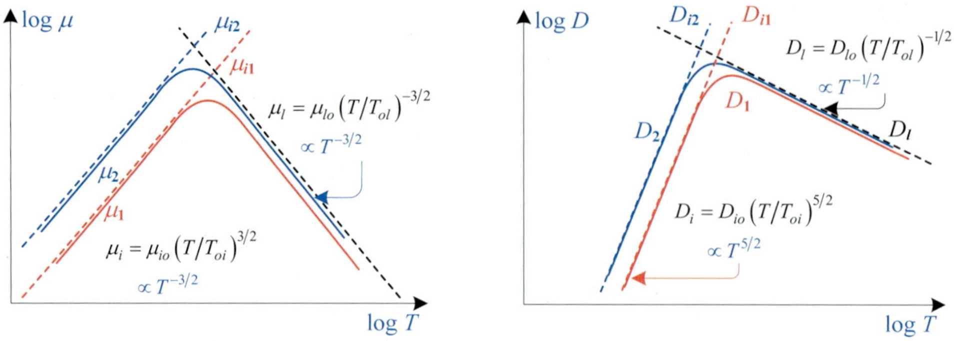

(e) $V > 0$를 인가한 경우, S_1과 S_2에 흐르는 전류는 두 반도체의 전기전도도(σ)를 통해 비교할 수 있다. 이때 두 반도체의 다수 캐리어 농도는 동일하므로, 아래와 같이 불순물 농도가 낮은 S_2가 더 큰 이동도와 전기전도도를 갖는다.

$$N_{o,maj1} = N_{o,maj2} = 1\times10^{18}\ [\mathrm{cm}^{-3}],\quad \mu_1 < \mu_2,\quad \sigma_1 = qN_{o,maj1}\mu_1 < \sigma_2 = qN_{o,maj2}\mu_2$$

따라서 기하학적 구조(단면적 A와 길이 L)가 동일할 경우, 같은 크기의 전압(V)을 인가했을 때, 전기전도도가 큰 S_2에 더 큰 드리프트 전류가 흐른다.

$$I_1 = AJ_1 = A\sigma_1\mathcal{E} < I_2 = AJ_2 = A\sigma_2\mathcal{E}$$

(f) S_1과 S_2에 $V > 0$를 인가한 상태에서 $\vec{B} = B_o\hat{a}_z$ [T]인 자장이 인가될 경우($B_o > 0$), 이동전하로 형성된 전류를 구성하는 홀 측정 시료 내의 다수 캐리어는 인가된 자기장에 의해 다음과 같은 힘($\vec{F}_B$)을 받는다.

$$\vec{J} = Q'_{maj}N_{o,maj}\vec{\upsilon},\qquad Q'_{maj}\vec{\upsilon} = \frac{1}{N_{o,maj}}\vec{J}$$

$$\vec{F}_B = Q'_{maj}\,\vec{\upsilon}\times\vec{B} = \frac{1}{N_{o,maj}}\vec{J}\times\vec{B} = \frac{1}{N_{o,maj}A}\vec{I}\times\vec{B} = \frac{1}{N_{o,maj}A}I_o\hat{a}_y\times B_o\hat{a}_z = \frac{I_oB_o}{N_{o,maj}A}\hat{a}_x$$

따라서 자기장에 의한 힘의 방향은 인가된 전류와 자장에 모두 수직이면서 동시에 x축의 양의 방향(B면에서 A면으로 향하는 방향)이 된다. 이때 이 힘의 방향은 다수 캐리어의 종류, 즉 n형인지 p형인지에 관계없이 동일하다. 드리프트 전류의 방향이 p형이나 n형에 상관없이 전계의 방향과 같기 때문이다.

(g) 홀 효과로부터 발생한 전계는 인가된 전압에 의해 결정된 전류와 인가된 자기장에 모두 수직인 방향으로 형성된다. 홀 전압(V_H)은 반도체의 전류, 즉 이동도와 캐리어 농도에 의해 결정되며, 그 극성은 다수 캐리어의 종류에 의해 결정된다. $V > 0$를 인가한 경우, 홀 전압은 다음과 같다.

$$V_H \equiv -\int_W^0 \vec{\mathcal{E}}_H\cdot dy\hat{a}_y = -\left(-\frac{1}{Q'_{maj}N_{o,maj}}\right)\int_W^0\left(\vec{J}\times\vec{B}\right)\cdot dy\hat{a}_y = \left(\frac{W|\vec{J}\times\vec{B}|}{Q'_{maj}N_{o,maj}}\right) = \frac{J_xB_zW}{Q'_{maj}N_{o,maj}}$$

S_1과 S_2는 모두 n형 반도체이므로 홀전압 V_{m1}과 V_{m2}는 모두 음의 값이 측정된다. 그런데 V_{m1}과 V_{m2}의 크기를 비교하면 다음과 같다.

$$\frac{V_{m2}}{V_{m1}} = \left(\frac{J_{x2}B_zW}{Q'_{maj}N_{o,maj2}}\right)\Big/\left(\frac{J_{x1}B_zW}{Q'_{maj}N_{o,maj1}}\right) = \frac{J_{x2}}{J_{x1}} = \frac{\sigma_2}{\sigma_1} = \frac{\mu_2}{\mu_1} > 1 \iff \boxed{V_{m2} > V_{m1}} \Leftarrow \mu_2 > \mu_1$$

5.5 도핑과 이동도 및 전도도

집적회로 구현 시, 때로는 기판의 전기전도도가 작을수록 유용한 경우가 있다. 반도체의 전기전도도는

$$\sigma \equiv q(p\mu_p + n\mu_n)\,[\Omega^{-1}\text{cm}^{-1}]$$

로 표시되며, 이 값은 캐리어의 농도와 이동도의 곱으로 결정된다. 특히 불순물의 농도가 증가할수록 이동도는 일반적으로 감소한다. 이를 기반으로 하여,

(a) $N_A = N_D = 0$인 반도체에 존재하는 전자와 정공의 농도를 구하라.
(b) $N_A = N_D = 10^{18}$ [cm^{-3}]인 반도체에 존재하는 전자와 정공의 농도를 구하라.
(c) $N_A = N_D = 0$인 반도체의 전자 이동도 μ_{n1}과 $N_A = N_D = 10^{18}$ [cm^{-3}]인 반도체의 전자 이동도 μ_{n2}의 크기를 비교하라.
(d) $N_A = N_D = 0$인 반도체의 정공 이동도 μ_{p1}과 $N_A = N_D = 10^{18}$ [cm^{-3}]인 반도체의 정공 이동도 μ_{p2}의 크기를 비교하라.
(e) $N_A = N_D = 0$인 반도체의 전기전도도 σ_1과 $N_A = N_D = 10^{18}$ [cm^{-3}]인 반도체의 전기전도도 σ_2의 크기를 비교하라.
(f) 기판의 전기전도도를 가능하면 작은 값으로 만들고자 할 때, 택할 수 있는 방법을 제안하고 설명하라.

(a) $N_A = N_D = 0(N_{imp1} = N_{D1} + N_{A1} = 0$ [cm^{-3}])인 반도체 S_1은 불순물이 주입되지 않은 순수 반도체이며, 전자와 정공의 농도(n_{o1}, p_{o1})는 순수(고유) 캐리어 농도(n_i)와 같다.

$$n_{o1} = p_{o1} = n_i$$

(b) $N_A = N_D = 10^{18}$ [cm^{-3}]($N_{imp2} = N_{D2} + N_{A2} = 2\times10^{18}$ [cm^{-3}])인 반도체 S_2도 억셉터와 도너 농도가 같으므로, 서로 완전 상쇄된 순수 반도체에 해당한다. 따라서 이 반도체의 전자 농도와 정공의 농도(n_{o2}, p_{o2})도 순수 캐리어 농도와 같다.

$$n_{o2} = p_{o2} = n_i$$

(c) 반도체의 이동도는 격자충돌에 의해 제한되는 이동도와 이온화된 불순물에 의해 제한되는 이동도의 조합으로 결정된다. 동일한 재료의 반도체의 경우에는 격자충돌에 의해 제한되는 이동도(μ_l)가 동일하므로, 불순물의 농도에 의해 이동도(μ_i)가 결정될 것이다. 따라서 $N_A = N_D = 0(N_{imp1} = N_{D1} + N_{A1} = 0$ [cm^{-3}])인 S_1의 전자 이동도 μ_{n1}이, $N_A = N_D = 10^{18}$ [cm^{-3}]으로 총 불순물 농도가 $N_{imp2} = N_{D2} + N_{A2} = 2\times10^{18}$ [cm^{-3}]인 S_2의 전자 이동도 μ_{n2}보다 크다.

(d) 불순물이 주입되지 않은($N_{imp1} = 0$) S_1의 정공 이동도 μ_{p1}이 불순물 농도가 높은 S_2($N_{imp2} = 2\times10^{18}$ [cm^{-3}])의 정공 이동도 μ_{p2}보다 크다.

(e) 반도체의 전기전도도는 $\sigma = q(p\mu_p + n\mu_n)$ [Ω^{-1}cm^{-1}]로 표시되며, 캐리어의 농도와 이동도의 곱으로 결정된다. $N_A = N_D = 0$인 S_1과 $N_A = N_D = 10^{18}$인 S_2는 모두 순수 반도체의 전자 및 정공 농도를 가진다. 따라서 두 반도체의 전기전도도를 비교하면 다음과 같이 불순물 농도가 낮은 S_1의 전기전도도(σ_1)가 S_2의 전기전도도(σ_2)보다 높다.

$$\sigma_1|_{N_A=N_D=0} \equiv qn_i(\mu_{p1} + \mu_{n1}) > \sigma_2|_{N_A=N_D=1\times10^{18}} \equiv qn_i(\mu_{p2} + \mu_{n2})$$

(f) 반도체의 전기전도도는 $\sigma = q(p\mu_p + n\mu_n)$로서 반도체 내의 캐리어 농도와 이동도의 곱에 의해 결정된다. 따라서 전기전도도를 작게 만들기 위해서는

- 캐리어 농도를 낮게
- 이동도를 낮게

하는 것이 필요하다. 캐리어 농도와 이동도를 모두 낮게 하는 방법은 도너와 억셉터를 동일한 농도($N_D = N_A$)로 높게 주입하는 것이다. 그럼으로써 전자와 정공 농도를 최소값인 순수 캐리어 농도로 제한($p_o = n_o = n_i$)할 수 있다. 또 높은 불순물 농도 때문에 이온화된 불순물과의 충돌로 인한 방해가 증가하므로, 이동도를 작은 값으로 제한할 수 있다. 즉 제조 공정상의 한계는 있으나, 높은 불순물 농도의 상쇄된 순수 반도체($N_A = N_D$, $n_o = p_o = n_i$)를 이용하면 이동도와 캐리어 농도를 최소값으로 제한할 수 있으므로, 전기전도도가 작은 반도체를 구현할 수 있다.

5.6 비저항과 면저항

동일한 기판을 사용하여 같은 면저항($R_{sh}=100$ [Ω/□])을 갖는 반도체층을 이용하여 $R=1$ [kΩ]의 저항을 구현하고자 한다.

(a) 두께가 0.1 [μm]인 경우, 기판의 전기전도도를 구하라.

(b) 폭이 $W=1$ [μm]인 저항체로, 또는 폭이 $W=5$ [μm]인 저항체로 각각 1 [kΩ]의 저항을 구현하고자 할 때, 필요한 기판의 면적을 비교하라.

(a) 면저항 R_{sh}는 기판 표면상의 가로와 세로가 동일한 정사각형 평면 구조의 저항체로서 다음과 같이 정의한다.

$$R_{sh} \equiv \frac{\rho}{t} = R|_{W=L} = R|_{n=1}\ [\Omega/\square]$$

따라서 두께가 0.1 [μm]인 경우, 기판의 전기전도도는 다음과 같다.

$$\sigma = \frac{1}{\rho} = \frac{1}{R_{sh}\cdot t} = \frac{1}{100\ [\Omega]\times 0.1\ [\mu m]} = \frac{1}{100\ [\Omega]\times 0.1\ \times 10^{-4}\ [cm]} = 10^3\ [\Omega^{-1}\cdot cm^{-1}]$$

(b) 면저항 R_{sh}을 이용하여 저항을 설계할 때, 특정한 저항값을 구현하기 위해서는 다음 관계를 이용한다.

$$R = R_{sh}\cdot\left(\frac{L}{W}\right) = R_{sh}\cdot\left(\frac{N_{square}W}{W}\right)\Bigg|_{L=nW} = N_{square}\cdot R_{sh}\ [\Omega]\ ; \qquad N_{square} = \text{저항을 구성하는 정사각형의 수}$$

즉 면저항 R_{sh}인 반도체로 저항값 R을 구현하고자 하면, $N_{square}=R/R_{sh}$개의 정사각형 저항체를 기판 평면에 직렬연결하면 된다.

따라서 $R_{sh}=100$ [Ω/□]의 반도체층을 이용하여 $R=1$ [kΩ]의 저항을 구현하고자 하면, 다음과 같이 $N_{square}=R/R_{sh}=10$개의 정사각형 저항체가 직렬로 연결된 표면 구조가 필요하다. $W/L=1$ [μm]/1 [μm]와 $W/L=5$ [μm]/5 [μm]로 1 [kΩ]의 저항을 구현하는 경우, 기판 면적은 각각 다음과 같다.

$$N_{square} = \frac{R}{R_{sh}} = \frac{1\ [k\Omega]}{100\ [\Omega]} = 10$$

$$A_1 = W_1L_1 = 10\times(1\ [\mu m]\times 1\ [\mu m]) = 10\ [\mu m^2],\ \ A_2 = W_2L_2 = 10\times(5\ [\mu m]\times 5\ [\mu m]) = 250\ [\mu m^2]$$

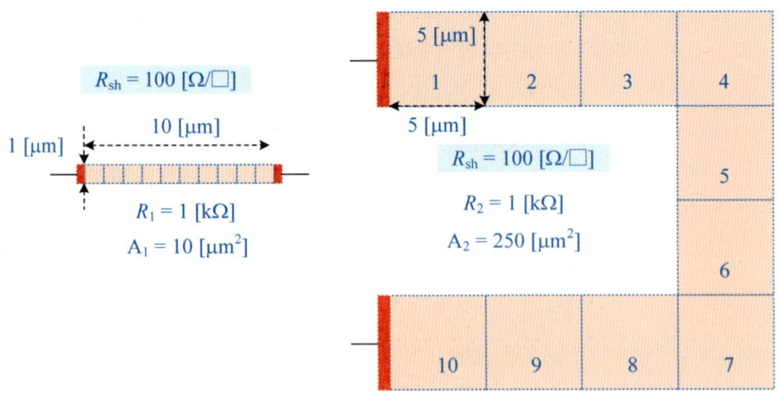

Chapter

06 과잉 캐리어와 연속방정식

Excess Carriers in Semiconductors and Continuity Equation

풀이 과정에서 사용한 Si 반도체의 상온($T = 300$ [K])의 순수 캐리어 농도(n_i)와 평균 열전압(V_{th})은 다음과 같다.

$$n_i|_{T=300\,[K]} \cong 10^{10}\ [\text{cm}^{-3}],\ \ kT|_{T=300\,[K]} \cong 0.0259\ [\text{eV}],\ \ V_{th}|_{T=300\,[K]} = \left.\frac{kT}{q}\right|_{T=300\,[K]} \cong 0.0259\ [\text{V}]$$

6.1 유사 페르미 준위

3족 불순물의 농도가 $N_3 = 10^{18}$ [cm^{-3}]인 Si 반도체에 $\delta N = 1\times10^{13}$ [cm^{-3}]의 과잉 캐리어가 생성된 경우,

(a) 열평형 상태의 전자와 정공의 농도를 구하라.
(b) 열평형 상태의 전자와 정공 농도를 나타내는 페르미 준위를 구하라.
(c) $\delta N = 10^{13}$ [cm^{-3}]인 경우, 전자와 정공의 농도를 구하라.
(d) $\delta N = 10^{13}$ [cm^{-3}]인 경우, 유사 페르미 준위 E_{Fn}과 E_{Fp}를 구하고, 이를 에너지 대역도에 표시하라.

(a) 3족 불순물이 주입된 Si 반도체는 가전자대역의 정공이 다수 캐리어인 p형 반도체이다. 주입한 불순물이 모두 이온화된 것으로 가정하면, 열평형 상태의 다수 캐리어인 정공(p_o)과 소수 캐리어인 전자 농도(n_o)는 각각 다음과 같다.

$$p_o = N_{o,maj}|_{N_A>N_D} = \left(\frac{N_A^- - N_D^+}{2}\right) + \sqrt{\left(\frac{N_A^- - N_D^+}{2}\right)^2 + n_i^2} \cong N_A = N_3 = 10^{18}\ [\text{cm}^{-3}],$$

$$n_o = \frac{n_i^2}{p_o} \cong \frac{10^{20}}{10^{18}} = 10^2\ [\text{cm}^{-3}]$$

(b) 열평형 상태의 전자와 정공 농도를 나타내는 페르미 준위 E_F는 다음과 같이 고유 페르미 준위 E_i로부터 0.477 [eV] 아래에 있다.

$$p_o = n_i \exp\left(\frac{E_i - E_F}{kT}\right),\qquad n_o = n_i \exp\left(\frac{E_F - E_i}{kT}\right)$$

$$E_i - E_F = -kT\ln\left(\frac{n_o}{n_i}\right) = kT\ln\left(\frac{p_o}{n_i}\right) = kT\ln\left(\frac{10^{18}}{10^{10}}\right) = 18.4kT \cong 0.477\ [\text{eV}] \ \Leftrightarrow\ E_F = E_i - 0.477\ [\text{eV}]$$

(c) 과잉 캐리어 농도가 $\delta N = 10^{13}$ [cm^{-3}]인 경우, 전자(n)와 정공 농도(p)는 각각 다음과 같다.

$$p = p_o + \delta p = p_o + \delta N = p_o\left(1 + \frac{\delta N}{p_o}\right) = 10^{18}\left(1 + \frac{10^{13}}{10^{18}}\right) \cong 10^{18}\ [\text{cm}^{-3}] \cong p_o$$

$$n = n_o + \delta n = n_o + \delta N = 10^2 + 10^{13} \cong 10^{13}\ [\text{cm}^{-3}] \cong \delta N$$

(d) $\delta N = 10^{13}$ [cm^{-3}]의 과잉 캐리어가 존재하는 경우, 전자 농도(n)와 정공 농도(p)는 전자와 정공의 유사 페르미 준위 E_{Fn}과 E_{Fp}로 다음과 같이 나타낼 수 있다.

$$p = p_o + \delta p \equiv n_i \exp\left(\frac{E_i - E_{Fp}}{kT}\right) = p_o \exp\left(\frac{E_F - E_{Fp}}{kT}\right) = N_V \exp\left(-\frac{E_{Fp} - E_V}{kT}\right) [\text{cm}^{-3}]$$

$$n = n_o + \delta n \equiv n_i \exp\left(\frac{E_{Fn} - E_i}{kT}\right) = n_o \exp\left(\frac{E_{Fn} - E_F}{kT}\right) = N_C \exp\left(\frac{E_{Fn} - E_C}{kT}\right) [\text{cm}^{-3}]$$

고정된 에너지 준위(E_C, E_V 또는 E_i)를 기준으로 한 유사 페르미 준위는 다음 관계식을 통해 해석할 수 있다.

$$E_i - E_{Fp} = kT\ln\left(\frac{p}{n_i}\right),\quad E_F - E_{Fp} = kT\ln\left(1 + \frac{\delta p}{p_o}\right),\quad E_{Fp} - E_V = kT\ln\left(\frac{N_V}{p}\right)\ [\text{eV}]$$

$$E_{Fn} - E_i = kT\ln\left(\frac{n}{n_i}\right),\quad E_{Fn} - E_F = kT\ln\left(1 + \frac{\delta n}{n_o}\right),\quad E_C - E_{Fn} = kT\ln\left(\frac{N_C}{n}\right)\ [\text{eV}]$$

이를 이용하면, $\delta N = 10^{13}$ [cm^{-3}]인 경우, 유사 페르미 준위 E_{Fp}와 E_{Fn}은 다음과 같다.

$$E_F - E_{Fp} = kT\ln\left(1 + \frac{\delta p}{p_o}\right) = kT\ln\left(1 + 10^{-5}\right) \cong 0 \quad \Leftrightarrow \quad E_{Fp} \cong E_F\ [\text{eV}]$$

$$E_{Fn} - E_i = kT\ln\left(\frac{n_o + \delta n}{n_i}\right) = kT\ln\left(\frac{10^2 + 10^{13}}{10^{10}}\right) \cong kT\ln\left(10^3\right) = 6.91kT \cong 0.179\ [\text{eV}]$$

$$E_{Fn} - E_F = kT\ln\left(1 + \frac{\delta n}{n_o}\right) = kT\ln\left(1 + \frac{10^{13}}{10^2}\right) = 25.3kT \cong 0.655\ [\text{eV}]$$

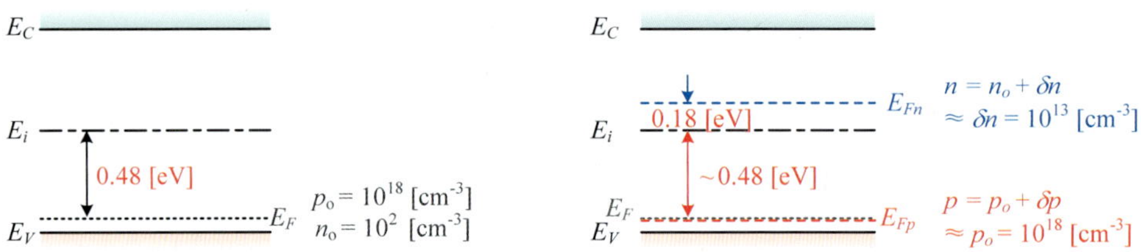

6.2 재결합률과 재결합 평균수명

재결합 평균수명 τ_{no}을 사용한 과잉 전자의 재결합 방정식은

$$r'(t) \equiv -\frac{d\delta n(t)}{dt} = \frac{\delta n(t)}{\tau_{no}} \quad [\text{s}^{-1}\text{cm}^{-3}]$$

로 나타낼 수 있다. $t = t_o$인 시점의 과잉 전자 농도가 $\delta n(t = t_o) = \Delta n_o$인 경우,

(a) $t > t_o$인 시점의 시간에 따른 과잉 전자 농도의 변화 $\delta n(t)$ [cm^{-3}]를 구하고, 그림으로 표시하라.

(b) 과잉 캐리어 농도가 $t = t_o$에서의 농도의 5%로 감소하는 데 필요한 시간을 구하라.

(c) 과잉 캐리어 농도가 $t = t_o$에서의 농도의 0.25%로 감소하는 데 필요한 시간을 구하라.

(d) $t = t_o$에서의 재결합률을 구하고, 과잉 전자 농도의 재결합률을 그림으로 표시하라.

(a) 재결합 평균수명 τ_{no}을 사용한 과잉 전자의 재결합 방정식은 다음과 같이 과잉 캐리어 농도에 비례한다.

$$r'(t) \equiv -\frac{d\delta n(t)}{dt} = \frac{\delta n(t)}{\tau_{no}} \quad [\mathrm{s^{-1}cm^{-3}}]$$

따라서 $t = t_o$인 시점의 과잉 전자 농도가 $\delta n(t = t_o) = \Delta n_o$인 경우, $t > t_o$일 때 시간에 따른 과잉 전자 농도의 변화 $\delta n(t)$ $[\mathrm{cm^{-3}}]$는 다음과 같다.

$$\delta n(t) = \delta n(t = t_o)e^{-(t-t_o)/\tau_{no}} = \Delta n_o e^{-(t-t_o)/\tau_{no}}$$

즉 과잉 캐리어는 재결합으로 인해 시간에 따라 지수함수적으로 감소하며, 감소하는 속도는 평균수명 τ_{no}에 의해 결정된다. 평균수명이 짧을수록 감소는 급격하게 일어나므로, 짧은 시간 안에 다시 열평형 상태로 복귀하게 된다. 평균수명은 같으나 과잉 캐리어 농도가 다른 경우, 그리고 과잉 캐리어 농도는 같으나 평균수명이 다른 경우에 대해 시간 경과에 따른 과잉 캐리어 농도 변화를 그림으로 비교하였다.

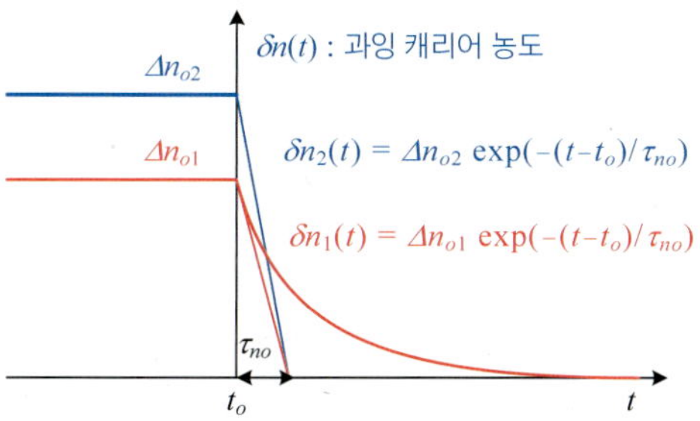

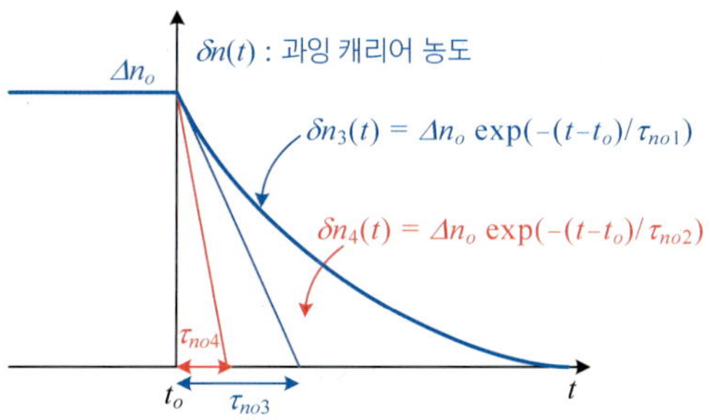

(b) 과잉 캐리어 농도가 $t = t_o$일 때의 농도의 5%로 감소하는 데 필요한 시간은 다음과 같다.

$$\frac{\delta n(t - t_o)|_{5\%}}{\delta n(t_o)} = 0.05 = e^{-(t-t_o)/\tau_{no}} \quad \Rightarrow \quad (t - t_o) = \tau_{no}\ln\left(\frac{1}{0.05}\right) = \tau_{no}\ln(20) = 3\tau_{no} \quad \Rightarrow \quad t = t_o + 3\tau_{no}$$

즉 평균수명의 3배에 해당하는 시간이 흐르면, 과잉 캐리어 농도가 초기 농도의 5%로 감소한다.

(c) 과잉 캐리어 농도가 $t = t_o$일 때의 농도의 0.25%로 감소하는 데 필요한 시간은 다음과 같다.

$$\frac{\delta n(t_1 - t_o)|_{0.25\%}}{\delta n(t_o)} = 0.0025 = e^{-(t_1-t_o)/\tau_{no}} \quad \Rightarrow \quad (t_1 - t_o) = \tau_{no}\ln\left(\frac{1}{0.0025}\right) = \tau_{no}\ln(400) = 6\tau_{no} \quad \Rightarrow \quad t_1 = t_o + 6\tau_{no}$$

즉 평균수명의 6배에 해당하는 시간이 흐르면, 과잉 캐리어 농도가 초기 농도의 0.25%로 감소한다.

(d) 시간 경과에 따른 과잉 캐리어의 재결합률($r'(t)$)과 $t = t_o$에서의 재결합률 $r'(t = t_o)$은 다음과 같다. 초기 과잉 캐리어 농도(Δn_o)가 높고 평균수명이 짧을수록 재결합률이 높다.

$$\delta n(t) = \Delta n_o e^{-(t-t_o)/\tau_{no}} \begin{cases} r'(t) \equiv -\dfrac{d\delta n(t)}{dt} = \dfrac{\delta n(t)}{\tau_{no}} = \dfrac{\Delta n_o}{\tau_{no}} e^{-(t-t_o)/\tau_{no}} & : \text{과잉 캐리어 재결합률} \\ r'(t = t_o) = \dfrac{\Delta n_o}{\tau_{no}} & : t = t_o\text{인 시점의 과잉 캐리어 재결합률} \end{cases}$$

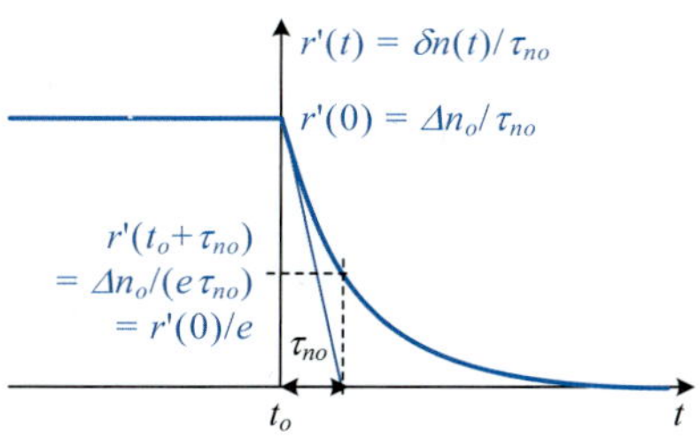

6.3 과잉 캐리어와 연속방정식

그림과 같이 얇은 두께의 두 Si 반도체가 있다. $n_i = 10^{10}$ [cm^{-3}]이며, 동일 불순물 농도인 경우 $\mu_n \sim 3\mu_p$로 가정한다.

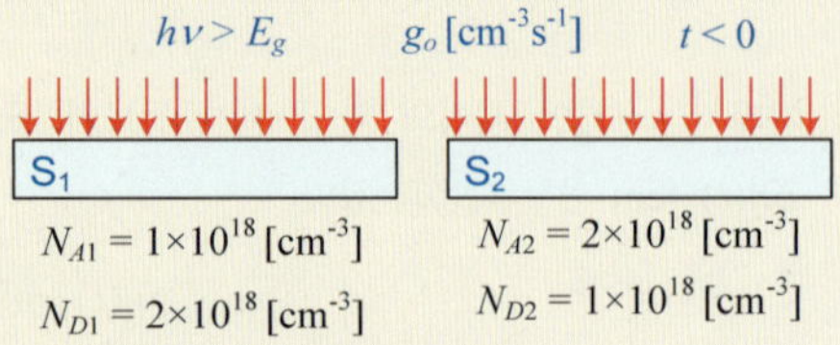

(a) 반도체의 다수 캐리어 이동도를 비교(μ_2/μ_1)하라.
(b) 반도체의 재결합 평균수명을 비교(τ_{o2}/τ_{o1})하라.
(c) 두 반도체의 확산길이를 비교(L_{o2}/L_{o1})하라.

같은 종류의 빛을 동일한 세기로 일정하게 가하여 g_o [cm^{-3}s^{-1}]의 균일한 생성률로 과잉 캐리어($\delta N_o = 400n_i$)를 생성하다가, $t = 0$인 순간에 그 빛을 차단하였다($\delta N \ll N_{o,maj}$).

(d) $t < 0$에서 과잉 캐리어 농도($\delta N_2/\delta N_1$)를 비교하라.
(e) 빛을 끈 이후($t \geq 0$)에 S_1과 S_2의 시간에 따른 과잉 캐리어 농도 변화 $\delta N_1(t)$와 $\delta N_2(t)$를 구하고, 그림으로 표시하라.
(f) 유사 페르미 준위(E_{Fn}, E_{Fp})는 전자와 정공의 농도를 나타내는 기준으로 사용되는 에너지다. S_1과 S_2에 대하여 $t < 0$일 때 전자 및 정공에 대한 유사 페르미 준위(E_{Fn}, E_{Fp})를 에너지 대역도에 표시하라(단 $\delta N_o = 400\ n_i$).
(g) 빛을 끈 후에 S_1의 시간에 따른 유사 페르미 준위의 변화 $E_{Fn1}(t)$와 $E_{Fp1}(t)$를 개략적인 그림으로 표시하라.

(a) S_1과 S_2 모두 Si 반도체이며 총 불순물 농도와 다수 캐리어 종류 및 농도는 각각 다음과 같다.

S_1 : $N_{imp1} = N_{A1} + N_{D1} = 3\times10^{18}$ [cm^{-3}], $N_{A1} < N_{D1}$이므로 n형 반도체,
다수 캐리어인 전자 농도 $n_{o1} = N_{D1} - N_{A1} = 1\times10^{18}$ [cm^{-3}]

S_2 : $N_{imp2} = N_{A2} + N_{D2} = 3\times10^{18}$ [cm^{-3}], $N_{A2} > N_{D2}$이므로 p형 반도체,
다수 캐리어인 정공 농도 $p_{o2} = N_{A2} - N_{D2} = 1\times10^{18}$ [cm^{-3}]

이동도(μ)는 격자충돌에 의해 제한되는 이동도(μ_l)와 이온화된 불순물 농도(N_{imp})에 의해 제한되는 이동도(μ_i)에 의해 결정되며, 다음과 같이 나타낼 수 있다.

$$\mu = \frac{\mu_i \mu_l}{\mu_i + \mu_l}$$

그런데 불순물 농도가 동일한 경우, Si의 전자 이동도(μ_n)가 정공 이동도(μ_p)보다 크다($\mu_n \sim 3\mu_p$)고 하였으므로, n형 반도체인 S_1의 다수 캐리어인 전자의 이동도(μ_{n1})가 p형 반도체인 S_2에서의 정공의 이동도(μ_{p2})보다 크다($\mu_{n1} > \mu_{p2}$).

(b) 밴드 간 재결합만 존재하는 경우, 과잉 캐리어의 재결합 평균수명(τ_o)은 다음과 같이 열평형 상태의 다수 캐리어 농도($N_{o,maj}$)에 의해 결정되며, 반도체의 고유 특성변수 α_r을 포함하는 관계식으로 정리하면 다음과 같다.

$$\tau_o \equiv \frac{1}{\alpha_r\left(n_o + p_o\right)} \cong \frac{1}{\alpha_r N_{o,maj}} \ \text{[s]}$$

S_1과 S_2의 다수 캐리어와 소수 캐리어 농도가 각각 동일($n_{o1} = p_{o2}$, $p_{o1} = n_{o2}$)하므로, 평균수명(τ_{o1}, τ_{o2})도 아래와 같이 동일하다.

$$\frac{\tau_{o2}}{\tau_{o1}} = \frac{(n_{o1} + p_{o1})}{(n_{o2} + p_{o2})} = 1, \ \text{또는} \ \ \tau_{o1} = \tau_{o2}$$

(c) 반도체 내의 과잉 캐리어 확산길이(L_o)는 과잉 캐리어가 재결합으로 소멸되기 전까지 확산하는 평균거리다. 이동도와 온도에 의해 결정되는 확산계수(D_o)가 크고 평균수명이 길수록 확산길이(L_o)는 길어지며, 다음과 같이 나타낼 수 있다.

$$L_o \equiv \sqrt{D_o \tau_o} = \sqrt{\mu_o V_{th} \tau_o} = \sqrt{\mu_o \tau_o \frac{kT}{q}} \text{ [cm]}$$

따라서 S_1과 S_2의 확산길이를 비교하면 다음과 같이 이동도가 높은 S_1의 확산길이(L_{o1})가 $S_2(L_{o2})$보다 길다.

$$\frac{L_{o2}}{L_{o1}} = \frac{\sqrt{D_{o2}\tau_{o2}}}{\sqrt{D_{o1}\tau_{o1}}} = \frac{\sqrt{\mu_{o2}\tau_{o2}}}{\sqrt{\mu_{o1}\tau_{o1}}} = \sqrt{\frac{\mu_{o2}}{\mu_{o1}}} \cdot \sqrt{\frac{\tau_{o2}}{\tau_{o1}}} < 1 \quad \Leftarrow \quad \frac{\mu_{o2}}{\mu_{o1}} < 1, \ \frac{\tau_{o2}}{\tau_{o1}} = 1$$

(d) 과잉 캐리어의 시간에 따른 변화는 다음의 전자와 정공에 대한 연속방정식을 이용하여 해석할 수 있다.

$$\frac{\partial \delta p(t,x)}{\partial t} = -\frac{1}{q}\frac{\partial J_p(t,x)}{\partial x} + g'(t,x) - \frac{\delta p(t,x)}{\tau_{po}};$$

$$J_p(t,x) = qp(t,x)\mu_p \mathcal{E} - qD_p \frac{\partial p(t,x)}{\partial x} \text{ [A/cm}^2\text{]}; \text{ 정공}(E \le E_V)$$

$$\frac{\partial \delta n(t,x)}{\partial t} = +\frac{1}{q}\frac{\partial J_n(t,x)}{\partial x} + g'(t,x) - \frac{\delta n(t,x)}{\tau_{no}};$$

$$J_n(t,x) = qn(t,x)\mu_n \mathcal{E} + qD_n \frac{\partial n(t,x)}{\partial x} \text{ [A/cm}^2\text{]}; \text{ 전자}(E \ge E_c)$$

일정한 세기의 빛이 인가되고 있는 $t < 0$에서는 정상상태이면서 개방상태(open)이므로, 전류가 흐르지 않는다. 또한 과잉 전자와 과잉 정공 농도가 동일($\delta n = \delta p$)하고, 같은 반도체 내에서는 평균수명도 동일하므로, $t < 0$인 시점의 연속방정식은 다음과 같이 간략히 정리할 수 있다.

$$g_o - \left.\frac{\delta p(t)}{\tau_o}\right|_{t<0} = g_o - \left.\frac{\delta n(t)}{\tau_o}\right|_{t<0} = 0 \quad \Rightarrow \quad \delta p(t)|_{t<0} = \delta n(t)|_{t<0} = g_o \tau_o \text{ [cm}^{-3}\text{]}$$

따라서 균일한 생성률(g_o [cm^{-3}s^{-1}])로 과잉 캐리어($\delta N_o = 400n_i$)를 생성하다가 $t = 0$인 순간에 그 빛을 차단한 경우, 두 반도체의 과잉 캐리어 농도(δN_1, δN_2)도 다음과 같이 동일한 값을 갖는다.

$$\delta N_1 = g_o \tau_{o1} = \delta N_2 = g_o \tau_{o2}$$

(e) 빛을 끈 후($t \ge 0$), S_1과 S_2의 반도체 내부에서 생성률(g')이 0이고, 전류도 흐르지 않으므로($J = 0$), 연속방정식은 다음과 같이 정리된다.

$$\frac{\partial \delta p(t)}{\partial t} = -\frac{\delta p(t)}{\tau_o} \text{ [cm}^{-3}\text{s}^{-1}\text{]}; \quad \delta N(t) = \delta p(t) = \delta n(t) \text{ [cm}^{-3}\text{]}$$

이를 이용하여 $t > 0$인 시점의 과잉 캐리어 농도 변화를 구하면, 그 결과는 다음과 같다.

$$\delta p(t) = \delta n(t) = \delta N(t=0) e^{-t/\tau_o} = g_o \tau_o e^{-t/\tau_o} \text{ [cm}^{-3}\text{]}$$

이때 S_1과 S_2는 동일한 재료일 뿐 아니라 총 불순물 농도(N_{imp})와 다수 캐리어 농도($N_{o,maj}$), 평균수명(τ_o)이 모두 동일하므로, 두 반도체에서 시간에 따른 과잉 캐리어 농도 변화($\delta N_1(t)$, $\delta N_2(t)$)도 다음과 같이 동일하다.

$$\delta N_1(t) = \delta N_2(t) = \delta N(t=0) e^{-t/\tau_o} = g_o \tau_o e^{-t/\tau_o} \text{ [cm}^{-3}\text{]}$$

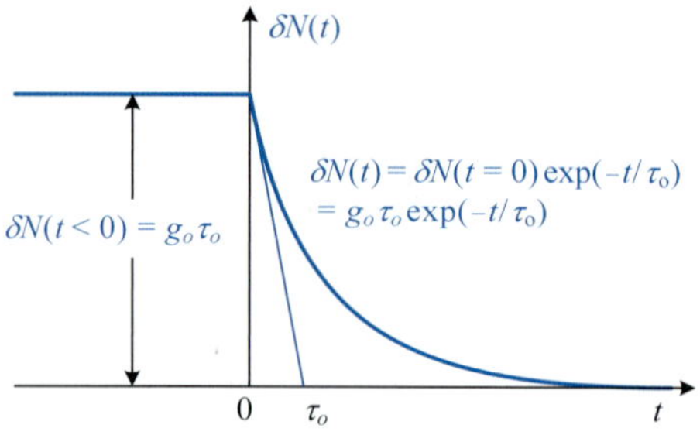

(f) $t < 0$일 때, $\delta N_o = 400\, n_i$인 두 반도체의 캐리어 농도는 각각 다음과 같다.

S_1: $n_{o1} = 10^{18}$ [cm^{-3}], $p_{o1} = n_i^2/n_{o1} = 10^2$ [cm^{-3}]

$n_1 = n_{o1} + \delta N_o = 1\times10^{18} + 400n_i \approx 10^{18}$ [cm^{-3}] $= n_{o1}$, $p_1 = p_{o1} + \delta N_o = 10^2 + 400n_i \approx 400n_i = 4\times10^{12}$ [cm^{-3}]

S_2: $p_{o2} = 10^{18}$ [cm^{-3}], $n_{o2} = n_i^2/p_{o2} = 1\times10^2$ [cm^{-3}]

$p_2 = p_{o2} + \delta N_o = 10^{18} + 400n_i \approx 10^{18}$ [cm^{-3}] $= p_{o2}$, $n_2 = n_{o2} + \delta N_o = 10^2 + 400n_i \approx 400n_i = 4\times10^{12}$ [cm^{-3}]

따라서 두 반도체의 열평형 상태의 페르미 준위(E_F)와 전자와 정공의 농도(n, p)를 나타내는 기준으로 사용하는 유사 페르미 준위(E_{Fn}, E_{Fp})는 다음과 같다.

$$\begin{cases} E_{Fn} - E_F = kT\ln\left(\dfrac{n}{n_o}\right) = kT\ln\left(1 + \dfrac{\delta n}{n_o}\right), \text{ 또는 } E_{Fn} - E_i = kT\ln\left(\dfrac{n}{n_i}\right) = kT\ln\left(\dfrac{n_o + \delta n}{n_i}\right) \\ E_F - E_{Fp} = kT\ln\left(\dfrac{p}{p_o}\right) = kT\ln\left(1 + \dfrac{\delta p}{p_o}\right), \text{ 또는 } E_i - E_{Fp} = kT\ln\left(\dfrac{p}{n_i}\right) = kT\ln\left(\dfrac{p_o + \delta p}{n_i}\right) \end{cases}$$

$$S_1 : \begin{cases} E_{F1} - E_i = kT\ln\left(\dfrac{n_{o1}}{n_i}\right) = 18.4kT = 0.477 \text{ [eV]} \quad ; n_{o1} = 10^{18} \text{ [cm}^{-3}], p_{o1} = 10^2 \text{ [cm}^{-3}] \\ E_{Fn1} - E_{F1} = kT\ln\left(\dfrac{n_1}{n_{o1}}\right) = kT\ln\left(1 + \dfrac{\delta N_o}{n_{o1}}\right) \cong 0 \Leftrightarrow E_{Fn1} \cong E_{F1} \quad ; \delta n = \delta p = \delta N_o = 400n_i \\ \text{또는} \quad E_{Fn1} - E_i = kT\ln\left(\dfrac{n_1}{n_i}\right) = kT\ln\left(\dfrac{n_{o1} + \delta N_o}{n_i}\right) \cong 18.4kT = 0.477 \text{ [eV]} \\ E_i - E_{Fp1} = kT\ln\left(\dfrac{p_1}{n_i}\right) = kT\ln\left(\dfrac{p_{o1} + \delta N_o}{n_i}\right) \cong kT\ln\left(\dfrac{\delta N_o}{n_i}\right) \cong kT\ln(400) \cong 6kT = 0.155 \text{ [eV]} \end{cases}$$

$$S_2 : \begin{cases} E_i - E_{F2} = kT\ln\left(\dfrac{p_{o2}}{n_i}\right) = 18.4kT = 0.477 \text{ [eV]} \quad ; p_{o2} = 10^{18} \text{ [cm}^{-3}], n_{o2} = 10^2 \text{ [cm}^{-3}] \\ E_{F2} - E_{Fp2} = kT\ln\left(\dfrac{p_2}{p_{o2}}\right) = kT\ln\left(1 + \dfrac{\delta N_o}{p_{o2}}\right) \cong 0 \Leftrightarrow E_{F2} \cong E_{Fp2} \quad ; \delta n = \delta p = \delta N_o = 400n_i \\ \text{또는} \quad E_i - E_{Fp2} = kT\ln\left(\dfrac{p_2}{n_i}\right) = kT\ln\left(\dfrac{p_{o2} + \delta N_o}{n_i}\right) \cong 18.4kT = 0.477 \text{ [eV]} \\ E_{Fn2} - E_i = kT\ln\left(\dfrac{n_2}{n_i}\right) = kT\ln\left(\dfrac{n_{o2} + \delta N_o}{n_i}\right) \cong kT\ln\left(\dfrac{\delta N_o}{n_i}\right) \cong kT\ln(400) \cong 6kT = 0.155 \text{ [eV]} \end{cases}$$

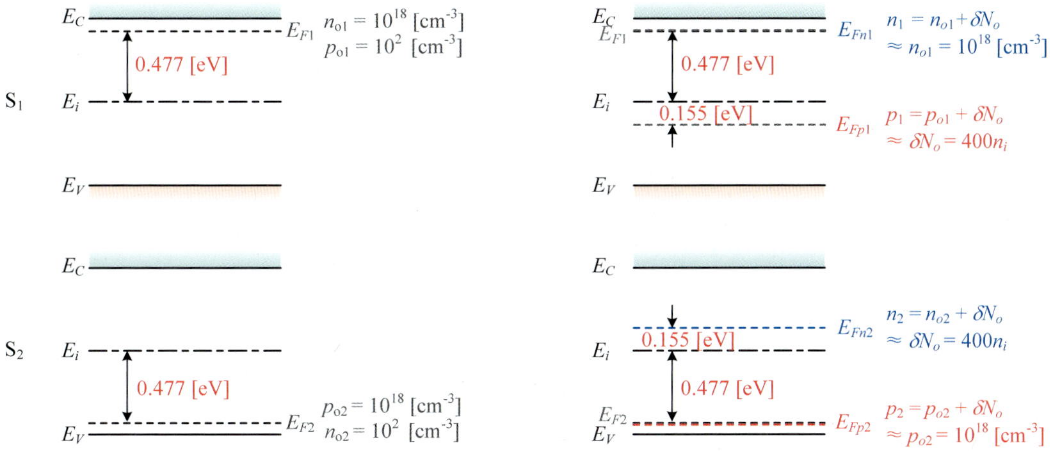

(g) 빛을 끈 후에 전자와 정공의 농도를 나타내는 유사 페르미 준위의 시간에 따른 변화($E_{Fn}(t)$, $E_{Fp}(t)$)는 다음 관계식을 통해 해석할 수 있으며, 그 결과를 그림으로 나타내었다.

$$S_1 : \begin{cases} \delta p(t) = \delta n(t) = \delta N(t=0)e^{-t/\tau_o} = g_o\tau_o e^{-t/\tau_o} \ [\text{cm}^{-3}] \\ E_{F1} - E_{Fp1}(t) = kT\ln\left(\dfrac{p_{o1} + \delta N(t)}{p_{o1}}\right) = kT\ln\left(1 + \dfrac{\delta N(t)}{p_{o1}}\right) = kT\ln\left(1 + 4\times 10^{10} e^{-t/\tau_o}\right) \\ n_1(t) = n_{o1} + \delta N(t) \cong n_{o1} \quad \Leftrightarrow \quad E_{Fn1}(t) \cong E_{F1} \end{cases}$$

$$S_2 : \begin{cases} \delta p(t) = \delta n(t) = \delta N(t=0)e^{-t/\tau_o} = g_o\tau_o e^{-t/\tau_o} \ [\text{cm}^{-3}] \\ E_{Fn2}(t) - E_{F2} = kT\ln\left(\dfrac{n_{o2} + \delta N(t)}{n_{o2}}\right) = kT\ln\left(1 + \dfrac{\delta N(t)}{n_{o2}}\right) = kT\ln\left(1 + 4\times 10^{10} e^{-t/\tau_o}\right) \\ p_2(t) = p_{o2} + \delta N(t) \cong p_{o2} \quad \Leftrightarrow \quad E_{Fp2}(t) \cong E_{F2} \end{cases}$$

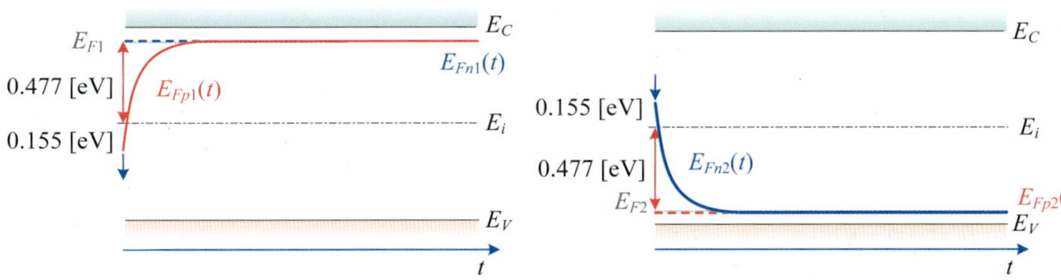

6.4 과잉 캐리어와 확산방정식

그림과 같이 균질의 매우 짧은($W \ll L_p$) n형 Si 반도체($N_D = N_o \gg n_i$)를 생각해보자. 한쪽 끝에서는 일정한 세기의 빛에 의하여 $x = 0$에서만 과잉 캐리어가 생성되고 있으며, $x = W$인 지점에서는 금속 접점에 연결된 전선을 통해(금속 접점에서는 항상 열평형 상태($\delta N(x = W) = 0$)가 유지됨) 외부로 폐회로를 형성하고 있다. 이때 $x = 0$에서 $\delta p(x=0) = \delta n(x=0) = 20n_i$에 해당하는 크기의 과잉 캐리어를 생성하는 경우,

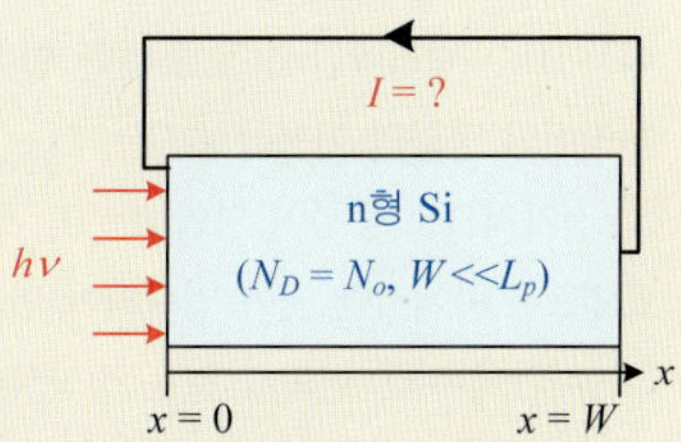

(a) 이 반도체의 과잉 캐리어에 의한 특성은 전자와 정공 중 무엇에 의해 결정되는지 간략히 설명하라.

(b) 이 경우에 소수 캐리어 농도 분포를 구하기 위한 확산방정식을 정리하라.
(c) 이 경우에 적용이 가능한 경계조건을 제시하라.
(d) 임의의 한 점(x)에서 과잉 캐리어 농도 분포 $\delta p(x)$와 $\delta n(x)$를 구하라.
(e) 임의의 한 점에서 과잉 소수 캐리어의 농도 기울기($d\delta N_{min}(x)/dx$)를 구하라.
(f) 외부 회로를 통하여 전류가 흐르면, 어떤 전류 형성 요소가 관련되는지 설명하라.
(g) 임의의 한 점에서 소수 캐리어의 농도 기울기에 의해 형성된 확산전류밀도를 구하라.
(h) 반도체의 길이 W를 더 길게 하면, 확산전류밀도의 크기는 어떻게 변할지 설명하라.

(a) 균일하게 도핑된 반도체의 중성영역에서 과잉 캐리어 농도의 공간적 분포와 시간에 따른 변화($\delta p(t,x) = \delta n(t,x)$)는 다음의 결레전하 전송방정식의 지배를 받는다.

$$\frac{\partial \delta N(t,x)}{\partial t} = D' \frac{\partial^2 \delta N(t,x)}{\partial x^2} + \mu' \mathcal{E} \frac{\partial \delta N(t,x)}{\partial x} + g'(t,x) - r'(t,x) \quad [\mathrm{cm^{-3}s^{-1}}] : \text{결레전하 전송방정식}$$

$$r'(t,x) = \frac{\delta N(t,x)}{\tau_o} \quad [\mathrm{cm^{-3}s^{-1}}]$$

또한 결레전하의 확산과 드리프트를 지배하는 확산계수(D')와 이동도(μ')는 각각 아래와 같이 정의된다.

$$D' \equiv \frac{n\mu_n D_p + p\mu_p D_n}{n\mu_n + p\mu_p} = \frac{D_n D_p (n+p)}{nD_n + pD_p} \quad [\mathrm{cm^2/s}] : \text{결레전하 확산계수}$$

$$\mu' \equiv \frac{(\mu_n \mu_p)(p-n)}{n\mu_n + p\mu_p} \quad [\mathrm{cm^2/Vs}] \qquad : \text{결레전하 이동도}$$

특히 과잉 캐리어 농도가 다수 캐리어 농도보다 훨씬 낮은 저준위 주입($\delta n(t,x) = \delta p(t,x) \ll N_{o,maj}$)의 경우, 결레 전하의 확산계수와 이동도는 소수 캐리어 특성에 의해 결정된다.

n형 반도체의 결레전하 확산계수 및 이동도는 다음과 같이 소수 캐리어인 정공의 확산계수 및 이동도와 같다.

$$D'|_{n \gg p} = \left. \frac{D_p D_n (p+n)}{pD_p + nD_n} \right|_{n \gg p} = D_p \frac{(1+(p/n))}{(1+(p/n)(D_p/D_n))} \cong D_p \quad [\mathrm{cm^2/s}] : \text{n형 반도체의 결레전하 확산계수}$$

$$\mu'|_{n \gg p} \equiv \left. \frac{\mu_n \mu_p (p-n)}{p\mu_p + n\mu_n} \right|_{n \gg p} = -\mu_p \frac{(1-(p/n))}{(1+(p/n)(\mu_p/\mu_n))} \cong -\mu_p \quad [\mathrm{cm^2/Vs}] : \text{n형 반도체의 결레전하 이동도}$$

따라서 균일 도핑된 n형 반도체에서 과잉 캐리어에 대한 결레전하 이동방정식은 다음과 같다.

$$\frac{\partial \delta N(t,x)}{\partial t} = D_p \frac{\partial^2 \delta N(t,x)}{\partial x^2} - \mu_p \mathcal{E} \frac{\partial \delta N(t,x)}{\partial x} + g'(t,x) - r'(t,x) \quad ; \quad r'(t,x) = \frac{\delta N(t,x)}{\tau_{po}}$$

이는 소수 캐리어인 정공에 대한 연속방정식에 해당한다. 즉 n형 반도체에서 과잉 전자와 정공은 결레로 이동하되 소수 캐리어인 정공의 이동특성($D' = D_p$, $\mu' = -\mu_p$)에 의해 지배됨을 알 수 있다.

(b) ① 전기적으로 중성인 영역($\rho = 0$, $\delta p = \delta n$) 내에서, ② 전압이 인가되지 않아 전계가 존재하지 않고($\mathcal{E} = 0$), ③ 반도체 표면($x = 0$)에서만 빛이 입사되어 반도체 내부에는 과잉캐리어의 생성이 없으며($g' = 0$), ④ 일정한 세기의 빛이 입사되고, 시간에 따른 변화가 없는 정상상태에 도달한 경우($\partial \delta N(t)/\partial t = 0$), 위의 결레전하 전송방정식은 다음과 같이 과잉 캐리어의 확산방정식으로 간략화된다.

$$D_p \frac{\partial^2 \delta N(x)}{\partial x^2} - r'(x) = D_p \frac{\partial^2 \delta N(x)}{\partial x^2} - \frac{\delta N(x)}{\tau_{po}} = 0 \; ; \quad \boxed{\frac{\partial^2 \delta N(x)}{\partial x^2} - \frac{1}{L_p^2}\delta N(x) = 0 \; : \; L_p \equiv \sqrt{D_p \tau_{po}}} \; : \text{확산방정식}$$

따라서 과잉 캐리어의 공간적 농도 분포 $\delta N(x) = \delta p(x) = \delta n(x)$는 다음과 같다.

$$\delta N(x) = Ae^{+x/L_p} + Be^{-x/L_p} = A \cdot \sinh(x/L_p) + B \cdot \cosh(x/L_p)$$

(c) 과잉 캐리어의 농도 분포를 확정하기 위한 경계조건은 다음과 같다.

$\delta N(x=0) = \Delta N_o$: 빛이 입사되는 반도체 표면의 과잉 캐리어 농도로, 입사광의 종류와 세기에 의해 결정된다.

$\delta N(x=W) = 0$: 금속 접점이 있는 반도체 끝부분으로, 항상 열평형 상태가 유지된다.

(d) 위의 확산방정식에 의한 농도 분포 관계식에 경계조건을 반영하면, 반도체 내의 한 점(x)에서 과잉 캐리어 농도 분포 $\delta p(x) = \delta n(x)$는 다음과 같다.

$$\delta N(x) = A \cdot \sinh(x/L_p) + B \cdot \cosh(x/L_p) = \Delta N_o \frac{\sinh(-(x-W)/L_p)}{\sinh(W/L_p)} \; [\text{cm}^{-3}] \quad \begin{cases} \delta N(x=0) \equiv \Delta N_o \\ \delta N(x=W) = 0 \\ \delta N(x) = \delta p(x) = \delta n(x) \end{cases}$$

(e) 과잉 캐리어에 의한 확산전류를 결정하는 과잉 소수 캐리어의 농도 기울기($d\delta N_{min}(x)/dx$)는 다음과 같다.

$$\frac{d\delta N(x)}{dx} = -\frac{\Delta N_o}{L_p} \frac{\cosh((x-W)/L_p)}{\sinh(W/L_p)} \; [\text{cm}^{-4}]$$

(f) 전압이 인가되지 않았으므로, 반도체의 모든 영역이 등전위 상태이다. 따라서 내부에는 전계가 존재하지 않으며, 드리프트에 의한 전류도 존재하지 않는다. 그런데 과잉 캐리어 농도는 반도체 내에서 공간적으로 불균일하기 때문에 과잉 소수 캐리어의 확산이 발생하고, 이로 인해 확산전류가 형성된다.

$$I = AJ_{p,diff}(x=W) = -qAD_p \frac{d\delta p(x)}{dx}\bigg|_{x=W} = qA\frac{D_p}{L_p}\Delta N_o \frac{\cosh((x-W)/L_p)}{\sinh(W/L_p)}\bigg|_{x=W} = qA\frac{D_p}{L_p}\Delta N_o \frac{1}{\sinh(W/L_p)} \; [\text{A}]$$

(g) 소수 캐리어인 정공의 농도 기울기에 의해 형성된 확산전류밀도 $J_{p,diff}(x)$는 다음과 같다.

$$J_{p,diff}(x) = -qD_p \frac{d\delta p(x)}{dx} = q\frac{D_p}{L_p}\Delta N_o \frac{\cosh((x-W)/L_p)}{\sinh(W/L_p)} = q\frac{L_p}{\tau_p}\Delta N_o \frac{\cosh((x-W)/L_p)}{\sinh(W/L_p)} \; [\text{A/cm}^2]$$

$$\begin{cases} J_{p,diff}(x=0) \equiv J_{po} = q\dfrac{D_p}{L_p}\Delta N_o \dfrac{1}{\tanh(W/L_p)} = q\dfrac{L_p}{\tau_p}\Delta N_o \dfrac{1}{\tanh(W/L_p)} \; [\text{A/cm}^2] \\ J_{p,diff}(x=W) \equiv J_{pm} = q\dfrac{D_p}{L_p}\Delta N_o \dfrac{1}{\sinh(W/L_p)} = q\dfrac{L_p}{\tau_p}\Delta N_o \dfrac{1}{\sinh(W/L_p)} \; [\text{A/cm}^2] \end{cases}$$

(h) 반도체 중성영역의 길이(W)가 길어질수록 과잉 캐리어의 농도 기울기가 완만해지므로, 농도 기울기에 의해 결정되는 소수 캐리어의 확산전류밀도의 크기는 감소한다. $W_2 > W_1$인 경우, $x = 0$인 지점과 $x = W$(끝점)에서 확산전류의 크기를 비교하면, 다음과 같이 중성영역의 길이가 길수록 반도체 끝점의 확산전류는 작아진다.

$$W_2 > W_1 \;\Rightarrow\; \begin{cases} \dfrac{J_{po}|_{W=W_2}}{J_{po}|_{W=W_1}} = \dfrac{\tanh(W_1/L_p)}{\tanh(W_2/L_p)} < 1, \quad \dfrac{J_{pm}|_{W=W_2}}{J_{pm}|_{W=W_1}} = \dfrac{\sinh(W_1/L_p)}{\sinh(W_2/L_p)} < 1 \end{cases}$$

6.5 과잉 캐리어와 확산방정식

그림과 같이 $N_A = N_o = 5\times10^{17}$ [cm^{-3}]인 p형 Si 반도체의 한 쪽 끝($x = 0$)에서 일정한 세기의 빛에 의해 과잉 캐리어 ($\delta n(x = 0) = 10n_i$)가 생성되고 있다.

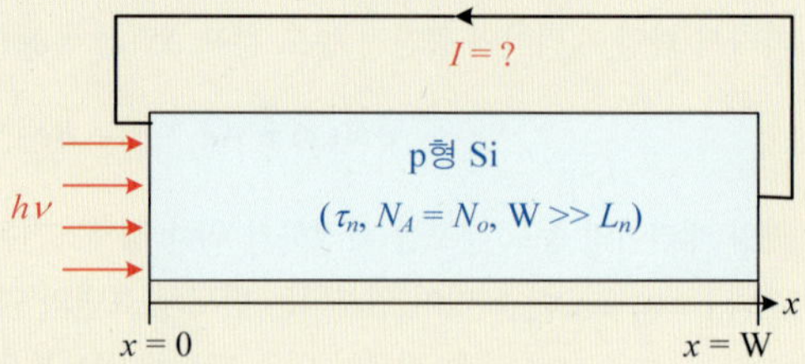

(a) 빛이 입사하지 않는 열평형 상태에서 다수 캐리어 농도와 소수 캐리어 농도 및 그 곱을 구하라.

(b) 열평형 상태의 전자와 정공의 유사 페르미 준위 $E_{Fn}|_{TE}$와 $E_{Fp}|_{TE}$를 구하고 에너지 대역도에 표시하라.

일정한 빛에 의하여 $\delta n(x = 0) = 20n_i$의 과잉 캐리어가 생성될 경우,

(c) 과잉 캐리어의 농도 분포 $\delta n(x)$를 구하라.

(d) $x = 0$에서의 전자와 정공의 유사 페르미 준위의 차이($\Delta E_2 = E_{Fn} - E_{Fp}$)를 구하라.

(e) 전자와 정공의 유사 페르미 준위 분포($E_{Fn}(x)$, $E_{Fp}(x)$)를 개략적인 그림으로 표시하라.

(f) 반도체 내의 임의의 점에서 재결합률($R(x,t) = -dn(x,t)/dt$)을 구하라.

(g) 외부 회로를 통하여 전류가 흐르면, 어떤 종류의 전류가 어느 방향으로 흐르는지 설명하라.

(a) 불순물이 완전 이온화된 경우, 열평형 상태의 다수 캐리어 농도는 다음과 같이 유효 도핑 농도와 같다.

$$N_{o,maj} = N_{eff} = |N_D - N_A|$$

이 반도체는 억셉터 농도가 $N_A = N_o = 5\times10^{17}$ [cm^{-3}]인 p형 Si 반도체이므로, 다수 캐리어인 정공 농도(p_o)와 소수 캐리어인 전자 농도(n_o), 그리고 단체행동법칙에 의해 지배되는 그 곱은 다음과 같다.

$$\left.\begin{aligned} N_{o,maj} &= p_o = |N_D - N_A| = N_A = N_o = 5\times10^{17}\ [\text{cm}^{-3}] \\ N_{o,min} &= n_o = \frac{n_i^2}{N_{o,maj}} = \frac{n_i^2}{p_o} = \frac{10^{20}}{5\times10^{17}} = 200\ [\text{cm}^{-3}] \end{aligned}\right\}\quad p_o n_o = n_i^2 = 10^{20}\ [\text{cm}^{-6}]\ :\ \text{단체행동법칙}$$

즉 열평형 상태의 다수 캐리어와 소수 캐리어 농도의 곱은 도핑의 종류 및 농도에 상관없이 반도체의 고유 특성변수인 밴드갭(E_g)과 허용에너지 상태밀도(N_C, N_V), 그리고 온도(T)에 의해 결정된다. 이를 열평형 상태에서 전자와 정공의 단체행동법칙이라고 한다.

(b) 열평형 상태의 전자와 정공의 유사 페르미 준위($E_{Fn}|_{TE}$, $E_{Fp}|_{TE}$)는 페르미 준위(E_F)와 동일하며, 전자와 정공의 유사 페르미 준위는 동일한 값을 갖는다.

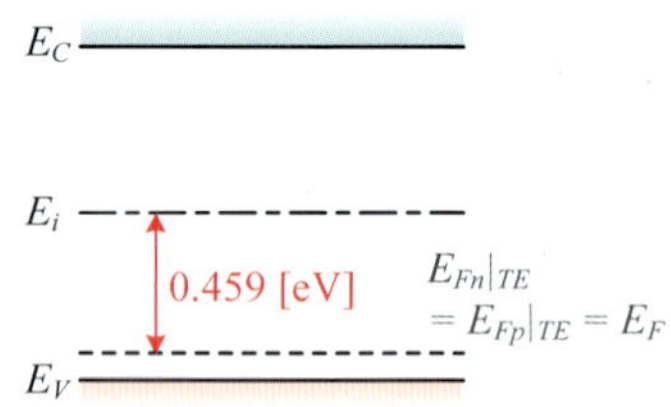

$$E_{Fn}|_{TE} = E_{Fp}|_{TE} = E_F\ ;\quad n_o = n_i e^{(E_F - E_i)/kT},\quad p_o = n_i e^{(E_i - E_F)/kT}$$

$$E_i - E_F = kT\ln\left(\frac{p_o}{n_i}\right) = kT\ln\left(\frac{5\times10^{17}}{10^{10}}\right) = kT\ln\left(5\times10^7\right) = 17.7kT = 0.459\ [\text{eV}]$$

$$\Leftrightarrow\quad E_F = E_i - kT\ln\left(\frac{p_o}{n_i}\right) = E_i - 0.459\ [\text{eV}]$$

(c) ① 전기적으로 중성인 영역($\rho = 0$, $\delta p = \delta n$) 내에서, ② 전압이 인가되지 않아 전계가 존재하지 않고($\mathcal{E} = 0$), ③ 반도체 표면($x = 0$)에서만 빛이 입사되어 반도체 내부에는 과잉 캐리어의 생성이 없으며($g' = 0$), ④ 일정한 세기의 빛이 입사되고 시간에 따른 변화가 없는 정상상태에 도달한 경우($\partial\delta N(t)/\partial t = 0$), 일정한 빛에 의하여 $\delta n(x = 0) = 20n_i$의 과잉 캐리어를 생성할 때, 과잉 캐리어의 공간적 분포는 소수 캐리어 특성에 의해 지배되는 확산방정식을 통해 해석할 수 있다.

$$\frac{\partial^2 \delta N(x)}{\partial x^2} - \frac{1}{L_n^2}\delta N(x) = 0 \;:\; L_n \equiv \sqrt{D_n \tau_{no}} \quad : \text{ 과잉 캐리어의 확산방정식}$$

중성영역의 길이가 확산길이보다 훨씬 긴($W \gg L_n$) 반도체이므로, 과잉 캐리어 농도 분포($\delta N(x) = \delta n(x) = \delta p(x)$)는 표면으로부터 지수함수적으로 급격히 감소한다.

$$\delta N(x) = \delta n(x) = \delta p(x) = Ae^{+x/L_n} + Be^{-x/L_n} \cong \Delta n_o e^{-x/L_n} \;[\text{cm}^{-3}] \;;\quad \Delta n_o \equiv \delta N(x=0) = 20n_i$$

(d) 전자와 정공에 대한 유사 페르미 준위(E_{Fn}, E_{Fp})와 전자 및 정공 농도에 관한 관계식은 다음과 같다.

$$E_{Fn}(x) - E_{Fp}(x) = kT\ln\left(\frac{p(x)n(x)}{p_o n_o}\right) = kT\ln\left(\frac{(p_o + \delta p(x))(n_o + \delta n(x))}{n_i^2}\right)$$

따라서 $x = 0$에서 전자와 정공의 유사 페르미 준위의 차이($\Delta E_2 = E_{Fn} - E_{Fp}$)는 아래와 같다.

$$E_{Fn} - E_{Fp}\big|_{(x=0)} = kT\ln\left(\frac{pn}{p_o n_o}\right)\Bigg|_{(x=0)} = kT\ln\left(\frac{pn}{n_i^2}\right)\Bigg|_{(x=0)} = kT\ln\left(\frac{(p_o + \delta p)(n_o + \delta n)}{n_i^2}\right)\Bigg|_{(x=0)} = 0.537\ [\text{eV}]$$

(e) 이 문제는 과잉 캐리어 농도가 열평형 상태의 다수 캐리어 농도($p_o = 5\times10^{17}$ [cm^{-3}])에 비해 훨씬 낮은 저준위 주입($\delta N(0) = 20n_i \ll p_o = 5\times10^{17}$ [cm^{-3}]) 상황에 해당한다. 따라서 다수 캐리어인 정공 농도 분포와 정공의 유사 페르미 준위(E_{Fp})는 다음과 같이 공간적으로 큰 변화 없이 전 구간에 걸쳐 일정한 값을 갖는다.

$$E_i - E_{Fp}(x) = kT\ln\left(\frac{p(x)}{n_i}\right) = kT\ln\left(\frac{p_o}{n_i} + \frac{\Delta n_o e^{-x/L_n}}{n_i}\right) = kT\ln\left(5\times10^7 + 20e^{-x/L_n}\right) \cong kT\ln\left(5\times10^7\right) = 0.459\ [\text{eV}]$$

소수 캐리어인 전자 농도 분포와 전자의 유사 페르미 준위(E_{Fn})는 다음과 같다.

$$E_{Fn}(x) - E_i = kT\ln\left(\frac{n(x)}{n_i}\right) = kT\ln\left(\frac{n_o + \delta n(x)}{n_i}\right) = kT\ln\left(\frac{n_o}{n_i} + \frac{\delta n(x)}{n_i}\right) = kT\ln\left(\frac{1}{5\times10^7} + 20e^{-x/L_n}\right)$$

따라서 $x = 0$에서 전자와 정공의 유사 페르미 준위의 차이($\Delta E_2 = E_{Fn} - E_{Fp}$)로부터 다음 결과를 얻는다.

$$\begin{cases} E_i - E_{Fp}(x=0) = kT\ln\left(5\times10^7 + 20\right) \cong kT\ln\left(5\times10^7\right) = 17.7kT = 0.459\ [\text{eV}] \\ E_{Fn}(x=0) - E_i = kT\ln\left(\frac{1}{5\times10^7} + 20\right) \cong kT\ln(20) = 3kT = 0.078\ [\text{eV}] \end{cases}$$

$$\Rightarrow E_{Fn} - E_{Fp}\big|_{(x=0)} = (E_i - E_{Fp}(x=0)) + (E_{Fn}(x=0) - E_i) = 0.459 + 0.078 = 0.537\ [\text{eV}]$$

전자와 정공의 유사 페르미 준위 분포를 그림으로 나타내면 다음과 같다.

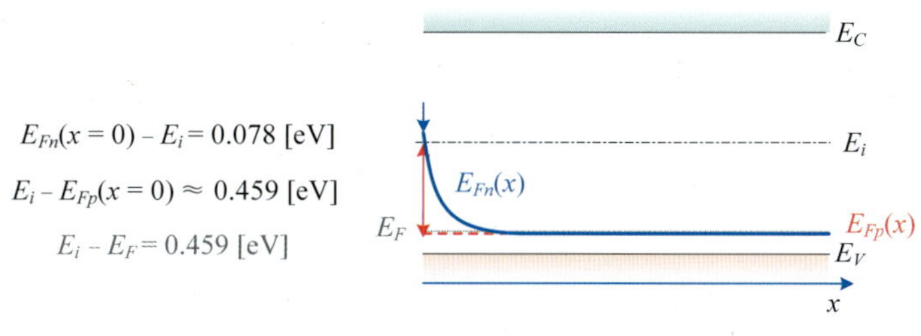

(f) 재결합률($R(x,t) = -dn(x,t)/dt$)은 과잉 캐리어 농도와 평균수명에 의해 결정되며, 그 결과는 다음과 같다.

$$R(t,x) = -\frac{\partial \delta N(t,x)}{\partial t} = \frac{\delta N(t,x)}{\tau_o} = \frac{\Delta n_o}{\tau_o}e^{-x/L_n} = \; = \frac{10n_i}{\tau_o}e^{-x/L_n}\ [\text{cm}^{-3}\text{s}^{-1}]$$

$$R(t,0) = \frac{10n_i}{\tau_o} > R(t, x>0) = \frac{10n_i}{\tau_o} e^{-x/L_n}$$

반도체 표면에 일정한 빛이 가해지는 정상상태이므로, 반도체 내 임의의 점에서의 재결합률은 시간에 따른 변화 없이 일정한 값을 갖는다. 과잉 캐리어 농도가 높은 표면에서의 재결합률이 표면에서 먼 지점의 재결합률보다 높다.

(g) 전계가 존재하지 않는($\varepsilon = 0$) 중성영역($\rho = 0$)에서 소수 캐리어인 전자의 확산에 의한 전류 $J_{n,diff}(x)$는 다음을 통해 이해할 수 있다.

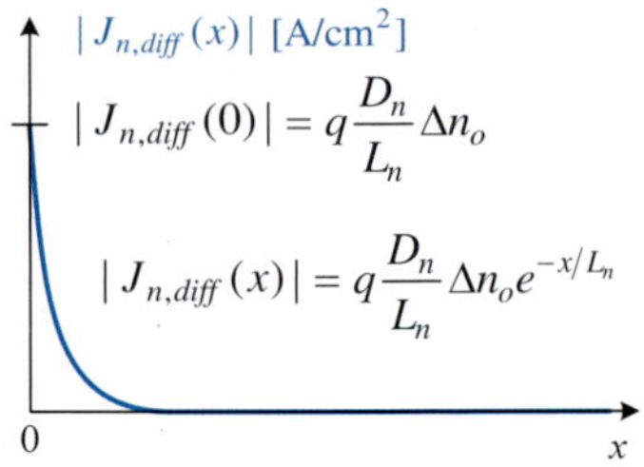

$$J_{n,diff}(x) = qD_n \frac{d\delta n(x)}{dx} = -q\frac{D_n}{L_n}\Delta n_o e^{-x/L_n} \quad [\mathrm{A/cm^2}]$$

중성영역의 길이(W)가 확산길이(L_n)보다 훨씬 긴($W \gg L_n$) 경우, 단락경로가 형성되어 있을 때, 외부 회로에는 다음과 같이 전류가 흐르지 않는다.

$$J_{n,diff}(x)\big|_{x=W} = qD_n \frac{d\delta n(x)}{dx}\bigg|_{x=W>>L_n} = -q\frac{D_n}{L_n}\Delta n_o e^{-x/L_n}\bigg|_{x=W>>L_n}$$
$$\cong 0 \quad [\mathrm{A/cm^2}]$$

6.6 연속방정식과 과잉 캐리어의 과도 특성

그림과 같은 균질의 반도체에 $t<0$일 때 일정한 세기의 빛이 전 영역에 걸쳐 균일하게 입사되어 정상 상태($dN(t)/dt = 0$)를 유지하다가(과잉 캐리어 생성률 $= g_o$ [cm^{-3}s^{-1}]), $t=0$인 순간에 빛을 제거하였다.

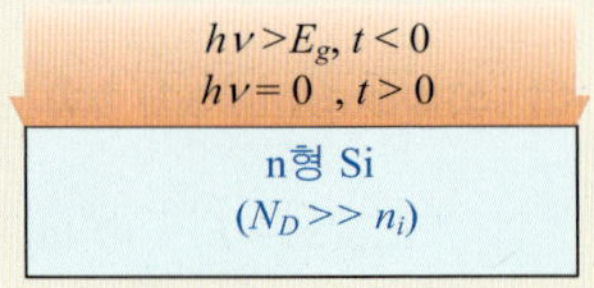

(a) 과잉 캐리어의 평균수명을 구하라.

(b) $t<0$인 시점에 반도체 내의 과잉 전자와 과잉 정공 농도를 구하라.

(c) $t>0$인 시점에 반도체 내의 과잉 전자와 과잉 정공 농도($\delta n(t)$, $\delta p(t)$)를 구하고 그림으로 표시하라.

(d) 전자 및 정공 농도의 시간에 따른 변화($n(t)$, $p(t)$)를 구하라.

(e) 빛을 제거한 직후($t>0^+$)에 전자 및 정공의 농도 변화율($dn(t=0^+)/dt$, $dp(t=0^+)/dt$)을 구하라.

(f) 빛의 세기를 두 배로 했다가, $t=0$인 순간에 빛을 제거한 직후($t=0^+$)의 과잉 캐리어 농도 변화율($d\delta n(t)/dt\,|_{t=0+}$)을 구하라.

(a) 밴드 간 재결합에 의한 과잉 캐리어의 평균수명은 다음과 같이 다수 캐리어 농도에 의해 결정된다.

$$\tau_o \equiv \frac{1}{\alpha_r(n_o + p_o)} = \frac{1}{\alpha_r\left(N_D + \frac{n_i^2}{N_D}\right)} \cong \frac{1}{\alpha_r N_D} \quad [\mathrm{s}]$$

(b) $t<0$인 시점에 반도체 내의 과잉 전자($\delta n(t)$)와 과잉 정공 농도($\delta p(t)$)는 결레전하 전송방정식을 이용하여 해석할 수 있다. 결레전하 전송방정식에 의하면 중성영역의 과잉 캐리어 농도 분포는 소수 캐리어 특성에 의해 지배되므로, 다음의 소수 캐리어인 정공에 대한 연속방정식을 사용하면 간단히 해석할 수 있다.

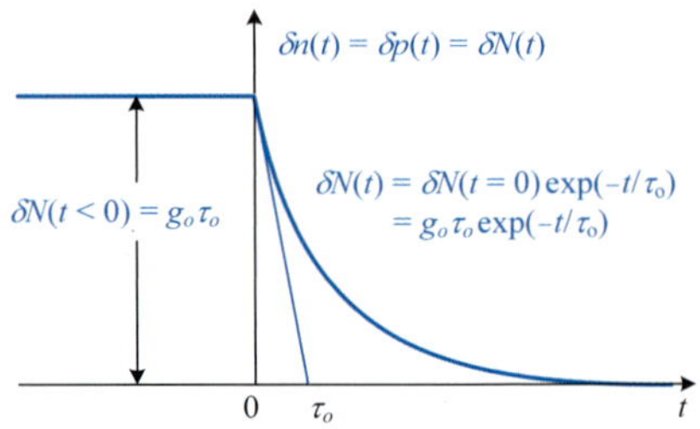

$$\frac{\partial \delta p(t,x)}{\partial t} = -\frac{1}{q}\frac{\partial J_p(t,x)}{\partial x} + g'(t,x) - \frac{\delta p(t,x)}{\tau_o} \quad [\text{cm}^{-3}\text{s}^{-1}]$$

그런데 $t<0$인 시점에는 반도체 전 영역에 걸쳐 균일하게 빛이 입사되고, 전계도 인가되어 있지 않으며, 반도체 자체도 균질하고, 과잉 캐리어 분포도 공간적으로 균일하므로, 확산에 의한 전류는 흐르지 않는다. 또한 시간에 따른 변화도 없는 정상 상태이므로 다음과 같이 간략히 정리할 수 있다.

$$g'(t,x) - \left.\frac{\delta p(t,x)}{\tau_o}\right|_{t<0} = 0 \iff g_o - \frac{\delta p(t<0)}{\tau_o} = 0 \Rightarrow \delta p(t<0) = g_o \tau_o \ [\text{cm}^{-3}]$$

(c) $t>0$인 시점에는 반도체에 빛이 인가되지 않아 광생성이 존재하지 않으며($g'=0$), 전계가 인가되어 있지 않고($\varepsilon=0$), 개방된 상태($I=0$)이다. 또 균질 반도체에 과잉 캐리어 분포도 공간적으로 균일하므로 확산에 의한 전류도 흐르지 않는다. 따라서 반도체 내의 과잉 캐리어 농도는 재결합에 의해 농도가 급격히 감소하며, 그 변화는 다음의 정공에 대한 연속 방정식에 의해 결정된다.

$$\frac{\partial \delta p(t)}{\partial t} = -\frac{\delta p(t)}{\tau_o} \ [\text{cm}^{-3}\text{s}^{-1}] : \delta p(t) = \delta n(t) \iff \delta p(t) = \delta p(t=0)e^{-t/\tau_o} = g_o\tau_o e^{-t/\tau_o} \ [\text{cm}^{-3}]$$

반도체 내의 과잉 전자와 과잉 정공의 농도($\delta n(t)$, $\delta p(t)$)의 시간에 따른 변화는 아래 그림과 같다.

(d) 전자 농도 $n(t)$와 정공 농도 $p(t)$의 시간에 따른 변화는 다음과 같다.

$$p(t) = p_{no} + \delta p(t) = p_{no} + g_o\tau_o e^{-t/\tau_o} \ [\text{cm}^{-3}], \quad n(t) = n_{no} + \delta n(t) = n_{no} + g_o\tau_o e^{-t/\tau_o} \ [\text{cm}^{-3}]$$

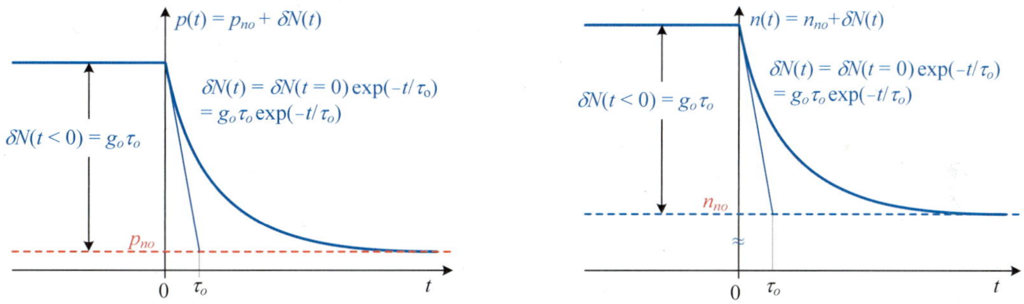

(e) 빛을 제거한 직후($t>0^+$)에 전자와 정공의 농도 변화율($dn(t=0^+)/dt$, $dp(t=0^+)/dt$)은 다음과 같다.

$$\left.\frac{\partial \delta p(t)}{\partial t}\right|_{t=0+} = -\left.\frac{\delta p(t)}{\tau_o}\right|_{t=0+} = -g_o e^{-t/\tau_o}\Big|_{t=0+} = -g_o \ [\text{cm}^{-3}\text{s}^{-1}]$$

(f) 빛의 세기를 두 배로 하면 광생성률이 2배로 증가한다. 따라서 과잉 캐리어 농도($\delta p_2(t)$)와 시간 경과에 따른 변화율($d\delta p_2(t)/dt$)은 각각 다음과 같다.

$$\delta p_2(t) = \delta p_2(t=0)e^{-t/\tau_o} = 2g_o\tau_o e^{-t/\tau_o} \ [\text{cm}^{-3}]$$

$$\frac{\partial \delta p_2(t)}{\partial t} = -\frac{\delta p_2(t)}{\tau_o} = -2g_o e^{-t/\tau_o} \ [\text{cm}^{-3}\text{s}^{-1}]$$

$$\iff \left.\frac{\partial \delta p_2(t)}{\partial t}\right|_{t=0+} = -\left.\frac{\delta p_2(t)}{\tau_o}\right|_{t=0+} = -2g_o e^{-t/\tau_o}\Big|_{t=0+} = -2g_o \ [\text{cm}^{-3}\text{s}^{-1}]$$

6.7 과잉 캐리어와 유사 페르미 준위

두 Si 반도체가 있는데, A 반도체는 도너 농도가 $N_D = 10^{18}$ [cm^{-3}], B 반도체는 억셉터 농도가 $N_A = 10^{17}$ [cm^{-3}]이다.

(a) 열평형 상태에서 두 반도체의 다수 캐리어와 소수 캐리어의 종류와 농도를 구하라.

(b) 열평형 상태에서 두 반도체 내의 페르미 준위를 비교하여 그림으로 표시하라.

(c) 빛($h\nu > E_g$)이 인가되어 두 반도체에 동일한 농도($\delta n = 10^{14}$ [cm^{-3}])의 과잉 캐리어가 생성된 경우, 두 반도체의 전자(n)와 정공의 농도(p)를 구하라.

(d) 두 반도체의 전자와 정공의 유사 페르미 준위를 구하고 그림에 표시하라.

(e) 두 반도체의 $|E_{Fn} - E_{Fp}|$의 크기를 비교하라.

(f) 동일한 농도의 과잉 캐리어를 생성할 때, 두 반도체에 인가해야 하는 빛의 세기를 비교하라.

(a) 열평형 상태에서 두 반도체의 다수 캐리어와 소수 캐리어의 종류 및 농도는 다음과 같다.

반도체 A : $N_D = 10^{18}$ [cm^{-3}]인 n형 반도체

다수 캐리어 전자 농도 $n_{oA} = 10^{18}$ [cm^{-3}], 소수 캐리어 정공 농도 $p_{oA} = n_i^2/n_{oA} = 10^2$ [cm^{-3}]

반도체 B : $N_A = 10^{17}$ [cm^{-3}]인 p형 반도체

다수 캐리어 정공 농도 $p_{oB} = 10^{17}$ [cm^{-3}], 소수 캐리어 전자 농도 $n_{oB} = n_i^2/p_{oB} = 10^3$ [cm^{-3}]

(b) 열평형 상태에서 두 반도체의 페르미 준위(E_{FA}, E_{FB})는 다음과 같고, 이를 그림으로 비교하여 나타내었다.

$$E_{FA} - E_i = kT\ln\left(\frac{n_{oA}}{n_i}\right) = kT\ln\left(\frac{10^{18}}{10^{10}}\right) = 18.42kT = 0.477 \text{ [eV]} \quad \Rightarrow \quad E_{FA} = E_i + 0.477 \text{ [eV]}$$

$$E_i - E_{FB} = kT\ln\left(\frac{p_{oB}}{n_i}\right) = kT\ln\left(\frac{10^{17}}{10^{10}}\right) = 16.12kT = 0.417 \text{ [eV]} \quad \Rightarrow \quad E_{FB} = E_i - 0.417 \text{ [eV]}$$

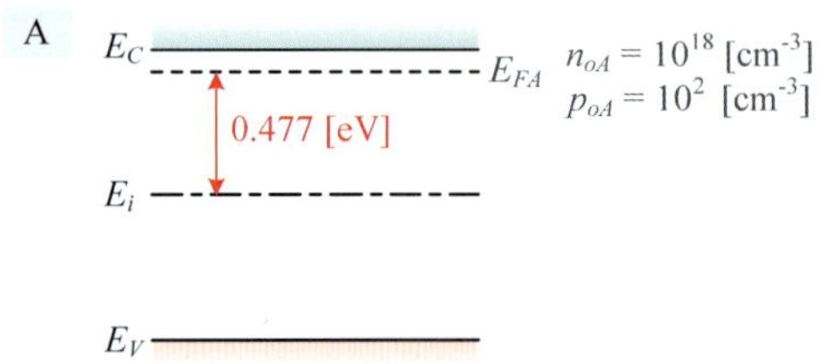

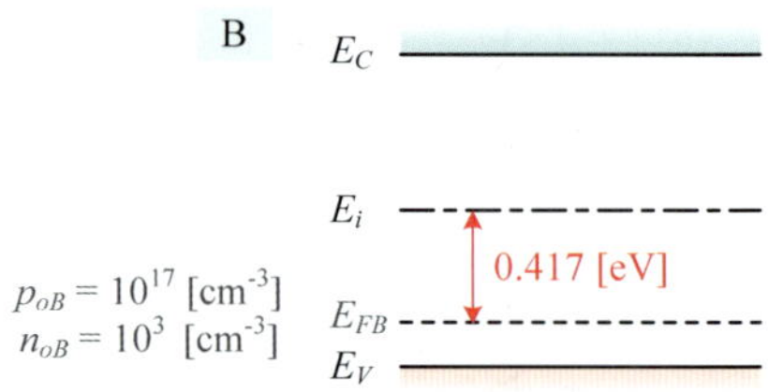

(c) 빛($h\nu > E_g$)이 인가되어 두 반도체에 동일한 농도($\delta n = \delta p = \delta N_o = 10^{14}$ [cm^{-3}])의 과잉 캐리어가 생성된 경우, 두 반도체의 전자(n)와 정공 농도(p)는 다음과 같다.

반도체 A : $n_{oA} = 10^{18}$ [cm^{-3}], $p_{oA} = n_i^2/n_{oA} = 10^2$ [cm^{-3}]

$n_A = n_{oA} + \delta N_o = 10^{18} + 10^{14} \approx 10^{18}$ [cm^{-3}] $= n_{oA}$, $p_A = p_{oA} + \delta N_o = 10^2 + 10^{14} \approx 10^{14}$ [cm^{-3}] $= \delta N_o$

반도체 B : $p_{oB} = 10^{17}$ [cm^{-3}], $n_{oB} = n_i^2/p_{oB} = 10^3$ [cm^{-3}]

$p_B = p_{oB} + \delta N_o = 10^{17} + 10^{14} \approx 10^{17}$ [cm^{-3}] $= p_{oB}$, $n_B = n_{oB} + \delta N_o = 10^3 + 10^{14} \approx 10^{14}$ [cm^{-3}] $= \delta N_o$

(d) 두 반도체의 열평형 상태의 페르미 준위 E_F와 전자 및 정공의 농도를 나타내는 유사 페르미 준위(E_{Fn}, E_{Fp})의 관계식은 다음과 같다.

$$
\text{A}:\begin{cases}
E_{FA}-E_i = kT\ln\left(\dfrac{n_{oA}}{n_i}\right)=kT\ln\left(\dfrac{10^{18}}{10^{10}}\right)=18.4kT=0.477\ [\text{eV}] & ;\ n_{oA}=10^{18}\ [\text{cm}^{-3}],\quad p_{oA}=10^{2}\ [\text{cm}^{-3}]\\
E_{FnA}-E_{FA}=kT\ln\left(\dfrac{n_A}{n_{oA}}\right)=kT\ln\left(1+\dfrac{\delta N_o}{n_{oA}}\right)=kT\ln\left(1+\dfrac{10^{14}}{10^{18}}\right)\cong 0 & \Leftrightarrow\ E_{FnA}\cong E_{FA}\ ;\quad \delta n=\delta p=10^{14}\ [\text{cm}^{-3}]\\
E_i-E_{FpA}=kT\ln\left(\dfrac{p_A}{n_i}\right)=kT\ln\left(\dfrac{p_{oA}+\delta N_o}{n_i}\right)\cong kT\ln\left(\dfrac{\delta N_o}{n_i}\right)\cong kT\ln\left(\dfrac{10^{14}}{10^{10}}\right)=kT\ln(10^4)\cong 0.239\ [\text{eV}]
\end{cases}
$$

$$
\text{B}:\begin{cases}
E_i-E_{FB}=kT\ln\left(\dfrac{p_{oB}}{n_i}\right)=kT\ln\left(\dfrac{10^{17}}{10^{10}}\right)=16.1kT=0.417\ [\text{eV}] & ;\ p_{oB}=10^{17}\ [\text{cm}^{-3}],\quad n_{oB}=10^{3}\ [\text{cm}^{-3}]\\
E_{FB}-E_{FpB}=kT\ln\left(\dfrac{p_B}{p_{oB}}\right)=kT\ln\left(1+\dfrac{\delta N_o}{p_{oB}}\right)=kT\ln\left(1+\dfrac{10^{14}}{10^{17}}\right)\cong 0 & \Leftrightarrow\ E_{FB}\cong E_{FpB}\ ;\quad \delta n=\delta p=10^{14}\ [\text{cm}^{-3}]\\
E_{FnB}-E_i=kT\ln\left(\dfrac{n_B}{n_i}\right)=kT\ln\left(\dfrac{n_{oB}+\delta N_o}{n_i}\right)\cong kT\ln\left(\dfrac{\delta N_o}{n_i}\right)\cong kT\ln\left(\dfrac{10^{14}}{10^{10}}\right)=kT\ln(10^4)\cong 0.239\ [\text{eV}]
\end{cases}
$$

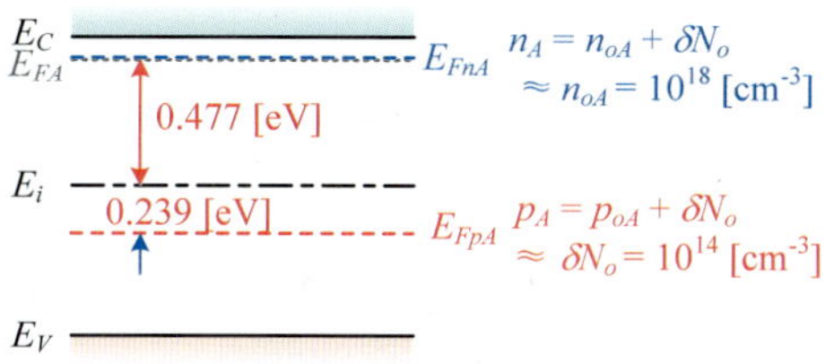

A

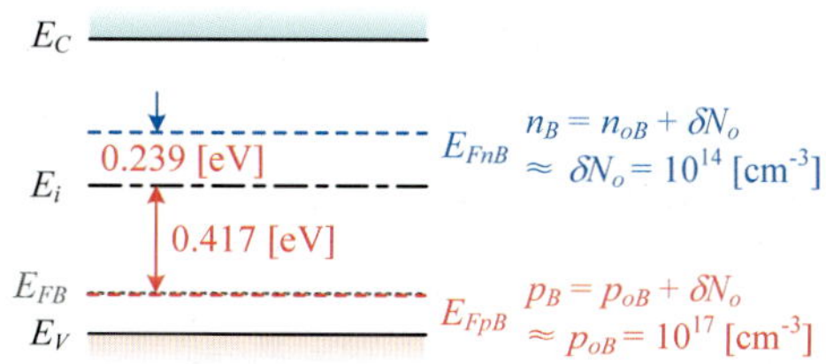

B

(e) 두 반도체의 대한 전자 및 정공의 유사 페르미 준위 차이 $|E_{Fn}-E_{Fp}|$를 비교하면 다음과 같다.

$$
E_{Fn}-E_{Fp}=kT\ln\left(\frac{pn}{p_on_o}\right)=kT\ln\left(\frac{(p_o+\delta N_o)}{n_i}\cdot\frac{(n_o+\delta N_o)}{n_i}\right)=(E_{Fn}-E_i)+(E_i-E_{Fp})
$$

$$
A: E_{FnA}-E_{FpA}=(E_{FnA}-E_i)+(E_i-E_{FpA})=0.477+0.239=0.716\ [\text{eV}]
$$
$$
B: E_{FnB}-E_{FpB}=(E_{FnB}-E_i)+(E_i-E_{FpB})=0.417+0.239=0.656\ [\text{eV}]
$$

즉 $E_{Fn}-E_{Fp}$는 열평형 상태에서 벗어난 정도를 나타내는 지표로, 반도체 A가 반도체 B보다 열평형 상태에서 벗어난 정도가 크다고 해석할 수 있다. 특히 저준위 주입($\delta N_o \ll N_{o,maj}$)으로 가정할 경우, 다수 캐리어 농도 변화는 무시할 수 있으므로, 과잉 캐리어에 의한 소수 캐리어의 농도 변화가 클수록 열평형 상태에서 벗어난 정도가 큼을 알 수 있다.

(f) 과잉 캐리어 생성률(g')과 과잉 캐리어 농도의 관계, 그리고 평균수명과 다수 캐리어 농도의 관계는 다음과 같다.

$$
\tau_o \equiv \frac{1}{\alpha_r(n_o+p_o)}\cong\frac{1}{\alpha_r N_{o,maj}}\ [\text{s}]
$$

$$
g'(t,x)-\frac{\delta N_o}{\tau_o}=0\ [\text{cm}^{-3}\text{s}^{-1}]\ \Leftrightarrow\ g_o-\frac{\delta N_o}{\tau_o}=0\ \Rightarrow\ \delta N_o=g_o\tau_o=\frac{g_o}{\alpha_r N_{o,maj}}\ [\text{cm}^{-3}]
$$

따라서 다수 캐리어 농도의 차이로 인해 평균수명도 달라지기 때문에 동일한 농도의 과잉 캐리어를 생성하기 위해서는 생성률 또는 빛의 세기를 조절해야 한다.

$$
\delta N_A=g_{oA}\tau_{oA}=g_{oB}\tau_{oB}=\delta N_A\ \Leftrightarrow\ \frac{g_{oA}}{\alpha_r N_{o,majA}}=\frac{g_{oB}}{\alpha_r N_{o,majB}}\ \Leftrightarrow\ \boxed{g_{oA}=\frac{N_{o,majA}}{N_{o,majB}}g_{oB}=\frac{10^{18}}{10^{17}}g_{oB}=10g_{oB}}
$$

즉 평균수명이 짧은 반도체 A의 생성률 또는 빛의 세기를, 반도체 B에 인가하는 빛의 세기의 10배로 증가시켜야 한다.

6.8 결함 준위를 통한 캐리어의 생성과 재결합

반도체에 결함이 존재하는 경우, 과잉 결함 준위를 통한 과잉 캐리어의 재결합과 생성 과정은 소자의 전기적 특성에 중요한 영향을 미친다. 그 특성은 다음과 같이 평균수명을 사용하여 나타낼 수 있다.

$$R_{SRH} \equiv -\left.\frac{\partial \delta N(t)}{\partial t}\right|_{traps} = \frac{(np - n_i^2)}{\tau_{SRH}(n + n' + p + p')} \cong \frac{\delta N(t)}{\tau_{SRH}} \quad [\text{cm}^{-3}\text{s}^{-1}]$$

$$\tau_{SRH} \equiv \frac{1}{\upsilon_{th}\sigma_t N_t}\ [\text{s}], \quad \sigma_n = \sigma_p \equiv \sigma_t \quad [\text{cm}^2]$$

그런데 결함 준위를 통한 과잉 캐리어의 생성과 재결합 과정을 주로 '재결합'을 중심으로 이해하였으나, 실제로는 결함 준위를 통한 과잉 캐리어의 '생성'에 대한 개념을 이해하고 이를 적절하게 활용하는 것도 매우 중요하다. 특히 pn 다이오드와 MOSFET의 누설전류를 이해하는 과정에서는 결함 준위를 통한 과잉 캐리어의 생성을 이해하고 활용해야 한다. 이를 위해

(a) 단일 결함 준위를 통한 재결합률 R_{SRH}이 음의 값을 갖는 경우($R_{SRH} < 0$), 이는 결함 준위를 통한 '과잉 캐리어의 생성'임을 설명하라.

(b) $R_{SRH} < 0$인 경우, 과잉 캐리어 생성의 관점에서 평균수명 τ_{SRH}의 물리적 의미를 설명하라.

(a) 단일 결함 준위를 통한 재결합률 R_{SRH} 이 음의 값을 갖는 경우($R_{SRH} < 0$), 다음과 같이 시간이 경과함에 따라 과잉 캐리어 농도가 증가함을 뜻하며, 이는 곧 결함 준위를 통해 과잉 캐리어의 생성이 일어나고 있음을 의미한다.

$$R_{SRH} \equiv -\left.\frac{\partial \delta N(t)}{\partial t}\right|_{traps} [\text{cm}^{-3}\text{s}^{-1}] < 0 \quad \Leftrightarrow \quad +\left.\frac{\partial \delta N(t)}{\partial t}\right|_{traps} = g_{SRH}\ [\text{cm}^{-3}\text{s}^{-1}] > 0$$

(b) $R_{SRH} < 0$인 경우, 과잉 캐리어의 생성률은 다음과 같다.

$$g'(t) = +\frac{\partial \delta N(t)}{\partial t} = \frac{\delta N(t)}{\tau_{SRH}}\ [\text{cm}^{-3}\text{s}^{-1}] \quad \Leftrightarrow \quad \delta N(t) = \delta N(0) \times e^{t/\tau_{SRH}}\ [\text{cm}^{-3}]$$

따라서 평균수명 τ_{SRH}는 결함 준위를 통한 캐리어 생성을 통해 과잉 캐리어 농도가 초기 과잉 농도의 e배로 증가하는 데 걸리는 시간을 뜻한다.

Chapter

07 반도체 접합의 형성과 에너지 대역도

PN Junction and Energy Band Diagram

7.1 pn 접합과 에너지 대역도 이해

그림과 같이 균일하게 도핑된 도너 농도가 $N_D = 5\times10^{18}$ $[\mathrm{cm}^{-3}]$인 Si 반도체와 억셉터 농도가 $N_A = 10^{17}$ $[\mathrm{cm}^{-3}]$인 Si 반도체가 상온에서 접합을 형성하고 있다.

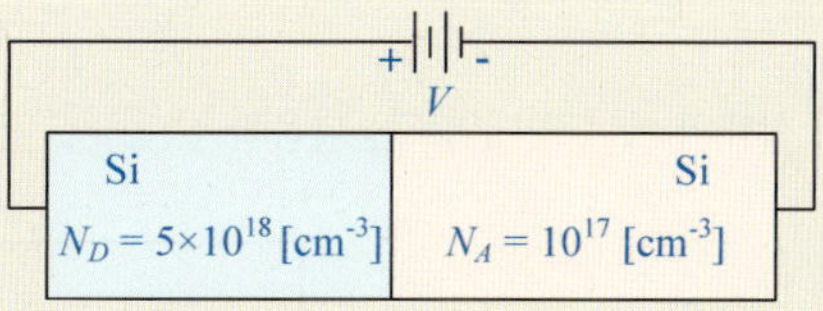

(a) 열평형 상태의 내부 전압을 구하라.
(b) 열평형 상태의 에너지 대역도를 구하라.
(c) $V = 0$인 열평형 상태의 경우와 $V = -0.7$의 전압이 인가된 경우, $V = +0.7$의 전압이 인가된 경우에 대하여 n형 영역의 전자에 대한 에너지 장벽을 비교하라.
(d) p형 영역의 정공에 대한 에너지 장벽을 비교하라.
(e) 공간전하영역의 폭을 비교하라.
(f) 최대 전계의 세기를 비교하라.

(a) 열평형 상태의 내부 전압(V_{bi})은 다음과 같이 n형과 p형 반도체의 접합 전 페르미 준위($E_{F,n}$, $E_{F,p}$)의 차이에 의해 결정된다.

$$V_{bi} = \frac{|E_{F,n} - E_{F,p}|}{q} = \frac{(E_F - E_i)|_n + (E_i - E_F)|_p}{q}, \text{ 또는 } V_{bi} = \frac{|E_{F,n} - E_{F,p}|}{q} = V_{th}\ln\left(\frac{p_{o,high}}{p_{o,low}}\right) = V_{th}\ln\left(\frac{n_{o,high}}{n_{o,low}}\right)$$

n영역과 p영역의 도핑 다수 캐리어 농도를 이용하면, 각 영역별로 순수 페르미 준위(E_i)로부터 페르미 준위(E_F)의 위치는 다음과 같다.

$$\text{n영역 : } E_F - E_i|_n = kT\ln\left(\frac{n_{no}}{n_i}\right) = kT\ln\left(\frac{5\times10^{18}}{10^{10}}\right) = 20.0kT = 0.519\ [\mathrm{eV}]\ ;$$

$$n_{no} = 5\times10^{18}\ [\mathrm{cm}^{-3}],\ p_{no} = 20\ [\mathrm{cm}^{-3}]$$

$$\text{p영역 : } E_i - E_F|_p = kT\ln\left(\frac{p_{po}}{n_i}\right) = kT\ln\left(\frac{10^{17}}{10^{10}}\right) = 16.1kT = 0.417\ [\mathrm{eV}]\ ;$$

$$p_{po} = 10^{17}\ [\mathrm{cm}^{-3}],\ n_{po} = 10^{3}\ [\mathrm{cm}^{-3}]$$

따라서 농도 차이로 인해 형성된 열평형 상태의 접합 양단 내부 전압(V_{bi})은 다음과 같다.

$$V_{bi} = \frac{|E_{F,n} - E_{F,p}|}{q} = \frac{(E_F - E_i)|_n + (E_i - E_F)|_p}{q} = 0.936 \text{ [V]}$$

(b) p형 영역의 도핑 농도에 비해 n형 영역의 도핑 농도가 훨씬 높으므로, 공간전하영역과 내부 전압의 분배는 대부분 도핑 농도가 낮은 p형 영역으로 치우쳐 나타난다. 즉 두 영역의 다수 캐리어 농도 차이에 의한 각 영역의 공간영역 폭과 내부 전압의 분배 비는 다음과 같다.

$$\frac{X_n}{X_p} = \frac{N_A}{N_D} = \frac{1}{50} : \ X_n = \frac{1}{50} X_p \quad \Leftrightarrow \quad qN_D X_n = qN_A X_p = Q_{dep}$$

$$W = X_n + X_p = X_p\left(1 + \frac{X_n}{X_p}\right) = X_p\left(1 + \frac{N_A}{N_D}\right) = X_p\left(1 + \frac{1}{50}\right) \cong X_p \quad \Leftrightarrow \quad W \cong X_p$$

p영역과 n영역의 뚜렷한 농도 차이로 인해 내부 전압의 대부분은 다음과 같이 도핑 농도가 낮은 p형 공간전하영역 양단에 나타난다.

$$V_{bi} = V_{bip} + V_{bin} = V_{bip}\left(1 + \frac{V_{bin}}{V_{bip}}\right) = V_{bip}\left(1 + \frac{X_n}{X_p}\right) = V_{bip}\left(1 + \frac{N_A}{N_D}\right) = V_{bip}\left(1 + \frac{1}{50}\right) \cong V_{bip} \quad \Leftrightarrow \quad V_{bip} \cong V_{bi}$$

접합 형성 전과 접합 형성 후 열평형 상태의 에너지 대역도는 다음과 같다.

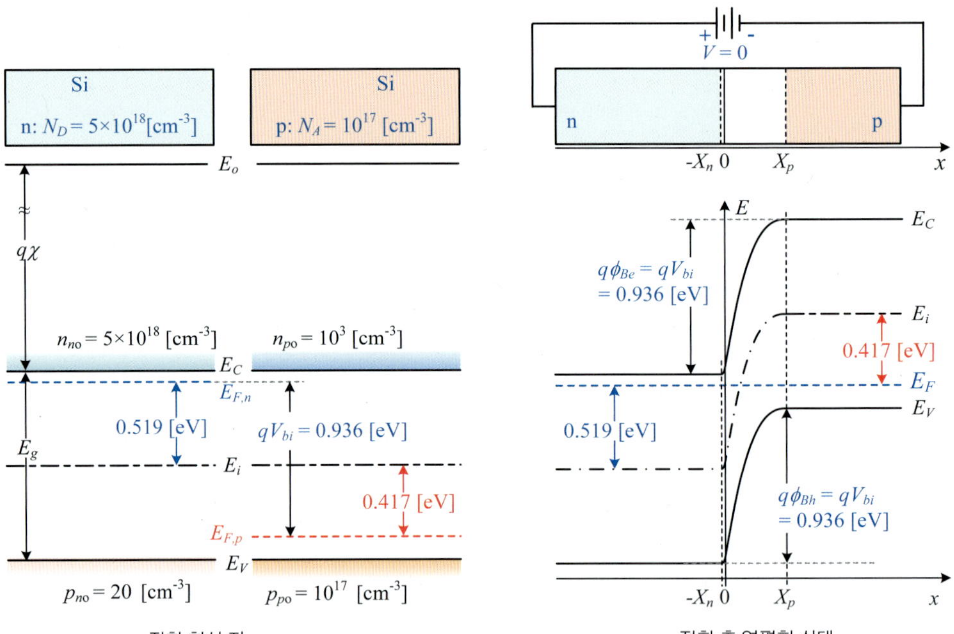

접합 형성 전　　　　접합 후 열평형 상태

$V = 0$인 열평형 상태의 경우와 $V = -0.7$의 전압이 인가된 경우, $V = +0.7$의 전압이 인가된 경우의 에너지 대역도를 그림으로 비교하였다.

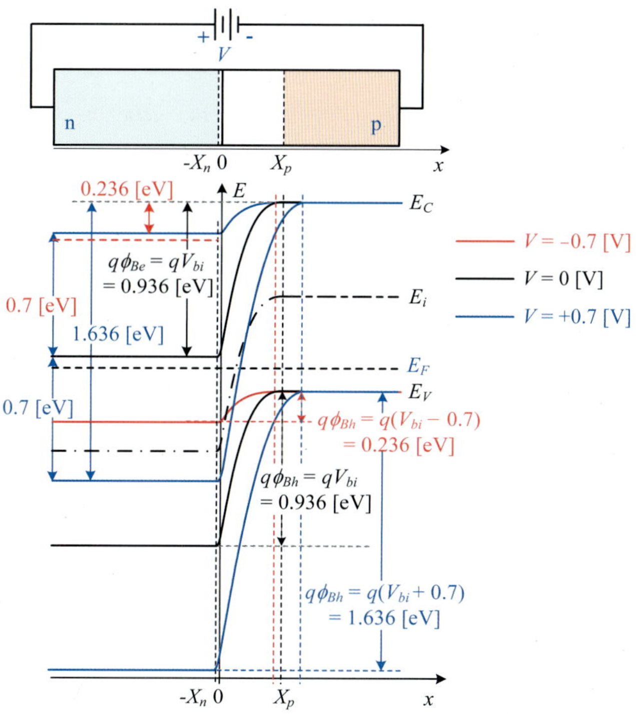

(c) n형 반도체의 다수 캐리어인 전자가 p형 영역으로 확산하는 현상을 방지하기 위해 형성된 열평형 상태의 에너지 장벽 $(q\phi_{beo})$은 다음과 같다.

$$q\phi_{beo} = qV_{bi} = 0.936 \text{ [eV]}$$

이때 전압의 기준을 p형에 두고 해석하고 있음을 유념해야 한다. 전압(V)이 인가되었을 때, 전자에 대한 에너지 장벽은 $\Delta E = |-qV|$만큼 변한다. 따라서 전압이 인가된 경우, 전자의 에너지 장벽은 다음과 같다.

$$V = 0.7 \text{ [V]}: \quad q\phi_{be}(V = 0.7V) = q(V_{bi} + 0.7) = 1.594 \text{ [eV]}$$
$$V = -0.7 \text{ [V]}: \quad q\phi_{be}(V = -0.7V) = q(V_{bi} - 0.7) = 0.194 \text{ [eV]}$$

즉 p형 중성영역을 기준으로 n형 영역에 양의 전압 $V = 0.7$ [V]가 인가된 경우, n형 중성영역의 에너지 준위가 $\Delta E = |-qV|$만큼 낮아지므로(또는 $\Delta E = -qV$ 만큼 변하므로) 에너지 장벽이 증가한 역방향 상태가 된다. 이와 달리 p형 중성영역을 기준으로 n형 영역에 음의 전압 $V = -0.7$ [V]가 인가된 경우, n형 중성영역의 에너지 준위가 $\Delta E = |-qV|$만큼 높아지므로(또는 $\Delta E = -qV$만큼 변하므로) 에너지 장벽이 감소한 순방향 상태가 된다.

(d) p형 반도체의 다수 캐리어인 정공이 n형 영역으로 확산하는 것을 방지하기 위해 형성된 열평형 상태의 에너지 장벽 $(q\phi_{bho})$은 다음과 같다.

$$q\phi_{bho} = qV_{bi} = 0.936 \text{ [eV]}$$

전압이 인가된 경우, p형 영역에 존재하는 정공의 에너지 장벽$(q\phi_{bh})$은 다음과 같다.

$$V = 0.7 \text{ [V]}: \quad q\phi_{bh}(V = 0.7V) = q(V_{bi} + 0.7) = 1.636 \text{ [eV]}$$
$$V = -0.7 \text{ [V]}: \quad q\phi_{bh}(V = -0.7V) = q(V_{bi} - 0.7) = 0.236 \text{ [eV]}$$

즉 $V = 0.7$ [V]인 경우는 에너지 장벽이 증가한 역방향 상태이고, $V = -0.7$ [V]인 경우는 에너지 장벽이 감소한 순방향 상태에 해당한다.

(e) 공간전하영역의 폭(W)은 n형과 p형 영역의 도핑 농도와 인가 전압에 의해 결정된다. 열평형 상태와 전압이 인가된 경우의 공간전하영역의 폭은 각각 다음과 같다.

$$W = X_p + X_n = \sqrt{\frac{2\varepsilon_{Si}}{q}\left(\frac{1}{N_A}+\frac{1}{N_D}\right)(V_{bi}+V)}$$

$$\begin{cases} V=-0.7: W = X_p + X_n = \sqrt{\frac{2\varepsilon_{Si}}{q}\left(\frac{1}{N_A}+\frac{1}{N_D}\right)(V_{bi}+V)} = 0.116\times\sqrt{(0.936-0.7)}\times 10^{-4}\ [\text{cm}] \\ \qquad = 0.057\times 10^{-4}\ [\text{cm}] \\ V=0 \quad : W_o = X_{po} + X_{no} = \sqrt{\frac{2\varepsilon_{Si}}{q}\left(\frac{1}{N_D}+\frac{1}{N_A}\right)(V_{bi})} \cong \sqrt{\frac{2\times 12\times 8.854\times 10^{-14}}{1.6\times 10^{-19}}\left(\frac{1}{5\times 10^{18}}+\frac{1}{10^{17}}\right)\times 0.936} \\ \qquad = 0.116\times\sqrt{0.936}\times 10^{-4}\ [\text{cm}] = 0.116\times\sqrt{0.936}\ [\mu\text{m}] \cong 0.113\ [\mu\text{m}]\ ;\quad \varepsilon_{Si}\cong 12\varepsilon_o \\ V=+0.7: W = X_p + X_n = \sqrt{\frac{2\varepsilon_{Si}}{q}\left(\frac{1}{N_A}+\frac{1}{N_D}\right)(V_{bi}+V_R)} = 0.116\times\sqrt{(0.936+0.7)}\times 10^{-4}\ [\text{cm}] \\ \qquad = 0.149\times 10^{-4}\ [\text{cm}] \end{cases}$$

즉 $V = -0.7$ [V]의 순방향 전압이 인가되면 공간전하영역의 폭이 감소하고, $V = 0.7$ [V]의 역방향 전압이 인가되면 공간전하영역의 폭이 증가한다.

(e) 최대 전계($\mathcal{E}_{max}$)는 접합 경계면에서의 전계($\varepsilon(x=0)$)로, 도핑 농도와 인가 전압 의존도는 다음과 같다.

$$\mathcal{E}_{max} = \frac{2(V_{bi}-V)}{W} = \sqrt{\frac{2q}{\varepsilon_{Si}}\left(\frac{N_A N_D}{N_A+N_D}\right)(V_{bi}+V)}$$

$$\begin{cases} V=-0.7: \mathcal{E}_{max} = \frac{2(V_{bi}+V)}{W} = \sqrt{\frac{2q}{\varepsilon_{Si}}\left(\frac{N_A N_D}{N_A+N_D}\right)(V_{bi}+V)} = 1.718\times\sqrt{(0.936-0.7)}\times 10^{5}\ [\text{V/cm}] \\ \qquad = 0.835\times 10^{5}\ [\text{V/cm}] \\ V=0 \quad : \mathcal{E}_{maxo} = \frac{2(V_{bi}+V)}{W} = \sqrt{\frac{2q}{\varepsilon_{Si}}\left(\frac{N_A N_D}{N_A+N_D}\right)V_{bi}} \cong \sqrt{\frac{2\times 1.6\times 10^{-19}}{12\times 8.854\times 10^{-14}}\left(\frac{5\times 10^{18}\times 10^{17}}{5\times 10^{18}+10^{17}}\right)\times 0.936} \\ \qquad = 1.662\times 10^{5}\ [\text{V/cm}] \\ V=+0.7: \mathcal{E}_{max} = \frac{2(V_{bi}+V)}{W} = \sqrt{\frac{2q}{\varepsilon_{Si}}\left(\frac{N_A N_D}{N_A+N_D}\right)(V_{bi}+V_R)} = 1.718\times\sqrt{(0.936+0.7)}\times 10^{5}\ [\text{V/cm}] \\ \qquad = 2.198\times 10^{5}\ [\text{V/cm}] \end{cases}$$

즉 $V = -0.7$ [V]의 순방향 전압이 인가되면, 공간전하영역의 최대 전계의 세기가 열평형 상태일 때의 전계에 비해 감소하고, $V = 0.7$ [V]의 역방향 전압이 인가되면 그 세기가 증가한다.

7.2 pn 접합과 에너지 대역도 이해

그림과 같이 균일하게 도핑된 도너 농도가 $N_D = 10^{17}$ [cm^{-3}]인 Si 반도체와, 억셉터 농도가 $N_A = 10^{17}$ [cm^{-3}]인 Si 반도체가 상온에서 접합을 형성하고 있다.

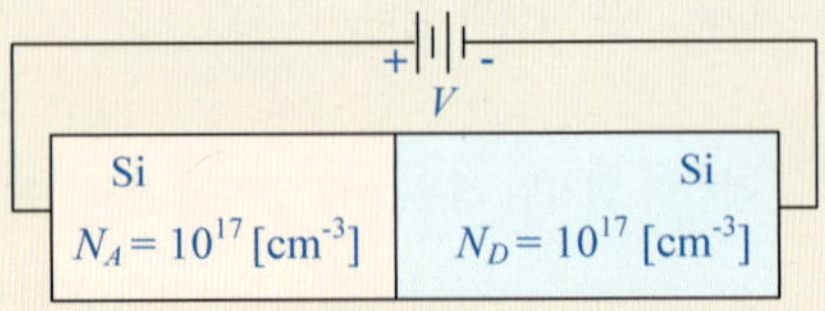

(a) 열평형 상태의 내부 전압을 구하라.
(b) 열평형 상태의 에너지 대역도를 구하라.

내부 전압과 같은 크기의 전압($V = V_{bi}$)이 인가된 경우,

(c) 에너지 대역도를 그림으로 표시하라.
(d) 전계 분포를 그림으로 표시하라.
(e) 전하밀도 분포를 그림으로 표시하라.

(a) 열평형 상태의 내부 전압(V_{bi})은 다음과 같이 p형과 n형 반도체가 접합을 이루기 전 페르미 준위의 차이에 의해 결정된다.

$$V_{bi}=\frac{|E_{F,n}-E_{F,p}|}{q}=\frac{E_i-E_F|_p+E_F-E_i|_n}{q} \quad \text{또는} \quad V_{bi}=\frac{|E_{F,n}-E_{F,p}|}{q}=V_{th}\ln\left(\frac{p_{o,high}}{p_{o,low}}\right)=V_{th}\ln\left(\frac{n_{o,high}}{n_{o,low}}\right)$$

p영역과 n영역의 도핑 다수 캐리어 농도를 이용하면, 각 영역별로 순수 페르미 준위(E_i)로부터의 페르미 준위(E_F)의 위치는 다음과 같다.

$$\text{p영역}:\ E_i-E_F|_p=kT\ln\left(\frac{p_{po}}{n_i}\right)=kT\ln\left(\frac{10^{17}}{10^{10}}\right)=16.1kT=0.417\ [\text{eV}]\ ;\ p_{po}=10^{17}\ [\text{cm}^{-3}],\ n_{po}=10^{3}\ [\text{cm}^{-3}]$$

$$\text{n영역}:\ E_F-E_i|_n=kT\ln\left(\frac{n_{no}}{n_i}\right)=kT\ln\left(\frac{10^{17}}{10^{10}}\right)=16.1kT=0.417\ [\text{eV}]\ ;\ n_{no}=10^{17}\ [\text{cm}^{-3}],\ p_{no}=10^{3}\ [\text{cm}^{-3}]$$

따라서 p형과 n형 접합의 농도 차이로 인해 형성된 접합의 열평형 상태 내부 전압은 다음과 같다.

$$V_{bi}=\frac{|E_{F,n}-E_{F,p}|}{q}=\frac{E_i-E_F|_p+E_F-E_i|_n}{q}=0.834\ [\text{V}],$$

$$\text{또는}\ V_{bi}=V_{th}\ln\left(\frac{p_{o,high}}{p_{o,low}}\right)=V_{th}\ln\left(\frac{10^{17}}{10^{3}}\right)\cong 0.834\ [\text{V}]$$

도핑 농도가 동일하고 공간전하영역의 폭이 같으므로, p형과 n형 공간전하영역 양단의 내부 전압도 동일하다.

$$\frac{V_{bin}}{V_{bip}}=\frac{X_n}{X_p}=\frac{N_A}{N_D}=\frac{1}{1}$$

(b) 접합 형성 전과 접합 형성 후 열평형 상태의 에너지 대역도는 각각 다음과 같다.

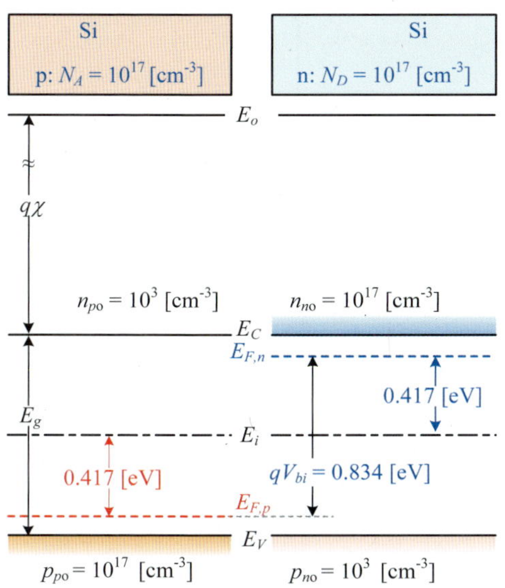

접합 형성 전

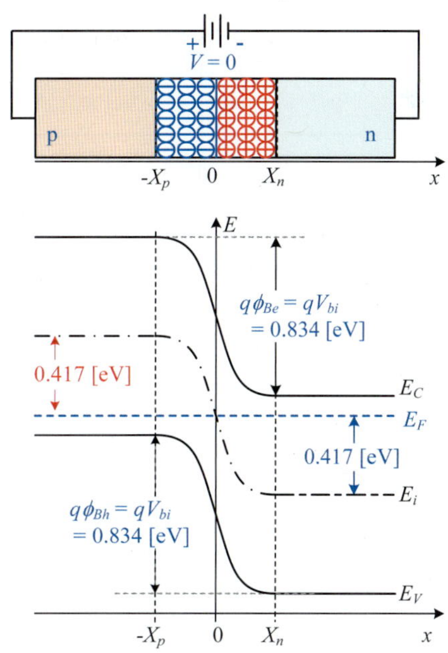

접합 후 열평형 상태

열평형 상태에서 p형 영역의 다수 캐리어인 정공에 대한 에너지 장벽과 n형 영역의 다수 캐리어인 전자에 대한 에너지 장벽($q\phi_{beo}$, $q\phi_{bho}$)은 각각 다음과 같다.

$$q\phi_{bho} = qV_{bi} = 0.834 \text{ [eV]}$$
$$q\phi_{beo} = qV_{bi} = 0.834 \text{ [eV]}$$

(c), (d), (e) 전압(V)이 인가된 경우, 전자에 대한 에너지 장벽의 변화는 $\Delta E = -qV$의 관계로 나타난다. 따라서 내부 전압과 같은 크기의 전압($V = V_{bi}$)이 인가된 경우, 전자와 정공의 에너지 장벽은 다음과 같이 0이 된다.

$$V = V_{bi} \text{ [V]}: \begin{cases} q\phi_{be}(V = V_{bi}) = q(V_{bi} - V_{bi}) = 0 \text{ [eV]} \\ q\phi_{bh}(V = V_{bi}) = q(V_{bi} - V_{bi}) = 0 \text{ [eV]} \end{cases}$$

내부 전압과 같은 크기의 순방향 전압이 인가되면($V = V_{bi}$), p형 영역의 다수 캐리어인 정공에 대한 에너지 장벽과 n형 영역의 다수 캐리어인 전자에 대한 에너지 장벽이 0($q\phi_{be} = 0$, $q\phi_{bh} = 0$)이 되며, 다음을 만족한다.

- 에너지 대역도는 전 영역에 걸쳐 평탄한 에너지 대역(flat band) 상태가 된다 : $E_C(x)$ = 일정, $E_V(x)$ = 일정
- 전 영역에 걸쳐 전계가 존재하지 않는다 : $\mathcal{E}(x) = 0$ [V/cm]
- 전 영역이 중성전하 상태가 된다 : 전하밀도 분포 $\rho(x) = 0$ [C/cm^3]

내부 전압과 같은 크기의 전압($V = V_{bi}$)이 인가된 pn 접합의 에너지 대역도, 전계 분포, 전하밀도 분포는 그림과 같다.

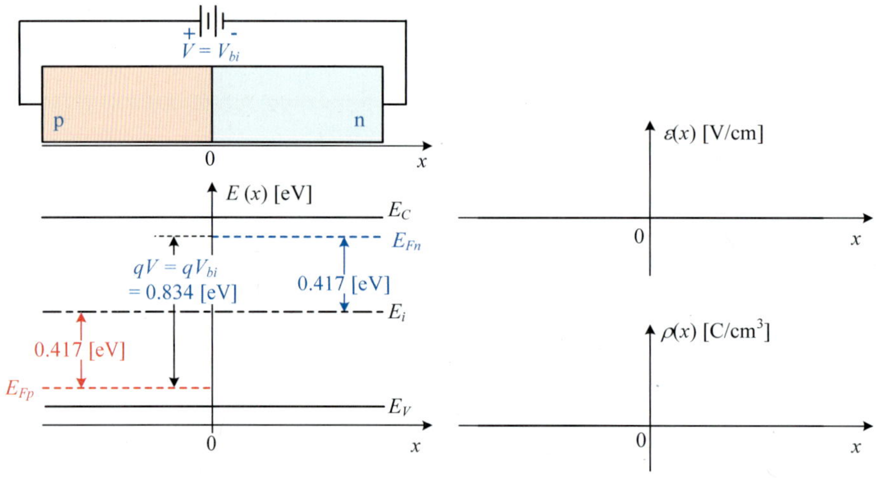

$V = V_{bi}$의 전압이 인가된 평탄대역 상태의 에너지 대역도와 전계 분포, 전하밀도 분포

7.3 동형 접합의 에너지 대역도 이해

그림과 같이 도핑 농도가 다른 두 개의 p형 Si 반도체가 접합을 형성하고 있다($N_o = 10^{16}$ [cm^{-3}]).

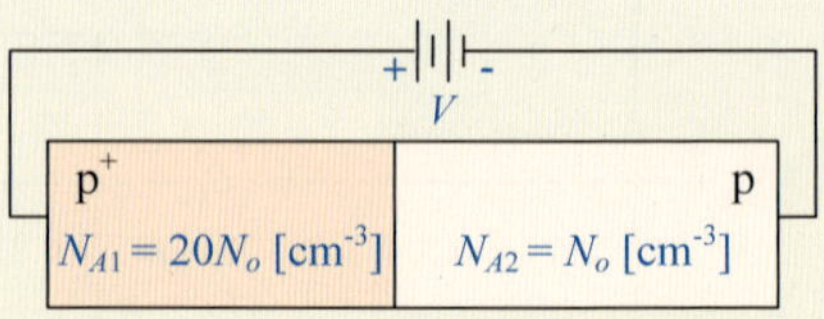

(a) 상온에서 열평형 상태($V = 0$)의 내부 전압을 구하라.

(b) 열평형 상태에서 $E_F(x)$ = (일정)을 이용하여 에너지 대역도를 구하고, 각 영역에 존재하는 정공에 대한 에너지 장벽을 표시하라.

(c) 열평형 상태의 전하밀도 분포를 구하고, 구성 성분이 무엇인지 간략히 설명하라.

(d) 열평형 상태의 전계 분포를 개략적인 그림으로 표시하라.

(e) $V > 0$인 전압이 인가된 경우, 에너지 대역도를 개략적인 그림으로 표시하고, 각 영역에 존재하는 정공에 대한 에너지 장벽을 설명하라.

(f) $V < 0$인 전압이 인가된 경우, 에너지 대역도를 개략적인 그림으로 표시하고, 각 영역에 존재하는 정공에 대한 에너지 장벽을 설명하라.

(a) 열평형 상태의 내부 전압(V_{bi})은 동형 접합이나 이형 접합에 관계없이 접합을 이루기 전 페르미 준위의 차이에 의해 결정되며, 다음 관계식을 통해 구할 수 있다.

$$V_{bi} = \frac{|E_{F,p+} - E_{F,p}|}{q} = \frac{(E_i - E_F|_{p+}) - (E_i - E_F|_p)}{q}, \text{ 또는 } V_{bi} = V_{th}\ln\left(\frac{p_{o,high}}{p_{o,low}}\right) = V_{th}\ln\left(\frac{n_{o,high}}{n_{o,low}}\right)$$

따라서 p^+영역과 p영역의 도핑 다수 캐리어 농도를 이용하면, 각 영역별로 순수 페르미 준위(E_i)로부터의 페르미 준위(E_F)의 위치는 다음과 같다.

$$p^+\text{영역} : E_i - E_F|_{p+} = kT\ln\left(\frac{p_{po+}}{n_i}\right) = kT\ln\left(\frac{20N_o}{n_i}\right) = kT\ln\left(\frac{2\times10^{17}}{10^{10}}\right) = 16.8kT = 0.435 \text{ [eV]}$$

$$;\ p_{po+} = 2\times10^{17} \text{ [cm}^{-3}\text{]},\ n_{po+} = 5\times10^2 \text{ [cm}^{-3}\text{]}$$

$$p\text{영역} : E_i - E_F|_p = kT\ln\left(\frac{p_{po}}{n_i}\right) = kT\ln\left(\frac{N_o}{n_i}\right) = kT\ln\left(\frac{10^{16}}{10^{10}}\right) = 13.8kT = 0.358 \text{ [eV]}$$

$$;\ p_{po} = 10^{16} \text{ [cm}^{-3}\text{]},\ n_{po} = 10^4 \text{ [cm}^{-3}\text{]}$$

따라서 p^+와 p형을 동형 접합한 경우, 농도 차이로 인한 열평형 상태의 접합 내부 전압은 다음과 같다.

$$V_{bi} = \frac{|E_{F,p+} - E_{F,p}|}{q} = \frac{E_i - E_F|_{p+} - E_i - E_F|_p}{q} = 0.435 - 0.358 = 0.077 \text{ [V]},$$

$$\text{또는 } V_{bi} = V_{th}\ln\left(\frac{2\times10^{17}}{10^{16}}\right) \cong 0.077 \text{ [V]}$$

(b) 열평형 상태에서 $E_F(x) = $ (일정)을 이용하여 정리한 에너지 대역도는 다음 그림과 같다.

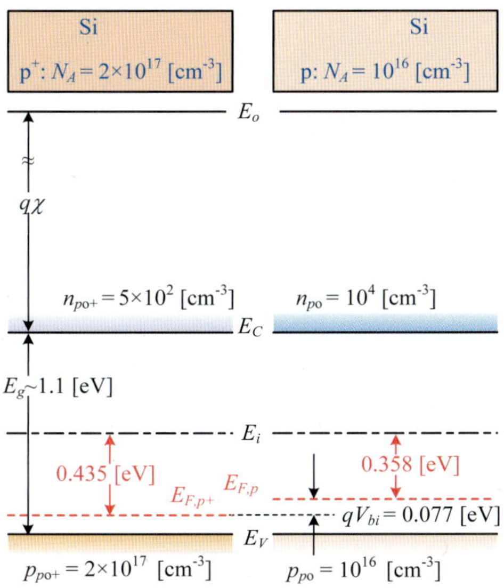

접합 형성 전

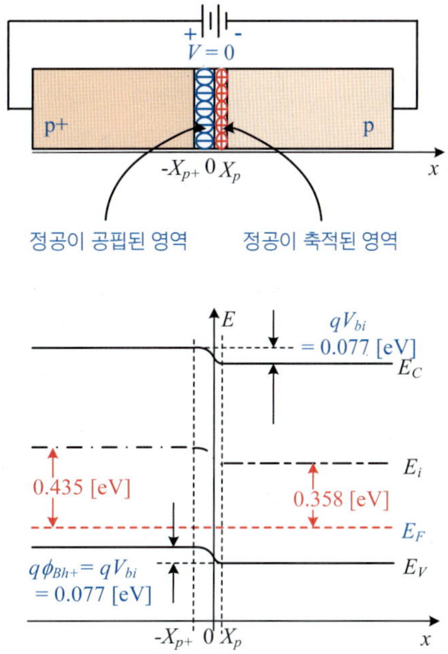

접합 후 열평형 상태

그림과 같이 열평형 상태의 동형 접합에서는 높게 도핑된 p^+영역의 다수 캐리어, 즉 정공에 대한 에너지 장벽이 $q\phi_{bhp+} = qV_{bi}$인 반면, 낮게 도핑된 p영역의 정공에 대한 에너지 장벽은 $q\phi_{bhp} = -qV_{bi}$로 음의 값을 갖는다. 이러한 형태의 에너지 장벽이 형성되면, p^+영역과 p영역 간의 다수 캐리어인 정공의 이동이 일어나지 않기 때문에 열평형 상태가 유지된다.

(c) 열평형 상태의 전하밀도 분포는 그림과 같다.

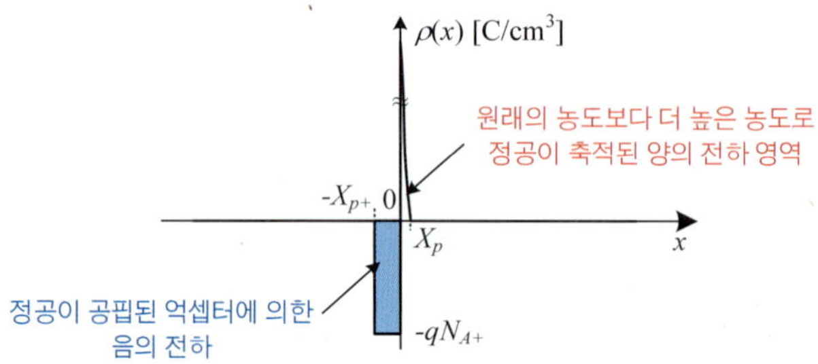

높게 도핑된 접합 경계면의 p^+영역에서는 정공의 공핍이 일어나고, 음전하로 이온화된 억셉터 원자가 공간적으로 이동이 불가능한 고정전하가 되면서 공간전하영역이 형성된다. 이에 반해 낮게 도핑된 p형 접합 경계면에는, 높게 도핑된 p^+영역에서 확산을 통해 이동해 온 정공이 재결합 없이 축적되어(p형 영역이라 소수 캐리어인 전자 농도가 아주 낮기 때문에 재결합이 없이 정공이 그대로 축적됨), 높은 농도의 양의 전하로 이루어진 전하 축적층이 형성된다. 이와 같이 동형 접합(p^+p 접합 또는 n^+n 접합)이 형성되면, 높게 도핑된 영역에는 공핍 전하영역이, 낮게 도핑된 영역에는 원래의 다수 캐리어 농도보다 더 높은 농도의 다수 캐리어 축적 전하층이 형성된다.

(d) 열평형 상태의 전계 분포는 오른쪽 그림과 같다. 전계는 낮게 도핑된 p형 영역에서 높게 도핑된 p^+영역으로 향하는 방향(x축의 음의 방향)으로 형성되며, 최대 전계는 접합 경계면에 나타난다.

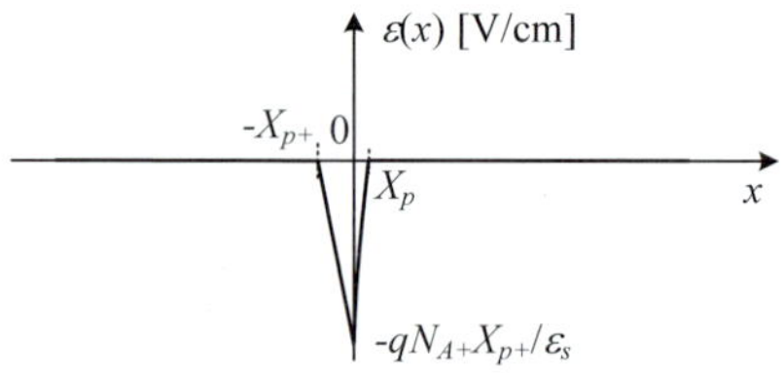

(e) $V>0$인 전압이 인가된 경우의 에너지 대역도는 오른쪽 그림과 같다. 이 경우, 높게 도핑된 p^+영역의 다수 캐리어인 정공에 대한 에너지 장벽은 $q\phi_{bhp+} = q(V_{bi} - V)$인 반면, 낮게 도핑된 p영역의 정공에 대한 에너지 장벽은 $q\phi_{bhp} = -q(V_{bi} - V)$로 변한다. 따라서 높게 도핑된 p^+영역의 정공이 낮게 도핑된 p영역으로 쉽게 이동하면서, $p^+ \rightarrow p$영역으로 향하는 정공에 의한 전류가 형성된다.

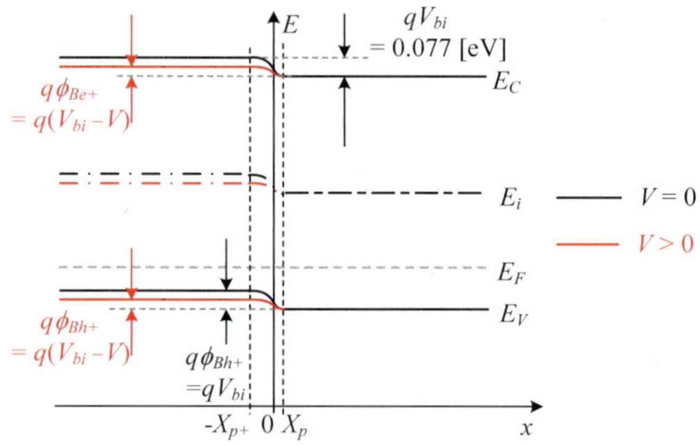

(f) $V = -V_R < 0$인 전압이 인가된 경우의 에너지 대역도는 오른쪽 그림과 같다. 이 경우, 높게 도핑된 p^+영역의 다수 캐리어인 정공에 대한 에너지 장벽은 $q\phi_{bhp+} = q(V_{bi} - V) = q(V_{bi} + V_R)$로 증가한 반면, 낮게 도핑된 p영역의 정공에 대한 에너지 장벽은 $q\phi_{bhp} = -q(V_{bi} - V) = -q(V_{bi} + V_R)$로 에너지 장벽이 감소한 셈이 된다. 따라서 낮게 도핑된 p영역의 정공이 높게 도핑된 p^+영역으로 쉽게 이동하면서, $p \rightarrow p^+$영역으로 향하는 정공에 의한 전류가 형성된다.

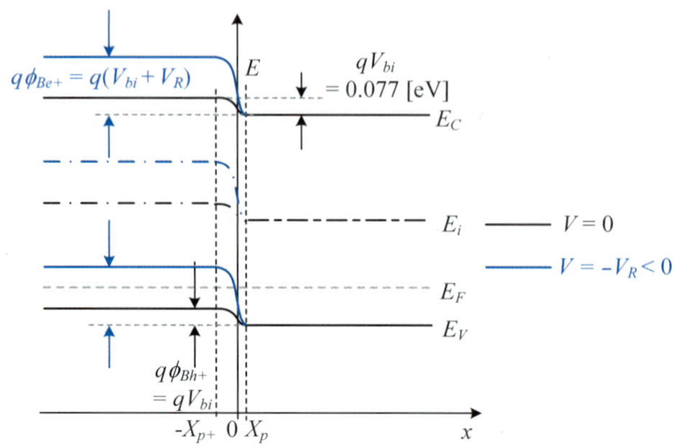

7.4 다중 접합의 에너지 대역도 이해

그림과 같이 각 중성영역의 길이가 열평형 상태의 공간 전하영역 길이보다 긴 3개의 반도체가 pnp 형태의 접합을 이루며 열평형 상태에 있다($N_o = 10^{16}$ [cm^{-3}]).

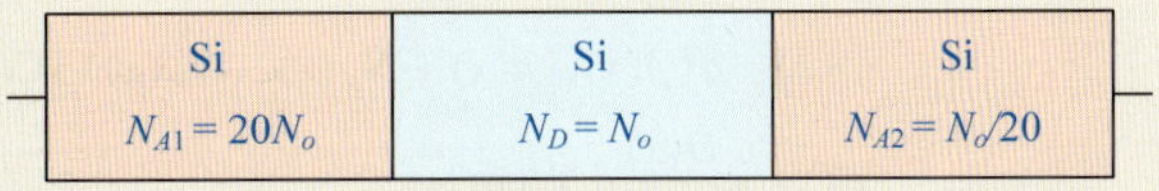

(a) 열평형 상태의 전하밀도 분포를 개략적인 그림으로 나타내라.
(b) 열평형 상태의 전계 분포를 개략적인 그림으로 나타내라.
(c) 열평형 상태의 전위 분포를 개략적인 그림으로 나타내라.
(d) 열평형 상태의 에너지 대역도를 개략적인 그림으로 나타내라.
(e) 가운데 영역에 존재하는 다수 캐리어 전자가 왼쪽의 p형으로 확산되려 할 때와, 오른쪽 p형으로 확산되려 할 때의 장벽의 크기를 비교하라.

그림과 같이 각 중성영역의 길이가 열평형 상태의 공간전하영역 길이보다 긴 3개의 Si 반도체가 pnp 형태($N_o = 10^{16}$ [cm^{-3}])의 접합을 이루기 전의 에너지 대역도와 열평형 상태가 형성된 후 각 접합의 내부 전압(V_{bi1}, V_{bi2}), 공간전하영역의 폭(W_{o1}, W_{o2})은 다음과 같다($\varepsilon_{\text{Si}} = 12\varepsilon_o$).

$$\begin{cases} V_{bi1} = V_{th}\ln\left(\dfrac{n_{no}}{n_{po1}}\right) = V_{th}\ln\left(\dfrac{p_{po1}}{p_{no}}\right) = V_{th}\ln\left(\dfrac{N_{A1}N_D}{n_i^2}\right) = V_{th}\ln\left(\dfrac{2\times10^{17}\times10^{16}}{10^{20}}\right) = 30.6V_{th} = 0.793\ [\text{V}] \\ W_{o1} = X_{po1} + X_{no1} = \sqrt{\dfrac{2\varepsilon_{Si}}{q}\left(\dfrac{1}{N_{A1}} + \dfrac{1}{N_D}\right)V_{bi1}} \cong \sqrt{\dfrac{2\times12\times8.854\times10^{-14}}{1.6\times10^{-19}}\left(\dfrac{1}{2\times10^{17}} + \dfrac{1}{10^{16}}\right)\times0.793} \cong 0.332\times10^{-4}\ [\text{cm}] \\ W_{o1} = X_{po1} + X_{no1} = X_{no1}\left(1 + \dfrac{N_D}{N_{A1}}\right) \cong X_{no1} \end{cases}$$

$$\begin{cases} V_{bi2} = V_{th}\ln\left(\dfrac{n_{no}}{n_{po2}}\right) = V_{th}\ln\left(\dfrac{p_{po2}}{p_{no}}\right) = V_{th}\ln\left(\dfrac{N_{A2}N_D}{n_i^2}\right) = V_{th}\ln\left(\dfrac{5\times10^{14}\times10^{16}}{10^{20}}\right) = 24.6V_{th} = 0.638\ [\text{V}] \\ W_{o2} = X_{po2} + X_{no2} = \sqrt{\dfrac{2\varepsilon_{Si}}{q}\left(\dfrac{1}{N_{A2}} + \dfrac{1}{N_D}\right)V_{bi1}} \cong \sqrt{\dfrac{2\times12\times8.854\times10^{-14}}{1.6\times10^{-19}}\left(\dfrac{1}{5\times10^{14}} + \dfrac{1}{10^{16}}\right)\times0.638} \cong 1.334\times10^{-4}\ [\text{cm}] \\ W_{o2} = X_{po2} + X_{no2} = X_{po2}\left(1 + \dfrac{N_{A2}}{N_D}\right) \cong X_{po2} \end{cases}$$

$$\Delta V_{bi} = V_{bi1} - V_{bi2} = 0.793 - 0.638 = 0.155\ [\text{V}]$$

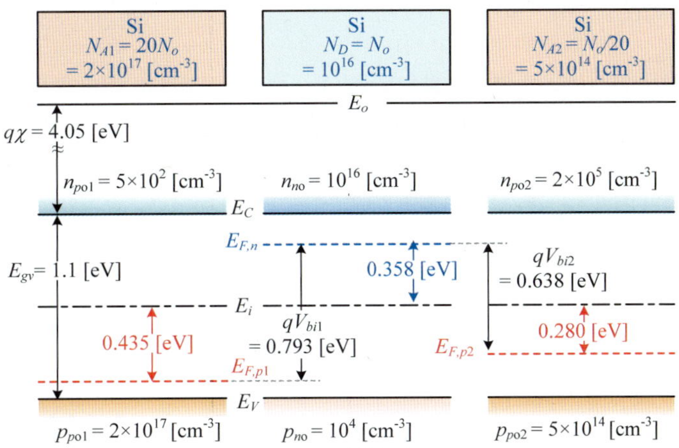

접합 형성 전

(a), (b), (c), (d) 열평형 상태의 전하밀도 $\rho(x)$ [C/cm^3]와 전하유동밀도 $D(x)$ [C/cm^2] 및 전계 $\mathcal{E}(x)$ [V/cm], 전위 분포 $\psi(x)$ [V], 열평형 상태의 에너지 대역도($E_C(x)$, $E_V(x)$ [eV])는 다음과 같은 관계를 가지며, 이들을 그림으로 나타내었다.

$$\rho(x) = q(p(x) - n(x) + N_d(x) - N_A(x)) \ [\mathrm{C/cm^3}] \qquad D(x) = \int \rho(x)dx \ [\mathrm{C/cm^2}]$$

$$\mathcal{E}(x) = \frac{D(x)}{\varepsilon(x)} \ [\mathrm{V/cm}] \qquad \psi(x) = -\int \mathcal{E}(x)dx \ [\mathrm{V}]$$

$$E_C(x) = -q\psi(x) + E_o(x) \ [\mathrm{eV}] \qquad E_V(x) = E_C(x) - E_g \ [\mathrm{eV}]$$

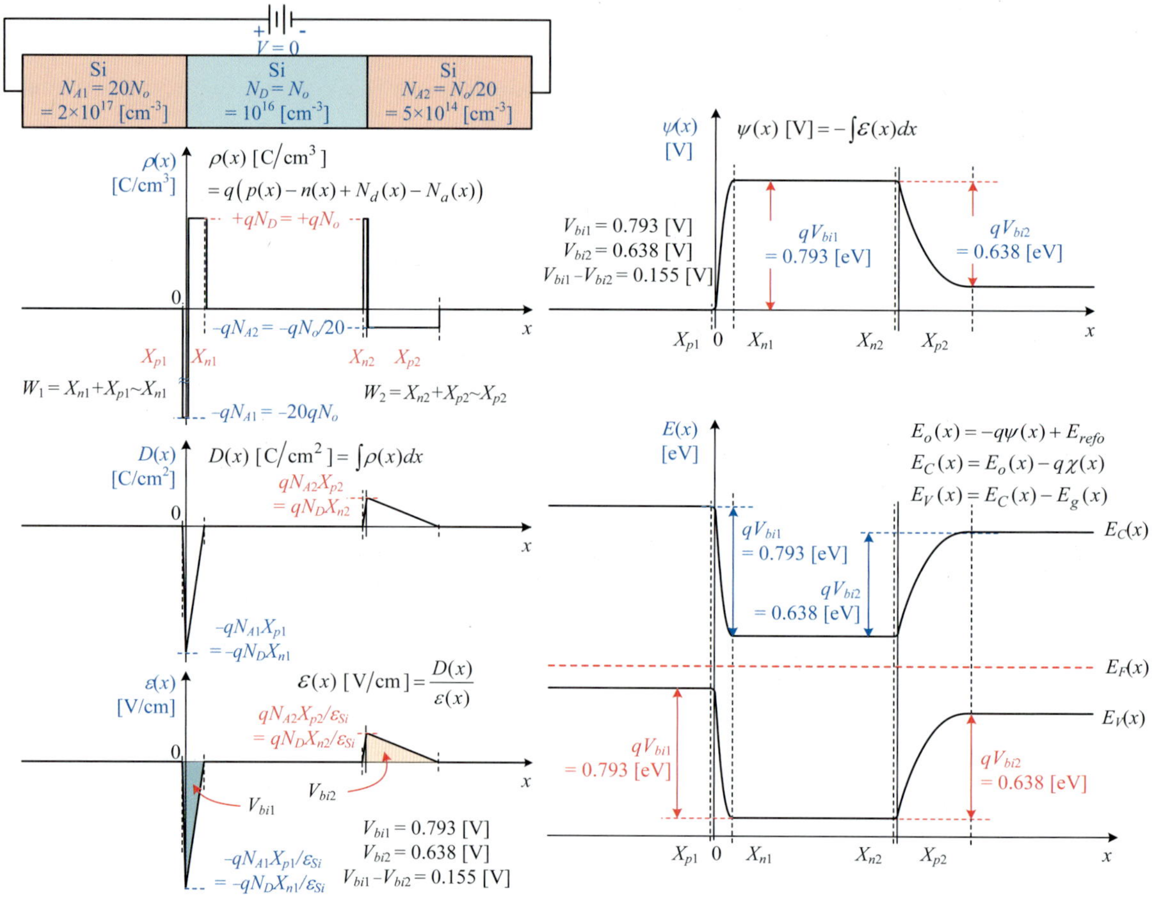

(e) 중간의 n-Si에 존재하는 다수 캐리어 전자가 왼쪽의 p형(N_{A1})으로 확산되려고 할 때와 오른쪽 p형(N_{A2})로 확산되려고 할 때의 에너지 장벽의 크기는 열평형 상태의 내부 에너지 장벽과 같다. 즉 pnp의 n형 영역 다수 캐리어 전자가 도핑 농도가 높은 왼쪽의 p형 영역으로 확산되려고 할 때의 에너지 장벽 $q\phi_{be1}$과, 도핑 농도가 낮은 오른쪽의 p형 영역으로 확산되려고 할 때의 에너지 장벽 $q\phi_{be2}$는 각각 다음과 같다.

$$\left.\begin{aligned} q\phi_{be1} &= qV_{bi1} = kT\ln\left(\frac{n_{no}}{n_{po1}}\right) = kT\ln\left(\frac{p_{po1}}{p_{no}}\right) = kT\ln\left(\frac{N_{A1}N_D}{n_i^2}\right) = 30.6kT = 0.793 \ [\mathrm{eV}] \\ q\phi_{be2} &= qV_{bi2} = kT\ln\left(\frac{n_{no}}{n_{po2}}\right) = kT\ln\left(\frac{p_{po2}}{p_{no}}\right) = kT\ln\left(\frac{N_{A2}N_D}{n_i^2}\right) = 24.6kT = 0.638 \ [\mathrm{eV}] \end{aligned}\right\} \Leftrightarrow \quad q\phi_{be1} > q\phi_{be2}$$

7.5 pn 접합 다이오드

집적회로에서 Si을 이용한 pn 접합 다이오드는 일반적으로 그림과 같이 구현된다. 3족과 5족 불순물의 농도를 각각 $N_3(x)$와 $N_5(x)$ [cm^{-3}]로 정의하면,

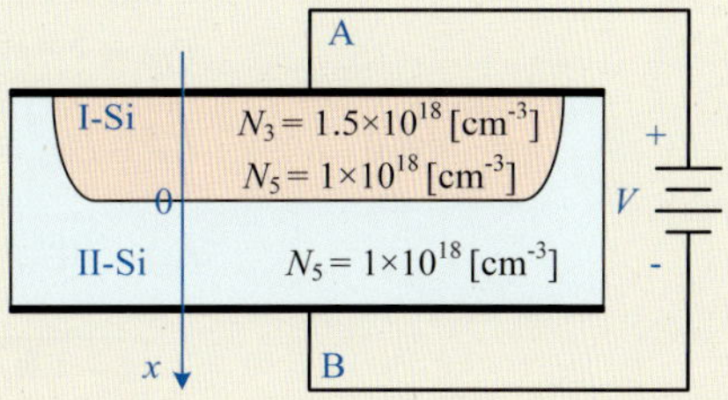

(a) 열평형 상태($V = 0$)에서 영역 I과 II에서의 다수 캐리어의 종류와 농도를 구하라.
(b) 열평형 상태의 내부 전압(V_{bi})을 구하라.
(c) 열평형 상태에서 영역 I과 II의 공간전하영역 비(X_{2o}/X_{1o})를 구하라.
(d) $V = 0$인 경우, x축 위치에 따른 전하밀도 $\rho(x)$ [C/cm^3], 전하유동밀도 $D(x)$ [C/cm^2], 전계 분포 $\varepsilon(x)$ [V/cm], 전위 분포 $\psi(x)$ [V] 및 에너지 대역도를 그림으로 표시하라.
(e) 열평형 상태의 영역 II에 있는 정공에 대한 에너지 장벽을 모두 구하라.
(f) $V > 0$의 전압이 인가된 경우의 EBD를 그림으로 나타내고 공간전하영역의 비(X_2/X_1)를 구하라.
(g) $V > 0$의 전압이 인가된 경우, 영역 I의 정공에 대한 에너지 장벽을 구하라.
(h) $V > 0$인 경우의 최대 전계(ε_{max})를 열평형 상태의 최대 전계(ε_{maxo})와 비교하라($|\varepsilon_{max}/\varepsilon_{maxo}|$).
(i) $V > 0$의 전압이 인가된 경우가 순방향 바이어스인지 역방향 바이어스인지 설명하라.
(j) 공간전하에 의한 공핍 정전용량 C_{dep}에 대해 설명하고, 영역 II의 도핑 농도에 따른 변화(C_{dep} vs. N_5)를 그림으로 나타내라.

(a) $N_3(x)$ [cm^{-3}]는 3족 불순물 농도 분포로, $N_5(x)$는 5족 불순물 농도 분포로 정의하였으므로, 열평형 상태($V = 0$)의 영역 I과 II에서 다수 캐리어의 종류와 농도는 다음과 같다.

영역 I: $N_3 = N_A > N_5 = N_D$이므로 p형 반도체이며, 다수 캐리어는 정공이다. 농도는 $p_{o1} = N_3 - N_5 = 5\times10^{17}$ [cm^{-3}].

영역 II: $N_5 = N_D$이므로 n형 반도체이며, 다수 캐리어는 전자이다. 농도는 $n_{o2} = N_5 = 10^{18}$ [cm^{-3}].

(b) 캐리어의 농도 차이로 인해 형성된 공간전하영역 양단의 열평형 상태 내부 전압(V_{bi})은 다음과 같이 두 영역의 페르미 준위 차이(ΔE_F)를 이용하여 얻을 수 있다.

$$V_{bi} = \frac{\Delta E_F}{q} = V_{th}\ln\left(\frac{n_{o,high}}{n_{o,low}}\right) = V_{th}\ln\left(\frac{p_{o,high}}{p_{o,low}}\right) = kT\ln\left(\frac{N_{A,net}N_{D,net}}{n_i^2}\right) = V_{th}\ln\left(\frac{5\times10^{17}\times10^{18}}{10^{20}}\right)$$
$$\cong 36.15V_{th} = 0.936\ [\text{V}]$$

(c) p형과 n형 공간전하영역의 공핍전하량 Q_{dep}에 대한 중성전하조건을 적용하면, 열평형 상태에서 영역 I과 II의 공간전하영역의 비(X_{2o}/X_{1o})는 다음과 같다.

$$Q_{depo} = qN_{A,net}X_{po} = qN_{D,net}X_{no}\ ;\quad \frac{X_{no}}{X_{po}} = \frac{X_{2o}}{X_{1o}} = \frac{N_{A,net}}{N_{D,net}} = \frac{1}{2},\quad \text{또는 } X_{po} = X_{1o} = 2X_{2o} = 2X_{no}$$

또 내부 전압과 각 영역의 도핑 농도를 반영하면, 열평형 상태의 공간전하영역(W_o)은 다음과 같다.

$$W_o = X_{po} + X_{no} = \sqrt{\frac{2\varepsilon_{Si}}{q}\left(\frac{1}{N_{A,net}} + \frac{1}{N_{D,net}}\right)V_{bi}} \cong \sqrt{\frac{2\times12\times8.854\times10^{-14}}{1.6\times10^{-19}}\left(\frac{1}{5\times10^{17}} + \frac{1}{10^{18}}\right)\times0.936}$$
$$= 6.31\times10^{-6}\times\sqrt{0.936}\ [\text{cm}] = 0.061\times10^{-4}\ [\text{cm}] \cong 0.061\ [\mu\text{m}]\ ;\quad \varepsilon_{Si} \cong 12\varepsilon_o$$
$$W_o = X_{po} + X_{no} = X_{no}\left(1 + \frac{N_{D,net}}{N_{A,net}}\right) = X_{po}\left(1 + \frac{N_{A,net}}{N_{D,net}}\right)\ ;\quad X_{po} = \frac{2}{3}W_o,\ X_{no} = \frac{1}{3}W_o$$

(d) $V = 0$인 열평형 상태의 p영역과 n영역의 다수 캐리어 농도를 이용하면, 각 영역별로 순수 페르미 준위(E_i)로부터의 페르미 준위(E_F)의 위치는 다음과 같다.

영역 I : p영역 : $E_i - E_F|_p = kT\ln\left(\dfrac{p_{po}}{n_i}\right) = kT\ln\left(\dfrac{5\times10^{17}}{10^{10}}\right) = 17.7kT = 0.459\ [\text{eV}]$

$p_{po} = 5\times10^{17},\ n_{po} = 2\times10^{2}\ [\text{cm}^{-3}]$

영역 II : n영역 : $E_F - E_i|_n = kT\ln\left(\dfrac{n_{no}}{n_i}\right) = kT\ln\left(\dfrac{10^{18}}{10^{10}}\right) = 18.4kT = 0.477\ [\text{eV}]$

$n_{no} = 10^{18},\ p_{no} = 10^{2}\ [\text{cm}^{-3}]$

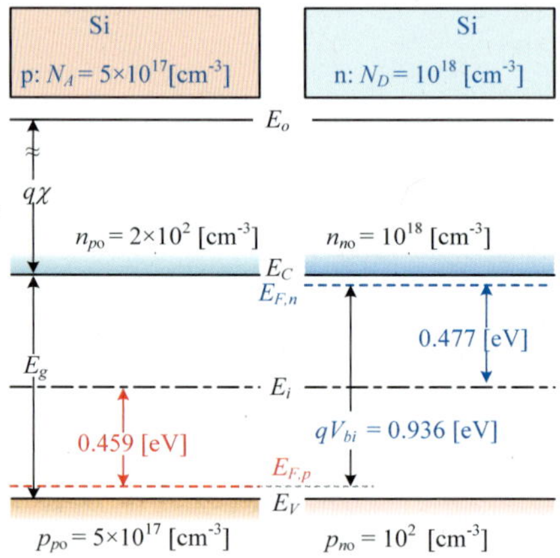

접합 형성 전

열평형 상태의 전하밀도 $\rho(x)$ [C/cm^3], 전하유동밀도 $D(x)$ [C/cm^2], 전계 분포 $\mathcal{E}(x)$ [V/cm], 전위 분포$\psi(x)$ [V], 에너지 대역도는 각각 다음 그림과 같다

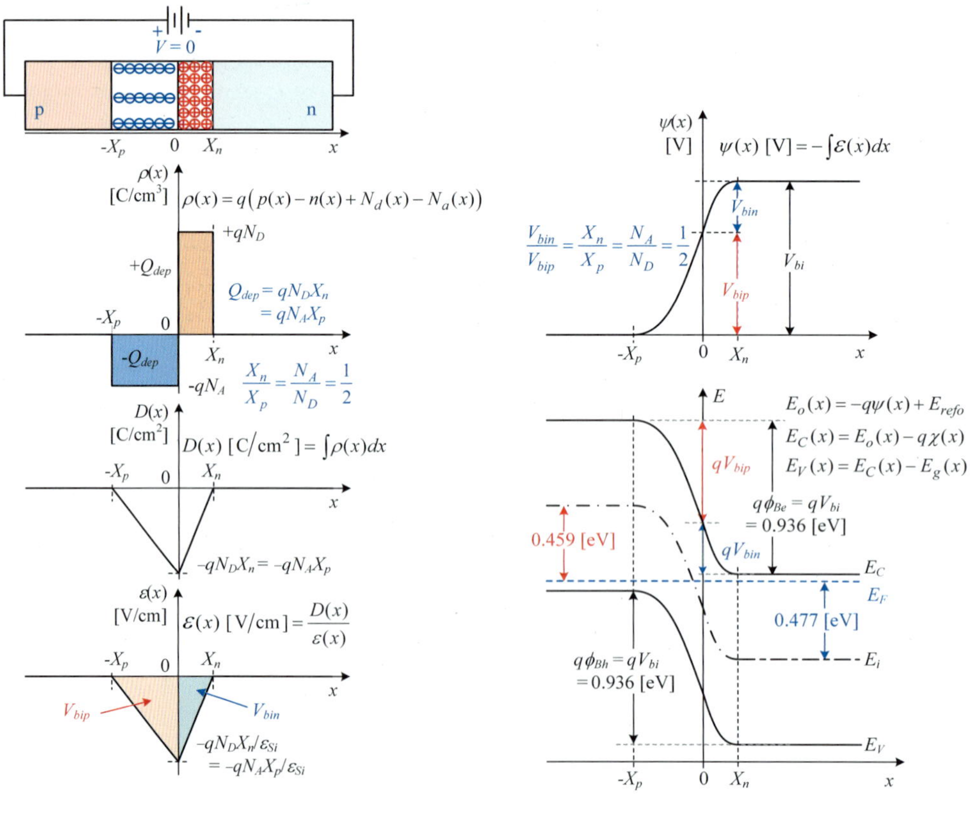

(e) 영역 II의 가전자대역에 있는 정공에 대한 열평형 상태의 에너지 장벽($q\phi_{bho}$)은 다음과 같다.

$$q\phi_{bho} = \Delta E_F = qV_{bi} = kT\ln\left(\frac{N_{A,net}N_{D,net}}{n_i^2}\right) = kT\ln\left(\frac{5\times10^{17}\times10^{18}}{10^{20}}\right) \cong 36.15V_{th} = 0.936\ [\mathrm{V}]$$

(f) $V>0$의 전압이 인가된 경우의 에너지 대역도와 공간전하영역의 비($X_2/X_1 = X_n/X_p$)는 다음과 같다.

$$W = X_p + X_n\ ;\quad \frac{X_n}{X_p} = \frac{N_{A,net}}{N_{D,net}} = \frac{0.5\times10^{18}}{1\times10^{18}} = \frac{1}{2}$$

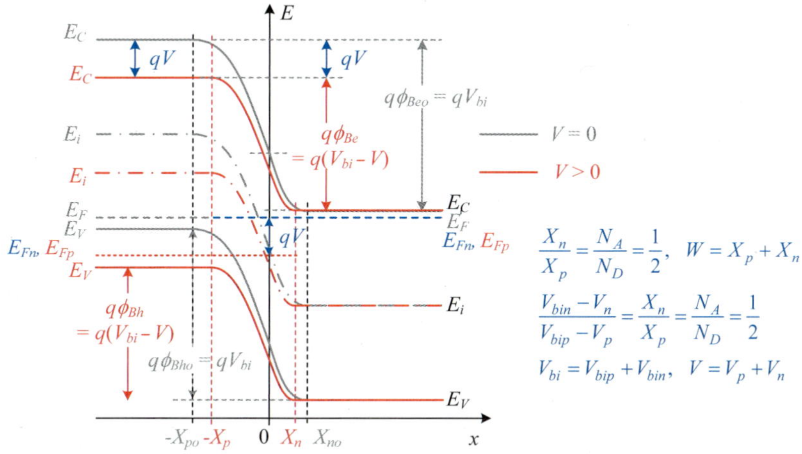

(g) 인가 전압에 의한 에너지 장벽의 변화는 $\Delta E = -qV$이므로, $V>0$의 전압이 인가된 경우, 영역 I의 정공에 대한 에너지 장벽($q\phi_{bh}$)은 열평형 상태의 에너지 장벽($q\phi_{bho}$)과 비교하여 다음과 같이 감소한다.

$$q\phi_{bh} = q(V_{bi}-V)\ ;\ q\phi_{bho} = qV_{bi} \quad\Leftrightarrow\quad q\Delta\phi_{bh} = q\phi_{bh} - q\phi_{bho} = qV$$

(h) $V>0$인 경우의 최대 전계($\mathcal{E}_{max}$)를 열평형 상태의 최대 전계($\mathcal{E}_{maxo}$)와 비교하면 다음과 같다.

$$\mathcal{E}_{max} = \frac{2(V_{bi}-V)}{W} = \sqrt{\frac{2q}{\varepsilon_{Si}}\left(\frac{N_{A,net}N_{D,net}}{N_{A,net}+N_{D,net}}\right)(V_{bi}-V)}\ [\mathrm{V/cm}]\ ;$$

$$W = X_p + X_n = \sqrt{\frac{2\varepsilon_{Si}}{q}\left(\frac{1}{N_{A,net}}+\frac{1}{N_{D,net}}\right)(V_{bi}-V)}$$

$$\mathcal{E}_{maxo} \equiv \mathcal{E}_{max}|_{V=0} = \sqrt{\frac{2q}{\varepsilon_{Si}}\left(\frac{N_{A,net}N_{D,net}}{N_{A,net}+N_{D,net}}\right)V_{bi}} = \sqrt{\frac{2\times1.6\times10^{-19}}{12\times8.854\times10^{-14}}\left(\frac{5\times10^{17}\times10^{18}}{5\times10^{17}+10^{18}}\right)\times0.936}$$

$$= 3.07\times10^5\ [\mathrm{V/cm}]$$

$$\frac{\mathcal{E}_{max}|_{V>0}}{\mathcal{E}_{max}|_{V=0}} = \frac{\mathcal{E}_{max}}{\mathcal{E}_{maxo}} = \frac{\sqrt{(V_{bi}-V)}}{\sqrt{V_{bi}}} = \sqrt{1-\frac{V}{V_{bi}}} < 1 \quad\Leftrightarrow\quad \mathcal{E}_{max}|_{V>0} = \mathcal{E}_{max}|_{V=0}\times\sqrt{1-\frac{V}{V_{bi}}} < \mathcal{E}_{max}|_{V=0}$$

즉 $V>0$인 순방향 전압이 인가되면, 전계의 방향은 그대로 유지(n형 영역으로부터 p형 영역으로, 즉 x축의 음의 방향)되나, 최대 전계의 크기는 감소한다.

(i) 앞서 설명한 바와 같이 $V>0$의 전압이 인가되면, p형 영역의 정공과 n형 영역의 전자에 대한 에너지 장벽이 열평형 상태의 에너지 장벽보다 낮아져 전자와 정공의 이동이 쉬워지므로 순방향 바이어스에 해당한다.

(j) pn 접합의 정전용량 C는 공간전하량(Q_{dep}: 이온화된 도너와 억셉터 원자에 의한 공간전하량)의 변화에 의한 공핍 정전용량(C_{dep})과, 이동이 가능한 과잉 캐리어(Q_{mob}: 전자와 정공)에 의한 확산 정전용량(C_{diff})의 합으로 구성되어 있다. 이들의 크기는 인가된 전압에 크게 의존하며, 다음과 같이 나타낼 수 있다.

$$C \equiv \left|\frac{dQ}{dV_R}\right| \equiv \left|\frac{dQ_{mob}}{dV_R}\right| + \left|\frac{dQ_{dep}}{dV_R}\right| = C_{diff} + C_{dep} \;;\quad C_{diff} \equiv \left|\frac{dQ_{mob}}{dV_R}\right|,\quad C_{dep} \equiv \left|\frac{dQ_{dep}}{dV_R}\right|$$

순방향 전압이 인가된 경우, pn 접합의 정전용량은 다음과 같이 확산 정전용량에 의해 결정된다.

$$C = C_{dep} + C_{diff} \cong C_{diff} \qquad (C_{dep} \ll C_{diff})$$

그러나 역방향 전압($V = -V_R < 0$)이 인가된 경우, pn 접합의 정전용량은 다음과 같이 공핍 정전용량에 의해 결정된다.

$$C = C_{dep} + C_{diff} \cong C_{dep} \qquad (C_{dep} \gg C_{diff} \sim 0)$$

특히 역방향 전압이 인가된 경우, 공핍 정전용량 C_{dep}은 다음과 같이 p영역과 n영역의 불순물 농도 N_A와 N_D와 인가된 전압에 의해 그 크기가 변한다.

$$C_{dep} \equiv \left|\frac{dQ_{dep}}{dV_R}\right| = \frac{\varepsilon_{Si}}{W} = \sqrt{\frac{q\varepsilon_{Si}}{2}\left(\frac{N_{A,net}N_{D,net}}{N_{A,net}+N_{D,net}}\right)\frac{1}{(V_{bi}+V_R)}} \quad [\mathrm{F/cm^2}]$$

열평형 상태의 단위 면적당 공핍 정전용량(C_{depo})은 다음과 같다.

$$C_{depo} \equiv C_{dep}\big|_{V=0} = \frac{\varepsilon_{Si}}{W_o} = \frac{12\times 8.854\times 10^{-14}\ [\mathrm{F/cm}]}{0.061\times 10^{-4}\ [\mathrm{cm}]} = 0.17\ [\mu\mathrm{F/cm^2}]$$

p형 영역의 도핑 농도는 일정한 값을 유지하고, n형 영역의 도핑 농도를 가변할 경우, 정전용량의 변화는 다음과 같이 나타낼 수 있다.

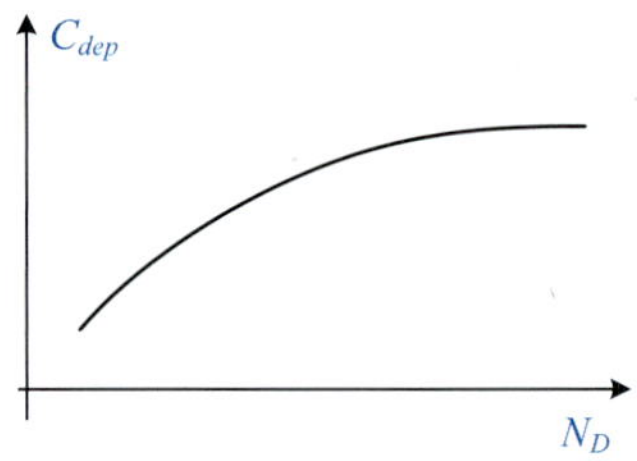

$$C_{dep} = \frac{\varepsilon_{Si}}{W} = \sqrt{\frac{q\varepsilon_{Si}}{2}\left(\frac{N_{A,net}N_{D,net}}{N_{A,net}+N_{D,net}}\right)\frac{1}{(V_{bi}+V_R)}}$$
$$= \sqrt{\frac{q\varepsilon_{Si}}{2(V_{bi}+V_R)}} \times \sqrt{\left(\frac{1}{(1/N_{A,net})+(1/N_{D,net})}\right)} \propto \sqrt{N_{low}}$$

즉 역방향 전압이 일정한 경우, 도핑 농도가 증가함에 따라 공간전하영역의 폭이 감소하므로 C_{dep}는 증가한다. 특히 두 영역의 도핑 농도의 차이가 큰 경우에는 낮게 도핑된 영역의 도핑 농도(N_{low})의 제곱근에 비례하여 C_{dep}가 증가한다.

7.6 반도체 접합

그림과 같은 도핑 분포를 갖는 Si 반도체 접합이 열평형 상태에 있다. ($N_o \gg n_i$)

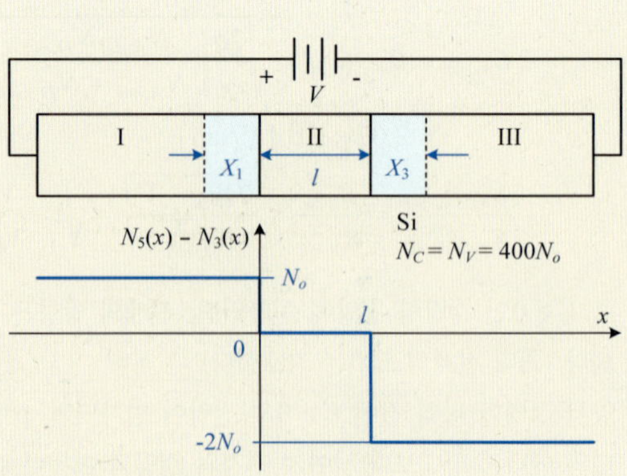

(a) 접합이 형성되기 전, 영역 I, II, III에서의 전자 농도와 정공 농도를 구하라.

(b) 열평형 상태의 $\rho(x)$, $D(x)$, $\mathcal{E}(x)$, $\psi(x)$와 EBD를 그림으로 나타내라.

(c) 열평형 상태에서 영역 I과 III의 양단에 형성된 내부 에너지 장벽 qV_{bi}를 구하라.

(d) 열평형 상태의 공간전하영역의 비(X_{3o}/X_{1o})를 구하라.

(e) 전계가 존재하는 전체 구간의 길이를 구하라.

(f) 영역 II의 길이가 증가하는 경우, 내부 에너지 장벽 qV_{bi}를 구하라.

(g) 영역 II의 길이가 증가하는 경우, 최대 전계의 증/감을 설명하라.
(h) 영역 II의 길이가 증가하는 경우, 전계가 존재하는 전체 구간의 증/감을 설명하라.
(i) X_1, X_2, l 및 유전상수를 이용하여 공핍전하에 의한 접합 정전용량 C_{dep}를 구하라.

(a) 도핑($N_o \gg n_i$)에 의해 형성된 영역 I, II, III의 열평형 상태 전자 농도와 정공 농도를 에너지 대역도와 함께 다음 그림에 나타내었다.

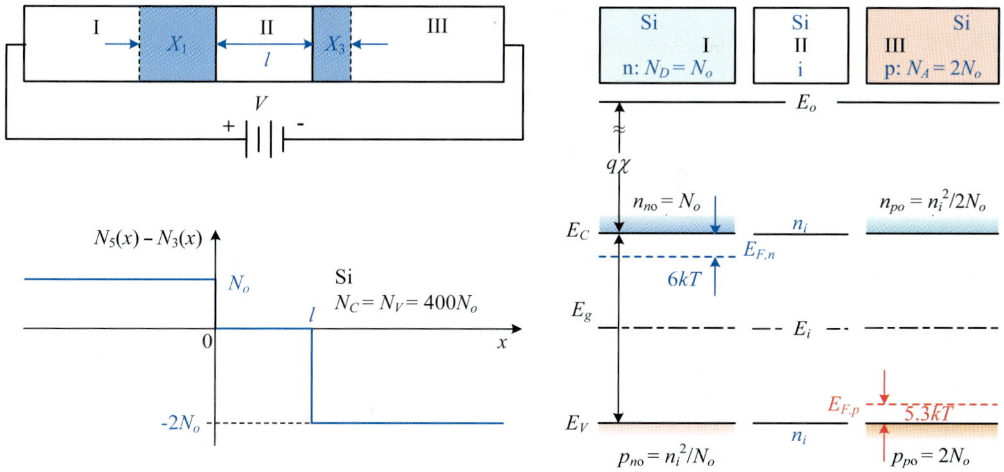

(b) 접합을 형성한 후 열평형 상태의 전하밀도 $\rho(x)$, 전하유동밀도 $D(x)$, 전계 $\mathcal{E}(x)$, 전위 $\psi(x)$와 에너지 대역도($E_C(x)$, $E_V(x)$)는 다음 그림과 같다.

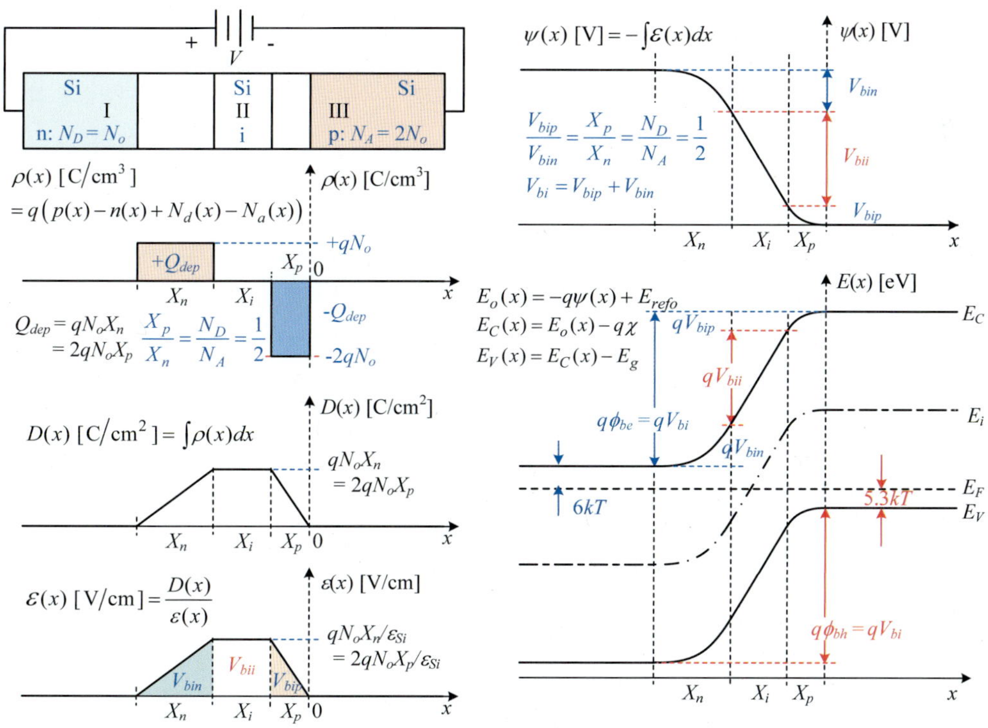

(c) 열평형 상태에서 영역 I과 III의 양단에 형성된 내부 에너지 장벽 qV_{bi}는 n영역과 p영역의 페르미 준위의 차이로, 다음과 같이 해석할 수 있다.

$$qV_{bi} = \Delta E_F = kT\ln\left(\frac{N_A N_D}{n_i^2}\right) = kT\ln\left(\frac{2N_o^2}{n_i^2}\right) = E_g - (E_C - E_{F,n}) - (E_{F,p} - E_V)$$
$$= E_g - kT\ln\left(\frac{N_C}{N_o}\right) - kT\ln\left(\frac{N_V}{2N_o}\right)$$
$$= E_g - kT\ln(400) - kT\ln(200) = E_g - 11.3kT = 0.807\ [\text{eV}]$$

(d) 열평형 상태의 공간전하영역의 비(X_{3o}/X_{1o})는 중성전하조건을 이용하여 다음과 같이 해석할 수 있다.

$$Q_{depo} = qN_A X_{po} = qN_D X_{no}\ ; \quad \frac{X_{po}}{X_{no}} = \frac{X_{3o}}{X_{1o}} = \frac{N_D}{N_A} = \frac{1}{2}, \quad \text{또는} \quad X_{no} = X_{1o} = 2X_{3o} = 2X_{po}$$

즉 두 영역의 도핑 농도에 의해 결정되는 공간전하영역의 폭(X_{po}, X_{no})은 일정한 비가 유지되며, 이 비는 n형과 p형의 중간에 존재하는 순수반도체영역의 두께(l 또는 X_i)와는 무관하다.

(e) nip 구조는 n형과 p형의 공간전하영역뿐 아니라, 중간에 존재하는 순수반도체영역에도 전계가 존재한다. 특히 n형과 p형 공간전하영역과 달리 순수반도체영역에서는 전계의 세기가 일정하며, 순수반도체영역의 두께가 두꺼울수록 전계의 세기가 감소한다. 따라서 전계가 존재하는 전체 구간의 길이는 $W_e = X_n + X_i + X_p$가 된다.

(f) 반도체 접합의 내부 에너지 장벽은 접합을 이루는 양단의 페르미 준위의 차이가 된다. 따라서 순수반도체인 영역 II의 길이가 증가하더라도 양단의 n형과 p형 영역의 도핑 농도는 그대로 유지되므로, 내부 에너지 장벽 qV_{bi}는 X_i의 길이 변화에 무관하게 일정한 값을 갖는다.

$$qV_{bi} = \Delta E_F = E_g - (E_C - E_{F,n}) - (E_{F,p} - E_V) = E_g - kT\ln\left(\frac{N_C}{N_o}\right) - kT\ln\left(\frac{N_V}{2N_o}\right)$$
$$= E_g - 6kT - 5.3kT = 0.807\ [\text{eV}]$$

(g) 내부 에너지 장벽의 크기는 양단의 도핑에 의해 결정되며, 순수반도체영역 II의 길이 증감과는 무관하다. 그런데 반도체 영역 전 구간의 전계를 공간에 대해 적분하면 내부 전압과 같으므로, 순수반도체영역의 길이가 증가할수록 최대 전계의 세기는 감소한다.

(h) 앞서 설명한 바와 같이 영역 II의 길이가 증가함에 따라 영역 II의 전계는 감소하나, 전계가 존재하는 전체 구간의 길이는 $W_e = X_n + X_i + X_p$로서 X_i의 증가에 비례하여 증가한다.

(i) nip 구조에 인가된 전압(V)은 다음과 같이 n형 공간전하영역(V_n), 순수반도체영역(V_i), p형 공간전하영역(V_p)에 분배되며, 분배되는 크기와 비는 n과 p영역의 도핑 농도와 순수반도체영역의 길이(X_i)에 의해 결정된다.

$$V_R = V_{Rn} + V_{Ri} + V_{Rp}\ [V]$$

nip 구조에 역방향 전압이 인가된 경우, 접합 정전용량은 공핍 정전용량 C_{dep}과 같으며 다음과 같이 해석할 수 있다.

$$C_{dep} = \left|\frac{dQ}{dV_R}\right| = \left|\frac{dQ}{d(V_{Rn} + V_{Ri} + V_{Rp})}\right|\ [\text{F/cm}^2]$$
$$\frac{1}{C_{dep}} = 1\Big/\left|\frac{dQ}{dV_R}\right| = \frac{d(V_{Rn} + V_{Ri} + V_{Rp})}{dQ} = \frac{dV_{Rn}}{dQ} + \frac{dV_{Ri}}{dQ} + \frac{dV_{Rp}}{dQ} = \frac{1}{dQ/dV_{Rn}} + \frac{1}{dQ/dV_{Ri}} + \frac{1}{dQ/dV_{Rp}}$$
$$= \frac{1}{C_{dep,n}} + \frac{1}{C_i} + \frac{1}{C_{dep,p}}$$
$$C_{dep,n} \equiv \frac{dQ_{dep}}{dV_{Rn}} = \frac{\varepsilon_{Si}}{X_n}\ ; \quad C_i \equiv \frac{dQ}{dV_{Ri}} = \frac{\varepsilon_{Si}}{X_i} = \frac{\varepsilon_{Si}}{l}\ ; \quad C_{dep,p} \equiv \frac{dQ_{dep}}{dV_{Rp}} = \frac{\varepsilon_{Si}}{X_p}\ [\text{F/cm}^2]$$

$$C_{dep} = \left(\frac{1}{C_{dep,n}} + \frac{1}{C_i} + \frac{1}{C_{dep,p}} \right)^{-1} = \frac{\varepsilon_{Si}}{X_n + X_i + X_p} \ [\mathrm{F/cm^2}]$$

즉 nip 구조에 역방향 전압이 인가된 경우, 이 구조는 평판의 간격이 $W_e = X_n + X_i + X_p$이고 유전체가 반도체인 평판 커패시터와 등가적인 관계로, 인가 전압에 의해 조절되는 가변 커패시터처럼 생각할 수 있다.

7.7 pn 접합

그림과 같은 Si 반도체 접합을 이용하여 pn 접합의 형성과 특성을 이해하고자 한다.

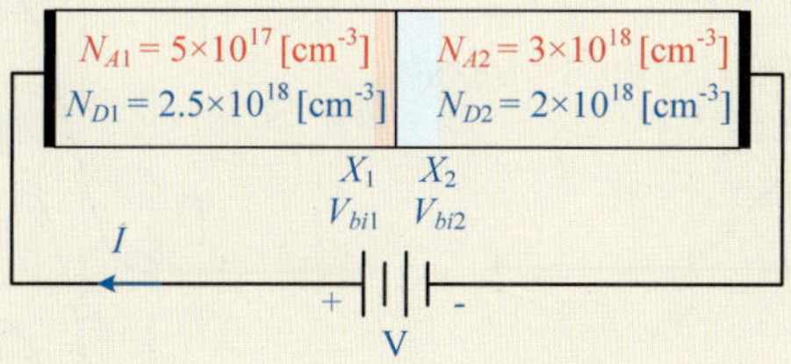

(a) 열평형 상태($V = 0$)의 접합에 대한 전하밀도 $\rho(x)$ [C/cm^3], 전하유동밀도 $D(x)$ [C/cm^2], 전계 분포 $\mathcal{E}(x)$ [V/cm] 및 전위 분포 $\psi(x)$ [V]를 그림으로 설명하라.
(b) 열평형 상태의 에너지 대역도를 구하라.
(c) 열평형 상태의 내부 전압 V_{bi}를 주어진 도핑 농도를 이용하여 표시하라.
(d) 열평형 상태의 공간전하영역의 비(X_{2o}/X_{1o})를 구하라.
(e) 열평형 상태의 각 공간전하영역에 형성된 내부 전압의 비(V_{bi2}/V_{bi1})를 구하라.
(f) 양의 전압($V > 0$)이 인가된 경우의 에너지 대역도를 그림으로 나타내고, 공간전하영역의 비(X_2/X_1)를 구하라.
(g) (f)의 결과를 참고하여, $V > 0$인 경우는 순방향 바이어스인지 역방향 바이어스인지 설명하라.
(h) 음의 전압($V < 0$)이 인가된 경우의 에너지 대역도를 그림으로 나타내라.
(i) 열평형 상태의 공간전하영역의 최대 전계(ε_{maxo})와 $V > 0$인 경우의 최대 전계(ε_{max+})를 비교하라($|\varepsilon_{maxo+}/\varepsilon_{maxo}|$).
(j) 인가 전압에 따른 접합의 공핍 정전용량의 변화를 개략적인 그림(C_j vs. V)으로 설명하라.

(a) 접합을 형성하기 전의 에너지 대역도는 다음 그림과 같다.

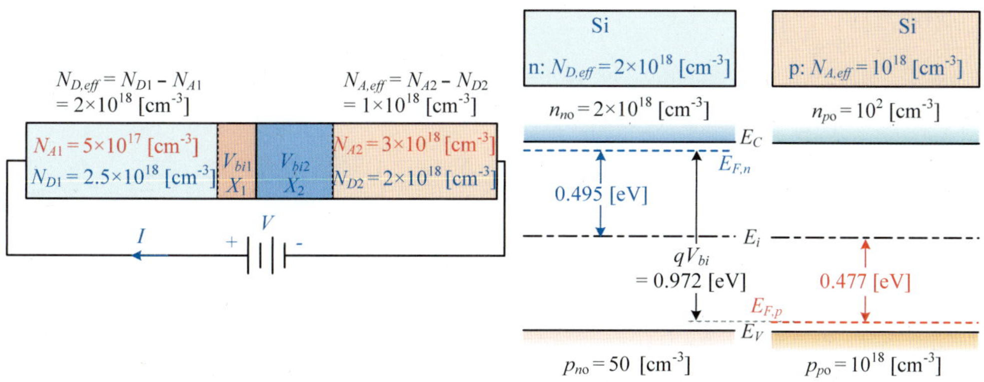

(b) 열평형 상태의 전하밀도 $\rho(x)$ [C/cm^3], 전하유동밀도 $D(x)$ [C/cm^2], 전계 $\mathcal{E}(x)$ [V/cm], 전위 $\psi(x)$ [V], 에너지 대역도($E_C(x)$, $E_V(x)$)는 각각 다음 그림과 같다.

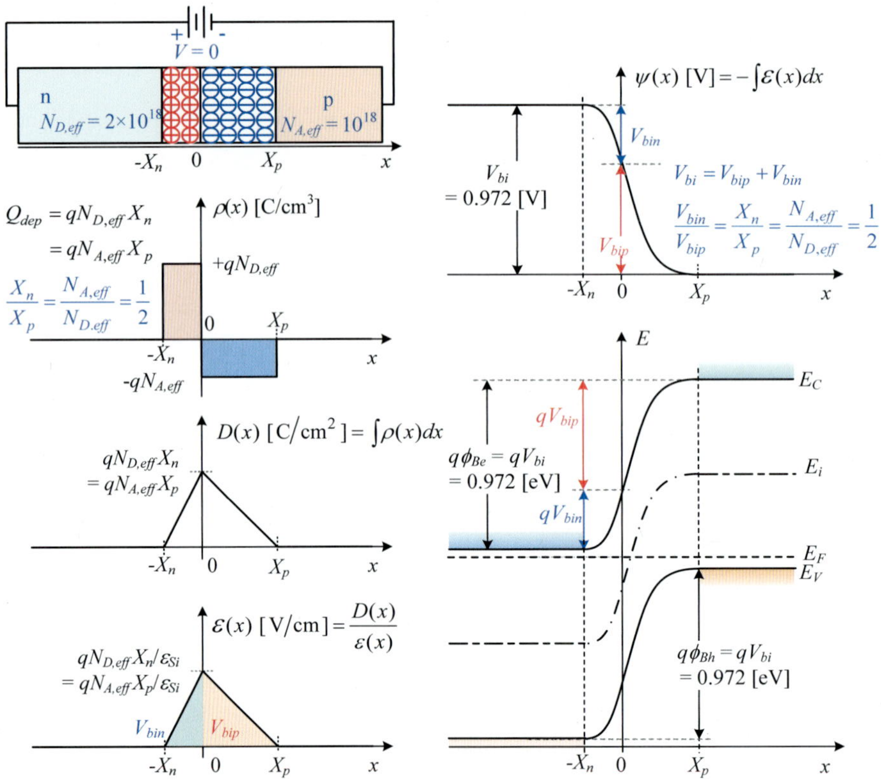

(c) 열평형 상태($V = 0$)에서 영역 I과 II의 다수 캐리어의 종류와 농도는 다음과 같다.

영역 I : $N_{A1} < N_{D1}$이므로 n형 반도체이며, 다수 캐리어는 전자, 농도는 $n_{no} = N_{D,eff} = N_{D1} - N_{A1} = 2\times10^{18}$ [cm^{-3}].
영역 II : $N_{A2} > N_{D2}$이므로 p형 반도체이며, 다수 캐리어는 정공, 농도는 $p_{po} = N_{A,eff} = N_{A2} - N_{D2} = 1\times10^{18}$ [cm^{-3}].

캐리어 농도 차이로 인해 형성된 열평형 상태의 공간전하영역 내부 전압(V_{bi})은 다음과 같이 두 영역의 페르미 준위 차이를 이용하여 얻을 수 있다.

$$V_{bi} = \frac{\Delta E_F}{q} = V_{th}\ln\left(\frac{n_{o,high}}{n_{o,low}}\right) = V_{th}\ln\left(\frac{p_{o,high}}{p_{o,low}}\right) = kT\ln\left(\frac{N_{A,eff}N_{D,eff}}{n_i^2}\right) = V_{th}\ln\left(\frac{2\times10^{18}\times10^{18}}{10^{20}}\right) \cong 37.54V_{th}$$
$$= 0.972\ [\mathrm{V}]$$

(d) p형과 n형 공간전하영역의 공핍 전하량(Q_{dep})에 대한 중성전하조건을 적용하여 다음과 같이 열평형 상태에서의 영역 I과 II의 공간전하영역 비(X_{2o}/X_{1o})를 구할 수 있다.

$$Q_{depo} = qN_A X_{po} = qN_D X_{no}\ ;\quad \frac{X_{no}}{X_{po}} = \frac{X_{1o}}{X_{2o}} = \frac{N_{A,eff}}{N_{D,eff}} = \frac{1}{2},\quad \text{또는 } X_{po} = X_{2o} = 2X_{1o} = 2X_{no}$$

또한 내부 전압과 각 영역의 도핑 농도를 반영하면 열평형 상태의 공간전하영역(W_o)은 다음과 같다.

$$W_o = \sqrt{\frac{2\varepsilon_{Si}}{q}\left(\frac{1}{N_{A,eff}} + \frac{1}{N_{D,eff}}\right)V_{bi}} \cong \sqrt{\frac{2\times12\times8.854\times10^{-14}}{1.6\times10^{-19}}\left(\frac{1}{2\times10^{18}} + \frac{1}{10^{18}}\right)\times0.972} \cong 0.044\times10^{-4}\ [\mathrm{cm}]$$
$$\varepsilon_{Si} \cong 12\varepsilon_o$$

$$W_o = X_{po} + X_{no} = X_{no}\left(1 + \frac{N_{D,eff}}{N_{A,eff}}\right) = X_{po}\left(1 + \frac{N_{A,eff}}{N_{D,eff}}\right) \quad \Leftrightarrow \quad \frac{X_{po}}{X_{no}} = \frac{N_{D,eff}}{N_{A,eff}} = 2$$

(e) 열평형 상태에서 각 영역별 공간전하영역의 내부 전압(V_{bin}, V_{bip})과 그 비는 다음과 같다.

$$V_{bin} = \frac{qN_{D,eff}X_n^2}{2\varepsilon_{Si}}, \quad V_{bip} = \frac{qN_{A,eff}X_p^2}{2\varepsilon_{Si}} \; ; \quad V_{bi} = V_{bin} + V_{bip} = \frac{\Delta E_F}{q}$$

$$Q_{dep} = qN_{D,eff}X_n = qN_{A,eff}X_p \quad \Rightarrow \quad \frac{V_{bip}}{V_{bin}} = \frac{X_p}{X_n} = \frac{N_{D,eff}}{N_{A,eff}} = \frac{2}{1}$$

내부 전압의 분배비는 공간전하영역의 비와 같으며, 도핑 농도 비의 역수와 같다. 즉 도핑 농도가 낮아 공간전하영역이 넓을수록 그 영역의 전압 강하가 큼을 뜻한다.

(f) 전압($V > 0$)이 인가된 경우의 에너지 대역도를 열평형 상태의 에너지 대역도와 비교하여 아래 그림에 나타내었다.

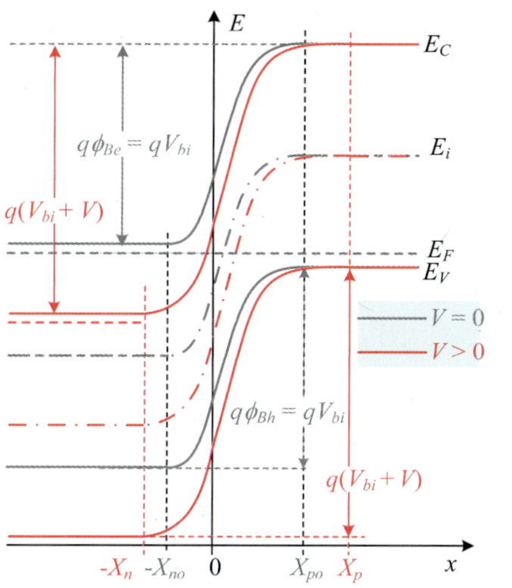

특히 인가된 전압에 의한 에너지 장벽의 변화가 $\Delta E = -qV$임을 기억하면 보다 편리하고 정확하게 해석할 수 있다. 접합 양단에 전압(V)이 인가된 경우에도 중성전하조건에 의해 공간전하영역의 비(X_2/X_1)는 열평형 상태의 값이 그대로 유지된다.

$$Q_{dep} = qN_{D,eff}X_n = qN_{A,eff}X_p \quad \Leftrightarrow \quad \frac{X_p}{X_n} = \frac{N_{D,eff}}{N_{A,eff}} = \frac{2}{1}$$

(g) (f)의 에너지 대역도에 나타난 바와 같이 $V > 0$인 경우, n형 영역 전자와 p형 영역 정공에 대한 에너지 장벽($q\phi_{b+} = q(V_{bi}+V)$)은 열평형 상태의 에너지 장벽($q\phi_{bo} = qV_{bi}$)보다 큰 값을 갖는다. 따라서 $V > 0$인 경우는 역방향 바이어스에 해당한다. 단 어느 단자를 전압의 기준으로 설정하는가에 따라 순방향 또는 역방향이 달라질 수 있다는 점에 주의해야 하며, 양의 전압이 인가되었다고 무조건 순방향 전압은 아니라는 것을 잘 기억해 두어야 한다.

(h) 음의 전압($V < 0$)이 인가된 경우의 에너지 대역도를 열평형 상태와 비교하여 다음 그림으로 나타내었다.

그림과 같이 n영역 전자와 p영역 정공에 대한 열평형 상태의 에너지 장벽($q\phi_{bo} = qV_{bi}$)과 비교하면, $V < 0$인 경우의 에너지 장벽($q\phi_{b-} = q(V_{bi} + V)$)이 작은 값을 갖는다. 따라서 $V < 0$인 경우는 순방향 바이어스에 해당한다.

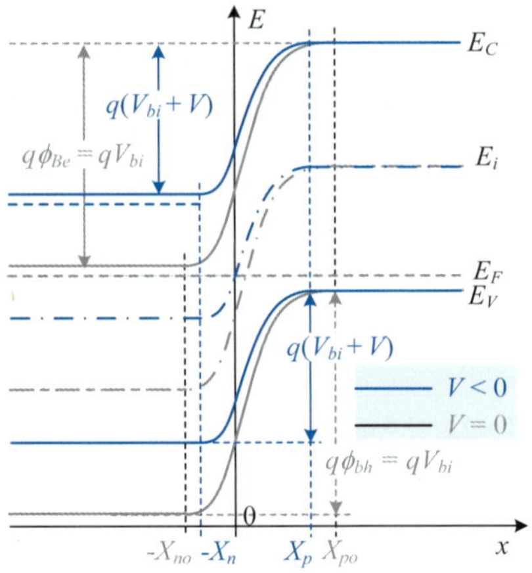

(i) 최대 전계($\mathcal{E}_{max}$)는 접합 경계면($x=0$)의 전계($\mathcal{E}(x=0)$)로서, 도핑 농도와 전압 의존도는 다음과 같다.

$$\mathcal{E}_{max}=\frac{2(V_{bi}+V)}{W}=\sqrt{\frac{2q}{\varepsilon_{Si}}\left(\frac{N_AN_D}{N_A+N_D}\right)(V_{bi}+V)}=\sqrt{\frac{2q}{\varepsilon_{Si}}\left(\frac{N_AN_D}{N_A+N_D}\right)(V_{bi}+V_R)}\ [\text{V/cm}]$$

$$\frac{\mathcal{E}_{max}(V>0)}{\mathcal{E}_{max}(V=0)}=\frac{\mathcal{E}_{max+}}{\mathcal{E}_{maxo}}=\sqrt{\frac{V_{bi}+V}{V_{bi}}}=\sqrt{1+\frac{V}{V_{bi}}}>1 \quad\Leftrightarrow\quad \mathcal{E}_{max}(V>0)>\mathcal{E}_{max}(V=0)$$

즉 $V>0$ [V]의 역방향 전압이 인가되면, 열평형 상태의 최대 전계보다 전계의 세기가 증가한다.

(j) 역방향 전압($V=V_R>0$)이 인가된 경우, 접합 정전용량은

$$C_{dep}\equiv\frac{dQ_{dep}}{dV}=\frac{\varepsilon_{Si}}{W}=\sqrt{\frac{q\varepsilon_{Si}}{2}\left(\frac{N_AN_D}{N_A+N_D}\right)\frac{1}{(V_{bi}+V_R)}}\propto\frac{1}{\sqrt{(V_{bi}+V_R)}}\ [\text{F/cm}^2]$$

으로, 이 값은 p영역과 n영역의 불순물 농도 N_A와 N_D, 내부 전압 V_{bi}, 역방향 전압(V_R)에 의해 달라진다. 역방향 인가 전압에 따른 공핍 정전용량(C_{dep})의 변화는 오른쪽 그림과 같다.

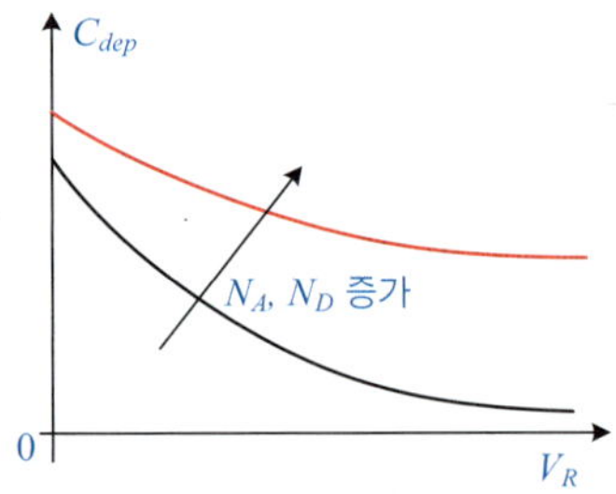

7.8 pn & pin 접합

pn 접합과 pin 접합은 반도체 소자 및 집적회로 구현의 가장 핵심적인 구성 요소이므로, 이에 대한 이해는 반드시 필요하다. 그림과 같은 서로 다른 접합을 통해 pn 접합의 동작과 특성을 이해하고자 한다. (단 Si 반도체이며, $n_i \ll N_o$)

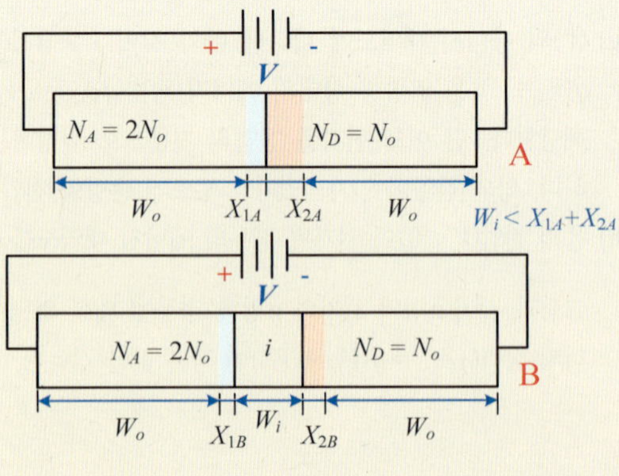

(a) 내부 전압을 구하고 크기(V_{biA}/V_{biB})를 비교하라.

(b) pn 접합에서 캐리어 농도 분포는 에너지 대역도에 의해 결정된다. 두 경우에 대해 열평형 상태의 에너지 대역도($E_C(x)$, $E_V(x)$, $E_i(x)$, 페르미 준위 $E_F(x)$)를 그림으로 비교하라.

(c) p영역과 n영역의 공간전하영역의 비(X_{1A}/X_{2A}와 X_{1B}/X_{2B})를 비교하라.

(d) p영역과 n영역의 내부 전압의 분배 비($V_{bip}/V_{bin}|_A$와 $V_{bip}/V_{bin}|_B$)를 비교하라.

(e) 열평형 상태($V = 0$)에서 두 접합 내의 최대 전계를 비교하라($\mathcal{E}_{maxB}/\mathcal{E}_{maxA}$).
(f) 열평형 상태에서의 접합 정전용량을 비교하라(C_{jB}/C_{jA}).
(g) 동일한 크기의 순방향 전압이 인가된 경우, 에너지 대역도를 그림으로 비교하라.
(h) 동일한 크기의 역방향 전압이 인가된 경우, 최대 전계의 세기를 비교하라($\mathcal{E}_{maxB}/\mathcal{E}_{maxA}$).

(a) p형 영역과 n형 영역의 도핑이 각각 동일한 pn과 pin 구조가 접합을 형성하기 전의 에너지 대역도와 캐리어 농도를 그림으로 비교하였다.

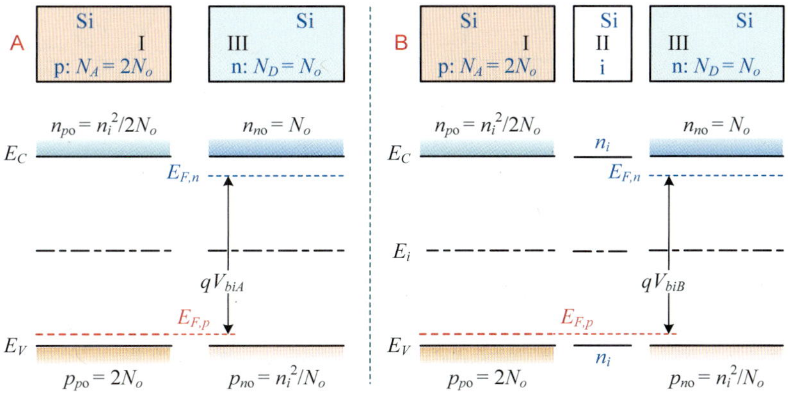

캐리어 농도 차이로 형성된 공간전하영역 양단의 열평형 상태 내부 전압(V_{bi})은 다음과 같이 두 영역의 페르미 준위 차이를 이용하여 얻을 수 있다.

$$V_{bi} = \frac{\Delta E_F}{q} = V_{th}\ln\left(\frac{n_{o,high}}{n_{o,low}}\right) = V_{th}\ln\left(\frac{p_{o,high}}{p_{o,low}}\right) \Leftrightarrow V_{biA} = V_{biB} = \frac{\Delta E_{FA}}{q} = \frac{\Delta E_{FB}}{q} = kT\ln\left(\frac{N_A N_D}{n_i^2}\right) = kT\ln\left(\frac{2N_o^2}{n_i^2}\right)$$

이때 A의 pn 구조와 B의 pin 구조에서 p형 영역 도핑 농도가 같고($N_{A1} = N_{A2} = 2N_o$), n형 영역의 도핑 농도도 서로 같으므로($N_{D1} = N_{D2} = N_o$), 두 구조의 열평형 상태 내부 전압은 동일한 값($V_{biA} = V_{biB}$)을 갖는다.

(b) A의 pn 구조와 B의 pin 구조의 열평형 상태 에너지 대역도($E_C(x)$, $E_V(x)$, $E_i(x)$, $E_F(x)$)를 다음 그림으로 비교하였다. pn 구조나 pin 구조에 관계없이 n형 영역의 전자에 대한 에너지 장벽($q\phi_{beA} = q\phi_{beB} = qV_{bi}$)과 p형 영역 정공에 대한 에너지 장벽 ($q\phi_{bhA} = q\phi_{bhB} = qV_{bi}$)은 모두 동일하다.

(c) 열평형 상태에서 p형과 n형의 공간전하영역 비(X_n/X_p)는 다음과 같이 공간전하(Q_{dep})에 대한 중성전하조건을 이용하여 해석할 수 있다.

$$Q_{dep} = qN_A X_p = qN_D X_n \Leftrightarrow \frac{X_n}{X_p} = \frac{N_A}{N_D}$$

따라서 A의 pn 구조와 B의 pin 구조에 대하여 열평형 상태의 p형 공간전하영역(X_p)과 n형 공간전하영역(X_n)의 비는 각각 다음과 같이 중성영역의 도핑 농도에 의해 결정된다.

$$\left.\begin{aligned} Q_{depA} = qN_A X_{pA} = qN_D X_{nA} &\Leftrightarrow \frac{X_{nA}}{X_{pA}} = \frac{N_A}{N_D} = \frac{2N_o}{N_o} = \frac{2}{1} \\ Q_{depB} = qN_A X_{pB} = qN_D X_{nB} &\Leftrightarrow \frac{X_{nB}}{X_{pB}} = \frac{N_A}{N_D} = \frac{2N_o}{N_o} = \frac{2}{1} \end{aligned}\right\} \Leftrightarrow \left(\frac{X_{nA}}{X_{pA}}\right) = \left(\frac{X_{nB}}{X_{pB}}\right) = \frac{2}{1}$$

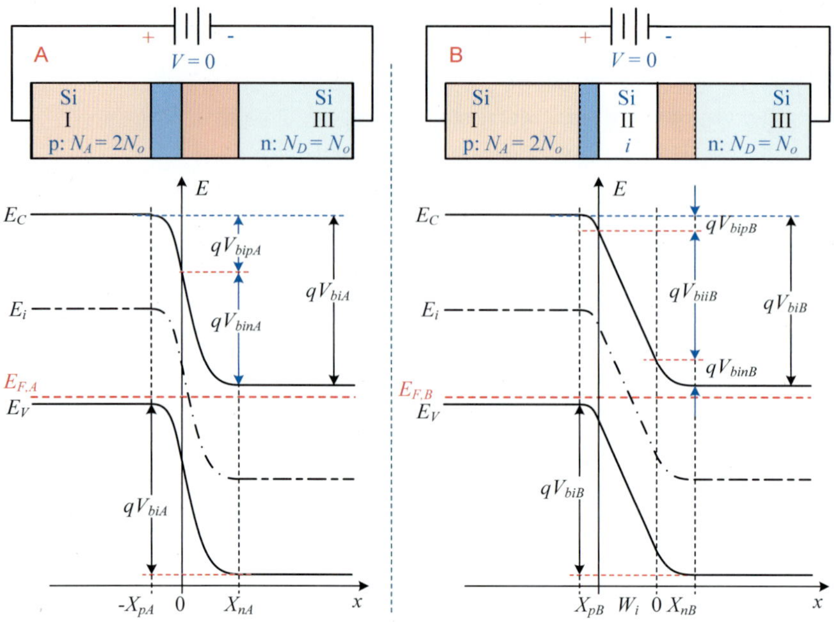

즉 이 비는 pn 구조나 pin 구조에 관계없이 p형과 n형 영역의 도핑 농도에 의해 지배되며, 공간전하영역의 비는 동일하다. 그러나 pin 구조의 p형 및 n형 공간전하영역과 그 합($W_B = X_{pB} + X_{nB}$)은 pn 구조의 공간전하영역과 그 합($W_A = X_{pA} + X_{nA}$)에 비해 작은 값을 갖는다. 이는 pin 구조의 경우, p형과 n형의 중간에 존재하는 순수반도체영역에서의 전압 강하로 인해 공간전하량 변화가 작기 때문이다.

$$W_B = (X_{pB} + X_{nB}) < W_A = (X_{pA} + X_{nA}) \quad : \quad \frac{X_{nA}}{X_{pA}} = \frac{X_{nB}}{X_{pB}} = \frac{N_A}{N_D} = \frac{2}{1}$$

(d) p영역과 n영역의 내부 전압의 분배비($V_{bip}/V_{bin}|_A$와 $V_{bip}/V_{bin}|_B$)는 다음과 같이 해석, 비교할 수 있다.

$$\begin{cases} V_{biA} = V_{bipA} + V_{binA} = V_{bi} & : V_{bipA} = \dfrac{qN_A X_{pA}^2}{2\varepsilon_{Si}},\ V_{binA} = \dfrac{qN_D X_{nA}^2}{2\varepsilon_{Si}} \iff \dfrac{V_{binA}}{V_{bipA}} = \dfrac{X_{nA}}{X_{pA}} = \dfrac{N_A}{N_D} = \dfrac{2}{1} \\ V_{biB} = V_{bipB} + V_{bii} + V_{binB} = V_{bi} & : V_{bipB} = \dfrac{qN_A X_{pB}^2}{2\varepsilon_{Si}},\ V_{binB} = \dfrac{qN_D X_{nB}^2}{2\varepsilon_{Si}} \iff \dfrac{V_{binB}}{V_{bipB}} = \dfrac{X_{nB}}{X_{pB}} = \dfrac{N_A}{N_D} = \dfrac{2}{1} \\ & \quad V_{bii} = \dfrac{qN_A X_{pB} W_i}{\varepsilon_{Si}} = \dfrac{qN_D X_{nB} W_i}{\varepsilon_{Si}} \end{cases}$$

$$\begin{cases} X_{pB} < X_{pA},\ X_{nB} < X_{nA}\ ;\ Q_{depB} = qN_A X_{pB} = qN_D X_{nB} < Q_{depA} = qN_A X_{pA} = qN_D X_{nA} \\ W_B = (X_{pB} + X_{nB}) < W_A = (X_{pA} + X_{nA}) : \dfrac{X_{nA}}{X_{pA}} = \dfrac{X_{nB}}{X_{pB}} = \dfrac{N_A}{N_D} = \dfrac{2}{1} \end{cases}$$

$$(V_{bipB} + V_{binB}) = (V_{bi} - V_{bii}) < (V_{bipA} + V_{binA}) = V_{bi}$$

즉 pn 구조와 pin 구조 모두 p형 영역과 n형 영역에 분배되는 내부 전압의 비는 동일하다.

(e) 열평형 상태($V = 0$)에서 pn 구조와 pin 구조 내의 최대 전계(ε_{max})는 다음과 같이 비교할 수 있다.

$$\varepsilon_{max} = \frac{qN_A X_p}{\varepsilon_{Si}} = \frac{qN_D X_n}{\varepsilon_{Si}} \iff \begin{cases} \varepsilon_{maxA} = \dfrac{qN_A X_{pA}}{\varepsilon_{Si}} = \dfrac{qN_D X_{nA}}{\varepsilon_{Si}} = \dfrac{2V_{bi}}{X_{pA} + X_{nA}} = \dfrac{2V_{bi}}{W_A} \\ \varepsilon_{maxB} = \dfrac{qN_A X_{pB}}{\varepsilon_{Si}} = \dfrac{qN_D X_{nB}}{\varepsilon_{Si}} = \dfrac{2V_{bi}}{X_{pB} + X_{nB} + 2W_i} = \dfrac{2V_{bi}}{W_{B,eff}} \end{cases}$$

즉 pn 구조 A의 최대 전계(ε_{maxA})는 접합 경계면에서의 전계의 세기이다. pin 구조 B의 최대 전계(ε_{maxB})는 p형과 순수반도체의 경계, 그리고 순수반도체와 n형 경계에서 동일하게 나타나며, 이 최대 전계의 세기는 순수반도체영역의 전 구간에 걸쳐 일정하게 유지된다. 따라서 pn 구조의 최대 전계 ε_{maxA}와 pin 구조의 최대 전계 ε_{maxB}를 비교하면 다음과 같다.

$$\frac{\varepsilon_{maxB}}{\varepsilon_{maxA}} = \frac{X_{pB}}{X_{pA}} = \frac{X_{nB}}{X_{nA}} < 1 \quad \text{또는} \quad \frac{\varepsilon_{maxB}}{\varepsilon_{maxA}} = \frac{X_{pA} + X_{nA}}{X_{pB} + X_{nB} + 2W_i} < 1 \quad \Leftrightarrow \quad \varepsilon_{maxB} < \varepsilon_{maxA}$$

한편 반도체 영역 전 구간의 전계를 공간에 대해 적분하면 내부 전압과 같으므로, pin 구조의 순수반도체영역의 길이가 증가할수록 최대 전계의 세기는 감소한다.

(f) pn 구조에 인가된 전압(V)은 다음과 같이 p형 공간전하영역(V_{pA})과 n형 공간전하영역(V_{nA})에 분배되며, 크기와 비는 도핑 농도에 의해 결정된다. 따라서 pn 구조의 접합 정전용량(C_{jA})은 다음과 같이 해석할 수 있다.

$$C_{jA} = \left|\frac{dQ}{dV}\right| = \left|\frac{dQ}{d(V_{pA} + V_{nA})}\right| \ [\mathrm{F/cm^2}] \ ; \quad V = V_{pA} + V_{nA} \ [\mathrm{V}]$$

$$\frac{1}{C_{jA}} = 1\bigg/\left|\frac{dQ}{dV}\right| = \frac{d(V_{pA} + V_{nA})}{dQ_{dep}} = \frac{dV_{pA}}{dQ_{dep}} + \frac{dV_{nA}}{dQ_{dep}} = \frac{1}{dQ_{depA}/dV_{pA}} + \frac{1}{dQ_{depA}/dV_{nA}} = \frac{1}{C_{j,pA}} + \frac{1}{C_{j,nA}}$$

$$C_{jA} = \left(\frac{1}{C_{j,pA}} + \frac{1}{C_{j,nA}}\right)^{-1} = \frac{\varepsilon_{Si}}{X_{pA} + X_{nA}} \ ; \quad C_{j,pA} \equiv \frac{dQ_{depA}}{dV_{pA}} = \frac{\varepsilon_{Si}}{X_{pA}} \ ; \quad C_{j,nA} \equiv \frac{dQ_{depA}}{dV_{nA}} = \frac{\varepsilon_{Si}}{X_{nA}} \ [\mathrm{F/cm^2}]$$

즉 pn 구조에 역방향 전압이 인가된 경우, C_{jA}는 평판의 간격이 $W_A = (X_{pA}+X_{nB})$이고 유전체가 반도체인 평판 커패시터이면서 동시에 인가 전압에 의해 조절되는 가변 커패시터와 등가적으로 같다.

한편 pin 구조에 인가된 전압(V)은 다음과 같이 p형 공간전하영역(V_{pB}), 순수반도체영역(V_i), n형 공간전하영역(V_{nB})에 분배되며, 그 분배되는 크기와 비는 도핑 농도와 순수반도체영역의 길이에 의해 결정된다. 따라서 pin 구조의 접합 정전용량 C_{jB}는 다음과 같이 해석할 수 있다.

$$C_{jB} = \left|\frac{dQ}{dV}\right| = \left|\frac{dQ}{d(V_{pB} + V_i + V_{nB})}\right| \ [\mathrm{F/cm^2}] \ ; \quad V = V_{pB} + V_i + V_{nB} \ [V]$$

$$\frac{1}{C_{jB}} = 1\bigg/\left|\frac{dQ}{dV}\right| = \frac{d(V_{pB} + V_i + V_{nB})}{dQ} = \frac{dV_{pB}}{dQ} + \frac{dV_i}{dQ} + \frac{dV_{nB}}{dQ} = \frac{1}{C_{j,pB}} + \frac{1}{C_i} + \frac{1}{C_{j,nB}}$$

$$C_{jB} = \left(\frac{1}{C_{j,pB}} + \frac{1}{C_i} + \frac{1}{C_{j,nB}}\right)^{-1} = \frac{\varepsilon_{Si}}{X_{pB} + W_i + X_{nB}} \ ;$$

$$C_{j,pB} \equiv \frac{dQ_{dep}}{dV_{pB}} = \frac{\varepsilon_{Si}}{X_{pB}} \ ; \quad C_i \equiv \frac{dQ_{dep}}{dV_i} = \frac{\varepsilon_{Si}}{W_i} \ ; \quad C_{j,nB} \equiv \frac{dQ_{dep}}{dV_{nB}} = \frac{\varepsilon_{Si}}{X_{nB}}$$

즉 pin 구조에 역방향 전압이 인가된 경우, C_{jB}는 평판의 간격이 $W_{B,eff} = X_{pB} + W_i + X_{nB}$이고 유전체가 반도체인 평판 커패시터로서, 인가 전압에 의해 조절되는 가변 커패시터와 등가적으로 같다. 따라서 열평형 상태의 정전용량을 비교하면 다음과 같다.

$$\frac{C_{jB}}{C_{jA}} = \left(\frac{1}{C_{j,pA}} + \frac{1}{C_{j,nA}}\right)\bigg/\left(\frac{1}{C_{j,pB}} + \frac{1}{C_i} + \frac{1}{C_{j,nB}}\right) = \frac{X_{pA} + X_{nA}}{X_{pB} + W_i + X_{nB}} \le 1 \quad \Leftrightarrow \quad C_{jB}(pin) \le C_{jA}(pn)$$

즉 p형과 n형 사이에 존재하는 순수반도체영역으로 인해 유효 평판 간격이 두꺼운 pin 구조의 정전용량이 pn 구조의 정전용량보다 작으며, 순수반도체영역의 두께가 두꺼울수록 더 큰 차이가 생긴다.

(g) 동일한 크기의 순방향 전압이 인가된 경우의 에너지 대역도를 그림으로 비교하였다.

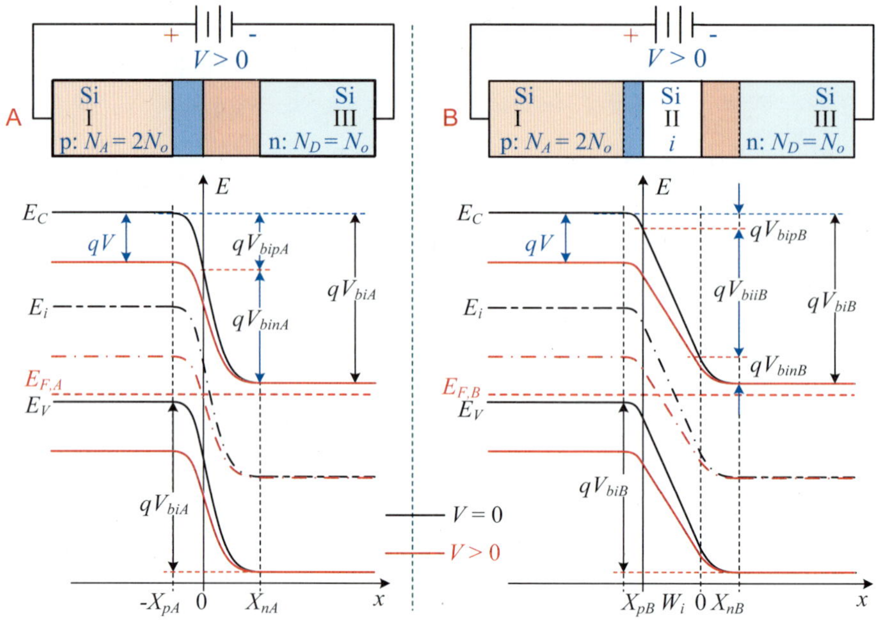

즉 순방향 전압이 인가되면 pn 구조와 pin 구조의 n형 영역 전자와 p형 영역 정공에 대한 에너지 장벽은 $q\phi_{be} = q\phi_{bh} = q(V_{bi} - V)$로서 열평형 상태의 에너지 장벽 $q\phi_{beo} = q\phi_{bho} = qV_{bi}$에 비해 감소함을 알 수 있다.

(h) 동일한 크기의 역방향 전압이 인가된 경우에도 p형과 n형, 그리고, pin 구조의 경우 순수반도체영역에 분배되는 전압의 비는 동일하다. 따라서 pn 구조의 최대 전계 ε_{maxA}와 pin 구조의 최대 전계 ε_{maxB}를 비교하면 다음과 같다.

$$\left.\begin{aligned}&\frac{\varepsilon_{maxB}}{\varepsilon_{maxA}} = \frac{X_{pB}}{X_{pA}} = \frac{X_{nB}}{X_{nA}} < 1\\ &\varepsilon_{maxB} < \varepsilon_{maxA}\end{aligned}\right\} \quad \left(\text{또는 } \frac{\varepsilon_{maxB}}{\varepsilon_{maxA}} = \frac{X_{pA} + X_{nA}}{X_{pB} + X_{nB} + 2W_i} < 1\right)$$

$$\Leftarrow \begin{cases} X_{pB} < X_{pA},\ X_{nB} < X_{nA} \\ W_B = (X_{pB} + X_{nB}) < W_A = (X_{pA} + X_{nA}) \end{cases}$$

한편 반도체 영역 전 구간의 전계를 공간에 대해 적분하면, 그 값이 내부 전압과 역방향 전압의 합과 같으므로, pin 구조의 순수반도체영역 길이가 증가할수록 최대 전계의 세기는 감소한다.

7.9 pn 접합

그림과 같은 접합을 이용하여 pn 접합의 형성과 그 특성을 이해하고자 한다.

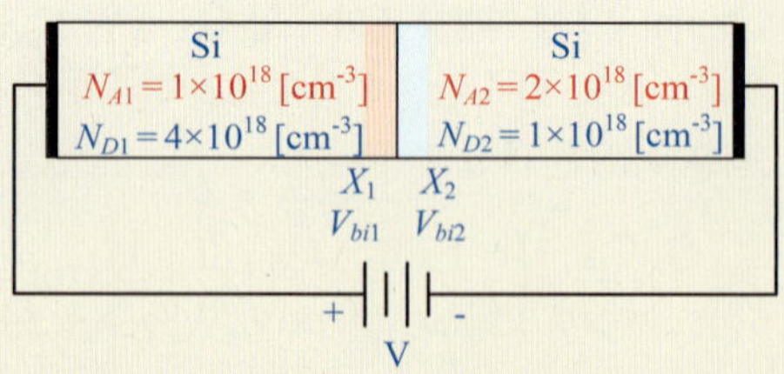

(a) 열평형 상태에서 각 영역의 다수 캐리어 종류와 농도를 구하라.

(b) 열평형 상태의 내부 전압(V_{bi})을 구하고, 왜 이것이 발생되었는지 설명하라.

(c) $V = 0$인 경우의 공간전하영역의 비(X_{2o}/X_{1o})를 구하라.

(d) $V = 0$인 경우, 전하밀도 $\rho(x)$ [C/cm^3], 전하유동밀도 $D(x)$ [C/cm^2], 전계 분포 $\varepsilon(x)$ [V/cm] 및 전위 분포 $\psi(x)$ [V], 에너지 대역도($E_C(x)$, $E_V(x)$, $E_F(x)$)를 그림으로 나타내라.

(e) $V > 0$의 전압이 인가된 경우의 에너지 대역도를 그리고, 공간전하영역의 비(X_2/X_1)를 구하라.

(f) $V>0$인 경우의 최대 전계(ε_{max})를 열평형 상태의 최대 전계(ε_{maxo})와 비교하라($|\varepsilon_{max}/\varepsilon_{maxo}|$).
(g) 공핍영역의 공간전하에 의한 접합용량 C_{dep}에 대해 설명하고, 전압에 따른 변화를 그림(C_{dep} vs. V)으로 표시하라.

(a) 접합 형성 전과 열평형 상태에서 각 영역의 에너지 대역도와 전자/정공 농도는 다음과 같다.

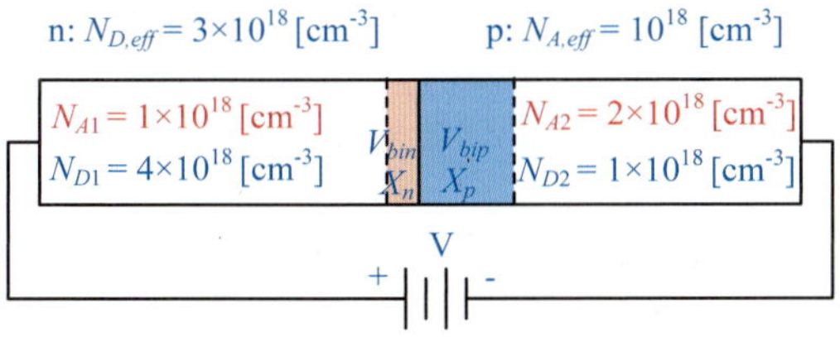

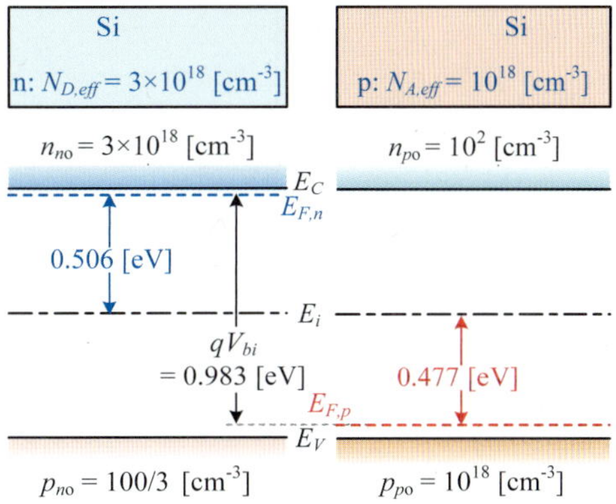

영역 I: $N_{A1}<N_{D1}$이므로 n형 반도체이며, 다수 캐리어인 전자 농도는 $n_{no}=N_{D1}-N_{A1}=N_D=3\times10^{18}$ [cm^{-3}]이다.
영역 II: $N_{A2}>N_{D2}$이므로 p형 반도체이며, 다수 캐리어인 정공 농도는 $p_{po}=N_{A2}-N_{D2}=N_A=1\times10^{18}$ [cm^{-3}]이다.

(b) 캐리어 농도 차이로 인해 형성된 열평형 상태의 공간전하영역 양단 내부 전압(V_{bi})은 다음과 같이 두 영역의 페르미 준위(E_F) 차이를 이용하여 얻을 수 있다.

$$V_{bi}=\frac{\Delta E_F}{q}=V_{th}\ln\left(\frac{n_{o,high}}{n_{o,low}}\right)=V_{th}\ln\left(\frac{p_{o,high}}{p_{o,low}}\right)=kT\ln\left(\frac{N_A N_D}{n_i^2}\right)=V_{th}\ln\left(\frac{3\times10^{18}\times10^{18}}{10^{20}}\right)\cong 37.94V_{th}=0.983\ [\mathrm{V}]$$

(c) p형과 n형 공간전하영역의 공핍 전하량 Q_{dep}에 대한 중성전하조건을 적용하면 열평형 상태에서 영역 I과 II의 공간전하영역 비($X_{2o}/X_{1o}=X_{po}/X_{no}$)는 다음과 같다.

$$Q_{depo}=qN_A X_{po}=qN_D X_{no}\quad\Leftrightarrow\quad \frac{X_{no}}{X_{po}}=\frac{X_{1o}}{X_{2o}}=\frac{N_{A,eff}}{N_{D,eff}}=\frac{1}{3},\quad \text{또는}\quad X_{po}=X_{2o}=3X_{1o}=3X_{no}$$

또 내부 전압과 각 영역의 도핑 농도를 반영하면, 열평형 상태의 공간전하영역의 폭(W_o)은 다음과 같다.

$$W_o=X_{po}+X_{no}=\sqrt{\frac{2\varepsilon_{Si}}{q}\left(\frac{1}{N_{A,eff}}+\frac{1}{N_{D,eff}}\right)V_{bi}}\cong\sqrt{\frac{2\times12\times8.854\times10^{-14}}{1.6\times10^{-19}}\left(\frac{1}{3\times10^{18}}+\frac{1}{10^{18}}\right)\times0.983}$$
$$\cong 0.042\times10^{-4}\ [\mathrm{cm}]$$

$$X_{po}=W_o\Big/\left(1+\frac{N_{A,eff}}{N_{D,eff}}\right)=\frac{3}{4}W_o,\quad X_{no}=W_o\Big/\left(1+\frac{N_{D,eff}}{N_{A,eff}}\right)=\frac{1}{4}W_o$$

(d) $V=0$인 열평형 상태의 전하밀도 분포 $\rho(x)$ [C/cm^3], 전하유동밀도 분포 $D(x)$ [C/cm^2], 전계 분포 $\varepsilon(x)$ [V/cm], 전위 분포 $\psi(x)$ [V], 그리고 에너지 대역도 ($E_C(x)$, $E_V(x)$, $E_i(x)$)는 다음 그림과 같다.

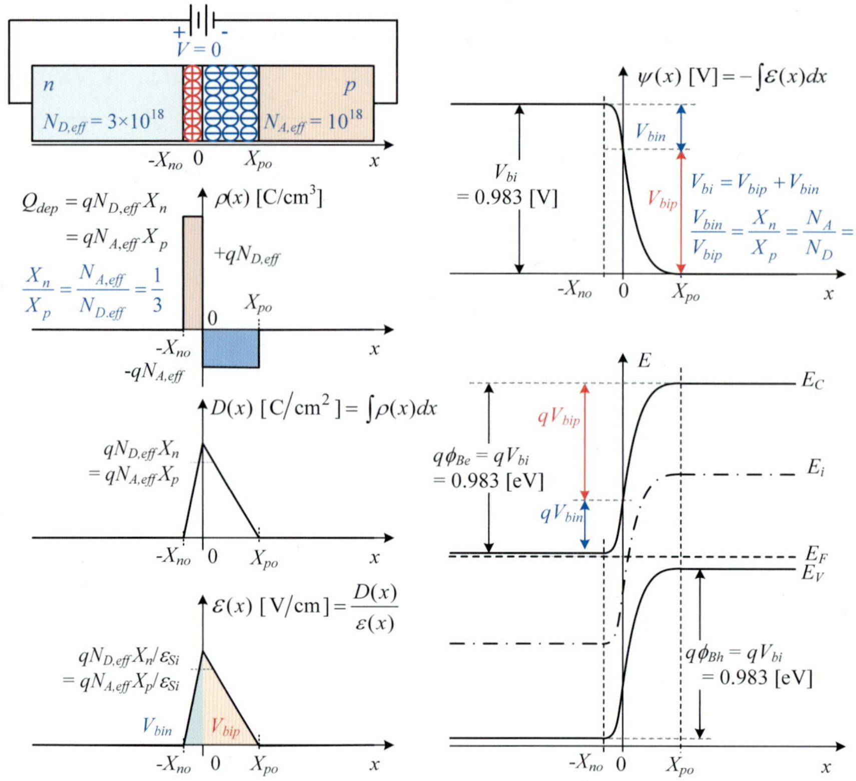

(e) 양의 전압($V>0$)이 인가된 경우의 에너지 대역도를 열평형 상태와 비교하여 그림으로 나타내었다. 이때 인가된 전압에 의한 에너지 장벽의 변화가 $\Delta E = -qV$임을 기억하면 보다 편리하고 정확하게 해석할 수 있다. 이 문제에서는 p형 중성영역을 전위의 기준으로 하였다. 양의 전압이 인가된 경우, 가전자대역 정공에 대한 에너지 장벽($q\phi_{bh} = q(V_{bi}+V)$)이 열평형 상태의 에너지 장벽($q\phi_{bho} = qV_{bi}$)에 비해 증가하므로 역방향 전압이 인가된 상태가 된다. 한편 접합 양단에 전압이 인가된 경우에도 공간전하(Q_{dep})에 대한 중성전하조건에 의해 공간 전하영역의 비(X_2/X_1)는 열평형 상태의 값이 그대로 유지된다.

$$Q_{dep} = qN_{D,eff}X_n = qN_{A,eff}X_p$$

$$\Leftrightarrow \quad \frac{X_p}{X_n} = \frac{X_{po}}{X_{no}} = \frac{N_{D,eff}}{N_{A,eff}} = \frac{3}{1}$$

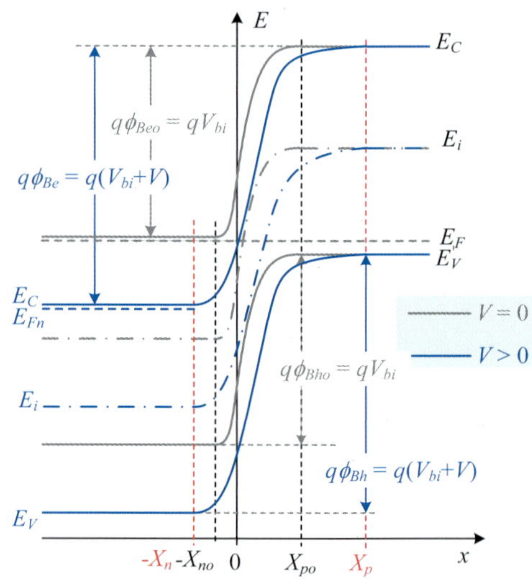

(f) 최대 전계($\mathcal{E}_{max}$)는 n형과 p형의 경계면($x=0$)에서의 전계($\mathcal{E}(x=0)$)로서, 도핑 농도와 인가 전압 의존도는 다음과 같다.

$$\mathcal{E}_{max} = \frac{2(V_{bi}+V)}{W} = \sqrt{\frac{2q}{\varepsilon_{Si}}\left(\frac{N_A N_D}{N_A+N_D}\right)(V_{bi}+V)} \text{ [V/cm]}$$

$$\frac{\mathcal{E}_{max}(V>0)}{\mathcal{E}_{max}(V=0)} = \frac{\mathcal{E}_{max+}}{\mathcal{E}_{maxo}} = \sqrt{\frac{V_{bi}+V}{V_{bi}}} = \sqrt{1+\frac{V}{V_{bi}}} > 1 \quad \Leftrightarrow \quad \mathcal{E}_{max}(V>0) > \mathcal{E}_{max}(V=0)$$

즉 $V>0$의 역방향 전압이 인가되면, 최대 전계의 세기가 열평형 상태일 때보다 증가한다.

(g) 역방향 전압($V > 0$)이 인가된 경우, 공핍 정전용량 C_{dep}은

$$C_{dep} = \frac{\varepsilon_{Si}}{W} = \sqrt{\frac{q\varepsilon_{Si}}{2}\left(\frac{N_A N_D}{N_A + N_D}\right)\frac{1}{(V_{bi} + V_R)}} \ [\text{F/cm}^2] \propto \frac{1}{\sqrt{(V_{bi} + V_R)}}$$

으로, p영역과 n영역의 불순물 농도(N_A와 N_D), 내부 전압 V_{bi}, 그리고 역방향 전압에 따라 그 값이 달라진다. 역방향 인가 전압(V_R)에 따른 공핍 정전용량의 변화는 오른쪽 그림과 같다.

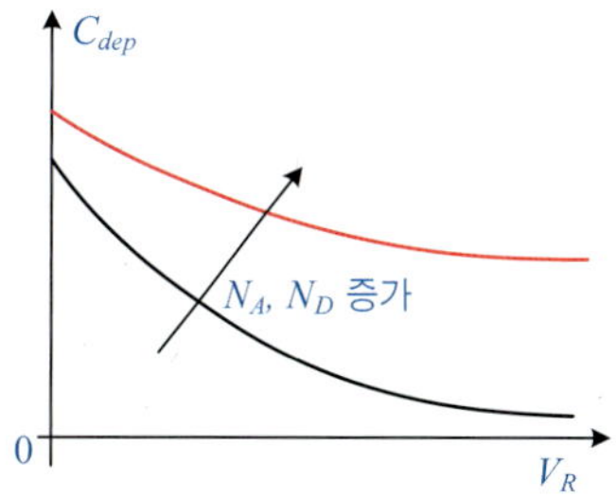

7.10 pin 접합

pin 접합은 광소자, 전력용 소자, 초고주파용 소자 및 MOSFET에 널리 이용되므로 그 동작 특성을 이해하는 것은 매우 중요하다. 그림과 같이 열평형 상태에 있는 Si pin 접합에 대하여($N_o \gg n_i$),

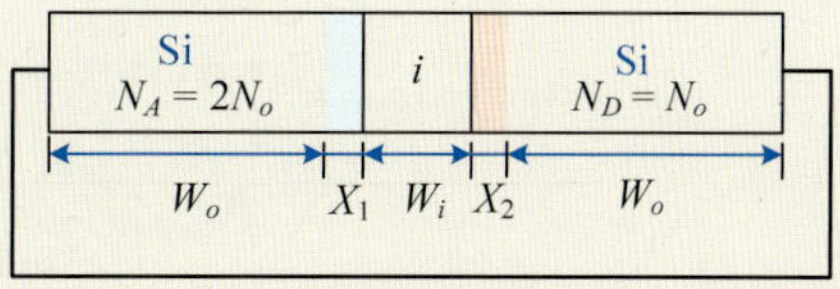

(a) 도핑 농도 차이로 pin 양단에 형성된 내부 에너지 장벽 qV_{bi}를 구하라.

(b) 열평형 상태의 공간전하영역의 비(X_{2o}/X_{1o})를 구하라.

(c) 에너지 대역도($E_C(x)$, $E_V(x)$, $E_F(x)$)를 그림으로 표시하라.

(d) 순수반도체영역 두께 W_i가 현재의 2배인 경우, 열평형 상태의 공간전하영역의 비(X_{2o2}/X_{1o2})를 구하라.

(e) 순수반도체영역 두께 W_i가 현재의 2배인 경우, 순수반도체영역의 전계와 원래의 전계를 비교($\varepsilon_{i2}/\varepsilon_{i1}$)하라.

(a) 도핑 농도 차이로 pin 양단에 형성된 내부 에너지 장벽(qV_{bi})은 다음과 같이 페르미 준위의 차이로부터 구할 수 있다.

$$V_{bi} = \frac{\Delta E_F}{q} = V_{th}\ln\left(\frac{n_{o,high}}{n_{o,low}}\right) = V_{th}\ln\left(\frac{p_{o,high}}{p_{o,low}}\right)$$
$$= kT\ln\left(\frac{N_A N_D}{n_i^2}\right) = kT\ln\left(\frac{2N_o^2}{n_i^2}\right)$$

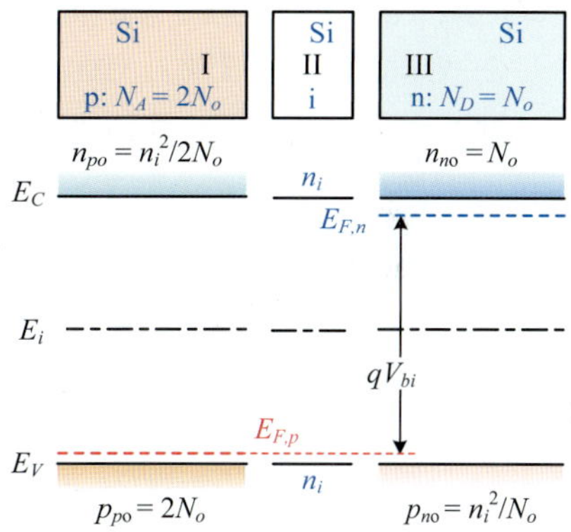

(b) p형과 n형 공간전하영역의 공핍전하량(Q_{dep})에 대한 중성전하조건을 적용하면, 열평형 상태에서 영역 I과 III의 공간전하영역 비($X_{2o}/X_{1o} = X_{no}/X_{po}$)는 다음과 같다.

$$Q_{depo} = qN_A X_{po} = qN_D X_{no} \quad \Leftrightarrow \quad \frac{X_{no}}{X_{po}} = \frac{X_{2o}}{X_{1o}} = \frac{N_A}{N_D} = \frac{2}{1}$$

(c) 열평형 상태의 에너지 대역도($E_C(x)$, $E_V(x)$, $E_i(x)$)는 $E_F(x) =$ (일정)을 이용하거나, 포아송 방정식을 근거로 다음의 관계식을 이용하여 구할 수도 있다.

$$\rho(x) = q(p(x) - n(x) + N_d(x) - N_a(x)) \ [\text{C/cm}^3] \qquad D(x) = \int \rho(x)dx \ [\text{C/cm}^2]$$

$$\mathcal{E}(x) = \frac{D(x)}{\varepsilon(x)} \ [\text{V/cm}] \qquad \psi(x) = -\int \mathcal{E}(x)dx \ [\text{V}]$$

$$E_C(x) = -q\psi(x) + E_o(x) \ [\text{eV}] \qquad E_V(x) = E_C(x) - E_g \ [\text{eV}]$$

주어진 pn 접합에 대한 열평형 상태의 전하밀도($\rho(x)$ [C/cm^3]), 전하유동밀도($D(x)$ [C/cm^2]), 전계($\mathcal{E}(x)$ [V/cm]), 전

위($\psi(x)$ [V]), 및 에너지 대역도(($E_C(x)$, $E_V(x)$ [eV])를 그림으로 정리하였다.

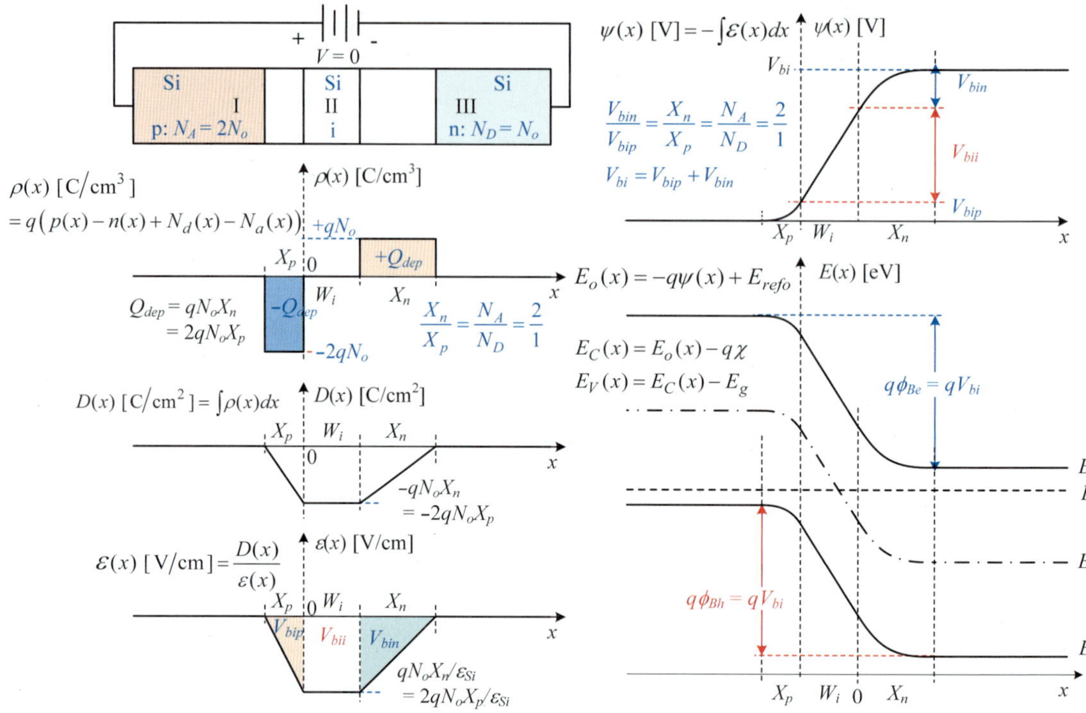

(d) p형과 n형 공간전하영역의 공핍전하량 Q_{dep}에 대하여 중성전하조건은 순수반도체영역의 두께에 무관하게 항상 적용된다. 순수반도체영역의 두께 W_i가 현재의 2배로 증가하면 p형과 n형 공간전하영역의 폭은 감소하지만, 그 비는 그대로 유지된다. 즉 열평형 상태에서 영역 I과 III의 공간전하영역 비($X_{2o}/X_{1o} = X_{no}/X_{po}$)는 다음과 같다.

$$\begin{cases} Q_{dep1} \equiv Q_{dep}|_{W_i} = qN_AX_{p1} = qN_DX_{n1} \ ; \quad \frac{X_{n1}}{X_{p1}} = \frac{N_A}{N_D} = \frac{2}{1} \quad \Leftrightarrow \quad X_{n1} = 2X_{p1} \\ Q_{dep2} \equiv Q_{dep}|_{2W_i} = qN_AX_{p2} = qN_DX_{n2} \ ; \quad \frac{X_{n2}}{X_{p2}} = \frac{N_A}{N_D} = \frac{2}{1} \quad \Leftrightarrow \quad X_{n2} = 2X_{p2} \end{cases}$$

$$\begin{cases} (X_p + X_n)|_{2W_i} = X_{p2} + X_{n2} < (X_p + X_n)|_{W_i} = X_{p1} + X_{n1} \\ Q_{dep2} \equiv Q_{dep}|_{2W_i} < Q_{dep1} \equiv Q_{dep}|_{W_i} \end{cases}$$

(e) pin 구조에서 최대 전계($\mathcal{E}_{max,pin}$)는 다음과 같이 순수반도체영역 내의 전계와 같다.

$$\mathcal{E}_{max,\,pin} = \frac{qN_AX_{pi}}{\varepsilon_s}\left(= \frac{qN_DX_{ni}}{\varepsilon_s}\right) = \frac{qN_A}{\varepsilon_s}\left(\sqrt{W_{pn}^2 + W_i^2} - W_i\right)\frac{N_D}{(N_A + N_D)} = \frac{2V_{bi}}{W_{pn}}\left(\sqrt{\left(\frac{W_i}{W_{pn}}\right)^2 + 1} - \frac{W_i}{W_{pn}}\right)$$

$$= \mathcal{E}_{max,\,pn}\left(\sqrt{\left(\frac{W_i}{W_{pn}}\right)^2 + 1} - \frac{W_i}{W_{pn}}\right) \le \mathcal{E}_{max,\,pn} = \frac{2V_{bi}}{W_{pn}} = \sqrt{\frac{2q}{\varepsilon_s}\left(\frac{N_AN_D}{N_A + N_D}\right)(V_{bi} - V)}$$

따라서 순수반도체영역의 길이(W_i)가 길어질수록 pin 다이오드의 최대 전계가 감소함을 알 수 있다.

Chapter

08 pn 접합 다이오드의 전류-전압 특성

Current-Voltage Characteristics of pn Junction Diodes

8.1 중성영역의 과잉 소수 캐리어 농도 분포

상온에서 동작하는 Si pn 접합 다이오드에 대하여, n형 중성영역의 길이에 따른 소수 캐리어의 농도 분포 차이를 통해 pn 다이오드의 특성을 이해하고자 한다. ($n_i = 10^{10}$ [cm^{-3}], $V_{th} = 0.025$ [V], $e^3 = 20$으로 가정한다.) p형 도핑 농도는 $N_A = 1\times10^{18}$ [cm^{-3}], n형 도핑 농도는 $N_D = 5\times10^{17}$ [cm^{-3}], 소수 캐리어의 확산계수는 각각 $D_p = 4$ [cm^2/s], $D_n = 12$ [cm^2/s], 소수 캐리어의 평균수명은 각각 $\tau_n = 2$ [ns], $\tau_p = 5$ [ns]이며, p형 및 n형의 중성영역 길이는 같다($W_p = W_n$). 중성영역의 길이가 $W_{n1} = 0.2$ [μm], $W_{n2} = 1.5$ [μm], $W_{n3} = 5$ [μm]인 세 종류의 pn 접합 다이오드에 $V = 0.7$ [V]가 인가된 경우,

(a) 공간전하영역과 중성영역 경계지점($x = X_n$)에서의 과잉 정공 농도 Δp_n을 구하라.
(b) 금속 접점이 있는 중성영역 끝점($x = X_n + W_n$)에서의 과잉 캐리어 농도를 구하라.
(c) n형 중성영역 내의 정규화된 과잉 소수 캐리어의 농도 분포 $\delta p_n(x)/\Delta p_n$를 그림으로 비교하라.

(a) 중성영역의 과잉 캐리어 농도 분포를 얻기 위한 확산방정식과 일반해 및 경계조건은 다음과 같다.

$$\frac{\partial^2 \delta N(x)}{\partial x^2} - \frac{\delta N(x)}{L_{min}^2} = 0 \ ; \qquad L_{min} \equiv \sqrt{D_{min}\tau_{min}} = \text{과잉 캐리어의 확산길이}$$

$$\delta N(x) = Ae^{+x/L_{min}} + Be^{-x/L_{min}} \ ; \qquad \delta N(x)(= \delta N_{maj}(x) = \delta N_{min}(x))$$

$$\delta N(x)|_{\substack{neutral \\ SCR}} \equiv \Delta N = N_o\left(e^{V/V_{th}} - 1\right) \ : \ \text{중성영역과 공간전하영역의 경계지점}$$

$$\delta N(x)|_{metal} = 0 \ : \ \text{중성영역 끝의 금속 접점에서는 항상 열평형 상태가 유지된다.}$$

이러한 경계조건에 의해 확정된 중성영역의 과잉 캐리어 농도 분포는 다음과 같다.

$$\delta N(x) = \Delta N \frac{\sinh(-(x - W_{neutral})/L_{min})}{\sinh(W_{neutral}/L_{min})} \ [cm^{-3}] \qquad (0 \le x \le W_{neutral})$$

$W_{neutral}$ = 중성영역의 길이 ; ΔN = 중성영역과 공간전하영역의 경계지점에서의 과잉 캐리어 농도

순방향 전압에 의해 에너지 장벽이 감소하면, p형 영역에서 n형 영역으로 정공이 주입되며, n형 중성영역이 시작되는 지점($x = X_n$)에 주입된 소수 캐리어와 과잉 정공 농도 Δp_n은 다음과 같다.

$$p_n(X_n) = p_{no}e^{-\Delta E/kT} = p_{no}e^{V/V_{th}} \quad (\Delta E = -qV) \ ; \qquad \delta p_n(X_n) = p_n(X_n) - p_{no} = p_{no}\left(e^{V/V_{th}} - 1\right) \equiv \Delta p_n$$

따라서 $V = 0.7$ [V]가 인가된 경우, 공간전하영역과 중성영역의 경계지점($x = X_n$)에서 과잉 정공 농도 Δp_n은 중성영역의 길이와 무관하게 다음과 같다.

$$\Delta p_n \equiv \delta p_n(X_n) = p_n(X_n) - p_{no} = p_{no}\left(e^{V/V_{th}} - 1\right) = \frac{n_i^2}{N_D}\left(e^{V/V_{th}} - 1\right) = \frac{10^{20}}{5\times10^{17}}\left(e^{0.7/0.025} - 1\right) = 2.89\times10^{14}\ [\text{cm}^{-3}]$$

(b) 금속 접점이 있는 n형 중성영역의 끝($x = (X_n + W_n)$)은 인가한 순방향 전압에 관계없이, 그리고 중성영역의 길이에도 관계없이 항상 열평형 상태가 유지되므로, 정공 농도와 과잉 정공 농도는 다음과 같다.

$$p_n(X_n + W_n) = p_{no}\,; \qquad \delta p_n(X_n + W_n) = p_n(X_n + W_n) - p_{no} = 0$$

(c) $V = 0.7$ [V]가 인가된 경우, n형 중성영역 내의 정규화된 과잉 정공의 농도 분포 $\delta p_n(x)/\Delta p_n$는 다음과 같다.

$$\delta p_n(x) = \Delta p_n \frac{\sinh[-(x-(X_n+W_n))/L_p]}{\sinh(W_n/L_p)} \iff \frac{\delta p_n(x)}{\Delta p_n} = \frac{\sinh[-(x-(X_n+W_n))/L_p]}{\sinh(W_n/L_p)} \ :\ X_n \le x \le (X_n + W_n)$$

$$L_p = \sqrt{D_p\tau_p} = \sqrt{4\times5\times10^{-9}} = 1.41\times10^{-4}\ [\text{cm}] \ :\ \text{확산 길이}$$

중성영역의 길이가 다른 세 경우에 대해 정규화된 과잉 정공의 농도 분포를 그림으로 비교하면 다음과 같다.

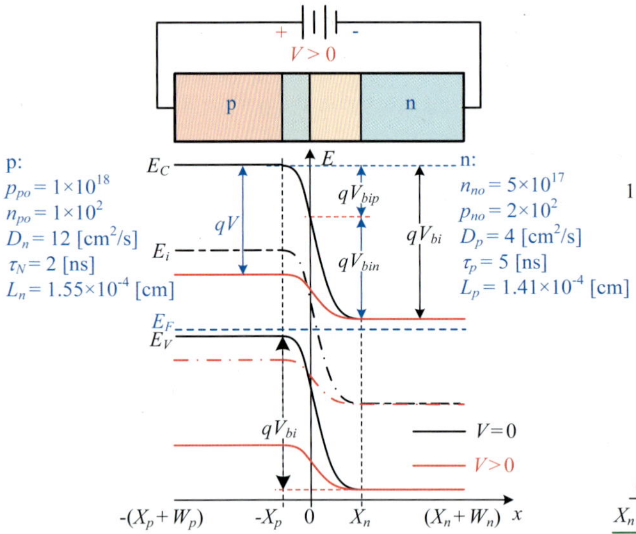

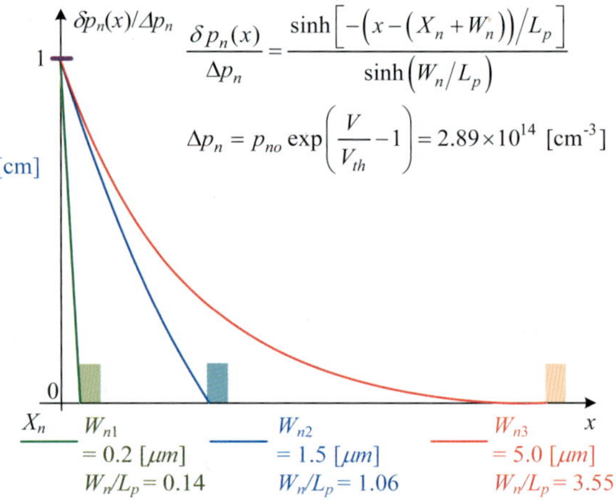

8.2 중성영역의 길이에 따른 소수 캐리어의 전류 분포

p형 및 n형의 중성영역 길이가 같으며($W_p = W_n$), 문제 1과 동일한 특성을 가진 pn 접합 다이오드가 있다. 중성영역의 길이가 각각 $W_{n1} = 0.2$ [μm], $W_{n2} = 1.5$ [μm], $W_{n3} = 5$ [μm]인 세 개의 pn 접합 다이오드에 $V = 0.7$ [V]가 인가된 경우,

(a) 공간전하영역과 중성영역의 경계지점($x = X_n$)에서 정공의 확산에 의한 전류 $J_p(X_n) = J_{po}$를 비교하라.

(b) 금속 접점이 있는 중성영역 끝점($x = X_n + W_n$)에서 정공의 확산에 의한 전류 $J_p(X_n + W_n) = J_{pW}$를 비교하라.

(c) n형 중성영역 내의 정공의 확산에 의한 정규화된 전류밀도 분포 $J_p(x)$를 그림으로 구하라.

(a) n형 중성영역에서 과잉 소수 캐리어인 정공에 의한 전류 $J_p^n(x)$는 확산전류 $J_{p,diff}^n(x)$에 의해 지배되며,

$$J_p^n(x) = J_{p,drift}^n(x) + J_{p,diff}^n(x) \cong J_{p,diff}^n(x) = -qD_p\frac{d\delta p_n(x)}{dx} \ :\ +X_n \le x \le (X_n + W_n)$$

를 이용하여 구할 수 있다. 앞서 정리한 n형 영역의 소수 캐리어인 과잉 정공의 농도 분포는

$$\delta p_n(x) = \Delta p_n \frac{\sinh[-(x-(W_n+X_n))/L_p]}{\sinh(W_n/L_p)};\ +X_n \le x \le (X_n+W_n)$$

$$\Delta p_n = p_{no}\left(e^{V/V_{th}}-1\right) = \frac{n_i^2}{N_D}\left(e^{V/V_{th}}-1\right)\ [\text{cm}^{-3}]$$

이므로, 정공에 의한 전류 분포 $J_p(x)$는 다음과 같다.

$$J_p(x) \cong J_p(x)|_{diff} = -qD_p\frac{d\delta p_n(x)}{dx} = q\frac{D_p}{L_p}\Delta p_n\frac{\cosh[-(x-(W_n+X_n))/L_p]}{\sinh(W_n/L_p)}\quad [\text{A/cm}^2]$$

따라서 공간전하영역을 통해 주입되는 정공 전류 J_{po}는 다음과 같이 인가 전압과 도핑 농도, 중성영역의 확산계수와 확산길이, 그리고 중성영역의 길이에 의존하며, 그 결과는 다음과 같다.

$$J_{po} = J_p(x)|_{\text{SCR}} \equiv J_p(x=X_n)|_{diff} = qD_p\left(\frac{d\delta p_n(x)}{dx}\right)_{x=X_n} = q\frac{D_p}{L_p}\frac{n_i^2}{N_D}\frac{1}{\tanh(W_n/L_p)}\left(e^{V/V_{th}}-1\right)$$

$$\frac{D_p}{L_p} = \frac{L_p}{\tau_p} = \upsilon_{p,diff}$$

$V = 0.7$ [V]의 순방향 전압이 인가된 경우, 공간전하영역과 중성영역의 경계지점($x = X_n$)에서 정공의 확산전류 $J_p(X_n) = J_{po}$는 다음과 같다.

$$J_{po} = q\frac{D_p}{L_p}\Delta p_n\frac{1}{\tanh(W_n/L_p)} = q\frac{D_p}{L_p}\frac{n_i^2}{N_D}\left(e^{V/V_{th}}-1\right)\frac{1}{\tanh(W_n/L_p)} \cong q\frac{D_p}{L_p}\frac{n_i^2}{N_D}e^{V/V_{th}}\frac{1}{\tanh(W_n/L_p)}$$

$$= 1.6\times10^{-19}\frac{4}{1.41\times10^{-4}}\frac{10^{20}}{5\times10^{17}}e^{0.7/0.025}\times\frac{1}{\tanh(W_n/L_p)} = \frac{1.313}{\tanh(W_n/L_p)}\quad [\text{A/cm}^2]$$

$$J_{po}|_{W_n=0.2\,[\mu m]} = 9.319\ [\text{A/cm}^2],\quad J_{po}|_{W_n=1.5\,[\mu m]} = 1.668\ [\text{A/cm}^2],\quad J_{po}|_{W_n=5.0\,[\mu m]} = 1.315\ [\text{A/cm}^2]$$

즉 n형 영역에서 과잉 캐리어의 확산길이에 비해 중성영역의 길이가 길수록, 중성영역이 시작되는 지점($x = X_n$)에서의 정공에 의한 전류가 급격히 감소함을 알 수 있다.

(b) 금속 접점이 있는 n형 중성영역 끝에서 정공에 의한 확산전류(J_{pW})는 다음 관계식으로 구할 수 있다.

$$J_{pW} \equiv J_p(x=+(X_n+W_n))|_{diff} = q\frac{D_p}{L_p}\Delta p_n\frac{1}{\sinh(W_n/L_p)} = \frac{J_{po}}{\cosh(W_n/L_p)}\quad [\text{A/cm}^2]$$

$V = 0.7$ [V]가 인가된 경우, 금속 접점이 있는 중성영역 끝점($x = X_n + W_n$)에서 정공의 확산전류 $J_p(X_n + W_n) = J_{pW}$는

$$J_{pW} \equiv J_p(x=+(X_n+W_n))|_{diff} = q\frac{D_p}{L_p}\Delta p_n\frac{1}{\sinh(W_n/L_p)}$$

$$\cong q\frac{D_p}{L_p}\frac{n_i^2}{N_D}e^{V/V_{th}}\frac{1}{\sinh(W_n/L_p)} = \frac{1.313}{\sinh(W_n/L_p)}\quad [\text{A/cm}^2]$$

이므로, n형 중성영역의 길이 W_n에 따른 중성영역 끝의 정공 전류밀도 J_{pW}를 비교하면 다음과 같다.

$$J_{pW}|_{W_n=0.2\,[\mu m]} = 9.226\ [\text{A/cm}^2],\quad J_{pW}|_{W_n=1.5\,[\mu m]} = 1.029\ [\text{A/cm}^2],\quad J_{pW}|_{W_n=5.0\,[\mu m]} = 0.076\ [\text{A/cm}^2]$$

과잉 캐리어의 확산길이에 비해 n형 중성영역의 길이가 짧을수록 주입된 정공이 재결합 없이 금속 접점에 도달하므로, 중성영역 전 구간에 걸쳐 전류는 거의 일정한 값으로 유지된다. 이는 중성영역에서 재결합이 없기 때문에, p형에서 주입

된 정공 유동밀도가 금속 접점까지도 동일한 크기로 전달됨을 뜻한다.

(c) $V = 0.7$ [V]가 인가된 경우, 접합 경계면의 전류 J_{po}와 금속 접점의 전류 J_{pW}를 사용하여, n형 중성영역에서 정공의 확산전류밀도 분포 $J_p(x)$와 정규화된 전류밀도($J_p(x)/J_p(x = X_n)$)의 변화를 그림에 요약하였다.

$$J_p(x) \cong J_p(x)\big|_{diff} = -qD_p \frac{d\delta p_n(x)}{dx} = q\frac{D_p}{L_p}\Delta p_n \frac{\cosh[-(x-(W_n+X_n))/L_p]}{\sinh(W_n/L_p)} \quad [\text{A/cm}^2]$$

$$\frac{J_p(x)}{J_p(x = X_n)} = \frac{\cosh[-(x-(W_n+X_n))/L_p]}{\sinh(W_n/L_p)}$$

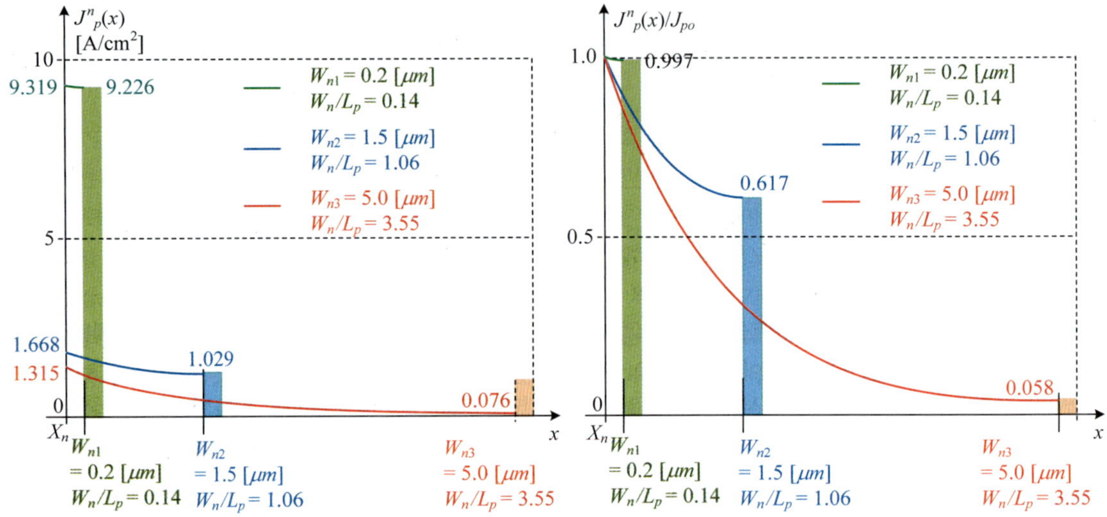

그림에서 알 수 있듯이 도핑 농도와 인가 전압이 동일한 pn 다이오드의 경우, n형 중성영역의 길이가 길수록 정공에 의한 전류밀도는 급격히 감소함을 알 수 있다.

8.3 중성영역의 길이에 따른 소수 캐리어 전류 분포

상온에서 동작하는 Si pn 접합 다이오드에 대하여 n형 중성영역의 길이에 따른 소수 캐리어의 전류밀도 분포의 차이를 통해 pn 다이오드의 특성을 이해하고자 한다. ($n_i = 10^{10}$ [cm^{-3}], $V_{th} = 0.025$ [V], $e^3 = 20$으로 가정한다.) p형 도핑 농도가 $N_A = 1\times10^{18}$ [cm^{-3}], n형 도핑 농도는 $N_D = 5\times10^{17}$ [cm^{-3}], 소수 캐리어의 확산계수는 각각 $D_p = 4$ [cm^2/s], $D_n = 12$ [cm^2/s], 소수 캐리어의 평균수명은 각각 $\tau_n = 2$ [ns], $\tau_p = 5$ [ns]이며, p형 및 n형 중성영역의 길이는 같다($W_p = W_n$). 중성영역의 길이가 각각 $W_{n1} = 0.2$ [μm], $W_{n2} = 1.5$ [μm], $W_{n3} = 5$ [μm]인 세 개의 pn 접합 다이오드에 대해,

(a) 공간전하영역과 중성영역의 경계지점($x = X_n$)에서 정공의 확산에 의한 전류 $J_p(X_n) = J_{po}$를 비교하라.

(b) 금속 접점이 있는 중성영역 끝점($x = X_n + W_n$)에서 정공의 확산에 의한 전류 $J_p(X_n + W_n) = J_{pW}$를 비교하라.

(c) n형 중성영역 내의 정공의 확산에 의한 정규화된 전류밀도 분포 $J_p(x)/J_{po}$를 그림으로 비교하라.

(a) n형 중성영역에서 과잉 소수 캐리어인 정공 전류 $J^n_p(x)$는 확산전류 $J^n_{p,diff}(x)$에 의해 지배되며,

$$J^n_p(x) = J^n_{p,drift}(x) + J^n_{p,diff}(x) \cong J^n_{p,diff}(x) = -qD_p \frac{d\delta p_n(x)}{dx} \quad : \ +X_n \le x \le +(X_n + W_n)$$

를 이용하여 구할 수 있다. 앞에서 정리했듯이 n형 중성영역의 소수 캐리어인 과잉 정공의 농도 분포 $\delta p_n(x)$와 정공에 의

한 전류 분포 $J_p(x)$, 공간전하영역과 중성영역 경계지점($x = X_n$)에서의 정공에 의한 전류 J_{po}는 각각 다음과 같다.

$$\delta p_n(x) = \Delta p_n \frac{\sinh[-(x-(W_n+X_n))/L_p]}{\sinh(W_n/L_p)}; \quad +X_n \le x \le +(X_n+W_n)$$

$$\Delta p_n = p_{no}\left(e^{V/V_{th}}-1\right) = \frac{n_i^2}{N_D}\left(e^{V/V_{th}}-1\right)$$

$$J_p(x) \cong J_p(x)\big|_{diff} = -qD_p\frac{d\delta p_n(x)}{dx} = q\frac{D_p}{L_p}\Delta p_n\frac{\cosh[-(x-(W_n+X_n))/L_p]}{\sinh(W_n/L_p)} \quad [\text{A/cm}^2]$$

$$J_{po} = J_p(x)\big|_{SCR} \equiv J_p(x=X_n)\big|_{diff} = qD_p\left(\frac{d\delta p_n(x)}{dx}\right)_{x=X_n} = q\frac{D_p}{L_p}\frac{n_i^2}{N_D}\frac{1}{\tanh(W_n/L_p)}\left(e^{V/V_{th}}-1\right)$$

$$\frac{D_p}{L_p} = \frac{L_p}{\tau_p} = \upsilon_{p,diff}$$

따라서 순방향 전압이 인가된 경우, 정공의 확산전류 $J_p(X_n) = J_{po}$는 다음과 같이 간략화할 수 있다.

$$J_{po} = q\frac{D_p}{L_p}\Delta p_n\frac{1}{\tanh(W_n/L_p)} = q\frac{D_p}{L_p}\frac{n_i^2}{N_D}\left(e^{V/V_{th}}-1\right)\frac{1}{\tanh(W_n/L_p)} \cong q\frac{D_p}{L_p}\frac{n_i^2}{N_D}e^{V/V_{th}}\frac{1}{\tanh(W_n/L_p)}$$

동일한 도핑 농도로 만든 pn 다이오드에 동일한 순방향 전압이 인가되었을 때, 중성영역의 길이가 서로 다른 세 개의 다이오드들 간의 중성영역 경계지점에서의 전류의 비는 다음과 같다.

$$J_{po}\big|_{W_n=0.2\,[\mu m]} : J_{po}\big|_{W_n=1.5\,[\mu m]} : J_{po}\big|_{W_n=5.0\,[\mu m]} = \frac{1}{\tanh(0.2/1.41)} : \frac{1}{\tanh(1.5/1.41)} : \frac{1}{\tanh(5.0/1.41)}$$
$$= 7.097 : 1.270 : 1.002$$

즉 n형 중성영역의 길이가 길수록, 중성영역이 시작되는 점($x = X_n$)에서의 정공 전류가 급격히 감소함을 알 수 있다. 그러나 전류의 비는 인가 전압과 무관하며, 오직 중성영역의 길이에 의해서만 결정된다.

(b) 금속 접점이 있는 n형 중성영역의 끝점($x = X_n + W_n$)에서 정공의 확산전류 $J_p(X_n + W_n) = J_{pW}$는 다음과 같다.

$$J_{pW} \equiv J_p(x=+(X_n+W_n))\big|_{diff} = q\frac{D_p}{L_p}\Delta p_n\frac{1}{\sinh(W_n/L_p)} = \frac{J_{po}}{\cosh(W_n/L_p)} \quad [\text{A/cm}^2]$$

따라서 순방향 전압이 인가된 경우, 금속 접점이 있는 중성영역 끝점에서 정공의 정규화된 확산전류 $J_p(X_n + W_n)/J_p(X_n) = J_{pW}/J_{po}$는 다음과 같다.

$$\frac{J_{pW}}{J_{po}}\bigg|_{W_n=0.2\,[\mu m]} : \frac{J_{pW}}{J_{po}}\bigg|_{W_n=1.5\,[\mu m]} : \frac{J_{pW}}{J_{po}}\bigg|_{W_n=5.0\,[\mu m]} = \frac{1}{\cosh(0.2/1.41)} : \frac{1}{\cosh(1.5/1.41)} : \frac{1}{\cosh(5.0/1.41)}$$
$$= 0.990 : 0.617 : 0.058$$

즉 $W_n = 0.2$ [μm]인 경우, p형 영역에서 주입된 정공의 99%가 금속 접점으로 전달되나, $W_n = 5.0$ [μm]인 경우에는 p형 영역에서 주입된 정공의 대부분이 확산을 통해 이동하는 동안 재결합에 의해 소멸되고, 약 5.8%만이 금속 접점에 전달됨을 뜻한다.

(c) n형 중성영역 내에서 정공의 확산에 따른 정규화된 전류밀도 분포 $J_p(x)/J_{po}$는 다음 식을 이용하여 구할 수 있으며, 중성영역의 길이가 다른 세 경우를 비교하여 그림으로 나타내었다.

$$J_p(x) \cong J_p(x)\big|_{diff} = -qD_p\frac{d\delta p_n(x)}{dx} = q\frac{D_p}{L_p}\Delta p_n\frac{\cosh\left[-\left(x-\left(W_n+X_n\right)\right)/L_p\right]}{\sinh\left(W_n/L_p\right)} \; [\text{A/cm}^2] \; ;$$

$$\frac{J_p(x)}{J_{po}} = \frac{\cosh\left[-\left(x-\left(W_n + X_n\right)\right)/L_p\right]}{\cosh\left(W_n/L_p\right)}$$

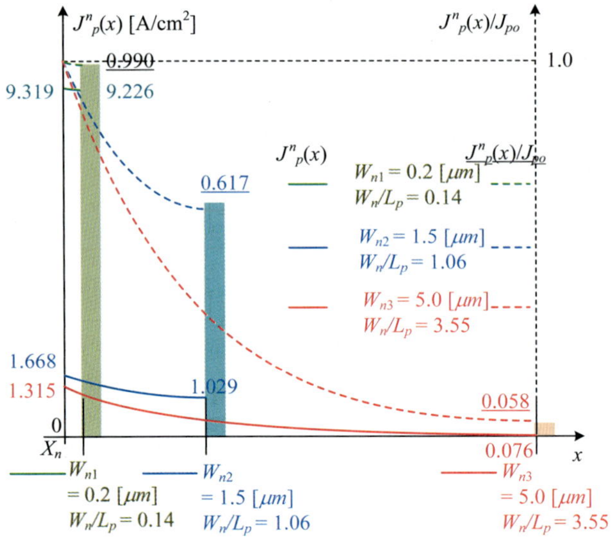

그림에서와 같이 도핑 농도와 인가 전압이 동일한 pn 다이오드의 경우, n형 중성영역의 길이가 길수록 정공에 의한 전류가 급격히 감소할 뿐 아니라, 중성영역에서의 재결합으로 인하여 전류 분포도 급격히 감소함을 알 수 있다.

8.4 전류-전압 특성

그림과 같은 Si pn 접합을 통하여 pn 접합 다이오드의 전기적 특성을 이해하고자 한다. 중성영역의 길이는 각 영역에서의 확산길이보다 훨씬 짧으며($W_p \ll L_n$, $W_n \ll L_p$), n형 영역과 p형 영역의 도핑 농도는 서로 같다($N_D = N_A$).

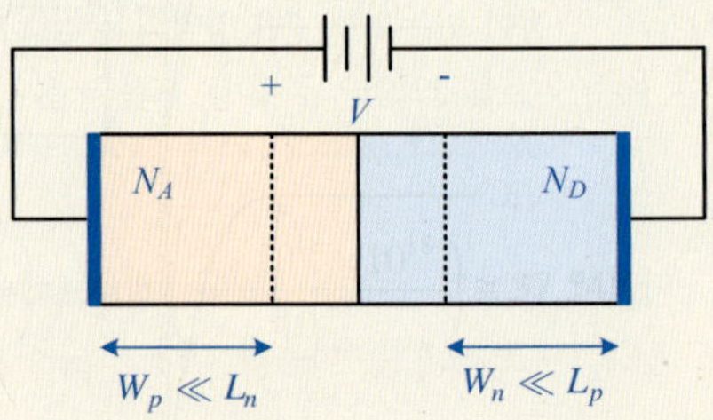

(a) 열평형 상태일 때 중성영역의 소수 캐리어 농도 분포를 그림으로 나타내라.

(b) 각 중성영역에서 열평형 상태의 전자 및 정공 농도를 모두 구하라.

(c) 순방향 바이어스가 인가된 경우, 각 중성영역의 소수 캐리어 농도 분포를 그림으로 비교하라.

(d) 중성영역에서 소수 캐리어에 의한 전류 분포를 그림으로 나타내라.

(e) 공간전하영역에서의 재결합을 무시할 경우, 다이오드의 전류 분포($J_p(x)$, $J_n(x)$, $J_{total}(x)$)를 그림으로 나타내라.

(f) 다이오드에 흐르는 전류와 인가 전압의 관계(I vs. V)를 구하라.

(a), (b) 열평형 상태에서 중성영역의 다수 캐리어 및 소수 캐리어의 농도 분포는 다음과 같으며, 열평형 상태의 에너지 대역도를 아래 그림에 요약하였다.

- p형 중성영역 : 다수 캐리어 정공 농도 : $p_{po} = N_A = N_o$, 소수 캐리어 전자 농도 : $n_{po} = n_i^2/N_A = n_i^2/N_o$
- n형 중성영역 : 다수 캐리어 전자 농도 : $n_{no} = N_D = N_o$, 소수 캐리어 정공 농도 : $p_{no} = n_i^2/N_D = n_i^2/N_o$

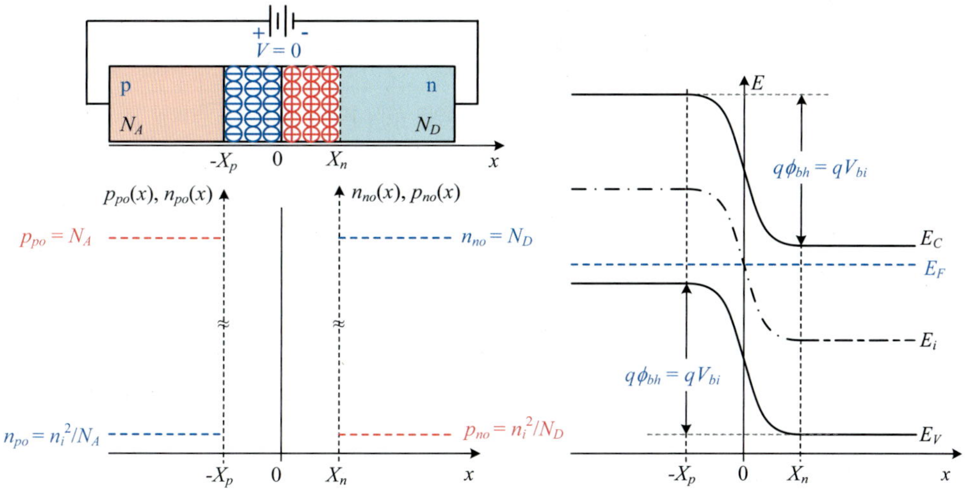

(c) 중성영역의 과잉 캐리어 농도 분포를 얻기 위해 필요한 소수 캐리어에 대한 확산방정식과 과잉 캐리어 농도 분포의 일반해, 그리고 경계조건은 다음과 같다.

$$\frac{\partial^2 \delta N(x)}{\partial x^2} - \frac{\delta N(x)}{L_{min}^2} = 0\ ; \qquad L_{min} \equiv \sqrt{D_{min}\tau_{min}} = \text{과잉 캐리어의 확산길이}$$

$$\delta N(x) = Ae^{+x/L_{min}} + Be^{-x/L_{min}}\ ; \qquad \delta N(x)(= \delta N_{maj}(x) = \delta N_{min}(x))$$

$$\delta N(x)\Big|_{\substack{neutral \\ SCR}} \equiv \Delta N = N_o\left(e^{V/V_{th}} - 1\right)\ :\ \text{중성영역과 공간전하영역의 경계}$$

$$\delta N(x)\Big|_{metal} = 0\ :\ \text{중성영역 끝의 금속 접점에서는 항상 열평형 상태가 유지된다.}$$

이러한 경계조건에 의해 확정된 중성영역의 과잉 캐리어 농도 분포는 다음과 같다.

$$\delta N(x) = \Delta N \frac{\sinh\left(-(x - W_{neutral})/L_{min}\right)}{\sinh\left(W_{neutral}/L_{min}\right)}\ [\text{cm}^{-3}]$$

$W_{neutral}$ = 중성영역의 길이 ; ΔN = 중성영역과 공간전하영역의 경계점에서의 과잉 캐리어 농도

그런데 중성영역의 길이가 확산길이보다 훨씬 짧은 경우($W_{neutral} \ll L_{min}$), 중성영역에서 재결합에 의한 손실이 없으므로, 과잉 캐리어 농도는 다음과 같이 선형 분포를 갖는다.

$$\begin{cases} \delta N(x) = \Delta N \dfrac{\sinh\left(-(x - W_{neutral})/L_{min}\right)}{\sinh\left(W_{neutral}/L_{min}\right)} \cong \Delta N \dfrac{-(x - W_{neutral})}{W_{neutral}}\ [\text{cm}^{-3}] \\ \Delta N = N_{o,min}\left(e^{V/V_{th}} - 1\right)\ [\text{cm}^{-3}] \end{cases}$$

중성영역의 길이가 소수 캐리어의 확산길이보다 훨씬 짧은 다이오드($W_p \ll L_n$, $W_n \ll L_p$)의 경우, n형 중성영역의 소수 캐리어인 과잉 정공의 농도 분포와 p형 중성영역의 소수 캐리어인 과잉 전자의 농도 분포는 각각 다음과 같다.

$$\delta p_n(x) = \Delta p_n \frac{\sinh\left[-(x - (W_n + X_n))/L_p\right]}{\sinh\left(W_n/L_p\right)} \cong \Delta p_n \frac{-(x - (W_n + X_n))}{W_n}$$

$$\Delta p_n = p_{no}\left(e^{V/V_{th}} - 1\right)\ ;\ +X_n \le x \le +(X_n + W_n)$$

$$\delta n_p(x) = \Delta n_p \frac{\sinh\left[\left(x+\left(W_p+X_P\right)\right)/L_n\right]}{\sinh\left(W_p/L_n\right)} \cong \Delta n_p \frac{+\left(x+\left(W_p+X_p\right)\right)}{W_p}$$

$$\Delta n_p = n_{po}\left(e^{V/V_{th}}-1\right)\ ;\ -(X_p+W_p) \le x \le -X_p$$

중성영역의 길이가 확산길이에 비해 훨씬 짧은 경우, 많은 양의 다수 캐리어가 존재하더라도 확산에 의한 이동 중에 과잉 캐리어가 재결합할 가능성은 아주 작다. 따라서 중성영역 내의 모든 지점에서 과잉 캐리어의 확산 유동밀도가 동일하므로, 농도 분포가 선형함수 형태가 되며, 농도 기울기는 공간적으로 일정하게 나타난다. 순방향 전압이 인가된 아주 짧은 pn 접합 다이오드의 과잉 캐리어 농도 분포는 그림과 같다.

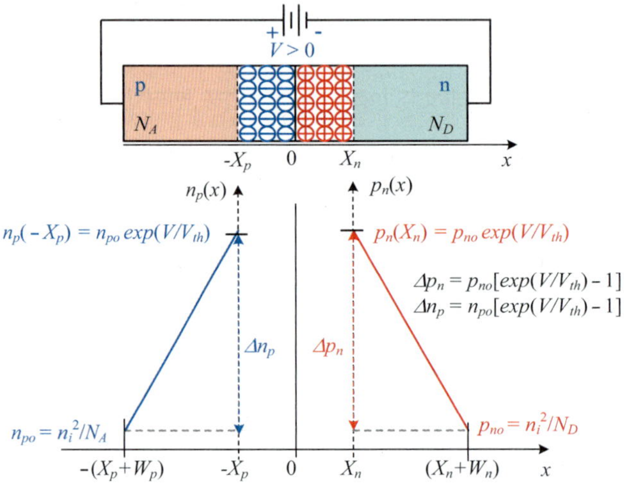

(d) 중성영역이 확산길이보다 훨씬 짧은 경우($W_p \ll L_n$, $W_n \ll L_n$), n형 중성영역에서 소수 캐리어인 정공에 의한 전류 분포 $J_p(x)$와 p형 중성영역에서 소수 캐리어인 전자에 의한 전류 분포 $J_n(x)$는 각각 다음과 같다.

$$J_p(x) = q\frac{D_p}{L_p}\Delta p_n \frac{\cosh\left[-(x-(X_n+W_n))/L_p\right]}{\sinh(W_n/L_p)} \cong q\frac{D_p}{W_n}\Delta p_n \equiv J_{po} = \text{일정}$$

$$J_{po} \equiv q\frac{D_p}{W_n}\Delta p_n = q\frac{D_p}{W_n}p_{no}\left(e^{V/V_{th}}-1\right)$$

$$J_n(x) = q\frac{D_n}{L_n}\Delta n_p \frac{\cosh\left[(x+(W_p+X_p))/L_n\right]}{\sinh(W_p/L_n)} \cong q\frac{D_n}{W_p}\Delta n_p \equiv J_{no} = \text{일정}$$

$$J_{no} \equiv q\frac{D_n}{W_p}\Delta n_p = q\frac{D_n}{W_p}n_{po}\left(e^{V/V_{th}}-1\right)$$

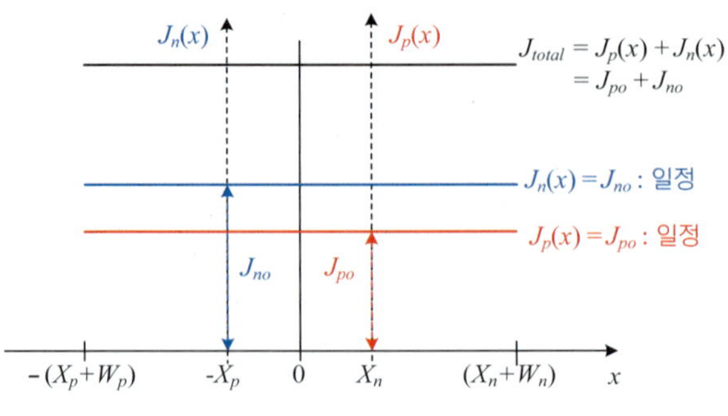

그림과 같이 중성영역이 확산길이에 비해 아주 짧은 경우, 과잉 소수 캐리어의 확산에 의한 전류 분포는 중성영역 전 구간에 걸쳐 일정한 값으로 나타난다. 이처럼 중성영역의 전 구간에서 전류가 일정하다는 것은 과잉 캐리어의 재결합이 거의 무시될 수 있을 정도로 작아서, 확산전류를 결정하는 소수 캐리어의 확산 유동밀도가 전 구간에 걸쳐 일정함을 뜻한다.

(f) 짧은 중성영역을 가진 pn 접합 다이오드의 전류는 다음과 같다.

$$I = JA = (J_{po} + J_{no})A = qA\left(q\frac{D_p}{W_n}p_{no} + \frac{D_n}{W_p}n_{po}\right)\left(e^{V/V_{th}} - 1\right) = I_S\left(e^{V/V_{th}} - 1\right)$$

즉 공간전하영역에서 재결합이 발생하지 않는 짧은 pn 접합 다이오드에 순방향 전압이 인가되면, 순방향 전류는 인가 전압에 대해 지수함수적으로 비례하여 증가한다. 한편 역방향 전압이 인가되면, 전압의 크기에 무관하게 일정한 크기의 역방향 포화전류가 흐르게 된다. 특히 역방향 포화전류 I_S는 다음과 같다.

$$I_S \equiv I|_{V=-V_R<<0} = qA\left(\frac{D_p}{W_n}p_{no} + \frac{D_n}{W_p}n_{po}\right) = qAn_i^2\left(\frac{D_p}{W_n}\frac{1}{N_D} + \frac{D_n}{W_p}\frac{1}{N_A}\right)$$

따라서 역방향 포화전류는 pn 접합 다이오드를 구성하는 재료와 동작 온도, 도핑 농도, 확산계수, 평균수명에 영향을 미치는 제조공정, 중성영역의 길이를 포함한 소자의 기하학적 구조, 접합 단면적 등에 의해 결정됨을 알 수 있다.

8.5 전류-전압 특성

pn 접합은 다이오드나 BJT, MOSFET 및 이들로 이루어진 집적회로에서 가장 기본적인 단위 소자이므로, pn 접합의 전기적 특성에 대한 이해는 꼭 필요하다. 그림과 같이 p형 중성영역의 길이는 매우 짧고 ($W_p \ll L_n$), n형 중성영역은 매우 긴($W_n \gg L_p$) pn 접합 다이오드를 통해 pn 다이오드의 전기적 특성을 이해하고자 한다($N_A = 9N_o$, $N_D = N_o$, $N_o \gg n_i$, $V_{th} = 0.025$ [V], $L_n = L_p = L_o$로 가정한다).

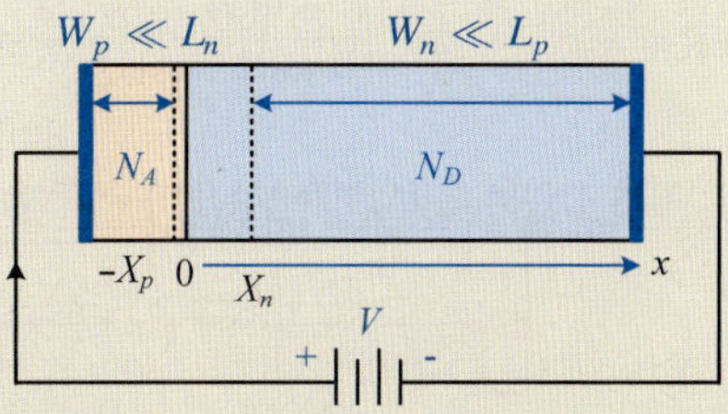

(a) 열평형 상태와 순방향 전압이 인가된 경우의 에너지 대역도를 비교하라.
(b) 열평형 상태와 순방향 전압이 인가된 경우의 소수 캐리어 농도 분포를 수식으로 구하고 그림으로 비교하라.
(c) 각 중성영역에서 소수 캐리어에 의한 전류 분포를 그림으로 나타내라.
(d) 소수 캐리어에 의한 전류는 확산전류만 고려해도 되는 이유를 설명하라.
(e) 공간전하영역에서의 재결합을 무시할 경우, 정공에 의한 전류, 전자에 의한 전류 및 총 전류의 공간적 분포($J_p(x)$, $J_n(x)$, $J_{total}(x)$)를 그림으로 나타내라.
(f) 순방향 전압이 인가된 다이오드에 흐르는 전류와 인가 전압의 관계(I-V 관계식)를 구하라.
(g) 다이오드에 인가된 순방향 전압의 크기에 따른 전류-전압 특성을 log I-V의 그래프를 이용하여 설명하라.

(a) 열평형 상태와 순방향 전압이 인가된 경우의 에너지 대역도를 비교하면 아래 그림과 같다.

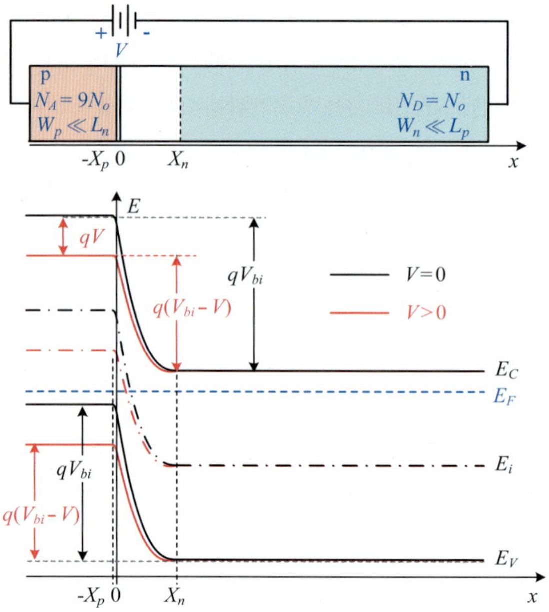

(b) 중성영역의 과잉 캐리어 농도 분포를 얻기 위해, 소수 캐리어에 대한 확산방정식과 과잉 캐리어 농도 분포의 일반해, 경계조건을 보면 다음과 같다.

$$\frac{\partial^2 \delta N(x)}{\partial x^2} - \frac{\delta N(x)}{L_{min}^2} = 0 \,; \qquad L_{min} \equiv \sqrt{D_{min}\tau_{min}} = \text{과잉 캐리어의 확산길이}$$

$$\delta N(x) = Ae^{+x/L_{min}} + Be^{-x/L_{min}} \,; \qquad \delta N(x)(= \delta N_{maj}(x) = \delta N_{min}(x))$$

$$\delta N(x)|_{\substack{neutral \\ SCR}} \equiv \Delta N = N_o\left(e^{V/V_{th}} - 1\right) \ : \text{중성영역과 공간전하 영역 경계}$$

$$\delta N(x)|_{metal} = 0 \ : \text{중성영역 끝의 금속 접점에서는 항상 열평형 상태가 유지된다.}$$

이러한 경계조건에 의해 확정된 중성영역의 과잉 캐리어 농도 분포는 다음과 같다.

$$\delta N(x) = \Delta N \frac{\sinh(-(x - W_{neutral})/L_{min})}{\sinh(W_{neutral}/L_{min})} \ [\text{cm}^{-3}] \,;$$

$W_{neutral}$ = 중성영역의 길이 ; ΔN = 중성영역과 공간전하영역의 경계지점에서의 과잉 캐리어 농도

그런데 중성영역의 길이가 확산길이보다 훨씬 짧은 경우($W_{neutral} \ll L_{min}$) 재결합에 의한 손실이 없으므로, 과잉 캐리어 농도는 다음과 같이 선형 분포를 갖는다.

$$\begin{cases} \delta N(x) = \Delta N \dfrac{\sinh(-(x - W_{neutral})/L_{min})}{\sinh(W_{neutral}/L_{min})} \cong \Delta N \dfrac{-(x - W_{neutral})}{W_{neutral}} \ [\text{cm}^{-3}] \\ \Delta N = N_{o,\min}\left(e^{V/V_{th}} - 1\right) \ [\text{cm}^{-3}] \end{cases}$$

▶ 소수 캐리어의 확산길이보다 훨씬 짧은 p형 중성영역($W_p \ll L_n$)의 소수 캐리어인 과잉 전자의 농도 분포는 다음과 같다.

$$\delta n_p(x) = \Delta n_p \frac{\sinh[(x + (W_p + X_p))/L_n]}{\sinh(W_p/L_n)} \cong \Delta n_p \frac{+(x + (W_p + X_p))}{W_p} : \ -(X_p + W_p) \le x \le -X_p$$

$$\Delta n_p = n_{po}\left(e^{V/V_{th}} - 1\right), \ n_{po} = n_i^2 / N_A$$

즉 중성영역의 길이가 확산길이에 비해 훨씬 짧은 경우, 비록 많은 양의 다수 캐리어가 존재하더라도 확산에 의한 이동 중에 과잉 캐리어가 재결합할 가능성은 아주 작다. 따라서 중성영역 내의 모든 지점에서 과잉 캐리어의 확산 유동밀도가 동일하므로, 농도 분포가 선형함수의 형태로 나타나며, 농도 기울기도 공간적으로 일정하다.

▶ 소수 캐리어의 확산길이보다 훨씬 긴 n형 중성영역($W_n \gg L_p$)의 과잉 정공 및 전자의 농도 분포 $\delta p_n(x) = \delta n_n(x)$는 다음과 같다.

$$\delta p_n(x) = \Delta p_n \frac{\sinh[-(x-(W_n+X_n))/L_p]}{\sinh(W_n/L_p)} \cong \Delta p_n e^{-(x-X_n)/L_p} : \quad X_n \le x \le (X_n+W_n)$$

$$\Delta p_n \equiv \delta p_n(x = X_n) = p_{no}\left(e^{V/V_{th}} - 1\right), \quad p_{no} = n_i^2/N_D$$

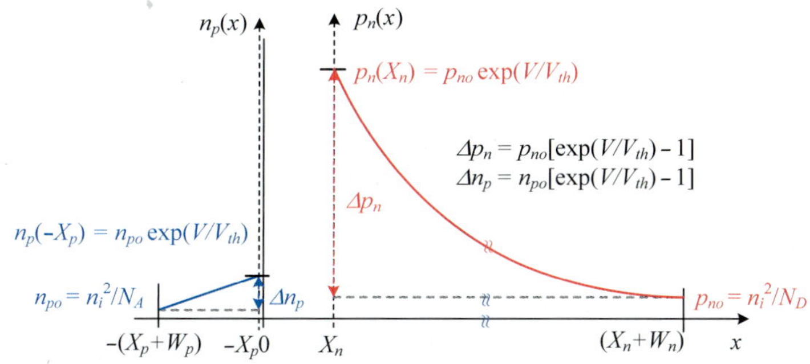

(c) 각 중성영역에서 소수 캐리어에 의한 전류분포는 다음과 같다.

▶ 소수 캐리어의 확산길이보다 훨씬 짧은 p형 중성영역($W_p \ll L_n$)에서, 소수 캐리어인 전자에 의한 전류 분포 $J_n(x)$는 대부분이 확산전류이며, 다음의 식을 만족한다.

$$J_n(x) \cong J_{n,diff}(x) = q\frac{D_n}{L_n}\Delta n_p \frac{\cosh[(x+(W_p+X_p))/L_n]}{\sinh(W_p/L_n)} \cong q\frac{D_n}{W_p}\Delta n_p = q\frac{D_n}{W_p}n_{po}\left(e^{V/V_{th}}-1\right) = \text{일정}$$

$$J_{no} \equiv q\frac{D_n}{W_p}\Delta n_p = q\frac{D_n}{W_p}n_{po}\left(e^{V/V_{th}}-1\right)$$

즉 중성영역이 확산길이에 비해 아주 짧은 경우, 과잉 소수 캐리어의 확산에 의한 전류 분포는 중성영역 전 구간에 걸쳐 일정한 값을 가지며, 이를 다음 그림으로 나타내었다. 이와 같이 전 영역에서 전류가 일정하다는 것은 과잉 캐리어의 재결합이 거의 무시할 수 있을 정도로 작아서, 확산전류를 결정하는 소수 캐리어의 확산 유동밀도가 중성영역 전 구간에 걸쳐 일정함을 뜻한다.

▶ 소수 캐리어의 확산길이보다 훨씬 긴 n형 중성영역($W_n \gg L_p$)에서 소수 캐리어인 과잉 정공에 의한 확산전류 분포 $J_p(x)$는 다음과 같다.

$$J_p(x) = q\frac{D_p}{L_p}\Delta p_n \frac{\cosh[-(x-(W_n+X_n))/L_p]}{\sinh(W_n/L_p)} \cong q\frac{D_p}{L_p}\Delta p_n \exp\left[-\frac{x-X_n}{L_p}\right]$$

$$J_{po} \equiv J_p(x)\big|_{x=X_n} = q\frac{D_p}{L_p}\Delta p_n = q\frac{D_p}{L_p}p_{no}\left(e^{V/V_{th}}-1\right)$$

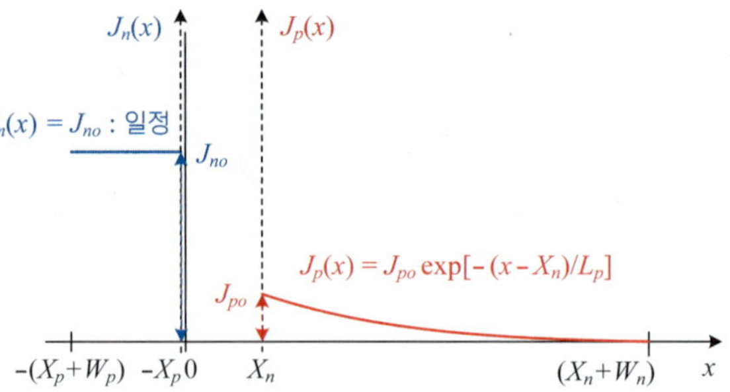

(d) 다이오드의 전류는 각 중성영역에서 전자에 의한 전류와 정공에 의한 전류의 합이므로, 이를 일반적으로 다수 캐리어에 의한 전류($J_{maj}(x)$)와 소수 캐리어에 의한 전류($J_{min}(x)$)의 합으로 다음과 같이 나타낼 수 있다.

$$J(x) = J_p(x) + J_n(x) = J_{maj}(x) + J_{min}(x) = J \text{ [A/cm}^2\text{]} : \text{일정}$$

또한 각 캐리어에 의한 전류는 다음과 같이 각각 전계에 의한 드리프트 전류와 농도 기울기에 의한 확산전류의 합으로 이루어진다.

$$J_{maj}(x) = J_{maj,drift}(x) + J_{maj,diff}(x), \qquad J_{min}(x) = J_{min,drift}(x) + J_{min,diff}(x)$$

특히 과잉 소수 캐리어에 의한 전류 구성 요소를 반영하여 $J_{min}(x)$를 정리하면, $J_{min}(x)$가 다음과 같이 캐리어 농도 및 전계에 의해 결정되는 드리프트 전류와 농도 기울기에 의해 결정되는 확산전류로 구성되어 있음을 알 수 있다.

$$J_{min}(x) = J_{min,drift}(x) + J_{min,diff}(x) = qN_{min}(x)\mu_{min}\mathcal{E} \pm qD_{min}\frac{\partial N_{min}(x)}{\partial x}$$
$$= q(N_{o,min} + \delta N_{min}(x))\mu_{min}\mathcal{E} \pm qD_{min}\frac{\partial(\delta N_{min}(x))}{\partial x}$$

중성영역에서 열평형 상태의 소수 캐리어 농도는 매우 낮고($N_{o,min} \ll n_i$), 저준위 주입으로 과잉 캐리어 농도도 다수 캐리어 농도에 비해 아주 낮으며($\delta N_{min} \ll N_{o,maj}$), 전계도 존재하지 않는다($\mathcal{E}\sim 0$). 따라서 소수 캐리어에 의한 드리프트 전류는 확산전류에 비해 무시($J_{min,drift} \ll J_{min,diff}$)할 수 있으므로, 소수 캐리어에 의한 전류는 확산에 의한 전류만으로 구성되어 있다고 가정해도 좋다. 즉 중성영역 내의 소수 캐리어에 의한 전류는 다음과 같이 확산전류만 고려해도 된다.

$$J_{min,diff} = qD_{min}\left|\frac{d\delta N_{min}(x)}{dx}\right| \gg qN_{min}(x)\mu_{min}\mathcal{E} = J_{min,drift}$$
$$J_{min}(x) = J_{min,drift}(x) + J_{min,diff}(x) \cong J_{min,diff}(x) = \pm qD_{min}\frac{\partial(\delta N_{min}(x))}{\partial x}$$

(e) 공간전하영역의 재결합을 무시할 경우, 정공에 의한 전류와 전자에 의한 전류 및 총 전류의 공간적 분포($J_p(x)$, $J_n(x)$, $J_{total}(x)$)를 아래 그림에 함께 나타내었다.

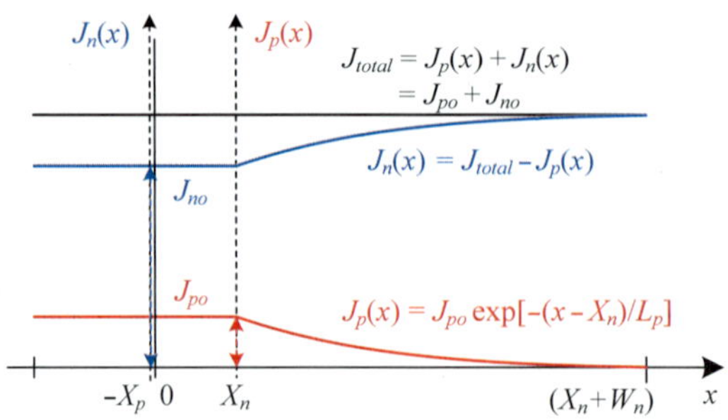

(f) 다이오드에 흐르는 전류는 공간전하영역 경계에서의 전류합과 동일($J = J_{po} + J_{no}$)하므로, 전류와 인가 전압의 관계(I–V 관계)는 다음과 같다.

$$I = JA = (J_{po} + J_{no})A = qA\left(\frac{D_p}{L_p}p_{no} + \frac{D_n}{W_p}n_{po}\right)\left(e^{V/V_{th}} - 1\right) = I_S\left(e^{V/V_{th}} - 1\right)$$

특히 역방향 포화전류 I_S는 다음과 같이 pn 접합 다이오드를 구성하는 재료, 동작 온도, 도핑 농도와 확산계수, 평균수명에 영향을 미치는 제조공정, 중성영역의 길이를 포함한 소자의 기하학적 구조, 접합 단면적에 의해 결정됨을 알 수 있다.

$$I_S \equiv I|_{V=-V_R<<0} = qA\left(\frac{D_p}{L_p}p_{no} + \frac{D_n}{W_p}n_{po}\right) = qAn_i^2\left(\frac{D_p}{L_p}\frac{1}{N_D} + \frac{D_n}{W_p}\frac{1}{N_A}\right)$$

(g) 다이오드에 인가된 순방향 전압의 크기에 따른 선형 전류–전압(I–V) 특성과 log 전류–전압(I–V)의 그래프는 다음과 같다.

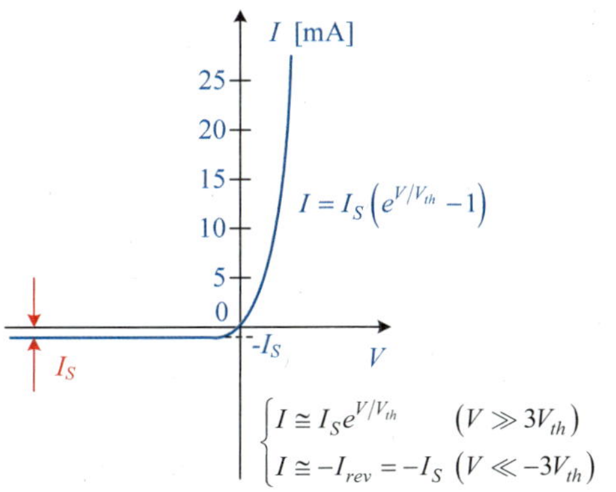

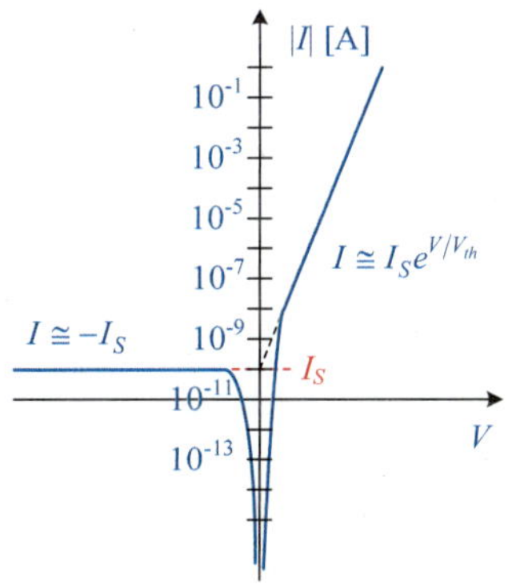

공간전하영역에서 재결합이 발생하지 않는 pn 접합 다이오드에 순방향 전압이 인가되면, 인가된 전압에 대해 지수함수적으로 크기가 증가하는 순방향 전류가 흐른다. 한편 역방향 전압이 인가되면 역방향 전압의 크기와 무관하게 일정한 크기의 역방향 포화전류가 흐른다.

8.6 전류–전압 특성

반도체 접합은 용도에 따라 다양한 형태로 만들어지는데, pn 다이오드와 더불어 pin 다이오드는 초고주파용, 전력용, 광다이오드 및 태양전지 등에 널리 사용되는 핵심적인 반도체 소자이다. 그림과 같은 두 경우의 Si 접합을 통해 DC 특성을 이해하고자 한다. N_A는 3족 불순물 농도, N_D는 5족 불순물 농도이며, 각 영역은 그림에 나타난 바와 같이 도핑하였다. 중성영역의 길이 W_o는 소수 캐리어의 확산길이에 비해 훨씬 길며, W_2는 소수 캐리어의 확산길이에 비해 아주 짧다.

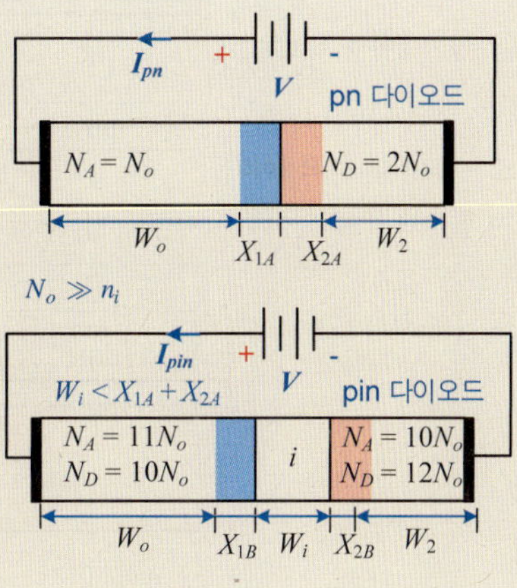

(a) 열평형 상태에서 $E_F(x)$ = (일정)을 이용하여 에너지 대역도를 비교하라.
(b) 열평형 상태에서 p형과 n형 영역의 농도 차이로 형성된 내부 전압의 크기를 비교하라($V_{bi,pn}$ vs. $V_{bi,pin}$).
(c) 전계가 존재하는 구간 전체의 길이를 비교하라.
(d) 열평형 상태에서 공간전하영역 내의 최대 전계(ε_{max})를 비교하라.

(e) 순방향 전압이 인가된 경우, 중성영역의 소수 캐리어 농도 분포를 그림으로 비교하라.
(f) 순방향 전압이 인가된 경우, W_o 영역의 전류 분포를 그림으로 비교하라.
(g) 순방향 전압이 인가된 경우, W_2 영역의 전류 분포를 그림으로 비교하라.
(h) pin 다이오드에서 공간전하영역의 최대 전계와 i 영역 내의 전계의 세기를 비교하라.
(i) 큰 역방향 전압이 인가된 경우, 눈사태 접합붕괴 전압의 크기를 비교하라.
(j) pin 다이오드에서 i 영역 두께(W_i)가 증가할 경우, 눈사태 접합붕괴 전압의 증감을 설명하라.

p형 영역과 n형 영역의 도핑이 각각 동일한 pn A와 pin B 구조에 대하여 접합 형성 전의 에너지 대역도를 아래 그림에 비교하여 나타내었다.

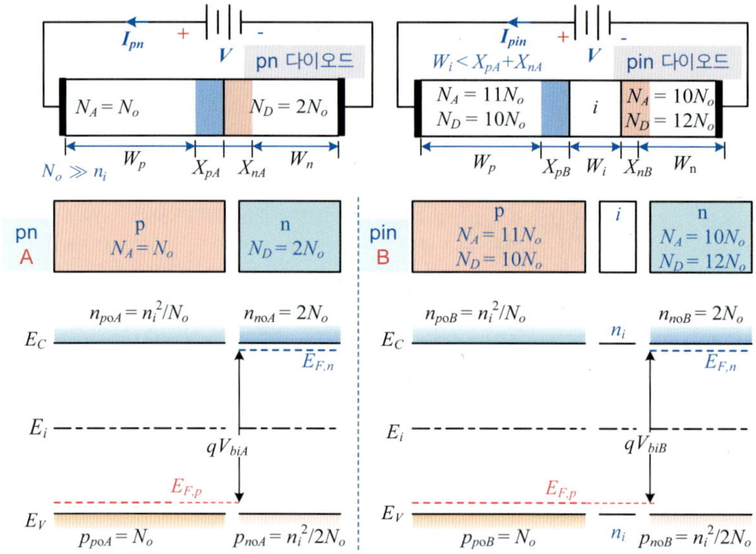

(a) 열평형 상태에서 $E_F(x)$ = (일정)을 이용하여 얻은 pn A 구조와 pin B 구조의 에너지 대역도($E_C(x)$, $E_V(x)$, $E_i(x)$)와 페르미 준위 $E_F(x)$를 그림으로 비교하여 나타내었다.

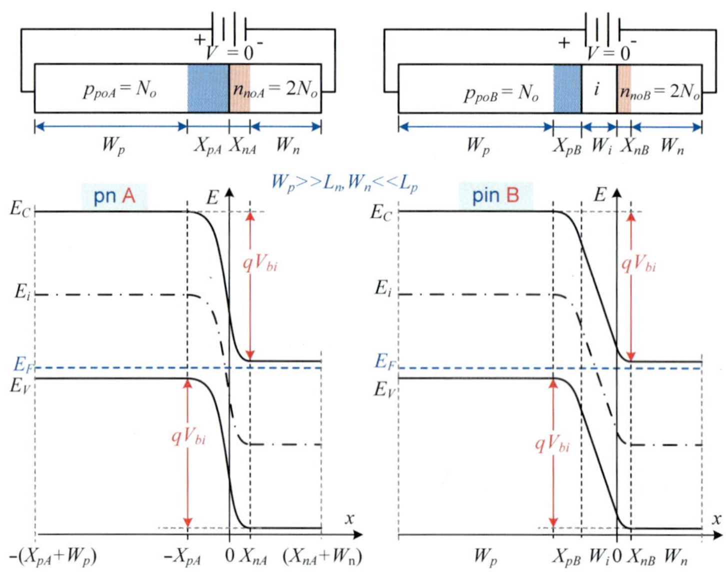

열평형 상태에서 p형과 n형의 공간전하영역 비(X_n/X_p)는 중성전하조건을 이용하여 해석할 수 있으며, pn A 구조 및 pin B 구조의 열평형 상태의 공간전하영역의 비는 각각 다음과 같다.

$$\left.\begin{aligned} Q_{depA} = qN_A X_{pA} = qN_D X_{nA} \quad &\Leftrightarrow \quad \frac{X_{nA}}{X_{pA}} = \frac{N_A}{N_D} = \frac{N_o}{2N_o} = \frac{1}{2} \\ Q_{depB} = qN_{A,eff} X_{pB} = qN_{D,eff} X_{nB} \quad &\Leftrightarrow \quad \frac{X_{nB}}{X_{pB}} = \frac{N_{A,eff}}{N_{D,eff}} = \frac{N_o}{2N_o} = \frac{1}{2} \end{aligned}\right\} \Leftrightarrow \left(\frac{X_{nA}}{X_{pA}}\right) = \left(\frac{X_{nB}}{X_{pB}}\right) = \frac{1}{2}$$

$$W_B = (X_{pB} + X_{nB}) < W_A = (X_p + X_n): \quad \frac{X_{nA}}{X_{pA}} = \frac{X_{nB}}{X_{pB}} = \frac{N_{A,eff}}{N_{D,eff}} = \frac{1}{2}$$

즉 공간전하영역의 비는 p형 및 n형 영역의 도핑 농도에 의해 결정되며, 이 값은 pn 구조나 pin 구조와 관계없이 같다. 그러나 pn 구조의 p형 및 n형 공간전하영역과 그 합이 pin 구조의 공간전하영역과 그 합에 비해 작은 값을 가짐을 기억해 두어야 한다. 이는 pin 구조의 경우 p형과 n형의 중간에 존재하는 순수반도체영역에서의 전압 강하로 인해 공간전하량의 변화가 작기 때문이다.

(b) 캐리어 농도 차이로 인해 형성된 공간전하영역 양단의 내부 전압(V_{bi})은 다음과 같이 두 영역의 페르미 준위 차이를 이용하여 얻을 수 있다.

$$V_{bi} = \frac{\Delta E_F}{q} = V_{th}\ln\left(\frac{n_{o,high}}{n_{o,low}}\right) = V_{th}\ln\left(\frac{p_{o,high}}{p_{o,low}}\right) = kT\ln\left(\frac{N_A N_D}{n_i^2}\right)$$

$$\left.\begin{aligned} V_{biA} &= \frac{\Delta E_{FA}}{q} = V_{th}\ln\left(\frac{n_{oA,high}}{n_{oA,low}}\right) = V_{th}\ln\left(\frac{p_{oA,high}}{p_{oA,low}}\right) = kT\ln\left(\frac{N_A N_D}{n_i^2}\right) = kT\ln\left(\frac{2N_o^2}{n_i^2}\right) \\ V_{biB} &= \frac{\Delta E_{FB}}{q} = V_{th}\ln\left(\frac{n_{oB,high}}{n_{oB,low}}\right) = V_{th}\ln\left(\frac{p_{oB,high}}{p_{oB,low}}\right) = kT\ln\left(\frac{N_{A,eff} N_{D,eff}}{n_i^2}\right) = kT\ln\left(\frac{2N_o^2}{n_i^2}\right) \end{aligned}\right\} \Leftrightarrow V_{biA} = V_{biB}$$

따라서 pn A 구조와 pin B 구조에서 p형 영역과 n형 영역의 도핑 농도가 서로 같으므로, 두 구조의 내부 전압은 동일한 값을 갖는다.

(c) pn 접합과 pin 접합에서 전계가 존재하는 영역의 길이를 비교해보면, pin 구조가 더 길다. 이는 다음과 같이 설명할 수 있다.

A의 pn 접합에서 전계가 존재하는 영역의 길이 : $W_A = X_{pA} + X_{nA}$

B의 pin 접합에서 전계가 존재하는 영역의 길이 : $W_B = X_{pB} + W_i + X_{nB}$

$$W_A = X_{pA} + X_{nA} = \sqrt{\frac{2\varepsilon_{Si}}{q}\left(\frac{1}{N_A} + \frac{1}{N_D}\right)(V_{bi} - V)}, \quad W_B = X_{pB} + W_i + X_{nB} \;;$$

$$\boxed{(X_{pB} + W_i + X_{nB}) > (X_{pA} + X_{nA}) = W_A}$$

pin 구조에서는 n형과 p형의 공간전하영역뿐 아니라 그 중간에 존재하는 순수반도체영역(W_i)에도 전계가 존재한다. 특히 순수반도체영역에서는 n형과 p형의 공간전하영역과 달리 전계의 세기가 일정하며, 순수반도체영역의 두께가 두꺼울수록 전계의 세기는 감소한다. 즉 전계가 존재하는 전체 구간의 길이는 $W_e = X_{pB} + W_i + X_{nB}$가 된다.

(d) 열평형 상태($V = 0$)에서 pn 구조와 pin 구조 내의 최대 전계(ε_{max})는 다음과 같이 비교할 수 있다.

$$\varepsilon_{max} = \frac{qN_{A,eff}X_p}{\varepsilon_{Si}} = \frac{qN_{D,eff}X_n}{\varepsilon_{Si}} \quad \Leftrightarrow \quad \begin{cases} \varepsilon_{maxA} = \dfrac{qN_A X_{pA}}{\varepsilon_{Si}} = \dfrac{qN_D X_{nA}}{\varepsilon_{Si}} = \dfrac{2V_{bi}}{X_{pA} + X_{nA}} \\ \varepsilon_{maxB} = \dfrac{qN_{A,eff} X_{pB}}{\varepsilon_{Si}} = \dfrac{qN_{D,eff} X_{nB}}{\varepsilon_{Si}} = \dfrac{2V_{bi}}{X_{pB} + X_{nB} + 2W_i} \end{cases}$$

즉 pn 구조의 최대 전계(ε_{maxA})는 접합 경계면($x = 0$)에서의 전계의 세기이다. pin 구조의 최대 전계(ε_{maxB})는 p형과

순수반도체의 경계지점, 그리고 순수반도체와 n형의 경계지점에서 나타나며, 순수반도체영역의 전 구간에 걸쳐 최대 전계의 세기가 일정하게 유지된다. 따라서 pn 구조의 최대 전계 $\mathcal{E}_{maxA}$와 pin 구조의 최대 전계 $\mathcal{E}_{maxB}$를 비교하면 다음과 같다.

$$\left.\begin{array}{l}\dfrac{\mathcal{E}_{maxB}}{\mathcal{E}_{maxA}}=\dfrac{X_{pB}}{X_{pA}}=\dfrac{X_{nB}}{X_{nA}}<1 \quad \text{또는} \quad \dfrac{\mathcal{E}_{maxB}}{\mathcal{E}_{maxA}}=\dfrac{X_{pA}+X_{nA}}{X_{pB}+X_{nB}+2W_i}<1 \\ \qquad\qquad \mathcal{E}_{maxB}<\mathcal{E}_{maxA}\end{array}\right\} \Leftarrow \left\{\begin{array}{l}X_{pB}<X_{pA},\ X_{nB}<X_{nA} \\ W_B=(X_{pB}+X_{nB})<W_A=(X_p+X_n)\end{array}\right.$$

즉 순수반도체영역에 의한 전압 강하로 인해 pin 구조의 최대 전계 세기는 pn 구조보다 작은 값을 갖는다.

(e) 순방향 전압이 인가된 pn 다이오드와 pin 다이오드의 소수 캐리어 농도 분포는 열평형 상태의 에너지 대역도와의 비교를 통해 훨씬 편하게 이해할 수 있다. 순방향 전압을 인가하면, p형 반도체의 정공에 대한 에너지 장벽($q\phi_{bh}$)과 n형 반도체의 전자에 대한 에너지 장벽($q\phi_{be}$)이 감소하여($\Delta E_B=-qV$), 정공과 전자의 주입이 가능해진다. 순방향 전압이 인가된 pn 다이오드와 pin 다이오드의 에너지 대역도를 비교해보자. 아래 그림과 같이 전압이 인가된 경우, 두 다이오드의 전자와 정공에 대한 에너지 장벽과 그 변화가 동일하므로, 전자와 정공의 주입량도 각각 동일하다. 주입된 과잉 캐리어의 중성영역 내 분포는 확산방정식을 이용하여 구할 수 있다.

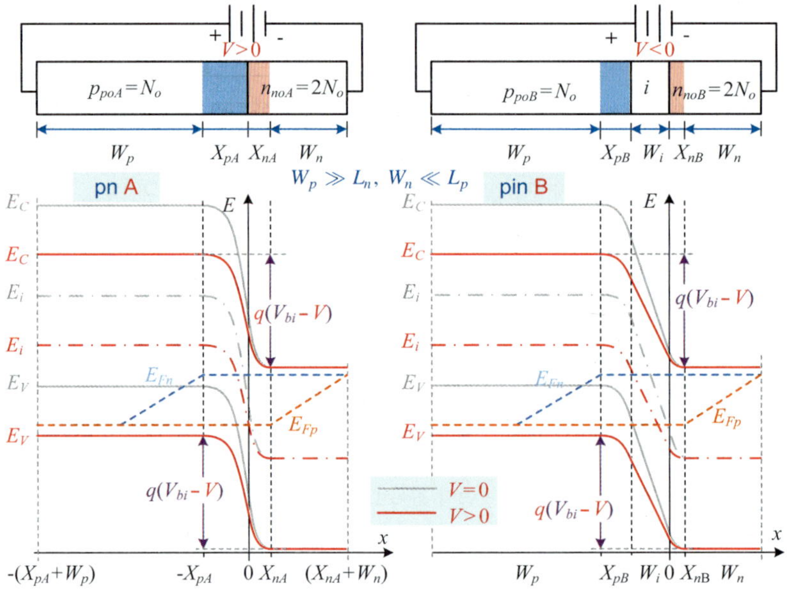

이때 pn 다이오드와 pin 다이오드에서 p형과 n형 중성영역의 다수 캐리어 농도($p_{poA}=p_{poB}=N_o$, $n_{noA}=n_{noB}=2N_o$)와 길이가 동일($W_{pA}=W_{pB}=W_p$, $W_{nA}=W_{nB}=W_n$)하다. 그러나 두 다이오드의 중성영역에서의 총 불순물 농도(N_{imp})는 서로 다르다($N_{imp,pA}=N_o<N_{imp,pB}=21N_o$, $N_{imp,nA}=2N_o<N_{imp,nB}=22N_o$). 따라서 이동도($\mu_{nA}>\mu_{nB}$, $\mu_{pA}>\mu_{pB}$)와 확산계수($D_{nA}>D_{nB}$, $D_{pA}>D_{pB}$)에서 차이가 발생하고, 이로 인해 확산길이($L_{nA}>L_{nB}$, $L_{pA}>L_{pB}$)도 서로 달라진다. 한편 p형 영역의 다수 캐리어인 정공과 n형 영역의 다수 캐리어인 전자에 대한 에너지 장벽도 동일하며, 전압이 인가된 경우의 에너지 장벽의 변화 양상도 동일하다. 따라서 각 중성영역의 소수 캐리어 농도 분포는 pn 다이오드와 pin 다이오드의 구분 없이 다음과 같이 구할 수 있다. (표기의 간략화를 위해 좌표를 변환하며, p형 중성영역의 시작점을 $x'=0$, n형 중성영역의 시작점을 $x''=0$으로 정의한다.)

▶ p형 중성영역의 길이가 소수 캐리어의 확산길이보다 훨씬 긴 경우($W_p \gg L_n$) : 중성영역의 소수 캐리어인 과잉 전자의 농도 분포 $\delta n_p(x')=\delta p_p(x')$은 다음과 같다. 즉 $x'=0$의 경계지점에서의 농도는 동일하나, 확산길이의 차이로 인해 두 다이오드의 과잉 전자 농도 분포가 달라진다.

$$\delta n_p(x') = \Delta n_p \frac{\sinh[-(x'-W_p)/L_n]}{\sinh(W_p/L_n)} \cong \Delta n_p e^{-x'/L_n} \ : \ x' \ge 0 \quad \Leftrightarrow \quad \begin{cases} \delta n_{pA}(x') \cong \Delta n_p e^{-x'/L_{nA}} \\ \delta n_{pB}(x') \cong \Delta n_p e^{-x'/L_{nB}} \end{cases}$$

$$\Delta n_p \equiv \delta n_p(x'=0) = n_{po}\left(e^{V/V_{th}} - 1\right), \quad n_{po} = n_i^2 / N_A \ ; \quad L_{nA} > L_{nB}$$

▶ n형 중성영역의 길이가 소수 캐리어의 확산길이보다 훨씬 짧은 경우($W_n \ll L_p$) : 중성영역의 소수 캐리어인 과잉 정공 농도 분포 $\delta p_n(x'') = \delta n_n(x'')$은 다음과 같다.

$$\delta p_n(x'') = \Delta p_n \frac{\sinh[-(x''-W_n)/L_p]}{\sinh(W_n/L_p)} \cong \Delta p_n \frac{-(x''-W_n)}{W_n} : \ x'' \ge 0$$

$$\Leftrightarrow \quad \delta p_{nA}(x'') = \delta p_{nB}(x'') \cong \Delta p_n \frac{-(x''-W_n)}{W_n}$$

$$\Delta p_n = p_{no}\left(e^{V/V_{th}} - 1\right), \quad p_{no} = n_i^2 / N_{D,eff} = n_i^2 / 2N_o \ ; \quad L_{pA} > L_{pB}$$

즉 중성영역의 길이가 확산길이에 비해 훨씬 짧으므로, 중성영역의 과잉 캐리어 농도 분포는 확산길이와 무관하게 중성영역의 길이에 의해 결정된다. 따라서 pn 다이오드와 pin 다이오드의 n형 중성영역의 과잉 정공 농도 분포는 동일하며, 이를 그림으로 나타내면 다음과 같다.

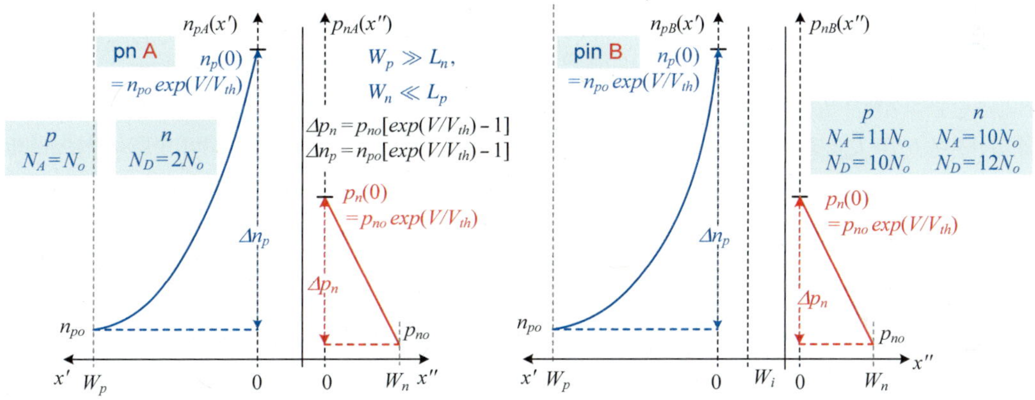

(f) 과잉 소수 캐리어 분포에 의해 결정되는 중성영역의 소수 캐리어 확산전류는 다음과 같이 구할 수 있다.

▶ p형 중성영역의 길이가 소수 캐리어의 확산길이보다 훨씬 긴 경우($W_p \gg L_n$) : 중성영역의 소수 캐리어인 과잉 전자에 의한 확산전류 분포 $J_n(x)$는 다음과 같다. 두 구조에서 중성영역의 총 불순물 농도 차이로 인하여 이동도와 확산길이가 달라지기 때문에, 두 구조의 전류도 달라진다.

$$\tau_{nA} = \tau_{nB} = \tau_n = \frac{1}{\alpha_r(p_o + n_o)} \cong \frac{1}{\alpha_r N_{o,maj}}$$

$$\mu_{nA} > \mu_{nB}, \ D_{nA} > D_{nB}, \ \mu_{pA} > \mu_{pB}, \ D_{pA} > D_{pB} \ ; \quad L_n = \sqrt{D_n \tau_n}, \ L_p = \sqrt{D_p \tau_p}$$

$$\Leftrightarrow \quad L_{nA} > L_{nB}, \ L_{pA} > L_{pB}$$

$$J_n(x') = q\frac{D_n}{L_n}\Delta n_p \frac{\cosh[-(x'-W_p)/L_n]}{\sinh(W_p/L_n)} \cong q\frac{D_n}{L_n}\Delta n_p \exp\left(-\frac{x'}{L_n}\right)$$

$$\begin{cases} J_{nA}(x') \cong q\dfrac{D_{nA}}{L_{nA}}\Delta n_p \exp\left(-\dfrac{x'}{L_{nA}}\right) \\ J_{nB}(x') \cong q\dfrac{D_{nB}}{L_{nB}}\Delta n_p \exp\left(-\dfrac{x'}{L_{nB}}\right) \end{cases}$$

$$J_{no} \equiv J_n(x')|_{x'=0} = q\frac{D_n}{L_n}\Delta n_p = q\frac{D_n}{L_n}n_{po}\left(e^{V/V_{th}}-1\right) = q\frac{L_n}{\tau_n}n_{po}\left(e^{V/V_{th}}-1\right)$$

$$\begin{cases} J_{noA} \equiv J_{nA}(x')|_{x'=0} = q\dfrac{L_{nA}}{\tau_n}n_{po}\left(e^{V/V_{th}}-1\right) \\ J_{noB} \equiv J_{nB}(x')|_{x'=0} = q\dfrac{L_{nB}}{\tau_n}n_{po}\left(e^{V/V_{th}}-1\right) \end{cases} \Leftrightarrow \quad J_{noA} > J_{noB}$$

▶ n형 중성영역의 길이가 소수 캐리어의 확산길이보다 훨씬 짧은 경우($W_n \ll L_p$) : 중성영역의 소수 캐리어인 정공에 의한 전류 분포 $J_p(x)$는 각각 다음과 같다.

$$J_p(x") = q\frac{D_p}{L_p}\Delta p_n \frac{\cosh[-(x"-W_n)/L_p]}{\sinh(W_n/L_p)} \cong q\frac{D_p}{W_n}\Delta p_n = q\frac{D_p}{W_n}p_{no}\left(e^{V/V_{th}}-1\right) = \text{일정}$$

$$J_{po} \equiv q\frac{D_p}{W_n}\Delta p_n = q\frac{D_p}{W_n}p_{no}\left(e^{V/V_{th}}-1\right) \Leftrightarrow \begin{cases} J_{poA} = q\dfrac{D_{pA}}{W_n}p_{no}\left(e^{V/V_{th}}-1\right) \\ J_{poB} = q\dfrac{D_{pB}}{W_n}p_{no}\left(e^{V/V_{th}}-1\right) \end{cases} \Rightarrow D_{pA} > D_{pB} \Leftrightarrow J_{poA} > J_{poB}$$

이러한 경우, 과잉 소수 캐리어의 확산에 의한 전류 분포는 중성영역 전 구간에 걸쳐 일정한 크기로 유지된다. 이와 같이 전 영역에서 전류가 일정하다는 것은 과잉 캐리어의 재결합이 거의 무시할 수 있을 정도로 작아서, 확산전류를 결정하는 소수 캐리어의 확산 유동밀도가 중성영역 전 구간에 걸쳐 일정함을 뜻한다. 그런데 pn 다이오드와 pin 다이오드의 중성영역의 불순물 차이에서 발생한 이동도($\mu_{nA} > \mu_{nB}$, $\mu_{pA} > \mu_{pB}$)와 확산계수($D_{nA} > D_{nB}$, $D_{pA} > D_{pB}$)의 차이로 인해 두 구조의 확산길이($L_{nA} > L_{nB}$, $L_{pA} > L_{pB}$)가 서로 다르다. 그로 인하여 전류의 크기가 차이를 보이며, 이를 그림으로 표시하면 다음과 같다.

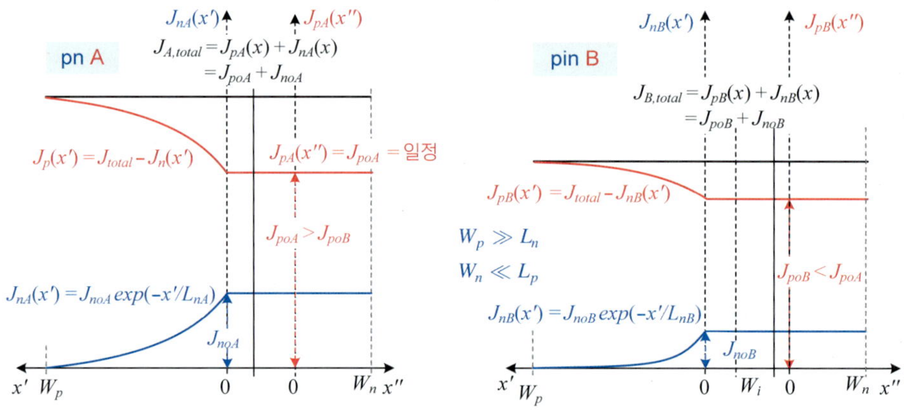

따라서 전류-전압 특성은 pn 다이오드와 pin 다이오드 모두 동일하게 다음의 관계식으로 정리할 수 있다.

$$I|_{pn} = (J_{poA} + J_{noA})A = qA\left(\frac{D_{pA}}{W_n}p_{no} + \frac{D_{nA}}{L_{nA}}n_{po}\right)\left(e^{V/V_{th}}-1\right)$$
$$= qA\left(\frac{D_{pA}}{W_n}p_{no} + \frac{L_{nA}}{\tau_n}n_{po}\right)\left(e^{V/V_{th}}-1\right) = I_{SA}\left(e^{V/V_{th}}-1\right)$$

$$I|_{pin} = (J_{poB} + J_{noB})A = qA\left(\frac{D_{pB}}{W_n}p_{no} + \frac{D_{nB}}{L_{nB}}n_{po}\right)\left(e^{V/V_{th}}-1\right)$$
$$= qA\left(\frac{D_{pB}}{W_n}p_{no} + \frac{L_{nB}}{\tau_n}n_{po}\right)\left(e^{V/V_{th}}-1\right) = I_{SB}\left(e^{V/V_{th}}-1\right)$$

특히 역방향 포화전류 I_S는 다음과 같이 pn 접합과 pin 접합 다이오드를 구성하는 재료와 동작 온도, 도핑 농도와 확산계수, 평균수명에 영향을 미치는 제조공정, 중성영역의 길이를 포함한 소자의 기하학적 구조, 접합 단면적에 의해 결정됨을 알 수 있다.

$$\begin{cases} I_{SA} \equiv qA\left(\dfrac{D_{pA}}{W_n}p_{no} + \dfrac{L_{nA}}{\tau_n}n_{po}\right) = qAn_i^2\left(\dfrac{D_{pA}}{W_n}\dfrac{1}{2N_o} + \dfrac{L_{nA}}{\tau_n}\dfrac{1}{N_o}\right) \\ I_{SB} \equiv qA\left(\dfrac{D_{pB}}{W_n}p_{no} + \dfrac{L_{nB}}{\tau_n}n_{po}\right) = qAn_i^2\left(\dfrac{D_{pB}}{W_n}\dfrac{1}{2N_o} + \dfrac{L_{nB}}{\tau_n}\dfrac{1}{N_o}\right) \end{cases} \Leftrightarrow \quad I_{SA} > I_{SB}$$

즉 중성영역의 총 불순물 농도 차이에서 발생한 이동도와 확산계수 및 확산길이의 차이로 인해, pn 구조와 pin 구조의 전류의 크기가 서로 달라진다. 그러나 반드시 이해하고 기억해야 할 점은 pn 다이오드와 pin 다이오드의 각 중성영역이 동일하게 제작, 구성되고, 공간전하영역 내에서 캐리어의 생성 또는 재결합을 고려하지 않을 경우, 전류-전압 특성이 순수반도체영역의 길이에 무관하다는 사실이다.

(h) pin 다이오드에서는 p형과 n형의 공간전하영역뿐 아니라 그 중간의 순수반도체영역에도 전계가 존재한다. 특히 n형과 p형 공간전하영역과 달리 순수반도체영역(W_i)에는 전계 생성의 근원이 되는 전하가 존재하지 않으므로($\rho = 0$), 순수반도체영역의 전 구간에 걸쳐 전계의 세기가 일정하다. 이 전계의 세기와 p형과 순수반도체의 경계지점($x' = 0$), 순수반도체와 n형 경계지점($x'' = 0$)의 전계의 세기는 모두 같으며, 그 값이 최대 전계의 세기가 된다.

$$\mathcal{E}(i\text{영역}) = \mathcal{E}_{max} = \mathcal{E}(x' = 0) = \mathcal{E}(x'' = 0)$$

(i) 7장에서 학습한 결과를 이용하여, pin 구조의 최대 전계와 pn 접합의 최대 전계를 비교하면 다음과 같다.

$$\begin{aligned} \mathcal{E}_{max,pin} &= \frac{qN_A X_{pi}}{\varepsilon_s}\left(= \frac{qN_D X_{ni}}{\varepsilon_s}\right) = \frac{qN_A}{\varepsilon_s}\left(\sqrt{W_{pn}^2 + W_i^2} - W_i\right)\frac{N_D}{(N_A + N_D)} = \left(\sqrt{W_{pn}^2 + W_i^2} - W_i\right)\frac{qN_A N_D}{\varepsilon_s(N_A + N_D)} \\ &= \left(\sqrt{W_{pn}^2 + W_i^2} - W_i\right)\cdot\frac{2V_{bi}}{W_{pn}^2} = \frac{2V_{bi}}{W_{pn}}\left(\sqrt{\left(\frac{W_i}{W_{pn}}\right)^2 + 1} - \frac{W_i}{W_{pn}}\right) = \mathcal{E}_{max,pn}\left(\sqrt{\left(\frac{W_i}{W_{pn}}\right)^2 + 1} - \frac{W_i}{W_{pn}}\right) \le \mathcal{E}_{max,pn} \end{aligned}$$

즉 pin 구조에서는 순수반도체영역 양단의 전압 강하로 인해 최대 전계가 감소하며, 그 값은 pn 접합의 최대 전계 값보다 작다. 큰 역방향 전압이 인가된 경우, 접합 내의 최대 전계가 작을수록 접합붕괴에 필요한 운동에너지 확보가 어려워지므로 눈사태 접합붕괴 전압이 증가한다.

(j) 위의 식에서 보는 바와 같이 pin 다이오드에서 순수반도체영역의 두께가 증가할수록 최대 전계는 감소한다. 따라서 i영역의 두께(W_i)를 두껍게 할수록 눈사태 접합붕괴에 필요한 운동에너지를 얻기 위해 보다 큰 전계가 필요하므로, 큰 역방향 전압이 필요하다. 즉 pin 구조의 접합붕괴 전압이 pn 구조보다 큰 값($BV_{av,pin} > BV_{av,pn}$)을 갖는다. 또한 순수반도체영역의 두께가 증가할수록 최대 전계가 감소하므로, 눈사태 접합붕괴 전압이 증가한다.

8.7 pn 및 pin 다이오드의 특성 비교

다음 그림과 같은 pn 다이오드와 pin 다이오드를 통하여 Si 다이오드의 전기적 특성을 이해하고자 한다. p형 영역과 n형 영역은 같은 농도로 도핑($N_D = N_A = N_o$)되어 있으며, 중성영역의 길이는 각 영역에서의 확산길이($L_p = L_n = L_o$)보다 훨씬 길다($W_p = W_n = W_o \gg L_o$). 각 영역에서 캐리어의 평균수명($\tau_p = \tau_n = \tau_o$)과 이동도($\mu_p = \mu_n = \mu_o$)는 동일하다고 가정하자.

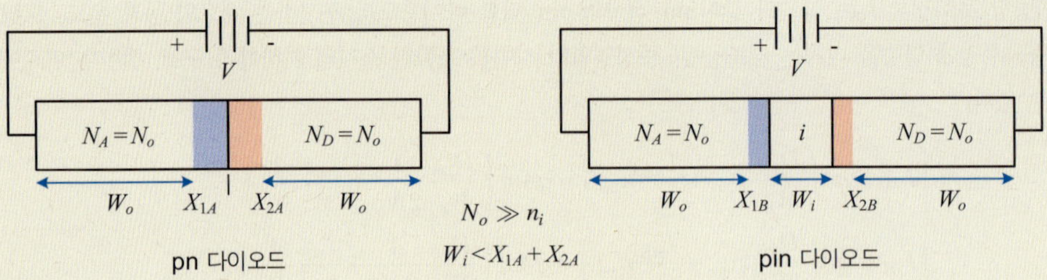

(a) 열평형 상태의 에너지 대역도를 비교하라.

(b) 열평형 상태에서 p형과 n형 영역의 캐리어 농도 차이로 형성된 에너지 장벽의 크기를 비교하라.

(c) 순방향 바이어스가 인가된 경우, 각 중성영역의 소수 캐리어 농도 분포를 비교하라.

(d) 공간에 따른 전류 분포를 그림으로 비교하라.

(e) 공간전하영역에서의 재결합을 무시할 경우, 두 다이오드의 전류–전압(I–V) 특성 관계식을 비교하라.

(f) 전 구간에 걸쳐 균일하게 분포하는 결함 준위의 영향을 고려할 경우, 두 반도체에 동일한 크기의 역방향 바이어스가 인가되었을 때, 역방향 전류의 크기를 비교하라.

(a) 열평형 상태에서 전 구간에 걸쳐 $E_F(x)$ = (일정)을 이용하여 얻은 에너지 대역도를 비교하면 다음과 같다.

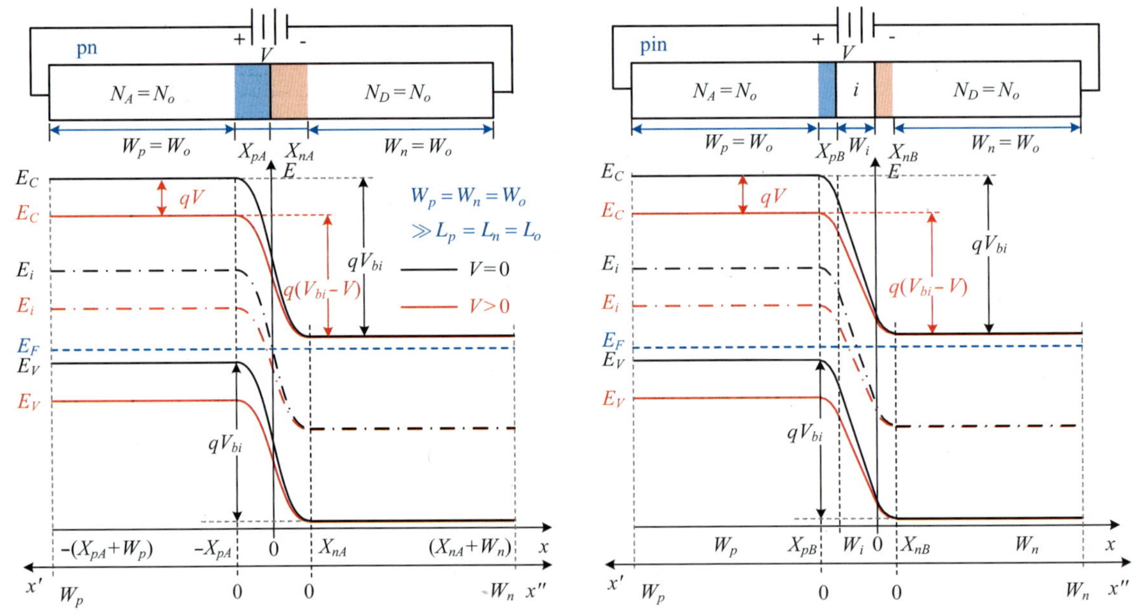

(b) 캐리어의 농도 차이로 형성된 공간전하영역 양단의 열평형 상태 내부 전압(V_{bi})은 다음과 같이 두 영역의 페르미 준위 차이를 이용하여 얻을 수 있다.

$$qV_{bi} = \frac{\Delta E_F}{q} = qV_{th}\ln\left(\frac{n_{o,high}}{n_{o,low}}\right) = qV_{th}\ln\left(\frac{p_{o,high}}{p_{o,low}}\right)$$

$$\Leftrightarrow \quad V_{bi}|_{pn} \equiv V_{biA} = V_{bi}|_{pin} \equiv V_{biB} = V_{th}\ln\left(\frac{N_A N_D}{n_i^2}\right) = 2kT\ln\left(\frac{N_o}{n_i}\right)$$

pn 구조와 pin 구조의 p형 영역 도핑 농도와 n형 영역의 도핑 농도가 각각 같으므로, 두 구조의 내부 전압은 동일한 값을 갖는다.

(c) pn 다이오드와 pin 다이오드의 p형과 n형 중성영역의 도핑 농도 및 길이는 각각 동일하다. 또한 p형 영역 다수 캐리어인 정공과 n형 영역 다수 캐리어인 전자에 대한 에너지 장벽도 동일하며, 전압이 인가된 경우에 발생하는 에너지 장벽의 변화도 동일하다. 따라서 각 중성영역의 소수 캐리어 농도 분포는 pn 다이오드와 pin 다이오드의 구분 없이 다음과 같이 구할 수 있다. (수식 표기의 간략화를 위해 좌표를 변환하며, p형 중성영역의 시작점을 $x'=0$, n형 중성영역의 시작점을 $x''=0$으로 정의한다.)

▶ p형 중성영역의 길이가 소수 캐리어의 확산길이보다 훨씬 긴 경우($W_p \gg L_n$) : 중성영역의 소수 캐리어인 과잉 전자 농도 분포 $\delta n_p(x') = \delta p_p(x')$은 다음과 같다.

$$\delta n_{p,pn}(x') = \delta n_{p,pin}(x') = \Delta n_p \frac{\sinh[-(x'-W_p)/L_n]}{\sinh(W_p/L_n)} \cong \Delta n_p e^{-x'/L_n} \ : \ x' \ge 0$$

$$\Delta n_p \equiv \delta n_p(x'=0) = n_{po}\left(e^{V/V_{th}} - 1\right), \quad n_{po} = n_i^2 / N_A$$

▶ n형 중성영역의 길이가 소수 캐리어의 확산길이보다 훨씬 긴 경우($W_n \gg L_p$) : 중성영역의 소수 캐리어인 과잉 정공 농도 분포 $\delta p_n(x'') = \delta n_n(x'')$은 다음과 같다.

$$\delta p_{n,pn}(x'') = \delta p_{n,pin}(x'') = \Delta p_n \frac{\sinh[-(x''-W_n)/L_p]}{\sinh(W_n/L_p)} \cong \Delta p_n e^{-x''/L_p} \ : \ x'' \ge 0$$

$$\Delta p_n \equiv \delta p_n(x''=0) = p_{no}\left(e^{V/V_{th}} - 1\right), \quad p_{no} = n_i^2 / N_D$$

즉 접합을 형성하는 재료와 동작 온도, 도핑 농도를 포함한 제조공정, 중성영역의 길이를 포함하는 소자의 기하학적 구조에 의해 이 농도 분포가 결정된다. 특히 공간전하영역에서의 생성 또는 재결합에 의한 영향을 고려하지 않을 경우, pin 접합 다이오드와 pn 접합 다이오드의 중성영역의 캐리어 농도 분포는 동일하며, 그 결과를 그림으로 비교하면 다음과 같다.

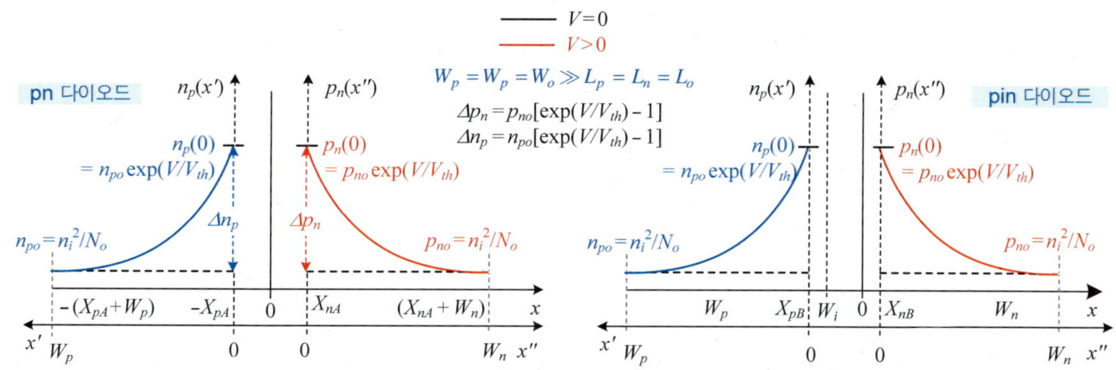

(d) pn 다이오드와 pin 다이오드에 전압이 인가된 경우, 그로 인한 에너지 장벽의 변화($\Delta E_B = -qV$)도 동일하다. 또한 확산 방정식에 의해 결정되는 각 중성영역의 소수 캐리어 농도 분포도 pn 다이오드와 pin 다이오드의 구분 없이 동일한 결과가 나온다. 따라서 과잉 소수 캐리어의 농도 분포에 의해 결정되는 중성영역의 소수 캐리어 확산전류도 두 구조에서 동일하며, 이는 다음과 같이 구할 수 있다.

▶ p형 중성영역의 길이가 소수 캐리어의 확산길이보다 훨씬 긴 경우($W_p \gg L_n$) : 중성영역의 소수 캐리어인 과잉 전자에 의한 확산전류 분포 $J_n(x')$은 다음과 같다.

$$J_{n,pn}(x') = J_{n,pin}(x') = q\frac{D_n}{L_n}\Delta n_p \frac{\cosh[-(x'-W_p)/L_n]}{\sinh(W_p/L_n)} \cong q\frac{D_n}{L_n}\Delta n_p \exp\left(-\frac{x'}{L_n}\right) = J_{no}\exp\left(-\frac{x'}{L_n}\right)$$

$$J_{no} \equiv J_n(x')|_{x'=0} = q\frac{D_n}{L_n}\Delta n_p = q\frac{D_n}{L_n}n_{po}\left(e^{V/V_{th}} - 1\right)$$

▶ n형 중성영역의 길이가 소수 캐리어의 확산길이보다 훨씬 긴 경우($W_n \gg L_p$) : 중성영역의 소수 캐리어인 과잉 정공에 의한 확산전류 분포 $J_p(x'')$은 다음과 같다.

$$J_{p,pn}(x'') = J_{p,pin}(x'') = q\frac{D_p}{L_p}\Delta p_n \frac{\cosh[-(x''-W_n)/L_p]}{\sinh(W_n/L_p)} \cong J_{po}\exp\left(-\frac{x''}{L_p}\right)$$

$$J_{po} \equiv q\frac{D_p}{L_p}\Delta p_n = q\frac{D_p}{L_p}p_{no}\left(e^{V/V_{th}}-1\right)$$

$$W_p = W_n = W_o >> L_p = L_n = L_o;\quad D_p = D_n,\quad \tau_p = \tau_n = \tau_o,\quad N_A = N_D = N_o,\quad J_{po} = J_{no}$$

즉 소수 캐리어에 의한 전류 분포는 접합을 형성하는 재료와 동작 온도, 도핑 농도를 포함하는 제조공정, 중성영역의 길이를 포함하는 소자의 기하학적 구조에 의해 결정된다. 특히 공간전하영역에서의 생성 또는 재결합에 의한 영향을 고려하지 않을 경우, pin 접합 다이오드와 pn 접합 다이오드의 중성영역 캐리어 농도 분포와 전류밀도 분포는 동일하며, 그 결과를 그림으로 비교하였다.

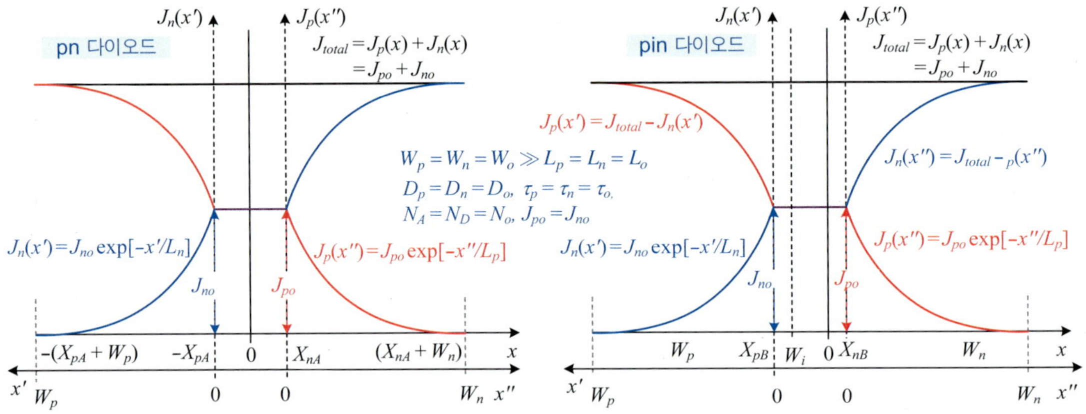

(e) 공간전하영역에서의 생성과 재결합을 무시할 경우, pn 다이오드와 pin 다이오드의 전류–전압 특성은 완전히 동일하며, 다음의 관계식으로 정리할 수 있다.

$$I|_{pn} = I|_{pin} \equiv I$$

$$I = JA = (J_{po} + J_{no})A = qA\left(\frac{D_p}{L_p}p_{no} + \frac{D_n}{L_p}n_{po}\right)\left(e^{V/V_{th}}-1\right) = I_S\left(e^{V/V_{th}}-1\right)$$

특히 역방향 포화전류 I_S는 다음과 같이 pn 접합과 pin 접합 다이오드를 구성하는 재료, 동작 온도, 도핑 농도와 확산계수, 평균수명에 영향을 미치는 제조공정, 중성영역의 길이를 포함한 소자의 기하학적 구조, 접합 단면적에 의해 결정됨을 알 수 있다.

$$I_S = qA\left(\frac{D_p}{L_p}p_{no} + \frac{D_n}{L_n}n_{po}\right) = qAn_i^2\left(\frac{D_p}{L_p}\frac{1}{N_D} + \frac{D_n}{L_n}\frac{1}{N_A}\right) = 2qAn_i^2\frac{D_o}{L_o}\frac{1}{N_o}$$

$$\begin{cases} D_p = D_n = D_o,\ \tau_p = \tau_n = \tau_o \\ N_A = N_D = N_o \\ W_p = W_n = W_o >> L_p = L_n = L_o \end{cases}$$

공간전하영역 내에서 캐리어의 생성 또는 재결합을 고려하지 않을 경우, 전류–전압 특성은 순수반도체영역의 길이와 무관하다.

(f) 역방향 전압이 인가된 pn다이오드와 pin 다이오드의 역방향 포화 전류 I_S는 다음과 같다.

$$I_S = qA\left(\frac{D_p}{L_p}p_{no} + \frac{D_n}{L_n}n_{po}\right) = qAn_i^2\left(\frac{D_p}{L_p}\frac{1}{N_D} + \frac{D_n}{L_n}\frac{1}{N_A}\right)$$

이 성분은 역방향 전압이 인가된 중성영역에서 과잉 캐리어의 확산에 의한 전류만 고려한 것으로, 공간전하영역에서 열에너지에 의한 캐리어의 생성은 고려하지 않았다.

그런데 제조공정에서 부득이하게, 또는 소자 사용 중의 열화에 의해 생성된 결함 준위 등으로 인해 의도하지 않은 큰 역방향 누설전류가 생성될 수 있으며, 이는 소자의 잡음 특성이나 대기 상태 누설전류 등에 큰 영향을 미칠 수 있다. 따라서 열에너지에 의한 캐리어의 생성과 공간전하영역 내의 전계에 의한 드리프트로부터 발생하는 추가 전류를 고려하면, 각 구성 성분의 크기는 다음과 같이 비교할 수 있다.

$$I_{rev} \equiv I(V<0) = I_{rev}\big|_{\substack{neutral\\region}} + I_{gen}\big|_{SCR} = I_S + I_g$$

$$I_S = I_{rev}\big|_{\substack{neutral\\region}} = I_{p,rev} + I_{n,rev}$$

$$= qA\left(D_p\left|\frac{d\delta p_n(x")}{dx"}\right| + D_n\left|\frac{d\delta n_p(x')}{dx'}\right|\right) = \begin{cases} I_S\big|_{pn} = qAn_i^2\left(\dfrac{D_p}{L_p}\dfrac{1}{N_D} + \dfrac{D_n}{L_n}\dfrac{1}{N_A}\right) \\ I_S\big|_{pin} = qAn_i^2\left(\dfrac{D_p}{L_p}\dfrac{1}{N_D} + \dfrac{D_n}{L_n}\dfrac{1}{N_A}\right) \end{cases} \Leftrightarrow \quad I_S\big|_{pn} = I_S\big|_{pin}$$

한편 열생성된 캐리어가 역방향 전류에 기여하기 위해서는 전계에 의해 드리프트되어야 하므로, 전계가 존재하는 전체 구간의 길이를 반영할 필요가 있다. 전계가 존재하는 전체 구간의 길이는 pn 구조에 비해 pin 구조가 더 길며, 두 구조의 열생성 전류 I_g는 다음과 같이 분석할 수 있다.

$$(X_{pA} + X_{nA}) < (X_{pB} + W_i + X_{nB})$$

$$I_g \equiv I_{gen}\big|_{SCR} = qA\int_{SCR} g_{th}dx \cong qA\int_{SCR}\frac{n_i}{2\tau_o}dx \begin{cases} I_g\big|_{pn} = \dfrac{qAn_i}{2\tau_o}W_{pn} = \dfrac{qAn_i}{2\tau_o}(X_{pA} + X_{nA}) \\ I_g\big|_{pin} = \dfrac{qAn_i}{2\tau_o}W_{pin} = \dfrac{qAn_i}{2\tau_o}(X_{pB} + W_i + X_{nB}) \end{cases} \Leftrightarrow \quad I_g\big|_{pn} < I_g\big|_{pin}$$

즉 전계가 존재하는 영역에서 결함 준위를 통해 생성되어 역방향 전류에 기여하는 성분(I_g)을 고려하면, 다음과 같이 pin 다이오드의 역방향 누설전류가 동일한 구조의 pn 다이오드보다 크다는 점을 확인할 수 있다.

$$I_{rev}\big|_{pn} = \left(I_S\big|_{pn} + I_g\big|_{pn}\right) < I_{rev}\big|_{pin} = \left(I_S\big|_{pin} + I_g\big|_{pin}\right)$$

8.8 중성영역의 과잉 소수 캐리어 농도 분포

상온에서 동작하는 Si pn 접합 다이오드에서, n형 중성영역의 길이에 따른 소수 캐리어 농도 분포의 차이를 통해 pn 다이오드의 특성을 이해하고자 한다. p형 도핑 농도는 $N_A = 1\times10^{18}$ [cm^{-3}], n형 도핑 농도는 $N_D = 5\times10^{17}$ [cm^{-3}]이며, 공간전하영역에서 결함 준위를 고려한 과잉 캐리어의 평균수명은 $\tau_o = 0.5$ [ns], 중성영역의 길이는 $W_p = W_n = 0.5$ [μm]인 pn 접합 다이오드에 대하여,

(a) $V=0$, $V=-1$, $V=-2$, $V=-5$ [V]의 전압이 인가된 경우, 공간전하영역의 폭을 구하라.
(b) 상온의 공간전하영역 내에서 캐리어의 열생성률을 구하라.
(c) $V=0$, $V=-1$, $V=-2$, $V=-5$ [V]의 전압이 인가된 경우, 공간전하영역에서 열생성된 캐리어에 의한 전류밀도 J_{gen}을 구하라.

(a) 캐리어의 농도 차이로 인해 형성된, 접합 부분의 공간전하영역 양단의 열평형 상태의 내부 전압(V_{bi})은 다음과 같이 두 영역의 페르미 준위 차이를 이용하여 얻을 수 있다.

$$V_{bi}=\frac{\Delta E_F}{q}=V_{th}\ln\left(\frac{n_{o,high}}{n_{o,low}}\right)=V_{th}\ln\left(\frac{p_{o,high}}{p_{o,low}}\right)=kT\ln\left(\frac{N_AN_D}{n_i^2}\right)=V_{th}\ln\left(\frac{5\times10^{17}\times10^{18}}{10^{20}}\right)\cong 36.15V_{th}=0.936\ [\text{V}]$$

또한 내부 전압과 각 영역의 도핑 농도를 반영하면, 열평형 상태의 공간전하영역은 다음과 같다.

$$W_o=X_{po}+X_{no}=\sqrt{\frac{2\varepsilon_{Si}}{q}\left(\frac{1}{N_A}+\frac{1}{N_D}\right)V_{bi}}\cong\sqrt{\frac{2\times12\times8.854\times10^{-14}}{1.6\times10^{-19}}\left(\frac{1}{5\times10^{17}}+\frac{1}{10^{18}}\right)\times0.936}\cong 0.061\ [\mu\text{m}]$$

$$W_o=X_{po}+X_{no}=X_{no}\left(1+\frac{N_D}{N_A}\right)=X_{po}\left(1+\frac{N_A}{N_D}\right),\quad X_{no}=\frac{2}{3}W_o,\quad X_{po}=\frac{1}{3}W_o$$

따라서 $V=0$, $V=-1$, $V=-2$, $V=-5$ [V]의 전압이 인가된 경우, 공간전하영역의 폭은 각각 다음과 같다.

$$W=X_p+X_n=W_o\times\sqrt{\left(1+\frac{V_R}{V_{bi}}\right)}\ ;\ W_o\equiv\sqrt{\frac{2\varepsilon_{Si}}{q}\left(\frac{1}{N_A}+\frac{1}{N_D}\right)V_{bi}}=0.061\times10^{-4}\ [\text{cm}]\quad \begin{cases}W_{1V}=0.088\times10^{-4}\ [\text{cm}]\\ W_{2V}=0.108\times10^{-4}\ [\text{cm}]\\ W_{5V}=0.154\times10^{-4}\ [\text{cm}]\end{cases}$$

(b) 과잉 캐리어의 생성 과정에는 밴드 간 생성(τ_{BtB})과 결함 준위를 통한 생성(τ_{SRH})이 있다. 이 특성을 나타내는 지표가 평균수명이며, 이러한 특성은 열평형 상태의 전자와 정공 농도(n_o, p_o), 결함 준위의 농도(N_t), 온도에 의해 지배되는 평균 열속도(υ_{th}), 재료의 고유한 특성인 재결합계수(α_r)과 포획 단면적(σ)에 의해 지배된다. 이 두 과정이 독립적으로 작동할 때, 과잉 캐리어의 평균수명은 다음과 같이 나타낼 수 있다.

$$\tau_o\equiv1\Big/\left(\frac{1}{\tau_{BtB}}+\frac{1}{\tau_{SRH}}\right)\ ;\quad \tau_{BtB}\equiv\frac{1}{\alpha_r(n_o+p_o)},\quad \tau_{SRH}\equiv\frac{1}{\upsilon_{th}\sigma_tN_t}$$

공간전하영역 내에서 캐리어의 열생성률 g_{th}은 반도체의 밴드갭 E_g와 열생성에 쓰일 에너지를 결정하는 온도, 그리고 가전자대역과 전도대역의 허용상태 밀도함수에 대한 의존도를 포함하는 고유 캐리어 농도와 과잉 캐리어의 평균수명에 의해 지배되며, 그 관계는 다음과 같이 나타낼 수 있다.

$$g_{th}\equiv\frac{d\delta N(t)}{dt}\cong\frac{n_i}{2\tau_o}=\frac{10^{10}\ [\text{cm}^{-3}]}{2\times0.5\times10^{-9}\ [\text{s}]}=10^{19}\ [\text{cm}^{-3}\text{s}^{-1}]$$

(c) $V=0$, $V=-1$, $V=-2$, $V=-5$ [V]의 전압이 인가된 경우, 공간전하영역에서 열생성된 캐리어에 의한 전류 밀도 J_{gen}은 다음과 같다.

$$I_{gen}\equiv a\,J_{gen}\big|_{SCR}=qA\int_{SCR}g_{th}dx=qAg_{th}W=qA\frac{n_i}{2\tau_o}W\quad \begin{cases}W_o\equiv W_{0V}=0.097\times10^{-4}\ [\text{cm}]\\ W_{1V}=0.139\times10^{-4}\ [\text{cm}]:I_{gen,1V}=22.24\ [\mu\text{A}/\text{cm}^2]\\ W_{2V}=0.171\times10^{-4}\ [\text{cm}]:I_{gen,2V}=27.36\ [\mu\text{A}/\text{cm}^2]\\ W_{5V}=0.244\times10^{-4}\ [\text{cm}]:I_{gen,5V}=39.04\ [\mu\text{A}/\text{cm}^2]\end{cases}$$

8.9 접합붕괴 현상

Si로 만들어진, 동일한 불순물 농도를 갖는 p형 또는 n형의 A와 B를 이형 접합하여 전기적 특성을 측정한 결과, 오른쪽 그림과 같은 특성을 얻었다.

(a) A와 B는 각각 p형과 n형 중 어떤 종류인지 근거를 제시하여 설명하라.

(b) $T = 300$ [K]에서 $V_o = 4.5$ [V]로, $T = 350$ [K]에서 $V_o = 4.3$ [V]로 측정되었다. $V = V_o$에서 전류가 급격히 증가하는 과정을 근거를 들어 설명하라.

(c) A와 B가 Si 대신 Ge이라면, V_o가 Si의 V_o에 비해 더 큰 값일지 작은 값일지 설명하라.

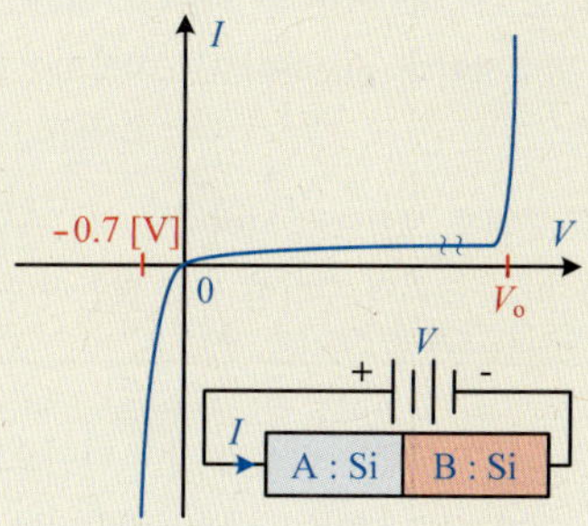

(a) 그림과 같은 기준으로 전압을 인가하고 전류를 측정하면, 음의 전압에서 큰 전류가 흐른다. 즉 A영역에 음의 전압이 인가되면, 순방향 전압이 인가된 상태이므로 A는 n형이고 B는 p형 Si이다.

(b) $V = V_o > 0$의 양의 전압이 인가되면, 큰 역방향 전류가 흐르는 접합붕괴 상태가 된다. 접합붕괴 메커니즘은

- 전계로부터 큰 운동에너지를 얻은 캐리어와의 충돌로 인한 이온화와 중복 재생성에 의한 눈사태 접합붕괴
- 터널링에 의한 제너 접합붕괴

로 구분할 수 있다. 접합붕괴를 유발하는 주된 메커니즘은 접합붕괴 전압의 온도계수(dBV/dT)를 이용하여 구분할 수 있다. 눈사태 접합붕괴 전압 BV_{av}의 온도에 따른 변화는 다음과 같이 양의 온도계수를 갖는다

$$\frac{\partial BV_{av}}{\partial T} > 0 \quad [\text{V/K}]$$

이는 온도 증가에 따라 평균 자유거리가 짧아져, 충돌 이온화에 필요한 에너지를 갖기 위해서는 더 큰 전계가 필요하기 때문이다. 이때 pn 접합에 사용된 반도체 재료의 에너지 밴드갭이 작을수록 동일한 전압에서의 터널링 확률이 증가한다. 또 온도가 높을수록 터널링에 기여할 수 있는 가전자대역의 전자 수와 전도대역의 허용에너지 상태밀도가 증가하므로 터널링 확률이 높아진다. 한편 온도변화에 따른 제너 접합붕괴 전압 BV_{Zener}의 변화는 다음과 같이 음의 온도계수를 갖는다.

$$\frac{\partial BV_{Zener}}{\partial T} < 0 \quad [\text{V/ K}]$$

눈사태 항복과 제너 접합붕괴에서 온도에 따른 접합붕괴 전압의 변화가 다르므로, 주된 접합붕괴 메커니즘을 구분하기 위해 온도계수를 이용하기도 한다.

이 문제의 다이오드의 경우, 온도 증가(300 → 350 [K])에 따라 접합붕괴 전압이 감소($V_o = 4.5 \rightarrow 4.3$ [V])하였다. (즉 $BV(350K) = 4.3V < BV(300K) = 4.5V \Leftrightarrow \frac{\partial BV}{\partial T} < 0$) 따라서 접합붕괴 현상은 온도계수가 음의 값을 가진 제너 접합붕괴에 의한 것으로 유추할 수 있다.

(c) Ge의 밴드갭($E_{g,Ge} = 0.67$ [eV])은 Si의 밴드갭($E_{g,Si} = 1.12$ [eV])보다 작다. 따라서 Ge에서 터널링과 충돌 이온화가 용이하므로, Ge의 접합붕괴 전압값이 Si의 접합붕괴 전압값보다 작다.

8.10 소신호 특성

다이오드의 ac 신호 특성을 나타내는 소신호 모델은 다이오드를 포함하는 전자회로 및 집적회로의 주파수 특성을 이해하는 데 필수적이다. pn 다이오드(이상적이고 긴 다이오드)를 사용한 회로에 순방향 DC전압 V_F와 정현파 소신호 전압이 인가된 경우,

(a) 모델을 그림으로 나타내고, 각 구성 성분을 간략히 설명하라.

(b) 다른 크기의 순방향 DC 전압이 인가된 경우(V_{F1}, V_{F2}; $V_{F1} > V_{F2}$)에 대하여 각 구성성분의 크기를 비교하라.

(a) 소신호 모델은 다음과 같이 다이오드에 DC 전압(V_{DC})과 작은 크기의 정현파 신호 전압($\upsilon_{ac}(t)$)이 중첩되어 인가될 때, ac 신호 주파수에 따른 소신호 응답 특성을 해석하는 데 사용된다.

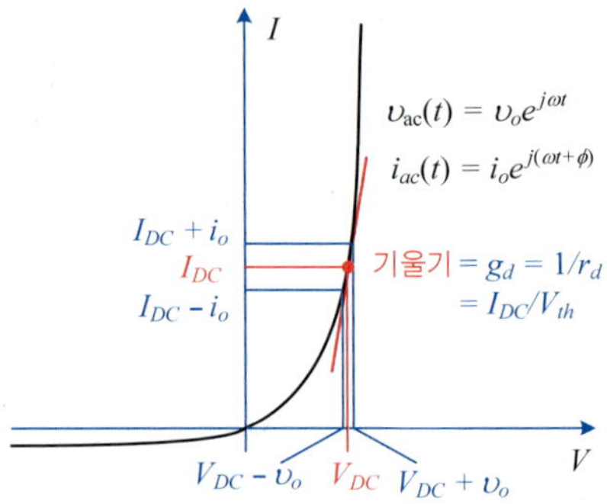

$$V(t) = V_{DC} + \upsilon_{ac}(t) \ ; \qquad \upsilon_{ac}(t) = \upsilon_o e^{j\omega t} \ ; \text{ 정현파 소신호}(\upsilon_o \ll V_{th})$$

$$i(t) = I_{DC} + i_{ac}(t) \ ; \qquad i_{ac}(t) = i_o e^{j(\omega t+\phi)}$$

$$I_{DC} = I_s\left(e^{V_{DC}/V_{th}} - 1\right) \ : \text{ DC 전류-전압(I-V) 특성}$$

일반적으로 비선형의 전류-전압 관계를 가지는 반도체 소자에, DC 전압과 중첩하여 정현파 소신호 전압을 인가할 경우, 소신호 전압에 대한 정현파 전류가 선형 관계를 만족하도록 제한할 수 있다. 이때 정현파 소신호의 전류-전압 특성에서 비례상수를 다음과 같이 어드미턴스 $Y(\omega)$로 나타낸 것이 소신호 모델 또는 소신호 등가회로이다.

$$i_{ac}(t) = Y(\omega)\upsilon_{ac}(t) \ ; \quad i_o e^{j(\omega t+\phi)} = Y(\omega)\upsilon_o e^{j\omega t} \quad \Leftrightarrow \quad Y(\omega) = \frac{i_{ac}(t)}{\upsilon_{ac}(t)} = \frac{i_o}{\upsilon_o}e^{j\phi} = g_d + j\omega C$$

pn 접합의 소신호 등가회로를 구성하는 성분은 다음의 4가지며, 이 구성 성분들은 보통 동작점을 결정하는 DC 전압과 DC 전류에 크게 의존한다.

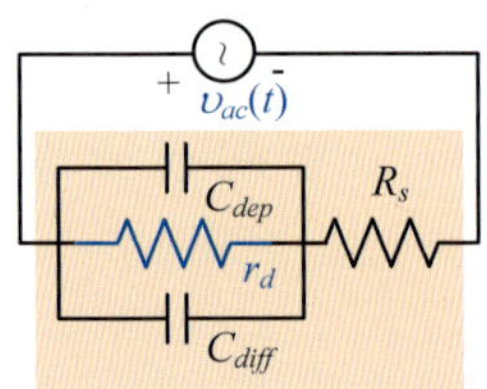

- 공핍 정전용량 C_{dep}과 확산 정전용량 C_{diff}

$$C \equiv \left|\frac{dQ}{dV}\right| = \left|\frac{d(Q_{dep}+Q_{mob})}{dV}\right| = \left|\frac{dQ_{dep}}{dV}\right| + \left|\frac{dQ_{mob}}{dV}\right| \equiv C_{dep} + C_{diff}$$

$$C_{dep}(=C_j) \equiv \left|\frac{dQ_{dep}}{dV}\right| = \frac{\varepsilon A}{W} = A\sqrt{\frac{q\varepsilon}{2}\left(\frac{N_A N_D}{N_A+N_D}\right)\frac{1}{(V_{bi}-V_{DC})}} \ ; \quad Q_{dep} \equiv A\int_{immobile}\rho(x)dx = qN_A X_p A = qN_D X_n A$$

$$C_{diff} \equiv \left|\frac{dQ_{mob}}{dV}\right|_{V_{DC}} = \left|\frac{d(Q_p+Q_n)}{dV}\right|_{V_{DC}} = \left(\frac{Q_{po}}{V_{th}} + \frac{Q_{no}}{V_{th}}\right)e^{V_{DC}/V_{th}}$$

$$= \frac{I_p\tau_p}{V_{th}} + \frac{I_n\tau_n}{V_{th}} \cong \frac{I_{DC}\tau_o}{V_{th}} = \frac{\tau_o}{V_{th}}I_S e^{V_{DC}/V_{th}}$$

$$Q_{mob} = A\int_{mobile}\rho(x)dx = A\int_{mobile}q(\delta p(x) - \delta n(x))dx$$

- ac 저항 또는 ac 컨덕턴스

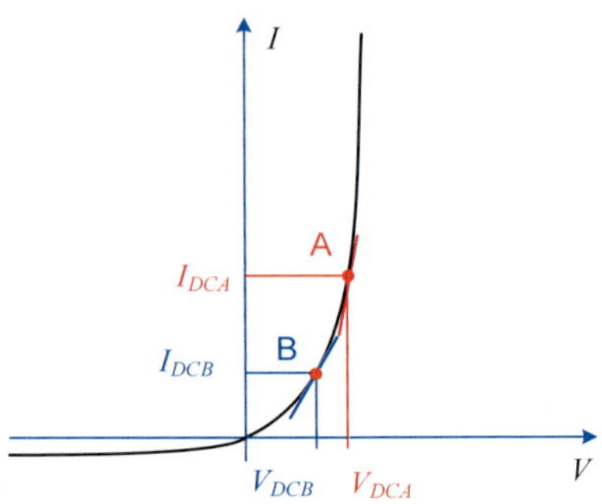

$$r_d \equiv \frac{1}{g_d} = 1\bigg/\left.\frac{dI_d}{dV}\right|_{V=V_{DC}} = \begin{cases} \dfrac{V_{th}}{I_S e^{V_{DC}/V_{th}}} = \dfrac{V_{th}}{I_{DC}} & ; V_{DC} > 0 \\ \sim\infty & ; V_{DC} < 0 \end{cases}$$

- 기생저항 R_S

(b) 서로 다른 두 동작점 A와 B에 대한 소신호 등가회로 구성 성분의 크기를 비교하면 다음과 같다.

- $V_{F1} = V_{DCA} < V_{F2} = V_{DCB}$: 인가 전압
- $I_{DCA} < I_{DC}$: 인가 전압에 의해 변한다.
- $g_{dA} < g_{dB}$ 또는 $r_{dA} < r_{dB}$: 인가 전압에 의해 변한다.
- $C_{diepA} < C_{depB}$: 인가 전압에 의해 변한다.
- $C_{diffA} < C_{diffB}$: 인가 전압에 의해 변한다.
- $R_{SA} < R_{SB}$: 다이오드를 구성하는 재료, 소자의 구조, 제조공정에 의존하나, 전압 의존도는 무시해도 좋다.

8.11 소신호 모델

다이오드의 소신호 정현파 신호 특성을 나타내는 소신호 등가 모델은 다이오드를 포함하는 전자회로 및 아날로그 집적회로의 주파수 특성을 이해하는 데 필수적이다.

(a) 다이오드의 '소신호 모델 또는 소신호 등가회로'란 무엇을 의미하는지 설명하라.

(b) 소신호 모델을 그림으로 나타내고 각 구성성분(특성지표)을 설명하라.

(c) 아래의 두 다이오드에 동일한 크기의 순방향 DC 전압과 정현파 소신호 전압이 인가된 경우, 각 구성성분의 크기를 비교하라.

(d) 아래의 두 다이오드에 동일한 크기의 역방향 DC 전압과 정현파 소신호 전압이 인가된 경우, 각 구성성분의 크기를 비교하라.

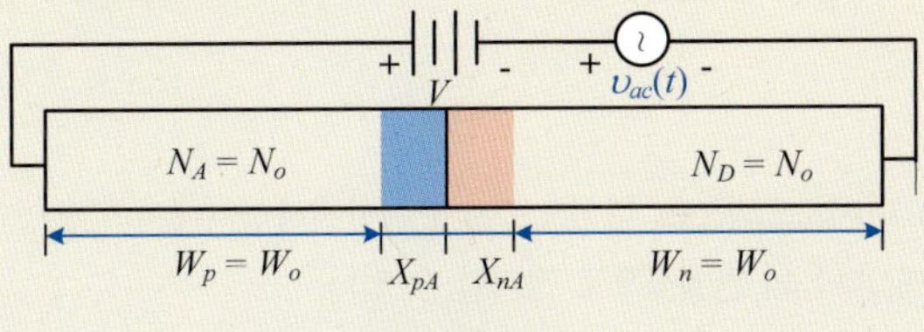

pn 다이오드

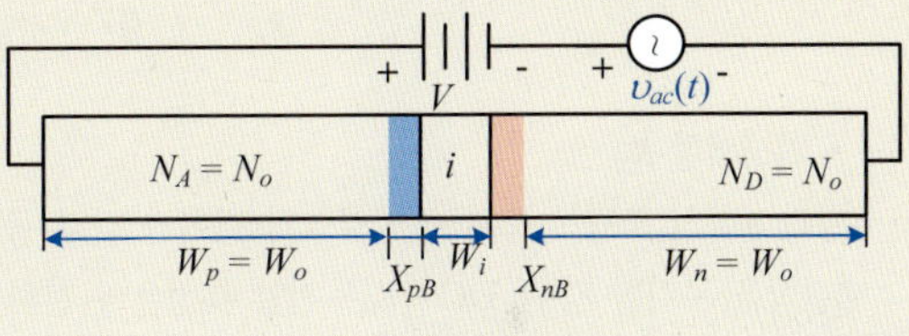

pin 다이오드

(a) pn 접합 다이오드가 AC 회로에 사용될 때처럼, 동작점을 결정하는 DC 전압(V_{DC})에, 시간에 따라 주기적으로 변하는 작은 크기의 정현파 신호 전압($\upsilon_{ac}(t)$)이 더해진 경우, DC 특성과 소신호 응답 특성을 분리하여 해석하는 것이 편리하다. 소신호 모델은 다음과 같이 다이오드에 DC 전압 V_{DC}와, DC 특성의 변화에 영향을 주지 않는 작은 크기의 정현파 소신호 전압 $\upsilon_{ac}(t)$가 중첩되어 인가되는 경우, ac 신호 주파수에 따른 응답 특성 변화를 이해하는 데 사용된다.

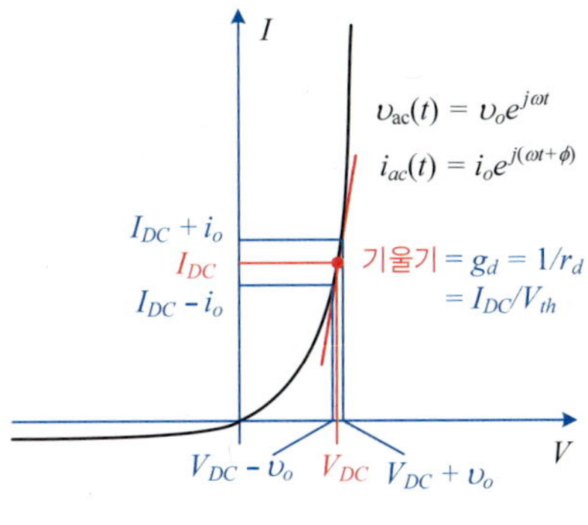

$$\upsilon(t) = V_{DC} + \upsilon_{ac}(t) \ ; \ \ \upsilon_{ac}(t) = \upsilon_o e^{j\omega t} \ ; \ \text{정현파 소신호}(\upsilon_o \ll V_{th})$$

$$i(t) = I_{DC} + i_{ac}(t) \ ; \ \ i_{ac}(t) = i_o e^{j(\omega t+\phi)}$$

$$I_{DC} = I_s\left(e^{V_{DC}/V_{th}} - 1\right) \ : \ \text{DC 전류–전압(I–V) 특성}$$

비선형 전류–전압 관계를 가지는 DC 신호에 정현파 소신호 전압이 중첩된 경우, 소신호에 대한 응답 특성인 정현파 전류가 선형 관계를 만족할 때, 정현파 소신호 전류–전압(I–V) 특성의 비례상수를 다음과 같이 어드미턴스 $Y(\omega)$로 나타내는 방식이 소신호 모델 또는 등가회로다.

$$i_{ac}(t)=Y(\omega)\upsilon_{ac}(t)\ ;\quad i_o e^{j(\omega t+\phi)}=Y(\omega)\upsilon_o e^{j\omega t}\quad\Leftrightarrow\quad Y(\omega)\equiv\frac{i_{ac}(t)}{\upsilon_{ac}(t)}=\frac{i_o}{\upsilon_o}e^{j\phi}=g_d+j\omega C$$

(b) pn 접합의 소신호 등가회로를 구성하는 성분은 다음의 네 가지이며, 이 구성성분들은 일반적으로 동작점을 결정하는 DC 전압과 DC 전류에 크게 의존한다.

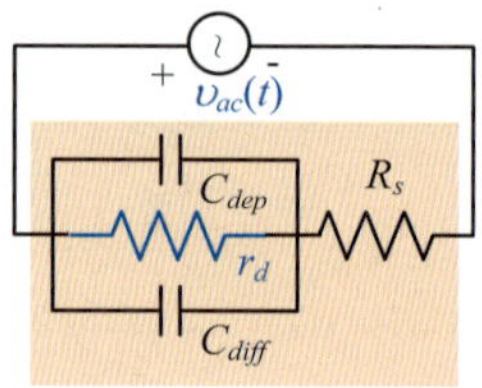

- 공핍 정전용량 C_{dep}과 확산 정전용량 C_{diff}

$$C\equiv\left|\frac{dQ}{dV}\right|=\left|\frac{d(Q_{dep}+Q_{mob})}{dV}\right|=\left|\frac{dQ_{dep}}{dV}\right|+\left|\frac{dQ_{mob}}{dV}\right|\equiv C_{dep}+C_{diff}$$

$$C_{dep}(=C_j)\equiv\left|\frac{dQ_{dep}}{dV}\right|=\frac{\varepsilon A}{W}=A\sqrt{\frac{q\varepsilon}{2}\left(\frac{N_AN_D}{N_A+N_D}\right)\frac{1}{(V_{bi}-V_{DC})}}$$

$$Q_{dep}\equiv A\int_{immobile}\rho(x)dx=A\int_{dep}q\left(N_d^+(x)-N_a^-(x)\right)dx=qN_AX_pA=qN_DX_nA$$

$$C_{diff}\equiv\left|\frac{dQ_{mob}}{dV}\right|\ :\ Q_{mob}=A\int_{mobile}\rho(x)dx=A\int_{mobile}q(\delta p(x)-\delta n(x))dx$$

$$C_{diff}\equiv\left|\frac{dQ_{mob}}{dV}\right|_{V_{DC}}=\left|\frac{d(Q_p+Q_n)}{dV}\right|_{V_{DC}}=\left(\frac{Q_{po}}{V_{th}}+\frac{Q_{no}}{V_{th}}\right)e^{V_{DC}/V_{th}}=\frac{I_p\tau_p}{V_{th}}+\frac{I_n\tau_n}{V_{th}}\cong\frac{I_{DC}\tau_o}{V_{th}}=\frac{\tau_o}{V_{th}}I_Se^{V_{DC}/V_{th}}$$

- ac 저항 또는 컨덕턴스

$$r_d\equiv\frac{1}{g_d}=1\Big/\left.\frac{dI_d}{dV}\right|_{V=V_{DC}}=\begin{cases}\dfrac{V_{th}}{I_Se^{V_{DC}/V_{th}}}=\dfrac{V_{th}}{I_{DC}} & ;\ V_{DC}>0\\ \sim\infty & ;\ V_{DC}<0\end{cases}$$

- 기생저항 R_S

(c) p형과 n형의 도핑 농도와 중성영역의 길이가 각각 동일한 pn 다이오드와 pin 다이오드에서 공간전하영역에서의 생성과 재결합을 무시할 경우, DC 전류-전압 특성은 완전히 동일하며, 다음의 관계식으로 정리할 수 있다.

$$I|_{pn}=I|_{pin}\equiv I\ ;\quad I=JA=(J_{po}+J_{no})A=qA\left(\frac{D_p}{L_p}p_{no}+\frac{D_n}{L_n}n_{po}\right)\left(e^{V/V_{th}}-1\right)=I_S\left(e^{V/V_{th}}-1\right)$$

특히 역방향 포화 전류 I_S는 다음과 같이 다이오드의 재료와 동작 온도, 도핑 농도 등의 제조공정에 의해 결정되는 캐리어 농도와 평균수명, 확산길이, 중성영역의 길이 등 소자 구조에 의해 다음과 같이 결정된다.

$$I_S=qA\left(\frac{D_p}{L_p}p_{no}+\frac{D_n}{L_n}n_{po}\right)=qAn_i^2\left(\frac{D_p}{L_p}\frac{1}{N_D}+\frac{D_n}{L_n}\frac{1}{N_A}\right)=2qAn_i^2\frac{D_o}{L_o}\frac{1}{N_o}\qquad\begin{cases}D_p=D_n=D_o,\ \tau_p=\tau_n=\tau_o\\ N_A=N_D=N_o\\ W_p=W_n=W_o>>L_p=L_n=L_o\end{cases}$$

따라서 동일한 DC 전압이 인가된 pn 다이오드와 pin 다이오드의 소신호 등가회로 구성성분의 크기를 비교하면 다음과 같다.

$V_{DC,pn}=V_{DC,pin}$ $\quad I_{DC,pn}=I_{DC,pin}$ $\quad g_{d,pn}=g_{d,pin}$ 또는 $r_{d,pn}=r_{d,pin}$

$C_{diff,pn}=C_{diff,pin}$ $\quad C_{dep,pn}>C_{dep,pin}$

$(X_{p,pn}+X_{n,pn})<(X_{p,pin}+W_i+X_{n,pin})$

$$C_{dep,pn}=\frac{\varepsilon A}{W_{pn}}=\frac{\varepsilon A}{(X_{p,pn}+X_{n,pn})}>C_{dep,pin}=\frac{\varepsilon A}{W_{pin}}=\frac{\varepsilon A}{(X_{p,pin}+W_i+X_{n,pin})}$$

$R_{S,pn}=R_{S,pin}$: 다이오드를 구성하는 재료, 소자의 구조, 제조공정에 의존하나, 중성영역의 구조와 도핑이 동일하고, 동

일한 공정을 통해 제작된 경우, 기생저항은 동일하다고 가정해도 좋다.

(d) p형과 n형의 도핑 농도와 중성영역의 길이가 각각 동일한 pn 다이오드와 pin 다이오드는 공간전하영역에서의 생성과 재결합을 무시할 경우, 역방향 DC 전류-전압 특성도 완전히 동일하며, 다음의 관계식으로 정리할 수 있다.

$$V_{DC,pn} = V_{DC,pin} \qquad I_{DC,pn} = I_{DC,pin} = -I_S \approx 0 \qquad g_{d,pn} = g_{d,pin} \approx 0 \text{ 또는 } r_{d,pn} = r_{d,pin} \approx \infty$$

$$C_{diff,pn} = C_{diff,pin} \approx 0 \qquad C_{dep,pn} > C_{dep,pin}$$

$$(X_{p,pn} + X_{n,pn}) < (X_{p,pin} + W_i + X_{n,pin})$$

$$C_{dep,pn} = \frac{\varepsilon A}{W_{pn}} = \frac{\varepsilon A}{(X_{p,pn} + X_{n,pn})} > C_{dep,pin} = \frac{\varepsilon A}{W_{pin}} = \frac{\varepsilon A}{(X_{p,pin} + W_i + X_{n,pin})}$$

$R_{S,pn} = R_{S,pin}$: 다이오드를 구성하는 재료, 소자의 구조, 제조공정에 의존하나, 중성영역의 구조와 도핑이 동일하고, 동일한 공정을 통해 제작된 경우, 기생저항은 동일하다고 가정해도 좋다.

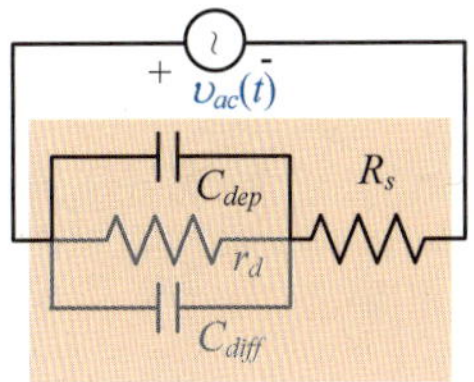

특히 역방향 전압이 인가된 pn 다이오드와 pin 다이오드의 소신호 등가회로는 역방향 전압에 의해 가변되는 공핍 캐패시터와 기생저항이 직렬연결된 등가회로로 간략화되며, 이를 그림으로 나타내면 오른쪽 그림과 같다.

8.12 스위칭/과도응답 특성

pn 접합 다이오드의 차단 지연시간은 다이오드의 스위칭 특성을 나타내는 중요한 성능지표 중 하나다. 오른쪽 그림과 같이 $t = 0$인 순간에 차단 스위칭(ON → OFF)이 이루어지는 경우를 이해하고자 한다.

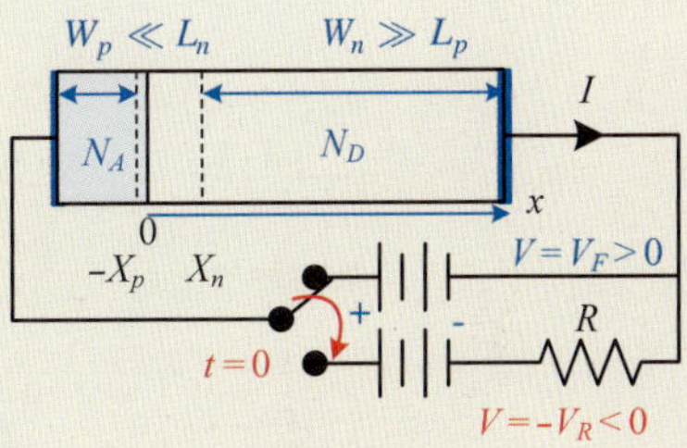

(a) 차단 지연시간(t_s)의 물리적 의미와 이를 결정하는 요소에 대하여 간략히 설명하라.

(b) 스위칭 직전의 소수 캐리어 농도 분포를 그림으로 나타내라.

(c) 스위칭 후 긴 시간이 지난 시점의 소수 캐리어 농도 분포를 그림으로 나타내라.

(d) 이 다이오드의 경우 차단 지연시간을 결정하는 요소가 과잉 정공인지 과잉 전자인지를 설명하라.

(e) 순방향 인가 전압을 0.075 [V]만큼 증가시킬 경우($V_{F1} = V_F + 0.075$ [V]), 각 영역의 과잉 축적 전하가 증가하는지를 알아보고, 차단 지연시간은 어떤 영향을 받는지 설명하라.

(a) 다이오드가 'ON' 상태에 있다가 'OFF : 차단' 상태로 스위칭할 때 소요되는 차단 지연시간(t_s)은 중성영역에 존재하던 과잉 캐리어가 모두 소멸되어($Q_p = 0$) 열평형 상태에 도달하는 데 소요되는 평균 시간을 뜻한다. 전하제어 모델로 해석한 과잉 전하량의 시간에 따른 변화를 이용하면, 스위칭 시의 차단 지연시간을 구할 수 있다. 즉 차단 지연시간은 pn 다이오드의 n형 중성영역에 존재하던 정공에 의한 과잉 전하량 Q_p와 p형 중성영역에 존재하던 전자에 의한 과잉 전하량 Q_n이 모두 0이 되는 데 걸리는 평균 시간이다.

$$Q_p(t)\big|_{t=t_s} = \tau_p\left[-I_R + (I_F + I_R)e^{-t/\tau_p}\right]_{t=t_s} = 0, \qquad Q_n(t)\big|_{t=t_s} = \tau_n\left[-I_R + (I_F + I_R)e^{-t/\tau_m}\right]_{t=t_s} = 0$$

따라서 차단 지연시간 t_s는 다음과 같은 특성지표에 의해 결정된다.

$$t_s = \tau_p \ln\left(\frac{I_R + I_F}{I_R}\right) = \tau_p \ln\left(1 + \frac{V_F - V_{ON}}{V_R + V_{ON}}\right) \cong \tau_p \ln\left(1 + \frac{V_F}{V_R}\right) \quad [\text{s}]$$

- 재료, 도핑 농도와 제조공정에 의해 결정되는 평균수명 τ_p
- ON 상태의 과잉 캐리어 농도를 지배하는 순방향 전류 I_F와 전압 V_F
- 차단 시에 과잉 캐리어를 소멸시키는 데 사용되는 역방향 전류 I_R와 전압 V_R
- ON 상태와 차단 시의 전류를 결정하는 부하저항 R

(b) 확산길이보다 훨씬 짧은 p형 중성영역과 확산길이보다 훨씬 긴 n형 중성영역의 과잉 캐리어 농도 분포는 각각 다음과 같다.

$$\delta n_p(x) = \Delta n_p \frac{\sinh[(x + (W_p + X_p))/L_n]}{\sinh(W_p/L_n)} \cong \Delta n_p \frac{+(x + (W_p + X_p))}{W_p} : \quad -(X_p + W_p) \le x \le -X_p$$

$$Q_n(0-) = -q\int_{neutral\ p} \delta n_p(x)dx \cong -q\frac{\Delta n_p W_n}{2} = -q\frac{W_n}{2} n_{po}\left(e^{V_F/V_{th}} - 1\right) \cong -q\frac{W_n}{2} n_{po} e^{V_F/V_{th}} \quad [\text{C/cm}^2]$$

$$\Delta n_p = n_{po}\left(e^{V_F/V_{th}} - 1\right) \cong n_{po} e^{V_F/V_{th}}, \quad n_{po} = n_i^2/N_A$$

$$\delta p_n(x) = \Delta p_n \frac{\sinh[-(x - (X_n + W_n))/L_p]}{\sinh(W_n/L_p)} \cong \Delta p_n e^{-(X_n + W_n)/L_p} : \quad X_n \le x \le (X_n + W_n)$$

$$Q_p(0-) = +q\int_{neutral\ n} \delta p_n(x)dx \cong +q\Delta p_n L_p = +qL_p p_{no}\left(e^{V_F/V_{th}} - 1\right) \cong +qL_p p_{no} e^{V_F/V_{th}} \quad [\text{C/cm}^2]$$

$$\Delta p_n \equiv \delta p_n(x = X_n) = p_{no}\left(e^{V_F/V_{th}} - 1\right) \cong p_{no} e^{V_F/V_{th}}, \quad p_{no} = n_i^2/N_D$$

스위칭 직전에는 다이오드 양단에 순방향 전압이 인가되어 있으며, 이로 인한 과잉 캐리어 농도 분포는 그림과 같다.

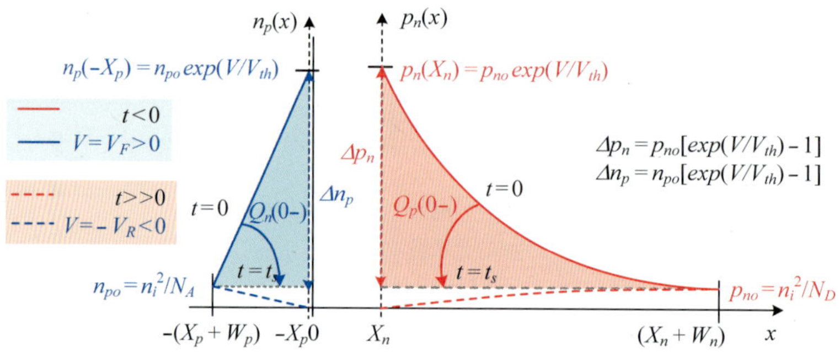

(c) 스위칭 후 긴 시간이 흐르면 역방향 전압으로 인해 전류가 흐르지 않으며, 인가된 역방향 전압은 모두 접합 양단의 에너지 장벽 증가로 작용한다. 스위칭 후 긴 시간이 지난 시점의 소수 캐리어 농도 분포는 다음과 같으며, 이를 위의 그림에 점선으로 표시하였다.

$$\delta n_p(x) = \Delta n_p \frac{\sinh[(x + (W_p + X_p))/L_n]}{\sinh(W_p/L_n)} \cong \Delta n_p \frac{+(x + (W_p + X_p))}{W_p} : \quad -(X_p + W_p) \le x \le -X_p$$

$$Q_n(\infty) = -q\int_{neutral\ p} \delta n_p(x)dx \cong -q\frac{\Delta n_p W_n}{2} \cong +q\frac{W_n}{2} n_{po} \quad [\text{C/cm}^2]\ ;$$

$$\Delta n_p = n_{po}\left(e^{-V_R/V_{th}} - 1\right) \cong -n_{po}, \quad n_{po} = n_i^2/N_A$$

$$\delta p_n(x) = \Delta p_n \frac{\sinh[-(x - (X_n + W_n))/L_p]}{\sinh(W_n/L_p)} \cong \Delta p_n e^{-x''/L_p} : \quad X_n \le x \le (X_n + W_n)$$

$$Q_p(\infty) = q\int_{neutral\ n} \delta p_n(x)dx \cong q\Delta p_n L_p \cong -qL_p p_{no} \quad [\text{C/cm}^2]$$

$$\Delta p_n \equiv \delta p_n(x = X_n) = p_{no}\left(e^{-V_R/V_{th}} - 1\right) \cong -p_{no}, \quad p_{no} = n_i^2/N_D$$

(d) p형 중성영역의 길이가 아주 짧고 n형 중성영역의 길이는 아주 긴 구조이므로, 스위칭 직전 각 중성영역에 축적된 전하량의 크기를 비교하면 다음과 같다.

$$\frac{Q_n(0-)}{Q_p(0-)} = \left.\frac{W_n n_{po}}{2L_p p_{no}}\right|_{n_{po}=p_{no}} \ll 1 \quad \Leftrightarrow \quad Q_p(0-) \gg Q_n(0-)$$

따라서 차단 지연시간은 과잉 축적 전하 중에서 n형 중성영역의 과잉 정공에 의해 결정됨을 알 수 있다.

(e) 순방향 인가 전압을 0.075 [V]만큼 증가시킬 경우($V_{F1} = V_F + 0.075$ [V]), 각 중성영역의 과잉 축적 전하량을 비교하면 다음과 같다.

$$\frac{Q_n(0-)|_{V+0.075}}{Q_n(0-)|_V} = \frac{\Delta n_p|_{V+0.075}}{\Delta n_p|_V} = \frac{e^{V_F+0.075/V_{th}}}{e^{V_F/V_{th}}} = e^3 \cong 20, \quad \frac{Q_p(0-)|_{V+0.075}}{Q_p(0-)|_V} = \frac{\Delta p_n|_{V+0.075}}{\Delta p_n|_V} = \frac{e^{V_F+0.075/V_{th}}}{e^{V_F/V_{th}}} = e^3 \cong 20$$

즉 인가한 전압이 0.075 [V] = $3V_{th}$만큼 증가하면, 중성영역에 축적된 과잉 전하량($Q_p(0-)$, $Q_n(0-)$)은 20배로 증가하며, 그 결과 차단 지연시간도 20배 증가한다.

8.13 스위칭/과도응답 특성

pn 접합 다이오드의 차단 지연시간은 다이오드의 스위칭 특성을 나타내는 중요한 성능지표 중 하나이다. 아래 그림과 같이 $t = 0$인 순간에 차단 스위칭(ON → OFF)을 시행한다고 할 때, 동일한 다이오드 두 개에 서로 다른 형태의 스위칭 전압을 가하여 서로 비교해 보고자 한다.

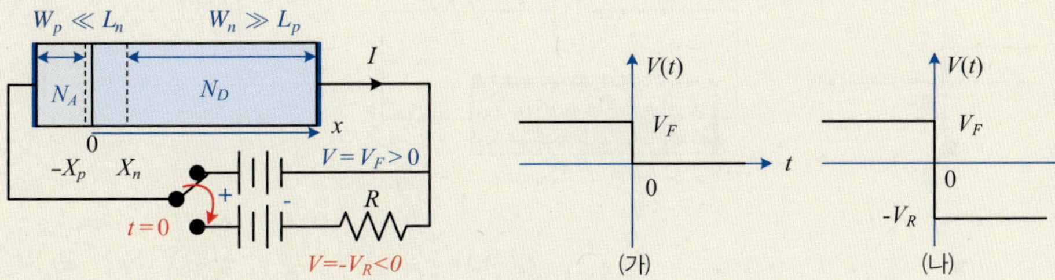

(a) 차단 지연시간(t_s)의 물리적 의미와 이를 지배하는 요소에 대하여 간략히 설명하라.
(b) 스위칭 직전의 소수 캐리어 농도 분포를 비교하여 그림으로 나타내라.
(c) 긴 시간이 지난 후의 소수 캐리어 농도 분포를 비교하여 그림으로 나타내라.
(d) 차단 지연시간의 크기를 비교(t_{sA}/t_{sB})하고, 그 근거를 제시하여 설명하라.

(a) 다이오드를 'ON' 상태에서 'OFF: 차단' 상태로 스위치할 때의 차단 지연시간(t_s)은 스위칭 후 중성영역에 존재하던 과잉 캐리어가 모두 소멸되어($Q_p = 0$) 열평형 상태에 도달하는 데 소요되는 평균 시간을 뜻한다. 즉 차단 지연시간은 pn 다이오드의 중성영역에 존재하는 과잉 전하량(Q_p, Q_n)이 0이 되는 데 걸리는 평균 시간이다. 전하제어 모델로 해석한 과잉 전하량의 시간에 따른 변화를 이용하면, 차단 지연시간을 구할 수 있다.

$$Q_p(t)|_{t=t_s} = \tau_p\left[-I_R + (I_F + I_R)e^{-t/\tau_p}\right]_{t=t_s} = 0, \quad Q_n(t)|_{t=t_s} = \tau_n\left[-I_R + (I_F + I_R)e^{-t/\tau_m}\right]_{t=t_s} = 0$$

스위칭 시, 중성영역의 과잉 축적 전하가 소멸되는 데 필요한 차단 지연시간 t_s는

$$t_s = \tau_p \ln\left(\frac{I_R + I_F}{I_R}\right) = \tau_p \ln\left(1 + \frac{V_F - V_{ON}}{V_R + V_{ON}}\right) \cong \tau_p \ln\left(1 + \frac{V_F}{V_R}\right) \text{ [s]}$$

이며, 이는 다음의 요소들에 의해 결정된다.

- 재료, 도핑 농도와 제조공정에 의해 결정되는 평균수명 τ_p
- ON 상태의 과잉 캐리어 농도를 지배하는 순방향 전류 I_F와 전압 V_F
- 차단 시에 과잉 캐리어를 소멸시키는 데 사용되는 역방향 전류 I_R와 전압 V_R
- ON 상태와 차단 시의 전류를 결정하는 부하저항 R

(b) 스위칭 직전에는 다이오드 양단에 순방향 전압이 인가되어 있으며, 이로 인한 과잉 캐리어 농도 분포를 살펴보자. 중성영역의 길이가 확산길이보다 훨씬 짧은 p형 영역과 중성영역의 길이가 확산길이보다 훨씬 긴 n형 중성영역의 농도 분포 ($\delta n_p(x)$, $\delta p_n(x)$)는 각각 다음과 같다.

$$\delta n_p(x) = \Delta n_p \frac{\sinh[(x+(W_p+X_p))/L_n]}{\sinh(W_p/L_n)} \cong \Delta n_p \frac{+(x+(W_p+X_p))}{W_p} : \ -(X_p+W_p) \le x \le -X_p$$

$$Q_n(0-) = q\int_{neutral\ p} \delta n_p(x)dx \cong \frac{q\Delta n_p W_n}{2} = \frac{qW_n}{2} n_{po}\left(e^{V_F/V_{th}} - 1\right) \cong \frac{qW_n}{2} n_{po} e^{V_F/V_{th}} \ [\mathrm{C/cm^2}]$$

$$\Delta n_p = n_{po}\left(e^{V_F/V_{th}} - 1\right) \cong n_{po} e^{V_F/V_{th}}, \quad n_{po} = n_i^2/N_A$$

$$\delta p_n(x) = \Delta p_n \frac{\sinh[-(x-(X_n+W_n))/L_p]}{\sinh(W_n/L_p)} \cong \Delta p_n e^{-(x-X_n)/L_p} : \ X_n \le x \le (X_n+W_n)$$

$$Q_p(0-) = q\int_{neutral\ n} \delta p_n(x)dx \cong q\Delta p_n L_p = qL_p p_{no}\left(e^{V_F/V_{th}} - 1\right) \cong qL_p p_{no} e^{V_F/V_{th}} \ [\mathrm{C/cm^2}]$$

$$\Delta p_n \equiv \delta p_n(x" = 0) = p_{no}\left(e^{V_F/V_{th}} - 1\right) \cong p_{no} e^{V_F/V_{th}}, \quad p_{no} = n_i^2/N_D$$

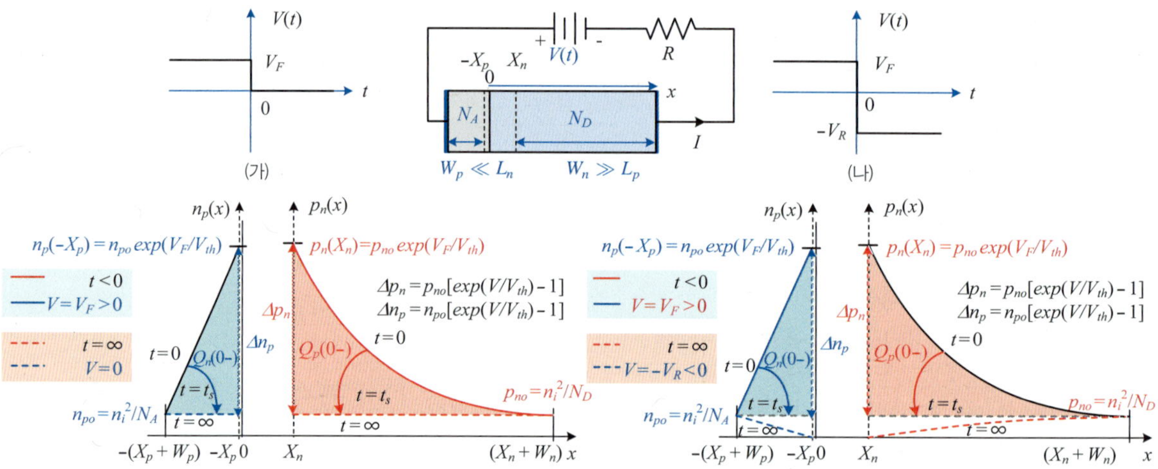

(c) 스위칭 후 긴 시간이 지난 시점의 소수 캐리어 농도 분포를 위의 그림에 점선으로 표시했다. 인가 전압이 시간에 따라 그림 (가)와 같이 인가된 경우($V = 0$ [V]; $t > 0$)와, 그림 (나)와 같이 역방향 전압이 인가된 경우($V = -V_R < 0$; $t > 0$) 소수 캐리어 농도 분포는 각각 다음과 같다.

$V = 0\ ;\ t > 0$

$$\begin{cases} \Delta n_p = n_{po}\left(e^{V=0/V_{th}} - 1\right) = 0 & \begin{cases} \delta n_p(x) = 0 : \ -(X_p+W_p) \le x \le -X_p \\ Q_n(\infty) = q\int_{neutral\ p} \delta n_p(x)dx = 0 \ [\mathrm{C/cm^2}] \end{cases} \\ \Delta p_n = p_{no}\left(e^{V=0/V_{th}} - 1\right) = 0 & \begin{cases} \delta p_n(x) = 0 : \ X_n \le x \le (X_n+W_n) \\ Q_p(\infty) = q\int_{neutral\ n} \delta p_n(x)dx = 0 \ [\mathrm{C/cm^2}] \end{cases} \end{cases}$$

$V = -V_R < 0\ ;\ t > 0$

$$\begin{cases} \Delta n_p = n_{po}\left(e^{-V_R/V_{th}} - 1\right) \cong -n_{po},\ n_{po} = n_i^2/N_A & \begin{cases} \delta n_p(x) \cong \Delta n_p\left(x + (W_p + X_p)\right)/W_p \ :\ -(X_p + W_p) \le x \le -X_p \\ Q_n(\infty) = q\int_{neutral\ p} \delta n_p(x)dx \cong -\dfrac{qW_n}{2} n_{po}\ [\mathrm{C/cm^2}] \end{cases} \\ \Delta p_n \equiv p_{no}\left(e^{-V_R/V_{th}} - 1\right) \cong -p_{no},\ p_{no} = n_i^2/N_D & \begin{cases} \delta p_n(x) \cong \Delta p_n e^{-(x-X_n)/L_p} \ :\ X_n \le x \le (X_n + W_n) \\ Q_p(\infty) = q\int_{neutral\ n} \delta p_n(x)dx \cong -qL_p p_{no}\ [\mathrm{C/cm^2}] \end{cases} \end{cases}$$

(d) 스위칭 시의 차단 지연시간 t_s는 다음의 특성 변수에 의해 결정된다.

$$t_s = \tau_p \ln\left(\frac{I_R + I_F}{I_R}\right) = \tau_p \ln\left(1 + \frac{V_F - V_{ON}}{V_R + V_{ON}}\right) \cong \tau_p \ln\left(1 + \frac{V_F}{V_R}\right)\ \ [\mathrm{s}]$$

- 재료, 도핑 농도와 제조공정에 의해 결정되는 평균수명 τ_p
- ON 상태의 과잉 캐리어 농도를 지배하는 순방향 전류 I_F와 전압 V_F
- 차단 시에 과잉 캐리어를 소멸시키는 데 사용되는 역방향 전류 I_R와 전압 V_R
- ON 상태와 차단 시의 전류를 결정하는 부하저항 R

따라서 $t_{sB} \ll t_{sA}$임을 확인할 수 있다. 특히 (나)와 같이, 차단 시 큰 역방향 전류를 이용하면 중성영역에 축적된 과잉 전하를 신속히 소멸시킴으로써 차단 지연시간을 현저히 개선할 수 있다.

8.14 스위칭/과도응답 특성

다이오드의 과도응답 특성이 스위칭용으로 사용될 때의 성능을 잘 이해해야 한다. 아래 그림과 같이 두 다이오드에 동일한 형태의 스위칭 전압이 인가되어 $t = 0$인 순간에 스위칭이 이루어지는 경우,

(a) 스위칭 직전($t < 0$)과 긴 시간이 지난 후($t \sim \infty$)의 소수 캐리어 농도 분포를 비교하여 그림으로 나타내라.
(b) 두 다이오드의 스위칭 특성을 이해하는 데 필요한 전하제어 모델을 간략히 설명하라.
(c) 앞의 전하제어 모델의 라플라스 변환을 구하라.
(d) 위의 결과를 이용하여, 시간에 따른 과잉 소수 축적 전하량의 변화 $Q_n(t)$와 $Q_p(t)$를 구하라.
(e) 차단 지연시간의 의미를 간략히 설명하고, 그 크기를 비교하라.
(f) 두 다이오드의 차단 지연시간을 개선하기 위해 택할 수 있는 방법을 간략히 설명하라.

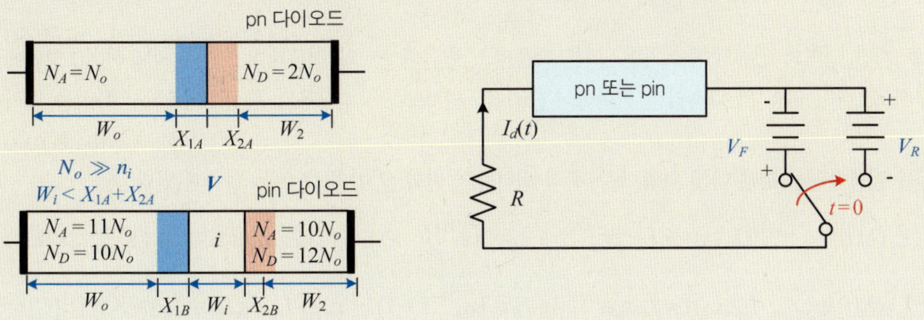

(a) pn 다이오드와 pin 다이오드에 동일한 전압이 인가된 경우, 스위칭 직전($t < 0$)과 긴 시간이 지난 후($t \sim \infty$)의 소수 캐리어 농도 분포를 비교하여 그림으로 표시하면 다음과 같다.

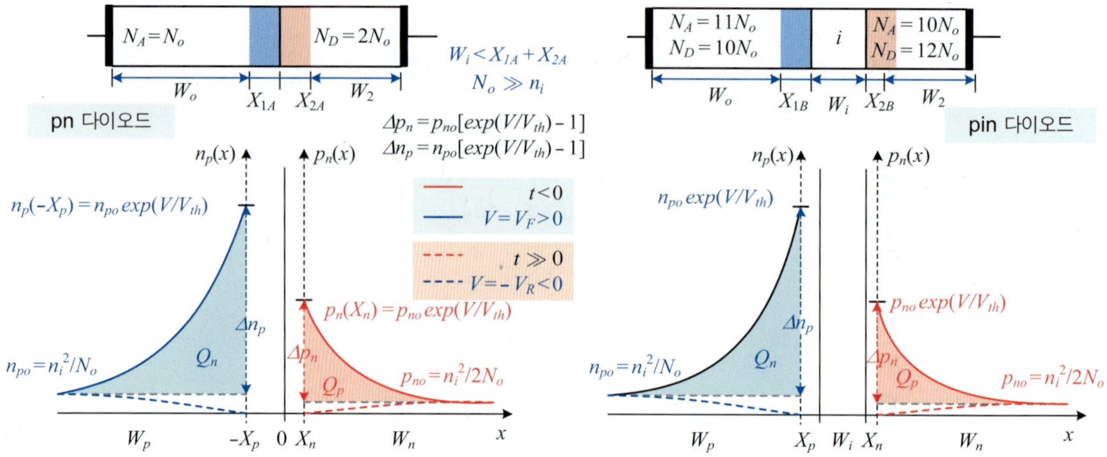

(b), (c) 전하제어 모델은 다이오드가 스위치로 사용되는 경우처럼 인가된 전압이나 전류가 시간에 따라 변하는 특성을 해석할 때 편리하게 사용될 수 있다. 특히 전압과 전류의 시간에 따른 변화를 해석할 때에는 시간 영역에서 해석하기보다는 시간의 역함수인 주파수 영역에서 해석하는 것이 편리하며, 여기에 사용되는 대표적인 방법이 라플라스 변환이다. 라플라스 변환을 통해 주파수 영역에서 해석한 결과를 다시 역 라플라스 변환을 통해 시간 영역으로 가져와 해석한다. 시간 영역에서의 임의의 함수 $f(t)$는 라플라스 변환, 즉

$$\mathscr{L}[f(t)] \equiv \int_0^\infty e^{-st} f(t)dt = F(s) \quad ; \text{라플라스 변환}$$

$$\mathscr{L}^{-1}[F(s)] \equiv \frac{1}{2\pi j} \lim_{T\to\infty} \int_{\gamma - jT}^{\gamma + jT} e^{st} F(s) ds = f(t) \quad ; \text{역 라플라스 변환}$$

을 통하여 주파수 영역(s 영역 ; $s = j\omega$)의 함수 $F(s)$로 변환되며, $s = j\omega$를 이용하여 주파수 영역에서의 특성으로 해석할 수 있다. 따라서 다이오드의 전하제어 모델을 라플라스 변환하면, 다음 결과를 얻을 수 있다.

$$i(t) = \left(\frac{Q_p(t)}{\tau_p} + \frac{Q_n(t)}{\tau_n}\right) + \left(\frac{dQ_p(t)}{dt} + \frac{dQ_n(t)}{dt}\right) \quad : \text{시간 영역의 전하제어 모델}$$

$$I(s) = \left(\frac{Q_p(s)}{\tau_p} + \frac{Q_n(s)}{\tau_n}\right) + s(Q_p(s) + Q_n(s)) - \left(Q_p(0^-) + Q_n(0^-)\right) \quad : \text{라플라스 변환된 전하제어 모델}$$

$$Q_p(0^-) \equiv Q_p(t = 0 - \delta), \quad Q_n(0^-) \equiv Q_n(t = 0 - \delta)$$

일반적으로 시간 영역의 전류가 주어지면, 이를 라플라스 변환한 $I(s)$와 전하제어 모델을 이용하여 s영역에서의 전하량 $Q(s)$를 구하고, 다시 이를 역 라플라스 변환하여 $Q(t)$를 구함으로써, 과도응답 특성 및 스위칭 특성을 편리하게 해석할 수 있다.

(d) 위의 결과를 이용하면 시간에 따른 과잉 소수 축적 전하량의 변화 $Q_n(t)$와 $Q_p(t)$는 다음과 같다.

$$Q_p(t) = \mathscr{L}^{-1}[Q_p(s)] = I_F \tau_p e^{-t/\tau_p} + I_R \tau_p \left(e^{-t/\tau_p} - 1\right) = \tau_p\left[-I_R + (I_F + I_R)e^{-t/\tau_p}\right] \ [\text{C}]$$

$$Q_n(t) = \mathscr{L}^{-1}[Q_n(s)] = I_F \tau_n e^{-t/\tau_n} + I_R \tau_n \left(e^{-t/\tau_n} - 1\right) = \tau_n\left[-I_R + (I_F + I_R)e^{-t/\tau_n}\right] \ [\text{C}]$$

(e) 다이오드가 'ON' 상태에 있다가 '차단' 상태로 스위칭할 때의 차단 지연시간(t_s)은 중성영역에 존재하던 과잉 캐리어가 소멸되어($Q_p = 0$) 열평형 상태에 도달하는 데 필요한 평균 시간을 뜻한다. 전하제어 모델로 해석한 과잉 전하량의 시간에 따른 변화를 이용하여 다음과 같이 차단 지연시간을 구할 수 있다.

$$Q_p(t)\big|_{t=t_s} = \tau_p\left[-I_R + (I_F + I_R)e^{-t/\tau_p}\right]_{t=t_s} = 0\,, \qquad Q_n(t)\big|_{t=t_s} = \tau_n\left[-I_R + (I_F + I_R)e^{-t/\tau_m}\right]_{t=t_s} = 0$$

$$t_s = \tau_p \ln\left(\frac{I_R + I_F}{I_R}\right) = \tau_p \ln\left(1 + \frac{V_F - V_{ON}}{V_R + V_{ON}}\right) \cong \tau_p \ln\left(1 + \frac{V_F}{V_R}\right) \ \text{[s]}$$

즉 스위칭 시 차단 지연시간 t_s는 다음의 특성 변수들에 의해 결정됨을 알 수 있다.

- 재료 및 도핑 농도와 제조공정에 의해 결정되는 평균수명 τ_p
- ON 상태의 과잉 캐리어 농도를 지배하는 순방향 전류 I_F와 전압 V_F
- 차단 시에 과잉 캐리어를 소멸시키는 데 사용되는 역방향 전류 I_R와 전압 V_R
- ON 상태와 차단 시의 전류를 결정하는 부하저항 R

그런데 pn 다이오드와 pin 다이오드의 다수 캐리어 농도 및 중성영역의 길이는 동일하나, 총 불순물 농도의 차이로 인해 중성영역의 평균수명은 서로 다르다. pin 다이오드의 p형 중성영역의 총 불순물 농도(N_{imp})와 n형 중성영역의 총 불순물 농도가 모두 pn 다이오드의 농도보다 높다($N_{imp,p}|_{pin} = 21N_o > N_{imp,p}|_{pn} = N_o$, $N_{imp,n}|_{pin} = 22N_o > N_{imp,n}|_{pn} = N_o$). 따라서 총 불순물 농도가 높아서 확산길이와 평균수명이 짧은 pin 다이오드의 스위칭 지연시간이 더 짧다($t_{s,pin} < t_{s,pn}$).

(f) 스위칭 시의 차단 지연시간 t_s를 결정하는 요소는 다음과 같다.

- 평균수명
- ON 상태의 순방향 전압
- OFF를 위해 인가하는 역방향 전압

따라서 스위칭용으로 사용하는 다이오드에는 중성영역 평균수명이 짧은 재료를 사용하거나, ON 상태 유지에 필요한 최소한의 순방향 전압을 인가하여 과잉 전하 축적량을 줄이는 것이 필요하다. 특히 차단 동작 시 역방향 전압을 인가하여 큰 역방향 전류를 흐르게 함으로써, 중성영역에 축적된 과잉전하를 신속히 소멸시키는 것도 차단 지연시간을 개선하는 좋은 방법이 된다.

8.15 확산 정전용량

pn 접합의 전압 변화에 대한 전하량의 변화를 나타내는 접합 정전용량에는 공핍 정전용량(C_{dep})과 확산 정전용량(C_{diff})이 있다. p형 영역과 n형 영역이 같은 농도로 도핑($N_D = N_A = N_o$)되어 있고, 중성영역의 길이가 각 영역의 확산길이($L_p = L_n = L_o$)보다 훨씬 길다고($W_p = W_n = W_o \gg L_o$)고 하자. 그리고 각 영역에서 캐리어의 평균수명($\tau_p = \tau_n = \tau_o$)과 이동도($\mu_p = \mu_n = \mu_o$)도 동일할 때, 이러한 pin 다이오드에 대하여,

(a) 열평형 상태의 공핍 정전용량을 구하라.
(b) i영역의 두께(W_i)가 증가할 경우, 공핍 정전용량의 변화를 설명하라.
(c) $V = 0.3$ [V], $V = 0.4$ [V]가 인가된 경우의 확산 정전용량을 비교하라.
(d) $V = 0.6$ [V], $V = 0.7$ [V]가 인가된 경우의 확산 정전용량을 비교하라.

(a) pin 구조의 공핍 정전용량 C_{dep}는 p영역과 n영역의 도핑 농도에 의해 결정되는 공간전하영역의 폭과 순수반도체영역의 폭에 영향을 받는다.

$$\frac{1}{C_{dep}} = 1\Bigg/\left|\frac{dQ}{dV_R}\right| = \frac{d(V_p + V_i + V_n)}{dQ} = \frac{dV_p}{dQ} + \frac{dV_i}{dQ} + \frac{dV_n}{dQ} = \frac{1}{C_{dep,p}} + \frac{1}{C_i} + \frac{1}{C_{dep,n}}\ ;$$

$$C_{dep,p} \equiv \frac{dQ_{dep}}{dV_p} = \frac{\varepsilon_{Si}}{X_p}, \quad C_i \equiv \frac{dQ_{dep}}{dV_i} = \frac{\varepsilon_{Si}}{W_i}, \quad C_{dep,n} \equiv \frac{dQ_{dep}}{dV_n} = \frac{\varepsilon_{Si}}{X_n} \ [\mathrm{F/cm^2}]$$

$$C_{dep} \equiv \left|\frac{dQ}{dV_R}\right| = \left|\frac{dQ}{d(V_p + V_i + V_n)}\right| = \left(\frac{1}{C_{dep,p}} + \frac{1}{C_i} + \frac{1}{C_{dep,n}}\right)^{-1} = \frac{\varepsilon_{Si}}{X_p + W_i + X_n} \ [\mathrm{F/cm^2}]$$

(b) pin 구조에 역방향 전압이 인가된 경우, 이 구조는 평판의 간격이 $W = X_p + W_i + X_n$이고, 유전체가 반도체인 평판 캐패시터로, 인가 전압에 의해 조절되는 가변 캐패시터와 등가적으로 같다. 따라서 순수반도체영역의 폭(W_i)이 증가하면 공핍 정전용량은 감소함을 알 수 있다.

(c) pn 다이오드와 pin 다이오드의 확산 정전용량은 다음 관계식을 이용하여 분석할 수 있다.

$$C_{diff} \equiv \left|\frac{dQ_{mob}}{dV}\right|_{V_{DC}} = \left|\frac{d(Q_p + Q_n)}{dV}\right|_{V_{DC}} = \left(\frac{Q_{po}}{V_{th}} + \frac{Q_{no}}{V_{th}}\right)e^{V_{DC}/V_{th}} = \frac{I_p\tau_p}{V_{th}} + \frac{I_n\tau_n}{V_{th}} \cong \frac{I_{DC}\tau_o}{V_{th}} = \frac{\tau_o}{V_{th}} I_S e^{V_{DC}/V_{th}}$$

따라서 확산 정전용량은 중성영역에 축적된 과잉 전하량을 지배하는 순방향 전압에 의해 결정되며, 인가된 순방향 전압에 지수함수적으로 비례한다. 따라서 $V = 0.3$ [V]에서 $V = 0.4$ [V]로 순방향 전압이 0.1 [V]만큼 증가하면, 확산 정전용량 C_{diff}는 다음과 같이 약 54.6배 증가한다.

$$\frac{C_{diff}|_{0.4\,[\mathrm{V}]}}{C_{diff}|_{0.3\,[\mathrm{V}]}} = \frac{e^{0.4/V_{th}}}{e^{0.3/V_{th}}} = e^{0.1/V_{th}} = 54.6 \quad \Leftrightarrow \quad C_{diff}|_{0.4\,[\mathrm{V}]} = 54.6 \times C_{diff}|_{0.3\,[\mathrm{V}]}$$

(d) 순방향 전압이 인가된 pn 다이오드에서 중성영역에 축적된 과잉 캐리어 분포를 다음 그림에 비교하였다. 순방향 전압이 $V = 0.6$ [V]에서 $V = 0.7$ [V]로 증가할 경우에도 $V = 0.6$ [V]일 때에 비해 확산 정전용량이 약 54.6배 증가한다.

$$\frac{C_{diff}|_{0.7\,[\mathrm{V}]}}{C_{diff}|_{0.6\,[\mathrm{V}]}} = \frac{e^{0.7/V_{th}}}{e^{0.6/V_{th}}} = e^{0.1/V_{th}} = 54.6 \quad \Leftrightarrow \quad C_{diff}|_{0.7\,[\mathrm{V}]} = 54.6 \times C_{diff}|_{0.6\,[\mathrm{V}]}$$

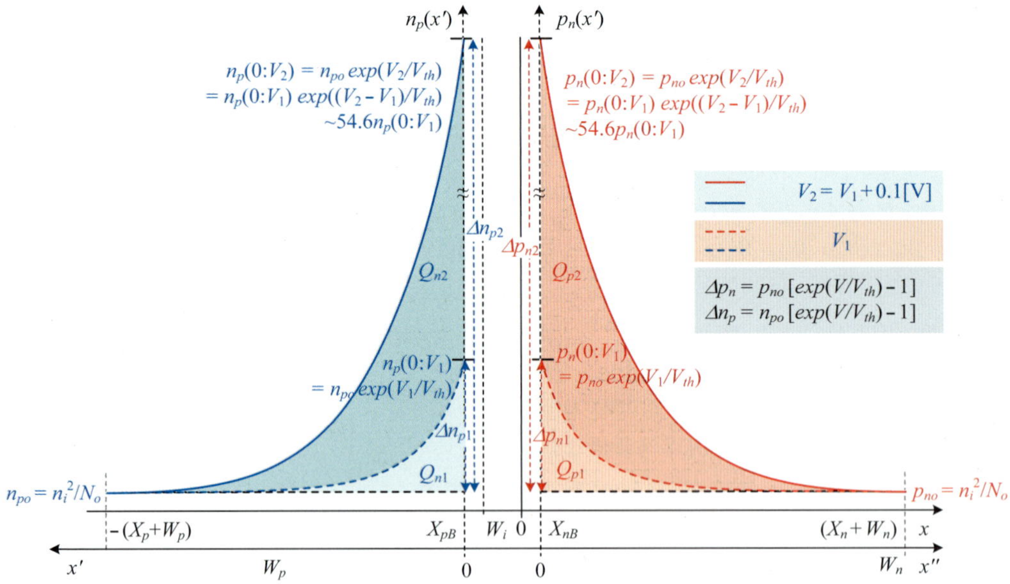

Chapter

09 금속-반도체 접합과 반도체 이종 접합

Metal-Semiconductor Junctions and Semiconductor Heterojunctions

9.1 금속-반도체 접합

금속-반도체 접합은 반도체 집적회로 및 시스템 구현에서 다양하게 활용되는 필수적인 구성 요소다. 접합을 이루기 전에 오른쪽 그림과 같은 에너지 대역도를 갖는 금속-Si 반도체 접합이 있다. A-B 접합과 A-C 접합 형태의 두 금속-반도체 접합에 대해,

(a) 열평형 상태의 에너지 대역도를 비교하라.
(b) $V>0$인 경우의 에너지 대역도를 그리고, 캐리어의 이동을 비교하여 설명하라.
(c) $V<0$인 경우의 에너지 대역도를 그리고, 캐리어의 이동을 비교하여 설명하라.
(d) 두 접합의 전류-전압 특성을 그림으로 비교하고 설명하라.

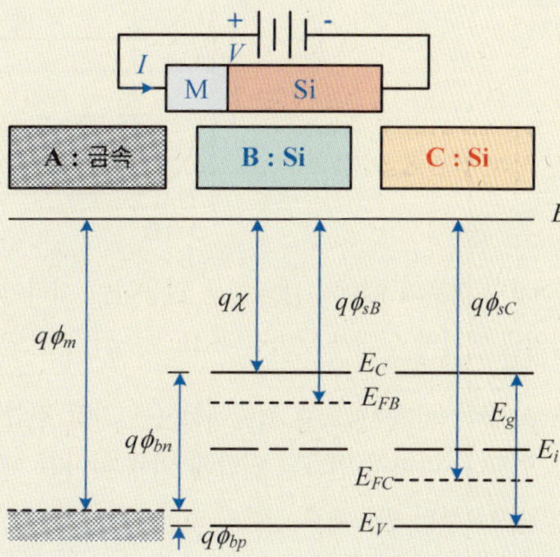

금속-반도체 접합의 이해에서 핵심은 금속을 전기전도도가 우수한 n^+ 또는 p^+로 해석할 수 있다는 점이다. 금속-반도체 접합을 이해하기 위해, 반도체의 페르미 준위(E_{Fs})에 대한 금속 페르미 준위(E_{Fm})의 상대적 위치와 반도체의 도핑 종류에 따라 다음과 같이 정리하면 도움이 될 것이다.

▶ 금속-n형 반도체 접합

- $E_{Fm}>E_{Fs}$: 금속의 전자 농도가 n형 반도체보다 훨씬 높고 정공 농도는 아주 낮은 n^+와 유사하게 동작하며, n^+n의 동형 접합과 유사한 선형의 전류-전압 특성을 갖는 저항성(옴성) 접합이다.
- $E_{Fm}<E_{Fs}$: 금속의 전자 농도가 n형 반도체보다 훨씬 낮고 정공 농도는 아주 높은 p^+와 유사하게 동작하며, p^+n의 이형 접합과 유사한 정류형 전류-전압 특성을 갖는 n형 쇼트키 접합이다.

▶ 금속-p형 반도체 접합

- $E_{Fm}<E_{Fs}$: 금속의 정공 농도가 p형 반도체보다 훨씬 높고 전자 농도는 아주 낮은 p^+와 유사하게 동작하며, p^+p의 동형 접합과 유사한 선형의 전류-전압 특성을 갖는 저항성(옴성) 접합이다.
- $E_{Fm}>E_{Fs}$: 금속의 정공 농도가 p형 반도체보다 훨씬 낮고 전자 농도는 아주 높은 n^+와 유사하게 동작하며, n^+p의 이형 접합과 유사한 정류형 전류-전압 특성을 갖는 p형 쇼트키 접합이다.

(a) 열평형 상태의 에너지 대역도를 비교하면 다음과 같다.

▶ A-B의 금속-반도체 접합은 금속의 페르미 준위(E_{Fm})가 n형 반도체의 페르미 준위(E_{Fs})보다 낮은 상태이므로, 금속을 아주 높게 도핑된 p형 반도체와 같이 해석할 수 있다. 따라서 p^+n 형태와 유사한 금속-n형의 정류형 쇼트키 접합이다.

▶ A–C의 금속 반도체 접합은 금속의 페르미 준위가 p형 반도체의 페르미 준위보다 낮은 상태이므로, 금속을 아주 높게 도핑된 p형 반도체와 같이 해석할 수 있다. 따라서 p^+p 형태와 유사한 금속–p형의 옴성(저항성) 접합이다.

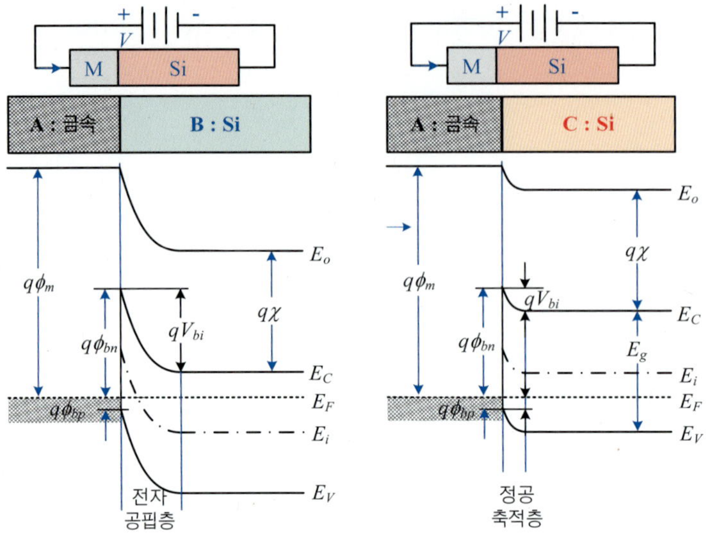

(b) $V > 0$인 경우의 에너지 대역도를 이용하여 캐리어의 이동을 비교하면, 아래 그림과 같다. $V > 0$인 전압이 인가되면 금속 영역의 에너지 상태가 낮아진다($\Delta E = -qV$; 반도체 쪽의 에너지 상태가 높아진다).

▶ A–B의 금속–반도체 접합에서는 인가된 전압에 의해 에너지 장벽이 낮아지므로, 반도체로부터 금속으로 전자가 주입된다. 따라서 인가된 전압에 의해 낮아진 에너지 장벽에 대해 지수함수적인 의존도를 가진 캐리어가 주입되고, 금속으로부터 반도체로 전류가 흐른다.

▶ A–C의 금속–반도체 접합에서는 인가 전압에 의해 에너지 장벽이 낮아지므로, 금속으로부터 p형 반도체로 정공이 주입된다. 따라서 인가된 전압에 의해 낮아진 에너지 장벽에 대해 지수함수적인 의존도를 가진 전류가 금속에서 p형 반도체로 흐른다. 그런데 옴성(저항성) 접합이므로 접합 양단의 전압이 매우 작은 상태에서도 큰 전류가 흐른다. 따라서 전류–전압 특성은 선형의 옴성 저항으로 가정할 수 있다.

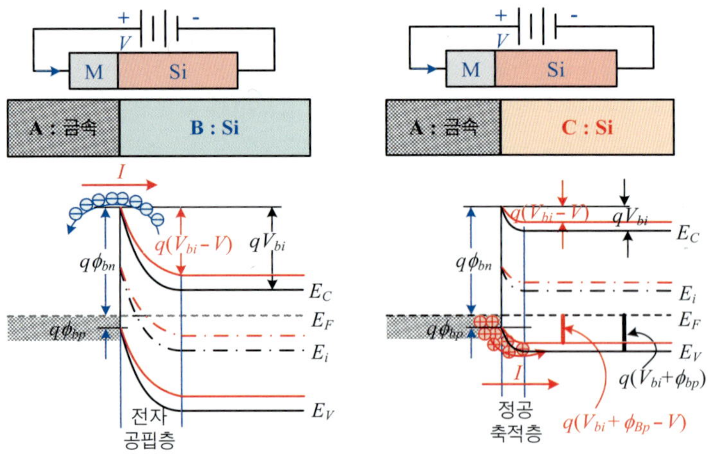

(c) $V < 0$인 경우의 에너지 대역도를 이용하여 캐리어의 이동을 비교하면 다음과 같다.

▶ A–B의 금속–반도체 접합에서는 n형 반도체의 다수 캐리어인 전자에 대해 에너지 장벽이 증가하기 때문에, n형 반

도체에서 금속으로의 전자의 주입이 일어나지 않는다. 또한 인가 전압에 의해 쇼트키 장벽 에너지($q\phi_{bn}$)는 변하지 않으므로, 금속으로부터 n형 반도체로의 전자의 주입도 없다. 따라서 인가한 전압의 크기에 무관하게 전류가 흐르지 않거나, 아주 작은 크기의 누설전류만 흐른다.

▶ A–C의 금속–반도체 접합에서는 인가된 전압에 의해 에너지 장벽이 낮아지므로, p형 반도체에서 금속으로 다수 캐리어인 정공이 주입된다. 따라서 인가된 전압에 의해 낮아진 에너지 장벽에 대해 지수함수적인 의존도를 가진 전류가 p형 반도체로부터 금속으로 흐른다. 그런데 옴성(저항성) 접합이므로 접합 양단의 전압이 매우 작은 상태에서도 큰 전류가 흐른다. 따라서 이 접합은 선형의 전류–전압 특성을 갖는 옴성 접합(저항)으로 가정할 수 있다.

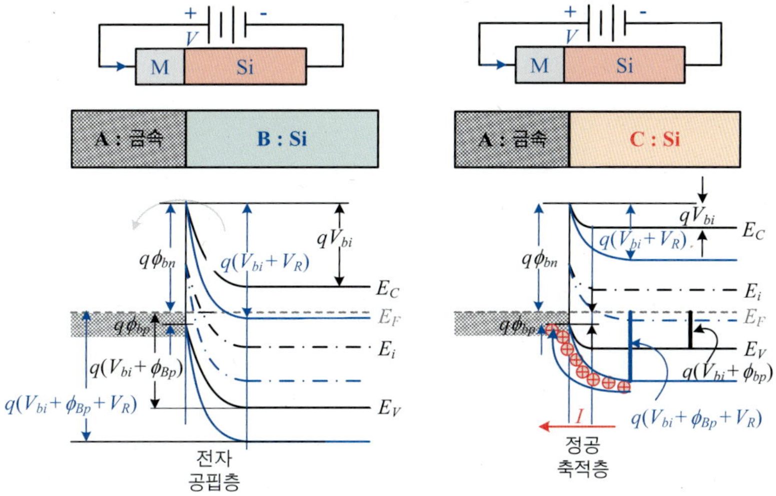

(d) n형 정류성 접합 특성을 가진 A–B 접합과 p형 옴성(저항성) 접합 특성을 가진 A–C 접합의 전류–전압 특성을 그림으로 비교하면 아래와 같다.

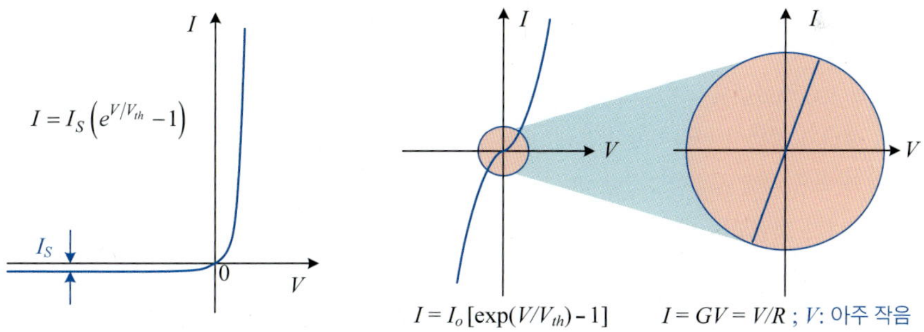

A–B 접합(n형 쇼트키 접합)의 정류형 전류–전압 특성

A–C 접합(p형 옴성/저항성 접합)의 전류–전압 특성

9.2 금속–반도체 접합

접합을 이루기 전에 그림과 같은 에너지 대역도를 갖는 금속–Si 접합에 대해,

(a) 열평형 상태의 에너지 대역도를 구하라.

(b) $V > 0$인 경우의 에너지 대역도를 그리고, 캐리어의 이동을 설명하라.

(c) $V < 0$인 경우의 에너지 대역도를 그리고, 캐리어의 이동을 설명하라.

(d) 이 금속–반도체 접합의 전류–전압 특성을 그림으로 나타내고, 그 동작을 설명하라.

(e) 역방향 누설전류를 줄이기 위해서는 그림의 특성 변수 중 어느 성분이 중요한지 설명하라.

(f) 금속과 동일한 페르미 준위를 갖는 Si 반도체로 금속을 대체할 경우, 접합의 전기적 특성을 금속–반도체 접합의 전류–전압 특성과 비교하여 설명하라.

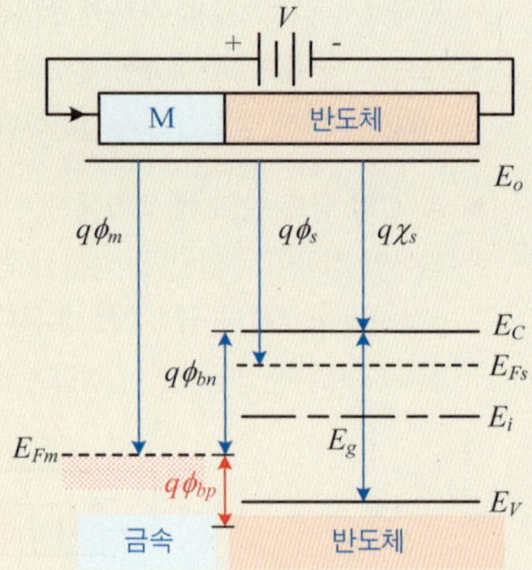

(a) 열평형 상태($V=0$)의 에너지 대역도는 아래 그림과 같다. 이 접합에서는 금속의 페르미 준위(E_{Fm})가 n형 반도체의 페르미 준위(E_{Fs})보다 낮은 상태이므로, 금속을 아주 높게 도핑된 p형 반도체와 같이 해석할 수 있다. 따라서 이 접합은 p^+n 형태와 유사한 전류–전압 특성을 가진 정류성 금속–n형의 쇼트키 접합이다.

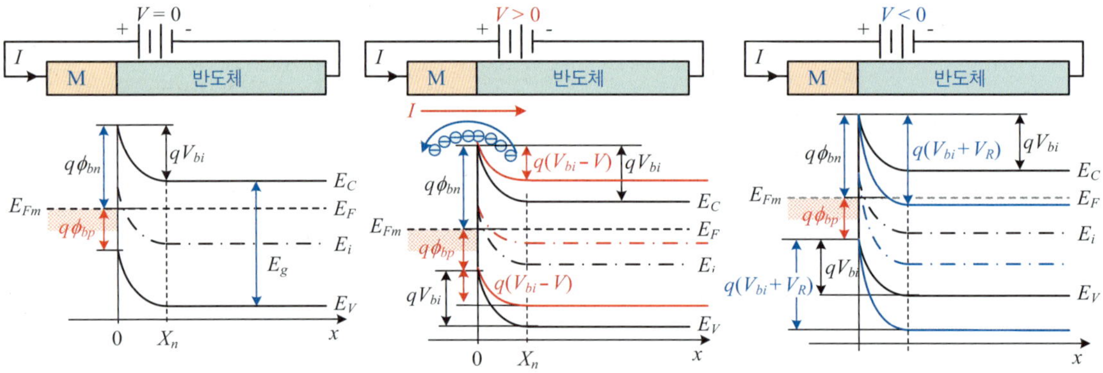

(b) $V>0$인 경우의 에너지 대역도를 이용하여 캐리어의 이동을 생각해 보자. 그림의 금속–n형 반도체 접합에서는 $V>0$인 전압이 인가되면 에너지 장벽이 낮아지기 때문에, n형 반도체에서 금속으로 전자가 주입된다. 따라서 인가된 전압에 의해 낮아진 에너지 장벽에 대해 지수함수적인 의존도를 가진 전류가 금속으로부터 반도체로 흐른다.

(c) $V<0$인 경우의 에너지 대역도를 이용하여 캐리어의 이동을 설명해 보자. 그림의 금속–n형 반도체 접합에서는 역방향 전압이 인가되어 에너지 장벽이 증가했기 때문에, n형 반도체로부터 금속으로 전자의 주입이 일어나지 않는다. 또한 인가 전압에 의한 쇼트키 장벽 에너지($q\phi_{bn}$)는 고려하지 않으므로, 금속에서 n형 반도체로의 전자 주입도 없다. 따라서 전류가 흐르지 않거나 인가 전압의 크기와는 무관하게 아주 작은 크기의 역방향 누설전류가 흐른다.

(d) 이 금속–반도체 접합의 전류–전압(I–V) 특성은 오른쪽 그림과 같다. 그림의 기준으로 양의 전압이 인가되면, n형 반도체의 다수 캐리어인 전자가 낮아진 에너지 장벽($\Delta E=-qV$)을 통과하여 금속으로 주입되며, 전압이 증가함에 따라 주입량이 지수함수적으로 증가한다. 즉 양의 순방향 전압의 경우, 전압에 대해 지수함수적인 의존도를 가진 전류가 흐른다.

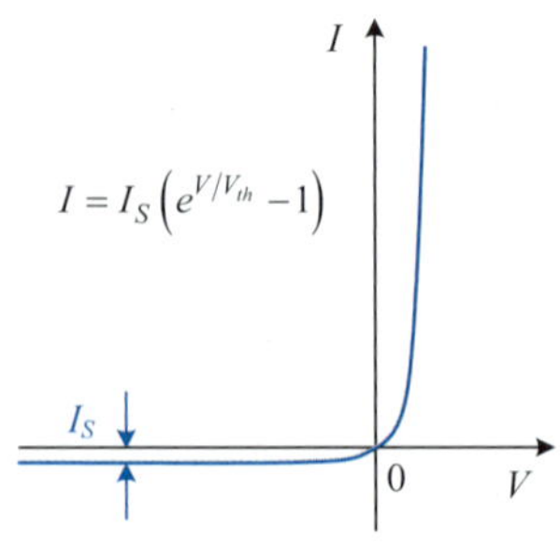

그러나 음의 전압이 인가되면, 높아진 에너지 장벽으로 인해 반도체에서 금속으로의 전자 주입이 이루어지지 않기 때문에 이로 인한 전류도 흐르지 않는다. 한편 금속–반도체 접합에 형성되는 쇼트키 장벽($q\phi_{bn}$)은 금속의 일함수($q\phi_m$)와 반도체의

전자 친화도($q\chi$)에 의해 결정되며 인가 전압에는 무관하므로, 금속으로부터 반도체로 전자주입도 없다. 따라서 높아진 에너지 장벽으로 인해 반도체에서 금속으로의 전자 주입도 없으므로, 역방향 전압에 의한 전류 형성은 없으며, 단지 쇼트키 에너지 장벽에 의해 결정되는 역방향 누설전류만 흐르게 된다. 즉 이 금속-반도체 접합은 정류형 n형 쇼트키 접합이며, 이를 전류-전압(I-V) 관계식으로 정리하면 다음과 같다.

$$I = I_{sm} - I_{ms} = I_S\left(e^{V/V_{th}} - 1\right)$$

(e) 쇼트키 접합의 역방향 누설전류 I_S는

$$I_S \equiv A\left(\frac{4\pi q m_n^* k^2}{h^3}\right)T^2 e^{-\frac{q\phi_{bn}}{kT}} = AA^*T^2 e^{-\frac{q\phi_{bn}}{kT}} \text{ [A]}, \quad A^* \equiv \left(\frac{4\pi q m_n^* k^2}{h^3}\right) \cong 120\left(\frac{m_n^*}{m_o}\right) \text{ [A/cm}^2\text{K}^2\text{]} : \text{리처드슨 상수}$$

로, 접합 단면적(A), 동작 온도(T), 쇼트키 에너지 장벽(ϕ_{bn}), 재료의 고유 특성인 리처드슨 상수(A^*)에 의해 결정된다. 따라서 역방향 누설전류를 줄이기 위해서는 쇼트키 에너지 장벽이 큰 금속-반도체 접합을 선택하고, 제조공정에서 금속 접합 형성 시에 계면 상태 열화로 인한 쇼트키 장벽의 저하를 방지하는 방법을 고려할 필요가 있다.

(f) 금속과 동일한 페르미 준위를 갖는 Si 반도체로 금속을 대체할 경우, 이 접합의 전기적 특성을 금속-반도체 접합의 전류-전압 특성과 비교하면 다음과 같이 설명할 수 있다. n형과 같은 반도체를 사용하되 금속과 같은 페르미 준위를 갖는 반도체는 p형 반도체가 된다. 따라서 p형 Si 반도체로 금속을 대체할 경우, pn 접합 다이오드가 된다. 이 두 접합은 양의 전압/음의 전압이 인가된 경우 전류-전압 특성이 비대칭인 정류형 접합 특성을 갖는 공통점이 있다.

그러나 pn 접합 다이오드는 쇼트키 접합 다이오드에 비해 역방향 누설전류가 작고, 접합붕괴 전압이 크며, 순방향의 켜지는 전압(turn-on voltage : V_{on})이 다소 큰 것으로 알려져 있다. 이를 그림으로 비교하면 오른쪽 그림과 같다.

$V_{\text{ON,Schottky}} \sim 0.4\text{ V} < V_{\text{ON,pn}} \sim 0.7\text{ [V]}$

$BV_{\text{Schottky}} < BV_{\text{pn}}, \quad I_{\text{S,Schottky}} > I_{\text{S,pn}}$

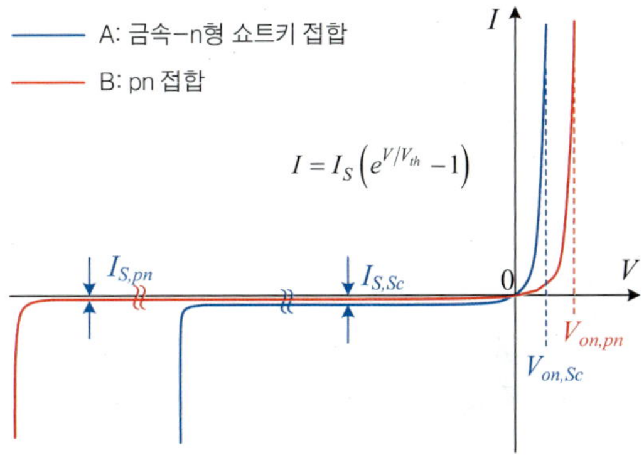

9.3 금속-반도체 접합

접합을 이루기 전에 그림과 같은 에너지 대역도를 갖는 금속-반도체 접합이 있다.

(a) 열평형 상태의 에너지 대역도를 구하라.
(b) $V > 0$인 경우의 에너지 대역도를 그리고, 캐리어의 이동을 설명하라.
(c) $V < 0$인 경우의 에너지 대역도를 그리고, 캐리어의 이동을 설명하라.
(d) 이 금속-반도체 접합의 전류-전압(I-V) 특성을 근거를 제시하여 설명하라.

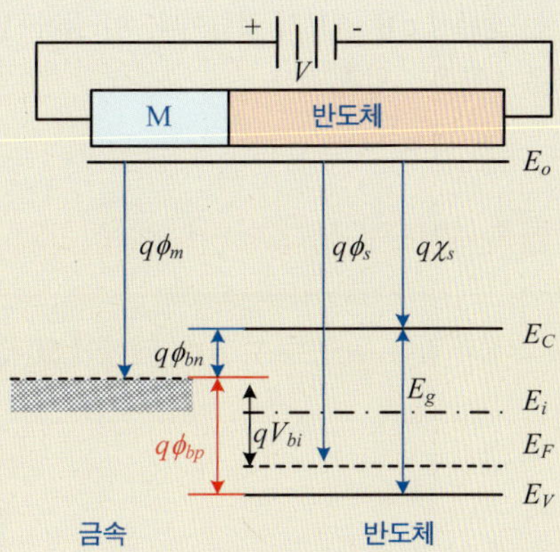

(a) 금속의 페르미 준위가 p형 반도체의 페르미 준위보다 높으므로, 금속을 아주 높게 도핑된 n형 반도체로 이해하는 것이 편리하다. 따라서 이 금속-p형 반도체 접합은 n^+p형 반도체 접합과 유사한 정류성 전류-전압 특성을 갖는 p형 쇼트키 접합이다. 열평형 상태의 에너지 대역도는 그림 (가)와 같다.

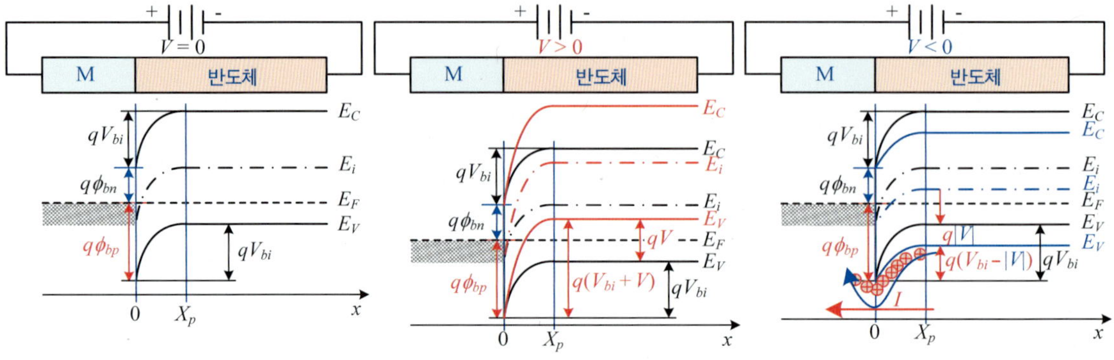

(가) (나) (다)

(b) $V > 0$인 경우의 에너지 대역도와 캐리어의 이동을 비교하면 그림 (나)와 같다. $V > 0$인 전압이 인가되면, 금속 영역의 에너지 상태가 낮아진다($\Delta E = -qV$; 반도체 쪽의 에너지 상태가 높아짐). 따라서 p형 반도체의 다수 캐리어인 정공에 대한 에너지 장벽이 증가하므로, 반도체로부터 금속으로의 정공 주입은 불가능하다. 또한 금속 내의 전자에 대한 에너지 장벽이 증가하므로, 금속으로부터 반도체로의 전자 주입은 불가능하다. 게다가 금속의 정공에 대한 에너지 장벽인 쇼트키 장벽은 불변이므로, 금속으로부터 p형 반도체로의 정공 주입도 불가능하다. 따라서 $V > 0$인 경우, 접합에는 누설전류 외에는 전류가 흐르지 않는다.

(c) $V < 0$인 경우의 에너지 대역도와 캐리어의 이동을 비교하면 그림 (다)와 같다. 금속에 인가된 음의 전압으로 인해 p형 반도체의 다수 캐리어인 정공에 대한 에너지 장벽이 감소한다. 따라서 낮아진 에너지 장벽에 대해 지수함수적인 의존도를 갖는 캐리어가 주입되어, 인가 전압에 지수함수적 의존도를 갖는 전류가 p형 반도체에서 금속으로 흐른다.

(d) 이 금속-반도체 접합은 인가 전압의 극성에 따라 전류-전압 특성이 달라지는 정류형 p형 쇼트키 접합이다. 그림에 주어진 전압의 극성(p형 반도체가 전위의 기준)을 반영하여 전류-전압(I-V) 관계식을 정리하면 다음과 같다.

$$I = I_S\left(1 - e^{-V/V_{th}}\right)$$

즉 이 접합은 음의 전압이 인가되면 큰 전류가 흐르는 순방향 바이어스 상태가 되고, 양의 전압이 인가되면 작은 누설전류만 흐르는 역방향 바이어스 상태가 되는 정류성 p형 쇼트키 접합이다. 이 금속-반도체 접합의 전류-전압(I-V) 특성은 오른쪽 그림과 같다.

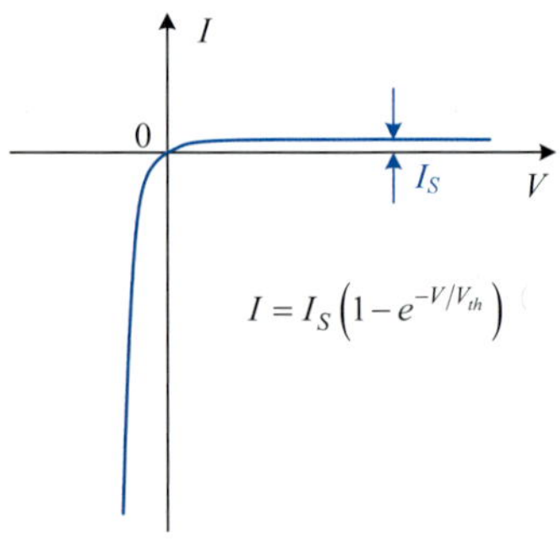

9.4 금속-반도체 접합과 반도체 접합의 비교

다음 그림과 같은 두 종류(A, B)의 접합이 있다.

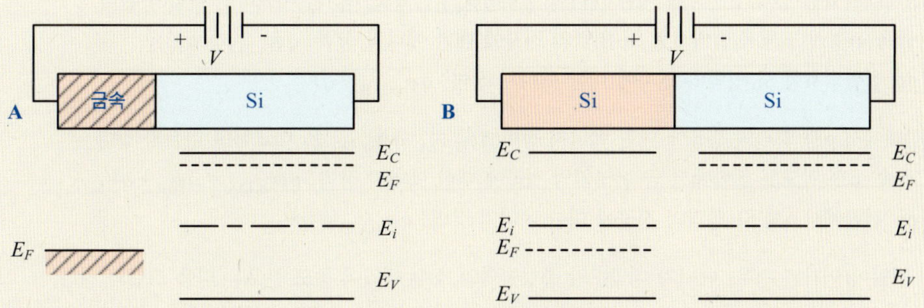

(a) 열평형 상태의 에너지 대역도를 그림으로 비교하라.
(b) 열평형 상태에서 접합의 오른쪽 Si 영역의 전자에 대한 에너지 장벽($q\phi_{\rm be,21A}$, $q\phi_{\rm be,21B}$)의 크기를 비교하라.
(c) 열평형 상태에서 접합의 왼쪽 영역의 정공에 대한 에너지 장벽($q\phi_{\rm bh,12A}$, $q\phi_{\rm bh,12B}$)을 비교하라.
(d) $V>0$인 전압이 인가된 경우, 중성영역의 소수 캐리어 농도 분포를 그림으로 비교하라.
(e) 두 접합의 전류-전압(I-V) 특성을 그림으로 비교하라.

(a) 접합을 이루기 전, 금속-반도체 접합 A와 반도체 pn 접합 B의 에너지 대역도는 다음 그림과 같다.

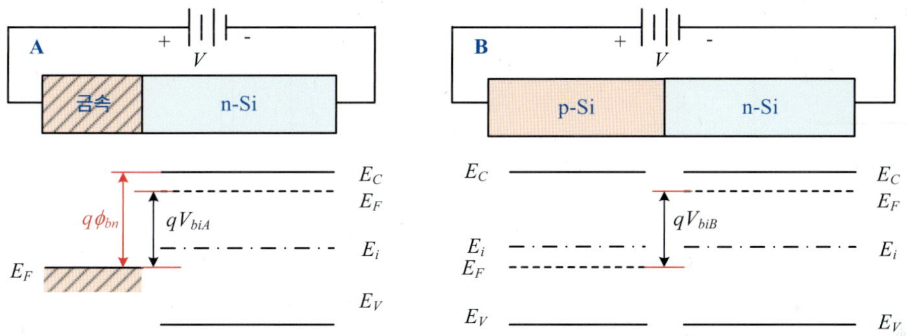

A의 금속-n형 반도체 접합의 경우, 금속의 페르미 준위가 n형 반도체의 페르미 준위보다 낮으므로, 금속은 높게 도핑된 p형 반도체와 유사하다. 따라서 이 접합은 정류성 n형 쇼트키 접합이다. B의 pn 접합은 같은 종류의 반도체로 형성된 동종 이형 접합으로, 다이오드의 전류-전압 특성을 갖는다. 열평형 상태의 에너지 대역도는 다음 그림과 같다.

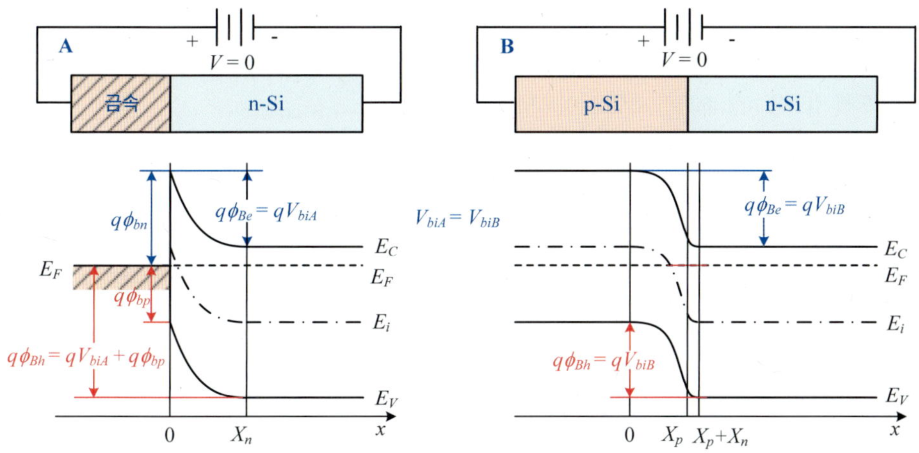

(b) 열평형 상태에서 n형 영역의 전자에 대한 에너지 장벽($q\phi_{\mathrm{be},21\mathrm{A}}$, $q\phi_{\mathrm{be},21\mathrm{B}}$)을 비교하면 다음과 같다.

- A의 금속-n형 반도체 접합의 n형 Si 영역의 전자에 대한 에너지 장벽 : $q\phi_{\mathrm{be},21\mathrm{A}} = qV_{biA}$
- B의 pn 접합의 n형 Si 영역의 전자에 대한 에너지 장벽 : $q\phi_{\mathrm{be},21\mathrm{B}} = qV_{biB}$

(c) 열평형 상태에서 p형 영역의 정공에 대한 에너지 장벽($q\phi_{\mathrm{bh},12\mathrm{A}}$, $q\phi_{\mathrm{bh},12\mathrm{B}}$)을 비교하면 다음과 같다.

- A의 금속-n형 반도체 접합에서 금속 영역의 정공에 대한 에너지 장벽 : $q\phi_{\mathrm{bh},12\mathrm{A}} = q\phi_{bp} + qV_{biA}$
- B의 pn 접합에서 p형 Si 영역의 정공에 대한 에너지 장벽 : $q\phi_{\mathrm{bh},12\mathrm{B}} = qV_{biB}$

(d) $V > 0$인 전압이 인가된 경우, 에너지 대역도와 중성영역의 소수 캐리어 농도 분포는 다음 그림과 같다.

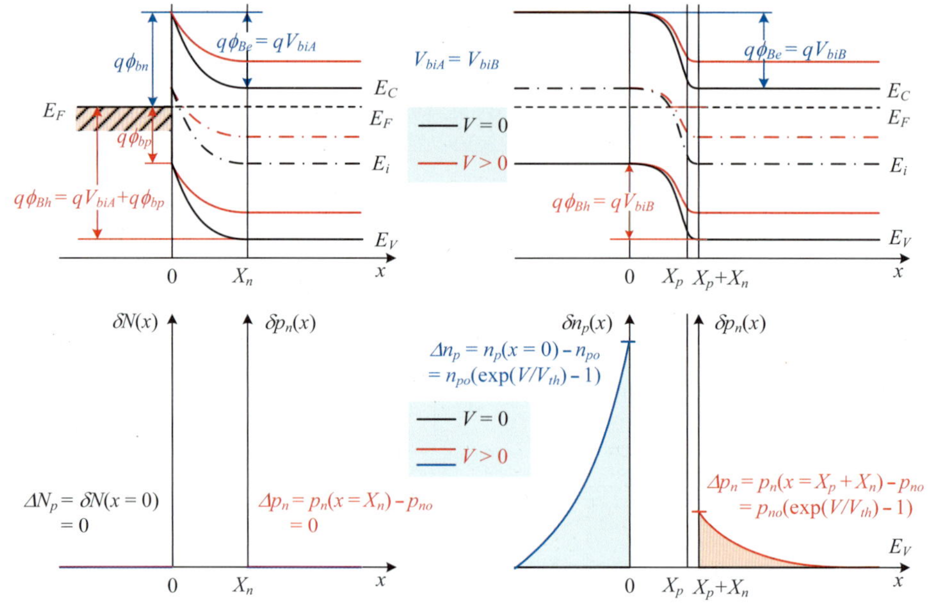

▶ A의 금속-반도체 접합에서는 n형 반도체에서 금속으로 주입된 전자가 즉시 재결합하게 되므로, 금속 내의 과잉 캐리어가 존재하지 않는다. 또한 정공에 대한 높은 에너지 장벽으로 인해 금속으로부터 n형 반도체로의 정공 주입도 존재하지 않으므로, n형 반도체 영역에 과잉 정공은 없다.

▶ B의 pn 접합에서는 n형 반도체로부터 주입된 전자가 p형 반도체의 중성영역에 존재하고, p형 반도체로부터 주입된 정공도 n형 중성영역에 과잉 캐리어의 형태로 분포한다.

(e) 두 접합 구조의 전류-전압(I-V) 특성은 모두 정류 특성으로, A의 금속-반도체 접합은 n형 쇼트키 접합 다이오드이고, B는 이형 반도체를 접합한 pn 다이오드이다. 전류-전압(I-V) 특성은 오른쪽 그림과 같으며, 역방향 누설전류, 역방향 접합 붕괴 전압, 그리고 순방향의 켜지는 전압을 중심으로 크기를 비교하면 다음과 같다.

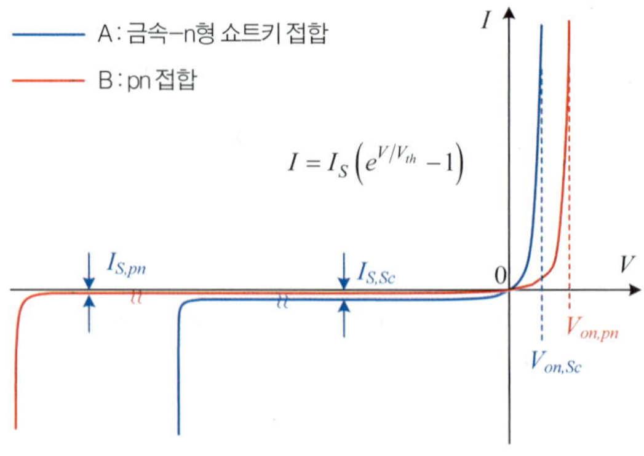

- 역방향 누설전류 : $I_{S,Sc} > I_{S,pn}$
- 접합붕괴 전압 : $BV_{Sc} < BV_{pn}$
- 순방향 켜지는(ON) 전압 : $V_{ON,Sc} < V_{ON,pn}$

9.5 이종 접합

두 반도체로 이루어진 이종 접합이 있다. 접합을 이루기 전의 두 반도체의 에너지 대역도는 오른쪽 그림과 같다.

(a) 열평형 상태의 에너지 대역도를 구하라.
(b) 열평형 상태에서 이 접합에 형성된 내부 전압(V_{bi})을 주어진 지표들을 이용하여 구하라.
(c) 열평형 상태에서 p형 반도체의 정공에 대한 에너지 장벽을 구하라.
(d) 열평형 상태에서 n형 반도체의 전자에 대한 에너지 장벽을 구하라.
(e) 순방향 전압이 인가된 경우, 에너지 대역도를 구하라.
(f) 순방향 전압이 인가된 경우, 소수 캐리어의 농도 분포를 그림으로 나타내라.
(g) 순방향 전압이 인가된 경우, 이종 접합에 흐르는 전류가 전자나 정공 중 주로 어느 것에 의해 형성되는지 설명하라.
(각 영역의 도핑 농도와 소수 캐리어의 확산길이, 평균수명은 동일하다고 가정한다.)

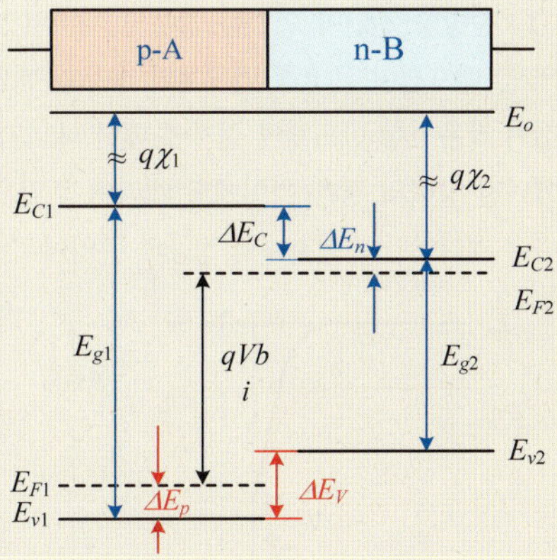

(a) 열평형 상태의 에너지 대역도는 다음 그림과 같다. 이 접합은 밴드갭이 큰 P형 반도체에 존재하는 정공에 대한 에너지 장벽 $q\phi_{bh}$보다, 밴드갭이 작은 n형 반도체의 다수 캐리어인 전자에 대한 에너지 장벽 $q\phi_{be}$이 훨씬 큰 이종의 Pn 접합이다.

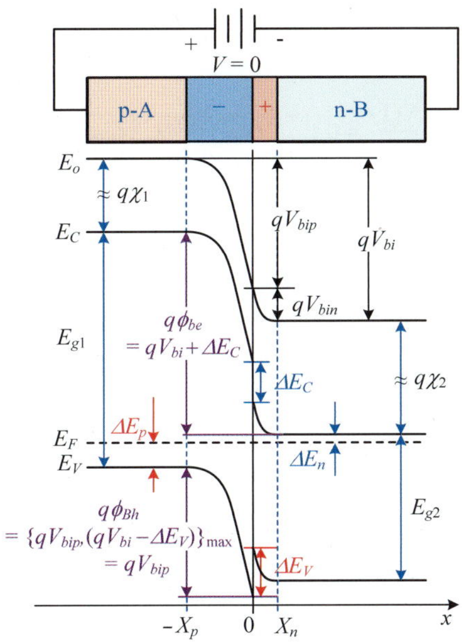

(b) 주어진 지표들을 이용하여 열평형 상태의 접합 양단에 형성된 내부 전압(V_{bi})를 구하면 다음과 같다.

$$V_{bi}=\frac{\Delta E_F}{q}=\frac{E_{g1}-(\Delta E_C+\Delta E_n+\Delta E_p)}{q}=\frac{E_{g2}+\Delta E_V-(\Delta E_n+\Delta E_p)}{q}\ ;$$

$$\begin{cases} E_{g1}=E_{g2}+\Delta E_C+\Delta E_V \\ \Delta E_n=kT\ln\left(\dfrac{N_{C,B}}{N_{D,B}}\right),\ \ \Delta E_p=kT\ln\left(\dfrac{N_{V,A}}{N_{A,A}}\right) \end{cases}$$

(c) 열평형 상태에서 P형 반도체의 정공에 대한 에너지 장벽 : $q\phi_{Bh} = \{qV_{bip}, (qV_{bi} - \Delta E_V)\}_{\max} = qV_{bip}$

(d) 열평형 상태에서 n형 반도체의 전자에 대한 에너지 장벽 : $q\phi_{be} = qV_{bi} + \Delta E_C$

(e), (f) 순방향 전압이 인가된 경우의 에너지 대역도와 소수 캐리어의 농도 분포는 아래 그림과 같다. 순방향 인가 전압에 의해, 밴드갭이 큰 P형 반도체의 정공과 밴드갭이 작은 n형 반도체의 전자에 대한 에너지 장벽이 낮아진다. 그러나 밴드갭이 작은 n형 반도체의 전자에 대한 에너지 장벽이 훨씬 크고, 에너지 장벽과 캐리어 농도는 지수함수 관계를 가지므로, 에너지 장벽의 작은 차이에도 캐리어 주입은 매우 큰 차이를 보인다. 따라서 이 접합에서는 밴드갭이 큰 P형 반도체의 다수 캐리어인 가전자대역 정공의 주입이 주도적으로 나타나며, 이는 Pn 이종 접합 다이오드의 특성이다.

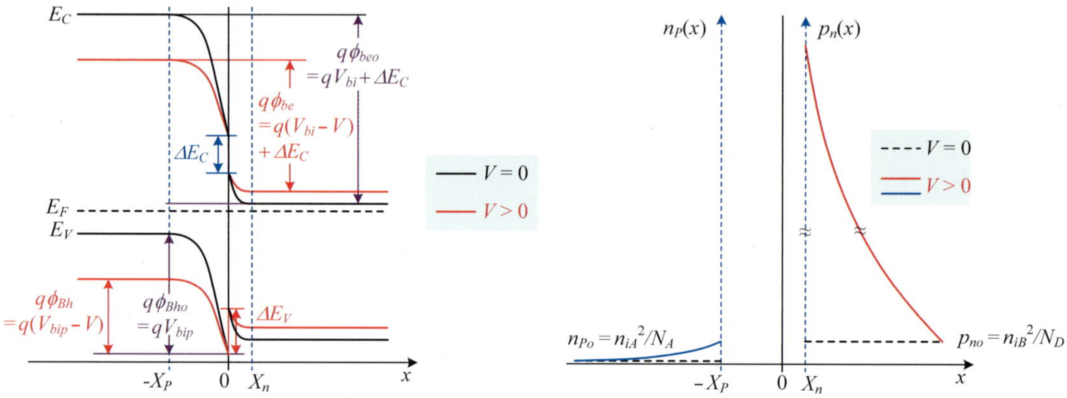

중성영역의 과잉 캐리어 농도 분포($\delta N(x)$)는 확산방정식에 의해 지배되며, 농도 분포의 일반해와 경계조건은 다음과 같다.

$$\frac{\partial^2 \delta N(x)}{\partial x^2} - \frac{\delta N(x)}{L_{min}^2} = 0 \; ; \qquad L_{min} \equiv \sqrt{D_{min}\tau_{min}} = \text{과잉 캐리어의 확산길이}$$

$$\delta N(x) = Ae^{+x/L_{min}} + Be^{-x/L_{min}} \; ; \qquad \delta N(x)(= \delta N_{maj}(x) = \delta N_{min}(x))$$

$$\delta N(x)|_{\substack{neutral \\ SCR}} \equiv \Delta N = N_o\left(e^{V/V_{th}} - 1\right) : \text{ 중성영역과 공간전하영역 경계지점}$$

$$\delta N(x)|_{metal} = 0 : \text{ 중성영역 끝의 금속 접점에서는 항상 열평형 상태가 유지된다.}$$

접합 양단에 인가된 전압(V)에 의해 에너지 장벽(E_B)이 변하면($\Delta E_B = -qV$), n형 중성영역이 시작되는 지점($x = X_n$)으로 주입된 소수 캐리어 및 과잉 정공 농도 Δp_n와, P형 중성영역이 시작되는 지점($x = -X_P$)으로 주입된 과잉 전자 농도 Δn_P는 각각 다음과 같다.

$$p_n(X_n) = p_{no}e^{\Delta E/kT} = p_{no}e^{V/V_{th}} \; ; \quad \delta p_n(X_n) = p_n(X_n) - p_{no} = p_{no}\left(e^{V/V_{th}} - 1\right) \equiv \Delta p_n$$

$$n_P(-X_P) = n_{Po}e^{\Delta E/kT} = n_{Po}e^{V/V_{th}} \; ; \quad \delta n_P(-X_P) = n_P(-X_P) - n_{Po} = n_{Po}\left(e^{V/V_{th}} - 1\right) \equiv \Delta n_P$$

금속 접점($x = (X_n + W_n)$)이 있는 n형과 P형 중성영역의 끝($x = -(X_P + W_P)$)에서는 인가된 전압의 방향과 크기, 중성영역의 길이(W_P, W_n)에 관계없이 항상 열평형 상태가 유지되며, 과잉 정공과 전자 농도는 다음과 같다.

$$p_n(x = X_n + W_n) = p_{no}, \quad \delta p_n(x = X_n + W_n) = p_n(x = X_n + W_n) - p_{no} = 0$$

$$n_P(x = -(X_P + W_P)) = n_{Po}, \quad \delta n_P(x = -(X_P + W_P)) = n_P(-(X_P + W_P)) - n_{Po} = 0$$

이러한 경계조건에 의해 확정된 중성영역의 과잉 캐리어 농도 분포는 다음과 같이 간략하게 나타낼 수 있다.

$$\delta N(x) = \Delta N \frac{\sinh(-(x - W_{neutral})/L_{min})}{\sinh(W_{neutral}/L_{min})} \ [\text{cm}^{-3}]$$

$W_{neutral}$ = 중성영역의 길이 ; ΔN = 중성영역과 공간전하영역 경계점에서의 과잉 캐리어 농도

▶ 밴드갭이 큰 P형 중성영역($-(X_P+W_P) \le x \le -X_P$)의 과잉 전자 농도 분포

$$\delta n_P(x) = \Delta n_P \frac{\sinh[(x + (W_P + X_P))/L_n]}{\sinh(W_P/L_n)} \ ; \quad \begin{cases} \Delta n_P \equiv \delta n_P(x = -X_P) = n_{Po}\left(e^{V/V_{th}} - 1\right) \\ n_{Po} = \dfrac{n_{iP}^2}{N_A} = \dfrac{N_{CP}N_{VP}}{N_A} e^{-E_{gP}/kT} \end{cases}$$

▶ 밴드갭이 작은 n형 중성영역($X_n \le x \le (X_n + W_n)$)의 과잉 정공 농도 분포

$$\delta p_n(x) = \Delta p_n \frac{\sinh[-(x - (W_n + X_n))/L_p]}{\sinh(W_n/L_p)} \ ; \quad \begin{cases} \Delta p_n \equiv \delta p_n(x = -X_n) \cong p_{no}\left(e^{V/V_{th}} - 1\right) \\ p_{no} = \dfrac{n_{in}^2}{N_D} = \dfrac{N_{Cn}N_{Vn}}{N_D} e^{-E_{gn}/kT} \end{cases}$$

(g) 순방향 전압이 인가된 경우, 이종 접합에 흐르는 전류는 주로 밴드갭이 큰 P형 반도체로부터 주입된 정공에 의해 지배된다. 즉 전류는 밴드갭이 작은 n형 영역으로 주입된 소수 캐리어인 과잉 정공의 확산에 의해 지배되며, 전류-전압 관계식은 다음과 같이 구할 수 있다.

▶ 밴드갭이 작은 n형 중성영역에서 정공에 의한 전류 분포 $J_p(x)$

$$J_p(x) \cong J_p(x)|_{diff} = -qD_p \frac{d\delta p_n(x)}{dx} = q\frac{D_p}{L_p}\Delta p_n \frac{\cosh[(x - (W_n + X_n))/L_p]}{\sinh(W_n/L_p)} \ [\text{A/cm}^2]\ ; \ X_n \le x \le (X_n + W_n)$$

공간전하영역을 통해 에너지 장벽을 넘어 주입되는 정공 전류 J_{po}는 다음과 같다.

$$J_{po} \equiv J_p(X_n)|_{diff} = qD_p\left(\frac{d\delta p_n(x)}{dx}\right)_{X_n} = q\frac{D_p}{L_p}\Delta p_n \frac{1}{\tanh(W_n/L_p)} = J_{spo}\left(e^{V/V_{th}} - 1\right) \ [\text{A/cm}^2]$$

$$J_{spo} \equiv q\frac{D_p}{L_p}\frac{n_{in}^2}{N_D}\frac{1}{\tanh(W_n/L_p)} \ [\text{A/cm}^2]$$

▶ 밴드갭이 큰 P형 중성영역에서 전자에 의한 전류 분포 $J_n(x)$

$$J_n(x) \cong J_n(x)|_{diff} = qD_n \frac{d\delta n_P(x)}{dx} = q\frac{D_n}{L_n}\Delta n_P \frac{\cosh[(x + (W_P + X_P))/L_n]}{\sinh(W_P/L_n)} \ [\text{A/cm}^2]$$

공간전하영역을 통해 주입되는 전자에 의한 전류 J_{no}는 다음과 같다.

$$J_{no} \equiv J_n(-X_P)|_{diff} = qD_n \left.\frac{d\delta n_P(x)}{dx}\right|_{-X_P} = q\frac{D_n}{L_n}\Delta n_P \frac{1}{\tanh(W_P/L_n)} = J_{sno}\left(e^{V/V_{th}} - 1\right)$$

$$J_{sno} \equiv q\frac{D_n}{L_n}\frac{n_{iP}^2}{N_A}\frac{1}{\tanh(W_P/L_n)}$$

따라서 이종 접합 다이오드의 전류-전압 관계식을 정리하면 다음과 같다.

$$I = I_S\left(e^{V/V_{th}} - 1\right) = AJ_S\left(e^{V/V_{th}} - 1\right) : \ J_S = J_{spo} + J_{sno} \quad \begin{cases} J_{spo} \equiv q\dfrac{D_p}{L_p}\dfrac{n_{in}^2}{N_D}\dfrac{1}{\tanh(W_n/L_p)} \\ J_{sno} \equiv q\dfrac{D_n}{L_n}\dfrac{n_{iP}^2}{N_A}\dfrac{1}{\tanh(W_P/L_n)} \end{cases}$$

9.6 이종 접합과 동종 접합

그림과 같은 두 다이오드의 전기적 특성을 비교하고 이해하고자 한다. 두 다이오드 모두 중성영역의 길이가 확산길이보다 훨씬 길며, n형 영역의 도핑 농도는 $N_D = N_o$, p형 영역의 도핑 농도는 $N_A = 10N_o$, $N_o \gg n_i$이다. 소수 캐리어의 평균수명은 p형과 n형에 관계없이 두 경우 모두 동일하며, $\Delta E_C = 0.2$ [eV], $\Delta E_V = 0.3$ [eV], $E_g = 1.1$ [eV]로 가정한다.

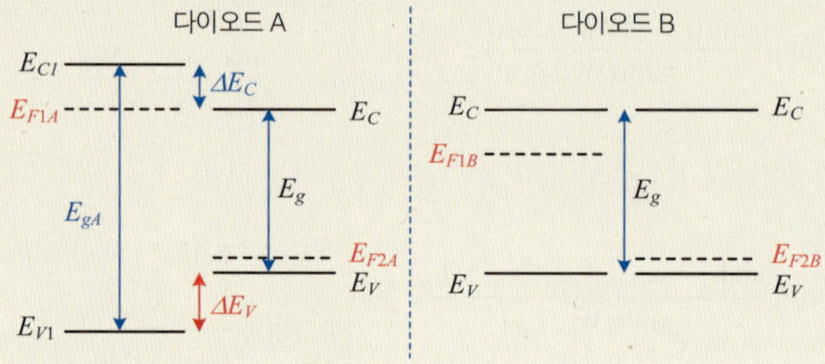

(a) 두 다이오드의 열평형 상태와 순방향 전압이 인가된 경우의 에너지 대역도를 비교하라.

(b) 열평형 상태의 내부 전압을 구하고, 그 크기를 비교하라.

(c) 열평형 상태에서 전자와 정공에 대한 에너지 장벽을 비교하라.

(d) 열평형 상태와 순방향 바이어스 인가 시의 소수 캐리어 농도 분포를 그림으로 비교하라.

(e) 다이오드의 순방향 전류가 전자와 정공 중 어느 캐리어에 의해 지배되는지 설명하라.

(a) 두 다이오드의 열평형 상태와 순방향 전압이 인가된 경우의 에너지 대역도를 비교하면 다음과 같다.

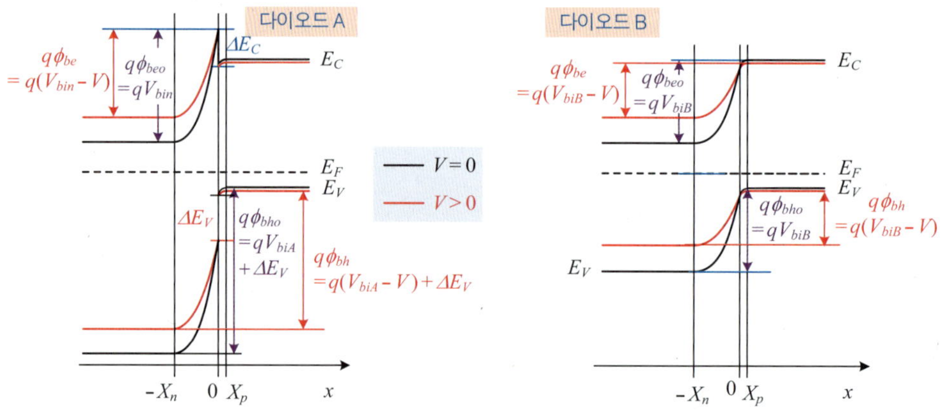

다이오드 A는 밴드갭이 큰 N형 영역과 밴드갭이 작은 p형 영역으로 형성된 Np 이종 접합이며, 다이오드 B는 밴드갭이 동일한 n형 영역과 p형 영역으로 이루어진 np 동종 접합이다.

(b) 열평형 상태의 내부 전압 V_{bi}는 접합을 이루는 두 영역의 페르미 준위 차이인 내부 에너지 장벽 qV_{bi}로부터 구할 수 있다. 이종 접합을 사용한 Np 다이오드 A의 내부 에너지 장벽(qV_{biA})과 동종 접합을 사용한 np 다이오드 B의 내부 에너지 장벽(qV_{biB})은 각각 다음의 관계식을 통해 구할 수 있다.

$$qV_{biA} = \Delta E_{FA} = E_{gA} - (\Delta E_V + \Delta E_{nA} + \Delta E_{pA}), \quad E_{gA} = E_g + \Delta E_C + \Delta E_V,$$

$$\Delta E_{nA} = kT \ln\left(\frac{N_{C,A}}{N_D}\right), \quad \Delta E_{pA} = kT \ln\left(\frac{N_V}{N_A}\right)$$

$$qV_{biB} = \Delta E_{FB} = E_g - (\Delta E_{nB} + \Delta E_{pB}) = kT \ln\left(\frac{N_A N_D}{n_i^2}\right);$$

$$\Delta E_{nB} = kT\ln\left(\frac{N_C}{N_D}\right), \quad \Delta E_{pB} = kT\ln\left(\frac{N_V}{N_A}\right)$$

(c) 열평형 상태에서 전자와 정공에 대한 에너지 장벽은 다음과 같다.

▶ 이종 접합을 사용한 Np 다이오드 A의 내부 에너지 장벽 : qV_{biA}

- 밴드갭이 큰 N형 반도체의 다수 캐리어인 전자에 대한 에너지 장벽 : $q\phi_{beoA} = qV_{bin}$
- 밴드갭이 작은 p형 반도체의 다수 캐리어인 정공에 대한 에너지 장벽 : $q\phi_{bhoA} = qV_{biA} + \Delta E_V$

▶ 동종 접합을 사용한 np 다이오드 B의 내부 에너지 장벽 : qV_{biB}

- n형 반도체의 다수 캐리어인 전자에 대한 에너지 장벽 : $q\phi_{beoB} = qV_{biB}$
- p형 반도체의 다수 캐리어인 정공에 대한 에너지 장벽 : $q\phi_{bhoB} = qV_{biB}$

(d) 열평형 상태와 순방향 바이어스 인가 시의 소수 캐리어 농도 분포는 다음 그림과 같다.

▶ 이종 접합을 사용한 Np 다이오드 A의 경우 : 밴드갭이 큰 영역의 다수 캐리어인 전자가 p형 영역으로 주입되는 양은 많은 반면, 밴드갭이 작은 영역의 다수 캐리어인 정공이 N형 영역으로 주입되는 양은 높은 에너지 장벽으로 인해 극히 제한된다.

▶ 동종 접합을 사용한 np 다이오드 B의 경우 : n형 영역의 다수 캐리어인 전자와 p형 영역의 다수 캐리어인 정공에 대한 에너지 장벽이 동일하여, 높은 도핑 농도를 가진 다수 캐리어의 주입이 훨씬 주도적으로 이루어진다.

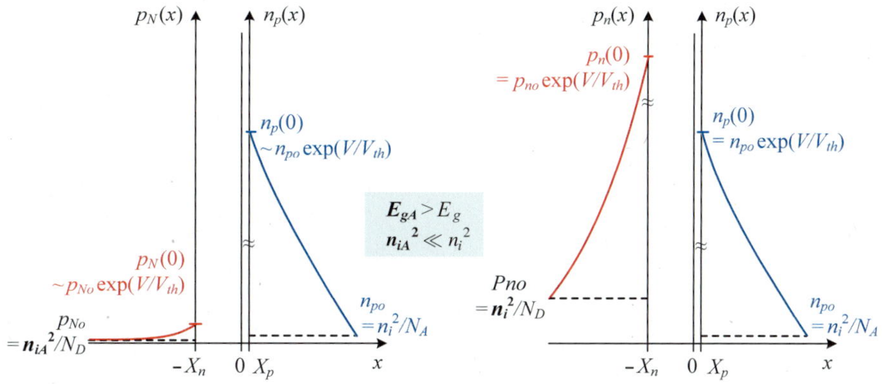

(e) ▶ 이종 접합을 사용한 Np 다이오드 A : 밴드갭이 큰 영역의 다수 캐리어인 전자가 p형 영역으로 주입되는 양이 훨씬 많다. 따라서 Np 다이오드 A의 전류-전압 특성은 밴드갭이 작은 p형 영역으로 주입된 전자에 의해 결정된다.

$$I_A = I_{SA}\left(e^{V/V_{th}} - 1\right) \cong qA\frac{D_n}{L_n}\frac{n_{ip}^2}{N_A}\frac{1}{\tanh(W_P/L_n)}\left(e^{V/V_{th}} - 1\right)$$

$$I_{SA} = I_{spA} + I_{snA} \cong I_{snA} \quad \begin{cases} I_{spA} \equiv q\dfrac{D_p}{L_p}\dfrac{n_{iN}^2}{N_D}\dfrac{1}{\tanh(W_n/L_p)} \\ n_{iN}^2 << n_{ip}^2 \;;\quad I_{spA} \ll I_{snA} \\ I_{snA} \equiv q\dfrac{D_n}{L_n}\dfrac{n_{ip}^2}{N_A}\dfrac{1}{\tanh(W_P/L_n)} \end{cases}$$

▶ 동종 접합을 사용한 np 다이오드 B : 높은 도핑 농도를 가진 p형 영역으로부터 n형 영역으로의 정공 주입이 훨씬 많으므로, n형 영역에 주입된 정공에 의해 전류-전압 특성이 결정된다.

$$I_B = I_{SB}\left(e^{V/V_{th}} - 1\right) \cong qA\frac{D_p}{L_p}\frac{n_{iN}^2}{N_D}\frac{1}{\tanh\left(W_n/L_p\right)}\left(e^{V/V_{th}} - 1\right)$$

$$I_{SB} = I_{spB} + I_{snB} \cong I_{spB} \begin{cases} I_{spB} \equiv qA\dfrac{D_p}{L_p}\dfrac{n_{iN}^2}{N_D}\dfrac{1}{\tanh\left(W_n/L_p\right)} \\ n_{iN}^2 = n_{ip}^2 = n_i^2 \ ; \quad I_{spB} \gg I_{snB} \\ I_{snB} \equiv qA\dfrac{D_n}{L_n}\dfrac{n_{ip}^2}{N_A}\dfrac{1}{\tanh\left(W_P/L_n\right)} \end{cases}$$

9.7 이종 접합과 동종 접합

이종 접합은 여러 장점으로 인하여 초고속, 초고주파 전자소자 및 광소자에 유용하게 활용되고 있다. 그림과 같은 두 이종 접합(pN : D1 및 Pn : D2 접합)이 있다. 이때 D1의 p형 도핑 농도는 $N_{A1} = 10N_o$, N형 영역의 도핑 농도는 $N_{D1} = N_o$, D2의 N형 도핑 농도는 $N_{D2} = N_o$, p형 영역의 도핑 농도는 $N_{A2} = 10N_o$, $N_o \gg n_{iA}$ & n_{iB}, $\Delta E_C = 0.3$ [eV], $\Delta E_V = 0.3$ [eV], $E_{gA} = 1.1$ [eV]로 가정한다.

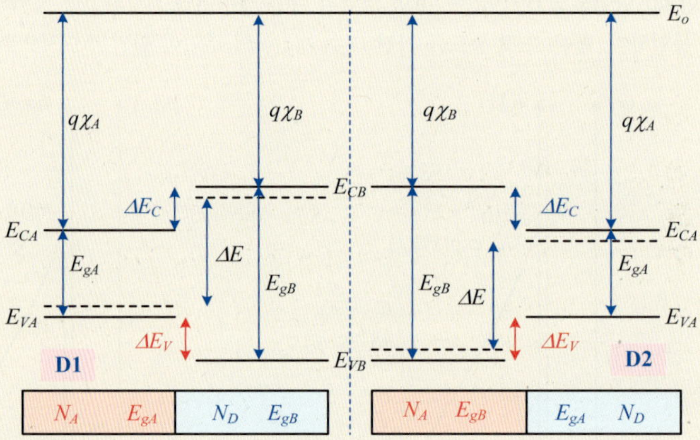

(a) 두 경우에 대해 내부 전압의 크기를 비교(V_{bi1}/V_{bi2})하라.
(b) 두 경우에 대하여 열평형 상태의 에너지 대역도를 비교하라.
(c) 두 경우의 다수 캐리어 전자에 대한 에너지 장벽의 크기를 비교($q\phi_{be1}/q\phi_{be2}$)하라.
(d) 두 경우의 다수 캐리어 정공에 대한 에너지 장벽의 크기를 비교($q\phi_{bh1}/q\phi_{bh2}$)하라.
(e) 각 경우에 대해 전자와 정공의 에너지 장벽 중 어느 에너지 장벽이 큰지 비교($q\phi_{be}/q\phi_{bh}$)하라.

(a), (b) 두 접합 D1과 D2의 열평형 상태와 순방향 전압이 인가된 경우의 에너지 대역도를 그림으로 비교하였다.

D1에서는 밴드갭이 작은 영역이 p형 반도체이고, 밴드갭이 큰 영역이 N형 반도체이므로, D1은 pN 이종 접합이다. 한편 D2에서는 밴드갭이 큰 영역이 P형 반도체이고, 밴드갭이 작은 영역이 n형 반도체이므로, D2는 Pn 이종 접합이다. 열평형 상태의 내부 전압은 접합을 이루는 두 영역의 페르미 준위 차이로부터 구할 수 있다. 그림에 주어진 접합 전의 에너지 대역도에서는 D1과 D2의 페르미 준위의 차이가 같으므로 pN 이종 접합 D1(V_{bi1})과 Pn 이종 접합 D2(V_{bi2})의 내부 전압은 동일($V_{bi1} = V_{bi2}$)하며, 다음 관계식을 통해 계산할 수 있다.

$$V_{bi1} = \frac{\Delta E_{F1}}{q} = \frac{E_{gB} - (\Delta E_V + \Delta E_{nB} + \Delta E_{pA})}{q}$$

$$= \frac{E_{gA} + \Delta E_C - (\Delta E_{nB} + \Delta E_{pA})}{q} \quad \begin{cases} E_{gB} = E_{gA} + \Delta E_C + \Delta E_V \\ \Delta E_{nB} = kT \ln\left(\frac{N_{C,B}}{N_D}\right), \ \Delta E_{pA} = kT \ln\left(\frac{N_{V,A}}{N_A}\right) \end{cases}$$

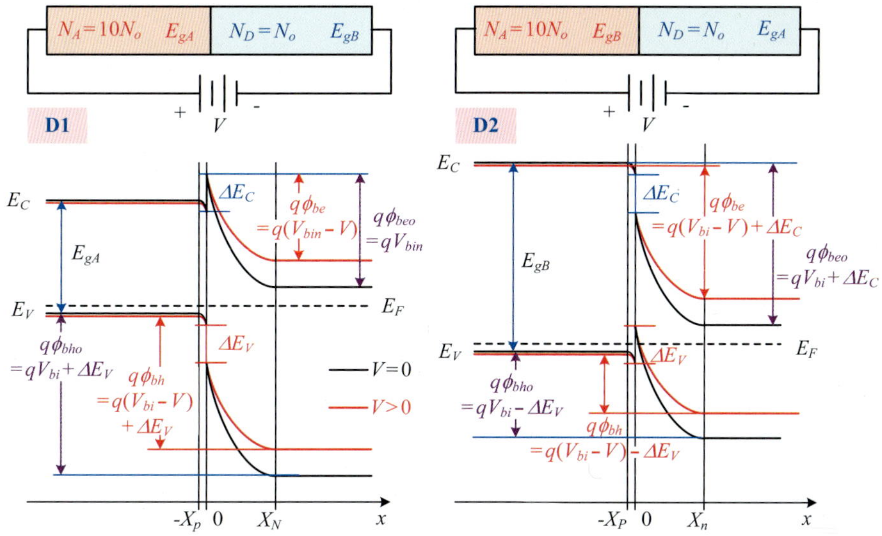

$$V_{bi2} = \frac{\Delta E_{F2}}{q} = \frac{E_{gB} - (\Delta E_C + \Delta E_{nA} + \Delta E_{pB})}{q}$$

$$= \frac{E_{gA} + \Delta E_V - (\Delta E_{nA} + \Delta E_{pB})}{q} \quad \begin{cases} E_{gB} = E_{gA} + \Delta E_C + \Delta E_V \\ \Delta E_{nA} = kT \ln\left(\frac{N_{C,A}}{N_D}\right), \ \Delta E_{pB} = kT \ln\left(\frac{N_{V,B}}{N_A}\right) \end{cases}$$

(c), (d) 두 경우의 열평형 상태에서 다수 캐리어인 전자와 정공에 대한 에너지 장벽의 크기를 비교($q\phi_{be1}/q\phi_{be2}$, $q\phi_{bh1}/q\phi_{bh2}$)하면 각각 다음과 같다.

▶ 이종 접합을 사용한 pN 다이오드 D1의 내부 에너지 장벽 : $qV_{bi1} = qV_{bi2}$

- 밴드갭이 작은 p형 반도체의 다수 캐리어인 정공에 대한 에너지 장벽 : $q\phi_{bho1} = qV_{bi1} + \Delta E_V$
- 밴드갭이 큰 N형 반도체의 다수 캐리어인 전자에 대한 에너지 장벽 : $q\phi_{beo} = qV_{bin}$

▶ 이종 접합을 사용한 Pn 다이오드 D2의 내부 에너지 장벽 : $qV_{bi2} = qV_{bi1}$

- 밴드갭이 큰 P형 반도체의 다수 캐리어인 정공에 대한 에너지 장벽 : $q\phi_{bho} = qV_{bi2} - \Delta E_V$
- 밴드갭이 작은 n형 반도체의 다수 캐리어인 전자에 대한 에너지 장벽 : $q\phi_{beo} = qV_{bi2} + \Delta E_C$

(e) ▶ pN 다이오드 D1 : $qV_{bi1} = qV_{bi2}$: $q\phi_{bho1} = qV_{bi1} + \Delta E_V > q\phi_{beo} = qV_{bin}$

▶ Pn 다이오드 D2 : $qV_{bi2} = qV_{bi1}$: $q\phi_{bho} = qV_{bi} - \Delta E_V < q\phi_{beo} = qV_{bi} + \Delta E_C$

즉 밴드갭이 작은 영역의 다수 캐리어인 전자에 대한 에너지 장벽 $q\phi_{beo}$이, 밴드갭이 큰 영역의 다수 캐리어에 대한 에너지 장벽 $q\phi_{bho}$보다 큼을 알 수 있다.

Chapter

10 바이폴라 트랜지스터의 전류-전압 특성

Electrical Characteristics of Bipolar Junction Transistor

10.1 BJT 동작의 기본 원리

그림과 같이 pn 접합 다이오드 두 개를 연결하여, 인가 전압에 따른 전기적 특성의 변화와 npn 바이폴라 트랜지스터와의 차이/공통점을 분석하고자 한다.

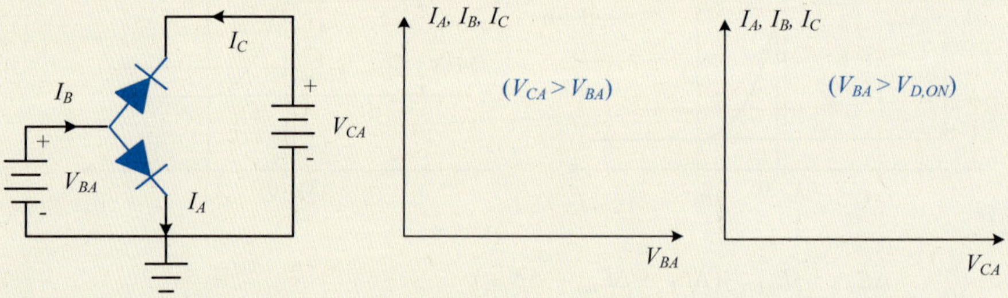

(a) V_{BA}의 변화에 따른 I_A, I_B, I_C의 변화를 그림으로 설명하라.
(b) V_{CA}의 변화에 따른 I_A, I_B, I_C의 변화를 그림으로 설명하라.
(c) 이 구조와 npn 바이폴라 트랜지스터의 전류-전압 특성과의 차이점과 그 이유를 설명하라.

(a) 문제의 그림과 같이 단자의 양단에 항상 과잉 캐리어가 존재하지 않고, 열평형 상태로 유지되는 금속 접점을 가진 pn 접합 다이오드 D_A와 D_B가 서로 맞대어 연결된 경우를 생각해보자. pn 접합 다이오드에 인가된 전압에 따른 전류의 변화는 다음과 같은 전압 의존도를 갖는다.

$$I = I_S\left(e^{V/V_{th}} - 1\right) \text{ [A]}$$

pn 접합 다이오드를 형성하는 재료, 온도, 제조공정, 소자 구조 및 크기에 의해 결정되는 역방향 포화전류 I_S는 다음과 같이 소수 캐리어의 특성 변수(농도, 평균수명, 확산길이 등)에 의해 결정된다.

$$I_s \equiv I|_{V=-V_R<<0} = qAn_i^2\left\{\frac{D_p}{L_p}\frac{1}{N_D}\frac{1}{\tanh(W_n/L_p)} + \frac{D_n}{L_n}\frac{1}{N_A}\frac{1}{\tanh(W_p/L_n)}\right\} \text{ [A]}$$

$$n_i^2 = N_C N_V e^{-E_g/kT} = 4\left(\frac{2\pi kT}{h^2}\right)^3 \left(m_n^* m_p^*\right)^{3/2} e^{-E_g/kT}$$

따라서 D_A에 흐르는 전류($I_{BA} = I_A$)는 다음과 같이 인가 전압 V_{BA}에 의해 결정된다.

$$I_{BA} = I_A = I_{SA}\left(e^{V_{BA}/V_{th}} - 1\right) \text{ [A]}$$

$V_{BA} > 0$의 순방향 전압이 인가된 경우, D_A에 흐르는 전류는 다음과 같이 V_{BA}에 대하여 지수함수적 의존도를 갖는다.

한편 역방향 전압이 인가되면, D_A에는 일정한 크기의 역방향 누설전류 $-I_{SA}$만 흐른다.

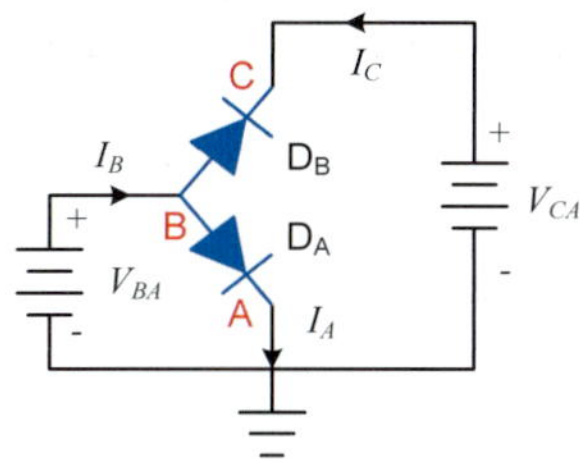

$$I_{BA} = I_A = I_{SA}\left(e^{V_{BA}/V_{th}} - 1\right)\Big|_{V_{BA}>0} \cong I_{SA}e^{V_{BA}/V_{th}} \quad ; V_{BA} > 0$$

$$I_{BA} = I_A = I_{SA}\left(e^{V_{BA}/V_{th}} - 1\right)\Big|_{V_{BA}<0} \cong -I_{SA} \quad ; V_{BA} < 0$$

한편 다이오드 D_B 양단의 전압은 $V_{BC} = V_{BA} - V_{CA}$이며, D_B를 통해 흐르는 전류 $I_{BC} = -I_C$는 다음과 같다.

$$I_{BC} = -I_C = I_{SB}\left(e^{V_{BC}/V_{th}} - 1\right) = I_{SB}\left(e^{(V_{BA}-V_{CA})/V_{th}} - 1\right)$$

$$\text{또는 } I_C = -I_{BC} = -I_{SB}\left(e^{V_{BC}/V_{th}} - 1\right) = -I_{SB}\left(e^{(V_{BA}-V_{CA})/V_{th}} - 1\right) \text{ [A]}$$

이때 $V_{CA} > V_{BA}$이므로, D_B 양단의 전압은 $V_{BC} = V_{BA} - V_{CA} < 0$로 역방향 바이어스가 되며, 다음과 같이 작은 역방향 누설전류 $I_{BC} = -I_{SB}$(또는 $I_C = I_{SB}$)가 흐른다.

$$I_C = -I_{BC} = -I_{SB}\left(e^{V_{BC}/V_{th}} - 1\right)\Big|_{V_{BC}<0} = -I_{SB}\left(e^{(V_{BA}-V_{CA})/V_{th}} - 1\right)\Big|_{V_{BA}<V_{CA}} \cong I_{SB} \text{ [A]}$$

Kirchoff의 전류 법칙을 적용하여 $I_B = I_A - I_C$를 통해 다음 결과를 얻을 수 있다.

$$I_B = I_A - I_C = I_{SA}\left(e^{V_{BA}/V_{th}} - 1\right) + I_{SB}\left(e^{(V_{BA}-V_{CA})/V_{th}} - 1\right) \text{ [A]}$$

즉 $V_{BA} > 0$의 순방향 전압이 인가되고 $V_{BC} = V_{BA} - V_{CA} < 0$인 V_{CA}가 인가되면,

$$I_B = I_A - I_C \cong I_{SA}\left(e^{V_{BA}/V_{th}} - 1\right) - I_{SB} = I_{SA}e^{V_{BA}/V_{th}} - (I_{SA} + I_{SB})$$

$$\cong I_{SA}e^{V_{BA}/V_{th}} \cong I_A \text{ [A]}$$

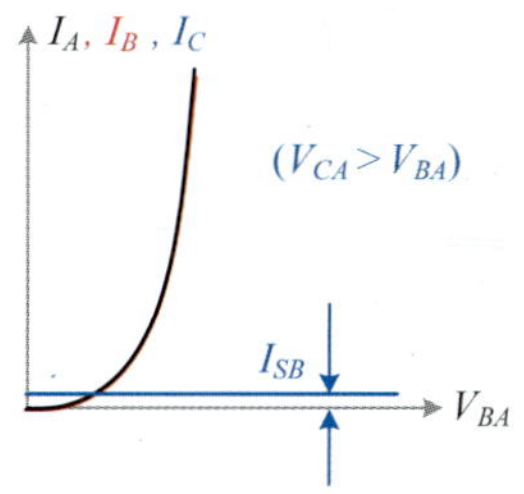

로, 다이오드 D_A에 흐르는 전류와 거의 같은 크기의 전류가 흐른다. 이를 개략적인 그림으로 나타내면 오른쪽 그림과 같다.

(b) $V_{BA} > 0$의 일정한 전압이 인가된 경우, V_{CA}의 변화에 따른 I_A, I_B, I_C의 변화는 다음과 같이 분석할 수 있다.

일정한 크기의 순방향 전압($V_{BA} > V_{D,ON}$)이 인가된 다이오드 D_A에 흐르는 전류 I_A는 다음과 같이 일정한 크기로 흐른다.

$$I_A = I_{SA}\left(e^{V_{BA}/V_{th}} - 1\right)\Big|_{V_{BA}>0} \cong I_{SA}e^{V_{BA}/V_{th}} = \text{일정 [A]}$$

다이오드 D_B에 흐르는 전류 $I_{BC} = -I_C$는 다음 관계식을 이용하여 얻을 수 있다.

$$I_{BC} = -I_C = I_{SB}\left(e^{V_{BC}/V_{th}} - 1\right) = I_{SB}\left(e^{(V_{BA}-V_{CA})/V_{th}} - 1\right)$$

$$\text{또는 } I_C = -I_{BC} = -I_{SB}\left(e^{V_{BC}/V_{th}} - 1\right) = -I_{SB}\left(e^{(V_{BA}-V_{CA})/V_{th}} - 1\right)$$

$V_{CA} < V_{BA}$인 경우, $V_{BC} = V_{BA} - V_{CA} > 0$이므로 D_B에는 순방향 전압이 인가된 상태이며, 다음의 결과를 얻을 수 있다.

$$I_C = -I_{SB}\left(e^{V_{BC}/V_{th}} - 1\right) = -I_{SB}\left(e^{(V_{BA}-V_{CA})/V_{th}} - 1\right)\Big|_{V_{CA}<V_{BA}} \cong -I_{SB}e^{(V_{BA}-V_{CA})/V_{th}} = -\left(I_{SB}e^{V_{BA}/V_{th}}\right)e^{-V_{CA}/V_{th}}$$

V_{CA}가 증가함에 따라 D_B에 인가된 순방향 전압과 전류의 크기가 감소하므로, $V_{CA} = V_{BA}$인 경우 $V_{BC} = V_{BA} - V_{CA} = 0$으로 $I_C = 0$이 된다. 한편 $V_{CA} > V_{BA}$가 되면, 다이오드 D_B에는 역방향 전압이 인가된 상태가 되며, 다음과 같이 V_{CA}에 무관하게 일정한 크기의 역방향 누설전류 $I_C = I_{SB}$가 흐른다.

$$I_C = -I_{BC} = -I_{SB}\left(e^{V_{BC}/V_{th}} - 1\right) = -I_{SB}\left(e^{(V_{BA}-V_{CA})/V_{th}} - 1\right)\Big|_{V_{CA}>V_{BA}} \cong I_{SB}$$

따라서 I_B는 다음과 같이 정리할 수 있으며, 이를 개략적으로 오른쪽 그림으로 나타냈다.

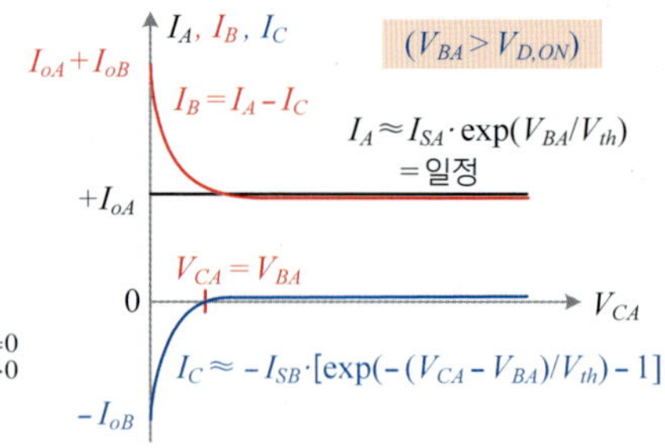

$$I_B = I_A - I_C = I_{SA}\left(e^{V_{BA}/V_{th}} - 1\right) + I_{SB}\left(e^{(V_{BA}-V_{CA})/V_{th}} - 1\right) \text{ [A]}$$

▶ $V_{CA} = 0$인 경우 : D_A와 D_B에 흐르는 전류 I_B는 다음과 같다.

$$\begin{aligned} I_B &= (I_A - I_C)\Big|_{\substack{V_{CA}=0 \\ V_{BA}>0}} = I_{SA}\left(e^{V_{BA}/V_{th}} - 1\right) + I_{SB}\left(e^{(V_{BA}-V_{CA})/V_{th}} - 1\right)\Big|_{\substack{V_{CA}=0 \\ V_{BA}>0}} \\ &= I_{SA}\left(e^{V_{BA}/V_{th}} - 1\right) + I_{SB}\left(e^{V_{BA}/V_{th}} - 1\right) \\ &= (I_{SA} + I_{SB})\left(e^{V_{BA}/V_{th}} - 1\right) \cong (I_{SA} + I_{SB})e^{V_{BA}/V_{th}} \equiv I_{oA} + I_{oB} \text{ [A]} \end{aligned}$$

▶ $V_{CA} = V_{BA}$인 경우 : D_B에 인가된 전압이 0이 되므로, 이때 전류 I_B는 다음과 같이 D_A에 흐르는 전류 I_A와 같다.

$$I_B = (I_A - I_C)\Big|_{V_{CA}=V_{BA}} = I_{SA}\left(e^{V_{BA}/V_{th}} - 1\right) + I_{SB}\left(e^{(V_{BA}-V_{CA})/V_{th}} - 1\right)\Big|_{V_{CA}=V_{BA}} = I_{SA}\left(e^{V_{BA}/V_{th}} - 1\right) = I_A \text{ [A]}$$

▶ $V_{CA} > V_{BA}$인 경우 : D_B에는 역방향 전압이 인가된 상태로서 작은 크기의 역방향 누설전류만 흐르므로, 이때의 전류 I_B는 다음과 같다.

$$I_B = (I_A - I_C)\Big|_{V_{CA}>V_{BA}} = I_{SA}\left(e^{V_{BA}/V_{th}} - 1\right)\Big|_{V_{BA}>V_{D,ON}} + I_{SB}\left(e^{(V_{BA}-V_{CA})/V_{th}} - 1\right)\Big|_{V_{CA}>V_{BA}} \cong I_{SA}e^{V_{BA}/V_{th}} - (I_{SA} + I_{SB})$$

(c) 문제의 그림과 같이 단자의 양단이 항상 열평형 상태로 유지되는 금속 접점을 가진 pn 접합 다이오드 D_A와 D_B가 서로 맞대어 연결된 구조는 전류–전압 특성에서 npn 바이폴라 트랜지스터와 큰 차이가 난다. 에미터 접합을 통해 n형 에미터로부터 주입된 과잉 전자는 확산에 의해 베이스 중성영역을 통과하고, 콜렉터 접합의 전계에 의해 드리프트되어 콜렉터 전류의 변화로 나타난다. 따라서 에미터 접합에 인가된 전압에 의해 조절된 전류가 콜렉터 전류로 나타나며, 작은 전압 변화로도 큰 전류 변화를 얻을 수 있다.

그러나 pn 접합 다이오드가 맞물린 경우에는 pn 접합 D_A에 순방향 전압으로 주입된 과잉 전자들이 금속 접점에서 모두 재결합하므로, pn 접합 D_B에 의해 드리프트될 전하가 공급되지 않는다. 즉 이 두 pn접합은 완전히 독립적으로 동작하므로 서로 영향을 미치지 않는다. 한편 pn 접합 다이오드 D2의 역방향 전류인 I_C는 $V_{CA} < V_{BA}$인 경우 V_{BA}에 대해 지수함수적 의존도를 가지고 흐르나, $V_{CA} > V_{BA}$인 경우에는 V_{BA}에 무관하게 역방향 누설전류만 흐른다. 따라서 pn 접합 다이오드 2개를 맞대어 접합하여 3단자 소자를 만들어도, 이 구조가 바이폴라 트랜지스터와 같은 증폭 기능을 가진 트랜지스터로 동작하지 않음을 알 수 있다.

pn 접합 다이오드 2개를 맞물린 그림 (가)와, 금속 접점에 의한 재결합 없이 주입된 캐리어가 베이스 중성영역을 확산하여 콜렉터 접합에서 드리프트되는 바이폴라 트랜지스터의 전류–전압 특성인 그림 (나)를 비교하면 다음과 같다.

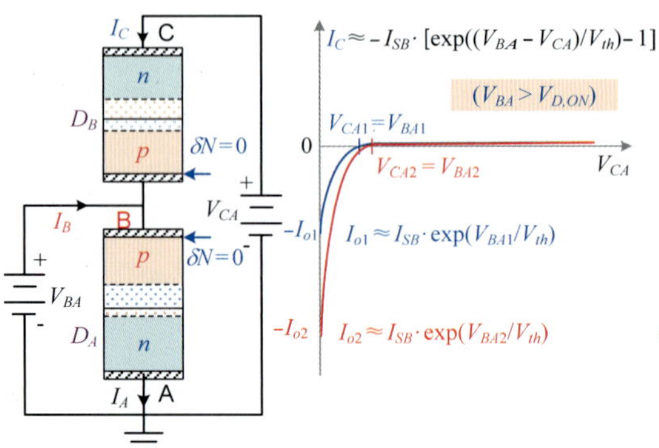

(가) D_A와 D_B가 맞물린 구조의 전류–전압 특성

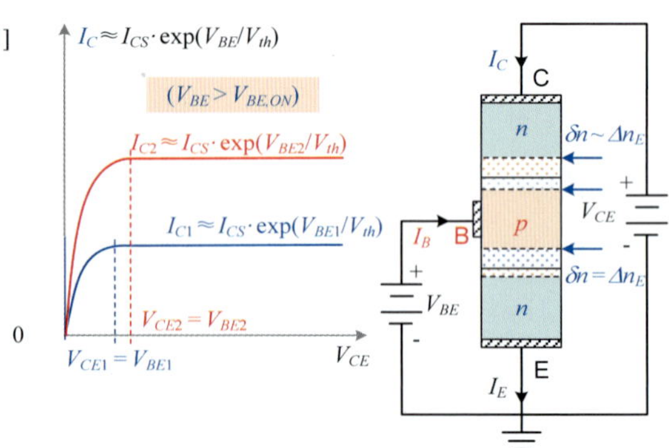

(나) npn 바이폴라 트랜지스터의 전류–전압 특성

10.2 베이스 도핑 농도와 전기적 특성 변화

BJT는 BJT 자체로도 많이 활용되지만, CMOS의 래치업(latchup) 현상을 활용하기 위해서도 BJT에 대한 이해가 중요하다. 중성영역의 두께가 각 영역의 소수 캐리어의 확산길이(L_{min})보다 짧은 2개의 Si BJT가 있다. 그림의 각 영역에서의 도핑의 종류, 농도, 두께가 표와 같을 때,

영역 \ 구분	에미터(E)	베이스(B)	콜렉터(C)
BJT 1	$N_{DE1}=100N_o$ $W_{E1}=W_E$	$N_{AB1}=4N_o$ $W_{B1}=W_B$	$N_{DC1}=0.01N_o$ $W_{C1}=W_C$
BJT 2	$N_{DE2}=100N_o$ $W_{E2}=W_E$	$N_{AB2}=N_o$ $W_{B2}=0.5W_B$	$N_{DC2}=0.01N_o$ $W_{C2}=W_C$

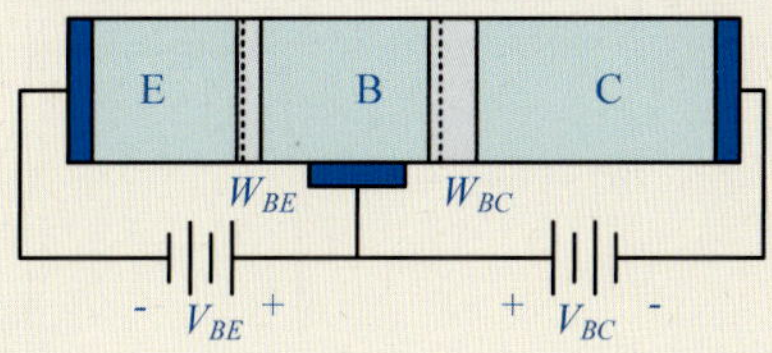

(a) 열평형 상태의 에너지 대역도를 그림으로 비교하라.
(b) 열평형 상태의 소수 캐리어의 농도 분포를 그림으로 비교하라.

두 BJT에 $V_{BE1}=V_{BE2}\sim 0.7$ [V], $V_{BC1}=V_{BC2}=-3$ [V]의 바이어스가 인가된 경우에 대하여,

(c) 에너지 대역도를 그림으로 비교하라.
(d) 소수 캐리어 농도 분포를 그림으로 비교하라.
(e) 에미터 주입효율을 비교하라(γ_1 vs. γ_2).
(f) 베이스 전송효율을 근거를 제시하여 비교하라(α_{T1} vs. α_{T2}).
(g) 에미터 접지전류 증폭률(β)을 근거를 제시하여 비교하라(β_1 vs. β_2).
(h) 콜렉터 전류의 크기를 비교하라(I_{C1} vs. I_{C2}).
(i) 베이스 폭 변조효과에 의한 얼리 전압을 비교하라(V_{A1} vs. V_{A2}).
(j) 에미터가 위쪽에 위치한 수직 구조의 에미터 전류의 모서리 붐빔(쏠림) 현상(ECCE)을 비교하라.
(k) 두 BJT 모두 역방향 능동모드($V_{BC}=0.7$ [V], $V_{BE}=-5$ [V])로 동작할 경우, β_{RAM}(β_{RAM1} vs. β_{RAM2})을 근거를 제시하여 비교하라.

(a) 접합을 이루기 전의 각 영역별 도핑 농도와, 접합 전과 후 BJT1과 BJT2의 에너지 대역도는 다음과 같다.

구분	에미터(n)	베이스(p)	콜렉터(n)
BJT1	$N_{DE1}=100N_o$ $W_{E1}=W_E$	$N_{AB1}=4N_o$ $W_{B1}=W_B$	$N_{DC1}=0.01N_o$ $W_{C1}=W_C$

구분	에미터(n)	베이스(p)	콜렉터(n)
BJT2	$N_{DE2}=100N_o$ $W_{E2}=W_E$	$N_{AB2}=N_o$ $W_{B2}=0.5W_B$	$N_{DC2}=0.01N_o$ $W_{C2}=W_C$

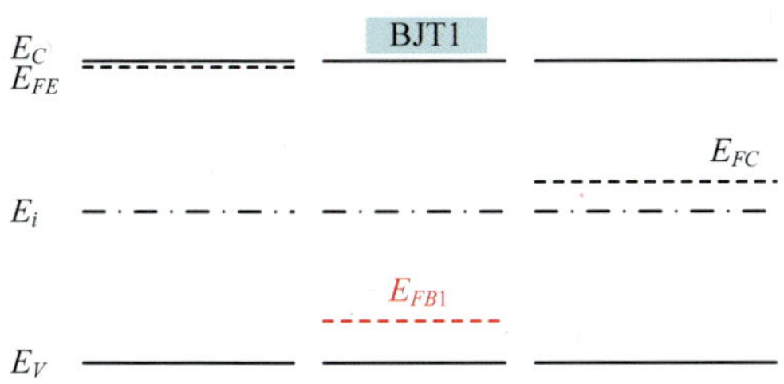

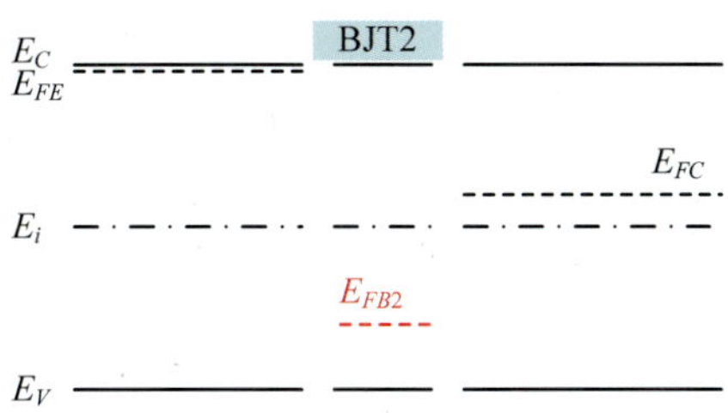

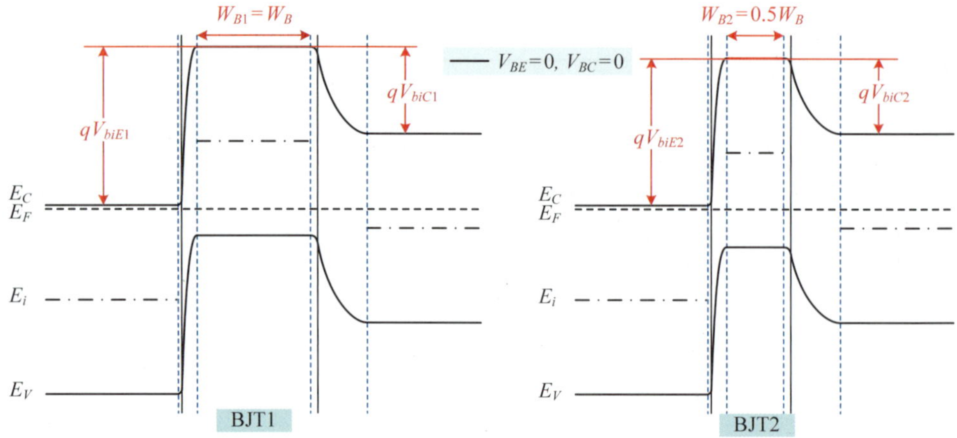

또 열평형 상태에서 각 중성영역의 캐리어 농도 차이(또는 페르미 준위 차이)로 인해 형성된 에미터 접합과 콜렉터 접합의 내부 전압(V_{biE}, V_{biC})은 아래 표에 요약한 바와 같다.

구분	BJT1 의 내부 전압	BJT2 의 내부 전압
에미터 접합	$V_{biE1}=\dfrac{\lvert E_{FE1}-E_{FB1}\rvert}{q}=V_{th}\ln\left(N_{DE1}N_{AB1}/n_i^2\right)$ $=V_{th}\ln\left(400N_o^2/n_i^2\right)=V_{biE2}+1.4V_{th}$	$V_{biE2}=\dfrac{\lvert E_{FE2}-E_{FB2}\rvert}{q}=V_{th}\ln\left(N_{DE2}N_{AB2}/n_i^2\right)$ $=V_{th}\ln\left(100N_o^2/n_i^2\right)=V_{biE1}-1.4V_{th}$
콜렉터 접합	$V_{biC1}=\dfrac{\lvert E_{FC1}-E_{FB1}\rvert}{q}=V_{th}\ln\left(N_{DC1}N_{AB1}/n_i^2\right)$ $=V_{th}\ln\left(0.04N_o^2/n_i^2\right)=V_{biC2}+1.4V_{th}$	$V_{biC2}=\dfrac{\lvert E_{FC2}-E_{FB2}\rvert}{q}=V_{th}\ln\left(N_{DC2}N_{AB2}/n_i^2\right)$ $=V_{th}\ln\left(0.01N_o^2/n_i^2\right)=V_{biC1}-1.4V_{th}$

표에서 보면, 비록 베이스 영역의 도핑 농도는 다르지만, 에미터 접합과 베이스 접합의 열평형 상태 내부 전압은 BJT1과 BJT2에 큰 차이가 없이 거의 동일한 값($V_{biE1}\approx V_{biE2}$, $V_{biC1}\approx V_{biC2}$)이다. 특히 베이스 영역의 폭($W_{B1}=2W_{B2}$)과 도핑 농도($N_{AB1}=4N_{AB2}$)를 제외한 에미터와 콜렉터 영역에서 BJT1과 BJT2가 동일한 구조($W_{E1}=W_{E2}$, $N_{DE1}=N_{DE2}$, $W_{C1}=W_{C2}$, $N_{DC1}=N_{DC2}$)를 가지고 있다. 따라서 베이스 영역의 차이로 인한 소수 캐리어의 특성 차이가 전기적 특성의 차이를 유발한다.

(b) 반도체 재료와 온도가 결정되면, 반도체의 종류(p형 또는 n형)와 무관하게, 또는 동일한 n형(또는 p형)이라 하더라도 도핑 농도와 무관하게 다수 캐리어 농도와 소수 캐리어 농도의 곱은 항상 일정해야 한다. 즉 열평형 상태의 다수 캐리어 농도($N_{o,maj}$)와 소수 캐리어 농도($N_{o,min}$)의 곱, 또는 전자 농도(n_o)와 정공 농도(p_o)의 곱은 단체행동법칙에 의해 다음과 같이 일정한 값으로 유지된다.

$$p_o n_o = N_{o,maj}N_{o,min} = \text{일정} = n_i^2 = N_C N_V e^{-E_g/kT}$$

BJT1과 BJT2의 열평형 상태에서 중성영역의 소수 캐리어 농도는 단체행동법칙을 이용하여 얻을 수 있으며, 그 결과를 다음 표와 그림으로 정리하였다. BJT1과 BJT2의 에미터 및 콜렉터 중성영역에서는 차이가 나타나지 않았다. 그러나 다수 캐리어 농도가 BJT1의 1/4($p_{Bo2}=p_{Bo1}/4$)인 BJT2의 베이스 중성영역에서 소수 캐리어인 전자 농도는 BJT1의 4배($=4n_{Bo1}$)가 된다.

구분	BJT1			BJT2		
영역	에미터	베이스	콜렉터	에미터	베이스	콜렉터
다수 캐리어 농도	$n_{Eo}=100N_o$	$p_{Bo1}=4N_o$	$n_{Co}=0.01N_o$	$n_{Eo}=100N_o$	$p_{Bo2}=N_o$	$n_{Co}=0.01N_o$
소수 캐리어 농도	$p_{Eo}=n_i^2/100N_o$	$n_{Bo1}=n_i^2/4N_o$	$p_{Co}=n_i^2/0.01N_o$	$p_{Eo}=n_i^2/100N_o$	$n_{Bo2}=n_i^2/N_o$	$p_{Co}=n_i^2/0.01N_o$

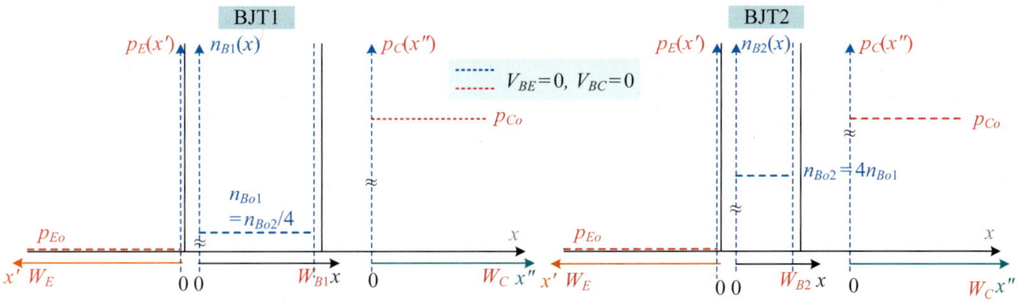

(c) 두 BJT에 $V_{BE1} = V_{BE2} \sim 0.7$ [V], $V_{BC1} = V_{BC2} = -3$ [V]의 전압이 인가된 경우, 에너지 대역도는 다음 그림과 같다.

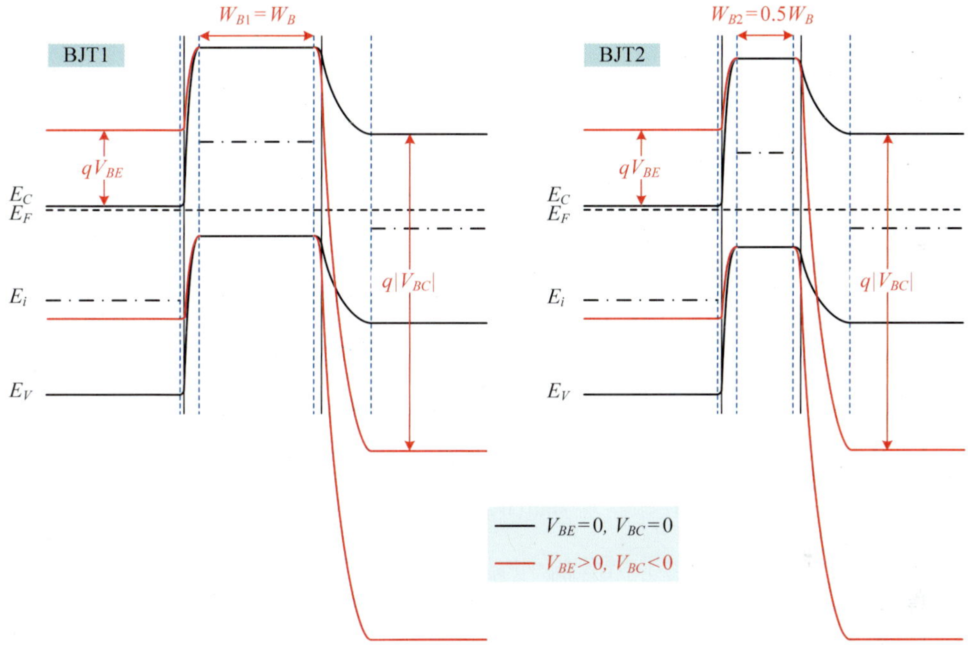

에미터 접합의 에너지 장벽은 열평형 상태의 에너지 장벽($q\phi_{bEo} = qV_{biE}$)에 비해 $q\phi_{bE} = q(V_{biE} - V_{BE})$로 감소하며, 역방향 전압이 인가된 콜렉터 접합의 에너지 장벽은 열평형 상태의 에너지 장벽($q\phi_{bCo} = qV_{biC}$)에 비해 $q\phi_{bC} = q(V_{biC} + |V_{BC}|)$로 증가한다. 따라서 에너지 장벽이 감소한 에미터 접합에서는 과잉 캐리어의 주입이 일어나지만, 에너지 장벽이 높아진 콜렉터 접합에서는 과잉 캐리어의 주입이 불가능한 대신, 에미터에서 주입되고 베이스를 통과한 전자를 드리프트하고 수집(collection)하는 기능이 이루어진다.

(d) 두 BJT에 $V_{BE1} = V_{BE2} \sim 0.7$ [V], $V_{BC1} = V_{BC2} = -3$ [V]의 순방향 능동모드 전압이 인가된 경우, 소수 캐리어 농도 분포를 비교하면 다음 그림과 같다.

에미터, 베이스, 콜렉터 중성영역 내의 과잉 캐리어 농도 분포는 소수 캐리어에 대한 확산방정식에 의해 지배되며, 중성영역 경계지점의 과잉 캐리어 농도는 에미터 접합과 콜렉터 접합에 인가된 전압(V_{BE}, V_{BC})에 의해 결정된다.

▶ npn BJT의 전류-전압 특성에 가장 주도적인 역할을 하는 영역은 베이스 중성영역이다. 베이스 중성영역의 과잉 캐리어 농도 분포를 지배하는 소수 캐리어인 전자에 대한 확산방정식과, 에미터 접합과 콜렉터 접합에 인가된 전압에 의해 결정되는 베이스 중성영역 경계지점($x = 0$, W_B)의 과잉 캐리어 농도는 다음과 같다.

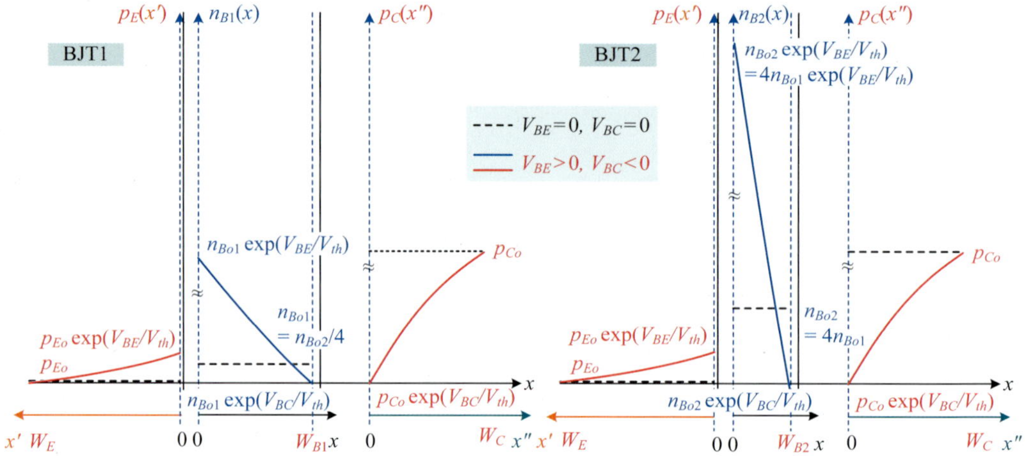

$$\frac{\partial^2 \delta n_B(x)}{\partial x^2} - \frac{\delta n_B(x)}{L_{nB}^2} = 0, \quad \delta n_B(x) \equiv n_B(x) - n_{Bo}(= \delta p_B(x)), \quad L_{nB} \equiv \sqrt{D_{nB}\tau_{nB}}$$

$$\begin{cases} \delta n_B(x=0) & = n_{Bo}\left(e^{V_{BE}/V_{th}} - 1\right) \equiv \Delta n_E \\ \delta n_B(x=W_B) & = n_{Bo}\left(e^{V_{BC}/V_{th}} - 1\right) \equiv \Delta n_C \end{cases}$$

과잉 캐리어의 확산방정식과 경계조건을 이용한 p형 베이스 중성영역($0 \le x \le W_B$)의 과잉 전자 농도 분포($\delta n_B(x)$)는 다음과 같다.

$$\delta n_B(x) = n_1 e^{x/L_{nB}} + n_2 e^{-x/L_{nB}}\ [\text{cm}^{-3}]; \qquad L_{nB} \equiv \sqrt{D_{nB}\tau_{nB}}\ [\text{cm}]$$: p형 베이스 영역의 과잉 소수 캐리어 확산길이

$$\delta n_B(x) = \Delta n_E \frac{\sinh(-(x-W_B)/L_{nB})}{\sinh(W_B/L_{nB})} + \Delta n_C \frac{\sinh(x/L_{nB})}{\sinh(W_B/L_{nB})}\ [\text{cm}^{-3}]$$

그런데 BJT1과 BJT2에 인가된 에미터 전압($V_{BE1} = V_{BE2} = V_{BE} = 0.7$ [V])과 콜렉터 전압($V_{BC1} = V_{BC2} = V_{BC} = -3.0$ [V])은 두 BJT가 동일하므로, 이를 반영한 중성영역 경계지점 농도는 다음과 같다.

$$\begin{cases} \delta n_B(x=0) & = n_{Bo}\left(e^{V_{BE}/V_{th}} - 1\right) \equiv \Delta n_E \qquad (V_{BE} = 0.7\ [\text{V}] > 0)\ ;\ \text{순방향 능동 모드} \\ \delta n_B(x=W_B) & = n_{Bo}\left(e^{V_{BC}/V_{th}} - 1\right) \equiv \Delta n_C = -n_{Bo} \cong 0\ (n_{Bo} \ll \Delta n_E)(V_{BC} = -3\ [\text{V}] < 0)\ ;\ \text{순방향 능동 모드} \end{cases}$$

그런데 BJT1과 BJT2의 베이스 영역 도핑 농도($N_{AB1} = 4N_{AB2}$)가 서로 다르고, 이로 인해 확산계수(D_{nB} 또는 이동도 μ_{nB})와 과잉 캐리어의 평균수명(τ_{nB})도 차이가 있다. 따라서 소수 캐리어의 공간적 분포를 지배하는 확산길이도 다음과 같이 다르다.

$$N_{AB1} = 4N_o > N_{AB2} = N_o$$

$$\Leftrightarrow \begin{cases} \mu_{nB1} < \mu_{nB2} \ \Rightarrow\ D_{nB1} = \mu_{nB1}V_{th} < D_{nB2} = \mu_{nB2}V_{th} & : \text{이온화된 불순물 충돌로 인함} \\ \tau_{nB1} < \tau_{nB2}\ ; \quad \tau_{nB} \propto \dfrac{1}{N_{o,maj}} & : \text{다수 캐리어 농도 차이로 인함} \\ L_{nB1} = \sqrt{D_{nB1}\tau_{nB1}} < L_{nB2} = \sqrt{D_{nB2}\tau_{nB2}} & \end{cases}$$

$V_{BE} = 0.7$ [V] > 0, $V_{BC} = -3$ [V] < 0의 순방향 능동상태 동작 시, 베이스 중성영역($0 \le x \le W_B$)의 과잉 전자 농도 분포는 다음과 같이 간략화된다.

$$\delta n_B(x) = \Delta n_E \frac{\sinh\left(-(x-W_B)/L_{nB}\right)}{\sinh\left(W_B/L_{nB}\right)}\ [\text{cm}^{-3}]$$

따라서 베이스 두께($W_{B1} = W_B$, $W_{B2} = 0.5W_B$)와 도핑 농도($N_{AB1} = 4N_{AB2}$) 차이를 반영한 BJT1과 BJT2의 베이스 중성영역의 소수 캐리어 농도 분포($\delta n_{B1}(x)$, $\delta n_{B2}(x)$)는 각각 다음과 같다.

$$\delta n_{B1}(x) = \Delta n_{E1}\frac{\sinh(-(x-W_{B1})/L_{nB1})}{\sinh(W_{B1}/L_{nB1})} = \Delta n_{E1}\frac{\sinh(-(x-W_B)/L_{nB1})}{\sinh(W_B/L_{nB1})} \quad (0 \le x \le W_{B1})$$

$$\Delta n_{E1} = n_{Bo1}(e^{V_{BE}/V_{th}} - 1) = \frac{n_i^2}{N_{AB1}}(e^{V_{BE}/V_{th}} - 1) = \frac{n_i^2}{4N_o}(e^{V_{BE}/V_{th}} - 1)$$

$$\delta n_{B2}(x) = \Delta n_{E2}\frac{\sinh(-(x-W_{B2})/L_{nB2})}{\sinh(W_{B2}/L_{nB2})} = \Delta n_{E2}\frac{\sinh(-(x-0.5W_B)/L_{nB2})}{\sinh(0.5W_B/L_{nB2})} \quad (0 \le x \le W_{B2})$$

$$\Delta n_{E2} = n_{Bo2}(e^{V_{BE}/V_{th}} - 1) = \frac{n_i^2}{N_{AB2}}(e^{V_{BE}/V_{th}} - 1) = \frac{n_i^2}{N_o}(e^{V_{BE}/V_{th}} - 1)$$

▶ n형 에미터 중성영역($0 < x' < W_E$)의 과잉 캐리어 농도 분포 $\delta p_E(x')$은 소수 캐리어인 정공에 대한 확산방정식을 이용하여 구할 수 있다.

$$\frac{\partial^2 \delta p_E(x')}{\partial x'^2} - \frac{\delta p_E(x')}{L_{pE}^2} = 0, \quad \delta p_E(x') \equiv p_E(x') - p_{Eo} (= \delta n_E(x')), \quad L_{pE} \equiv \sqrt{D_{pE}\tau_{pE}}$$

에미터 중성영역의 과잉 정공 농도 분포의 일반해와 경계조건은 다음과 같다.

$$\delta p_E(x') = p_1 e^{+x'/L_{pE}} + p_2 e^{-x'/L_{pE}} \ [\text{cm}^{-3}]; \qquad L_{pE} \equiv \sqrt{D_{pE}\tau_{pE}} \ [\text{cm}] : \text{에미터에서 과잉 정공의 확산길이}$$

$$\begin{cases} \delta p_E(x'=0) = p_{Eo}\left(e^{V_{BE}/V_{th}} - 1\right) \equiv \Delta p_E \\ \delta p_E(x'=W_E) = 0 : \text{에미터 금속 접점} \end{cases} \Leftrightarrow \quad p_1 + p_2 = \Delta p_E, \quad p_1 e^{W_E/L_{pE}} + p_2 e^{-W_E/L_{pE}} = 0$$

따라서 에미터 중성영역의 과잉 소수 캐리어인 정공 농도 분포 $\delta p_E(x')$은 다음과 같이 간략화된다.

$$\delta p_E(x') = \delta p_{E1}(x') = \delta p_{E2}(x') = \Delta p_E \frac{\sinh[-(x'-W_E)/L_{pE}]}{\sinh(W_E/L_{pE})} \quad (0 \le x' \le W_E)$$

즉 정공 농도 분포는 에미터 접합에 인가된 전압(V_{BE})과 에미터 중성영역과 확산길이의 비(W_E/L_{pE})에 의해 결정된다.

그런데 베이스 영역에 비해 훨씬 높게 도핑된 에미터 중성영역의 도핑 농도($N_{DE} \gg N_{AB}$)와 길이($W_{E1} = W_{E2}$)는 BJT1과 BJT2에서 동일하다. 따라서 에미터 중성영역에서 소수 캐리어의 이동도(μ_{pE})와 확산계수(D_{pE}), 평균수명(τ_{pE}), 그리고 이들에 의해 결정되는 확산길이(L_{pE})도 두 트랜지스터에서 동일($D_{pE1} = D_{pE2}$, $\tau_{pE1} = \tau_{pE2}$, $L_{pE1} = L_{pE2}$)하다. 또한 확산길이와 중성영역의 길이에 의해 결정되는 에미터 영역의 과잉 캐리어 농도 분포도 두 경우에서 동일하다.

▶ n형 콜렉터 중성영역의 과잉 캐리어 농도 분포 $\delta p_C(x'')$은 소수 캐리어인 정공의 확산방정식을 이용하여 구할 수 있으며, 과잉 정공의 농도 분포의 일반해와 경계조건은 각각 다음과 같다.

$$\frac{\partial^2 \delta p_C(x'')}{\partial x''^2} - \frac{\delta p_C(x'')}{L_{pC}^2} = 0, \quad \delta p_C(x'') \equiv p_C(x'') - p_{Co} (= \delta n_C(x'')), \quad L_{pC} \equiv \sqrt{D_{pC}\tau_{pC}}$$

$$\delta p_C(x'') = p_3 e^{+x''/L_{pC}} + p_4 e^{-x''/L_{pC}} \ [\text{cm}^{-3}]; \qquad L_{pC} \equiv \sqrt{D_{pC}\tau_{pC}} \ [\text{cm}] \ : \text{콜렉터에서 과잉 정공의 확산길이}$$

$$\begin{cases} \delta p_C(x''=0) = p_{Co}\left(e^{V_{BC}/V_{th}} - 1\right) \equiv \Delta p_C \ ; \quad \Delta p_C \cong -p_{Co} : \text{순방향 능동 모드} \ (V_{BC} < 0) \\ \delta p_C(x''=W_C) = 0 : \text{콜렉터 금속 접점} \end{cases}$$

$$\Leftrightarrow p_3 + p_4 = \Delta p_C = p_{Co}\left(e^{V_{BC}/V_{th}} - 1\right), \quad p_3 e^{W_C/L_{pC}} + p_4 e^{-W_C/L_{pC}} = 0$$

따라서 콜렉터 중성영역의 과잉 정공 농도 분포 $\delta p_C(x'')$은 다음과 같이 콜렉터 접합에 인가된 전압(V_{BC}) 및 콜렉터 중성영역의 길이와 확산길이의 비(W_C/L_{pC})의 지배를 받는다.

$$\delta p_C(x'') = \delta p_{C1}(x'') = \delta p_{C2}(x'') = \Delta p_C \frac{\sinh[-(x''-W_C)/L_{pC}]}{\sinh(W_C/L_{pC})}$$

이때 BJT1과 BJT2의 콜렉터 도핑과 중성영역의 길이가 동일하므로, 인가 전압에 의해 결정되는 콜렉터 영역의 과잉 캐리어 농도 분포도 두 구조에서 동일하다.

(e) 두 BJT에 순방향 능동모드 바이어스가 인가된 경우, 에미터 주입효율은 다음과 같이 에미터 접합의 전류 구성 성분을 이용하여 비교할 수 있다(청색 화살표는 전자의 유동밀도 $F_n(x)$를 나타낸다. 음의 전하를 띤 전자에 의한 전류 $J_n(x)$는 화살표와 반대 방향이다. $J_n(x) = -qF_n(x)$).

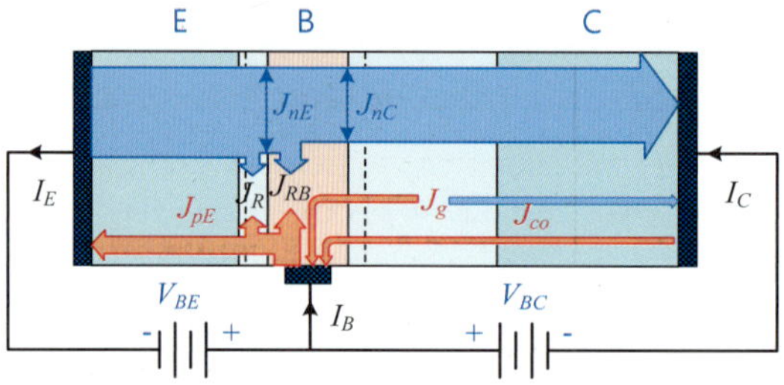

$$\begin{cases} J_{nE} \equiv J_{nB,diff}(x=0) = qD_{nB}\left|\dfrac{d\delta n_B(x)}{dx}\right|_{x=0}, & J_{nC} \equiv J_{nB,diff}(x=W_B) = qD_{nB}\left|\dfrac{d\delta n_B(x)}{dx}\right|_{x=W_B} \\ J_{pE} \equiv J_{pE,diff}(x'=0) = qD_{pE}\left|\dfrac{d\delta p_E(x')}{dx'}\right|_{x'=0}, & J_{RB} \equiv \int_0^{W_B} qRdx = J_{nE} - J_{nC}, \quad J_R \equiv \int_{B\text{-}E\ SCR} qRdx \end{cases}$$

에미터 주입효율은 콜렉터 전류를 변화시키는 데 있어서, 에미터 접합에 인가된 순방향 전압에 의해 에미터로 역주입되는 정공 전류(J_{pE})에 비해, 에미터로부터 베이스로 전자(J_{nE})가 얼마나 효율적으로 주입되는지를 나타내는 지표다. 이 값은 에미터와 베이스의 도핑 농도에 가장 크게 의존한다. npn 바이폴라 트랜지스터의 에미터와 베이스의 중성영역의 길이가 각 영역의 확산길이에 비해 짧은 경우($W_E \ll L_{pE}$, $W_B \ll L_{nB}$), 에미터 주입효율은 다음과 같다.

$$\gamma \equiv \frac{J_{nE}}{J_{nE}+J_{pE}} = \frac{1}{1+\dfrac{J_{pE}}{J_{nE}}} \cong \frac{1}{1+\left(\dfrac{p_{Eo}}{n_{Bo}}\right)\left(\dfrac{D_{pE}}{D_{nB}}\right)\left(\dfrac{L_{nB}}{L_{pE}}\right)\left(\dfrac{\tanh(W_B/L_{nB})}{\tanh(W_E/L_{pE})}\right)} \cong \frac{1}{1+\left(\dfrac{N_{AB}}{N_{DE}}\right)\left(\dfrac{D_{pE}}{D_{nB}}\right)\left(\dfrac{W_B}{W_E}\right)}$$

즉 에미터 주입효율은 주로 확산계수의 비($D_{pE}/D_{nB} = \mu_{pE}/\mu_{nB}$)와 중성영역 길이의 비($W_B/W_E$), 특히 베이스와 에미터 도핑 농도의 비($N_{AB}/N_{DE}$)에 영향을 받는다. 따라서 베이스 도핑 농도, 베이스 중성영역의 길이, 도핑 농도에 의해 결정되는 확산길이가 서로 다른 BJT1과 BJT2의 주입효율(γ_1, γ_2)을 비교하면 다음과 같다.

$$\left(\frac{N_{AB1}}{N_{AB2}}\right) = 4,\ \left(\frac{W_{B1}}{W_{B2}}\right) = 2,\ \left(\frac{D_{nB2}}{D_{nB1}}\right) > 1 \quad \Leftrightarrow \quad \frac{\left(\dfrac{N_{AB1}}{N_{DE}}\right)\left(\dfrac{D_{pE}}{D_{nB1}}\right)\left(\dfrac{W_{B1}}{W_E}\right)}{\left(\dfrac{N_{AB2}}{N_{DE}}\right)\left(\dfrac{D_{pE}}{D_{nB2}}\right)\left(\dfrac{W_{B2}}{W_E}\right)} = \left(\frac{N_{AB1}}{N_{AB2}}\right)\left(\frac{D_{nB2}}{D_{nB1}}\right)\left(\frac{W_{B1}}{W_{B2}}\right) = 8\left(\frac{D_{nB2}}{D_{nB1}}\right) > 8$$

$$\frac{\gamma_2}{\gamma_1} \cong \frac{1+\left(\dfrac{p_{Eo}}{n_{Bo1}}\right)\left(\dfrac{D_{pE}}{D_{nB1}}\right)\left(\dfrac{W_{B1}}{W_E}\right)}{1+\left(\dfrac{p_{Eo}}{n_{Bo2}}\right)\left(\dfrac{D_{pE}}{D_{nB2}}\right)\left(\dfrac{W_{B2}}{W_E}\right)} = \frac{1+\left(\dfrac{N_{AB1}}{N_{DE}}\right)\left(\dfrac{D_{pE}}{D_{nB1}}\right)\left(\dfrac{W_{B1}}{W_E}\right)}{1+\left(\dfrac{N_{AB2}}{N_{DE}}\right)\left(\dfrac{D_{pE}}{D_{nB2}}\right)\left(\dfrac{W_{B2}}{W_E}\right)} > 1$$

즉 베이스 도핑 농도가 낮은 BJT2의 에미터 주입효율이 BJT1보다 더 크다.

(f) npn 바이폴라 트랜지스터의 베이스 전송효율(α_T)은 에미터에서 주입된 전자(J_{nE})가 확산에 의해 베이스를 통과하는 동안 재결합(J_{RB}) 없이 콜렉터로 얼마나 효율적으로 전달되는지(J_{nC})를 나타내는 지표로서 다음과 같이 정의된다.

$$\alpha_T \equiv \frac{J_{nB}(x=W_B)}{J_{nB}(x=0)} = \frac{J_{nC}}{J_{nE}} = \frac{J_{nE}-J_{RB}}{J_{nE}} = \left(1-\frac{J_{RB}}{J_{nE}}\right) = \frac{1}{\cosh(W_B/L_{nB})} \le 1\,; \qquad (J_{nE}-J_{RB}) = J_{nC}$$

$W_B \ll L_{nB}$인 경우 $\Rightarrow$ $\alpha_T = \dfrac{1}{\cosh(W_B/L_{nB})} \cong 1-\dfrac{1}{2}\left(\dfrac{W_B}{L_{nB}}\right)^2 = 1-\dfrac{\tau_B}{\tau_{nB}},\quad \tau_B \equiv \dfrac{W_B^2}{2D_{nB}} = \dfrac{W_B^2}{2\mu_{nB}V_{th}},\quad D_{nB}\tau_{nB} = L_{nB}^2$

즉 베이스 전송효율은 베이스 영역의 길이와 확산길이의 비에 의해 결정되며, 베이스가 짧을수록 확산으로 통과하는 동안의 재결합 확률이 감소하므로 베이스 전송효율이 향상된다. 따라서 베이스 중성영역 길이와 도핑 농도 차이로 인하여 확산길이가 다른 BJT1과 BJT2에 $V_{BE1} = V_{BE2} \sim 0.7$ [V], $V_{BC1} = V_{BC2} = -3$ [V]의 바이어스가 인가된 경우, 베이스 전송효율(α_{T1}, α_{T2})을 비교하면 다음과 같다.

$$\begin{cases} W_{B2} = 0.5W_{B1} < W_{B1} \\ L_{nB2} > L_{nB1} \end{cases} \Rightarrow \left(\frac{W_{B2}}{L_{nB2}}\right) < \left(\frac{W_{B1}}{L_{nB1}}\right) \Leftrightarrow \frac{\alpha_{T2}}{\alpha_{T1}} = \frac{\cosh(W_{B1}/L_{nB1})}{\cosh(W_{B2}/L_{nB2})} \cong \frac{1-\frac{1}{2}\left(\frac{W_{B2}}{L_{nB2}}\right)^2}{1-\frac{1}{2}\left(\frac{W_{B1}}{L_{nB1}}\right)^2} > 1$$

즉 베이스 중성영역의 길이가 짧으면서도 낮은 베이스 도핑 농도로 인해 과잉 캐리어의 확산길이가 긴 BJT2의 베이스 전송효율이 BJT1의 전송효율보다 높다.

(g) npn 바이폴라 트랜지스터의 베이스 접지전류 증폭률($\alpha \le 1$)과 에미터 접지전류 증폭률 β는 다음과 같은 상관관계를 갖는다.

$$\beta = \frac{\alpha}{1-\alpha} = \frac{1}{(1/\alpha)-1} \quad (\alpha \le 1)$$

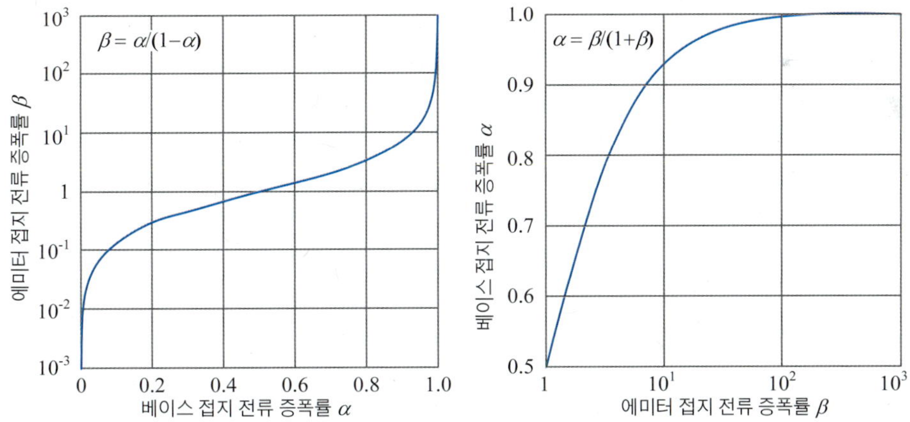

즉 α가 클수록(1에 가까울수록) β도 증가한다. 이때 베이스 접지전류 증폭률 α는 다음과 같이 에미터 주입효율(γ), 베이스 전송효율(α_T), 에미터 접합에서의 재결합효율(δ)의 곱으로 나타낼 수 있다.

$$\alpha \cong \frac{J_{nC}}{J_{nE}+J_{pE}+J_R} = \frac{(J_{nE}-J_{RB})}{J_{nE}+J_{pE}+J_R} \equiv \gamma \cdot \alpha_T \cdot \delta\,;$$

$$\gamma \equiv \left(\frac{J_{nE}}{J_{nE}+J_{pE}}\right),\quad \alpha_T \equiv \left(\frac{J_{nE}-J_{RB}}{J_{nE}}\right),\quad \delta \equiv \left(\frac{J_{nE}+J_{pE}}{J_{nE}+J_{pE}+J_R}\right)$$

앞서 비교한 바와 같이 에미터 주입효율과 베이스 전송효율은 $\gamma_2 > \gamma_1$, $\alpha_{T2} > \alpha_{T1}$이며, 에미터 접합의 공간전하영역 내의 결함 준위 농도 등에 의해 결정되는 재결합효율이 동일($\delta_2 \approx \delta_1$)하다고 가정하면, BJT1과 BJT2의 베이스 접지전류 증폭률은 다음과 같이 비교할 수 있다.

$$\frac{\alpha_2}{\alpha_1} = \left(\frac{\gamma_2}{\gamma_1}\right)\left(\frac{\alpha_{T2}}{\alpha_{T1}}\right)\left(\frac{\delta_2}{\delta_1}\right) > 1$$

즉 베이스 도핑 농도가 낮아 에미터 주입효율이 높고, 평균수명이 길 뿐 아니라 중성영역의 길이도 짧은 BJT2의 전류 증폭률이 BJT1의 전류 증폭률보다 크다($\alpha_2 > \alpha_1$, $\beta_2 > \beta_1$).

(h) 두 BJT에 $V_{BE1} = V_{BE2} \sim 0.7$ [V], $V_{BC1} = V_{BC2} = -3$ [V]의 바이어스가 인가된 경우, 콜렉터 전류는 다음과 같이 베이스의 중성영역 끝까지 확산해 온 전자에 의한 전류(J_{nC})와, 역바이어스된 콜렉터 접합의 공간전하영역에서 열생성된 전자-정공 켤레에 의한 전류(J_g), 콜렉터 접합 부근의 중성영역에서의 소수 캐리어인 정공의 확산전류(J_{co})의 합으로 구성되어 있다.

$$I_C = J_C A\ ;\quad J_C = J_{nC} + J_g + J_{co} \approx J_{nC}$$

순방향 능동모드 전압이 인가된 npn 바이폴라 트랜지스터의 경우, 이 성분들 중 에미터에서 주입되어 콜렉터에 도달한 J_{nC}가 콜렉터 전류의 대부분을 차지한다. 이때 BJT1과 BJT2의 비교를 단순화하기 위해 베이스 중성영역이 확산길이보다 훨씬 짧은 경우($W_B \ll L_{nB}$)로 가정하면, J_{nC}는 다음과 같이 정리할 수 있다.

$$J_{nC} \cong q\frac{D_{nB}}{L_{nB}}\Delta n_E \frac{1}{\sinh(W_B/L_{nB})} \cong q\frac{D_{nB}}{W_B}\Delta n_E$$

또한 베이스 구조가 다른 BJT1과 BJT2 콜렉터 전류의 비는 다음과 같다.

$$\frac{I_{C2}}{I_{C1}} \cong \frac{J_{nC2}}{J_{nC1}} = \frac{D_{nB2}}{D_{nB1}}\frac{L_{nB1}}{L_{nB2}}\frac{\Delta n_{E2}}{\Delta n_{E1}}\frac{\sinh(W_{B1}/L_{nB1})}{\sinh(W_{B2}/L_{nB2})} \cong \left(\frac{W_{B1}}{W_{B2}}\right)\left(\frac{\Delta n_{E2}}{\Delta n_{E1}}\right)\left(\frac{D_{nB2}}{D_{nB1}}\right) = 8\left(\frac{D_{nB2}}{D_{nB1}}\right) > 8 \quad \Leftrightarrow \quad I_{C2} > 8I_{C1}$$

$$\left(\frac{W_{B1}}{W_{B2}}\right) = 2, \quad \left(\frac{\Delta n_{E2}}{\Delta n_{E1}}\right) = 4, \quad \left(\frac{D_{nB2}}{D_{nB1}}\right) > 1$$

즉 동일한 전압이 인가된 경우, 베이스 도핑 농도가 낮아 확산계수가 크고, 평균수명이 길며, 베이스 중성영역의 길이가 짧아 과잉 캐리어의 농도 기울기가 더 급한 BJT2의 콜렉터 전류(I_{C2})가 BJT1의 콜렉터 전류(I_{C1})보다 큰 값($I_{C2} > 8I_{C1}$)을 갖는다.

(i) 에미터 접합에 일정한 전압이 인가된 상태에서 콜렉터-에미터 전압 V_{CE}가 증가하면, 콜렉터 접합의 역방향 전압($V_{BC} < 0$)이 증가하여 공간전하영역이 확장되고, 이로 인해 베이스와 콜렉터의 중성영역의 길이가 감소하게 된다. 특히 베이스로 확장된 공간전하영역(X_{pB})으로 인해 유효 베이스의 길이($W_{B,eff} = W_B - \Delta W_B < W_B$)가 감소한 셈이 된다. 이로 인해 베이스 영역 내의 과잉 전자 분포의 기울기가 증가하여, 확산에 의한 콜렉터 전류가 증가하게 된다. 이를 콜렉터 전압에 의한 베이스 폭 변조효과(BWM) 또는 얼리(Early) 효과라고 한다.

확산길이에 비해 짧은 베이스 중성영역($W_B \ll L_{nB}$)을 가진 BJT의 콜렉터 전류는 다음과 같이 p형 베이스 중성영역 폭(W_B)의 변화에 매우 민감하다.

$$I_C \cong qA_C\frac{D_{nB}}{L_{nB}}\frac{n_{Bo}}{\sinh(W_B/L_{nB})}\left(e^{V_{BE}/V_{th}} - 1\right) = I_{CS}\left(e^{V_{BE}/V_{th}} - 1\right) \propto \left(\frac{1}{W_B}\right);$$

$$I_{CS} \cong qA_C\frac{D_{nB}}{W_B}\frac{n_i^2}{N_{AB}} \quad : \text{콜렉터 포화전류} \propto \left(\frac{1}{W_B}\right)$$

따라서 역방향 전압에 의해 콜렉터 접합의 공간전하영역이 변하여 유효 베이스 중성영역의 폭이 $W_{B,eff} = W_B - \Delta W_B$로 변할 때, 콜렉터 전류는 다음과 같이 나타낼 수 있다.

$$I_C = qA_C D_{nB}\frac{\Delta n_E}{L_{nB}}\frac{1}{\sinh(W_{B,eff}/L_{nB})} \cong qA_C D_{nB}\frac{n_{Bo}}{W_{B,eff}}\left(e^{V_{BE}/V_{th}}-1\right) = qA_C D_{nB}\frac{n_{Bo}}{W_B}\left(e^{V_{BE}/V_{th}}-1\right)\frac{1}{(1-(\Delta W_B/W_B))}$$

그런데 역방향 콜렉터 전압에 의한 베이스 폭 변조효과를 나타내는 항($\Delta W_B/W_B$)은 V_{CE}의 변화로 인한 것이므로, 베이스 폭 변화가 콜렉터 전압에 비례하여 변하는 것으로 가정하면, 다음과 같이 베이스 폭 변조계수 λ를 이용하여 나타낼 수 있다.

$$\frac{\Delta W_B}{W_B} = \lambda V_{CE}$$

따라서 베이스 폭 변조계수 λ는 역방향 전압($V_{BC} < 0$)의 변화에 따른 베이스 공간전하영역의 변화 정도를 나타내는 지표이다. 다음과 같이 베이스의 폭이 넓을수록, 베이스의 도핑이 높을수록, 그리고 베이스 도핑에 비해 콜렉터 도핑 농도가 낮을수록 베이스 폭 변조효과는 줄어든다.

$$\lambda\,[\text{V}^{-1}] = \frac{1}{V_A} \equiv \frac{1}{I_C}\frac{dI_C}{dV_{CE}} = \frac{1}{W_B}\frac{d\Delta W_B}{dV_{CE}} \cong \frac{1}{2W_B}\sqrt{\frac{2\varepsilon_{Si}}{q}\left(\frac{1}{N_{AB}}\right)\left(\frac{N_{DC}}{N_{AB}}\right)\frac{1}{(V_{bic}+V_{CE,sat})}}\;;\; V_A\,[\text{V}] = \text{얼리 전압}$$

따라서 에미터와 콜렉터 영역의 도핑 및 두께는 동일하나, 베이스 중성영역에서 두께와 도핑 농도가 다른 BJT1과 BJT2의 베이스 폭 변조효과 계수와 얼리 전압(V_A)을 비교하면 다음과 같다.

$$\frac{\lambda_2}{\lambda_1} \cong \left(\frac{W_{B1}}{W_{B2}}\right)\sqrt{\left(\frac{N_{AB1}}{N_{AB2}}\right)\left(\frac{N_{DC}}{N_{AB2}}\right)\Big/\left(\frac{N_{DC}}{N_{AB1}}\right)} = \left(\frac{W_{B1}}{W_{B2}}\right)\left(\frac{N_{AB1}}{N_{AB2}}\right) = 2\cdot 4 = 8 \Leftrightarrow \lambda_2 = 8\lambda_1$$

$$\Leftrightarrow \frac{V_{A2}}{V_{A1}} = \frac{\lambda_1}{\lambda_2} = \frac{1}{8} \Leftrightarrow V_{A2} = \frac{V_{A1}}{8}$$

즉 베이스 영역의 폭이 좁고 도핑 농도가 낮은 BJT2의 베이스 폭 변조효과가 BJT1보다 훨씬 심각함을 알 수 있다.

(j) 두 BJT에 $V_{BE1} = V_{BE2} \sim 0.7$ [V], $V_{BC1} = V_{BC2} = -3$ [V]의 바이어스가 인가된 경우에 대하여, 에미터가 위쪽에 위치한 수직 구조의 에미터 전류의 모서리 붐빔(쏠림) 현상은 다음과 같이 비교할 수 있다.

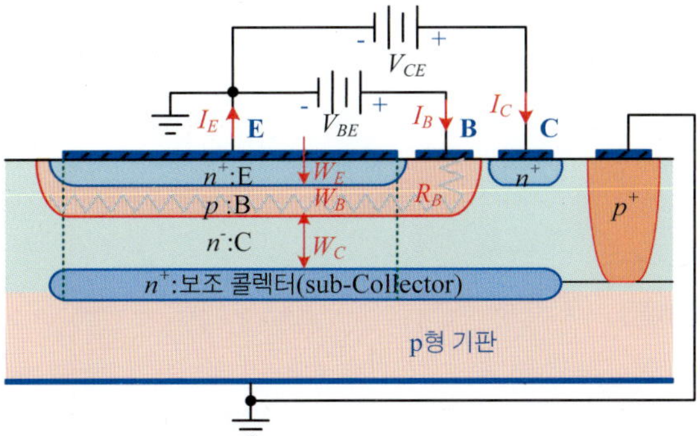

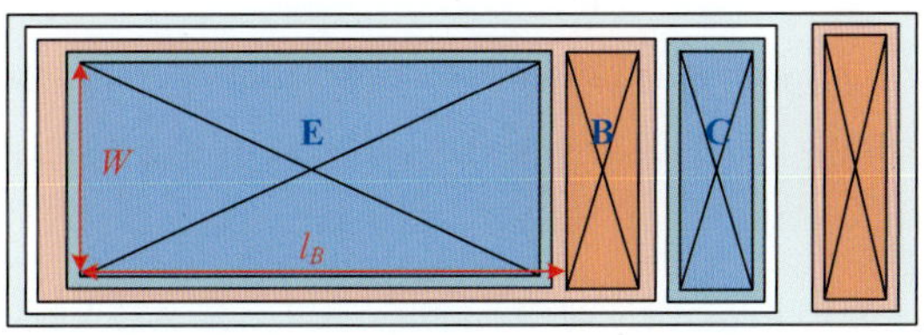

순방향 능동모드에서 동작하는 BJT의 베이스 기생저항(R_B)에 의한 전압강하로부터 발생하는 에미터 전류의 모서리 붐빔(쏠림) 현상은 베이스 단자부터 베이스 중성영역까지의 저항을 비교하여 분석할 수 있다. 베이스 기생저항은 베이스 영역의 다수 캐리어인 정공의 농도(N_{AB})와 이동도(μ_{pB}), 두께(W_B), 베이스 단자로부터 중성영역까지의 거리(l_B), 에미터 접합의 폭(W) 등에 의해 결정되며, 다음과 같은 수식으로 나타낼 수 있다.

$$R_B = \rho_b \frac{L}{A} = \rho_b \frac{l_B}{W_B W} = \frac{\rho_b}{W_B}\left(\frac{l_B}{W}\right) = \frac{1}{\sigma_b W_B}\left(\frac{l_B}{W}\right) = \frac{1}{qN_{AB}\mu_{pB}W_B}\left(\frac{l_B}{W}\right) ; \quad \rho_b = \frac{1}{\sigma_b} = \frac{1}{qN_{AB}\mu_{pB}}$$

따라서 기하학적 구조는 동일($l_{B1} = l_{B2}$, $W_1 = W_2$)하지만, 베이스 중성영역의 두께($W_{B1} = 2W_{B2}$)와 도핑 농도($N_{AB1} = 4N_{AB2}$)가 다른 BJT1과 BJT2의 기생저항(R_{B1}, R_{B2})의 크기를 비교하면 다음과 같다.

$$\frac{R_{B2}}{R_{B1}} = \frac{N_{AB1}\mu_{pB1}W_{B1}}{N_{AB2}\mu_{pB2}W_{B2}} = \left(\frac{N_{AB1}}{N_{AB2}}\right)\left(\frac{W_{B1}}{W_{B2}}\right)\left(\frac{\mu_{pB1}}{\mu_{pB2}}\right) = 4 \cdot 2 \cdot \left(\frac{\mu_{pB1}}{\mu_{pB2}}\right) > 1 ; \quad N_{AB1} = 4N_{AB2}, \ W_{B1} = 2W_{B2}$$

베이스 도핑 농도 증가에 따른 이동도의 변화가 크지 않다고 가정하면, 도핑 농도가 낮아서 다수 캐리어에 의한 베이스층의 전기전도도가 낮고, 베이스 전류 경로의 면적을 결정하는 베이스 중성영역 두께가 얇은 BJT2의 베이스 기생저항이 BJT1보다 큰 값을 갖는다. 따라서 베이스 기생저항에 의한 에미터 전류의 모서리 붐빔(쏠림) 현상은 베이스 기생저항이 큰 BJT2에서 BJT1보다 심각하게 나타날 수 있다.

(k) 두 BJT를 모두 역방향 능동모드($V_{BC} = 0.7$ [V], $V_{BE} = -5$ [V])로 동작시킬 경우(순방향 능동모드의 에미터와 콜렉터가 서로 역할을 바꾼 경우), BJT1과 BJT2의 에너지 대역도는 다음과 같다.

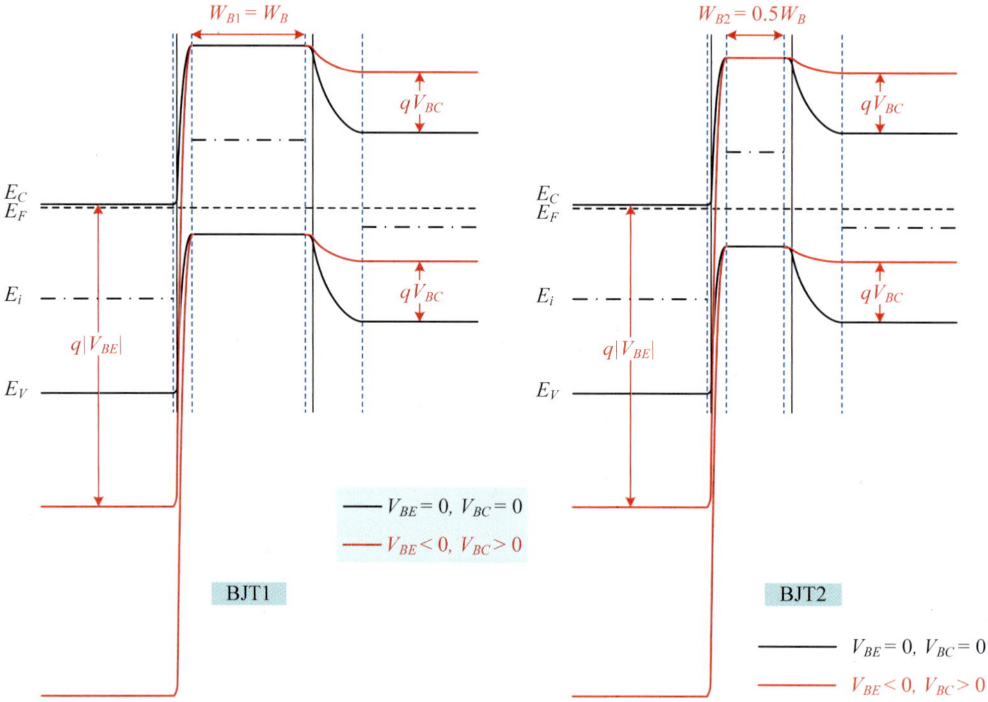

베이스 영역에 비해 도핑 농도가 낮은 n형 콜렉터 영역이 베이스에 전자를 주입하는 에미터 역할을 담당하고, 도핑 농도가 높은 에미터 영역이 동작상 콜렉터 역할을 한다. 이때 BJT1과 BJT2의 중성영역 소수 캐리어 농도 분포는 다음 그림과 같다.

다음 그림에서 보는 바와 같이 p형 베이스로부터, 에미터 역할을 하는 낮은 도핑 농도의 n형 콜렉터 영역으로 역주입된 정공의 양은 BJT1과 BJT2에서 동일하다. 그러나 에미터 역할을 하고 있는 n형 콜렉터로부터 p형 베이스로 주입된 전자는 BJT2보다 BJT1이 훨씬 적다. 즉 npn 바이폴라 트랜지스터의 에미터와 베이스의 중성영역의 길이가 짧은 경우를 비교하면 에미터 주입효율(γ_{RAM})은

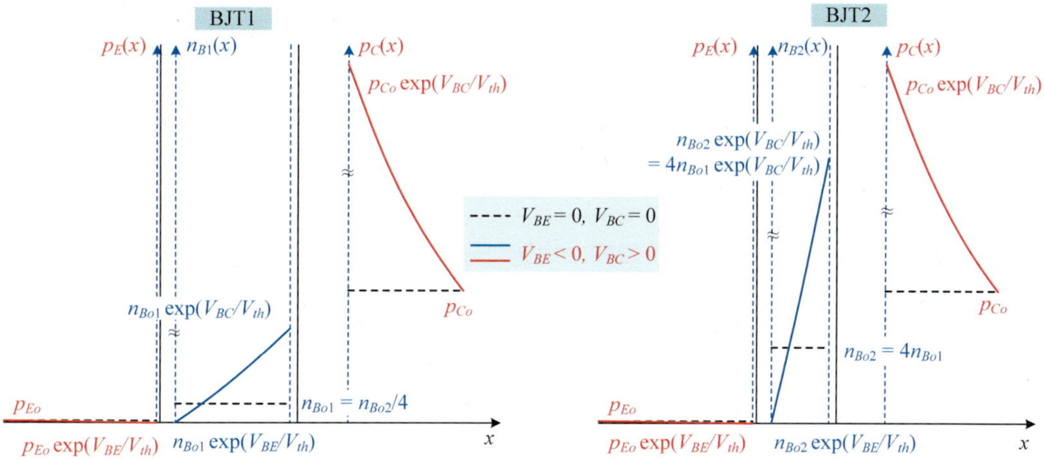

$$\gamma_{RAM} \cong \frac{1}{1+\left(\frac{p_{Co}}{n_{Bo}}\right)\left(\frac{D_{pC}}{D_{nB}}\right)\left(\frac{L_{nB}}{L_{pC}}\right)\left(\frac{\tanh(W_B/L_{nB})}{\tanh(W_C/L_{pC})}\right)} \cong \frac{1}{1+\left(\frac{p_{Co}}{n_{Bo}}\right)\left(\frac{D_{pC}}{D_{nB}}\right)\left(\frac{W_B}{W_C}\right)} = \frac{1}{1+\left(\frac{N_{AB}}{N_{DC}}\right)\left(\frac{D_{pC}}{D_{nB}}\right)\left(\frac{W_B}{W_C}\right)}$$

로 나타낼 수 있다. 역방향 능동모드에서 동작하는 경우에도 에미터로 동작하는 콜렉터 영역은 동일한 도핑 농도($N_{DC1}=N_{DC2}$)와 구조($W_{C1}=W_{C2}$)를 가지므로, 다음 관계식을 통해 분석할 수 있다.

$$\left(\frac{N_{AB1}}{N_{AB2}}\right)=4,\quad \left(\frac{W_{B1}}{W_{B2}}\right)=2,\quad \left(\frac{D_{nB2}}{D_{nB1}}\right)>1$$

$$\left.\frac{\left(\frac{p_{Eo}}{n_{Bo1}}\right)\left(\frac{D_{pE}}{D_{nB1}}\right)\left(\frac{W_{B1}}{W_E}\right)}{\left(\frac{p_{Eo}}{n_{Bo2}}\right)\left(\frac{D_{pE}}{D_{nB2}}\right)\left(\frac{W_{B2}}{W_E}\right)}\right|_{RAM} = \frac{\left(\frac{N_{AB1}}{N_{DC}}\right)\left(\frac{D_{pC}}{D_{nB1}}\right)\left(\frac{W_{B1}}{W_C}\right)}{\left(\frac{N_{AB2}}{N_{DC}}\right)\left(\frac{D_{pC}}{D_{nB2}}\right)\left(\frac{W_{B2}}{W_C}\right)} = \left(\frac{N_{AB1}}{N_{AB2}}\right)\left(\frac{D_{nB2}}{D_{nB1}}\right)\left(\frac{W_{B1}}{W_{B2}}\right) = 8\left(\frac{D_{nB2}}{D_{nB1}}\right)>8$$

$$\frac{\gamma_{RAM2}}{\gamma_{RAM1}} \cong \frac{1+\left(\frac{p_{Co}}{n_{Bo1}}\right)\left(\frac{D_{pC}}{D_{nB1}}\right)\left(\frac{W_{B1}}{W_E}\right)}{1+\left(\frac{p_{Co}}{n_{Bo2}}\right)\left(\frac{D_{pC}}{D_{nB2}}\right)\left(\frac{W_{B2}}{W_E}\right)} = \frac{1+\left(\frac{N_{AB1}}{N_{DC}}\right)\left(\frac{D_{pC}}{D_{nB1}}\right)\left(\frac{W_{B1}}{W_C}\right)}{1+\left(\frac{N_{AB2}}{N_{DC}}\right)\left(\frac{D_{pC}}{D_{nB2}}\right)\left(\frac{W_{B2}}{W_C}\right)}>1$$

즉 베이스 도핑 농도가 낮은 BJT2의 에미터 주입효율이, 베이스 도핑 농도가 높은 BJT1의 에미터 주입효율보다 더 크다($\gamma_{RAM2}>\gamma_{RAM1}$). 한편 균일한 도핑 농도를 가진 p형 베이스 영역 내의 베이스 전송효율($\alpha_{T,RAM}$)은 순방향이나 역방향 능동모드와는 무관하며($\alpha_{T,FAM}=\alpha_{T,RAM}$), 앞에서 계산한 결과와 동일하다.

$$\begin{cases} W_{B2}=0.5W_{B1}<W_{B1} \\ L_{nB2}>L_{nB1} \end{cases} \Leftrightarrow \left(\frac{W_{B2}}{L_{nB2}}\right)<\left(\frac{W_{B1}}{L_{nB1}}\right) \Leftrightarrow \frac{\alpha_{T2,RAM}}{\alpha_{T1,RAM}}=\frac{\cosh(W_{B1}/L_{nB1})}{\cosh(W_{B2}/L_{nB2})}>1$$

즉 베이스 중성영역의 길이가 짧으면서도 낮은 베이스 도핑 농도로 인해 과잉 캐리어의 확산길이가 긴 BJT2의 베이스 전송효율이 BJT1의 전송효율보다 높다.

따라서 역방향 능동모드 동작 시 BJT1과 BJT2의 에미터 주입효율과 베이스 전송효율은 $\gamma_{RAM2}>\gamma_{RAM1}$, $\alpha_{T2}>\alpha_{T1}$이며, 재결합효율은 동일($\delta_2\approx\delta_1$)하다고 가정하면, 베이스 접지전류 증폭률은 다음과 같다.

$$\frac{\alpha_{2,RAM}}{\alpha_{1,RAM}}=\left(\frac{\gamma_{2,RAM}}{\gamma_{1,RAM}}\right)\left(\frac{\alpha_{T2,RAM}}{\alpha_{T1,RAM}}\right)\left(\frac{\delta_{2,RAM}}{\delta_{1,RAM}}\right)>1$$

즉 베이스 도핑 농도가 낮아 에미터 주입효율이 높고, 평균수명이 길 뿐 아니라 베이스 중성영역의 길이가 짧은 BJT2의 전류 증폭률이 BJT1의 전류 증폭률보다 크다($\alpha_{2,RAM} > \alpha_{1,RAM}$, $\beta_{2,RAM} > \beta_{1,RAM}$).

10.3 베이스 구조와 전기적 특성 변화

베이스 두께($W_B \ll L_{nB}$, $W_{B1} = 2W_{B2}$)를 제외한 모든 구조가 동일한 두 개의 npn형 바이폴라 트랜지스터(BJT1과 BJT2: 균일한 에미터, 베이스, 콜렉터 도핑 농도를 가짐)를 비교함으로써, BJT의 동작을 좀 더 자세히 이해해보자.

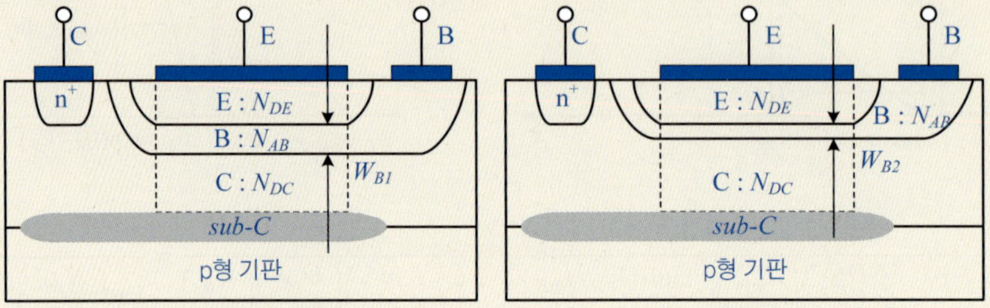

(a) BJT의 베이스 접지전류 증폭률(α)에 영향을 주는 요소를 세 항목으로 구분하여 간략히 설명하라.
(b) 에미터에서 베이스로 주입된 전자가 베이스 중성영역과 베이스-콜렉터 접합의 공간전하영역을 통과할 때, 어떤 전류 메커니즘으로 이동하게 되는지 간략히 설명하라.
(c) 두 BJT가 순방향 능동모드에서 우수한 동작 특성을 갖도록 하기 위해 에미터 도핑 농도(N_{DE}), 베이스 도핑 농도(N_{AB}) 및 콜렉터 도핑(N_{DC})의 크기가 만족해야 할 조건을 근거를 제시하여 설명하라.
(d) 순방향 능동모드에서의 에너지 대역도를 열평형 상태와 그림으로 비교하라.
(e) 순방향 능동모드에서 소수 캐리어 농도 분포를 열평형 상태와 그림으로 비교하라.
(f) 두 BJT의 베이스 중성영역에서의 소수 캐리어 평균수명을 근거를 제시하여 비교하라.
(g) 두 BJT의 베이스 통과시간을 근거를 제시하여 비교하라.
(h) 두 BJT의 베이스 전송효율을 근거를 제시하여 비교하라.
(i) 두 BJT의 에미터 주입효율을 근거를 제시하여 비교하라.
(j) 두 BJT의 재결합효율을 근거를 제시하여 비교하라.
(k) 두 BJT의 에미터 접지전류 증폭률을 근거를 제시하여 비교하라.
(l) V_{CE}에 의한 베이스 폭 변조효과와 얼리 전압(V_A)을 근거를 제시하여 비교하라.
(m) 베이스 기생저항의 크기를 근거를 제시하여 비교하라.
(n) 두 BJT의 ECCE 현상을 비교하라.
(o) 두 BJT에 동일한 크기의 순방향 능동모드 전압이 인가된 경우, 콜렉터 전류(I_C)를 비교하라.
(p) 두 BJT에 동일한 크기의 순방향 능동모드 전압이 인가된 경우, 베이스 전류(I_B)를 비교하라.
(q) 두 BJT의 눈사태 접합붕괴 전압의 크기를 근거를 제시하여 비교하라.
(r) 두 BJT에서 펀치쓰루(punch-through : 공간전하영역 확장으로 인한 베이스 중성영역 완전침식)에 의한 접합붕괴 가능성을 근거를 제시하여 비교하라.

(a) BJT의 베이스 접지전류 증폭률(α)에 영향을 주는 요소는 에미터 주입효율(γ), 베이스 전송효율(α_T), 에미터 접합의 재결합효율(δ)의 세 항목으로 구분하여 다음과 같이 나타낼 수 있다.

$$\alpha \cong \frac{J_{nC}}{J_{nE}+J_{pE}+J_R} = \frac{(J_{nE}-J_{RB})}{J_{nE}+J_{pE}+J_R} \equiv \gamma \cdot \delta \cdot \alpha_T \ ;$$

$$\gamma \equiv \left(\frac{J_{nE}}{J_{nE}+J_{pE}}\right),\ \delta \equiv \left(\frac{J_{nE}+J_{pE}}{J_{nE}+J_{pE}+J_R}\right),\ \alpha_T \equiv \left(\frac{J_{nE}-J_{RB}}{J_{nE}}\right)$$

$$J_{nE} \equiv J_{nB,diff}(x=0) = qD_{nB}\left|\frac{d\delta n_B(x)}{dx}\right|_{x=0}, \qquad J_{nC} \equiv J_{nB,diff}(x=W_B) = qD_{nB}\left|\frac{d\delta n_B(x)}{dx}\right|_{x=W_B}$$

$$J_{pE} \equiv J_{pE,diff}(x'=0) = qD_{pE}\left|\frac{d\delta p_E(x')}{dx'}\right|_{x'=0}, \quad J_{RB} \equiv \int_0^{W_B} qRdx = J_{nE}-J_{nC}, \quad J_R \equiv \int_{B-E\ SCR} qRdx$$

▶ npn BJT의 전류 증폭률을 지배하는 성분 중 하나인 에미터 주입효율 γ는 다음과 같이 정의된다.

$$\gamma \equiv \frac{J_{nE}}{J_{nE}+J_{pE}} = \frac{1}{1+J_{pE}/J_{nE}} \cong \frac{1}{1+\left(\frac{p_{Eo}}{n_{Bo}}\right)\left(\frac{D_{pE}}{D_{nB}}\right)\left(\frac{L_{nB}}{L_{pE}}\right)\left(\frac{\tanh(W_B/L_{nB})}{\tanh(W_E/L_{pE})}\right)} \cong \frac{1}{1+\left(\frac{D_{pE}}{D_{nB}}\right)\left(\frac{W_B}{W_E}\right)\left(\frac{N_{AB}}{N_{DE}}\right)} \leq 1$$

에미터 주입효율은 콜렉터 전류 변화에 있어서, 에미터 접합에 인가된 순방향 전압에 의해 p형 베이스로부터 n형 에미터로 역주입되는 정공 전류(J_{pE})에 비해 n형 에미터로부터 베이스로 주입되는 전자에 의한 전류(J_{nE})가 얼마나 효율적인가를 나타내는 지표로서, 에미터(N_{DE})와 베이스(N_{AB})의 도핑 농도에 가장 크게 의존한다. 특히 에미터 주입효율을 개선하는 데에는 베이스와 에미터 도핑 농도의 비(N_{AB}/N_{DE})를 조절하는 것이 가장 편리하고 효과적인 방법이다. 이를 위해 에미터 도핑 농도가 베이스 도핑 농도보다 훨씬 높도록($N_{DE} \gg N_{AB}$) 소자와 공정을 설계하는 게 좋다. 이를 통해 에미터에서 베이스로 주입되어 콜렉터 전류 변화에 기여하는 전자의 주입량에 비해, 베이스에서 에미터로 역주입되는 정공을 줄임으로써 높은 에미터 주입효율을 구현할 수 있다.

▶ 전류 증폭률을 제한하는 요소 중 하나는 에미터 접합의 공간전하영역에서의 재결합을 나타내는 재결합효율(δ)이다. 에미터 접합의 재결합효율은 에미터 접합의 전류를 구성하는 성분인 에미터에서 베이스로 주입되는 전자에 의한 전류(J_{nE}), 베이스에서 에미터로 역주입되는 정공에 의한 전류(J_{pE}), 그리고 공간전하영역에서의 재결합전류(J_R)의 영향을 받는다. 접합의 재결합효율은 접합의 정상적인 기능인 전자와 정공의 주입에 의한 전류($J_{nE}+J_{pE}$)가 얼마나 효율적인가를 나타내는 지표로, 다음과 같이 나타낼 수 있다.

$$\delta \equiv \frac{J_{nE}+J_{pE}}{J_{nE}+J_{pE}+J_R} = \frac{1}{1+J_R/(J_{nE}+J_{pE})} \cong \frac{1}{1+\frac{n_i}{n_{Bo}}\frac{1}{2\tau_o}\frac{W_{BE}}{D_{nB}}W_B e^{-V_{BE}/2V_{th}}} = \frac{1}{1+\frac{n_i}{n_{Bo}}\cdot\frac{(W_{BE}/\tau_o)}{(W_B/\tau_B)}\cdot e^{-V_{BE}/2V_{th}}}$$

따라서 재결합효율을 향상하기 위해서는 평균수명($\tau_o \propto 1/N_t$)을 지배하는 에미터 접합의 공간전하영역(W_{BE})의 결정 결함 농도(N_t)를 최소화하도록 제조공정을 최적화해야 한다. 특히 재결합효율은 에미터에 인가된 전압 V_{BE}가 낮아서 적은 양의 콜렉터 전류가 흐를 때, 전류 증폭률을 제한하는 중요한 요소로 작용한다.

▶ n형 에미터에서 베이스로 주입된 전자가 확산을 통해 p형 중성영역을 통과할 때, 이 전자들이 다수 캐리어인 정공과 재결합할 가능성이 있다. 이를 나타내는 지표가 베이스 전송효율(α_T)로, npn BJT의 전류 증폭률을 제한하는 가장 중요한 요소 중 하나다. 베이스 중성영역의 길이가 확산길이에 비해 아주 짧은 경우($W_B \ll L_{nB}$) 베이스 전송효율은 다음과 같이 간략화할 수 있다.

$$\alpha_T \equiv 1-\frac{J_{RB}}{J_{nE}} = \frac{J_{nC}}{J_{nE}} = \frac{1}{\cosh(W_B/L_{nB})} \cong \frac{1}{1+\frac{1}{2}(W_B/L_{nB})^2} \cong 1-\frac{(W_B^2/2D_{nB})}{\tau_{nB}} = 1-\frac{\tau_B}{\tau_{nB}} \ ; \quad \tau_B \equiv \frac{W_B^2}{2D_{nB}}$$

과잉 캐리어의 확산길이가 길고, 평균수명(τ_{nB})에 비해 베이스를 통과하는 시간(τ_B)이 짧을수록, 또는 베이스 영역의 길이가 과잉 캐리어의 확산길이에 비해 짧을수록, 재결합 확률은 감소하고 베이스 전송효율은 향상된다. 즉 베이스 중성영역에서 과잉 캐리어의 평균수명(τ_{nB})에 비해 베이스 통과시간(τ_B)이 짧을수록 베이스 중성영역에서의 재결합이 감소하며, 베이스 전송효율이 개선되고 전류 증폭률이 증가한다.

(b) 에미터에서 베이스로 주입된 전자는 베이스 중성영역과 베이스-콜렉터 접합의 공간전하영역을 통과할 때, 각 영역별로 다음의 메커니즘을 통해 이동한다.

- 에미터 접합의 열방출(thermionic emission) : 에미터 접합에 인가된 전압 V_{BE}에 의해 낮아진 에너지 장벽을 통해 전자가 주입되는 메커니즘으로, 열주입이라고도 한다.
- 베이스 중성영역의 확산(diffusion) : 베이스 중성영역에는 전계가 존재하지 않으므로, 에미터 접합으로 주입된 높은 농도의 전자는 확산을 통해 중성영역을 통과하여 콜렉터 접합으로 이동한다.
- 콜렉터 접합의 공간전하영역의 드리프트(drift) : 콜렉터 접합에 인가된 역방향 전압에 의해 강화된 전계가 존재한다. 확산을 통해 베이스를 통과한 전자가 콜렉터 공간전하영역에 도달하면, 강화된 전계에 의해 전자들이 드리프트되어 콜렉터로 수집되고 콜렉터 전류를 형성한다.

(c) 순방향 능동모드에서 동작하는 바이폴라 트랜지스터의 동작특성을 나타내는 성능지표는 다양하나, 다음 항목을 중심으로 조건을 설명하고자 한다.

- DC 및 AC 특성을 모두 포함하는 전류 증폭률 : 전류 증폭률을 결정하는 지표 중 에미터 주입효율을 개선하기 위해서는 에미터 도핑을 베이스 도핑보다 훨씬 높게 하여, 베이스에서 에미터로 역주입되는 정공의 양을 줄여야 한다.
  $\Rightarrow\ N_{DE} \gg N_{AB}$
- AC 특성의 출력저항과 최대 전압 증폭률을 지배하는 베이스 폭 변조효과 계수 : 베이스 폭 변조에 의한 AC 출력저항(r_{ce} 또는 r_o)과 최대 전압 증폭률($A_{v,max} = g_m r_o$)을 개선하기 위해서는 콜렉터에 인가된 역방향 전압에 의한 공간전하영역이 베이스폭의 변화를 유발하지 않아야 한다. 이를 위해서는 콜렉터 도핑이 베이스 도핑 농도보다 훨씬 낮게 되어야 한다. $\Rightarrow\ N_{DC} \ll N_{AB}$
- 고주파 및 스위칭 특성을 지배하는 콜렉터 접합의 접합용량 : 고주파 및 스위칭 특성 개선을 위해 콜렉터 접합용량 C_{BC}를 최소화해야 하며, 이를 위해서는 콜렉터 접합의 공간전하영역이 넓어야 한다. 그러나 베이스 폭 변조효과를 억제하기 위해 베이스 영역의 도핑이 콜렉터에 비해 높게 유지되어야 하므로, 콜렉터 도핑을 최대한 낮게 유지한다.
  $\Rightarrow\ N_{DC}$: 가능한 한 낮게($\ll N_{AB}$)
- 고압 특성을 지배하는 접합붕괴 전압 : 고압 특성을 지배하는 접합붕괴 전압을 개선하기 위해서는 콜렉터 접합의 최대 전계를 줄여야 하며, 이를 위해서는 콜렉터 공간전하영역의 폭이 넓어야 한다. 이 또한 베이스 폭 변조효과에 의한 성능 저하를 방지하기 위해 베이스 영역으로의 공간전하영역 확장을 억제해야 하므로, 콜렉터 도핑 농도를 낮게 유지한다. $\Rightarrow\ N_{DC}$: 가능한 한 낮게($\ll N_{AB}$)

결론적으로 npn형 BJT가 순방향 능동모드($V_{BE} > 0$, $V_{BC} < 0$)에서 우수한 동작특성을 갖도록 하기 위해서는 다음 조건을 만족하도록 설계해야 한다.

$N_{DE} >> N_{AB} >> N_{DC}$: 가능한 한 낮게

(d) BJT1과 BJT2에 대하여, 접합 형성 전의 에너지 대역도와 순방향 능동모드에서의 에너지 대역도를 열평형 상태와 비교하면 다음 그림과 같다. 이때 BJT1과 BJT2의 구조에서 베이스 중성영역의 두께만 다르다($W_{B1} = 2W_{B2}$).

구분	에미터(n)	베이스(p)	콜렉터(n)
BJT1	N_{DE} W_E	N_{AB} $W_{B1} = W_B$	N_{DC} W_C

구분	에미터(n)	베이스(p)	콜렉터(n)
BJT2	N_{DE} W_E	N_{AB} $W_{B2} = 0.5W_B$	N_{DC} W_C

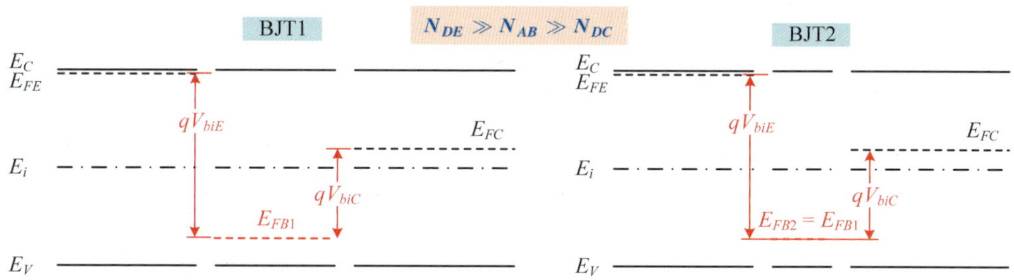

반도체 재료와 온도가 결정되면, 반도체의 종류(p형 또는 n형)와 무관하게, 또한 동일한 n형(또는 p형)이라고 해도 다수 캐리어 농도의 높고 낮음에 관계없이, 다수 캐리어 농도와 소수 캐리어 농도의 곱은 항상 일정(단체행동 법칙)해야 한다. 따라서 소수 캐리어 농도는 열평형 상태의 다수 캐리어 농도($N_{o,maj}$)와 소수 캐리어 농도($N_{o,min}$)의 곱, 또는 전자 농도(n_o)와 정공 농도(p_o)의 곱이 일정하다는 단체행동 법칙을 이용하여 구할 수 있다.

$$p_o n_o = N_{o,maj} N_{o,min} = \text{일정} = n_i^2$$

접합 형성 전의 n형 에미터, p형 베이스, n형 콜렉터의 다수 캐리어 및 소수 캐리어 농도는 다음 표와 같다.

구분	에미터 영역(n형)	베이스 영역(p형)	콜렉터 영역(n형)
다수 캐리어 농도	전자 : $n_{\text{Eo}} = N_{\text{DE}}$	정공 : $p_{Bo} = N_{AB}$	전자 : $n_{\text{Co}} = N_{DC}$
소수 캐리어 농도	정공 : $p_{\text{Eo}} = n_i^2/N_{\text{DE}}$	전자 : $n_{Bo} = n_i^2/N_{AB}$	정공 : $p_{\text{Co}} = n_i^2/N_{DC}$

n형 에미터 영역과 p형 베이스 영역으로 이루어진 에미터 접합에는 순방향 전압이 인가되고, n형 콜렉터 영역과 p형 베이스 영역으로 이루어진 콜렉터 접합에는 역방향 전압이 인가되어 있다. 열평형 상태에서 중성영역의 전자와 정공의 농도 차이(또는 페르미 준위 차이)로 인해 형성된 에미터 접합과 콜렉터 접합의 내부 전압(V_{biE}, V_{biC})을 다음 표에 요약하였다.

구분	에미터 접합(E-B 접합)	콜렉터 접합(C-B 접합)
접합 내부 전압	$V_{biE} = \dfrac{\lvert E_{FE} - E_{FB}\rvert}{q} = V_{th} \ln\left(N_{DE} N_{AB} / n_i^2\right) > V_{biC}$ $V_{biE1} = V_{biE2} \quad (N_{DE} \gg N_{DC})$	$V_{biC} = \dfrac{\lvert E_{FC} - E_{FB}\rvert}{q} = V_{th} \ln\left(N_{DC} N_{AB} / n_i^2\right) < V_{biE}$ $V_{biC1} = V_{biC2} \quad (N_{DC} \ll N_{DE})$

BJT1과 BJT2의 열평형 상태의 에너지 대역도와 중성영역 소수 캐리어 농도를 비교하면 다음 그림과 같다.

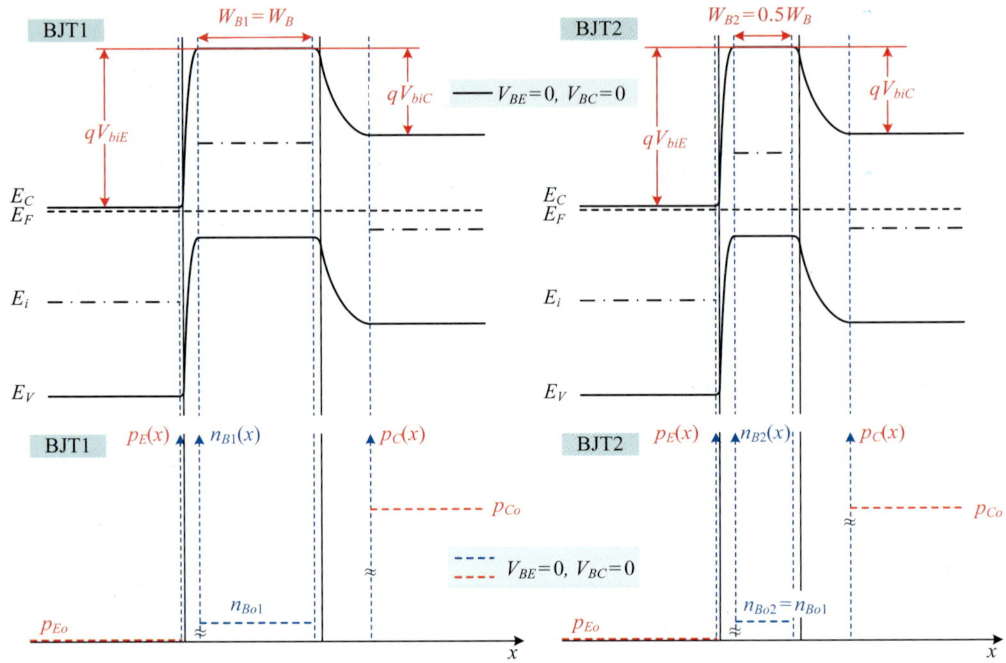

BJT1과 BJT2의 순방향 능동모드($V_{BE}>0$, $V_{BC}<0$) 전압이 인가된 경우, 에너지 대역도는 다음 그림과 같다.

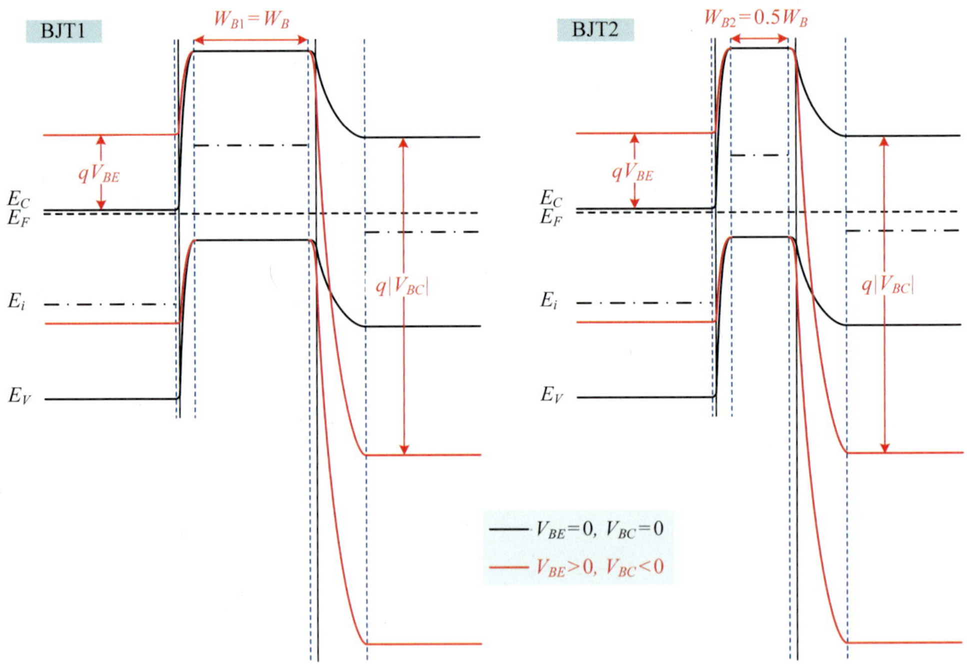

BJT1과 BJT2는 베이스 중성영역의 두께를 제외하고는 모든 특성이 동일하다. 특히 n형 에미터 영역의 전자에 대한 에너지 장벽($q\phi_{beE}$), p형 베이스 영역의 정공에 대한 에너지 장벽($q\phi_{bhE}$, $q\phi_{bhC}$), n형 콜렉터 영역의 전자에 대한 에너지 장벽($q\phi_{beC}$), 그리고 인가 전압에 의한 에너지 장벽의 변화도 두 트랜지스터에서 동일하다.

(e) 중성영역의 과잉 캐리어 농도 분포는 확산방정식과, 접합에 인가된 전압의 영향을 받는 경계조건을 적용하여 얻을 수 있다.

$$\frac{\partial^2 \delta N_i(x)}{\partial x^2} - \frac{\delta N_i(x)}{L_{min}^2} = 0, \quad \delta N_i(x) = \delta N_{min,i}(x) = \delta N_{maj,i}(x)$$

$$\delta N_i(x_i) = A_i e^{+x_i/L_{min}} + B_i e^{-x_i/L_{min}} = \Delta N(0)\frac{\sinh(-(x_i - W_i)/L_{min})}{\sinh(W_i/L_{min})} \quad (0 \le x_i \le W)$$

▶ npn BJT의 전류-전압 특성에 가장 결정적인 영향을 미치는 부분은 베이스 중성영역이다. p형 베이스 중성영역의 과잉 전자 농도 분포($\delta n_B(x)$)를 지배하는 전자의 확산방정식과, 에미터 접합과 콜렉터 접합에 인가된 전압에 의해 결정되는 경계지점의 농도 분포는 각각 다음과 같다.

$$\frac{\partial^2 \delta n_B(x)}{\partial x^2} - \frac{\delta n_B(x)}{L_{nB}^2} = 0, \quad \delta n_B(x) \equiv n_B(x) - n_{Bo}(= \delta p_B(x)), \quad L_{nB} \equiv \sqrt{D_{nB}\tau_{nB}}$$

$$\begin{cases} \delta n_B(x=0) = n_{Bo}\left(e^{V_{BE}/V_{th}} - 1\right) \equiv \Delta n_E \\ \delta n_B(x=W_B) = n_{Bo}\left(e^{V_{BC}/V_{th}} - 1\right) \equiv \Delta n_C \ ; \quad \Delta n_C \cong -n_{Bo}(V_{BC} < 0) \ ; \ \text{순방향 능동 모드} \end{cases}$$

확산방정식과 경계조건을 이용한 p형 베이스 중성영역($0 \le x \le W_B$)의 과잉 전자 농도 분포는 다음과 같다.

$$\delta n_B(x) = n_1 e^{x/L_{nB}} + n_2 e^{-x/L_{nB}} \ [\text{cm}^{-3}] \ ; \quad L_{nB} \equiv \sqrt{D_{nB}\tau_{nB}} \ [\text{cm}]: \ p\text{형 베이스 영역의 과잉 캐리어 확산길이}$$

$$\delta n_B(x) = \Delta n_E \frac{\sinh(-(x - W_B)/L_{nB})}{\sinh(W_B/L_{nB})} + \Delta n_C \frac{\sinh(x/L_{nB})}{\sinh(W_B/L_{nB})} \ [\text{cm}^{-3}]$$

BJT1과 BJT2에 순방향 능동모드 전압($V_{BE} > 0$, $V_{BC} < 0$)이 인가된 경우, 베이스 중성영역의 경계지점과 베이스 중성영역의 과잉 전자 농도 분포는 다음과 같다.

$$\begin{cases} \delta n_B(x=0) = n_{Bo}\left(e^{V_{BE}/V_{th}} - 1\right) \equiv \Delta n_E & (V_{BE} > 0) \\ \delta n_B(x=W_B) = n_{Bo}\left(e^{V_{BC}/V_{th}} - 1\right) \equiv \Delta n_C = -n_{Bo} \cong 0 \ (n_{Bo} \ll \Delta n_E) & (V_{BC} < 0) \end{cases}$$

따라서 순방향 능동상태 동작 시, 베이스 영역의 과잉 캐리어 농도 분포는 다음과 같이 간략화할 수 있다.

$$\delta n_B(x) = \Delta n_E \frac{\sinh(-(x - W_B)/L_{nB})}{\sinh(W_B/L_{nB})} \ [\text{cm}^{-3}] \quad (0 \le x \le W_B)$$

이때 BJT1과 BJT2에서 베이스 영역의 두께($W_{B1} = 2W_{B2}$)를 제외한 베이스 영역의 도핑 농도와 소수 캐리어의 확산길이(L_{nB1}, L_{nB2})가 동일하므로, BJT1과 BJT2의 소수 캐리어 농도 분포는 다음과 같이 나타낼 수 있다.

$$\delta n_{B1}(x) = \Delta n_{E1} \frac{\sinh(-(x - W_{B1})/L_{nB1})}{\sinh(W_{B1}/L_{nB1})} = \Delta n_E \frac{\sinh(-(x - W_B)/L_{nB})}{\sinh(W_B/L_{nB})} \quad (0 \le x \le W_{B1} = W_B)$$

$$\delta n_{B2}(x) = \Delta n_{E2} \frac{\sinh(-(x - W_{B2})/L_{nB2})}{\sinh(W_{B2}/L_{nB2})} = \Delta n_E \frac{\sinh(-(x - 0.5W_B)/L_{nB})}{\sinh(0.5W_B/L_{nB})} \quad (0 \le x \le W_{B2} = 0.5W_B)$$

▶ n형 에미터 중성영역의 과잉 캐리어 농도 분포 $\delta p_E(x')$은 소수 캐리어인 정공의 확산방정식을 이용하여 구할 수 있다.

$$\frac{\partial^2 \delta p_E(x')}{\partial x'^2} - \frac{\delta p_E(x')}{L_{pE}^2} = 0, \quad \delta p_E(x') \equiv p_E(x') - p_{Eo}(= \delta n_E(x')), \quad L_{pE} \equiv \sqrt{D_{pE}\tau_{pE}}$$

에미터 중성영역에서 과잉 정공의 농도 분포의 일반해와 경계조건은 다음과 같다.

$$\delta p_E(x') = p_1 e^{+x'/L_{pE}} + p_2 e^{-x'/L_{pE}} \ [\text{cm}^{-3}]; \quad L_{pE} \equiv \sqrt{D_{pE}\tau_{pE}} \ [\text{cm}] \ : \text{에미터에서 과잉 정공의 확산길이}$$

$$\begin{cases} \delta p_E(x'=0) = p_{Eo}\left(e^{V_{BE}/V_{th}} - 1\right) \equiv \Delta p_E \\ \delta p_E(x'=W_E) = 0 : \text{에미터 금속 접점} \end{cases} \Leftrightarrow \quad p_1 + p_2 = \Delta p_E, \quad p_1 e^{W_E/L_{pE}} + p_2 e^{-W_E/L_{pE}} = 0$$

BJT1과 BJT2에서 베이스 영역의 도핑에 비해 훨씬 높게 도핑된 에미터의 도핑 농도($N_{DE} \gg N_{AB}$)와 중성영역의 길이($W_{E1} = W_{E2}$)는 동일하다. 따라서 에미터 중성영역에서 소수 캐리어인 정공의 이동도(μ_{pE})와 확산계수(D_{pE}), 평균수명(τ_{pE}), 그리고 이들에 의해 결정되는 확산길이(L_{pE})도 두 트랜지스터에서 동일($L_{pE1} = L_{pE2}$)하다. 따라서 동일한 에미터 구조를 가진 BJT1과 BJT2의 경우, 에미터 중성영역($0 \le x' \le W_E$)에서의 과잉 정공 농도 분포 $\delta p_E(x')$도 다음과 같이 동일한 분포를 가진다.

$$\delta p_E(x') = \delta p_{E1}(x') = \delta p_{E2}(x') = \Delta p_E \frac{\sinh[-(x' - W_E c)/L_{pE}]}{\sinh(W_E/L_{pE})} \quad (0 \le x' \le W_E)$$

▶ n형 콜렉터 중성영역의 과잉 캐리어 농도 분포 $\delta p_C(x'')$은 소수 캐리어인 정공의 확산방정식을 이용하여 구할 수 있으며, 콜렉터 중성영역($0 \le x'' \le W_C$)의 과잉 정공 농도 분포의 일반해와 경계조건은 각각 다음과 같다.

$$\frac{\partial^2 \delta p_C(x'')}{\partial x''^2} - \frac{\delta p_C(x'')}{L_{pC}^2} = 0, \quad \delta p_C(x'') \equiv p_C(x'') - p_{Co} (= \delta n_C(x'')), \quad L_{pC} \equiv \sqrt{D_{pC}\tau_{pC}}$$

$$\delta p_C(x'') = p_3 e^{+x''/L_{pC}} + p_4 e^{-x''/L_{pC}} \ [\text{cm}^{-3}]; \quad L_{pC} \equiv \sqrt{D_{pC}\tau_{pC}} \ [\text{cm}]: \text{콜렉터에서 과잉 정공의 확산길이}$$

$$\begin{cases} \delta p_C(x''=0) = p_{Co}\left(e^{V_{BC}/V_{th}} - 1\right) \equiv \Delta p_C; \quad \Delta p_C \cong -p_{Co} : \text{순방향 능동 모드} \ (V_{BC} < 0) \\ \delta p_C(x''=W_C) = 0 : \text{콜렉터 금속 접점} \end{cases}$$

$$p_3 + p_4 = \Delta p_C = p_{Co}\left(e^{V_{BC}/V_{th}} - 1\right), \quad p_3 e^{W_C/L_{pC}} + p_4 e^{-W_C/L_{pC}} = 0$$

이때 BJT1과 BJT2에서 베이스 영역의 도핑에 비해 훨씬 낮게 도핑된 콜렉터의 도핑 농도와 중성영역의 길이가 각각 동일하다. 따라서 콜렉터 중성영역에서 소수 캐리어의 이동도(μ_{pC})와 확산계수(D_{pC}), 평균수명(τ_{pC}), 그리고 이들에 의해 결정되는 확산길이(L_{pC})가 두 트랜지스터에서 동일($L_{pC1} = L_{pC2}$)하다. 또한 확산길이와 중성영역의 길이에 의해 결정되는 콜렉터 영역의 과잉 캐리어 농도 분포도 두 경우 동일함을 알 수 있다.

따라서 콜렉터 중성영역의 과잉 소수 캐리어인 정공의 농도 분포 $\delta p_c(x'')$은

$$\delta p_C(x'') = \delta p_{C1}(x'') = \delta p_{C2}(x'') = \Delta p_C \frac{\sinh[-(x'' - W_C)/L_{pC}]}{\sinh(W_C/L_{pC})}$$

로서, 콜렉터 접합에 인가된 전압(V_{BC})과 콜렉터 중성영역 및 확산길이의 비(W_C/L_{pC})에 의해 지배된다. 즉 p형 베이스의 중성영역 폭의 차이에서 발생한 소수 캐리어의 농도 기울기 차이를 제외한 콜렉터와 에미터 영역의 소수 캐리어 농도 분포는 BJT1과 BJT2에서 동일하다. 순방향 능동모드에서 소수 캐리어 농도 분포를 열평형 상태의 농도 분포와 그림으로 비교하면 다음과 같다.

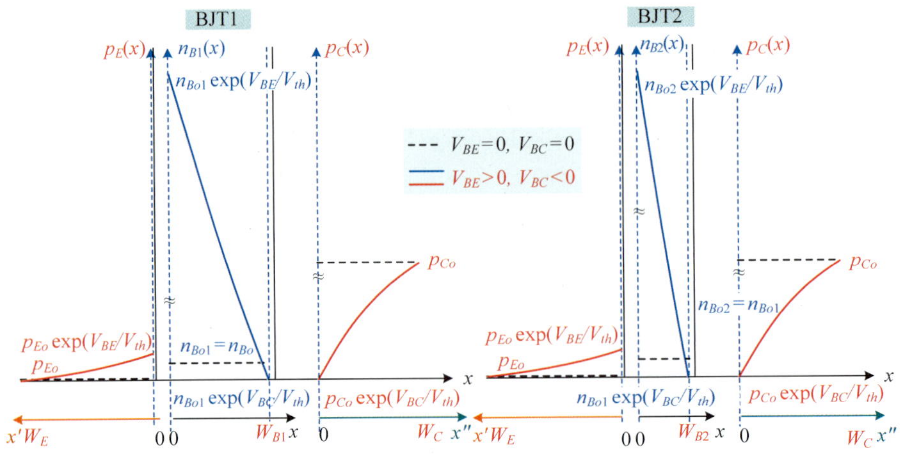

(f) 과잉 캐리어의 재결합 평균수명은 다수 캐리어 농도에 반비례하며 다음과 같이 나타낼 수 있다.

$$\tau_{nB} = \frac{1}{\alpha_r(p_o + n_o)} = \frac{1}{\alpha_r(N_{o,maj} + N_{o,min})} \cong \frac{1}{\alpha_r N_{o,maj}} \quad (N_{o,maj} >> N_{o,min})$$

그런데 평균수명 비례상수 α_r는 베이스 영역의 재료에 의해 결정되며, 도핑 농도에는 무관한 특성 상수이다. 따라서 BJT1과 BJT2에서 베이스 영역의 도핑 농도가 동일한 경우, 베이스 영역의 과잉 캐리어의 재결합 평균수명(τ_{nB})은 다음과 같이 서로 같다.

$$\tau_{nB1} = \tau_{nB2} = \frac{1}{\alpha_r(p_{Bo} + n_{Bo})} \cong \frac{1}{\alpha_r p_{Bo}} = \frac{1}{\alpha_r N_{AB}} \equiv \tau_{nB}$$

(g) BJT의 베이스 중성영역이 확산길이에 비해 훨씬 짧을 때($W_B \ll L_{nB}$), 확산에 의한 전자의 베이스 통과시간(τ_B)은 다음과 같다.

$$\tau_B \equiv \frac{W_B^2}{2D_{nB}} = \frac{W_B^2}{2\mu_{nB}V_{th}}$$

즉 베이스 영역 내의 소수 캐리어인 전자의 이동도(μ_{nB})와 확산계수(D_{nB})가 크고, 베이스 중성영역의 폭(W_B)이 짧을수록 베이스 통과시간이 감소한다. 또 베이스 통과시간이 짧을수록 베이스 중성영역 내의 재결합이 감소하므로 베이스 전송효율이 개선되며, 그 결과 전류 증폭률이 향상된다. BJT1과 BJT2에서 베이스 영역의 도핑 농도가 동일하고, 베이스 영역 내의 캐리어 이동도와 확산계수, 평균수명이 동일할 때, 다음과 같이 BJT2의 베이스 통과시간은 BJT1의 베이스 통과시간의 1/4로 훨씬 짧다.

$$\frac{\tau_{B2}}{\tau_{B1}} = \frac{W_{B2}^2}{W_{B1}^2} = \frac{(W_{B1}/2)^2}{W_{B1}^2} = \frac{1}{4} \quad \Leftrightarrow \quad \tau_{B2} = \frac{1}{4}\tau_{B1}$$

(h) npn BJT의 에미터 접합과 베이스 중성영역의 경계지점의 전류 구성 성분은 다음과 같다.

$$J_{nE} \equiv J_{nB,diff}(x=0) = qD_{nB}\left|\frac{d\delta n_B(x)}{dx}\right|_{x=0}, \quad J_{nC} \equiv J_{nB,diff}(x=W_B) = qD_{nB}\left|\frac{d\delta n_B(x)}{dx}\right|_{x=W_B}$$

$$J_{RB} \equiv \int_0^{W_B} qRdx = J_{nE} - J_{nC}$$

따라서 베이스 중성영역의 길이가 확산길이에 비해 아주 짧은 경우($W_B \ll L_{nB}$), 베이스 전송효율은 베이스 통과시간에 의해 결정되며, 이를 다음과 같이 나타낼 수 있다.

$$\alpha_T \equiv 1 - \frac{J_{RB}}{J_{nE}} = \frac{1}{\cosh(W_B/L_{nB})} \cong 1 - \frac{(W_B^2/2D_{nB})}{\tau_{nB}} = 1 - \frac{\tau_B}{\tau_{nB}}$$

두 BJT의 베이스 전송효율은 앞에서 분석한 베이스 통과시간과 베이스 영역의 평균수명을 이용하여 비교할 수 있다.

$$\frac{\tau_{B2}}{\tau_{nB}} < \frac{\tau_{B1}}{\tau_{nB}} \quad \Rightarrow \quad \frac{\alpha_{T2}}{\alpha_{T1}} = \frac{1 - \dfrac{\tau_{B2}}{\tau_{nB}}}{1 - \dfrac{\tau_{B1}}{\tau_{nB}}} > 1 \quad \Leftrightarrow \quad \alpha_{T2} > \alpha_{T1}$$

즉 베이스 폭이 좁아 베이스 중성영역에서의 재결합이 적은 BJT2의 베이스 전송효율이 BJT1보다 크다.

(i) 전류 증폭률을 지배하는 성분 중 하나인 에미터 주입효율(γ)은 순방향 전압이 가해져 n형 에미터로부터 p형 베이스로 주입되는 전자에 의한 전류 성분(J_{nE})과, p형 베이스로부터 에미터로 주입되는 정공 전류(J_{pE})에 의해 결정된다. 즉 에미터 주입효율은 콜렉터 전류의 변화에 있어서, 에미터 전압에 의해 p형 베이스로부터 에미터로 역주입되는 정공에 의한 전류

(J_{pE})에 비해, 에미터로부터 베이스로 주입되는 전자에 의한 전류(J_{nE})가 얼마나 효율적으로 주입되는지를 나타내는 지표로서, 에미터와 베이스의 도핑 농도에 가장 크게 의존한다. 에미터 주입효율은 다음과 같이 확산계수의 비($D_{pE}/D_{nB} = \mu_{pE}/\mu_{nB}$), 중성영역 길이의 비($W_B/W_E$), 베이스와 에미터 도핑 농도의 비($N_{AB}/N_{DE}$)에 의해 결정된다.

$$\gamma \equiv \frac{J_{nE}}{J_{nE}+J_{pE}} = \frac{1}{1+J_{pE}/J_{nE}} \cong \frac{1}{1+\left(\frac{N_{AB}}{N_{DE}}\right)\left(\frac{D_{pE}}{D_{nB}}\right)\left(\frac{W_B}{W_E}\right)}$$

BJT1과 BJT2의 베이스 중성영역의 길이가 다른 경우, 에미터 주입효율을 비교하면 다음과 같다.

$$\frac{\gamma_2}{\gamma_1} \cong \frac{1+\left(\frac{p_{Eo}}{n_{Bo1}}\right)\left(\frac{D_{pE}}{D_{nB1}}\right)\left(\frac{W_{B1}}{W_E}\right)}{1+\left(\frac{p_{Eo}}{n_{Bo2}}\right)\left(\frac{D_{pE}}{D_{nB2}}\right)\left(\frac{W_{B2}}{W_E}\right)} = \frac{1+\left(\frac{N_{AB}}{N_{DE}}\right)\left(\frac{D_{pE}}{D_{nB}}\right)\left(\frac{2W_{B2}}{W_E}\right)}{1+\left(\frac{N_{AB}}{N_{DE}}\right)\left(\frac{D_{pE}}{D_{nB}}\right)\left(\frac{W_{B2}}{W_E}\right)}$$

여기서 에미터 도핑이 베이스 도핑보다 훨씬 높은 경우($N_{DE} \gg N_{AB}$), 베이스 중성영역의 두께가 서로 다름에도 불구하고 BJT1과 BJT2의 에미터 주입효율은 에미터 도핑 농도에 의해 주도적으로 결정되며, 다음과 같이 거의 동일한 값을 갖는다.

$$\frac{\gamma_2}{\gamma_1} \cong \frac{1+\left(\frac{N_{AB}}{N_{DE}}\right)\left(\frac{D_{pE}}{D_{nB}}\right)\left(\frac{2W_{B2}}{W_E}\right)}{1+\left(\frac{N_{AB}}{N_{DE}}\right)\left(\frac{D_{pE}}{D_{nB}}\right)\left(\frac{W_{B2}}{W_E}\right)} \cong 1 \quad \Leftrightarrow \quad \gamma_1 \cong \gamma_2 \,; \qquad \frac{N_{AB}}{N_{DE}} \ll 1$$

(j) BJT의 에미터 접합을 통과하는 동안, 과잉 캐리어의 재결합 정도를 나타내는 재결합효율(δ)은 다음과 같다.

$$\delta \equiv \frac{J_{nE}+J_{pE}}{J_{nE}+J_{pE}+J_R} = \frac{1}{1+J_R/(J_{nE}+J_{pE})} \cong \frac{1}{1+\frac{n_i}{n_{Bo}}\frac{1}{2\tau_o}\frac{W_{BE}}{D_{nB}}W_B e^{-V_{BE}/2V_{th}}}$$

$$J_{pE} \equiv J_{pE,diff}(x'=0) = qD_{pE}\left|\frac{d\delta p_E(x')}{dx'}\right|_{x'=0}, \qquad J_R \equiv \int_{B-E\ SCR} qR dx$$

즉 재결합효율은 에미터 접합의 공간전하영역 내 과잉 캐리어의 평균수명에 의해 지배되며, 제조공정 등에서 발생하는 결함 농도(N_t)에 영향을 받는다($\tau_o \sim \tau_{SRH} \propto 1/N_t$). BJT1과 BJT2가 동일한 접합 구조를 가질 경우, 공간전하영역의 폭과 결함 농도는 동일할 것이다. 따라서 두 BJT의 재결합 평균수명이 같다고 가정할 수 있으므로, BJT1과 BJT2의 재결합효율이 동일($\delta_1 = \delta_2$)하다고 가정할 수 있다.

(k) 두 BJT의 에미터 접지전류 증폭률은 앞서 분석한 에미터 주입효율과 베이스 전송효율, 재결합효율을 이용하여 다음과 같이 비교할 수 있다.

$$\frac{\alpha_2}{\alpha_1} = \frac{\gamma_2\alpha_{T2}\delta_2}{\gamma_1\alpha_{T1}\delta_1} = \left(\frac{\gamma_2}{\gamma_1}\right)\left(\frac{\alpha_{T2}}{\alpha_{T1}}\right)\left(\frac{\delta_2}{\delta_1}\right) \cong \left(\frac{\alpha_{T2}}{\alpha_{T1}}\right) > 1 \quad \Leftrightarrow \quad \alpha_2 > \alpha_1 \quad \Leftrightarrow \quad \beta_2 > \beta_1 \,; \quad \beta = \frac{\alpha}{1-\alpha} = \frac{1}{\alpha^{-1}-1} \quad (\alpha < 1)$$

즉 BJT1과 BJT2에서 에미터 주입효율과 재결합효율이 동일하므로, 베이스 폭이 짧아 전송효율이 높은 BJT2의 전류 증폭률이 BJT1의 전류 증폭률보다 더 크다($\alpha_1 < \alpha_2$, $\beta_1 < \beta_2$).

(l) V_{CE}에 의한 베이스 폭 변조효과와 얼리 전압(V_A)은 다음과 같이 분석할 수 있다. 콜렉터 접합의 역방향 전압($V_{BC} < 0$)에 의해 p형 베이스 공간전하영역($\Delta X_{pB} = \Delta W_B$)이 변하여 유효 베이스 중성영역의 폭이 $W_{B,eff} = W_B - \Delta W_B$로 변할 때, 콜렉터 전류는 다음과 같이 나타낼 수 있다.

$$I_C = qAD_{nB}\frac{\Delta n_E}{L_{nB}}\frac{1}{\sinh(W_{B,eff}/L_{nB})} \cong qAD_{nB}\frac{n_{Bo}}{W_{B,eff}}\left(e^{V_{BE}/V_{th}}-1\right) = qAD_{nB}\frac{n_{Bo}}{W_B}\left(e^{V_{BE}/V_{th}}-1\right)\frac{1}{(1-(\Delta W_B/W_B))}$$

베이스 폭 변조계수 λ는 콜렉터의 역방향 전압의 변화에 따른 베이스 공간전하영역의 변화 정도를 나타내는 지표로서, 다음과 같이 베이스 영역의 폭과 도핑 농도, 콜렉터 도핑에 의존한다.

$$\lambda \equiv \frac{1}{V_A} \cong \frac{1}{2W_B}\sqrt{\frac{2\varepsilon_{Si}}{q}\left(\frac{1}{N_{AB}}\right)\left(\frac{N_{DC}}{N_{AB}}\right)\frac{1}{(V_{bic}+V_{CE,sat})}} \cong \frac{1}{2W_B N_{AB}}\sqrt{\frac{2\varepsilon_{Si}}{q}\frac{N_{DC}}{(V_{bic}+V_{CE,sat})}} \quad [\mathrm{V^{-1}}]$$

즉 베이스의 폭이 넓을수록, 베이스의 도핑이 높을수록, 그리고 베이스 도핑에 비해 콜렉터 도핑 농도가 낮을수록 베이스 폭 변조효과는 줄어든다. 따라서 두 BJT에서 에미터와 콜렉터 영역의 도핑과 두께, 베이스 영역의 도핑은 동일하나, 베이스 중성영역의 두께가 서로 다른 경우, BJT1과 BJT2의 베이스 폭 변조효과 계수와 얼리 전압($V_A = 1/\lambda$)을 비교하면 다음과 같다.

$$\frac{\lambda_2}{\lambda_1} \cong \left(\frac{W_{B1}}{W_{B2}}\right)\sqrt{\left(\frac{N_{AB1}}{N_{AB2}}\right)\left(\frac{N_{DC}}{N_{AB2}}\right)\Big/\left(\frac{N_{DC}}{N_{AB1}}\right)} = \left(\frac{W_{B1}}{W_{B2}}\right) = 2 \quad \Leftrightarrow \quad \lambda_2 = 2\lambda_1\ ; \quad \frac{V_{A2}}{V_{A1}} = \frac{\lambda_1}{\lambda_2} = \frac{1}{2} \quad \Leftrightarrow \quad V_{A2} = \frac{V_{A1}}{2}$$

즉 베이스 영역의 폭이 좁은 BJT2의 베이스 폭 변조효과가 BJT1보다 심각함을 뜻한다.

(m) 에미터 전류의 모서리 붐빔(쏠림) 현상과 고주파 특성을 제한하는 바이폴라 트랜지스터의 베이스 기생저항(R_B)은 다음 그림의 기하학적 지표를 이용하여 비교, 분석할 수 있다.

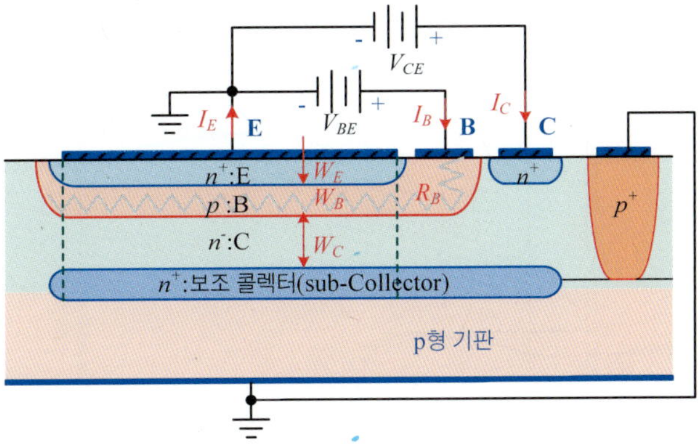

베이스 기생저항 R_B는 베이스 영역의 도핑 농도(N_{AB}), 다수 캐리어인 정공의 이동도(μ_{pB}), 중성영역의 두께(W_B), 베이스 단자에서 베이스 중성영역까지의 거리(l_B), 에미터 접합의 폭(W)에 의해 결정되므로, 베이스 기생저항 R_B는 다음과 같은 식으로 나타낼 수 있다.

$$R_B = \rho_b\frac{L}{A} = \rho_b\frac{l_B}{W_B W} = \frac{\rho_b}{W_B}\left(\frac{l_B}{W}\right) = \frac{1}{\sigma_b W_B}\left(\frac{l_B}{W}\right) = \frac{1}{qN_{AB}\mu_{pB}W_B}\left(\frac{l_B}{W}\right)\ [\Omega]\ ; \quad \rho_b = \frac{1}{\sigma_b} = \frac{1}{qN_{AB}\mu_{pB}}\ [\Omega\cdot\mathrm{cm}]$$

따라서 두 BJT에서 베이스 중성영역의 도핑 농도와 기하학적 구조는 서로 동일($l_{B1} = l_{B2}$, $W_1 = W_2$)하나, 베이스 중성영역의 두께가 서로 다른 경우, BJT1과 BJT2의 기생저항의 크기를 비교하면 다음과 같다.

$$\frac{R_{B2}}{R_{B1}} = \frac{N_{AB1}\mu_{pB1}W_{B1}}{N_{AB2}\mu_{pB2}W_{B2}} = \left(\frac{N_{AB1}}{N_{AB2}}\right)\left(\frac{W_{B1}}{W_{B2}}\right)\left(\frac{\mu_{pB1}}{\mu_{pB2}}\right) = \left(\frac{W_{B1}}{W_{B2}}\right) = 2 \quad \Leftrightarrow \quad R_{B2} = 2R_{B1}$$

(n) BJT2에서 베이스 전류 경로의 면적을 결정하는 베이스 중성영역의 두께가 BJT1보다 얇을 때, BJT2의 베이스 기생저항은 BJT1보다 큰 값($R_{B2} = 2R_{B1}$)을 갖는다. 따라서 베이스 기생저항에 의한 에미터 전류의 모서리 붐빔(쏠림) 현상은 베이스 기생저항이 큰 BJT2에서 BJT1보다 심각하게 나타날 수 있다.

(o) 순방향 능동모드 전압($V_{BE} > 0$, $V_{BC} < 0$)이 인가된 npn형 BJT의 콜렉터 전류 I_C는 다음과 같이 3가지 성분으로 구성되어 있다.

$$J_C = I_C / A = J_{nC} + J_g + J_{co} \approx J_{nC}$$

- 확산에 의해 베이스 중성영역 끝까지 도달한 전자에 의한 전류 J_{nC}
- 역방향 전압이 인가된 콜렉터 접합의 공간전하영역에서 열생성된 전자–정공 켤레가 드리프트된 전류 J_g
- 콜렉터 접합 부근의 중성영역에서 소수 캐리어의 농도 기울기에 의한 정공의 확산전류 J_{co}

순방향 능동모드 전압이 인가된 npn BJT의 경우에는 이 세 성분 중, 에미터에서 주입되어 콜렉터에 도달한 J_{nC}가 콜렉터 전류의 대부분을 차지한다. 그런데 BJT1과 BJT2의 베이스 중성영역이 확산길이보다 훨씬 짧으므로($W_B \ll L_{nB}$), 소수 캐리어 농도는 다음과 같이 선형 분포를 보인다.

$$\delta n_B(x) = \Delta n_E \frac{\sinh\left(-(x - W_B)/L_{nB}\right)}{\sinh\left(W_B / L_{nB}\right)} \cong = \Delta n_E \left(-\frac{x - W_B}{W_B}\right) \ [\text{cm}^{-3}] \qquad (0 \le x \le W_B)$$

따라서 베이스 끝에서 콜렉터 전류의 대부분을 차지하는 전자의 확산전류 J_{nC}는 베이스 영역에서 소수 캐리어인 전자의 농도 기울기에 의해 결정되며, 다음과 같이 간략히 정리할 수 있다. 또 두 트랜지스터의 전류 분포도 그림으로 비교하여 나타내었다.

$$J_{nC} \equiv J_{n,diff}\Big|_{x=W_B} \cong q\frac{D_{nB}}{L_{nB}}\Delta n_E \frac{1}{\sinh\left(W_B / L_{nB}\right)} \cong q\frac{D_{nB}}{W_B}\Delta n_E \ ; \quad \Delta n_E = n_{Bo}\left(e^{V_{BE}/V_{th}} - 1\right)$$

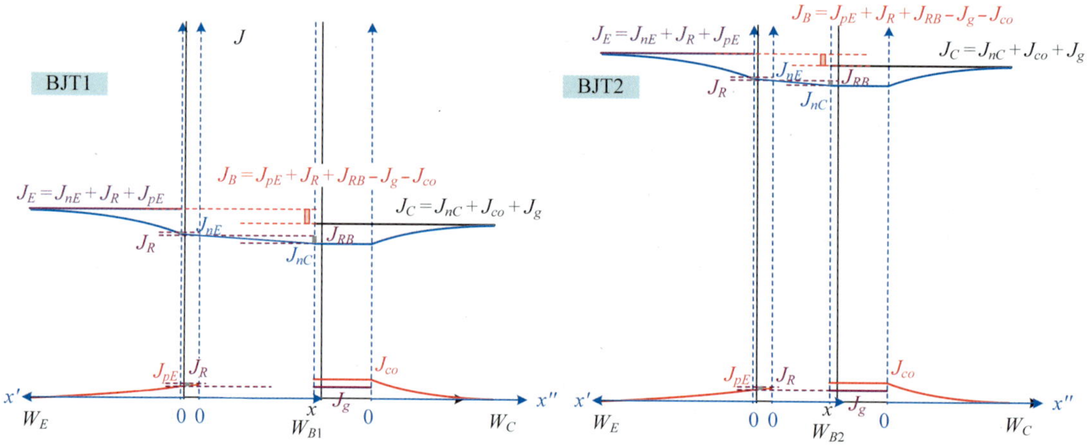

두 BJT에서 베이스 영역의 두께를 제외한 도핑 농도와 기하학적 구조가 동일할 때, 베이스 영역의 소수 캐리어의 농도 기울기 차이로 인하여 콜렉터 전류가 두 BJT에서 서로 달라지며, 이를 비교하면 다음과 같다.

$$\frac{I_{C2}}{I_{C1}} \cong \frac{J_{nC2}}{J_{nC1}} = \frac{D_{nB2}}{D_{nB1}}\frac{L_{nB1}}{L_{nB2}}\frac{\sinh(W_{B1}/L_{nB1})}{\sinh(W_{B2}/L_{nB2})} \cong \left(\frac{D_{nB2}}{D_{nB1}}\right)\left(\frac{W_{B1}}{W_{B2}}\right) = 2 \quad \Leftrightarrow \quad I_{C2} = 2I_{C1}$$

즉 동일한 전압이 인가된 순방향 능동모드에서 동작하는 두 트랜지스터에서 BJT2의 베이스 중성영역의 길이가 짧아서 과잉 캐리어의 농도 기울기가 더 급한 경우, BJT2의 콜렉터 전류는 BJT1의 콜렉터 전류의 2배가 된다.

(p) 두 BJT에 동일한 순방향 능동모드 전압이 인가된 경우, npn 바이폴라 트랜지스터의 베이스 전류(I_B)는

$$I_B = J_B A, \qquad J_B = J_E - J_C = J_{pE} + (J_{nE} - J_{nC}) + J_R - J_g - J_{co} = J_{pE} + J_{RB} + J_R - J_g - J_{co}$$

로서, 베이스로부터 에미터로 역주입되는 정공에 의한 전류(J_{pE})와, 에미터 접합의 공간전하영역에서 재결합에 의해 소모

되는 전류(J_R), 베이스 중성영역에서 확산하는 동안 재결합하는 전류($J_{RB} = J_{nE} - J_{nC}$), 그리고 콜렉터 접합으로부터 베이스로 공급되는 정공에 의한 전류 ($J_{co} + J_g$)로 구성된다. 이들 중 베이스 중성영역의 길이 차이로 인한 베이스 영역의 재결합 전류 성분의 차이를 제외하고는 BJT1과 BJT2에서 모든 성분이 동일하다고 가정할 수 있다. 또 베이스 중성영역의 길이가 확산길이보다 훨씬 짧은 경우에는 베이스 중성영역에서의 재결합 전류도 무시할 수 있으므로, 두 트랜지스터의 베이스 전류가 거의 같다고 볼 수 있다.

특히 순방향 전압이 인가된 에미터 접합에서 베이스 전류를 구성하는 주된 성분은 p형 베이스로부터 n형 에미터로 역주입되는 정공에 의한 전류 성분(J_{pE})인데, 이 성분은 두 트랜지스터에서 동일하다.

$$\frac{J_{B2}}{J_{B1}} = \frac{J_{pE2} + J_{R2} + J_{RB2} - (J_{co2} + J_{g2})}{J_{pE1} + J_{R1} + J_{RB1} - (J_{co1} + J_{g1})} \cong \frac{J_{pE2}}{J_{pE1}} \cong 1 \quad \Leftrightarrow \quad J_{B2} \cong J_{B1}$$

(q) 두 BJT에서 에미터, 베이스, 콜렉터 영역의 도핑이 동일할 경우, 두 BJT의 눈사태 접합붕괴 전압의 크기는 콜렉터 접합의 공간전하영역의 최대 전계($\mathcal{E}_{max}$)를 이용하여 비교할 수 있다. 눈사태 항복이 일어나기 위해서는, 콜렉터 공간전하영역 내의 강한 전계에 의해 전자가 평균 자유시간 동안 평균 자유(충돌)거리(l_c)만큼 가속이동하면서 얻은 운동에너지(ΔE_k)가 충돌로 인한 이온화(전자-정공의 생성)를 일으키기에 충분한 크기여야 한다.

$$\Delta E_k = q\int_0^{l_c} \mathcal{E}(x)dx = q\mathcal{E}_{av}l_c \propto q\mathcal{E}_{max}l_c \text{ [eV]}$$

그런데 콜렉터 접합의 공간전하영역 전계로부터 얻은 충돌 직전의 운동에너지가 접합을 형성하는 반도체의 에너지 밴드갭보다 큰($\Delta E_k > E_g$) 경우, 충돌과 함께 전자-정공 켤레(ehp)가 추가로 생성된다. 이들은 다시 전계에 의해 가속되고, 충돌 이온화에 의한 전자-정공 생성이 반복되는 캐리어의 중복 재생성이 나타나면서, 의도하지 않은 큰 콜렉터 전류를 형성하게 된다. 그런데 도핑 농도가 동일할 경우에는 평균 충돌거리가 동일하므로, 동일한 인가 전압에 대해 최대 전계가 작을수록 눈사태 항복전압이 크다는 사실을 이용하면, 접합붕괴 전압의 크기를 판별할 수 있다. 즉 역방향 전압이 인가된 콜렉터 접합 내의 최대 전계는 베이스 및 콜렉터 도핑 농도(N_{DC}, N_{AB})와 콜렉터 접합에 인가된 역방향 전압($-V_{BC} \approx V_{CE}$)에 의해 결정되며, 다음과 같이 나타낼 수 있다.

$$\mathcal{E}_{max,C} = \frac{2(V_{biC} - V_{BC})}{W_{BC}} = \sqrt{\frac{2q}{\varepsilon_{Si}}\left(\frac{N_{AB}N_{DC}}{N_{AB} + N_{DC}}\right)(V_{biC} - V_{BC})} \cong \sqrt{\frac{2q}{\varepsilon_{Si}}\left(\frac{N_{AB}N_{DC}}{N_{AB} + N_{DC}}\right)((V_{biC} - V_{BE}) + V_{CE})}$$

$$\mathcal{E}_{max,C1} = \mathcal{E}_{max,C2} \;;\; V_{BC} = V_{BE} - V_{CE}, \quad V_{BE} \cong V_{bi}$$

따라서 역방향 전압이 인가된 콜렉터 접합의 공간전하영역 내의 최대 전계는 베이스 중성영역의 구조(W_B)와 무관하며 ($\mathcal{E}_{max1} = \mathcal{E}_{max2}$), 두 트랜지스터의 눈사태 항복전압은 동일($BV_{av1} = BV_{av2}$)하다고 가정할 수 있다.

(r) 두 BJT의 펀치쓰루(punch-through : 공간전하영역 확장으로 인한 베이스 중성영역 완전침식)에 의한 접합붕괴 가능성은 다음과 같이 비교할 수 있다. 콜렉터 접합의 공간전하영역 폭 W_{BC}는 다음과 같이 콜렉터에 인가된 역방향 전압의 제곱근에 비례하여 증가한다.

$$W_{BC} = \sqrt{\frac{2\varepsilon_S}{q}\left(\frac{1}{N_{AB}} + \frac{1}{N_{DC}}\right)(V_{biC} - V_{BC})} = \sqrt{\frac{2\varepsilon_S}{q}\left(\frac{1}{N_{AB}} + \frac{1}{N_{DC}}\right)(V_{biC} - (V_{BE} - V_{CE}))}$$

$$= \sqrt{\frac{2\varepsilon_S}{q}\left(\frac{1}{N_{AB}} + \frac{1}{N_{DC}}\right)((V_{biC} - V_{BE}) + V_{CE})} \cong \sqrt{\frac{2\varepsilon_S}{q}\left(\frac{1}{N_{AB}} + \frac{1}{N_{DC}}\right)V_{CE}} \propto \sqrt{V_{CE}} \qquad (V_{CE} \gg V_{bic} - V_{BE})$$

한편 바이폴라 트랜지스터의 경우에는 에미터 주입효율 개선과 베이스 기생저항 감소, 콜렉터 접합용량(C_{bc}) 감소, 전류붕괴현상 방지가 필요하다. 이를 위해서 일반적으로 베이스 농도(N_{AB})를 에미터(N_{DE})보다는 훨씬 낮게, 그러나 콜렉터 도핑 농도(N_{DC})보다는 높게($N_{DC} \ll N_{AB} \ll N_{DE}$) 설정한다. 따라서 $N_{DC} \ll N_{AB}$로 설계된 npn BJT에서 콜렉터 접합의 공간전하영역 최대 전계는 낮게 도핑된 n형 콜렉터 도핑 N_{DC}에 의해 결정된다.

$$\mathcal{E}_{max,C} = \frac{2(V_{biC} - V_{BC})}{W_{BC}} \cong \sqrt{\frac{2q}{\varepsilon_{Si}} N_{DC}((V_{biC} - V_{BE}) + V_{CE})} \propto \sqrt{N_{DC}} : \quad N_{DC} \ll N_{AB}$$

▶ 베이스 도핑 농도가 콜렉터 도핑 농도에 비해 훨씬 높으므로, 공간전하영역이 베이스 쪽으로 확장(X_{pB})하여 베이스 중성영역($W_B = W_{Bo} - X_{pB}$)이 완전히 침식될 가능성은 매우 낮다.

$$W_{BC} = \sqrt{\frac{2\varepsilon_{Si}}{q}\left(\frac{1}{N_{AB}} + \frac{1}{N_{DC}}\right)(V_{biC} + V_{CB})} = \sqrt{\frac{2\varepsilon_{Si}}{q}\left(\frac{N_{AB} + N_{DC}}{N_{AB}N_{DC}}\right)(V_{biC} + V_{CB})}$$: 콜렉터 접합 공간전하영역 폭

$$W_{BC} = X_{nC} + X_{pB} = X_{pB}\left(1 + \frac{N_{AB}}{N_{DC}}\right); \quad X_{nC} = X_{pB}\frac{N_{AB}}{N_{DC}}$$

$$X_{pB} = W_{BC}\frac{1}{\left(1 + \frac{N_{AB}}{N_{DC}}\right)} = W_{BC}\frac{N_{DC}}{(N_{DC} + N_{AB})} \cong W_{BC}\frac{N_{DC}}{N_{AB}} \ll W_{BC},$$ X_{pB} : 베이스 공간전하영역 폭

$$W_{B,eff} = W_{Bo} - X_{pB} \cong W_{Bo}$$

즉 BJT1과 BJT2 모두 베이스 중성영역의 폭이 $W_{B,eff} \approx W_{B,eff}$로 콜렉터 전압에 의한 변화가 거의 없으므로, 펀치쓰루(punch-through)에 의한 접합붕괴 가능성은 매우 낮다고 이해할 수 있다.

▶ 베이스 도핑 농도가 콜렉터보다 훨씬 높기 때문에 중성영역의 완전침식에 의한 접합붕괴 가능성이 낮지만, 그래도 두 BJT의 가능성을 비교해보자. 두 BJT의 베이스와 콜렉터 도핑 농도는 동일하나, BJT2의 베이스 중성영역의 길이가 BJT1보다 짧으므로($W_{B2} = 0.5W_{B1}$), BJT2의 중성영역 완전침식에 의한 접합붕괴 가능성이 BJT1보다 다소 높다고 가정할 수 있다.

10.4 불균일 베이스 도핑과 전기적 특성 변화

p형 기판을 사용하는 BJT의 단면 구조는 개략적으로 아래 그림과 같이 나타낼 수 있으며, 베이스 구조가 BJT의 전기적 특성에 미치는 영향을 확인하고자 한다(베이스로 인한 특성의 변화를 제외한 다른 조건은 모두 동일한 것으로 가정한다. $N_o \gg n_i$).

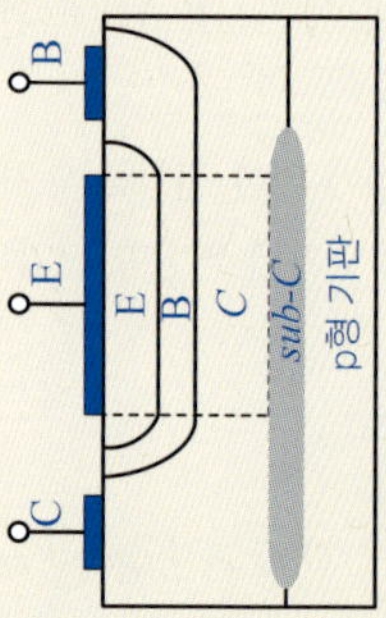

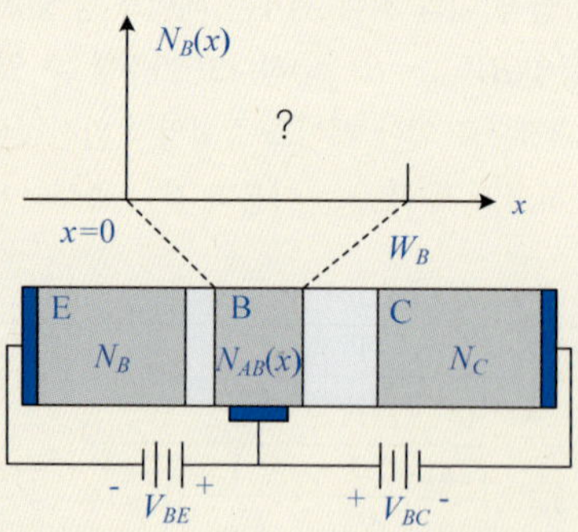

구분	N_E	베이스(짧은 베이스)		N_C
		W_B	$N_B(x)$	
TR1	$30N_o$	W_o	$5N_o$	N_o
TR2	$30N_o$	W_o	$N_o\left[5 - \frac{4x}{W_B}\right]$	N_o
TR3	$30N_o$	W_o	$N_o\left[1 + \frac{4x}{W_B}\right]$	N_o

(a) 위와 같이 기판이 p형인 경우, npn 또는 pnp 중 어떤 BJT를 만드는 것이 유리한지 간략히 설명하라.
(b) 베이스 도핑을 그림으로 비교하여 나타내고, 열평형 상태에서 도핑 불균일로 형성된 내부 전계의 크기와 방향을 비교하라.
(c) TR1, TR2, TR3의 에미터 주입효율을 비교하라.
(d) 베이스 내에서 과잉 소수 캐리어가 이동하는 데 기여하는 요소를 비교하라.

(e) 내부 전계가 존재하는 베이스의 준-중성영역(quasi-neutral region)을 통과하는 데 소요되는 시간을 비교하라.(단, 베이스 영역의 총 불순물량이 동일하면 평균 이동도가 같다고 가정하고, V_{BC}에 의한 베이스 폭의 변화는 무시한다.)
(f) 전류 증폭률이 베이스 통과시간에 의해 결정된다고 가정하고, 에미터의 접지전류 증폭률(β)을 비교하라.
(g) 에미터 전류의 모서리 붐빔(쏠림) 현상(ECCE)의 정도를 비교하라.
(h) 얼리 전압(V_A)을 비교하라.
(i) 위의 트랜지스터를 역방향 능동모드로 동작시킬 경우, 전류 증폭률(β_r)을 비교하라.
(j) 위의 트랜지스터를 역방향 능동모드로 동작시킬 경우, 얼리 전압(V_{Ar})을 비교하라.

(a) 집적회로를 포함하여 다수의 반도체 소자를 동일한 기판에 구현할 경우, 인접한 소자 간의 전기적 격리가 필요하다. 특히 역방향 전압이 인가된 pn 접합에서는 전류가 흐르지 않고 인접 소자 간 전기적 분리가 가능하므로, p형 기판과 역방향 전압이 인가된 pn접합의 구현이 가능한 n형 콜렉터를 사용하는 npn형 BJT가 보다 유리함을 예상할 수 있다.

(b) 앞서 설명한 바와 같이 p형 기판을 사용할 경우에는 npn형 BJT가 유리하며, 이때 베이스는 억셉터가 도핑된 p형이 된다. npn BJT의 베이스 중성영역이 불균일 도핑($dN_{ab}(x)/dx \neq 0$)된 경우, 열평형 상태에서는 전류가 흐르지 않음을 고려하여, 내부 전계 $\mathcal{E}_{bi}$를 다음 관계식을 통해 구할 수 있다.

$$J_{pB}(x)|_{\text{열평형}} = qp_{Bo}(x)\mu_{pB}\mathcal{E}_{bi}(x) - qD_{pB}\frac{dp_{Bo}(x)}{dx} = 0$$

$$J_{nB}(x)|_{\text{열평형}} = qn_{Bo}(x)\mu_{nB}\mathcal{E}_{bi}(x) + qD_{nB}\frac{dn_{Bo}(x)}{dx} = 0\ ; \qquad p_{Bo}(x)n_{Bo}(x) = n_i^2 = \text{일정}$$

따라서 다음과 같이 농도의 공간적 불균일이 심할수록 내부 전계의 세기가 증가한다.

$$\mathcal{E}_{bi}(x) = -\frac{D_{nB}}{\mu_{nB}}\frac{1}{n_{Bo}(x)}\frac{dn_{Bo}(x)}{dx} = +\frac{D_{pB}}{\mu_{pB}}\frac{1}{p_{Bo}(x)}\frac{dp_{Bo}(x)}{dx}\ ; \quad \frac{D_{pB}}{\mu_{pB}} = \frac{D_{nB}}{\mu_{nB}} = V_{th}$$

▶ 베이스 도핑 분포가 균일한 TR1에는 다음과 같이 내부 전계가 형성되어 있지 않다($\mathcal{E}_{bi1} = 0$).

$$N_{AB1}(x) = 5N_o = \text{일정} \ \Rightarrow\ \frac{dN_{AB1}(x)}{dx} = 0 \ \Rightarrow\ \mathcal{E}_{bi}(x)|_{\text{TR1}} = \frac{D_{pB}}{\mu_{pB}}\frac{1}{N_{AB1}(x)}\frac{dN_{AB1}(x)}{dx} = 0$$

▶ 에미터 접합 경계면($x = 0$)에서의 도핑 농도($N_{AB}(0)$)가 콜렉터 접합 경계면($x = W_B$)에서의 도핑 농도($N_{AB}(W_B)$)보다 높은 TR2의 p형 베이스 중성영역($N_{AB}(0) > N_{AB}(W_B)$)에는 콜렉터 접합에서 에미터 접합으로 향하는(음의 방향) 내부 전계($\mathcal{E}_{bi2} < 0$)가 형성된다.

$$N_{AB2}(x) = N_o\left(5 - \frac{4x}{W_B}\right) \ \Rightarrow\ \frac{dN_{AB2}(x)}{dx} = -\frac{4N_o}{W_B} < 0$$

$$\Rightarrow\ \mathcal{E}_{bi}(x)|_{\text{TR2}} = \frac{D_{pB}}{\mu_{pB}}\frac{1}{N_{AB2}(x)}\frac{dN_{AB2}(x)}{dx} = -\frac{V_{th}}{W_B}\frac{4}{(5 - (4x/W_B))} < 0$$

▶ 에미터 접합 경계면($x = 0$)에 비해 콜렉터 접합 경계면($x = W_B$)의 도핑 농도가 높은 TR3의 p형 베이스 중성영역에는 다음과 같이 에미터 접합에서 콜렉터 접합으로 향하는 양의 방향으로 내부 전계($\mathcal{E}_{bi3} > 0$)가 형성된다.

$$N_{AB3}(x) = N_o\left(1 + \frac{4x}{W_B}\right) \ \Rightarrow\ \frac{dN_{AB3}(x)}{dx} = +\frac{4N_o}{W_B} > 0$$

$$\Rightarrow\ \mathcal{E}_{bi}(x)|_{\text{TR3}} = \frac{D_{pB}}{\mu_{pB}}\frac{1}{N_{AB3}(x)}\frac{dN_{AB3}(x)}{dx} = +\frac{V_{th}}{W_B}\frac{4}{(1 + (4x/W_B))} > 0$$

3개의 서로 다른 베이스 도핑 구조를 갖는 npn형 BJT의 도핑 농도 분포와 베이스 영역의 내부 전계를 표와 그림으로 비교하면 다음과 같다.

구분	에미터 도핑 $N_E = N_{DE}$	베이스 도핑(짧은 베이스 : $W_B << L_{nB}$) $(0 \le x \le W_B)$			콜렉터 도핑 $N_C = N_{DC}$
		W_B	$N_B(x) = N_{AB}(x) = p_{Bo}(x)$	베이스 영역 내부 전계 $\mathcal{E}_{bi}(x)$	
TR1	$30N_o$	W_o	$N_{AB1}(x) = 5N_o$ = 일정	$\mathcal{E}_{bi1}(x) = 0$	N_o
TR2	$30N_o$	W_o	$N_{AB2}(x) = N_o\left(5 - \frac{4x}{W_B}\right)$	$\mathcal{E}_{bi2}(x) = -\frac{V_{th}}{W_B}\frac{4}{(5-(4x/W_B))} < 0$	N_o
TR3	$30N_o$	W_o	$N_{AB3}(x) = N_o\left(1 + \frac{4x}{W_B}\right)$	$\mathcal{E}_{bi3}(x) = +\frac{V_{th}}{W_B}\frac{4}{(1+(4x/W_B))} > 0$	N_o

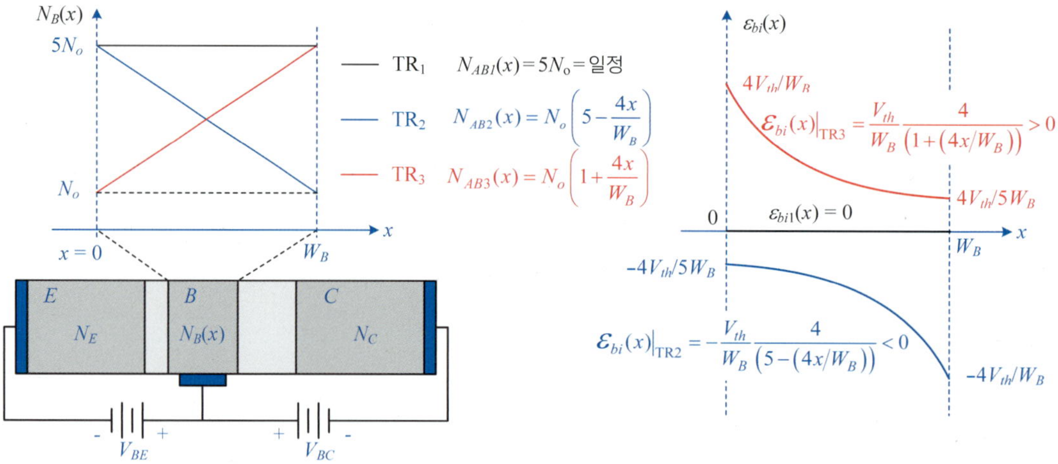

(c) npn 바이폴라 트랜지스터의 에미터와 베이스의 중성영역의 길이가 짧은 경우($W_B \ll L_{nB}$), 에미터 주입효율은 전류 구성 성분을 반영하여 다음과 같이 간략화할 수 있다(N_{AB}: 베이스 도핑, N_{DE}: 에미터 도핑, W_B: 베이스 중성영역 길이, W_E: 에미터 중성영역 길이).

$$\gamma = \frac{J_{nE}}{J_{nE} + J_{pE}} = \frac{1}{1 + \frac{J_{pE}}{J_{nE}}} \cong \frac{1}{1 + \left(\frac{N_{AB}}{N_{DE}}\right)\left(\frac{D_{pE}}{D_{nB}}\right)\left(\frac{W_B}{W_E}\right)}$$

즉 에미터 주입효율은 확산계수의 비($D_{pE}/D_{nB} = \mu_{pE}/\mu_{nB}$)와 중성영역 길이의 비($W_B/W_E$), 베이스와 에미터 도핑 농도의 비($N_{AB}/N_{DE}$)에 의해 결정된다. 따라서 베이스 중성영역의 길이는 동일($W_{B1} = W_{B2} = W_{B3}$)하나, 베이스 영역의 도핑 분포가 각기 다를 때, TR1, TR2, TR3의 에미터 주입효율은 베이스 중성영역이 시작되는 점($x = 0$)에서의 베이스 도핑 농도와 에미터 도핑 농도(N_{DE})의 비를 통해 다음과 같이 비교할 수 있다. (단, 도핑 농도 차이로 인한 이동도 변화는 크지 않다고 가정한다.)

$$\frac{\gamma_2}{\gamma_1} \cong \frac{1 + \left(\frac{N_{AB1}(x=0)}{N_{DE}}\right)\left(\frac{D_{pE}}{D_{nB1}}\right)\left(\frac{W_{B1}}{W_E}\right)}{1 + \left(\frac{N_{AB2}(x=0)}{N_{DE}}\right)\left(\frac{D_{pE}}{D_{nB2}}\right)\left(\frac{W_{B2}}{W_E}\right)} = \frac{1 + \left(\frac{5N_o}{N_{DE}}\right)\left(\frac{D_{pE}}{D_{nB}}\right)\left(\frac{W_B}{W_E}\right)}{1 + \left(\frac{5N_o}{N_{DE}}\right)\left(\frac{D_{pE}}{D_{nB}}\right)\left(\frac{W_B}{W_E}\right)} = 1 \iff \boxed{\gamma_1 = \gamma_2}$$

$$\Leftarrow N_{AB1}(0) = N_{AB2}(0) = 5N_o$$

$$\frac{\gamma_3}{\gamma_1} \cong \frac{1+\left(\dfrac{N_{AB1}(x=0)}{N_{DE}}\right)\left(\dfrac{D_{pE}}{D_{nB1}}\right)\left(\dfrac{W_{B1}}{W_E}\right)}{1+\left(\dfrac{N_{AB3}(x=0)}{N_{DE}}\right)\left(\dfrac{D_{pE}}{D_{nB3}}\right)\left(\dfrac{W_{B3}}{W_E}\right)} = \frac{1+\left(\dfrac{5N_o}{N_{DE}}\right)\left(\dfrac{D_{pE}}{D_{nB}}\right)\left(\dfrac{W_B}{W_E}\right)}{1+\left(\dfrac{N_o}{N_{DE}}\right)\left(\dfrac{D_{pE}}{D_{nB}}\right)\left(\dfrac{W_B}{W_E}\right)} > 1 \quad \Leftrightarrow \quad \boxed{\gamma_3 > \gamma_1 = \gamma_2}$$

$$\Leftarrow N_{AB1}(0) = N_{AB2}(0) = 5N_o > N_{AB3}(0) = N_o$$

즉 베이스 도핑 농도 분포가 서로 다른 경우, 에미터 접합 부근의 베이스 도핑 농도($N_{AB3}(0) < N_{AB1}(0) = N_{AB2}(0)$)가 가장 낮은 TR3의 에미터 주입효율이 가장 높다($\gamma_1 = \gamma_2 < \gamma_3$).

(d) 반도체 내 캐리어의 이동 요소(메커니즘)에는 크게 과잉 캐리어의 농도 불균일로 인한 확산과 전계에 의한 드리프트가 있다. npn형 BJT의 경우, n형 에미터로부터 베이스 중성영역에 주입된 소수 캐리어인 전자에는 확산에 의한 이동과 더불어 내부 전계에 의한 드리프트가 동시에 작용할 수 있다. TR1, TR2, TR3의 베이스 영역에 주입된 과잉 전자의 이동 메커니즘을 각각 정리하면 다음과 같다.

▶ 균일한 베이스 도핑 분포를 갖는 TR1에는 내부 전계가 형성되어 있지 않으므로($\mathcal{E}_{bi} = 0$), 농도 불균일로 인한, $x = 0$으로부터 $x = W_B$ 방향으로의 확산에 의한 이동만이 존재한다.

▶ 에미터 접합 경계면($x = 0$)의 도핑 농도가 콜렉터 접합 경계면($x = W_B$)의 도핑 농도보다 높은 TR2의 베이스 중성영역에는 콜렉터 접합에서 에미터 접합으로 향하는 음의 방향($\mathcal{E}_{bi} < 0$)의 내부 전계가 형성되어 있다. 이 내부 전계는 에미터에서 주입된 음전하($-q$)의 전자를 확산과 동일한 방향으로 드리프트하는 정전기적 힘($F = -q\mathcal{E}_{bi} > 0$)을 가한다. 따라서 이 힘이 $x = 0$으로부터 $x = W_B$ 방향으로의 확산을 도와 전자가 짧은 시간에 베이스 중성영역을 통과하도록 작용하므로, 베이스 영역에서의 재결합 확률이 감소하고 전송효율이 개선된다.

▶ 콜렉터 접합 경계면($x = W_B$)의 베이스 도핑 농도가 에미터 접합 경계면($x = 0$)의 p형 베이스 도핑 농도보다 높은 TR3의 베이스 중성영역에는 에미터 접합에서 콜렉터 접합으로 향하는 양의 방향($\mathcal{E}_{bi} > 0$)으로 내부 전계가 형성되어 있다. 이 내부 전계는 에미터에서 주입된 음전하($-q$)의 전자를 확산과 반대 방향으로 드리프트하는 정전기적 힘($F = -q\mathcal{E}_{bi} < 0$)을 가한다. 따라서 이 힘이 $x = 0$으로부터 $x = W_B$ 방향으로의 확산을 방해하기 때문에, 전자가 베이스를 통과하는 시간이 증가하게 된다.

(e) 베이스 영역의 총 불순물량이 동일하면 평균 이동도가 같다고 가정하고, V_{BC}에 의한 베이스 폭의 변화를 무시하면, 내부 전계가 존재하는 베이스의 중성영역 통과시간(τ_B)은 다음과 같이 비교할 수 있다.

• 균일한 베이스 도핑 분포로 인해 내부 전계가 형성되어 있지 않은 경우($\mathcal{E}_{bi} = 0$), 에미터에서 주입된 과잉 전자는 오직 확산에 의해 베이스 중성영역을 통과한다. 확산에 의한 베이스 통과시간($\tau_{B,diff}$)은 다음과 같이 베이스 중성영역 폭의 제곱에 비례하며, 확산계수(또는 이동도)에 반비례한다.

$$\tau_{B,diff} = \frac{W_B^2}{2D_{nB}} = \frac{W_B^2}{2\mu_{nB}V_{th}} \quad [\text{s}]$$

• 과잉 캐리어의 농도 차이로 인한 확산과 더불어, 불균일 도핑된 베이스에 형성된 내부 전계로 인한 드리프트가 동시에 존재할 수 있다. 드리프트만 존재할 경우, 베이스 통과시간($\tau_{B,drift}$)은 다음과 같다.

$$\tau_{B,drift} = \frac{W_B}{\upsilon_{drift}} = \frac{W_B}{\mu_{nB}\mathcal{E}_{bi}} \quad [\text{s}]$$

따라서 드리프트에 의한 이동 방향이 확산에 의한 이동 방향과 동일할 경우, 베이스를 통과하는 시간이 현저히 개선될 수 있다.

• 농도 기울기에 의한 확산과 내부 전계에 의한 드리프트가 동시에 작용할 경우, 베이스 통과시간(τ_B)은 다음과 같이 나타낼 수 있다.

$$\frac{1}{\tau_B}=\frac{1}{\tau_{B,diff}}+\frac{1}{\tau_{B,drift}} \qquad \text{또는} \qquad \tau_B=\frac{1}{(1/\tau_{B,diff})+(1/\tau_{B,drift})}$$

▶ TR1에서는 균일한 베이스 도핑 분포로 인해 내부 전계가 형성되어 있지 않으므로($\varepsilon_{bi}=0$), 과잉 전자의 베이스 통과시간은 다음과 같다.

$$\tau_{B1}=\tau_{B,diff}=\frac{W_B^2}{2D_{nB}}\ \text{[s]}$$

▶ TR2에서 에미터 접합 경계면($x=0$)의 높은 도핑 농도로 인해 콜렉터 접합에서 에미터 접합으로 향하는 음의 방향의 내부 전계($\varepsilon_{bi}<0$)가 형성되었다면, 내부 전계에 의한 드리프트가 전자의 확산을 도와 전자가 베이스를 보다 짧은 시간에 통과할 수 있게 된다. 즉 과잉 캐리어의 농도 기울기에 의한 확산과 평균 내부 전계($\varepsilon_{bi2,av}$)에 의한 드리프트가 동시에 존재하는 불균일 도핑된 TR2의 베이스 통과시간 τ_{B2}는 다음과 같다.

$$\tau_{B2}=\frac{1}{(1/\tau_{B2,diff})+(1/\tau_{B2,drift})}\ ; \quad \tau_{B2,diff}=\frac{W_B^2}{2D_{nB}},\quad \tau_{B2,drift}=\frac{W_B}{\mu_{nB}|\varepsilon_{bi2,av}|} \quad \Leftrightarrow \quad \boxed{\tau_{B2}<\tau_{B1}}$$

즉 내부 전계로 인한 드리프트의 방향이 확산 방향과 일치하므로, 베이스 통과시간이 개선됨을 알 수 있다.

▶ TR3에서 콜렉터 접합 경계면($x=W_B$)의 높은 베이스 도핑 농도로 인해 에미터 접합에서 콜렉터 접합으로 향하는 양의 방향의 내부 전계($\varepsilon_{bi}>0$)가 형성되면, 내부 전계에 의한 드리프트가 확산을 방해하여 베이스를 통과하는 시간이 증가하게 된다. 즉 과잉 캐리어의 농도 기울기에 의한 확산과, 확산을 방해하는 평균 내부 전계($\varepsilon_{bi3,av}$)에 의한 드리프트가 동시에 존재하는 불균일 도핑된 TR3의 베이스 통과시간 τ_{B3}는 다음과 같다.

$$\tau_{B3}=\frac{1}{(1/\tau_{B3,diff})-(1/\tau_{B3,drift})}\ ; \quad \tau_{B3,diff}=\frac{W_B^2}{2D_{nB}},\quad \tau_{B3,drift}=\frac{W_B}{\mu_{nB}|\varepsilon_{bi3,av}|} \quad \Leftrightarrow \quad \boxed{\tau_{B3}>\tau_{B1}}$$

내부 전계로 인한 드리프트가 확산 방향과 반대이므로, 베이스 통과시간이 길어짐을 알 수 있다.

따라서 TR1, TR2, TR3의 베이스 통과시간은 $\tau_{B2}<\tau_{B1}<\tau_{B3}$로, 베이스 영역의 내부 전계에 의한 드리프트가 확산 방향과 동일한 TR2의 베이스 통과시간이 가장 짧다.

$$\boxed{\tau_{B2}<\tau_{B1}<\tau_{B3}}$$

(f) npn BJT의 베이스 접지전류 증폭률(α)에 영향을 주는 요소는 에미터 주입효율(γ), 베이스 전송효율(α_T), 에미터 접합의 재결합효율(δ)의 세 항목으로 구분하여 다음과 같이 나타낼 수 있다.

$$\alpha\cong\frac{(J_{nE}-J_{RB})}{J_{nE}+J_{pE}+J_R}=\gamma\cdot\delta\cdot\alpha_T$$

$$\beta=\frac{\alpha}{1-\alpha},\quad \gamma\equiv\left(\frac{1}{1+J_{pE}/J_{nE}}\right),\quad \alpha_T\equiv\left(1-\frac{J_{RB}}{J_{nE}}\right),\quad \delta\equiv\left(\frac{1}{1+J_R/(J_{nE}+J_{pE})}\right)$$

$N_{DE}\gg N_{AB}$이므로, 에미터 주입효율은 모두 $\gamma=1$로 가정할 수 있으며, 에미터 접합의 공간전하영역의 재결합율도 이와 동일하다고 가정할 수 있다. 따라서 전류 증폭률은 베이스 통과시간에 의해 결정되며, 에미터의 접지전류 증폭률(β)은 베이스 전송효율과 베이스 통과시간의 관계를 이용하여 비교할 수 있다. 베이스 중성영역(W_B)이 확산길이(L_{nB})보다 훨씬 짧게 설계된 경우($W_B\ll L_{nB}$), npn BJT의 p형 베이스 영역의 전송효율 α_T는 다음과 같이 베이스 영역의 폭과 재결합을 지배하는 확산길이에 의해 결정된다.

$$\alpha_T\equiv\frac{J_{nC}}{J_{nE}}=1-\frac{J_{RB}}{J_{nE}}=\frac{1}{\cosh(W_B/L_{nB})}$$

베이스 통과시간을 이용하여 다시 정리하면, 베이스 전송효율을 다음과 같이 나타낼 수 있다.

$$\alpha_T \cong \frac{1}{\cosh(W_B/L_{nB})} \cong 1-\frac{\tau_B}{\tau_{nB}}, \quad \tau_B = \frac{1}{(1/\tau_{B,diff})+(1/\tau_{B,drift})}\;; \quad \tau_{B,diff} = \frac{W_B^2}{2D_{nB}}, \quad \tau_{B,drift} = \frac{W_B}{\mu_{nB}\varepsilon_{bi,av}}$$

즉 베이스 영역에서의 과잉 캐리어의 평균수명(τ_{nB})과 비교하여 베이스 통과시간(τ_B)이 짧을수록 베이스 전송효율이 높다. 따라서 베이스 영역의 도핑 분포가 다른 TR1, TR2, TR3의 전류 증폭률이 베이스 전송효율에 의해 결정될 경우, 내부 전계에 의한 드리프트가 과잉 캐리어의 확산을 도와서 베이스 통과시간이 가장 짧은 TR2의 베이스 전송효율과 전류 증폭률이 가장 크다.

$$\tau_{B2} < \tau_{B1} < \tau_{B3} \;\Rightarrow\; \alpha_{T2} > \alpha_{T1} > \alpha_{T3} \;\Rightarrow\; \alpha_2 > \alpha_1 > \alpha_3 \;\Leftrightarrow\; \beta_2 > \beta_1 > \beta_3$$

(g) 에미터 전류의 모서리 붐빔(쏠림) 현상은 베이스 단자로부터 베이스 중성영역까지의 저항 R_B를 결정하는 다음 그림의 기하학적 지표를 이용하여 비교, 분석할 수 있다.

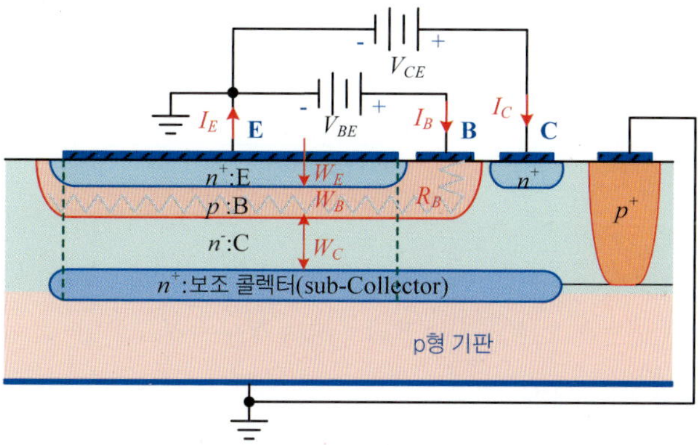

균일한 분포를 가진 BJT의 경우, 베이스 기생저항(R_B)은 p형 베이스 영역의 폭(W_B)과 도핑 농도(N_{AB}), 다수 캐리어인 정공의 이동도(μ_{pB}), 베이스 단자로부터 베이스 중성영역까지의 거리(l_B), 에미터의 면적을 결정하는 접합 영역의 폭(W) 등에 의해 결정되며, 다음과 같은 수식으로 나타낼 수 있다.

$$R_B = \rho_b\frac{L}{A} = \rho_b\frac{l_B}{W_B W} = \frac{\rho_b}{W_B}\left(\frac{l_B}{W}\right) = \frac{1}{\sigma_b W_B}\left(\frac{l_B}{W}\right) = \frac{1}{qN_{AB}\mu_{pB}W_B}\left(\frac{l_B}{W}\right)\ [\Omega]$$

특히 베이스 영역이 불균일 도핑되었을 때, 베이스 저항은

$$R_B = \rho_b\frac{L}{A} = \frac{L}{\sigma_b A} = \frac{1}{\sigma_b W_B}\left(\frac{l_B}{W}\right) = \frac{1}{q\mu_{pB}\int_0^{W_B} p_{Bo}(x)dx}\left(\frac{l_B}{W}\right) = \frac{1}{q\mu_{pB}\int_0^{W_B} N_{AB}(x)dx}\left(\frac{l_B}{W}\right)\ [\Omega]$$

로서, 베이스 영역의 총 억셉터 주입량(G_B)에 반비례한다고 해석할 수 있다.

$$R_B = \rho_b\frac{L}{A} = \frac{L}{\sigma_b A} = \frac{1}{q\mu_{pB}G_B}\left(\frac{l_B}{W}\right)\ [\Omega]\;; \quad G_B \equiv \int_0^{W_B} N_{AB}(x)dx\ [\text{cm}^{-2}]\ \text{(굼멜 농도)}$$

따라서 기하학적 구조는 동일($l_{B1}=l_{B2}=l_{B3}$, $W_1=W_2=W_3$)하나, 베이스 중성영역의 두께와 도핑 농도가 다른 TR1, TR2, TR3의 베이스 기생저항을 비교하면 다음과 같다.

$$\frac{R_{B2}}{R_{B1}} = \frac{G_{B1}}{G_{B2}} = \frac{\int_0^{W_B} N_{AB1}(x)dx}{\int_0^{W_B} N_{AB2}(x)dx} = \frac{(5N_o)W_B}{(3N_o)W_B} = \frac{5}{3} \quad \begin{cases} N_{AB1}(x) = 5N_o = \text{일정} \\ N_{AB2}(x) = N_o\left(5-\dfrac{4x}{W_B}\right) \end{cases}$$

$$\frac{R_{B3}}{R_{B2}} = \frac{G_{B1}}{G_{B3}} = \frac{\int_0^{W_B} N_{AB2}(x)dx}{\int_0^{W_B} N_{AB3}(x)dx} = \frac{(3N_o)W_B}{(3N_o)W_B} = \frac{1}{1} \quad \left\{ N_{AB3}(x) = N_o\left(1 + \frac{4x}{W_B}\right)\right.$$

$$R_{B2} = R_{B3} = \left(\frac{5}{3}\right) R_{B1} > R_{B1} \quad \Leftrightarrow \quad R_{B1} = 0.6R_{B2} = 0.6R_{B3} < R_{B2} = R_{B3}$$

즉 베이스 저항($R_{B1} < R_{B2} = R_{B3}$)이 가장 작은 TR1의 에미터 전류의 모서리 붐빔(쏠림) 현상이 가장 약하게 나타난다.

(h) 얼리 전압(V_A)을 결정하는 베이스 폭 변조계수는 콜렉터 역방향 전압의 변화에 따른 베이스 공간전하영역의 변화 정도를 나타내는 지표(λ)로, 다음의 관계식을 이용하여 비교할 수 있다.

$$\lambda = \frac{1}{V_A} = \frac{1}{W_B}\frac{d\Delta W_B}{dV_{CE}} \cong \frac{1}{2W_B N_{AB}}\sqrt{\frac{2\varepsilon_{Si}}{q}\frac{N_{DC}}{(1+(N_{DC}/N_{AB}))}\frac{1}{(V_{bic}+V_{CE,sat})}} \quad [\mathrm{V}^{-1}]$$

즉 베이스의 폭이 넓을수록, 베이스의 도핑이 높을수록, 그리고 베이스 도핑에 비해 콜렉터 도핑 농도가 낮을수록 베이스 폭 변조효과는 줄어든다. 특히 베이스 영역의 도핑이 불균일한 경우, 베이스 폭 변조계수에 의해 결정되는 얼리 전압은 다음과 같이 베이스 중성영역 끝점의 공간전하영역 변화를 지배하는 $x = W_B$에서의 베이스 도핑($N_{AB}(x = W_B)$)을 이용하여 비교할 수 있다.

$$V_A = \frac{1}{\lambda} \cong \frac{N_{AB}(x = W_B)}{\sqrt{N_{DC}}} 2W_B \sqrt{\frac{q(V_{bic}+V_{CE,sat})}{2\varepsilon_{Si}}\left(1 + \frac{N_{DC}}{N_{AB}(x=W_B)}\right)} \quad [\mathrm{V}]$$

그런데 TR1, TR2, TR3의 베이스 중성영역 폭과 콜렉터 영역 도핑은 동일하나, 베이스 끝점의 도핑 농도는

$$N_{AB1}(x = W_B) = 5N_o > N_{DC} = N_o\,, \quad N_{AB2}(x = W_B) = N_o = N_{DC} = N_o\,, \quad N_{AB3}(x = W_B) = 5N_o > N_{DC} = N_o$$

이므로, 얼리 전압을 비교하면 다음과 같다.

$$\frac{V_{A2}}{V_{A1}} = \frac{N_{AB2}(x=W_B)\sqrt{\left(1+\frac{N_{DC}}{N_{AB2}(x=W_B)}\right)}}{N_{AB1}(x=W_B)\sqrt{\left(1+\frac{N_{DC}}{N_{AB1}(x=W_B)}\right)}} = \frac{N_o\sqrt{\left(1+\frac{N_o}{N_o}\right)}}{5N_o\sqrt{\left(1+\frac{N_o}{5N_o}\right)}} = \frac{\sqrt{(1+1)}}{5\sqrt{\left(1+\frac{1}{5}\right)}} = \frac{1}{5}\sqrt{\frac{2}{1.2}} \cong 0.26$$

$$\Leftrightarrow \quad V_{A2} = 0.26V_{A1}$$

$$\frac{V_{A3}}{V_{A1}} = \frac{N_{AB3}(x=W_B)\sqrt{\left(1+\frac{N_{DC}}{N_{AB3}(x=W_B)}\right)}}{N_{AB1}(x=W_B)\sqrt{\left(1+\frac{N_{DC}}{N_{AB1}(x=W_B)}\right)}} = \frac{5N_o\sqrt{\left(1+\frac{N_o}{5N_o}\right)}}{5N_o\sqrt{\left(1+\frac{N_o}{5N_o}\right)}} = 1$$

$$V_{A1} = V_{A3} > V_{A2} = 0.26 \times V_{A1}$$

(i) TR1, TR2, TR3을 역방향 능동모드로 동작시키는 경우, 역방향 전압이 인가된 n형 E영역(N_{DE}, W_E)이 콜렉터 역할을 담당하고, 순방향 전압이 인가된 n형 C영역(N_{DC}, W_C)이 에미터 역할을 하게 된다. 역방향 능동모드에서 동작하는 BJT의 베이스 접지전류 증폭률(α_{RAM})에 영향을 주는 요소는 에미터 주입효율(γ_{RAM}), 베이스 전송효율($\alpha_{T,RAM}$), 에미터 접합의 재결합효율(δ_{RAM})의 세 항목으로, 다음과 같이 나타낼 수 있다.

$$\alpha_{RAM} \cong \frac{J_{nC,RAM}}{J_{nE,RAM} + J_{pE,RAM} + J_{R,RAM}} = \gamma_{RAM} \cdot \delta_{RAM} \cdot \alpha_{T,RAM}$$

베이스 영역이 불균일하게 도핑된 경우, 역방향 능동모드로 동작하는 TR1, TR2, TR3의 에미터 주입효율 γ_{RAM}은, 역방향 능동모드 동작 시 에미터 접합(B−C 접합)으로 동작하는 베이스 끝점($x = W_B$)의 도핑 농도($N_{AB}(x = W_B)$)를 이용하여 다음과 같이 나타낼 수 있다.

$$\gamma_{RAM} \cong \frac{1}{1+\left(\frac{p_{Eo}}{n_{Bo}}\right)\left(\frac{D_{pE}}{D_{nB}}\right)\left(\frac{L_{nB}}{L_{pE}}\right)\left(\frac{\tanh(W_B/L_{nB})}{\tanh(W_E/L_{pE})}\right)_{RAM}} \cong \frac{1}{1+\left(\frac{p_{Co}}{n_{Bo}}\right)\left(\frac{D_{pC}}{D_{nB}}\right)\left(\frac{W_B}{W_C}\right)}$$

$$\cong \frac{1}{1+\left(\frac{N_{AB}(x=W_B)}{N_{DC}}\right)\left(\frac{D_{pC}}{D_{nB}}\right)\left(\frac{W_B}{W_C}\right)}$$

(N_{AB} : 베이스 도핑, N_{DC} : 에미터로 동작하는 C영역 도핑, W_B : 베이스 중성영역 길이, W_C : C영역 길이)

$$\frac{\gamma_{RAM2}}{\gamma_{RAM1}} \cong \frac{1+\left(\frac{5N_o}{N_{DC}}\right)\left(\frac{D_{pC}}{D_{nB1}}\right)\left(\frac{W_B}{W_C}\right)}{1+\left(\frac{N_o}{N_{DC}}\right)\left(\frac{D_{pC}}{D_{nB2}}\right)\left(\frac{W_B}{W_C}\right)} > 1,$$

$$\frac{\gamma_{RAM3}}{\gamma_{RAM1}} \cong \frac{1+\left(\frac{5N_o}{N_{DC}}\right)\left(\frac{D_{pC}}{D_{nB1}}\right)\left(\frac{W_B}{W_C}\right)}{1+\left(\frac{5N_o}{N_{DC}}\right)\left(\frac{D_{pC}}{D_{nB3}}\right)\left(\frac{W_B}{W_C}\right)} \cong 1 \quad \Leftrightarrow \quad \boxed{\gamma_{RAM2} > \gamma_{RAM1} = \gamma_{RAM3}}$$

즉 베이스 도핑 농도 분포가 서로 다른 TR1, TR2, TR3 중에서, 에미터 접합으로 동작하는 C-B 영역 접합 부근($x = W_B$)의 베이스 도핑 농도가 가장 낮은 TR2의 역방향 능동모드 에미터 주입효율이 가장 높다. 베이스 끝점($x = W_B$)의 도핑 농도($N_{AB}(x = W_B)$)가 같은 TR1과 TR3의 경우, 역방향 능동모드 에미터 주입효율이 동일하다.

베이스 중성영역이 확산길이보다 짧은 경우, 역방향 능동모드로 동작하는 TR1, TR2, TR3의 베이스 전송효율($\alpha_{T,RAM}$)은 베이스 통과시간($\tau_{B,RAM}$)을 이용하여 다음과 같이 비교할 수 있다.

$$\alpha_{T,RAM} \equiv 1-\frac{J_{RB}}{J_{nE,RAM}} = 1-\frac{\tau_{B,RAM}}{\tau_{nB}}$$

농도 기울기에 의한 확산과 내부 전계에 의한 드리프트가 동시에 작용할 경우, 베이스 통과시간($\tau_{B,RAM}$)은 다음과 같다.

$$\tau_{B,RAM} = \frac{1}{(1/\tau_{B,diff})_{RAM} + (1/\tau_{B,drift})_{RAM}} \;; \quad \tau_{B,diff} = \frac{W_B^2}{2D_{nB}}, \quad \tau_{B,drift} = \frac{W_B}{\mu_{nB}\mathcal{E}_{bi,av}}$$

▶ 균일한 베이스 도핑 분포로 인해 내부 전계가 형성되어 있지 않은($\mathcal{E}_{bi} = 0$) 경우, 역방향 능동모드에서 에미터 역할을 하는 n형 C영역에서 주입된 과잉전자는 오직 확산에 의해 p형 베이스 중성영역을 통과한다. 확산에 의한 베이스 통과시간 $\tau_{B,diff}$는 다음과 같이 베이스 중성영역 폭의 제곱에 비례하며, 확산계수(또는 이동도)에 반비례한다.

$$\tau_{B,diff} = \frac{W_B^2}{2D_{nB}} \text{ [s]}$$

▶ 과잉 캐리어 농도차로 인한 확산과 더불어, 불균일 도핑된 베이스에 형성된 내부 전계에 의한 드리프트가 동시에 존재할 수 있다. 전계에 의한 드리프트만 존재하는 경우, 베이스 통과시간 $\tau_{B,drift}$는 이동도(μ_{nB})와 드리프트 되는 거리인 베이스 중성영역의 폭(W_B), 내부 전계의 세기($\mathcal{E}_{bi}$)에 의해 다음과 같이 결정된다.

$$\tau_{B,drift} = \frac{W_B}{\mu_{nB}\mathcal{E}_{bi}} \text{ [s]}$$

특히 드리프트에 의한 이동 방향이 확산에 의한 이동 방향과 동일한 경우에는 베이스를 통과하는 시간이 단축되지만, 그 방향이 반대인 경우에는 베이스 통과시간이 증가하여 베이스 전송효율이 나빠질 수 있다.

▶ 균일한 베이스 도핑 분포로 인해 내부 전계가 형성되어 있지 않은($\mathcal{E}_{bi} = 0$) TR1에서 과잉 전자의 베이스 통과시간은 다음과 같다.

$$\tau_{B1,RAM} = \tau_{B,diff} = \frac{W_B^2}{2D_{nB}} \text{ [s]}$$

▶ TR2에서 E–B영역 접합 경계면($x = 0$)의 높은 도핑 농도로 인해 C영역 경계에서 E영역 경계지점으로 향하는 음의 방향의 내부 전계($\mathcal{E}_{bi} < 0$)가 형성된 경우, 내부 전계에 의한 드리프트가 역방향 능동모드로 동작하는 베이스 내의 확산을 방해하여 베이스를 통과하는 시간이 증가한다. 즉 과잉 캐리어의 농도 기울기에 의한 확산과 내부 전계에 의한 드리프트가 동시에 존재하는 불균일 도핑된 TR2의 베이스 통과시간 τ_{B2}는 다음과 같이 균일하게 도핑된 TR1에 비해 더 길다.

$$\tau_{B2,RAM} = \frac{1}{(1/\tau_{B2,diff})_{RAM} - (1/\tau_{B2,drift})_{RAM}} \;;\; \tau_{B2,diff} = \frac{W_B^2}{2D_{nB}},\; \tau_{B2,drift} = \frac{W_B}{\mu_{nB}|\mathcal{E}_{bi2,av}|} \quad \Leftrightarrow \quad \boxed{\tau_{B2,RAM} > \tau_{B1}}$$

▶ 에미터 접합으로 동작하는 B–C영역 접합 경계면($x = W_B$)의 높은 베이스 도핑 농도로 인해 TR3에는 E영역에서 C영역으로 향하는 양의 내부 전계($\mathcal{E}_{bi} > 0$)가 형성되어 있다. 따라서 내부 전계에 의한 드리프트가 역방향 능동모드로 동작하는 베이스 내의 확산과 동일한 방향으로 작용하여, 베이스 통과시간이 단축된다. 즉 과잉 캐리어의 농도 기울기에 의한 확산과, 이 확산을 돕는 내부 전계에 의한 드리프트가 동시에 존재하는 불균일 도핑된 TR3의 베이스 통과시간 τ_{B3}는 다음과 같이 균일 도핑된 TR1에 비해 작은 값을 갖는다.

$$\tau_{B3,RAM} = \frac{1}{(1/\tau_{B3,diff}) + (1/\tau_{B3,drift})} \;;\; \tau_{B3,diff} = \frac{W_B^2}{2D_{nB}},\; \tau_{B3,drift} = \frac{W_B}{\mu_{nB}|\mathcal{E}_{bi3,av}|} \quad \Leftrightarrow \quad \boxed{\tau_{B3} < \tau_{B1}}$$

$$\tau_{B3,RAM} < \tau_{B1,RAM} < \tau_{B2,RAM} \quad \Leftrightarrow \quad \alpha_{T3,RAM} > \alpha_{T1,RAM} > \alpha_{T2,RAM}$$

에미터 접합 공간전하영역의 재결합효율이 동일하다고 가정하고, 앞서 얻은 에미터 주입효율과 베이스 전송효율을 정리하면 다음과 같다.

$$\boxed{\alpha_{T2} < \alpha_{T1} < \alpha_{T3}, \quad \gamma_1 = \gamma_3 < \gamma_2} \;;\; \alpha_{RAM} = \gamma_{RAM} \cdot \delta_{RAM} \cdot \alpha_{T,RAM}$$

따라서 베이스 영역의 도핑 분포가 다른 TR1, TR2, TR3의 역방향 능동모드 동작시, TR3의 베이스 접지전류 증폭률이 TR1보다 큰 것은 확실하나, TR1과 TR2, TR3와 TR2의 전류 증폭률은 지금의 정보로는 비교할 수 없다.

(j) BJT의 베이스 영역 도핑이 불균일한 경우, 베이스 폭 변조계수에 의해 결정되는 얼리 전압은 역방향 전압이 인가되어 콜렉터 접합(E–B영역 접합)으로 작용하는 지점의 베이스 도핑 농도($N_{AB}(x = 0)$)에 의해 결정된다. 역방향 능동모드에서 동작하는 BJT의 얼리 전압 $V_{A,RAM}$은 다음과 같다.

$$V_{A,RAM} = \frac{1}{\lambda_{RAM}} \cong 2W_B\sqrt{\frac{q}{2\varepsilon_{Si}}N_{AB}(x=0)\left(\frac{N_{AB}(x=0)}{N_{DE}}\right)(V_{biE} + V_{EC,sat})}$$
$$= N_{AB}(x=0)2W_B\sqrt{\frac{q}{2\varepsilon_{Si}N_{DE}}(V_{biE} + V_{EC,sat})}$$

역방향 능동모드에서 TR1, TR2, TR3의 콜렉터로 동작하는 E영역의 도핑은 동일하나, 콜렉터 접합으로 동작하는 베이스 시작점의 도핑 농도는 다음과 같다.

$$N_{AB1}(x=0) = 5N_o < N_{DC,RAM} = N_{DE} = 30N_o \qquad N_{AB2}(x=0) = 5N_o < N_{DC,RAM} = N_{DE} = 30N_o$$

$$N_{AB3}(x=0) = N_o < N_{DC,RAM} = N_{DE} = 30N_o$$

따라서 역방향 능동모드에서 동작하는 TR1, TR2, TR3의 얼리 전압(V_A)을 비교하면 다음과 같다.

$$\frac{V_{A2,RAM}}{V_{A1,RAM}} \cong \frac{N_{AB2}(x=0)}{N_{AB1}(x=0)} = \frac{1}{1} \quad \Leftrightarrow \quad V_{A2,RAM} = V_{A1,RAM}$$

$$\frac{V_{A3,RAM}}{V_{A1,RAM}} \cong \frac{N_{AB3}(x=0)}{N_{AB1}(x=0)} = \frac{1}{5} \quad \Leftrightarrow \quad V_{A3,RAM} = \frac{1}{5}V_{A1,RAM}$$

$$V_{A1,RAM} = V_{A2,RAM} = 5V_{A3,RAM} \quad \Leftrightarrow \quad V_{A1,RAM} = V_{A2,RAM} > V_{A3,RAM}$$

10.5 베이스 도핑과 바이폴라 트랜지스터의 특성 변화

제조공정을 고려한 npn 바이폴라 트랜지스터의 단면 구조는 오른쪽 그림 (가)와 같이 나타낼 수 있다. 바이폴라 트랜지스터의 전기적 특성(DC 및 ac)은 베이스 구조에 의해 크게 좌우된다. 그림 (나)에 표시한 바와 같이 베이스 도핑 농도 분포가 서로 다른 네 종류(TR1~TR4)의 트랜지스터의 전기적 특성(순방향 능동모드의 증폭기로 동작)을 비교하고, 이를 이해하고자 한다(베이스를 제외한 다른 영역의 조건은 트랜지스터 4개에서 모두 동일하다고 가정한다).

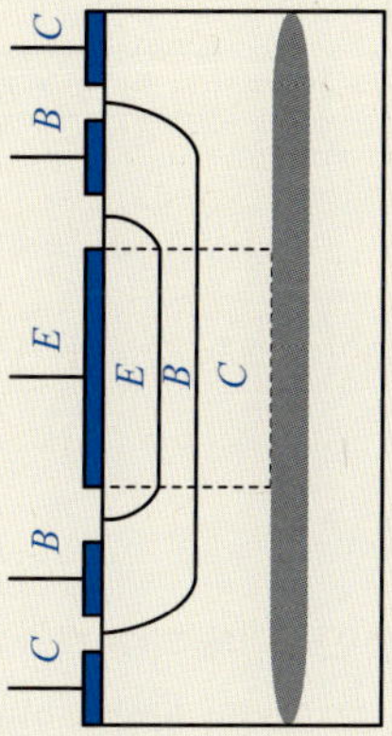

(가)

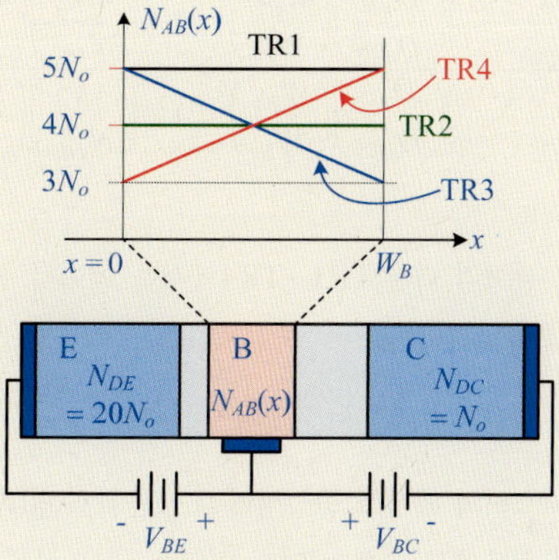

(나)

(a) 에미터 주입효율을 비교하라.
(b) 열평형 상태에서 베이스 내의 도핑 농도 불균일로 형성된 내부 전계의 크기와 방향을 비교하라.
(c) 위의 베이스 영역의 내부 전계가 에미터에서 주입된 베이스 내의 소수 캐리어에 미치는 영향을 비교하라.
(d) 베이스 내에서 과잉 소수 캐리어가 이동하는 데 기여하는 원인 요소를 비교하라.
(e) 내부 전계가 존재하는 베이스의 준-중성영역(quasi-neutral region)을 통과하는 데 걸리는 시간을 비교하라. (단 베이스 영역의 총 불순물량이 동일하면, 평균 이동도가 같다고 가정한다.)
(f) 전류 증폭률이 베이스 통과시간에 의해 결정된다고 가정하고 전류 증폭률을 비교하라.
(g) 베이스 기생저항의 크기를 비교하라.
(h) 에미터 전류의 모서리 붐빔(쏠림) 현상(ECCE)을 비교하라.
(i) 얼리 전압(V_A)을 비교하라.

(a) 에미터와 베이스의 중성영역의 길이가 짧은 경우($W_E \ll L_{pE}$, $W_B \ll L_{nB}$), npn BJT의 에미터 주입효율은 다음과 같다.

$$\gamma \equiv \frac{J_{nE}}{J_{nE}+J_{pE}} = \frac{1}{1+J_{pE}/J_{nE}} \cong \frac{1}{1+\left(\dfrac{p_{Eo}}{n_{Bo}}\right)\left(\dfrac{D_{pE}}{D_{nB}}\right)\left(\dfrac{L_{nB}}{L_{pE}}\right)\left(\dfrac{\tanh(W_B/L_{nB})}{\tanh(W_E/L_{pE})}\right)} \cong \frac{1}{1+\left(\dfrac{N_{AB}}{N_{DE}}\right)\left(\dfrac{D_{pE}}{D_{nB}}\right)\left(\dfrac{W_B}{W_E}\right)}$$

즉 에미터 주입효율은 확산계수의 비($D_{pE}/D_{nB} = \mu_{pE}/\mu_{nB}$), 중성영역 길이의 비($W_B/W_E$), 베이스와 에미터의 도핑 농도의 비($N_{AB}/N_{DE}$)에 의해 결정된다. 따라서 베이스 중성영역의 길이는 동일하나, 베이스 영역의 도핑 분포가 다른 TR1~TR4의 에미터 주입효율은 베이스 중성영역이 시작되는 점($x = 0$)에서의 베이스 도핑 농도와 에미터 도핑 농도(N_{DE})의 비를 통해 다음과 같이 비교할 수 있다(단 도핑 농도 변화로 인한 이동도의 변화는 크지 않다고 가정한다).

$$\frac{\gamma_2}{\gamma_1} \cong \frac{1+\left(\frac{N_{AB1}(x=0)}{N_{DE}}\right)\left(\frac{D_{pE}}{D_{nB1}}\right)\left(\frac{W_{B1}}{W_E}\right)}{1+\left(\frac{N_{AB2}(x=0)}{N_{DE}}\right)\left(\frac{D_{pE}}{D_{nB2}}\right)\left(\frac{W_{B2}}{W_E}\right)} = \frac{1+\left(\frac{5N_o}{N_{DE}}\right)\left(\frac{D_{pE}}{D_{nB}}\right)\left(\frac{W_B}{W_E}\right)}{1+\left(\frac{4N_o}{N_{DE}}\right)\left(\frac{D_{pE}}{D_{nB}}\right)\left(\frac{W_B}{W_E}\right)} > 1 \Leftrightarrow \boxed{\gamma_1 < \gamma_2}$$

$$\Leftarrow N_{AB1}(0) = 5N_o,\ N_{AB2}(0) = 4N_o$$

$$\frac{\gamma_3}{\gamma_1} \cong \frac{1+\left(\frac{N_{AB1}(x=0)}{N_{DE}}\right)\left(\frac{D_{pE}}{D_{nB1}}\right)\left(\frac{W_{B1}}{W_E}\right)}{1+\left(\frac{N_{AB3}(x=0)}{N_{DE}}\right)\left(\frac{D_{pE}}{D_{nB3}}\right)\left(\frac{W_{B3}}{W_E}\right)} = \frac{1+\left(\frac{5N_o}{N_{DE}}\right)\left(\frac{D_{pE}}{D_{nB}}\right)\left(\frac{W_B}{W_E}\right)}{1+\left(\frac{5N_o}{N_{DE}}\right)\left(\frac{D_{pE}}{D_{nB}}\right)\left(\frac{W_B}{W_E}\right)} = 1 \Leftrightarrow \boxed{\gamma_3 = \gamma_1 < \gamma_2}$$

$$\Leftarrow N_{AB1}(0) = N_{AB3}(0) = 5N_o$$

$$\frac{\gamma_4}{\gamma_2} \cong \frac{1+\left(\frac{N_{AB2}(x=0)}{N_{DE}}\right)\left(\frac{D_{pE}}{D_{nB2}}\right)\left(\frac{W_{B2}}{W_E}\right)}{1+\left(\frac{N_{AB4}(x=0)}{N_{DE}}\right)\left(\frac{D_{pE}}{D_{nB4}}\right)\left(\frac{W_{B4}}{W_E}\right)} = \frac{1+\left(\frac{4N_o}{N_{DE}}\right)\left(\frac{D_{pE}}{D_{nB}}\right)\left(\frac{W_B}{W_E}\right)}{1+\left(\frac{3N_o}{N_{DE}}\right)\left(\frac{D_{pE}}{D_{nB}}\right)\left(\frac{W_B}{W_E}\right)} > 1 \Leftrightarrow \boxed{\gamma_4 > \gamma_2 > \gamma_1 = \gamma_3}$$

$$\Leftarrow N_{AB2}(0) = 4N_o > N_{AB4}(0) = 3N_o$$

즉 베이스 도핑 농도 분포가 다른 TR1~TR4에서는 에미터 접합 부근의 베이스 도핑 농도가 가장 낮은 TR4($N_{AB4}(0) = 3N_o$)의 에미터 주입효율이 가장 높다.

$$\boxed{\gamma_4 > \gamma_2 > \gamma_1 = \gamma_3}$$

(b) npn 바이폴라 트랜지스터의 베이스 중성영역의 불균일 도핑($N_{ab}(x) \neq$ 일정)으로 인해 다수 캐리어 농도가 공간적으로 불균일한 경우, 열평형 상태에서 중성 베이스 영역에 내부 전계가 형성되며, 그 크기와 방향은 아래와 같이 구할 수 있다. 열평형 상태의 내부 전계 $\mathcal{E}_{bi}$는 다음과 같이 농도 기울기가 클수록 증가한다.

$$J_{pB}(x)|_{\text{열평형}} = 0 = qp_{Bo}(x)\mu_{pB}\mathcal{E}_{bi}(x) - qD_{pB}\frac{dp_{Bo}(x)}{dx} \Rightarrow \mathcal{E}_{bi}(x) = V_{th}\frac{1}{N_{AB}(x)}\frac{dN_{AB}(x)}{dx}\ ;\quad p_{Bo}(x)n_{Bo}(x) = n_i^2$$

▶ 균일한 베이스 도핑 분포를 갖는 TR1과 TR2에는 다음과 같이 내부 전계가 형성되어 있지 않다($\mathcal{E}_{bi} = 0$).

$$N_{AB1}(x) = 5N_o = \text{일정} \Rightarrow \frac{dN_{AB1}(x)}{dx} = 0 \qquad \Rightarrow \quad \mathcal{E}_{bi}(x)|_{\text{TR1}} = \frac{D_{pB}}{\mu_{pB}}\frac{1}{N_{AB1}(x)}\frac{dN_{AB1}(x)}{dx} = 0$$

$$N_{AB2}(x) = 4N_o = \text{일정} \Rightarrow \frac{dN_{AB2}(x)}{dx} = 0 \qquad \Rightarrow \quad \mathcal{E}_{bi}(x)|_{\text{TR2}} = \frac{D_{pB}}{\mu_{pB}}\frac{1}{N_{AB2}(x)}\frac{dN_{AB2}(x)}{dx} = 0$$

▶ 에미터 접합 경계면($x = 0$)의 베이스 도핑 농도가 콜렉터 접합 경계면($x = W_B$)보다 높은 TR3의 p형 베이스 중성영역에는 콜렉터 접합에서 에미터 접합으로 향하는 음의 방향($\mathcal{E}_{bi} < 0$)의 내부 전계가 형성된다.

$$N_{AB3}(x) = N_o\left(5 - \frac{2x}{W_B}\right) \quad \Rightarrow \quad \frac{dN_{AB3}(x)}{dx} = -\frac{2N_o}{W_B} < 0$$

$$\Rightarrow \quad \mathcal{E}_{bi}(x)|_{\text{TR3}} = \frac{D_{pB}}{\mu_{pB}}\frac{1}{N_{AB3}(x)}\frac{dN_{AB3}(x)}{dx} = -\frac{V_{th}}{W_B}\frac{2}{(5-(2x/W_B))} < 0$$

▶ 에미터 접합 경계면($x = 0$)에 비해 콜렉터 접합 경계면($x = W_B$)의 베이스 도핑 농도가 높은 TR4의 베이스 중성영역에는 에미터 접합에서 콜렉터 접합으로 향하는 양의 방향($\mathcal{E}_{bi} > 0$)의 내부 전계가 형성된다.

$$N_{AB4}(x) = N_o\left(3 + \frac{2x}{W_B}\right) \quad \Rightarrow \quad \frac{dN_{AB4}(x)}{dx} = +\frac{2N_o}{W_B} > 0$$

$$\Rightarrow \quad \mathcal{E}_{bi}(x)|_{\text{TR4}} = \frac{D_{pB}}{\mu_{pB}} \frac{1}{N_{AB4}(x)} \frac{dN_{AB4}(x)}{dx} = \frac{V_{th}}{W_B} \frac{2}{(3 + (2x/W_B))} > 0$$

TR1 ~ TR4의 베이스 중성영역 도핑 분포와 열평형 상태의 내부 전계를 요약하면 다음과 같다.

구분	에미터 도핑 $N_E = N_{DE}$	베이스 도핑(짧은 베이스 : $W_B \ll L_{nB}$) $(0 \le x \le W_B)$			콜렉터 도핑 $N_C = N_{DC}$
		W_B	$N_B(x) = N_{AB}(x) = p_{Bo}(x)$	베이스 영역 내부 전계 $\varepsilon_{bi}(x)$	
TR1	$20N_o$	W_o	$N_{AB1}(x) = 5N_o =$ 일정	$\varepsilon_{bi1}(x) = 0$	N_o
TR2	$20N_o$	W_o	$N_{AB2}(x) = 4N_o =$ 일정	$\varepsilon_{bi2}(x) = 0$	N_o
TR3	$20N_o$	W_o	$N_{AB3}(x) = N_o\left(5 - \frac{2x}{W_B}\right)$	$\mathcal{E}_{bi3}(x) = -\frac{V_{th}}{W_B}\frac{2}{(5-(2x/W_B))} < 0$	N_o
TR4	$20N_o$	W_o	$N_{AB4}(x) = N_o\left(3 + \frac{2x}{W_B}\right)$	$\mathcal{E}_{bi4}(x) = +\frac{V_{th}}{W_B}\frac{2}{(3+(2x/W_B))} > 0$	N_o

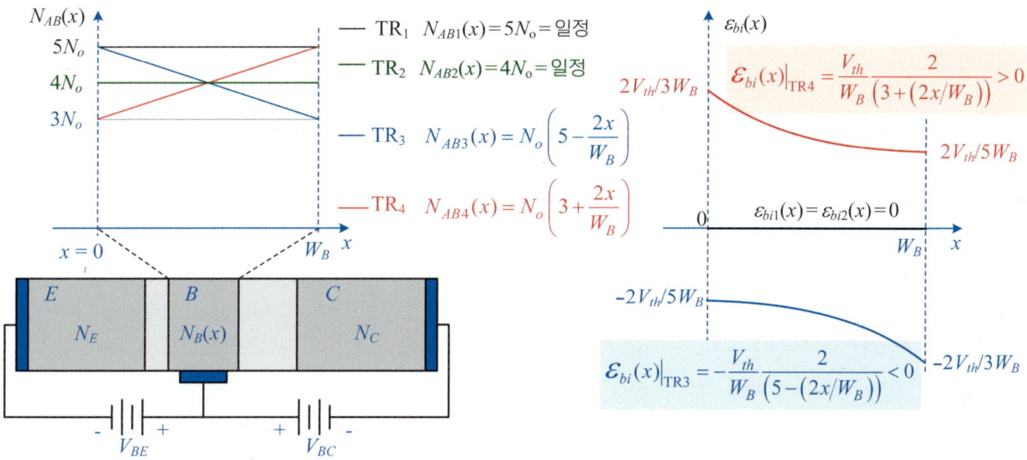

(c) 균일한 베이스 도핑 농도($N_{AB}(x)$)를 가진 TR1과 TR2에는 내부 전계가 존재하지 않는다. 에미터 접합 부근의 도핑 농도가 높고, 콜렉터 접합 부근의 도핑 농도는 낮은, 불균일한 베이스 도핑 농도($N_{AB3}(0) > N_{AB3}(W_B)$)를 가진 TR3에는 콜렉터 접합에서 에미터 접합으로 향하는 음의 방향의 내부 전계($\mathcal{E}_{bi3} < 0$)가 형성되어 있다. 이로 인해 에미터에서 주입된 전자($-q$)는 내부 전계에 의해 드리프트되어 확산과 동일한 방향으로 가속되므로, 베이스 통과시간이 단축된다.

이에 비해 에미터 접합 부근의 도핑 농도가 낮고, 콜렉터 접합 부근의 도핑 농도가 높은, 불균일한 베이스 도핑 농도를 가진 TR4에는 에미터 접합에서 콜렉터 접합으로 향하는 양의 방향의 내부 전계가 형성된다. 이로 인해 n형 에미터에서 주입된 전자는 확산과 반대 방향으로 드리프트되므로, 베이스 통과시간이 길어진다.

(d) 베이스 내에서 과잉 소수 캐리어가 이동하는 데 기여하는 원인 요소, 즉 캐리어의 이동 요소(메커니즘)는 다음과 같다.

- 농도 불균일에서 기인한 확산에 의한 이동
- 전계에 의해 힘을 받아 이동하는 드리프트

npn형 BJT의 n형 에미터로부터 p형 베이스 중성영역에 주입된 소수 캐리어인 전자는 확산에 의한 이동뿐 아니라 내부 전계에 의한 드리프트도 동시에 겪을 수 있다.

▶ 균일한 베이스 도핑 분포로 내부 전계가 형성되어 있지 않은($\mathcal{E}_{bi} = 0$) 경우, 에미터에서 주입된 과잉 전자는 오직 확산에 의해 베이스 중성영역을 통과한다. 확산에 의한 베이스 통과시간 $\tau_{B,diff}$는 다음과 같이 베이스 중성영역 폭의 제곱에 비례하며, 확산계수(또는 이동도)에 반비례한다.

$$\tau_{B,diff} = \frac{W_B^2}{2D_{nB}} = \frac{W_B^2}{2\mu_{nB}V_{th}} \quad [\text{s}]$$

▶ 불균일 도핑된 베이스에 형성된 내부 전계는 과잉 캐리어 농도 차이로 인한 확산과 더불어 전계에 의한 드리프트가 동시에 존재하게 하는 근원이 된다. 그런데 드리프트만 존재할 경우 베이스 통과시간 $\tau_{B,drift}$는

$$\tau_{B,drift} = \frac{W_B}{\upsilon_{drift}} = \frac{W_B}{\mu_{nB}\mathcal{E}_{bi}} \quad [\text{s}]$$

로 나타낼 수 있다. 특히 내부 전계에 의한 드리프트의 방향이 확산에 의한 이동 방향과 동일한 경우 베이스를 통과하는 시간이 현저히 개선되지만, 확산과 반대 방향의 드리프트가 존재할 경우에는 베이스 통과시간이 길어진다.

(e) 불균일 도핑된 베이스를 갖는 TR3와 TR4의 베이스 중성영역에는 내부 전계가 존재한다.

▶ 에미터 접합 경계면($x = 0$)의 높은 도핑 농도로 인해 콜렉터 접합에서 에미터 접합으로 향하는 음의 내부 전계($\mathcal{E}_{bi} < 0$)가 형성된 TR3에서는 내부 전계에 의한 드리프트가 확산을 돕기 때문에, 베이스 통과시간이 훨씬 짧아진다. 과잉 캐리어의 농도 기울기에 의한 확산과 중성영역의 평균 내부 전계($\mathcal{E}_{bi3,av}$)에 의한 드리프트가 동시에 존재하는 불균일 도핑된 TR3의 베이스 통과시간 τ_{B3}는 다음과 같다.

$$\frac{1}{\tau_{B3}} = \frac{1}{\tau_{B3,diff}} + \frac{1}{\tau_{B3,drift}}\ ; \quad \tau_{B3,diff} = \frac{W_B^2}{2D_{nB}}, \quad \tau_{B3,drift} = \frac{W_B}{\mu_{nB}|\mathcal{E}_{bi3,av}|} \quad \Leftrightarrow \quad \boxed{\tau_{B3} < \tau_{B4}}$$

즉 내부 전계로 인한 드리프트의 방향이 확산 방향과 일치하므로, 베이스 통과시간이 개선됨을 알 수 있다.

▶ 콜렉터 접합 경계면($x = W_B$)의 높은 베이스 도핑 농도로 인해 에미터 접합에서 콜렉터 접합을 향하는 양의 내부 전계 ($\mathcal{E}_{bi} > 0$)가 형성된 TR4에서는 내부 전계에 의한 드리프트가 확산을 방해하여 베이스 통과시간이 증가하게 된다. 과잉 캐리어의 농도 기울기에 의한 확산과 중성영역의 평균 내부 전계($\mathcal{E}_{bi4,av}$)에 의한 드리프트가 동시에 존재하는 불균일 도핑된 TR4의 베이스 통과시간 τ_{B4}는 다음과 같다.

$$\tau_{B4} \cong \frac{1}{(1/\tau_{B4,diff}) - (1/\tau_{B4,drift})}\ ; \quad \tau_{B4,diff} = \frac{W_B^2}{2D_{nB}}, \quad \tau_{B4,drift} = \frac{W_B}{\mu_{nB}|\mathcal{E}_{bi4,av}|} \quad \Leftrightarrow \quad \boxed{\tau_{B4} > \tau_{B3}}$$

즉 내부 전계로 인한 드리프트의 방향이 확산 방향과 반대이므로, 베이스 통과시간이 길어짐을 알 수 있다.

(f) BJT의 베이스 접지전류 증폭률(α)에 영향을 주는 요소는 에미터 주입효율(γ), 베이스 전송효율(α_T), 에미터 접합의 재결합효율(δ)의 세 항목으로 구분되며, 다음과 같이 나타낼 수 있다.

$$\alpha \cong \frac{J_{nC}}{J_{nE} + J_{pE} + J_R} \equiv \gamma \cdot \alpha_T \cdot \delta$$

에미터 도핑은 베이스 도핑보다 훨씬 높으므로 TR1~TR4의 에미터 주입효율은 거의 1에 가깝다고 가정할 수 있다. 또한 접합 형성이 이상적이라고 가정하면, 에미터 접합에서의 재결합효율도 1에 가깝게 모두 동일하다고 가정할 수 있으므로, 전류 증폭률이 베이스 통과시간에 의해 결정된다고 가정할 수 있다.

그런데 베이스 중성영역이 확산길이보다 짧은 경우, 베이스 전송효율 α_T는 다음과 같다.

$$\alpha_T \equiv 1 - \frac{J_{RB}}{J_{nE}} \cong 1 - \frac{\tau_B}{\tau_{nB}}$$

다수 캐리어 농도에 의존하는 p형 베이스 중성영역의 평균수명(τ_{nB})은 다음과 같이 베이스 중성영역의 다수 캐리어 농도에 반비례한다.

$$\tau_{nB} = \frac{1}{\alpha_r(n_o + p_o)} \cong \frac{1}{\alpha_r N_{AB,av}}$$

따라서 베이스 중성영역의 다수 캐리어 농도의 총량인 굼멜 농도(G_B) 또는 베이스 영역의 평균 다수 캐리어 농도($N_{AB,av}$)가 높을수록 평균수명이 짧아진다고 이해해도 좋다. 이를 기준으로 비교하면 TR2, TR3, TR4는 거의 동일한 평균수명을 가지며, 베이스 도핑 농도가 가장 높은 TR1의 평균수명이 가장 짧다.

$$N_{AB,av} \equiv \frac{\int_0^{W_B} N_{AB}(x)dx}{W_B}; \quad G_B \equiv \int_0^{W_B} N_{AB}(x)dx \ [\mathrm{cm}^{-2}] : \text{굼멜 농도}$$

$$N_{AB1,av} = 5N_o > N_{AB2,av} = N_{AB3,av} = N_{AB4,av} = 4N_o$$

$$\boxed{\tau_{nB1} < \tau_{nB2} \cong \tau_{nB3} \cong \tau_{nB4}}$$

한편 베이스 통과시간 τ_B는 다음과 같이 확산에 의한 통과시간과 내부 전계에 의한 드리프트를 통한 베이스 통과시간이 있다.

$$\tau_{B,diff} = \frac{W_B^2}{2D_{nB}} = \frac{W_B^2}{2\mu_{nB}V_{th}}, \quad \tau_{B,drift} = \frac{W_B}{\mu_{nB}|\mathcal{E}_{bi,av}|}$$

따라서 n형 에미터에서 주입된 전자의 확산과 동일한 방향으로 드리프트되는 TR3의 베이스 통과시간 τ_{B3}는 다음과 같이 확산에 의해 이동하는 경우에 비해 짧아진다.

$$\frac{1}{\tau_{B3}} = \frac{1}{\tau_{B3,diff}} + \frac{1}{\tau_{B3,drift}}; \quad \tau_{B3,diff} = \frac{W_B^2}{2D_{nB}}, \quad \tau_{B3,drift} = \frac{W_B}{\mu_{nB}|\mathcal{E}_{bi3,av}|}$$

에미터에서 주입된 전자의 확산과는 반대 방향으로 드리프트되는 TR4는 다음과 같이 확산에 의해서 이동하는 경우에 비해 베이스 통과시간 τ_{B4}이 길어진다.

$$\tau_{B4} \cong \frac{1}{(1/\tau_{B4,diff}) - (1/\tau_{B4,drift})} = \frac{\tau_{B4,diff}}{1 - (\tau_{B4,diff}/\tau_{B4,drift})} > \tau_{B4,diff};$$

$$\tau_{B4,diff} = \frac{W_B^2}{2D_{nB}}, \quad \tau_{B4,drift} = \frac{W_B}{\mu_{nB}|\mathcal{E}_{bi4,av}|} \quad \Leftrightarrow \quad \boxed{\tau_{B3} < \tau_{B4}}$$

따라서 베이스 중성영역에 형성된 내부 전계에 의한 드리프트가 확산을 돕는 TR3의 베이스 통과시간이 가장 짧으므로, TR3의 베이스 전송효율이 TR4보다 큰 값을 갖는다.

$$(\tau_{B4}/\tau_{nB4}) > (\tau_{B3}/\tau_{nB3}) \Rightarrow \frac{\alpha_{T4}}{\alpha_{T3}} \equiv \frac{1 - (\tau_{B4}/\tau_{nB4})}{1 - (\tau_{B3}/\tau_{nB3})} < 1 \Leftrightarrow \boxed{\alpha_{T3} > \alpha_{T4}} \Leftrightarrow \boxed{\beta_3 > \beta_4}$$

위의 분석결과를 요약하여 정리하면 베이스 전송효율은 다음과 같다. 그런데 정량적인 전송특성지표(이동도, 베이스 폭, 도핑 분포, 과잉 캐리어 평균수명 등)가 구체적으로 제시되지 않아, TR1과 TR4의 베이스 전송효율은 비교하기 어렵다.

$$\left.\begin{array}{l} \tau_{nB1} < \tau_{nB2} \cong \tau_{nB1} \cong \tau_{nB4} \\ \tau_{B3} < \tau_{B1} \cong \tau_{B2} < \tau_{B4} \end{array}\right\} \Rightarrow \alpha_T = 1 - \frac{\tau_B}{\tau_{nB}} \Rightarrow \boxed{(\alpha_{T1} \ ? \ \alpha_{T4}) < \alpha_{T2} < \alpha_{T3}}$$

에미터 접합의 공간전하영역에서의 재결합효율은 동일하다고 가정하고, 에미터 주입효율과 베이스 전송효율에 대한 분석 결과를 반영하여 전류 증폭률을 비교하면 다음과 같다.

$$\left.\begin{array}{l}\gamma_1 \cong \gamma_3 < \gamma_2 < \gamma_4 \\ (\alpha_{T1} ? \alpha_{T4}) < \alpha_{T2} < \alpha_{T3}\end{array}\right\} \Rightarrow \alpha = \gamma \cdot \alpha_T \cdot \delta \Rightarrow \boxed{\alpha_1 ? \alpha_2 ? \alpha_3 ? \alpha_4}$$

즉 트랜지스터의 정량적인 특성지표(이동도, 베이스 폭, 도핑 분포, 과잉 캐리어 평균수명 등)가 제시되지 않아, 전류 증폭률을 비교할 수가 없다.

(g) 에미터 전류의 모서리 붐빔(쏠림) 현상에 큰 영향을 미치는 원인이 되는 베이스 기생저항은 다음 그림의 기하학적 지표를 이용하여 비교, 분석할 수 있다.

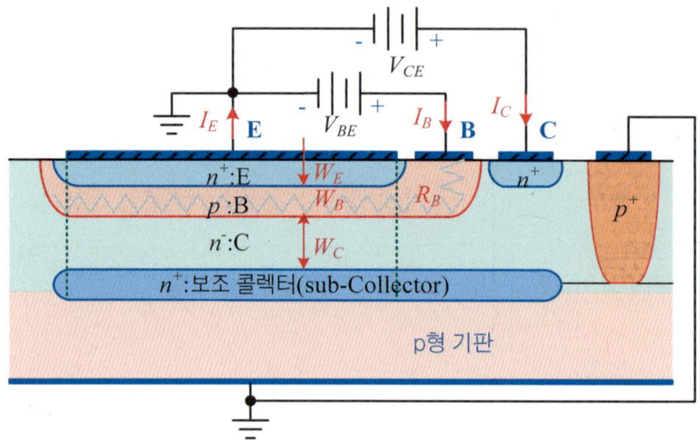

$$R_B = \rho_b \frac{L}{A} = \rho_b \frac{l_B}{W_B W} = \frac{\rho_b}{W_B}\left(\frac{l_B}{W}\right) = \frac{1}{\sigma_b W_B}\left(\frac{l_B}{W}\right) = \frac{1}{qN_{AB}\mu_{pB}W_B}\left(\frac{l_B}{W}\right) \ [\Omega]$$

특히 베이스 영역이 불균일 도핑된 경우, 베이스 저항은

$$R_B = \rho_b \frac{L}{A} = \frac{L}{\sigma_b A} = \frac{1}{\sigma_b W_B}\left(\frac{l_B}{W}\right) = \frac{1}{q\mu_{pB}\int_0^{W_B} p_{Bo}(x)dx}\left(\frac{l_B}{W}\right) = \frac{1}{q\mu_{pB}\int_0^{W_B} N_{AB}(x)dx}\left(\frac{l_B}{W}\right) = \frac{1}{q\mu_{pB}G_B}\left(\frac{l_B}{W}\right) \ [\Omega]$$

$G_B \equiv \int_0^{W_B} N_{AB}(x)dx$ [cm^{-2}] : 굼멜 농도

로서, 다음과 같이 베이스 영역의 총 억셉터 주입량 G_B에 반비례하는 것으로 해석할 수 있다.

$$R_B = \rho_b \frac{L}{A} = \frac{L}{\sigma_b A} = \frac{1}{q\mu_{pB}G_B}\left(\frac{l_B}{W}\right) \ [\Omega]$$

따라서 기하학적 구조는 동일($l_{B1} = l_{B2} = l_{B3} = l_{B4}$, $W_1 = W_2 = W_3 = W_4$)하지만, 베이스 중성영역의 도핑 농도가 서로 다른 TR1~ TR4의 기생저항의 크기를 비교하면 다음과 같다.

$$\frac{R_{B2}}{R_{B1}} = \frac{G_{B1}}{G_{B2}} = \frac{\int_0^{W_B} N_{AB1}(x)dx}{\int_0^{W_B} N_{AB2}(x)dx} = \frac{(5N_o)W_B}{(4N_o)W_B} = \frac{5}{4}, \quad \frac{R_{B3}}{R_{B1}} = \frac{G_{B1}}{G_{B3}} = \frac{\int_0^{W_B} N_{AB1}(x)dx}{\int_0^{W_B} N_{AB3}(x)dx} = \frac{(5N_o)W_B}{(4N_o)W_B} = \frac{5}{4}$$

$$\frac{R_{B4}}{R_{B1}} = \frac{G_{B1}}{G_{B4}} = \frac{\int_0^{W_B} N_{AB1}(x)dx}{\int_0^{W_B} N_{AB4}(x)dx} = \frac{(5N_o)W_B}{(4N_o)W_B} = \frac{5}{4} \quad \Leftrightarrow \quad \boxed{R_{B2} = R_{B3} = R_{B4} = \frac{5}{4}R_{B1} > R_{B1}}$$

따라서 베이스 영역의 총 다수 캐리어 농도 G_B가 가장 큰 TR1의 베이스 기생저항이 가장 작고, 베이스 영역 총 다수 캐리어 농도가 동일한 TR2, TR3, TR4는 같은 값의 베이스 기생저항을 갖는다.

(h) 베이스 단자에서부터 베이스 중성영역까지의 베이스 기생저항 R_B가 작을수록 에미터 전류의 모서리 붐빔(쏠림) 현상이 억제된다. 따라서 베이스 기생저항이 가장 작은 TR1의 에미터 전류의 모서리 붐빔(쏠림) 현상이 가장 약하게 나타난다.

(i) BJT의 얼리 전압(V_A)을 결정하는 베이스 폭 변조계수는 콜렉터 역방향 전압의 변화에 따른 베이스 공간전하영역의 변화 정도를 나타내는 지표 λ를 이용하여 비교할 수 있다.

$$\lambda = \frac{1}{V_A} = \frac{1}{W_B}\frac{d\Delta W_B}{dV_{CE}} \cong \frac{\sqrt{N_{DC}}}{2W_B N_{AB}(x=W_B)}\sqrt{\frac{2\varepsilon_{Si}}{q(V_{bic}+V_{CE,sat})}\frac{1}{(1+(N_{DC}/N_{AB}(x=W_B)))}} \quad [\mathrm{V}^{-1}]$$

즉 베이스의 폭이 넓을수록, 베이스의 도핑이 높을수록, 그리고 베이스 도핑에 비해 콜렉터 도핑 농도가 낮을수록 베이스 폭 변조효과는 줄어든다. 특히 베이스 영역의 도핑이 불균일한 경우, 베이스 폭 변조계수에 의해 결정되는 얼리 전압은 다음과 같이 베이스 중성영역 끝점의 공간전하영역 변화를 지배하는 $x = W_B$에서의 베이스 도핑($N_{AB}(x = W_B)$)을 이용하여 비교할 수 있다.

$$V_A = \frac{1}{\lambda} \cong \frac{N_{AB}(x=W_B)}{\sqrt{N_{DC}}} 2W_B \sqrt{\frac{q(V_{bic}+V_{CE,sat})}{2\varepsilon_{Si}}\left(1+\frac{N_{DC}}{N_{AB}(x=W_B)}\right)} \quad [\mathrm{V}]$$

그런데 TR1, TR2, TR3의 베이스 중성영역 폭과 콜렉터 영역 도핑은 서로 동일하지만, 베이스 끝점의 도핑 농도는

$$N_{AB1}(x=W_B) = 5N_o > N_{DC} = N_o, \qquad N_{AB2}(x=W_B) = 4N_o > N_{DC} = N_o$$

$$N_{AB3}(x=W_B) = 3N_o > N_{DC} = N_o, \qquad N_{AB4}(x=W_B) = 5N_o > N_{DC} = N_o$$

이므로, 얼리 전압을 비교하면 다음과 같다.

$$\frac{V_{A2}}{V_{A1}} = \frac{N_{AB2}(x=W_B)\sqrt{\left(1+\frac{N_{DC}}{N_{AB2}(x=W_B)}\right)}}{N_{AB1}(x=W_B)\sqrt{\left(1+\frac{N_{DC}}{N_{AB1}(x=W_B)}\right)}} = \frac{4N_o}{5N_o}\sqrt{\frac{\left(1+\frac{N_o}{4N_o}\right)}{\left(1+\frac{N_o}{5N_o}\right)}} = \frac{4}{5}\sqrt{\frac{1.25}{1.20}} \cong 0.82 \Leftrightarrow \boxed{V_{A2} \cong 0.82V_{A1}}$$

$$\frac{V_{A3}}{V_{A1}} = \frac{N_{AB3}(x=W_B)\sqrt{\left(1+\frac{N_{DC}}{N_{AB3}(x=W_B)}\right)}}{N_{AB1}(x=W_B)\sqrt{\left(1+\frac{N_{DC}}{N_{AB1}(x=W_B)}\right)}} = \frac{3N_o}{5N_o}\sqrt{\frac{\left(1+\frac{N_o}{3N_o}\right)}{\left(1+\frac{N_o}{5N_o}\right)}} = \frac{3}{5}\sqrt{\frac{1.33}{1.20}} \cong 0.63 \Leftrightarrow \boxed{V_{A3} \cong 0.63V_{A1}}$$

$$\frac{V_{A4}}{V_{A1}} = \frac{N_{AB4}(x=W_B)\sqrt{\left(1+\frac{N_{DC}}{N_{AB4}(x=W_B)}\right)}}{N_{AB1}(x=W_B)\sqrt{\left(1+\frac{N_{DC}}{N_{AB1}(x=W_B)}\right)}} = \frac{5N_o}{5N_o}\sqrt{\frac{\left(1+\frac{N_o}{5N_o}\right)}{\left(1+\frac{N_o}{5N_o}\right)}} = 1.00 \Leftrightarrow \boxed{V_{A4} = V_{A1}}$$

$$\boxed{V_{A4} = V_{A1} > V_{A2} \cong 0.82V_{A1} > V_{A3} \cong 0.63V_{A1}}$$

10.6 바이폴라 트랜지스터의 소신호 특성

바이폴라 트랜지스터는 증폭기로 널리 사용되므로, 소신호 특성에 대한 이해가 중요하다. 바이폴라 트랜지스터를 이용한 증폭기의 주파수 특성은 소신호 등가모델을 통해 예측할 수 있으며, 이를 위하여 동작조건을 결정하고자 한다. 그림의 두 동작점(Q_1, Q_2)을 고려하여 보자.

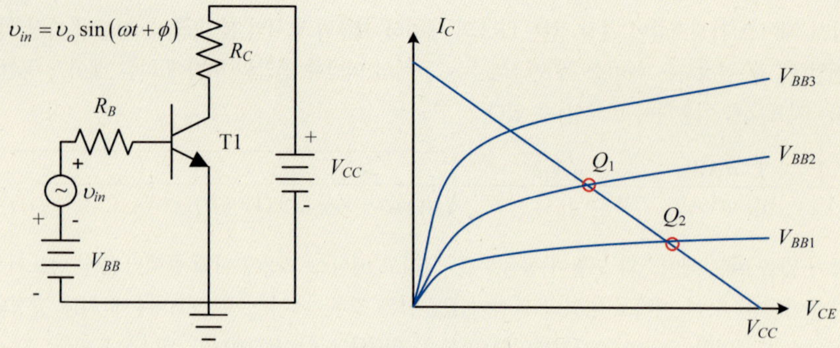

(a) 바이폴라 트랜지스터의 소신호 등가회로 모델을 그림으로 나타내고, 각 구성요소를 BJT의 전기적 특성과 관련지어 설명하라.

(b) 동작점(Q_1, Q_2)에 따른 소신호 등가회로의 특성변수의 크기를 근거를 제시하여 비교, 설명하라.

(c) 두 경우에 대하여 전류이득 차단주파수(f_T)를 비교하라.

(a) BJT를 아날로그 신호 증폭기로 사용할 때, 동작점을 결정하는 DC 전압/전류에 정현파 ac 소신호가 중첩되어 있는데, 이 소신호를 증폭하는 것이 증폭기의 원리다. 비선형 전류-전압 특성을 가진 BJT의 ac 응답특성을 해석할 때, 선형 전류-전압 관계를 이용하여 해석하는 방식이 편리하다. 시간에 따라 변하는 모든 신호는 주파수와 진폭이 다른 수많은 신호들의 선형 조합으로 나타낼 수 있으므로, 선형 해석을 적용할 수 있다. 특히 BJT가 증폭기로 사용될 때, ac 소신호에 대한 선형 응답을 해석하는 데에는 다음과 같은 소신호 등가회로 모델을 이용하는 것이 편리하다.

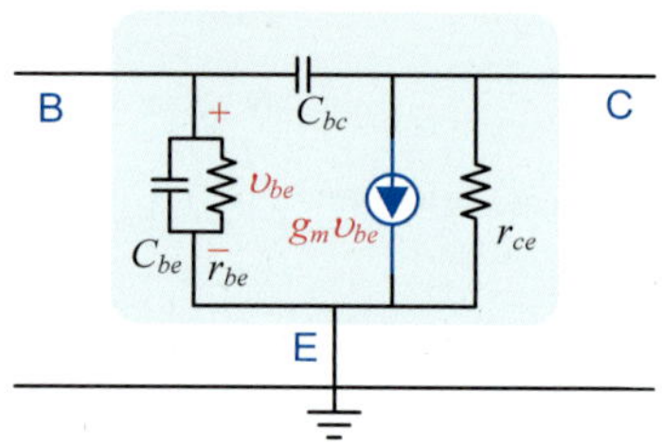

정현파 신호의 주파수에 따른 응답특성을 해석하는 데 사용되는 소신호 등가회로의 각 구성성분은 BJT의 재료와 동작온도, 제조공정, 소자 구조, 소자의 단면적에 의해 결정되는 소자의 기본 특성에 의해 결정된다. 순방향 능동영역에서 동작하는 BJT의 소신호 등가회로의 구성요소는 다음과 같다.

▶ 베이스-에미터 ac 저항 $r_{be}(= r\pi)$: 베이스에 인가된 DC 전압(V_{BE}) 또는 이로 인한 베이스/콜렉터 전류(I_B/I_C)에 의해 결정된다. 특히 에미터 접합의 동작전압 V_{BE}가 증가함에 따라 r_{be}는 급격히 감소하며, 다음과 같은 바이어스 의존도를 갖는다.

$$r_{be} = r_\pi \equiv 1 \Big/ \left.\frac{\partial I_{be}}{\partial V_{be}}\right|_{\text{전도성}} = \frac{V_{th}}{I_B} = \beta\frac{V_{th}}{I_C} = \beta\frac{V_{th}}{I_{CS}e^{V_{BE}/V_{th}}}, \quad g_m \equiv \frac{dI_c}{dV_{be}} = \frac{I_C}{V_{th}} = \frac{I_{CS}}{V_{th}}e^{V_{BE}/V_{th}} \ ; \quad g_m r_\pi = \beta$$

$$I_C = I_{CS}e^{V_{BE}/V_{th}}(1+\lambda V_{CE}) \ ; \ \text{FAM}\ (V_{BE} > 0, \quad V_{BC} < 0)$$

▶ 베이스-에미터 정전용량 C_{be} : 에미터 접합에 인가된 전압 변화로 인한 과잉 축적 전하량의 변화를 반영하는 정전용량이다. C_{be}는 공간전하영역의 전하량 변화를 나타내는 공핍 정전용량 C_{je}와, 중성영역의 과잉 이동전하량 변화를 나타내는 확산 정전용량 C_{diff}으로 구성되어 있으며, 다음과 같이 나타낼 수 있다.

$$C_{be} = C_{je} + C_{diff} \ ; \quad C_{je} \equiv \frac{\partial Q_{be,dep}}{\partial \upsilon_{be}} = \frac{\varepsilon_{Si}A_e}{W_{BC}}, \quad C_{diff} \equiv \frac{\partial Q_{be,mob}}{\partial \upsilon_{be}} = \frac{\tau_B I_C}{V_{th}} \quad (\propto e^{V_{BE}/V_{th}})$$

$$Q_{be,dep} \equiv qAN_{AB}X_{pE} = qAN_{DE}X_{nE}$$

$$Q_{be,mob} \equiv qA\left(\int_B \delta n_B(x)dx + \int_E \delta p_E(x')dx'\right) \cong qA\int_B \delta n_B(x)dx \quad \text{(FAM)}$$

베이스-에미터 정전용량 C_{be}는 소자의 재료, 제조공정, 소자 구조, 그리고 동작점의 DC 전압과 전류에 따라 달라진다. 특히 순방향 능동영역에서 동작하는 BJT는 중성영역 과잉 캐리어 축적에 의한 확산 정전용량이 훨씬 큰 값을 가지므로($C_{diff} \gg C_{je}$) 다음과 같이 간략화할 수 있다.

$$C_{be} = C_{je} + C_{diff} \cong C_{diff} = \frac{I_C \tau_B}{V_{th}} = \frac{I_{CS} \tau_B}{V_{th}} e^{V_{BE}/V_{th}}$$

▶ ac 출력저항 $r_{ce}(=r_o)$: 콜렉터-에미터 양단에 인가된 전압(V_{CE})에 의한 콜렉터 전류(I_C)의 변화, 즉 베이스 폭 변조효과(BWM)를 반영하는 등가회로 성분으로, 다음과 같다.

$$r_{ce} \equiv 1 \Big/ \left. \frac{\partial I_c}{\partial V_{ce}} \right|_{\text{저항성}} = \frac{1}{\lambda I_{CS}\left(e^{V_{BE}/V_{th}} - 1\right)} \cong \frac{1}{\lambda I_C} = \frac{V_A}{I_C} \ ; \quad I_C = I_{CS}\left(e^{V_{BE}/V_{th}} - 1\right)(1 + \lambda V_{CE})$$

출력저항 r_{ce}는 V_{CE}에 의한 베이스 폭 변조효과가 작을수록 큰 출력저항을 가지며, 최대 전압 증폭률($A_{v,max}$)을 지배하는 중요한 요소로 작용한다.

▶ 베이스-콜렉터 직결합 접합 정전용량 C_{bc} : 콜렉터 접합에 인가된 역방향 전압 변화로 인한 전하량의 변화를 반영하는 성분이다. C_{bc}는 역방향 전압이 인가된 콜렉터 접합의 공간전하 변화를 나타내는 공핍 정전용량 C_{jc}와 중성영역에 축적된 과잉 이동전하량의 변화를 나타내는 확산 정전용량 $C_{bc,diff}$의 합으로 구성되어 있다.

$$C_{bc} = C_{jc} + C_{bc,diff} \ ; \quad C_{jc} \equiv \frac{\partial Q_{bc,dep}}{\partial \upsilon_{bc}} = \frac{\varepsilon_{Si} A_C}{W_{BC}}, \quad C_{bc,diff} \equiv \frac{\partial Q_{bc,mob}}{\partial \upsilon_{bc}} \cong 0$$

$$Q_{bc,dep} \equiv qAN_{AB}X_{pC} = qAN_{DC}X_{nC}, \quad Q_{bc,mob} \equiv qA\left(\int_B \delta n_B(x)dx + \int_C \delta p_C(x'')dx''\right) \cong 0 \ (\text{FAM})$$

그런데 증폭기 동작에 필요한 순방향 능동동작을 위해 역방향 전압이 인가된 콜렉터 접합에서는 이동전하의 주입이 없으므로, 베이스-콜렉터 전류 경로의 확산 정전용량을 무시할 수 있다. 따라서 증폭기로 동작하는 BJT의 베이스-콜렉터 직결합 정전용량 C_{bc}에는 공핍 정전용량 C_{jc}만 존재($C_{bc} \sim C_{jc}$)한다고 가정할 수 있다. 특히 역방향 전압이 인가된 콜렉터 접합의 공핍 정전용량은 크기는 작지만, 밀러 효과(Miller effect)에 의해서 주파수 특성에 큰 영향을 미치는 성분으로 작용한다.

▶ 입출력 전달 컨덕턴스 g_m : 입력신호의 전압 변화에 따른 출력전류의 변화를 나타내는 등가회로 요소로서, 3단자 증폭소자의 가장 중요한 특성지표 중 하나다. BJT의 전달 컨덕턴스는 다음과 같이 정의된다.

$$g_m \equiv \left. \frac{\partial I_{out}}{\partial V_{in}} \right|_{CE} = \frac{\partial I_c}{\partial V_{be}} = \frac{I_C}{V_{th}} = \frac{I_{CS}}{V_{th}} e^{V_{BE}/V_{th}} \quad [\text{S}]$$

BJT의 g_m은 동작점의 DC 콜렉터 전류에 비례하고($\propto I_C$), 에미터 접합의 DC 전압에 지수함수적으로 비례하며($\propto \exp(V_{BE}/V_{th})$), 평균수명, 확산길이 등의 소수 캐리어 특성과 베이스 중성영역의 길이 등 소자 구조, 소자의 단면적 등에 크게 의존한다.

(b) 에미터 접합의 순방향 전압이 인가되면, 그로 인하여 동작점 $Q_1(V_{BE1},\ V_{CE1},\ I_{C1})$에서는 콜렉터 DC 전류가 큰 값을, 동작점 $Q_2(V_{BE2},\ V_{CE2},\ I_{C2})$에서는 작은 값을 갖는다. 이 두 동작점의 소신호 등가회로 특성변수를 지배하는 요소들과 그 크기를 다음 표에 요약, 비교하였다.

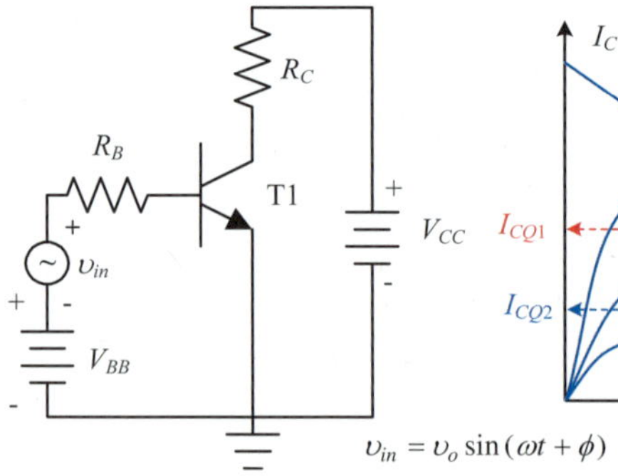

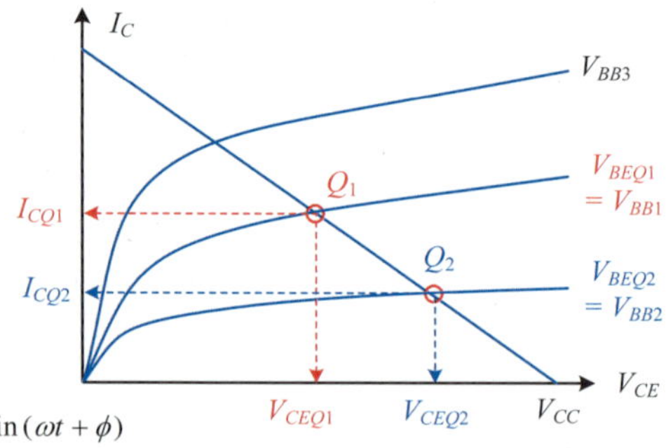

구분	r_{be}	g_m	C_{be}	C_{bc}	r_{ce}
요소 (근거)	$r_{be} = \beta V_{th}/I_{CQ}$	$g_m = I_{CQ}/V_{th}$	$C_{be} = \tau_F I_{CQ}/V_{th}$	$C_{bc} = A \times \varepsilon_{Si}/W_{BC}$ $W_{BC} \cong \sqrt{2\varepsilon_{Si}(V_{bic}+V_{CE})/(qN_{DC})}$	$r_{ce} = (V_A + V_{CE})/I_{CQ}$ $\approx V_A/I_{CQ}(V_{CEQ} << V_A)$
	$V_{BEQ1} > V_{BEQ2}$ $I_{CQ1} > I_{CQ2}$	$V_{BEQ1} > V_{BEQ2}$ $I_{CQ1} > I_{CQ2}$	$V_{BEQ1} > V_{BEQ2}$ $I_{CQ1} > I_{CQ2}$	$V_{CEQ1} < V_{CEQ2}$ $W_{BC1} < W_{BC2}$	$I_{CQ1} > I_{CQ2}$ $V_{A1} = V_{A2}$
Q_1과 Q_2의 비교	$r_{be1} < r_{be2}$	$g_{m1} > g_{m2}$	$C_{be1} > C_{be2}$	$C_{bc1} > C_{bc2}$	$r_{ce1} < r_{ce2}$

(c) npn형 바이폴라 트랜지스터의 고주파 특성을 나타내는 특성지표로 전류이득 (증폭률) 차단주파수 f_T를 사용한다. f_T는 에미터 접지 증폭기에 최대 출력전류가 흐르도록 부하저항을 단락(short-circuit)시킨 상태에서 전류 증폭률이 1($\beta = 1$ 또는 $\beta = 0$ [dB])이 되는 주파수이다.

$$f_T \equiv f|_{\beta=1} = f|_{\beta=0\ [\text{dB}]}$$

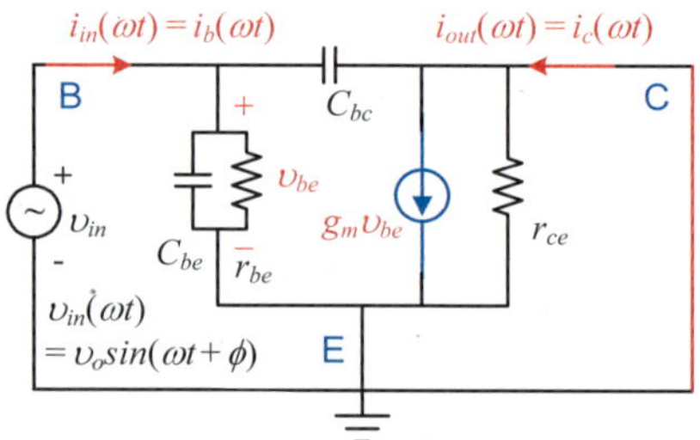

BJT의 전류이득 차단주파수는 소신호 등가회로를 이용하여, 다음과 같은 과정을 통해 구할 수 있다. 에미터 접지 증폭기의 소신호 입력이 정현파 전압인 경우, 베이스-에미터 입력 전압을 다음과 같이 진폭과 시간에 따른 위상의 변화를 포함한는 위상자(phasor) 형태로 나타낼 수 있다.

$$\upsilon_{in}(\omega t) = \upsilon_{be}(\omega t) = \upsilon_o e^{j\omega t} \quad \Leftrightarrow \quad \upsilon_{in}(\omega t) = \upsilon_o \sin(\omega t)$$

입력단자와 출력단자의 전압-전류 관계와 주파수에 따른 전류 증폭률 변화 $\beta(\omega)$는 BJT의 구조와 재료, 동작점에 의해 결정되며, 다음과 같이 나타낼 수 있다.

$$i_{out}(\omega t) = i_c(\omega t) = g_m \upsilon_{be}(\omega t) = i_b(\omega t)\frac{g_m r_{be}}{1 + j\omega r_{be}(C_\pi + C_{bc})} \quad \begin{cases} i_{in}(\omega t) = i_b(\omega t) = \left(\dfrac{1}{r_{be}} + j\omega(C_{be} + C_{bc})\right)\upsilon_{be}(\omega t) \\ \upsilon_{be}(\omega t) = i_b(\omega t)\left(\dfrac{r_{be}}{1 + j\omega r_{be}(C_{be} + C_{bc})}\right) \end{cases}$$

$$\beta(\omega) = h_{fe}(\omega) = \frac{i_c(\omega t)}{i_b(\omega t)} = \frac{\beta_o}{1 + j\omega r_{be}(C_{be} + C_{bc})} \quad \begin{cases} |\beta(\omega)|_{\omega=0} = \beta_o = g_m r_{be} \\ |\beta(\omega)|_{high\ freq.} \cong \dfrac{g_m}{\omega(C_{be} + C_{bc})} \end{cases}$$

따라서 BJT의 전류이득 차단 주파수(f_T)는 다음과 같다.

$$f_T = \frac{g_m}{2\pi(C_{be}+C_{bc})}\ \text{[Hz]} \quad \Leftarrow \quad |\beta(\omega)|_{f=f_T} \cong \frac{g_m}{2\pi f_T(C_{be}+C_{bc})} = 1$$

즉 순방향 능동모드에서 동작하는 BJT의 전류이득 차단주파수는 다음과 같이 동작점에 의해 지배되는 전달 컨덕턴스(g_m)와 베이스-에미터 및 베이스 콜렉터 접합의 정전용량(C_{be}, C_{bc})에 의해 결정된다.

$$g_m = \frac{I_C}{V_{th}}, \quad C_{be}+C_{bc} \cong C_{be} = C_{be,diff} + C_{be,dep} \cong C_{be,diff} = \frac{I_C \tau_B}{V_{th}}$$

동작점 Q_1와 Q_2에서의 전류이득 차단주파수 f_{T1}과 f_{T2}는 다음과 같이 비교할 수 있다.

$$\frac{f_{T2}}{f_{T1}} = \left(\frac{g_{m2}}{g_{m1}}\right)\left(\frac{C_{be1}+C_{bc1}}{C_{be2}+C_{bc2}}\right) \cong \left(\frac{I_{CQ2}}{I_{CQ1}}\right)\left(\frac{C_{be,diff1}}{C_{be,diff2}}\right) = \left(\frac{I_{CQ2}}{I_{CQ1}}\right)\left(\frac{I_{CQ1}}{I_{CQ2}}\right) = 1 \quad \Leftrightarrow \quad f_{T1} \cong f_{T2}$$

즉 동일한 BJT에 대해서는 비록 동작점이 다른 상태에서 전류이득 차단주파수를 측정하더라도, 동작점에 상관없이 같은 크기의 전류이득 차단주파수를 얻게 됨($f_{T1} = f_{T2}$)을 알 수 있다.

10.7 베이스 도핑 농도와 전기적 특성 변화

베이스 영역의 도너 농도 $N_{DB}(x)$가 서로 다른 두 개의 pnp형 바이폴라 트랜지스터가 있다. 베이스 도너 농도는

$$N_{DB}(x) = \frac{N_o}{2}\left[1+\exp\left(+\frac{ax}{W_B}\right)\right]\ [\text{cm}^{-3}]$$

로 표시되며, BJT1의 경우에는 $a<0$, BJT2의 경우에는 $a=0$이다. 이때 $N_o = 10^{18}$ [cm^{-3}], $W_B = 0.1$ [μm], a = (상수)이며, 에미터 쪽의 베이스 중성영역의 좌표를 $x=0$으로 한다. 또 베이스를 제외한 모든 조건은 두 트랜지스터에서 동일하다고 가정한다.

(a) 베이스 내의 불순물 농도 불균일로 인하여 형성된 내부 전계의 크기와 방향을 비교하고, 베이스 통과시간(τ_B)을 비교하라.
(b) 베이스 내에서 소수 캐리어의 평균수명 τ_{pB}을 비교하여 설명하라.
(c) 얼리 전압을 상대적으로 비교하여 설명하라.
(d) 베이스 내의 총 불순물의 양을 비교하라.
(e) 전류 증폭률의 크기(α 또는 β)를 상대적으로 비교하여 설명하라.
(f) 두 트랜지스터의 베이스 농도를 참고하여, 얼리 효과(Early effect)와 최대 전압 증폭률을 상대적으로 비교하라.
(g) 두 트랜지스터의 R_B의 크기와 그에 따른 에미터 전류의 모서리 붐빔(쏠림) 현상(ECCE)을 비교하라.
(h) 전류이득 차단주파수(f_T)를 상대적으로 비교하라.

(a) 균일한 도핑 농도의 베이스를 가진 pnp형 BJT의 경우, 순방향 전압이 인가된 에미터 접합에서 p형 에미터로부터 n형 베이스로 주입된 과잉 정공은 확산에 의해 콜렉터 접합으로 이동한다. 그런데 불균일 도핑된 n형 베이스 영역에서는 내부 전계($\mathcal{E}_{bi}$)에 의한 드리프트가 과잉 캐리어의 이동을 돕거나 방해할 수 있기 때문에, 베이스 통과시간을 분석하고 계산할 때 이를 고려해야 한다. 따라서 BJT1과 BJT2의 베이스 도핑 농도와 이로 인한 열평형 상태의 내부 전계를 확인할 필요가 있다.

▶ 불균일 도핑된 n형 베이스 영역에 형성된 열평형 상태의 내부 전계는 다음의 전류 관계식을 이용하여 구할 수 있으며, 그 결과를 아래에 나타냈다.

$$J_{nB}(x) = 0 = q\mu_{nB} n_{Bo}(x)\mathcal{E}_{bi}(x) + qD_{nB}\frac{dn_{Bo}(x)}{dx} \quad \Leftrightarrow \quad \mathcal{E}_{bi}(x) = -V_{th}\frac{1}{n_{Bo}(x)}\frac{dn_{Bo}(x)}{dx} = -V_{th}\frac{1}{N_{DB}(x)}\frac{dN_{DB}(x)}{dx}$$

▶ 불균일 도핑된 BJT1($a<0$)의 베이스 영역에는 다음과 같이 에미터 접합에서 콜렉터 접합으로 향하는 양의 내부 전계가 형성되어 있다.

$$N_{DB1}(x)=\frac{N_o}{2}\left[1+\exp\left(-\frac{|a|x}{W_B}\right)\right]\ [\text{cm}^{-3}]\quad \begin{cases} N_{DB1}(x=0)=N_o \\ N_{DB1}(x=W_B)=\dfrac{N_o}{2}\left(1+e^{-|a|}\right)\end{cases}$$

$$\Leftrightarrow\quad \frac{dN_{DB1}(x)}{dx}=-\frac{N_o}{2}\frac{|a|}{W_B}\exp\left(-\frac{|a|x}{W_B}\right)$$

$$\mathcal{E}_{bi1}(x)=-V_{th}\frac{1}{N_{DB1}(x)}\frac{dN_{DB1}(x)}{dx}$$

$$=+V_{th}\frac{|a|}{W_B}\frac{\exp\left(-\frac{|a|x}{W_B}\right)}{\left[1+\exp\left(-\frac{|a|x}{W_B}\right)\right]}\quad \begin{cases}\mathcal{E}_{bi1}(x=0)=+V_{th}\dfrac{|a|}{2W_B}>0 \\ \mathcal{E}_{bi1}(x=W_B)=+V_{th}\dfrac{|a|}{W_B}\dfrac{1}{1+\exp(+|a|)}<\mathcal{E}_{bi1}(x=0)\end{cases}$$

▶ 균일하게 도핑된 BJT2($a=0$)의 베이스 영역에는 다음과 같이 내부 전계가 존재하지 않는다.

$$N_{DB2}(x)=\frac{N_o}{2}\left[1+\exp\left(+\frac{ax}{W_B}\right)\right]_{a=0}=N_o\ [\text{cm}^{-3}]\quad\Leftrightarrow\quad\frac{dN_{DB2}(x)}{dx}=0$$

$$\Leftrightarrow\quad \mathcal{E}_{bi2}(x)=-V_{th}\frac{1}{N_{DB2}(x)}\frac{dN_{DB2}(x)}{dx}=0$$

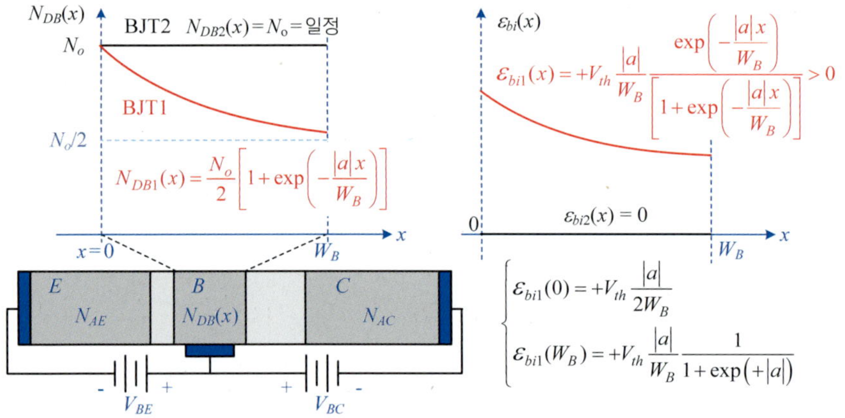

균일한 베이스 도핑 분포로 인해 내부 전계가 형성되어 있지 않은($\mathcal{E}_{bi}=0$) 경우, 에미터 영역 E에서 주입된 과잉 전자는 오직 확산을 통해 베이스 중성영역을 통과한다. 과잉 정공의 확산에 의한 베이스 통과시간 $\tau_{B,diff}$는 다음과 같이 베이스 중성영역 폭의 제곱에 비례하며, 확산계수(또는 이동도)에 반비례한다.

$$\tau_{B,diff}=\frac{W_B^2}{2D_{pB}}\quad[\text{s}]$$

불균일 도핑된 베이스에 형성된 내부 전계로 인해, 과잉 캐리어의 농도차로 인한 확산과 더불어 전계에 의한 드리프트가 동시에 존재하게 된다. 전계에 의한 드리프트만 존재할 경우, 베이스 통과시간 $\tau_{B,drift}$는 이동도와 드리프트되는 거리, 전계의 세기에 의해 다음과 같이 결정된다.

$$\tau_{B,drift}=\frac{W_B}{\mu_{pB}\mathcal{E}_{bi}}\quad[\text{s}]$$

▶ BJT1($a<0$)의 도핑 농도 $N_{DB1}(x)$, 내부 전계 $\mathcal{E}_{bi1}(x)$, 베이스 통과시간 τ_{B1} : 에미터 접합에 가까운 지점($x=0$)에서 n형 베이스 영역 도너 농도가 높은 경우, 에미터 접합에서 콜렉터 접합으로 (x축의 양의 방향) 향하는 내부 전계 ($\mathcal{E}_{bi}>0$)가 형성된다. 따라서 pnp형 BJT의 에미터에서 주입된 정공은 베이스 영역의 내부 전계에 의해 가속되어 베이스 통과시간이 단축된다. 즉 BJT1의 베이스 영역에 에미터 접합에서 콜렉터 접합으로 향하는 양의 내부 전계 ($\mathcal{E}_{bi}>0$)가 형성되고, 이 내부 전계에 의한 드리프트가 확산과 동일한 방향으로 작용하여 정공의 베이스 통과시간이 단축된다. BJT1의 베이스 통과시간(τ_{B1})은 다음과 같다. (해석의 간략화를 위해 도핑 농도차로 인한 이동도 변화는 고려하지 않는다.)

$$\frac{1}{\tau_{B1}}=\frac{1}{\tau_{B,diff}}+\frac{1}{\tau_{B,drift}}\ ;\ \tau_{B,diff}=\frac{W_B^2}{2D_{pB}},\quad \tau_{B,drift}=\frac{W_B}{\mu_{pB}|\mathcal{E}_{bi1,av}|}$$

$$\Leftrightarrow\quad \tau_{B1}=\frac{\tau_{B,diff}\cdot\tau_{B,drift}}{\tau_{B,diff}+\tau_{B,drift}}=\frac{\tau_{B,diff}}{1+(\tau_{B,diff}/\tau_{B,drift})}<\tau_{B,diff}$$

▶ BJT2($\boldsymbol{a}=0$)의 도핑 농도 $N_{DB2}(x)$, 내부 전계 $\mathcal{E}_{bi2}(x)$, 베이스 통과시간 τ_{B2} : 균일한 베이스 도핑 농도를 가진 BJT2의 베이스 중성영역에는 내부 전계가 존재하지 않는다($\mathcal{E}_{bi2}=0$). 따라서 과잉 정공의 베이스 통과시간 τ_{B2}는 다음과 같다.

$$\tau_{B2}=\tau_{B,diff}=\frac{W_B^2}{2D_{pB}}\quad[\mathrm{s}]$$

▶ BJT1과 BJT2의 베이스 통과시간 비교 : (도핑 농도 차이로 인한 이동도 변화를 무시하면) 다음과 같이 불균일 도핑으로 베이스 영역에 내부 전계가 존재하는 BJT1의 베이스 통과시간이 더 짧다.

$$\tau_{B1}=\frac{\tau_{B,diff}\cdot\tau_{B,drift}}{\tau_{B,diff}+\tau_{B,drift}}=\frac{\tau_{B,diff}}{1+(\tau_{B,diff}/\tau_{B,drift})}<\tau_{B,diff}=\frac{W_B^2}{2D_{pB}}=\tau_{B2}$$

(b) 도너가 주입된 n형 베이스 영역의 재결합 평균수명 τ_{pB}는 다음과 같이 열평형 상태의 다수 캐리어인 전자 농도 n_{nBo}에 의해 결정된다.

$$\tau_{pB}\equiv\frac{1}{\alpha_r(n_{nBo}+p_{nBo})}\cong\frac{1}{\alpha_r n_{nBo}}$$

불균일한 도핑 농도를 가진 BJT1의 베이스 영역 재결합 평균수명 τ_{pB1}과 균일한 도핑 농도를 가진 BJT2의 재결합 평균수명 τ_{pB2}는 다음과 같이 n형 베이스 영역의 다수 캐리어의 평균 농도를 이용해 비교할 수 있다.

$$n_{nBo1}\equiv\frac{\int_0^{W_B}N_{DB1}(x)dx}{W_B}=\frac{N_o}{2W_B}\left[x-\frac{W_B}{|a|}\exp\left(-\frac{|a|x}{W_B}\right)\right]_0^{W_B}=\frac{N_o}{2}\left[1+\frac{1}{|a|}(1-\exp(-|a|))\right]<N_o=n_{pBo2}$$

$$\tau_{pB1}\equiv\frac{1}{\alpha_r(n_{nBo1}+p_{nBo})}\cong\frac{1}{\alpha_r n_{nBo1}}>\tau_{pB2}=\frac{1}{\alpha_r n_{nBo2}}\quad\Leftrightarrow\quad\tau_{pB1}>\tau_{pB2}$$

즉 평균 베이스 농도가 낮은 BJT1의 과잉 캐리어 평균수명이 BJT2의 평균수명보다 길다.

(c) 얼리 전압(V_A)은 pnp형 BJT의 베이스 폭 변조계수에 의해 결정된다. 이때 베이스의 폭이 넓을수록, 베이스의 도핑이 높을수록, 그리고 베이스 도핑에 비해 콜렉터 도핑 농도가 낮을수록 베이스 폭 변조효과는 줄어든다. 이는 다음과 같이 나타낼 수 있다.

$$\lambda=\frac{1}{V_A}\cong\frac{\sqrt{N_{AC}}}{2W_B N_{DB}(x=W_B)}\sqrt{\frac{2\varepsilon_{Si}}{q(V_{bic}+V_{CE,sat})}\frac{1}{(1+(N_{AC}/N_{DB}(x=W_B)))}}\quad[\mathrm{V}^{-1}]$$

베이스 영역의 도핑이 불균일한 경우, 베이스 폭 변조계수에 의해 결정되는 얼리 전압은 다음과 같이 베이스 중성영역 끝점($x = W_B$)의 공간전하영역 변화를 지배하는 베이스 도핑($N_{DB}(W_B)$)을 이용하여 비교할 수 있다.

$$V_A = \frac{1}{\lambda} \cong \frac{N_{DB}(x = W_B)}{\sqrt{N_{AC}}} 2W_B \sqrt{\frac{q(V_{bic} + V_{CE,sat})}{2\varepsilon_{Si}} \left(1 + \frac{N_{AC}}{N_{DB}(x = W_B)}\right)} \ \text{[V]}$$

이때 베이스 중성영역 폭과 콜렉터 영역 도핑은 동일하나, 베이스 끝점의 도핑 농도($N_{DB}(W_B)$)가 다른 BJT1과 BJT2의 얼리 전압을 비교하면 다음과 같다. ($N_{AC} = N_o$로 가정한다.)

$$N_{DB1}(x = W_B) = \frac{N_o}{2}\left(1 + e^{-|a|}\right) < N_o = N_{DB2}(x = W_B)$$

$$\frac{V_{A2}}{V_{A1}} \cong \frac{N_{DB2}(x = W_B)\sqrt{\left(1 + \frac{N_{AC}}{N_{DB2}(x = W_B)}\right)}}{N_{DB1}(x = W_B)\sqrt{\left(1 + \frac{N_{AC}}{N_{DB1}(x = W_B)}\right)}} = \frac{N_o\sqrt{(1 + (N_o/N_o))}}{\frac{N_o}{2}\left(1 + e^{-|a|}\right)\sqrt{\left(1 + \left(N_o \Big/ \frac{N_o}{2}\left(1 + e^{-|a|}\right)\right)\right)}}$$

$$= \frac{2}{\left(1 + e^{-|a|}\right)} \sqrt{\frac{2}{1 + \frac{2}{\left(1 + e^{-|a|}\right)}}} > 1$$

즉 베이스 중성영역 끝의 도핑 농도가 높은 BJT2($N_{DB2}(W_B) > N_{DB1}(W_B)$)의 얼리 전압이 BJT1보다 큰 값($V_{A2} > V_{A1}$)을 가진다. 또한 BJT2에서 콜렉터 접합의 역방향 전압에 의한 베이스 중성영역의 변화가 작고, 베이스 폭 변조효과가 약하다.

(d) 베이스 영역의 총 다수 캐리어 농도를 나타내는 굼멜 농도(G_B)는 베이스 영역의 기생저항과 이로 인해 발생하는 에미터 전류의 모서리 붐빔(쏠림) 현상, 베이스 폭 변조효과를 나타내는 얼리 전압을 판별하는 기준으로 사용될 수 있다. BJT1의 n형 베이스 영역의 굼멜 농도가 BJT2보다 낮다($G_{B1} < G_{B2}$).

$$G_{B1} = \int_0^{W_B} N_{DB1}(x)dx = \frac{N_o}{2}\int_0^{W_B}\left[1 + \exp\left(-\frac{|a|x}{W_B}\right)\right]dx = \frac{N_oW_B}{2}\left[1 + \frac{1}{|a|}(1 - \exp(-|a|))\right]$$

$$< N_oW_B = G_{B2} = \int_0^{W_B} N_{DB2}(x)dx$$

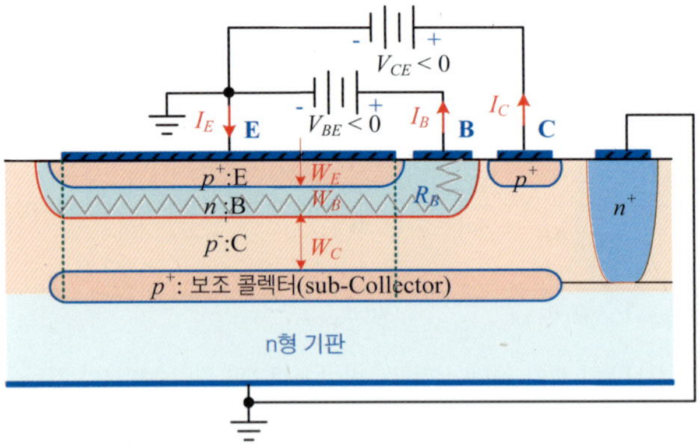

베이스 영역의 도핑 농도(N_{DB}), 다수 캐리어인 전자의 이동도(μ_{nB}), 중성영역의 두께(W_B), 베이스 단자로부터 베이스 중성영역까지의 거리(l_B), 에미터 접합의 폭(W)에 의해 결정되는 베이스 기생저항 R_B는 다음과 같이 굼멜 농도에 반비례한다.

$$R_B = \rho_b\frac{L}{A} = \frac{L}{\sigma_b A} = \frac{1}{\sigma_b W_B}\left(\frac{l_B}{W}\right) = \frac{1}{q\mu_{nB}\int_0^{W_B} n_{Bo}(x)dx}\left(\frac{l_B}{W}\right) = \frac{1}{q\mu_{nB}\left(\int_0^{W_B} N_{DB}(x)dx\right)}\left(\frac{l_B}{W}\right) = \frac{1}{q\mu_{nB}(G_B)}\left(\frac{l_B}{W}\right) \ [\Omega]$$

따라서 불균일한 분포를 가진 BJT1과 균일한 베이스 농도를 가진 BJT2의 베이스 기생저항을 비교하면 다음과 같다.

$$\frac{R_{B2}}{R_{B1}}=\frac{\mu_{nB1}G_{B1}}{\mu_{nB2}G_{B2}}\cong\frac{G_{B1}}{G_{B2}}=\frac{\frac{N_oW_B}{2}\left[1+\frac{1}{|a|}(1-\exp(-|a|))\right]}{N_oW_B}=\frac{1+\frac{1}{|a|}(1-\exp(-|a|))}{2}<1 \quad\Leftrightarrow\quad R_{B2}<R_{B1}$$

즉 pnp형 BJT1과 BJT2에서 베이스 도핑 농도차에 의한 이동도에 큰 차이가 없다고 가정하면, 굼멜 농도가 높은 BJT2의 베이스 기생저항이 BJT1보다 작다.

(e) pnp형 BJT의 주요 전류 구성성분은 다음과 같다.

$$J_{pE}\equiv J_{pB,diff}(x=0)=qD_{pB}\left|\frac{d\delta p_B(x)}{dx}\right|_{x=0},\quad J_{pC}\equiv J_{pB,diff}(x=W_B)=qD_{pB}\left|\frac{d\delta p_B(x)}{dx}\right|_{x=W_B}$$

$$J_{nE}\equiv J_{nE,diff}(x'=0)=qD_{nE}\left|\frac{d\delta n_E(x')}{dx'}\right|_{x'=0},\quad J_R\equiv\int_{B-E\ SCR}qRdx,\quad J_{RB}\equiv\int_0^{W_B}qRdx=J_{pE}-J_{pC}$$

pnp형 BJT의 베이스 접지전류 증폭률(α_{pnp})에 영향을 주는 요소는 에미터 주입효율(γ_{pnp}), 베이스 전송효율($\alpha_{T,pnp}$), 에미터 접합의 재결합효율(δ_{pnp})의 세 항목으로 구분되며, 다음과 같이 나타낼 수 있다.

$$\alpha_{pnp}\cong\frac{J_{pE}-J_{RB}}{J_{pE}+J_{nE}+J_R}\equiv\gamma_{pnp}\cdot\delta_{pnp}\cdot\alpha_{T,pnp}\ ;\ \gamma_{pnp}\equiv\left(\frac{1}{1+J_{nE}/J_{pE}}\right),$$

$$\delta_{pnp}\equiv\left(\frac{1}{1+J_R/(J_{nE}+J_{pE})}\right),\ \alpha_{T,pnp}\equiv\left(1-\frac{J_{RB}}{J_{pE}}\right)$$

▶ 에미터 접합에 인가된 순방향 전압($V_{BE}<0$)에 의해 n형 베이스로부터 역주입되는 전자전류(J_{nE})에 비해, p형 에미터로부터 베이스로 주입되어 콜렉터 전류의 변화를 일으키는 정공전류(J_{pE})가 얼마나 효율적인지를 나타내는 지표인 에미터 주입효율은 다음과 같이 에미터(N_{AE})와 베이스(N_{DB})의 도핑 농도에 의해 결정된다.

$$\gamma_{pnp}\equiv\frac{1}{1+J_{nE}/J_{pE}}\cong\frac{1}{1+\left(\frac{D_{nE}}{D_{pB}}\right)\left(\frac{W_B}{W_E}\right)\left(\frac{N_{DB}}{N_{AE}}\right)}\leq 1$$

에미터 주입효율 개선에는 베이스와 에미터 도핑 농도의 비(N_{DB}/N_{AE})를 조절하는 방법이 가장 편리하고 효과적이다. 이를 위해 에미터 도핑 농도가 베이스 도핑 농도보다 훨씬 높도록($N_{AE}\gg N_{DB}$) 소자와 공정을 설계한다. 에미터로부터 베이스로 역주입되는 전자는 에미터 접합 경계면($x=0$)의 베이스 도핑 농도($N_{DB}(x=0)$)에 의해 결정되며, 여기서는 BJT1과 BJT2가 같은 값이다. 따라서 BJT1과 BJT2의 에미터 주입효율은 동일하다고 가정할 수 있다($\gamma_{pnp1}=\gamma_{pnp2}$).

▶ pnp형 BJT의 전류 증폭률을 제한하는 요소 중 하나는 에미터 접합 공간전하영역에서의 재결합을 나타내는 재결합효율(δ_{pnp})이다. 에미터 접합의 전류 구성성분은 p형 에미터에서 n형 베이스로 주입되는 정공 전류(J_{pE}), n형 베이스에서 에미터로 역주입되는 전자 전류(J_{nE}), 그리고 공간전하영역에서의 재결합 전류(J_R)가 있다. 이들 중 접합의 정상적인 기능인 전자와 정공의 주입에 의한 전류($J_{nE}+J_{pE}$)가 재결합 전류에 비해 얼마나 효율적인가를 나타내는 지표로 재결합효율을 사용하며 다음과 같이 나타낼 수 있다.

$$\delta_{pnp}\equiv\frac{1}{1+J_R/(J_{nE}+J_{pE})}\cong\frac{1}{1+\frac{n_i}{p_{Bo}}\frac{1}{2\tau_o}\frac{W_{BE}}{D_{pB}}W_Be^{-V_{EB}/2V_{th}}}=\frac{1}{1+\frac{n_i}{p_{Bo}}\cdot\frac{(W_{BE}/\tau_o)}{(W_B/\tau_B)}\cdot e^{-V_{EB}/2V_{th}}}$$

따라서 재결합효율을 향상시키기 위해서는 에미터 접합 영역에, 평균수명 τ_o에 영향을 미치는 결정 결함이 발생하지 않도록 제조공정을 최적화해야 한다. 특히 재결합효율은 에미터에 인가된 전압 V_{EB}가 낮아서 콜렉터 전류가 약하게 흐를 때, 전류 증폭률을 제한하는 중요한 요소로 작용한다. 최적화된 제조공정을 사용하는 경우, 베이스 도핑 농도를 제외하고 BJT1과 BJT2의 재결합효율은 동일하다고 가정해도 좋다($\delta_{pnp1} = \delta_{pnp2}$).

▶ p형 에미터에서 베이스로 주입된 정공이 확산에 의해 중성영역을 통과할 때, n형 베이스의 다수 캐리어인 전자와 재결합할 확률이 높다. 이를 나타내는 지표가 베이스 전송효율($\alpha_{T,pnp}$)이며, BJT의 전류 증폭률을 제한하는 가장 중요한 요소 중 하나다.

$$\alpha_{T,pnp} \equiv \frac{J_{pC}}{J_{pE}} = \frac{J_{pE} - J_{RB}}{J_{pE}} = \left(1 - \frac{J_{RB}}{J_{pE}}\right) = \frac{1}{\cosh(W_B/L_{pB})} \quad : \text{베이스 전송효율}$$

베이스를 통과하는 시간(τ_B)이 평균수명(τ_{pB})에 비해 짧을수록, 또는 베이스 영역의 길이가 과잉 캐리어인 정공의 확산길이(L_{pB})에 비해 짧을수록 재결합 확률은 감소하고, 베이스 전송효율은 향상된다. 베이스 중성영역의 길이가 확산길이에 비해 아주 짧은 경우($W_B \ll L_{pB}$), 베이스 전송효율은

$$\alpha_{T,pnp} \equiv 1 - \frac{J_{RB}}{J_{pE}} = \frac{J_{pC}}{J_{pE}} = 1 - \frac{\tau_B}{\tau_{pB}}$$

로 나타낼 수 있다. 즉 베이스 중성영역에서 과잉 캐리어의 평균수명(τ_{pB})에 비해 베이스 통과시간(τ_B)이 짧을수록 베이스 중성영역의 재결합이 감소하며, 베이스 전송효율이 개선되고 전류 증폭률이 증가한다.

한편 균일 도핑된 BJT2의 경우에는 내부 전계가 존재하지 않으므로, p형 에미터에서 주입된 정공의 이동은 확산에 의해 베이스 영역을 통과하는 시간에 의해 전적으로 결정된다. 이에 반해 불균일 베이스 도핑된 BJT1의 경우에는 베이스 영역에 형성된 내부 전계로 인한 가속이 발생하기 때문에, BJT1의 베이스 통과시간이 BJT2의 베이스 통과시간보다 짧다.

$$\tau_{B1} = \frac{\tau_{B,diff}}{1 + (\tau_{B,diff}/\tau_{B,drift})} < \tau_{B,diff} = \frac{W_B^2}{2D_{pB}} = \tau_{B2}$$

따라서 베이스 전송효율도 베이스 통과시간이 짧은 BJT1이 BJT2보다 더 크다.

$$\frac{\alpha_{T,pnp2}}{\alpha_{T,pnp1}} = \frac{1 - (\tau_{B2}/\tau_{pB2})}{1 - (\tau_{B1}/\tau_{pB1})} \cong \frac{1 - (\tau_{B2}/\tau_{pB})}{1 - (\tau_{B1}/\tau_{pB})} = \frac{\tau_{pB} - \tau_{B2}}{\tau_{pB} - \tau_{B1}} < 1 \quad \Leftrightarrow \quad \alpha_{T,pnp1} > \alpha_{T,pnp2}$$

앞서 설명한 바와 같이 BJT1과 BJT2의 전류 증폭률을 결정하는 에미터 주입효율과 에미터 접합의 재결합효율은 동일하다고 가정할 수 있다. 따라서 pnp형 BJT1과 BJT2의 전류 증폭률은 베이스 영역의 도핑 분포에 따른 베이스 전송효율의 차이에 의해 결정되며, 그 결과로 다음과 같이 베이스 중성영역의 내부 전계로 인해 베이스 전송효율이 높은 BJT1의 전류 증폭률이 BJT2보다 우수함을 예상할 수 있다.

$$\frac{\alpha_{pnp2}}{\alpha_{pnp1}} = \left(\frac{\gamma_{pnp2}}{\gamma_{pnp1}}\right)\left(\frac{\delta_{pnp2}}{\delta_{pnp1}}\right)\left(\frac{\alpha_{T,pnp2}}{\alpha_{T,pnp1}}\right) \cong \left(\frac{\alpha_{T,pnp2}}{\alpha_{T,pnp1}}\right) < 1 \quad \Leftrightarrow \quad \alpha_{pnp1} > \alpha_{pnp2} \quad \Leftrightarrow \quad \boxed{\beta_{pnp1} > \beta_{pnp2}}$$

(f) BJT의 최대 전압 증폭률($A_{\upsilon,\max}$)은 다음과 같이 입출력 전달 컨덕턴스(g_m)와 베이스 폭 변조효과에 지배되는 얼리 전압($V_A = 1/\lambda$)에 의해 결정된다.

$$g_m \equiv \left(\frac{\partial I_c}{\partial V_{be}}\right) = \frac{I_C}{V_{th}}, \quad V_A = r_{ce} I_C \cong \frac{N_{DB}(x = W_B) 2W_B}{\sqrt{N_{AC}}} \sqrt{\frac{q(V_{bic} + V_{CE,sat})}{2\varepsilon_{Si}}\left(1 + \frac{N_{AC}}{N_{DB}(x = W_B)}\right)}$$

$$A_{\upsilon,\max} = \left.\frac{\partial V_{out}}{\partial V_{in}}\right|_{pnp} = \left|\frac{\partial V_{ce}}{\partial V_{be}}\right| = \left(\frac{\partial I_c}{\partial V_{be}}\right) \Big/ \left(\frac{\partial I_c}{\partial V_{ce}}\right) = g_m r_{ce} = \frac{V_A}{V_{th}}$$

$$\frac{A_{\upsilon,\max 2}}{A_{\upsilon,\max 1}} = \frac{V_{A2}}{V_{A1}} \cong \frac{N_{DB2}(x=W_B)\sqrt{\left(1+\dfrac{N_{AC}}{N_{DB2}(x=W_B)}\right)}}{N_{DB1}(x=W_B)\sqrt{\left(1+\dfrac{N_{AC}}{N_{DB1}(x=W_B)}\right)}} = \frac{2}{1+e^{-|a|}}\sqrt{\frac{1}{\dfrac{1}{2}+\dfrac{1}{1+e^{-|a|}}}} > 1 \Leftrightarrow \boxed{A_{\upsilon,\max 2} > A_{\upsilon,\max 1}}$$

즉 콜렉터 DC 전류(I_C)가 동일하도록 동작점이 결정된 경우, 콜렉터 접합 부근의 도핑 농도가 높아서 베이스 폭 변조효과가 적고 출력저항(r_{ce})은 큰 BJT2의 최대 전압 증폭률이 BJT1보다 큰 값을 갖는다.

(g) 에미터 전류의 모서리 붐빔(쏠림) 현상은 베이스 기생저항에 의한 전압 강하로 인해 베이스 단자와 가까운 모서리 부분의 한정된 영역에서 BJT의 동작이 이루어지기 때문에 발생하는 현상이다. 즉 베이스 단자로부터 베이스 중성영역까지의 저항 R_B가 클수록 에미터 전류의 모서리 붐빔(쏠림) 현상이 심각해진다. 따라서 베이스 기생저항이 작은 BJT2($R_{B2} < R_{B1}$)의 에미터 전류 모서리 붐빔(쏠림) 현상이 BJT1보다 약하게 나타난다.

(h) pnp형 BJT의 전류이득 차단주파수 f_T는 에미터에서 주입된 정공이 콜렉터까지 도달하는 데 걸리는 시간 τ_{ec}에 의해 결정되며, 그 관계는 다음과 같다.

$$\tau_{ec} = \frac{1}{2\pi f_T} = \tau_E + \tau_B + \tau_{scr} + \tau_C \text{ [s]} \quad \Leftrightarrow \quad f_T = \frac{g_m}{2\pi(C_{be}+C_{bc})} = \frac{1}{2\pi\tau_{ec}} \text{ [Hz]}$$

특히 에미터-콜렉터 도달시간 τ_{ec}를 결정하는 구성요소는 다음과 같다.

- 에미터 충전에 필요한 시간 τ_E

$$\tau_E = \frac{V_{th}}{I_E}(C_{be}+C_{pe}) \cong \frac{V_{th}}{I_C}(C_{be}+C_{pe}) = \frac{r_{be}}{\beta_o}(C_{be}+C_{pe}) = r_e(C_{be}+C_{pe}) \text{ [s]}; \quad C_{pe} = \text{에미터 기생 정전용량}$$

- 베이스 통과시간

$$\tau_B = 1\bigg/\left(\frac{1}{\tau_{B,diff}} + \frac{1}{\tau_{B,drift}}\right) \text{ [s]}$$

- 콜렉터 접합의 공간전하영역 통과시간 τ_{SCR}

$$\tau_{scr} \cong \frac{W_{BC}}{2\upsilon_{sat}} \text{ [s]}$$

- 콜렉터 충전에 필요한 시간 τ_C

$$\tau_c = \frac{V_{th}}{I_C}(C_{bc}+C_s) \text{ [s]}; \qquad C_s = \text{콜렉터 기생 정전용량}$$

이때 BJT1과 BJT2는 베이스 통과시간만 다르다고 가정할 수 있으므로, 불균일 도핑으로 형성된 내부 전계에 의한 드리프트의 도움으로 BJT1의 에미터-콜렉터 도달시간이 짧다($\tau_{B1} < \tau_{B2}$, $\tau_{ec1} < \tau_{ec2}$). 따라서 BJT1의 전류이득 차단주파수가 BJT2보다 높다($f_{T1} > f_{T2}$).

10.8 베이스 도핑 농도와 전기적 특성 변화

오른쪽 그림의 각 영역에서 도핑의 종류, 농도, 두께는 표와 같고, 중성영역의 두께가 각 영역에서 소수 캐리어의 확산길이(L_{min})에 비해 짧은 2개의 Si BJT가 있다.

구분	A: W_A	B: W_B	C: W_C
BJT1	$N_D=10N_o$	$N_D=9N_o$ $N_A=10N_o$	$N_D=10N_o$ $N_A=9N_o$
BJT2	$N_D=10N_o$	$N_D=19N_o$ $N_A=20N_o$	$N_D=10N_o$

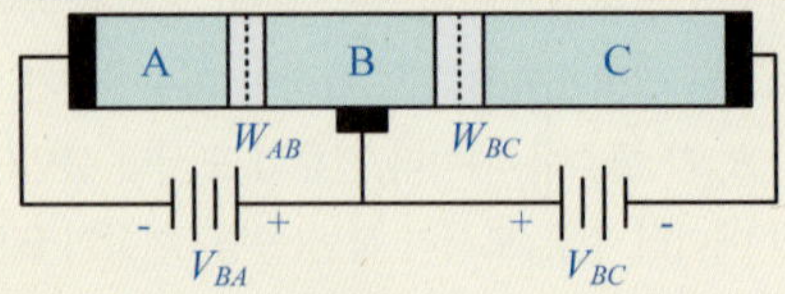

(a) 열평형 상태의 에너지 대역도를 그림으로 비교하라.
(b) 열평형 상태의 소수 캐리어 농도 분포를 그림으로 비교하라.

두 BJT에 $V_{BA}=-5$ [V], $V_{BC}=0.7$ [V]의 전압이 인가될 경우,

(c) 에너지 대역도를 그림으로 비교하라.
(d) 소수 캐리어의 농도 분포를 그림으로 비교하라.
(e) 에미터 주입효율을 비교하라(γ_1 vs. γ_2).
(f) 베이스 통과시간과 베이스 전송효율을 근거를 제시하여 비교하라. (τ_{B1} vs. τ_{B2}, α_{T1} vs. α_{T2})
(공간전하영역의 차이는 무시한다.)
(g) 베이스 접지전류 증폭률 α를 근거를 제시하여 비교하라(α_1 vs. α_2). (재결합효율은 동일하다.)
(h) 콜렉터 전류의 크기를 비교하라(I_{C1} vs I_{C2}).
(i) 두 BJT를 모두 역방향 능동모드($V_{BA}=0.7$ [V], $V_{BC}=-5$ [V])로 동작시킬 경우, β_{RAM}(β_{RAM1} vs. β_{RAM2})을 근거를 제시하여 비교하라.

(a) BJT1과 BJT2의 각 영역별 도너 농도(N_D)와 억셉터 농도(N_A), 총 불순물 농도(N_{imp}), 유효 도너 농도($N_{D,eff}$)와 유효 억셉터 농도($N_{A,eff}$)를 아래 표에 요약하였으며, 접합 형성 전의 에너지 대역도와 비교하였다. 두 BJT에서 베이스 중성영역의 총 불순물농도($N_{imp,B1}=19N_o < N_{imp,B2}=39N_o$)는 다르나, 다수 캐리어인 정공 농도는 동일($p_{Bo1}=p_{Bo2}$)하다. 또 C영역 도핑 농도($N_{imp,C1}=19N_o > N_{imp,C2}=10N_o$)와 다수 캐리어인 전자 농도($n_{Co1}=N_o < N_{Co2}=10N_o$)가 다른 npn형 BJT 구조다.

구분	A W_A	B W_B	C W_C
BJT1	$N_{DA1}=10N_o$	$N_{AB1}=10N_o$ $N_{DA1}=9N_o$ $N_{imp,B1}=19N_o$ $N_{AB1,eff}=N_o$	$N_{DC1}=10N_o$ $N_{AC1}=9N_o$ $N_{imp,C1}=19N_o$ $N_{DC1,eff}=N_o$

구분	A W_A	B W_B	C W_C
BJT2	$N_{DA2}=10N_o$	$N_{AB2}=20N_o$ $N_{DA2}=19N_o$ $N_{imp,B2}=39N_o$ $N_{AB2,eff}=N_o$	$N_{DC2}=10N_o$

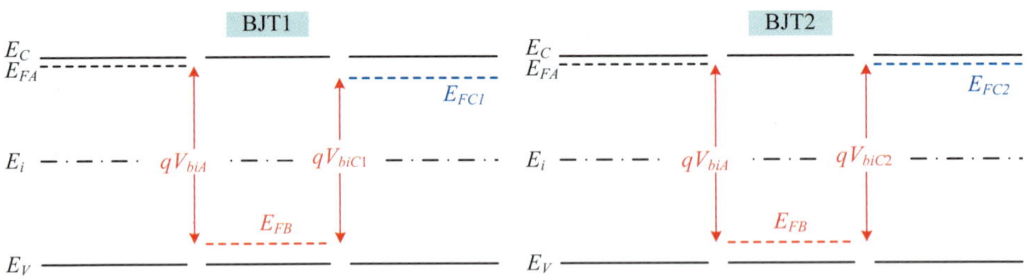

BJT1과 BJT2의 접합 형성 후, 열평형 상태의 에너지 대역도는 다음 그림과 같다.

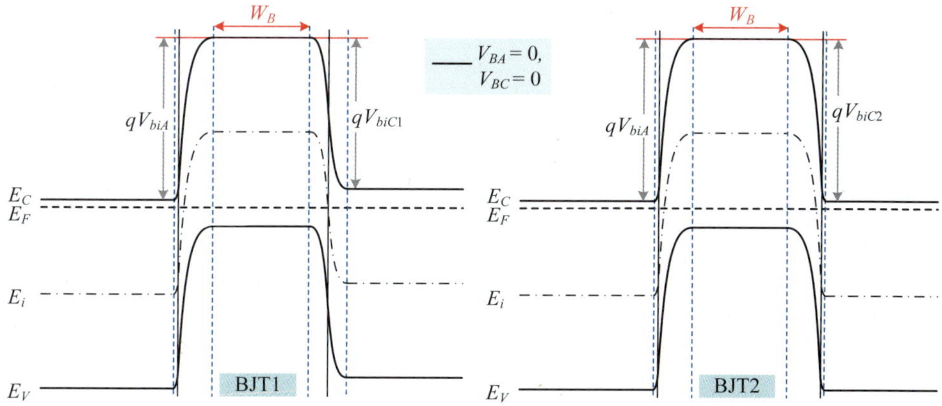

열평형 상태에서 BJT1과 BJT2의 A, B, C 중성영역의 전자 및 정공의 농도 차이(또는 페르미 준위 차이)로 형성된 접합 A와 접합 C의 내부 전압(V_{bi})을 아래 표에 요약하였다.

구분	BJT1 의 내부 전압	BJT2 의 내부 전압
접합 A (B–A 접합)	$V_{biA1}=\frac{\lvert E_{FA1}-E_{FB1}\rvert}{q}=V_{th}\ln\left(10N_o^2/n_i^2\right)$	$V_{biA2}=\frac{\lvert E_{FA2}-E_{FB2}\rvert}{q}=V_{th}\ln\left(10N_o^2/n_i^2\right)$
접합 C (B–C 접합)	$V_{biC1}=\frac{\lvert E_{FC1}-E_{FB1}\rvert}{q}=V_{th}\ln\left(N_o^2/n_i^2\right)$	$V_{biC2}=\frac{\lvert E_{FC2}-E_{FB2}\rvert}{q}=V_{th}\ln\left(10N_o^2/n_i^2\right)=V_{biC1}+2.3V_{th}$

표에서 보는 바와 같이, BJT1과 BJT2의 베이스 영역으로 동작하는 B영역에서 도너와 억셉터 도핑 농도는 다르지만, 유효 억셉터 농도는 동일($N_{AB1,eff}=N_{AB2,eff}$)하므로, 다수 캐리어인 정공 농도도 서로 동일하다($p_{Bo1}=p_{Bo2}$). 따라서 BJT1과 BJT2의 접합 A의 내부 전압은 동일한 값($V_{biA1}=V_{biA2}$)을 갖는다. 그런데 BJT1과 BJT2의 C영역은 유효 도너 농도($N_{DC1,eff}=N_o<N_{DC2,eff}=10N_o$)가 다르므로, C영역 유효 도너농도가 높은 BJT2의 접합 C의 내부 전압 V_{biC2}가 BJT1의 내부 전압 V_{biC1}보다 다소 크다($V_{biC2}>V_{biC1}$).

(b) BJT1과 BJT2의 열평형 상태의 중성영역 캐리어 농도 분포를 다음의 표와 그림으로 정리하였다. A영역과 베이스로 동작하는 중성 B영역에서는 BJT1과 BJT2의 다수 캐리어 농도에 차이가 없다. 그러나 다수 캐리어인 전자의 농도가 BJT1의 10배($n_{Co2}=10n_{Co1}$)인 BJT2에서 C영역 소수 캐리어인 정공의 농도는 BJT1의 1/10($p_{Co2}=p_{Co1}/10$)이 된다. 중성영역 A(n형)와 B(p형)로 이루어진 접합 A와, 중성영역 C(n형)와 B(p형)로 이루어진 접합 C는 인가 전압 형태에 따라 에미터 접합 또는 콜렉터 접합으로 사용된다.

구분	BJT1			BJT2		
영역(형)	A(n)	B(p)	C(n)	A(n)	B(p)	C(n)
다수 캐리어 종류와 농도	전자 $n_{Ao}=10N_o$	정공 $p_{Bo}=N_o$	전자 $n_{Co1}=N_o$	전자 $n_{Ao}=10N_o$	정공 $p_{Bo}=N_o$	전자 $n_{Co2}=10N_o$
소수 캐리어 종류와 농도	정공 $p_{Ao}=n_i^2/10N_o$	전자 $n_{Bo}=n_i^2/N_o$	정공 $p_{Co1}=n_i^2/N_o$	정공 $p_{Ao}=n_i^2/10N_o$	전자 $n_{Bo2}=n_i^2/N_o$	정공 $p_{Co2}=n_i^2/10N_o$

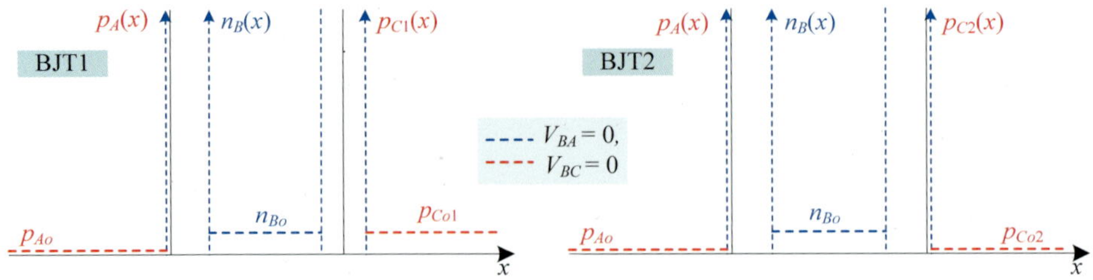

(c) A−B로 이루어진 접합 A에는 $V_{BA1}=V_{BA2}=-5$ [V], B−C로 이루어진 접합 C에는 $V_{BC1}=V_{BC2}=0.7$ [V]의 바이어스가 인가된 경우, BJT1과 BJT2의 에너지 대역도를 그림으로 비교하면 다음과 같다.

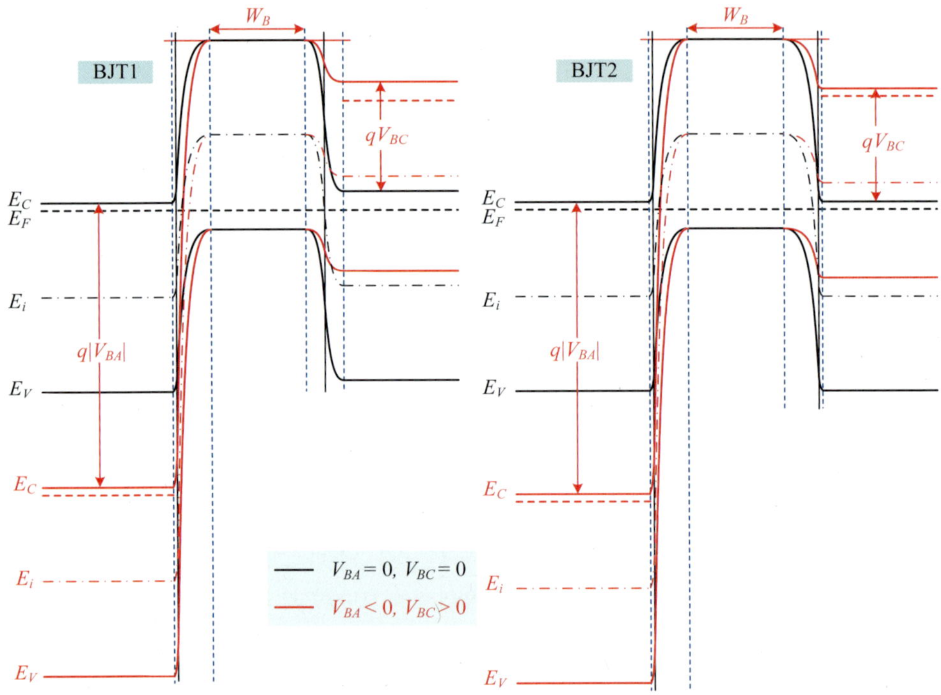

순방향 전압이 인가되어 에미터 접합으로 동작하는 B−C 접합($V_{BC}>0$)에서는 캐리어의 주입이 일어난다. 그러나 역방향 전압이 인가되어 콜렉터 접합으로 동작하는 B−A 접합($V_{BA}<0$)에서는 높은 에너지 장벽으로 인해 캐리어의 주입이 불가능한 대신, 전계에 의한 캐리어의 드리프트와 수집(collection)이 이루어진다. 즉 BJT1과 BJT2 모두 에미터 접합으로 동작하는 B−C 접합의 에너지 장벽은 열평형 상태의 에너지 장벽 $q\phi_{beo}=qV_{biC}$에서 $q\phi_{be}=q(V_{biC}-V_{BC})$로 감소하며, 콜렉터 접합으로 동작하는 B−A 접합의 에너지 장벽은 열평형 상태의 에너지 장벽 $q\phi_{bco}=qV_{biA}$에서 $q\phi_{bc}=q(V_{biA}+|V_{BA}|)$로 증가한다.

(d) 두 BJT에 $V_{BC1}=V_{BC2}=0.7$ [V], $V_{BA1}=V_{BA2}=-5$ [V]의 바이어스가 인가된 경우, 에미터, 베이스 및 콜렉터로 동작하는 C, B, A의 중성영역 과잉 캐리어 농도 분포는 소수 캐리어에 대한 확산방정식을 통해 구할 수 있다.

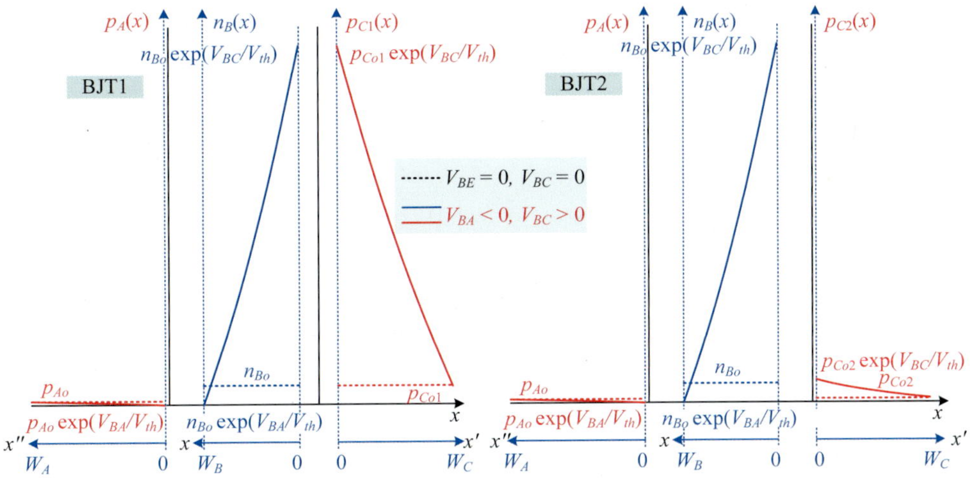

BJT의 전류-전압 특성에 가장 주도적인 역할을 하는 곳은 p형 베이스 중성영역이다. 베이스로 동작하는 B영역의 과잉 캐리어 농도 분포를 알아보자. 우선 소수 캐리어인 전자의 확산방정식과, 순방향 전압($V_{BC1} = V_{BC2} > 0$)이 인가되어 에미터 접합으로 동작하는 B-C 접합과, 역방향 전압($V_{BA1} = V_{BA2} < 0$)이 인가되어 콜렉터 접합으로 동작하는 B-A 접합 경계지점의 과잉 전자 농도 분포는 다음과 같다.

$$D_{nB}\frac{\partial^2 \delta n_B(x)}{\partial x^2} - \frac{\delta n_B(x)}{\tau_{nB}} = 0, \qquad \delta n_B(x) \equiv n_B(x) - n_{Bo} \begin{cases} \delta n_B(x=0) & = n_{Bo}\left(e^{V_{BC}/V_{th}} - 1\right) \equiv \Delta n_E \\ \delta n_B(x=W_B) & = n_{Bo}\left(e^{V_{BA}/V_{th}} - 1\right) \equiv \Delta n_C \end{cases}$$

확산방정식과 그 경계조건을 이용한 베이스 중성영역($0 \le x \le W_B$)의 과잉 전자 농도 분포는 다음과 같다.

$$\delta n_B(x) = n_1 e^{x/L_{nB}} + n_2 e^{-x/L_{nB}} \ [\text{cm}^{-3}] \ ; \qquad L_{nB} \equiv \sqrt{D_{nB}\tau_{nB}} \ [\text{cm}]$$: p형 베이스에서의 과잉 캐리어 확산길이

$$\delta n_B(x) = \Delta n_E \frac{\sinh(-(x-W_B)/L_{nB})}{\sinh(W_B/L_{nB})} + \Delta n_C \frac{\sinh(x/L_{nB})}{\sinh(W_B/L_{nB})} \ [\text{cm}^{-3}]$$

BJT1과 BJT2의 에미터 접합(B-C 접합) 전압($V_{BC1} = V_{BC2} = 0.7$ [V])과 콜렉터 접합(B-A 접합) 전압($V_{BA1} = V_{BA2} = -5.0$ [V])은 동일하며, 이를 반영한 경계지점의 농도 분포는 다음과 같다.

$$\begin{cases} \delta n_B(x=0) & = n_{Bo}\left(e^{V_{BC}/V_{th}} - 1\right) \equiv \Delta n_E & (V_{BC} = 0.7\ [\text{V}] > 0) \\ \delta n_B(x=W_B) & = n_{Bo}\left(e^{V_{BA}/V_{th}} - 1\right) \equiv \Delta n_C = -n_{Bo} \cong 0 \ (n_{Bo} \ll \Delta n_E) & (V_{BA} = -5\ [\text{V}] < 0) \end{cases}$$

▶ 베이스 영역 내의 확산계수 D_{nB} : 베이스 영역의 불순물 농도가 높을수록 이온화된 불순물 원자와의 충돌이 잦아지므로 이동도가 감소한다. 따라서 BJT2에서 베이스로 동작하는 B영역의 총 불순물 농도가 높기 때문에($N_{imp,B2} = 39N_o$), 도핑 농도가 낮은 BJT1($N_{imp,B1} = 19N_o$)보다 BJT2의 전자 이동도(μ_{nB2})와 확산계수(D_{nB2})가 작은 값을 보인다.

$$\left.\begin{array}{l} N_{AB,eff1} = N_{AB,eff2} = N_o \\ N_{imp,B1} = 19N_o < N_{imp,B2} = 39N_o \end{array}\right\} \Rightarrow \ D_{nB1} = \mu_{nB1}V_{th} > D_{nB2} = \mu_{nB2}V_{th} \ \Leftarrow \ \mu_{nB1} > \mu_{nB2}$$

▶ 과잉 캐리어의 재결합 평균수명 τ_{nB} : 과잉 캐리어의 평균수명은 다수 캐리어 농도에 반비례한다. 이 문제에서 베이스로 동작하는 B영역의 총 불순물 농도는 서로 다르지만, BJT1과 BJT2의 유효 억셉터 농도($N_{AB,eff}$)와 다수 캐리어인 정공 농도는 동일하다. 따라서 BJT1과 BJT2의 B영역 과잉 캐리어 평균수명은 다음과 같이 동일한 값을 갖는다.

$$\tau_{nB1} = \tau_{nB2} \equiv \tau_{nB} = \frac{1}{\alpha_r(p_o + n_o)} = \frac{1}{\alpha_r(N_{o,maj} + N_{o,min})} = \frac{1}{\alpha_r N_{o,maj}\left(1 + (n_i/N_{o,maj})^2\right)} \quad (N_{o,maj} >> N_{o,min})$$

$$\cong \frac{1}{\alpha_r N_{o,maj}} = \frac{1}{\alpha_r N_o}$$

▶ 베이스 중성영역의 확산길이 D_{nB} : 중성영역의 과잉 캐리어 농도 분포를 결정하는 확산길이(L_{nB})는 과잉 캐리어의 확산계수와 평균수명에 의해 결정된다. 그런데 베이스로 동작하는 B영역의 총 불순물 농도 차이로 인해 BJT1과 BJT2의 이동도가 다르다. 따라서 베이스 중성영역의 열평형 상태의 다수 캐리어 농도는 동일하나, 베이스 영역 내의 도핑 농도 차이로 인한 이동도의 차이 때문에 베이스 중성영역 내의 확산길이의 차이가 발생한다.

$$L_{nB1} = \sqrt{D_{nB1}\tau_{nB}} = \sqrt{\mu_{nB1}V_{th}\tau_{nB}} > L_{nB2} = \sqrt{D_{nB2}\tau_{nB}} = \sqrt{\mu_{nB2}V_{th}\tau_{nB}}$$

▶ p형 베이스(B영역)의 과잉 전자 농도 분포 : BJT1과 BJT2의 베이스 중성영역의 과잉 전자 농도 분포는 다음과 같다.

$$\begin{cases} \delta n_{B1}(x) = \Delta n_E \dfrac{\sinh(-(x - W_B)/L_{nB1})}{\sinh(W_B/L_{nB1})} \\ \delta n_{B2}(x) = \Delta n_E \dfrac{\sinh(-(x - W_B)/L_{nB2})}{\sinh(W_B/L_{nB2})} \end{cases} ; \quad L_{nB1} > L_{nB2}$$

▶ n형 에미터(C영역)의 과잉 정공 농도 분포 : 에미터로 동작하는 영역 C의 중성영역 과잉 캐리어 농도 분포 $\delta p_C(x')$는 소수 캐리어인 정공의 확산방정식을 이용하여 구할 수 있다.

$$D_{pC}\frac{\partial^2 \delta p_C(x')}{\partial x'^2} - \frac{\delta p_C(x')}{\tau_{pC}} = 0, \qquad \delta p_C(x') \equiv p_C(x') - p_{Co}\,(= \delta n_C(x'))$$

에미터로 동작하는 중성 C영역에서 과잉 정공의 농도 분포의 일반해와 경계조건은 다음과 같다.

$$\delta p_C(x') = p_1 e^{+x'/L_{pC}} + p_2 e^{-x'/L_{pC}}\ [\text{cm}^{-3}]; \quad L_{pC} \equiv \sqrt{D_{pC}\tau_{pC}}\ [\text{cm}] : \text{에미터에서 과잉 정공의 확산길이}$$

$$\begin{cases} \delta p_C(x'=0) = p_{Co}\left(e^{V_{BC}/V_{th}} - 1\right) \equiv \Delta p_C \\ \delta p_C(x'=W_C) = 0 : \text{금속 접점} \end{cases} \Leftrightarrow \quad p_1 + p_2 = \Delta p_C, \quad p_1 e^{W_C/L_{pC}} + p_2 e^{-W_C/L_{pC}} = 0$$

따라서 에미터로 동작하는 C영역의 과잉 소수 캐리어인 정공 농도 분포 $\delta p_C(x')$은 다음과 같이 에미터 접합으로 동작하는 B−C 접합에 인가된 전압(V_{BC})과 에미터로 동작하는 중성 C영역과 확산길이의 비(W_C/L_{pC})에 의해 지배된다.

$$\delta p_C(x') = \Delta p_C \frac{\sinh[-(x'-W_C)/L_{pC}]}{\sinh(W_C/L_{pC})} \quad \begin{cases} \delta p_{C1}(x') = \Delta p_{C1}\dfrac{\sinh[-(x'-W_C)/L_{pC1}]}{\sinh(W_C/L_{pC1})} ; \quad \Delta p_{C1} = \dfrac{n_i^2}{N_o}\left(e^{V_{BC}/V_{th}} - 1\right) \\ \delta p_{C2}(x') = \Delta p_{C2}\dfrac{\sinh[-(x'-W_C)/L_{pC2}]}{\sinh(W_C/L_{pC2})} ; \quad \Delta p_{C2} = \dfrac{n_i^2}{10N_o}\left(e^{V_{BC}/V_{th}} - 1\right) \end{cases}$$

BJT1과 BJT2의 에미터로 동작하는 C영역의 총 불순물 농도가 서로 다르고($N_{imp,C1} = 19N_o > N_{imp,C2} = 10N_o$), 유효 도너 농도($N_{DC,eff1} = N_o > N_{DC,eff2} = 10N_o$)와 다수 캐리어 농도에도 차이가 있다. 따라서 과잉 소수 캐리어의 이동도($\mu_{pC1} < \mu_{pC2}$)와 평균수명($\tau_{pC1} > \tau_{pC2}$), 그리고 확산길이($L_{pC1} > L_{pC2}$)에도 차이가 있으므로, 에미터로 동작하는 C영역의 소수 캐리어 농도도 서로 달라진다.

▶ n형 콜렉터(A영역)의 과잉 정공 농도 분포 : 콜렉터로 동작하는 n형 A영역의 과잉 캐리어 농도 분포 $\delta p_A(x'')$은 소수 캐리어인 정공의 확산방정식을 이용하여 구할 수 있다.

$$D_{pA}\frac{\partial^2 \delta p_A(x'')}{\partial x''^2} - \frac{\delta p_A(x'')}{\tau_{pA}} = 0, \qquad \delta p_A(x'') \equiv p_A(x'') - p_{Ao}(= \delta n_A(x''))$$

콜렉터로 동작하는 n형 중성 A영역의 과잉 소수 캐리어인 정공 농도 분포 $\delta p_A(x'')$은 다음과 같다.

$$\begin{cases}\delta p_A(x''=0) = p_{Ao}\left(e^{V_{BA}/V_{th}} - 1\right) \equiv \Delta p_A \ ; \ \Delta p_A \cong -p_{Ao} \ (V_{BA} < 0) \\ \delta p_A(x''=W_A) = 0 : \text{금속 접점}\end{cases} \Leftrightarrow \begin{cases} p_3 + p_4 = \Delta p_A = p_{Ao}\left(e^{V_{BA}/V_{th}} - 1\right) \\ p_3 e^{W_A/L_{pA}} + p_4 e^{-W_A/L_{pA}} = 0\end{cases}$$

$$\delta p_{A1}(x'') = \delta p_{A2}(x'') = \Delta p_A \frac{\sinh\left[-(x''-W_A)/L_{pA}\right]}{\sinh(W_A/L_{pA})} \ ; \quad L_{pA} \equiv \sqrt{D_{pA}\tau_{pA}}$$

n형 중성 A영역의 과잉 소수 캐리어인 정공 농도는 콜렉터 접합으로 동작하는 B−A접합에 인가된 전압(V_{BA})과, 중성영역과 확산길이의 비(W_A/L_{pA})에 의해 지배된다. 그런데 베이스 영역의 도핑에 비해 훨씬 높게 도핑된 A영역의 도핑 농도와 중성영역의 길이는 BJT1과 BJT2가 동일($N_{DA1} = N_{DA2}$, $L_{pA1} = L_{pA2}$)하다. 따라서 콜렉터로 동작하는 중성 A영역에서 소수 캐리어의 이동도(μ_{pA}), 확산계수(D_{pA}), 평균수명(τ_{pA}), 그리고 이들에 의해 결정되는 확산길이(L_{pA})는 두 트랜지스터가 동일($D_{pA1} = D_{pA2}$)하다. 또한 확산길이와 중성영역의 길이에 의해 결정되는 콜렉터 영역의 과잉 캐리어 농도 분포도 두 경우 모두 동일함을 알 수 있다.

(e) 에미터 주입효율은 에미터 접합에 인가된 순방향 전압에 의해 에미터(n형 C영역)로 역주입되는 정공 전류(J_{pC})에 비해, 에미터로부터 베이스로 콜렉터 전류의 변화를 이끄는 전자(J_{nC})가 얼마나 효율적으로 주입되는지를 나타내는 지표로서, C영역 에미터(N_{DC})와 B영역 베이스(N_{AB})의 도핑 농도에 가장 크게 의존한다. npn 바이폴라 트랜지스터의 에미터와 베이스의 중성영역의 길이가 짧은 경우, 에미터 주입효율은 다음과 같다.

$$\gamma = \frac{1}{1 + J_{pE}/J_{nE}} \cong \frac{1}{1 + \left(\frac{p_{Co}}{n_{Bo}}\right)\left(\frac{D_{pC}}{D_{nB}}\right)\left(\frac{L_{nB}}{L_{pC}}\right)\left(\frac{\tanh(W_B/L_{nB})}{\tanh(W_C/L_{pC})}\right)} \cong \frac{1}{1 + \left(\frac{N_{AB,eff}}{N_{DC,eff}}\right)\left(\frac{D_{pC}}{D_{nB}}\right)\left(\frac{W_B}{W_C}\right)}$$

이 값은 확산계수의 비($D_{pC}/D_{nB} = \mu_{pC}/\mu_{nB}$), 중성영역 길이의 비($W_B/W_C$), 베이스와 에미터 도핑 농도의 비($N_{AB}/N_{DC}$)에 의해 지배된다. 두 BJT에서 베이스로 동작하는 p형 B영역의 다수 캐리어 농도는 동일하나, 에미터로 동작하는 n형 C영역의 다수 캐리어인 전자 농도는 서로 다르다.

$$\frac{\gamma_2}{\gamma_1} \cong \frac{1 + \left(\frac{p_{Co1}}{n_{Bo}}\right)\left(\frac{D_{pC1}}{D_{nB1}}\right)\left(\frac{W_B}{W_C}\right)}{1 + \left(\frac{p_{Co2}}{n_{Bo}}\right)\left(\frac{D_{pC2}}{D_{nB2}}\right)\left(\frac{W_B}{W_C}\right)} = \frac{1 + \left(\frac{N_{AB1,eff}}{N_{DC,eff}}\right)\left(\frac{D_{pC1}}{D_{nB1}}\right)\left(\frac{W_B}{W_C}\right)}{1 + \left(\frac{N_{AB2,eff}}{N_{DC2,eff}}\right)\left(\frac{D_{pC2}}{D_{nB2}}\right)\left(\frac{W_B}{W_C}\right)} = \frac{1 + \left(\frac{N_{AB1,eff}}{N_o}\right)\left(\frac{D_{pC1}}{D_{nB1}}\right)\left(\frac{W_B}{W_C}\right)}{1 + \frac{1}{10}\left(\frac{N_{AB2,eff}}{N_o}\right)\left(\frac{D_{pC2}}{D_{nB2}}\right)\left(\frac{W_B}{W_C}\right)} > 1$$

$$\Leftrightarrow \quad \gamma_2 > \gamma_1$$

즉 n형 에미터로 동작하는 C영역의 도핑 농도는 BJT2가 더 높기 때문에($N_{DC2} = 10N_o > N_{DC1} = N_o$), BJT2의 에미터 주입효율이 BJT1의 에미터 주입효율보다 더 큰 값을 갖는다.

(f) 두 BJT에 $V_{BC1} = V_{BC2} \sim 0.7$ [V], $V_{BA1} = V_{BA2} = -5$ [V]의 바이어스가 인가된 경우(공간전하영역의 차이는 무시), 베이스 전송효율은 다음과 같이 비교할 수 있다(α_{T1} vs. α_{T2}).

$$\alpha_T \equiv \frac{J_{nB}(x=W_B)}{J_{nB}(x=0)} = \frac{J_{nA}}{J_{nC}} = \frac{J_{nC} - J_{RB}}{J_{nC}} = 1 - \frac{J_{RB}}{J_{nC}} \leq 1 \quad ; \ (J_{nC} - J_{RB}) = J_{nA}$$

즉 npn 바이폴라 트랜지스터의 베이스 전송효율은 다음과 같이 베이스 중성영역의 길이(W_B)에 비해 확산길이(L_{nB})가 길수록 베이스를 통과하는 동안의 재결합 확률이 감소하므로, 베이스 전송효율은 향상된다.

$$\alpha_T \equiv \frac{J_{nA}}{J_{nC}} = \frac{J_{nC} - J_{RB}}{J_{nC}} = \left(1 - \frac{J_{RB}}{J_{nC}}\right) = \frac{1}{\cosh(W_B/L_{nB})}$$

따라서 베이스 중성영역의 길이와 도핑 농도의 차이로 인해 확산길이가 서로 다른 BJT1과 BJT2의 베이스 전송효율의 비는 다음과 같이 비교할 수 있다.

$$\begin{cases} W_{B1} = W_{B2} \\ L_{nB1} > L_{nB2} \end{cases} \Leftrightarrow \left(\frac{W_B}{L_{nB1}}\right) < \left(\frac{W_B}{L_{nB2}}\right) \Leftrightarrow \frac{\alpha_{T2}}{\alpha_{T1}} = \frac{\cosh(W_B/L_{nB1})}{\cosh(W_B/L_{nB2})} < 1 \Leftrightarrow \alpha_{T2} < \alpha_{T1}$$

즉 낮은 베이스 도핑 농도로 과잉 캐리어의 확산길이가 긴 BJT1의 베이스 전송효율이 BJT2의 전송효율보다 높음을 알 수 있다.

(g) npn 바이폴라 트랜지스터의 전류 구성 성분은 다음 그림과 같다. (파란색 화살표는 전자의 유동밀도 $F_n(x)$를 나타낸다. 음의 전하를 띤 전자에 의한 전류 $J_n(x)$는 화살표와 반대 방향이다. $J_n(x) = -qF_n(x)$)

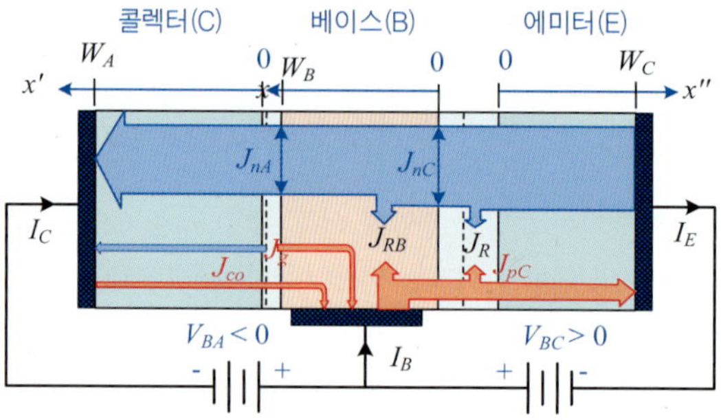

두 BJT에 $V_{BC1} = V_{BC2} = 0.7$ [V], $V_{BA1} = V_{BA2} = -5$ [V]의 전압이 인가된 경우, BJT1과 BJT2의 재결합효율은 동일($\delta_2 = \delta_1$)하다고 주어져 있다. 앞서 비교한 바와 같이 BJT1과 BJT2의 에미터 주입효율과 베이스 전송효율은 각각 $\gamma_2 > \gamma_1$, $\alpha_{T2} < \alpha_{T1}$이다. 따라서 전송효율의 구체적인 특성지표가 제시되지 않으면, 다음과 같이 그 크기를 비교하는 것은 불가능하다.

$$\frac{\alpha_2}{\alpha_1} = \left(\frac{\gamma_2}{\gamma_1}\right)\left(\frac{\alpha_{T2}}{\alpha_{T1}}\right)\left(\frac{\delta_2}{\delta_1}\right) = \left(\frac{\gamma_2}{\gamma_1}\right)\left(\frac{\alpha_{T2}}{\alpha_{T1}}\right) < ? > 1 \quad (\delta_1 = \delta_2)$$

만약 불순물 농도 증가에 의한 확산계수(또는 이동도)와 확산길이의 변화가 크지 않다고 가정하면($D_{nB1} \approx D_{nB2}$, $L_{nB1} = L_{nB2}$), 베이스 전송효율은 동일하므로($\alpha_{T1} \approx \alpha_{T2}$), 전류 증폭률은 에미터 주입효율에 의해 결정된다. 이 경우에는 에미터로 동작하는 C영역의 도핑 농도가 높은 BJT2의 전류 증폭률이 더 큰 값을 갖는다.

$$\frac{\alpha_2}{\alpha_1} = \left(\frac{\gamma_2}{\gamma_1}\right)\left(\frac{\alpha_{T2}}{\alpha_{T1}}\right)\left(\frac{\delta_2}{\delta_1}\right) = \left(\frac{\gamma_2}{\gamma_1}\right) > 1 \quad (\delta_1 = \delta_2, L_{nB1} = L_{B2})$$

(h) 두 BJT에 $V_{BC1} = V_{BC2} = 0.7$ [V], $V_{BA1} = V_{BA2} = -5$ [V]의 전압이 인가된 경우, 콜렉터 영역으로 동작하는 A단자의 전류 크기를 비교해보자(I_{A1} vs. I_{A2}). n형 콜렉터 영역으로 동작하는 A단자의 전류는, p형 베이스로 동작하는 B영역 끝까지 확산해 온 전자에 의한 전류 J_{nA}와, 역방향 전압이 인가된 콜렉터 접합 공간전하영역에서 열생성된 전자–정공 켤레에 의한 전류 J_g, 콜렉터 접합으로 동작하는 A–C 접합 부근의 중성영역에서 소수 캐리어인 정공의 확산전류 J_{co}의 합으로 구성되어 있다. $V_{BC1} = V_{BC2} = 0.7$ [V], $V_{BA1} = V_{BA2} = -5$ [V]의 전압이 인가되면, 이들 중 에미터인 C영역에서 주입되어 콜렉터인 A영역에 도달한 J_{nA}가 콜렉터 전류의 대부분을 차지한다.

$$I_C = J_C A \; ; \; J_C = J_{nA} + J_g + J_{co} \approx J_{nA}$$

이때 BJT1과 BJT2의 비교를 단순화하기 위해, 베이스로 동작하는 중성 B영역이 확산길이보다 훨씬 짧다고($W_B \ll L_{nB}$) 가정하면, 콜렉터로 동작하는 단자 A의 전류 J_{nA}는 다음과 같이 간략히 정리할 수 있다.

$$J_{nA} \cong q\frac{D_{nB}}{L_{nB}}\Delta n_E \frac{1}{\sinh(W_B/L_{nB})} \cong q\frac{D_{nB}}{W_B}\Delta n_E \ ; \quad \Delta n_E = n_{Bo}\left(e^{V_{BC}/V_{th}}-1\right)$$

따라서 베이스의 총 불순물 농도가 다른 BJT1과 BJT2 콜렉터 전류의 비는 다음과 같다.

$$\left(\frac{N_{imp,B2}}{N_{imp,B1}}\right) > 1, \quad \left(\frac{D_{nB2}}{D_{nB1}}\right) < 1, \quad \left(\frac{L_{nB2}}{L_{nB1}}\right) < 1, \quad \left(\frac{W_{B1}}{W_{B2}}\right) = 1$$

$$\frac{I_{C2}}{I_{C1}} \cong \frac{J_{nA2}}{J_{nA1}} = \frac{D_{nB2}}{D_{nB1}}\frac{L_{nB1}}{L_{nB2}}\frac{\sinh(W_B/L_{nB1})}{\sinh(W_B/L_{nB2})} \cong \left(\frac{D_{nB2}}{D_{nB1}}\right) \le 1 \quad \Leftrightarrow \quad I_{C1} \ge I_{C2}$$

즉 동일한 전압이 인가된 경우, 베이스로 동작하는 B영역의 총 불순물 농도가 낮을수록 확산계수가 더 크다. 따라서 B영역의 총 불순물 농도가 낮은 BJT1의 콜렉터 전류가 BJT2의 콜렉터 전류보다 큰 값을 갖는다.

(i) 두 BJT에 $V_{BA} = 0.7$ [V], $V_{BC} = -5$ [V]의 전압을 인가하여 동작시킬 경우, A–B 접합은 순방향 전압이 인가된 에미터 접합으로 동작하고, B–C 접합은 역방향 전압이 인가된 콜렉터 접합으로 동작한다. 이때 BJT1과 BJT2의 에너지 대역도는 다음과 같다.

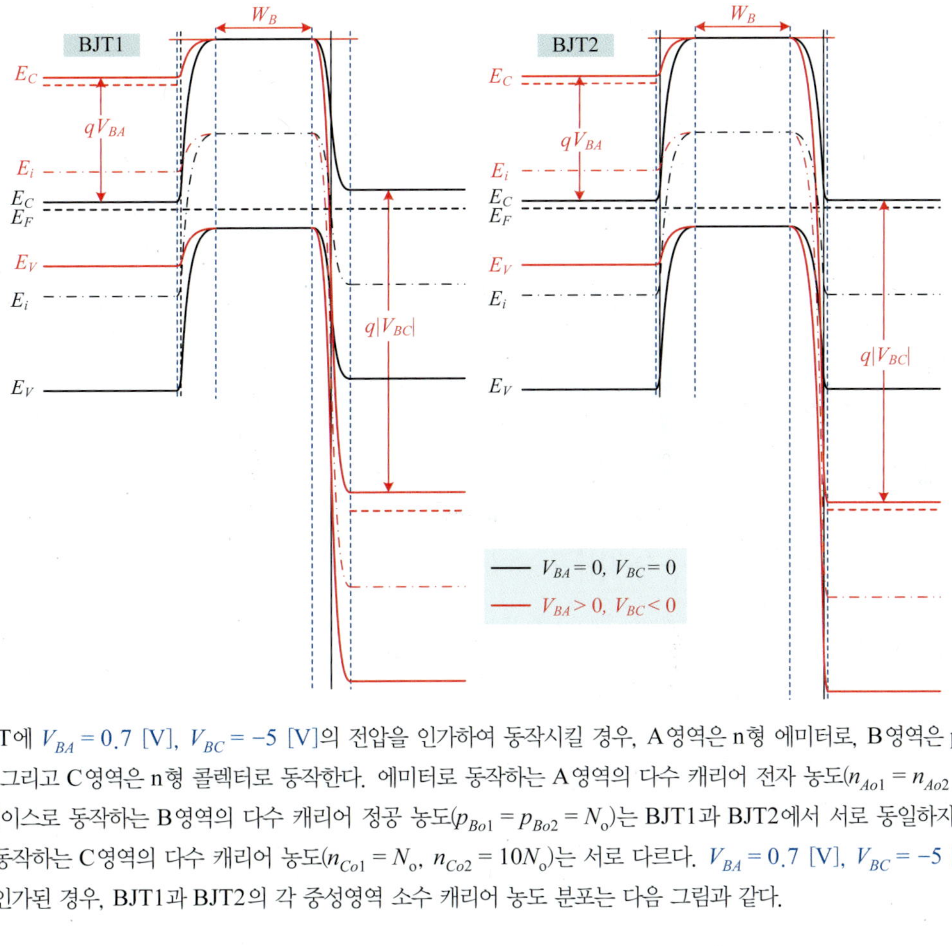

두 BJT에 $V_{BA} = 0.7$ [V], $V_{BC} = -5$ [V]의 전압을 인가하여 동작시킬 경우, A영역은 n형 에미터로, B영역은 p형 베이스로, 그리고 C영역은 n형 콜렉터로 동작한다. 에미터로 동작하는 A영역의 다수 캐리어 전자 농도($n_{Ao1} = n_{Ao2} = 10N_o$)와, 베이스로 동작하는 B영역의 다수 캐리어 정공 농도($p_{Bo1} = p_{Bo2} = N_o$)는 BJT1과 BJT2에서 서로 동일하지만, 콜렉터로 동작하는 C영역의 다수 캐리어 농도($n_{Co1} = N_o$, $n_{Co2} = 10N_o$)는 서로 다르다. $V_{BA} = 0.7$ [V], $V_{BC} = -5$ [V]의 전압이 인가된 경우, BJT1과 BJT2의 각 중성영역 소수 캐리어 농도 분포는 다음 그림과 같다.

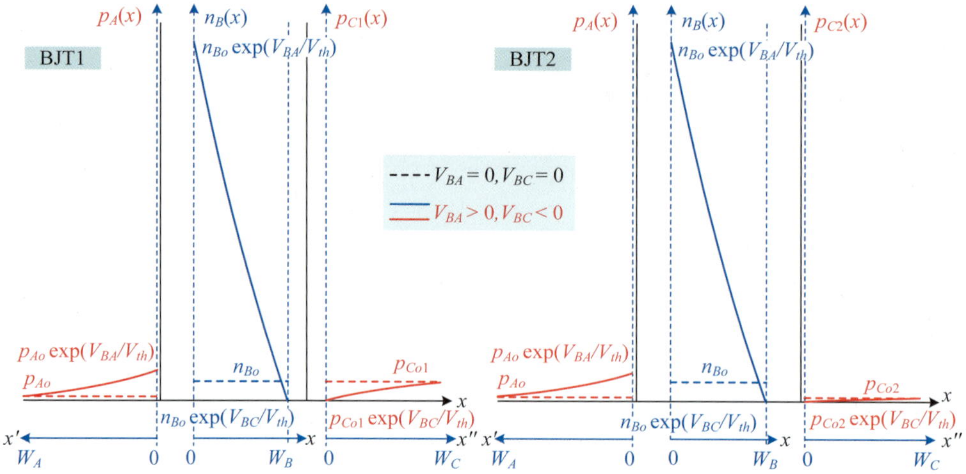

npn형 BJT의 베이스 접지전류 증폭률 α는 다음과 같이 에미터 접합으로 동작하는 A–B 접합의 에미터 주입효율(γ), p형 베이스로 동작하는 B영역의 베이스 전송효율(α_T), 에미터 접합으로 동작하는 A–B 접합의 공간전하영역의 재결합효율(δ)의 곱으로 나타낼 수 있다. 이 때 각 영역별 전류 구성 성분은 다음과 같다. (파란색 화살표는 전자의 유동밀도 $F_n(x)$를 나타낸다. 음의 전하를 띤 전자에 의한 전류 $J_n(x)$는 화살표와 반대 방향이다. $J_n(x) = -qF_n(x)$)

$$J_{nA} \equiv J_{nB,diff}(x=0) = qD_{nB}\left|\frac{d\delta n_B(x)}{dx}\right|_{x=0}, \quad J_{nC} \equiv J_{nB,diff}(x=W_B) = qD_{nB}\left|\frac{d\delta n_B(x)}{dx}\right|_{x=W_B}$$

$$J_{RB} \equiv \int_0^{W_B} qRdx = J_{nA} - J_{nC}, \quad J_R \equiv \int_{B\text{-}A\ SCR} qRdx, \quad J_{pA} \equiv J_{pA,diff}(x''=0) = qD_{pA}\left|\frac{d\delta p_A(x'')}{dx''}\right|_{x''=0}$$

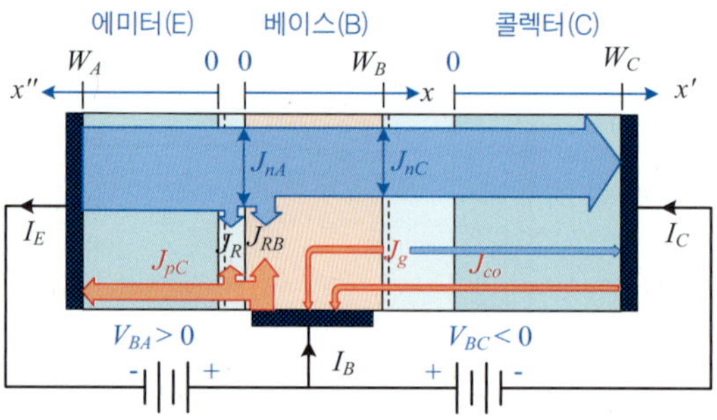

▶ npn 바이폴라 트랜지스터의 에미터와 베이스의 중성영역의 길이가 짧은 경우 : 에미터 주입효율은 확산계수의 비($D_{pA}/D_{nB} = \mu_{pA}/\mu_{nB}$), 중성영역 길이의 비($W_B/W_A$), 베이스로 동작하는 p형 B영역의 정공 농도와 에미터로 동작하는 n형 A영역 도핑 농도의 비($N_{AB,eff}/N_{DA}$)에 의해 결정된다. 이때 베이스로 동작하는 p형 B영역의 다수 캐리어 농도($p_{Bo1} = p_{Bo2} = N_{AB,eff} = N_o$)와, 에미터로 동작하는 n형 A영역의 다수 캐리어인 전자 농도($n_{Ao1} = n_{Ao2} = N_{DE} = 10N_o$)가 BJT1과 BJT2에서 동일하다. 따라서 BJT1과 BJT2의 에미터 주입효율은 다음과 같이 동일한 값을 갖는다.

$$\frac{\gamma_2}{\gamma_1} \cong \frac{1+\left(\frac{N_{AB1,eff}}{N_{DA1}}\right)\left(\frac{D_{pA1}}{D_{nB1}}\right)\left(\frac{W_B}{W_A}\right)}{1+\left(\frac{N_{AB2,eff}}{N_{DA1}}\right)\left(\frac{D_{pA2}}{D_{nB2}}\right)\left(\frac{W_B}{W_A}\right)} = \frac{1+\left(\frac{N_{AB1,eff}}{10N_o}\right)\left(\frac{D_{pA1}}{D_{nB1}}\right)\left(\frac{W_B}{W_C}\right)}{1+\left(\frac{N_{AB2,eff}}{10N_o}\right)\left(\frac{D_{pA2}}{D_{nB2}}\right)\left(\frac{W_B}{W_C}\right)} = 1 \quad \Leftrightarrow \quad \gamma_2 \cong \gamma_1$$

▶ 베이스 전송효율 α_T : $V_{BA1} = V_{BA2} = 0.7$ [V], $V_{BC1} = V_{BC2} = -5$ [V]의 전압이 인가된 npn BJT의 베이스 중성영역 길이가 확산길이에 비해 짧은 경우($W_B \ll L_{nB}$)(공간전하영역 차이는 무시), 베이스 전송효율의 비는 앞에서 구한 바와 같다.

$$\begin{cases} W_{B1} = W_{B2} \\ L_{nB1} > L_{nB2} \end{cases} \Leftrightarrow \left(\frac{W_B}{L_{nB1}}\right) < \left(\frac{W_B}{L_{nB2}}\right) \Leftrightarrow \frac{\alpha_{T2}}{\alpha_{T1}} = \frac{\cosh(W_B/L_{nB1})}{\cosh(W_B/L_{nB2})} < 1 \Leftrightarrow \alpha_{T2} < \alpha_{T1}$$

즉 낮은 베이스 도핑 농도로 인해 과잉 캐리어의 확산길이가 긴 BJT1의 베이스 전송효율이 BJT2의 전송효율보다 높다.

▶ 베이스 접지전류 증폭률 α : $V_{BA1} = V_{BA2} = 0.7$ [V], $V_{BC1} = V_{BC2} = -5$ [V]의 전압이 인가되어 A 영역이 n형 에미터로, B영역이 p형 베이스로, C영역이 n형 콜렉터로 동작할 경우, BJT1과 BJT2의 재결합효율이 동일($\delta_2 = \delta_1$)하다고 가정하면, 앞서 비교한 바와 같이 에미터 주입효율과 베이스 전송효율은 각각 $\gamma_2 = \gamma_1$, $\alpha_{T1} > \alpha_{T2}$이다. 따라서 BJT1의 베이스 접지전류 증폭률(α)과 에미터 접지전류 증폭률(β)이 BJT2보다 큰 값을 갖는다.

$$\frac{\alpha_{2,RAM}}{\alpha_{1,RAM}} \cong \left(\frac{\alpha_{T2,RAM}}{\alpha_{T1,RAM}}\right) < 1 \Leftrightarrow \boxed{\alpha_{1,RAM} > \alpha_{2,RAM}} \Rightarrow \boxed{\frac{\beta_{2,RAM}}{\beta_{1,RAM}} < 1} \Leftrightarrow \boxed{\beta_{1,RAM} > \beta_{2,RAM}}$$

10.9 베이스 도핑 농도와 전기적 특성 변화

오른쪽 그림과 같은 npn형 BJT가 있다. 각 영역(1, 2, 3) 내에서는 균일한 도핑 분포를 보이며, 도핑 농도는 $n_i \ll N_{D1} \ll N_A \ll N_{D3}$이다.

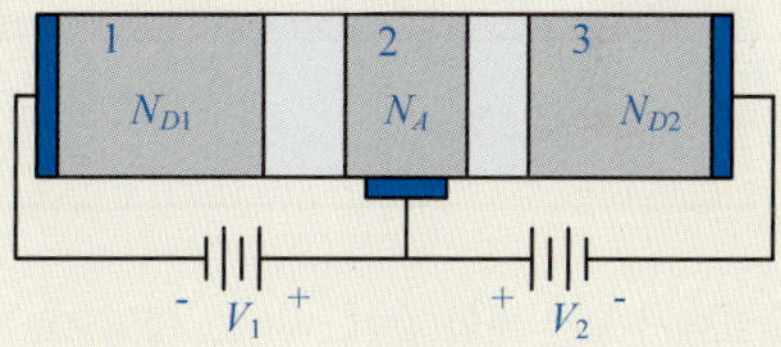

(a) 열평형 상태의 에너지 대역도를 그려라.

두 학생 중 한 학생은 A : $V_1 = 0.7$ [V], $V_2 = -3$ [V]인 형태로, 다른 학생은 B : $V_1 = -3$ [V], $V_2 = 0.7$ [V]인 형태로 바이어스를 인가하여 BJT로 사용하려고 한다.

(b) 각 중성영역의 소수 캐리어 농도 분포를 그림으로 비교하라.
(c) 에미터 주입효율을 근거를 제시하여 비교하라.
(d) 베이스 전송효율을 근거를 제시하여 비교하라.
(e) 전류 증폭률을 근거를 제시하여 비교하라.
(f) 얼리 전압을 근거를 제시하여 비교하라.

(a) 이 트랜지스터의 영역 1과 3은 도너(N_{D1}, N_{D3})가 주입된 n형 반도체이며, 영역 2는 억셉터가 주입된 p형 반도체이다. 따라서 이 트랜지스터는 p형 영역 2를 베이스로 하는 npn형 바이폴라 트랜지스터로 동작한다. 접합 형성 전과 열평형 상태($V_1 = 0$, $V_2 = 0$)의 에너지 대역도, 그리고 중성영역 소수 캐리어의 농도 분포를 그림에 나타내었다.

접합을 형성하기 전, 영역 1, 2, 3의 다수 캐리어와 소수 캐리어 농도는 다음 표와 같다.

구분	영역 1 (n 형)	영역 2 (p 형 베이스)	영역 3 (n 형)
다수 캐리어 농도	전자 : $n_{1o} = N_{D1}$	정공 : $p_{Bo} = N_A$	전자 : $n_{3o} = N_{D3}$
소수 캐리어 농도	정공 : $p_{1o} = n_i^2/N_{D1}$	전자 : $n_{Bo} = n_i^2/N_A$	정공 : $p_{3o} = n_i^2/N_{D3}$

n형 영역 1과 p형 영역 2로 이루어진 접합 1, n형 영역 3과 p형 영역 2로 이루어진 접합 3에 인가된 전압 형태에 따라 에미터 접합 또는 콜렉터 접합으로 사용될 수 있음을 알 수 있다. 열평형 상태에서 중성영역의 전자와 정공의 농도 차이(또는 페르미 준위 차이)로 인해 형성된 영역 1과 2의 접합(접합 1)과, 영역 3과 2의 접합(접합 3)의 내부 전압(V_{bi1}, V_{bi3})을 다음 표에 요약하였다.

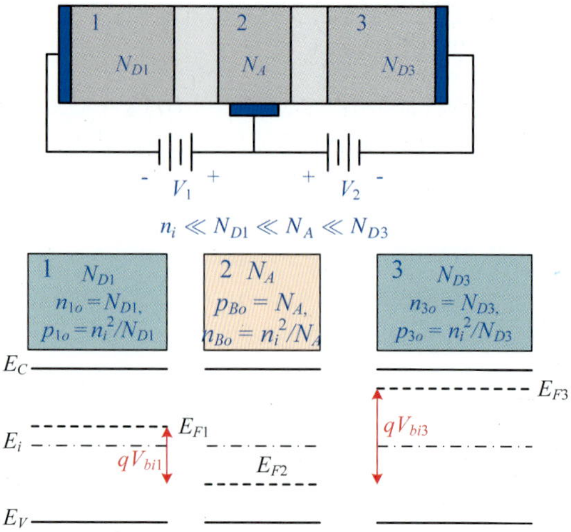

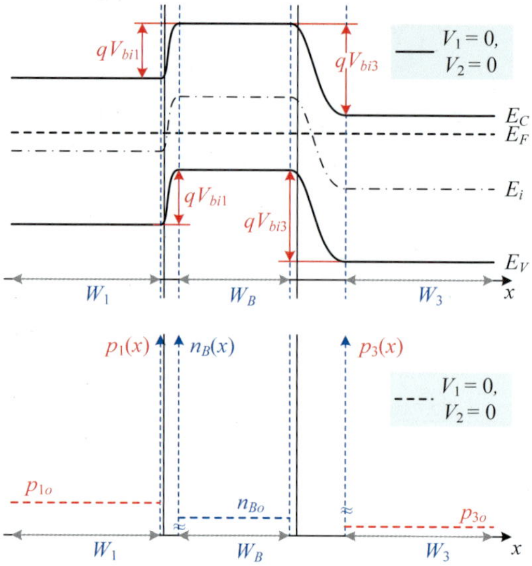

구분	접합 1 (1–2 접합)	접합 3 (3–2 접합)
접합 내부 전압	$V_{bi1} = \dfrac{\lvert E_{F1} - E_{F2}\rvert}{q} = V_{th} \ln\left(N_{D1}N_A/n_i^2\right)$	$V_{bi3} = \dfrac{\lvert E_{F3} - E_{F2}\rvert}{q} = V_{th} \ln\left(N_{D3}N_A/n_i^2\right)$

표에서 보는 바와 같이, 베이스 영역으로 동작하는 영역 2는 접합 1과 접합 3에 공유되는 p형 영역이며, 접합 1의 내부 전압(V_{bi1})과 접합 2의 내부 전압(V_{bi2})의 차이는 다음과 같다.

$$\Delta V_{bi} = V_{bi3} - V_{bi1} = V_{th} \ln\left(\frac{N_{D3}}{N_{D1}}\right) > 0 \quad \Leftrightarrow \quad V_{bi1} < V_{bi3}$$

(b) 두 학생 중 한 학생은 A : $V_1 = 0.7$ [V], $V_2 = -3$ [V]인 형태로, 다른 학생은 B : $V_1 = -3$ [V], $V_2 = 0.7$ [V]인 형태로 바이어스를 인가하여 BJT로 사용하는 경우, 에너지 대역도를 다음 그림에 요약하였다.

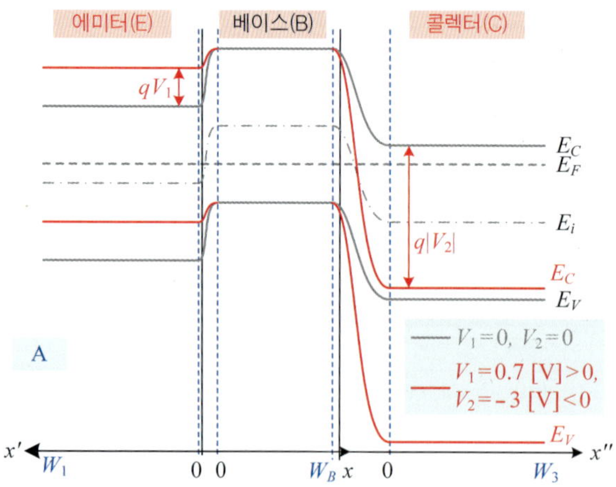

A학생의 에너지 대역도

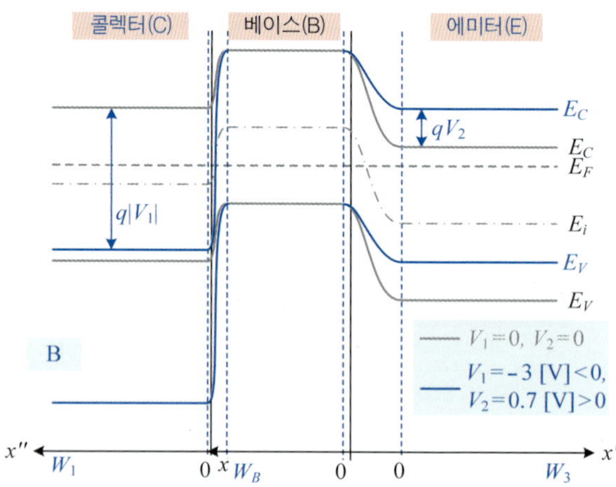

B학생의 에너지 대역도

구분	영역 1(n 형)	영역 2(p 형 베이스)	영역 3(n 형)
A학생 ($V_1 = 0.7$ [V], $V_2 = -3$ [V])	에미터	베이스	콜렉터
B학생 ($V_1 = -3$ [V], $V_2 = 0.7$ [V])	콜렉터		에미터
열평형 상태의 캐리어 농도	전자: $n_{1o} = N_{D1}$ 정공: $p_{1o} = n_i^2/N_{D1}$	정공: $p_{Bo} = N_A$ 전자: $n_{Bo} = n_i^2/N_A$	전자: $n_{3o} = N_{D3}$ 정공: $p_{3o} = n_i^2/N_{D3}$

A학생의 BJT는 n형 영역 1과 p형 영역 2로 이루어진 접합 1에 순방향 전압($V_1 = 0.7$ [V] > 0)을 인가한 에미터 접합과, n형 영역 3과 p형 영역 2로 이루어진 접합 3에 역방향 전압($V_3 = -3$ [V] < 0)을 인가한 콜렉터 접합으로 사용되는 npn BJT로 동작한다. B학생의 BJT는 접합 1에 역방향 전압($V_1 = -3$ [V] < 0)을 인가한 콜렉터 접합과, 접합 3에 순방향 전압($V_3 = 0.7$ [V] > 0)을 인가한 에미터 접합으로 사용되는 npn BJT로 동작한다.

접합 양단의 전압에 의해 변한 에너지 장벽($\Delta E = -qV$)과 캐리어 농도 분포는 다음 관계식을 통해 구할 수 있다.

$$N(x) = N_{ref}\exp\left(\frac{\Delta E(x)}{kT}\right) = N_{ref}\exp\left(\frac{\Delta\psi(x)}{V_{th}}\right) = N_{ref}\exp\left(\frac{V(x)}{V_{th}}\right)$$

접합 1에 인가된 전압 V_1과 접합 2에 인가된 전압 V_2에 의해 결정되는 각 중성영역 경계지점의 과잉 캐리어 농도는 다음 표와 같다.

구분	영역 1 ($0 \le x' \le W_1$)	영역 2 : 베이스 ($0 \le x \le W_B$)	영역 3 ($0 \le x'' \le W_3$)
접합 1 (V_1)	$\delta p_1(0) = p_{1o}\left(e^{V_1/V_{th}} - 1\right) \equiv \Delta p_1$	$\delta n_B(0) = n_{Bo}\left(e^{V_1/V_{th}} - 1\right) \equiv \Delta n_1$	$V_{bi1} = V_{th}\ln\left(\frac{N_{D1}N_A}{n_i^2}\right)$
접합 2 (V_2)	$V_{bi2} = V_{th}\ln\left(\frac{N_{D2}N_{AB}}{n_i^2}\right)$	$\delta n_B(W_B) = n_{Bo}\left(e^{V_2/V_{th}} - 1\right) \equiv \Delta n_2$	$\delta p_3(0) = p_{Co}\left(e^{V_2/V_{th}} - 1\right) \equiv \Delta p_3$
금속 접점	$\delta p_1(W_1) = p_1(W_1) - p_{1o} = 0$		$\delta p_3(W_3) = p_3(W_3) - p_{3o} = 0$

A와 B의 두 경우에 대한 각 중성영역의 과잉 캐리어 농도 분포는 확산방정식을 이용하여 얻은 농도 분포의 일반해에, 위의 표에 정리한 경계조건을 적용하여 얻을 수 있다.

$$\frac{\partial^2 \delta N_i(x)}{\partial x^2} - \frac{\delta N_i(x)}{L_{min}^2} = 0, \quad \delta N_i(x) = \delta N_{min,i}(x) = \delta N_{maj,i}(x)$$

$$\Leftrightarrow \quad \delta N_i(x_i) = \Delta N(0)\frac{\sinh\left(-(x_i - W_i)/L_{min}\right)}{\sinh\left(W_i/L_{min}\right)} \quad (0 \le x_i \le W)$$

A와 B의 두 경우에 대한 과잉 캐리어 농도 분포를 중성영역별로 구분하여 정리하면 다음 표와 같다.

구분	A 학생 ($V_1 = 0.7$ [V], $V_2 = -3$ [V])		B 학생 ($V_1 = -3$ [V], $V_2 = 0.7$ [V])	
베이스 (영역 2)	$\delta n_{BA}(x) \cong \Delta n_1 \frac{\sinh[-(x - W_B)/L_{nB}]}{\sinh(W_B/L_{nB})}$ $\Delta n_1 \equiv \delta n_B(0) = n_{Bo}\left(e^{V_1/V_{th}} - 1\right) = \Delta n_2$		$\delta n_{BB}(x) \cong \Delta n_2 \frac{\sinh[-(x - W_B)/L_{nB}]}{\sinh(W_B/L_{nB})}$ $\Delta n_2 \equiv \delta n_B(0) = n_{Bo}\left(e^{V_2/V_{th}} - 1\right) = \Delta n_1$	
에미터	영역 1	$\delta p_1(x') = \Delta p_1 \frac{\sinh[-(x' - W_1)/L_{p1}]}{\sinh(W_1/L_{p1})}$ $\Delta p_1 \equiv \delta p_1(0) = p_{1o}\left(e^{V_1/V_{th}} - 1\right) < \Delta p_3$	영역 3	$\delta p_3(x') = \Delta p_2 \frac{\sinh[-(x' - W_3)/L_{p3}]}{\sinh(W_3/L_{p3})}$ $\Delta p_3 \equiv \delta p_3(0) = p_{3o}\left(e^{V_2/V_{th}} - 1\right) > \Delta p_1$
콜렉터	영역 3	$\delta p_3(x'') = \Delta p_3 \frac{\sinh[-(x'' - W_3)/L_{p3}]}{\sinh(W_3/L_{p3})}$ $\Delta p_3 \equiv \delta p_3(0) = p_{3o}\left(e^{V_2/V_{th}} - 1\right) \cong -p_{3o}$	영역 1	$\delta p_1(x'') = \Delta p_1 \frac{\sinh[-(x'' - W_1)/L_{p1}]}{\sinh(W_1/L_{p1})}$ $\Delta p_1 \equiv \delta p_1(0) = p_{1o}\left(e^{V_1/V_{th}} - 1\right) \cong -p_{1o}$

A와 B 두 학생의 인가 전압에 대한 중성영역 소수 캐리어 농도 분포를 그림으로 비교하면 다음과 같다.

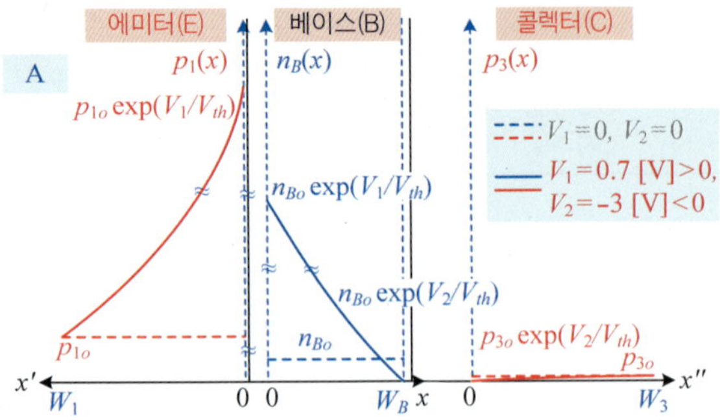

A학생의 동작 시 소수 캐리어 농도 분포

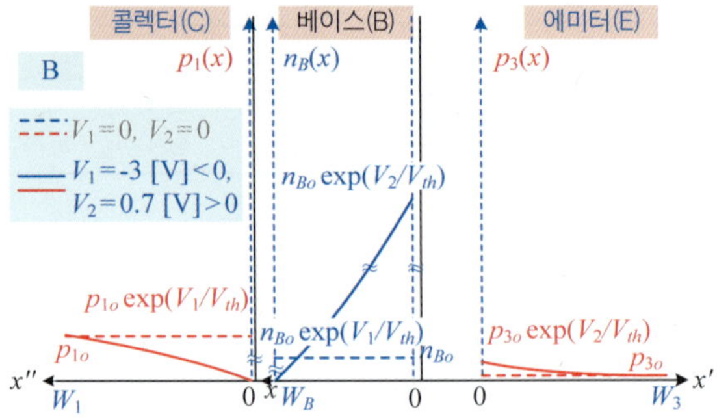

B학생의 동작 시 소수 캐리어 농도 분포

(c) npn형 BJT의 베이스 접지전류 증폭률 α는 다음과 같이 에미터 접합으로 동작하는 A−B 접합의 에미터 주입효율(γ), 베이스로 동작하는 B영역의 베이스 전송효율(α_T), 에미터 접합으로 동작하는 A−B 접합 공간전하영역의 재결합효율(δ)의 곱으로 나타낼 수 있다. 전류 증폭률 분석에 필요한 A와 B의 경우에 대한 전류 성분을 다음 그림으로 비교하였다. (파란색 화살표는 전자의 유동밀도 $F_n(x)$를 나타낸다. 음의 전하를 띤 전자에 의한 전류 $J_n(x)$는 화살표와 반대 방향이다. $J_n(x)=-qF_n(x)$)

$$J_{nE} \equiv J_{nB,diff}(x=0) = qD_{nB}\left|\frac{d\delta n_B(x)}{dx}\right|_{x=0}, \qquad J_{nC} \equiv J_{nB,diff}(x=W_B) = qD_{nB}\left|\frac{d\delta n_B(x)}{dx}\right|_{x=W_B}$$

$$J_{pE} \equiv J_{pE,diff}(x'=0) = qD_{pE}\left|\frac{d\delta p_E(x')}{dx'}\right|_{x'=0}, \qquad J_{RB} \equiv \int_0^{W_B} qRdx = J_{nE} - J_{nC}, \qquad J_R \equiv \int_{B-E\ SCR} qRdx$$

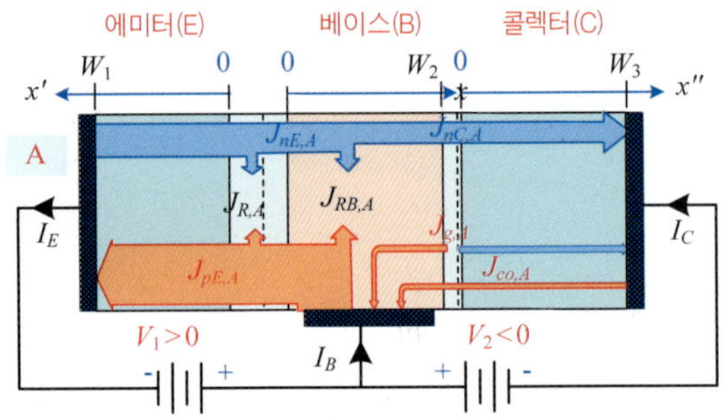

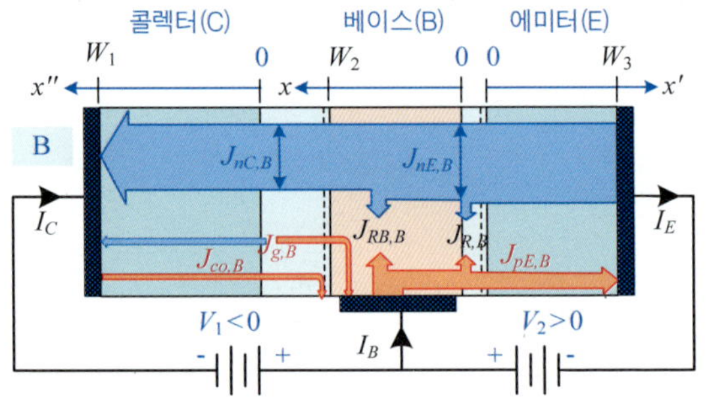

npn BJT의 에미터와 베이스의 중성영역의 길이가 짧은 경우, 에미터 주입효율은 다음과 같이 확산계수의 비($D_{pE}/D_{nB}=\mu_{pE}/\mu_{nB}$), 중성영역 길이의 비($W_B/W_E$), 베이스로 동작하는 영역 2의 정공 농도와 에미터로 동작하는 영역의 도핑 농도의 비(N_{AB}/N_{DE})에 의해 결정된다.

$$\gamma \equiv \left(\frac{J_{nE}}{J_{nE}+J_{pE}}\right) \cong \frac{1}{1+\left(\frac{p_{Eo}}{n_{Bo}}\right)\left(\frac{D_{pE}}{D_{nB}}\right)\left(\frac{L_{nB}}{L_{pE}}\right)\left(\frac{\tanh(W_B/L_{nB})}{\tanh(W_E/L_{pE})}\right)} \cong \frac{1}{1+\left(\frac{p_{Eo}}{n_{Bo}}\right)\left(\frac{D_{pE}}{D_{nB}}\right)\left(\frac{W_B}{W_E}\right)}$$

$$= \frac{1}{1+\left(\frac{N_{AB}}{N_{DE}}\right)\left(\frac{D_{pE}}{D_{nB}}\right)\left(\frac{W_B}{W_E}\right)}$$

A학생의 동작과 B학생의 동작에서 베이스는 공통이므로, 에미터로 동작하는 영역의 도핑 농도에 의해 에미터 주입효율

이 달라진다. 즉 아래에 비교한 바와 같이 에미터로 동작하는 영역 1의 도핑 농도가 훨씬 높은 B학생의 에미터 주입효율이 A학생의 경우보다 높은 값을 갖는다.

$$\frac{\gamma_B}{\gamma_A} \cong \frac{1+\left(\frac{N_{AB}}{N_{DE,A}}\right)\left(\frac{D_{pE,A}}{D_{nB}}\right)\left(\frac{W_B}{W_{E,A}}\right)}{1+\left(\frac{N_{AB}}{N_{DE,B}}\right)\left(\frac{D_{pE,B}}{D_{nB}}\right)\left(\frac{W_B}{W_{E,B}}\right)} = \frac{1+\left(\frac{N_{AB}}{N_{D1}}\right)\left(\frac{D_{p1}}{D_{nB}}\right)\left(\frac{W_B}{W_{E,A}}\right)}{1+\left(\frac{N_{AB}}{N_{D3}}\right)\left(\frac{D_{p3}}{D_{nB}}\right)\left(\frac{W_B}{W_{E,B}}\right)} > 1 \quad \Leftrightarrow \quad N_{D3} \gg N_{D1} \quad \Leftrightarrow \quad \gamma_A < \gamma_B$$

(d) 인가 전압에 의한 공간전하영역의 변화와 이로 인한 중성영역의 변화를 무시할 수 있으며, 베이스 영역을 공통으로 하고 동작 모드만 다르게 한 A학생과 B학생의 베이스 영역의 전송효율은 다음과 같이 동일하다고 가정할 수 있다.

$$\frac{\alpha_{TB}}{\alpha_{TA}} = \frac{\cosh\left(W_{B,A}/L_{nB}\right)}{\cosh\left(W_{B,B}/L_{nB}\right)} = 1 \quad \Leftrightarrow \quad W_{B,A} = W_{B,B} = W_B \quad \Leftrightarrow \quad \alpha_{TA} = \alpha_{TB}$$

(e) A학생과 B학생의 경우에서, npn 바이폴라 트랜지스터의 베이스 접지전류 증폭률 α를 결정하는 에미터 주입효율과 베이스 전송효율은 앞서 비교한 바와 같이 $\gamma_A > \gamma_B$, $\alpha_{TA} = \alpha_{TB}$이다. 순방향 전압이 인가된 에미터 접합의 재결합효율이 동일하다고 가정할 경우, 에미터 주입효율이 높은 A학생의 동작 시 전류 증폭률이 B학생의 경우보다 큼을 다음과 같이 알 수 있다.

$$\frac{\alpha_B}{\alpha_A} \equiv \left(\frac{\gamma_B}{\gamma_A}\right)\left(\frac{\alpha_{TB}}{\alpha_{TA}}\right)\left(\frac{\delta_B}{\delta_A}\right) \cong \left(\frac{\gamma_B}{\gamma_A}\right) > 1 \quad \Leftrightarrow \quad \alpha_A < \alpha_B \quad \Leftrightarrow \quad \alpha_A < \alpha_B \quad \Leftrightarrow \quad \beta_A < \beta_B$$

(f) 베이스 폭 변조계수는 콜렉터 역방향 전압의 변화에 따른 베이스 공간전하영역 폭(X_{pB})의 변화 정도를 나타내는 지표이므로, A와 B학생의 콜렉터 인가 전압에 따른 베이스 공간전하영역 폭을 통해 비교할 수 있다.

$$X_{pB} = W_{BC}\frac{N_{DC}}{\left(N_{DC}+N_{AB}\right)} = \frac{N_{DC}}{\left(N_{DC}+N_{AB}\right)}\sqrt{\frac{2\varepsilon_{Si}}{q}\left(\frac{N_{AB}+N_{DC}}{N_{AB}N_{DC}}\right)\left(V_{biC}+V_{CB}\right)} = \frac{1}{N_{AB}}\sqrt{\frac{2\varepsilon_{Si}}{q}\frac{\left(V_{biC}+V_{CB}\right)}{\left(\frac{1}{N_{DC}}+\frac{1}{N_{AB}}\right)}}$$

$$\frac{X_{pB,B}}{X_{pB,A}} \cong \sqrt{\left(\frac{1}{N_{DC,A}}+\frac{1}{N_{AB}}\right)\Big/\left(\frac{1}{N_{DC,B}}+\frac{1}{N_{AB}}\right)} \cong \sqrt{\left(\frac{1}{N_{D3}}+\frac{1}{N_{AB}}\right)\Big/\left(\frac{1}{N_{D1}}+\frac{1}{N_{AB}}\right)} \cong \sqrt{\left(\frac{1}{N_{D3}}\right)\Big/\left(\frac{1}{N_{AB}}\right)}$$
$$= \sqrt{\frac{N_{AB}}{N_{D3}}} \ll 1 \quad \left(N_{DC,A} = N_{D2},\ N_{DC,B} = N_{D1},\quad N_{D1} \gg N_{AB} \gg N_{D3}\right)$$

즉 콜렉터 영역의 도핑 농도(N_{DC})가 베이스 영역의 도핑 농도(N_{AB})보다 훨씬 낮은 상태로 동작하는 B학생의 동작 모드가 A학생의 동작보다 콜렉터 접합에 인가된 역방향 전압에 의한 베이스 공간전하영역의 변화가 적다. 따라서 B학생의 동작모드가 A학생의 동작모드보다 얼리 효과에 의한 콜렉터 전류의 변화가 훨씬 적고, 얼리 전압(V_A)은 훨씬 큰 값($V_{A,A} \ll V_{A,B}$)을 갖는다.

Chapter

11 MOS 구조의 전기적 특성

Structure and Electrical Characteristics of Metal-Oxide-Semiconductor System

11.1 MOS 구조의 이해

그림과 같이 $N_{pg} = 3\times10^{19}$ [cm^{-3}]의 n^+ poly Si를 게이트로, $N_A = 1\times10^{18}$ [cm^{-3}]의 p형 Si를 기판으로, $t_{ox} = 3$ [nm]인 SiO_2 산화막을 절연체로 사용하는 MOSFET의 핵심 구성요소인 MOS 구조를 이해하고자 한다. (계산 과정의 편의를 위해 기판과 게이트의 Si는 $n_i \cong 10^{10}$ [cm^{-3}], $\varepsilon_{Si} \cong 12\varepsilon_o$이고, SiO_2의 $\varepsilon_{ox} \cong 4\varepsilon_o$로 가정한다.)

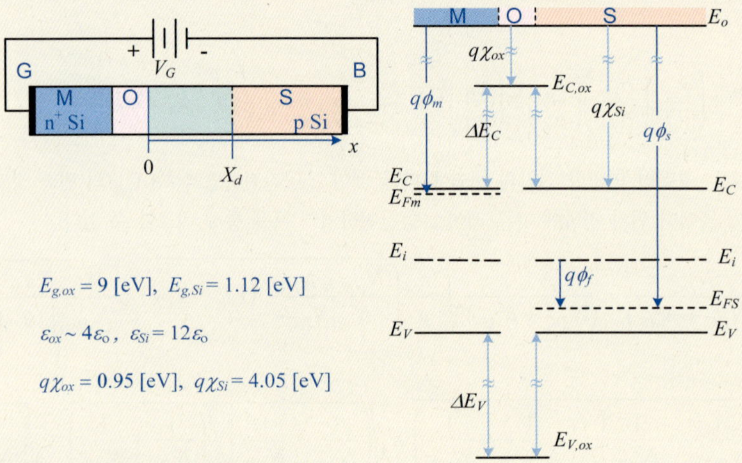

(a) 열평형 상태의 에너지 대역도를 그려라.
(b) 기판의 페르미 전위 $\phi_f = (E_{Fs} - E_i)/(-q)$를 구하라.
(c) 게이트의 페르미 전위 $\phi_{fg} = (E_{Fm} - E_i)/(-q)$를 구하라.
(d) 열평형 상태에서 MOS 구조 양단의 내부 전압(V_{bi})을 구하라.
(e) 열평형 상태에서 기판 공간전하영역 양단의 전위차(ψ_{So})를 구하라.
(f) 열평형 상태에서 게이트 공간전하 양단의 전위차(ψ_{pgo})를 구하라.
(g) 열평형 상태에서 산화막 양단의 전위차(ψ_{oxo})를 구하라.
(h) 열평형 상태에서 기판 공간전하영역의 폭(X_{do})을 구하라.
(i) 열평형 상태에서 게이트 공간전하영역의 폭(X_{pgo})을 구하라.
(j) 평탄대역 전압(V_{FB})을 구하고, 이때의 에너지 대역도를 그려라.

(a) 주어진 MOS 구조의 접합 형성 전과 열평형 상태($V_G = 0$)의 에너지 대역도를 아래 그림에 비교하였다.

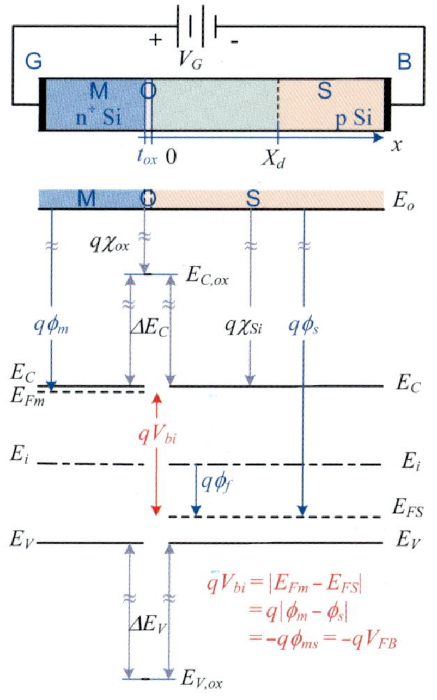

접합 형성 전의 에너지 대역도

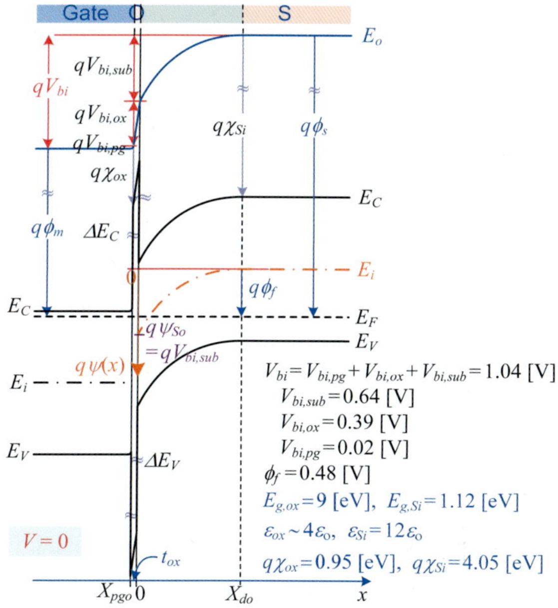

열평형 상태의 에너지 대역도

(b) 기판의 페르미 전위 $\phi_f = (E_{FS} - E_i)/(-q)$는 기판영역의 정공 농도에 의해 결정된다.

$$\phi_f \equiv \frac{(E_{FS} - E_i)_{Substrate}}{-q} = V_{th}\ln\left(\frac{p_{o,sub}}{n_i}\right) = -V_{th}\ln\left(\frac{n_{o,sub}}{n_i}\right)$$

기판영역의 도핑 농도가 높은 경우에는 페르미-디랙 분포함수를 사용하는 것이 정확하나, 이 문제에서는 계산의 편의를 위해 볼츠만 가정을 적용한다.

억셉터 농도가 $N_A = 10^{18}$ [cm^{-3}]이므로, 기판 중성영역의 다수 캐리어인 정공 농도는 $p_{o,sub} = N_A = 10^{18}$ [cm^{-3}]이다. 따라서 MOS 구조 해석의 중요한 기준 지표인 기판의 페르미 전위 ϕ_f는 다음과 같이 양의 값을 갖는다.

$$\phi_f \equiv V_{th}\ln\left(\frac{p_{o,sub}}{n_i}\right) = V_{th}\ln\left(\frac{N_A}{n_i}\right) = V_{th}\ln\left(\frac{10^{18}}{10^{10}}\right) = V_{th}\ln\left(10^8\right) = 18.4V_{th} = 0.477 \text{ [V]}$$

(c) 게이트 영역의 페르미 전위 $\phi_f = (E_{Fm} - E_i)/(-q)$는 다음과 같이 게이트 영역의 전자 농도에 의해 결정된다(볼츠만 가정 적용).

$$\phi_{fg} \equiv \frac{(E_{Fm} - E_i)_{gate}}{-q} = V_{th}\ln\left(\frac{p_{o,pg}}{n_i}\right) = -V_{th}\ln\left(\frac{n_{o,pg}}{n_i}\right)$$

n^+ poly Si를 사용하는 게이트의 도너 농도가 $N_{pg} = N_D = 3\times10^{19}$ [cm^{-3}]이므로, 다수 캐리어인 전자 농도는 $n_{o,pg} = N_{pg} = 3\times10^{19}$ [cm^{-3}]이다. 따라서 게이트 영역의 페르미 전위 ϕ_{fg}는 다음과 같이 음의 값을 갖는다.

$$\phi_{fg} \equiv -V_{th}\ln\left(\frac{n_{o,pg}}{n_i}\right) \equiv -V_{th}\ln\left(\frac{N_{pg}}{n_i}\right) = -V_{th}\ln\left(\frac{3\times10^{19}}{10^{10}}\right) = -V_{th}\ln\left(3\times10^9\right) = -21.8V_{th} = -0.565 \text{ [V]}$$

(d) 열평형 상태의 MOS 구조 양단 내부 전압(V_{bi})은 게이트와 기판영역의 페르미 준위(E_{Fm}, E_{FS})의 차를 이용하여 구할 수 있다.

$$V_{bi} = \frac{|E_{Fm} - E_{FS}|}{q} = V_{th}\ln\left(\frac{p_{o,high}}{p_{o,low}}\right) = V_{th}\ln\left(\frac{n_{o,high}}{n_{o,low}}\right) = V_{th}\ln\left(\frac{N_{pg}N_A}{n_i^2}\right) = V_{th}\ln\left(3\times 10^{17}\right) = 40.24V_{th} = 1.042\ [\text{V}]$$

또는 앞에서 구한 기판영역의 페르미 전위(ϕ_f)와 게이트 영역의 페르미 전위(ϕ_{fg})를 이용하여 다음과 같이 구할 수도 있다.

$$V_{bi} = \frac{|E_{Fm} - E_{FS}|}{q} = \frac{|(E_{Fm} - E_i) + (E_i - E_{FS})|}{q} = \frac{|(E_{Fm} - E_i) - (E_{FS} - E_i)|}{q} = \phi_f + |\phi_{fg}| = 40.24V_{th} = 1.042\ [\text{V}]$$

(e) 이 MOS 구조의 기판 페르미 전위는 $\phi_f = 0.477$ [V]이며, 내부 전압은 $V_{bi} = 1.042$ [V]이다. 열평형 상태의 기판의 표면 전위(ψ_{So})와 동일한 기판영역 내부 전압($\psi_{So} = V_{bi,sub}$)은 MOS 구조에 형성된 내부 전압(V_{bi})의 일부이다. 이 전압은 산화막 두께가 두꺼울수록, 또 기판 도핑 농도가 높을수록 작은 값을 갖는다. 열평형 상태에서 기판이 강한 반전상태가 되기 위해서는 기판 표면 전위가 $\psi_{So} = V_{bi,sub} = 2\phi_f = 0.954$ [V]가 되어야 하며, 내부 전압의 대부분(91.6%)이 기판영역 공간전하영역에 나타나야 한다.

그러나 게이트 산화막 양단에 내부 전압 강하가 존재하므로, 열평형 상태에서 이 MOS 구조는 강한 반전상태가 아니라, 공핍상태 또는 약한 반전상태에 있게 된다. 따라서 공핍상태 또는 약한 반전상태에 있는 MOS 구조의 열평형 상태 내부 전압($V_{bi} = V_{bi,pg} + V_{bi,ox} + V_{bi,sub}$)은 게이트 공간전하영역의 내부 전압($V_{bi,pg}$), 산화막 내부 전압($V_{bi,ox}$), 기판 공간전하영역의 내부 전압($V_{bi,sub}$)으로 분배된다. 이때 이 전압들과 열평형 상태의 기판 공간전하영역 폭(X_{do})의 관계는 각각 다음과 같다.

$$\psi_{pgo} = V_{bi,pg} = \left(\frac{N_A}{N_{pg}}\right)\psi_{So},\quad \psi_{oxo} = V_{bi,ox} = \frac{qN_AX_{do}}{\varepsilon_{ox}}t_{ox} = \frac{(\varepsilon_{Si}/X_{do})}{(\varepsilon_{ox}/t_{ox})}2\psi_{So} = 2\left(\frac{C_{SDo}}{C_{ox}}\right)\psi_{So}\ ;$$

$$C_{SDo} \equiv \frac{\varepsilon_{Si}}{X_{do}},\quad C_{ox} \equiv \frac{\varepsilon_{ox}}{t_{ox}}$$

$$V_{bi} = V_{bi,pg} + V_{bi,ox} + V_{bi,sub} = V_{bi,sub}\left(1 + \frac{V_{bi,pg}}{V_{bi,sub}} + \frac{V_{bi,ox}}{V_{bi,sub}}\right) = V_{bi,sub}\left(1 + \left(\frac{N_A}{N_{pg}}\right) + 2\left(\frac{C_{SDo}}{C_{ox}}\right)\right);\quad X_{do} \equiv \sqrt{\frac{2\varepsilon_{Si}}{qN_A}\psi_{So}}$$

$$V_{bi,sub} = \psi_{So} \equiv \psi_S|_{V_G=0} = \frac{V_{bi}}{\left(1 + \frac{V_{bi,pg}}{V_{bi,sub}} + \frac{V_{bi,ox}}{V_{bi,sub}}\right)} = \frac{V_{bi}}{\left(1 + \left(\frac{N_A}{N_{pg}}\right) + 2\left(\frac{C_{SDo}}{C_{ox}}\right)\right)} < V_{bi}$$

$$V_{bi,sub} = \frac{1}{4\left(1 + \left(N_A/N_{pg}\right)\right)^2}\left(\sqrt{\frac{2qN_A\varepsilon_{Si}}{C_{ox}^2} + 4\left(1 + \left(N_A/N_{pg}\right)\right)V_{bi}} - \frac{\sqrt{2qN_A\varepsilon_{Si}}}{C_{ox}}\right)^2$$

$$\begin{cases} V_{bi,pg} = V_{bi,sub}\left(N_A/N_{pg}\right);\quad X_{do} \equiv X_d|_{V_{bi,sub}=\psi_{So}} = \sqrt{\frac{\varepsilon_{Si}}{qN_A}2V_{bi,sub}} \\ V_{bi,ox} = \frac{(t_{ox}/X_{do})}{(\varepsilon_{ox}/\varepsilon_{Si})}2V_{bi,sub} = \frac{qN_AX_{do}}{\varepsilon_{ox}}t_{ox} = \frac{qN_At_{ox}}{\varepsilon_{ox}}\sqrt{\frac{\varepsilon_{Si}}{qN_A}2V_{bi,sub}} = \frac{\sqrt{2qN_A\varepsilon_{Si}V_{bi,sub}}}{C_{ox}} \end{cases}$$

따라서 열평형 상태의 내부 전압 분배의 기준이 되는 기판 공간전하영역 내부 전압($V_{bi,sub}$)은 다음과 같다.

$$\begin{cases} 2qN_A\varepsilon_{Si} = 2\times 1.6\times 10^{-19}\times 10^{18}\times 12\times 8.854\times 10^{-14} = 3.4\times 10^{-13}\ \left[\text{V}\left(\text{F/cm}^2\right)^2\right] \\ t_{ox} = 3\times 10^{-7}\ [\text{cm}];\quad C_{ox} = \frac{\varepsilon_{ox}}{t_{ox}} = \frac{4\times 8.854\times 10^{-14}}{3\times 10^{-7}} = 1.18\times 10^{-6}\ [\text{F/cm}^2] \end{cases}$$

$$V_{bi,sub}=\psi_{So}=\frac{1}{4\left(1+\left(N_A/N_{pg}\right)\right)^2}\left(\sqrt{\frac{2qN_A\varepsilon_{Si}}{C_{ox}^2}+4\left(1+\frac{N_A}{N_{pg}}\right)V_{bi}}-\frac{\sqrt{2qN_A\varepsilon_{Si}}}{C_{ox}}\right)^2$$

$$=\frac{1}{4\times(1.033)^2}\left(\sqrt{\frac{2\times1.6\times10^{-19}\times10^{18}\times12\times8.854\times10^{-14}}{(1.18\times10^{-6})^2}+4V_{bi}\times(1.033)}-\frac{\sqrt{2qN_A\varepsilon_{Si}}}{C_{ox}}\right)^2 ;\ \frac{N_A}{N_{pg}}=\frac{10^{18}}{3\times10^{19}}=\frac{1}{30}\ll 1$$

$$=\frac{1}{4\times(1.033)^2}\left(\sqrt{\frac{3.4\times10^{-13}}{1.39\times10^{-12}}+4\times1.042\times(1.033)}-\frac{\sqrt{3.4\times10^{-13}}}{1.18\times10^{-6}}\right)^2=\frac{1}{4\times(1.033)^2}\left(\sqrt{4.55}-\frac{0.58}{1.18}\right)^2\cong 0.64\ [\text{V}]$$

(f) 게이트 영역($Q_{pgo}=qN_{pg}X_{pgo}$)과 기판영역의 공간전하량($Q_{SDo}=-qN_AX_{do}$)이 동일하다는 점과, 앞서 구한 기판영역의 내부 전압 결과를 이용하면, 열평형 상태의 게이트 공간전하영역 양단 전위차(ψ_{pgo})는 다음과 같다.

$$\frac{V_{bi,pg}}{V_{bi,sub}}=\frac{V_{pg}}{V_{sub}}=\frac{V_{bi,pg}+V_{pg}}{V_{bi,sub}+V_{sub}}=\frac{\psi_{pg}}{\psi_S}=\frac{X_{pgo}}{X_{do}}=\frac{N_A}{N_{pg}}\ ;\ \psi_{so}=V_{bi,sub},\quad Q_{pgo}=qN_{pg}X_{pgo}=|Q_{SDo}|=qN_AX_{do}$$

$$V_{bi,pg}=\psi_{pgo}=\left(\frac{N_A}{N_{pg}}\right)\psi_{so}=\left(\frac{N_A}{N_{pg}}\right)V_{bi,sub}=\left(\frac{1}{30}\right)V_{bi,sub}=\frac{1}{30}\times0.64=0.02\ [\text{V}]$$

즉 게이트 영역의 높은 도핑 농도로 인해 게이트 공간전하영역의 전압 강하는 무시할 수 있을 정도로 작다.

(g) MOS 구조 전 영역에 걸쳐 전하유동밀도가 연속이라는 점을 이용하여 산화막 양단의 전위차를 구할 수 있으며, 기판영역의 내부 전압을 이용하여 열평형 상태의 게이트 산화막 양단 전위차($V_{bi,ox}=\psi_{oxo}$)를 다음과 같이 구할 수 있다.

$$\frac{V_{bi,ox}}{V_{bi,sub}}=\frac{V_{ox}}{V_{sub}}=\frac{V_{bi,ox}+V_{ox}}{V_{bi,sub}+V_{sub}}=\frac{\psi_{ox}}{\psi_S}=2\frac{C_{SD}}{C_{ox}}=2\frac{(\varepsilon_{Si}/X_d)}{(\varepsilon_{ox}/t_{ox})}=2\frac{(t_{ox}/X_d)}{(\varepsilon_{ox}/\varepsilon_{Si})}$$

$$V_{bi,ox}=2\frac{(\varepsilon_{Si}/X_d)}{(\varepsilon_{ox}/t_{ox})}V_{bi,sub}=2\frac{(t_{ox}/X_d)}{(\varepsilon_{ox}/\varepsilon_{Si})}V_{bi,sub}\ ;\quad V_{bi,sub}=\psi_{So}=\frac{qN_AX_{do}^2}{2\varepsilon_{Si}}$$

$$X_{do}\equiv X_d(\psi_S=V_{bi,sub})=\sqrt{\frac{\varepsilon_{Si}}{qN_A}2V_{bi,sub}}=\sqrt{\frac{12\times8.854\times10^{-14}}{1.6\times10^{-19}\times10^{18}}\times2\times0.64}=2.93\times10^{-6}\ [\text{cm}]\ ;\quad \psi_{so}=V_{bi,sub}$$

$$V_{bi,ox}=\psi_{oxo}=\frac{Q_{oxo}}{C_{ox}}=\frac{|Q_{SDo}|}{C_{ox}}=\frac{qN_AX_{do}}{\varepsilon_{ox}}t_{ox}=\frac{(t_{ox}/X_{do})}{(\varepsilon_{ox}/\varepsilon_{Si})}2V_{bi,sub}=\frac{(3\times10^{-7}/2.93\times10^{-6})}{(4/12)}\times2\times0.64=0.39\quad[\text{V}]$$

즉 기판 공간전하영역 양단 내부 전압의 약 61.4%, 또는 내부 전압의 약 38%가 게이트 산화막 양단의 내부 전압으로 나타난다.

(h) 기판영역의 내부 전압을 이용하면, 열평형 상태의 기판 공간전하영역 폭(X_{do})은 다음과 같이 구할 수 있다.

$$X_{do}\equiv X_d(\psi_S=V_{bi,sub})=\sqrt{\frac{\varepsilon_{Si}}{qN_A}2V_{bi,sub}}=\sqrt{\frac{12\times8.854\times10^{-14}}{1.6\times10^{-19}\times10^{18}}\times2\times0.64}=2.93\times10^{-6}\ [\text{cm}]$$

(i) 높게 도핑된 n^+ poly Si 게이트 영역의 열평형 상태의 공간전하영역 폭(X_{pgo})은 다음의 중성전하조건을 이용하여 구할 수 있다.

$$Q_{pgo}=qN_{pg}X_{pgo}=|Q_{SDo}|=qN_AX_{do}\ \Leftrightarrow\ X_{pgo}=\frac{N_A}{N_{pg}}X_{do}=\frac{X_{do}}{30}=\frac{1}{30}\times2.93\times10^{-6}=0.098\times10^{-6}\ [\text{cm}]$$

기판에 비해 높은 도핑으로 인해 게이트의 공간전하영역 폭은 기판영역의 1/30로 아주 얇게 형성되어 있다.

(j) 평탄대역 전압은 MOS 구조의 에너지 대역도를 전 구간에 걸쳐 평탄하게 하는 데 필요한 게이트 전압($V_G=V_{FB}$)으로, 다음과 같이 나타낼 수 있다.

$$V_{FB} \equiv V_G|_{\substack{flat \\ band}} = \phi_{ms} = \phi_m - \phi_S = -V_{bi} = -1.042 \text{ [V]}$$

MOS 양단에 평탄대역 전압이 인가된 경우에 에너지 대역도는 아래 그림과 같다. 유의할 점은 평탄대역 상태가 열평형 상태는 아니지만, 에너지 대역도가 평탄하기 때문에 MOS 구조의 전 영역에서 전계가 존재하지 않는다($q\mathcal{E} = dE_i(x)/dx$)는 점이다. 또한 전 구간의 전하밀도 분포가 $\rho(x) = \varepsilon d\mathcal{E}(x)/dx = 0$로, MOS 구조의 모든 영역이 전기적으로 중성상태임을 알 수 있다.

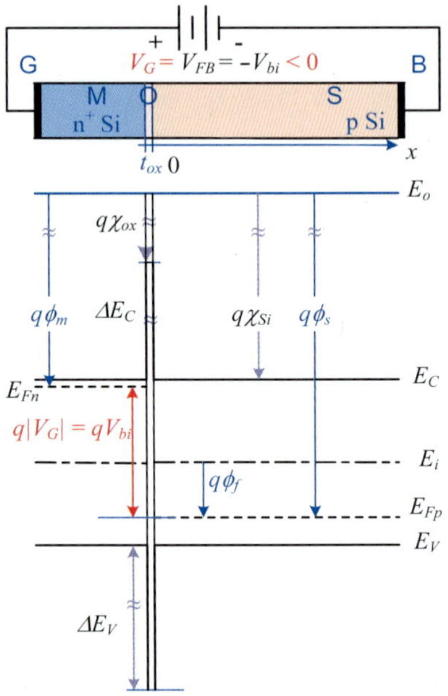

평탄대역 전압이 인가($V_G = V_{FB} = -V_{bi} < 0$)된 MOS 구조의 에너지 대역도

11.2 MOS 구조의 기판 전하량과 동작 상태 구분

$N_{pg} = 1\times10^{19}$ [cm^{-3}]의 n^+ poly Si를 게이트로, $N_A = 10^{18}$ [cm^{-3}]의 p형 Si를 기판으로, $t_{ox} = 3$ [nm]인 SiO_2 산화막을 절연체로 사용하는 MOSFET의 핵심 구성요소인 MOS 구조를 이해하고자 한다. (계산 과정의 편의를 위해 기판과 게이트의 Si는 $n_i \cong 10^{10}$ [cm^{-3}], $\varepsilon_{Si} \cong 12\varepsilon_o$이고, SiO_2의 $\varepsilon_{ox} \cong 4\varepsilon_o$로 가정하며, 필요한 경우 [연습문제 11-1]의 결과를 참고한다.)

(a) 임계상태에서 기판 표면의 반전된 전자 농도($n(0)$)를 구하라.
(b) 임계상태의 표면 전위(ψ_S)를 구하라.
(c) 임계상태의 기판 공간전하영역의 폭($X_{d,max}$)을 구하라.
(d) 임계전압(V_T)을 구하라.
(e) 임계상태의 산화막 양단의 전위차와 전계의 세기($\mathcal{E}_{ox}$)를 구하라.
(f) 임계상태의 기판 표면의 전계의 세기($\mathcal{E}_{0+}$)를 구하라.
(g) 임계상태의 기판 공간전하량($Q_{SD,max}$)을 구하라.
(h) 임계상태의 기판 표면의 반전된 전자에 의한 전하량(Q_{SnT})를 구하라.

임계상태($V_G = V_T$, $\psi_S = 2\phi_f$) 바이어스가 인가된 MOS 구조의 특성 분석을 위해 접합 형성 전과 접합 형성 후 열평형 상태의 에너지 대역도를 그림으로 비교하였다.

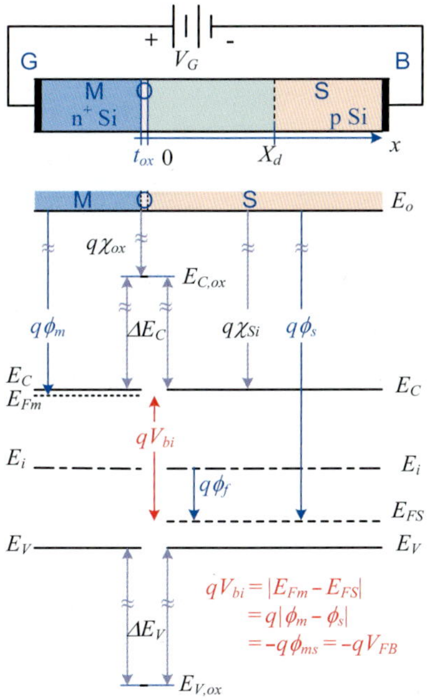

접합 형성 전의 에너지 대역도

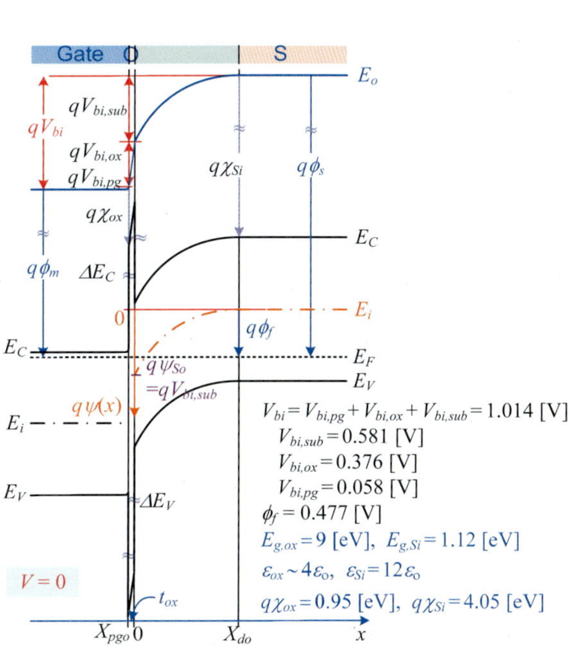

접합 형성 후 열평형 상태($V_G = 0$)의 에너지 대역도

MOS 구조의 기판영역 페르미 전위(ϕ_f)와 게이트 영역 페르미 전위(ϕ_{fg}), 기판과 게이트의 캐리어 농도 차이로 인한 열평형 상태의 내부 전압(V_{bi})은 각각 다음과 같다.

$$\phi_f \equiv V_{th} \ln\left(\frac{p_{o,sub}}{n_i}\right) = V_{th} \ln\left(\frac{N_A}{n_i}\right) = V_{th} \ln\left(\frac{10^{18}}{10^{10}}\right) = V_{th} \ln\left(10^8\right) = 18.42 V_{th} = 0.477 \text{ [V]}$$

$$\phi_{fg} \equiv -V_{th} \ln\left(\frac{n_{o,pg}}{n_i}\right) \equiv -V_{th} \ln\left(\frac{N_{pg}}{n_i}\right) = -V_{th} \ln\left(\frac{10^{19}}{10^{10}}\right) = -V_{th} \ln\left(10^9\right) = -20.7 V_{th} = -0.537 \text{ [V]}$$

$$V_{bi} = \frac{|E_{Fm} - E_{FS}|}{q} = V_{th} \ln\left(\frac{p_{o,high}}{p_{o,low}}\right) = V_{th} \ln\left(\frac{n_{o,high}}{n_{o,low}}\right) = V_{th} \ln\left(\frac{N_{pg} N_A}{n_i^2}\right) = V_{th} \ln\left(10^{17}\right) = 39.14 V_{th} = 1.014 \text{ [V]}$$

MOS 구조의 기판 페르미 전위는 $\phi_f = 0.477$ [V]이며, 내부 전압은 $V_{bi} = 1.014$ [V]이다. 열평형 상태의 기판 표면 전위와 같은 기판영역 내부 전압($\psi_{So} = V_{bi,sub}$)은 MOS 구조에 형성된 내부 전압(V_{bi})의 일부이다. 이 전압은 산화막 두께가 두꺼울수록, 또 기판영역의 도핑 농도가 높을수록 작은 값을 갖는다. 열평형 상태에서 기판이 강한 반전상태(strong inversion)가 되기 위해서는 기판 표면 전위가 $\psi_{So} = V_{bi,sub} = 2\phi_f = 0.954$ [V]가 되어야 하며, 내부 전압의 대부분(94.1%)이 기판영역 공간전하영역에 나타나야 한다. 여기서 이 MOS 구조는 열평형 상태에서 강한 반전상태가 아님을 알 수 있으며, 산화막의 두께가 기판 공간전하영역 두께에 비해 아주 얇은 경우를 제외하고는 공핍상태 또는 약한 반전상태에 있다고 판단할 수 있다.

따라서 공핍상태 또는 약한 반전상태에 있는 MOS 구조의 열평형 상태 내부 전압($V_{bi} = V_{bi,pg} + V_{bi,ox} + V_{bi,sub}$)은 게이트 공간전하영역 내부 전압($V_{bi,pg}$)과 산화막 내부 전압($V_{bi,ox}$), 기판 공간전하영역 내부 전압($V_{bi,sub}$)으로 분배된다. 열평형 상태에서 이 전압들과 기판 공간전하영역의 폭(X_{do})의 관계는 다음과 같다.

$$\begin{cases} 2qN_A\varepsilon_{Si} = 2 \times 1.6 \times 10^{-19} \times 10^{18} \times 12 \times 8.854 \times 10^{-14} = 3.4 \times 10^{-13} \text{ [CF/cm}^4\text{]} \\ C_{ox} = \varepsilon_{ox}/t_{ox} = 4 \times 8.854 \times 10^{-14} / 3 \times 10^{-7} = 1.18 \times 10^{-6} \text{ [F/cm}^2\text{]} \end{cases}$$

$$V_{bi,sub} = \psi_{So} = \frac{1}{4\left(1+\dfrac{N_A}{N_{pg}}\right)^2}\left(\sqrt{\frac{2qN_A\varepsilon_{Si}}{C_{ox}^2} + 4\left(1+\frac{N_A}{N_{pg}}\right)V_{bi}} - \frac{\sqrt{2qN_A\varepsilon_{Si}}}{C_{ox}}\right)^2$$

$$= \frac{1}{4\times(1.1)^2}\left(\sqrt{\frac{2\times1.6\times10^{-19}\times10^{18}\times12\times8.854\times10^{-14}}{\left(1.18\times10^{-6}\right)^2} + 4(1.1)V_{bi}} - \frac{\sqrt{2qN_A\varepsilon_{Si}}}{C_{ox}}\right)^2 \;;\; \frac{N_A}{N_{pg}} = \frac{10^{18}}{10^{19}} = 0.1$$

$$= \frac{1}{4\times(1.1)^2}\left(\sqrt{\frac{3.4\times10^{-13}}{1.39\times10^{-12}} + 4\times(1.1)\times1.014} - \frac{\sqrt{3.4\times10^{-13}}}{1.18\times10^{-6}}\right)^2 = \frac{1}{4\times(1.1)^2}\left(\sqrt{4.706} - \frac{0.58}{1.18}\right)^2 = 0.582\ [\text{V}]$$

$$X_{do} \equiv X_d\left(\psi_S = V_{bi,sub}\right) = \sqrt{\frac{\varepsilon_{Si}}{qN_A}2V_{bi,sub}} = \sqrt{\frac{12\times8.854\times10^{-14}}{1.6\times10^{-19}\times10^{18}}\times2\times0.582} = 2.78\times10^{-6}\ [\text{cm}] \;;\; \psi_{so} = V_{bi,sub}$$

$$V_{bi,ox} = \psi_{oxo} = \frac{Q_{oxo}}{C_{ox}} = \frac{|Q_{SDo}|}{C_{ox}} = \frac{qN_AX_{do}}{\varepsilon_{ox}}t_{ox} = \frac{(t_{ox}/X_{do})}{(\varepsilon_{ox}/\varepsilon_{Si})}2V_{bi,sub} = \frac{\left(3\times10^{-7}/2.78\times10^{-6}\right)}{(4/12)}\times2\times0.582 = 0.377\ \ [\text{V}]$$

$$\frac{V_{bi,pg}}{V_{bi,sub}} = \frac{V_{pg}}{V_{sub}} = \frac{V_{bi,pg}+V_{pg}}{V_{bi,sub}+V_{sub}} = \frac{\psi_{pg}}{\psi_S} = \frac{X_{pg}}{X_d} = \frac{N_A}{N_{pg}} \;;\; \psi_{so} = V_{bi,sub}$$

$$V_{bi,pg} = \psi_{pgo} = \left(\frac{N_A}{N_{pg}}\right)\psi_{so} = \left(\frac{N_A}{N_{pg}}\right)V_{bi,sub} = \frac{1}{10}V_{bi,sub} = \frac{1}{10}\times0.582 = 0.058\ [\text{V}]$$

(a) 임계전압이 인가된($V_G = V_T$, $\psi_s = 2\phi_f$, $n(0) = N_A$) MOS 구조의 에너지 대역도는 다음과 같다.

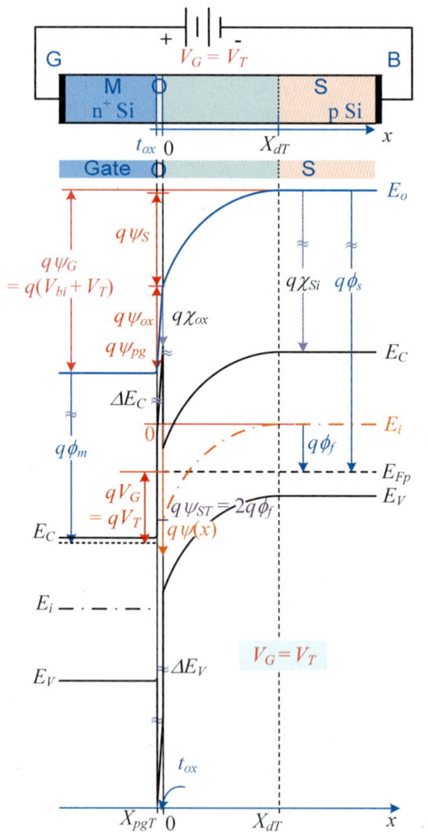

임계전압이 인가($V_G = V_T$, $\psi_s = 2\phi_f$, $n(0) = p_{o,sub} = N_A$)된 경우의 에너지 대역도

임계상태는 기판의 표면 전위가 기판 페르미 전위의 2배일 때로, 기판 표면의 반전 전자 농도가 기판의 다수 캐리어 농도와 같을 때이다($n(x=0)=N_A$). 기판영역의 전위 분포가 $\psi(x)$인 경우, 각 지점의 전자 농도 $n(x)$와 표면 전자 농도 $n(0)$는 각각 다음과 같이 나타낼 수 있다.

$$n(x) = n_{o,sub}e^{\psi(x)/V_{th}}, \quad n_{o,sub} = \frac{n_i^2}{p_{o,sub}} = \frac{n_i^2}{N_A} \quad \Rightarrow \quad n(0) = n_{o,sub}e^{\psi(x=0)/V_{th}} = n_{o,sub}e^{\psi_S/V_{th}}$$

따라서 p형 기판의 억셉터 농도가 N_A [cm^{-3}]인 MOS 구조의 임계상태 표면 전자 농도는 기판의 다수 캐리어인 정공 농도와 동일하다.

$$n(0)|_{V_G=V_T} = n_{o,sub}e^{\psi(x=0)/V_{th}}\Big|_{\psi_S=2\phi_f} = \frac{n_i^2}{N_A}e^{2\phi_f/V_{th}} = N_A = 10^{18}\ [\text{cm}^{-3}]$$

(b) 임계상태의 표면 전위(ψ_{ST})는 기판 페르미 전위 ϕ_f의 2배로 다음과 같다.

$$\psi_S|_{V_G=V_T} \equiv \psi_{ST} = V_{th}\ln\left(\frac{N_A^2}{n_i^2}\right) = 2V_{th}\ln\left(\frac{N_A}{n_i}\right) = 2\phi_f = 2\times 0.477 = 0.954\ [\text{V}]$$

(c) 기판 공간전하영역의 폭과 표면 전위의 관계는 다음과 같다.

$$X_d(\psi_S) = \sqrt{\frac{\varepsilon_{Si}}{qN_A}2\psi_S}$$

따라서 임계상태의 공간전하영역의 폭($X_{d,max}$ 또는 X_{dT})은 다음과 같다.

$$X_{d,max} = X_{dT} \equiv X_d|_{\substack{\psi_S=2\phi_f \\ V_G=V_T \\ n(0)=N_A}} = \sqrt{\frac{\varepsilon_{Si}}{qN_A}4\phi_f} = \sqrt{\frac{12\times 8.854\times 10^{-14}}{1.6\times 10^{-19}\times 10^{18}}\times 4\times 0.477} = 3.56\times 10^{-6}\ [\text{cm}] = 0.0356\ [\mu\text{m}]$$

(d) 임계전압(V_T)은 기판의 표면 전위가 기판 페르미 전위의 2배($\psi_{ST}=2\phi_f$)일 때, 또는 기판 표면의 반전 전자 농도가 기판의 다수 캐리어인 정공 농도와 동일($n(0)=p_{o,sub}=N_A$)할 때의 게이트 전압이다. MOS 구조에 인가된 게이트 전압은 게이트 공간전하영역 전위차($\psi_{pg}=V_{bi,pg}+V_{g,pg}$)와 산화막 양단 전위차($\psi_{ox}=V_{bi,ox}+V_{g,ox}$), 기판 표면 전위인 기판 공간전하영역의 전위차($\psi_S=V_{bi,sub}+V_{g,sub}$)의 합($\psi_g=V_{bi}+V_G=\psi_{pg}+\psi_{ox}+\psi_S$)으로, 다음과 같은 관계가 있다.

$$\begin{cases} C_{SDT} = \dfrac{\varepsilon_{Si}}{X_{d,max}} = \dfrac{12\times 8.854\times 10^{-14}}{3.56\times 10^{-6}\ [\text{cm}]} = 0.298\times 10^{-6}\ [\text{F/cm}^2], \quad C_{ox} = \dfrac{\varepsilon_{ox}}{t_{ox}} = \dfrac{4\times 8.854\times 10^{-14}}{3\times 10^{-7}\ [\text{cm}]} = 1.18\times 10^{-6}\ [\text{F/cm}^2] \\ V_{FB} = \phi_{ms} = -V_{th}\ln\left(\dfrac{N_{pg}N_A}{n_i^2}\right) = -V_{th}\ln\left(\dfrac{10^{19}\times 10^{18}}{10^{20}}\right) = -V_{th}\ln(10^{17}) = -39.14V_{th} = 1.014\ [\text{V}] \end{cases}$$

따라서 MOS 구조의 게이트와 기판의 도핑 농도, 게이트 산화막의 종류와 두께에 의해 결정되는 임계전압은 다음과 같다.

$$V_T \equiv V_G|_{\psi_S=2\phi_f} = V_{FB} + (\psi_{pg}+\psi_{ox}+\psi_S)|_{\psi_S=2\phi_f} = \phi_{ms} + 2\phi_f\left(1+\frac{N_A}{N_{pg}}+2\frac{C_{SDT}}{C_{ox}}\right)$$
$$= -1.014 + 2\times 0.477\times\left(1+\frac{1}{10}+2\frac{0.298}{1.180}\right) = 0.517\ [\text{V}]$$

(e) 임계상태의 산화막 양단 전위차(ψ_{oxT})는 다음 관계식을 이용하여 구할 수 있다.

$$\psi_{oxT} = (V_{bi,oxT}+V_{oxT}) = \frac{Q_{oxT}}{C_{ox}} \cong \frac{|Q_{SD,max}|}{C_{ox}} = \frac{(\varepsilon_{Si}/X_{d,max})}{(\varepsilon_{ox}/t_{ox})}2\psi_{sT} = \left(\frac{C_{SD}}{C_{ox}}\right)2\times 2\phi_f = 2\times 2\times 0.477\times\left(\frac{0.298}{1.180}\right)$$
$$= 0.482\ [\text{V}]$$

따라서 임계상태의 산화막 양단의 전위차와 전계의 세기($\mathcal{E}_{ox}$)는 다음과 같이 일정한 값을 갖는다.

$$\mathcal{E}_{oxT} = \frac{\psi_{oxT}}{t_{ox}} = \frac{0.482}{3\times10^{-7}} = 1.61\times10^{6}\ [\text{V/cm}]$$

(f) 전하 유동밀도의 연속 특성과 산화막 내의 전계의 세기를 이용하면, 다음과 같이 임계상태의 기판 표면 전계의 세기($\mathcal{E}_{0+}$)를 구할 수 있다.

$$D(0^-) = \varepsilon_{ox}\mathcal{E}_{oxT} = \varepsilon_{Si}\mathcal{E}_{0+} = D(0^+) \quad \Rightarrow \quad \mathcal{E}_{0+} = \frac{\varepsilon_{ox}}{\varepsilon_{Si}}\mathcal{E}_{oxT} = \frac{\varepsilon_{ox}}{\varepsilon_{Si}}\frac{\psi_{oxT}}{t_{ox}} = \frac{1}{3}\mathcal{E}_{oxT} = \frac{1.61\times10^{6}}{3} = 5.35\times10^{5}\ [\text{V/cm}]$$

(g) 앞서 구한 임계상태의 공간전하영역 폭을 이용하면, 다음과 같이 임계상태의 기판 공간전하량($Q_{SD,max}$)을 구할 수 있다.

$$Q_{SD}(V_G = V_T) = Q_{SD}(\psi_S = 2\phi_f) \equiv Q_{SD,max} = \int_0^{X_d} -qN_a^-(x)dx\Big|_{V_G=V_T} = \int_0^{X_d} -qN_A dx\Big|_{V_G=V_T} = -\sqrt{2qN_A\varepsilon_{Si}\psi_{ST}}$$

$$= -qN_A X_{d,max} = -1.6\times10^{-19}\times10^{18}\times3.56\times10^{-6} = -570\times10^{-9}\ \left[\text{C/cm}^2\right] = -570\ \left[\text{nC/cm}^2\right]$$

(h) 임계상태의 기판영역 전하(Q_{ST}) 중에는 공핍된 억셉터에 의한 공간전하(Q_{SDT})와 함께 아주 적은 양의 반전전하(Q_{SnT})가 존재한다. 임계상태의 기판영역 반전전하량은 다음 관계식을 통해 얻을 수 있다.

$$Q_{ST} \cong -\sqrt{2qN_A\varepsilon_{Si}V_{th}} \times \sqrt{\frac{\psi_{ST}}{V_{th}} + \left(\frac{n_i}{N_A}\right)^2 e^{\psi_{ST}/V_{th}}} = -\sqrt{2qN_A\varepsilon_{Si}\psi_{ST}} \times \sqrt{1 + \frac{V_{th}}{\psi_{ST}}\left(\frac{n_i}{N_A}\right)^2 e^{\psi_{ST}/V_{th}}}$$

$$\cong -\sqrt{2qN_A\varepsilon_{Si}\psi_{ST}}\left(1 + \frac{1}{2}\frac{V_{th}}{\psi_{ST}}\left(\frac{n_i}{N_A}\right)^2 e^{\psi_{ST}/V_{th}}\right) = Q_{SD,max} + Q_{SnT}$$

$$Q_{SD,max} = -\sqrt{2qN_A\varepsilon_{Si}\psi_{ST}}\ ; \quad Q_{SnT} = -\sqrt{2qN_A\varepsilon_{Si}\psi_{ST}} \times \frac{1}{2}\frac{V_{th}}{\psi_{ST}}\left(\frac{n_i}{N_A}\right)^2 e^{\psi_{ST}/V_{th}}$$

따라서 임계상태의 기판 표면에서 이동이 가능한 전자로 구성된 음의 반전전하량(Q_{SnT})은 다음과 같다.

$$Q_{SnT} = Q_{Sn}\big|_{V_G=V_T} \equiv \int_0^{X_d} -qn(x)dx\Big|_{V_G=V_T} = Q_{ST} - Q_{SD,max} = -\sqrt{2qN_A\varepsilon_{Si}\psi_{ST}} \times \frac{1}{2}\frac{V_{th}}{\psi_{ST}}\left(\frac{n_i}{N_A}\right)^2 e^{\psi_{ST}/V_{th}}$$

$$= -\sqrt{2qN_A\varepsilon_{Si}2\phi_f} \times \frac{1}{2}\frac{V_{th}}{2\phi_f}\left(\frac{n_i}{N_A}\right)^2 e^{2\phi_f/V_{th}} = -\sqrt{2qN_A\varepsilon_{Si}2\phi_f} \times \frac{V_{th}}{2\times2\phi_f} = -\sqrt{\frac{qN_A\varepsilon_{Si}}{2\times2\phi_f}V_{th}^2}\ ; \quad \left(\frac{n_i}{N_A}\right)^2 e^{2\phi_f/V_{th}} = 1$$

$$= -\sqrt{\frac{1.6\times10^{-19}\times10^{18}\times12\times8.854\times10^{-14}}{2\times2\times0.477}\times0.0259^2} = -7.73\times10^{-9}\ [\text{C/cm}^2]$$

$$= -7.73\ [\text{nC/cm}^2]\ \left(\cong \frac{1}{74}Q_{SD,max}\right)$$

기판 표면의 반전 전자 농도는 기판의 다수 캐리어인 정공 농도와 동일($n(0) = N_A$)한, 매우 높은 상태이다. 한편 임계상태에서 기판 표면에는 공간전하($Q_{SD,max}$)와 반전전하에 의한 이동전하(Q_{SnT})가 동시에 존재하지만, 전류 형성에 기여할 수 있는 기판영역의 총 반전전하량은 기판영역의 공간전하량의 약 1.36%에 불과한 적은 농도임을 알 수 있다.

11.3 p채널 MOS 구조의 기판 전하량과 동작 상태 구분

$N_{pg} = 1\times10^{19}$ [cm^{-3}]의 p$^+$ poly Si를 게이트로, $N_D = 5\times10^{17}$ [cm^{-3}]의 n형 Si를 기판으로, $t_{ox} = 5$ [nm]인 SiO_2 산화막을 절연체로 사용하는 MOSFET의 핵심 구성요소인 p채널 MOS 구조를 이해하고자 한다. (계산 과정의 편의를 위해 기판과 게이트의 Si는 $n_i \cong 10^{10}$ [cm^{-3}], $\varepsilon_{Si} \cong 12\varepsilon_o$이고, SiO_2의 $\varepsilon_{ox} \cong 4\varepsilon_o$로 가정한다.)

(a) 열평형 상태의 에너지 대역도를 구하라.
(b) 임계상태에서 기판 표면의 반전된 정공 농도($p(0)$)를 구하라.
(c) 임계상태의 표면 전위(ψ_S)를 구하라.
(d) 임계상태의 기판 공간전하영역의 폭($X_{d,max}$)을 구하라.
(e) 임계전압(V_T)을 구하라.
(f) 임계상태의 산화막 양단의 전위차와 전계의 세기($\mathcal{E}_{ox}$)를 구하라.
(g) 임계상태의 기판 표면의 전계의 세기($\mathcal{E}_{0+}$)를 구하라.
(h) 임계상태의 기판 공간전하량($Q_{SD,max}$)을 구하라.
(i) 임계상태의 기판 표면의 반전된 정공에 의한 전하량(Q_{SpT})을 구하라.

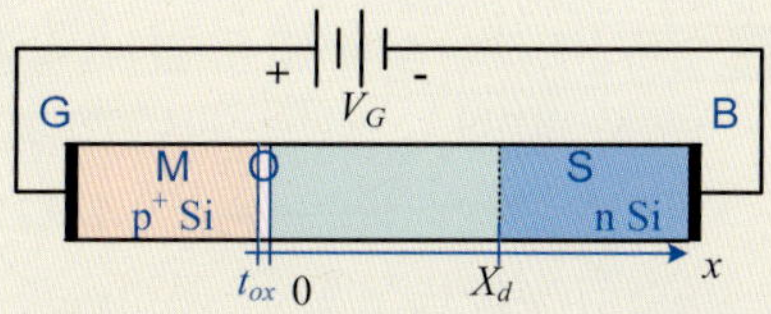

(a) 산화막(SiO_2)의 두께는 $t_{ox} = 5$ [nm], p^+ 게이트 영역의 도핑 농도는 $N_{pg} = 10^{19}$ [cm^{-3}], n형 기판의 도너 농도는 $N_D = 5\times10^{17}$ [cm^{-3}]인 p채널 MOS 구조에서, 캐리어 농도 차이로 형성된 열평형 상태의 내부 전압(V_{bi})은 다음과 같다.

$$V_{bi} = \frac{|E_{Fm} - E_{FS}|}{q} = V_{th}\ln\left(\frac{n_{o,high}}{n_{o,low}}\right) = V_{th}\ln\left(\frac{N_{pg}N_D}{n_i^2}\right) = V_{th}\ln\left(5\times10^{16}\right) = 38.45V_{th} = 0.996 \text{ [V]}$$

또한 임계전압(V_T)을 결정하는 중요 지표인 n형 기판의 페르미 전위(ϕ_f)는 다음과 같이 음의 값을 갖는다.

$$\phi_f \equiv V_{th}\ln\left(\frac{p_{o,sub}}{n_i}\right) = -V_{th}\ln\left(\frac{n_{o,sub}}{n_i}\right) = -V_{th}\ln\left(\frac{N_D}{n_i}\right) = -V_{th}\ln\left(\frac{5\times10^{17}}{10^{10}}\right) = -17.73V_{th} = -0.459 \text{ [V]}$$

n형 기판을 사용하는 p채널 MOS 구조의 접합 형성 전과 열평형 상태($V_G = 0$), 그리고 참고로 평탄대역 게이트 전압이 인가($V_G = V_{FB}$)된 경우의 에너지 대역도를 아래 그림에 비교하여 나타내었다.

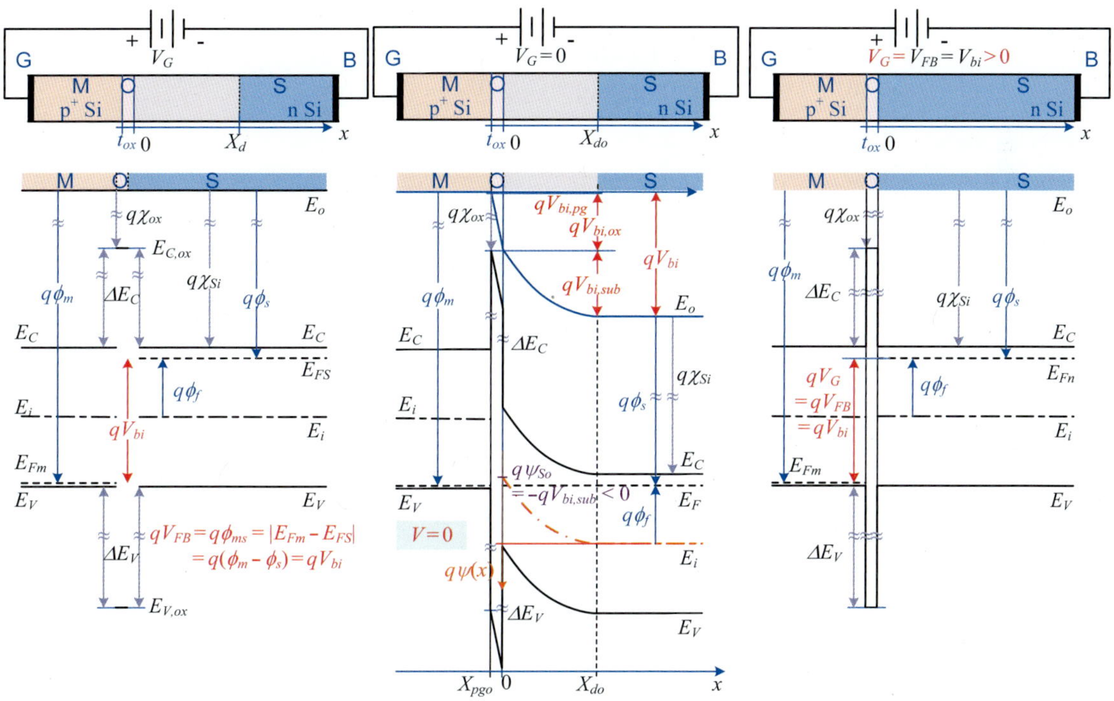

접합 형성 전의 에너지 대역도　　열평형 상태($V_G = 0$)의 에너지 대역도　　평탄대역($V_G = V_{FB}$)의 에너지 대역도

참고 임계상태, 또는 임계전압이 인가된 상태에서 MOS 구조의 전기적 특성을 이해하기 위해서는 열평형 상태의 에너지 대역도와 더불어 각 영역별 내부 전압 분포와, 공간전하영역 및 기판 표면의 전위 분석이 매우 유용하다. 이 MOS 구조의 기판 페르미 전위는 $|\phi_f| = 0.459$ [V]이며, 내부 전압은 $V_{bi} = 0.996$ [V]이다. 열평형 상태에서의 기판 표면 전위와 같은 크기의 기판영역 내부 전압($\psi_{So} = V_{bi,sub}$)은 MOS 구조에 형성된 내부 전압(V_{bi})의 일부이다. 이 전압은 산화막 두께(t_{ox})가 두꺼울수록, 또 기판영역 도핑 농도(N_D)가 높을수록 작은 값을 갖는다. 그런데 열평형 상태에 있는 기판 표면이 강한 반전상태라면, 표면 전위가 $|\psi_{So}| = V_{bi,sub} = 2|\phi_f| = 0.918$ [V]가 되어야 하며, 내부 전압(0.996 [V])의 대부분(92.2%)이 기판영역 공간전하영역에 나타나야 한다. 여기서 이 MOS 구조는 열평형 상태에서 강한 반전상태가 아님을 알 수 있으며, 공핍상태 또는 약한 반전상태에 있을 가능성이 높다고 판단할 수 있다. 그렇기 때문에 다음의 전압 관계식을 그대로 사용할 수 있는 것이다.

따라서 MOS 구조가 공핍상태 또는 약한 반전상태에 있는 n형 기판에 구현되었을 경우, 열평형 상태의 내부 전압($V_{bi} = V_{bi,pg} + V_{bi,ox} + V_{bi,sub}$)은 게이트 공간전하영역의 내부 전압($V_{bi,pg}$)과 산화막의 내부 전압($V_{bi,ox}$), 기판 공간전하영역의 내부 전압($V_{bi,sub}$)으로 분배된다. 이 전압들과 기판 공간전하영역의 폭(X_{do}) 간의 관계식은 다음과 같다.

$$\begin{cases} 2qN_D\varepsilon_{Si} = 2\times1.6\times10^{-19}\times5\times10^{17}\times12\times8.854\times10^{-14} = 1.7\times10^{-13}\ [\mathrm{CF/cm^4}] \\ C_{ox} = \varepsilon_{ox}/t_{ox} = 4\times8.854\times10^{-14}/5\times10^{-7} = 0.708\times10^{-6}\ [\mathrm{F/cm^2}] \end{cases}$$

$$V_{bi,sub} = \frac{1}{4\left(1+N_D/N_{pg}\right)^2}\left(\sqrt{\frac{2qN_D\varepsilon_{Si}}{C_{ox}^2}+4\left(1+\frac{N_D}{N_{pg}}\right)V_{bi}} - \frac{\sqrt{2qN_D\varepsilon_{Si}}}{C_{ox}}\right)^2 \cong \frac{1}{4}\left(\sqrt{\frac{2qN_D\varepsilon_{Si}}{C_{ox}^2}+4V_{bi}} - \frac{\sqrt{2qN_D\varepsilon_{Si}}}{C_{ox}}\right)^2$$

$$= \frac{1}{4}\left(\sqrt{\frac{2\times1.6\times10^{-19}\times5\times10^{17}\times12\times8.854\times10^{-14}}{(0.708\times10^{-6})^2}+4V_{bi}} - \frac{\sqrt{2qN_D\varepsilon_{Si}}}{C_{ox}}\right)^2 \quad ; \quad \frac{N_D}{N_{pg}} = \frac{5\times10^{17}}{10^{19}} = \frac{1}{20} \ll 1$$

$$= \frac{1}{4}\left(\sqrt{\frac{1.7\times10^{-13}}{0.50\times10^{-12}}+4\times0.996} - \frac{\sqrt{1.7\times10^{-13}}}{0.708\times10^{-6}}\right)^2 = \frac{1}{4}\left(\sqrt{4.322} - \frac{0.412}{0.708}\right)^2 = 0.560\ [\mathrm{V}] = -\psi_{So}$$

$$X_{do} \equiv X_d(V_{bi,sub} = -\psi_{So}) = \sqrt{\frac{\varepsilon_{Si}}{qN_D}2V_{bi,sub}} = \sqrt{\frac{12\times8.854\times10^{-14}}{1.6\times10^{-19}\times5\times10^{17}}\times2\times0.56} = 3.86\times10^{-6}\ [\mathrm{cm}]$$

$$V_{bi,ox} = \frac{Q_{oxo}}{C_{ox}} = \frac{Q_{SDo}}{C_{ox}} = \frac{qN_DX_{do}}{\varepsilon_{ox}}t_{ox} = \frac{(t_{ox}/X_{do})}{(\varepsilon_{ox}/\varepsilon_{Si})}2V_{bi,sub} = \frac{(5\times10^{-7}/3.86\times10^{-6})}{(4/12)}\times2\times0.56 = 0.434\ \ [\mathrm{V}] = -\psi_{oxo}$$

$$V_{bi,pg} = (V_{bi} - V_{bi,sub} - V_{bi,ox}) = V_{bi,sub}\left(\frac{N_D}{N_{pg}}\right) \cong 0.028\ [\mathrm{V}] = -\psi_{pg}$$

(b) 임계전압이 인가($V_G = V_T$)된 MOS 구조의 에너지 대역도는 다음과 같다.

임계상태는 기판의 표면 전위가 기판 페르미 전위의 2배($\psi_S = 2\phi_f$)일 때, 또 기판 표면의 반전 정공 농도가 기판의 다수 캐리어인 전자 농도와 같을 때($p(x=0) = n_{o,sub} = N_D$)이다. 기판영역의 전위 분포가 $\psi(x)$인 경우, 각 지점의 정공 농도 $p(x)$와 표면 정공 농도 $p(x=0)$는 각각 다음과 같이 나타낼 수 있다.

$$p(x) = p_{o,sub}e^{-\psi(x)/V_{th}},\quad p_{o,sub} = \frac{n_i^2}{n_{o,sub}} = \frac{n_i^2}{N_D}\ ;\quad p(x=0) = p_{o,sub}e^{-\psi(x=0)/V_{th}} = p_{o,sub}e^{-\psi_S/V_{th}}$$

따라서 n형 기판의 도너 농도가 N_D [cm^{-3}]인 MOS 구조에서 임계상태의 기판 표면의 정공 농도는 다음과 같이 기판의 다수 캐리어인 전자 농도와 동일하다.

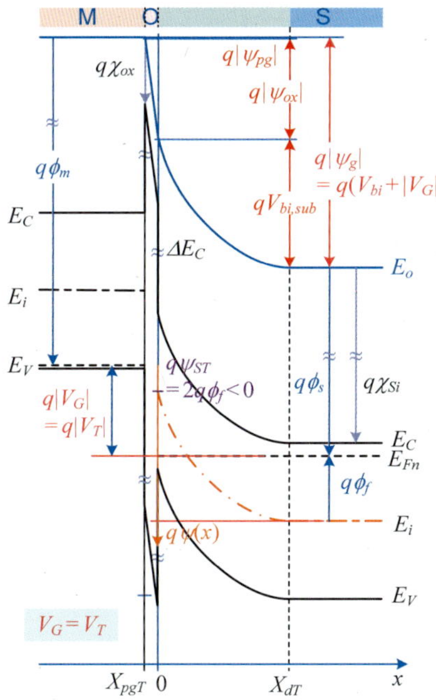

임계전압이 인가($V_G = V_T$, $\psi_s = 2\phi_f$, $p(0) = n_{o,sub} = N_D$)된 경우의 에너지 대역도

$$p(x=0)|_{V_G=V_T} = p_{o,sub}e^{-\psi(x=0)/V_{th}}\Big|_{\psi_S=2\phi_f} = \frac{n_i^2}{N_D}e^{-2\phi_f/V_{th}} = N_D = 5\times10^{17}\ [\text{cm}^{-3}]\ ;$$

$$\phi_f \equiv -V_{th}\ln\left(\frac{n_{o,sub}}{n_i}\right) = -V_{th}\ln\left(\frac{N_D}{n_i}\right)$$

(c) 임계상태는 n형 기판 표면에 형성된 정공 농도가 기판의 다수 캐리어 농도와 같을 때($p(0) = n_{o,sub} = N_D$)이다. 따라서 임계상태의 기판 표면 전위(ψ_{ST})는 다음과 같이 기판 페르미 전위의 2배($\psi_{ST} = 2\phi_f$)가 된다.

$$\psi_S|_{\substack{V_G=V_T \\ p(0)=n_{o,sub}=N_D}} \equiv \psi_{ST} = -V_{th}\ln\left(\frac{N_D^2}{n_i^2}\right) = -2V_{th}\ln\left(\frac{N_D}{n_i}\right) = 2\phi_f = -0.918\ [\text{V}]\ ; \quad \phi_f \equiv -V_{th}\ln\left(\frac{N_D}{n_i}\right) = -0.459\ [\text{V}]$$

(d) 기판의 공간전하영역 폭(X_d)과 표면 전위(ψ_S) 간의 관계식과 임계상태의 공간전하영역 폭($X_{d,max}$ 또는 X_{dT})은 다음과 같다.

$$X_d(\psi_S) = \sqrt{\frac{\varepsilon_{Si}}{qN_A}2\psi_S}$$

$$X_{d,max} \equiv X_d|_{\substack{\psi_S=2\phi_f \\ V_G=V_T \\ p(0)=N_D}} = \sqrt{\frac{\varepsilon_{Si}}{qN_D}4|\phi_f|} = \sqrt{\frac{12\times8.854\times10^{-14}}{1.6\times10^{-19}\times5\times10^{17}}\times4\times0.459} = 4.94\times10^{-6}\ [\text{cm}] = 0.0494\ [\mu\text{m}]$$

(e) n형 기판에 구현된 p채널 MOS 구조의 임계전압(V_{TP})은 기판의 표면 전위가 기판 페르미 전위의 2배($\psi_{ST} = 2\phi_f$)일 때, 또는 기판 표면의 반전 정공 농도가 기판의 다수 캐리어인 전자 농도와 동일($p(0) = n_{o,sub} = N_D$)할 때의 게이트 전압이다.

$$\begin{cases} C_{SDT} = \dfrac{\varepsilon_{Si}}{X_{d,max}} = \dfrac{12\times 8.854\times 10^{-14}}{4.94\times 10^{-6}\ [\text{cm}]} = 0.215\times 10^{-6}\ [\text{F/cm}^2], \\ C_{ox} = \dfrac{\varepsilon_{ox}}{t_{ox}} = \dfrac{4\times 8.854\times 10^{-14}}{5\times 10^{-7}\ [\text{cm}]} = 0.708\times 10^{-6}\ [\text{F/cm}^2] \\ 2qN_D\varepsilon_{Si} = 2\times 1.6\times 10^{-19}\times 5\times 10^{17}\times 12\times 8.854\times 10^{-14} = 1.7\times 10^{-13}\ [\text{CF/cm}^4] \\ V_{FB} = \phi_{ms} = \phi_m - \phi_s = \dfrac{(E_{FS}-E_{Fm})}{q} = V_{th}\ln\left(\dfrac{N_{pg}N_D}{n_i^2}\right) = V_{th}\ln\left(\dfrac{10^{19}\times 5\times 10^{17}}{10^{20}}\right) = 38.45V_{th} = 0.996\ [\text{V}] \end{cases}$$

$$V_{Tp} \equiv V_G|_{\substack{\psi_S=2\phi_f \\ p(0)=n_{o,sub}=N_D}} = V_{FB} + (\psi_{pg}+\psi_{ox}+\psi_S)|_{\psi_S=2\phi_f} = \phi_{ms} + 2\phi_f\left(1+\frac{N_D}{N_{pg}}+2\frac{C_{SDT}}{C_{ox}}\right)$$

$$= 0.996 - 2\times 0.459\times\left(1+\frac{1}{20}+2\frac{0.215}{0.708}\right) = -0.525\ [\text{V}]$$

즉 임계전압은 $V_{TP} = -0.525$ [V]이다. 따라서 $V_G = 0$ [V]의 열평형 상태에서는 반전전하에 의한 전도성 채널이 형성되지 않고, $V_G < -0.525$ [V]의 음의 전압이 인가되어야 채널이 형성되므로, 이 p-MOS 구조는 생성형 MOS에 해당한다.

(f) 임계상태의 산화막 양단 전위차(ψ_{oxT})와 산화막 내의 전계의 세기($\mathcal{E}_{ox}$)는 다음 관계식을 이용하여 구할 수 있다.

$$\psi_{oxT} = (V_{bi,oxT}+V_{oxT}) = -\frac{Q_{ox}}{C_{ox}} = -\frac{|Q_{SD,max}|}{C_{ox}} = -\frac{|qN_DX_{d,max}|}{\varepsilon_{ox}}t_{ox} = -\frac{(\varepsilon_{Si}/X_{d,max})}{(\varepsilon_{ox}/t_{ox})}2|\psi_{sT}| = -\left(\frac{C_{SD}}{C_{ox}}\right)2\times 2|\phi_f|$$

$$= -2\times 2\times 0.459\times\left(\frac{0.215}{0.708}\right) = -0.557\ [\text{V}]$$

$$\mathcal{E}_{oxT} = \frac{\psi_{oxT}}{t_{ox}} = -\frac{0.557}{5\times 10^{-7}} = -1.12\times 10^6\ [\text{V/cm}]$$

즉 임계상태의 산화막 내부 전계의 세기는 전 구간에 걸쳐 동일하며, 그 방향은 기판에서 게이트로 향하는 음의 방향이다.

(g) 전하유동밀도(D)의 연속 특성과 산화막 내의 전계($\mathcal{E}_{ox}$)의 세기를 이용하면, 다음과 같이 임계상태의 기판 표면 전계($\mathcal{E}_{0+}$)의 세기를 구할 수 있다.

$$D(0^-) = \varepsilon_{ox}\mathcal{E}_{oxT} = \varepsilon_{Si}\mathcal{E}_{0+} = D(0^+)\ [\text{C/cm}^2] \ \Rightarrow\ \mathcal{E}_{0+} = \frac{\varepsilon_{ox}}{\varepsilon_{Si}}\mathcal{E}_{oxT} = \frac{1}{3}\mathcal{E}_{oxT} = -\frac{1.12\times 10^6}{3} = -3.72\times 10^5\ [\text{V/cm}]$$

(h) 앞서 구한 임계상태의 공간전하영역 폭을 이용하면, 다음과 같이 임계상태의 기판 공간전하량($Q_{SD,max}$)을 구할 수 있다.

$$Q_{SD,max} \equiv +qN_DX_{d,\max} = +\sqrt{2qN_D\varepsilon_{Si}|\psi_{ST}|} = +1.6\times 10^{-19}\times 5\times 10^{17}\times 4.94\times 10^{-6} = +395\times 10^{-9}\ [\text{C/cm}^2]$$

(i) 임계상태의 기판영역 전하(Q_{ST}) 중에는 공핍된 도너에 의한 공간전하(Q_{SDT})와 함께 아주 적은 양의 반전된 정공에 의한 전하(Q_{SpT})가 존재한다. 임계상태의 기판영역 반전 전하량은 다음 관계식을 통해 얻을 수 있다.

$$Q_{ST} \cong +\sqrt{2qN_D\varepsilon_{Si}V_{th}}\times\sqrt{\frac{|\psi_{ST}|}{V_{th}}+\left(\frac{n_i}{N_D}\right)^2 e^{|\psi_{ST}|/V_{th}}}$$

$$= \sqrt{2qN_D\varepsilon_{Si}|\psi_{ST}|}\times\sqrt{1+\frac{V_{th}}{|\psi_{ST}|}\left(\frac{n_i}{N_D}\right)^2 e^{|\psi_{ST}|/V_{th}}}\ ;\ \psi_{ST} = 2\phi_f < 0$$

$$\cong \sqrt{2qN_D\varepsilon_{Si}|\psi_{ST}|}\left(1+\frac{V_{th}}{2|\psi_{ST}|}\left(\frac{n_i}{N_D}\right)^2 e^{|\psi_{ST}|/V_{th}}\right) = \sqrt{2qN_D\varepsilon_{Si}|\psi_{ST}|}\left(1+\frac{V_{th}}{2|\psi_{ST}|}\left(\frac{n_i}{N_D}\right)^2 e^{|\psi_{ST}|/V_{th}}\right)$$

$$= Q_{SD,max} + Q_{SpT}$$

$$Q_{SD,max} = \sqrt{2qN_D\varepsilon_{Si}|\psi_{ST}|}\ ;\quad Q_{SpT} = \sqrt{2qN_D\varepsilon_{Si}|\psi_{ST}|}\times\frac{V_{th}}{2|\psi_{ST}|}\left(\frac{n_i}{N_D}\right)^2 e^{|\psi_{ST}|/V_{th}}$$

따라서 임계상태의 기판 표면에 이동이 가능한 정공으로 구성된 양의 반전전하량 Q_{SpT}는 다음과 같다.

$$Q_{SpT} = Q_{Sp}\big|_{V_G=V_T} \equiv \int_0^{X_d}(+qp(x))dx\Big|_{V_G=V_T} = Q_{ST} - Q_{SD,max} = \sqrt{2qN_D\varepsilon_{Si}|\psi_{ST}|} \times \frac{1}{2}\frac{V_{th}}{|\psi_{ST}|}\left(\frac{n_i}{N_D}\right)^2 e^{|\psi_{ST}|/V_{th}}$$

$$= \sqrt{2qN_D\varepsilon_{Si}|2\phi_f|} \times \frac{1}{2}\frac{V_{th}}{|2\phi_f|}\left(\frac{n_i}{N_D}\right)^2 e^{|2\phi_f|/V_{th}}$$

$$= \sqrt{2qN_D\varepsilon_{Si}|2\phi_f|} \times \frac{V_{th}}{2\times|2\phi_f|} = \sqrt{\frac{qN_D\varepsilon_{Si}}{2\times|2\phi_f|}V_{th}^2} \ ; \ \left(\frac{n_i}{N_D}\right)^2 e^{|2\phi_f|/V_{th}} = 1$$

$$= \sqrt{\frac{1.6\times10^{-19}\times5\times10^{17}\times12\times8.854\times10^{-14}}{2\times2\times0.459}\times0.0259^2}$$

$$= 5.57\times10^{-9}\ [\mathrm{C/cm^2}] = 5.57\ [\mathrm{nC/cm^2}] \quad \left(\cong \frac{1}{71}Q_{SD,max}\right)$$

기판 표면의 반전 정공 농도는 기판의 다수 캐리어인 전자 농도와 동일($p(0) = N_D$)한 매우 높은 상태이다. 한편 임계상태에서 기판 표면에는 공간전하($Q_{SD,max}$)와 반전된 전하에 의한 이동전하(Q_{SpT})가 동시에 존재한다. 그러나 전류 형성에 기여할 수 있는 기판영역 총 반전전하량은 기판영역의 공간전하량의 약 1.41%에 불과한 적은 농도임을 알 수 있다.

11.4 MOS C–V 특성

MOS 커패시터의 커패시턴스–전압(C–V) 특성 곡선은 MOSFET의 특성 분석을 위한 중요한 도구다. 오른쪽 그림과 같이 게이트 도핑 농도를 제외한 모든 구조가 동일한 A와 B의 두 MOS 구조에 대해, 느린 주사전압과 고주파 ac 신호를 이용하여 C–V 특성을 측정할 경우,

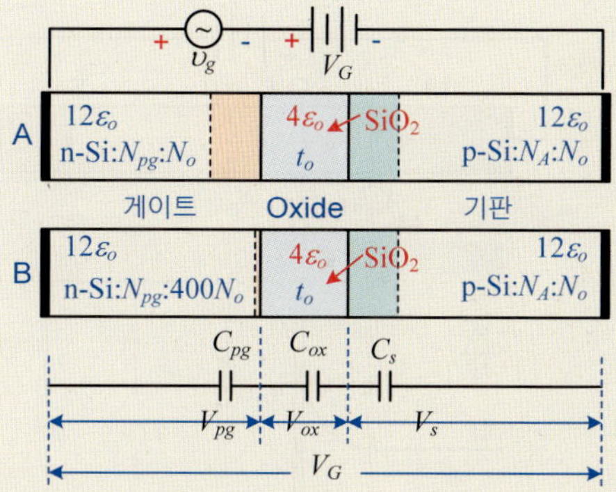

(a) C–V 특성 곡선을 어떤 용도로 사용할 수 있는지 설명하라.
(b) ac 신호 v_g를 인가하여 C–V 특성을 측정하는 이유를 에너지 대역도(EBD)의 에너지 장벽을 이용하여 설명하라.
(c) $V_{GA} = V_{TA}$인 전압이 인가된 A의 EBD를 구하라.
(d) A와 B의 평탄대역 전압의 차이($\Delta V_{FB} = V_{FBB} - V_{FBA}$)를 V_{th}의 함수로 구하라.
(e) A와 B에 같은 크기의 V_G가 인가된 경우, SiO_2 양단의 전압(V_{ox})을 비교하라($|V_{oxB}|/|V_{oxA}|$).
(f) $V_{GA} = V_{TA}$, $V_{GB} = V_{TB}$인 경우에 대해 반도체 기판 쪽의 전하밀도 분포 $\rho(x)$ [C/cm^3]를 비교하라.
(g) A와 B 두 경우의 C–V 특성 곡선을 그림으로 비교하라.
(h) $V_G > V_T$인 경우, 커패시턴스의 변화가 없는 이유를 설명하라.
(i) B를 오랫동안 사용한 후 C–V 특성을 측정하였더니, 강한 반전상태의 경계가 되는 임계전압이 A의 임계전압과 일치하였다. 무엇이 원인일 수 있는지 설명하라.

MOS 구조 A와 B는 게이트 영역 도핑($N_{pgB} = 400N_{pgA}$)을 제외하면 동일한 구조다. 두 MOS 구조의 접합 형성 전 에너지 대역도는 다음과 같으며, 이를 열평형 상태와 전압이 인가된 경우의 에너지 대역도를 이해하는 기준으로 사용할 것이다.

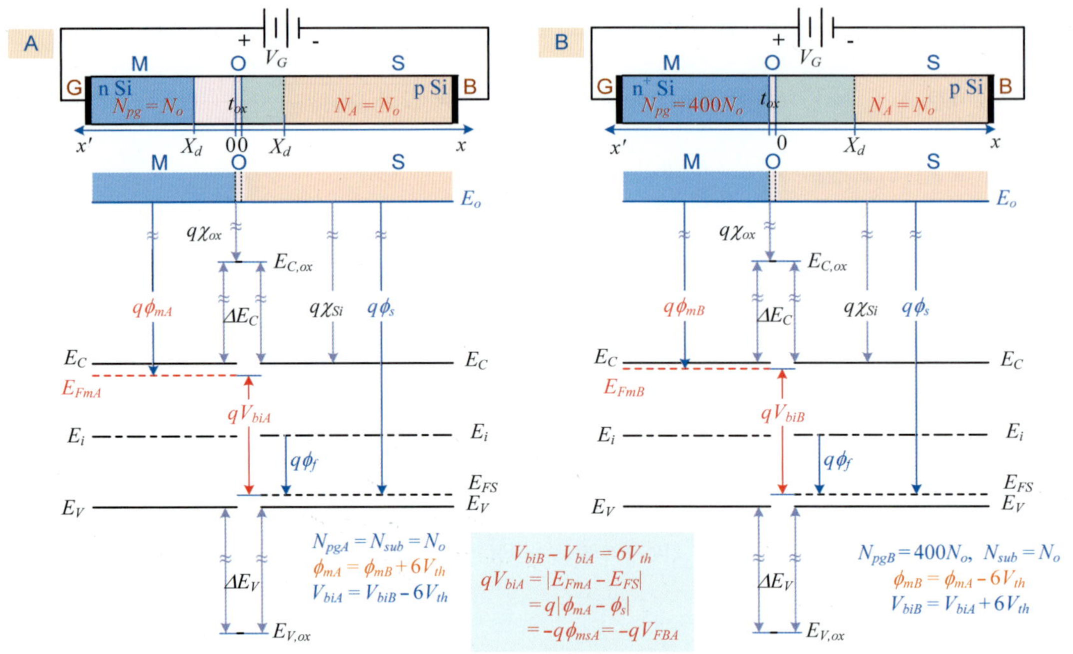

MOS A와 MOS B의 열평형 상태의 에너지 대역도를 비교하면 다음 그림과 같다.

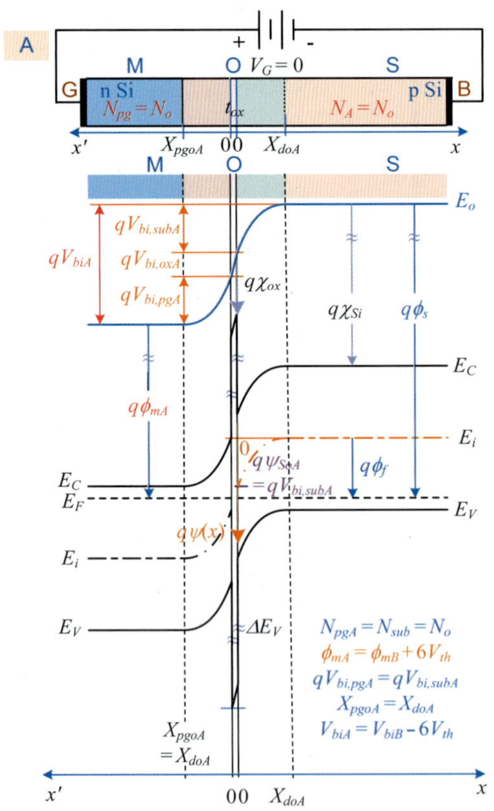

MOS A의 열평형 상태 에너지 대역도

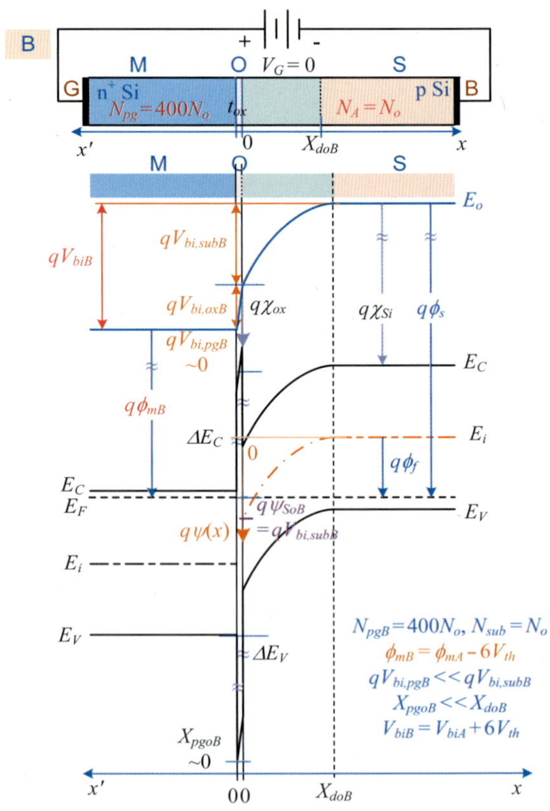

MOS B의 열평형 상태 에너지 대역도

두 MOS 구조에서 게이트 산화막의 두께(t_{ox})와 p형 기판의 도핑 농도(N_{sub})는 각각 서로 같으나, n형 게이트 영역의 도핑 농도(N_{pg})가 다른 경우, 두 구조의 기판영역의 페르미 전위(ϕ_f)는 같아도, 열평형 상태의 내부 전압(V_{bi})은 서로 달라진다. 즉 기판영역의 페르미 전위(ϕ_f)와 캐리어 농도 차이로 형성된 열평형 상태 시 내부 전압(V_{biA}, V_{biB})을 비교하면 다음과 같다.

$$V_{bi} = \frac{|E_{Fm} - E_{FS}|}{q} = V_{th}\ln\left(\frac{p_{o,high}}{p_{o,low}}\right) \Rightarrow \begin{cases} V_{biA} = V_{th}\ln\left(\dfrac{N_{pgA}N_A}{n_i^2}\right) = V_{th}\ln\left(\dfrac{N_o^2}{n_i^2}\right) = 2V_{th}\ln\left(\dfrac{N_o}{n_i}\right) \\ V_{biB} = V_{th}\ln\left(\dfrac{N_{pgB}N_A}{n_i^2}\right) = V_{th}\ln\left(\dfrac{400N_o^2}{n_i^2}\right) = 2V_{th}\ln\left(\dfrac{N_o}{n_i}\right) + 6V_{th} \end{cases}$$

$$V_{biB} - V_{biA} = V_{th}\ln\left(\frac{N_{pgB}}{N_{pgA}}\right) = V_{th}\ln(400) = 6V_{th} \Rightarrow V_{biB} = V_{biA} + 6V_{th} > V_{biA}$$

$$\phi_{fA} = \phi_{fB} \equiv V_{th}\ln\left(\frac{p_{o,sub}}{n_i}\right) = V_{th}\ln\left(\frac{N_o}{n_i}\right)$$

MOS B의 경우, 게이트 도핑 농도가 기판 농도보다 훨씬 높으므로($N_{pg} = 400N_o \gg N_{sub} = N_o$), 게이트 영역의 공간전하영역($X_{pg} \ll X_{sub}$)과 전압 강하 ($\psi_{pg} \ll \psi_{sub}$)를 무시할 수 있다. 이에 비해 MOS A는 게이트와 기판영역의 도핑 농도가 같으므로($N_{pg} = N_{sub} = N_o$), 게이트 영역과 기판영역의 공간전하영역이 동일($X_{pg} = X_{sub}$)하고 전압 강하도 동일한 크기($\psi_{pg} = \psi_{sub}$)로 나타난다. 이를 고려하여 특성을 분석하고 이해해야 한다.

(a) MOS 구조의 C-V 특성은 게이트 영역의 도핑 종류와 농도(N_{pg}), 산화막의 종류(ε_{ox})와 두께(t_{ox}), 기판영역의 도핑 종류와 농도(N_{sub})에 따라 달라진다. 특히 p형 기판에 구현된 N-MOS의 반전 전자는 공간전하영역에서 열에너지에 의해 생성된 전하로, 그 생성속도와 양은 기판영역의 밴드갭(E_g)과 온도(T), 공간전하영역의 재결합 평균수명(τ_o)에 따라 크게 제한된다. 따라서 C-V 특성은 측정할 때의 주사전압(V_{sw})과 ac 소신호 주파수(f)에 따라 크게 달라지므로, 이를 이용하여 MOS 구조의 특성을 분석할 수 있다. C-V 특성을 통해 분석할 수 있는 MOS 구조의 특성지표와 용도는 다음과 같다.

- MOS 구조의 임계전압(V_T)
- 산화막 커패시턴스(C_{ox}, t_{ox}, ε_{ox})
- 계면상태 분포($D_{it}(E)$)와 농도(N_{it})
- 평탄대역 전압(V_{FB}),
- 기판의 다수 캐리어 농도(N_{sub}) 또는 농도 분포($N_{sub}(x)$)
- 산화막 내의 전하량(Q_{ss}) 측정과 분석

(b) MOS 구조에서는 게이트 영역(n^+ poly Si)과 산화막(SiO_2)의 접합 경계면과, 산화막과 기판 접합(p Si)의 경계면에서 전도대역 불연속(ΔE_C)과 가전자대역 불연속(ΔE_V)이 발생한다. 특히 전도대역의 에너지 불연속($\Delta E_C \approx 3.1$ [eV])은 전도대역 전자의 이동에 높은 에너지 장벽으로 작용하며, 가전자대역 에너지 불연속($\Delta E_V \approx 4.7$ [eV])은 가전자대역 정공의 이동에 높은 에너지 장벽으로 작용한다. 이 때문에 MOS 구조 내에서는 전자와 정공의 이동으로부터 발생하는 전도성(conductive) 전류가 존재하지 않는다. 즉 MOS 구조는 높은 에너지 장벽 때문에 이동전하로 인한 전도성 DC 전류가 흐르지 않는 일종의 절연체가 된다. 이 MOS 구조에 ac 전압을 인가하고, 그로 인한 변위(displacement) 전류인 ac 전류를 측정하면, 이를 이용하여 MOS 구조의 특성을 분석할 수 있다. 이를 수식으로 정리하면 다음과 같다.

$$\left.\begin{matrix} V_g(t) = V_G + \upsilon_{ac}(t) \ ; \ \upsilon_{ac}(t) = \upsilon_o e^{j\omega t} \\ i_g(t) = I_G + i_{ac}(t) \quad ; \ I_G = 0 \end{matrix}\right\} \Leftrightarrow \begin{cases} i_{ac}(t) = C_g(V_G)\dfrac{d\upsilon_{ac}(t)}{dt} = j\omega C_g(V_G)\upsilon_{ac}(t) \\ C_g(V_G) = \dfrac{i_{ac}(t)}{j\omega\upsilon_{ac}(t)} = \dfrac{1}{\omega}\left|\dfrac{i_{ac}(t)}{\upsilon_{ac}(t)}\right| \end{cases}$$

(c) 임계전압이 인가된 MOS A($V_{GA} = V_{TA}$)와 MOS B($V_{GB} = V_{TB}$)의 에너지 대역도를 비교하면 다음과 같다.

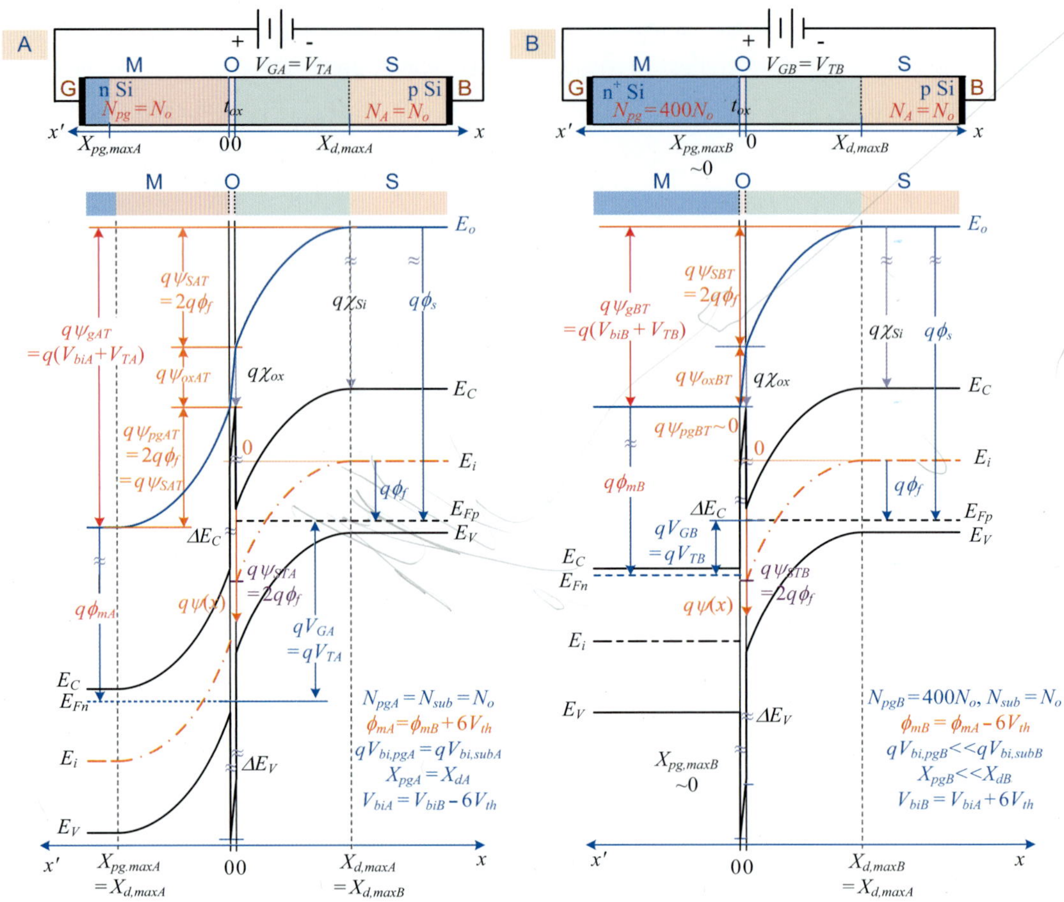

임계전압이 인가된 MOS A와 B($V_{TA} > V_{TB}$)의 에너지 대역도

(d) A와 B의 평탄대역 전압의 차이($\Delta V_{FB} = V_{FBB} - V_{FBA}$)를 V_{th}의 함수로 나타내면 다음과 같다.

$$|V_{FBA}| = V_{biA} < |V_{FBB}| = V_{biB}\,, \qquad V_{FBA} = -V_{biA} < 0\,, \qquad V_{FBB} = -V_{biB} < 0$$

$$V_{FBA} - V_{FBB} = V_{biB} - V_{biA} = V_{th}\ln\left(\frac{N_{pgB}}{N_{pgA}}\right) = V_{th}\ln(400) = 6V_{th} = 0.15\ [\mathrm{V}]$$

(e) A와 B에 같은 크기의 V_G가 인가된 경우, SiO_2 양단의 전압(V_{ox})을 비교($|V_{oxB}|/|V_{oxA}|$)하면 다음과 같다.

$$\psi_g = \psi_{pg} + \psi_{ox} + \psi_S \qquad \begin{cases} V_{bi} = V_{bi,pg} + V_{bi,ox} + V_{bi,sub} \\ V_G = V_{G,pg} + V_{G,ox} + V_{G,sub} \end{cases} \qquad \begin{cases} \psi_{pg} \equiv V_{bi,pg} + V_{G,pg} \\ \psi_{ox} \equiv V_{bi,ox} + V_{G,ox} \\ \psi_S \equiv V_{bi,sub} + V_{G,sub} \end{cases}$$

$$\begin{cases} V_{bi,sub} = \dfrac{1}{4(1+(N_{sub}/N_{pg}))^2}\left(\sqrt{\dfrac{2qN_{sub}\varepsilon_{Si}}{C_{ox}^2} + 4\left(1+\left(\dfrac{N_{sub}}{N_{pg}}\right)\right)V_{bi}} - \dfrac{\sqrt{2qN_{sub}\varepsilon_{Si}}}{C_{ox}}\right)^2 \\ V_{bi,pg} = V_{bi,sub}\left(\dfrac{N_{sub}}{N_{pg}}\right)\ ; \quad X_{do} \equiv X_d(V_{bi,sub} = -\psi_{So}) = \sqrt{\dfrac{\varepsilon_{Si}}{qN_{sub}}2V_{bi,sub}} \\ V_{bi,ox} = \dfrac{(t_{ox}/X_{do})}{(\varepsilon_{ox}/\varepsilon_{Si})}2V_{bi,sub} = \dfrac{qN_{sub}X_{do}}{\varepsilon_{ox}}t_{ox} = \dfrac{qN_{sub}t_{ox}}{\varepsilon_{ox}}\sqrt{\dfrac{\varepsilon_{Si}}{qN_{sub}}2V_{bi,sub}} = \dfrac{\sqrt{2qN_{sub}\varepsilon_{Si}V_{bi,sub}}}{C_{ox}} = 2\dfrac{C_{SDo}}{C_{ox}} \end{cases}$$

p형 기판에 구현된 n채널 MOS 구조가 공핍상태 또는 약한 반전상태($0 < \psi_S < 2\phi_f$, $V_{FB} < V_G < V_T$)인 경우, 산화막 양단과 기판영역 전위의 비는 인가된 전압에 관계없이 항상 동일한 값으로 유지된다. 따라서 계산의 편의와 이해를 돕기 위해 열평형 상태의 전압 강하의 비를 계산하여 활용하기로 하자. 공핍상태에 있는 MOS 구조의 각 영역별 열평형 상태 전압 강하는 다음과 같이 나타낼 수 있다.

$$\begin{cases} V_{bi,subA} = \dfrac{V_{biA}}{4(1+1)^2}\left(\sqrt{4(1+1)+\dfrac{1}{V_{biA}}\left(\dfrac{\sqrt{2qN_o\varepsilon_{Si}}}{C_{ox}}\right)^2}-\dfrac{\sqrt{2qN_o\varepsilon_{Si}}}{\sqrt{V_{biA}}C_{ox}}\right)^2 = \dfrac{V_{biA}}{16}\left(\sqrt{8+\dfrac{2qN_o\varepsilon_{Si}}{V_{biA}C_{ox}^2}}-\dfrac{\sqrt{2qN_o\varepsilon_{Si}}}{\sqrt{V_{biA}}C_{ox}}\right)^2 \\ V_{bi,subB} = \dfrac{V_{biB}}{4\left(1+\dfrac{1}{400}\right)^2}\left(\sqrt{4\left(1+\dfrac{1}{400}\right)+\dfrac{1}{V_{biB}}\left(\dfrac{\sqrt{2qN_o\varepsilon_{Si}}}{C_{ox}}\right)^2}-\dfrac{\sqrt{2qN_o\varepsilon_{Si}}}{\sqrt{V_{biB}}C_{ox}}\right)^2 \cong \dfrac{V_{biB}}{4}\left(\sqrt{4+\dfrac{2qN_o\varepsilon_{Si}}{V_{biB}C_{ox}^2}}-\dfrac{\sqrt{2qN_o\varepsilon_{Si}}}{\sqrt{V_{biB}}C_{ox}}\right)^2 \end{cases}$$

$$V_{biA} = V_{biB} - 6V_{th} < V_{biB} = V_{biA} + 6V_{th}\ ;\ \boxed{V_{bi,subA} < V_{bi,subB}}$$

$$\boxed{V_{bi,oxA} = \frac{\sqrt{2qN_o\varepsilon_{Si}V_{bi,subA}}}{C_{ox}} < V_{bi,oxB} = \frac{\sqrt{2qN_o\varepsilon_{Si}V_{bi,subB}}}{C_{ox}}}$$

즉 두 MOS 구조에서 게이트 산화막 구조($\varepsilon_{oxA} = \varepsilon_{oxB}$, $t_{oxA} = t_{oxB}$)와 기판영역의 도핑 농도($N_{subA} = N_{subB}$)는 각각 서로 같지만, 게이트 도핑 농도는 서로 다른($N_{pgA} = N_o < N_{pgB} = 400N_o$) 상황에서, 게이트 도핑 농도가 높은 MOS B의 게이트 영역 공간전하영역 폭($X_{pgB} \ll X_{dB}$)과 전압 강하($V_{bi,pgB} \ll V_{bi,subB}$)는 무시할 수 있다. 그러나 게이트와 기판 농도가 동일한 MOS A의 경우, 게이트 영역과 기판영역 전압 강하가 동일한 크기이기 때문에 무시할 수 없으며, 그 결과 산화막 양단의 전압 강하가 줄어든다. 단 임계상태에서 MOS A와 MOS B의 산화막 양단 전압은 동일($\psi_{oxTA} = \psi_{oxTB}$)하다.

(f) $V_{GA} = V_{TA}$, $V_{GB} = V_{TB}$인 경우, MOS A와 B의 영역별 전하밀도 분포 $\rho(x)$ [C/cm^3]를 요약하여 정리하면 아래 표와 같다. 게이트와 기판 농도가 동일한 MOS A의 경우, 게이트 공간전하영역의 전압 강하(ψ_{pg})와 기판 공간전하영역의 전압 강하(ψ_{sub})가 동일하며, 기판이 강한 반전의 임계상태($n(x=0) = p_{o,sub} = N_o$)일 때 게이트 영역도 강한 반전의 임계상태 ($p(x'=0) = n_{o,pg} = N_o$)임을 주의해야 한다.

구분	MOS A ($V_{GA} = V_{TA}$, $\psi_{SA} = 2\phi_f$)	MOS B ($V_{GB} = V_{TB}$, $\psi_{SB} = 2\phi_f$)
$x' > X_{pg}$ 게이트 중성영역	$\rho(x') = +q(p(x') - n(x') + N_d(x') - N_a(x')) = 0$	$\rho(x') = +q(p(x') - n(x') + N_d(x') - N_a(x')) = 0$
$0 < x' < X_{pg}$ 게이트 공간전하영역	$\rho(x') = +q(p(x') + N_d(x')) = +q(p(x') + N_o)$; $\psi_{S'} = 2\phi_f$ $\begin{cases} p(x') = p_{o,sub}e^{\psi(x')/V_{th}};\ p_{o,sub} = \dfrac{n_i^2}{N_o},\ p(x'=0) = N_o \\ \psi(x') = 2\phi_f\left(1 - {x'}/{X_{pg,\max A}}\right)^2\ (0 \le x' \le X_{pg,\max A}) \\ ;X_{pg,\max A} = X_{d,\max A} \end{cases}$	$\rho(x') = +qN_d(x') = +qN_{pg} = +400qN_o$
$-t_{ox} < x < 0$ 산화막 내부	$\rho(x) = 0$, $C_{ox} = \varepsilon_{ox}/t_{ox}$	
$0 < x < X_{d,max}$ 기판 공간전하영역	$\rho(x) = -q(n(x) + N_a(x)) = -q(n(x) + N_o)$; $\psi_{SA} = 2\phi_f$ $n(x) = n_{o,sub}e^{\psi(x)/V_{th}}$; $n_{o,sub} = \dfrac{n_i^2}{N_o}$, $n(x=0) = N_o$; $\psi(x) = 2\phi_f\left(1 - \dfrac{x}{X_{d,max}}\right)^2$	
$X_{d,max} < x$ 기판 중성영역	$\rho(x) = 0$ $\phi_{fA} = \phi_{fB} = V_{th}\ln(N_o/n_i)$	$\rho(x) = 0$ $\phi_{fA} = \phi_{fB} = V_{th}\ln(N_o/n_i)$

MOS A와 B의 전하밀도 분포 $\rho(x)$ [C/cm^3]를 그림으로 비교하면 다음과 같다.

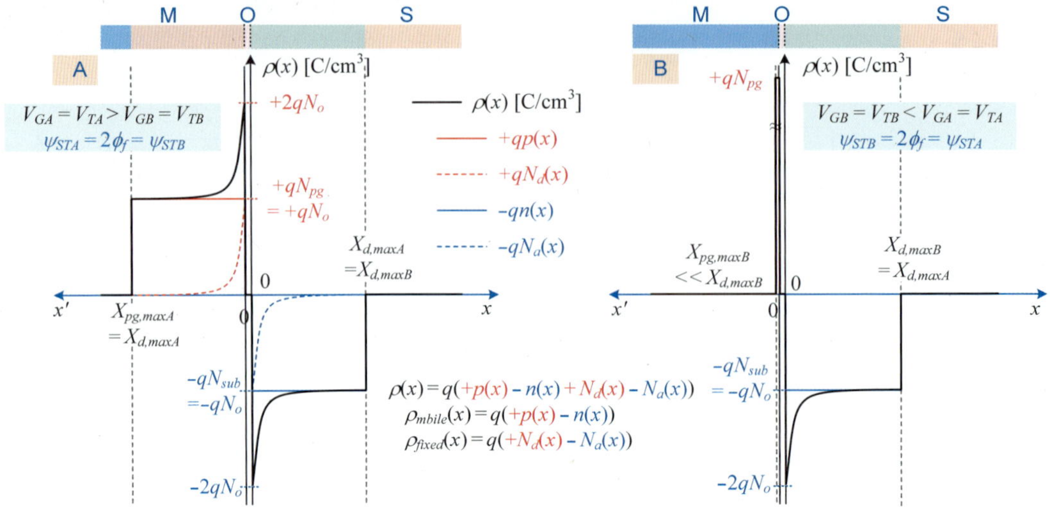

(g) A와 B, 두 경우의 C–V 특성 곡선은 다음과 같이 비교할 수 있다. MOS 구조의 게이트 커패시턴스는 다음과 같이 게이트 영역의 커패시턴스 C_{pg}와 산화막 커패시턴스 C_{ox}, 기판영역 커패시턴스 C_S의 직렬연결로 모델링할 수 있다. 즉 MOS 구조에 인가된 게이트 전압에 따라 변하는 커패시턴스 $C_g(V_G)$를 구성하는 성분 중, 게이트 영역(C_{pg})과 기판영역 커패시턴스(C_S)(이동전하에 의한 커패시턴스(C_{pgm}, C_{Sm})와 공간전하에 의한 커패시턴스(C_{pgD}, C_{SD})의 합)는 게이트 전압에 크게 의존한다. 이에 반해 게이트 산화막 커패시턴스(C_{ox})는 산화막의 유전율(ε_{ox})과 두께(t_{ox})에 의해 결정되며, 게이트 전압과는 무관하게 일정한 값을 갖는다.

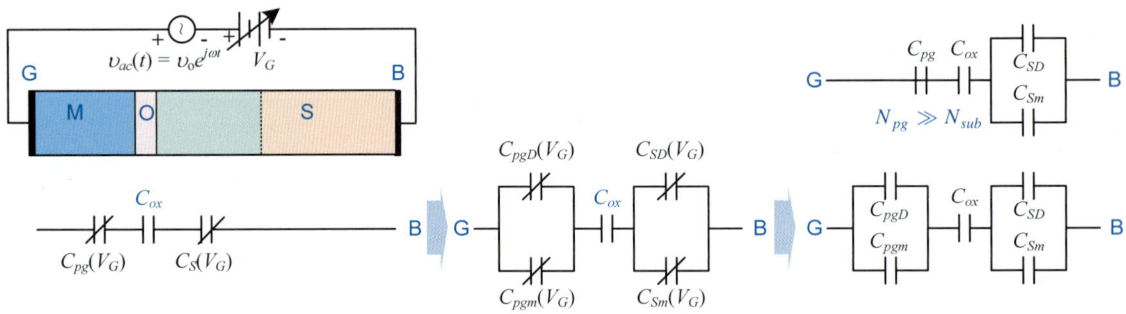

V_G에 따라 변하는 MOS 구조의 커패시턴스 측정 개념도와 등가회로

V_G에 따라 변하는 MOS 구조의 커패시턴스 등가회로 모델

특정한 게이트 전압에 대한 MOS 구조의 커패시턴스 등가회로

$$C_g(V_G) = \frac{1}{\dfrac{1}{C_{pg}(V_G)} + \dfrac{1}{C_{ox}} + \dfrac{1}{C_S(V_G)}} = \frac{1}{\dfrac{1}{C_{pgD}(V_G) + C_{pgm}(V_G)} + \dfrac{1}{C_{ox}} + \dfrac{1}{C_{SD}(V_G) + C_{Sm}(V_G)}}$$

$$
\begin{cases}
C_{pg}(V_G) \equiv \dfrac{\partial Q_{pg}(V_G)}{\partial \psi_{pg}} = C_{pgD}(V_G) + C_{pgm}(V_G) & \begin{cases} C_{pgD}(V_G) \equiv \dfrac{\partial Q_{pg,dep}(V_G)}{\partial \psi_{pg}} = \dfrac{\varepsilon_{Si}}{X_{pg}(V_G)} \\ C_{pgm}(V_G) \equiv \dfrac{\partial Q_{pg,mob}(V_G)}{\partial \psi_{pg}} \end{cases} \\
C_{ox} \equiv \dfrac{\partial Q_{ox}(V_G)}{\partial \psi_S} = \dfrac{\varepsilon_{ox}}{t_{ox}} = \text{일정} & \\
C_S(V_G) \equiv \dfrac{\partial Q_S(V_G)}{\partial \psi_S} = C_{SD}(V_G) + C_{Sm}(V_G) & \begin{cases} C_{SD}(V_G) \equiv \dfrac{\partial Q_{S,dep}(V_G)}{\partial \psi_S} = \dfrac{\varepsilon_{Si}}{X_d(V_G)} \\ C_{Sm}(V_G) \equiv \dfrac{\partial Q_{S,mob}(V_G)}{\partial \psi_S} \end{cases}
\end{cases}
$$

MOS 구조의 C-V 특성은 측정 시의 게이트 주사전압 V_G [V], 주사율 α [V/s], 소신호 측정 주파수 f [Hz]에 따라 크게 달라진다. MOS 구조의 전형적인 C-V 특성 곡선을 다음 그림에 요약하였다.

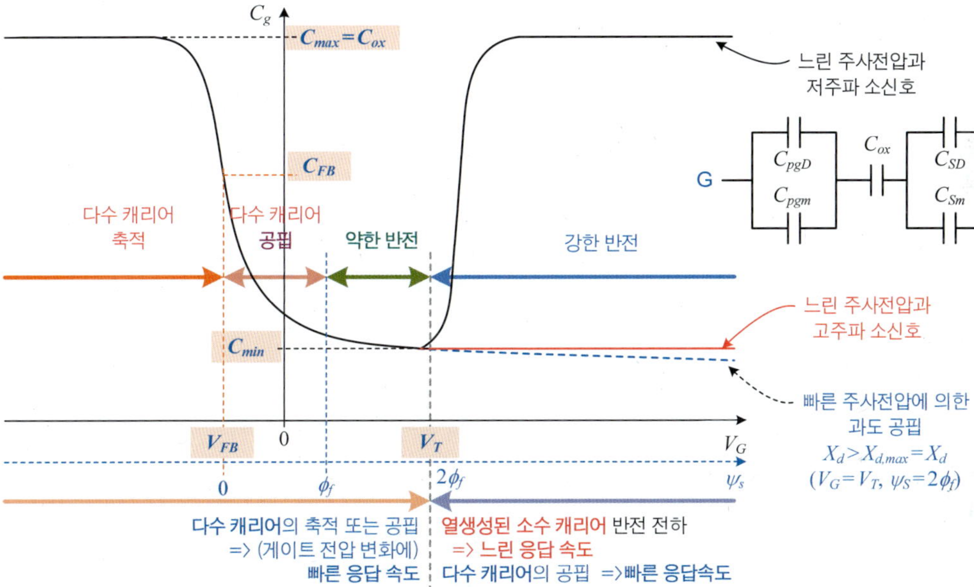

MOS 구조의 C-V 특성 곡선을 그리기 위해 필요한 5개의 중요 특성지표(C_{max}, C_{min}, C_{FB}, V_{FB}, V_T)를 결정하는 요인과 그 상대적인 크기를 비교하면 다음 표와 같다.

구분	결정 요소와 특성지표	
C_{max}	$C_{Sm} \gg C_{SD}$, $C_{Sm} \gg C_{ox}$ $C_{pgm} \gg C_{pgD}$, $C_{pgm} \gg C_{ox}$	$C_{max} = C_g(V_G \ll V_{FB}) = \dfrac{1}{\dfrac{1}{C_{pgD}(V_G)+C_{pgm}(V_G)} + \dfrac{1}{C_{ox}} + \dfrac{1}{C_{SD}(V_G)+C_{Sm}(V_G)}} \cong \boxed{C_{ox}}$
C_{FB}	$C_{S,FB} = \dfrac{\varepsilon_{Si}}{L_D}$; $L_D = \sqrt{\dfrac{\varepsilon_{Si}V_{th}}{qN_{sub}}}$ $C_{pg,FB} = \dfrac{\varepsilon_{Si}}{L_{D,pg}}$; $L_{D,pg} = \sqrt{\dfrac{\varepsilon_{Si}V_{th}}{qN_{pg}}}$	$C_{FB} = C_g(V_{FB}) = 1\Big/\left(\dfrac{1}{C_{pgD}(V_{FB})+C_{pgm}(V_{FB})} + \dfrac{1}{C_{ox}} + \dfrac{1}{C_{SD}(V_{FB})+C_{Sm}(V_{FB})}\right)$ $= 1\Big/\left(\dfrac{1}{C_{pg,FB}} + \dfrac{1}{C_{ox}} + \dfrac{1}{C_{S,FB}}\right) = 1\Big/\left(\dfrac{L_{D,pg}}{\varepsilon_{Si}} + \dfrac{t_{ox}}{\varepsilon_{ox}} + \dfrac{L_D}{\varepsilon_{Si}}\right) = \boxed{\dfrac{C_{ox}}{1+\dfrac{(L_{D,pg}+L_D)/t_{ox}}{\varepsilon_{Si}/\varepsilon_{ox}}}}$

구분	결정 요소와 특성지표	
C_{min}	$X_{d,max} = \sqrt{\frac{2\varepsilon_{Si}}{qN_{sub}} 2\lvert\phi_f\rvert}$ $C_{SD} = C_{SD,min} = \frac{\varepsilon_{Si}}{X_{d,max}}$; $C_{Sm} \cong 0$ $C_{pgD} = \frac{\varepsilon_{Si}}{X_{pg}} \gg C_{SD}$; $C_{pgm} \cong 0$	$C_{min} = C_g(V_T) = 1\Big/\left(\frac{1}{C_{pgm}(V_T) + C_{pgD}(V_T)} + \frac{1}{C_{ox}} + \frac{1}{C_{Sm}(V_T) + C_{SD}(V_T)}\right)$ $= 1\Big/\left(\frac{1}{C_{pgD}} + \frac{1}{C_{ox}} + \frac{1}{C_{SD,min}}\right) = 1\Big/\left(\frac{1}{C_{ox}} + \frac{1}{C_{SD,min}}\right) = \boxed{\frac{C_{ox}C_{SD,min}}{C_{ox} + C_{SD,min}}}$
V_{FB}	$V_{FB} = \left(\phi_{ms} - \frac{Q_{ss}}{C_{ox}}\right) = \left(\phi_m - \phi_s - \frac{Q_{ss}}{C_{ox}}\right) = \boxed{V_{th}\ln\left(\frac{p_{o,pg}}{p_{o,sub}}\right)} - \frac{Q_{ss}}{C_{ox}}$; Q_{ss} : 산화막 내의 전하량	
V_T	$V_T = V_{FB} + (\psi_{pg} + \psi_{ox} + \psi_S)\rvert_{\psi_S = 2\phi_f} = \left(\phi_{ms} - \frac{Q_{ss}}{C_{ox}}\right) + 2\phi_f\left(1 + \frac{N_{sub}}{N_{pg}}\right) - \frac{Q_{SD,max}}{C_{ox}} = \left(\phi_{ms} - \frac{Q_{ss}}{C_{ox}}\right) + 2\phi_f\left(1 + \frac{N_{sub}}{N_{pg}} + 2\frac{C_{SD,min}}{C_{ox}}\right)$ $= \boxed{\left(\phi_{ms} - \frac{Q_{ss}}{C_{ox}}\right) + 2\phi_f\left(1 + \frac{N_{sub}}{N_{pg}} + 2\frac{(\varepsilon_{Si}/\varepsilon_{ox})}{(X_{d,\max}/t_{ox})}\right)}$ $C_{SD,min} = \frac{\varepsilon_{Si}}{X_{d,max}}$; $X_{d,max} = \sqrt{\frac{2\varepsilon_{Si}}{qN_{sub}} 2\lvert\phi_f\rvert}$; $\phi_f = V_{th}\ln\left(\frac{p_{o,sub}}{n_i}\right)$	

MOS A와 B에 대하여 C−V 특성 곡선의 핵심지표인 평탄대역 전압 V_{FB}, 임계전압 V_T, 최대 커패시턴스 C_{max}, 평탄대역 커패시턴스 C_{FB}, 최소 커패시턴스 C_{min}를 비교하면 다음과 같다.

▶ $C_{maxA} = C_{oxA} = C_{maxB} = C_{oxB}$

$$C_{max} = C_{ox} = \frac{\varepsilon_{ox}}{t_{ox}} \Leftrightarrow C_{maxA} = C_{maxB} = C_{ox} = \frac{\varepsilon_{ox}}{t_{ox}}$$

▶ $V_{FBB} < V_{FBA} < 0$

$$V_{FB} = \phi_{ms} = \phi_m - \phi_S = -V_{th}\ln\left(\frac{N_{pg}N_{sub}}{n_i^2}\right) < 0 \begin{cases} V_{FBA} = \phi_{msA} = -V_{th}\ln\left(\frac{N_{pgA}N_{sub}}{n_i^2}\right) = -2V_{th}\ln\left(\frac{N_o}{n_i}\right) \\ \quad = -V_{biA} < 0 \\ V_{FBB} = \phi_{msB} = -V_{th}\ln\left(\frac{N_{pgB}N_{sub}}{n_i^2}\right) = -2V_{th}\ln\left(\frac{N_o}{n_i}\right) - 6V_{th} \\ \quad = -V_{biB} < 0 \end{cases}$$

$$V_{FBA} - V_{FBB} = 6V_{th}$$

▶ $C_{FBA} < C_{FBB}$

$$L_{D,sub} = \sqrt{\frac{2\varepsilon_{Si}}{qN_{sub}}V_{th}} = \sqrt{\frac{2\varepsilon_{Si}}{qN_o}V_{th}}, \quad L_{D,pgA} = \sqrt{\frac{2\varepsilon_{Si}}{qN_{pgA}}V_{th}} = \sqrt{\frac{2\varepsilon_{Si}}{qN_o}V_{th}}$$

$$\begin{cases} C_{LD,subA} = C_{LD,subB} \equiv C_{LD} = \frac{\varepsilon_{Si}}{L_D} = \sqrt{\frac{q\varepsilon_{Si}N_{sub}}{2V_{th}}} = \sqrt{\frac{q\varepsilon_{Si}N_o}{2V_{th}}}, \quad C_{LD,pg} = \frac{\varepsilon_{Si}}{L_{D,pg}} = \sqrt{\frac{q\varepsilon_{Si}N_{pg}}{2V_{th}}} \\ C_{LD,pgA} = \frac{\varepsilon_{Si}}{L_{D,pgA}} = \sqrt{\frac{q\varepsilon_{Si}N_{pgA}}{2V_{th}}} = \sqrt{\frac{q\varepsilon_{Si}N_o}{2V_{th}}}, \quad C_{LD,pgB} = \frac{\varepsilon_{Si}}{L_{D,pgB}} = \sqrt{\frac{q\varepsilon_{Si}N_{pgB}}{2V_{th}}} = \sqrt{\frac{q\varepsilon_{Si}400N_o}{2V_{th}}} = 20C_{LD,pgA} \end{cases}$$

$$\begin{cases} \frac{1}{C_{FBA}} = \frac{1}{C_{LD,subA}} + \frac{1}{C_{LD,pgA}} + \frac{1}{C_{ox}} = \frac{2}{C_{LD}} + \frac{1}{C_{ox}} \ ; \ C_{LD,pgA} = C_{LD,subA} \equiv C_{LD} \Leftrightarrow \boxed{C_{FBA} = \frac{C_{LD}C_{ox}}{C_{LD} + 2C_{ox}} < C_{FBB}} \\ \frac{1}{C_{FBB}} = \frac{1}{C_{LD,subB}} + \frac{1}{C_{LD,pgB}} + \frac{1}{C_{ox}} \cong \frac{1}{C_{LD}} + \frac{1}{C_{ox}} \ ; \ C_{LD,pgB} \gg C_{LD,subB} \equiv C_{LD} \Leftrightarrow \boxed{C_{FBB} = \frac{C_{LD}C_{ox}}{C_{LD} + C_{ox}} > C_{FBA}} \end{cases}$$

▶ $0 < V_{TB} < V_{TA}$

$$\begin{cases} V_T \equiv V_G|_{\substack{\psi_S=2\phi_f \\ n(0)=p_{o,sub}}} = V_{FB} + (\psi_{pg} + \psi_{ox} + \psi_S)\big|_{\psi_S=2\phi_f} = V_{FB} + 2\phi_f\left(1 + \frac{N_A}{N_{pg}} + 2\frac{(t_{ox}/X_{d,max})}{(\varepsilon_{ox}/\varepsilon_{Si})}\right) \\ \psi_{oxT} = \frac{(t_{ox}/X_{d,max})}{(\varepsilon_{ox}/\varepsilon_{Si})}2\psi_{ST} = \frac{(t_{ox}/X_{d,max})}{(\varepsilon_{ox}/\varepsilon_{Si})}2\times 2\phi_f \ ; \ \ \psi_{pgT} = \frac{N_A}{N_{pg}}\psi_{ST} \end{cases}$$

$$\begin{cases} V_{TA} = V_{FBA} + 2\phi_f\left(1+1+2\frac{(t_{ox}/X_{d,max})}{(\varepsilon_{ox}/\varepsilon_{Si})}\right) = -V_{biA} + 2\phi_f\left(2+2\frac{(t_{ox}/X_{d,max})}{(\varepsilon_{ox}/\varepsilon_{Si})}\right) \\ V_{TB} = V_{FBB} + 2\phi_f\left(1+\frac{1}{400}+2\frac{(t_{ox}/X_{d,max})}{(\varepsilon_{ox}/\varepsilon_{Si})}\right) \cong -V_{biB} + 2\phi_f\left(1+2\frac{(t_{ox}/X_{d,max})}{(\varepsilon_{ox}/\varepsilon_{Si})}\right) \end{cases}$$

$$\Delta V_T \equiv V_{TA} - V_{TB} = (V_{biB} - V_{biA}) + 2\phi_f \cong 6V_{th} + 2V_{th}\ln\left(\frac{N_o}{n_i}\right) \ ; \quad N_{pgA} = N_o,\ N_{pgB} = 400N_o,\ N_A = N_o$$

▶ $C_{minA} < C_{minB}$

$$\begin{cases} X_{d,maxA} = X_{pg,maxA} = X_{d,max} \quad \Rightarrow \quad C_{SD,minA} = C_{pg,minA} = \frac{\varepsilon_{Si}}{X_{d,max}} \equiv C_{SD,min} \\ X_{pg,maxA} = \frac{N_A}{N_{pgA}}X_{d,maxA} \cong X_{d,maxA} = X_{d,max} \ ; \quad X_{d,max} \equiv X_d|_{V_G=V_T} \equiv X_d|_{\psi_S=2\phi_f} = \sqrt{\frac{2\varepsilon_{Si}}{qN_A}\psi_{ST}} = \sqrt{\frac{2\varepsilon_{Si}}{qN_A}2\phi_f} \\ \frac{1}{C_{minA}} = \frac{1}{C_{SD,minA}} + \frac{1}{C_{pg,minA}} + \frac{1}{C_{ox}} = \frac{2}{C_{SD,min}} + \frac{1}{C_{ox}} \quad \Leftrightarrow \quad \boxed{C_{minA} = \frac{C_{SD,min}C_{ox}}{C_{SD,min} + 2C_{ox}} < C_{minB}} \end{cases}$$

$$\begin{cases} X_{d,maxB} = X_{d,max} = \sqrt{\frac{2\varepsilon_{Si}}{qN_A}2\phi_f} \quad \Rightarrow \quad C_{SD,minB} = \frac{\varepsilon_{Si}}{X_{d,max}} \equiv C_{SD,min} \ll C_{pg,minB} = \frac{\varepsilon_{Si}}{X_{pg,maxB}} \\ X_{pg,maxB} = \frac{N_A}{N_{pgB}}X_{d,maxB} = \frac{1}{400}X_{d,maxB} \ll X_{d,maxB} = X_{d,max} \\ \frac{1}{C_{minB}} = \frac{1}{C_{SD,minB}} + \frac{1}{C_{pg,minB}} + \frac{1}{C_{ox}} = \frac{1}{C_{SD,min}} + \frac{1}{C_{ox}} \quad \Leftrightarrow \quad \boxed{C_{minB} = \frac{C_{SD,min}C_{ox}}{C_{SD,min} + C_{ox}} > C_{minA}} \end{cases}$$

MOS A와 MOS B의 C–V 특성을 결정하는 중요 지표들을 분석한 결과를 그림으로 요약하면 다음과 같다.

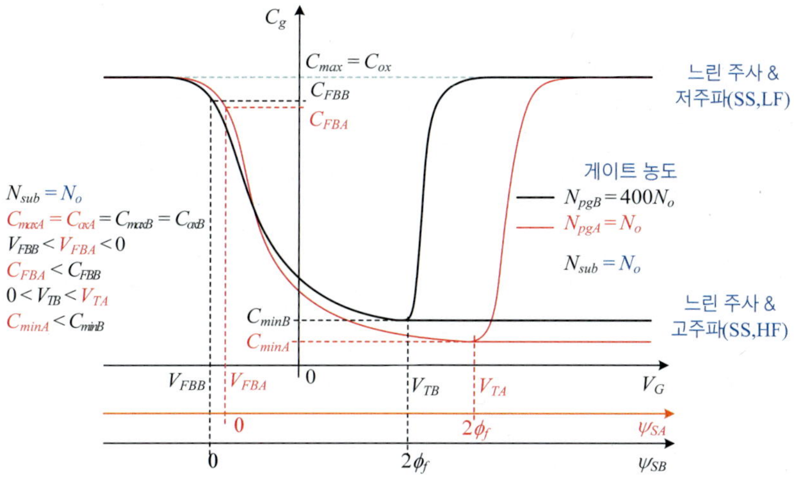

(h) $V_G > V_T$일 때, 커패시턴스의 변화가 없는 이유는 다음과 같이 단계적으로 해석할 수 있다. 핵심적인 내용을 설명하기 위해 게이트 도핑 농도가 높은 B의 MOS 구조를 이용하여 설명하되, 다음과 같이 저주파와 고주파 ac 신호 응답을 구분하여 생각해 보자.

▶ 느린 주사속도와 저주파 ac 신호를 이용하여 측정한 C−V 특성 곡선(SS, LF) : C_g는 게이트 산화막 커패시턴스 C_{ox}와 기판영역 커패시턴스 C_S(저주파 ac 신호에 대해 $C_{SD} = \varepsilon_{Si}/X_d \approx \varepsilon_{Si}/X_{d,max} = C_{SD,min}$ = 일정, $C_{Sn} \propto \exp(\psi_S/2V_{th})$로 C_{Sn}이 매우 큰 값이므로, $C_{Sn} \gg C_{SD}$. 따라서 $C_S = C_{SD} \parallel C_{Sn} \approx C_S$)의 병렬연결이다.

→ C_{ox}와 C_{Sn}의 직렬연결

→ $C_{ox} = \varepsilon_{ox}/t_{ox}$ = 일정, $C_{Sn} \propto \exp(\psi_S/2V_{th})$로 C_{Sn}이 매우 큰 값이므로 $C_{ox} \ll C_{Sn}$이다.

→ 따라서 일정한 값을 가진 C_{ox}와 C_{Sn}의 직렬연결인 C_g는 $C_g \approx C_{ox}$의 일정한 값으로 유지된다.

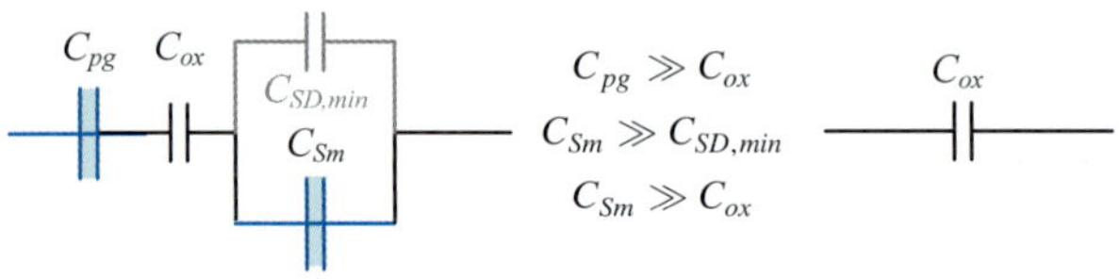

▶ 느린 주사속도와 고주파 ac 신호를 이용하여 측정한 C−V 특성 곡선(SS, HF) : C_g는 게이트 산화막 커패시턴스 C_{ox}와 기판영역 커패시턴스 C_S(고주파 ac 신호에 대해 $C_{Sn} \ll C_{SD}$이므로, $C_S = C_{SD} || C_{Sn} \approx C_{SD}$)의 병렬연결이다.

→ C_{ox}와 C_{SD}의 직렬연결

→ $C_{ox} = \varepsilon_{ox}/t_{ox}$ = 일정, $X_d \approx$ 일정 $= X_{d,max}$이므로, $C_{SD} = \varepsilon_{Si}/X_d \approx \varepsilon_{Si}/X_{d,max} = C_{SD,min}$ = 일정

→ 따라서 일정한 값을 가진 C_{ox}와 $C_{SD,min}$의 직렬연결인 C_g도 일정한 값으로 유지된다.

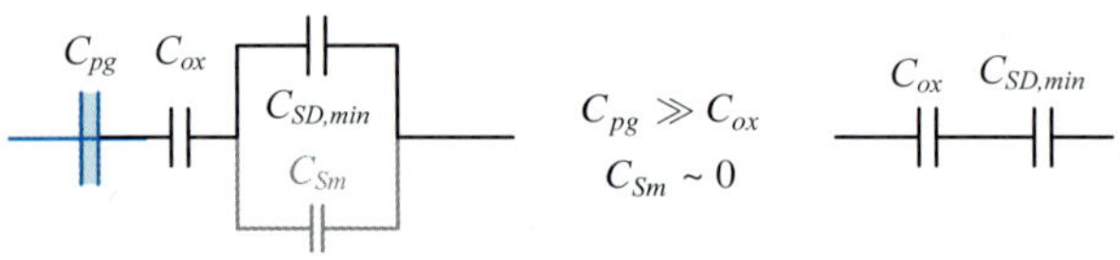

(i) B를 오랫동안 사용한 후 C−V 특성을 측정하였더니, 강한 반전상태의 경계가 되는 임계전압이 A의 임계전압과 일치한 경우, 그 원인을 생각해보자. MOS 구조의 임계전압은 게이트 공간전하영역 양단의 전위차 ψ_{pgT}, 산화막 양단의 전위차 ψ_{oxT}, 기판 공간전하영역 양단의 전위차 ψ_{ST}에 의해 결정되며, 다음과 같이 나타낼 수 있다.

$$V_G = V_{FB} + (\psi_{pg} + \psi_{ox} + \psi_S) \quad \Leftarrow \quad V_G + V_{bi} = (\psi_{pg} + \psi_{ox} + \psi_S)\ ; \quad V_{FB} = -V_{bi}$$

$$V_T = V_{FB} + (\psi_{pgT} + \psi_{oxT} + \psi_{ST}) = V_{FB} + 2\phi_f\left(1 + \frac{N_A}{N_{pg}} + 2\frac{(t_{ox}/X_{d,max})}{(\varepsilon_{ox}/\varepsilon_{Si})}\right)$$

$$\begin{cases} \psi_{ST} = 2\phi_f, \quad \psi_{pgT} = \dfrac{N_A}{N_{pg}}\psi_{ST} = \dfrac{N_A}{N_{pg}}2\phi_f, \quad \psi_{oxT} = 2\dfrac{C_{SD,min}}{C_{ox}}\psi_{ST} = 2\dfrac{C_{SD,min}}{C_{ox}}2\phi_f \\ C_{SD,min} = \dfrac{\varepsilon_{Si}}{X_{d,max}}\ ; \quad X_{d,max} \equiv \sqrt{\dfrac{2\varepsilon_{Si}}{qN_{sub}}\psi_S}\Bigg|_{\psi_S = 2\phi_f} = \sqrt{\dfrac{2\varepsilon_{Si}}{qN_{sub}}2\phi_f}\ ; \quad \boxed{V_{FB} = \phi_{ms} - \dfrac{Q_{SS}}{C_{ox}} = \phi_m - \phi_S - \dfrac{Q_{SS}}{C_{ox}}} \end{cases}$$

따라서 임계전압을 결정하는 성분 중에서 평탄대역 전압 외에는 사용 중 바뀔 가능성이 거의 없다. 즉 기판전압을 결정하는 성분 중 게이트 산화막 내에 주입된 전하(Q_{SS})에 의해 C−V 특성의 임계전압이 변했을 가능성이 가장 높다.

$$V_{FB} = \phi_{ms} - \frac{Q_{SS}}{C_{ox}} = \phi_m - \phi_S - \frac{Q_{SS}}{C_{ox}}$$

$$\Delta V_{TB} = \Delta V_{FB} = -\frac{Q_{SS}}{C_{ox}} \equiv V'_{TB} - V_{TB} = V_{TA} - V_{TB} \cong 6V_{th} + 2V_{th}\ln\left(\frac{N_o}{n_i}\right);$$

$$N_{pgA} = N_o, \quad N_{pgB} = 400N_o, \quad N_A = N_o$$

$$Q_{SS} = -C_{ox}\Delta V_{FB} = -C_{ox}\Delta V_{TB} = -C_{ox}\left(6V_{th} + 2V_{th}\ln\left(\frac{N_o}{n_i}\right)\right) < 0$$

즉 MOS B의 산화막 내에 음전하 $Q_{SS} = -C_{ox}\Delta V_{TB}$가 축적되어 임계전압이 증가하고, C-V 특성은 양의 방향으로 평행 이동하게 된다.

11.5 MOS 구조의 C-V 특성

최근 MOSFET을 이용한 회로의 집적도와 특성 개선을 위한 방법의 하나로 높은 유전상수를 가진 게이트 산화막을 이용하는 연구가 활발히 진행되고 있다. 이러한 연구에 MOS 구조를 이용한 C-V 특성 곡선이 유용한 분석 도구가 된다. 게이트 산화막의 유전상수를 제외한 모든 구조가 동일한 A와 B의 두 MOS 구조에 대하여, 느린 주사전압, 저주파 ac 신호를 이용하여 C-V 특성을 분석할 경우,

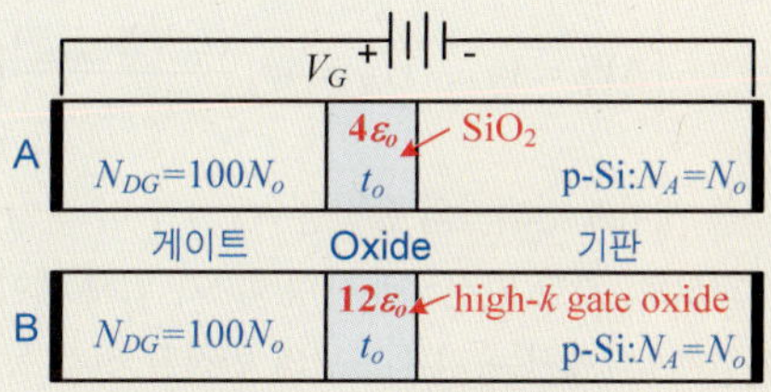

(a) 평탄대역 전압을 비교하라($|V_{FBA}/V_{FBB}|$).
(b) 임계전압을 비교하라($|V_{TA}/V_{TB}|$).
(c) 임계전압이 인가된 상태($V_{GA} = V_{TA}$, $V_{GB} = V_{TB}$)에서 기판영역 공간전하영역의 폭을 비교하라(X_{dTA}/X_{dTB}).
(d) 다수 캐리어 축적상태에서 게이트 커패시턴스의 크기를 비교하라(C_{aA}/C_{aB}).
(e) 강한 반전상태의 게이트 주사전압이 인가된 경우, 커패시턴스의 크기를 비교하라(C_{iA}/C_{iB}).
(f) 게이트 전압에 따른 C-V 특성 곡선을 차이점을 반영하여 개략적인 그림으로 비교, 설명하라.
(g) A에 대하여 게이트 산화막 내의 전하가 $Q_{ssA} = 0$인 경우와 $Q_{ssA} < 0$인 경우의 C-V 특성 곡선을 그림으로 비교하고 차이를 간략히 설명하라.
(h) 게이트 산화막 내에 동일한 크기의 음전하($Q_{ssA} = Q_{ssB} < 0$)가 존재할 경우, A와 B의 C-V 특성 곡선을 그림으로 비교하고 차이를 간략히 설명하라.

(a) MOS A와 B의 평탄대역 전압(V_{FBA}, V_{FBB})은 산화막의 종류(ε_{ox})와 두께(t_{ox})에는 무관하며, 페르미 준위를 지배하는 게이트 영역(N_{pg})과 기판영역 도핑(N_{sub})의 종류와 농도에 의해 결정된다. 그 관계는 다음과 같다.

$$V_{FB} = \phi_{ms} = \phi_m - \phi_S = -V_{th}\ln\left(\frac{N_{pg}N_{sub}}{n_i^2}\right) \Rightarrow V_{FBA} = V_{FBB} = -V_{th}\ln\left(\frac{N_{pg}N_{sub}}{n_i^2}\right) = -V_{th}\ln\left(\frac{100N_o^2}{n_i^2}\right) = -V_{bi} < 0$$

즉 MOS A와 B의 게이트 도핑 농도와 기판영역의 도핑 농도가 각각 동일하면, 두 MOS 구조의 평탄대역 전압 역시 동일한 음의 값으로 나타난다.

(b) MOS 구조에 임계전압이 인가된 경우, 게이트와 기판영역의 전위차는 게이트 공간전하영역 양단의 전위차(ψ_{pgT}), 산화막 양단의 전위차(ψ_{oxT}), 기판 공간전하영역 양단의 전위차(ψ_{ST})의 합으로, 다음과 같이 나타낼 수 있다.

$$V_G = V_{FB} + (\psi_{pg} + \psi_{ox} + \psi_S) \quad \Leftarrow \quad V_G + V_{bi} = (\psi_{pg} + \psi_{ox} + \psi_S)\ ; \quad V_{FB} = -V_{bi}$$

$$V_T \equiv V_G|_{\substack{\psi_S = 2\phi_f \\ n(0) = p_{o,sub}}} = V_{FB} + (\psi_{pg} + \psi_{ox} + \psi_S)\Big|_{V_G = V_T} = V_{FB} + (\psi_{pgT} + \psi_{oxT} + \psi_{ST})$$

$$\psi_{ST} = 2\phi_f, \quad \psi_{pgT} = \frac{N_A}{N_{pg}}\psi_{ST}, \quad \psi_{oxT} = 2\frac{C_{SD,min}}{C_{ox}}\psi_{ST}$$

이를 이용하여 임계전압($|V_{TA}/V_{TB}|$)을 비교하면 다음과 같다.

$$\begin{cases} V_T \equiv V_G|_{\substack{\psi_S=2\phi_f \\ n(0)=p_{o,sub}}} = V_{FB} + \left(\psi_{oxT} + 2\phi_f\left(1+\dfrac{N_A}{N_{pg}}\right)\right) = V_{FB} + 2\phi_f\left(1+\dfrac{N_A}{N_{pg}} + 2\dfrac{(t_{ox}/X_{d,max})}{(\varepsilon_{ox}/\varepsilon_{Si})}\right) \\ \psi_{oxT} = \dfrac{(t_{ox}/X_{d,max})}{(\varepsilon_{ox}/\varepsilon_{Si})}2\psi_{ST} = \dfrac{(t_{ox}/X_{d,max})}{(\varepsilon_{ox}/\varepsilon_{Si})}2\times 2\phi_f \quad \Leftrightarrow \quad \boxed{\dfrac{\psi_{oxTB}}{\psi_{oxTA}} = \dfrac{C_{oxA}}{C_{oxB}} = \dfrac{\varepsilon_{oxA}}{\varepsilon_{oxB}} = \dfrac{1}{3}} \; ; \quad \psi_{pgT} = \dfrac{N_A}{N_{pg}}\psi_{ST} \end{cases}$$

$$\begin{cases} V_{TA} = V_{FBA} + 2\phi_f\left(1+\dfrac{N_A}{N_{pgA}} + 2\dfrac{(t_{ox}/X_{d,max})}{(\varepsilon_{ox}/\varepsilon_{Si})}\right) \cong -V_{bi} + 2\phi_f\left(1+2\dfrac{(t_{ox}/X_{d,max})}{(4\varepsilon_o/\varepsilon_{Si})}\right) \\ V_{TB} = V_{FBB} + 2\phi_f\left(1+\dfrac{N_A}{N_{pgB}} + 2\dfrac{(t_{ox}/X_{d,max})}{(\varepsilon_{ox}/\varepsilon_{Si})}\right) \cong -V_{bi} + 2\phi_f\left(1+2\dfrac{(t_{ox}/X_{d,max})}{(12\varepsilon_o/\varepsilon_{Si})}\right) \end{cases} \Leftrightarrow \boxed{V_{TA} > V_{TB}}$$

$$\Delta V_T = V_{TA} - V_{TB} = 4\phi_f\dfrac{(t_{ox}/X_{d,max})}{(\varepsilon_o/\varepsilon_{Si})}\left(\dfrac{1}{4}-\dfrac{1}{12}\right) = \left(\dfrac{2}{3}\right)\phi_f\dfrac{(t_{ox}/X_{d,max})}{(\varepsilon_o/\varepsilon_{Si})} \; ; \quad X_{d,max} = \sqrt{\dfrac{2\varepsilon_{Si}}{qN_o}2\phi_f}$$

즉 게이트 산화막의 유전상수(ε_{ox})가 더 작기 때문에, 산화막 커패시턴스가 작은 MOS A의 산화막 양단 전압 강하가 더 크므로, 강한 반전상태를 형성하기 위해 게이트에 인가해야 하는 임계전압은 MOS A에서 더 크다.

(c) 임계상태에서는 기판 표면의 반전된 전자 농도($n(0)$)가 기판의 다수 캐리어인 정공 농도($p_{o,sub} = N_A$)와 같으며, 기판 표면의 전위는 $\psi_{ST} = 2\phi_f$이다. 따라서 게이트 산화막의 유전율 차이 때문에 임계전압은 달라도, 임계상태 ($V_{GA} = V_{TA} > V_{GB} = V_{TB}$)의 표면 전위는 동일하며, 다음과 같이 기판의 최대 공간전하영역 폭($X_{dT} = X_{d,max}$)도 동일하다.

$$X_{d,max} \equiv X_d|_{V_G=V_T} = X_d|_{\psi_S=2\phi_f} = \sqrt{\dfrac{2\varepsilon_{Si}}{qN_{sub}}\psi_S}\Bigg|_{\psi_S=2\phi_f} = \sqrt{\dfrac{2\varepsilon_{Si}}{qN_{sub}}2\phi_f}$$

$$X_{d,maxA} = X_{d,maxB} \equiv X_{d,max} = \sqrt{\dfrac{2\varepsilon_{Si}}{qN_{sub}}2\phi_f} \; ; \quad \phi_f = V_{th}\ln\left(\dfrac{p_{o,sub}}{n_i}\right) = V_{th}\ln\left(\dfrac{N_o}{n_i}\right)$$

(d) MOS 구조의 게이트 커패시턴스는 게이트 영역(C_{pg})과 기판영역 커패시턴스(C_S; 이동전하에 의한 커패시턴스(C_{pgm}, C_{Sm})와 공간전하에 의한 커패시턴스(C_{pgD}, C_{SD})의 합)로 구성되어 있으며, 이들은 게이트 전압에 크게 의존한다. 이에 반해 게이트 산화막 커패시턴스(C_{ox})는 산화막의 유전율(ε_{ox})과 두께(t_{ox})에 의해 결정되며, 게이트 인가 전압과는 무관하게 일정한 값을 갖는다.

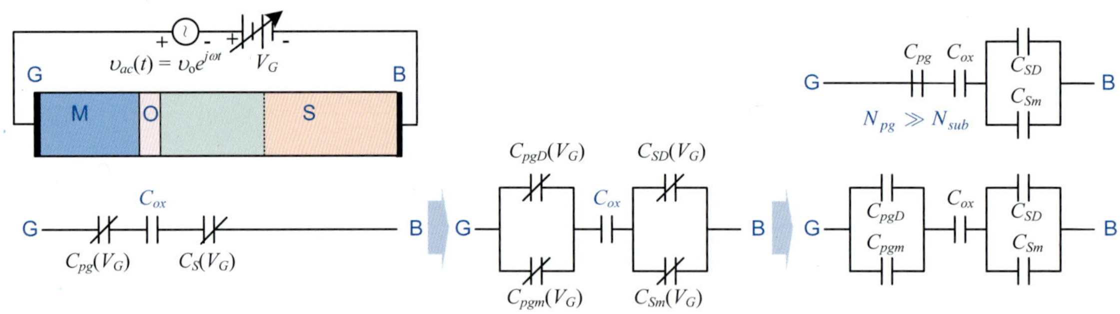

V_G에 따라 변하는 MOS 구조의 커패시턴스 측정 개념도와 등가회로

V_G에 따라 변하는 MOS 구조의 커패시턴스 등가회로 모델

특정한 게이트 전압에 대한 MOS 구조의 커패시턴스 등가회로

게이트 전압에 따라 변하는 커패시턴스 구성성분을 수식으로 정리하면 다음과 같다.

$$C_g(V_G) = \dfrac{1}{\dfrac{1}{C_{pg}(V_G)} + \dfrac{1}{C_{ox}} + \dfrac{1}{C_S(V_G)}} = \dfrac{1}{\dfrac{1}{C_{pgD}(V_G)+C_{pgm}(V_G)} + \dfrac{1}{C_{ox}} + \dfrac{1}{C_{SD}(V_G)+C_{Sm}(V_G)}}$$

$$
\begin{cases}
C_{pg}(V_G) \equiv \dfrac{\partial Q_{pg}(V_G)}{\partial \psi_{pg}} = C_{pgD}(V_G) + C_{pgm}(V_G) \\
\begin{cases}
C_{pgD}(V_G) \equiv \dfrac{\partial Q_{pg,dep}(V_G)}{\partial \psi_{pg}} = \dfrac{\varepsilon_{Si}}{X_{pg}(V_G)} \ ; \ Q_{pg,dep}(V_G) = +qN_{pg}X_{pg} \\
C_{pgm}(V_G) \equiv \dfrac{\partial Q_{pg,mob}(V_G)}{\partial \psi_{pg}} \ ; \ Q_{pg,mob}(V_G) = \int_0^{X_{pg}} q(p(x') - n(x'))dx'
\end{cases} \\
C_{ox} \equiv \dfrac{\partial Q_{ox}(V_G)}{\partial \psi_S} = \dfrac{\varepsilon_{ox}}{t_{ox}} = \text{일정} \\
C_S(V_G) \equiv \dfrac{\partial Q_S(V_G)}{\partial \psi_S} = C_{SD}(V_G) + C_{Sm}(V_G) \
\begin{cases}
C_{SD}(V_G) \equiv \dfrac{\partial Q_{S,dep}(V_G)}{\partial \psi_S} = \dfrac{\varepsilon_{Si}}{X_d(V_G)} \ ; \ Q_{S,dep}(V_G) = -qN_AX_d \\
C_{Sm}(V_G) \equiv \dfrac{\partial Q_{S,mob}(V_G)}{\partial \psi_S} \ ; \ Q_{S,mob}(V_G) = \int_0^{X_d} q(p(x) - n(x))dx
\end{cases}
\end{cases}
$$

게이트 영역 커패시턴스 $C_{pg}(V_G)$와 기판영역 커패시턴스 $C_{pg}(V_G)$는 C-V 특성 측정 시의 게이트 주사전압 V_G [V]과 주사율 α [V/s], 소신호 측정 주파수 f [Hz]에 따라 크게 달라진다. MOS 구조의 전형적인 C-V 특성 곡선을 다음 그림에 요약하였다.

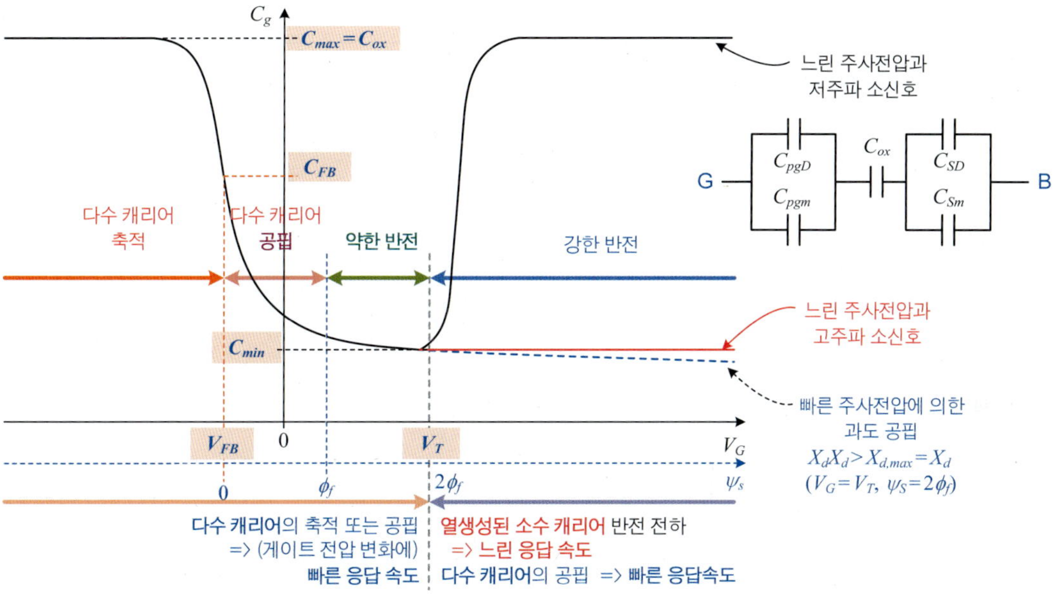

MOS 구조의 C-V 특성 곡선을 그리기 위해 필요한 5개의 중요 특성지표(C_{max}, C_{min}, C_{FB}, V_{FB}, V_T)를 결정하는 요인과 상대적인 크기를 비교하면 다음 표와 같다.

구분	결정요소와 특성지표	
C_{max}	$C_{Sm} \gg C_{SD}$, $C_{Sm} \gg C_{ox}$ $C_{pgm} \gg C_{pgD}$, $C_{pgm} \gg C_{ox}$	$C_{max} = C_g(V_G \ll V_{FB}) \cong \boxed{C_{ox}}$
C_{FB}	$C_{S,FB} = \frac{\varepsilon_{Si}}{L_D}$; $L_D = \sqrt{\frac{\varepsilon_{Si} V_{th}}{qN_{sub}}}$, $C_{pg,FB} = \frac{\varepsilon_{Si}}{L_{D,pg}}$; $L_{D,pg} = \sqrt{\frac{\varepsilon_{Si} V_{th}}{qN_{pg}}}$	$C_{FB} = C_g(V_{FB}) = \boxed{\frac{C_{ox}}{1 + \frac{(L_{D,pg} + L_D)/t_{ox}}{\varepsilon_{Si}/\varepsilon_{ox}}}}$
C_{min}	$X_{d,max} = \sqrt{\frac{2\varepsilon_{Si}}{qN_{sub}} 2\lvert\phi_f\rvert}$, $\phi_f = V_{th} \ln\left(\frac{p_{o,sub}}{n_i}\right)$ $C_{SD} = C_{SD,min} = \frac{\varepsilon_{Si}}{X_{d,max}}$; $C_{Sm} \cong 0$, $C_{pgD} = \frac{\varepsilon_{Si}}{X_{pg}} \gg C_{SD}$; $C_{pgm} \cong 0$	$C_{min} = C_g(V_T) = \boxed{\frac{C_{ox} C_{SD,min}}{C_{ox} + C_{SD,min}}}$
V_{FB}	$V_{FB} = \left(\phi_{ms} - \frac{Q_{ss}}{C_{ox}}\right) = \left(\phi_m - \phi_s - \frac{Q_{ss}}{C_{ox}}\right) = \boxed{V_{th} \ln\left(\frac{p_{o,pg}}{p_{o,sub}}\right)} - \frac{Q_{ss}}{C_{ox}}$; Q_{ss}: 산화막 내의 전하량	
V_T	$V_T = \left(\phi_{ms} - \frac{Q_{ss}}{C_{ox}}\right) + 2\phi_f\left(1 + \frac{N_{sub}}{N_{pg}} + 2\frac{C_{SD,min}}{C_{ox}}\right) = \boxed{\left(\phi_{ms} - \frac{Q_{ss}}{C_{ox}}\right) + 2\phi_f\left(1 + \frac{N_{sub}}{N_{pg}} + 2\frac{(\varepsilon_{Si}/\varepsilon_{ox})}{(X_{d,max}/t_{ox})}\right)}$ $C_{SD,min} = \frac{\varepsilon_{Si}}{X_{d,max}}$; $X_{d,max} = \sqrt{\frac{2\varepsilon_{Si}}{qN_{sub}} 2\lvert\phi_f\rvert}$; $\phi_f = V_{th} \ln\left(\frac{p_{o,sub}}{n_i}\right)$	

p형 기판에 구현된 n채널 MOS에 대하여 다수 캐리어 축적상태($V_G \ll V_{FB}$, $\psi_S \ll 0$)의 게이트 커패시턴스는 다음과 같이 간략화할 수 있다.

$$\left\{\begin{array}{l} C_{S,acc} = C_{SD} + C_{Sp} \cong C_{Sp} \propto e^{-\psi_S/2V_{th}} \gg C_{ox} \\ C_{pg,acc} \propto e^{-\psi_{pg}/2V_{th}} \propto e^{-\alpha\psi_S/2V_{th}} \gg C_{ox} \ ; \ \alpha \equiv \frac{N_A}{N_{pg}} \end{array}\right\}$$

$$\Rightarrow \frac{1}{C_{g,acc}} = \frac{1}{C_{pg,acc}} + \frac{1}{C_{ox}} + \frac{1}{C_{S,acc}} \cong \frac{1}{C_{ox}} \Leftrightarrow \boxed{C_{g,acc} \cong C_{ox}}$$

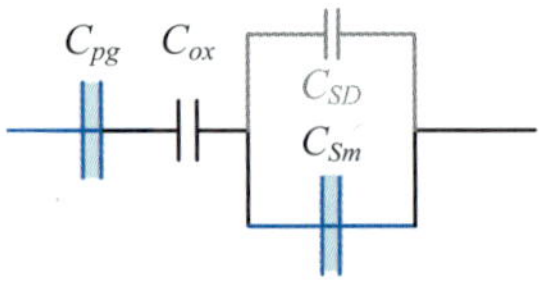

$C_{pg} \gg C_{ox}$
$C_{SD} \sim 0$
$C_{Sm} \gg C_{ox}$

$$\left\{\begin{array}{l} C_{gA,acc} = C_{oxA} = \frac{\varepsilon_{oxA}}{t_{oxA}} = 4\frac{\varepsilon_o}{t_o} = \frac{1}{3} C_{gB,acc} < C_{gB,acc} \\ C_{gB,acc} = C_{oxB} = \frac{\varepsilon_{oxB}}{t_{oxA}} = 12\frac{\varepsilon_o}{t_o} = 3C_{gA,acc} > C_{gA,acc} \end{array}\right.$$

즉 다수 캐리어 축적상태의 게이트 커패시턴스는 산화막 커패시턴스 C_{ox}와 동일하므로, 유전상수가 큰 MOS B가 MOS A보다 더 큰 값을 갖는다.

(e) 앞에서 설명한 바와 같이 MOS 구조는 게이트 영역 커패시턴스(C_{pg})와 산화막 커패시턴스(C_{ox}), 기판영역 커패시턴스(C_S)의 직렬연결 등가회로이다. 그런데 높게 도핑된 게이트를 사용하는 경우, C_{pg}가 C_{ox}와 C_S에 비해 아주 크며, C_{pg} 양단의 전압 강하를 무시할 수 있으므로, C_{pg}를 단락된 것으로 간략화할 수 있다.

또한 강한 반전상태에서 느린 주사전압과 저주파 ac 신호에 대해서는 기판영역 커패시턴스 C_S가 C_{ox}보다 훨씬 큰 값을 보이고, 기판영역의 전압 강하는 무시할 수 있으므로, C_S를 단락된 것으로 간략화할 수 있다. 따라서 $V_G > V_T$의 강한 반전상태에서 느린 주사전압과 저주파 신호에 대한 MOS 구조의 전기적 등가회로는 산화막 커패시턴스 C_{ox} 양단의 전압 강하만 고려하면 된다. 즉 느린 주사전압과 저주파 ac 신호에 대한 MOS 구조 A와 B의 강한 반전상태의 C–V 특성은 결국 산화막의 두께에 의해 결정되며, 이들을 비교하면 다음과 같다.

$$\begin{cases} C_S = C_{SD} + C_{Sn} \cong C_{Sn} \propto e^{\psi_S/2V_{th}} \gg C_{ox} \\ C_{pg} \cong \dfrac{\varepsilon_{Si}}{X_{pg}} \gg C_{ox} \end{cases} \Rightarrow \frac{1}{C_{g,inv}} = \frac{1}{C_{pg}} + \frac{1}{C_{ox}} + \frac{1}{C_{S,inv}} \cong \frac{1}{C_{ox}} \Leftrightarrow \boxed{C_{g,inv} \cong C_{ox}}$$

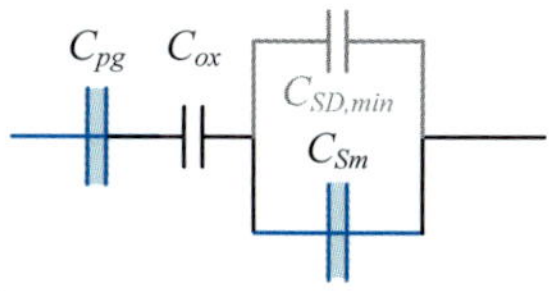

$C_{pg} \gg C_{ox}$
$C_{Sm} \gg C_{SD,min}$
$C_{Sm} \gg C_{ox}$

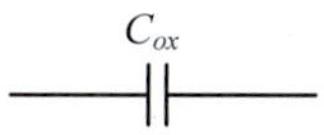

$$\begin{cases} C_{gA,inv} = C_{oxA} = \dfrac{\varepsilon_{oxA}}{t_{oxA}} = 4\dfrac{\varepsilon_o}{t_o} = \dfrac{1}{3}C_{gB,inv} < C_{gB,inv} \\ C_{gB,inv} = C_{oxB} = \dfrac{\varepsilon_{oxB}}{t_{oxA}} = 12\dfrac{\varepsilon_o}{t_o} = 3C_{gA,inv} > C_{gA,inv} \end{cases}$$

(f) MOS 구조 A와 B에 대한 C–V 특성 곡선의 5가지 중요한 특성지표를 비교하면 다음과 같다.

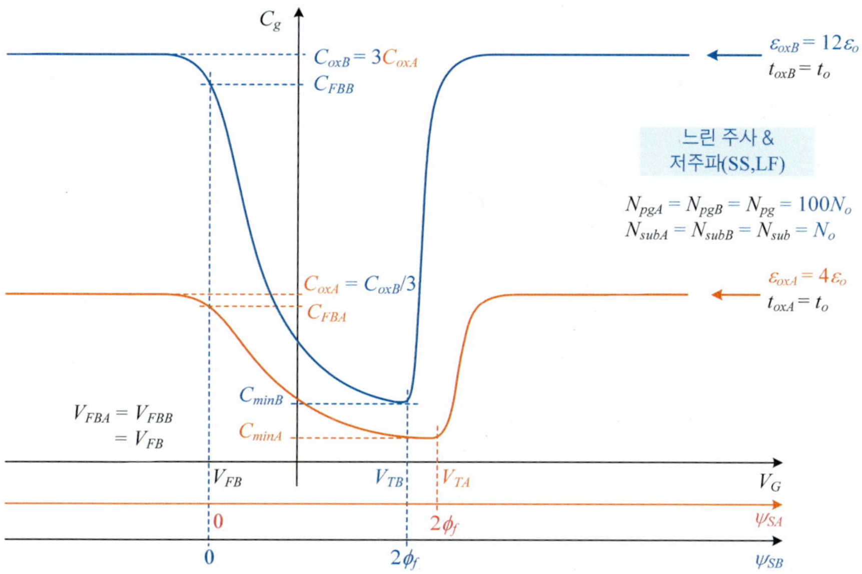

▶ 최대 커패시턴스 C_{max} : $C_{maxA} = C_{oxA} = C_{maxB}/3 < C_{maxB} = C_{oxB} = 3C_{maxA}$

▶ 평탄대역 전압 V_{FB} : $V_{FB} = \phi_{ms} = \phi_m - \phi_s$; $V_{FBA} = V_{FBB}$

▶ 평탄대역 커패시턴스 C_{FB} : $C_{FBA} < C_{FBB}$

▶ 임계전압 V_T : $0 < V_{TB} < V_{TA}$

$$V_{TA} - V_{TB} = 4\phi_f \frac{(t_{ox}/X_{d,max})}{(\varepsilon_o/\varepsilon_{Si})}\left(\frac{1}{4} - \frac{1}{12}\right) = \left(\frac{2}{3}\right)\phi_f \frac{(t_{ox}/X_{d,max})}{(\varepsilon_o/\varepsilon_{Si})} > 0 \Leftrightarrow \boxed{V_{TA} > V_{TB}}$$

▶ 최소 커패시턴스 C_{min} : $C_{minA} < C_{minB}$

$$\begin{cases} C_S = C_{SD,min} + C_{Sn} \cong C_{SD,min} = \dfrac{\varepsilon_{Si}}{X_{d,\max}}\ ;\ C_{Sn} \approx 0\ ;\ C_{pg} \cong \dfrac{\varepsilon_{Si}}{X_{pg}} \gg C_{ox},\ C_{pg} \gg C_S \\ X_{d,maxA} = X_{d,maxB} \equiv X_{d,max} = X_d|_{V_G=V_T} = X_d|_{\psi_S=2\phi_f} = \sqrt{\dfrac{2\varepsilon_{Si}}{qN_{sub}}2\phi_f}\ ;\ \phi_f = V_{th}\ln\left(\dfrac{p_{o,sub}}{n_i}\right) = V_{th}\ln\left(\dfrac{N_o}{n_i}\right) \end{cases}$$

$$\frac{1}{C_{min}} = \frac{1}{C_{pg}} + \frac{1}{C_{ox}} + \frac{1}{C_{min}} \cong \frac{1}{C_{ox}} + \frac{1}{C_{min}} = \frac{1}{C_{ox}} + \frac{1}{C_{SD,min}} \Leftrightarrow \boxed{C_{min} \cong \frac{C_{ox}C_{SD,min}}{C_{ox} + C_{SD,min}} = \frac{C_{SD,min}}{1 + (C_{SD,min}/C_{ox})}}$$

$$\begin{cases} C_{minA} = \dfrac{C_{SD,min}}{1 + (C_{SD,min}/C_{oxA})} = \dfrac{C_{SD,min}}{1 + (C_{SD,min}/4C_{oxo})}\ ;\ C_{oxo} \equiv \dfrac{\varepsilon_o}{t_o} \\ C_{minB} = \dfrac{C_{SD,min}}{1 + (C_{SD,min}/C_{oxB})} = \dfrac{C_{SD,min}}{1 + (C_{SD,min}/12C_{oxo})} \end{cases} \Leftrightarrow C_{minB} < C_{minB}$$

(g) A에 대하여 게이트 산화막 내의 전하가 $Q_{ssA}=0$인 경우와 $Q_{ssA}<0$인 경우, MOS 구조의 C-V 특성 곡선을 지배하는 5가지 중요 지표를 비교하면 다음과 같다.

▶ C_{max} : 불변　　▶ C_{FB} : 불변　　▶ C_{min} : 불변

▶ V_{FB} : $V_{FB}=V_{FBo}+\Delta V_{FB}=V_{FBo}-\dfrac{Q_{SS}}{C_{oxA}}$ $\left\{V_{FB-}=V_{FBo}-\dfrac{Q_{SS}(<0)}{C_{oxA}}>V_{FBo}\right.$

▶ V_T : $V_T=V_{To}+\Delta V_T=V_{To}-\dfrac{Q_{SS}}{C_{oxA}}$ $\left\{V_{T-}=V_{To}-\dfrac{Q_{SS}(<0)}{C_{oxA}}>V_{To}\right.$

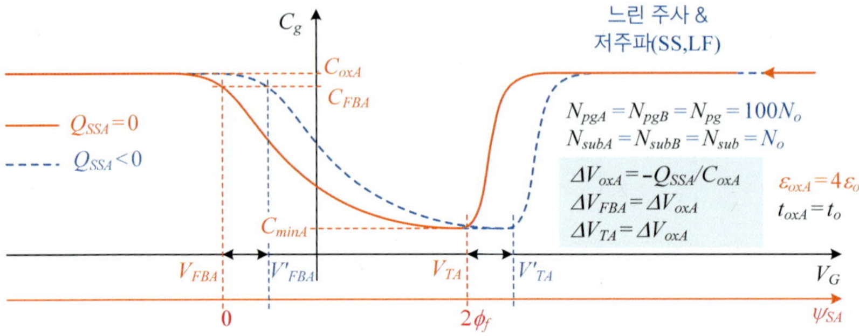

(h) 게이트 산화막 내에 동일한 크기의 음전하($Q_{ssA}=Q_{ssB}<0$)가 존재하는 경우, MOS 구조의 C-V 특성 곡선을 지배하는 5가지 중요 지표를 비교하면 다음과 같다.

▶ $C_{maxA}=C_{oxA}=C_{maxB}/3<C_{maxB}=C_{oxB}=3C_{maxA}$: 불변

▶ $C_{FBA}<C_{FBB}$: 불변　　▶ $C_{minA}<C_{minB}$: 불변

▶ V_{FBA} ? V_{FBB}

$$V_{FB}=V_{FBo}-\frac{Q_{SS}}{C_{ox}}\left\{\begin{aligned}&V_{FBA}=V_{FBAo}-\frac{Q_{SS}(<0)}{C_{oxA}}=V_{FBo}-\frac{Q_{SS}(<0)}{C_{oxA}}=V_{FBo}-\frac{Q_{SS}(<0)}{4C_{oxo}}\ ;\ C_{oxo}\equiv\frac{\varepsilon_o}{t_o}\\&\Delta V_{FBA}=-\frac{Q_{SS}}{C_{oxA}}=-\frac{Q_{SS}}{4C_{oxo}}>0\ ;\ |\Delta V_{FBA}|>|\Delta V_{FBB}|\\&V_{FBB}=V_{FBBo}-\frac{Q_{SS}(<0)}{C_{oxB}}=V_{FBo}-\frac{Q_{SS}(<0)}{C_{oxB}}=V_{FBo}-\frac{Q_{SS}(<0)}{12C_{oxo}}\\&\Delta V_{FBB}=-\frac{Q_{SS}}{C_{oxB}}=-\frac{Q_{SS}}{12C_{oxo}}>0\ ;\ |\Delta V_{FBB}|<|\Delta V_{FBA}|\end{aligned}\right.$$

▶ $0<V_{TB}<V_{TA}$; $V_{TAo}>V_{TBo}$, $V_{TA}>V_{TB}$

$$V_T=V_{To}-\frac{Q_{SS}}{C_{ox}}\left\{\begin{aligned}&V_{TA}=V_{TAo}-\frac{Q_{SS}(<0)}{C_{oxA}}>V_{TAo}\ ;\ \Delta V_{TA}=\Delta V_{FBA}=-\frac{Q_{SS}}{C_{oxA}}=-\frac{Q_{SS}}{4C_{oxo}}>0\ ;\ |\Delta V_{TA}|>|\Delta V_{TB}|\\&V_{TB}=V_{TBo}-\frac{Q_{SS}(<0)}{C_{oxB}}>V_{TBo}\ ;\ \Delta V_{TB}=\Delta V_{FBB}=-\frac{Q_{SS}}{C_{oxB}}=-\frac{Q_{SS}}{12C_{oxo}}>0\ ;\ |\Delta V_{TB}|<|\Delta V_{TA}|\end{aligned}\right.$$

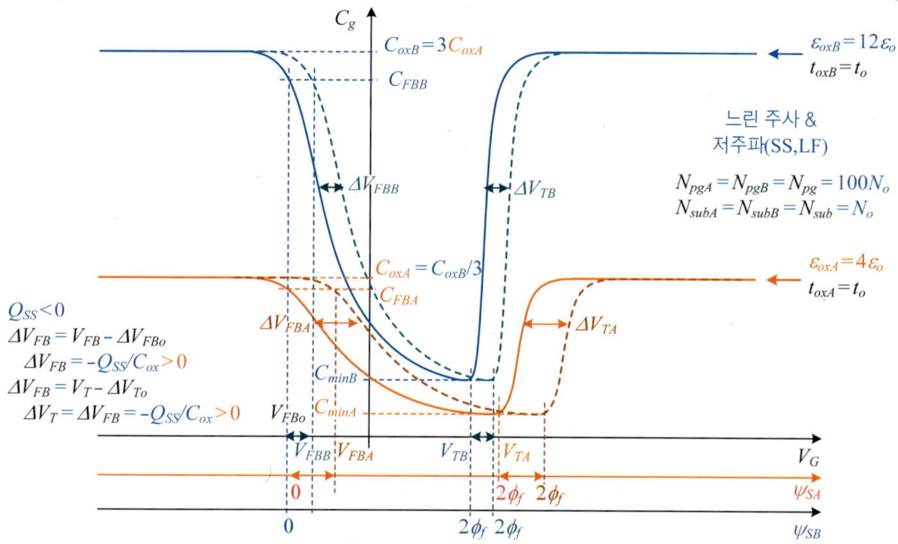

11.6 MOS 구조의 C-V 특성

MOS 구조를 이용한 C-V 특성 측정과 분석은 MOSFET 집적회로의 특성 분석에서 매우 중요하게 쓰인다.

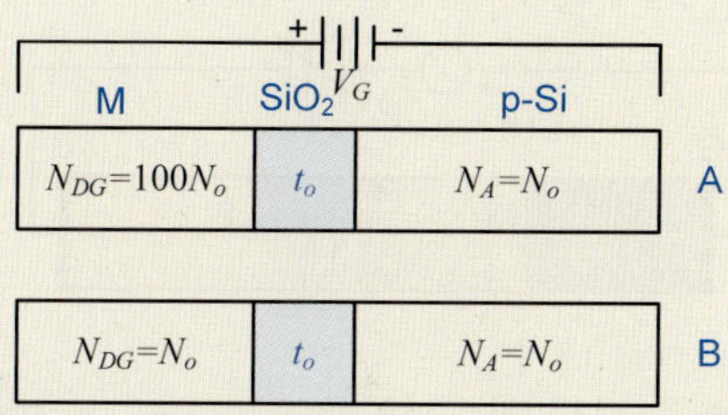

(a) MOS 구조를 커패시터 등가회로로 표시하라.

(b) Poly-Si 게이트의 도핑이 아주 높은 MOS A 구조에 대하여 등가회로를 간략화하라.

(c) Poly-Si 게이트의 도핑이 아주 높은 MOS A 구조에 대하여, $V_G > V_T$인 경우에 신호와 측정 주파수에 따른 C-V 특성에서 차이가 나는 이유를 적고, 이 경우의 등가회로를 그려라.

(d) C-V 특성 곡선을 이용하여 구할 수 있는 MOS 구조의 특성 변수를 제시하고 간략히 설명하라.

(e) MOS B 구조와 같이 poly-Si 게이트와 기판의 도핑 농도가 동일(모두 N_o)한 경우에 대하여 열평형 상태의 에너지 대역도를 구하라.

(f) 위의 결과를 참고하여 MOS B 구조에 대하여 커패시턴스 등가회로를 그려라.

MOS A와 B의 접합 형성 전 에너지 대역도를 비교하면 다음과 같다.

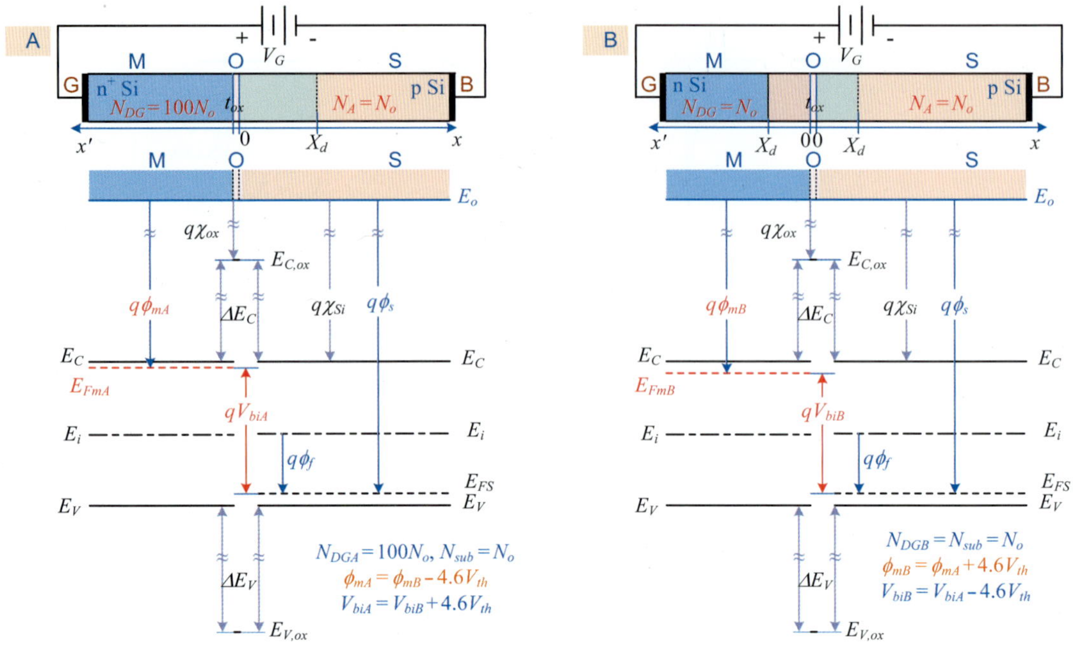

(a) MOS 구조의 게이트 커패시턴스는 다음과 같이 게이트 영역 커패시턴스 C_{pg}와 산화막 커패시턴스 C_{ox}, 기판영역 커패시턴스 C_S의 직렬연결로 모델링할 수 있다.

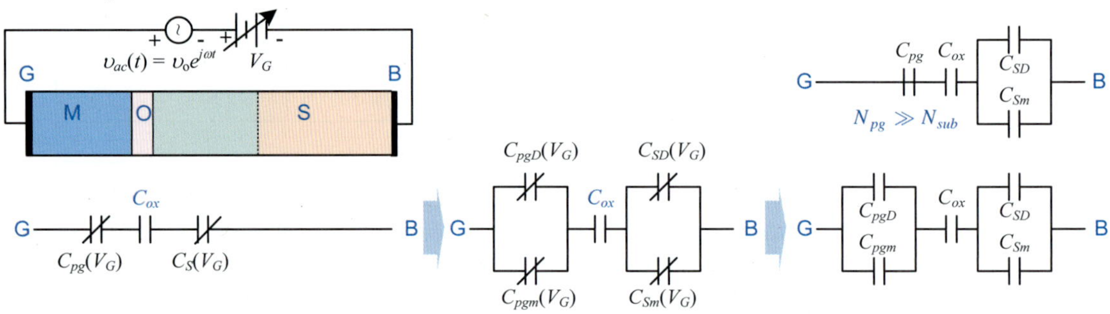

V_G에 따라 변하는 MOS 구조의 커패시턴스 측정 개념도와 등가회로

V_G에 따라 변하는 MOS 구조의 커패시턴스 등가회로 모델

특정한 게이트 전압에 대한 MOS 구조의 커패시턴스 등가회로

게이트 전압에 따라 변하는 커패시턴스의 구성성분은 각각 다음과 같이 나타낼 수 있다.

$$C_g(V_G)=\frac{1}{\dfrac{1}{C_{pg}(V_G)}+\dfrac{1}{C_{ox}}+\dfrac{1}{C_S(V_G)}}=\frac{1}{\dfrac{1}{C_{pgD}(V_G)+C_{pgm}(V_G)}+\dfrac{1}{C_{ox}}+\dfrac{1}{C_{SD}(V_G)+C_{Sm}(V_G)}}$$

$$\begin{cases} C_{pg}(V_G)\equiv\dfrac{\partial Q_{pg}(V_G)}{\partial\psi_{pg}}=C_{pgD}(V_G)+C_{pgm}(V_G) & \begin{cases} C_{pgD}(V_G)\equiv\dfrac{\partial Q_{pg,dep}(V_G)}{\partial\psi_{pg}}=\dfrac{\varepsilon_{Si}}{X_{pg}(V_G)} \\ C_{pgm}(V_G)\equiv\dfrac{\partial Q_{pg,mob}(V_G)}{\partial\psi_{pg}} \end{cases} \\ C_{ox}\equiv\dfrac{\partial Q_{ox}(V_G)}{\partial\psi_S}=\dfrac{\varepsilon_{ox}}{t_{ox}}=\text{일정} & \\ C_S(V_G)\equiv\dfrac{\partial Q_S(V_G)}{\partial\psi_S}=C_{SD}(V_G)+C_{Sm}(V_G) & \begin{cases} C_{SD}(V_G)\equiv\dfrac{\partial Q_{S,dep}(V_G)}{\partial\psi_S}=\dfrac{\varepsilon_{Si}}{X_d(V_G)} \\ C_{Sm}(V_G)\equiv\dfrac{\partial Q_{S,mob}(V_G)}{\partial\psi_S} \end{cases} \end{cases}$$

게이트 산화막 커패시턴스 C_{ox}는 산화막의 유전율 ε_{ox}과 두께 t_{ox}에 의해 결정되며, 게이트 전압에 무관하게 항상 일정한 값을 가진다. 한편 게이트 영역 커패시턴스 $C_{pg}(V_G)$와 기판영역 커패시턴스 $C_S(V_G)$는 C–V 특성 측정 시의 게이트 주사전압 V_G [V]과 주사율 α [V/s], 소신호 측정 주파수 f [Hz]에 따라 크게 달라진다. MOS 구조의 전형적인 C–V 특성 곡선을 다음 그림에 요약하였다.

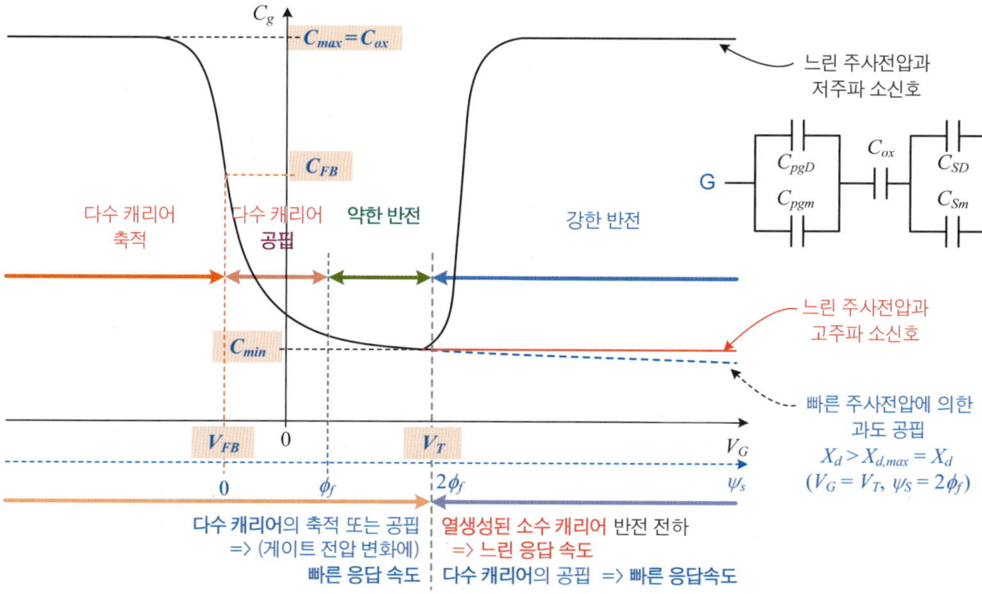

MOS 구조의 C–V 특성 곡선을 그리기 위해 필요한 5개의 주요 특성지표(C_{max}, C_{min}, C_{FB}, V_{FB}, V_T)를 결정하는 요소들과 상대적인 크기를 비교하면 다음 표와 같다.

구분	결정요소와 특성지표	
C_{max}	$C_{Sm} \gg C_{SD}$, $C_{Sm} \gg C_{ox}$ $C_{pgm} \gg C_{pgD}$, $C_{pgm} \gg C_{ox}$	$C_{max} = C_g(V_G \ll V_{FB}) \cong \boxed{C_{ox}}$
C_{FB}	$C_{S,FB} = \frac{\varepsilon_{Si}}{L_D}$; $L_D = \sqrt{\frac{\varepsilon_{Si} V_{th}}{qN_{sub}}}$, $C_{pg,FB} = \frac{\varepsilon_{Si}}{L_{D,pg}}$; $L_{D,pg} = \sqrt{\frac{\varepsilon_{Si} V_{th}}{qN_{pg}}}$	$C_{FB} = C_g(V_{FB}) = \boxed{\frac{C_{ox}}{1 + \frac{(L_{D,pg} + L_D)/t_{ox}}{\varepsilon_{Si}/\varepsilon_{ox}}}}$
C_{min}	$X_{d,max} = \sqrt{\frac{2\varepsilon_{Si}}{qN_{sub}} 2\lvert\phi_f\rvert}$, $\phi_f = V_{th} \ln\left(\frac{p_{o,sub}}{n_i}\right)$ $C_{SD} = C_{SD,min} = \frac{\varepsilon_{Si}}{X_{d,max}}$; $C_{Sm} \cong 0$, $C_{pgD} = \frac{\varepsilon_{Si}}{X_{pg}} \gg C_{SD}$; $C_{pgm} \cong 0$	$C_{min} = C_g(V_T) = \boxed{\frac{C_{ox} C_{SD,min}}{C_{ox} + C_{SD,min}}}$
V_{FB}	$V_{FB} = \left(\phi_{ms} - \frac{Q_{ss}}{C_{ox}}\right) = \left(\phi_m - \phi_s - \frac{Q_{ss}}{C_{ox}}\right) = \boxed{V_{th} \ln\left(\frac{p_{o,pg}}{p_{o,sub}}\right)} - \frac{Q_{ss}}{C_{ox}}$; Q_{ss}: 산화막 내의 전하량	
V_T	$V_T = \left(\phi_{ms} - \frac{Q_{ss}}{C_{ox}}\right) + 2\phi_f\left(1 + \frac{N_{sub}}{N_{pg}} + 2\frac{C_{SD,min}}{C_{ox}}\right) = \boxed{\left(\phi_{ms} - \frac{Q_{ss}}{C_{ox}}\right) + 2\phi_f\left(1 + \frac{N_{sub}}{N_{pg}} + 2\frac{(\varepsilon_{Si}/\varepsilon_{ox})}{(X_{d,max}/t_{ox})}\right)}$ $C_{SD,min} = \frac{\varepsilon_{Si}}{X_{d,max}}$; $X_{d,max} = \sqrt{\frac{2\varepsilon_{Si}}{qN_{sub}} 2\lvert\phi_f\rvert}$; $\phi_f = V_{th} \ln\left(\frac{p_{o,sub}}{n_i}\right)$	

(b) 높게 도핑된 게이트의 공간전하영역 폭은 다음과 같이 기판 공간전하영역 폭에 비해 아주 얇다.

$$qX_{pg}N_{pg} = qX_dN_{sub} = Q_{dep} \quad \Leftrightarrow \quad \frac{X_{pg}}{X_d} = \frac{N_{sub}}{N_{pg}} \quad \Leftrightarrow \quad X_{pg} = \left(\frac{N_{sub}}{N_{pg}}\right)X_d \ll X_d$$

공간전하영역의 폭에 의해 결정되는 공핍상태의 게이트 공간전하영역 커패시턴스(C_{pg})와 기판 공간전하영역 커패시턴스(C_S)를 서로 비교하면, 다음과 같이 게이트 공간전하영역 커패시턴스가 훨씬 크다. 따라서 큰 용량의 커패시턴스 양단에는 전압 강하를 무시할 수 있으므로, 직렬연결된 C_{pg}는 단락($\psi_{pg} = 0$)된 것으로 가정할 수 있다. 이때의 등가회로는 다음과 같이 간략화할 수 있다.

$$C_{pg} = \frac{\varepsilon_{Si}}{X_{pg}} = \frac{\varepsilon_{Si}}{X_d\left(\dfrac{N_{sub}}{N_{pg}}\right)} = \left(\frac{N_{pg}}{N_{sub}}\right)\frac{\varepsilon_{Si}}{X_d} = \left(\frac{N_{pg}}{N_{sub}}\right)C_S \gg C_S = \frac{\varepsilon_{Si}}{X_d}$$

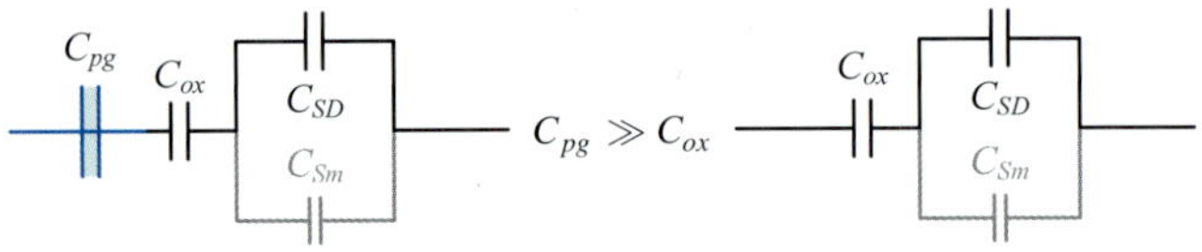

(c) Poly−Si 게이트의 도핑이 아주 높은 MOS A 구조에 대하여, $V_G > V_T$ 인 경우에 신호와 측정 주파수에 따른 C−V 특성에 차이가 나는 이유와 등가회로는 다음과 같이 해석할 수 있다. MOS 구조의 C−V 특성은 게이트 영역의 도핑 종류와 농도(N_{pg}), 산화막의 종류(ε_{ox})와 두께(t_{ox}), 기판영역의 도핑 종류와 농도(N_{sub})에 따라 달라진다. 특히 N−MOS의 반전전하인 전자는 공간전하영역에서 열생성된 전하로, 그 생성속도와 양은 기판영역의 밴드갭(E_g)과 온도(T), 공간전하영역의 재결합 평균수명(τ_o)에 따라 크게 제한된다. 따라서 MOS 구조의 C−V 특성은 측정할 때의 주사전압과 ac 소신호 주파수에 따라 크게 달라진다.

임계전압보다 큰 게이트 전압이 인가된 MOS 커패시터의 공간전하영역에서 전자−정공 생성률은, 기판영역의 평균수명(τ_o)과 온도(T), 밴드갭(E_g)에 의해 지배되는 순수 캐리어 농도(n_i)와 다음과 같은 관계에 있다.

$$G_{th} \cong \frac{n_i}{2\tau_o} \ [1/\text{s·cm}^3], \qquad n_i = \sqrt{N_C N_V}\, e^{-E_g/2kT} \ [\text{cm}^{-3}]$$

평균수명 τ_o는 반도체 재료의 고유한 특성과 기판영역의 도핑 농도 N_A, 기판영역의 결함 농도(N_t)에 따라 달라진다. 에너지 대역 간의 천이 평균수명($\tau_{o,BTB}$)과 결함 준위를 통한 생성−재결합을 지배하는 평균수명($\tau_{o,SRH}$)은 각각 다음과 같이 나타낼 수 있다.

$$\tau_o = \left(\frac{1}{\tau_{o,BTB}} + \frac{1}{\tau_{o,SRH}}\right)^{-1}, \quad \tau_{o,BTB} = \frac{1}{\alpha_r(p_o + n_o)}, \quad \tau_{o,SRH} = \frac{1}{\sigma_c N_t \upsilon_{th}} \ [\text{s}]$$

따라서 공간전하영역 내에서 t_{resp} [s]의 전하 수집시간 또는 응답시간 동안 열에너지에 의해 생성된 전하량 Q_{th}는

$$Q_{th} = \left(\int_0^{X_d} -qG_{th}dx\right)t_{resp} = \left(\int_0^{X_d} -q\frac{n_i}{2\tau_o}dx\right)t_{resp} \cong -qn_iX_d\frac{t_{resp}}{2\tau_o} = -qn_i\frac{t_{resp}}{2\tau_o}\sqrt{\frac{2\varepsilon_{Si}}{qN_A}\psi_S} \quad [\text{C/cm}^2]$$

로 나타낼 수 있으며, 다음 특성지표들에 의해 결정된다.

- 열생성 전하 수집에 이용가능한 시간(t_{resp})
- 과잉 캐리어의 평균수명(τ_o)
- 에너지 밴드갭(E_g)
- 동작 온도(T)

열생성에 의한 반전전하량이 소신호 주파수에 따른 미소 전하량의 변화(dQ_g)에 필요한 미소 반전전하량(dQ_{Sn})만큼 빨리 생성될 수 있는지, 또는 그렇지 않은지에 따라 다음과 같이 구분된다.

- 저주파(LF: Low frequency) C−V 특성
- 고주파(HF: High frequency) C−V 특성

열생성 전하량이 반전전하 필요량에 응답하지 못할 정도로 주파수가 높은 경우, 게이트 신호에 대한 응답이 공간전하량의 변화로 나타나게 된다. 따라서 고주파인지 저주파인지는 Q_{th}가 dQ_{SD}보다 큰지 작은지를 비교함으로써 구분할 수 있다. 단위 시간당 열생성 전하량과 소신호 변화에 필요한 공간전하량은 각각 다음과 같다.

$$\frac{|Q_{th}|}{\Delta t} = \frac{|Q_{th}|}{t_{resp}} = q\int_0^{X_d} G_{th}dx = \frac{qn_i}{2\tau_o}X_d \quad (\Leftarrow dQ_{Sn})$$

$$\frac{|\Delta Q_{SD}|}{\Delta t} = C_{SD}\left|\frac{d\psi_S}{dt}\right| = C_{SD}\left|\frac{\partial\psi_S}{\partial V_G}\frac{\partial V_G}{\partial\upsilon_{ac}(t)}\frac{\partial\upsilon_{ac}(t)}{\partial t}\right| = C_{SD}2\pi f\upsilon_{ac}(t) = \frac{\varepsilon_{Si}}{X_d}2\pi f\upsilon_{ac}(t)$$

따라서 낮은 주파수와 높은 주파수의 경계가 되는 임계주파수 f_c는 단위 시간당 열생성 전하량이 공간전하량과 같은 경우로, 다음을 통해 얻을 수 있다.

$$\frac{|Q_{th}|}{t_{resp}} = \frac{|\Delta Q_{SD}|_{f=f_C}}{\Delta t} \quad\Leftrightarrow\quad \frac{qn_i}{2\tau_o}X_d \cong \frac{\varepsilon_{Si}}{X_d}2\pi f_c\upsilon_o \quad\Leftrightarrow\quad f_c \equiv \frac{qn_i}{4\pi\tau_o\varepsilon_{Si}\upsilon_o}X_d^2 \cong \frac{1}{2\pi}\left(\frac{1}{\tau_o}\right)\cdot\left(\frac{n_i}{N_A}\right)\cdot\left(\frac{2\phi_f}{\upsilon_o}\right)\ [\text{Hz}]$$

C−V 특성을 측정하는 데 사용된 ac 신호의 주파수가 다음과 같이 f_c보다 훨씬 낮은 경우, ac 신호가 저주파수(LF)로 인식되면서, ac 신호에 대한 응답이 열생성된 반전전하에 의해 이루어진다.

$$f \ll \frac{1}{2\pi}\left(\frac{1}{\tau_o}\right)\cdot\left(\frac{n_i}{N_A}\right)\cdot\left(\frac{2\phi_f}{\upsilon_o}\right) = f_c$$

한편 다음과 같이 임계주파수 f_c보다 훨씬 높은 주파수의 ac 신호로 C−V 특성을 측정하는 경우, ac 신호가 고주파수(HF)로 인식되면서, ac 신호에 대한 응답이 다수 캐리어의 공핍에 의한 공간전하에 의해 이루어진다.

$$f \gg \frac{1}{2\pi}\left(\frac{1}{\tau_o}\right)\cdot\left(\frac{n_i}{N_A}\right)\cdot\left(\frac{2\phi_f}{\upsilon_o}\right) = f_c$$

즉 게이트 주사전압($V_G(t)$)의 주사율과 소신호 주파수에 따른 C−V 특성은 순수 캐리어 농도 n_i와 과잉 캐리어의 평균수명에 의해 결정되며, 이들을 지배하는 요소는 다음과 같다.

- 반도체 재료의 밴드갭(E_g)
- 평균수명(τ_o)과 이를 결정하는 결함 상태의 농도(N_t)
- 동작/측정 온도(T)
- 공간전하영역의 폭을 지배하는 기판 농도(N_A)

임계전압보다 큰 게이트 전압($V_G > V_T$)이 인가된 강한 반전상태의 MOS 시스템에서, C−V 특성 측정에 사용하는 게이트 전압 주사율과 소신호 주파수에 따른 전하의 변화를 아래 표에 비교하여 요약하였다.

n−MOS 시스템에 임계전압보다 큰 게이트 전압이 인가된 경우, 주사율과 주파수에 따른 응답 특성

<table>
<tr><th rowspan="3">구분 / 주사율</th><th rowspan="3">표면 전위
$\psi_S(V_G)$
$\psi_S(V_T) = 2\phi_f$</th><th rowspan="3">공간전하영역의 폭
$X_d(V_G)$
$X_{d,max} \equiv X_d(V_T)$</th><th rowspan="3">공간전하량
$Q_{SD}(V_G)$
$|Q_{SD,max}|$
$\equiv qN_AX_{d,max}$</th><th colspan="3">$V_g(t) = V_{sweep}(t) + \upsilon_{ac}(t)\ (V_{sweep} > V_T)$</th></tr>
<tr><th>$V_{sweep}(t) = V_o + \alpha t$</th><th colspan="2">$\upsilon_{ac}(t) = \upsilon_o e^{j2\pi ft}$</th></tr>
<tr><th>주사 전압 응답 전하
$|Q_S| = |Q_{SD}+Q_{Sn}| \gg |Q_{SD,max}|$</th><th colspan="2">AC 소신호 응답 전하
$dQ_S = dQ_{SD}+dQ_{Sn}$</th></tr>
<tr><td rowspan="2">느린 주사율
(Slow Sweep)</td><td rowspan="2">$\psi_S = 2\phi_f+\delta\phi_f$
$\cong 2\phi_f$</td><td rowspan="2">$X_d = X_{d,max}+\delta X_d$
$\cong X_{d,max}$</td><td rowspan="2">$Q_{SD} \cong Q_{SD,max}$</td><td rowspan="2">$|Q_S| = |Q_{SD}+Q_{Sn}| \cong |Q_{Sn}|$
$\gg |Q_{SD,max}|$
$|Q_{SD}| = |Q_{SD,max}| \ll |Q_{Sn}|$</td><td>LF</td><td>$|dQ_{SD}| \ll |Q_{Sn}|$</td></tr>
<tr><td>HF</td><td>$|dQ_{SD}| \gg |Q_{Sn}|$</td></tr>
</table>

느린 주사속도와 저주파 ac 신호를 이용하여 측정한 C−V 특성 곡선은 다음과 같이 해석할 수 있다. 앞에서 설명한 바와 같이 MOS 구조는 게이트 영역 커패시턴스(C_{pg})와 산화막 커패시턴스(C_{ox}), 기판영역 커패시턴스(C_S)의 직렬연결 등가회로이다. 그런데 높게 도핑된 게이트를 사용할 경우에 C_{pg}가 C_{ox}와 C_S에 비해 아주 크고, C_{pg} 양단의 전압 강하는 무시할 수 있으므로 C_{pg}를 단락된 것으로 간략화할 수 있다.

또한 강한 반전상태에서 느린 주사전압과 저주파 ac 신호에 대해서는 기판영역 커패시턴스 C_S가 C_{ox}보다 훨씬 큰 값을 가지므로, 기판영역의 전압 강하를 무시하고 C_S를 단락된 것으로 간략화할 수 있다. 따라서 $V_G > V_T$의 강한 반전상태에서 느린 주사전압과 저주파 신호에 대한 MOS 구조의 전기적 등가회로는 산화막 커패시턴스 C_{ox} 양단의 전압 강하만 고려해도 된다. 이때 MOS 구조의 커패시턴스 등가회로 관련식은 다음과 같다.

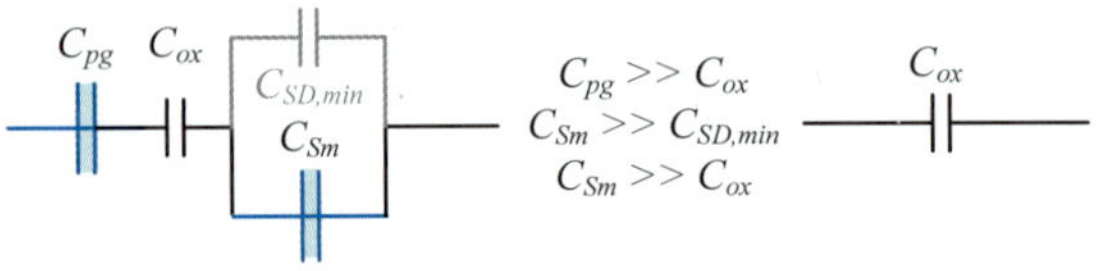

$$\begin{cases} C_S = C_{SD} + C_{Sn} \cong C_{Sn} \propto e^{\psi_S/2V_{th}} \gg C_{ox} \\ C_{pg} \cong \dfrac{\varepsilon_{Si}}{X_{pg}} \gg C_{ox} \end{cases}$$

$$\frac{1}{C_{g,inv}} = \frac{1}{C_{pg}} + \frac{1}{C_{ox}} + \frac{1}{C_{S,inv}} \cong \frac{1}{C_{ox}} \quad \Leftrightarrow \quad \boxed{C_{g,inv} \cong C_{ox}}$$

느린 주사속도와 고주파 ac 신호를 이용하여 측정한 C−V 특성 곡선도 다음과 같이 단계적으로 해석할 수 있다. MOS 구조가 게이트 영역 커패시턴스(C_{pg})와 산화막 커패시턴스(C_{ox}), 기판영역 커패시턴스(C_S)의 직렬연결 등가회로임은 앞에서 설명한 바 있다. 또한 높게 도핑된 게이트를 사용하는 경우, C_{pg}가 C_{ox}와 C_S에 비해 아주 크고, C_{pg} 양단의 전압 강하는 무시할 수 있으므로, C_{pg}를 단락된 것으로 간략화할 수 있다. 따라서 강한 반전상태에서 느린 주사전압과 고주파 ac 신호에 대해 기판영역 커패시턴스 C_S는 최대 공간전하영역의 폭($X_{d,max}$)에 의해 결정되며, 최소 공핍 커패시턴스 $C_{SD,min}(= \varepsilon_{Si}/X_{d,max})$로 고정된 값을 가진다. 따라서 $V_G > V_T$의 강한 반전상태에서 느린 주사전압과 고주파 신호에 대한 MOS 구조의 전기적 등가회로는 산화막 커패시턴스 C_{ox}와 기판영역의 최소 공핍 커패시턴스 $C_{SD,min}$가 직렬연결된 상태이며, 게이트 전압에 따른 변화 없이 일정한 값으로 유지된다. 이를 고려한 등가회로와 관련식은 다음과 같다.

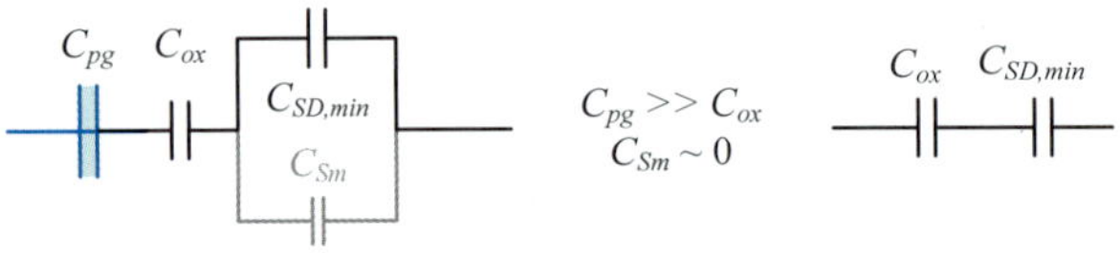

$$\begin{cases} C_{S,inv} = C_{SD} + C_{Sn} \cong C_{SD,min}, \quad C_{Sn} \ll C_{SD} \\ C_{pg} \cong \dfrac{\varepsilon_{Si}}{X_{pg}} \gg C_{ox} \end{cases}$$

$$\frac{1}{C_{g,inv}} = \frac{1}{C_{pg}} + \frac{1}{C_{ox}} + \frac{1}{C_{S,inv}} \cong \frac{1}{C_{ox}} + \frac{1}{C_{SD,min}}$$

$$\Leftrightarrow \quad \boxed{C_{g,inv} \cong \frac{C_{ox}C_{SD,min}}{C_{ox} + C_{SD,min}} \cong \text{일정}}$$

$V_G > V_T$인 경우, MOS A와 MOS B의 C−V 특성 차이는 게이트 영역 도핑에 의한 것이다. 즉 게이트 도핑 농도가 기판 농도와 동일한 B의 경우, 게이트 영역의 전압 강하로 인해 임계전압이 A보다 높을 뿐 아니라, 공간전하영역의 폭도 기판과 동일하다. 따라서 최소 게이트 커패시턴스의 값도 다음과 같이 작은 값을 가진다.

$$V_{FBA} < V_{FBB}, \qquad C_{FBA} > C_{FBB}, \qquad V_{TA} < V_{TB}, \qquad C_{maxA} = C_{maxB}, \qquad C_{minA} > C_{minB}$$

특히 게이트와 기판 농도가 동일한 MOS B의 경우, 기판영역이 강한 반전의 임계상태가 될 때, 게이트 영역도 동시에 강한 반전의 임계상태가 되며, 반전된 정공층이 게이트와 산화막 경계면에 형성된다.

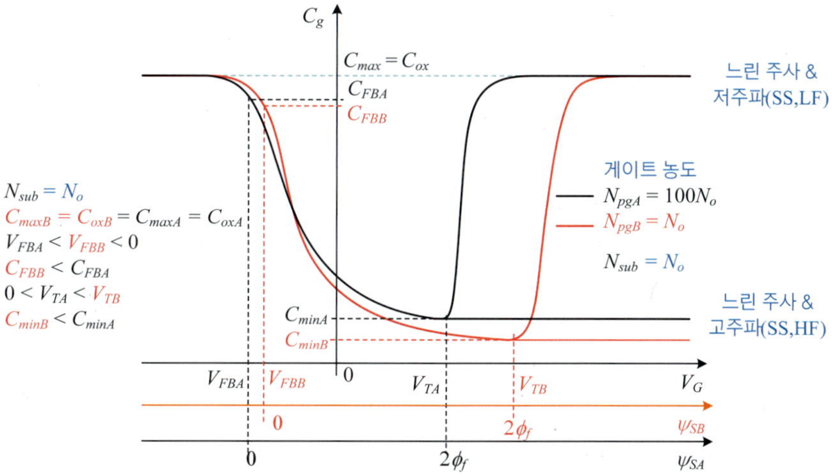

(d) C-V 특성을 통해 분석할 수 있는 MOS 구조의 특성지표와 용도는 다음과 같다.

- MOS 구조의 임계전압(V_T)
- 평탄대역 전압(V_{FB})
- 산화막 커패시턴스(C_{ox}, t_{ox}, ε_{ox})
- 기판 다수 캐리어 농도(N_{sub}) 또는 농도 분포($N_{sub}(x)$)
- 계면상태 분포($D_{it}(E)$)와 농도(N_{it})
- 산화막 내의 전하량(Q_{ss}) 측정과 분석

(e) A와 B의 열평형 상태 에너지 대역도를 아래에 비교하여 나타내었다. 게이트와 기판 농도가 동일한 B의 경우에는 기판 영역 내부 전압과 게이트 영역 내부 전압이 동일하여, 에너지 대역도의 형태가 대칭을 이룬다.

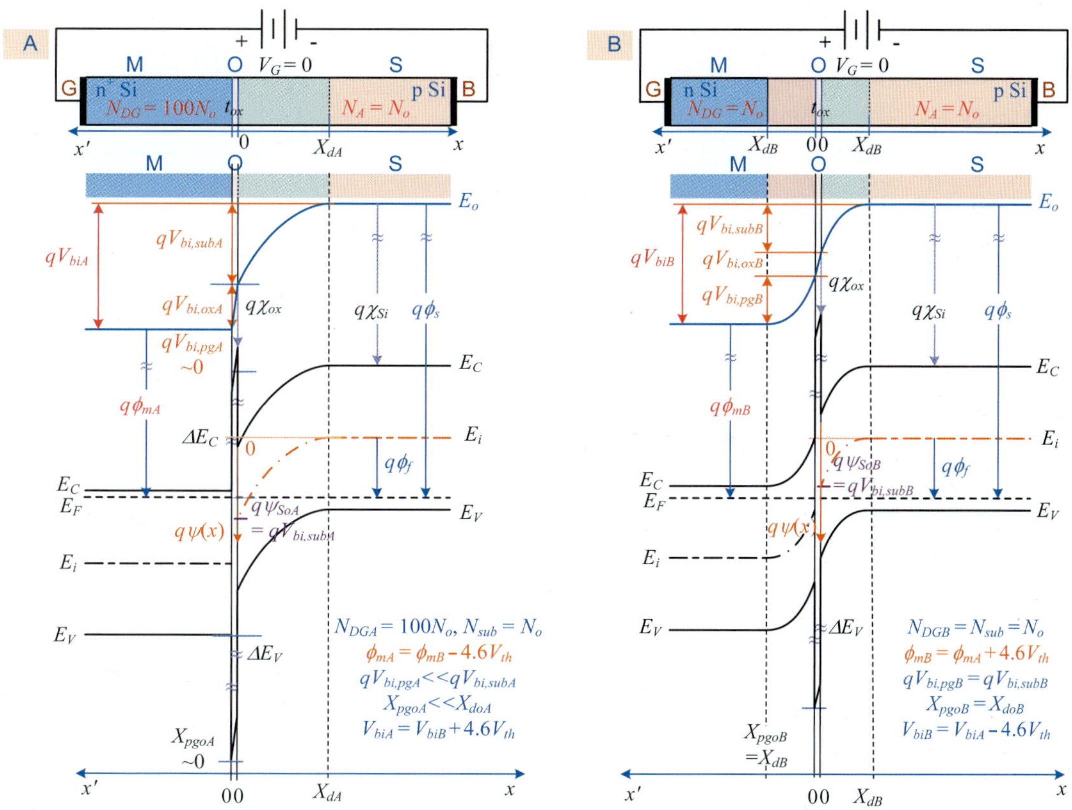

(f) n형 게이트 영역과 기판영역이 동일한 농도로 도핑된 경우, 게이트 영역과 기판영역의 전압 강하도 동일한 값을 가진다. 따라서 공간전하영역의 폭과 공간전하량의 변화(dQ_{dep})도 정확히 일치한다.

$$qX_{pg}N_{pg} = qX_dN_{sub} = Q_{dep} \quad \Leftrightarrow \quad \frac{X_{pg}}{X_d} = \frac{N_{sub}}{N_{pg}} = 1\,; \quad N_{sub} = N_{pg}$$

$$C_{pg} = C_{pgD} + C_{pgm},\ C_S = C_{SD} + C_{Sm} \begin{cases} C_{pgD} \equiv \dfrac{dQ_{pg,dep}}{d\psi_{pg}} = \dfrac{\varepsilon_{Si}}{X_{pg}} = C_{SD} \equiv \dfrac{dQ_{SD}}{d\psi_{pg}} = \dfrac{\varepsilon_{Si}}{X_d}\,; \\ \quad Q_{pg,dep} = \int_0^{X_{pg}} +qN_{pg}dx' = +qN_{pg}X_{pg}, \qquad Q_{SD} = -qN_AX_d \\ C_{pgm} = \dfrac{dQ_{pg,mob}}{d\psi_{pg}} = \dfrac{dQ_{pgp}}{d\psi_{pg}} = C_{Sm} = \dfrac{dQ_{S,mob}}{d\psi_S} = \dfrac{dQ_{Sn}}{d\psi_{pg}}\,; \quad Q_{pgp} = |Q_{Sn}| \\ \quad Q_{pgp} = \int_0^{X_{pg}} +qp(x')dx', \qquad Q_{Sn} = \int_0^{X_d} -qn(x)dx \end{cases}$$

따라서 $N_{pg} = N_{sub} = N_o$인 MOS B의 커패시턴스 등가회로는 다음과 같이 간략화할 수 있다.

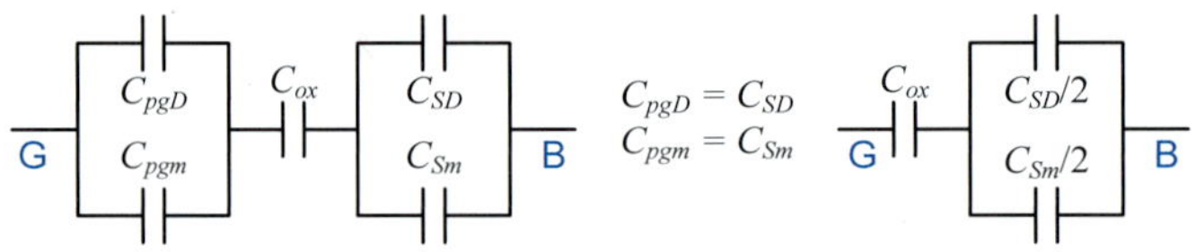

11.7 MOS 구조의 C-V 특성

그림과 같은 MOS 구조(A, B, C)의 C-V 특성을 비교함으로써 MOS 커패시터의 동작을 확인하고자 한다. A, B, C의 게이트는 모두 같은 재료의 n$^+$ poly Si를 사용하였으며, $n_i \ll N_o \ll N_V$로 가정한다(V_G = 게이트 전압, V_T = 임계전압).

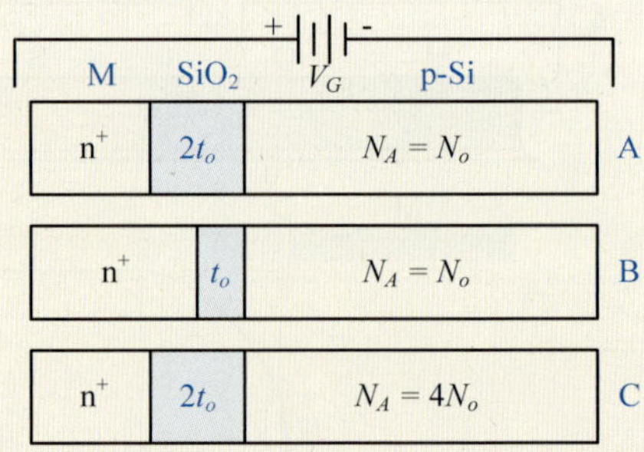

(a) $V_{Gj} = V_{Tj}$ (j = A, B, C)인 경우의 전하밀도 분포 $\rho(x)$를 그림으로 비교하라.

(b) $V_{Gj} = V_{Tj}$ (j = A, B, C)인 경우의 에너지 대역도를 그림으로 비교하라.

(c) 게이트 산화막 내에 고정전하(Q_{ss})가 존재하지 않을 경우, 느린 주사전압과 고주파 ac 신호로 측정했을 때 C-V 특성을 그림으로 비교하라.

(d) 동일한 크기의 산화막 내 전하($Q_{ss} < 0$)가 존재할 경우, 느린 주사전압과 고주파 ac 신호로 측정했을 때 C-V 특성을 그림으로 비교하라.

(e) MOS A 구조에 대한 저주파 C-V 특성과 고주파 C-V 특성 간의 차이는 무엇인지, 또 그 차이는 무엇으로 인해 나타난 결과인지를 설명하라.

산화막 두께(t_{ox})와 기판의 도핑 농도(N_{sub})가 서로 다른 MOS A, B, C의 접합 전 에너지 대역도는 다음과 같다.

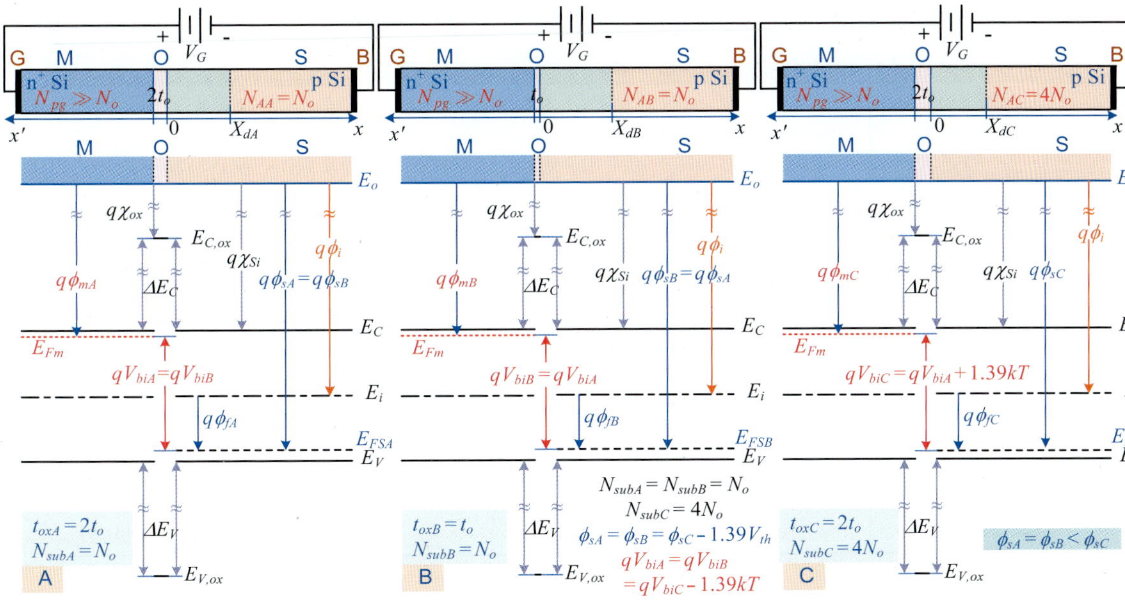

게이트 영역은 모두 기판영역에 비해 아주 높게 도핑된 n^+ poly Si로, 게이트 영역의 페르미 준위는 A, B, C 구조 모두 동일하나, 기판영역의 도핑 농도 차이로 인해 기판영역의 페르미 전위(ϕ_f)는 서로 다르다. 따라서 세 MOS 구조의 평탄대역 전압(V_{FB})과 열평형 상태의 내부 전압(V_{bi}), 또 이로 인한 기판 공간전하영역의 폭(X_d)과 표면 전위(ψ_S)는 서로 다르다. MOS 구조 A, B, C의 특성 분석에 기본이 되는 열평형 상태 에너지 대역도를 그림으로 비교하였다.

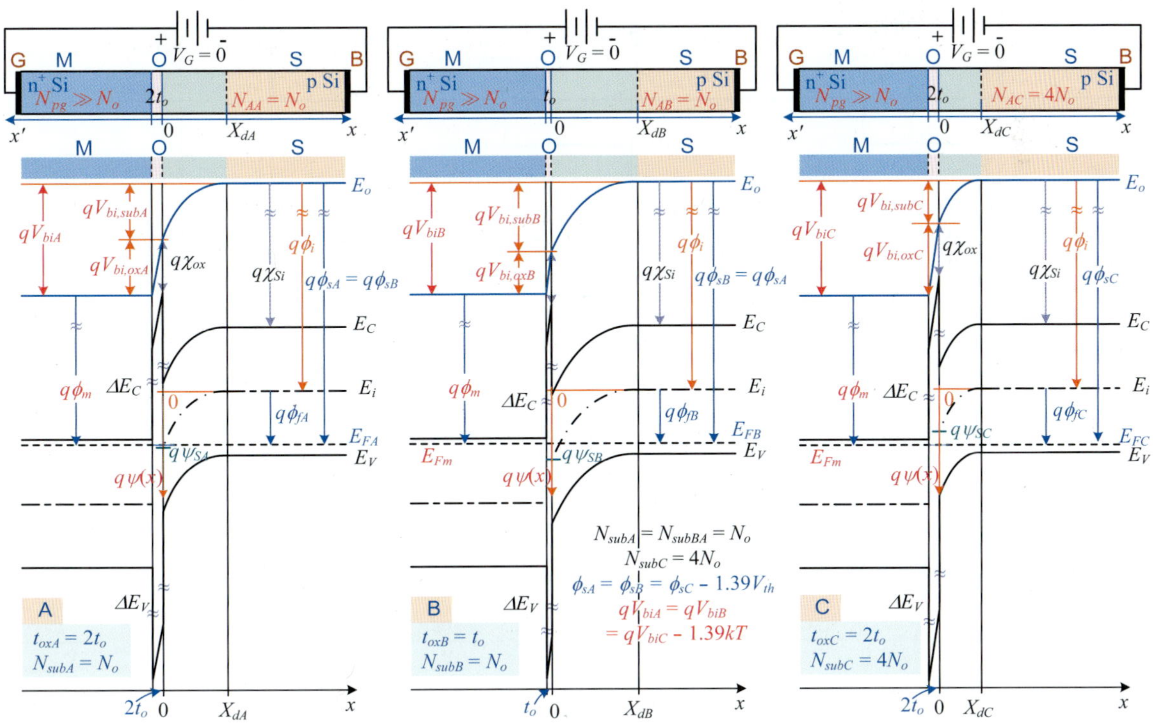

(a) 게이트가 아주 높게 도핑된 n^+ poly-Si 게이트를 사용한 N-MOS 구조($N_{pg} \gg N_{sub} = N_A$)에 임계전압이 인가($V_G = V_T$, $\psi_S = 2\phi_f$)된 경우, 각 영역별 전하밀도 분포($\rho(x)$)는 다음과 같다.

구분	MOS A	MOS B	MOS C
	V_{TA}, ϕ_{FA}, C_{oxA}	V_{TB}, ϕ_{FB}, C_{oxB}	V_{TC}, ϕ_{FC}, C_{oxC}
$x < -(X_{pg}+t_{ox})$ 게이트 중성영역	$\rho(x) = +q(p(x) - n(x) + N_d(x) - N_a(x)) = 0$		
$-(X_{pg}+t_{ox}) < x < -t_{ox}$ 게이트 공간전하영역	$\rho(x) = +qN_d(x) = +qN_{pg}$		
$-t_{ox} < x < 0$ 산화막 내부	$\rho(x) = 0$		$\rho(x) = 0$
	$t_{oxA} = 2t_o$, $C_{oxA} = \varepsilon_{ox}/2t_o$	$t_{oxB} = t_o$, $C_{oxB} = \varepsilon_{ox}/t_o$	$t_{oxC} = 2t_o$, $C_{oxC} = \varepsilon_{ox}/2t_o$
$0 < x < X_{d,max}$ 기판 공간전하영역	$N_{AA} = N_{AB} = N_o$		$N_{AC} = 4N_o$
	$\rho(x) = -q(n(x)+N_o)$; $\psi_{STA} = 2\phi_{fA}$, $\psi_{STB} = 2\phi_{fB}$ $n_A(0) = n_B(0) = N_o$		$\rho(x) = -q(n(x)+4N_o)$; $\psi_{ST} = 2\phi_{fC}$ $n_C(0) = 4N_o$
	$n(x) = n_{o,sub}e^{\psi(x)/V_{th}}$; $n_{o,sub} = n_i^2/N_{o,sub}$, $\psi(x) \cong 2\phi_f\,(1-(x/X_{d,max}))^2$		
$X_{d,max} < x$ 기판 중성영역	$\rho(x) = 0$; $\phi_{fA} = \phi_{fB} = V_{th}\ln(N_o/n_i)$		$\rho(x) = 0$; $\phi_{fC} = V_{th}\ln(4N_o/n_i) = \phi_{fA} + 1.39V_{th}$

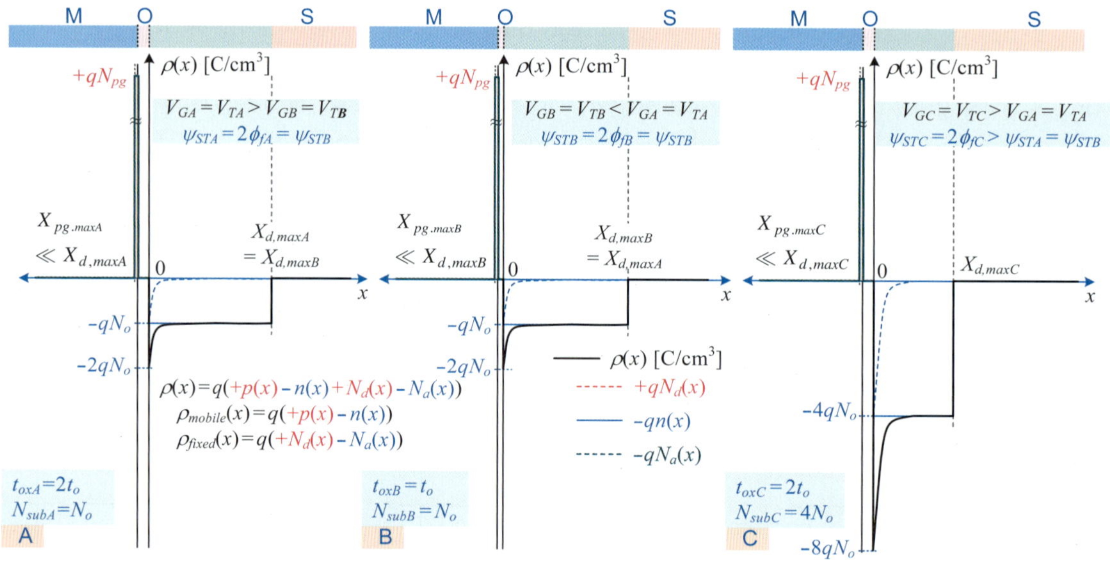

(b) 임계전압이 인가된 MOS A, B, C($V_{Gj} = V_{Tj}$(j = A, B, C))의 에너지 대역도는 다음과 같다.

p형 기판을 사용하는 n-채널 MOS 구조의 임계상태는 표면 전위가 기판 페르미 전위의 2배($\psi_{ST} = 2\phi_f$)이고, 기판 표면의 반전 전자 농도가 p형 기판의 다수 캐리어 농도와 동일한 값($n(x=0) = p_{o,sub} = N_{sub}$)을 갖는 상태이다. 임계전압의 산화막의 종류와 두께, 기판과 게이트의 도핑 농도에 의한 임계전압의 변화는 다음 식과 같다.

$$V_T = V_{FB} + 2\phi_f\left(1 + \frac{N_{sub}}{N_{pg}} + 2\frac{C_{SD,min}}{C_{ox}}\right) = V_{FB} + 2\phi_f\left(1 + \frac{N_{sub}}{N_{pg}} + 2\frac{(\varepsilon_{Si}/\varepsilon_{ox})}{(X_{d,max}/t_{ox})}\right) ; \quad C_{ox} = \frac{\varepsilon_{ox}}{t_{ox}},\ C_{SD,min} = \frac{\varepsilon_{Si}}{X_{d,max}}$$

$$X_{d,max} = \sqrt{\frac{2\varepsilon_{Si}}{qN_{sub}}2|\phi_f|} ; \quad \phi_f = V_{th}\ln\left(\frac{p_{o,sub}}{n_i}\right) ; \quad V_{FB} = \phi_{ms} - \frac{Q_{ss}}{C_{ox}} ; \quad \phi_{ms} \equiv \phi_m - \phi_s = V_{th}\ln\left(\frac{p_{o,pg}}{p_{o,sub}}\right)$$

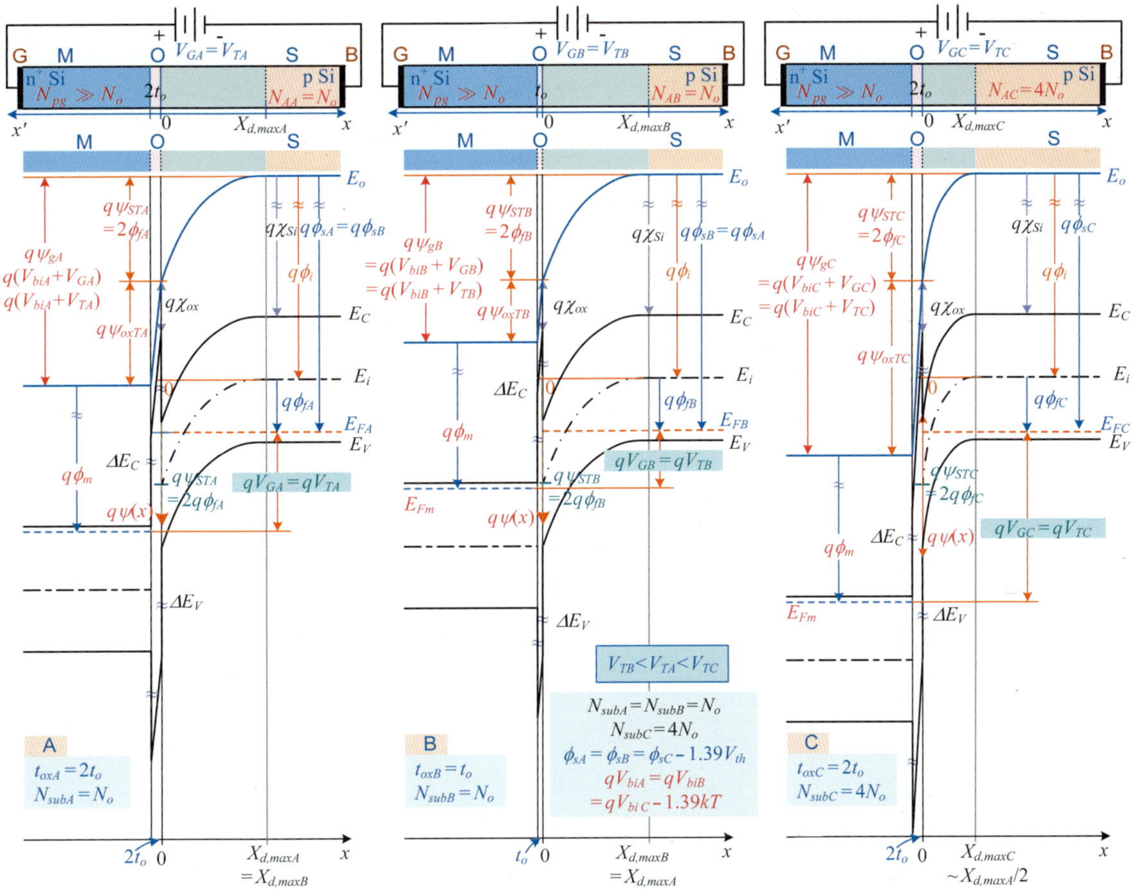

MOS A, B, C에서 게이트 산화막 두께($t_{oxA}=t_{oxC}=2t_o$, $t_{oxB}=t_o$)와 기판 농도($N_{subA}=N_{subB}=N_o$, $N_{subC}=4N_o$)가 서로 다르므로, 세 구조의 임계전압(V_{TA}, V_{TB}, V_{TC})도 서로 다르다. 게이트 전압이 기판으로 전달되는 효과는 MOS 산화막 두께가 얇을수록, 또 기판 도핑 농도가 낮아서 공간전하영역의 폭이 두꺼울수록 우수하며, 임계상태를 형성하는 데 필요한 게이트 전압도 작다.

MOS A와 B는 기판 도핑 농도가 같으므로, 임계상태의 표면 전위와 기판영역 에너지 대역도는 동일하다 ($\psi_{STA}=\psi_{STB}$, $E_{CA}(x)=E_{CB}(x)$). 따라서 산화막의 두께가 가장 얇고 기판 도핑 농도도 낮은 MOS B의 임계전압이 MOS A의 임계전압보다 작다($V_{TB}<V_{TA}$). 한편 MOS A와 C의 산화막의 두께는 동일해도, 기판영역의 도핑 농도 차이로 인해 두 구조의 임계상태의 표면 전위가 다르다. 특히 기판 농도($N_{subC}=4N_{subA}$)가 높아 많은 농도의 전자가 반전되어야 하는 MOS C의 임계전압이 MOS A보다 크다($V_{TA}<V_{TC}$). 따라서 MOS B의 임계전압이 가장 낮고, MOS C의 임계전압이 가장 높다($V_{TB}<V_{TA}<V_{TC}$).

(c) 산화막 내에 고정전하(Q_{ss})가 존재하지 않을 경우, 느린 주사전압과 고주파 ac 신호로 측정했을 때 MOS 구조의 C-V 특성 곡선을 그리는 데 필요한 5개의 중요 특성지표를 결정하는 요인들과 그 상대적인 크기를 비교하면 다음 표와 같다.

구분	관계식	A $t_{oxA}=2t_o$, $N_{subA}=N_o$	B $t_{oxB}=t_o$, $N_{subB}=N_o$	C $t_{oxC}=2t_o$, $N_{subC}=4N_o$
C_{max}	$C_{max}=C_{ox}=\frac{\varepsilon_{ox}}{t_{ox}}$	$C_{maxA}=C_{maxC}=\frac{\varepsilon_{ox}}{2t_o}\equiv C_{oxo}$, $C_{maxB}=2C_{oxo}$ $\Rightarrow$ $\boxed{C_{maxA}=C_{maxC}=C_{oxo}<C_{maxB}=2C_{oxo}}$		
C_{FB}	$C_{FB}=\frac{C_{ox}C_{LD}}{C_{ox}+C_{LD}}=\frac{C_{LD}}{1+\frac{C_{LD}}{C_{ox}}}=\frac{C_{LD}}{1+\frac{(\varepsilon_{Si}/\varepsilon_{ox})}{(L_D/t_{ox})}}$ $L_D=\sqrt{\frac{\varepsilon_{Si}V_{th}}{qN_{sub}}}$, $L_{DA}=L_{DB}=\sqrt{\frac{\varepsilon_{Si}V_{th}}{qN_o}}\equiv L_{Do}$, $L_{DC}=\frac{L_{Do}}{2}$ $C_{LD}=\frac{\varepsilon_{Si}}{L_D}$, $C_{LDA}=C_{LDB}=\frac{\varepsilon_{Si}}{L_{Do}}=C_{LDo}$, $C_{LDC}=2C_{LDo}$ $(L_{Do}\rvert_{N_o=10^{17}[\text{cm}^{-3}]}=13\ [\text{nm}]$, $L_{Do}\rvert_{N_o=10^{18}[\text{cm}^{-3}]}=4.15\ [\text{nm}])$	$C_{FBA}=\frac{C_{LDo}}{1+\frac{4}{(L_{Do}/t_o)}}$ $C_{FBB}=\frac{C_{LDo}}{1+0.5\frac{4}{(L_{Do}/t_o)}}$ $C_{FBC}=\frac{2C_{LDo}}{1+2\frac{4}{(L_{Do}/t_o)}}$ $\Rightarrow$ $C_{FBA}<C_{FBB}$, $C_{FBA}<C_{FBC}$ $C_{maxA}=C_{maxC}<C_{maxB}$ $C_{FB}=\frac{C_{ox}}{1+\frac{C_{LD}}{C_{ox}}}<C_{max}=C_{ox}$ $\Rightarrow$ $\boxed{C_{FBA}<C_{FBC}<C_{FBB}}$ $C_{oxA}=C_{oxC}$이며, 기판 농도가 높은 C의 C_{LDC}가 A의 C_{LDA}보다 크다. $C_{FBA}<C_{FBC}$이고, $C_{FB}<C_{max}=C_{ox}$이므로 $C_{FBA}<C_{FBC}<C_{FBB}$이다.		
C_{min}	$C_{min}=\frac{C_{ox}C_{SD,min}}{C_{ox}+C_{SD,min}}=\frac{C_{SD,min}}{1+\frac{C_{SD,min}}{C_{ox}}}=\frac{C_{SD,min}}{1+\frac{(\varepsilon_{Si}/\varepsilon_{ox})}{(X_{d,max}/t_{ox})}}$ $C_{SD,min}=\frac{\varepsilon_{Si}}{X_{d,max}}$, $X_{d,max}=\sqrt{\frac{2\varepsilon_{Si}2\phi_f}{qN_{sub}}}$, $C_{SD,mo}\equiv\frac{\varepsilon_{Si}}{X_{dmo}}$ $X_{d,maxA}=X_{d,maxB}\equiv X_{dmo}\equiv\sqrt{\frac{2\varepsilon_{Si}2\phi_f}{qN_o}}$, $X_{d,maxC}=\frac{X_{dmo}}{2}$ $\phi_f=V_{th}\ln\left(\frac{N_{sub}}{n_i}\right)$, $\phi_{fo}\equiv V_{th}\ln\left(\frac{N_o}{n_i}\right)$	$C_{minA}=\frac{C_{SD,mo}}{1+\frac{4}{(X_{dmo}/t_o)}}$ $C_{minB}=\frac{C_{SD,mo}}{1+0.5\frac{4}{(X_{dmo}/t_o)}}$ $C_{minC}=\frac{2C_{SD,mo}}{1+0.5\frac{4}{(X_{dmo}/t_o)}}$ $\Rightarrow$ $\boxed{C_{minA}<C_{minB}<C_{minC}}$		
V_{FB}	$V_{FB}=\phi_{ms}=\phi_m-\phi_s=\phi_m-\phi_i-\phi_f=-V_{th}\ln\left(\frac{N_{pg}N_{sub}}{n_i^2}\right)$ $\phi_m\equiv\frac{E_{Fm}-E_o}{-q}=\frac{E_o-E_{Fm}}{q}$, $\phi_i\equiv\frac{E_i-E_o}{-q}=\frac{E_o-E_i}{q}$	$V_{FBA}=V_{FBB}=-V_{th}\ln\left(\frac{N_{pg}N_o}{n_i^2}\right)\equiv V_{FBo}$ $V_{FBC}=-V_{th}\ln\left(\frac{N_{pg}4N_o}{n_i^2}\right)=V_{FBo}-1.39V_{th}$ $\Rightarrow$ $\boxed{V_{FBC}=V_{FBo}-1.39V_{th}<V_{FBA}=V_{FBB}}$		
V_T	$V_T=V_{FB}+2\phi_f\left(1+\frac{N_{sub}}{N_{pg}}\right)+\frac{\lvert Q_{SD,max}\rvert}{C_{ox}}$ $=\phi_{ms}+2\phi_f\left(1+\frac{N_{sub}}{N_{pg}}+\frac{2C_{SD,min}}{C_{ox}}\right)$ $=\phi_m-\phi_i+\phi_f\left(1+\frac{2N_{sub}}{N_{pg}}+\frac{4(\varepsilon_{Si}/\varepsilon_{ox})}{(X_{d,max}/t_{ox})}\right)$	$V_{TA}\cong\phi_m-\phi_i+\phi_{fo}\left(1+\frac{2\times4\times3(=24)}{(X_{dmo}/t_o)}\right)$ $V_{TB}\cong\phi_m-\phi_i+\phi_{fo}\left(1+\frac{4\times3(=12)}{(X_{dmo}/t_o)}\right)$ $V_{TC}\cong\phi_m-\phi_i+(\phi_{fo}+1.39V_{th})\left(1+\frac{2\times4\times3(=24)}{(X_{dmo}/t_o)}\right)$ $\Rightarrow$ $\boxed{V_{TB}<V_{TA}<V_{TC}}$		

위의 비교 요약표를 바탕으로 하여 느린 주사전압과 고주파 ac 신호(SS,HF)로 측정했을 때 MOS 구조 A, B, C의 C-V 특성을 그림으로 비교하면 다음과 같다.

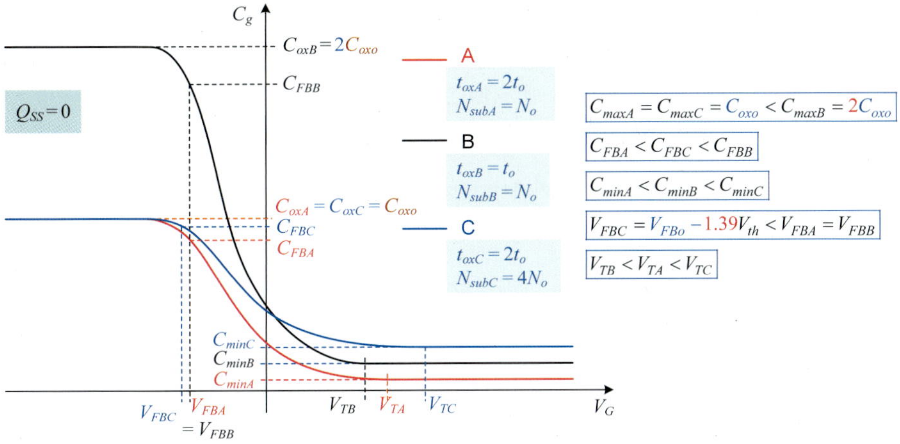

(d) 느린 주사전압과 고주파 ac 신호로 측정했을 때, 산화막 내에 동일한 크기의 전하($Q_{ss} < 0$)가 존재하면, 그로 인해 평탄대역 전압과 임계전압에 변동이 생기면서 게이트 전압 축을 따라 C−V 특성 곡선의 평행이동이 나타난다. 이러한 변화를 좌우하는 평탄대역 전압 변화량과 임계전압 변화량이 아래 표에 정리되어 있다. 예를 들어 게이트 산화막 내에 음전하가 존재할 경우, 평탄대역 전압과 임계전압이 증가하여 C−V 특성이 게이트 전압 축의 양의 방향으로 평행이동하게 된다. 산화막 내의 전하량이 동일하므로, 산화막 커패시턴스가 가장 큰 MOS B의 평탄대역 전압과 임계전압 변화량이 가장 작으며, MOS구조 A와 C의 변화량은 동일하다. 이를 그림으로 비교하여 아래에 나타내었다.

구분	관계식	MOS 구조 A, B, C 의 비교
V_{FB}	$V_{FB} = V_{FBo} - \frac{Q_{SS}}{C_{ox}} \Leftrightarrow \Delta V_{FB} = V_{FB} - V_{FB}(Q_{SS}=0)$	$\Delta V_{FBA} = V_{FBA} - V_{FBA}(Q_{SS}=0) = \frac{\lvert Q_{SS}\rvert}{C_{oxA}} = \frac{\lvert Q_{SS}\rvert}{C_{oxo}}$ $\Delta V_{FBB} = V_{FBB} - V_{FBB}(Q_{SS}=0) = \frac{\lvert Q_{SS}\rvert}{C_{oxB}} = \frac{\lvert Q_{SS}\rvert}{2C_{oxo}}$ $\Delta V_{FBC} = V_{FBC} - V_{FBC}(Q_{SS}=0) = \frac{\lvert Q_{SS}\rvert}{C_{oxC}} = \frac{\lvert Q_{SS}\rvert}{C_{oxo}}$ $\Delta V_{FBB} < \Delta V_{FBA} = \Delta V_{FBC}$
V_T	$V_T = V_{To} - \frac{Q_{SS}}{C_{ox}} \Leftrightarrow \Delta V_T = V_T - V_T(Q_{SS}=0) = \Delta V_{FB}$	$\Delta V_{TA} = \Delta V_{FBA}$, $\Delta V_{TB} = \Delta V_{FBB}$, $\Delta V_{TC} = \Delta V_{FBC}$ $\Delta V_{TB} < \Delta V_{TA} = \Delta V_{TC}$

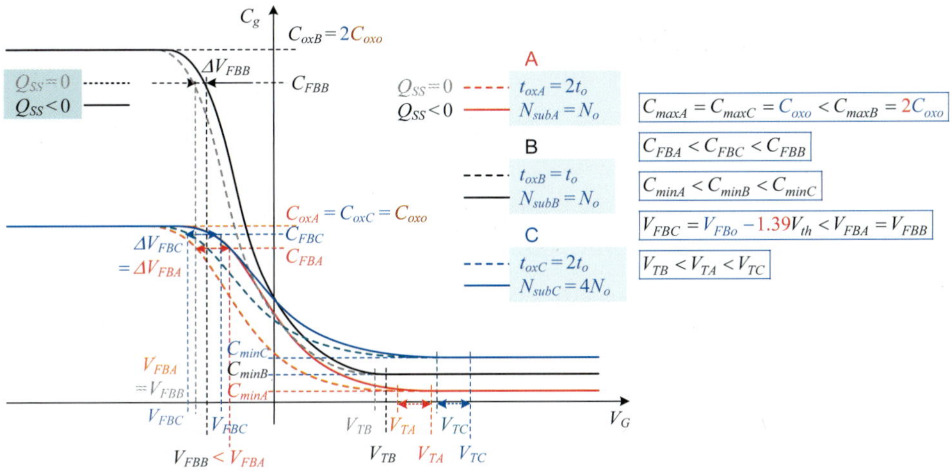

(e) MOS A에 대한 저주파 및 고주파 C−V 응답 특성은 게이트 영역의 도핑 종류와 농도(N_{pg}), 산화막의 종류(ε_{ox})와 두께(t_{ox}), 기판영역의 도핑 종류와 농도(N_{sub})에 따라 달라진다. 특히 N−MOS의 반전전하인 전자는 공간전하영역에서 열생성된 전하로서, 그 생성속도와 양은 기판영역의 밴드갭(E_g)과 온도(T), 공간전하영역의 재결합 평균수명(τ_o)에 따라 크게 제한된다. 따라서 MOS 구조의 C−V 특성은 측정할 때의 주사전압과 ac 소신호 주파수에 따라 크게 달라진다.

임계전압보다 큰 게이트 전압이 인가된 MOS 커패시터에서, 기판영역의 평균수명(τ_o)과 온도(T), 밴드갭(E_g)에 의해 결정되는 순수 캐리어 농도(n_i)와 공간전하영역의 전자−정공 생성률과의 관계는 다음과 같다.

$$G_{th} \cong \frac{n_i}{2\tau_o}\ [1/\text{s}\cdot\text{cm}^3], \qquad n_i = \sqrt{N_C N_V}\, e^{-E_g/2kT}\ [\text{cm}^{-3}]$$

한편 평균수명 τ_o는 반도체 재료의 고유한 특성, 기판영역의 도핑 농도 N_A, 기판영역의 결함 농도(N_t)에 의해 결정된다. 또한 에너지 대역 간 천이 평균수명($\tau_{o,BTB}$)과 결함 준위를 통한 생성−재결합을 지배하는 평균수명($\tau_{o,SRH}$)은 각각 다음과 같이 나타낼 수 있다.

$$\tau_o = \left(\frac{1}{\tau_{o,BTB}} + \frac{1}{\tau_{o,SRH}}\right)^{-1}, \quad \tau_{o,BTB} = \frac{1}{\alpha_r(p_o + n_o)}, \quad \tau_{o,SRH} = \frac{1}{\sigma_c N_t \upsilon_{th}}\ [\text{s}]$$

따라서 공간전하영역 내에서 t_{resp} [s]의 전하 수집시간, 또는 응답시간 동안 열에너지에 의해 생성된 전하량 Q_{th}는

$$Q_{th} = \left(\int_0^{X_d} -qG_{th}dx\right)t_{resp} = \left(\int_0^{X_d} -q\frac{n_i}{2\tau_o}dx\right)t_{resp} \cong -qn_i X_d \frac{t_{resp}}{2\tau_o} = -qn_i \frac{t_{resp}}{2\tau_o}\sqrt{\frac{2\varepsilon_{Si}}{qN_A}\psi_S}\quad [\text{C/cm}^2]$$

로 나타낼 수 있으며, 다음 특성지표들에 의해 결정된다.

- 열생성 전하 수집에 이용가능한 시간(t_{resp})
- 과잉 캐리어 평균수명(τ_o)
- 에너지 밴드갭(E_g)
- 동작 온도(T)

열생성에 의한 반전전하량의 공급이 소신호 주파수에 따른 미소 전하량의 변화(dQ_g)에 필요한 미소 반전전하량(dQ_{Sn})만큼 빨리 이루어지는지, 또는 그렇지 않은지에 따라 다음과 같이 구분된다.

- 저주파(LF: Low frequency) C−V 특성
- 고주파(HF: High frequency) C−V 특성

열생성 전하량이 반전전하의 필요량을 따라가지 못할 정도로 주파수가 높은 경우, 게이트 신호에 대한 응답이 공간전하량의 변화로 나타난다. 따라서 고주파인지 저주파인지를 Q_{th}가 dQ_{SD}보다 큰지 작은지를 비교함으로써 구분할 수 있다. 단위 시간당 열생성 전하량과 소신호 변화에 필요한 공간전하량은 각각 다음과 같다.

$$\frac{|Q_{th}|}{\Delta t} = \frac{|Q_{th}|}{t_{resp}} = q\int_0^{X_d} G_{th}dx = \frac{qn_i}{2\tau_o}X_d \quad (\Leftarrow dQ_{Sn})$$

$$\frac{|\Delta Q_{SD}|}{\Delta t} = C_{SD}\left|\frac{d\psi_S}{dt}\right| = C_{SD}\left|\frac{\partial\psi_S}{\partial V_G}\frac{\partial V_G}{\partial\upsilon_{ac}(t)}\frac{\partial\upsilon_{ac}(t)}{\partial t}\right| = C_{SD}2\pi f\upsilon_{ac}(t) = \frac{\varepsilon_{Si}}{X_d}2\pi f\upsilon_{ac}(t)$$

따라서 낮은 주파수와 높은 주파수의 경계가 되는 임계주파수 f_c는 단위 시간당 열생성 전하량이 공간전하량과 같을 때의 주파수로, 다음을 통해 얻을 수 있다.

$$\frac{|Q_{th}|}{t_{resp}} = \frac{|\Delta Q_{SD}|_{f=f_c}}{\Delta t} \Leftrightarrow \frac{qn_i}{2\tau_o}X_d \cong \frac{\varepsilon_{Si}}{X_d}2\pi f_c\upsilon_o \Leftrightarrow f_c \equiv \frac{qn_i}{4\pi\tau_o\varepsilon_{Si}\upsilon_o}X_d^2 \cong \frac{1}{2\pi}\left(\frac{1}{\tau_o}\right)\cdot\left(\frac{n_i}{N_A}\right)\cdot\left(\frac{2\phi_f}{\upsilon_o}\right)\ [\text{Hz}]$$

즉 C-V 특성 측정에 사용되는 ac 신호의 주파수가 다음과 같이 f_c보다 훨씬 낮을 경우, ac 신호가 저주파수(LF)로 인식되기 때문에, ac 신호에 대한 응답이 열생성된 반전전하에 의해 이루어진다.

$$f \ll \frac{1}{2\pi}\left(\frac{1}{\tau_o}\right)\cdot\left(\frac{n_i}{N_A}\right)\cdot\left(\frac{2\phi_f}{\upsilon_o}\right) = f_c$$

한편 다음과 같이 임계주파수 f_c보다 훨씬 높은 주파수의 ac 신호로 C-V 특성을 측정할 경우, ac 신호가 고주파수(HF)로 인식되기 때문에, ac 신호에 대한 응답은 다수 캐리어의 공핍에 의한 공간전하에 의해 이루어진다.

$$f \gg \frac{1}{2\pi}\left(\frac{1}{\tau_o}\right)\cdot\left(\frac{n_i}{N_A}\right)\cdot\left(\frac{2\phi_f}{\upsilon_o}\right) = f_c$$

즉 게이트 주사전압($V_G(t)$)의 주사율과 소신호 주파수에 따른 C-V 응답특성에서 순수 캐리어 농도 n_i와 과잉 캐리어의 평균수명을 결정하는 요소는 다음과 같다.

- 반도체 재료의 밴드갭(E_g)
- 동작/측정 온도(T)
- 평균수명(τ_o)과 이를 결정하는 결함 상태의 농도(N_t)
- 공간전하영역의 폭을 지배하는 기판 농도(N_A)

임계전압보다 큰 게이트 전압($V_G > V_T$)이 인가된 강한 반전상태의 MOS 시스템에서 C-V 특성 측정에 사용하는 게이트 전압 주사율과 소신호 주파수에 따른 전하의 변화를 아래 표에 비교하여 요약하였다.

n-MOS 시스템에 임계전압보다 큰 게이트 전압이 인가된 경우, 주사율과 주파수에 따른 응답 특성

구분 / 주사율	표면 전위 $\psi_S(V_G)$ $\psi_S(V_T) = 2\phi_f$	공간전하영역의 폭 $X_d(V_G)$ $X_{d,max} \equiv X_d(V_T)$	공간전하량 $Q_{SD}(V_G)$ $\lvert Q_{SD,max}\rvert \equiv qN_AX_{d,max}$	$V_g(t) = V_{sweep}(t) + \upsilon_{ac}(t)$ $(V_{sweep} > V_T)$ $V_{sweep}(t) = V_o + \alpha t$ 주사전압 응답 전하 $\lvert Q_S\rvert = \lvert Q_{SD} + Q_{Sn}\rvert \gg \lvert Q_{SD,max}\rvert$	$\upsilon_{ac}(t) = \upsilon_o ej2^{\pi ft}$ AC 소신호 응답 전하	$dQ_S = dQ_{SD} + dQ_{Sn}$
느린 주사율 (Slow Sweep)	$\psi_S = 2\phi_f + \delta\phi_f \cong 2\phi_f$	$X_d = X_{d,max} + \delta X_d \cong X_{d,max}$	$Q_{SD} \cong Q_{SD,max}$	$\lvert Q_S\rvert = \lvert Q_{SD} + Q_{Sn}\rvert \cong \lvert Q_{Sn}\rvert \gg \lvert Q_{SD,max}\rvert$ $\lvert Q_{SD}\rvert = \lvert Q_{SD,max}\rvert \ll \lvert Q_{Sn}\rvert$	LF	$\lvert dQ_{SD}\rvert \ll \lvert Q_{Sn}\rvert$
					HF	$\lvert dQ_{SD}\rvert \gg \lvert Q_{Sn}\rvert$

MOS 구조의 등가회로는 게이트 영역 커패시턴스(C_{pg})와 산화막 커패시턴스(C_{ox}), 그리고 기판영역 커패시턴스(C_S)의 직렬연결이다. 이때 높게 도핑된 게이트를 사용할 경우, C_{pg}가 C_{ox}와 C_S에 비해 아주 크고, C_{pg} 양단의 전압 강하는 무시할 수 있으므로, C_{pg}를 단락된 것으로 간략화할 수 있다. 한편 강한 반전상태에서 느린 주사전압과 저주파 ac 신호에 대해서는 기판영역 커패시턴스 C_S가 C_{ox}보다 훨씬 큰 값을 가지며, 기판영역의 전압 강하를 무시할 수 있으므로, C_S를 단락된 것으로 간략화할 수 있다. 즉 $V_G > V_T$의 강한 반전상태에서 느린 주사전압과 저주파 신호에 대한 MOS 구조의 전기적 등가회로는 산화막 커패시턴스 C_{ox} 양단의 전압 강하만 고려해도 된다. 이때 MOS 구조의 커패시턴스 등가회로와 관련식은 다음과 같다.

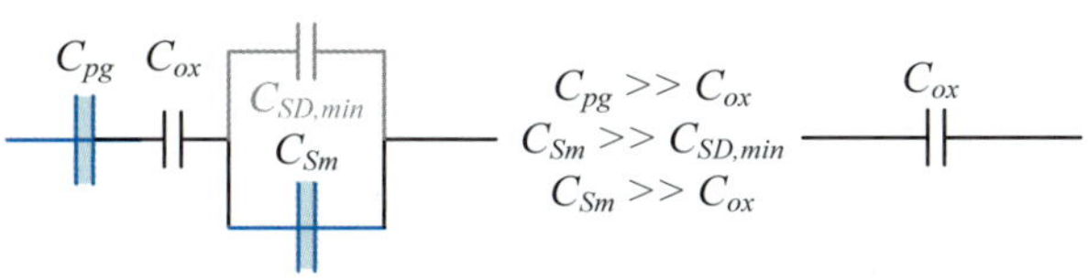

$$\begin{cases} C_S = C_{SD} + C_{Sn} \cong C_{Sn} \propto e^{\psi_S/2V_{th}} \gg C_{ox} \\ C_{pg} \cong \dfrac{\varepsilon_{Si}}{X_{pg}} \gg C_{ox} \end{cases}$$

$$\frac{1}{C_{g,inv}} = \frac{1}{C_{pg}} + \frac{1}{C_{ox}} + \frac{1}{C_{S,inv}} \cong \frac{1}{C_{ox}} \quad \Leftrightarrow \quad \boxed{C_{g,inv} \cong C_{ox}}$$

앞에서 설명한 바와 같이 MOS 구조의 등가회로는 게이트 영역 커패시턴스(C_{pg})와 산화막 커패시턴스(C_{ox}), 그리고 기판영역 커패시턴스(C_S)의 직렬연결이다. 이때 높게 도핑된 게이트를 사용할 경우, C_{pg}가 C_{ox}와 C_S에 비해 아주 크고,

C_{pg} 양단의 전압 강하는 무시할 수 있으므로, C_{pg}를 단락된 것으로 간략화할 수 있다. 한편 강한 반전상태에서 느린 주사전압과 고주파 ac 신호에 대해 기판영역 커패시턴스 C_S는 최대 공간전하영역의 폭($X_{d,max}$)에 의해 결정되며, 최소 공핍 커패시턴스 $C_{SD,min}(=\varepsilon_{Si}/X_{d,max})$로 고정된 값을 가진다. 따라서 $V_G > V_T$의 강한 반전상태에서 느린 주사전압과 고주파 신호에 대한 MOS 구조의 전기적 등가회로는 산화막 커패시턴스 C_{ox}와 기판영역 최소 공핍 커패시턴스 $C_{SD,min}$가 직렬연결된 상태이며, 게이트 전압에 따른 변화없이 일정하게 유지된다. 이를 고려한 등가회로와 관련식은 다음과 같다.

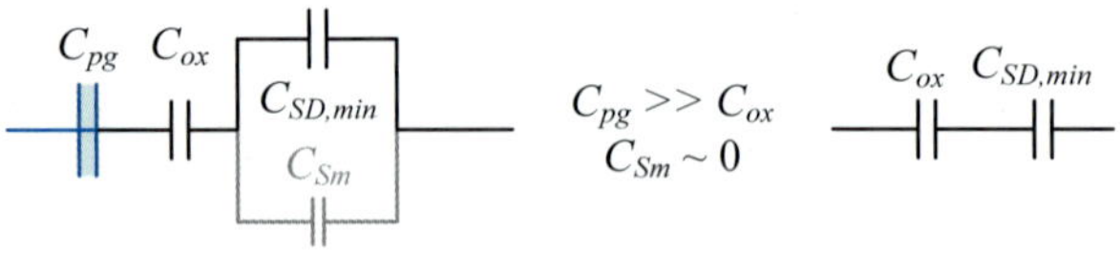

$$\begin{cases} C_{S,inv} = C_{SD} + C_{Sn} \cong C_{SD,min}, \quad C_{Sn} << C_{SD} \\ C_{pg} \cong \dfrac{\varepsilon_{Si}}{X_{pg}} \gg C_{ox} \end{cases}$$

$$\frac{1}{C_{g,inv}} = \frac{1}{C_{pg}} + \frac{1}{C_{ox}} + \frac{1}{C_{S,inv}} \cong \frac{1}{C_{ox}} + \frac{1}{C_{SD,min}}$$

$$\Leftrightarrow \boxed{C_{g,inv} \cong \frac{C_{ox}C_{SD,min}}{C_{ox} + C_{SD,min}} \cong \text{일정}}$$

이를 반영하여 저주파와 고주파 ac 신호를 이용하여 얻은 MOS A의 C-V 특성 곡선을 비교하면 다음 그림과 같다.

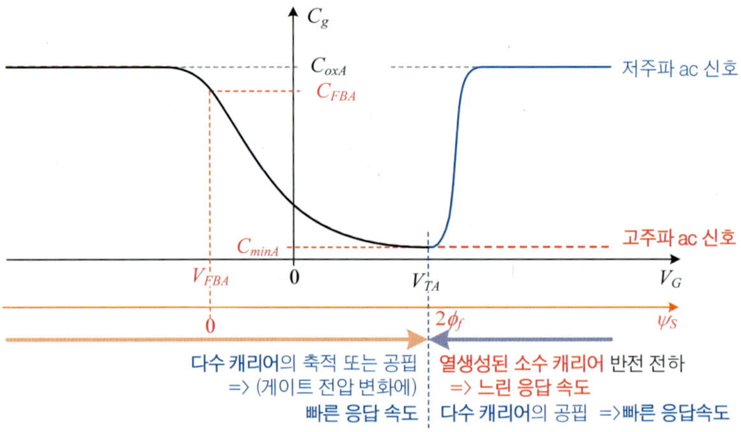

11.8 MOS 구조의 C-V 특성과 주파수

C-V 특성 측정을 통한 MOS 구조의 특성 분석에 있어, ac 신호의 고주파/저주파의 경계주파수 f_c의 크기를 이해하는 것이 실무에서 매우 중요하다. t_{ox} = 2.5 [nm]이고, $\varepsilon_{ox} = 4\varepsilon_o$이며, n형 poly-Si 게이트 도핑이 $N_{pg} = 10^{19}$ [cm^{-3}], p형 기판 농도가 $N_A = 10^{17}$ [cm^{-3}]인 Si n-MOS 구조가 있다. 기판영역의 재결합 평균 수명이 τ_o = 1 [μs]인 경우와 τ_o = 1 [ns]인 경우에 대해 상온(T = 300 [K])에서 C-V 특성 측정 시 저주파 특성을 얻기 위한 ac 신호의 경계주파수 f_c를 비교하라(ac 신호의 진폭을 υ_o = 10 [mV]로 가정한다).

열생성에 의한 전하량(Q_{th})의 공급이 게이트 소신호 주파수에 필요한 전하량의 변화($dQ_g = dQ_S = dQ_{SD} + dQ_{Sn}$)에 충분할 경우, 기판의 전하량 변화는 열생성에 의한 반전전하가 응답하는 저주파 C-V 특성 ($dQ_S \approx dQ_{Sn} = Q_{th}$)을 보인다. 그러나 열생성 전하량이 충분하지 않을 경우, 기판 전하량 변화는 공간전하에 의해 응답하는 고주파 C-V 특성($dQ_S \approx dQ_{SD}$, $Q_{th} \ll dQ_{SD}$)을 보인다. 단위 시간당 공간전하영역 내의 열생성 전하량($Q_{th}/\Delta t$)과 소신호 변화에 필요한 기판 전하량의 변화($dQ_{SD}/\Delta t$)를 비교하면, 저주파 특성과 고주파 특성의 경계주파수(f_c)를 구분할 수 있다. 공간전하영역의 열생성률을 G_{th}

$[\text{cm}^{-3}\text{s}^{-1}]$, 재결합 평균수명을 τ_o라고 하면, 단위 시간당 열생성 전하량과 공간전하량의 변화는 다음과 같다.

$$\frac{|dQ_{Sn}|}{\Delta t} = \frac{|Q_{th}|}{\Delta t} = q\int_0^{X_{d,max}} G_{th}dx = \frac{qn_i}{2\tau_o}X_{d,max}\ [\text{C/s}\cdot\text{cm}^2]$$

$$G_{th} \cong \frac{n_i}{2\tau_o}\ [\text{cm}^{-3}\text{s}^{-1}], \quad X_{d,max} = \sqrt{\frac{2\varepsilon_{Si}}{qN_{sub}}2\phi_f}$$

$$\frac{|\Delta Q_{SD}|}{\Delta t} = C_{SD}\left|\frac{d\psi_S}{dt}\right| = C_{SD}\left|\frac{\partial\psi_S}{\partial V_g}\frac{\partial V_g}{\partial\upsilon_{ac}(t)}\frac{\partial\upsilon_{ac}(t)}{\partial t}\right| = C_{SD}2\pi f\upsilon_{ac}(t) = \frac{\varepsilon_{Si}}{X_{d,max}}2\pi f\upsilon_{ac}(t)\ [\text{C/s}\cdot\text{cm}^2]$$

$$C_{SD} = \frac{\varepsilon_{Si}}{X_{d,max}}, \quad \upsilon_{ac}(t) = \upsilon_o e^{j\omega t}$$

따라서 열생성 전하량이 공간전하량과 같아지는 때의 경계주파수 f_c는 다음과 같다.

$$\frac{|Q_{th}|}{\Delta t} = \frac{|\Delta Q_{SD}|_{f=f_C}}{\Delta t} \Leftrightarrow \frac{qn_i}{2\tau_o}X_{d,max} \cong \frac{\varepsilon_{Si}}{X_{d,max}}2\pi f_c\upsilon_o \Rightarrow f_c \equiv \frac{qn_i}{4\pi\varepsilon_{Si}\tau_o\upsilon_o}X_{d,max}^2 \cong \frac{1}{2\pi}\left(\frac{1}{\tau_o}\right)\cdot\left(\frac{n_i}{N_A}\right)\cdot\left(\frac{2\phi_f}{\upsilon_o}\right)\ [\text{Hz}]$$

즉 주파수에 따른 C-V 특성의 경계주파수는 순수 캐리어 농도 n_i와 과잉 캐리어의 평균수명에 의해 결정되며, 이들을 지배하는 특성지표는 다음과 같다.

- 반도체 재료의 밴드갭(E_g)과 온도(T)에 따라 결정되는 순수반도체영역 농도(n_i)
- 평균수명(τ_o)과 이를 결정하는 기판 농도(N_{sub}) 및 결함 상태의 농도(N_t)
- 열생성에 이용되는 공간전하영역의 폭($X_{d,max}$)을 지배하는 기판 농도(N_{sub})

기판 농도가 $N_A = 10^{17}$ $[\text{cm}^{-3}]$인 Si n-MOS 기판영역의 재결합 평균수명이 $\tau_o = 1$ [μs]과 $\tau_o = 1$ [ns]인 두 경우에 대해 ac 신호의 진폭이 $\upsilon_o = 10$ [mV]일 때, 저주파와 고주파 C-V 특성의 경계주파수 f_c는 다음과 같다.

$$\phi_f = V_{th}\ln\left(\frac{N_A}{n_i}\right) = V_{th}\ln\left(\frac{10^{17}}{10^{10}}\right) = V_{th}\ln(10^7) = 16.12V_{th} = 0.417\ [\text{V}] = 41.7\ [\text{mV}]$$

$$f_c|_{\tau_o=1\,[\mu s]} \cong \frac{1}{2\pi}\left(\frac{1}{\tau_o}\right)\cdot\left(\frac{n_i}{N_A}\right)\cdot\left(\frac{2\phi_f}{\upsilon_o}\right) = \frac{1}{2\pi}\left(\frac{1}{10^{-6}}\right)\cdot\left(\frac{10^{10}}{10^{17}}\right)\cdot\left(\frac{2\times 41.7}{10}\right) = 1.33\ [\text{Hz}]$$

$$f_c|_{\tau_o=1\,[\text{ns}]} \cong \frac{1}{2\pi}\left(\frac{1}{\tau_o}\right)\cdot\left(\frac{n_i}{N_A}\right)\cdot\left(\frac{2\phi_f}{\upsilon_o}\right) = \frac{1}{2\pi}\left(\frac{1}{10^{-9}}\right)\cdot\left(\frac{10^{10}}{10^{17}}\right)\cdot\left(\frac{2\times 41.7}{10}\right) = 1330\ [\text{Hz}]$$

Chapter

12 MOSFET의 전류-전압 특성

Current-Voltage Characteristics of Metal-Oxide-Semiconductor Field Effect Transistors (MOSFETs)

12.1 MOSFET의 I-V 특성

p형 기판에 각각 다른 농도의 도핑(N_A: **A**: $N_{AA} = N_o$, **B**: $N_{AB} = 4N_o$)이 구현된 MOSFET을 통해 동작 특성을 이해하고자 한다. 게이트 산화막(t_{ox}, ε_{ox})과 채널길이(L), 폭(W)은 두 경우 모두 같으며, 소스와 드레인은 기판에 비해 높은 n^+ 영역으로 되어 있다. 또 긴 채널 MOSFET으로 가정한다.

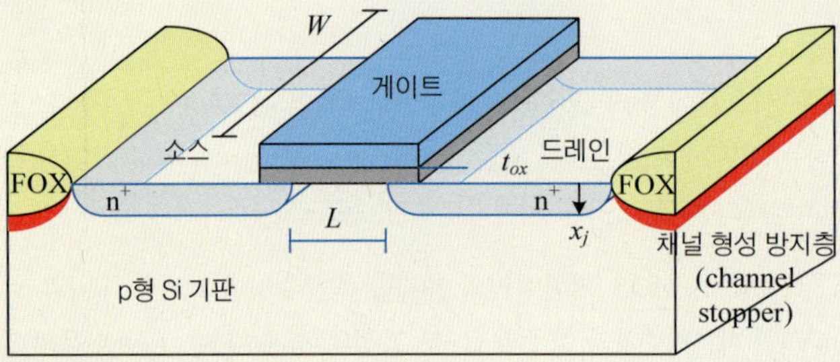

(a) 두 소자의 평탄대역 전압의 차이($\Delta V_{FB} = V_{FBB} - V_{FBA}$)를 구하라.

(b) 두 소자의 임계전압 크기를 비교(V_{TB}/V_{TA})하라.

(c) 채널영역에서 전자의 이동도를 비교(μ_B/μ_A)하라.

(d) 두 MOSFET의 드레인 전류의 포화 원인에 관해 설명하라.

(e) 동일한 게이트 전압($V_{GS} > V_T$)이 인가된 경우에 대해 두 소자의 $I_D - V_{DS}$ 특성을 그림으로 비교하라.

(f) 동일한 게이트 전압($V_{GS} > V_T$)이 인가된 경우, 두 MOSFET의 포화전압을 근거를 제시하여 비교하라($V_{DS,satB}/V_{DS,satA}$).

(g) 동일한 게이트 전압이 인가된 경우, 포화영역의 전달 컨덕턴스 g_m을 비교(g_{mB}/g_{mA})하라.

(h) 포화영역의 채널길이 변조효과를 근거를 제시하여 비교(λ_B/λ_A)하라.

(i) 기생 BJT에 의한 스냅백이 일어날 가능성을 비교하라.

(j) ON-OFF 특성을 나타내는 지표인 약한 반전상태의 전류 기울기를 비교(S_B/S_A)하라.

n채널 MOSFET(p형 기판과 n^+ poly-Si 게이트를 사용함)의 수직방향 전계를 통해 채널영역 캐리어 농도와 채널 저항(전기전도도)을 조절하는 MOS 구조에 대해, 접합을 이루기 전과 열평형 상태($V_G = 0$)의 에너지 대역도를 아래 그림에 개략적으로 나타내었다.

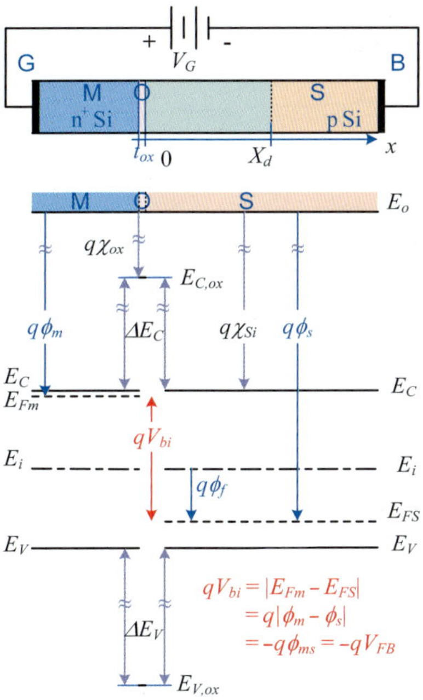

접합 형성 전의 에너지 대역도

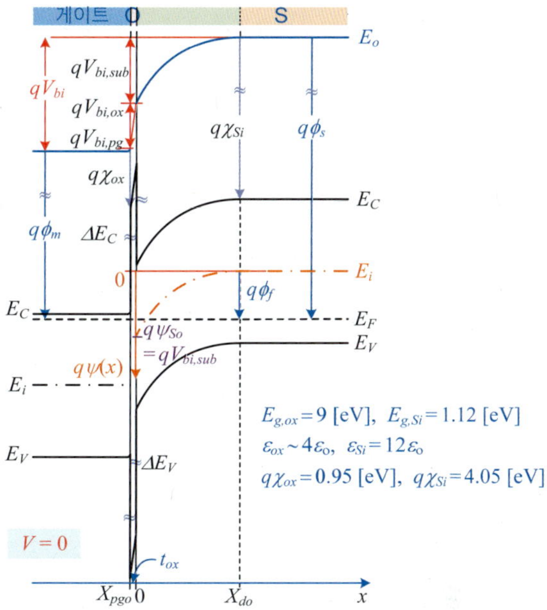

열평형 상태의 에너지 대역도

(a) 평탄대역 전압(V_{FB})은 MOS 구조의 에너지 대역도를 전 구간에 걸쳐 평탄하게 하는 데 필요한 게이트 전압($V_G | E_G(x) =$ 일정)이다. 평탄대역 전압은 게이트의 일함수($q\phi_m = E_o - E_{Fm}$)와 기판 반도체영역의 일함수($q\phi_S = E_o - E_{FS}$)의 차이($\phi_{ms} \equiv \phi_m - \phi_s$), 즉 게이트 영역과 기판영역의 도핑 농도에 의해 지배되는 페르미 준위(E_{Fm}, E_{FS}), 또는 일함수($q\phi_m = E_o - E_{Fm}$, $q\phi_S = E_o - E_{FS}$)의 차이로부터 구할 수 있다. 게이트 산화막 내에 전하가 존재하지 않을 경우($Q_{SS} = 0$), 평탄대역 전압은 다음 관계식을 통해 구할 수 있다.

$$V_{FB} \equiv V_G|_{\substack{flat \\ band}} = \phi_{ms} = \phi_m - \phi_S \quad \begin{cases} \phi_S \equiv \dfrac{E_{FS} - E_o}{-q} = \dfrac{(E_i - E_o) + (E_{FS} - E_i)}{-q} = (\phi_i + \phi_f) \\ \phi_m \equiv \dfrac{E_{Fm} - E_o}{-q}, \quad \phi_f \equiv \dfrac{E_{FS} - E_i}{-q} = V_{th} \ln\left(\dfrac{p_{o,sub}}{n_i}\right), \quad \phi_i \equiv \dfrac{E_i - E_o}{-q} \end{cases}$$

한편 높게 도핑된 (n^+, p^+) poly-Si를 게이트로 사용할 경우, 평탄대역 전압은 다음과 같이 나타낼 수 있다.

$$V_{FB} \equiv V_G|_{\substack{flat \\ band}} = \phi_{ms} = \phi_m - \phi_S = V_{th} \ln\left(\frac{p_{o,pg}}{p_{o,sub}}\right) = -V_{th} \ln\left(\frac{n_{o,pg}}{n_{o,sub}}\right)$$

특히 n^+ poly-Si 게이트($N_{D,pg} = N_{pg}$)와 p형 기판($N_{sub} = N_A$)을 사용하는 MOS 구조의 평탄대역 전압은 다음과 같이 음의 값을 갖는다.

$$V_{FB} \equiv V_G|_{\substack{flat \\ band}} = \phi_{ms} = V_{th} \ln\left(\frac{p_{o,pg}}{p_{o,sub}}\right) = -V_{th} \ln\left(\frac{N_{pg} N_A}{n_i^2}\right) \ : \ n^+ \text{ poly-Si}(N_{D,pg} = N_{pg}), \quad \text{p-sub}(N_{sub} = N_A)$$

동일한 n^+ poly-Si 게이트($N_{pgA} = N_{pgB} = N_{pg}$)를 사용하나, 기판 도핑 농도($N_{AA} = N_o$, $N_{AB} = 4N_o$)는 서로 다른 두 MOS 구조 A와 B의 평탄대역 전압은 각각 다음과 같다.

$$\begin{cases} V_{FBA} \equiv \phi_{msA} = -V_{th}\ln\left(\dfrac{N_{pgA}N_{AA}}{n_i^2}\right) = -V_{th}\ln\left(\dfrac{N_{pg}N_o}{n_i^2}\right) \\ V_{FBB} \equiv \phi_{msB} = -V_{th}\ln\left(\dfrac{N_{pgB}N_{AB}}{n_i^2}\right) = -V_{th}\ln\left(4\dfrac{N_{pg}N_o}{n_i^2}\right) \end{cases}$$

$$\Rightarrow \quad \Delta V_{FB} \equiv V_{FBB} - V_{FBA} = -V_{th}\ln(4) = -1.386V_{th} = -0.036\ [\text{V}]$$

(b) MOSFET의 임계전압(V_T)은 기판의 표면 전위(ψ_S)가 기판 페르미 전위의 2배($V_T \equiv V_{GS}|\psi_{ST} = 2\phi_f$)일 때, 또는 기판 표면의 반전된 전자 농도가 기판의 다수 캐리어인 정공 농도와 동일할 때($V_T \equiv V_{GS}|n(0) = p_{o,sub} = N_A$)의 게이트 전압이다. MOS 구조에 인가된 게이트 전압은 게이트 공간전하영역의 전위차($\psi_{pg} = V_{bi,pg} + V_{g,pg}$)와 산화막 양단 전위차($\psi_{ox} = V_{bi,ox} + V_{g,ox}$), 기판의 표면 전위와 동일한 값을 갖는 기판 공간전하영역 전위차($\psi_S = V_{bi,sub} + V_{g,sub}$)의 합($\psi_g = V_{bi} + V_G = \psi_{pg} + \psi_{ox} + \psi_S$)으로, 다음과 같은 관계가 성립된다.

$$V_T \equiv V_G|_{\psi_S = 2\phi_f} = V_{FB} + \psi_{pg} + \psi_{ox} + \psi_S|_{\psi_S = 2\phi_f} = \phi_{ms} + 2\phi_f\left(1 + \frac{N_A}{N_{pg}}\right) - \frac{Q_{SD,max}}{C_{ox}}$$

$$= \phi_{ms} + 2\phi_f\left(1 + \frac{N_A}{N_{pg}}\right) + \frac{\sqrt{qN_A\varepsilon_{Si}4\phi_f}}{C_{ox}} \quad \begin{cases} Q_{SD,max} = -qN_AX_{d,max} = -\sqrt{qN_A\varepsilon_{Si}2\psi_{ST}} = -\sqrt{qN_A\varepsilon_{Si}4\phi_f} \\ C_{ox} = \dfrac{\varepsilon_{ox}}{t_{ox}}, \quad X_{d,max} \equiv X_d|_{\substack{V_{GS}=V_T \\ \psi_S = 2\phi_f \\ n(0)=N_A}} = \sqrt{\dfrac{\varepsilon_{Si}}{qN_A}4\phi_f}, \quad C_{SD,min} = \dfrac{\varepsilon_{Si}}{X_{d,max}} \end{cases}$$

따라서 동일한 게이트를 사용하지만 기판 농도가 다른 MOS 구조 A와 B의 임계전압을 비교하면 다음과 같다.

$$\begin{cases} V_{TA} \equiv V_G|_{\psi_S = 2\phi_{fA}} = \phi_{msA} + 2\phi_{fA}\left(1 + \dfrac{N_o}{N_{pg}}\right) - \dfrac{Q_{SD,maxA}}{C_{ox}} \cong \phi_{msA} + 2\phi_{fA} + \dfrac{\sqrt{qN_o\varepsilon_{Si}4\phi_{fA}}}{C_{ox}} \quad (N_{pg} \gg N_o) \\ X_{d,maxA} \equiv \sqrt{\dfrac{\varepsilon_{Si}}{qN_o}4\phi_{fA}}, \quad \phi_{fA} = V_{th}\ln\left(\dfrac{N_o}{n_i}\right), \quad \phi_{msA} = -V_{th}\ln\left(\dfrac{N_{pg}N_o}{n_i^2}\right) \end{cases}$$

$$\begin{cases} V_{TB} \equiv V_G|_{\psi_S = 2\phi_{fB}} = \phi_{msB} + 2\phi_{fB}\left(1 + \dfrac{4N_o}{N_{pg}}\right) - \dfrac{Q_{SD,maxB}}{C_{ox}} \cong \phi_{msB} + 2\phi_{fB} + \dfrac{\sqrt{q4N_o\varepsilon_{Si}4\phi_{fB}}}{C_{ox}} \quad (N_{pg} \gg 4N_o) \\ X_{d,maxB} \equiv \sqrt{\dfrac{\varepsilon_{Si}}{q4N_o}4\phi_{fB}}, \quad \phi_{fB} = V_{th}\ln\left(\dfrac{4N_o}{n_i}\right), \quad \phi_{msB} = -V_{th}\ln\left(\dfrac{N_{pg}4N_o}{n_i^2}\right) \end{cases}$$

$$\Delta V_T \equiv V_{TB} - V_{TA} \cong (\phi_{msB} - \phi_{msA}) + 2(\phi_{fB} - \phi_{fA}) + \frac{\sqrt{4qN_o\varepsilon_{Si}}}{C_{ox}}\left(\sqrt{4\phi_{fB}} - \sqrt{\phi_{fA}}\right)$$

$$= (-V_{th}\ln 4) + 2V_{th}\ln 4 + \frac{\sqrt{qN_o\varepsilon_{Si}4\phi_{fA}}}{C_{ox}}\left(2\sqrt{\left(1 + \frac{\ln 4}{\phi_{fA}}\right)} - 1\right) = V_{th}\ln 4 + \frac{\sqrt{qN_o\varepsilon_{Si}4\phi_{fA}}}{C_{ox}}\left(2\sqrt{\left(1 + \frac{\ln 4}{\phi_{fA}}\right)} - 1\right) > 0$$

$$\Leftrightarrow \boxed{V_{TA} < V_{TB}} \quad \Leftrightarrow \quad (\phi_{fB} - \phi_{fA}) = +V_{th}\ln 4\ ; \quad \phi_{fA} = V_{th}\ln\left(\frac{N_o}{n_i}\right), \quad \phi_{fB} = V_{th}\ln\left(\frac{4N_o}{n_i}\right) = \phi_{fA} + \ln 4$$

즉 게이트 도핑과 산화막 구조가 동일한 경우, 기판 도핑 농도가 높으면($N_{subB} = 4N_o > N_{subA} = N_o$) 공간전하영역이 좁고 ($X_{d,maxB} < X_{d,maxA}$), 이로 인해 게이트 전압의 기판 전달 효과가 낮아진다($(V_{g,sub}/V_g)|_B < (V_{g,sub}/V_g)|_A$). 또한 MOS B의 기판 표면에 반전해야 하는 전자 농도가 더 높으므로($n(0)|_B > n(0)|_A$), MOS B의 임계전압이 MOS A보다 더 높다 ($V_{TB} > V_{TA}$).

(c) 채널영역에서 전자와 정공의 이동도는 다음과 같이 유효질량 m^*과 평균 충돌시간(평균 자유시간) τ_c에 의해 결정된다.

$$\mu \equiv \frac{q\tau_c}{m^*}\ [\text{cm}^2/\text{V}\cdot\text{s}]$$

이동도를 지배하는 캐리어의 평균 자유시간(τ_c)은 반도체 내에서 전자가 이동하는 동안 발생하는, 주기적으로 배열된 원자들과의 충돌에 의해 제한된다. 평균 자유시간에 영향을 미치는 요소는 다음과 같다.

- 격자 충돌 및 이온화된 불순물에 의한 충돌을 지배하는 온도: T
- 이온화된 불순물에 의한 충돌을 지배하는 불순물 또는 도핑 농도: $N_{imp}(x) = N_a(x) + N_d(x)$
- MOSFET의 경우, 표면 충돌을 지배하는 경계면 상태와 수직방향 전계의 세기: ε_v
- 고농도의 캐리어가 존재할 경우, 캐리어끼리의 충돌을 지배하는 전자와 정공 농도: $n+p$

여러 가지 독립된 충돌 요소들에 의해 평균 자유시간이 제한될 경우, 이로 인해 결정되는 이동도 μ_{tot}와 개별 이동도는 매티슨의 규칙(Matthiessen's rule)에 의해 지배된다. 이를 요약하여 표현하면 다음과 같다.

$$\frac{1}{\mu_{tot}} = \frac{1}{\mu_1} + \frac{1}{\mu_2} + \frac{1}{\mu_3} .... = \sum_j \frac{1}{\mu_j} \quad \Leftrightarrow \quad \mu_{tot} = \frac{1}{\frac{1}{\mu_1} + \frac{1}{\mu_2} + \frac{1}{\mu_3} ...} = \frac{\mu_{low}}{1 + \frac{1}{(\mu_1/\mu_{low})} + \frac{1}{(\mu_2/\mu_{low})} + \frac{1}{(\mu_3/\mu_{low})} ...} < \mu_{low}$$

이는 반도체 내에 캐리어의 이동도를 제한하는 요소가 다수 존재할 경우, 평균 이동도는 이동도가 가장 작은 충돌요소(μ_{low})의 영향을 가장 크게 받고, 충돌요소가 많을수록 이동도가 감소함을 의미한다.

채널영역의 이동도를 지배하는 주된 요소가 격자 충돌(μ_l)과 이온화된 불순물에 의한 충돌(μ_i)의 두 가지인 경우, 이들 두 요소를 반영한 채널 전자의 이동도는 매티슨의 규칙에 의해 다음과 같이 나타낼 수 있다.

$$\frac{1}{\mu(T, N_{imp})} = \frac{1}{\mu_i(T, N_{imp})} + \frac{1}{\mu_l(T)} \quad \begin{cases} \mu_i = \mu_{io}(T/T_o)^{+3/2} \propto T^{+3/2} \\ \mu_l = \mu_{lo}\dfrac{1}{(T/T_o)^{3/2}} \propto T^{-3/2} \end{cases} \quad \Leftrightarrow \quad \mu(T, N_{imp}) = \frac{\mu_i(T, N_{imp}) \times \mu_l(T)}{\mu_i(T, N_{imp}) + \mu_l(T)}$$

따라서 기판영역의 도핑 농도가 높은 MOSFET B에서 이온화된 불순물에 의한 충돌이 잦아서 평균 충돌시간(τ_c)이 짧고, 채널 전자의 이동도가 낮다.

$$N_{impB} > N_{impA} \quad \Leftrightarrow \quad \mu_{iB} < \mu_{iA} \quad \Rightarrow \quad \boxed{\mu_{nB} < \mu_{nA}}$$

(d) MOSFET의 드레인 전류의 포화 메커니즘에는 다음의 두 종류가 있다.

- 채널이 짧은 소자에서 나타날 수 있는 속도포화에 의한 전류포화
- 채널이 긴 소자에서 나타나는 드레인 끝부분($y = L$)의 채널 소멸(또는 핀치오프; pinch-off)에 의한 전류포화

여기서 MOSFET A와 B는 긴 채널을 가진 소자로, 드레인 전류(I_D)의 포화가 드레인 전압(V_{DS})이 증가함에 따라 채널의 드레인 부분($y = L$)의 유효 게이트 전압($V_{GD} = V_{GS} - V_{DS}$)이 임계전압보다 낮아지면서 채널이 소멸되는 핀치오프 현상($V_{GS} > V_T$, $V_{GD} < V_T$)에 의해 나타난다. 채널 캐리어의 속도포화 전계를 ε_{sat}, 채널길이를 L, 임계전압을 V_T, 게이트 전압을 V_{GS}라고 하면,

- $(V_{GS} - V_T) < \mathcal{E}_{sat}L$ 인 경우, 채널 소멸에 의한 드레인 전류포화가 우선인 긴 채널 MOSFET
- $\mathcal{E}_{sat}L < (V_{GS} - V_T)$ 인 경우, 속도포화에 의한 드레인 전류포화가 우선인 짧은 채널 MOSFET

로 가정할 수 있다. 특히 전류포화 메커니즘에 따라 전류-전압 관계식도 달라지므로, 이를 고려한 해석과 적절한 응용이 필수적이다.

▶ 드레인 끝에서 채널소멸현상이 일어나는 드레인 포화전압 $V_{DS,sat(PO)}$는 다음과 같다.

$$V_{DS,sat(PO)} = (V_{GS} - V_T)$$

즉 채널소멸현상에 의한 드레인 포화전압은 MOSFET의 수직 구조에 의해 결정되는 임계전압 V_T와 MOSFET에 인가된 게이트 전압 V_{GS}에 의해 결정되며, 채널길이와는 무관하다.

▶ 강한 수평전계로 인한 속도포화로 드레인 전류포화가 발생하는 드레인 포화전압 $V_{DS,sat(VS)}$는 다음과 같이 포화전계 $\mathcal{E}_{sat}$와 채널길이 L에 의해 결정된다.

$$V_{DS,sat(VS)} \cong \mathcal{E}_{sat} L$$

특히 속도포화에 의한 드레인 전류포화가 발생하는 포화전압은 MOSFET의 수직 구조에 의해 결정되는 임계전압 V_T와 게이트에 인가된 전압 V_{GS}와 무관하다.

채널길이가 길어서 채널 내의 전위 분포가 완만하고, 수평방향의 전계가 약하며, 이로 인해 이동속도가 전계의 세기에 비례할 때, 큰 드레인 전압이 인가되면, 드레인 끝쪽에서 채널소멸현상이 발생하면서 그에 따른 MOSFET의 드레인 전류포화가 일어난다. 일반적으로 채널길이가 긴 경우에는 $\mathcal{E}_{sat} \cdot L > (V_{GS} - V_T)$로, 드레인 전압이 증가하면 채널소멸현상이 먼저 나타난다. 즉 드레인 전류의 포화는 채널소멸현상에 의해 결정된다. 이때의 드레인 전류와 드레인 끝이 소멸되는 데 필요한 드레인 포화전압($V_{DS,sat}$)은 다음과 같다.

$$I_D = \begin{cases} \dfrac{\mu_{eff} C_{ox}}{2}\left(\dfrac{W}{L}\right)\left[2(V_{GS} - V_T)V_{DS} - V_{DS}^2\right] : V_{GS} > V_T, \quad V_{DS} < V_{DS,sat} = (V_{GS} - V_T) : \text{선형영역} \\ \dfrac{\mu_{eff} C_{ox}}{2}\left(\dfrac{W}{L}\right)(V_{GS} - V_T)^2 \qquad : V_{GS} > V_T, \quad V_{DS} > V_{DS,sat} = (V_{GS} - V_T) : \text{포화영역} \end{cases}$$

$$V_{GD}|_{V_{DS,sat}} = (V_{GS} - V_{DS,sat})|_{V_{DS,sat}} = V_T \quad \Rightarrow \quad V_{DS,sat} = (V_{GS} - V_T) \quad \text{(긴 채널 MOSFET)}$$

한편 채널길이가 짧은 MOSFET에 큰 드레인 전압이 인가되면, 드레인 끝 쪽의 채널소멸현상($V_{GD} = V_{GS} - V_{DS} < V_T$)보다 캐리어의 속도포화가 먼저 나타난다($\mathcal{E}_{sat} \cdot L = V_{DS,sat(VS)} < (V_{GS} - V_T) = V_{DS,sat(PO)}$). 이때 드레인 전류의 포화는 속도포화에 의해 지배되며, 드레인 전류와 드레인 포화전압 $V_{DS,sat(VS)}$은 다음과 같이 나타낼 수 있다.

$$V_{DS,sat} \cong \mathcal{E}_{sat} L \quad \text{(짧은 채널 MOSFET)}$$

$$I_D = \begin{cases} \dfrac{\mu_{eff} C_{ox}}{2}\left(\dfrac{W}{L}\right)\left[2(V_{GS} - V_T)V_{DS} - V_{DS}^2\right] : V_{DS} < \mathcal{E}_{sat} L : \text{선형영역} \\ C_{ox} W (V_{GS} - V_T) \upsilon_{sat} \qquad : V_{DS} > \mathcal{E}_{sat} L : \text{포화영역} \end{cases}$$

전류포화를 지배하는 현상에 따라 MOSFET의 드레인 포화전류를 구분하면, 다음과 같이 요약할 수 있다.

$$I_{D,sat} = \begin{cases} \mathcal{E}_{sat} > \dfrac{(V_{GS} - V_T)}{L} \qquad : \text{긴 채널} \quad : \text{채널소멸(핀치오프)에 의한 전류포화} \\ \quad \dfrac{\mu_{eff} C_{ox}}{2}\left(\dfrac{W}{L}\right)(V_{GS} - V_T)^2 : V_{DS} > (V_{GS} - V_T) \equiv V_{DS,sat(PO)} \\ \mathcal{E}_{sat} < \dfrac{(V_{GS} - V_T)}{L} \qquad : \text{짧은 채널} : \text{속도포화에 의한 전류포화} \\ \quad C_{ox} W (V_{GS} - V_T) \upsilon_{sat} : V_{DS} > \mathcal{E}_{sat} L \equiv V_{DS,sat(VS)} \end{cases}$$

즉 드레인 끝의 채널소멸현상($V_{GD} < V_T$)으로 포화된 긴 채널 MOSFET의 드레인 포화전류는 유효 게이트 전압의 제곱에 비례($I_{D,sat} \propto (V_{GS} - V_T)^2$)한다. 그러나 강한 전계에서 속도포화로 포화되는 짧은 채널 MOSFET의 드레인 포화전류는 유효 게이트 전압에 선형적으로 비례($I_{D,sat} \propto (V_{GS} - V_T)$)한다. 이를 그림으로 비교하면 다음과 같다.

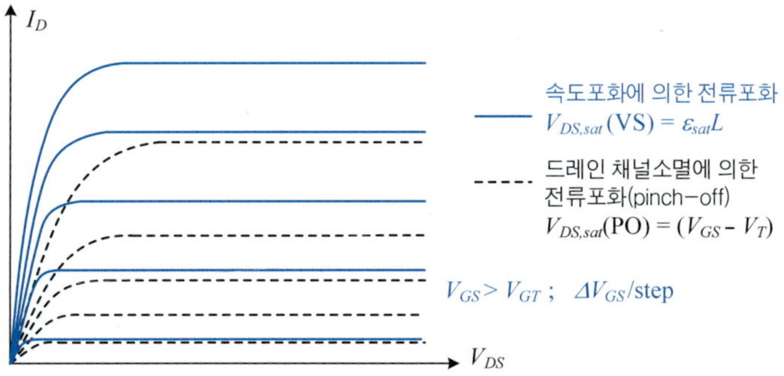

(e) MOSFET A와 B는 모두 채널소멸현상에 의해 드레인 전류포화가 일어나며, 선형영역 및 포화영역의 드레인 전류 관계식은 다음과 같다.

$$I_D = \begin{cases} \dfrac{\mu_{eff} C_{ox}}{2}\left(\dfrac{W}{L}\right)\left[2(V_{GS} - V_T)V_{DS} - V_{DS}^2\right] : V_{DS} < (V_{GS} - V_T) \equiv V_{DS,sat(PO)} \\ \dfrac{\mu_{eff} C_{ox}}{2}\left(\dfrac{W}{L}\right)(V_{GS} - V_T)^2 \qquad : V_{DS} > (V_{GS} - V_T) \equiv V_{DS,sat(PO)} \end{cases}$$

따라서 동일한 게이트 전압($V_{GSA} = V_{GSB} = V_{GS}$)이 인가된 MOSFET A와 B의 선형영역 채널 저항(R_{ch})과 포화 드레인 전류($I_{D,sat}$)를 비교하면 각각 다음과 같다.

▶ 선형영역 채널 저항 R_{ch}

$$\begin{cases} R_{ch} = 1\Big/(dI_D/dV_{DS})\Big|_{Small\ V_{DS}} = \dfrac{1}{\mu_{eff} C_{ox}(V_{GS} - V_T)}\left(\dfrac{L}{W}\right) \Leftarrow \left(\dfrac{\mu_{effA}}{\mu_{effB}}\right) > 1, \left(\dfrac{V_{GS} - V_{TA}}{V_{GS} - V_{TB}}\right) > 1 \Leftarrow V_{TA} < V_{TB} \\ \dfrac{R_{ch,B}}{R_{ch,A}} = \left(\dfrac{\mu_{effA}}{\mu_{effB}}\right)\left(\dfrac{V_{GS} - V_{TA}}{V_{GS} - V_{TB}}\right) > 1 \Leftrightarrow \boxed{R_{ch,A} < R_{ch,B}} \end{cases}$$

▶ 포화 드레인 전류 $I_{D,sat}$

$$\frac{I_{D,sat}|_B}{I_{D,sat}|_A} = \frac{\dfrac{\mu_{effB} C_{ox}}{2}\left(\dfrac{W}{L}\right)(V_{GS} - V_{TB})^2}{\dfrac{\mu_{effA} C_{ox}}{2}\left(\dfrac{W}{L}\right)(V_{GS} - V_{TA})^2} = \left(\frac{\mu_{effB}}{\mu_{effA}}\right)\left(\frac{V_{GS} - V_{TB}}{V_{GS} - V_{TA}}\right) < 1 \Leftrightarrow \boxed{I_{D,sat}|_A > I_{D,sat}|_B}$$

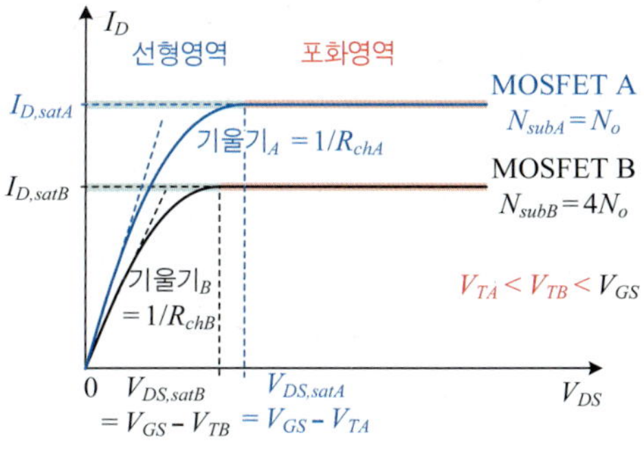

(f) 동일한 게이트 전압($V_{GS} > V_T$)이 인가된 경우, 두 MOSFET의 포화전압($V_{DS,satB}/V_{DS,satA}$)은 다음 근거를 기준으로 하여 비교할 수 있다. MOSFET A와 B는 긴 채널 소자이므로, 주어진 게이트 전압에 대해 드레인 전압 증가에 따른 드레인 부근의 채널소멸현상에 의해 전류가 포화된다. 따라서 채널소멸에 의해 전류가 포화되는 긴 채널 MOSFET의 채널소멸

드레인 포화전압 $V_{DS,sat}$은 다음과 같이 게이트-드레인 양단의 전압($V_{GD} = V_{GS} - V_{DS}$)이 임계전압과 같아지는 때의 드레인 전압($V_{GD}|_{sat} = V_{GS} - V_{DS,sat} = V_T$)이다.

$$V_{DS,sat(PO)} = (V_{GS} - V_T) \quad \Leftarrow \quad V_{GD}|_{sat} = V_{GS} - V_{DS,sat} = V_T$$

MOSFET A와 B의 드레인 포화전압을 비교하면, 다음과 같이 기판 농도가 높은 B의 포화전압이 A보다 작다.

$$V_{DS,sat(PO)} = (V_{GS} - V_T) \quad \Leftrightarrow \quad \frac{V_{DS,sat(PO)}|_B}{V_{DS,sat(PO)}|_A} = \frac{(V_{GS} - V_{TB})}{(V_{GS} - V_{TA})} < 1 \ \Leftarrow \ V_{TA} < V_{TB} \quad \Leftrightarrow \quad \boxed{V_{DS,sat(PO)}|_A > V_{DS,sat(PO)}|_B}$$

이는 동일한 게이트 전압이 인가된 경우, 기판 농도가 더 높기 때문에 임계전압이 높은 MOSFET B의 유효 게이트 전압($V_{GS,effB} = V_{GS} - V_{TB} < V_{GS,effA} = V_{GS} - V_{TA}$, $V_{TB} > V_{TA}$)이 A보다 작아서, 작은 드레인 전압에서도 채널소멸상태가 나타날 수 있기 때문이다.

(g) 동일한 게이트 전압이 인가된 경우, 입력 전압에 따른 출력 전류의 변화와 조절 성능을 나타내는 포화영역의 전달 컨덕턴스(g_{mB}/g_{mA})는 다음 관계식을 통해 구할 수 있다.

$$I_{D,sat} = \frac{\mu_{eff} C_{ox}}{2}\left(\frac{W}{L}\right)(V_{GS} - V_T)^2 \qquad : V_{DS} > (V_{GS} - V_T) \equiv V_{DS,sat(PO)}$$

$$g_m \equiv \frac{\partial I_D}{\partial V_{GS}} = \mu_{eff} C_{ox}\left(\frac{W}{L}\right)(V_{GS} - V_T) : V_{DS} > (V_{GS} - V_T) \equiv V_{DS,sat(PO)}$$

입출력 전달 컨덕턴스는 채널영역의 캐리어 이동도(μ_{eff})와, 산화막 커패시턴스(C_{ox})를 결정하는 산화막의 유전률(ε_{ox})과 두께(t_{ox}), 채널폭과 길이의 비(W/L), 유효 게이트 전압($V_{GS,eff} = V_{GS} - V_T$)에 의해 결정된다. 따라서 기판 농도 차이로 인해 임계전압이 다른 MOSFET A와 B에 동일한 게이트 전압($V_{GSA} = V_{GSB} = V_{GS}$)이 인가된 경우, 유효 게이트 전압에 의해 결정되는 전달 컨덕턴스를 비교하면 다음과 같다.

$$\frac{g_{mB}}{g_{mA}} = \frac{\mu_{effB} C_{ox}\left(\frac{W}{L}\right)(V_{GS} - V_{TB})}{\mu_{effA} C_{ox}\left(\frac{W}{L}\right)(V_{GS} - V_{TA})} = \left(\frac{\mu_{effB}}{\mu_{effA}}\right)\left(\frac{V_{GS} - V_{TB}}{V_{GS} - V_{TA}}\right) < 1 \quad \Leftrightarrow \quad \boxed{g_{mA} > g_{mB}}$$

즉 기판영역 도핑 농도가 더 높아서 기판 공간전하영역의 폭이 좁고, 그 때문에 게이트 전압의 기판으로의 전달 성능 또는 기판 조절능력이 낮은 MOSFET B의 전달 컨덕턴스가 보다 작은 값을 갖는다.

(h) 채널의 길이가 짧은 경우, 포화전압보다 큰 드레인 전압($V_{DS} > V_{DS,sat} \cong V_{GS} - V_T$)이 인가되면, 포화영역에서도 드레인 전압의 증가에 따라 드레인 전류가 점차 증가하는 현상($I_D > I_{D,sat}$)이 발생한다. 이는 포화전압보다 큰 드레인 전압이 인가됨에 따라, 반전층이 사라진 채널의 핀치오프 지점이 드레인($y = L$)으로부터 소스에 가까운 지점($y < L$)으로 이동하게 되어, 유효 채널길이($L_{eff} = L - \Delta L$)가 짧아졌기 때문이다. 이러한 현상을 드레인 전압에 의한 채널길이 변조효과(CLM)라고 하며, 채널의 길이(L)가 짧고 기판의 도핑 농도(N_A)가 낮을수록 그 정도가 보다 뚜렷하게 나타난다. 채널길이 변조효과는 MOSFET에서 DC 전류를 변화시킬 뿐 아니라, 아날로그 증폭기에서 증폭기의 출력저항(r_o)을 감소시킨다. 이와 같이 채널길이 변조효과는 MOSFET로부터 얻을 수 있는 최대 전압 증폭률($A_{v,max}$)을 제한하는 가장 중요한 특성 변수 중 하나이다. 채널길이 변조효과를 반영한 포화영역 드레인 전류식은 다음과 같다.

$$I_{D,sat} = \frac{\mu_{eff} C_{ox}}{2}\left(\frac{W}{L_{eff}(V_{DS})}\right)(V_{GS} - V_T)^2 \cong \frac{\mu_{eff} C_{ox}}{2}\left(\frac{W}{L}\right)(V_{GS} - V_T)^2(1 + \lambda V_{DS}) \ ; \quad L_{eff}(V_{DS}) \equiv L - \Delta L(V_{DS})$$

$$\lambda \equiv \frac{\partial(\Delta L/L)}{\partial V_{DS}} = \frac{1}{L}\sqrt{\frac{\varepsilon_{si}}{2qN_A(V_{DS,sat} + V_{bi})}} = \frac{1}{V_A} \quad [\mathrm{V}^{-1}] : \text{채널길이 변조계수}$$

따라서 MOSFET A와 B에서 기판영역의 도핑 농도 차이 때문에 드레인 전압에 의한 공간전하영역의 변화 양상이 서로 다르며, 이로 인해 채널길이 변조효과도 다르게 나타난다. 두 MOSFET의 드레인 전압에 의한 채널길이 변조계수 λ [1/V]를 비교하면 다음과 같다.

$$V_{biA} = V_{th}\ln\left(\frac{N_{AA}N_{D+}}{n_i^2}\right) = V_{th}\ln\left(\frac{N_o N_{D+}}{n_i^2}\right), \quad V_{biB} = V_{th}\ln\left(\frac{N_{AB}N_{D+}}{n_i^2}\right) = V_{th}\ln\left(\frac{4N_o N_{D+}}{n_i^2}\right) = V_{biA} + 1.39V_{th} \cong V_{biA}$$

$$\frac{\lambda_B}{\lambda_A} = \sqrt{\frac{N_o(V_{DS,satA}+V_{biA})}{4N_o(V_{DS,satB}+V_{biB})}} = \frac{1}{2}\sqrt{\frac{V_{DS,satA}+V_{biA}}{V_{DS,satB}+V_{biB}}} = \frac{1}{2}\sqrt{\frac{V_{GS}-V_{TA}+V_{biA}}{V_{GS}-V_{TB}+V_{biB}}} < 1 \quad \Leftrightarrow \quad \boxed{\lambda_A > \lambda_B}$$

즉 기판 도핑 농도가 낮아 공간전하영역의 변화가 큰 MOSFET A의 채널길이 변조효과가 더 뚜렷하다.

(i) MOSFET의 스냅백(snapback) 현상은 아래 그림에 요약한 바와 같이 소스-기판 중성영역-드레인으로 이루어진 n^+pn^+의 기생 BJT의 동작에 의해 발생한다. 즉 기생 BJT의 전류 증폭률이 클수록 스냅백 현상이 발생할 가능성이 높으므로, BJT의 전류 증폭률을 결정하는 요소들을 비교할 필요가 있다.

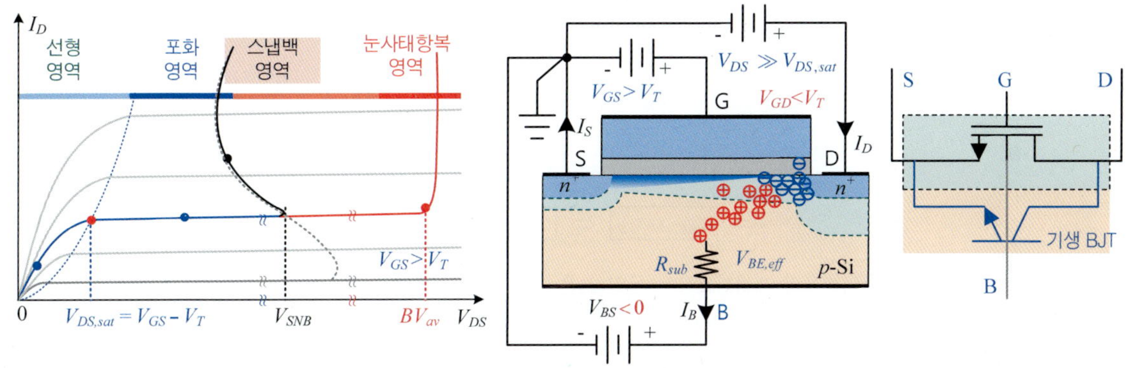

MOSFET에서 스냅백이 발생할 가능성에 영향을 미치는 npn BJT의 전류 증폭률은 다음과 같이

- 에미터 주입효율(γ)
- 에미터 접합 공간전하영역에서의 재결합 효율(δ)
- 베이스 전송효율(α_T)

에 의해 결정되며, 전류성분을 이용하여 이 요소들을 수식으로 정리하면 다음과 같다.

$$\alpha \cong \frac{J_{nC}}{J_{nE}+J_{pE}+J_R} \equiv \gamma\cdot\delta\cdot\alpha_T \quad \begin{cases} \gamma \equiv \dfrac{J_{nE}}{J_{nE}+J_{pE}} = \dfrac{1}{1+J_{pE}/J_{nE}} \cong \dfrac{1}{1+\left(\dfrac{D_{pE}}{D_{nB}}\right)\left(\dfrac{W_B}{W_E}\right)\left(\dfrac{N_{AB}}{N_{DE}}\right)} \le 1 \\ \delta \equiv \dfrac{J_{nE}+J_{pE}}{J_{nE}+J_{pE}+J_R} = \dfrac{1}{1+J_R/(J_{nE}+J_{pE})} = \dfrac{1}{1+\dfrac{n_i}{n_{Bo}}\dfrac{1}{2\tau_o}\dfrac{W_{BE}}{D_{nB}}W_B e^{-V_{BE}/2V_{th}}} \le 1 \\ \alpha_T \equiv \dfrac{J_{nC}}{J_{nE}} = 1 - \dfrac{J_{RB}}{J_{nE}} \cong 1 - \dfrac{\tau_B}{\tau_{nB}} \le 1, \quad \tau_B \equiv \dfrac{W_B^2}{2D_{nB}} = \dfrac{W_B^2}{2\mu_{nB}V_{th}}, \quad \tau_{nB} \cong \dfrac{1}{\alpha_r N_{o,sub}} \end{cases}$$

$$J_{nE} \equiv J_{nB}(x)|_{x=0} = \left|qD_{nB}\frac{\partial \delta n_B(x)}{\partial x}\bigg|_{x=0}\right| \cong q\frac{D_{nB}}{L_{nB}}n_{Bo}\frac{1}{\tanh(W_B/L_{nB})}\left(e^{V_{BE}/V_{th}}-1\right)$$

$$J_{nC} \equiv (J_{nE}-J_{RB}) = \left|qD_{nB}\frac{\partial \delta n_B(x)}{\partial x}\bigg|_{x=W_B}\right| = q\frac{D_{nB}}{L_{nB}}n_{Bo}\frac{1}{\sinh(W_B/L_{nB})}\left(e^{V_{BE}/V_{th}}-1\right)$$

$$J_{pE} \equiv \left|qD_{pE}\frac{\partial \delta p_E(x')}{\partial x}\bigg|_{x'=0}\right| = q\frac{D_{pE}}{L_{pE}}p_{Eo}\frac{1}{\tanh(W_E/L_{pE})}\left(e^{V_{BE}/V_{th}}-1\right)$$

$$J_{RB} \equiv (J_{nE} - J_{nC}) = \int_0^{W_B} qRdx = q\frac{D_{nB}}{L_{nB}} n_{Bo} \frac{[\cosh(W_B/L_{nB}) - 1]}{\sinh(W_B/L_{nB})} \left(e^{V_{BE}/V_{th}} - 1\right)$$

$$J_R \equiv \int_{E-B\ scr} qRdx \cong q\frac{n_i}{2\tau_o} W_{BE}\left(e^{V_{BE}/\eta V_{th}} - 1\right) = J_{ro}\left(e^{V_{BE}/\eta V_{th}} - 1\right)$$

그런데 MOSFET A와 B에서 에미터로 동작하는 소스(n^+)는 기판영역에 비해 도핑이 아주 높은 농도로 되어 있으므로, 에미터 주입효율은 두 구조 모두 1에 가까운 값($\gamma_A = \gamma_B = 1$)으로 가정할 수 있다. 또한 에미터 접합으로 동작하는 소스 접합 공간전하영역의 재결합효율도 두 구조에서 동일($\delta_A = \delta_B$)하다고 가정하면, 기생 BJT로서의 동작은 베이스 전송효율(α_{TA}, α_{TB})에 의해 결정된다.

기생 BJT의 베이스 중성영역으로 동작하는 두 MOSFET의 기판 도핑 농도($N_{subA} = N_o < N_{subB} = 4N_o$)가 서로 다르므로, 두 구조의 소수 캐리어의 이동도(μ_{nB})와 평균수명(τ_{nB}), 확산길이(L_{nB})는 서로 다르다. 이로 인해 베이스 영역의 전송효율에서 차이가 나며, 이를 비교하면 다음과 같다.

$$\frac{\alpha_{TB}}{\alpha_{TA}} \equiv \frac{1 - \tau_{BB}/\tau_{nBB}}{1 - \tau_{BA}/\tau_{nBA}} < 1 \quad \Leftarrow \quad \left\{ \begin{array}{l} D_{nBB} = \mu_{nBB}V_{th} < D_{nBA} = \mu_{nBA}V_{th} \\ \quad \Rightarrow \tau_{BB} \equiv \dfrac{L^2}{2D_{nBB}} = \dfrac{L^2}{2\mu_{nBB}V_{th}} > \tau_{BA} \equiv \dfrac{L^2}{2D_{nBA}} = \dfrac{L^2}{2\mu_{nBA}V_{th}} \\ \tau_{nBB} < \tau_{nBA} \quad \Rightarrow \quad \tau_{nBB} \cong \dfrac{1}{\alpha_r 4N_o} < \tau_{nBA} \cong \dfrac{1}{\alpha_r N_o} \end{array} \right\}$$

$$\Leftrightarrow \boxed{\alpha_{TA} > \alpha_{TB}} \Leftrightarrow \boxed{\alpha_A > \alpha_B}$$

즉 두 구조에서 에미터 주입효율과 재결합효율은 동일하나, 기생 BJT의 베이스 전송효율이 우수한 MOSFET A의 전류 증폭률이 더 크므로($\alpha_A > \alpha_B$), A의 기생 BJT 동작 가능성이 B보다 높다. 반대로 베이스 중성영역으로 작용하는 채널길이가 긴 MOSFET에서는 기생 BJT의 동작 가능성이 낮다. 결국 MOSFET A에서 기생 BJT에 의한 스냅백 현상이 나타날 가능성이 높다고 할 수 있다.

(j) 임계전압보다 작은 게이트 전압이 인가된 경우, 전류-전압 특성은 누설전류 기울기(SS [mV/dec])로 나타낼 수 있다. 약한 반전(subthreshold: $V_{GS} < V_T$, $\phi_f < \psi_S < 2\phi_f$) 상태의 드레인 누설전류($I_{D,sub}$)는 다음과 같이 기판 결합계수($m$)에 따라 달라진다.

$$I_{D,sub} = I_{do}e^{(V_{GS}-V_T)/mV_{th}} \quad \left\{ \begin{array}{l} I_{do} = \mu_{eff}C_{ox}(m-1)\left(\dfrac{W}{L}\right)V_{th}^2 = \mu_{eff}C_{SD,min}\left(\dfrac{W}{L}\right)V_{th}^2 \\ m = 1 + \dfrac{C_{SD,min}}{C_{ox}} = 1 + \dfrac{(\varepsilon_{Si}/\varepsilon_{ox})}{(X_{d,max}/t_{ox})}, \quad C_{SD,min} = \dfrac{\varepsilon_{Si}}{X_{d,max}}, \quad X_{d,max} = \sqrt{\dfrac{2\varepsilon_{Si}}{qN_A}2\phi_f}, \quad C_{ox} = \dfrac{\varepsilon_{ox}}{t_{ox}} \end{array} \right.$$

누설전류 기울기는 MOSFET의 ON-OFF 특성을 나타내는 지표로, 드레인 전류를 10배, 또는 1/10($I_{D2,sub} = 10I_{D1,sub}$)로 변화시키는 데 필요한 게이트 전압의 차이($\Delta V_{GS} = (V_{GS2} - V_{GS1})$)이다. 상온($T = 300$ [K])에서 동작하는 MOSFET의 약한 반전상태의 누설 전류 기울기 SS는 다음과 같이 나타낼 수 있다.

$$SS = 1\Big/\left(\frac{d\log I_{D,sub}}{dV_{GS}}\right) = \frac{mV_{th}}{\log e} \cong 2.3mV_{th} \cong 60 \times m \text{ [mV/dec]}$$

특히 누설전류 기울기를 좌우하는 기판 결합계수 m을 결정하는 요소를 살펴보고, MOSFET A와 B의 누설전류 기울기를 비교하면 다음과 같다.

- 산화막 커패시턴스(C_{ox})를 지배하는 산화막의 두께(t_{ox})와 유전상수(ε_{ox})
- 기판영역의 최소 공핍 커패시턴스($C_{SD,min}$)를 결정하는 기판의 도핑 농도(N_A)

$$\frac{SS_B}{SS_A} = \frac{\left(1+\dfrac{\varepsilon_{Si}/\varepsilon_{ox}}{X_{d,maxB}/t_{ox}}\right)}{\left(1+\dfrac{\varepsilon_{Si}/\varepsilon_{ox}}{X_{d,maxA}/t_{ox}}\right)} \cong \frac{\left(1+2\dfrac{\varepsilon_{Si}/\varepsilon_{ox}}{X_{d,maxA}/t_{ox}}\right)}{\left(1+\dfrac{\varepsilon_{Si}/\varepsilon_{ox}}{X_{d,maxA}/t_{ox}}\right)} > 1 \Leftarrow \begin{cases} X_{d,maxA} = \sqrt{\dfrac{2\varepsilon_{Si}}{qN_o}2\phi_{fA}} \cong 2X_{d,maxB} \\ X_{d,maxB} = \sqrt{\dfrac{2\varepsilon_{Si}}{q4N_o}2\phi_{fB}} \cong \dfrac{1}{2}X_{d,maxA} \end{cases} \Leftrightarrow \boxed{SS_A < SS_B}$$

즉 기판영역 도핑 농도가 더 높아서 기판 공간전하영역의 폭이 좁고, 그로 인해 기판으로 게이트 전압이 전달되는 성능이 낮은, 또는 기판 조절 능력이 낮은 MOSFET B의 약한 반전상태 전류 기울기 SS_B가 A보다 더 크다.

12.2 MOSFET I-V 특성

게이트 산화막 SiO_2의 두께와 채널길이가 서로 다른 두 MOSFET(**A**: $t_{oxA} = t_o$, $L_A = L_o$, **B**: $t_{ox} = 2t_o$, $L_B = 2L_o$)를 통해 MOSFET의 동작 특성을 이해하고자 한다. 기판은 p형 Si이며, 기판 농도(N_A)와 채널폭(W)은 두 경우 모두 같다. 또 긴 채널 MOSFET($N_{pg} \gg N_A$)으로 가정한다.

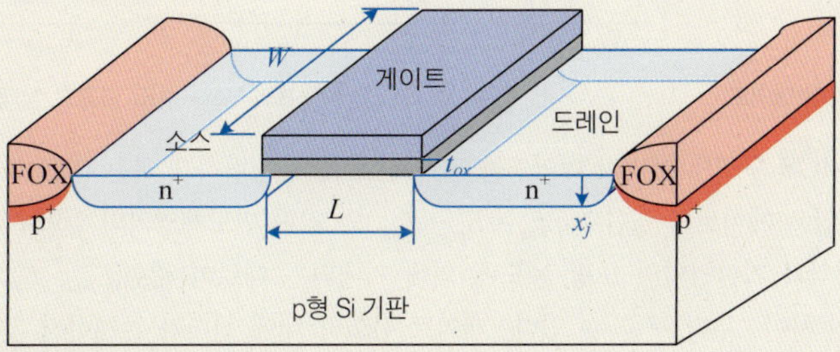

(a) A와 B의 평탄대역 전압의 차($\Delta V_{FB} = V_{FBB} - V_{FBA}$)를 구하라.
(b) A와 B의 임계전압을 근거를 제시하여 비교(V_{TB}/V_{TA})하라
(c) $V_{GS} \ll V_{FB}$인 경우, $V_{DS} > 0$인 드레인 전압이 인가되어도 드레인 전류가 흐르지 않는 이유를 설명하라
(d) 두 MOSFET의 드레인 포화전압 $V_{D,sat}$을 비교($V_{D,satB}/V_{D,satA}$)하라.
(e) 동일한 유효 게이트 전압($V_{eff} = V_{GS} - V_T$)이 인가된 경우, A와 B의 $I_D - V_{DS}$ 특성을 그림으로 비교하라.
(f) 동일한 드레인 전압(V_{DS})이 인가된 경우에 대해 두 소자의 $I_D - V_{GS}$ 특성을 근거를 제시하며 그림으로 비교하라.
(g) 동일한 크기의 DC 전압($V_{GSA} = V_{GSB}$, $V_{DSA} = V_{DSB}$)이 인가된 경우, 포화영역의 전달 컨덕턴스 g_m을 비교(g_{mB}/g_{mA})하라.
(h) A와 B의 출력저항을 근거를 제시하여 비교(r_{dsB}/r_{dsA})하라.
(i) 기판전압 변화에 따른 드레인 전류의 변화가 더 큰 소자는 어느 것인지 설명하라.

n채널 MOSFET(p형 기판과 n^+ poly-Si 게이트를 사용함)의 수직방향 전계를 통해 채널영역 캐리어 농도와 채널 저항(전기전도도)을 조절하는 MOS 구조에 대해, 접합 형성 전과 열평형 상태($V_G = 0$)의 에너지 대역도를 아래 그림에 개략적으로 나타내었다.

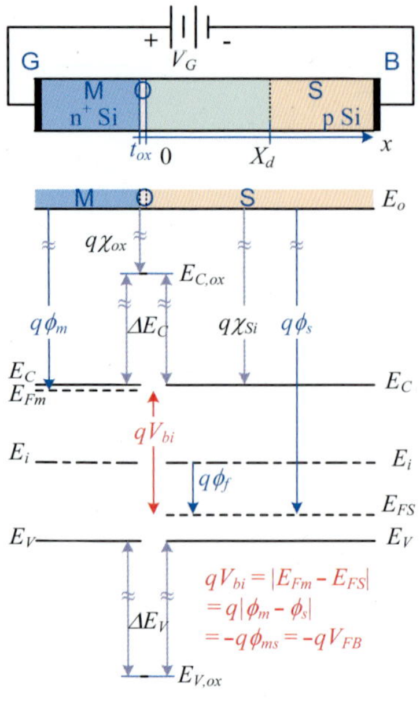

접합 형성 전의 에너지 대역도

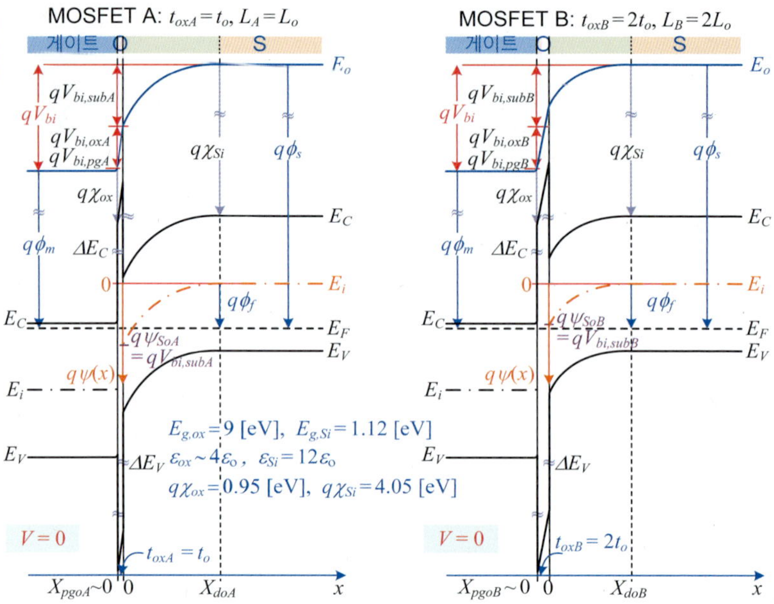

MOSFET A와 B의 MOS 구조 열평형 상태의 에너지 대역도

(a) 평탄대역 전압(V_{FB})은 MOS 구조의 에너지 대역도를 전 구간에 걸쳐 평탄하게 하는 데 필요한 게이트 전압($V_G | E_G(x) =$ 일정)이다. 평탄대역 전압은 게이트의 일함수($q\phi_m = E_o - E_{Fm}$)와 기판 반도체영역의 일함수($q\phi_S = E_o - E_{FS}$)의 차($\phi_{ms} \equiv \phi_m - \phi_s$), 즉 게이트 영역과 기판영역의 도핑 농도에 의해 지배되는 페르미 준위(E_{Fm}, E_{FS}), 또는 일함수($q\phi_m = E_o - E_{Fm}$, $q\phi_S = E_o - E_{FS}$)의 차이로부터 구할 수 있다. 게이트 산화막 내에 전하가 존재하지 않을 경우($Q_{SS} = 0$), 평탄대역 전압은 다음 관계식을 통해 구할 수 있다.

$$V_{FB} \equiv V_G|_{\substack{flat\\band}} = \phi_{ms} = \phi_m - \phi_S \quad \begin{cases} \phi_S \equiv \dfrac{E_{FS} - E_o}{-q} = \dfrac{(E_i - E_o) + (E_{FS} - E_i)}{-q} = (\phi_i + \phi_f) \\ \phi_m \equiv \dfrac{E_{Fm} - E_o}{-q}, \quad \phi_f \equiv \dfrac{E_{FS} - E_i}{-q} = V_{th} \ln\left(\dfrac{p_{o,sub}}{n_i}\right), \quad \phi_i \equiv \dfrac{E_i - E_o}{-q} \end{cases}$$

이때 높게 도핑된 (n^+, p^+) poly-Si를 게이트로 사용하는 경우, 평탄대역 전압은 다음과 같이 나타낼 수 있다.

$$V_{FB} \equiv V_G|_{\substack{flat\\band}} = \phi_{ms} = V_{th} \ln\left(\frac{p_{o,pg}}{p_{o,sub}}\right) = -V_{th} \ln\left(\frac{n_{o,pg}}{n_{o,sub}}\right)$$

특히 n^+ poly-Si 게이트($N_{D,pg} = N_{pg}$)와 p형 기판($N_{sub} = N_A$)을 사용하는 MOS 구조의 평탄대역 전압은 다음과 같이 음의 값을 갖는다.

$$V_{FB} \equiv V_G|_{\substack{flat\\band}} = \phi_{ms} = V_{th} \ln\left(\frac{p_{o,pg}}{p_{o,sub}}\right) = -V_{th} \ln\left(\frac{N_{pg} N_A}{n_i^2}\right) : \ n^+ \text{poly-Si}(N_{D,pg} = N_{pg}),\ \text{p-sub}(N_{sub} = N_A)$$

동일한 n^+ poly-Si 게이트($N_{pgA} = N_{pgB} = N_{pg}$)와 기판($N_{subA} = N_{subB} = N_A$)을 사용하는 두 MOS 구조 A와 B의 평탄대역 전압은 게이트 산화막과 채널길이에 관계없이 동일한 값($V_{FBA} = V_{FBB}$)을 갖는다.

$$V_{FBA} = V_{FBB} = \phi_{ms} = -V_{th} \ln\left(\frac{N_{pg} N_A}{n_i^2}\right)$$

(b) 임계전압(V_T)은 기판의 표면 전위가 기판 페르미 전위의 2배($V_T \equiv V_{GS} | \psi_{ST} = 2\phi_f$)일 때, 또는 기판 표면의 반전 전자

농도가 기판의 다수 캐리어인 정공 농도와 동일할 때($V_T \equiv V_{GS} | n(0) = p_{o,sub} = N_A$)의 게이트 전압이다. 한편 MOS 구조에 인가된 게이트 전압은 게이트 공간전하영역의 전위차($\psi_{pg} = V_{bi,pg} + V_{g,pg}$)와 산화막 양단의 전위차($\psi_{ox} = V_{bi,ox} + V_{g,ox}$), 기판의 표면 전위와 동일한 값을 갖는 기판 공간전하영역의 전위차($\psi_S = V_{bi,sub} + V_{g,sub}$)의 합($\psi_g = V_{bi} + V_G = \psi_{pg} + \psi_{ox} + \psi_S$)으로, 다음과 같은 관계를 갖는다.

$$V_T \equiv V_G|_{\psi_S=2\phi_f} = V_{FB} + \psi_{pg} + \psi_{ox} + \psi_S|_{\psi_S=2\phi_f} = \phi_{ms} + 2\phi_f\left(1 + \frac{N_A}{N_{pg}} + 2\frac{C_{SDT}}{C_{ox}}\right)$$

$$= \phi_{ms} + 2\phi_f\left(1 + \frac{N_A}{N_{pg}}\right) - \frac{Q_{SD,max}}{C_{ox}}$$

$$= \phi_{ms} + 2\phi_f\left(1 + \frac{N_A}{N_{pg}}\right) + \frac{\sqrt{qN_A\varepsilon_{Si}4\phi_f}}{C_{ox}} \quad \begin{cases} Q_{SD,max} = -qN_A X_{d,max} = -\sqrt{qN_A\varepsilon_{Si}2\psi_{ST}} = -\sqrt{qN_A\varepsilon_{Si}4\phi_f} \\ C_{ox} = \dfrac{\varepsilon_{ox}}{t_{ox}}, \ X_{d,max} \equiv X_d|_{\substack{V_{GS}=V_T \\ \psi_S=2\phi_f \\ n(0)=N_A}} = \sqrt{\dfrac{\varepsilon_{Si}}{qN_A}4\phi_f}, \ C_{SD,min} = \dfrac{\varepsilon_{Si}}{X_{d,max}} \end{cases}$$

그런데 MOSFET A와 B의 n^+ 게이트 재료와 도핑 농도($N_{pgA} = N_{pgB} = N_{pg}$), 기판 도핑 농도($N_{AA} = N_{AB} = N_A$)는 동일하나, 게이트 산화막의 두께($t_{oxA} = t_o$, $t_{oxB} = 2t_o$)가 다르므로, 임계전압을 비교하면 다음과 같다.

$$C_{oxA} = \frac{\varepsilon_{ox}}{t_{oxA}} = \frac{\varepsilon_{ox}}{t_o}, \quad C_{oxB} = \frac{\varepsilon_{ox}}{t_{oxB}} = \frac{\varepsilon_{ox}}{2t_o}, \quad Q_{SD,maxA} = Q_{SD,maxB}$$

$$V_{TB} - V_{TA} = \sqrt{2qN_A\varepsilon_{Si}2\phi_f}\left(\frac{1}{C_{oxb}} - \frac{1}{C_{oxA}}\right)C_{oxA} = \frac{\sqrt{2qN_A\varepsilon_{Si}2\phi_f}}{C_{oxA}} > 0 \quad \Leftrightarrow \quad \boxed{V_{TA} < V_{TB} = V_{TA} + \frac{\sqrt{2qN_A\varepsilon_{Si}2\phi_f}}{C_{oxA}}}$$

즉 산화막의 두께가 더 두꺼워서 게이트 전압의 기판 전달/조절 효과가 낮은 MOSFET B의 임계전압이 더 크다.

(c) $V_{GS} \ll V_{FB}$인 경우, $V_{DS} > 0$인 드레인 전압이 인가되어도 드레인 전류가 흐르지 않는 이유를 생각해 보자. MOSFET 전류 조절용 단자는 게이트 산화막 절연체와 게이트 전압에 의한 전계효과로 형성된 반전전하를 이용하여, 소스와 드레인에 전류가 흐를 수 있는 전류통로, 즉 채널을 형성하여 동작하는 3단자 트랜지스터다.

그런데 게이트 전압에 의한 수직방향 전계로 형성된 반전전하 채널은 게이트 전압 의존도를 갖는 가변 저항으로 해석될 수 있다. p형 기판과 높게 도핑된 n^+를 소스와 드레인으로 사용하는 n채널 MOSFET은 아래 그림과 같이 "기판–소스" 접합과 "기판–드레인" 접합으로 이루어진 pn 다이오드가 직렬로 맞붙어 있고, 가변 채널 저항 $R_{ch}(V_{GS})$이 병렬로 연결된 상태이다. 따라서 임계전압보다 작은 게이트 전압이 인가되어 채널이 형성되지 않은 경우($R_{ch} = \infty$), 2개의 pn 접합 다이오드가 직렬로 연결된 구조이므로, 드레인 전압의 크기와 상관없이 두 다이오드 중 하나는 항상 역방향 전압이 인가된 상태로 동작한다. 따라서 전류는 역방향 바이어스된 드레인 접합 다이오드에 의해 제한되므로, 역방향 누설전류와 같은 크기의 아주 작은 드레인 전류만 흐르며, 이 전류는 무시할 정도로 작다.

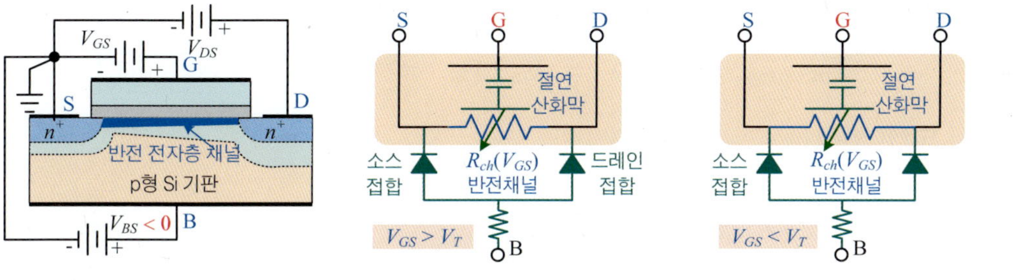

$$\begin{cases} I_{pn,S} = I_{S,S}\left(e^{V_{pn,S}/V_{th}} - 1\right), \ I_{pn,D} = I_{S,D}\left(e^{V_{pn,D}/V_{th}} - 1\right) \\ -V_{pn,D} + V_{pn,S} = V_{DS} \ ; \ V_{pn,S} > 0, \ V_{pn,D} < 0 \\ I_D = I_{pn,S} = -I_{pn,D} \end{cases} \quad \Leftrightarrow \quad \begin{cases} V_{DS} > 0\text{일 때 } V_{pn,S} \cong 0 \\ V_{pn,D} = -V_{DS} + V_{pn,S} \cong -V_{DS} \end{cases} \Rightarrow \boxed{I_D \cong I_{S,D} \cong 0}$$

(d) A와 B는 긴 채널 소자로, 주어진 게이트 전압에 대해 드레인 부근의 채널소멸현상에 의해 전류가 포화된다. 따라서 긴 채널 MOSFET의 드레인 포화전압 $V_{DS,sat}$은 다음과 같이 게이트-드레인 양단의 전압($V_{GD} = V_{GS} - V_{DS}$)이 임계전압과 같아지는 때의 드레인 전압($V_{GD}|_{sat} = V_{GS} - V_{DS,sat} = V_T$)이다.

$$V_{DS,sat(PO)} = (V_{GS} - V_T) \quad \Leftarrow \quad V_{GD}|_{sat} = V_{GS} - V_{DS,sat} = V_T$$

그런데 MOSFET A와 B에서 게이트 재료와 도핑 농도, 기판 도핑 농도는 같으나 게이트 산화막의 두께가 다르기 때문에 임계전압이 서로 다르다($V_{TA} < V_{TB}$)(단 채널길이에는 무관함). 따라서 게이트 전압과 임계전압에 의해 결정되는 드레인 포화전압은 다음과 같다.

$$\frac{V_{DS,sat(PO)}|_B}{V_{DS,sat(PO)}|_A} = \frac{(V_{GS} - V_{TB})}{(V_{GS} - V_{TA})} < 1 \quad \Leftrightarrow \quad \boxed{V_{DS,sat(PO)}|_A > V_{DS,sat(PO)}|_B} \quad \Leftarrow \quad V_{TA} < V_{TB}$$

즉 MOSFET A와 B에 동일한 게이트 전압이 인가된 경우, 임계전압이 더 낮아서 유효게이트 전압($V_{GS,eff} = V_{GS} - V_T$)이 큰 MOSFET A의 드레인 포화전압이 B보다 크다.

(e) 채널길이가 긴 MOSFET A와 B는 모두 채널소멸현상에 의해 전류포화가 일어나므로, 이를 반영한 드레인 전류 관계식은 다음과 같다.

$$I_D = \begin{cases} \dfrac{\mu_{eff} C_{ox}}{2}\left(\dfrac{W}{L}\right)\left[2(V_{GS} - V_T)V_{DS} - V_{DS}^2\right] : V_{DS} < (V_{GS} - V_T) \equiv V_{DS,sat(PO)} \\ \dfrac{\mu_{eff} C_{ox}}{2}\left(\dfrac{W}{L}\right)(V_{GS} - V_T)^2 \qquad : V_{DS} > (V_{GS} - V_T) \equiv V_{DS,sat(PO)} \end{cases}$$

따라서 MOSFET A와 B에 동일한 게이트 전압이 인가된 경우, 선형영역 채널 저항 R_{ch}와 채널소멸 드레인 포화전압 $V_{DS,sat}$, 포화 드레인 전류 $I_{D,sat}$을 비교하면 아래와 같다.

▶ 선형영역 채널 저항 R_{ch}

$$\begin{cases} R_{ch} = 1\Big/(dI_D/dV_{DS})\Big|_{Small\ V_{DS}} = \dfrac{1}{\mu_{eff} C_{ox}(V_{GS} - V_T)}\left(\dfrac{L}{W}\right) \\ \dfrac{R_{ch,B}}{R_{ch,A}} = \dfrac{\dfrac{1}{\mu_{effB} C_{oxB}(V_{GS} - V_{TB})}\left(\dfrac{L_B}{W}\right)}{\dfrac{1}{\mu_{effA} C_{oxA}(V_{GS} - V_{TA})}\left(\dfrac{L_A}{W}\right)} = \left(\dfrac{L_B}{L_A}\right)\left(\dfrac{C_{oxA}}{C_{oxB}}\right)\dfrac{(V_{GS} - V_{TA})}{(V_{GS} - V_{TB})} = 4\dfrac{(V_{GS} - V_{TA})}{(V_{GS} - V_{TB})} = 4 \end{cases}$$

$$\Leftrightarrow \left\{ V_{TA} < V_{TB},\ \mu_{effA} = \mu_{effB},\ \left(\frac{V_{GS} - V_{TA}}{V_{GS} - V_{TB}}\right) = 1,\ L_A = L_o,\ L_B = 2L_o \right. \quad \Leftrightarrow \quad \boxed{R_{ch,B} = 4R_{ch,A}}$$

▶ 채널소멸 드레인 포화전압 $V_{DS,sat}$

$$V_{DS,sat(PO)} = (V_{GS} - V_T) \quad \Rightarrow \quad V_{TA} < V_{TB} \quad \Leftrightarrow \quad \boxed{V_{DS,sat(PO)}|_A = V_{DS,sat(PO)}|_B}$$

▶ 포화 드레인 전류 $I_{D,sat}$

$$\begin{cases} I_{D,sat} = \dfrac{\mu_{eff} C_{ox}}{2}\left(\dfrac{W}{L}\right)(V_{GS} - V_T)^2 \\ \dfrac{I_{D,sat}|_B}{I_{D,sat}|_A} = \dfrac{L_A}{L_B}\left(\dfrac{C_{oxB}}{C_{oxA}}\right)\left(\dfrac{V_{GS} - V_{TB}}{V_{GS} - V_{TA}}\right)^2 = \dfrac{1}{4}\left(\dfrac{V_{GS} - V_{TB}}{V_{GS} - V_{TA}}\right)^2 = \dfrac{1}{4} \end{cases} \quad \Leftrightarrow \quad \boxed{I_{D,sat}|_A = 4I_{D,sat}|_B}$$

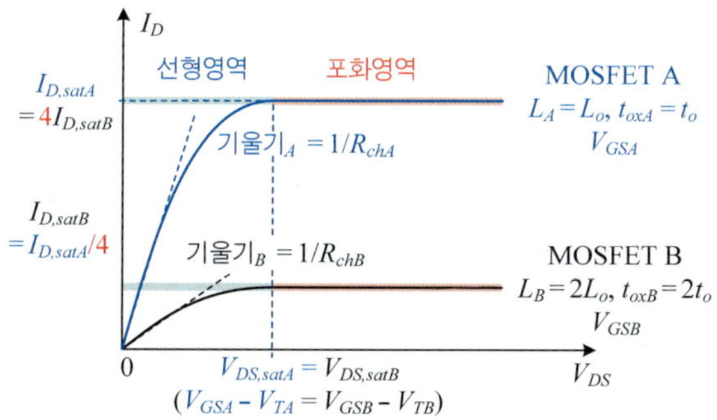

(f) I_D-V_{GS} 전달특성 곡선을 비교하기 위한 중요 지표를 정리하면 다음과 같다.

▶ 선형영역과 포화영역의 경계전압 $V_{GS,C}$

$$V_{GD}|_C=V_{GS,C}-V_{DS}=V_T \;\Rightarrow\; V_{GS,C}=V_{DS}+V_T \;\Rightarrow\; \boxed{V_{GS,C}|_A=V_{TA}+V_{DS}<V_{GS,C}|_B=V_{TB}+V_{DS}}$$

▶ 선형영역의 드레인 전류 $I_{D,linear}$

$$I_{D,linear}=\begin{cases} I_{D,A}=\dfrac{\mu_{eff}C_{oxA}}{2}\left(\dfrac{W}{L_o}\right)\left[2(V_{GS}-V_{TA})V_{DS}-V_{DS}^2\right] \\ I_{D,B}=\dfrac{\mu_{eff}C_{oxB}}{2}\left(\dfrac{W}{2L_o}\right)\left[2(V_{GS}-V_{TB})V_{DS}-V_{DS}^2\right]\end{cases} \;\Leftrightarrow\; \frac{I_{D,B}}{I_{D,A}}<\frac{L_A}{L_B}\frac{C_{oxB}}{C_{oxA}}=\frac{1}{4} \;\Leftrightarrow\; \boxed{I_{D,A}>4I_{D,B}}$$

▶ 포화영역의 드레인 전류 $I_{D,sat}$

$$I_{D,sat}=\begin{cases} I_{D,A}=\dfrac{\mu_{eff}C_{oxA}}{2}\left(\dfrac{W}{L_o}\right)(V_{GS}-V_{TA})^2 \\ I_{D,B}=\dfrac{\mu_{eff}C_{oxB}}{2}\left(\dfrac{W}{2L_o}\right)(V_{GS}-V_{TB})^2\end{cases} \;\Leftrightarrow\; \frac{I_{D,B}}{I_{D,A}}=\frac{L_A}{L_B}\frac{C_{oxB}}{C_{oxA}}\left(\frac{V_{GS}-V_{TB}}{V_{GS}-V_{TA}}\right)^2=\frac{1}{4}\left(\frac{V_{GS}-V_{TB}}{V_{GS}-V_{TA}}\right)^2<\frac{1}{4}$$

$$\Leftrightarrow\; \boxed{I_{D,A}>4I_{D,B}}$$

동일한 드레인 전압(V_{DS})이 인가된 경우, 산화막이 얇아서 임계전압이 작고 채널길이가 짧은 MOSFET A의 드레인 전류 $I_{D,A}$가 MOSFET B의 전류의 4배 이상이며, 이를 반영한 I_D-V_{GS} 전달특성 곡선은 오른쪽 그림과 같다.

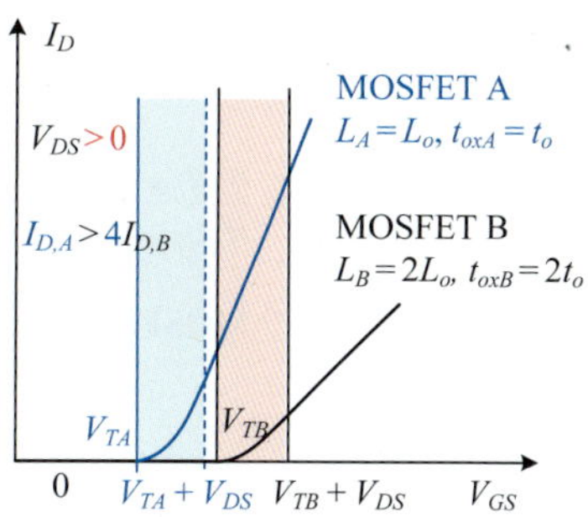

(g) 동일한 크기의 DC 전압($V_{GSA}=V_{GSB}$, $V_{DSA}=V_{DSB}$)이 인가된 경우, 드레인 전류의 변화를 나타내는 포화영역의 전달 컨덕턴스를 비교(g_{mB}/g_{mA})하면 그 결과는 다음과 같다.

$$g_m\equiv\frac{\partial I_D}{\partial V_{GS}}=\mu_{eff}C_{ox}\left(\frac{W}{L}\right)(V_{GS}-V_T)$$

$$\Rightarrow\; \frac{g_{mB}}{g_{mA}}=\frac{L_o}{2L_o}\frac{C_{oxB}}{C_{oxA}}\left(\frac{V_{GS}-V_{TB}}{V_{GS}-V_{TA}}\right)=\frac{1}{4}\left(\frac{V_{GS}-V_{TB}}{V_{GS}-V_{TA}}\right)<\frac{1}{4}$$

$$\Leftrightarrow\; \boxed{g_{mA}>4g_{mB}}$$

(h) 포화영역에서 드레인 전압에 의한 전류 변화와 소신호 출력저항(r_{ds})으로 표시되는 채널길이 변조효과를 반영한 드레인 전류 관계식은 다음과 같다.

$$I_D=\frac{\mu_{eff}C_{ox}}{2}\left(\frac{W}{L}\right)(V_{GS}-V_T)^2(1+\lambda V_{DS}) \;\Rightarrow\; \lambda\equiv\frac{\partial(\Delta L/L)}{\partial V_{DS}}=\frac{1}{L}\sqrt{\frac{\varepsilon_{si}}{2qN_A(V_{DS,sat}+V_{bi})}}=\frac{1}{V_A}\ \ [\text{V}^{-1}]$$

이를 이용하면 채널길이 변조효과에 의한 포화영역 드레인 전류의 변화를 나타내는 출력저항 r_{ds}가 다음과 같이 채널길이 변조계수와 동작점의 DC 드레인 포화전류 I_D에 의해 결정됨을 알 수 있다.

$$r_{ds} \equiv \frac{1}{\partial I_D / \partial V_{DS}} = \frac{1}{\lambda \dfrac{\mu_{eff} C_{ox}}{2} \left(\dfrac{W}{L}\right)(V_{GS} - V_T)^2} = \frac{1}{\lambda I_D}$$

따라서 채널길이가 다른 MOSFET A와 B의 출력저항(r_{dsB}/r_{dsA})을 비교하면 그 결과는 다음과 같다.

$$V_{TA} < V_{TB}, \quad V_{DSatA} = (V_{GS} - V_{TA}) > V_{DSatB} = (V_{GS} - V_{TB}), \quad \left(\frac{\lambda_A}{\lambda_B}\right) = \left(\frac{L_B}{L_A}\right)$$

$$\frac{r_{dsB}}{r_{dsA}} = \left(\frac{\lambda_A}{\lambda_B}\right)\left(\frac{I_{D,satA}}{I_{D,satB}}\right) = \left(\frac{L_B}{L_A}\right)^2 \left(\frac{C_{oxA}}{C_{oxB}}\right)\left(\frac{V_{GS} - V_{TA}}{V_{GS} - V_{TB}}\right)^2 = 8\left(\frac{V_{GS} - V_{TB}}{V_{GS} - V_{TA}}\right)^2 > 8 \quad \Leftrightarrow \quad \boxed{r_{dsB} > 8 r_{dsA}}$$

즉 기판 농도는 같으나, 채널길이가 길어서 포화영역 드레인 전류가 작은 MOSFET B의 출력저항이 MOSFET A의 출력저항의 8배 이상임을 확인할 수 있다.

(i) MOSFET은 기판 단자에 인가된 전압(V_{BS})에 의한 드레인 전류의 변화, 즉 기판전압 효과를 소신호 등가회로에 반영해야 한다. 기판전압 효과에 의한 드레인 전류의 변화는 일반적으로 기판전압에 의한 임계전압의 변화로 나타낼 수 있다. 기판전압 효과를 반영한 임계전압과 기판전압 변화계수 η는 각각 다음과 같다.

$$V_T = V_{To} + \gamma\left[\sqrt{(2\phi_f - V_{BS})} - \sqrt{(2\phi_f)}\right]; \quad \gamma = \frac{\sqrt{2q\varepsilon_s N_A}}{C_{ox}}$$

$$\eta \equiv \left(\frac{\partial V_T}{\partial V_{BS}}\right) = -\gamma \frac{1}{2\sqrt{(2\phi_f - V_{BS})}} = -\frac{1}{C_{ox}}\sqrt{\frac{q\varepsilon_s N_A}{2(2\phi_f - V_{BS})}} = -\frac{C_{SD,min}}{C_{ox}} \quad \Leftrightarrow \quad \boxed{\frac{\eta_B}{\eta_A} = \frac{C_{oxA}}{C_{oxB}} = \frac{t_{oxB}}{t_{oxA}} = 2}$$

따라서 기판–소스 양단의 전압 V_{BS}의 변화에 따른 드레인 전류의 변화, 또는 기판 컨덕턴스(substrate conductance; g_s 또는 g_b)는 다음과 같다.

$$g_s = \frac{\partial I_D}{\partial V_{BS}} = \left(\frac{\partial V_T}{\partial V_{BS}}\right) \cdot \left(\frac{\partial I_D}{\partial V_T}\right) = \left(\frac{\partial V_T}{\partial V_{BS}}\right) \cdot \left(-\frac{\partial I_D}{\partial V_{GS}}\right) = -\eta g_m = (m-1) g_m$$

일반적으로 기판전압 효과에 의한 드레인 전류의 변화를 나타내는 기판 컨덕턴스 g_s는 전달 컨덕턴스 g_m에 비해 훨씬 작은 값을 갖는다. 채널길이는 다르나 기판 농도가 동일한 MOSFET A와 B의 기판전압 효과는 다음과 같이 비교할 수 있다.

$$\frac{g_{sB}}{g_{sA}} = \frac{\eta_B g_{mB}}{\eta_A g_{mA}} = \left(\frac{\eta_B}{\eta_A}\right)\left(\frac{g_{mB}}{g_{mA}}\right) = 2 \times \frac{1}{4}\left(\frac{V_{GS} - V_{TB}}{V_{GS} - V_{TA}}\right) = \frac{1}{2}\left(\frac{V_{GS} - V_{TB}}{V_{GS} - V_{TA}}\right) < \frac{1}{2} \quad \Leftrightarrow \quad \boxed{g_{sB} < \frac{1}{2} g_{sA}}$$

즉 채널길이가 긴 MOSFET에서 기판전압 변화에 따른 드레인 전류 변화가 더 작게 나타난다.

12.3 MOSFET의 소신호 등가회로

MOSFET에 ac 소신호가 인가된 경우, 그 응답특성은 소신호 등가회로를 이용하여 해석하는 것이 편리하다. 이러한 방식은 아날로그 집적회로 설계 시 주파수 특성을 이해하는 데 필수적이다. 기판의 도핑 농도(MOSFET **A**: $N_{AA} = N_o$, **B**: $N_{AB} = 4N_o$)를 제외한 모든 구성요소(게이트 산화막, 게이트 도핑, 게이트 길이와 폭)가 동일한 두 MOSFET($N_{pg} \gg N_A$)이 소스 접지 형태의 증폭기로 사용되는 경우를 통해 MOSFET의 특성과 소신호 등가회로를 이해하고자 한다. (단 두 경우 모두 유효 게이트 전압($V_{eff} = V_{GS} - V_T$)이 동일하게 인가되었다고 가정한다.)

(a) MOSFET의 소신호 등가회로를 그림으로 나타내고, 물리적 의미와 동작점의 DC 바이어스 의존도를 간략히 설명하라.
(b) MOSFET에서 소신호로 해석하기 위한 조건을 ac 신호의 진폭으로 간략히 설명하라.
(c) 동일한 크기의 게이트 전압이 인가된 경우, 두 MOSFET의 전달 컨덕턴스의 크기를 비교(g_{mB}/g_{mA})하라.
(d) 출력저항의 크기를 비교(r_{dsB}/r_{dsA})하라.
(e) 저주파 신호에 대한 최대 전압 증폭률(A_{vm})을 비교(A_{vmB}/A_{vmA})하라.
(f) 증폭기로 사용할 때, 주파수 특성을 제한하는 게이트-소스 입력단의 정전용량 C_{gs}(C_{gsB}/C_{gsA})을 비교하라.

(a) 소신호 등가회로는 소자를 구성하는 전류 성분에 대해 ac 소신호 전압과 전류의 선형관계를 이용한 어드미턴스($Y(\omega)$)로 표시하며, 어드미턴스는 다음 그림과 같이 이동전하(전자와 정공)에 의한 전도성 전류를 나타내는 저항($r = 1/g$)과 갇힌 전하의 변위성(displacement) 전류를 나타내는 커패시턴스(C)의 병렬연결로 나타낸다. 이 어드미턴스 $Y(\omega)$ 등가회로는 신호의 주파수에 따른 특성 변화를 이해하고 분석하는 데 편리하게 사용된다.

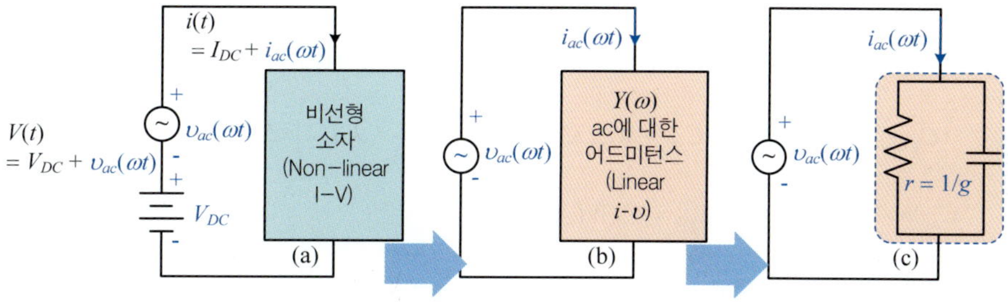

반도체 소자의 DC 전압(V_{DC})과 전류(I_{DC})가 비선형관계라 하더라도, 정현파 소신호 전압($\upsilon_{ac}(\omega t)$)과 전류($i_{ac}(\omega t)$)가 선형관계인 경우, 이들의 관계를 식으로 정리하면 다음과 같다.

$$\begin{cases} \upsilon_{ac}(\omega t) = \upsilon_o e^{j\omega t} \\ i_{ac}(\omega t) = i_o e^{j(\omega t + \phi)} \end{cases} \Rightarrow Y(\omega) = \frac{\partial I}{\partial V} = \frac{i_{ac}(\omega t)}{\upsilon_{ac}(\omega t)} = \frac{i_o}{\upsilon_o} e^{j\phi} = g + j\omega C = \frac{1}{r} + j\omega C$$

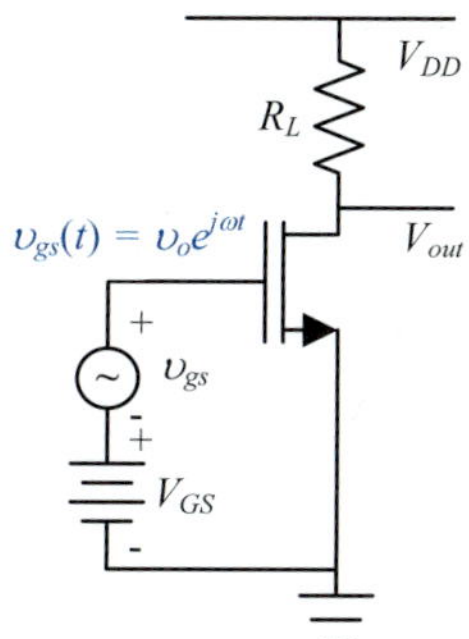

소스접지 증폭기

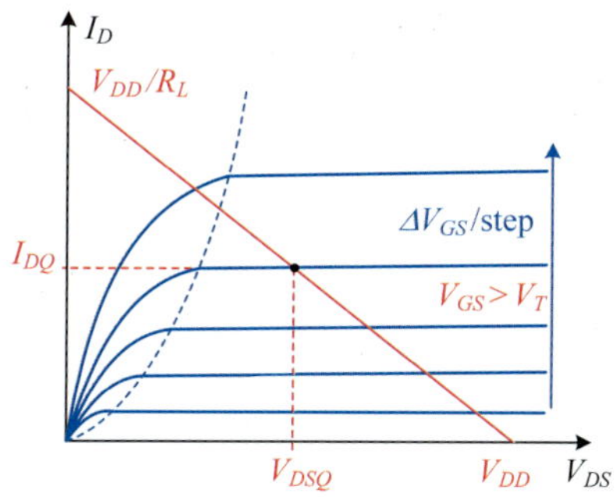

부하곡선과 동작점

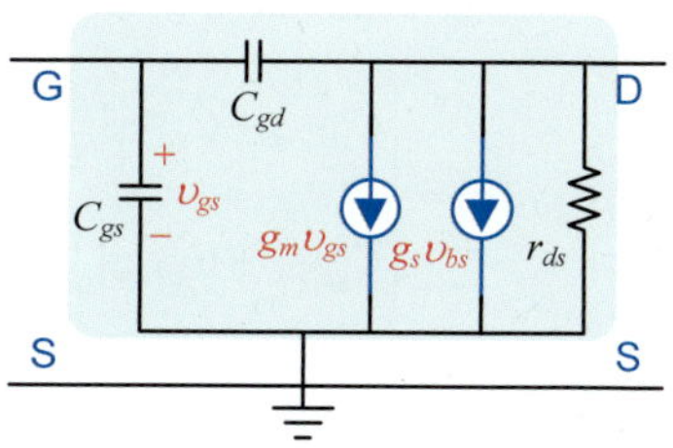

동작점에서의 소신호 등가회로

MOSFET의 소신호 등가회로는 다음과 같이 입출력 전달 컨덕턴스(g_m), 입력(게이트-소스) 어드미턴스(Y_{gs}), 입출력(게이트-드레인) 직결합 어드미턴스(Y_{gd}), 출력(드레인-소스) 어드미턴스(Y_{ds})로 구성되어 있다. 각 전류 경로에 대한 어드미턴스는 MOSFET의 재료와 동작 온도, 제조공정, 소자 구조와 크기, 동작점 바이어스 등에 의해 결정된다. 한편 게이트-소스와 게이트-드레인에는 높은 에너지 장벽으로 인해 이동전하에 의한 전류가 형성되지 않는다. 따라서 어드미턴스 성분 중에서 이동전하에 의한 저항성분이 아주 크므로($r_{gs} = \infty$, $r_{gd} = \infty$), 커패시턴스 성분만 포함하는 등가회로로 단순화할 수 있다.

• 입출력 전달 컨덕턴스 : $g_m \equiv \dfrac{\partial i_{ds}}{\partial \upsilon_{gs}}$ [S]

• 입력 어드미턴스(게이트-소스) : $Y_{gs}\left(=\dfrac{1}{Z_{gs}}\right) \equiv \dfrac{\partial i_{gs}}{\partial \upsilon_{gs}} = g_{gs} + j\omega C_{gs} = \dfrac{1}{r_{gs}} + j\omega C_{gs} \cong j\omega C_{gs}$ $[\Omega^{-1}]$

• 출력 어드미턴스(드레인-소스) : $Y_{ds}\left(=\dfrac{1}{Z_{ds}}\right) \equiv \dfrac{\partial i_{ds}}{\partial \upsilon_{ds}} = g_{ds} + j\omega C_{ds} = \dfrac{1}{r_{ds}} + j\omega C_{ds}$ $[\Omega^{-1}]$

• 입출력 직결합 어드미턴스(게이트-드레인) : $Y_{gd}\left(=\dfrac{1}{Z_{gd}}\right) \equiv \dfrac{\partial i_{gd}}{\partial \upsilon_{gd}} = g_{gd} + j\omega C_{gd} = \dfrac{1}{r_{gd}} + j\omega C_{gd} \cong j\omega C_{gd}$ $[\Omega^{-1}]$

▶ 게이트-소스 커패시턴스 C_{gs} : 게이트-소스 양단의 변위성 소신호 전류는 커패시턴스 C_{gs}로 나타내며, 그 값은 MOSFET에 인가된 DC 동작점 전압과 기하학적 구조에 의해 결정된다. 게이트-소스 간의 커패시턴스 C_{gs}를 구성하는 성분에는 채널영역 게이트-기판 간의 산화막 커패시턴스($C_{gs,ox}$)와 게이트-소스 중첩 부분의 커패시턴스($C_{gs,ov}$)가 있으며, 동작 영역에 따라 다음과 같이 구분하여 나타낼 수 있다.

$$C_{gs}\ [\mathrm{F}] = \begin{cases} C_{gs,ox} + C_{gs,ov}\big|_{lin} = \dfrac{1}{2}C_{go} + WL_{ov}C_{ox} = W\left(\dfrac{\varepsilon_{ox}}{t_{ox}}\right)\left(\dfrac{1}{2}L + L_{ov}\right) = \dfrac{1}{2}C_{ox}WL\left(1 + 2\dfrac{L_{ov}}{L}\right) & ;\ \text{선형영역} \\ C_{gs,ox} + C_{gs,ov}\big|_{sat} = \dfrac{2}{3}C_{go} + WL_{ov}C_{ox} = W\left(\dfrac{\varepsilon_{ox}}{t_{ox}}\right)\left(\dfrac{2}{3}L + L_{ov}\right) = \dfrac{2}{3}C_{ox}WL\left(1 + \dfrac{3}{2}\dfrac{L_{ov}}{L}\right) & ;\ \text{포화영역} \end{cases}$$

$$C_{ox} \equiv \frac{\varepsilon_{ox}}{t_{ox}}\ [\mathrm{F/cm^2}],\quad C_{go} = C_{ox}WL\ [\mathrm{F}]$$

선형영역에서 동작할 경우, 소스와 드레인 전 영역에 걸쳐 채널이 잘 형성되므로, 채널영역 게이트-기판 간 산화막 커패시턴스(C_{go})가 소스와 드레인에 같은 크기로 양분되어 기여한다고 가정한다($C_{gs} = C_{gd} = C_{go}/2$). 포화영역에서는 드레인 끝쪽의 채널이 소멸되므로, 일반적으로 채널영역 게이트-기판 간 산화막 커패시턴스의 대부분(2/3)이 게이트-소스 커패시턴스로 기여한다고 가정한다.

▶ 게이트-드레인 커패시턴스 C_{gd} : 게이트-드레인 양단의 변위성 소신호 전류는 커패시턴스 C_{gd}로 나타내며, 그 값은 MOSFET에 인가된 DC 동작점 전압과 기하학적 구조에 의해 결정된다. 게이트-드레인 간의 커패시턴스 C_{gd}를 구성하는 성분에도 채널영역 게이트-기판 간 산화막 커패시턴스($C_{gd,ox}$)와 게이트-드레인 중첩 부분의 산화막 커패시턴스($C_{gd,ov}$)가 있으며, 동작 영역에 따라 다음과 같이 구분하여 나타낼 수 있다.

$$C_{gd}\ [\mathrm{F}] = \begin{cases} C_{gd,ox} + C_{gd,ov}\big|_{lin} = \dfrac{1}{2}C_{go} + WL_{ov}C_{ox} = W\left(\dfrac{\varepsilon_{ox}}{t_{ox}}\right)\left(\dfrac{1}{2}L + L_{ov}\right) = \dfrac{1}{2}C_{ox}WL\left(1 + 2\dfrac{L_{ov}}{L}\right) & ;\ \text{선형영역} \\ C_{gd,ox} + C_{gd,ov}\big|_{sat} = \sim 0 + WL_{ov}C_{ox} = W\left(\dfrac{\varepsilon_{ox}}{t_{ox}}\right)L_{ov} = C_{ox}WL_{ov} & ;\ \text{포화영역} \end{cases}$$

앞에서 설명한 바와 같이 선형영역에서는 소스와 드레인 전 영역에 걸쳐 채널이 잘 형성되므로, 채널영역의 게이트-기판 간 산화막 커패시턴스가 소스와 드레인으로 양분되어 기여한다고 가정한다. 포화영역에서는 드레인 끝쪽의 채널이 소멸되므로, 채널영역 게이트-기판 간 산화막 커패시턴스는 무시하며, 게이트-드레인 중첩영역의 산화막 커패시턴스만 고려하여 분석에 사용한다. 포화영역에서 동작하는 증폭기의 경우, 게이트-드레인 커패시턴스의 작용이 게이트-드레인 중첩영역의 커패시턴스만 연결된 상황과 같으므로, 그 값이 매우 작다. 그러나 위상반전을 수반하는 큰 전압 증폭률($A_\upsilon < 0,\ |A_\upsilon| \gg 1$)의 증폭기에서는 게이트-드레인 커패시턴스가 밀러효과(Miller effect)에 의해 주파수 특성에 중요한 영향을 미친다.

▶ 드레인-소스 저항 $r_{ds}(=r_{out})$: 드레인-소스 양단 전압으로 인한 전류 변화는 채널길이 변조효과에 의해 나타나는 현상이며, 이를 고려한 포화영역의 드레인 전류와 정현파 소신호에 대한 출력 저항(r_{ds})은 다음과 같다.

$$I_D = \frac{\mu_{eff} C_{ox}}{2}\left(\frac{W}{L}\right)(V_{GS} - V_T)^2 (1 + \lambda V_{DS}) \begin{cases} g_{ds} = \dfrac{1}{r_{ds}} \equiv \left.\dfrac{\partial I_D}{\partial V_{DS}}\right|_{\text{conductive}} \equiv \lambda \dfrac{\mu_{eff} C_{ox}}{2}\left(\dfrac{W}{L}\right)(V_{GS} - V_T)^2 \cong \lambda I_D \\ r_{ds} = \dfrac{1}{g_{ds}} = \dfrac{1}{\lambda I_D} \;;\; \lambda \equiv \dfrac{\partial(\Delta L/L)}{\partial V_{DS}} = \dfrac{1}{L}\sqrt{\dfrac{\varepsilon_{si}}{2qN_A (V_{DS,sat} + V_{bi})}} = \dfrac{1}{V_A} \end{cases}$$

r_{ds}는 드레인 전압에 의한 채널길이 변조효과를 소신호 등가회로에 반영한 것이며, 최대 전압 증폭률($A_{v,max}$)을 지배하는 성분 중 하나이다.

▶ 입출력 전달 컨덕턴스 g_m : 드레인 출력 전류는 MOSFET의 게이트 단자로 인가된 입력신호 전압으로 조절되는데, 이 드레인 출력 전류의 변화를 나타내는 입출력 전달 컨덕턴스(g_m)는 MOSFET의 성능을 나타내는 가장 중요한 특성지표 중 하나다. 포화영역에서 동작하는 MOSFET의 전달 컨덕턴스는 다음과 같다.

$$g_m \equiv \left.\frac{\partial I_{out}}{\partial V_{in}}\right|_{\text{MOSFET}} = \frac{\partial I_D}{\partial V_{GS}} = \mu_{eff} C_{ox}\left(\frac{W}{L}\right)(V_{GS} - V_T) = \sqrt{2k_n I_D}\ [\text{S}]\;; \quad k_n \equiv \mu_{eff} C_{ox}\left(\frac{W}{L}\right)$$

g_m은 동작점의 DC 드레인 전류의 제곱근에 비례하고, 게이트에 인가된 유효 게이트 전압($V_{GS,eff} = V_{GS} - V_T$)에 선형적으로 비례하며, 이동도와 (W/L) 값의 영향을 받는다.

▶ 기판 컨덕턴스 g_s : MOSFET은 기판 단자에 인가된 전압(V_{BS})에 의한 드레인 전류의 변화, 즉 기판전압 효과를 소신호 등가회로에 반영해야 한다. DC 특성에서의 기판전압 효과는 기판전압에 의한 임계전압의 변화에 반영됨으로써 전류-전압 특성에 포함되었다. 기판전압 효과를 반영한 임계전압과 기판전압 변화 계수 η는 각각 다음과 같다.

$$V_T = V_{To} + \gamma\left[\sqrt{(2\phi_f - V_{BS})} - \sqrt{(2\phi_f)}\right]\;;\; V_{To} \equiv V_{FB} + 2\phi_f\left(1 + \frac{N_A}{N_{pg}}\right) + \frac{\sqrt{qN_A \varepsilon_{Si} 4\phi_f}}{C_{ox}}\;;\; \gamma = \frac{\sqrt{2q\varepsilon_s N_A}}{C_{ox}}$$

$$\eta \equiv \left(\frac{\partial V_T}{\partial V_{BS}}\right) = -\gamma \frac{1}{2\sqrt{(2\phi_f - V_{BS})}} = -\frac{1}{C_{ox}}\sqrt{\frac{q\varepsilon_s N_A}{2(2\phi_f - V_{BS})}} = -\frac{C_{SD,min}}{C_{ox}} = -(m-1)\;;\; m = 1 + \frac{C_{SD,min}}{C_{ox}}$$

따라서 기판-소스 양단의 전압 V_{BS}에 따른 드레인 전류의 변화를 나타내는 기판 컨덕턴스(g_s)는 다음과 같이 기판 결합계수 m과 입출력 전달 컨덕턴스 g_m를 이용하여 나타낼 수 있다.

$$g_s = \frac{\partial I_D}{\partial V_{BS}} = \left(\frac{\partial V_T}{\partial V_{BS}}\right)\cdot\left(\frac{\partial I_D}{\partial V_T}\right) = \left(\frac{\partial V_T}{\partial V_{BS}}\right)\cdot\left(-\frac{\partial I_D}{\partial V_{GS}}\right) = -\eta g_m = \frac{C_{SD,min}}{C_{ox}} g_m\;;\quad -\eta = \frac{C_{SD,min}}{C_{ox}}$$

즉 산화막의 두께가 얇고 기판 농도가 낮아서 게이트 전압의 기판 전달 및 조절 효과가 클수록, 기판전압에 의한 드레인 전류 변화를 나타내는 기판 컨덕턴스는 작은 값을 갖는다. 일반적으로 기판효과에 의한 드레인 전류의 변화를 나타내는 g_s는 전달 컨덕턴스 g_m에 비해 훨씬 작은 값을 갖는다.

(b) MOSFET의 게이트에 인가된 전압(V_{gs})은 동작점을 결정하는 DC 전압(V_{GS})과 정현파 ac 전압($\upsilon_{ac}(\omega t)$)의 합으로 이루어져 있으며, 이로 인한 드레인 전류 I_d는 각각 다음과 같이 나타낼 수 있다.

$$V_{gs}(t) = V_{GS} + \upsilon_{gs}(t), \quad V_{ds} = V_{DS} + \upsilon_{ds}(t) \begin{cases} V_{GS}\ \&\ V_{DS} & :\text{DC 바이어스} \\ \upsilon_{gs}(\omega t) = \upsilon_o e^{j\omega t}, \quad \upsilon_{ds}(\omega t) = \upsilon_o e^{j(\omega t + \phi_d)} & :\text{소신호 } ac \text{ 전압} \end{cases}$$

$$I_d(t) = I_D + i_d(t), \quad I_g(t) = I_G + i_g(t) \begin{cases} I_D\ \&\ I_G & :\text{DC 바이어스} \\ i_d(t) = i_o e^{j(\omega t + \phi)}, \quad i_g(t) = i_o e^{j(\omega t + \phi_g)} & :\text{소신호 } ac \text{ 전류} \end{cases}$$

그런데 동작점을 결정하는 DC 바이어스에 정현파 신호 전압이 중첩($V_{gs}(t) = V_{GS} + \upsilon_{gs}(t)$)된 경우, MOSFET의 드레인 전류는 DC 전류(I_D)와 ac 소신호 전류($i_d(\omega t)$)의 합으로 나타낼 수 있으며, 동작점의 바이어스 의존도는 다음과 같다.

$$I_d = I_D + i_d(t) = \frac{\mu_{eff} C_{ox}}{2}\left(\frac{W}{L}\right)\{(V_{GS} + \upsilon_{gs}(\omega t)) - V_T\}^2 = \frac{k_n}{2}\{(V_{GS} - V_T)^2 + 2(V_{GS} - V_T)\upsilon_{gs}(\omega t) + \upsilon_{gs}^2(\omega t)\}$$

$$= \left[\frac{k_n}{2}(V_{GS} - V_T)^2\right] + \frac{k_n}{2} 2(V_{GS} - V_T)\upsilon_{gs}(\omega t) + \frac{k_n}{2}\upsilon_{gs}^2(\omega t)$$

동작점의 DC 드레인 전류 I_D와 ac 전류 $i_d(\omega t)$는 다음과 같이 요약할 수 있다.

$$\begin{cases} I_D = \dfrac{k_n}{2}(V_{GS} - V_T)^2 \quad ; \; k_n \equiv \mu_{eff} C_{ox}\left(\dfrac{W}{L}\right) & : \text{DC 바이어스}(I_D,\ V_{GS}) \\ i_d(\omega t) = \mu_{eff} C_{ox}\left(\dfrac{W}{L}\right)(V_{GS} - V_T)\upsilon_{gs}(\omega t) = g_m \upsilon_{gs}(\omega t) & : \text{소신호 ac 드레인 전류} \end{cases}$$

따라서 게이트에 인가된 ac 입력신호 전압과 이에 반응하는 드레인의 ac 출력 전류가 선형관계, 즉 소신호 특성을 유지하기 위해서는 다음 조건을 만족해야 한다.

$$i_d(\omega t) = k_n(V_{GS} - V_T)\upsilon_{gs}(\omega t) + \frac{k_n}{2}\upsilon_{gs}^2(\omega t) \cong k_n(V_{GS} - V_T)\upsilon_{gs}(\omega t) \quad \Rightarrow \quad \begin{cases} \dfrac{k_n}{2}\upsilon_{gs}^2(\omega t) \ll k_n(V_{GS} - V_T)\upsilon_{gs}(\omega t) \\ \upsilon_{gs}(\omega t) \ll 2(V_{GS} - V_T) = 2V_{GS,eff} \end{cases}$$

ac 신호의 진폭 υ_o가 유효 게이트 전압보다 훨씬 작은 경우, 게이트 ac 신호전압과 ac 드레인 전류가 선형관계를 가지므로, 소신호에 해당한다. 게이트의 AC 소신호 전압 $\upsilon_{gs}(\omega t)$와 드레인 전류의 관계는 선형함수로, 그 비는 입출력 전달 컨덕턴스 g_m이다.

$$i_d(\omega t) = g_m \upsilon_{gs}(\omega t) \text{ [A]} ; \quad g_m \equiv k_n(V_{GS} - V_T) = \sqrt{2k_n I_D} \text{ [S]}$$

따라서 동작점을 결정하는 DC 전압에 소신호 ac 전압이 중첩되어 인가된 경우, MOSFET의 드레인 전류는 다음과 같다.

$$I_d(t) = I_D + i_d(t) = \frac{k_n}{2}(V_{GS} - V_T)^2 + k_n(V_{GS} - V_T)\upsilon_{gs}(\omega t) \quad \begin{cases} I_D = \dfrac{k_n}{2}(V_{GS} - V_T)^2 \\ i_d(\omega t) = g_m \upsilon_{gs}(\omega t), \quad g_m = k_n(V_{GS} - V_T) \end{cases}$$

(c) 입력전압에 의한 출력전류의 변화와 조절 성능을 나타내는 포화영역의 전달 컨덕턴스는 다음과 같이 구할 수 있다.

$$I_{D,sat} = \frac{\mu_{eff} C_{ox}}{2}\left(\frac{W}{L}\right)(V_{GS} - V_T)^2 \qquad : V_{DS} > (V_{GS} - V_T) \equiv V_{DS,sat(\text{PO})}$$

$$g_m \equiv \frac{\partial I_D}{\partial V_{GS}} = \mu_{eff} C_{ox}\left(\frac{W}{L}\right)(V_{GS} - V_T) \; : V_{DS} > (V_{GS} - V_T) \equiv V_{DS,sat(\text{PO})}$$

MOSFET의 유효 게이트 전압($V_{GS,eff} = V_{GS} - V_T$)을 지배하는 임계전압을 구해보자. 임계전압은 기판의 표면 전위가 기판 페르미 전위의 2배($\psi_{ST} = 2\phi_f$)일 때, 또는 기판 표면의 반전 전자 농도가 기판의 다수 캐리어인 정공 농도와 동일할 때($n(0) = p_{o,sub} = N_A$)의 게이트 전압이다. MOS 구조에 인가된 게이트 전압은 게이트 공간전하영역의 전위차($\psi_{pg} = V_{bi,pg} + V_{g,pg}$)와 산화막 양단의 전위차($\psi_{ox} = V_{bi,ox} + V_{g,ox}$), 기판 표면 전위인 기판 공간전하영역의 전위차($\psi_S = V_{bi,sub} + V_{g,sub}$)의 합($\psi_g = V_{bi} + V_G = \psi_{pg} + \psi_{ox} + \psi_S$)으로, 다음과 같은 관계를 갖는다.

$$V_T \equiv V_G|_{\substack{\psi_S = 2\phi_f \\ n(0) = N_A}} = V_{FB} + \psi_{pg} + \psi_{ox} + \psi_S|_{\psi_S = 2\phi_f} = \phi_{ms} + 2\phi_f\left(1 + \frac{N_A}{N_{pg}}\right) - \frac{Q_{SD,max}}{C_{ox}}$$

$$= \phi_{ms} + 2\phi_f\left(1 + \frac{N_A}{N_{pg}}\right) + \frac{\sqrt{qN_A\varepsilon_{Si}4\phi_f}}{C_{ox}} \quad \begin{cases} Q_{SD,max} \equiv Q_{SD}|_{\substack{V_{GS} = V_T \\ \psi_S = 2\phi_f \\ n(0) = N_A}} = -qN_A X_{d,max} = -\sqrt{qN_A\varepsilon_{Si}4\phi_f} \\ C_{ox} = \dfrac{\varepsilon_{ox}}{t_{ox}}, \quad X_{d,max} \equiv X_d|_{\substack{V_{GS} = V_T \\ \psi_S = 2\phi_f \\ n(0) = N_A}} = \sqrt{\dfrac{\varepsilon_{Si}}{qN_A}4\phi_f}, \quad C_{SD,min} = \dfrac{\varepsilon_{Si}}{X_{d,max}} \end{cases}$$

따라서 동일한 게이트($N_{pgA} = N_{pgB} = N_{pg}$)를 사용하지만, 기판 농도($N_{AA} = N_o$, $N_{AB} = 4N_o$)는 다른 두 MOSFET의 임계전압을 비교해보면, 다음과 같이 기판 농도가 높은 MOSFET B의 임계전압이 더 높다.

$$\begin{cases} V_{TA} = V_{FBA} + 2\phi_{fA}\left(1 + \dfrac{N_o}{N_{pg}}\right) - \dfrac{Q_{SD,maxA}}{C_{ox}} \cong \phi_{msA} + 2\phi_{fA} + \dfrac{\sqrt{qN_o\varepsilon_{Si}4\phi_{fA}}}{C_{ox}}, \quad X_{d,maxA} \equiv \sqrt{\dfrac{\varepsilon_{Si}}{qN_o}4\phi_{fA}} \\ V_{TB} = V_{FBB} + 2\phi_{fB}\left(1 + \dfrac{4N_o}{N_{pg}}\right) - \dfrac{Q_{SD,maxB}}{C_{ox}} \cong \phi_{msB} + 2\phi_{fB} + \dfrac{\sqrt{q4N_o\varepsilon_{Si}4\phi_{fB}}}{C_{ox}}, \quad X_{d,maxB} \equiv \sqrt{\dfrac{\varepsilon_{Si}}{q4N_o}4\phi_{fB}} \end{cases}$$

$$\Delta V_T \equiv V_{TB} - V_{TA} = (\phi_{msB} - \phi_{msA}) + 2(\phi_{fB} - \phi_{fA}) + \frac{\sqrt{qN_o\varepsilon_{Si}4\phi_{fA}}}{C_{ox}}(\sqrt{4} - \sqrt{1}) = (\phi_{fB} - \phi_{fA}) + \frac{\sqrt{qN_o\varepsilon_{Si}4\phi_{fA}}}{C_{ox}}$$

$$= V_{th}\ln 4 + \frac{\sqrt{qN_o\varepsilon_{Si}4\phi_{fA}}}{C_{ox}} > 0 \quad \Leftrightarrow \quad \boxed{V_{TA} < V_{TB}}$$

즉 게이트 도핑과 산화막이 동일한 두 MOSFET 중, B의 기판 농도가 더 높으므로($N_{subB} = 4N_o > N_{subA} = N_o$), B의 공간전하영역이 더 좁고($X_{d,maxB} < X_{d,maxA}$), 그에 따라 B의 게이트 전압의 기판 전달효과가 더 낮음($(V_{g,sub}/V_g)|_{\text{B}} < (V_{g,sub}/V_g)|_{\text{A}}$)을 알 수 있다. 따라서 기판 표면에 반전해야 하는 전자 농도가 더 높은($n(0)|_{\text{B}} > n(0)|_{\text{A}}$) MOSFET B의 임계전압이 더 높다($V_{TB} > V_{TA}$).

MOSFET의 입출력 전달 컨덕턴스는 채널영역의 캐리어 이동도 μ_{eff}, 산화막 커패시턴스 C_{ox}를 결정하는 산화막의 유전률 ε_{ox}과 두께 t_{ox}, 채널 폭과 길이의 비(W/L), 유효 게이트 전압 $V_{GS,eff}\,(V_{GS} - V_T)$에 의해 결정된다. 따라서 기판 농도 차이로 인해 임계전압이 다른 MOSFET A와 B에 동일한 게이트 전압이 인가될 경우, 전달 컨덕턴스를 비교하면 다음과 같다.

$$g_m \equiv \frac{\partial I_D}{\partial V_{GS}} = \mu_{eff}C_{ox}\left(\frac{W}{L}\right)(V_{GS} - V_T) \;:\; V_{DS} > (V_{GS} - V_T) \equiv V_{DS,sat(\text{PO})} \quad \Leftarrow \quad \left(\frac{\mu_{effB}}{\mu_{effA}}\right) < 1,\ \left(\frac{V_{GS} - V_{TB}}{V_{GS} - V_{TA}}\right) < 1$$

$$\frac{g_{mB}}{g_{mA}} = \frac{\mu_{effB}C_{ox}\left(\frac{W}{L}\right)(V_{GS} - V_{TB})}{\mu_{effA}C_{ox}\left(\frac{W}{L}\right)(V_{GS} - V_{TA})} = \left(\frac{\mu_{effB}}{\mu_{effA}}\right)\left(\frac{V_{GS} - V_{TB}}{V_{GS} - V_{TA}}\right) < 1 \quad \Leftrightarrow \quad \boxed{g_{mA} > g_{mB}}$$

즉 기판영역의 도핑 농도가 높아서 기판 공간전하영역의 폭이 좁기 때문에 게이트 전압의 기판으로의 전달 성능 또는 기판 조절능력이 낮은 MOSFET B의 전달 컨덕턴스가 A보다 작다.

(d) 포화영역에서 드레인 전압에 의한 전류 변화와 소신호 특성의 출력저항 r_{ds}를 나타내는 채널길이 변조효과를 반영한 포화영역의 드레인 전류 관계식은 다음과 같다.

$$I_D = \frac{\mu_{eff}C_{ox}}{2}\left(\frac{W}{L}\right)(V_{GS} - V_T)^2(1 + \lambda V_{DS}) \qquad : V_{DS} > (V_{GS} - V_T) \equiv V_{DS,sat(\text{PO})}$$

$$\lambda \equiv \frac{\partial(\Delta L/L)}{\partial V_{DS}} = \frac{1}{L}\sqrt{\frac{\varepsilon_{si}}{2qN_A(V_{DS,sat} + V_{bi})}} = \frac{1}{V_A} \quad [\text{V}^{-1}] : \text{채널길이 변조계수}$$

이를 이용하면, 드레인 전압에 의한 채널길이 변조효과로 포화영역 드레인 전류에서 변화가 발생할 때, 이러한 변화를 나타내는 출력저항 r_{ds}가 다음과 같이 채널길이 변조계수 λ와 동작점의 DC 드레인 포화전류 I_D에 의해 결정됨을 알 수 있다.

$$r_{ds} \equiv \frac{1}{\partial I_D/\partial V_{DS}} = \frac{1}{\lambda\dfrac{\mu_{eff}C_{ox}}{2}\left(\dfrac{W}{L}\right)(V_{GS} - V_T)^2} = \frac{1}{\lambda I_D}$$

따라서 채널길이와 폭, 산화막의 두께가 모두 같으나 기판 도핑 농도가 다른 MOSFET A와 B의 출력저항을 비교하면 다음과 같다.

$$\begin{cases} V_{DS,satA} = (V_{GS} - V_{TA}) > V_{DS,satB} = (V_{GS} - V_{TB}), \quad V_{TA} < V_{TB} \\ \left(\dfrac{N_{AB}}{N_{AA}}\right) = \left(\dfrac{4N_o}{N_o}\right) = 4 \;\Rightarrow\; \left(\dfrac{\mu_{effA}}{\mu_{effB}}\right) > 1, \quad V_{TA} < V_{TB} \;\Rightarrow\; \left(\dfrac{V_{GS} - V_{TA}}{V_{GS} - V_{TB}}\right) > 1 \end{cases}$$

$$\frac{r_{dsB}}{r_{dsA}} = \left(\frac{\lambda_A}{\lambda_B}\right)\left(\frac{I_{D,satA}}{I_{D,satB}}\right) = \left(\sqrt{\frac{N_{AB}}{N_{AA}}}\right)\sqrt{\frac{V_{GS} - V_{TB}}{V_{GS} - V_{TA}}}\left(\frac{\mu_{effA}}{\mu_{effB}}\right)\left(\frac{V_{GS} - V_{TA}}{V_{GS} - V_{TB}}\right)^2 = 2\left(\frac{\mu_{effA}}{\mu_{effB}}\right)\left(\frac{V_{GS} - V_{TA}}{V_{GS} - V_{TB}}\right)^{3/2} > 2$$

$$\Leftrightarrow \boxed{2r_{dsA} < r_{dsB}}$$

즉 채널길이와 기판 도핑 농도가 같은 MOSFET A와 B에 동일한 유효 게이트 전압이 인가된 경우, 산화막의 두께가 두꺼워서 포화영역 드레인 전류의 크기가 작은 MOSFET B의 출력 저항이 더 큰 값을 갖는다. 즉 기판 농도가 다른 두 소자 중에서 도핑 농도가 높은 MOSFET B에서 공간전하영역 변화가 적으므로, 포화영역 드레인 전압에 의한 채널길이 변조효과가 보다 작게 나타난다. 따라서 MOSFET B의 출력저항 값은 A의 2배 이상임을 확인할 수 있다.

(e) MOSFET의 포화영역 드레인 전류 관계식과 출력저항 r_{ds}, 전달 컨덕턴스 g_m은 다음 관계식으로 결정된다.

$$I_D = \frac{\mu_{eff} C_{ox}}{2}\left(\frac{W}{L}\right)(V_{GS} - V_T)^2(1 + \lambda V_{DS}) \;\Leftrightarrow\; \begin{cases} r_{ds} \equiv \dfrac{1}{\partial I_D / \partial V_{DS}} = \dfrac{1}{\lambda \dfrac{\mu_{eff} C_{ox}}{2}\left(\dfrac{W}{L}\right)(V_{GS} - V_T)^2} = \dfrac{1}{\lambda I_D} \\ g_m \equiv \dfrac{\partial I_D}{\partial V_{GS}} = \mu_{eff} C_{ox}\left(\dfrac{W}{L}\right)(V_{GS} - V_T) \end{cases}$$

따라서 저주파 신호에 대한 MOSFET의 최대 전압 증폭률 A_{vm}은 다음 관계식과 같이 전달 컨덕턴스와 출력저항에 의해 결정된다.

$$A_{vm} = \left.\frac{\partial V_{out}}{\partial V_{in}}\right|_{\text{MOSFET}} = \frac{\partial V_{ds}}{\partial V_{gs}} = \left(\frac{\partial I_d}{\partial V_{gs}}\right)\bigg/\left(\frac{\partial I_d}{\partial V_{ds}}\right) = g_m r_{ds} \cong \frac{\mu_{eff} C_{ox}(W/L)(V_{GS} - V_T)}{\lambda \dfrac{\mu_{eff} C_{ox}}{2}(W/L)(V_{GS} - V_T)^2}$$

$$= \frac{2}{\lambda(V_{GS} - V_T)} = \frac{2V_A}{(V_{GS} - V_T)}$$

즉 최대 전압 증폭률 A_{vm}은 전달 컨덕턴스와 출력저항의 곱으로 나타낼 수 있으며, 특히 채널 변조계수에 의해 결정된다. 이를 이용하여 MOSFET A와 B의 저주파 신호에 대한 최대 전압 증폭률을 비교하면 다음과 같다.

$$\frac{A_{vmB}}{A_{vmA}} = \left(\frac{r_{dsB}}{r_{dsA}}\right)\left(\frac{g_{mB}}{g_{mA}}\right) = \left(\frac{\lambda_A}{\lambda_B}\right)\left(\frac{V_{GS} - V_{TB}}{V_{GS} - V_{TA}}\right) = \left(\sqrt{\frac{N_{AB}}{N_{AA}}}\right)\left(\frac{V_{GS} - V_{TB}}{V_{GS} - V_{TA}}\right) = 2\left(\frac{V_{GS} - V_{TB}}{V_{GS} - V_{TA}}\right)$$

$$\Leftarrow \left(\frac{N_{AB}}{N_{AA}}\right) = \left(\frac{4N_o}{N_o}\right) = 4 \;\Rightarrow\; V_{TA} < V_{TB} \;\Rightarrow\; \left(\frac{V_{GS} - V_{TB}}{V_{GS} - V_{TA}}\right) < 1 \;\Leftrightarrow\; \boxed{A_{vmA} < A_{vmB}}$$

MOSFET B의 경우, A의 4배인 기판 도핑 농도로 인하여 이동도가 상대적으로 저하되고, 임계전압 차이로 인해 유효 게이트 전압도 A와 다르지만, 출력저항에서 이점이 있으며 A보다 큰 최대 전압 증폭률을 얻을 수 있다.

(f) 증폭기로 사용되는 MOSFET은 강한 반전상태에서 동작한다. 따라서 게이트-소스 양단의 변위성 소신호 전류(displacement current)는 커패시턴스 C_{gs}로 나타낼 수 있으며, C_{gs}는 MOSFET에 인가된 DC 동작점 전압과 기하학적 구조에 의해 결정된다. 이때 게이트-소스 간의 입력 커패시턴스 C_{gs}를 구성하는 성분인 게이트와 기판 간의 산화막 커패시턴스($C_{gs,ox}$)와 게이트와 소스의 중첩 부분 커패시턴스($C_{gs,ov}$)를 고려하면, 포화영역에서 다음과 같이 나타낼 수 있다.

$$C_{gs} \cong \frac{2}{3}C_{go} + WL_{ov}C_{ox} = W\left(\frac{\varepsilon_{ox}}{t_{ox}}\right)\left(\frac{2}{3}L + L_{ov}\right) = WLC_{ox}\left(\frac{2}{3} + \frac{L_{ov}}{L}\right) \;;\; \text{포화영역}$$

$$C_{ox} \equiv \frac{\varepsilon_{ox}}{t_{ox}}\ [\text{F/cm}^2], \quad C_{go} \equiv WLC_{ox}$$

포화 영역에서 동작할 경우, 소스 쪽에는 채널이 잘 형성되어 있고, 드레인 끝쪽의 채널은 소멸되어 있으므로, 일반적으로 게이트-기판 사이의 산화막 커패시턴스의 대부분(2/3)이 게이트-소스 커패시턴스로 기여한다고 가정한다.

게이트 커패시턴스는 산화막 커패시턴스 C_{ox}에 의해 결정되므로, 기판 농도에 의해 지배되는 공간전하영역의 공핍 커패시턴스 C_{SD}와는 부관하다. 따라서 게이트 산화막의 구조가 동일한 MOSFET A와 B의 입력단 정전용량은 다음과 같이 동일한 값을 갖는다.

$$\boxed{C_{gsA} = C_{gsB}} \cong \frac{2}{3}C_{go} + WL_{ov}C_{ox} = W\left(\frac{\varepsilon_{ox}}{t_{ox}}\right)\left(\frac{2}{3}L + L_{ov}\right) = WLC_{ox}\left(\frac{2}{3} + \frac{L_{ov}}{L}\right) \text{ ; 포화영역}$$

12.4 MOSFET의 소신호 모델

아날로그 집적회로 설계 시 트랜지스터의 ac 입력신호에 대한 응답특성은 소신호 등가회로로 해석하는 것이 편리하다. 게이트 산화막의 두께(MOSFET **A**: $t_{oxA} = t_o$, **B**: $t_{oxB} = 2t_o$)를 제외한 모든 구성요소(게이트와 기판 도핑, 게이트 길이와 폭)가 동일한 두 MOSFET이 포화 영역에서 공통 소스(common-source) 형태의 증폭기로 사용되는 경우를 통해 소신호 모델을 이해하고자 한다. (단 두 경우 모두 $V_{eff} = V_{GS} - V_T$는 동일하다.)

(a) MOSFET의 소신호 등가회로를 그림으로 나타내고 각 성분의 물리적 의미를 간략히 설명하라.
(b) 입력신호 전압의 출력전류로의 변환 및 전달특성을 나타내는 등가회로 성분의 크기를 비교하라.
(c) 채널길이 변조효과를 나타내는 등가회로 성분의 크기를 비교하라.
(d) 입력 임피던스를 결정하는 등가회로 성분을 비교하라.
(e) 기판전압에 의한 드레인 전류 변화를 나타내는 등가회로 성분의 크기를 비교하라.

(a) 소신호 등가회로는 소자를 구성하는 단자 간 전류 경로에서 정현파 소신호 전압과 전류의 관계를 선형 특성의 어드미턴스($Y(\omega)$)로 표시한 것으로, 이동전하(전자와 정공)에 의한 전도성 전류를 나타내는 저항($r = 1/g$)과, 공간전하의 응답에 대한 변위성 전류를 나타내는 커패시턴스(C)의 병렬연결로 나타난다. 정현파 소신호 전압에 비례하여 정현파 소신호 전류가 흐르는 회로소자에는 저항과 인덕터, 커패시턴스가 있다. 일반적으로 반도체 소자의 인덕터 성분은 아주 작아서, 아주 높은 주파수의 정현파 신호에 대해서만 전압 강하 효과가 나타나기 때문에, 초고주파 해석을 제외하면 고려하지 않아도 특성 해석에 큰 오차가 생기지 않는다. 따라서 정현파 신호에 대한 전류-전압 관계는 전도성 저항과 커패시턴스의 병렬 연결인 어드미턴스 $Y(\omega)$를 이용하여 주파수에 따른 응답 특성을 편리하게 해석할 수 있다. 특히 비선형 특성을 갖는 소자에 대해서도 소신호 등가회로를 사용하여 편리하게 해석할 수 있다. 왜냐하면 비선형 응답특성도 푸리에 변환(Fourier transform) 등을 이용하여 주파수가 다른 많은 신호들의 선형 조합으로 나타낼 수 있기 때문이다. 즉 비선형 응답특성은 비선형 신호를 구성하는 모든 주파수의 신호에 대한 각각의 선형 응답특성을 구한 후, 이를 모두 합하여 구할 수 있다.

MOSFET을 이용한 증폭기의 기능은 다음 그림과 같이 동작점의 DC 전압과 전류에 중첩되어 있는 정현파 소신호를 증폭하는 것이다.

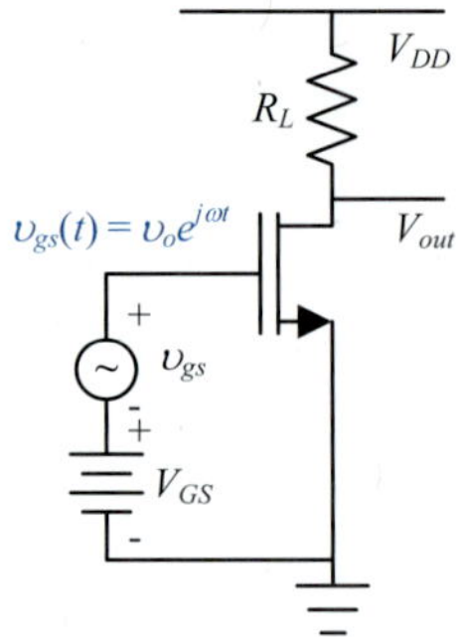

소스접지 증폭기

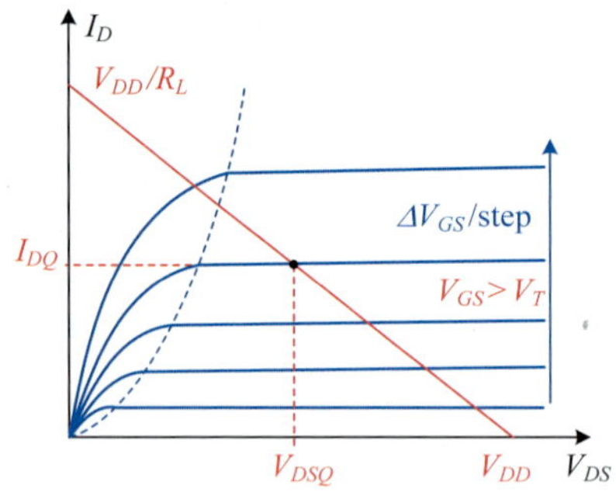

부하곡선과 동작점

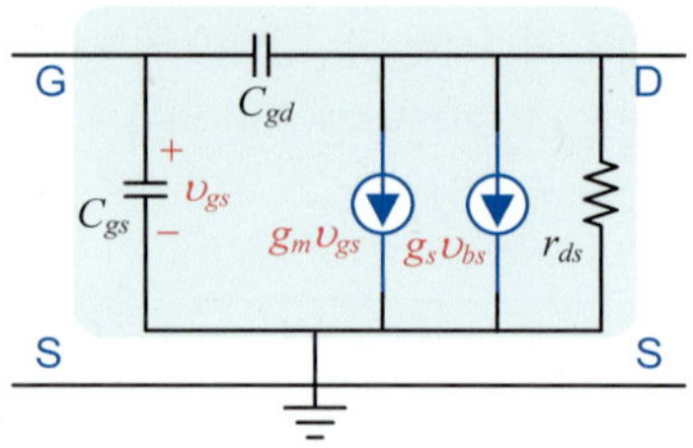

동작점에서의 소신호 등가회로

MOSFET의 소신호 등가회로는 입출력 전달 컨덕턴스, 입력(게이트–소스) 어드미턴스(Y_{gs}), 입출력(게이트–드레인) 직결합 어드미턴스(Y_{gd}), 출력(드레인–소스) 어드미턴스(Y_{ds})로 구성되어 있다. 각 전류 경로에 대한 어드미턴스는 MOSFET의 재료와 동작 온도, 제조공정, 소자 구조와 크기, 동작점 바이어스 등에 의해 결정된다. 게이트–소스 전류 경로와 게이트–드레인 전류 경로에는 높은 에너지 장벽으로 인해 이동전하에 의한 전류가 형성되지 않는다. 따라서 어드미턴스 성분 중에서 이동전하에 의한 저항성분이 아주 크므로($r_{gs} = \infty$, $r_{gd} = \infty$), 전체 회로를 커패시턴스 성분만 포함하는 등가회로로 단순화할 수 있다. 각 구성성분은 다음과 같다.

- 입출력 전달 컨덕턴스 : $g_m \equiv \dfrac{\partial i_{ds}}{\partial \upsilon_{gs}}$ [S]
- 게이트–소스 단자 간 입력 어드미턴스 : $Y_{gs}(\omega) \equiv \dfrac{\partial i_{gs}}{\partial \upsilon_{gs}} = g_{gs} + j\omega C_{gs} = \dfrac{1}{r_{gs}} + j\omega C_{gs} \cong j\omega C_{gs}$ $[\Omega^{-1}]$
- 드레인–소스 단자 간 출력 어드미턴스 : $Y_{ds}(\omega) \equiv \dfrac{\partial i_{ds}}{\partial \upsilon_{ds}} = g_{ds} + j\omega C_{ds} = \dfrac{1}{r_{ds}} + j\omega C_{ds}$ $[\Omega^{-1}]$
- 게이트–드레인 단자 간 입출력 직결합 어드미턴스 : $Y_{gd}(\omega) \equiv \dfrac{\partial i_{gd}}{\partial \upsilon_{gd}} = g_{gd} + j\omega C_{gd} = \dfrac{1}{r_{gd}} + j\omega C_{gd} \cong j\omega C_{gd}$ $[\Omega^{-1}]$

▶ 게이트–소스 커패시턴스 C_{gs} : C_{gs}를 구성하는 성분에는 게이트–기판 간의 채널영역 산화막 커패시턴스($C_{gs,ox}$)와 게이트–소스의 중첩 부분의 산화막 커패시턴스($C_{gs,ov}$)가 있으며, 동작 영역에 따라 다음과 같이 구분하여 나타낼 수 있다.

$$C_{gs}\ [\mathrm{F}] = \begin{cases} C_{gs,ox} + C_{gs,ov}\big|_{lin} = \dfrac{1}{2}C_{go} + WL_{ov}C_{ox} = W\left(\dfrac{\varepsilon_{ox}}{t_{ox}}\right)\left(\dfrac{1}{2}L + L_{ov}\right) = \dfrac{1}{2}C_{ox}WL\left(1 + 2\dfrac{L_{ov}}{L}\right) & ;\ \text{선형영역} \\ C_{gs,ox} + C_{gs,ov}\big|_{sat} = \dfrac{2}{3}C_{go} + WL_{ov}C_{ox} = W\left(\dfrac{\varepsilon_{ox}}{t_{ox}}\right)\left(\dfrac{2}{3}L + L_{ov}\right) = \dfrac{2}{3}C_{ox}WL\left(1 + \dfrac{3}{2}\dfrac{L_{ov}}{L}\right) & ;\ \text{포화영역} \end{cases}$$

$$C_{ox} \equiv \frac{\varepsilon_{ox}}{t_{ox}}\ [\mathrm{F/cm^2}],\quad C_{go} = C_{ox}WL\ [\mathrm{F}]$$

선형영역에서는 채널영역 전 구간에 걸쳐 전도성 채널이 잘 형성($V_{GS} > V_T$, $V_{GD} = V_{GS} - V_{DS} > V_T$)되어 있으므로, 채널영역의 게이트–기판 간 산화막 커패시턴스(C_{go})가 소스와 드레인에 같은 크기로 기여한다고 가정할 수 있다. 포화영역에서는 채널의 드레인 끝쪽이 소멸($V_{GD} = V_{GS} - V_{DS} < V_T$)되어 있으므로, 일반적으로 채널영역의 게이트–기판 산화막 커패시턴스의 대부분(2/3)이 게이트–소스 커패시턴스로 기여한다고 가정할 수 있다.

▶ 게이트–드레인 커패시턴스 C_{gd} : C_{gd}를 구성하는 성분에도 게이트–기판 간 채널영역 산화막 커패시턴스($C_{gd,ox}$)와 게이트–드레인 중첩부분의 산화막 커패시턴스($C_{gd,ov}$)가 있으며, 선형 및 포화영역에 따라 다음과 같이 구분하여 나타낼 수 있다.

$$C_{gd}\ [\mathrm{F}] = \begin{cases} C_{gd,ox} + C_{gd,ov}|_{lin} = \frac{1}{2}C_{go} + WL_{ov}C_{ox} = C_{ox}W\left(\frac{1}{2}L + L_{ov}\right) & ;\ \text{선형영역} \\ C_{gd,ox} + C_{gd,ov}|_{sat} = \ \sim 0 + WL_{ov}C_{ox} = C_{ox}WL_{ov} & ;\ \text{포화영역} \end{cases}$$

선형영역에서 동작할 경우, 채널영역 전 구간에 걸쳐 전도성 채널이 잘 형성($V_{GS} > V_T$, $V_{GD} = V_{GS} - V_{DS} > V_T$)되어 있으므로, 산화막 채널영역의 게이트-기판 간 산화막 커패시턴스가 소스와 드레인으로 균등하게 기여한다고 가정한다. 채널의 드레인 끝쪽이 소멸($V_{GD} = V_{GS} - V_{DS} < V_T$)된 포화영역에서는 일반적으로 게이트-드레인 중첩영역의 산화막 커패시턴스만 고려한다. 한편 포화영역에서 동작하는 증폭기의 경우, 게이트-드레인 커패시턴스의 작용이 게이트-드레인 중첩영역의 커패시턴스만 연결된 상황과 같으므로, 그 값이 매우 작다. 그러나 위상반전을 수반하고 큰 전압 증폭률($A_\upsilon < 0$, $|A_\upsilon| \gg 1$)을 갖는 소스 접지 증폭기에서는 게이트-드레인 커패시턴스가 주파수 특성에 중요한 영향을 미치는 밀러효과(Miller effect)의 근원이 된다.

▶ 드레인-소스 저항 r_{ds} : 드레인-소스 저항 또는 출력저항(r_{ds})은 드레인-소스 전압으로 인한 드레인 전류의 변화, 즉 채널길이 변조효과의 크기를 나타내는 소신호 특성지표로, 바이어스와 소자 구조 의존도는 다음과 같다.

$$I_D = \frac{\mu_{eff}C_{ox}}{2}\left(\frac{W}{L}\right)(V_{GS} - V_T)^2(1 + \lambda V_{DS})$$

$$r_{ds} = \frac{1}{g_{ds}} = 1\Big/\frac{\partial I_D}{\partial V_{DS}}\bigg|_{\text{conductive}} = \frac{1}{\lambda I_D}\ ;\quad \lambda \equiv \frac{\partial(\Delta L/L)}{\partial V_{DS}} = \frac{1}{L}\sqrt{\frac{\varepsilon_{si}}{2qN_A(V_{DS,sat} + V_{bi})}}$$

r_{ds}는 최대 전압 증폭률($A_{v,max}$)을 지배하는 성분 중 하나다.

▶ 입출력 전달 컨덕턴스 g_m : 입력신호 전압에 따른 드레인 출력 전류의 변화를 나타내는 입출력 전달 컨덕턴스(g_m)는 MOSFET의 성능을 나타내는 가장 중요한 특성지표 중의 하나다. 포화영역의 전달 컨덕턴스는 다음과 같다.

$$g_m \equiv \frac{\partial I_{out}}{\partial V_{in}}\bigg|_{\text{MOSFET}} = \frac{\partial I_D}{\partial V_{GS}} = \mu_{eff}C_{ox}\left(\frac{W}{L}\right)(V_{GS} - V_T) = \sqrt{2k_nI_D}\ [\mathrm{S}]\ ;\quad k_n \equiv \mu_{eff}C_{ox}\left(\frac{W}{L}\right)$$

g_m은 동작점 DC 드레인 전류의 제곱근에 비례하고, 유효 게이트 전압($V_{GS,eff} = V_{GS} - V_T$)에 선형적으로 비례하며, 이동도와 (W/L) 값에 의해 결정된다. 전달 컨덕턴스는 MOSFET의 채널 폭에 비례하므로, 소자의 성능을 비교할 때, 다음 식과 같이 채널 폭에 의한 영향을 정규화한 전달 컨덕턴스(g_{mo})를 비교하는 것이 효과적이다.

$$g_{mo} \equiv \frac{g_m}{W} = \frac{\mu_{eff}C_{ox}(V_{GS} - V_T)}{L}\quad [\mathrm{S/mm}]$$

▶ 기판 컨덕턴스 g_s : MOSFET의 기판전압 효과는 기판전압에 의한 임계전압의 변화(dV_T/dV_{BS})에 반영됨으로써 전류-전압 특성에 포함되었으므로, 이를 소신호 등가회로에도 반영해야 한다. 기판전압 V_{BS}에 따른 드레인 전류의 변화를 나타내는 기판 컨덕턴스(g_s)는 다음과 같이 기판 결합계수 m과 입출력 전달 컨덕턴스 g_m를 이용하여 나타낼 수 있다.

$$g_s = \frac{\partial I_D}{\partial V_{BS}} = \left(\frac{\partial V_T}{\partial V_{BS}}\right)\cdot\left(\frac{\partial I_D}{\partial V_T}\right) = \left(\frac{\partial V_T}{\partial V_{BS}}\right)\cdot\left(-\frac{\partial I_D}{\partial V_{GS}}\right) = -\eta g_m = \frac{C_{SD,min}}{C_{ox}}g_m\ ;\quad -\eta = \frac{C_{SD,min}}{C_{ox}}$$

즉 산화막의 두께가 얇고 기판 농도가 낮아서 게이트 전압의 기판 전달 및 조절 효과가 클수록, 기판전압에 의한 드레인 전류 변화를 나타내는 기판 컨덕턴스는 작은 값을 갖는다.

(b) 입력신호 전압(υ_{in})의 출력신호 전류(i_{out})로의 변환을 나타내는 지표는 전달 컨덕턴스 g_m이다. 전달 컨덕턴스는 다음과 같이 동작점 DC 드레인 전류의 제곱근에 비례하고, 유효 게이트 전압($V_{GS,eff} = V_{GS} - V_T$)에 선형적으로 비례하며, 이동도와 (W/L) 값에 의해 결정된다.

$$g_m \equiv \left.\frac{\partial I_{out}}{\partial V_{in}}\right|_{\text{MOSFET}} = \frac{\partial I_D}{\partial V_{GS}} = \mu_{eff} C_{ox}\left(\frac{W}{L}\right)(V_{GS}-V_T) = \sqrt{2k_n I_D}\ [\text{S}]\ ;\quad k_n \equiv \mu_{eff} C_{ox}\left(\frac{W}{L}\right)$$

게이트 산화막의 두께(MOSFET A: $t_{oxA} = t_o$, B: $t_{oxB} = 2t_o$)를 제외한 모든 구성요소(게이트와 기판의 도핑 농도, 게이트의 길이와 폭)가 동일한 두 MOSFET의 임계전압(V_{TA}, V_{TB})을 비교하면 다음과 같다.

$$V_T \equiv V_{FB} + \psi_{pg} + \psi_{ox} + \psi_S\big|_{\substack{\psi_S=2\phi_f \\ n(0)=N_A}} = V_{FB} + 2\phi_f\left(1+\frac{N_A}{N_{pg}}\right) - \frac{Q_{SD,max}}{C_{ox}} = V_{FB} + 2\phi_f\left(1+\frac{N_A}{N_{pg}}\right) + \frac{\sqrt{qN_A\varepsilon_{Si}4\phi_f}}{C_{ox}}$$

$$\begin{cases} C_{oxA} = \dfrac{\varepsilon_{ox}}{t_{oxA}} = \dfrac{\varepsilon_{ox}}{t_o}, \quad C_{oxB} = \dfrac{\varepsilon_{ox}}{t_{oxB}} = \dfrac{\varepsilon_{ox}}{2t_o} \iff C_{oxA} = 2C_{oxB}, \quad V_{FB} = \phi_{ms} \\ Q_{SD,max} \equiv Q_{SD}\big|_{\substack{V_{GS}=V_T \\ \psi_S=2\phi_f \\ n(0)=N_A}} = -qN_A X_{d,max} = -\sqrt{qN_A\varepsilon_{Si}4\phi_f}, \quad X_{d,max} \equiv X_d\big|_{\substack{V_{GS}=V_T \\ \psi_S=2\phi_f \\ n(0)=N_A}} = \sqrt{\dfrac{\varepsilon_{Si}}{qN_A}4\phi_f}, \quad C_{SD,min} = \dfrac{\varepsilon_{Si}}{X_{d,max}} \end{cases}$$

$$V_{TB} - V_{TA} = \sqrt{qN_A\varepsilon_{Si}4\phi_f}\left(\frac{1}{C_{oxB}} - \frac{1}{C_{oxA}}\right) = \frac{\sqrt{qN_A\varepsilon_{Si}4\phi_f}}{(\varepsilon_{ox}/t_o)} = \frac{\sqrt{qN_A\varepsilon_{Si}4\phi_f}}{C_{oxA}} > 0 \Rightarrow \boxed{V_{TA} < V_{TB} = V_{TA} + \frac{\sqrt{qN_A\varepsilon_{Si}4\phi_f}}{C_{oxA}}}$$

MOSFET 중 산화막의 두께가 두꺼운 MOSFET B의 임계전압이 MOSFET A보다 높다. 또한 동일한 유효 게이트 전압($V_{effA} = V_{effB}$)이 인가된 경우, 다음과 같이 산화막 두께가 얇은 MOSFET A의 전달 컨덕턴스가 MOSFET B보다 2배 크다.

$$\frac{g_{mB}}{g_{mA}} = \frac{C_{oxB}V_{effB}}{C_{oxA}V_{effA}} = \frac{C_{oxB}}{C_{oxA}} = \frac{t_{oA}}{t_{oB}} = \frac{1}{2} \Leftarrow V_{effA} = (V_{GSA} - V_{TA}) = (V_{GSB} - V_{TB}) = V_{effB} \iff \boxed{g_{mA} = 2g_{mB}}$$

(c) 채널길이 변조효과에 의한 드레인 전류의 변화는 드레인-소스 전류 경로의 구성성분인 출력저항 r_{ds}를 통해 반영된다. 게이트 산화막 두께가 다른 MOSFET A와 B에 동일한 유효 게이트 전압($V_{effA} = V_{effB}$)이 인가된 경우, 출력저항을 비교하면 다음과 같다.

$$r_{ds} = 1\Big/\left.\frac{\partial I_D}{\partial V_{DS}}\right|_{\text{conductive}} = \frac{1}{\lambda I_D}\ ;\quad \lambda \equiv \frac{\partial(\Delta L/L)}{\partial V_{DS}} = \frac{1}{L}\sqrt{\frac{\varepsilon_{si}}{2qN_A(V_{DS,sat}+V_{bi})}} = \frac{1}{V_A},\quad V_{DS,sat} = V_{GS} - V_T = V_{eff}$$

$$\left(\frac{C_{oxA}}{C_{oxB}}\right) = 2,\quad V_{effA} = V_{effB}\ ;\quad V_{DS,satA} = (V_{GSA} - V_{TA}) = V_{effA},\quad V_{DS,satB} = (V_{GSB} - V_{TB}) = V_{effB},\quad V_{TA} < V_{TB}$$

$$\frac{r_{dsB}}{r_{dsA}} = \frac{\lambda_A I_{DA}}{\lambda_B I_{DB}} = \sqrt{\frac{V_{DS,satB}}{V_{DS,satA}}}\left(\frac{C_{oxA}}{C_{oxB}}\right)\left(\frac{V_{GSA}-V_{TA}}{V_{GSB}-V_{TB}}\right)^2 = \left(\frac{C_{oxA}}{C_{oxB}}\right)\left(\frac{V_{effA}}{V_{effB}}\right)^{3/2} = \left(\frac{C_{oxA}}{C_{oxB}}\right) = 2 \iff \boxed{r_{dsB} = 2r_{dsA}}$$

즉 채널길이와 기판 농도가 같은 MOSFET A와 B에 동일한 유효 게이트 전압이 인가된 경우, 산화막의 두께가 두꺼워 드레인 전류의 크기가 작은 MOSFET B의 출력 저항이 더 큰 값을 갖는다.

(d) MOSFET의 입력 임피던스는 게이트-소스 전류 경로의 커패시턴스 C_{gs}에 의해 결정된다. C_{gs}를 구성하는 성분에는 게이트-기판으로 이루어진 채널영역 산화막 커패시턴스와 함께 게이트-소스 단자의 중첩으로 인한 커패시턴스 성분이 존재한다. 산화막의 두께가 다른 두 MOSFET의 C_{gs}를 비교하면 다음과 같다.

$$C_{gs}\ [\text{F}] = C_{gs,ox} + C_{gs,ov}\big|_{sat} = \frac{2}{3}C_{go} + WL_{ov}C_{ox} = \frac{2}{3}C_{ox}WL\left(1+\frac{3}{2}\frac{L_{ov}}{L}\right)\ ;\ \text{포화영역}$$

$$\frac{C_{gsB}}{C_{gsA}} = \frac{C_{oxB}}{C_{oxA}} = \frac{1}{2} \iff \boxed{C_{gsA} = 2C_{gsB}}$$

(e) 소신호 등가회로에서 기판전압에 의한 드레인 전류 변화를 나타내는 등가회로 요소는 기판 컨덕턴스 g_s로 나타난다. 게이트 산화막 두께가 다른 MOSFET A와 B의 기판 컨덕턴스를 비교하면 다음과 같다.

$$g_s = \frac{\partial I_D}{\partial V_{BS}} = -\eta g_m = \frac{C_{SD,min}}{C_{ox}} g_m \;\; ; \;\; g_m \equiv \frac{\partial I_D}{\partial V_{GS}} = \mu_{eff} C_{ox}\left(\frac{W}{L}\right)(V_{GS} - V_T) = \mu_{eff} C_{ox}\left(\frac{W}{L}\right)V_{eff}$$

$$C_{SD,minA} = C_{SD,minB}, \quad V_{effA} = (V_{GSA} - V_{TA}) = V_{effB} = (V_{GSB} - V_{TB})$$

이때 기판 농도는 동일하나 산화막 두께는 다른 두 MOSFET에 동일한 크기의 유효 게이트 전압이 인가되면, 다음과 같이 기판 컨덕턴스는 동일하다.

$$\left|\frac{g_{sB}}{g_{sA}}\right| = \left(\frac{C_{oxA}}{C_{oxB}}\right)\left(\frac{g_{mB}}{g_{mA}}\right) = \left(\frac{C_{oxA}}{C_{oxB}}\right)\left(\frac{C_{oxB}V_{effB}}{C_{oxA}V_{effA}}\right) = 1 \quad \Leftrightarrow \quad \boxed{g_{sA} = g_{sB}}$$

12.5 MOSFET의 소신호 등가회로

MOSFET에 *ac* 소신호가 인가된 경우, 그 응답특성은 소신호 등가회로를 사용하여 해석하고 성능을 예측할 수 있다. 이는 아날로그 집적회로 설계 시 주파수의 특성을 이해하는 데 필수적이며, 각 구성요소의 물리적 의미와 인가된 DC 전압에 대한 의존도를 이해하는 일은 매우 중요하다. 게이트 길이(MOSFET A: $L_A = L_o$, B: $L_B = 0.5L_o$)를 제외한 모든 구성요소(게이트 산화막, 기판 및 게이트 농도, 채널 폭)가 동일한 두 MOSFET이 소스 접지 형태의 포화영역(V_{GS}와 같은 크기의 V_{DS})에서 동작하는 경우를 고려하여, 이를 통해 소신호 등가회로를 이해하고자 한다

(a) MOSFET의 소신호 등가회로를 그림으로 나타내고, 각 구성성분의 의미를 간략히 설명하라.
(b) MOSFET의 경우, 어떤 전류-전압 관계를 가질 때 소신호라고 하는지를 간략히 설명하라.
(c) 두 MOSFET에 대해 전달 컨덕턴스의 크기를 비교(g_{mB}/g_{mA})하라.
(d) 출력저항을 비교(r_{dsB}/r_{dsA})하고, 이를 크게 할 수 있는 방법을 설명하라.
(e) 저주파 신호에 대한 최대 전압 증폭률(A_{vm})을 비교(A_{vmB}/A_{vmA})하라.
(f) 두 경우의 입력 정전용량을 비교(C_{inB}/C_{inA})하라.
(g) 두 MOSFET의 저주파 입력 임피던스(input impedance)를 비교($|Z_{inB}|/|Z_{inA}|$)하라.

(a) 특정한 동작점에 바이어스되어 소신호가 인가된 MOSFET의 소신호 등가회로는 다음과 같이 입출력 전달 컨덕턴스(g_m)와 게이트-소스 단자 간의 입력 어드미턴스(Y_{gs}), 게이트-드레인 단자 간의 입출력 직결합 어드미턴스(Y_{gd}), 출력 드레인-소스 단자 간의 출력 어드미턴스(Y_{ds})로 구성되어 있다. 각 전류 경로에 대한 어드미턴스는 MOSFET의 재료와 동작온도, 제조공정, 소자 구조와 크기 및 동작점 바이어스에 의해 결정된다.

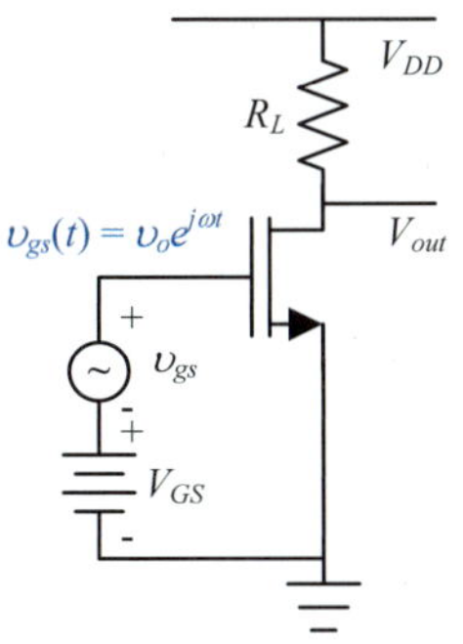

소스접지 증폭기

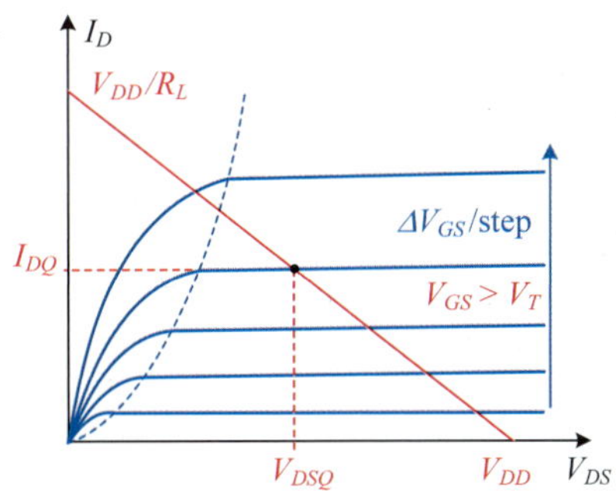

부하곡선과 동작점

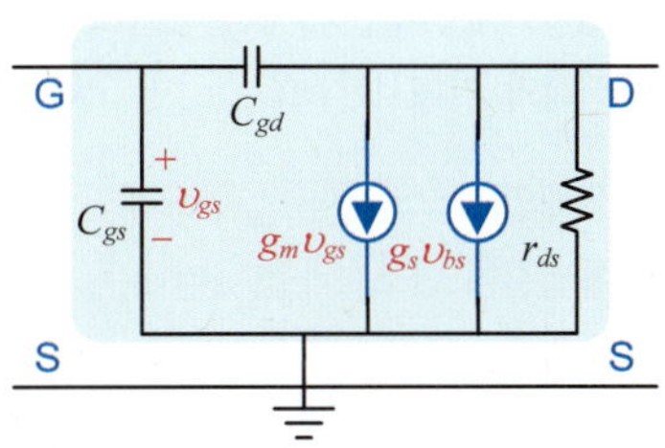

동작점에서의 소신호 등가회로

게이트-소스 전류 경로와 게이트-드레인 전류 경로에는 높은 에너지 장벽으로 인해 이동전하에 의한 전류가 형성되지 않는다. 따라서 어드미턴스 성분 중 이동전하에 의한 저항성분이 아주 크므로($r_{gs} = \infty$, $r_{gd} = \infty$), 커패시턴스 성분만 포

함하는 등가회로로 단순화할 수 있다.

- 입출력 전달 컨덕턴스 : $g_m \equiv \dfrac{\partial i_{ds}}{\partial \upsilon_{gs}}$ [S]
- 게이트-소스 단자 간 입력 어드미턴스 : $Y_{gs}(\omega) \equiv \dfrac{\partial i_{gs}}{\partial \upsilon_{gs}} = g_{gs} + j\omega C_{gs} = \dfrac{1}{r_{gs}} + j\omega C_{gs} \cong j\omega C_{gs}\ [\Omega^{-1}]$
- 드레인-소스 단자 간 출력 어드미턴스 : $Y_{ds}(\omega) \equiv \dfrac{\partial i_{ds}}{\partial \upsilon_{ds}} = g_{ds} + j\omega C_{ds} = \dfrac{1}{r_{ds}} + j\omega C_{ds}\ [\Omega^{-1}]$
- 게이트-드레인 단자 간 입출력 직결합 어드미턴스 : $Y_{gd}(\omega) \equiv \dfrac{\partial i_{gd}}{\partial \upsilon_{gd}} = g_{gd} + j\omega C_{gd} = \dfrac{1}{r_{gd}} + j\omega C_{gd} \cong j\omega C_{gd}\ [\Omega^{-1}]$

▶ 게이트-소스 커패시턴스 C_{gs} : C_{gs}를 구성하는 성분에는 게이트-기판 간의 채널영역 산화막 커패시턴스($C_{gs,ox}$)와 게이트-소스의 중첩 부분의 산화막 커패시턴스($C_{gs,ov}$)가 있으며, 동작 영역에 따라 다음과 같이 구분하여 나타낼 수 있다.

$$C_{gs}\ [\mathrm{F}] = \begin{cases} C_{gs,ox} + C_{gs,ov}\big|_{lin} = \dfrac{1}{2}C_{go} + WL_{ov}C_{ox} = W\left(\dfrac{\varepsilon_{ox}}{t_{ox}}\right)\left(\dfrac{1}{2}L + L_{ov}\right) = \dfrac{1}{2}C_{ox}WL\left(1 + 2\dfrac{L_{ov}}{L}\right) & ;\ \text{선형영역} \\ C_{gs,ox} + C_{gs,ov}\big|_{sat} = \dfrac{2}{3}C_{go} + WL_{ov}C_{ox} = W\left(\dfrac{\varepsilon_{ox}}{t_{ox}}\right)\left(\dfrac{2}{3}L + L_{ov}\right) = \dfrac{2}{3}C_{ox}WL\left(1 + \dfrac{3}{2}\dfrac{L_{ov}}{L}\right) & ;\ \text{포화영역} \end{cases}$$

$$C_{ox} \equiv \frac{\varepsilon_{ox}}{t_{ox}}\ [\mathrm{F/cm^2}], \quad C_{go} \equiv C_{ox}WL\ [\mathrm{F}]$$

선형영역 동작에서는 채널영역 전 구간에 걸쳐 전도성 채널이 잘 형성($V_{GS} > V_T$, $V_{GD} = V_{GS} - V_{DS} > V_T$)되어 있으므로, 채널영역의 게이트-기판 간 산화막 커패시턴스(C_{go})가 소스와 드레인에 같은 크기로 기여한다고 가정할 수 있다. 포화영역에서 동작하는 경우, 채널의 드레인 끝쪽이 소멸($V_{GD} = V_{GS} - V_{DS} < V_T$)되어 있으므로, 일반적으로 채널영역 게이트-기판 산화막 커패시턴스의 대부분(2/3)이 게이트-소스 커패시턴스로 기여한다고 가정한다.

▶ 게이트-드레인 커패시턴스 C_{gd} : C_{gd}를 구성하는 성분에도 게이트-기판 간 채널영역 산화막 커패시턴스($C_{gd,ox}$)와 게이트-드레인 중첩부분의 산화막 커패시턴스($C_{gd,ov}$)가 있으며, 선형 및 포화영역에 따라 다음과 같이 구분하여 나타낼 수 있다.

$$C_{gd}\ [\mathrm{F}] = \begin{cases} C_{gd,ox} + C_{gd,ov}\big|_{lin} = \dfrac{1}{2}C_{go} + WL_{ov}C_{ox} = C_{ox}W\left(\dfrac{1}{2}L + L_{ov}\right) & ;\ \text{선형영역} \\ C_{gd,ox} + C_{gd,ov}\big|_{sat} = \ \sim 0 + WL_{ov}C_{ox} = C_{ox}WL_{ov} & ;\ \text{포화영역} \end{cases}$$

선형영역에서 동작하는 경우, 채널영역 전 구간에 걸쳐 전도성 채널이 잘 형성($V_{GS} > V_T$, $V_{GD} = V_{GS} - V_{DS} > V_T$)되어 있으므로, 채널영역의 게이트-기판 간 산화막 커패시턴스가 소스와 드레인으로 균등하게 기여한다고 가정할 수 있다. 채널의 드레인 끝쪽이 소멸($V_{GD} = V_{GS} - V_{DS} < V_T$)된 포화영역에서는 일반적으로 게이트-드레인 중첩영역의 산화막 커패시턴스($C_{gd,ov}$)만 고려한다.

▶ 드레인-소스 저항 r_{ds} : 드레인-소스 저항 또는 출력저항(r_{ds})은 드레인-소스 전압으로 인한 드레인 전류의 변화, 즉 채널길이 변조효과를 나타내는 소신호 특성지표로, 바이어스와 소자 구조 의존도는 다음과 같다.

$$I_D = \frac{\mu_{eff}C_{ox}}{2}\left(\frac{W}{L}\right)(V_{GS} - V_T)^2(1 + \lambda V_{DS}) \ \Rightarrow\ r_{ds} = 1\Big/\frac{\partial I_D}{\partial V_{DS}}\bigg|_{\text{conductive}} = \frac{1}{\lambda I_D}\ ;$$

$$\lambda \equiv \frac{\partial(\Delta L/L)}{\partial V_{DS}} = \frac{1}{L}\sqrt{\frac{\varepsilon_{si}}{2qN_A(V_{DS,sat} + V_{bi})}}$$

r_{ds}는 최대 전압 증폭률($A_{v,max} = g_m r_{ds}$)을 결정하는 MOSFET의 중요한 특성지표 중 하나다.

▶ 입출력 전달 컨덕턴스 g_m : 입력 전압에 따른 출력 전류의 변화를 나타내는 입출력 전달 컨덕턴스(g_m)는 MOSFET의 성능을 나타내는 가장 중요한 특성지표 중 하나로, 포화영역에서 동작하는 MOSFET의 전달 컨덕턴스는 다음과 같다.

$$g_m \equiv \left.\frac{\partial I_{out}}{\partial V_{in}}\right|_{\text{MOSFET}} = \frac{\partial I_D}{\partial V_{GS}} = \mu_{eff} C_{ox}\left(\frac{W}{L}\right)(V_{GS} - V_T) = \sqrt{2k_n I_D} \;\; [\text{S}] \;\; ; \quad k_n \equiv \mu_{eff} C_{ox}\left(\frac{W}{L}\right)$$

g_m은 동작점 DC 드레인 전류의 제곱근에 비례하고, 유효 게이트 전압($V_{GS,eff} = V_{GS} - V_T$)에 선형적으로 비례하며, 이동도와 (W/L) 값에 의해 결정된다. 전달 컨덕턴스는 MOSFET의 채널 폭에 비례하므로, 소자의 성능을 비교할 때, 다음 식과 같이 채널 폭에 의한 영향을 정규화한 전달 컨덕턴스(g_{mo})를 비교하는 것이 효과적이다.

$$g_{mo} \equiv \frac{g_m}{W} = \frac{\mu_{eff} C_{ox}(V_{GS} - V_T)}{L} \quad [\text{S/mm}]$$

▶ 기판 컨덕턴스 g_s : MOSFET의 기판전압 효과는 기판전압에 의한 임계전압의 변화(dV_T/dV_{BS})에 반영됨으로써 전류-전압 특성에 포함되었으며, 이를 소신호 등가회로에도 반영해야 한다. 기판전압 V_{BS}에 따른 드레인 전류의 변화를 나타내는 기판 컨덕턴스(g_s)는 다음과 같이 기판 결합계수 m과 입출력 전달 컨덕턴스 g_m를 이용하여 나타낼 수 있다.

$$g_s = \frac{\partial I_D}{\partial V_{BS}} = \left(\frac{\partial V_T}{\partial V_{BS}}\right)\cdot\left(\frac{\partial I_D}{\partial V_T}\right) = \left(\frac{\partial V_T}{\partial V_{BS}}\right)\cdot\left(-\frac{\partial I_D}{\partial V_{GS}}\right) = -\eta g_m = \frac{C_{SD,min}}{C_{ox}} g_m \;\; ; \quad -\eta = \frac{C_{SD,min}}{C_{ox}}$$

즉 산화막의 두께가 얇고 기판 농도가 낮아서 게이트 전압의 기판 전달 및 조절 효과가 클수록, 기판전압에 의한 드레인 전류 변화를 나타내는 기판 컨덕턴스는 작은 값을 갖는다.

(b) MOSFET의 게이트 전압(V_{gs})은 동작점을 결정하는 DC 전압(V_{GS})과 정현파 ac 전압($\upsilon_{ac}(\omega t)$)의 합으로 이루어지며, 이로 인한 드레인과 게이트 전류(I_d, I_g)는 각각 다음과 같이 나타낼 수 있다.

$$V_{gs}(t) = V_{GS} + \upsilon_{gs}(t), \quad V_{ds} = V_{DS} + \upsilon_{ds}(t) \quad \begin{cases} V_{GS} \;\&\; V_{DS} & \text{: 동작점의 DC 전압} \\ \upsilon_{gs}(\omega t) = \upsilon_o e^{j\omega t}, \;\; \upsilon_{ds}(\omega t) = \upsilon_o e^{j(\omega t + \phi_d)} & \text{: ac 소신호 전압} \end{cases}$$

$$I_d(t) = I_D + i_d(t), \quad I_g(t) = I_G + i_g(t) \quad \begin{cases} I_D \;\&\; I_G & \text{: 동작점의 DC 전류} \\ i_d(t) = i_o e^{j(\omega t + \phi)}, \;\; i_g(t) = i_o e^{j(\omega t + \phi_g)} & \text{: ac 소신호 전류} \end{cases}$$

MOSFET에 동작점을 결정하는 DC 바이어스와 정현파 신호 전압이 중첩($V_{gs}(t) = V_{GS} + \upsilon_{gs}(t)$)된 경우, 드레인 전류는 동작점의 DC 전류 I_D와 ac 전류 $i_d(\omega t)$의 합으로 다음과 같이 나타낼 수 있다.

$$I_d = I_D + i_d(t) = \frac{\mu_{eff} C_{ox}}{2}\left(\frac{W}{L}\right)\{(V_{GS} + \upsilon_{gs}(\omega t)) - V_T\}^2 = \frac{k_n}{2}(V_{GS} - V_T)^2 + k_n(V_{GS} - V_T)\upsilon_{gs}(\omega t) + \frac{k_n}{2}\upsilon_{gs}^2(\omega t)$$

$$\begin{cases} I_D = \dfrac{k_n}{2}(V_{GS} - V_T)^2; \;\; k_n \equiv \mu_{eff} C_{ox}\left(\dfrac{W}{L}\right) & \text{: DC 바이어스}(I_D,\ V_{GS}) \\ i_d(\omega t) = k_n(V_{GS} - V_T)\upsilon_{gs}(\omega t) + \dfrac{k_n}{2}\upsilon_{gs}^2(\omega t) & \text{: 소신호 } ac \text{ 드레인 전류} \end{cases}$$

따라서 게이트에 인가된 ac 입력신호 전압과 그에 따라 조절되는 드레인의 ac 출력 전류가 선형관계, 즉 소신호 특성을 유지하기 위해서는 다음 조건을 만족해야 한다.

$$i_d(\omega t) = k_n\left((V_{GS} - V_T)\upsilon_{gs}(\omega t) + \frac{1}{2}\upsilon_{gs}^2(\omega t)\right) \cong k_n(V_{GS} - V_T)\upsilon_{gs}(\omega t) = g_m \upsilon_{gs}(\omega t)$$

$$\Rightarrow \begin{cases} \dfrac{1}{2}\upsilon_{gs}^2(\omega t) \ll (V_{GS} - V_T)\upsilon_{gs}(\omega t) \\ \boxed{\upsilon_{gs}(\omega t) \ll 2(V_{GS} - V_T) = 2V_{GS,eff}} \end{cases}$$

ac 신호의 진폭 υ_o가 유효 게이트 전압보다 훨씬 작은 경우, 게이트 ac 신호전압과 ac 드레인 전류는 선형관계를 가지며, 그 비가 입출력 전달 컨덕턴스 g_m이다.

$$i_d(\omega t) = g_m \upsilon_{gs}(\omega t)\ [\text{A}]\ ;\quad g_m \equiv k_n (V_{GS} - V_T) = \sqrt{2k_n I_D}\ [\text{S}]$$

따라서 동작점을 결정하는 DC 전압에 소신호 ac 전압이 중첩되어 인가된 경우, MOSFET의 드레인 전류는 다음과 같다.

$$I_d(t) = I_D + i_d(t) = \frac{k_n}{2}(V_{GS} - V_T)^2 + k_n(V_{GS} - V_T)\upsilon_{gs}(\omega t)\quad \begin{cases} I_D = \dfrac{k_n}{2}(V_{GS} - V_T)^2, & i_d(\omega t) = g_m \upsilon_{gs}(\omega t) \\ g_m = k_n(V_{GS} - V_T) \end{cases}$$

(c) 입력신호 전압의 출력 전류로의 변환과 전달특성은 드레인-소스 전류 경로의 전달 컨덕턴스 g_m로 나타나며, 이는 소자의 구조와 도핑 농도에 의해 결정되는 임계전압(V_T)과 게이트에 인가된 유효 게이트 전압($V_{eff} = V_{GS} - V_T$)의 영향을 받는다. 게이트 길이(MOSFET A: $L_A = L_o$, B: $L_B = 0.5L_o$)를 제외한 수직방향 MOS 구조는 MOSFET A와 B가 동일하므로, 다음과 같이 임계전압도 동일($V_{TA} = V_{TB} = V_T$)하다.

$$\begin{cases} \boxed{V_{TA} = V_{TB}} = V_T \equiv V_G\big|_{\psi_S = 2\phi_f} = V_{FB} + \psi_{pg} + \psi_{ox} + \psi_S\Big|_{\substack{V_{GS} = V_T \\ \psi_S = 2\phi_f \\ n(0) = N_A}} = \phi_{ms} + 2\phi_f\left(1 + \dfrac{N_A}{N_{pg}}\right) + \dfrac{|Q_{SD,max}|}{C_{ox}} \\ C_{ox} = \dfrac{\varepsilon_{ox}}{t_o}, \quad X_{d,maxA} = X_{d,maxB} \equiv \sqrt{\dfrac{\varepsilon_{Si}}{qN_A}4\phi_f}, \quad Q_{SD,max} = -qN_A X_{d,max} = -\sqrt{\varepsilon_{Si} q N_A 4\phi_f} \end{cases}$$

이때 두 MOSFET에 동일한 게이트 전압이 인가되었으므로, 게이트 길이가 다른 두 MOSFET의 전달 컨덕턴스를 비교하면 다음과 같다.

$$\frac{g_{mB}}{g_{mA}} = \frac{\mu_{eff} C_{ox}\left(\dfrac{W}{L_B}\right)(V_{GS} - V_T)}{\mu_{eff} C_{ox}\left(\dfrac{W}{L_A}\right)(V_{GS} - V_T)} = \frac{L_A}{L_B} = 2 \quad \Leftrightarrow \quad \boxed{g_{mA} < g_{mB} = 2g_{mA}} \quad \Leftarrow \quad L_A = L_o,\ L_B = 0.5L_o$$

즉 게이트 길이가 짧은 MOSFET B의 전달 컨덕턴스가 MOSFET A의 2배이다.

(d) 채널길이 변조효과에 의한 드레인 전류의 변화는 드레인-소스 전류 경로의 구성성분인 출력저항 r_{ds}를 통해 반영된다. 게이트 길이가 다른 MOSFET A와 B에 동일한 유효 게이트 전압($V_{effA} = V_{effB}$)이 인가된 경우, 출력저항을 비교하면 다음과 같다.

$$r_{ds} = \frac{1}{g_{ds}} = \frac{1}{\lambda I_D}\ ;\quad \lambda \equiv \frac{\partial(\Delta L/L)}{\partial V_{DS}} = \frac{1}{L}\sqrt{\frac{\varepsilon_{si}}{2qN_A(V_{DS,sat} + V_{bi})}}\ ;\quad V_{TA} = V_{TB} = V_T,\quad V_{DS,satA} = V_{DS,satB} = (V_{GS} - V_T)$$

$$\frac{r_{dsB}}{r_{dsA}} = \frac{\lambda_A I_{DA}}{\lambda_B I_{DB}} = \left(\frac{\lambda_A}{\lambda_B}\right)\left(\frac{I_{DA}}{I_{DB}}\right) \cong \left(\frac{L_B}{L_A}\right)\left(\frac{1/L_A}{1/L_B}\right) = \left(\frac{L_B}{L_A}\right)^2 = \frac{1}{4} \quad \Leftrightarrow \quad \boxed{r_{dsA} = 4r_{dsB}}$$

즉 채널길이가 긴 MOSFET A($L_A = L_o$)의 출력저항이 채널길이가 짧은 MOSFET B($L_B = 0.5L_o$)의 4배이다. 따라서 드레인 전류 구동 능력은 그대로 유지하면서 출력저항을 크게 할 수 있는 방법은 MOSFET의 게이트 길이는 크게 하되, 드레인 전류에 필요한 (W/L) 값은 그대로 유지하는 것이다. 이렇게 할 경우 소자 구현에 필요한 칩의 면적이 증가함을 기억해 두어야 한다.

(e) MOSFET의 포화영역 드레인 전류 관계식과 출력저항 r_{ds}, 전달 컨덕턴스 g_m 관계식은 다음과 같다.

$$I_D = \frac{\mu_{eff} C_{ox}}{2}\left(\frac{W}{L}\right)(V_{GS} - V_T)^2(1 + \lambda V_{DS}) \quad \begin{cases} r_{ds} \equiv \dfrac{1}{\partial I_D / \partial V_{DS}} = \dfrac{1}{\lambda \dfrac{\mu_{eff} C_{ox}}{2}\left(\dfrac{W}{L}\right)(V_{GS} - V_T)^2} = \dfrac{1}{\lambda I_D} \\ g_m \equiv \dfrac{\partial I_D}{\partial V_{GS}} = \mu_{eff} C_{ox}\left(\dfrac{W}{L}\right)(V_{GS} - V_T) \end{cases}$$

따라서 저주파 신호에 대한 MOSFET의 최대 전압 증폭률 A_{vm}은 다음 관계식과 같이 전달 컨덕턴스와 출력저항에 의해 결정된다.

$$A_{vm} = \left.\frac{\partial V_{out}}{\partial V_{in}}\right|_{\text{MOSFET}} = \frac{\partial V_{ds}}{\partial V_{gs}} = \left(\frac{\partial I_d}{\partial V_{gs}}\right)\Big/\left(\frac{\partial I_d}{\partial V_{ds}}\right) = g_m r_{ds} \cong \frac{\mu_{eff} C_{ox}(W/L)(V_{GS}-V_T)}{\lambda \frac{\mu_{eff} C_{ox}}{2}(W/L)(V_{GS}-V_T)^2} = \frac{2}{\lambda(V_{GS}-V_T)}$$

즉 최대 전압 증폭률 A_{vm}은 전달 컨덕턴스와 출력저항의 곱으로 나타낼 수 있으며, 특히 채널 변조계수에 의해 결정된다. 이를 이용하여 MOSFET A와 B의 최대 전압 증폭률을 비교하면 다음과 같다.

$$\frac{A_{vmB}}{A_{vmA}} = \left(\frac{r_{dsB}}{r_{dsA}}\right)\left(\frac{g_{mB}}{g_{mA}}\right) = \left(\frac{r_{dsB}}{r_{dsA}}\right)\left(\frac{1/L_B}{1/L_A}\right) = \left(\frac{L_B}{L_A}\right)^2\left(\frac{L_A}{L_B}\right) = \left(\frac{L_B}{L_A}\right) = \frac{1}{2} \quad \Leftrightarrow \quad \boxed{A_{vmA} = 2A_{vmB}}$$

즉 채널길이로 인해 출력저항이 큰 MOSFET A의 최대 전압 증폭률이 MOSFET B의 2배임을 알 수 있다.

(f) MOSFET의 입력 임피던스는 게이트-소스 전류 경로의 커패시턴스 C_{gs}에 의해 결정된다. 이 성분은 MOSFET가 아날로그 증폭기로 사용될 때, 전류이득 차단주파수 f_T와 최대 발진 주파수 f_{max}를 좌우하는 중요한 구성성분이다. 한편 MOSFET을 디지털 스위칭용으로 사용할 때, C_{gs}는 RC 지연시간을 결정하는 중요한 성분이 된다. C_{gs}를 구성하는 성분에는 게이트-기판으로 이루어진 MOSFET 내부의 커패시턴스와 더불어 게이트-소스 단자의 중첩으로 인한 커패시턴스 성분이 있다. 산화막은 동일하나 게이트 길이가 다른 두 MOSFET의 포화영역 C_{gs}를 비교하면 다음과 같다.

$$\frac{C_{gsB}}{C_{gsA}} = \frac{L_B\left(1+\frac{3}{2}\frac{L_{ov}}{L_B}\right)}{L_A\left(1+\frac{3}{2}\frac{L_{ov}}{L_A}\right)} = \frac{0.5L_o\left(1+\frac{3}{2}\frac{L_{ov}}{0.5L_o}\right)}{L_o\left(1+\frac{3}{2}\frac{L_{ov}}{L_o}\right)} \cong \frac{1}{2} \quad (L_{ov} \ll L_o) \quad \Leftrightarrow \quad \boxed{C_{gsA} \cong 2C_{gsB}}$$

즉 게이트 길이가 길어 단면적이 넓은 MOSFET A가 더 큰 입력 커패시턴스 값을 가지며, 중첩 커패시턴스가 무시할 정도로 작은 경우에는 MOSFET B의 게이트 커패시턴스의 약 2배가 된다.

(g) 게이트-소스 입력 임피던스는 게이트-소스 전류 경로의 커패시턴스 성분에 의해 결정된다. 게이트 길이가 다른 MOSFET A와 B($L_A = L_o$, $L_B = 0.5L_o$)의 ac 신호에 대한 입력 임피던스를 비교하면, 다음과 같이 게이트 단면적이 작은 MOSFET B의 입력임피던스가 A의 약 2배가 된다.

$$\frac{Z_{inB}}{Z_{inA}} = \frac{C_{gsA}}{C_{gsB}} = 2\left(1+\frac{3}{2}\frac{L_{ov}}{L_o}\right)\Big/\left(1+\frac{3}{2}\frac{L_{ov}}{0.5L_o}\right) \cong 2 \quad (L_{ov} \ll L_o) \quad \Leftrightarrow \quad \boxed{Z_{inB} \cong 2Z_{inA}}$$

한편 아주 낮은 주파수의 ac 신호에 대해서는 두 MOSFET 모두 무한대 크기의 입력 임피던스를 갖는다고 가정해도 좋다.

12.6 MOSFET의 약한 반전상태 누설전류

약한 반전상태의 게이트 전압에 따른 드레인 전류의 변화를 나타내는 기울기(Subthreshold Slope)는 MOSFET의 특성을 나타내는 중요한 지표 중 하나이다. 기판이 p형인 n채널 MOSFET을 통해 이를 이해하고자 한다.

(a) $V_{GS} = 0$, $V_{DS} = 0$인 경우에 소스(n^+)-기판(p)-드레인(n^+)의 수평방향에 대한 에너지 대역도를 그림으로 간략히 설명하라.

(b) $V_{GS} < V_T$(약한 반전상태), $V_{DS} = 0$인 경우의 소스-기판-드레인의 수평방향 에너지 대역도를 그림으로 설명하라.

(c) $V_{GS} < V_T$(약한 반전상태), $V_{DS} > 0$인 경우의 소스-기판-드레인의 수평방향 에너지 대역도를 그림으로 설명하라 (a, b, c는 하나의 그림에 비교하여 표시하는 것이 편리하다).

(d) $V_{GS} > V_T$인 경우와 달리 약한 반전상태의 드레인 전류는 $I_{D,sub} \propto \exp[(V_{GS} - V_T)/mV_{th}]$인 이유를 설명하라.
(e) 약한 반전 전류 기울기 S [V/dec]의 의미를 설명하라.
(f) 산화막의 두께(t_{ox})에 따른 약한 반전상태의 전류 기울기 변화를 그림(t_{ox} vs. S)으로 설명하라.

(a) N채널 MOSFET의 2차원 단면 구조, 열평형 상태($V_{GS} = 0$, $V_{DS} = 0$)의 채널 방향 에너지 대역도, 게이트-기판 MOS 구조의 전하밀도 분포와 에너지 대역도를 요약하여 아래에 나타내었다. 열평형 상태에서는 기판 표면에 이온화된 억셉터에 의한 공간전하만 존재한다고 가정하였다.

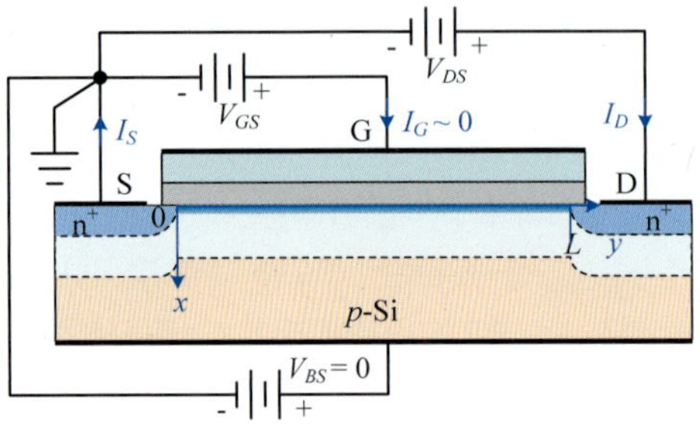

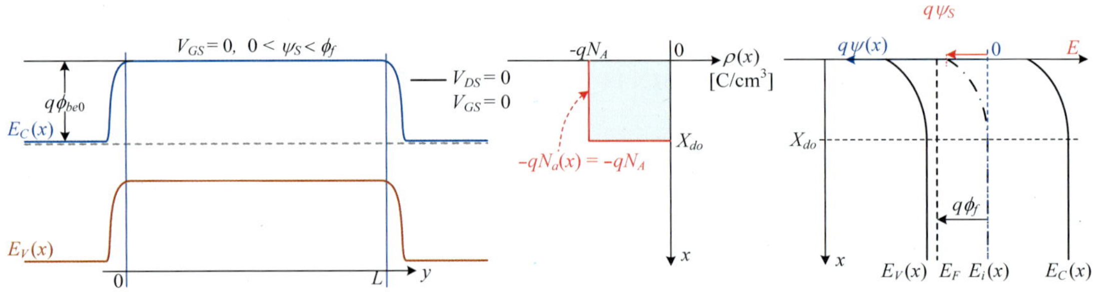

(b) N채널 MOSFET에 약한 반전상태의 게이트 전압($V_i < V_{GS} < V_T$, $\phi_f < \psi_S < 2\phi_f$, $V_{DS} = 0$)이 인가된 경우, 채널 방향의 에너지 대역도와 게이트-기판 MOS 구조의 전하밀도 분포 및 에너지 대역도를 요약하여 아래에 나타내었다. 약한 반전상태의 기판 표면에는 이온화된 억셉터에 의한 공간전하와 반전된 전자로 이루어진 음의 전하가 동시에 존재한다. 이때 MOS 구조의 표면 전위는 $\phi_f < \psi_S < 2\phi_f$이며, 표면 전자 농도는 $n_i < n(0) < N_A$이다. 특히 기판 표면의 반전 전자는 약한 반전상태의 드레인 누설전류의 근원이다.

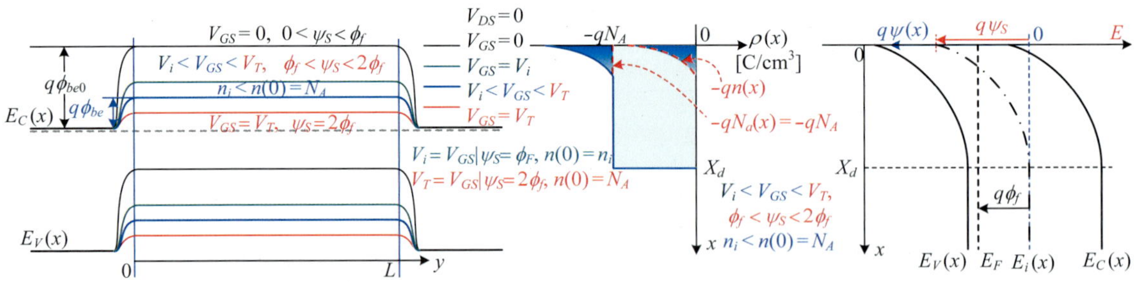

(c) 약한 반전상태의 게이트 전압이 인가된 MOSFET에 드레인 전압($V_{DS} > 0$)이 인가된 경우, 수평방향의 에너지 대역도를 $V_{DS} = 0$인 경우의 EBD와 비교하여 나타내었다. 드레인 전압은 드레인 접합에 대부분 인가된다. 특히 드레인 접합($y = L$) 부근에서는 수평방향 전계가 증가(EBD의 기울기가 급해짐)하지만, 채널영역($0 < y < L$)에서는 수평방향 전계가 약하게(EBD의 기울기가 작게) 형성되어 있다.

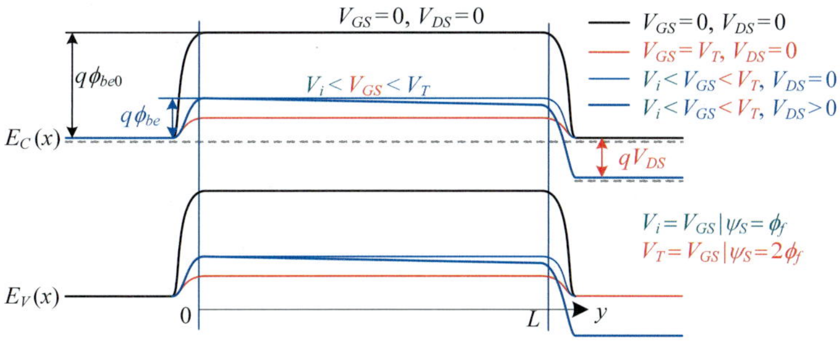

(d) 임계전압보다 큰 게이트 전압($V_{GS} > V_T$)이 가해진 경우와, 약한 반전상태의 게이트 전압($V_i < V_{GS} < V_T$)이 인가된 경우의 수평(y) 방향 에너지 대역도를 아래 그림에 비교하여 나타내었다. 임계전압보다 큰 게이트 전압($V_{GS} > V_T$)이 인가된 경우, 소스-채널 접합 영역에서는 전자에 대한 에너지 장벽이 거의 존재하지 않는다. 따라서 n^+ 소스영역의 전자는 드레인 전압에 의해 형성된 수평방향 전계의 증가에 비례하여 드레인 전류도 증가($J_D = -qn\upsilon_n = qn\mu_n\mathcal{E}$)한다.

한편 임계전압보다 낮은 게이트 전압이 인가되어 약한 반전상태($V_{FB} < V_{GS} < V_T$)가 형성된 경우, 소스-채널 접합 부근의 에너지 장벽이 충분히 낮아지지 않으므로, 남아있는 에너지 장벽이 소스영역의 전자에는 큰 에너지 장벽으로 존재한다. 따라서 n^+ 소스영역의 전자의 경우, 게이트 전압에 의해 낮아진 에너지 장벽에 지수함수적으로 비례하여 채널영역으로의 주입량이 증가하게 된다. 이때의 드레인 전류는 드레인 전압에 의해 형성된 수평방향 전계의 세기에는 무관하며, 소스에서 채널영역으로 주입되는 전자 농도에 영향을 받는다. 따라서 약한 반전상태의 드레인 전류의 세기는 게이트 전압의 증가에 따라 지수함수적으로 비례하여 증가($J_D = -qn\upsilon_n = qn_{ref}exp((V_{GS} - V_T)/V_{th})\upsilon_n$)하는 특성을 갖는다. 즉 약한 반전상태에서 드레인 전류는 수평방향 전계에 의한 영향보다 수직방향 전계에 좌우되는 소스로부터 주입된 전자량에 의해 결정되며, 게이트 전압에 대해서는 지수함수적인 의존도를 갖고 있다.

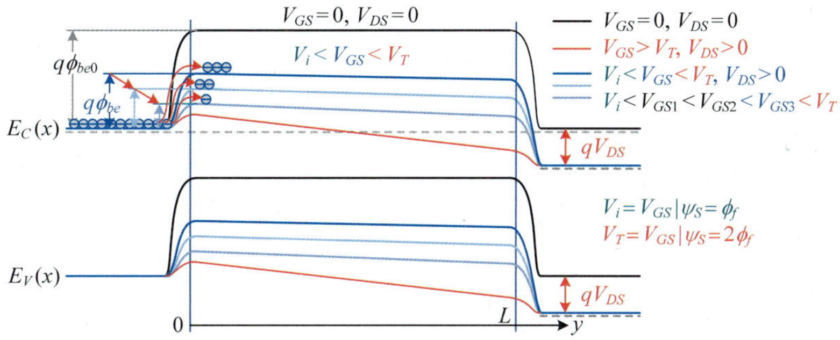

$$
I_D = \begin{cases}
\text{강한 반전상태(ON)의 전류;} \quad V_{GS} \ge V_T,\ \psi_S \ge 2\phi_f \\
\dfrac{\mu_{eff} C_{ox}}{2}\left(\dfrac{W}{L}\right)\left[2(V_{GS} - V_T)V_{DS} - V_{DS}^2\right] : \text{선형영역} : V_{GD} \ge V_T\ or\ V_{DS} < V_{DS,sat} = (V_{GS} - V_T) \\
\dfrac{\mu_{eff} C_{ox}}{2}\left(\dfrac{W}{L}\right)(V_{GS} - V_T)^2 \qquad : \text{포화영역} : V_{GD} < V_T\ or\ V_{DS} > V_{DS,sat} = (V_{GS} - V_T) \\
\text{약한 반전상태의 누설 전류;} \quad V_i < V_{GS} < V_T,\ \phi_f < \psi_S < 2\phi_f \\
\mu_{eff}\left(\dfrac{W}{L}\right)C_{ox}(m-1)V_{th}^2 e^{(V_{GS}-V_T)/mV_{th}} = \mu_{eff}\left(\dfrac{W}{L}\right)C_{dm}V_{th}^2 e^{(V_{GS}-V_T)/mV_{th}}; \quad m = 1 + \dfrac{C_{dm}}{C_{ox}}
\end{cases}
$$

(e) 임계전압보다 작은 게이트 전압이 인가되어 약한 반전상태에서 동작하는 MOSFET의 드레인 누설전류의 특성은 일반적으로 누설전류 기울기(subthreshold slope, SS [mV/dec])를 이용하여 나타내며, 반로그(semi-log) 함수 형태의 전달 특성 곡선을 이용하여 설명할 수 있다. 약한 반전상태의 드레인 누설전류($I_{D,sub}$)는 MOSFET을 구성하는 반도체 재료와 동작 온도, 제조공정, 소자의 구조와 크기에 의해 결정되며, 다음과 같은 의존도를 갖는다.

$$I_{D,sub} = I_{do}e^{(V_{GS}-V_T)/mV_{th}} \begin{cases} I_{do} = \mu_{eff}C_{ox}(m-1)\left(\frac{W}{L}\right)V_{th}^2 = \mu_{eff}C_{SD,min}\left(\frac{W}{L}\right)V_{th}^2 \\ m \equiv 1+\frac{C_{SD,min}}{C_{ox}}, \quad C_{ox} \equiv \frac{\varepsilon_{ox}}{t_{ox}}, \quad C_{SD,min} \equiv \frac{\varepsilon_{Si}}{X_{d,max}}, \quad X_{d,max} \equiv \sqrt{\frac{2\varepsilon_{Si}}{qN_S}2\phi_f} \end{cases}$$

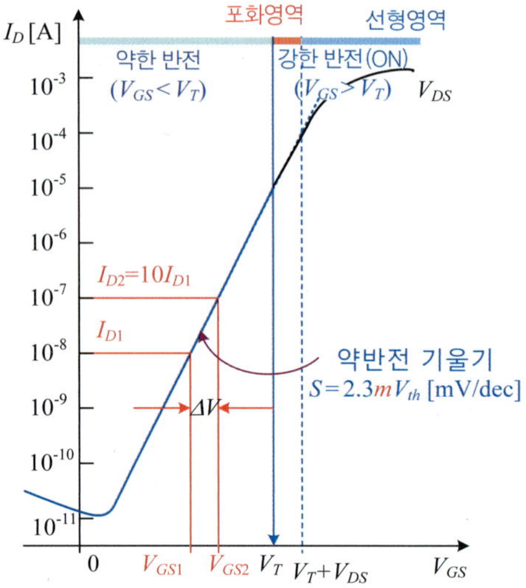

따라서 드레인 누설전류 기울기 SS[V/dec]는 약한 반전상태의 드레인 전류를 10배 또는 1/10($I_{D2,sub} = 10I_{D1,sub}$)로 변화시키는 데 필요한 게이트 전압의 차이($\Delta V_{GS} = (V_{GS2} - V_{GS1})$)로, 다음과 같이 정의된다.

$$\log\left(\frac{I_{D2,sub}}{I_{D1,sub}}\right) = \left(\frac{V_{GS2}-V_{GS1}}{mV_{th}}\right)\log e \quad \Leftrightarrow \quad \frac{(V_{GS2}-V_{GS1})}{\log(I_{D2,sub}/I_{D1,sub})} = \frac{mV_{th}}{\log e}$$

$$SS = 1\Big/\left(\frac{d\log I_{D,sub}}{dV_{GS}}\right) = \frac{mV_{th}}{\log e} \cong 2.3mV_{th} = 60\times m \text{ [mV/dec]}\,; \quad m = \left(1+\frac{C_{SD,min}}{C_{ox}}\right)$$

$$C_{SD,min} = \varepsilon_{Si}/X_{d,max}, \quad C_{ox} = \varepsilon_{ox}/t_{ox}, \quad V_{th} = kT/q = 25 \text{ [mV]} @ 300K$$

즉 누설전류 기울기는 게이트 전압의 기판 전달효과를 지배하는 기판 결합계수 m에 의해 결정되며, m은

- 산화막 커패시턴스를 지배하는 산화막의 두께(t_{ox})와 유전 상수(ε_{ox})
- 기판영역 공핍 커패시턴스를 결정하는 기판의 도핑 농도(N_A)

에 의해 결정된다. 특히 산화막의 두께가 얇고 기판의 도핑 농도가 낮아 기판 결합계수가 $m \cong 1$인 MOSFET의 누설전류 기울기 $SS|_{ideal}$는 다음과 같이 약 60 [mV/dec]로 나타난다.

$$SS|_{ideal} = 2.3mV_{th} \cong 60 \text{ [mV/dec]} @ T = 300K$$

따라서 게이트에 의한 채널전류 조절 기능이 효과적으로 잘 설계된 MOSFET의 누설전류 기울기는 60 [mV/dec], 또는 그보다 조금 더 큰 값을 가진다.

(f) MOSFET의 누설전류 기울기 SS는 산화막의 두께에 의해 크게 좌우되며, 산화막의 두께가 두꺼울수록 게이트 전압의 기판 조절 효과, 또는 제어 효과가 저하된다. 즉 약한 반전상태의 누설전류 기울기 SS [V/dec]는 다음과 같이 산화막의 두께에 선형적으로 비례하여 증가한다.

$$SS \cong 2.3mV_{th} = 2.3V_{th}\left(1+\frac{C_{SD,min}}{C_{ox}}\right)$$
$$= 2.3V_{th}\left(1+t_{ox}\frac{\varepsilon_{Si}}{\varepsilon_{ox}}\frac{1}{X_{d,max}}\right) ;$$
$$C_{SD,min} = \frac{\varepsilon_{Si}}{X_{d,max}}, \quad X_{d,max} = \sqrt{\frac{2\varepsilon_{Si}}{qN_A}\psi_{ST}} = \sqrt{\frac{2\varepsilon_{Si}}{qN_A}2\phi_f}$$

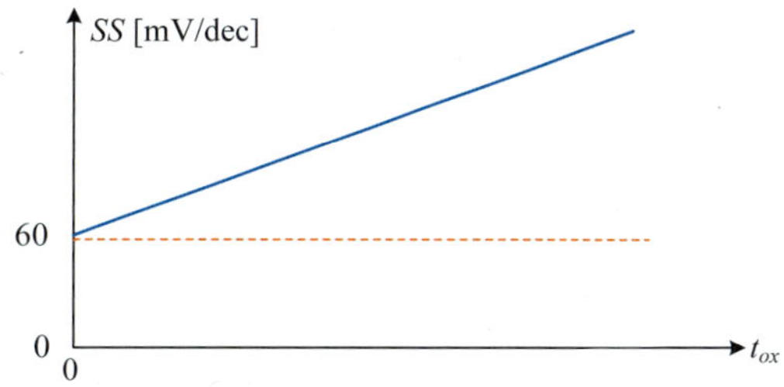

참고 산화막 두께가 다른 두 MOSFET의 임계전압, 누설전류 기울기, 드레인 전류, 전달특성 곡선 비교

▶ 누설전류 기울기 : 게이트와 기판의 특성은 동일($N_{pg1} = N_{pg2} = N_{pg}$, $N_{A1} = N_{A2} = N_A$)하되 산화막의 두께($t_{ox1} < t_{ox2}$)가 다른 두 MOSFET의 약한 반전상태 누설전류 기울기(SS_1, SS_2)는 다음과 같이 비교할 수 있다.

$$C_{SD,min2} = C_{SD,min1} \equiv \frac{\varepsilon_{Si}}{X_{d,max}}, \quad X_{d,max} \equiv \sqrt{\frac{2\varepsilon_{Si}}{qN_A}2\phi_f}$$

$$\frac{SS_2}{SS_1} = \frac{1+C_{SD,min}/C_{ox2}}{1+C_{SD,min}/C_{ox1}} = \frac{1+C_{SD,min2}/C_{ox2}}{1+C_{SD,min1}/C_{ox1}} = \frac{1+\frac{\varepsilon_{Si}}{\varepsilon_{ox}}\frac{t_{ox2}}{X_{d,max}}}{1+\frac{\varepsilon_{Si}}{\varepsilon_{ox}}\frac{t_{ox1}}{X_{d,max}}} = \frac{1+\frac{\varepsilon_{Si}}{\varepsilon_{ox}}\frac{1}{X_{d,max}}t_{ox2}}{1+\frac{\varepsilon_{Si}}{\varepsilon_{ox}}\frac{1}{X_{d,max}}t_{ox1}} > 1 \quad (t_{ox1} < t_{ox2})$$

▶ 임계전압 : 게이트 산화막의 두께를 제외한 게이트 영역과 기판영역의 특성이 동일한 MOSFET 1(t_{ox1})과 MOSFET 2($t_{ox2} > t_{ox1}$)에서, 두 구조의 평탄대역 전압(V_{FB})과 임계상태의 표면 전위($\psi_S = 2\phi_f$)는 동일하므로, 임계전압은 다음과 같이 나타낼 수 있다.

$$V_T \equiv (V_{GS})\Big|_{\substack{n(0)=N_A \\ \psi_S=2\phi_f}} = (V_{FB}+\psi_S+\psi_{pg}+\psi_{ox})\Big|_{\substack{n(0)=N_A \\ \psi_S=2\phi_f}} \cong \left(\phi_{ms}-\frac{Q_{ss}}{C_{ox}}\right)+2\phi_f\left(1+\frac{N_A}{N_{pg}}\right)+\frac{|Q_{SD,max}|}{C_{ox}}$$
$$= \left(\phi_{ms}-\frac{Q_{ss}}{C_{ox}}\right)+2\phi_f\left(1+\frac{N_A}{N_{pg}}\right)+|Q_{SD,max}|\frac{t_{ox}}{\varepsilon_{ox}} ;$$
$$Q_{SD,max} = -qN_AX_{d,max} = -\sqrt{2q\varepsilon_sN_A2\phi_f}, \quad \phi_f \equiv V_{th}\ln\left(\frac{N_A}{n_i}\right)$$

한편 게이트 산화막 두께를 제외한 게이트 영역과 기판영역의 도핑 농도가 다른 두 MOSFET의 임계전압 차이는 다음과 같이 산화막 두께 차이에 비례하여 증가한다.

$$\Delta V_T = V_{T2}-V_{T1} = \frac{|Q_{SD,max}|}{C_{ox2}}-\frac{|Q_{SD,max}|}{C_{ox1}} = \frac{|Q_{SD,max}|}{\varepsilon_{ox}}(t_{ox2}-t_{ox1}) = \frac{\sqrt{2q\varepsilon_sN_A2\phi_f}}{\varepsilon_{ox}}(t_{ox2}-t_{ox1}) \propto \Delta t_{ox}$$

특히 기판 농도가 높을수록 게이트 전압의 기판 전달효과가 감소하며, 게이트 산화막 두께가 증가할수록 임계전압이 그에 비례하여 증가한다. 따라서 산화막의 두께가 두꺼운 MOSFET 2의 임계전압 V_{T2}가 V_{T1}보다 큰 값($V_{T2} > V_{T1}$)을 갖는다.

▶ ON 상태의 포화영역 드레인 전류

$$I_D = \frac{\mu_{eff}C_{ox}}{2}\left(\frac{W}{L}\right)(V_{GS}-V_T)^2 \quad \Rightarrow \quad \frac{I_{D2}}{I_{D1}} = \frac{C_{ox2}}{C_{ox1}}\left(\frac{V_{GS}-V_{T2}}{V_{GS}-V_{T1}}\right)^2 = \frac{t_{ox1}}{t_{ox2}}\left(\frac{V_{GS}-V_{T2}}{V_{GS}-V_{T1}}\right)^2 < 1 ;$$
$$t_{ox1} < t_{ox2}, \quad V_{T1} < V_{T2}$$

▶ $V_{GS} = V_T$에서의 드레인 누설전류

$$I_{D,sub} = I_{do}e^{(V_{GS}-V_T)/mV_{th}} ;$$

$$I_{D,sub}(V_{GS}=V_T)=I_{do}=\mu_{eff}C_{ox}(m-1)\left(\frac{W}{L}\right)V_{th}^2=\mu_{eff}C_{SD,min}\left(\frac{W}{L}\right)V_{th}^2 \;;\quad m\equiv 1+\frac{C_{SD,min}}{C_{ox}}$$

$$\frac{I_{D,sub2}(V_{GS2}=V_{T2})}{I_{D,sub1}(V_{GS1}=V_{T1})}=\frac{C_{ox2}(m_2-1)}{C_{ox1}(m_1-1)}=\frac{C_{SD,min2}}{C_{SD,min1}}=1 \quad \Leftrightarrow \quad \boxed{I_{D,sub1}(V_{GS1}=V_{T1})=I_{D,sub2}(V_{GS2}=V_{T2})}$$

▶ 전달특성 곡선 : 게이트 산화막의 두께 차이로 인해 나타난 약한 반전상태의 기울기, 임계전압의 차이, 드레인 전류의 크기를 반영한 MOSFET 1과 MOSFET 2의 전달특성 곡선을 오른쪽 그림에 비교하였다.

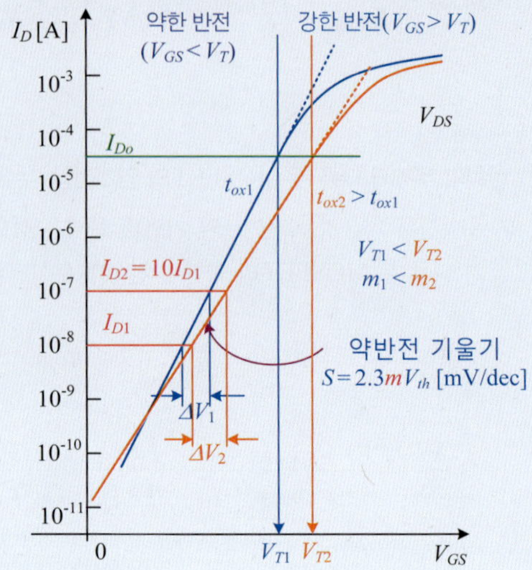

12.7 MOSFET의 약한 반전상태 누설전류

약한 반전상태의 전류 기울기는 MOSFET의 ON-OFF 특성을 나타내는 중요한 지표다. 소자의 크기(W, L, t_{ox}, N_A 등)가 동일한 두 개의 n채널 MOSFET으로 그림과 같은 I_D-V_{GS} 특성을 실험적으로 측정하였다.

(a) 두 경우에 대해 누설전류 기울기 S [V/dec]를 구하라.

(b) MOSFET A의 임계전압 크기가 어느 정도인지 근거를 제시하여 설명하라.

(c) 두 경우에 대해 임계전압의 차이($\Delta V_T=V_{TB}-V_{TA}$)를 구하라.

(d) I_D-V_{GS} 특성의 차이가 어디에서 기인한 것일지, 가능한 원인을 아는 대로 설명하라.

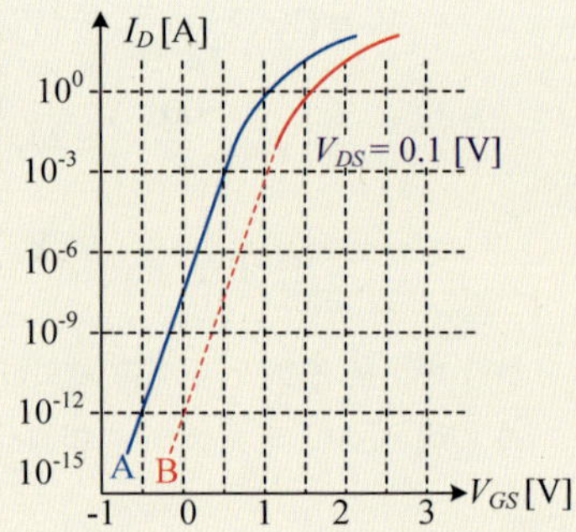

(a) 약한 반전상태의 드레인 누설전류는 MOSFET을 구성하는 반도체 재료와 동작 온도, 제조공정, 소자의 구조와 크기에 의해 결정되며, 다음과 같이 나타낼 수 있다.

$$I_{D,sub}=I_{do}e^{(V_{GS}-V_T)/mV_{th}} \quad \begin{cases} I_{do}=\mu_{eff}C_{ox}(m-1)\left(\frac{W}{L}\right)V_{th}^2=\mu_{eff}C_{SD,min}\left(\frac{W}{L}\right)V_{th}^2 \;; \quad C_{ox}\equiv\frac{\varepsilon_{ox}}{t_{ox}} \\ C_{SD,\min}\equiv\frac{\varepsilon_{Si}}{X_{d,max}}, \quad X_{d,max}\equiv\sqrt{\frac{2\varepsilon_{Si}}{qN_S}2\phi_f}\;, \quad m\equiv 1+\frac{C_{SD,min}}{C_{ox}}, \quad \psi_S=\frac{\psi_g}{m}=\frac{V_G-V_{FB}}{m} \end{cases}$$

약한 반전상태 누설전류 기울기 SS [V/dec]는 MOSFET의 ON-OFF 특성을 나타내는 지표로, 드레인 전류를 10배 또는 1/10($I_{D2,sub}=10I_{D1,sub}$)로 변화시키는데 필요한 게이트 전압의 차이($\Delta V_{GS}=(V_{GS2}-V_{GS1})$)를 이용하여 다음과 같이 정의된다.

$$\log\left(\frac{I_{D2,sub}}{I_{D1,sub}}\right)=\left(\frac{V_{GS2}-V_{GS1}}{mV_{th}}\right)\log e \quad \Leftrightarrow \quad SS \equiv \frac{(V_{GS2}-V_{GS1})}{\log(I_{D2,sub}/I_{D1,sub})}=\frac{mV_{th}}{\log e}\cong m\times 60\ (>60)\ \left[\frac{\text{mV}}{\text{dec}}\right]$$

수식에서 알 수 있듯이 누설전류 기울기는 게이트 전압의 기판 전달효과 또는 기판 전위 조절효과를 나타내는 m에 의해 결정된다. 누설전류 기울기의 최소값은 60 [mV/dec]이며, 게이트 전압의 기판 전위 조절효과가 나쁠수록 누설전류 기울기는 큰 값을 가진다. 즉 게이트 산화막의 두께(t_{ox})가 두껍거나 산화막의 유전상수(ε_{ox})가 낮아 산화막 정전용량(C_{ox})이 작을수록, 또는 기판 농도(N_A)가 높아서 공간전하영역의 두께(X_d)가 얇아지고 이로 인해 기판영역 최소 정전용량(C_{dm})이 클수록 게이트 전압의 기판 조절효과가 저하되어 누설전류 기울기가 증가한다.

그림에 제시된 반로그 전달특성 곡선의 실험 데이터에 의하면, MOSFET A와 B의 임계전압은 다르나 약한 반전상태의 누설전류 기울기가 동일하다. 따라서 약한 반전상태의 누설전류 기울기는 다음과 같다.

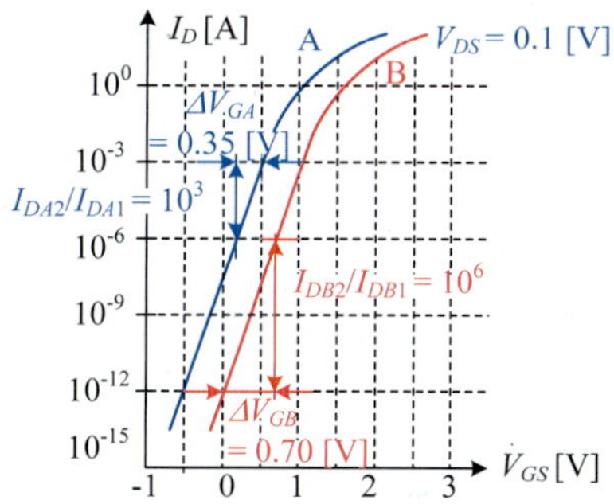

$$SS_A = SS_B = \frac{(V_{GS2}-V_{GS1})}{\log(I_{D2,sub}/I_{D1,sub})}=\frac{(V_{GS2}-V_{GS1})}{\log(I_{D2}/I_{D1})}=\frac{0.35\text{ [V]}}{\log(10^3)}$$
$$=\frac{0.35\text{ [V]}}{3\text{ [dec]}}=117\ \text{[mV/dec]}$$

(b) 채널 소멸에 의해 드레인 전류가 포화되는 긴 채널 MOSFET의 실험 데이터로부터 임계전압을 추출하는 방법에는 대표적으로 다음의 3가지가 있다.

▶ 선형영역(낮은 V_{DS}, $V_T+V_{DS}<V_{GS}$)의 드레인 전류가 $(V_{GS}-V_T)$에 비례하는 특성을 이용하는 방법

$$I_D|_{V_{DS}=small}=\frac{\mu_{eff}C_{ox}}{2}\left(\frac{W}{L}\right)\left[2(V_{GS}-V_T)V_{DS}-V_{DS}^2\right]_{V_{DS}=small}\cong \mu_{eff}C_{ox}\left(\frac{W}{L}\right)(V_{GS}-V_T)V_{DS}$$
$$\Leftrightarrow \quad \boxed{V_T=V_{GS}|_{I_D=0|V_{DS}=\text{낮음}}}$$

즉 작은 드레인 전압이 인가된 선형영역의 드레인 전류는 $(V_{GS}-V_T)$에 비례하므로, 선형 I_D-V_{GS} 특성 그래프가 V_{GS}축과 만나는 점으로부터 임계전압 V_T를 얻을 수 있다.

▶ 포화영역(높은 V_{DS}, $V_T<V_{GS}<V_T+V_{DS}$)에서 드레인 전류의 제곱근($I_D^{1/2}$)이 $(V_{GS}-V_T)$에 비례하는 특성을 이용한 방법

$$I_D=\frac{\mu_{eff}C_{ox}}{2}\left(\frac{W}{L}\right)(V_{GS}-V_T)^2 \quad \Rightarrow \quad \sqrt{I_D}=\sqrt{\frac{\mu_{eff}C_{ox}}{2}\left(\frac{W}{L}\right)}(V_{GS}-V_T) \quad \Leftrightarrow \quad \boxed{V_T=V_{GS}|_{\sqrt{I_D}=0|V_{DS}=\text{높음}}}$$

즉 높은 드레인 전압이 인가된 포화영역의 드레인 전류가 $(V_{GS}-V_T)^2$에 비례하므로, 선형 $I_D^{1/2}-V_{GS}$ 특성 그래프가 V_{GS}축과 만나는 점으로부터 임계전압 V_T를 얻을 수 있다.

▶ 약한 반전상태($V_{GS}<V_T$)에서 드레인 전류가 유효 게이트 전압($V_{GS}-V_T$)에 지수함수적으로 비례($I_{D,sub}\propto \exp(V_{GS}-V_T)$)하는 특성을 이용하는 일정전류 방법(constant current method)

대표적인 방법이다. 그러나 실험 데이터에는 반로그(semi-log) 함수의 I_D-V_{GS} 전달특성만 주어져 있으며, 소자의 게이트 폭과 길이의 비(W/L)가 주어지지 않았다. 따라서 이 문제에서 임계상태의 전류를 이용하는 기준전류(일정전류) 방법(constant current method)을 사용하는 데는 무리가 있다.

$$I_D=I_{Do}e^{(V_{GS}-V_T)/mV_{th}} \quad ; \quad I_{Do}=\mu_{eff}\left(\frac{W}{L}\right)C_{ox}(m-1)V_{th}^2, \qquad m=1+\frac{C_{SD,min}}{C_{ox}}$$

한편 임계전압을 기준으로 약한 반전상태($V_i<V_{GS}<V_T$)에서는 드레인 전류가 유효 게이트 전압($V_{GS}-V_T$)에 지수함수

적으로 비례하는 특성을 따르는데 비해, ON 상태($V_{GS} > V_T$)의 선형영역과 포화영역에서는 유효 게이트 전압에 대해 선형 또는 제곱함수 관계를 따른다. 이를 이용하면 반로그 그래프의 직선 함수 형태에서 벗어나는 점의 게이트 전압을 임계전압 추출의 기준으로 사용할 수 있다. 따라서 MOSFET A의 임계전압은 $V_{TA} = 0.5$ [V], MOSFET B의 임계전압은 $V_{TB} = 1.05$ [V] 정도임을 알 수 있다.

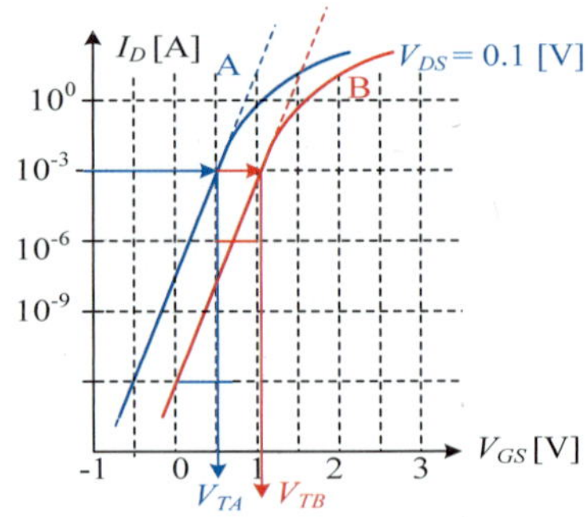

(c) MOSFET A와 B의 임계전압 차이는 $\Delta V_T = V_{TB} - V_{TA} = 0.55$ [V]이다.

(d) 주어진 $I_D - V_{GS}$ 전달특성 곡선으로부터 얻을 수 있는 MOSFET A와 B의 비교 정보는 임계전압과 약한 반전상태의 누설전류 기울기이다. 그런데 앞서 분석한 바와 같이 두 MOSFET의 누설전류 기울기는 동일하며, 임계전압의 크기는 서로 다르다. 한편 누설전류 기울기를 결정하는 기판 결합계수 m은 게이트 산화막 정전용량(C_{ox})과 기판영역 최소 정전용량(C_{dm})의 비에 의해 결정된다.

$$SS \cong m \times 60 \left[\frac{\text{mV}}{\text{dec}}\right]; \quad m \equiv 1 + \frac{C_{SD,min}}{C_{ox}}, \quad C_{SD,min} \equiv \frac{\varepsilon_{Si}}{X_{d,max}}, \quad X_{d,max} \equiv \sqrt{\frac{2\varepsilon_{Si}}{qN_A}2\phi_f}, \quad \psi_S = \frac{\psi_g}{m} = \frac{V_G - V_{FB}}{m}$$

특히 게이트 산화막과 기판의 경계면의 결정 결함 등에 의한 계면전하(Q_{it} [C/cm^2] 또는 D_{it} [cm^{-2}eV^{-1}])가 존재하여, 이로 인한 계면 정전용량(C_{it})이 존재할 경우, 게이트 전압의 기판전달효과가 저하된다. 이때 누설전류 기울기는 다음과 같이 나타낼 수 있다.

$$m(V_{GS}) \equiv 1 + \frac{C_{SD,min} + C_{it}(V_{GS})}{C_{ox}}, \quad C_{it}(V_{GS}) \equiv \frac{dQ_{it}}{dV_{GS}}$$

계면전하에 의한 결함 준위에 전자가 채워진 상태인지 비어있는 상태인지에 따라 전하 상태가 달라진다. 또 일반적으로 게이트 전압에 의한 에너지 대역도의 변화로 인해 계면전하에 의한 정전용량은 게이트 전압 의존도를 갖는다. 그런데 주어진 전달특성 곡선에 의하면 MOSFET A와 B는 모두 약한 반전상태의 전류 기울기가 일정하므로, 계면전하는 동일하거나 존재하지 않는다고 가정할 수 있다. 특히 MOSFET A와 B의 경우처럼 누설전류 기울기가 동일하다는 것은 $C_{SD,min}/C_{ox}$의 비가 동일함을 뜻하며, 산화막의 두께가 다르거나 기판의 도핑 농도가 다른 경우에도 동일한 누설전류 기울기를 가질 수 있음을 알 수 있다.

그런데 MOSFET A와 B가 동일한 공정을 통해 구현되었다고 한다면, 게이트 산화막 재료와 두께($C_{ox} = \varepsilon_{ox}/t_{ox}$), 기판 농도($N_A$)가 동일하다고 가정할 수 있으므로, 임계전압의 차이가 어디에서 기인한 것인지 분석할 필요가 있다. 임계전압은 다음과 같이 게이트와 기판영역의 일함수 차이(ϕ_{ms})와 게이트 산화막 내의 고정전하(Q_{SS})로 인한 평탄대역 전압, 기판영역 도핑 농도에 의해 결정되는 기판영역 페르미 전위(ϕ_f), 게이트 영역 공간전하영역 양단의 전압 강하, 그리고 산화막 양단의 전압 강하 차이에 의해 결정된다.

$$V_T \equiv (V_{GS})\Big|_{\substack{n(0)=N_A \\ \psi_S = 2\phi_f}} = (V_{FB} + \psi_S + \psi_{pg} + \psi_{ox})\Big|_{\substack{n(0)=N_A \\ \psi_S = 2\phi_f}} \cong \left(\phi_{ms} - \frac{Q_{ss}}{C_{ox}}\right) + 2\phi_f\left(1 + \frac{N_A}{N_{pg}}\right) + 2\frac{C_{SD,min}}{C_{ox}}$$

문제에서는 MOSFET A와 B가 동일한 공정을 거쳤으므로, 다음과 같이 가정할 수 있다.

$$\Delta\phi_{ms} = \phi_{msB} - \phi_{msA} = 0, \quad \Delta\phi_f = \phi_{fB} - \phi_{fA} = 0, \quad C_{oxA} = C_{oxB}, \quad C_{dmB} = C_{dmA}$$

따라서 MOSFET A와 B의 임계전압 차이는 다음과 같이 산화막 내의 전하량으로 인한 평탄대역 전압의 차이가 나타난 결과로 해석할 수 있다.

$$\Delta V_T \equiv V_{TB} - V_{TA} = V_{FBB} - V_{FBA} = -\frac{(Q_{ssB} - Q_{ssA})}{C_{ox}} = \frac{(Q_{ssA} - Q_{ssB})}{C_{ox}} = 0.55 \text{ [V]}$$

$$Q_{ssA} - Q_{ssB} = \Delta V_T C_{ox} \quad 또는 \quad Q_{ssA} = Q_{ssB} + \Delta V_T C_{ox}$$

즉 이 결과는 MOSFET A의 산화막 내부 전하량(Q_{SSA})이 MOSFET B(Q_{SSB})에 비해 상대적으로 양의 전하($Q_{SSA} - Q_{SSB} > 0$)로 축적되어 있거나, MOSFET B의 산화막 내의 전하량이 MOSFET A의 산화막 내부 전하량에 비해 상대적으로 음의 전하($Q_{SSB} - Q_{SSA} < 0$)인 상태, 즉 전자가 보다 많이 축적되어 있는 상태임을 뜻한다.

12.8 MOSFET 구조의 응용

부유게이트(FG, Floating gate)를 가진 $Si(n^+)/SiO_2/Si(i)/SiO_2/Si(p)$ 구조(SOSOS)의 MOSFET은 부유게이트 플래쉬 메모리(Flash memory)를 구성하는 핵심 구조로서, 부유게이트(FG)에 전자의 존재 여부를 판별하여 논리상태 "1"이나 "0"의 정보를 저장한다. FG 내에 음전하(전자)가 존재하는 경우와 존재하지 않는 경우에 대해,

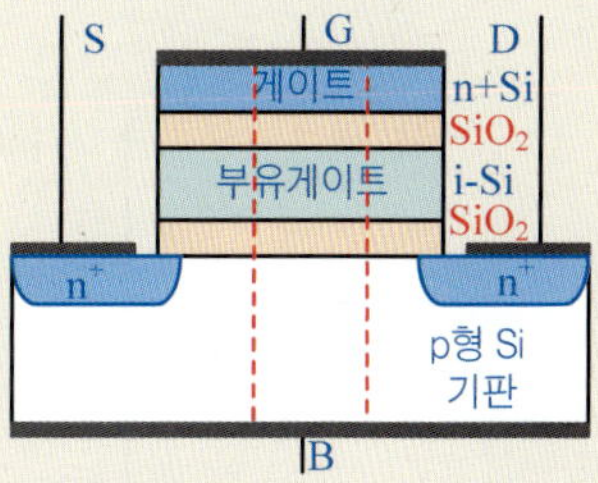

(a) 두 경우의 임계전압을 비교하라.
(b) $I_D - V_{GS}$ 특성을 그림으로 비교하여 나타내고, 정보의 존재 여부를 어떻게 판별할 수 있을지 설명하라.
(c) 열평형 상태에서 수직방향(G↔B)에 대한 에너지 대역도를 개략적인 그림으로 설명하라.
(d) FG 내에 전자를 주입하면, 전자가 저절로 없어질 가능성이 적기 때문에 정보를 오랫동안 저장할 수 있다. (c)의 에너지 대역도를 이용하여 그 이유를 설명하라.

(a) MOS 구조의 임계전압은 다음과 같이 게이트와 기판영역의 일함수 차이(ϕ_{ms}), 게이트 산화막 내의 고정전하(Q_{SS})에 의해 발생하는 평탄대역 전압(V_{FB}), 기판영역 도핑 농도(N_A)에 의해 결정되는 기판영역 페르미 전위(ϕ_f), 게이트 공간전하 영역 양단의 전압 강하(ψ_{pg}), 그리고 산화막 양단의 전압 강하(ψ_{ox})에 의해 결정된다.

$$V_T \equiv (V_{GS})\Big|_{\substack{n(0)=N_A \\ \psi_S=2\phi_f}} = (V_{FB} + \psi_S + \psi_{pg} + \psi_{ox})\Big|_{\substack{n(0)=N_A \\ \psi_S=2\phi_f}} \cong \left(\phi_{ms} - \frac{Q_{SS}}{C_{ox}}\right) + 2\phi_f\left(1 + \frac{N_A}{N_{pg}}\right) + 2\frac{C_{SD,min}}{C_{ox}}$$

$$C_{ox} = \frac{\varepsilon_{ox}}{t_{ox}},\ C_{SD,min} = \frac{\varepsilon_{ox}}{X_{d,max}},\ X_{d,max} \equiv \sqrt{\frac{\varepsilon_{Si}}{qN_A}4\phi_f},\ Q_{SD,max} = -qN_A X_{d,max} = -\sqrt{\varepsilon_{Si} q N_A 4\phi_f},\ \phi_f \equiv V_{th}\ln\left(\frac{N_A}{n_i}\right)$$

부유게이트에 음전하의 전자가 축적되어 있는 MOS A와 전하가 존재하지 않는 B가 동일한 제조 공정을 거친 경우, 다음과 같이 가정할 수 있다.

$$\phi_{msB} = \phi_{msA}, \quad \phi_{fB} = \phi_{fA}, \quad C_{oxA} = C_{oxB}, \quad C_{SD,minA} = C_{SD,minB}$$

따라서 MOS A와 B의 산화막 두께와 기판영역의 도핑 농도는 동일하며, 임계전압의 차이는 다음과 같이 산화막 내의 전하량 차이로 인한 평탄대역 전압의 차이로부터 나타났다고 이해할 수 있다.

$$Q_{ssA} < 0,\quad Q_{ssB} = 0 \quad \Leftrightarrow \quad \Delta V_T \equiv V_{TB} - V_{TA} = V_{FBB} - V_{FBA} = -\frac{(Q_{ssB} - Q_{ssA})}{C_{ox}} = \frac{Q_{ssA}}{C_{ox}} < 0 \quad \Leftrightarrow \quad \boxed{V_{TA} > V_{TB}}$$

즉 부유게이트 내에 전하가 존재하지 않는 MOS B에 비해 음의 전하가 존재하는 MOS A의 임계전압이 더 크다.

(b) 게이트 전압을 제외한 재료와 온도, 공정, 소자의 구조에 의해 결정되는 특성은 임계전압에 포함되어 있다. 부유게이트에 존재하는 전하의 종류와 그 양에 따라 임계전압이 변한다. 특히 음의 전하가 존재할 경우, 다음과 같이 산화막 내의 전하량($|Q_{SS}|$)에 비례하여 임계전압이 증가한다.

$$V_{To} < V_T = V_{To} - \frac{Q_{SS}}{C_{ox}} \;;\quad Q_{SS} < 0$$

그런데 MOSFET의 포화영역 드레인 전류는 재료와 온도, 제조공정, MOS의 구조에 의해 결정되는 임계전압과 단면적을 결정하는 채널 폭(W), 채널길이(L) 및 인가된 게이트 전압에 의해 결정된다. 따라서 부유게이트에 전하가 존재하는지의 여부에 따라 $I_D - V_{GS}$ 전달특성 곡선이 게이트 전압축 상에서 평행하게 이동함을 알 수 있으며, 이를 아래 그림에 비교하였다.

$$I_D = \frac{\mu_{eff} C_{ox}}{2}\left(\frac{W}{L}\right)(V_{GS} - V_T)^2 \;:\quad V_{DS} > (V_{GS} - V_T)$$

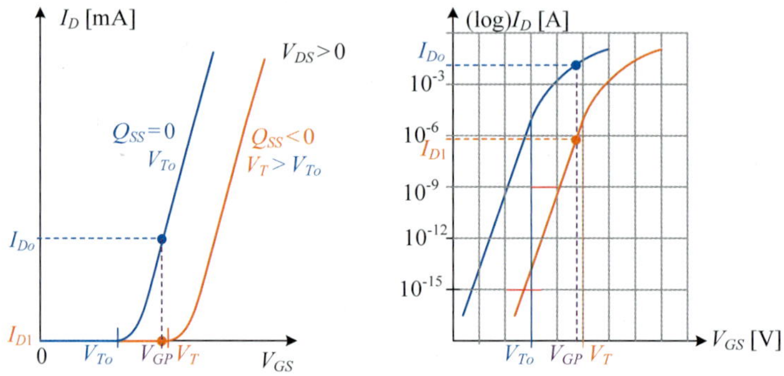

이러한 특성을 근거로 하여, 기준으로 사용하는 고정 크기의 게이트 전압($V_{To} < V_{GP} < V_T$)과 드레인 전압(V_{DS})이 인가된 상태에서 드레인 전류의 크기를 비교함으로써 부유게이트에 전하가 존재하는지의 여부를 구분할 수 있다. 부유게이트에 전하가 존재하지 않는 경우(I_{Do}), 음의 전하가 축적된 경우(I_{D1})에 비해 큰 드레인 전류($I_{Do} > I_{D1}$)가 흐르게 된다.

$$I_{Do} \equiv I_D\big|_{\substack{Q_{SS}=0 \\ V_T = V_{To}}},\; I_{D1} \equiv I_D\big|_{\substack{Q_{SS}<0 \\ V_T = V_{T1} > V_{To}}} \quad \Leftrightarrow \quad \frac{I_{D1}}{I_{Do}} = \left(\frac{V_{GS} - V_T}{V_{GS} - V_{To}}\right)^2 = \left(\frac{1 - V_T/V_{GS}}{1 - V_{To}/V_{GS}}\right)^2 < 1 \quad \text{또는} \quad I_{D1} < I_{Do}$$

이와 같이 일정한 게이트 전압과 드레인 전압이 인가된 상태에서 드레인 전류의 크기 변화를 이용하여 부유게이트에 음 전하가 축적되어 있는지 아닌지를 판별할 수 있다. 이 방식이 부유게이트를 사용한 플래시 메모리에 저장된 정보를 읽고 판별하는 동작의 기본 원리이다. 부유게이트 플래시 메모리는 빠른 동작 특성의, 소형·경량의 대용량 저장 장치로서 그 응용분야와 수요가 급격히 늘고 있는 SSD(solid state disk drive)의 핵심 구성소자이다.

(c) 부유게이트(FG)에 축적 전하가 없을 경우, 접합 형성 전과 열평형 상태의 수직방향 에너지 대역도를 다음과 같이 비교하여 나타내었다.

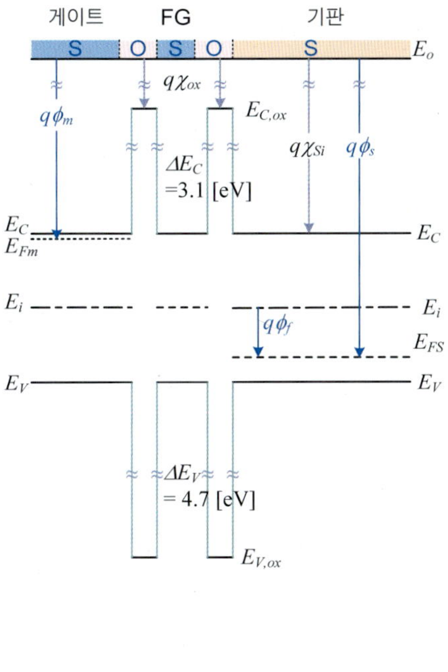

접합 형성 전의 에너지 대역도

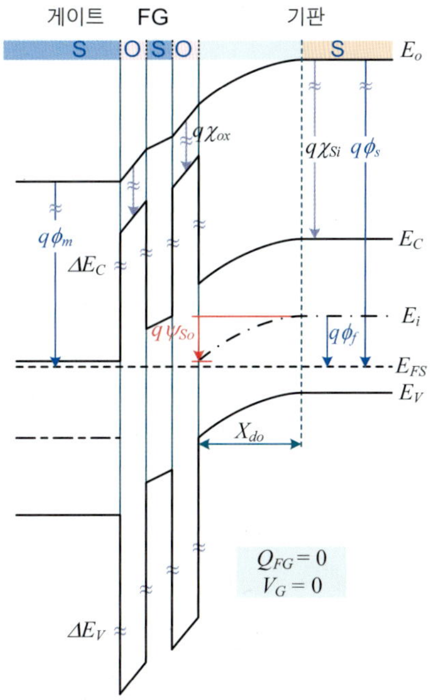

열평형 상태의 에너지 대역도($Q_{FG} = 0$)

(d) FG 내에 전자를 주입했을 때, 전자가 저절로 없어질 가능성이 적기 때문에 정보를 오랫동안 저장할 수 있는 이유는 다음과 같이 설명할 수 있다. 부유게이트에 음의 전하(전도대역 전자)와 양의 전하(가전자대역 정공)가 축적된 경우의 에너지 대역도를 아래 그림에 비교하여 나타내었다.

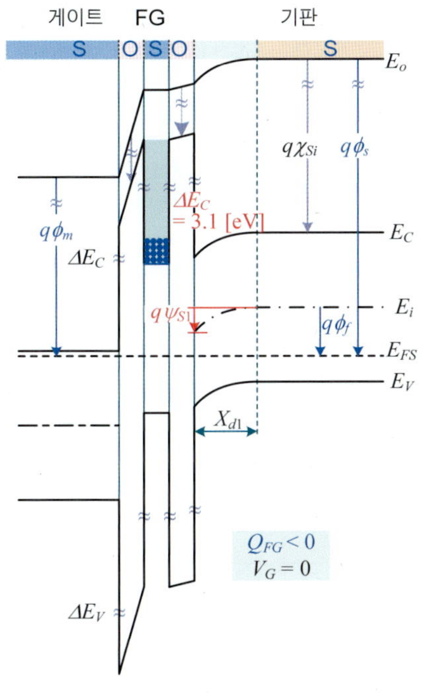

열평형 상태의 에너지 대역도($Q_{FG} < 0$)

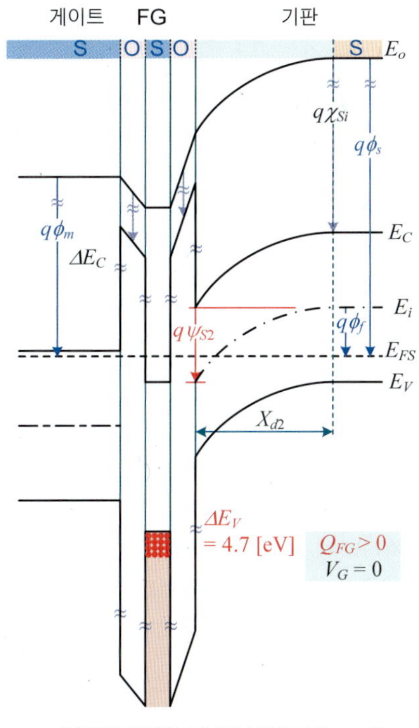

열평형 상태의 에너지 대역도($Q_{FG} > 0$)

부유게이트에 음의 전하(전도대역 전자)가 축적($Q_{FG} < 0$)된 경우, 그림과 같이 부유게이트 양쪽에는 축적된 전자에 대한 높은 에너지 장벽($q\phi_{be} = \Delta E_C = 3.1$ [eV])이 형성되어 있다. 따라서 터널링에 의한 전자의 손실을 방지하기 위해 부유게이트 양쪽 산화막의 두께를 두껍게 할 경우, 부유게이트에 축적된 전자가 유출/탈출하기 위해서는 $q\phi_{be} = 3.1$ [eV]의 높은 에너지 장벽을 넘어야 한다. 특히 상온의 열평형 상태에 있는 경우, 주변으로부터 얻을 수 있는 열에너지는 겨우 $E_{th} = kT = 0.026$ [eV] = 26 [meV]로, 에너지 장벽에 비해 극히 작은 에너지($E_{th} \ll q\phi_{be}$)이므로, 부유게이트에 저장된 전자가 열에너지로 인해 저절로 손실될 가능성은 극히 적다. 따라서 부유게이트에 전자를 축적함으로써 오랜 시간 동안 정보를 저장할 수 있으므로, 이 소자를 비휘발성 메모리로 사용할 수 있음을 알 수 있다. 또한 부유게이트에 양의 전하(가전자대역 정공)가 축적($Q_{FG} > 0$)된 경우에도 앞의 그림과 같이 부유게이트 내의 가전자대역 정공에 대한 에너지 장벽이 $q\phi_{bh} = \Delta E_V = 4.7$ [eV]이므로, 전자에 비해 손실될 가능성이 훨씬 더 적다는 사실을 주목할 필요가 있다.

12.9 MOSFET의 I-V 특성

CMOS 집적회로의 집적도 및 고주파 특성 개선을 위해서는 게이트 길이를 감소시키는 게 가장 효율적인 방법이다. 그러나 소자의 크기가 작아지기 때문에 발생하는 부작용을 방지하는 일도 매우 중요한데, 그 방법 중에 스냅백 현상이 있다.

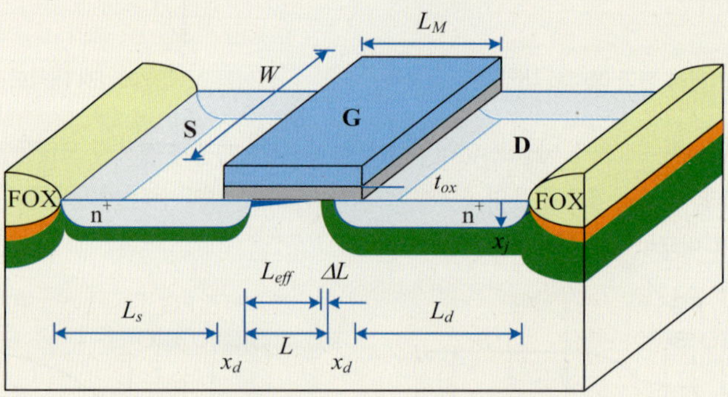

(a) 스냅백 현상이 무엇인지 등가회로를 이용하여 설명하라.

(b) 그림의 두 MOSFET(A: $L_A = L_o$, B: $L_B = 2L_o$)에 대하여 스냅백 현상의 정도를 비교하여 설명하라.

(c) A의 경우에서 기판의 도핑 농도만을 증가시킬 경우, 스냅백 현상이 발생할 가능성이 증가하는지, 아니면 감소하는지 근거를 제시하여 설명하라.

(a) 스냅백(snapback) 현상, 또는 드레인 전류 급반등 현상은 높은 드레인 전압이 인가된 MOSFET에서 기생 BJT에 의해 드레인 전류가 급격히 증가하는 현상을 말한다. 또는 드레인에 큰 전류가 흐르기 시작하면 드레인-소스 양단의 전위차가 급격히 줄어들어 I-V 특성이 S자 형으로 나타나는데, 이 현상도 스냅백 현상이다. 단 아주 큰 드레인 전압이 인가된 채널영역 캐리어가 전계로부터 운동에너지를 얻어서, 충돌 이온화와 전자-정공 결례(ehp)의 중복 재생성(avalanche multiplication)이 발생하는 눈사태 항복(avalanche breakdown) 현상과 스냅백 현상은 구별되어야 한다. 특히 짧은 채널을 가진 MOSFET에 큰 드레인 전압이 인가된 경우, n^+ 소스 - p형 중성기판 - n^+ 드레인으로 구성된 기생 *npn* BJT의 동작에 의해 드레인 전류의 조절이 불가능한 상태가 되고, 기생 BJT에 의한 드레인 전류가 급격히 증가하는 현상이 스냅백 현상이다. n-채널 MOSFET의 전류-전압 특성 곡선, 스냅백이 일어날 때의 단면 구조와, 베이스 전위 상승을 통해 스냅백이 일어나는 근원이 되는 ehp 생성 개념도, 그리고 MOSFET과 BJT가 병렬연결된 등가회로를 그림으로 요약하였다.

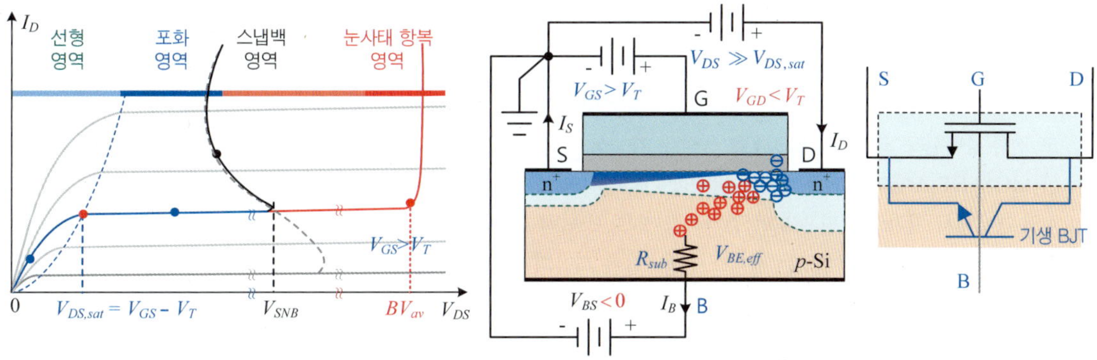

(b) 스냅백 현상은 소스–중성기판–드레인 영역으로 구성된 기생 BJT의 동작으로 나타나는 현상이다. BJT의 동작특성은 기생 BJT의 에미터 접합으로 작용하는 소스 접합의 에미터 주입효율(γ), 베이스로 동작하는 기판영역에서의 베이스 전송효율(α_T), 에미터 접합의 재결합효율(δ)에 의해 결정된다.

$$\alpha \cong \frac{J_{nC}}{J_{nE}+J_{pE}+J_R} = \frac{(J_{nE}-J_{RB})}{J_{nE}+J_{pE}+J_R} \equiv \gamma \cdot \delta \cdot \alpha_T \;;$$

$$\gamma \equiv \left(\frac{J_{nE}}{J_{nE}+J_{pE}}\right),\; \delta \equiv \left(\frac{J_{nE}+J_{pE}}{J_{nE}+J_{pE}+J_R}\right),\; \alpha_T \equiv \left(\frac{J_{nE}-J_{RB}}{J_{nE}}\right)$$

위에 제시된 MOSFET A와 B에서는 베이스 중성영역 역할을 하는 채널길이의 차이($L_A = L_o$, $L_B = 2L_o$)만 존재하므로, 두 MOSFET의 베이스 전송효율을 제외한 에미터 주입효율과 재결합 효율은 동일($\gamma_A = \gamma_B$, $\delta_A = \delta_B$)하다고 가정할 수 있다. 기생 npn BJT의 에미터(도핑: $N_{DE} = N_{DS}$, $W_E = L_{S+}$)는 n^+ 소스 영역, 베이스(도핑: $N_{AB} = N_A$, $W_B = L$)는 p형 기판, 콜렉터는 n^+ 드레인 영역(도핑: $N_{DC} = N_{DD}$, $W_C = L_{D+}$)의 역할을 한다. 그리고 두 소자의 베이스 도핑 농도가 동일하므로, 베이스 중성영역의 캐리어 이동도와 확산계수, 과잉 캐리어 평균수명($\mu_{nBA} = \mu_{nBB} = \mu_{nB}$, $D_{nBA} = D_{nBB} = D_{nB}$, $\tau_{nBA} = \tau_{nBB} = \tau_{nB}$)은 두 소자에서 동일하다고 가정할 수 있다.

$$\begin{cases} \gamma_A = \gamma_B = \left(\dfrac{J_{nE}}{J_{nE}+J_{pE}}\right) \cong \dfrac{1}{1+\left(\dfrac{D_{pE}}{D_{nB}}\right)\left(\dfrac{L_o}{W_E}\right)\left(\dfrac{N_{AB}}{N_{DE}}\right)} \;;\quad \dfrac{N_{AB}}{N_{DE}} \ll 1 \\ \delta_A = \delta_B \equiv \left(\dfrac{J_{nE}+J_{pE}}{J_{nE}+J_{pE}+J_R}\right) = \dfrac{1}{1+J_R/(J_{nE}+J_{pE})} \cong \dfrac{1}{1+\dfrac{n_i}{n_{Bo}}\dfrac{1}{2\tau_o}\dfrac{W_{BE}}{D_{nB}}L_o e^{-V_{BE}/2V_{th}}} \;;\quad e^{-V_{BE}/2V_{th}} \cong 0 \end{cases}$$

기생 npn BJT의 베이스 전송효율과 통과시간은 다음과 같다.

$$\alpha_T \equiv 1 - \frac{J_{RB}}{J_{nE}} = \frac{J_{nC}}{J_{nE}} = \frac{1}{\cosh(W_B/L_{nB})} \cong 1 - \frac{\tau_B}{\tau_{nB}} = \frac{\tau_{nB}-\tau_B}{\tau_{nB}} \;;\quad \tau_B \equiv \frac{W_B^2}{2D_{nB}} = \frac{W_B^2}{2\mu_{nB}V_{th}} \propto W_B^2$$

따라서 에미터 주입효율과 재결합 효율이 동일($\gamma_A = \gamma_B$, $\delta_A = \delta_B$)한 경우, 기생 BJT 동작은 베이스 전송효율에 의해 결정된다. 베이스 중성영역($W_B = L$)의 길이에 영향을 받는 베이스 전송효율은, 에미터(소스)로부터 주입된 전자가 중성 기판영역(채널과 같은 길이)을 확산으로 통과하는 데 걸리는 시간인 베이스 통과시간(τ_B)을 통해 비교할 수 있다.

특히 기생 BJT의 베이스 중성영역 폭에 해당하는 채널길이($W_B = L$)를 고려하면, 두 MOSFET의 기생 BJT에 대한 베이스 전송효율(α_{TA}, α_{TB})은 다음과 같이 비교할 수 있다.

$$\frac{\tau_{BB}}{\tau_{BA}} \cong \frac{(W_{BB}^2/2D_{nB})}{(W_{BA}^2/2D_{nB})} = \left(\frac{W_{BB}}{W_{BA}}\right)^2 = \left(\frac{2L_o}{L_o}\right)^2 = 4 \;\Leftrightarrow\; \tau_{BB} = 4\tau_{BA}$$

$$\Rightarrow \quad \frac{\alpha_{TB}}{\alpha_{TA}} = \frac{\tau_{nBB} - \tau_{BB}}{\tau_{nBA} - \tau_{BA}} = \frac{\tau_{nB} - \tau_{BB}}{\tau_{nB} - \tau_{BA}} < 1 \quad \Rightarrow \quad \alpha_A > \alpha_B \ ; \ \beta_A > \beta_B$$

즉 베이스 중성영역으로 동작하는 채널길이가 짧은 MOSFET A의 베이스 통과시간이 짧으므로, 베이스 전송효율이 높고 전류 증폭률도 크며, 기생 BJT로 동작할 가능성이 높다. 따라서 기생 BJT로 동작할 수 있을 정도로 전류 증폭률이 큰 MOSFET A에서 스냅백 현상이 발생할 가능성이 더 높다.

(c) A의 경우에서 기판의 도핑 농도만 증가시킬 경우, 스냅백 현상이 발생할 가능성은 다음과 같이 설명할 수 있다. 즉 기생 BJT의 전류 증폭률을 좌우하는 베이스 전송효율은 다음과 같이 p형 기판(베이스) 중성영역에서 과잉 캐리어의 평균수명(τ_{nB})과 확산에 의한 베이스 통과시간의 비에 의해 결정된다.

$$\alpha_T \equiv 1 - \frac{J_{RB}}{J_{nE}} \cong 1 - \frac{\tau_B}{\tau_{nB}}, \quad \tau_B \equiv \frac{W_B^2}{2D_{nB}} = \frac{W_B^2}{2\mu_{nB}V_{th}}, \quad \tau_{nB} = \frac{1}{\alpha_r(p_o + n_o)} \cong \frac{1}{\alpha_r N_A}$$

그런데 베이스 중성영역으로 동작하는 기판영역의 도핑 농도가 증가할수록, 이온화된 불순물에 의한 충돌이 증가함에 따라 이동도와 확산계수가 감소하며, 결국 확산에 의한 베이스 통과시간 τ_B가 증가한다. 한편 베이스 중성영역으로 동작하는 기판영역에서 과잉 캐리어의 평균수명은 기판 농도에 의해 결정되는 다수 캐리어 농도(N_A)가 증가할수록 감소한다($\tau_{nB} = 1/\alpha_r N_{o,maj}$). 즉 기판영역의 도핑 농도가 증가할수록, 확산계수 감소로 베이스 통과시간은 증가하고 평균수명은 감소하므로, 베이스 영역을 통과하는 동안 재결합 확률이 높아짐에 따라 베이스 전송효율은 감소한다. 따라서 기판영역 도핑 농도가 증가할수록 전류 증폭률도 감소하며, 기생 BJT가 동작하는 스냅백 현상이 나타날 가능성은 감소한다고 해석할 수 있다.

참고로, 베이스 영역으로 동작하는 기판영역의 도핑 농도가 증가할수록 에미터 접합으로 동작하는 소스 접합에서의 주입효율도 감소하게 되어 전류 증폭률도 저하되는데, 이 또한 기생 BJT에 의한 스냅백 현상이 나타날 가능성이 낮아지는 방향으로 작용한다.

12.10 3단자 트랜지스터의 소신호 등가회로

3단자 소자인 트랜지스터(BJT 및 MOSFET)의 아날로그 신호 또는 주파수 특성은 소신호 등가회로 모델을 이용하여 편리하게 이해하고 해석할 수 있다. 3단자 증폭소자인 트랜지스터(BJT 및 MOSFET)의 등가회로를 다음 그림과 같이 나타낼 때,

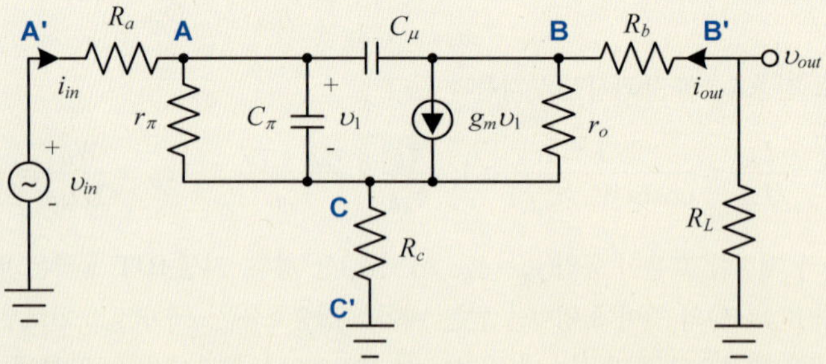

(a) BJT 및 MOSFET에 대하여 등가회로의 각 구성성분은 무엇을 의미하는지 간략히 비교하여 설명하라.
(b) g_m, r_π, C_π, C_μ가 인가 전압(BJT : V_{BE}, V_{CE}, MOSFET : V_{GS}, V_{DS})에 어떤 의존성을 갖는지 비교하여 설명하라.
(c) g_m을 개선하는 방법에 관해 BJT와 MOSFET을 비교하여 설명하라.
(d) R_c가 $\partial i_{out}/\partial v_{in}$에 어떤 영향을 미치는지 설명하라.
(e) r_o의 결정요인이 무엇인지 BJT와 MOSFET을 비교하여 설명하라.

▶ BJT의 소신호 조건 : BJT의 에미터 접합에 인가된 전압(V_{be})은 동작점을 결정하는 DC 전압(V_{BE})과 정현파 ac 전압($\upsilon_{be}(\omega t)$)의 합으로 이루어져 있으며, 이로 인한 콜렉터 전류는 다음과 같이 나타낼 수 있다.

$$V_{be}(t) = V_{BE} + \upsilon_{be}(t) \quad \begin{cases} V_{BE} & \text{: 동작점의 DC 전압} \\ \upsilon_{be}(\omega t) = \upsilon_o e^{j\omega t} & \text{: ac 소신호 전압} \end{cases}$$

$$I_c(t) = I_C + i_c(t) \quad \begin{cases} I_C & \text{: 동작점의 DC 전류} \\ i_c(t) = i_o e^{j(\omega t+\phi)} & \text{: ac 소신호 전류} \end{cases}$$

BJT의 에미터 접합에 인가된 전압과 콜렉터 전류의 관계를 이용하면, DC와 ac 전류-전압 관계는 다음과 같이 정리할 수 있다.

$$I_c(t) \cong I_{CS}\left(e^{V_{BE}/V_{th}} - 1\right)e^{\upsilon_{be}(\omega t)/V_{th}} \cong I_C + I_C\left(\frac{\upsilon_{be}(\omega t)}{V_{th}}\right) + I_C\frac{1}{2}\left(\frac{\upsilon_{be}(\omega t)}{V_{th}}\right)^2 + \cdots\cdots = I_C + i_c(\omega t)$$

$$\text{DC} \nearrow \qquad \nwarrow ac \qquad ;\ I_C \equiv I_{CS}\left(e^{V_{BE}/V_{th}} - 1\right)$$

DC 전압에 소신호 ac 전압이 중첩되어 인가된 경우, 소신호 콜렉터 전류 $i_c(\omega t)$는 소신호 베이스 전압 $\upsilon_{be}(\omega t)$과 선형관계를 만족해야 한다. 따라서 ac 신호에 대해 선형 전류-전압 특성을 얻기 위해서는 다음의 관계를 만족해야 하며, 이것이 BJT의 소신호 조건이 된다.

$$\upsilon_{be}(\omega t) = \upsilon_o e^{j\omega t} \ll 2V_{th}\ ;\ \ \upsilon_o \ll 2V_{th} \sim 50\ \text{mV} \ @\ T = 300\ [\text{K}]$$

즉 에미터 접합에 인가된 ac 전압이 소신호로 유효한 때는 소신호의 진폭이 열전압의 2배에 해당하는 ~50 mV보다 훨씬 작은 진폭을 갖는 경우이다. 이때 바이폴라 트랜지스터의 콜렉터 전류는 다음과 같이 에미터 접합의 ac 소신호 전압 $\upsilon_{be}(\omega t)$와 선형관계가 되며, 그 비는 입출력 전달 컨덕턴스 g_m이다.

$$I_c(t) = I_C + i_c(\omega t) \cong I_{CS}e^{V_{BE}/V_{th}}e^{\upsilon_{be}(\omega t)/V_{th}} \cong I_C + I_C\left(\frac{\upsilon_{be}(\omega t)}{V_{th}}\right)$$

$$i_c(\omega t) = (I_C/V_{th})\upsilon_{be}(\omega t) = g_m\upsilon_{be}(\omega t)\ [\text{A}]\ ;\ \ g_m \equiv I_C/V_{th}\ [\text{S}]$$

▶ MOSFET의 소신호 조건 : MOSFET의 게이트 전압(V_{gs})은 동작점을 결정하는 DC 전압(V_{GS})과 정현파 ac 전압($\upsilon_{ac}(\omega t)$)의 합으로 이루어져 있으며, 이로 인한 드레인 전류(I_d)는 다음과 같이 나타낼 수 있다.

$$V_{gs}(t) = V_{GS} + \upsilon_{gs}(t) \quad \begin{cases} V_{GS} & \text{: 동작점의 DC 전압} \\ \upsilon_{gs}(\omega t) = \upsilon_o e^{j\omega t} & \text{: ac 소신호 전압} \end{cases}$$

$$I_d(t) = I_D + i_d(t) \quad \begin{cases} I_D & \text{: 동작점의 DC 전류} \\ i_d(t) = i_o e^{j(\omega t+\phi)} & \text{: ac 소신호 전류} \end{cases}$$

특히 증폭기로 사용되는 n채널 MOSFET의 포화영역 드레인 전류는 DC 전류 I_D와 ac 소신호 전류 $i_d(\omega t)$의 합으로, 다음과 같이 요약할 수 있다.

$$I_d = \frac{\mu_n C_{ox}}{2}\left(\frac{W}{L}\right)\{(V_{GS} + \upsilon_{gs}(\omega t)) - V_T\}^2 = \left[\frac{k_n}{2}(V_{GS} - V_T)^2\right] + k_n(V_{GS} - V_T)\upsilon_{gs}(\omega t) + \frac{k_n}{2}\upsilon_{gs}^2(\omega t) = I_D + i_d(t)$$

$$\begin{cases} I_D = \dfrac{k_n}{2}(V_{GS} - V_T)^2 \quad ;\quad k_n \equiv \mu_{eff}C_{ox}\left(\dfrac{W}{L}\right) & \text{: DC 바이어스}(I_D,\ V_{GS}) \\ i_d(\omega t) = k_n(V_{GS} - V_T)\upsilon_{gs}(\omega t) + \dfrac{k_n}{2}\upsilon_{gs}^2(\omega t) & \text{: 소신호 } ac \text{ 드레인 전류} \end{cases}$$

따라서 게이트 ac 입력신호 전압과 드레인의 ac 출력 전류가 선형관계, 즉 소신호 특성을 유지하기 위해서는 다음 조건을 만족해야 한다.

$$i_d(\omega t) = k_n\left((V_{GS}-V_T)\upsilon_{gs}(\omega t) + \frac{1}{2}\upsilon_{gs}^2(\omega t)\right) \cong k_n(V_{GS}-V_T)\upsilon_{gs}(\omega t) = g_m\upsilon_{gs}(\omega t)$$

$$\Rightarrow \boxed{\upsilon_{gs}(\omega t) \ll 2(V_{GS}-V_T) = 2V_{GS,eff}}$$

즉 ac 신호의 진폭 υ_o가 유효 게이트 전압보다 훨씬 작은 경우, 게이트 ac 신호전압과 ac 드레인 전류는 선형관계를 가지며, 그 비는 입출력 전달 컨덕턴스 g_m이다.

$$i_d(\omega t) = g_m\upsilon_{gs}(\omega t)\ [\text{A}]\ ; \quad g_m \equiv k_n(V_{GS}-V_T) = \sqrt{2k_nI_D}\ [\text{S}]$$

(a), (b), (e) BJT와 MOSFET의 소신호 등가회로 구성성분과 그 인가 전압 의존도를 아래 표에 비교하여 설명하였다.

성분		BJT	MOSFET
I_{out}	출력 전류	$I_C = I_{CS}\left(e^{V_{BE}/V_{th}}-1\right)(1+\lambda V_{CE})$ $I_{CS} \cong qA\frac{D_{nB}}{W_B}n_{Bo} = qA\frac{D_{nB}}{W_B}\frac{n_i^2}{N_{AB}}$	$I_D = k_n(V_{GS}-V_T)^2(1+\lambda V_{DS})$ $k_n = \frac{\mu_{eff}C_{ox}}{2}\left(\frac{W}{L}\right)$
g_m	전달 컨덕턴스	$g_m \equiv \frac{\partial I_C}{\partial V_{BE}} \cong \frac{I_C}{V_{th}} = \frac{I_{CS}}{V_{th}}e^{V_{BE}/V_{th}}\ \begin{cases}\propto I_C \\ \propto e^{V_{BE}/V_{th}}\end{cases}$	$g_m \equiv \frac{\partial I_D}{\partial V_{GS}} \cong 2k_n(V_{GS}-V_T) = 2\sqrt{k_nI_D}\ \begin{cases}\propto \sqrt{I_D} \\ \propto (V_{GS}-V_T)\end{cases}$
r_π	전도성 입력저항	$r_{be} \equiv 1\Big/\frac{\partial I_B}{\partial V_{BE}} \cong \frac{\beta}{g_m} = \beta\frac{V_{th}}{I_C} \cong \frac{\beta V_{th}}{I_{CS}e^{V_{BE}/V_{th}}} \propto \frac{1}{e^{V_{BE}/V_{th}}}$: 전도성 소신호 입력저항 에미터 접합에 인가된 순방향 전압에 의한 누설전류를 반영한다.	$r_{gs} \equiv 1\Big/\frac{\partial I_G}{\partial V_{GS}} \cong \infty$: 전도성 소신호 입력저항 게이트 산화막에 의한 높은 에너지 장벽으로 인해 전도성 누설전류가 흐르지 않는다.
C_π	입력 정전용량	$C_{be} = C_{be,diff} + C_{be,dep},\ C_{be,diff} \equiv \frac{\partial Q_{mob}}{\partial V_{BE}} = \frac{I_C\tau_B}{V_{th}}$ $C_{be,dep} \equiv \frac{\partial Q_{dep}}{\partial V_{BE}} = \frac{\varepsilon_{Si}}{W_{BE}}A,\ W_{BE} \cong \sqrt{\frac{2\varepsilon_{Si}}{qN_{AB}}(V_{bie}-V_{BE})}$: 베이스-에미터 접합 정전용량	$C_{gs} \cong C_{ox}W\left(\frac{2}{3}L + L_{ov}\right),\ C_{ox} = \frac{\varepsilon_{ox}}{t_{ox}}$: 게이트-소스 접합 정전용량
C_μ	입출력 직결합 정전용량	$C_{bc} \equiv \frac{\varepsilon_{Si}}{W_{BC}}A,\ W_{BC} \cong \sqrt{\frac{2\varepsilon_{Si}}{qN_{DC}}(V_{bic}-V_{BC})}$: 베이스-콜렉터 접합 정전용량 역방향 전압이 인가된 콜렉터 접합의 공간전하영역 폭에 의해 결정된다.	$C_{gd} = C_{ox}WL_{ov},\ C_{ox} = \frac{\varepsilon_{ox}}{t_{ox}}$: 게이트-드레인 접합 정전용량
r_o	출력저항	$r_{ce} \equiv 1\Big/\frac{\partial I_C}{\partial V_{CE}} \cong \frac{1}{\lambda I_C} = \frac{V_A}{I_C} \cong \frac{V_A}{I_{CS}e^{V_{BE}/V_{th}}} \propto \frac{1}{e^{V_{BE}/V_{th}}}$: 소신호 출력저항 콜렉터 접합에 인가된 역방향 전압에 의한 베이스 폭 변조효과(BWM)를 반영한다.	$r_{ds} \equiv 1\Big/\frac{\partial I_D}{\partial V_{DS}} \cong \frac{1}{\lambda I_D} = \frac{V_A}{k_n(V_{GS}-V_T)^2} \propto \frac{1}{(V_{GS}-V_T)^2}$: 소신호 출력저항 드레인 접합에 인가된 역방향 전압에 의한 채널길이 변조효과(CLM)를 반영한다.
R_a	입력 기생저항	R_B : 베이스 기생저항	R_G : 게이트 기생저항
R_b	출력 기생저항	R_C : 콜렉터 기생저항	R_D : 드레인 기생저항
R_c		R_E : 에미터 기생저항	R_S : 소스 기생저항

(c) BJT와 MOSFET의 전달 컨덕턴스를 지배하는 요소를 다음 표에 비교하여 요약하였다.

성분	BJT	MOSFET
g_m	$I_C = I_{CS}\left(e^{V_{BE}/V_{th}} - 1\right)(1+\lambda V_{CE})$ $I_{CS} \cong qA\dfrac{D_{nB}}{W_B}n_{Bo} = qA\dfrac{D_{nB}}{W_B}\dfrac{n_i^2}{N_{AB}}$ $g_m \equiv \dfrac{\partial I_C}{\partial V_{BE}} \cong \dfrac{I_C}{V_{th}} = \dfrac{I_{CS}}{V_{th}}e^{V_{BE}/V_{th}} \begin{cases} \propto I_C \\ \propto e^{V_{BE}/V_{th}} \end{cases}$	$I_D = k_n(V_{GS}-V_T)^2(1+\lambda V_{DS})$ $k_n = \dfrac{\mu_{eff}C_{ox}}{2}\left(\dfrac{W}{L}\right)$ $g_m \equiv \dfrac{\partial I_D}{\partial V_{GS}} \cong 2k_n(V_{GS}-V_T) = 2\sqrt{k_n I_D} \begin{cases} \propto \sqrt{I_D} \\ \propto (V_{GS}-V_T) \end{cases}$
g_m을 지배하는 요소	– DC 바이어스 : V_{BE} – BJT의 단면적 : A – 베이스 중성영역의 폭 : W_B – 베이스 영역 내의 소수 캐리어 확산계수 : D_{nB} – 베이스 영역의 도핑 농도 : N_{AB}	– DC 바이어스 : V_{GS} 또는 유효 게이트 전압($V_{GS}-V_T$) – MOSFET의 구조에 의해 결정되는 임계전압 : V_T – MOSFET의 단면적을 결정하는 W/L 비 : A – 게이트 전압의 채널영역 결합을 지배하는 산화막 정전용량 : C_{ox} – 채널영역의 캐리어 이동도 : μ_{eff}

(d) $\partial i_{\text{out}}/\partial v_{\text{in}}$은 입력 전압의 변화에 의한 출력전류의 변화를 나타내는 지표로 전달 컨덕턴스를 뜻한다.

▶ DC 전류–전압 관계식을 이용한 해석 : BJT의 에미터 기생저항(R_E)과 MOSFET의 소스 기생저항(R_S)을 고려한 등가회로, DC 전류 관계식, 입출력 전달 컨덕턴스는 다음과 같다.

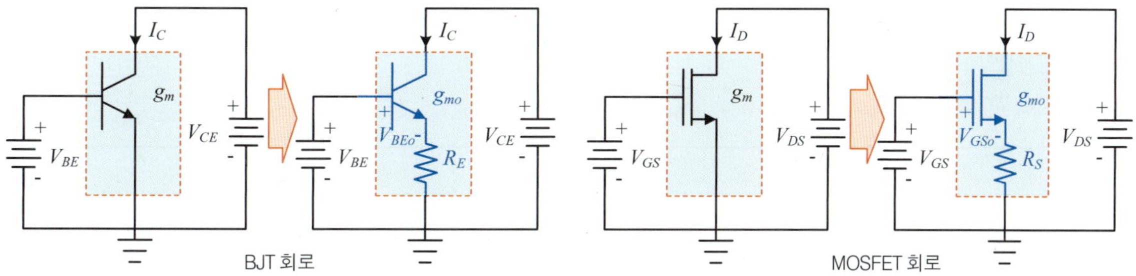

구분	BJT	MOSFET
전류식	$I_C \cong I_{CS}e^{V_{BEo}/V_{th}}$; $I_{CS} \cong qA\dfrac{D_{nB}}{W_B}\dfrac{n_i^2}{N_{AB}}$	$I_D \cong k_n(V_{GSo}-V_T)^2$; $k_n = \dfrac{\mu_{eff}C_{ox}}{2}\left(\dfrac{W}{L}\right)$
내부 전달 컨덕턴스	$g_{mo} \equiv \left.\dfrac{\partial I_{out}}{\partial V_{ino}}\right\|_{BJT} = \dfrac{\partial I_C}{\partial V_{BEo}} \cong \dfrac{I_C}{V_{th}} = \dfrac{I_{CS}}{V_{th}}e^{V_{BEo}/V_{th}}$	$g_{mo} \equiv \left.\dfrac{\partial I_{out}}{\partial V_{ino}}\right\|_{MOSFET} = \dfrac{\partial I_D}{\partial V_{GSo}} = 2k_n(V_{GSo}-V_T)$
기생저항을 고려한 KVL	$\begin{cases} V_{BE} = V_{BEo} + I_C R_E \cong V_{BEo} + R_E I_{CS}e^{V_{BEo}/V_{th}} \\ \dfrac{\partial V_{BE}}{\partial V_{BEo}} = 1 + R_E\dfrac{I_{CS}}{V_{th}}e^{V_{BEo}/V_{th}} = 1 + g_{mo}R_E \end{cases}$	$\begin{cases} V_{GS} = V_{GSo} + I_D R_S = V_{GSo} + R_S k_n(V_{GSo}-V_T)^2 \\ \dfrac{\partial V_{GS}}{\partial V_{GSo}} = 1 + R_S(2k_n(V_{GSo}-V_T)) = 1 + g_{mo}R_S \end{cases}$
기생저항을 고려한 전달 컨덕턴스	$g_m \equiv \left.\dfrac{\partial I_{out}}{\partial V_{in}}\right\|_{BJT} = \dfrac{\partial I_C}{\partial V_{BE}} = \dfrac{\left(\partial I_C/\partial V_{BEo}\right)}{\left(\partial V_{BE}/\partial V_{BEo}\right)}$ $= \dfrac{g_{mo}}{1+g_{mo}R_E} = g_{mo}\dfrac{1}{1+g_{mo}R_E} = \dfrac{1}{\dfrac{1}{g_{mo}} + R_E}$	$g_m \equiv \left.\dfrac{\partial I_{out}}{\partial V_{in}}\right\|_{MOSFET} = \dfrac{\partial I_D}{\partial V_{GS}} = \dfrac{\left(\partial I_D/\partial V_{GSo}\right)}{\left(\partial V_{GS}/\partial V_{GSo}\right)}$ $= \dfrac{g_{mo}}{1+g_{mo}R_S} = g_{mo}\dfrac{1}{1+g_{mo}R_S} = \dfrac{1}{\dfrac{1}{g_{mo}} + R_S}$

▶ AC 소신호 등가회로 모델을 이용한 해석 : 기생저항을 고려한 BJT와 MOSFET의 저주파 ac 소신호에 대한 간략화된 등가회로, 소신호 전압 관계식, 기생저항을 고려한 전달 컨덕턴스는 아래와 같다.

<table>
<tr><th>구분</th><th>BJT</th><th>MOSFET</th></tr>
<tr><td>기생저항을
고려한 저주파
소신호
등가회로</td><td>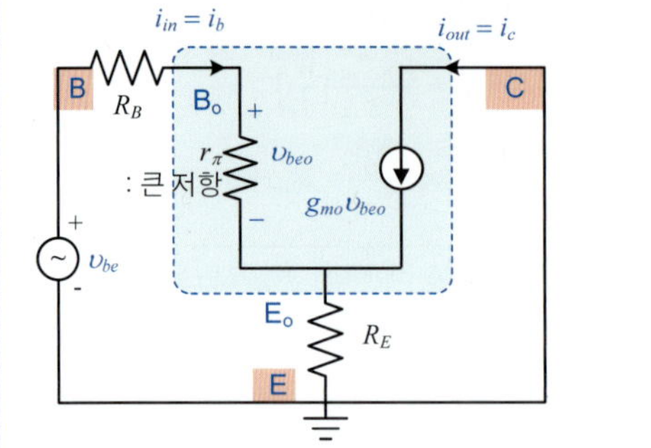
</td><td>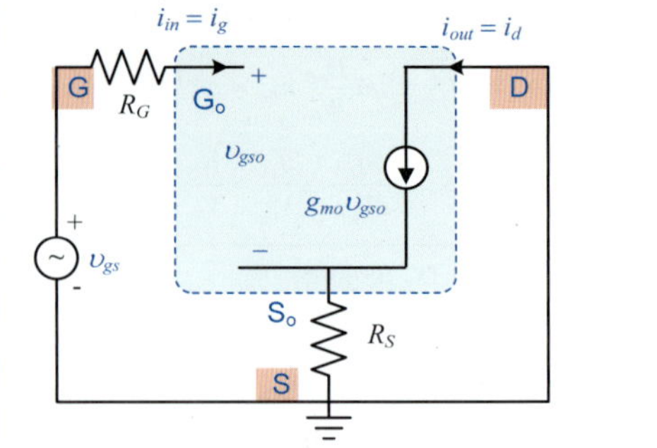
</td></tr>
<tr><td>기생저항을
고려한 KVL</td><td>$\begin{cases} \dfrac{\partial i_c}{\partial v_{beo}} = g_{mo} \;;\; v_{be} = v_{beo} + i_c R_E \cong v_{beo}(1+g_{mo}R_E) \\ \dfrac{\partial v_{be}}{\partial v_{beo}} = 1+g_{mo}R_E \end{cases}$</td><td>$\begin{cases} \dfrac{\partial i_d}{\partial v_{gso}} = g_{mo} \;;\; v_{gs} = v_{gso} + i_d R_S \cong v_{gso}(1+g_{mo}R_S) \\ \dfrac{\partial v_{be}}{\partial v_{beo}} = 1+g_{mo}R_S \end{cases}$</td></tr>
<tr><td>기생저항을
고려한 전달
컨덕턴스</td><td>$g_m \equiv \left.\dfrac{\partial i_{out}}{\partial v_{in}}\right|_{BJT} = \dfrac{\partial i_c}{\partial v_{be}} = \dfrac{\left(\partial i_c / \partial v_{beo}\right)}{\left(\partial v_{be} / \partial v_{beo}\right)}$
$= \dfrac{g_{mo}}{1+g_{mo}R_E} = g_{mo}\dfrac{1}{1+g_{mo}R_E} = \dfrac{1}{\dfrac{1}{g_{mo}}+R_E}$</td><td>$g_m \equiv \left.\dfrac{\partial i_{out}}{\partial v_{in}}\right|_{MOSFET} = \dfrac{\partial i_d}{\partial v_{gs}} = \dfrac{\left(\partial i_d / \partial v_{gso}\right)}{\left(\partial v_{gs} / \partial v_{gso}\right)}$
$= \dfrac{g_{mo}}{1+g_{mo}R_S} = g_{mo}\dfrac{1}{1+g_{mo}R_S} = \dfrac{1}{\dfrac{1}{g_{mo}}+R_S}$</td></tr>
</table>

에미터 기생저항이 있는 BJT와 소스 기생저항이 존재하는 MOSFET에서는 기생저항에 의한 전압 강하로 인해 입력전압에 의한 출력전류의 조절효과인 전달 컨덕턴스가 저하됨을 알 수 있다. 이는 최대 전압 증폭률의 감소와 전류이득 차단주파수의 저하에도 영향을 미치므로, 소자의 구조 설계와 제조공정 개발 시에 재료의 선택과 열처리 과정 등을 통해 기생저항을 줄이는 일이 매우 중요하다.

12.11 반도체란?

반도체와 다이오드, BJT, MOSFET의 구조와 동작특성에 대한 이해를 마친 상태에서 공학적 학습 배경이 없는 일반인, 또는 전자공학 배경이 없는 타과 학생이 이해할 수 있게 다음을 설명하라.

(a) 반도체란 무엇인가?

(b) MOSFET이란 무엇인가?

(c) 반도체 산업을 통한 국가경쟁력 확보에서 반도체 산업이 차지하는 비중이 큰 이유는 무엇인가?

(d) 지속적인 반도체 산업 발전과 세계적 기술 경쟁력 확보를 위해 가장 필요한 것은 무엇인가?

[주] 주관적인 답을 다양하게 제시할 수 있으므로 제한적인 답안을 제시합니다.

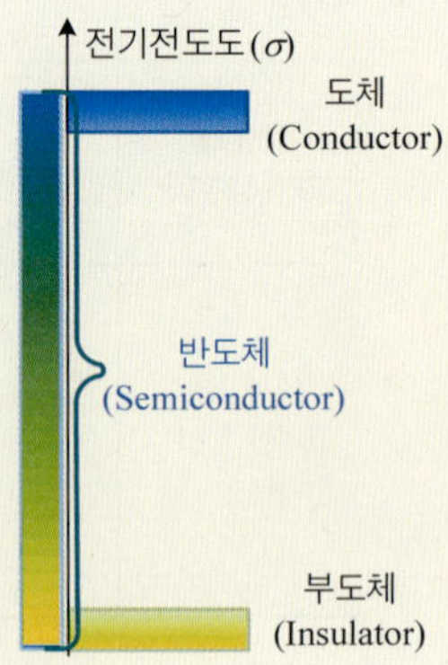

(a) 전자재료는 전기전도성을 기준으로 도체, 부도체, 반도체로 구분할 수 있다. 그림과 같이 도체는 전기전도성이 아주 좋은 재료이고, 부도체는 전기전도성이 아주 작은 재료이다. 이러한 도체와 부도체의 전기전도성은 인위적으로 거의 조절할

수 없다. 이에 반해 반도체는 원하는 대로, 그리고 정확한 크기로 전기전도성을 조절할 수 있다. 반도체는 재료의 선택, 제조공정, 반도체의 기하학적 구조, 전압이나 빛 등 외부에서 인가하는 바이어스 등을 통해 부도체와 같은 절연체의 특성뿐 아니라 도체와 같이 우수한 전기전도성을 가지도록 정확히 조절할 수 있다.

(b) 다음 그림에 나타낸 MOSFET(절연 게이트 산화막 전계효과 트랜지스터 ; Metal-Oxide-Semiconductor Field Effect Transistor)는 신호의 증폭과 스위칭을 통한 논리회로 구현이 가능한 3단자 반도체 소자로, 전자회로와 전자/정보통신 시스템을 위한 집적회로 구현에 널리 사용되고 있다.

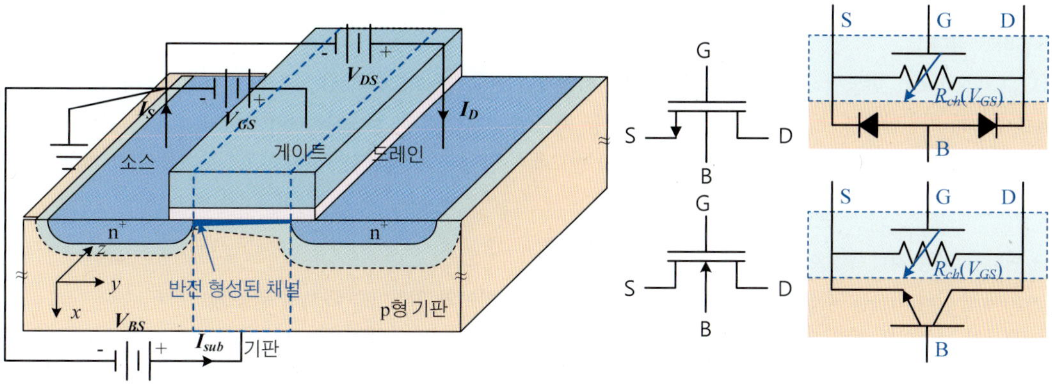

MOSFET의 구조와 기호 및 동작상의 등가회로

MOSFET은 '게이트 전압에 의해 형성된 반전층 전하의 드레인 전압을 이용한 드리프트'에 의해 전기적 특성이 결정되며, MOSFET의 드레인 전류는 다음의 특성지표에 의해 좌우된다.

- MOSFET을 구성하는 반도체 재료(E_g, n_i)
- 동작 온도(T)
- 제조공정(도핑 농도 : N_A, N_{pg}, 열처리 온도, 확산과 이온주입 공정, 금속배선 공정 등)
- 소자의 구조($C_{ox} = \varepsilon_{ox}/t_{ox}$, L)
- 소자의 크기(W 또는 W/L 비)
- 수직방향 전계를 통해 반전전하량을 조절하는 게이트 전압(V_{GS})
- 수평방향 전계를 통해 채널전하를 드리프트하는 드레인 전압(V_{DS})
- 수평방향 전계에 영향을 미치는 기판전압(V_{BS})

즉 MOSFET은 게이트와 소스 양단에 전압(V_{GS})을 인가하여, 수직방향 전계(ε_v)에 의해 반전된 전기전도성 이동 전하층을 형성한다. 드레인과 소스 사이에 인가된 드레인 전압(V_{DS})으로 수평방향 전계(ε_l)가 형성되며, 이로 인해 이동 전하들이 드리프트되어 전류가 형성되고 전기적 특성이 조절된다. 게이트 전압과 드레인 전압에 의해 조절되는 MOSFET의 이상적인 전류-전압 특성은 다음과 같다.

$$I_D = \begin{cases} \frac{k_n}{2}\left[2(V_{GS}-V_T)V_{DS}-V_{DS}^2\right] & ;\ \text{선형영역} : V_{GS} \ge V_T,\ V_{GD} \ge V_T : \text{임계전압} \\ \frac{k_n}{2}(V_{GS}-V_T)^2 & ;\ \text{포화영역} : V_{GS} \ge V_T,\ V_{GD} < V_T \end{cases}$$

$$k_n \equiv \mu_n C_{ox}(W/L)\ \ [\mathrm{A/V^2}]\ ;\ C_{ox} = (\varepsilon_{ox}/t_{ox})\ [\mathrm{F/cm^2}] : \text{단위 면적당 산화막 커패시턴스}$$

(c) 앞에서 설명한 바와 같이 반도체는 재료, 제조공정, 기하학적 구조, 인가한 외부 바이어스를 조절함으로써 부도체와 도체의 특성은 물론이고, 그 중간 범위의 전기전도도도 구현할 수 있다. 또한 서로 다른 반도체의 접합 형성을 통해, 인가된 전압의 방향(부호)에 따라 전기적 특성과 방향성을 정확하게 조절할 수 있다. 게다가 전류 흐름에 수직인 단면적 조절을

통해 전류의 크기도 조절할 수 있으며, 특히 3단자 소자 구현을 통해 신호의 증폭이 가능하다는 장점이 있다. 따라서 반도체는 정보의 기억을 위한 반도체 메모리(DRAM, SRAM, Flash Memory 등), 아날로그 신호의 증폭과 디지털 신호에 대한 논리적 처리를 위한 집적회로, 컴퓨터의 중앙정보처리장치인 CPU는 물론이고 가전제품, 통신기기, 휴대용 저장장치, 첨단 자동차의 전자제어 시스템 구현, 초고해상도 디스플레이 시스템 등에 널리 사용되고 있다. 자동차의 경우, 전자부품의 첨단기능을 반도체 소자와 집적회로로 제어하고 있으며, 이를 위해 제어와 통신용 반도체 소자와 집적회로 부품이 대거 사용되고 있다. 자동차의 중앙 조절장치 부품(CPU)뿐 아니라 차량 내부 통신시스템의 부품, 내비게이션 시스템, 음향장치, 조명장치, 타이어 압력 자동감지 시스템, 정보 디스플레이 부품, 전후방 조명시스템 등에 반도체가 널리 사용되고 있다.

(d) 『IT CookBook, 반도체 공학』으로 학습한 모든 사람들이 한국 반도체 산업 발전의 원동력이 되리라 믿고, 또 그렇게 되길 간절히 기원합니다. 이 책을 집필하면서 중점을 둔 작은 철학이면서, 학습자들에게 당부하고 싶은 간절한 소망의 핵심은 강의실에서의 알찬 강의와 학습만이 지속적인 반도체 산업 발전과 세계적 기술 경쟁력 확보를 위한 가장 확실한 방법이라는 것입니다. 저자의 생각은 다음과 같습니다.

- 탄탄한 기본 지식 = 상호 유기적 팀웍을 위한 소통 언어!
- 이해 중심의 학습을 통한 탄탄한 기초 지식 확립 = 창의력 확보와 원천기술 확보의 원동력!
- 분석적 사고력을 통한 응용 실용 지향의 기본 지식 = 실전문제 해결을 위한 만능 도구!

Chapter

13 접합형 전계효과 트랜지스터의 전류-전압 특성

Current-Voltage Characteristics of Junction Field Effect Transistors

13.1 n채널 JFET의 동작과 설계

채널로 사용하는 n형 기판영역의 도핑 농도가 $N_D = 2\times10^{17}$ [cm^{-3}], 게이트로 사용하는 높게 도핑된 p형 영역의 도핑 농도가 $N_A = 10^{19}$ [cm^{-3}], $L = 0.1$ [μm]인 n채널 Si JFET이 있다. ($n_i \cong 10^{10}$ [cm^{-3}], $\varepsilon_{Si} = 12\varepsilon_o$, $\mu_n = 800$ [cm^2/V·s]로 가정한다.)

(a) 게이트 접합의 열평형 상태의 내부 전압 V_{bi}를 구하라.
(b) 게이트 접합의 열평형 상태의 채널영역 공간전하영역의 폭 X_{do}를 구하라.
(c) 채널 차단전압이 $V_p = -3$ [V]가 되도록 채널 두께를 설계하라.
(d) $V_{GS} = 0$ [V]일 때 드레인 포화전압 V_{DSat}을 구하라.
(e) $V_{GS} = 0$ [V]일 때 드레인 포화전류가 $I_{DSat} = 100$ [mA]가 되도록 게이트 폭 W를 설계하라.
(f) $V_{GS} = 0$ [V]일 때 포화영역 전달 컨덕턴스를 구하라.
(g) $V_{GS} = -2$ [V]일 때 채널저항을 구하라.
(h) $V_{GS} = -2$ [V]일 때 드레인 포화전류를 구하라.
(i) $V_{GS} = -2$ [V]일 때 포화영역 전달 컨덕턴스를 구하라.

전류-전압 특성 이해를 위한 n채널 접합형 전계효과 트랜지스터(JFET)의 단면도와, 소스 부근($y = 0$) 및 드레인 부근($y = L$)의 게이트-n형 채널영역 수직방향의 에너지 대역도는 다음과 같다. n채널 JFET의 게이트에는 반드시 역방향 전압만 인가해야 게이트 단자로 흐르는 전류를 최소로 유지하면서 채널을 조절할 수 있다.

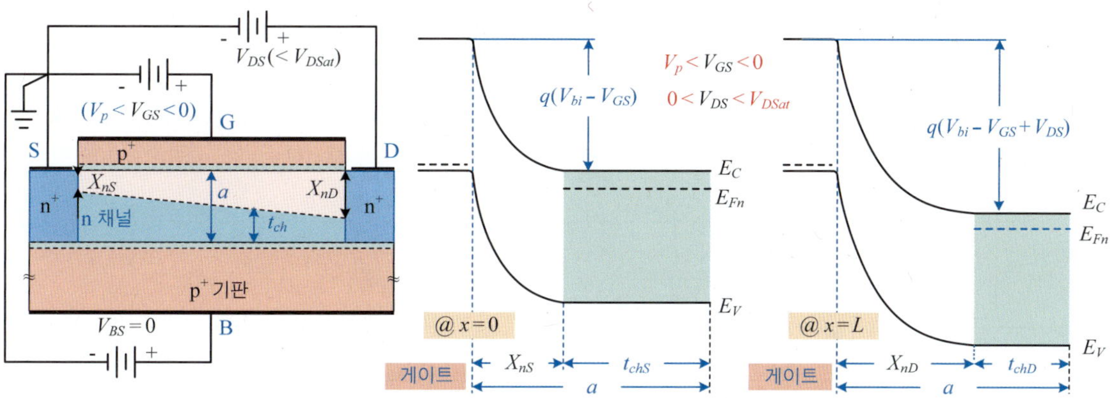

(a) 열평형 상태의 내부 전압(V_{bi})과 에너지 장벽(qV_{bi})은 n형과 p형의 반도체 접합 전 페르미 준위의 차이를 이용하여 구할 수 있다. 따라서 Si JFET의 n형 채널로 사용되는 기판영역의 도너 농도가 $N_D = 2\times10^{17}$ [cm^{-3}], 높게 도핑된 p형 게이

트 영역의 억셉터 농도는 $N_A = 10^{19}$ [cm^{-3}]인 게이트 접합의 열평형 상태 내부 전압은 다음과 같다.

$$V_{bi} = \frac{|E_{F,n} - E_{F,p}|}{q} = V_{th}\ln\left(\frac{N_g N_{sub}}{n_i^2}\right) = V_{th}\ln\left(\frac{10^{19}\times 2\times 10^{17}}{10^{20}}\right) = 37.53V_{th} = 0.972\ [\text{V}]$$

(b) 공간전하영역 폭은 n형과 p형 영역의 도핑 농도와 인가 전압에 의해 결정된다. 중성전하조건을 통해 얻은 열평형상태 ($V_{GS} = 0$, $V_{DS} = 0$)의 채널영역 공간전하영역의 폭(X_{do})은 다음과 같다.

$$W_o = X_{do} + X_{go},\quad X_{go}N_g = X_{do}N_{sub} \quad\Leftrightarrow\quad \frac{X_{go}}{X_{do}} = \frac{N_{sub}}{N_g} = \frac{N_D}{N_A} \quad\Leftarrow\quad +qN_D X_{do} - qN_A X_{go} = 0$$

$$X_{do} = \frac{W_o}{1+(N_D/N_A)} \cong \sqrt{\frac{2\varepsilon_{Si}}{q}\left(\frac{1}{N_A}+\frac{1}{N_D}\right)V_{bi}} \cong \sqrt{\frac{2\times 12\times 8.854\times 10^{-14}}{1.6\times 10^{-19}}\left(\frac{1}{10^{19}}+\frac{1}{2\times 10^{17}}\right)\times 0.972} = 0.083\times 10^{-4}\ [\text{cm}]$$

(c) 게이트 접합에 인가된 역방향 전압에 의한 공간전하영역의 변화와 이로 인한 채널 두께의 변화는 다음과 같다.

$$X_d(V_{GS}) = \frac{W_{dep}(V_{GS})}{1+(N_D/N_A)} \cong W_{dep}(V_{GS}) = \sqrt{\frac{2\varepsilon_{Si}}{q}\left(\frac{1}{N_A}+\frac{1}{N_D}\right)(V_{bi}-V_{GS})}\ ;\quad t_{ch}(V_{GS}) = a - X_d(V_{GS}) : \text{중성채널 두께}$$

따라서 게이트 접합에 채널 차단전압이 인가되면, 채널이 공핍되어 중성 채널영역의 두께가 0($t_{ch} = 0$)이 되므로, $V_g = V_p = -3$ [V]의 채널 차단전압을 갖도록 하기 위한 채널 두께(a)는 다음과 같다.

$$t_{ch}(V_{GS}) = a - X_d(V_{GS}) \quad\Leftrightarrow\quad t_{ch}|_{-3V} = a - X_d|_{-3V} = 0 : \text{중성 채널 소멸}$$

$$a = X_d|_{-3V} \cong \sqrt{\frac{2\varepsilon_{Si}}{q}\left(\frac{1}{N_A}+\frac{1}{N_D}\right)(V_{bi}-V_{GS})} = \sqrt{\frac{2\times 12\times 8.854\times 10^{-14}}{1.6\times 10^{-19}}\left(\frac{1}{10^{19}}+\frac{1}{2\times 10^{17}}\right)(0.972+3)}$$
$$= 0.164\times 10^{-4}[\text{cm}]$$

(d) 게이트 전압이 주어진 경우, 드레인 전압에 의해 채널 끝쪽($y = L$)이 완전 소멸($t_{ch}(y = L) = 0$: pinch-off)되는 조건이 선형영역과 포화영역의 경계가 되는 드레인 포화전압의 조건으로, 다음과 같이 게이트 전압과 채널 차단전압의 함수로 나타낼 수 있다.

$$V_{GD}|_{sat} = (V_{GS} - V_{DS})|_{sat} = V_p \quad\Rightarrow\quad V_{DSat} = V_{GS} - V_p$$

따라서 게이트 전압이 $V_{GS} = 0$ [V](즉 n채널 JFET의 게이트에는 역방향 전압만 가할 수 있으므로, 게이트에 인가할 수 있는 최대 전압 상태에 해당함)인 경우, 드레인 포화전압 V_{Dsat}은 다음과 같다.

$$V_{DSat}(V_{GS} = 0) \equiv V_{GS} - V_p = 0 + 3.0 = 3.0\ [\text{V}]$$

(e) 게이트 전압과 드레인 전압에 따른 JFET/MESFET의 선형영역 및 포화영역의 전류-전압 특성은 다음과 같이 요약할 수 있으며, 게이트 전압과 드레인 전압에 따른 전류의 변화를 그림에 구분하여 나타내었다.

$$I_D = \begin{cases} I_{Do}\left[3\dfrac{V_{DS}}{V_{po}} - 2\left(\dfrac{V_{DS}+V_{bi}-V_{GS}}{V_{po}}\right)^{3/2} + 2\left(\dfrac{V_{bi}-V_{GS}}{V_{po}}\right)^{3/2}\right] & ;\ \text{선형영역}:\ V_{DS} \le V_{DSat},\ \ V_p < V_{GS} < 0 \\ I_{Do}\left[1 - 3\left(\dfrac{V_{bi}-V_{GS}}{V_{po}}\right)\left(1 - \dfrac{2}{3}\sqrt{\dfrac{V_{bi}-V_{GS}}{V_{po}}}\right)\right] & ;\ \text{포화영역}:\ V_{DS} > V_{DSat},\ \ V_p < V_{GS} < 0 \end{cases}$$

$$I_{Do} \equiv \frac{\mu_n (qN_D)^2}{6\varepsilon_s}a^3\left(\frac{W}{L}\right),\quad V_{po} \equiv \frac{qN_D a^2}{2\varepsilon_s} = (V_{bi} - V_p) \cong |V_p|,\quad V_{DSat} = (V_{bi} - V_{po}) - V_{GS} = V_p - V_{GS}$$

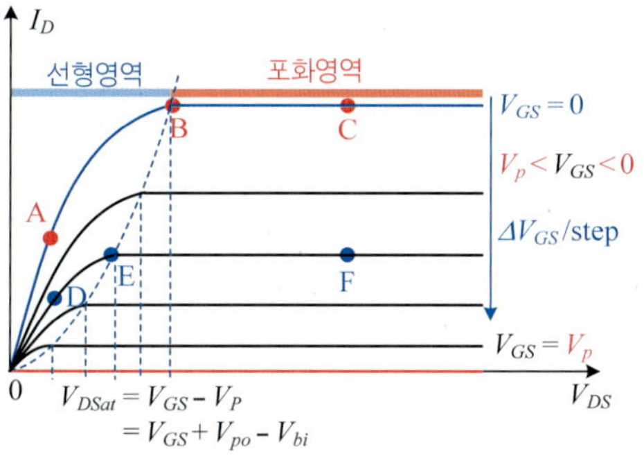

(가) I_D–V_{DS} 출력 특성

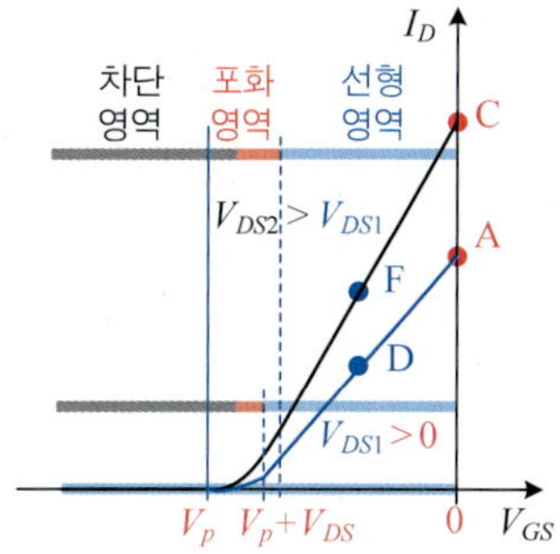

(나) I_D–V_{GS} 입출력 전달 특성

따라서 $V_{GS} = 0$ [V]일 때, 드레인 포화전류가 $I_{DSat} = 100$ [mA]가 되도록 하기 위한 게이트 폭 W는 다음과 같다.

$$W = \frac{I_{DSat}(V_{GS}=0)\times L}{\dfrac{\mu_n (qN_D)^2}{6\varepsilon_s} a^3 \left[1 - 3\left(\dfrac{V_{bi}-V_{GS}}{V_{po}}\right)\left(1 - \dfrac{2}{3}\sqrt{\dfrac{V_{bi}-V_{GS}}{V_{po}}}\right)\right]}$$

$$= \frac{100\times10^{-3}\times0.1\times10^{-4}}{\dfrac{800\times\left(1.6\times10^{-19}\times2\times10^{17}\right)^2}{6\times12\times8.854\times10^{-14}}\times\left(0.164\times10^{-4}\right)^3\times\left[1-3\left(\dfrac{0.972-0}{3.954}\right)\left(1-\dfrac{2}{3}\sqrt{\dfrac{0.972-0}{3.954}}\right)\right]} = 34.7\times10^{-4}\ [\text{cm}]$$

즉 게이트 길이 $L = 0.1$ [μm]인 JFET의 게이트 폭과 길이의 비는 $(W/L) = 347$이다.

(f) JFET은 역방향 전압이 인가된 pn 접합을 이용하여, 채널영역의 두께를 조절하고 채널저항의 변화를 이용하는 전계효과 트랜지스터다. 아날로그 증폭기는 대부분 포화영역에 동작점을 설정하여 DC 전압을 인가하며, 이때의 전달 컨덕턴스 g_{ms}는 다음의 특성지표에 의해 결정된다.

- 채널 컨덕턴스 σ_{ch}와 g_{mo}를 지배하는 채널영역의 도핑 농도 N_D와 이동도 μ_{ch}
- 채널영역의 두께 a
- 게이트 폭과 길이의 비 W/L
- 역방향 게이트 전압 V_{GS}

JFET의 게이트 입력전압 변화에 대한 드레인 출력전류의 변화를 나타내는 포화영역 전달 컨덕턴스 g_{ms}의 일반식과 $V_{GS} = 0$ [V]인 JFET의 포화영역 전달 컨덕턴스 $g_{ms}(V_{GS}=0)$는 다음과 같다.

$$g_{ms} \equiv \left.\frac{\partial I_D}{\partial V_{GS}}\right|_{saturation} = 3\frac{I_{Do}}{V_{po}}\left(1-\left(\frac{V_{bi}-V_{GS}}{V_{po}}\right)^{1/2}\right) = g_{mo}\left(1-\left(\frac{V_{bi}-V_{GS}}{V_{po}}\right)^{1/2}\right) : V_{DS} > V_{DSat},\ V_p < V_{GS} < 0$$

$$g_{mo} \equiv 3\frac{I_{Do}}{V_{po}} = \sigma_{ch}\left(\frac{aW}{L}\right), \quad \sigma_{ch} \equiv q\mu_n N_D$$

$$g_{ms}(V_{GS}=0) = \sigma_{ch}\left(\frac{aW}{L}\right)\left(1-\sqrt{(V_{bi}-V_{GS})/V_{po}}\right) = qN_D\mu_n a\left(\frac{W}{L}\right)\left(1-\sqrt{(V_{bi}-V_{GS})/V_{po}}\right)$$

$$= 1.6\times10^{-19}\times2\times10^{17}\times800\times\left(0.164\times10^{-4}\right)\left(\frac{34.7}{0.1}\right)\times\left(1-\sqrt{(0.972-0)/3.972}\right) = 73.6\ [\text{mS}]$$

$$\frac{g_{ms}(V_{GS}=0)}{W} = 2{,}122\ [\text{mS/mm}]$$

(g) 작은 드레인 전압이 인가되어 선형영역에서 동작하는 JFET은 게이트 전압에 의해 조절되는 가변저항과 같으며, 그 단면 구조와 등가모델은 다음 그림과 같다.

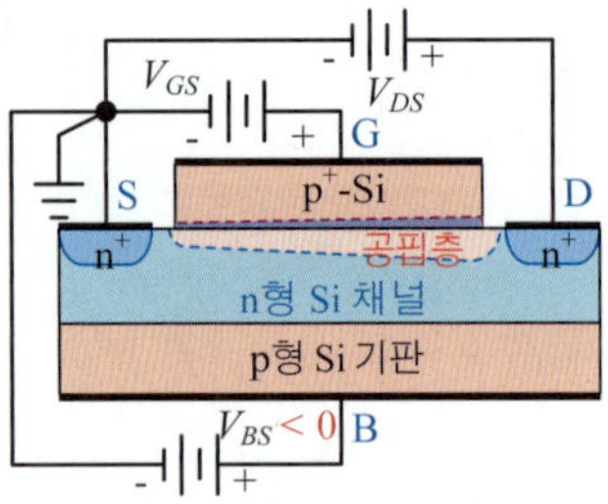

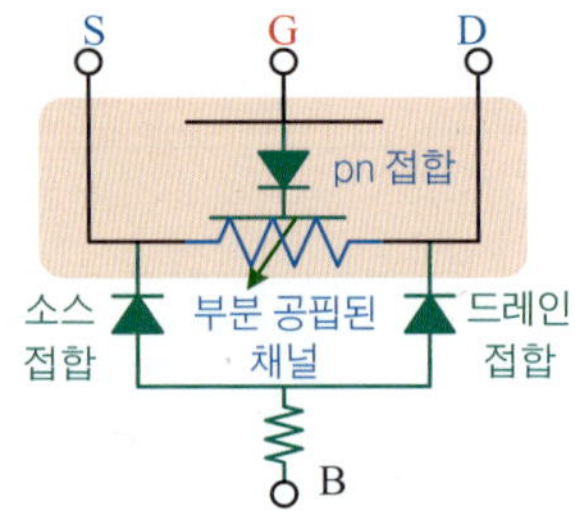

JFET의 출력특성($I_D - V_{DS}$) 곡선의 선형영역($V_{DS} < V_{DSat}$, $V_P < V_{GS} < 0$) 기울기를 통해 얻을 수 있는 채널저항(R_{ch} [Ω])은 다음과 같다.

$$R_{ch} = \frac{1}{g_d} \equiv 1\Big/\left.\frac{\partial I_D}{\partial V_{DS}}\right|_{\text{small } V_{DS}} \cong \frac{1}{g_{mo}} \frac{1}{\left(1 - \sqrt{(V_{bi} - V_{GS})/V_{po}}\right)} \cong \frac{1}{\sigma_{ch}}\left(\frac{L}{aW}\right)\frac{1}{\left(1 - \sqrt{(V_{bi} - V_{GS})/V_{po}}\right)}$$

$$\sigma_{ch} \equiv qN_D\mu_n$$

채널저항 R_{ch}을 지배하는 JFET의 재료, 공정 변수, 소자의 구조와 인가 전압은 다음과 같다.

- 채널층의 비저항/전기전도도를 지배하는 채널영역의 도핑 농도 N_D
- 채널층의 비저항/전기전도도를 지배하는 채널 전자의 이동도 μ_n
- 채널영역의 두께 a
- 게이트 길이와 폭의 비 L/W
- 역방향 게이트 전압의 크기 V_{GS}

$V_{GS} = -2$ [V]인 경우, JFET의 채널 저항 $R_{ch}(V_{GS} = -2)$은 다음과 같다.

$$R_{ch}(V_{GS} = -2) \equiv \frac{1}{qN_D\mu_n a}\left(\frac{L}{W}\right)\frac{1}{\left(1 - \sqrt{(V_{bi} - V_{GS})/V_{po}}\right)}$$

$$= \frac{1}{1.6\times10^{-19}\times2\times10^{17}\times800\times\left(0.164\times10^{-4}\right)}\left(\frac{0.1}{34.7}\right)\frac{1}{\left(1 - \sqrt{(0.972+2)/3.972}\right)} = 50.8\ [\Omega]$$

(h) $V_{GS} = -2$ [V]인 포화영역 드레인 전류 $I_{D,Sat}(V_{GS} = -2)$는 다음과 같다.

$$I_{DSat}(V_{GS} = -2) = I_{Do}\left[1 - 3\left(\frac{V_{bi} - V_{GS}}{V_{po}}\right)\left(1 - \frac{2}{3}\sqrt{\frac{V_{bi} - V_{GS}}{V_{po}}}\right)\right]\ ;\quad I_{Do} \equiv \frac{\mu_n (qN_D)^2}{6\varepsilon_s}a^3\left(\frac{W}{L}\right)$$

$$= \frac{800\times\left(1.6\times10^{-19}\times2\times10^{17}\right)^2}{6\times12\times8.854\times10^{-14}}\times\left(0.164\times10^{-4}\right)^3\times\left(\frac{34.7}{0.1}\right)\left[1 - 3\left(\frac{0.972+2}{3.972}\right)\left(1 - \frac{2}{3}\sqrt{\frac{0.972+2}{3.972}}\right)\right] \cong 9.8\ [\text{mA}]$$

(i) 전달 컨덕턴스는 게이트 입력전압 변화에 대한 드레인 출력전류의 변화를 나타내는데, 전달 컨덕턴스(g_m)에 영향을 주는 요소들을 이해하는 것이 중요하다. 아날로그 증폭기는 대부분 포화영역에 동작점을 설정하여 DC 전압을 인가하며, 이때의 전달 컨덕턴스 g_{ms}는 다음의 특성지표에 의해 결정된다.

- 채널영역의 도핑 농도 N_D
- 채널영역의 캐리어 이동도 μ_{ch}
- 채널영역의 두께 a
- 게이트 폭과 길이의 비 W/L
- 역방향 게이트 전압 V_{GS}

증폭기 동작영역인 포화영역의 전달 컨덕턴스 g_{ms}는 다음과 같다.

$$g_{ms} \equiv \left.\frac{\partial I_D}{\partial V_{GS}}\right|_{\text{sat}} = g_{mo}\left(1 - \left(\frac{V_{bi} - V_{GS}}{V_{po}}\right)^{1/2}\right)\ ;\quad V_{DS} > V_{DSat},\ V_p < V_{GS} < 0\ ;$$

$$g_{mo} \equiv 3\frac{I_{Do}}{V_{po}} = \sigma_{ch}\left(\frac{aW}{L}\right), \quad \sigma_{ch} \equiv q\mu_n N_D$$

특히 JFET의 전달 컨덕턴스 향상을 통해 전류 구동능력을 증가시키고, 우수한 고주파 증폭 특성을 얻기 위해서는 다음 조건을 만족하도록 설계해야 한다.

- 높은 캐리어 이동도(μ_{ch})
- 높은 채널 도핑 농도(N_{ch})
- 두꺼운 채널층(a)
- 큰 W/L 비

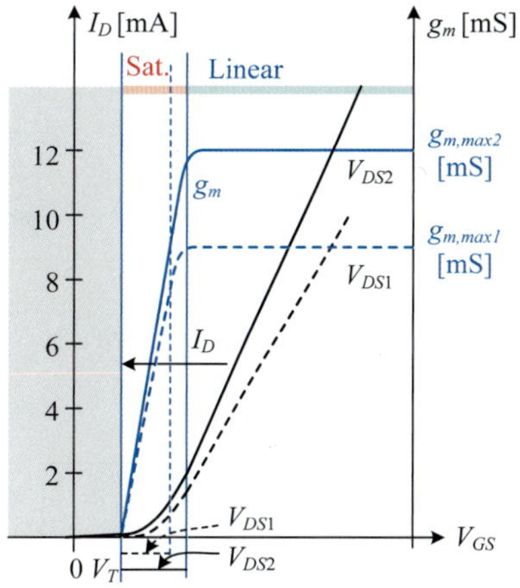

$V_{GS} = -2$ [V]인 JFET의 포화영역 전달 컨덕턴스 $g_{ms}(V_{GS} = -2)$와 게이트 폭을 정규화한 $g'_{ms}(V_{GS} = -2)$은 다음과 같다.

$$\begin{aligned} g_{ms}(V_{GS} = -2) &= \sigma_{ch} a\left(\frac{W}{L}\right)\left(1 - \sqrt{(V_{bi} - V_{GS})/V_{po}}\right) \\ &= qN_D\mu_n a\left(\frac{W}{L}\right)\left(1 - \sqrt{(V_{bi} - V_{GS})/V_{po}}\right) \\ &= 1.6\times10^{-19} \times 2\times10^{17} \times 800 \times \left(0.164\times10^{-4}\right)\left(\frac{34.7}{0.1}\right) \times \left(1 - \sqrt{(0.972+2)/3.972}\right) = 19.7 \text{ [mS]} \end{aligned}$$

$$g'_{ms}(V_{GS} = -2) = \frac{g_{ms}(V_{GS} = -2)}{W} = 566.8 \text{ [mS/mm]}$$

13.2 짧은 n채널 JFET의 채널길이 변조현상

채널로 사용하는 n형 기판영역의 두께가 $a = 0.1$ [μm], 게이트로 사용하는 높게 도핑된 p형 영역의 도핑 농도가 $N_A = 10^{19}$ [cm^{-3}], $W = 10$ [μm]인 n채널 GaAs JFET에 $V_{DSat} = V_{GS} - V_P = 2.43$ [V]의 게이트 전압이 인가되어 있다($n_i \cong 10^6$ [cm^{-3}], $\varepsilon_{GaAs} = 12\varepsilon_o$, $\mu_n = 3000$ [cm^2/V·s]로 가정하며, 필요한 경우 [예제 13-1]와 [예제 13-2]의 결과를 활용한다).

(a) 채널영역의 도핑 농도가 $N_D = 10^{18}$ [cm^{-3}]인 두 JFET의 채널길이가 $L = 0.1$ [μm]와 $L = 50$ [nm]인 경우, 채널길이 변조계수를 비교하라.

(b) 채널길이가 $L = 0.1$ [μm]인 두 JFET의 채널영역 도핑 농도가 $N_D = 2\times10^{18}$ [cm^{-3}]와 $N_D = 5\times10^{18}$ [cm^{-3}]일 때, 두 JFET의 채널 차단전압 V_P와 채널길이 변조계수를 비교하라.

짧은 채널길이를 가진 JFET에 큰 드레인 전압($V_{DS} > V_{DSat}$)이 인가되면, 게이트-드레인 접합 부근의 공간전하영역이 확장하면서, 채널 소멸 지점이 드레인에서 소스 쪽으로 이동하여 유효 채널길이가 감소한다. 이로 인해 포화영역에서도 드레인 전압이 증가함에 따라 드레인 전류가 증가한다. 이 현상을 채널길이 변조효과라고 한다. 포화영역에서 드레인 전압에 의한 채널길이 변조효과를 반영한 짧은 채널 JFET의 출력전압-전류($I_D - V_{DS}$) 특성은 다음 그림과 같다.

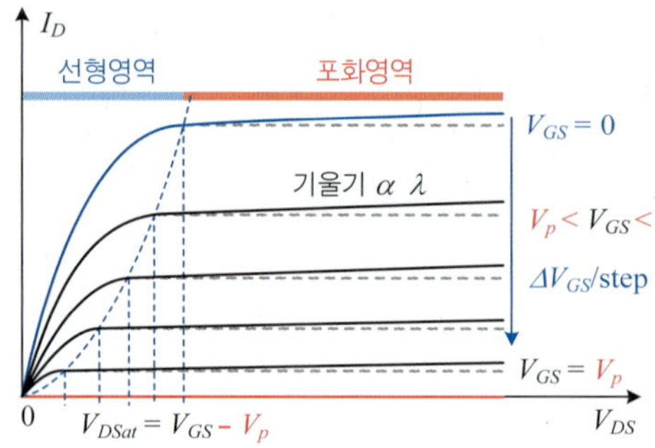

짧은 채널 JFET에 큰 드레인 전압이 인가된 포화영역에서 나타나는 채널길이 변조효과를 이해하기 위해, 단면도를 그림에 개념적으로 나타내었다.

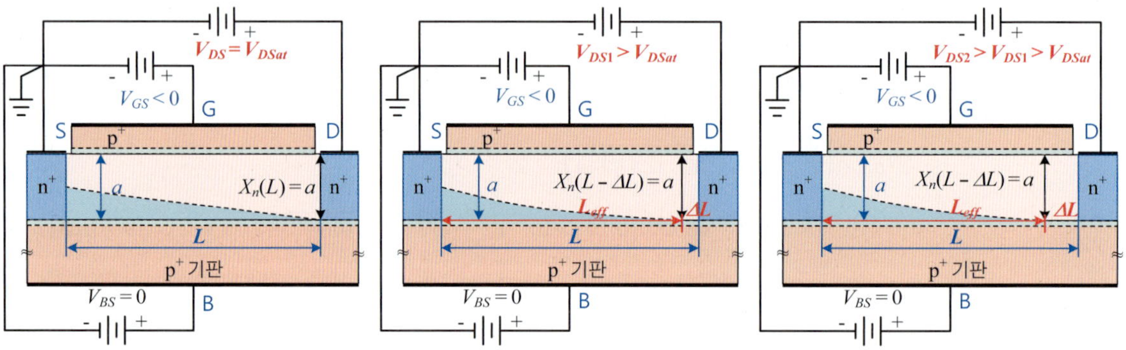

포화전압보다 큰 드레인 전압($V_{DS}>V_{DSat}$)이 인가된 긴 채널 JFET의 드레인 포화전류 I_{Dsat}는 다음과 같이 게이트 길이(L)에 반비례한다.

$$I_{DSat}=I_{Do}\left[1-3\left(\frac{V_{bi}-V_{GS}}{V_{po}}\right)\left(1-\frac{2}{3}\sqrt{\frac{V_{bi}-V_{GS}}{V_{po}}}\right)\right]\ ;\quad I_{Do}\equiv\frac{\mu_n(qN_D)^2}{6\varepsilon_s}a^3\left(\frac{W}{L}\right),\ \ V_{po}\equiv\frac{qN_Da^2}{2\varepsilon_s}=(V_{bi}-V_p)\cong|V_p|$$

그런데 짧은 채널 JFET에 큰 드레인 전압이 인가되어 채널 변조효과가 존재하는 유효 채널길이 L_{eff}를 이용하면, 포화영역 드레인 전류는 다음과 같이 나타낼 수 있다.

$$I_{DSat}=I'_{Do}\left[1-3\left(\frac{V_{bi}-V_{GS}}{V_{po}}\right)\left(1-\frac{2}{3}\sqrt{\frac{V_{bi}-V_{GS}}{V_{po}}}\right)\right]\ ;\ I'_{Do}\equiv\frac{\mu_n(qN_D)^2}{6\varepsilon_s}a^3\left(\frac{W}{L_{eff}}\right)$$
$$(V_{DS}>V_{DSat}=(V_{bi}-V_{po})-V_{GS},\quad V_{GS}<0)$$

따라서 드레인 전압에 의한 유효 채널길이의 변화는, 포화전압 이상의 드레인 전압 증가분($V_{DS}-V_{DSat}$)이 채널영역의 수평방향 공간전하영역 확장(ΔL)에 사용되어, 유효 채널길이의 감소($L_{eff}=L-\Delta L$)를 유발한 것으로 해석할 수 있다. 이때 포화영역에서 드레인 전압에 의한 드레인 전류 변화는 다음과 같이 채널길이 변조상수 λ를 이용하여 나타낼 수 있다.

$$L_{eff}(V_{DS})\equiv L-\Delta L(V_{DS})=L\left(1-\frac{\Delta L(V_{DS})}{L}\right)\ ;\quad \Delta L=\sqrt{\frac{2\varepsilon_s(V_{DS}-V_{DSat})}{qN_D}},\qquad V_{DS}>V_{DSat}$$

$$\frac{\Delta L(V_{DS})}{L}=\frac{1}{L}\sqrt{\frac{2\varepsilon_s}{qN_D}(V_{DS}-V_{DSat})}\equiv\lambda V_{DS}\ ;$$

$$\lambda\equiv\left.\frac{d(\Delta L/L)}{dV_{DS}}\right|_{sat}=\frac{1}{L}\sqrt{\frac{\varepsilon_s}{2qN_D(V_{DS}-V_{DSat})}}\cong\frac{1}{L}\sqrt{\frac{\varepsilon_s}{2qN_D}\frac{1}{V_{DSat}}}=\frac{1}{V_A}\ [1/\mathrm{V}]$$

짧은 채널 JFET에서 나타나는 채널길이 변조효과 계수는 다음과 같은 특성지표들의 영향을 받는다.

- 채널길이 L
- 채널영역의 도핑 농도 N_D
- 드레인 포화전압 V_{Dsat}을 결정하는 채널영역의 두께 a

채널길이 변조효과가 존재하는 JFET의 포화영역 드레인 전류는 다음과 같이 요약할 수 있다.

$$I_{DSat} = I_{Do}\left[1-3\left(\frac{V_{bi}-V_{GS}}{V_{po}}\right)\left(1-\frac{2}{3}\sqrt{\frac{V_{bi}-V_{GS}}{V_{po}}}\right)\right](1+\lambda V_{DS}) \;;\quad I_{Do}\equiv\frac{\mu_n(qN_D)^2}{6\varepsilon_s}a^3\left(\frac{W}{L}\right)$$

(a) 게이트 접합의 내부 전압 V_{bi}, 채널 소멸 전압 V_p, 드레인 포화전압 V_{DSat}은 각각 다음과 같다.

$$V_{bi}=\frac{|E_{Fg}-E_{FS}|}{q}=V_{th}\ln\left(\frac{N_gN_{sub}}{n_i^2}\right)=V_{th}\ln\left(\frac{N_AN_D}{n_i^2}\right)=V_{th}\ln\left(\frac{10^{19}\times10^{18}}{10^{12}}\right)=57.56\times V_{th}=1.49\ [\mathrm{V}]$$

$$V_{po}\equiv(V_{bi}-V_p)=\frac{qN_D}{2\varepsilon_{Si}}a^2=\frac{1.6\times10^{-19}\times10^{18}}{2\times12\times8.854\times10^{-14}}\times\left(0.1\times10^{-4}\right)^2=7.53\ [\mathrm{V}]$$

$$V_p=V_{bi}-V_{po}=1.49-7.53=-6.04\ [\mathrm{V}]$$

$$V_{DSat}=V_{GS}-V_p=V_{GS}+6.04=2.43\ [\mathrm{V}]\quad\Leftrightarrow\quad V_{GS}=-3.61\ [\mathrm{V}]$$

드레인 포화전압과 채널길이, 채널영역 도핑 농도에 의해 결정되는 채널길이 변조계수는 다음과 같다.

$$\lambda(L=0.1\ [\mu\mathrm{m}])\cong\frac{1}{L}\sqrt{\frac{\varepsilon_s}{2qN_D}\frac{1}{V_{DSat}}}=\frac{1}{0.1\times10^{-4}}\times\sqrt{\frac{12\times8.854\times10^{-14}}{2\times1.6\times10^{-19}\times10^{18}}\times\frac{1}{2.43}}=0.117\ [\mathrm{V}^{-1}]\;;\quad V_A=8.56\ [\mathrm{V}]$$

$$\lambda(L=50\ [\mathrm{nm}])\cong\frac{1}{L}\sqrt{\frac{\varepsilon_s}{2qN_D}\frac{1}{V_{DSat}}}=\frac{1}{0.05\times10^{-4}}\times\sqrt{\frac{12\times8.854\times10^{-14}}{2\times1.6\times10^{-19}\times10^{18}}\times\frac{1}{2.43}}=0.234\ [\mathrm{V}^{-1}]\;;\quad V_A=4.28\ [\mathrm{V}]$$

(b) $N_D=2\times10^{18}\ [\mathrm{cm}^{-3}]$와 $N_D=5\times10^{18}\ [\mathrm{cm}^{-3}]$인 두 JFET의 기판 농도는 게이트 도핑 농도 $N_A=10^{19}\ [\mathrm{cm}^{-3}]$에 비해 크게 차이가 없다. 이와 같이 게이트 도핑 농도가 기판의 도핑 농도보다 훨씬 높지 않은 경우에는 열평형 상태의 내부 전압($V_{bi}=V_{bip}+V_{bin}$)과 게이트 전압($V_{GS}=V_{GSp}+V_{GSn}$)의 일부가 게이트 공간전하영역(V_{bip}, V_{GSp})에 나타난다. 따라서 게이트 전압을 이용한 기판 채널영역의 공간전하영역 변화와 채널저항 조절 효율이 저하된다.

게이트 영역의 전압 강하를 고려하지 않은 경우, 채널 차단전압을 비교해 보자.

$$\begin{cases}V_{bi}\big|_{N_D=2\times10^{18}}=\dfrac{|E_{Fg}-E_{FS}|}{q}=V_{th}\ln\left(\dfrac{N_gN_{sub}}{n_i^2}\right)=V_{th}\ln\left(\dfrac{10^{19}\times2\times10^{18}}{10^{12}}\right)=58.26\times V_{th}=1.51\ [\mathrm{V}]\\[2ex] V_{po}\big|_{N_D=2\times10^{18}}\equiv(V_{bi}-V_p)=\dfrac{qN_D}{2\varepsilon_{Si}}a^2=\dfrac{1.6\times10^{-19}\times2\times10^{18}}{2\times12\times8.854\times10^{-14}}\times\left(0.1\times10^{-4}\right)^2=15.06\ [\mathrm{V}]\\[2ex] V_p\big|_{N_D=2\times10^{18}}=V_{bi}-V_{po}=1.51-15.06=-13.55\ [\mathrm{V}]\end{cases}$$

$$\begin{cases}V_{bi}\big|_{N_D=5\times10^{18}}=\dfrac{|E_{Fg}-E_{FS}|}{q}=V_{th}\ln\left(\dfrac{N_gN_{sub}}{n_i^2}\right)=V_{th}\ln\left(\dfrac{10^{19}\times5\times10^{18}}{10^{12}}\right)=59.17\times V_{th}=1.53\ [\mathrm{V}]\\[2ex] V_{po}\big|_{N_D=5\times10^{18}}\equiv(V_{bi}-V_p)=\dfrac{qN_D}{2\varepsilon_{Si}}a^2=\dfrac{1.6\times10^{-19}\times5\times10^{18}}{2\times12\times8.854\times10^{-14}}\times\left(0.1\times10^{-4}\right)^2=37.65\ [\mathrm{V}]\\[2ex] V_p\big|_{N_D=5\times10^{18}}=V_{bi}-V_{po}=1.53-37.65=-36.12\ [\mathrm{V}]\end{cases}$$

$V_{DSat}=V_{GS}-V_p=2.43\ [\mathrm{V}]$인 경우, 채널영역 도핑 농도에 따른 포화영역의 채널길이 변조계수는 다음과 같다.

$$\begin{cases} \lambda(L=0.1\,[\mu m])|_{2\times10^{18}} \cong \dfrac{1}{L}\sqrt{\dfrac{\varepsilon_s}{2qN_D}\dfrac{1}{V_{DSat}}} = \dfrac{1}{0.1\times10^{-4}}\times\sqrt{\dfrac{12\times8.854\times10^{-14}}{2\times1.6\times10^{-19}\times2\times10^{18}}\times\dfrac{1}{2.43}} = 0.083\,[V^{-1}]\,; \\ V_A = 12.10\,[V] \\ \lambda(L=0.1\,[\mu m])|_{5\times10^{18}} \cong \dfrac{1}{L}\sqrt{\dfrac{\varepsilon_s}{2qN_D}\dfrac{1}{V_{DSat}}} = \dfrac{1}{0.1\times10^{-4}}\times\sqrt{\dfrac{12\times8.854\times10^{-14}}{2\times1.6\times10^{-19}\times5\times10^{18}}\times\dfrac{1}{2.43}} = 0.052\,[V^{-1}]\,; \\ V_A = 19.13\,[V] \end{cases}$$

게이트 도핑 농도가 기판의 도핑 농도보다 많이 높지 않은 경우, 열평형 상태의 내부 전압과 게이트에 인가한 전압의 일부가 게이트 공간전하영역에 나타나기 때문에, 기판 채널영역의 공간전하영역 변화를 통한 채널저항의 조절 효율이 저하된다. 열평형 상태 내부 전압과 게이트 전압의 게이트 공간전하영역 및 채널 공간전하영역의 전압 분배비는 다음과 같다.

$$\begin{cases} V_{bi} = V_{bip} + V_{bin}, \quad \dfrac{V_{bip}}{V_{bin}} = \dfrac{X_p}{X_n} = \dfrac{N_D}{N_A}, \quad V_{bin} = \dfrac{V_{bi}}{1+(N_D/N_A)} \\ V_{GS} = V_{GSp} + V_{GSn}, \quad \dfrac{V_{GSp}}{V_{GSn}} = \dfrac{X_p}{X_n} = \dfrac{N_D}{N_A}, \quad V_{GSn} = \dfrac{V_{GS}}{1+(N_D/N_A)} \\ (V_{bi}-V_{GS}) = (V_{bip}-V_{GSp}) + (V_{bin}-V_{GSn}), \quad \dfrac{(V_{bip}-V_{GSp})}{(V_{bin}-V_{GSn})} = \dfrac{X_p}{X_n} = \dfrac{N_D}{N_A}, \quad (V_{bin}-V_{GSn}) = \dfrac{(V_{bi}-V_{GS})}{1+(N_D/N_A)} \end{cases}$$

이와 같이 게이트와 기판의 도핑 농도에 큰 차이가 없을 경우, 내부 전압과 게이트 전압의 일부가 게이트 공간전하 영역에 분배됨을 고려하여 채널 차단전압 V_p를 비교하면 다음과 같다.

▶ $N_D = 2\times10^{18}$ [cm^{-3}]인 경우

$$\begin{cases} V_{bi}|_{N_D=2\times10^{18}} = \dfrac{|E_{Fg}-E_{FS}|}{q} = V_{th}\ln\left(\dfrac{N_g N_{sub}}{n_i^2}\right) = V_{th}\ln\left(\dfrac{10^{19}\times2\times10^{18}}{10^{12}}\right) = 58.26\times V_{th} = 1.51\,[V] \\ V_{pon}|_{N_D=2\times10^{18}} \equiv (V_{bin}-V_{pn}) = \dfrac{qN_D}{2\varepsilon_{Si}}a^2 = \dfrac{1.6\times10^{-19}\times2\times10^{18}}{2\times12\times8.854\times10^{-14}}\times(0.1\times10^{-4})^2 = 15.06\,[V] \\ V_{pn}|_{N_D=2\times10^{18}} = (V_{bin}-V_{pon}) = 1.51-15.06 = -13.55\,[V] \end{cases}$$

$$\Rightarrow\ V_p|_{N_D=2\times10^{18}} = (V_{bi}-V_{po}) = (V_{bin}-V_{GSn})\times\left(1+\dfrac{N_D}{N_A}\right) = (1.51-15.06)\times\left(1+\dfrac{2\times10^{18}}{10^{19}}\right) = -16.26\,[V]$$

▶ $N_D = 5\times10^{18}$ [cm^{-3}]인 경우

$$\begin{cases} V_{bi}|_{N_D=5\times10^{18}} = \dfrac{|E_{Fg}-E_{FS}|}{q} = V_{th}\ln\left(\dfrac{N_g N_{sub}}{n_i^2}\right) = V_{th}\ln\left(\dfrac{10^{19}\times5\times10^{18}}{10^{12}}\right) = 50.17\times V_{th} = 1.53\,[V] \\ V_{pon}|_{N_D=5\times10^{18}} \equiv (V_{bin}-V_{pn}) = \dfrac{qN_D}{2\varepsilon_{Si}}a^2 = \dfrac{1.6\times10^{-19}\times5\times10^{18}}{2\times12\times8.854\times10^{-14}}\times(0.1\times10^{-4})^2 = 37.65\,[V] \\ V_{pn}|_{N_D=5\times10^{18}} = V_{bin}-V_{pon} = 1.53-37.65 = -36.12\,[V] \end{cases}$$

$$\Rightarrow\ V_p|_{N_D=5\times10^{18}} = (V_{bi}-V_{po}) = (V_{bin}-V_{GSn})\times\left(1+\dfrac{N_D}{N_A}\right) = (1.53-37.65)\times\left(1+\dfrac{5\times10^{18}}{10^{19}}\right) = -54.18\,[V]$$

기판 농도는 다르나 드레인 포화전압이 같아지는 게이트 전압이 인가된 경우의 채널길이 변조계수는 다음과 같다.

$$\begin{cases} V_{DSat}|_{N_D=2\times10^{18}} = V_{GS}-V_p = V_{GS}+16.26 = 2.43\,[V] \ \Leftrightarrow\ V_{GS} = V_{DSat}+V_p = 2.43-16.26 = -14.83\,[V] \\ \lambda|_{N_D=2\times10^{18}}(L=0.1\,[\mu m]) \cong \dfrac{1}{L}\sqrt{\dfrac{\varepsilon_s}{2qN_D}\dfrac{1}{V_{DSat}}} = \dfrac{1}{0.1\times10^{-4}}\sqrt{\dfrac{12\times8.854\times10^{-14}}{2\times1.6\times10^{-19}\times2\times10^{18}}\times\dfrac{1}{2.43}} = 0.083\,[V^{-1}]\,; \\ V_A = 12.10\,[V] \end{cases}$$

$$\begin{cases} V_{DSat}|_{N_D=5\times10^{18}} = V_{GS} - V_p = V_{GS} + 54.18 = 2.43\ [\text{V}] \iff V_{GS} = V_{DSat} + V_p = 2.43 - 54.18 = -51.75\ [\text{V}] \\ \lambda|_{N_D=5\times10^{18}} (L = 0.1\ [\mu\text{m}]) \cong \frac{1}{L}\sqrt{\frac{\varepsilon_s}{2qN_D}\frac{1}{V_{DSat}}} = \frac{1}{0.1\times10^{-4}}\sqrt{\frac{2\times12\times8.854\times10^{-14}}{1.6\times10^{-19}\times5\times10^{18}}\times\frac{1}{2.43}} = 0.052\ [\text{V}^{-1}]\ ; \\ V_A = 19.13\ [\text{V}] \end{cases}$$

13.3 n채널 JFET의 고주파 특성

채널로 사용하는 n형 기판영역의 도핑 농도가 $N_D = 10^{18}$ [cm^{-3}], 두께 $a = 0.07$ [μm], 높게 도핑된 p형 게이트 영역의 도핑 농도 $N_A = 10^{19}$ [cm^{-3}], $L = 0.1$ [μm], $W = 10$ [μm]인 n채널 GaAs JFET이 있다. (GaAs의 $n_i \cong 10^6$ [cm^{-3}], $\varepsilon_{\text{GaAs}} = 12\varepsilon_o$, $\mu_n = 5000$ [cm^2/V·s], $T = 300$ [K]로 가정한다.)

(a) 게이트 접합의 열평형 상태 내부 전압 V_{bi}를 구하라.
(b) 게이트 접합의 열평형 상태 채널영역에서 공간전하영역의 폭 X_{do}를 구하라.
(c) 채널 차단전압 V_p를 구하라.
(d) $V_{GS} = -1$ [V]의 게이트 전압이 인가된 경우, 채널영역 공간전하영역의 폭을 구하라.
(e) $V_{GS} = -1$ [V]의 게이트 전압이 인가된 경우, 채널영역 공핍 커패시턴스를 구하라.
(f) $V_{GS} = -1$ [V]일 때, 드레인 포화전압 V_{DSat}을 구하라
(g) $V_{GS} = -1$ [V]일 때, 포화영역 전달 컨덕턴스 g_{ms}를 구하라.
(h) $V_{GS} = -1$ [V], $V_{DS} > V_{DSat}$일 때, 전류이득 차단주파수 f_T를 구하라.

(a) 접합형 전계효과 트랜지스터(JFET)의 단면도와, 게이트 전압과 드레인 전압에 의해 조절되는 수직방향 에너지 대역도(소스 지점이 $y = 0$, 드레인 지점이 $y = L$)는 다음과 같다.

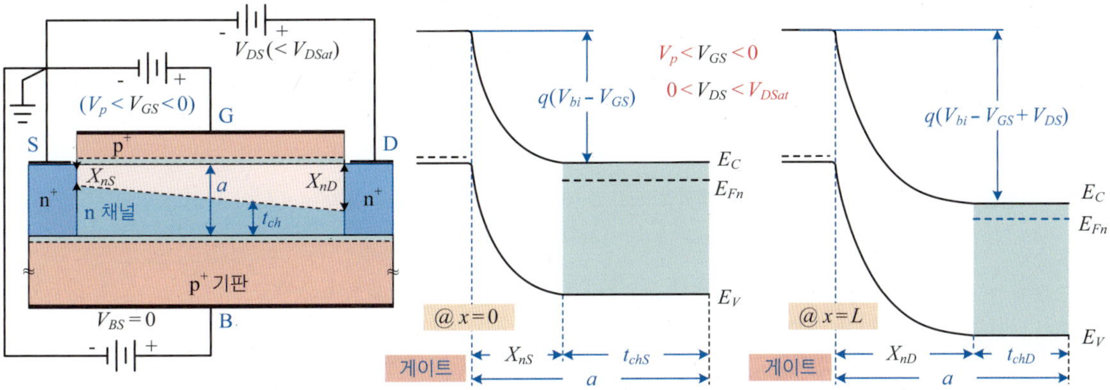

열평형 상태의 내부 전압(V_{bi})과 에너지 장벽(qV_{bi})은 n형과 p형 반도체가 접합을 이루기 전의 페르미 준위의 차이를 이용하여 구할 수 있다. 따라서 채널로 사용하는 n형 GaAs JFET의 채널 도핑 농도가 $N_D = 10^{18}$ [cm^{-3}], 높게 도핑된 p형 게이트 영역의 도핑 농도가 $N_A = 10^{19}$ [cm^{-3}]인 게이트 접합의 내부 전압은 다음과 같다.

$$V_{bi} = \frac{|E_{Fg} - E_{FS}|}{q} = V_{th}\ln\left(\frac{N_g N_{sub}}{n_i^2}\right) = V_{th}\ln\left(\frac{N_A N_D}{n_i^2}\right) = V_{th}\ln\left(\frac{10^{19}\times10^{18}}{10^{12}}\right) = 57.57\times V_{th} = 1.49\ [\text{V}]$$

(b) 공간전하영역 폭은 n형과 p형 영역의 도핑 농도와 인가 전압에 의해 결정되며, 열평형 상태의 채널영역 공간전하영역의 폭(X_{do})은 다음과 같다.

$$W_o = X_{no} + X_{po},\ X_{po}N_A = X_{no}N_{sub} = X_{no}N_D \iff \frac{X_{po}}{X_{no}} = \frac{N_{sub}}{N_g} = \frac{N_D}{N_A} \Leftarrow +qN_D X_{no} - qN_g X_{po} = 0$$

$$X_{no} = \frac{W_o}{1+(N_D/N_A)} \cong W_o = \sqrt{\frac{2\varepsilon_{GaAs}}{q}\left(\frac{1}{N_A}+\frac{1}{N_D}\right)V_{bi}} = \sqrt{\frac{2\times 12\times 8.854\times 10^{-14}}{1.6\times 10^{-19}}\left(\frac{1}{10^{19}}+\frac{1}{10^{18}}\right)\times 1.49}$$

$$= 0.047\times 10^{-4}\ [\mathrm{cm}]$$

(c) 채널 차단전압 V_p는 다음과 같다.

$$V_{po} \equiv (V_{bi} - V_p) = \frac{qN_D}{2\varepsilon_{GaAs}}a^2 = \frac{1.6\times 10^{-19}\times 10^{18}}{2\times 12\times 8.854\times 10^{-14}}\times\left(0.07\times 10^{-4}\right)^2 = 3.69\ [\mathrm{V}]$$

$$V_p = (V_{bi} - V_{po}) = 1.49 - 3.69 = -2.20\ [\mathrm{V}]$$

(d) $V_{GS} = -1$ [V]의 게이트 전압이 인가된 경우, 채널영역 공간전하영역의 폭은 다음과 같다.

$$X_n(V_{GS} = -1) = \frac{W_{dep}}{1+(N_D/N_A)} \cong \sqrt{\frac{2\varepsilon_{GaAs}}{q}\left(\frac{1}{N_A}+\frac{1}{N_D}\right)(V_{bi}-V_{GS})}$$

$$= \sqrt{\frac{2\times 12\times 8.854\times 10^{-14}}{1.6\times 10^{-19}}\left(\frac{1}{10^{19}}+\frac{1}{10^{18}}\right)\times(1.49+1)} = 0.060\times 10^{-4}\ [\mathrm{cm}]$$

(e) $V_{GS} = -1$ [V]의 게이트 전압이 인가된 경우, 채널영역 공핍 커패시턴스는 다음과 같다.

$$W_{dep} = \sqrt{\frac{2\varepsilon_{GaAs}}{q}\left(\frac{1}{N_A}+\frac{1}{N_D}\right)(V_{bi}-V_{GS})} = \sqrt{\frac{2\varepsilon_{GaAs}}{q}\left(\frac{N_A+N_D}{N_A N_D}\right)(V_{bi}-V_{GS})}$$

$$C_{dep} \equiv \left|\frac{dQ_{dep}}{dV_{GS}}\right| = \frac{\varepsilon_{GaAs}}{W_{dep}} = \sqrt{\frac{q\varepsilon_{GaAs}}{2(V_{bi}-V_{GS})}\left(\frac{N_A N_D}{N_A+N_D}\right)} = \sqrt{\frac{1.6\times 10^{-19}\times 12\times 8.854\times 10^{-14}}{2\times(1.49+1)}\left(\frac{10^{19}\times 10^{18}}{10^{19}+10^{18}}\right)}$$

$$= 176\times 10^{-9}\ [\mathrm{F/cm^2}]$$

$$C_{go} \equiv \left|\frac{dQ_{dep}}{dV_{GS}}\right|A = C_{dep}A = C_{dep}WL = 176\times 10^{-9}\ [\mathrm{F/cm^2}]\times 10\times 10^{-4}\ [\mathrm{cm}]\times 0.1\times 10^{-4}\ [\mathrm{cm}]$$

$$= 1.76\times 10^{-15}\ [\mathrm{F}] = 1.76\ [\mathrm{fF}]$$

(f) 포화전압은 선형영역과 포화영역의 경계전압으로, 드레인 전압에 의해 채널 끝쪽($y = L$)이 완전 공핍되는 조건이며, 다음과 같이 게이트 전압과 채널 차단전압의 함수로 나타낼 수 있다.

$$V_{GD}|_{sat} = (V_{GS} - V_{DS})|_{sat} = V_p \quad \Rightarrow \quad V_{DSat} = V_{GS} - V_p$$

따라서 $V_{GS} = -1$ [V]의 게이트 전압이 인가된 경우, 드레인 포화전압 V_{Dsat}은 다음과 같다.

$$V_{DSat}(V_{GS} = -1) \equiv V_{GS} - V_p = -1 + 2.22 = 1.22\ [\mathrm{V}]$$

(g) JFET는 역방향 전압이 인가된 pn 접합을 이용하여 채널영역의 두께를 조절하고, 채널저항을 필요에 따라 변화시킨다. 따라서 JFET의 게이트 입력전압에 따른 출력 드레인 전류의 변화를 나타내는 포화영역($V_{DS} > V_{DSat} = V_{GS} - V_p$)의 전달 컨덕턴스 g_{ms}는 다음과 같다.

$$g_{ms} \equiv \left.\frac{\partial I_D}{\partial V_{GS}}\right|_{saturation} = 3\frac{I_{Do}}{V_{po}}\left(1-\left(\frac{V_{bi}-V_{GS}}{V_{po}}\right)^{1/2}\right) = g_{mo}\left(1-\left(\frac{V_{bi}-V_{GS}}{V_{po}}\right)^{1/2}\right) : V_{DS} > V_{DSat},\quad V_p < V_{GS} < 0\ ;$$

$$g_{mo} \equiv 3\frac{I_{Do}}{V_{po}} = \sigma_{ch}\left(\frac{aW}{L}\right),\quad \sigma_{ch} \equiv q\mu_n N_D$$

아날로그 증폭기는 대부분 포화영역에 동작점을 설정하여 DC 전압을 인가하며, 이때의 전달 컨덕턴스 g_{ms}는 다음의 특성지표에 의해 결정된다.

- 채널영역의 도핑 농도 N_D
- 채널영역의 두께 a
- 역방향 게이트 전압 V_{GS}
- 채널영역 전자의 이동도 μ_n
- 게이트 폭과 길이의 비 W/L

따라서 $V_{GS} = -1$ [V]인 JFET의 포화영역 전달 컨덕턴스 $g_{ms}(V_{GS} = -1)$는 다음과 같다.

$$g_{ms}(V_{GS} = -1) = \sigma_{ch}\left(\frac{aW}{L}\right)\left(1 - \sqrt{(V_{bi} - V_{GS})/V_{po}}\right) = qN_D\mu_n\left(\frac{aW}{L}\right)\left(1 - \sqrt{(V_{bi} - V_{GS})/V_{po}}\right)$$

$$= 1.6\times10^{-19}\times10^{18}\times5000\times\left(0.07\times10^{-4}\right)\left(\frac{10}{0.1}\right)\times\left(1 - \sqrt{(1.49+1)/3.69}\right) \cong 100 \text{ [mS]}$$

(h) 기생저항을 고려하지 않은 MOSFET에서 출력 단락 시 전류이득 차단주파수(f_T)를 이해하기 위한 출력 단락 소스접지 증폭기의 등가회로와 주파수에 따른 전류이득의 변화는 다음과 같다.

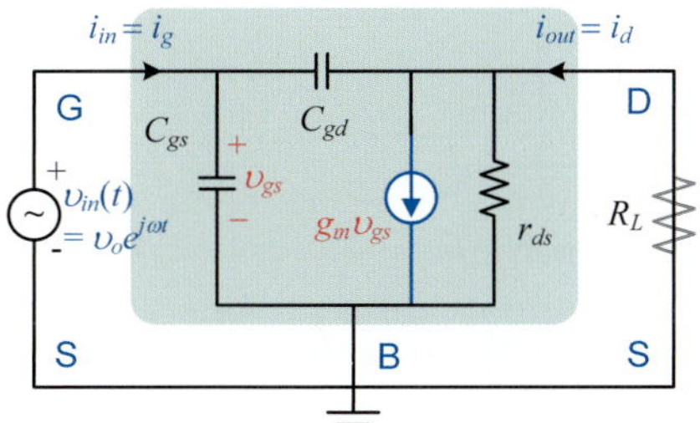

(가)

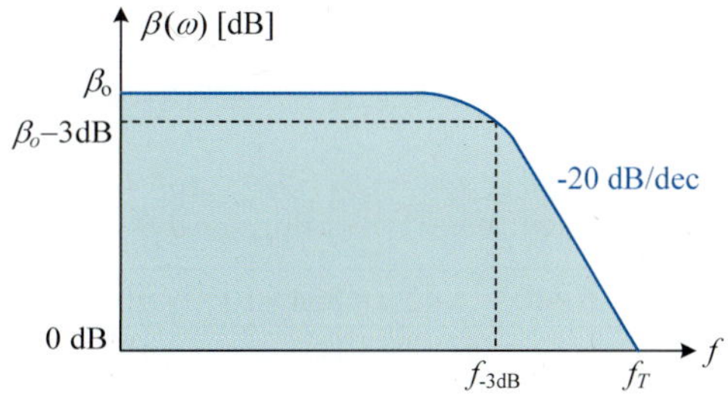

(나)

JFET의 출력을 단락시켰을 때, ac 전류이득이 1(또는 0 [dB])이 되는 주파수를 전류이득 차단주파수(short-circuited common-source current gain cut-off frequency)라고 하며, 다음과 같다.

$$f_T \equiv f\big|_{\beta=i_{out}/i_n=1} = f\big|_{\beta=i_d/i_g=1} = f\big|_{\beta=0dB}$$

기생저항을 고려하지 않은 소신호 등가회로를 이용하여, JFET의 전류이득 차단주파수를 구해보자. 출력이 단락된 ($v_{ds} = 0$) 소스접지 JFET 증폭기의 게이트에 소신호 정현파 입력이 인가되면, 게이트 전압과 입력단의 ac 소신호 전류-전압 관계는 다음과 같이 나타낼 수 있다.

$$v_{in}(\omega t) = v_{gs}(\omega t) = v_o e^{j\omega t}, \quad v_{gd}(\omega t) = v_{gs}(\omega t) - v_{ds}(\omega t) = v_{gs}(\omega t)$$

$$i_{in}(\omega t) = i_g(\omega t) = j\omega(C_{gs}v_{gs} + C_{gd}v_{gd}) = j\omega(C_{gs} + C_{gd})v_{gs}(\omega t) = j\omega C_g v_{gs}(\omega t)$$

$$C_g\big|_{sat} \equiv (C_{gs} + C_{gd}) \cong \frac{2}{3}C_{dep}WL \text{ [F]}; \quad C_{dep} \equiv \frac{\varepsilon_{GaAs}}{W_{dep}} \text{ [F/cm}^2\text{]}$$

한편 단락된 출력단자의 ac 소신호 전류와 주파수에 따른 ac 전류 증폭률 $\beta(\omega)$의 변화는 다음과 같이 전달 컨덕턴스와 게이트 커패시턴스에 의해 결정된다.

$$i_{out}(\omega t) = i_{ds}(\omega t) = g_m v_{gs}(\omega t)$$

$$\beta(\omega) = h_{fe}(\omega) = \frac{i_d(\omega)}{i_g(\omega)} = \frac{g_m v_{gs}(\omega t)}{j\omega C_g v_{gs}(\omega t)} = \frac{g_m}{j\omega C_g} \cong \frac{g_m}{j\omega\frac{2}{3}C_{dep}WL}$$

따라서 JFET의 ac 특성을 나타내는 중요한 지표로 사용되는 전류이득 차단주파수 f_T는 다음과 같다.

$$\beta|_{f_T} = \left|\frac{i_{out}(\omega t)}{i_{in}(\omega t)}\right|_{f=f_T} = \frac{g_m}{2\pi f_T C_g} = 1$$

$$f_T \equiv f|_{\beta=i_{out}/i_{in}=1} = f|_{\beta=i_d/i_g=1} = \frac{g_m}{2\pi C_g} = \frac{3}{4\pi}\cdot\frac{g_m}{C_{dep}WL} = \frac{3}{4\pi}\cdot\frac{q\mu_n N_D}{C_{dep}L^2}a\left(1-\sqrt{\frac{V_{bi}-V_{GS}}{V_{po}}}\right)$$

$$= \frac{3}{4\pi}\cdot\frac{q\mu_n N_D}{C_{dep}L^2}(a - X_d) = \frac{3}{4\pi}\cdot\frac{q\mu_n N_D}{C_{dep}L^2}(t_{ch}) \quad \left(\propto \frac{1}{L^2}\right)$$

즉 JFET의 차단주파수는 소자의 재료와 구조, 제조공정에 영향을 받으며, 다음과 같은 특징을 갖는다.

- 게이트 공간전하영역에 의한 공핍 커패시턴스 C_{dep}에 반비례한다.
- 게이트 길이의 제곱에 반비례($1/L^2$)하며, 채널이 짧을수록 차단주파수가 개선된다.
- 채널 전자의 이동도(μ_n)에 비례한다.
- 유효 채널두께($t_{ch} = a - X_d$)에 비례한다.
- 게이트 폭에는 무관하다.

따라서 $V_{GS} = -1$ [V], $V_{DS} > V_{DSat}$일 때 전류이득 차단주파수 f_T는 다음과 같다.

$$C_{go} \equiv A\left|\frac{dQ_{dep}}{dV_{GS}}\right| = AC_{dep} = A\frac{\varepsilon_{GaAs}}{W_{dep}} = WL\sqrt{\frac{q\varepsilon_{GaAs}}{2(V_{bi}-V_{GS})}\left(\frac{N_A N_D}{N_A+N_D}\right)}$$

$$= \sqrt{\frac{1.6\times10^{-19}\times12\times8.854\times10^{-14}}{2(1.49+1)}\left(\frac{10^{19}\times10^{18}}{10^{19}+10^{18}}\right)}\times(10\times10^{-4})\times(0.1\times10^{-4}) = 1.76\times10^{-15}\ [\text{F}]$$

$$C_g|_{sat} \cong \left(\frac{2}{3}\right)C_{go}\ [\text{F}], \qquad C_{dep} \equiv \frac{\varepsilon_{GaAs}}{W_{dep}}\ [\text{F/cm}^2]$$

$$f_T = \frac{g_m}{2\pi C_g}\bigg|_{sat} = \frac{3}{4\pi}\frac{g_{ms}}{C_{go}} = \frac{3}{4\pi}\times\frac{99.98\times10^{-3}}{1.76\times10^{-15}} = 13.56\times10^{12}\ [\text{Hz}] = 13.56\ [\text{THz}]$$

13.4 n채널 HEMT의 에너지 대역도

이종접합을 사용하는 고이동도 전계효과 트랜지스터의 에너지 대역도는 트랜지스터의 동작특성을 이용하는 데 있어 가장 중요한 기본자료 중 하나다. 접합 전 게이트-기판 양단의 수직방향 에너지 대역도가 그림과 같은 AlGaAs/GaAs HEMT가 있다. (GaAs와 AlGaAs의 전도대역과 가전자대역의 유효 상태 농도는 $N_C = N_V = 10^{19}$ [cm^{-3}], $\varepsilon_{\text{GaAs}} = \varepsilon_{\text{AlGaAs}}$로 가정한다.)

(a) 열평형 상태의 내부 전압 V_{bi}를 구하라.
(b) 열평형 상태의 전하밀도 분포 $\rho(x)$를 구하라.
(c) 열평형 상태의 전하유동밀도 분포 $D(x)$를 구하라.
(d) 열평형 상태의 전계 분포 $\varepsilon(x)$를 구하라.
(e) 열평형 상태의 전위 분포 $\psi(x)$를 구하라.
(f) 열평형 상태의 에너지 대역도 $E_o(x)$, $E_C(x)$, $E_V(x)$를 구하라.
(g) $V_{GS} > 0$의 게이트 전압이 인가된 경우에 대해 전하밀도 분포와 에너지 대역도를 구하라.
(f) 게이트 전압 V_{GS}를 양의 값으로 증가시키면, AlGaAs/GaAs 계면의 GaAs 영역에는 어떤 전하들이 모이게 되는지 설명하라.

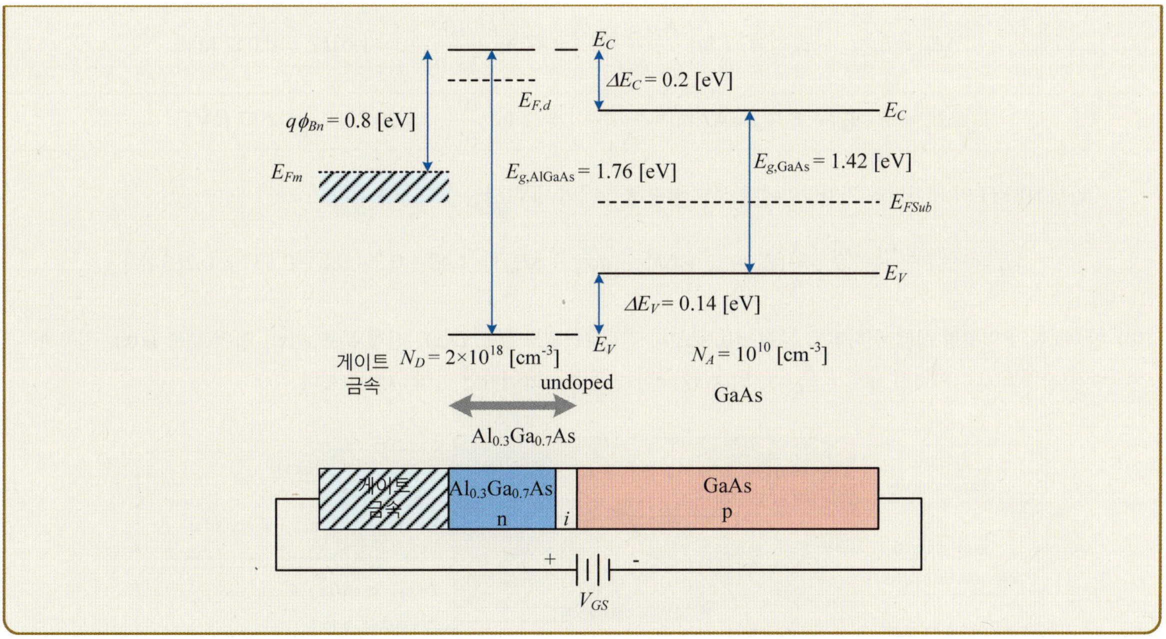

(a) 이종접합을 사용하는 고이동도 전계효과 트랜지스터의 열평형 상태 내부 전압(V_{bi})과 에너지 장벽(qV_{bi})은 쇼트키 접합용 게이트 금속과 p형 기판으로 이루어진 수직구조에 대하여 접합 전의 페르미 준위 차이를 이용하여 구할 수 있다. 접합을 형성하기 전 HEMT의 에너지 대역도는 아래 그림과 같다.

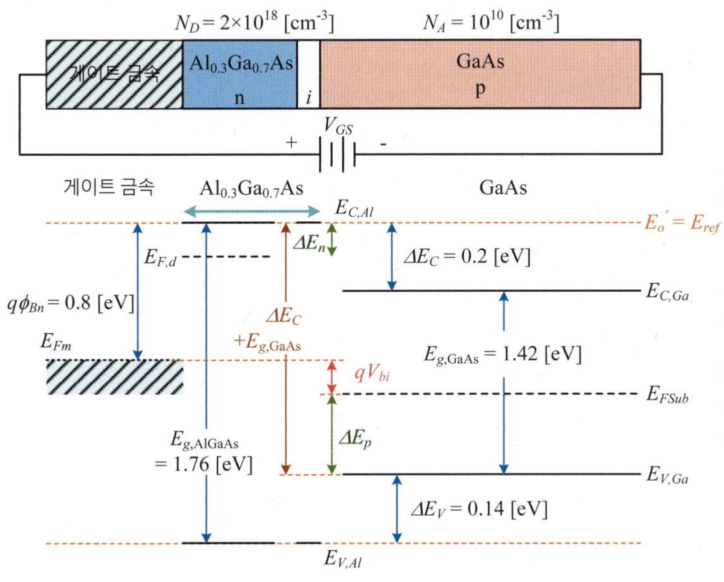

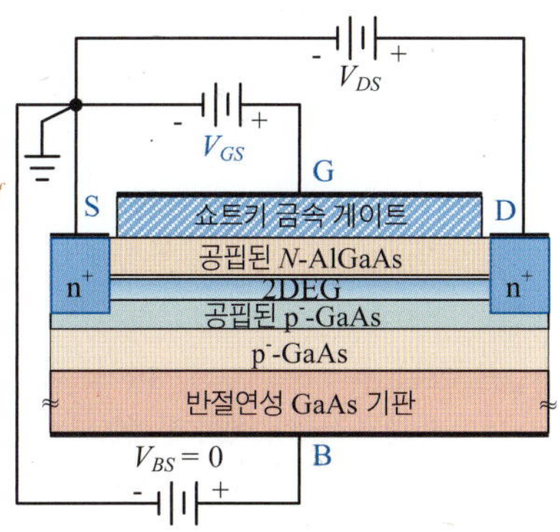

접합 전 HEMT의 게이트 접합 수직 구조의 에너지 대역도를 이용하면, 게이트와 열평형 상태의 내부 에너지 장벽(qV_{bi}), 전도대역의 에너지 불연속, 기판 GaAs 영역 에너지 밴드갭($E_{g,GaAs}$)의 관계는 다음과 같다.

$$q\phi_{bn} - \Delta E_C - E_{g,\text{GaAs}} + \Delta E_p + qV_{bi} = 0, \quad qV_{bi} \equiv E_{Fm} - E_{F,Sub}$$

또한 도핑된 N–AlGaAs 영역의 전도대역과 페르미 준위 차이($\Delta E_n = E_{C,AlGaAs} - E_{F,d}$), p형 GaAs 기판의 가전자대역($E_{V,Ga}$)과 페르미 준위($E_{F,sub}$)의 차이($\Delta E_p = E_{F,sub} - E_{V,GaAs}$)는 다음 관계식을 통해 구할 수 있다.

$$\begin{cases} \Delta E_n \equiv E_{C,\mathrm{Al}} - E_{F,d} = kT\ln\left(\dfrac{N_{C,\mathrm{AlGaAs}}}{N_D}\right) = kT\ln\left(\dfrac{10^{19}}{2\times10^{18}}\right) = 1.61kT = 0.042\ [\mathrm{eV}] \\ \Delta E_p \equiv E_{F,Sub} - E_{V,\mathrm{Ga}} = kT\ln\left(\dfrac{N_{V,\mathrm{GaAs}}}{N_A}\right) = kT\ln\left(\dfrac{10^{19}}{10^{10}}\right) = 20.72kT = 0.537\ [\mathrm{eV}] \end{cases}$$

따라서 HEMT의 게이트와 기판영역에 형성된 열평형 상태의 내부 전압은 다음과 같다.

$$V_{bi} = \frac{|E_{Fm} - E_{F,Sub}|}{q} = \frac{1}{q}(E_{g,\mathrm{GaAs}} + \Delta E_C - q\phi_{bn} - \Delta E_p) = 1.42 + 0.2 - 0.8 - 0.537 = 0.283\ [\mathrm{V}]$$

(b) 이종접합의 열평형 상태 전하밀도 분포 $\rho(x)$로부터 전하유동밀도 분포 $D(x)$, 전계 분포 $\mathcal{E}(x)$, 전위 분포 $\psi(x)$, 진공 에너지 준위 $E_o(x)$, 에너지 대역도 $E_C(x)$, $E_V(x)$를 구하는 과정을 요약하면 아래 그림과 같다.

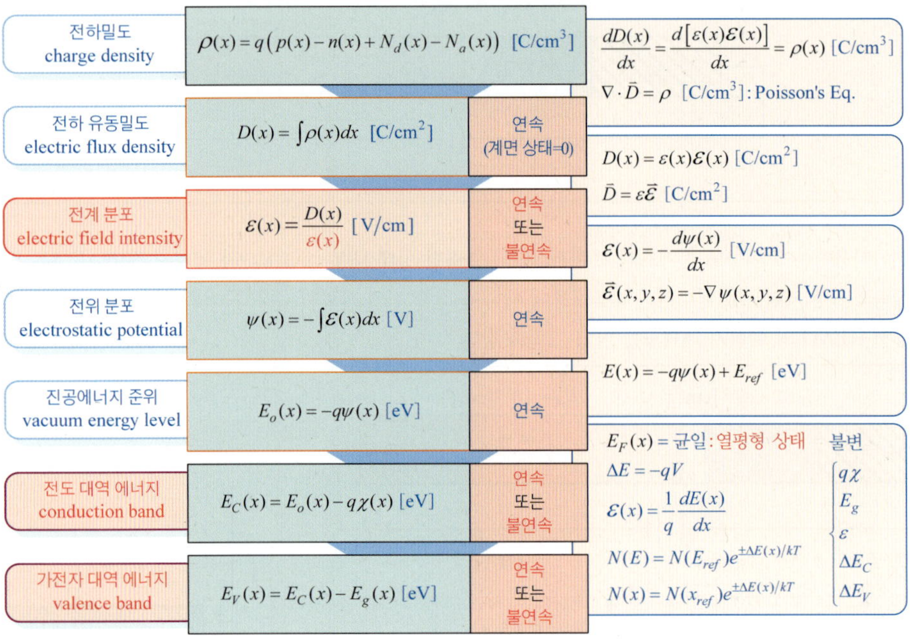

게이트와 기판 양단의 페르미 준위 차이로 형성되는 열평형 상태의 내부 전압(V_{bi})의 크기를 이용하여 얻은 열평형 상태의 전하밀도 분포 $\rho(x)$ [C/cm^3], 전하유동밀도 분포 $D(x)$ [C/cm^2], 전계 분포 $\mathcal{E}(x)$ [V/cm], 전위 분포 $\psi(x)$ [V], 진공 에너지 준위 $E_o(x)$, 에너지 대역도 $E_C(x)$, $E_V(x)$ [eV]는 다음 그림과 같다.

특히 열평형 상태의 페르미 준위 분포 $E_F(x)$는 전 영역에 걸쳐 균일함을 기억하고, 에너지 대역도에서 이 점을 확인하는 것도 중요하다.

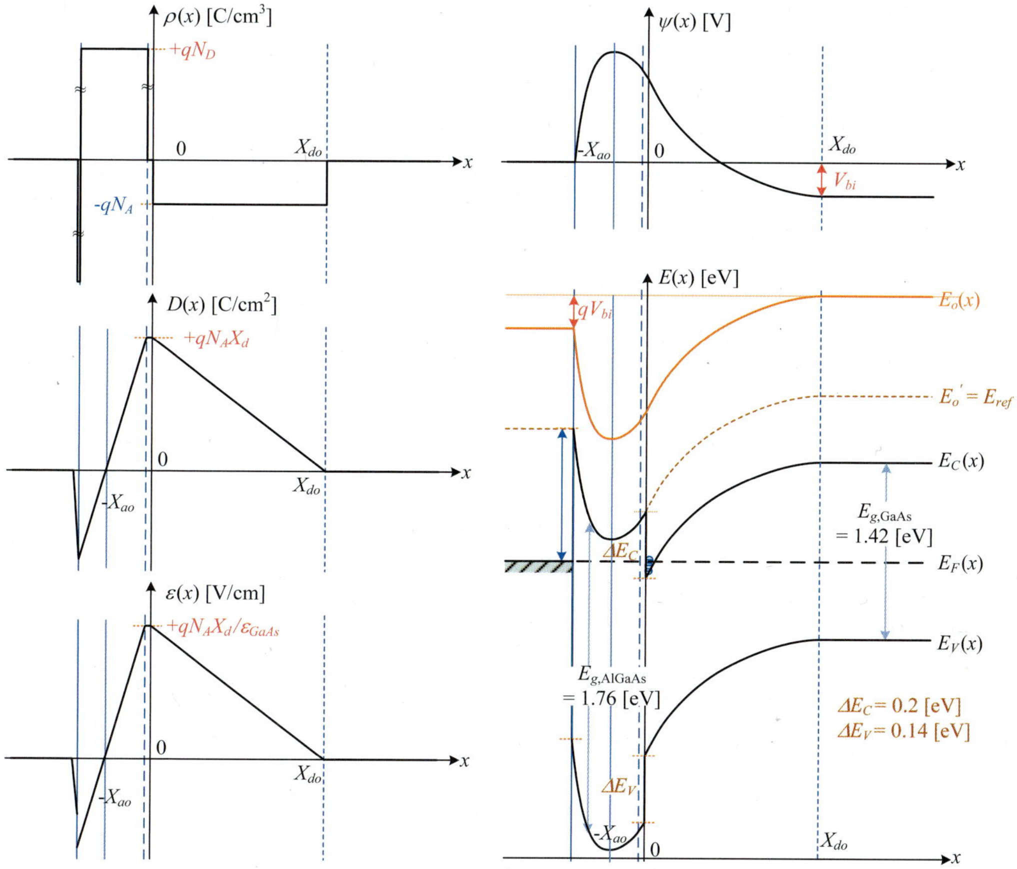

(g) $V_{GS} > 0$의 게이트 전압이 인가된 경우에 대해 전하밀도 분포와 에너지 대역도는 다음과 같다.

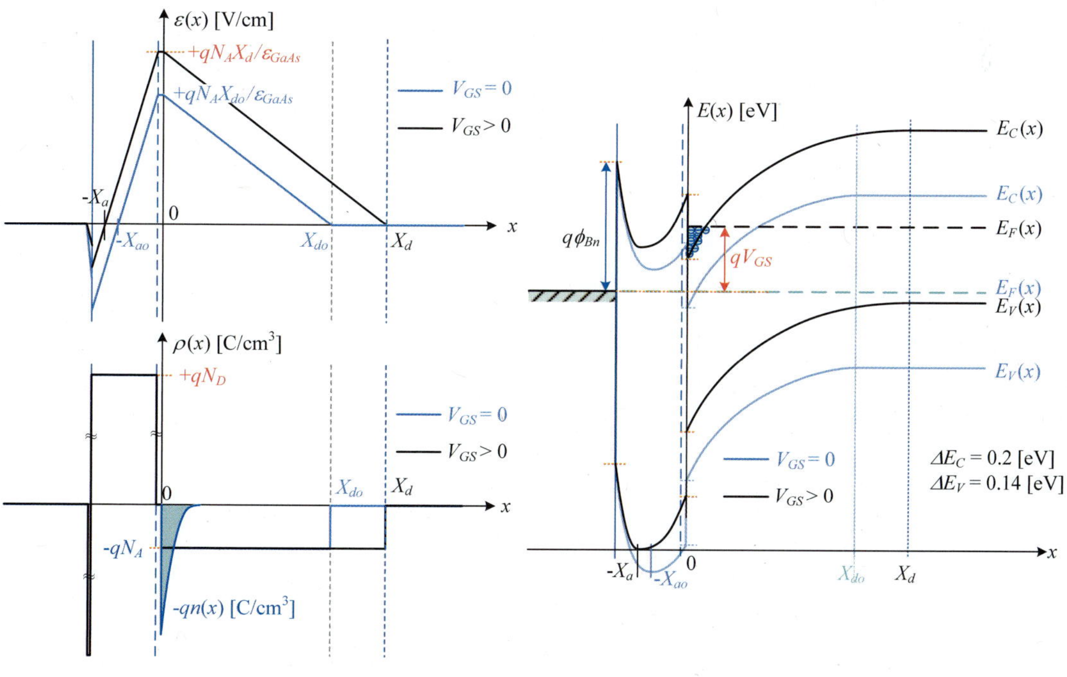

(h) 게이트 전압이 인가되면, 열평형 상태와 비교하여 전하밀도 분포와 에너지 장벽에서 변화가 나타난다. 게이트에 양의 전압($V_{GS} > 0$)이 인가되면, 이는 게이트에 양의 전하($Q_g > 0$)를 추가로 공급하는 것과 동일한 효과를 보인다. 따라서 AlGaAs/GaAs 접합 경계면 부근의 공간전하영역 내부($0 < x < X_{do}$) 전계의 세기는 열평형 상태보다 증가하고, 게이트/AlGaAs 접합 경계면의 AlGaAs 내부전계의 세기는 열평형 상태보다 감소한다. 이와 같이 기판 GaAs 공간전하영역의 전계의 세기가 증가함으로써, AlGaAs/GaAs 접합 경계면의 GaAs 표면에는 음의 전하가 추가로 모이게 된다.

특히 게이트에 높은 양의 전압이 인가되면, 게이트에서 기판으로 향하는 전계와 AlGaAs/GaAs 계면의 전자에 대한 에너지 장벽($q\phi_{be} = \Delta E_C = 0.2$ [eV])으로 형성된 양자 에너지 우물(quantum well)에 높은 농도의 전자(전도성 이동전하)가 모이게 되며, 이를 반영한 전하밀도 분포와 에너지 대역도가 앞의 그림에 비교하여 나타나 있다.

Chapter

14 반도체 광소자

Opto-Electronic Semiconductor Devices

14.1 광의 세기와 광자 유동밀도

광자는 진동수/주파수에 따라 에너지가 다르며, 광의 세기는 광자의 수에 비례한다. 광의 전력밀도와 광자 유동밀도의 관계를 이해하는 것이 수광 소자와 발광 소자를 이해하는 데 많은 도움이 된다. 진공에서의 파장이 $\lambda_1 = 1315$ [nm]와 $\lambda_2 = 1550$ [nm]인 두 경우에 대해,

(a) 광전력밀도가 동일하게 $P_{\nu o} = 50$ [mW/cm^2]인 경우, 광자 유동밀도 F_ν [cm^{-2}s^{-1}]의 비($F_{\nu 2}/F_{\nu 1}$)를 구하라.

(b) 동일한 광자 유동밀도 $F_{\nu 1} = F_{\nu 2}$로 빛이 입사될 경우, 광전력밀도의 비($P_{\nu 2}/P_{\nu 1}$)를 구하라.

빛은 입자와 파동의 이중성을 가진 광량자(광자: photon)로서, 빛의 진동수와 파장, 이동속도에 의해 특성이 결정된다. 진공 내의 빛의 속도 c [cm/s]는 진동수(주파수) ν [Hz]와 진공 내의 파장 λ_o [cm]의 곱, 즉 $\lambda_o \nu = c = 3\times 10^{10}$ [cm/s]의 관계로 나타낼 수 있으며, 광자 1개의 에너지 E_{ph}는 다음과 같이 진동수와 플랑크 상수의 곱으로 나타낼 수 있다.

$$E_{ph} = h\nu \text{ [eV]} ; \quad h = \text{플랑크(Planck) 상수 [eV·s]}$$

따라서 광자의 에너지와 진공에서의 파장 λ_o는 다음 관계식을 이용하여 편리하게 변환할 수 있다.

$$E_{ph} = h\nu = \frac{hc}{\lambda_o} = \frac{1.24}{\lambda_o\ [\mu\text{m}]}\ [\text{eV}], \qquad \lambda_o = \frac{c}{\nu} = \frac{hc}{E_{ph}} = \frac{1.24}{E_{ph}\ [\text{eV}]}\ [\mu\text{m}]$$

또한 단위 면적당 광전력밀도 $P_{\nu o}$ [W/cm^2]와, 단위 시간당 단위 면적을 통해 이동하는 광자 수에 해당하는 광자 유동밀도 F_ν [cm^{-2}s^{-1}]의 관계는 다음과 같다.

$$F_\nu = \frac{P_{\nu o}}{h\nu}\ [1/\text{s}\cdot\text{cm}^2], \qquad P_{\nu o} = h\nu F_\nu\ [\text{W/cm}^2]\ ; \quad [\text{W}] = [\text{J/s}]$$

(a) 광전력밀도가 동일하게 $P_{\nu o} = 50$ [mW/cm^2]인 경우, 입사광($\lambda_1 = 1315$ [nm], $\lambda_2 = 1550$ [nm])의 세기($P_{\nu o1}$, $P_{\nu o2}$)와, 앞의 식을 이용하여 얻은 광자 유동밀도($F_{\nu 1}$, $F_{\nu 2}$)의 비는 다음과 같다.

$$\begin{cases} P_{\nu o1} = P_{\nu o2} = P_{\nu o} = 50\ [\text{mW/cm}^2] \\ \dfrac{F_{\nu 2}}{F_{\nu 1}} = \dfrac{P_{\nu o2}/h\nu_2}{P_{\nu o1}/h\nu_1} = \left(\dfrac{P_{\nu o2}}{P_{\nu o1}}\right)\cdot\left(\dfrac{h\nu_1}{h\nu_2}\right) = \dfrac{\nu_1}{\nu_2} = \dfrac{\lambda_2}{\lambda_1} = \dfrac{1550}{1315} = 1.18 \quad \Leftrightarrow \quad F_{\nu 2} = 1.18 F_{\nu 1}\ [1/\text{cm}^2\text{s}] \end{cases}$$

즉 서로 다른 파장을 가진 두 입사광의 광전력밀도가 동일할 경우, 광자 1개의 에너지가 작은(긴 파장) 빛의 광자 유동밀도 $F_{\nu 2}$가, 광자 1개의 에너지가 큰(짧은 파장) 빛의 광자 유동밀도 $F_{\nu 1}$보다 더 크다는 점을 알 수 있다. 즉 동일한 광전력밀도로 빛이 입사될 경우, 파장이 긴 빛이 단위 시간당 단위 면적을 통해 입사되는 광자의 수가 더 많음을 뜻한다.

(b) 동일한 광자 유동밀도 $F_{\nu 1} = F_{\nu 2}$로 빛이 입사되는 경우, 광자 유동밀도와 입사광의 세기의 관계를 이용하여 얻은 광전력밀도의 비는 다음과 같다.

$$\begin{cases} F_{\nu 1} = F_{\nu 2} \ [1/\text{cm}^2\text{s}] \\ \dfrac{P_{\nu o2}}{P_{\nu o1}} = \dfrac{F_{\nu 2}h\nu_2}{F_{\nu 1}h\nu_1} = \left(\dfrac{F_{\nu 2}}{F_{\nu 1}}\right)\cdot\left(\dfrac{h\nu_2}{h\nu_1}\right) = \dfrac{\nu_2}{\nu_1} = \dfrac{\lambda_1}{\lambda_2} = \dfrac{1315}{1550} = 0.85 \end{cases} \Leftrightarrow \ P_{\nu o2} = 0.85P_{\nu o1} \ [\text{W/cm}^2]$$

서로 다른 파장을 가진 두 입사광의 광자 유동밀도, 즉 단위 시간당 단위 면적을 통해 입사되는 광자의 수가 동일한 경우, 광자 1개의 에너지가 큰(짧은 파장) 빛의 광전력밀도 $P_{\nu o1}$가 광자 1개의 에너지가 작은(긴 파장) 빛의 광전력밀도 $P_{\nu o2}$보다 더 큰 값을 가진다. 따라서 동일한 광자 유동밀도로 빛이 입사될 경우, 파장이 짧은 빛이 단위 시간당 단위 면적을 통해 입사되는 광전력밀도($P_{\nu o}$ [W/cm^2]), 또는 단위 시간당 단위 면적을 통해 입사되는 광에너지 총량([W/cm^2] = [J/s·cm^2])이 더 큼을 알 수 있다.

14.2 광의 세기에 따른 광생성 과잉 캐리어 농도 변화

흡수계수가 $\alpha = 2\times10^4$ [cm^{-1}], 평균수명이 $\tau_o = 10$ [ns]인 균일한 특성의 Si 반도체에 광자에너지가 $h\nu = 1.2$ [eV]($> E_g$)인 단색광이 모든 영역에 걸쳐 균일하게 입사되어, 반도체가 정상 상태에 있다(표면 반사는 무시한다). 빛의 세기가 $P_{\nu o1}$ = 5 [mW/cm^2]인 경우와 $P_{\nu o2}$ = 50 [mW/cm^2]인 경우, 반도체 표면에서의 광생성률과 과잉 캐리어 농도를 비교하라.

반도체에 입사된 광자에너지에 따른 빛의 흡수 특성을 이해하기 위한 반도체 단면구조와, 입사 표면으로부터의 거리에 따른 빛의 세기, 흡수계수가 다른 두 경우의 위치에 따른 빛의 세기를 그림으로 나타내었다.

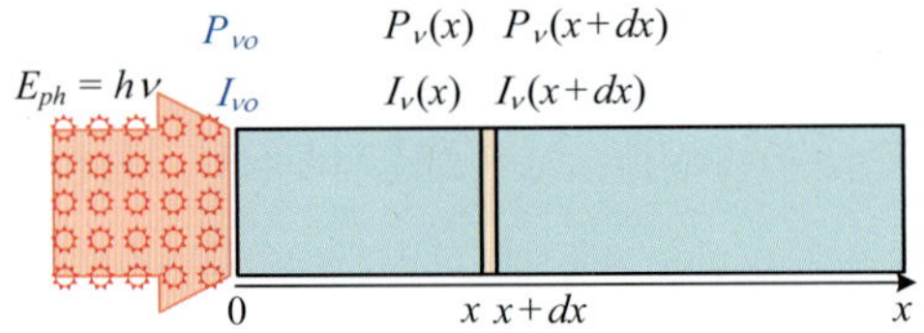

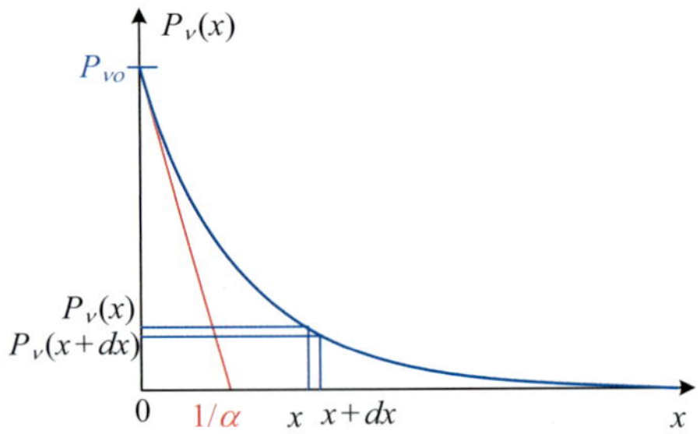

그림과 같이 광자의 에너지가 반도체의 밴드갭보다 큰 빛($E_{ph} > E_g$)이 인가되어 광흡수가 일어나는 경우, 빛이 입사되는 반도체 표면에서 안쪽으로 갈수록 빛의 세기가 감소하며, 그 감소하는 정도는 반도체의 흡수계수(α [cm^{-1}])에 의해 결정된다. 흡수계수가 α인 반도체 내의 한 점에서 단위 시간당 단위 면적을 통해 이동하는 광자의 수를 나타내는 광자 유동밀도(광속)를 F_ν [cm^{-2}s^{-1}], 광전력밀도를 P_ν [W/cm^2]로 정의하면, 이들의 관계는 다음과 같다. (광전력밀도는 빛의 세기(intensity)인 I_ν [eV/cm^2·s]로 표기하기도 한다.)

$$P_\nu(x) = E_{ph}F_\nu(x) \ [\text{eV/cm}^2\text{s}] \ \text{또는} \ [\text{W/cm}^2], \quad F_\nu(x) = \frac{P_\nu(x)}{E_{ph}} = \frac{P_\nu(x)}{h\nu} \ [\text{cm}^{-2}\text{s}^{-1}]$$

한편 빛의 세기가 강하다는 것은 광자 유동밀도와 광전력밀도가 높다는 말이다.

$$P_\nu(x) = I_\nu(x) = E_{ph}F_\nu(x) = h\nu F_\nu(x)\ [\text{eV/cm}^2\text{s}]\ \text{ 또는 }\ [\text{W/cm}^2]$$

밴드갭보다 큰 에너지의 빛($h\nu > E_g$)이 인가된 경우, 반도체에 의한 빛의 흡수와 이를 통한 광전자의 생성을 고려하면, 표면으로부터의 거리에 따른 빛의 세기 변화는 다음의 관계를 따른다.

$$\Delta P_\nu(x) = P_\nu(x+dx) - P_\nu(x) = \frac{dP_\nu(x)}{dx}\Delta x \equiv -\alpha P_\nu(x)\Delta x\ \ [\text{W/cm}^2]$$

반도체 표면($x = 0$)에 입사된 빛의 세기를 $P_{\nu o}$라고 정의하면, 반도체 내의 한 점(x)에서의 광전력밀도 $P_\nu(x)$는 다음과 같다.

$$\frac{dP_\nu(x)}{dx} = -\alpha P_\nu(x) \quad \text{또는} \quad \frac{dI_\nu(x)}{dx} = -\alpha I_\nu(x)$$

$$P_\nu(x) = P_{\nu o}e^{-\alpha x} = P_{\nu o}e^{-x/L_o}\ ; \quad P_{\nu o} \equiv P_\nu(x=0), \quad L_o \equiv \frac{1}{\alpha}$$

한편 반도체 표면($x = 0$)에 광이 입사될 때, 광흡수로 인한 과잉 캐리어의 광생성률 $g_{opt}(x)$는 반도체 표면으로부터의 거리에 대한 의존도를 가지며, 다음과 같이 나타낼 수 있다.

$$g_{opt}(x) = \frac{\alpha P_\nu(x)}{h\nu} = \alpha\frac{P_{\nu o}}{h\nu}e^{-\alpha x} = \alpha F_{\nu o}e^{-\alpha x}\ \ [\text{cm}^{-3}\text{s}^{-1}]$$

특히 반도체 표면에서의 광생성률($g_o \equiv g_{opt}(x = 0)$)은 반도체 표면에서 입사광의 세기 $P_{\nu o}$와 흡수계수 α에 의해 결정되며, 그 관계는 다음과 같다.

$$g_o \equiv g_{opt}(x=0) = \frac{\alpha P_\nu(0)}{h\nu} = \alpha\frac{P_{\nu o}}{h\nu}\ \ [\text{cm}^{-3}\text{s}^{-1}]$$

또한 과잉 캐리어의 시간적 변화와 공간적 분포는 다음의 연속방정식에 의해 결정되며, 중성영역의 과잉 캐리어 분포는 소수캐리어에 대한 연속방정식으로 간략화할 수 있다. 즉 과잉 캐리어 농도의 시간적 변화와 공간적 분포는 다음 관계식을 이용하여 구할 수 있다.

$$\frac{\partial \delta N(t,x)}{\partial t} = D'\frac{\partial^2 \delta N(t,x)}{\partial x^2} + \mu'\mathcal{E}\frac{\partial \delta N(t,x)}{\partial x} + g'(t,x) - r'(t,x)$$

$$\begin{cases} D' \equiv \dfrac{D_nD_p(n+p)}{nD_n + pD_p} = D_{\min}\dfrac{1+(N_{min}/N_{maj})}{1+(N_{min}D_{min}/N_{maj}D_{maj})} \cong D_{min} & : \begin{cases} D' = D_n\ ;\ p\text{형} \\ D' = D_p\ ;\ n\text{형} \end{cases} \\ \mu' \equiv \dfrac{(\mu_n\mu_p)(p-n)}{n\mu_n + p\mu_p} = \mp\mu_{\min}\dfrac{1-(N_{min}/N_{maj})}{1+(N_{min}\mu_{min}/N_{maj}\mu_{maj})} \cong \mp\mu_{min}: & \begin{cases} \mu' = +\mu_n\ ;\ p\text{형} \\ \mu' = -\mu_p\ ;\ n\text{형} \end{cases} \end{cases}$$

따라서 일정한 빛이 인가되어 시간에 따른 캐리어의 농도 변화가 없는 정상상태에서 중성영역의 과잉 캐리어에 대한 연속방정식은 다음과 같이 간략화되며, 이를 이용하면 과잉 캐리어 농도의 공간적 분포를 구할 수 있다.

$$0 = g_{opt}(x) - \frac{\delta N(x)}{\tau_o} \ \Rightarrow\ \delta N(x) = g_{opt}(x)\tau_o \ \Leftarrow\ g_{opt}(x) = \frac{\alpha P_\nu(x)}{h\nu} = \alpha\frac{P_{\nu o}}{h\nu}e^{-\alpha x}\ [\text{cm}^{-3}\text{s}^{-1}]$$

즉 캐리어 평균수명이 길고, 입사광의 세기가 강하며, 흡수계수가 클수록 광생성된 과잉 캐리어의 농도가 증가함을 알 수 있다.

▶ $P_{\nu o1} = 5\ [\text{mW/cm}^2]$와 $P_{\nu o2} = 50\ [\text{mW/cm}^2]$인 경우, 반도체 표면에서의 광생성률($g_o \equiv g_{opt}(x = 0)$)은 다음과 같다.

$$\begin{cases} g_{o1} \equiv g_o|_{5\,mW} = \alpha\dfrac{P_{\nu o1}}{h\nu} = 2\times10^4\ [\text{cm}^{-1}]\times\dfrac{5\times10^{-3}\ [\text{W/cm}^2]}{1.2\ [\text{eV}]\times1.6\times10^{-19}\ [\text{J/eV}]} = 5.21\times10^{20}\ [\text{cm}^{-3}\text{s}^{-1}] \\ g_{o2} \equiv g_o|_{50\,mW} = \alpha\dfrac{P_{\nu o2}}{h\nu} = 2\times10^4\ [\text{cm}^{-1}]\times\dfrac{50\times10^{-3}\ [\text{W/cm}^2]}{1.2\ [\text{eV}]\times1.6\times10^{-19}\ [\text{J/eV}]} = 5.21\times10^{21}\ [\text{cm}^{-3}\text{s}^{-1}] \end{cases}$$

$$\Leftrightarrow \quad \frac{g_{o2}}{g_{o1}} = \frac{P_{\nu o2}}{P_{\nu o1}} = 10$$

반도체 표면에서 광흡수에 의한 전자-정공 결레의 광생성률은 입사광의 세기, 또는 광자 유동밀도에 비례한다. 따라서 동일한 반도체에 동일한 파장의 빛이 입사될 경우, 표면의 광전력밀도가 높을수록, 단위 체적 내에서 단위 시간당 생성되는 전자-정공 결레의 수를 나타내는 광생성률이 높음($g_{o2} = 10g_{o1}$)을 알 수 있다.

▶ $P_{\nu o1} = 5$ [mW/cm^2]와 $P_{\nu o2} = 50$ [mW/cm^2]인 경우, 광생성률 차이를 반영한 반도체 표면의 과잉 캐리어 농도($\delta N_o = \delta N(x=0)$)를 비교하면 다음과 같다.

$$\begin{cases} \delta N_{o1} \equiv \delta N_o|_{5\ [\mathrm{mW}]} = g_{o1}\tau_o = 5.21\times10^{20}\ [\mathrm{cm^{-3}s^{-1}}]\times 10\times10^{-9}\ [\mathrm{s}] = 5.21\times10^{12}\ [\mathrm{cm^{-3}}] \\ \delta N_{o2} \equiv \delta N_o|_{50\ [\mathrm{mW}]} = g_{o2}\tau_o = 5.21\times10^{21}\ [\mathrm{cm^{-3}s^{-1}}]\times 10\times10^{-9}\ [\mathrm{s}] = 5.21\times10^{13}\ [\mathrm{cm^{-3}}] \end{cases}$$

$$\Leftrightarrow \quad \frac{\delta N_{o2}}{\delta N_{o1}} = \frac{g_{o2}}{g_{o1}} = \frac{P_{\nu o2}}{P_{\nu o1}} = 10$$

반도체 표면에서 입사광에 의해 생성된 과잉 캐리어 농도(δN_o)는 광생성률(g_o)과 재결합 평균수명(τ_o)에 비례한다. 광생성률은 입사광의 세기(P_ν)와 흡수계수(α)에 비례하므로, 빛에 의해 생성된 반도체 표면의 과잉 캐리어 농도는 빛의 세기가 강할수록 더 높다($\delta N_{o2} = 10\delta N_{o1}$).

14.3 흡수계수에 따른 광흡수와 과잉 캐리어의 생성

평균수명이 $\tau_o = 10$ [ns]인 균일한 특성의 Si 반도체에 광자에너지가 $h\nu = 1.2$ [eV]($> E_g$)인 빛이 $P_{\nu o} = 50$ [mW/cm^2]의 세기로 모든 영역에 걸쳐 균일하게 입사되어, 반도체가 정상 상태에 있다(표면반사는 무시한다). 흡수계수가 $\alpha = 10^3$ [cm^{-1}]인 경우와 $\alpha = 10^4$ [cm^{-1}]인 경우에 대해,

(a) 반도체 표면에서의 광생성률을 비교하라.
(b) 과잉 캐리어 농도를 비교하라.

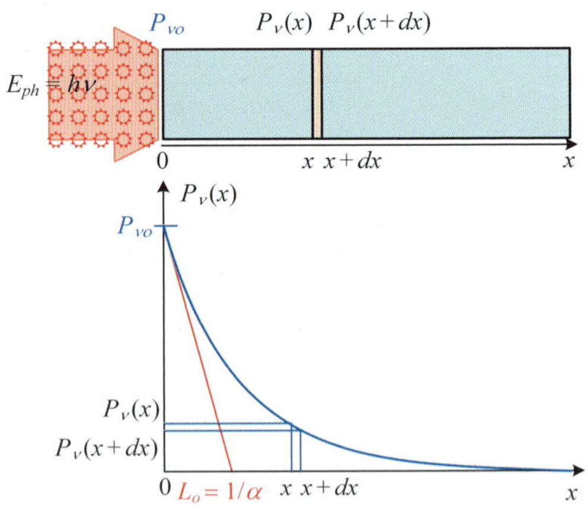

(a) 반도체 표면에 빛이 입사된 경우, 입사 표면으로부터의 거리에 따른 빛의 세기 분포를 이해하기 위한 단면도와 광전력밀도 분포 $P_\nu(x)$를 그림에 나타내었다.

광자의 에너지가 반도체의 밴드갭보다 큰 빛($E_{ph} > E_g$)이 인가되면, 광흡수로 인해 가전자대역의 전자가 전도대역으로 여기되며, 이로 인해 과잉 전자-정공 결레(ehp)가 생성된다. 빛의 흡수로 인해 반도체 표면에서 안쪽으로 갈수록 빛의 세기가 감소하며, 감소하는 정도는 반도체의 고유 특성지표인 흡수계수(α [1/cm])에 의해 결정된다. 반도체 내의 한 점에서 광자 유동밀도를 F_ν [cm^{-2}s^{-1}]로, 광전력밀도를 P_ν [W/cm^2]로 정의하면, 이들의 관계는 다음과 같이 흡수계수에 의존한다.

$$P_\nu(x) = E_{ph}F_\nu(x)\ [\mathrm{eV/cm^2 s}]\ \text{또는}\ [\mathrm{W/cm^2}], \quad F_\nu(x) = \frac{P_\nu(x)}{E_{ph}} = \frac{P_\nu(x)}{h\nu}\ [1/\mathrm{cm^2\cdot s}]$$

밴드갭보다 큰 에너지의 빛($h\nu > E_g$)이 입사된 경우, 반도체 표면($x = 0$)에서 입사된 빛의 세기를 $P_{\nu o}$라고 정의하면, 반도체 내의 한 점(x)에서의 광전력밀도 $P_\nu(x)$는 다음과 같다.

$$\Delta P_\nu(x) = P_\nu(x+dx) - P_\nu(x) = \frac{dP_\nu(x)}{dx}\Delta x \equiv -\alpha P_\nu(x)\Delta x \ \ [\text{W/cm}^2]$$

$$\frac{dP_\nu(x)}{dx} = -\alpha P_\nu(x) \ \ \text{또는} \ \ \frac{dI_\nu(x)}{dx} = -\alpha I_\nu(x) \ \Leftrightarrow \ P_\nu(x) = P_{\nu o}e^{-\alpha x} = P_{\nu o}e^{-x/L_o} \ ; \quad P_{\nu o} \equiv P_\nu(x=0), \ L_o \equiv \frac{1}{\alpha}$$

한편 반도체 표면($x = 0$)에 광이 입사될 때, 과잉 캐리어의 광생성률 $g_{opt}(x)$은 반도체 표면으로부터의 거리에 따라 다음과 같이 나타낼 수 있다.

$$g_{opt}(x) = \frac{\alpha P_\nu(x)}{h\nu} = \alpha\frac{P_{\nu o}}{h\nu}e^{-\alpha x} = \alpha F_{\nu o}e^{-\alpha x} \ \ [\text{cm}^{-3}\text{s}^{-1}]$$

특히 반도체 표면의 광생성률($g_o \equiv g_{opt}(x = 0)$)은 다음과 같이 반도체 표면에서 입사광의 세기($P_{\nu o}$)와 흡수계수(α)에 의해 결정된다.

$$g_o \equiv g_{opt}(x=0) = \frac{\alpha P_\nu(0)}{h\nu} = \alpha\frac{P_{\nu o}}{h\nu} \ \ [\text{cm}^{-3}\text{s}^{-1}]$$

또한 중성영역 과잉캐리어의 시간에 따른 변화와 공간적 분포($\delta N(t, x)$)는 소수 캐리어에 대한 연속방정식과 다음 관계식을 이용하여 구할 수 있다.

$$\frac{\partial \delta N(t,x)}{\partial t} = D'\frac{\partial^2 \delta N(t,x)}{\partial x^2} + \mu'\mathcal{E}\frac{\partial \delta N(t,x)}{\partial x} + g'(t,x) - r'(t,x) \ \begin{cases} D' \equiv \dfrac{D_p D_n(p+n)}{pD_p + nD_n} \cong D_{min} & : \begin{cases} D' = D_n \ ; p\text{형} \\ D' = D_p \ ; n\text{형} \end{cases} \\ \mu' \equiv \dfrac{(\mu_p\mu_n)(p-n)}{p\mu_p + n\mu_n} \cong \pm\mu_{min} & : \begin{cases} \mu' = +\mu_n \ ; p\text{형} \\ \mu' = -\mu_p \ ; n\text{형} \end{cases} \end{cases}$$

따라서 일정한 빛이 인가되어 시간에 따른 캐리어의 농도 변화가 없는 정상상태에서 중성영역의 과잉 캐리어에 대한 연속방정식은 다음과 같이 간략화되며, 이를 이용하여 과잉 캐리어 농도의 공간적 분포($\delta N(x)$)를 구할 수 있다.

$$0 = g_{opt}(x) - \frac{\delta N(x)}{\tau_o} \ \Rightarrow \ \delta N(x) = g_{opt}(x)\tau_o \ \Leftarrow \ g_{opt}(x) = \frac{\alpha P_\nu(x)}{h\nu} = \alpha\frac{P_{\nu o}}{h\nu}e^{-\alpha x} \ \ [\text{cm}^{-3}\text{s}^{-1}]$$

즉 캐리어 평균수명이 길수록, 또 입사광의 세기가 강하고 흡수계수가 클수록, 광생성된 과잉 캐리어 농도가 증가함을 알 수 있다.

따라서 흡수계수가 $\alpha = 10^3$ [cm^{-1}]인 경우와 $\alpha = 10^4$ [cm^{-1}]인 경우, 반도체 표면의 광생성률은 다음과 같다.

$$\begin{cases} g_{o1} \equiv g_o|_{\alpha_2 = 10^3} = \alpha_1\dfrac{P_{\nu o}}{h\nu} = 10^3 \ [\text{cm}^{-1}] \times \dfrac{50\times10^{-3} \ [\text{W/cm}^2]}{1.2 \ [\text{eV}]\times1.6\times10^{-19} \ [\text{J/eV}]} = 2.60\times10^{20} \ [\text{cm}^{-3}\text{s}^{-1}] \\ g_{o2} \equiv g_o|_{\alpha_2 = 10^4} = \alpha_2\dfrac{P_{\nu o}}{h\nu} = 10^4 \ [\text{cm}^{-1}] \times \dfrac{50\times10^{-3} \ [\text{W/cm}^2]}{1.2 \ [\text{eV}]\times1.6\times10^{-19} \ [\text{J/eV}]} = 2.60\times10^{21} \ [\text{cm}^{-3}\text{s}^{-1}] \end{cases}$$

$$\Leftrightarrow \ \frac{g_{o2}}{g_{o1}} = \frac{\alpha_2}{\alpha_1} = 10$$

반도체 표면의 광생성률은 입사광의 세기(P_ν)와 흡수계수(α)에 비례한다. 흡수계수가 다른 두 반도체에 동일한 세기의 빛이 입사되는 경우, 흡수계수가 높은 반도체의 광생성률이 더 높다($g_{o2} = 10g_{o1}$).

(b) 흡수계수가 $\alpha = 10^3$ [cm^{-1}], $\alpha = 10^4$ [cm^{-1}]인 두 경우, 반도체 표면의 과잉 캐리어 농도($\delta N_o \equiv \delta N(x = 0)$)는 다음과 같다.

$$\begin{cases} \delta N_{o1} \equiv \delta N_o|_{\alpha_2=10^3} = g_{o1}\tau_o = 2.60\times10^{20}\ [\mathrm{cm^{-3}s^{-1}}]\times10\times10^{-9}\ [\mathrm{s}] = 2.60\times10^{12}\ [\mathrm{cm^{-3}}] \\ \delta N_{o2} \equiv \delta N_o|_{\alpha_2=10^4} = g_{o2}\tau_o = 2.60\times10^{21}\ [\mathrm{cm^{-3}s^{-1}}]\times10\times10^{-9}\ [\mathrm{s}] = 2.60\times10^{13}\ [\mathrm{cm^{-3}}] \end{cases}$$

$$\Leftrightarrow \quad \frac{\delta N_{o2}}{\delta N_{o1}} = \frac{g_{o2}}{g_{o1}} = \frac{\alpha_2}{\alpha_1} = 10$$

반도체 표면의 과잉 캐리어 농도(δN_o)는 광생성률(g_o)과 재결합 평균수명(τ_o)의 곱에 비례한다. 광생성률은 입사광의 세기(P_ν)와 흡수계수(α)에 비례하므로, 반도체의 광생성률이 높을수록, 반도체의 과잉 캐리어 농도도 더 높음($\delta N_{o2} = 10\delta N_{o1}$)을 알 수 있다.

14.4 광전도성 소자의 동작과 빛의 세기 의존도

흡수계수가 $\alpha = 10^5$ [cm^{-1}], 평균수명이 $\tau_o = 50$ [ns]인 균일한 특성의 n형($N_D = 1\times10^{16}$ [cm^{-3}], $\mu_n = 900$, $\mu_p = 400$ [cm^2/Vs]) Si 반도체가 있다(전류가 흐르는 방향으로의 길이는 $L = 50$ [μm], 폭은 $W = 1$ [μm], 두께는 $t = 0.1$ [μm]). 이 반도체에 광자에너지가 $h\nu = 1.2$ [eV]($> E_g$)인 단색광이 모든 영역에 걸쳐 균일하게 입사되어, 반도체가 정상 상태에 있다(표면에서의 반사는 무시한다).

(a) 빛이 인가되지 않은 상태의 전기전도도와 V = 0.5 [V]의 전압이 인가된 경우의 전류를 구하라.

(b) 빛의 세기가 $P_{\nu o} = 10$ [mW/cm^2]인 경우와 $P_{\nu o} = 100$ [mW/cm^2]인 경우의 전기전도도와 V = 0.5 [V]의 전압이 인가되었을 때의 전류를 비교하라.

광전도 소자는 빛에 의해 생성된 과잉 캐리어로 인한 반도체의 전기전도도와 저항, 드리프트 전류의 변화를 광신호 검출용으로 사용하는 반도체 소자다. 일정한 세기의 빛이 균질 반도체 표면에 인가된 경우, 광전도도에 의한 전류-전압 특성의 변화를 이해하기 위해, 광전도 소자의 구조와 전형적인 전류-전압 특성을 그림으로 나타내었다.

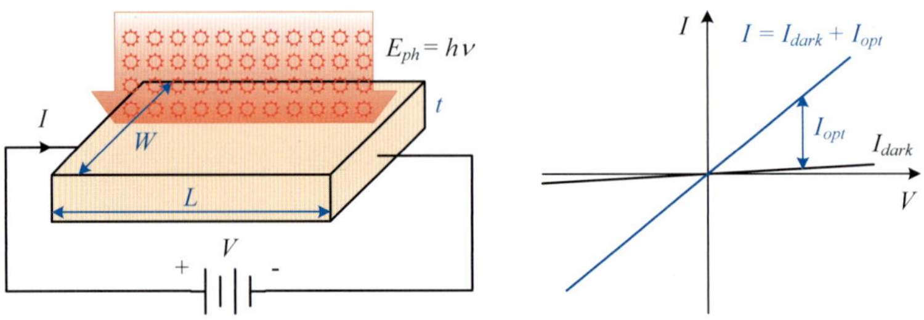

반도체에 전압이 인가된 경우, 드리프트에 의한 전류밀도는 옴의 법칙에 의해 다음과 같이 나타낼 수 있다.

$$J_{drift}(x,t) = \sigma(x,t)\mathcal{E}(x)\ \ [\mathrm{A/cm^2}]$$

반도체의 드리프트 전류는 인가된 전계의 세기($\mathcal{E}$)와 전기전도도(σ)의 곱에 비례한다. 전기적으로 중성($\rho = 0$)인 반도체의 전기전도도 σ는 반도체 재료의 고유 특성과 도핑 농도로 정해진 열평형상태의 전자 및 정공의 농도(n_o, p_o)에 의해 결정된다. 반도체에 빛이 입사될 경우, 반도체의 전기전도도는 반도체 재료와 제조공정에 의해 결정된 열평형 상태의 농도 외에도, 앞의 그림에 나타난 바와 같이 외부에서 인가된 빛에너지에 의해 생성된 과잉 캐리어($\delta n = \delta p$)의 영향을 받는다. 그 관계는 다음과 같이 나타낼 수 있다.

$$\sigma(x,t) = q(\mu_p p(x,t) + \mu_n n(x,t))\ [\Omega^{-1}\mathrm{cm^{-1}}] \quad \begin{cases} p(x,t) = p_o(x) + \delta p(x,t)\ [\mathrm{cm^{-3}}] \\ n(x,t) = n_o(x) + \delta n(x,t)\ [\mathrm{cm^{-3}}] \end{cases} \quad \Leftarrow \quad p_o(x)n_o(x) = n_i^2$$

빛에 의해 증가된 과잉 캐리어에 의한 광전도도(photoconductivity) $\Delta\sigma_{opt}$는 다음과 같다.

$$\Delta\sigma_{opt}(x,t) = q(\mu_p\delta p(x,t) + \mu_n\delta n(x,t)) = q(\mu_p + \mu_n)\delta p(x,t) \;\; [\Omega^{-1}\text{cm}^{-1}]$$
$$\delta p(x,t) = \delta n(x,t) \equiv \delta N(x,t) \; [\text{cm}^{-3}]$$

즉 빛에 의해 증가한 반도체의 광전도도 $\Delta\sigma_{opt}$는 다음의 특성에 의해 결정된다.

- 빛에 의해 생성된 과잉 캐리어 농도(δn, δp)
- 캐리어의 이동도(μ_n, μ_p)

반도체 표면에서 입사광에 의해 생성된 과잉 캐리어 농도(δN)는 광생성률(g_o)과 재결합 평균수명(τ_o)의 곱에 비례한다. 입사광에 의해 단위 시간당 단위 체적 내에서 생성되는 전자-정공 결레의 농도를 나타내는 광생성률은 입사광의 세기(P_ν)와 흡수계수(α)에 비례한다. 빛에 의해 생성되는 과잉 캐리어 농도와 입사광의 세기, 흡수계수, 평균수명의 관계는 다음과 같다.

$$\begin{cases} g_o \equiv g_{opt}(x=0) = \dfrac{\alpha P_\nu(0)}{h\nu} = \alpha\dfrac{P_{\nu o}}{h\nu} \; [\text{cm}^{-3}\text{s}^{-1}] \\ \delta N = g_o\tau_o = \alpha\dfrac{P_{\nu o}}{h\nu}\tau_o \; [\text{cm}^{-3}] \end{cases}$$

(a) 빛이 인가되지 않은 상태의 전기전도도와 V = 0.5 [V]의 전압이 인가된 경우, 반도체의 전기전도도와 전류는 다수 캐리어에 의해 지배되며, 그 결과는 다음과 같다.

$$N_{o,maj}N_{o,min} = n_i^2 \;\Leftrightarrow\; N_{o,maj} = n_o \cong N_D, \quad N_{o,min} = p_o = \frac{n_i^2}{n_o} = \frac{n_i^2}{N_D} \ll N_{o,maj}$$
$$\sigma_o = q(\mu_p p_o + \mu_n n_o) = qN_D\mu_n\left(1 + (n_i/N_D)^2\right) \cong qN_D\mu_n = 1.6\times10^{-19}\times10^{16}\times900 = 1.44 \; [\Omega^{-1}\text{cm}^{-1}]$$
$$I_{dark}|_{V=0.5\,[\text{V}]} = \frac{V}{R} = \frac{V}{(\rho_o L/S)} = \frac{V}{(L/\sigma_o tW)} = \sigma_o V\frac{tW}{L} = 1.44\times0.5\times\frac{0.1\times10^{-4}\times10^{-4}}{50\times10^{-4}} = 144 \; [\text{nA}]$$

(b) 빛의 세기가 $P_{\nu o} = 10$ [mW/cm^2]와 $P_{\nu o} = 100$ [mW/cm^2]인 두 경우의 광생성률, 전기전도도, 전류 변화는 각각 다음과 같다.

▶ $P_{\nu o1} = 10$ [mW/cm^2]와 $P_{\nu o2} = 100$ [mW/cm^2]인 경우, 반도체 표면에서의 광생성률 비교

$$\begin{cases} g_{o1} \equiv g_o|_{10\,[\text{mW}]} = \alpha\dfrac{P_{\nu o1}}{h\nu} = 10^5\;[\text{cm}^{-1}]\times\dfrac{10\times10^{-3}\;[\text{W/cm}^2]}{1.2\;[\text{eV}]\times1.6\times10^{-19}\;[\text{J/eV}]} = 5.21\times10^{21}\;[\text{cm}^{-3}\text{s}^{-1}] \\ g_{o2} \equiv g_o|_{100\,[\text{mW}]} = \alpha\dfrac{P_{\nu o2}}{h\nu} = 10^5\;[\text{cm}^{-1}]\times\dfrac{100\times10^{-3}\;[\text{W/cm}^2]}{1.2\;[\text{eV}]\times1.6\times10^{-19}\;[\text{J/eV}]} = 5.21\times10^{22}\;[\text{cm}^{-3}\text{s}^{-1}] \end{cases}$$
$$\Leftrightarrow \frac{g_{o2}}{g_{o1}} = \frac{P_{\nu o2}}{P_{\nu o1}} = 10$$

반도체에서 입사광에 의한 전자-정공 결레의 광생성률은 입사광의 세기에 비례한다. 따라서 동일한 반도체에 동일한 파장의 광이 입사되는 경우, 광전력밀도가 높을수록 단위 체적 내 단위 시간당 생성되는 전자-정공 결레의 수를 나타내는 광생성률이 높음($g_{o2} = 10g_{o1}$)을 알 수 있다.

▶ $P_{\nu o1} = 10$ [mW/cm^2]와 $P_{\nu o2} = 100$ [mW/cm^2]인 경우, 반도체의 전기전도도 비교

$$\begin{cases} \delta N_1 \equiv \delta N|_{10\,[\text{mW}]} = \delta n_1 = \delta p_1 = g_{o1}\tau_o = 5.21\times10^{21}\;[\text{cm}^{-3}\text{s}^{-1}]\times50\times10^{-9} = 2.61\times10^{14}\;[\text{cm}^{-3}] \\ \delta N_2 \equiv \delta N|_{100\,[\text{mW}]} = \delta n_2 = \delta p_2 = g_{o2}\tau_o = 5.21\times10^{22}\;[\text{cm}^{-3}\text{s}^{-1}]\times50\times10^{-9} = 2.61\times10^{15}\;[\text{cm}^{-3}] \end{cases}$$

$$\begin{cases} \Delta\sigma_{opt1} \equiv \Delta\sigma_{opt}|_{10\,[\text{mW}]} = q(\mu_p + \mu_n)\delta N_1 = 1.6\times10^{19}\times(400+900)\times5.21\times10^{14} = 0.108\;[\Omega^{-1}\text{cm}^{-1}] \\ \Delta\sigma_{opt2} \equiv \Delta\sigma_{opt}|_{100\,[\text{mW}]} = q(\mu_p + \mu_n)\delta N_2 = 1.6\times10^{19}\times(400+900)\times5.21\times10^{15} = 1.084\;[\Omega^{-1}\text{cm}^{-1}] \end{cases}$$

빛에너지로 인한 광전도도 $\Delta\sigma_{opt}$를 결정하는 과잉 캐리어 농도(δN)는 광생성률(g_o)과 재결합 평균수명(τ_o)의 곱에 비례한다. 입사광에 의해 단위 시간당 단위 체적 내에서 생성되는 전자-정공 결레의 농도를 나타내는 광생성률은 입사광의 세기(P_ν)와 흡수계수(α)에 비례한다.

▶ $P_{\nu o1} = 10$ [mW/cm^2]와 $P_{\nu o2} = 100$ [mW/cm^2] ; $V = 0.5$ [V]의 전압이 인가된 경우 전류 비교

$$
\begin{cases}
I_1|_{10\,[\text{mW}]} = I_{dark} + I_{opt1} = \dfrac{V}{R} = \dfrac{V}{(\rho_1 L/S)} = \sigma_1 V \dfrac{tW}{L} = (1.44+0.108) \times 0.5 \times \dfrac{0.1\times10^{-4}\times10^{-4}}{50\times10^{-4}} = 154.8\ [\text{nA}] \\
\quad \Rightarrow \quad I_{opt1} = I_1 - I_{dark} = 154.8 - 144 = 10.8\ [\text{nA}] \quad \Leftrightarrow \quad \dfrac{I_{opt1}}{I_{dark}} = \dfrac{I_1 - I_{dark}}{I_{dark}} = \dfrac{10.8}{144} = 0.075 \\
I_2|_{100\,[\text{mW}]} = I_{dark} + I_{opt2} = \dfrac{V}{R} = \dfrac{V}{(\rho_2 L/S)} = \sigma_2 V \dfrac{tW}{L} = (1.44+1.084) \times 0.5 \times \dfrac{0.1\times10^{-4}\times10^{-4}}{50\times10^{-4}} = 252.4\ [\text{nA}] \\
\quad \Rightarrow \quad I_{opt2} = I_2 - I_{dark} = 252.4 - 144 = 108.4\ [\text{nA}] \quad \Leftrightarrow \quad \dfrac{I_{opt2}}{I_{dark}} = \dfrac{I_2 - I_{dark}}{I_{dark}} = \dfrac{108.4}{144} = 0.753
\end{cases}
$$

빛이 인가된 균질 반도체의 드리프트 전류는 열평형 상태의 다수 캐리어 농도와 광생성된 과잉 캐리어 농도에 의해 결정된다. 빛의 세기가 강할 때 광생성률과 광생성된 과잉 캐리어 농도가 높으므로, 드리프트 전류도 큰 값을 갖는다.

14.5 광다이오드의 특성 : 전압과 광 세기 의존도

흡수계수가 $\alpha = 10^4$ [cm^{-1}], 평균수명이 $\tau_n = 1$ [ns], $\tau_p = 10$ [ns]인 균일한 특성의 pn 접합 Si 광다이오드(p형 영역 $N_A = 5\times10^{18}$ [cm^{-3}] & $\mu_p = 300$ [cm^2/Vs], n형 영역 $N_D = 5\times10^{17}$ [cm^{-3}] & $\mu_n = 800$ [cm^2/Vs])가 있다(중성영역의 길이는 확산길이보다 훨씬 길며, 폭 $W = 10$ [μm], 두께 $t = 0.5$ [μm]). 이 반도체에 광자에너지 $h\nu = 1.2$ [eV]($> E_g$)인 단색광이 모든 영역에 걸쳐 균일하게 입사되어, 반도체가 정상상태에 있다. (표면 반사는 무시한다.)

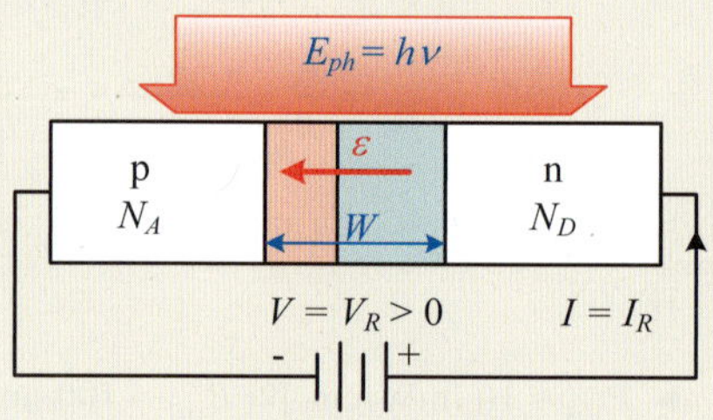

(a) 역방향 전압이 $V_R = 3$ [V]인 경우와 $V_R = 6$ [V]인 경우, 빛이 입사되지 않은 경우의 전류를 비교하라.
(b) $P_{\nu o} = 50$ [mW/cm^2]인 빛이 입사되었을 때, 역방향 전압 $V_R = 3$ [V]인 경우와 $V_R = 6$ [V] 경우의 전류를 비교하라.
(c) 역방향 전압이 $V_R = 5$ [V]인 경우에 대해 $P_{\nu o} = 10$ [mW/cm^2]와 $P_{\nu o} = 50$ [mW/cm^2]인 경우의 전류를 비교하라.

역방향 바이어스가 인가된 pn 광다이오드에 일정한 세기의 빛이 전 영역에 걸쳐 균일하게 인가된 경우, 광다이오드에 흐르는 역방향 전류밀도 J_R은 다음과 같은 성분으로 구성되어 있다.

- 빛이 인가되지 않은 상태의 누설전류 : $J_{R,dark}$
- 공간전하영역에서 빛에 의해 생성된 과잉 캐리어의 드리프트에 의한 전류 : $J_{g,opt}$
- 중성영역에서 광생성 과잉 캐리어의 농도 불균일로 인한 확산에 의한 전류 : $J_{n,opt}$, $J_{p,opt}$

$$
\begin{cases}
J_{R,dark} = J_{g,dark} + J_{diff,dark} = qW\dfrac{n_i}{2\tau_o} + q\left(\dfrac{D_n n_{po}}{L_n} + \dfrac{D_p p_{no}}{L_p}\right) \\
J_{g,opt} = \int_{-X_p}^{+X_n} qg_o dx = qg_o W, \quad J_{opt} = J_{n,opt} + J_{p,opt} = qg_o(L_n + L_p) \\
\quad \Rightarrow \quad J_R = J_{R,dark} + J_{g,opt} + J_{n,opt} + J_{p,opt} = g_o(W + L_n + L_p) + qW\dfrac{n_i}{2\tau_o} + q\left(\dfrac{D_n}{L_n}\dfrac{1}{N_A} + \dfrac{D_p}{L_p}\dfrac{1}{N_D}\right)n_i^2 \quad [\text{A/cm}^2]
\end{cases}
$$

즉 역방향 전압이 인가된 광다이오드의 역방향 전류 I_R는 빛이 인가되지 않은 상태의 전류 I_{dark}와 빛에 의한 전류 I_{opt}로 구성되며, 다음과 같이 구분하여 정리할 수 있다.

$$I_R = I_{dark} + I_{opt} \begin{cases} I_{dark} = qAW\dfrac{n_i}{2\tau_o} + qA\left(\dfrac{D_n}{L_n}\dfrac{1}{N_A} + \dfrac{D_p}{L_p}\dfrac{1}{N_D}\right)n_i^2 \ [\text{A/cm}^2] \\ I_{opt} = qAg_o(W + L_n + L_p) = qA\alpha\dfrac{P_{vo}}{h\nu}(W + L_n + L_p) \ [\text{A/cm}^2] \end{cases}$$

따라서 광다이오드의 광생성에 의한 역방향 전류 I_{opt}는 다음 요소에 의해 결정된다.

- 광생성률을 결정하는 빛의 세기 : P_{vo}
- 평균수명 : τ_o
- p형과 n형 영역의 도핑 농도 : N_A, N_D
- 광생성률을 결정하는 흡수계수 : α
- 확산길이 : L_n, L_p
- 역방향 전압 : V_R

(a) 역방향 전압이 인가된 광다이오드의 역방향 암전류(I_{dark})를 구하기 위해서는 중성영역의 확산길이, 열평형 상태의 내부 전압, 공간전하영역의 폭을 계산해야 하며, 그 계산 과정과 결과는 다음과 같다.

▶ 중성영역의 과잉 캐리어 확산길이 L_n, L_p

$$\begin{cases} L_n = \sqrt{D_n\tau_n} = \sqrt{\mu_n V_{th}\tau_n} = \sqrt{800\times0.0259\times1\times10^{-9}} = 1.44\times10^{-4} \ [\text{cm}] \\ L_p = \sqrt{D_p\tau_p} = \sqrt{\mu_p V_{th}\tau_p} = \sqrt{300\times0.0259\times10\times10^{-9}} = 2.78\times10^{-4} \ [\text{cm}] \end{cases}$$

▶ 열평형 상태의 내부 전압 V_{bi}

$$V_{bi} = V_{th}\ln\left(\frac{N_A N_D}{n_i^2}\right) = V_{th}\ln\left(\frac{5\times10^{18}\times5\times10^{17}}{10^{20}}\right) = 37.76V_{th} = 0.978 \ [\text{V}]$$

▶ 역방향 전압이 인가된 광다이오드의 공간전하영역의 폭 W

$$W = \sqrt{\frac{2\varepsilon_{Si}}{q}\left(\frac{1}{N_A}+\frac{1}{N_D}\right)(V_{bi}+V_R)} \cong \sqrt{\frac{2\times12\times8.854\times10^{-14}}{1.6\times10^{-19}}\left(\frac{1}{5\times10^{18}}+\frac{1}{5\times10^{17}}\right)}\sqrt{(V_{bi}+V_R)}$$
$$= 5.41\times10^{-6}\sqrt{(V_{bi}+V_R)} \ [\text{cm}]$$
$$\begin{cases} W|_{V_R=3\ [\text{V}]} = 5.41\times10^{-6}\times\sqrt{(0.978+3)} = 0.11\times10^{-4} \ [\text{cm}] \\ W|_{V_R=6\ [\text{V}]} = 5.41\times10^{-6}\times\sqrt{(0.978+6)} = 0.14\times10^{-4} \ [\text{cm}] \end{cases}$$

▶ 역방향 전압의 크기가 다른 경우, 광다이오드의 암전류 I_{dark}

$$I_{dark} = qAW\frac{n_i}{2\tau_o} + qA\left(\frac{D_n}{L_n}\frac{1}{N_A}+\frac{D_p}{L_p}\frac{1}{N_D}\right)n_i^2 = qAn_i\left(\frac{W}{2\tau_o}+\frac{L_n}{\tau_n}\frac{n_i}{N_A}+\frac{L_p}{\tau_p}\frac{n_i}{N_D}\right)$$
$$\cong qAn_i\frac{W}{2\tau_o} = qAn_i\frac{W}{(\tau_p+\tau_n)} \ ; \ \tau_o \cong \frac{\tau_p+\tau_n}{2}$$

$V_R = 3$ [V]와 $V_R = 6$ [V]의 역방향 전압이 인가된 경우, 빛이 인가되지 않은 상태의 암전류는 각각 다음과 같다.

$$\begin{cases} I_{dark}|_{V_R=3\ [\text{V}]} = 1.6\times10^{-19}\times(10\times10^{-4}\times0.5\times10^{-4})\times10^{10}\times\left(\dfrac{0.11\times10^{-4}}{11\times10^{-9}}\right) = 80\times10^{-15} \ [\text{A}] = 80 \ [\text{fA}] \\ I_{dark}|_{V_R=6\ [\text{V}]} = 1.6\times10^{-19}\times(10\times10^{-4}\times0.5\times10^{-4})\times10^{10}\times\left(\dfrac{0.14\times10^{-4}}{11\times10^{-9}}\right) = 102\times10^{-15} \ [\text{A}] = 102 \ [\text{fA}] \end{cases}$$

태양전지에 빛이 인가되지 않은 경우, 큰 역방향 전압이 인가되어 공간전하영역의 폭이 넓은 경우에 더 많은 역방향 누설전류가 흐른다.

(b) $P_{\nu o} = 50$ [mW/cm^2]인 빛이 입사되었을 때, 역방향 전압 $V_R = 3$ [V]인 경우와 $V_R = 6$ [V] 경우의 전류는 다음 과정을 통해 비교할 수 있다.

▶ 광생성률 g_o와 광생성 전류 I_{opt}

$$g_o = \frac{\alpha P_\nu(0)}{h\nu} = \alpha\frac{P_{\nu o}}{h\nu} = \frac{10^4\ [\text{cm}^{-1}] \times 50\times 10^{-3}\ [\text{W/cm}^2]}{1.6\times 10^{-19}\ [\text{J/eV}]\times 1.2\ [\text{eV}]} = 2.6\times 10^{21}\ [\text{cm}^{-3}\text{s}^{-1}]\ ; \quad [\text{W}]=[\text{J/s}]$$

$$I_{opt} = qAg_o(W + L_n + L_p)$$

$$\begin{cases} I_{opt}|_{V_R=3\ [\text{V}]} = 1.6\times 10^{-19}\times(10\times 10^{-4}\times 0.5\times 10^{-4})\times 2.6\times 10^{21}\times(0.11+1.44+2.78)\times 10^{-4} = 9.01\ [\text{nA}] \\ I_{opt}|_{V_R=6\ [\text{V}]} = 1.6\times 10^{-19}\times(10\times 10^{-4}\times 0.5\times 10^{-4})\times 2.6\times 10^{21}\times(0.14+1.44+2.78)\times 10^{-4} = 9.07\ [\text{nA}] \end{cases}$$

▶ 빛이 인가된 경우 광다이오드의 역방향 전류 I_R

$$I_R = I_{dark} + I_{opt}\ \begin{cases} I_R|_{V_R=3\ [\text{V}]} = \ 80\ [\text{fA}] + 9.01\ [\text{nA}] \cong 9.01\ [\text{nA}] = I_{opt}|_{V_R=3\ [\text{V}]} \\ I_R|_{V_R=6\ [\text{V}]} = 102\ [\text{fA}] + 9.07\ [\text{nA}] \cong 9.07\ [\text{nA}] = I_{opt}|_{V_R=6\ [\text{V}]} \end{cases}$$

동일한 세기의 빛이 입사되었으나 광다이오드에 인가된 역방향 전압이 다른 경우, 큰 역방향 전압이 인가되어 공간전하영역의 폭이 넓을수록 공간전하영역 내에서 광생성된 캐리어에 의한 전류가 크다. 그러나 광다이오드의 p형과 n형 영역의 도핑 농도가 높을수록, 역방향 전압에 의한 공간전하영역 폭의 변화가 적으므로, 역방향 전압에 의한 광생성 전류의 변화는 매우 적다($I_{opt}|_{3\ [\text{V}]} = 9.01$ [nA], $I_{opt}|_{6\ [\text{V}]} = 9.07$ [nA]).

(c) 역방향 전압 $V_R = 5$ [V]인 경우에 대해 $P_{\nu o} = 10$ [mW/cm^2]와 $P_{\nu o} = 50$ [mW/cm^2]인 경우의 전류는 다음 과정을 통해 비교할 수 있다.

▶ 역방향 전압이 인가된 경우, 광다이오드의 공간전하영역의 폭 W

$$W|_{V_R=5\ [\text{V}]} = 5.41\times 10^{-6}\times\sqrt{(0.978+5)} = 0.13\times 10^{-4}\ [\text{cm}]$$

▶ 역방향 전압이 인가된 광다이오드의 역방향 암전류 I_{dark}

$$\begin{aligned} I_{dark}|_{V_R=5\ [\text{V}]} &\cong qAn_i\frac{W}{2\tau_o} = qAn_i\frac{W}{(\tau_p+\tau_n)} = 1.6\times 10^{-19}\times(10\times 10^{-4}\times 0.5\times 10^{-4})\times 10^{10}\times\left(\frac{0.13\times 10^{-4}}{11\times 10^{-9}}\right) \\ &= 94\times 10^{-15}\ [\text{A}] \end{aligned}$$

▶ 광생성률 g_o와 광생성 전류 I_{opt}

$$g_o = \frac{\alpha P_\nu(0)}{h\nu} = \alpha\frac{P_{\nu o}}{h\nu}\ \begin{cases} g_o|_{10\ [\text{mW}]} = \alpha\dfrac{P_{\nu o}}{h\nu} = \dfrac{10^4\ [\text{cm}^{-1}]\times 10\times 10^{-3}\ [\text{W/cm}^2]}{1.6\times 10^{-19}\ [\text{J/eV}]\times 1.2\ [\text{eV}]} = 5.2\times 10^{20}\ [\text{cm}^{-3}\text{s}^{-1}] \\ g_o|_{50\ [\text{mW}]} = \alpha\dfrac{P_{\nu o}}{h\nu} = \dfrac{10^4\ [\text{cm}^{-1}]\times 50\times 10^{-3}\ [\text{W/cm}^2]}{1.6\times 10^{-19}\ [\text{J/eV}]\times 1.2\ [\text{eV}]} = 2.6\times 10^{21}\ [\text{cm}^{-3}\text{s}^{-1}] \end{cases}$$

$$I_{opt} = qAg_o(W + L_n + L_p)$$

$$\begin{cases} I_{opt}|_{10\ [\text{mW}]} = qAg_o(W+L_n+L_p)|_{10\ [\text{mW}]} \\ \qquad = 1.6\times 10^{-19}\times(10\times 10^{-4}\times 0.5\times 10^{-4})\times 5.2\times 10^{20}\times(0.13+1.44+2.78)\times 10^{-4} \\ \qquad = 1.81\ [\text{nA}] \\ I_{opt}|_{50\ [\text{mW}]} = qAg_o(W+L_n+L_p)|_{50\ [\text{mW}]} \\ \qquad = 1.6\times 10^{-19}\times(10\times 10^{-4}\times 0.5\times 10^{-4})\times 2.6\times 10^{21}\times(0.13+1.44+2.78)\times 10^{-4} \\ \qquad = 9.05\ [\text{nA}] \end{cases}$$

▶ 빛이 인가된 경우, 광다이오드의 역방향 전류 I_R

$$I_R = I_{dark} + I_{opt} \begin{cases} I_R|_{10\ [mW]} = 94\ [fA] + 1.81\ [nA] \simeq 1.81\ [nA] = I_{opt}|_{10\ [mW]} \\ I_R|_{50\ [mW]} = 94\ [fA] + 9.05\ [nA] \cong 9.05\ [nA] = I_{opt}|_{50\ [mW]} \end{cases}$$

광다이오드에 동일한 크기의 역방향 전압이 인가되고 입사광의 세기가 다른 경우, 입사광 세기가 강해서 광생성된 과잉 캐리어 농도가 높을수록 큰 광전류가 생성된다. 특히 빛이 인가되지 않은 경우의 암전류에 비해 광생성에 의한 전류가 훨씬 크도록 광다이오드가 설계된 경우, 광생성에 의한 전류는 입사광의 세기에 비례한다. 따라서 광다이오드로 빛의 존재 유무를 구분할 수 있을 뿐 아니라, 빛의 세기를 측정하는 용도로도 광다이오드를 사용할 수 있음을 알 수 있다.

14.6 태양전지 개방 전압의 흡수계수와 평균수명 의존도

균일한 특성의 pn 접합을 이용한 Si 태양전지($N_A = N_D = 1\times10^{18}$ [cm^{-3}], $\mu_n = 600$, $\mu_p = 300$ [cm^2/Vs])가 있다. (중성영역의 길이는 확산길이보다 훨씬 길며, 폭 $W = 100$ [μm], 두께 $t = 2$ [μm]이다.) 이 반도체에 광자에너지가 $h\nu = 1.2$ [eV] ($> E_g$)이고 광의 세기가 $P_{\nu o} = 100$ [mW/cm^2]인 단색광이 모든 영역에 걸쳐 일정하게 입사되어, 반도체가 정상상태에 있다. (표면에서의 반사는 무시한다.)

(a) 흡수계수가 $\alpha = 10^4$ [cm^{-1}]일 때, 평균수명이 $\tau_o = 1$ [ns]와 $\tau_o = 10$ [ns]인 경우의 개방전압을 비교하라.

(b) $\tau_o = 10$ [ns]일 때, 흡수계수 $\alpha = 10^4$ [cm^{-1}]와 $\alpha = 10^5$ [cm^{-1}]인 두 경우의 개방전압을 비교하라.

태양광에너지를 전기에너지로 변환하는 데 사용하는 반도체 pn 접합 소자를 태양전지라고 하며, 구조와 빛의 세기에 따른 전류-전압 특성 변화, 태양전지의 특성지표를 요약하면 그림과 같다.

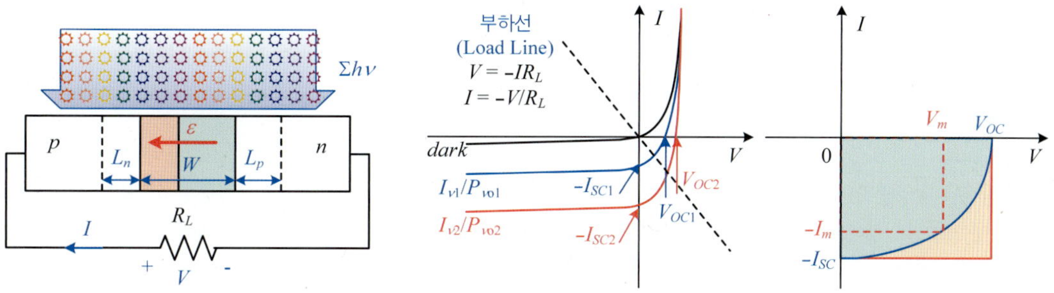

▶ 태양전지의 전류-전압(I-V) 특성 : 태양전지의 전류-전압 특성과 개방전압(V_{OC}), 단락 전류(I_{SC})는 태양전지의 성능을 이해하는 데 중요한 특성지표이다. 이를 위해서는 먼저 빛이 인가된 태양전지의 전류-전압 특성을 이해해야 한다. 중성영역이 긴 태양전지의 접합 단면적을 A [cm^2], 공간전하영역의 폭을 W [cm], 태양전지에서 빛에 의한 과잉 캐리어의 생성률을 g_{opt} [$1/cm^3s$], p형과 n형 중성 영역에서 과잉 캐리어의 확산길이를 각각 L_n [cm]과 L_p [cm]로 정의하면, 빛에 의해 생성된 태양전지의 역방향 광전류 I_{opt}는 다음과 같이 나타낼 수 있다.

$$I_{opt} = I(L_n) + I(L_p) + I(W) = qAg_{opt}(L_n + L_p + W)\ [A]\ ; \quad g_{opt} = \alpha\frac{I_{\nu o}}{h\nu}\ [cm^{-3}s^{-1}]$$

태양전지로 사용되는 pn 접합에 빛이 인가되지 않은 상태의 암전류 I_{dark}는 다음과 같다.

$$I_{dark} = I_S\left(e^{V/V_{th}} - 1\right)\ ; \quad I_S \equiv qA\left(\frac{L_p}{\tau_p}p_{no} + \frac{L_n}{\tau_n}n_{po}\right)$$

따라서 태양전지를 형성하는 pn 접합에 빛이 인가된 경우의 총 역방향 전류 I_{rev}는 암전류와 광생성 전류의 합으로, 다음과 같이 나타낼 수 있다.

$$I_{rev} = -I = I_{opt} - I_{dark} = qAg_{opt}(L_n + L_p + W) - qA\left(\frac{L_p}{\tau_p}p_{no} + \frac{L_n}{\tau_n}n_{po}\right)\left(e^{V/V_{th}} - 1\right) \text{ [A]}$$

▶ 단락 전류(I_{SC})는 부하저항을 단락시켜 태양전지 양단의 전압이 $V = 0$인 경우의 전류에 해당하며, 다음과 같이 요약할 수 있다.

$$I_{SC} \equiv -I(V = 0) = I_{opt} = qAg_{opt}(L_n + L_p + W) = qA\alpha\frac{P_{vo}}{h\nu}(L_n + L_p + W)$$

즉 태양전지의 단락 전류는 다음 조건에 의해 결정된다.

- 입사광의 세기 P_{vo}
- 입사광의 주파수 $h\nu$
- 태양전지의 재료와 빛의 종류에 의해 결정되는 흡수계수 : α
- 빛에 의해 과잉 캐리어를 생성하는 공간전하 영역의 폭 W, 또는 도핑 농도 N_A, N_D

▶ 단락 전류와 더불어 태양전지의 성능을 나타내는 중요한 지표로 개방전압(V_{OC})이 있다. 이는 태양전지를 개방하여 전류가 흐르지 않는 상태에서 얻을 수 있는 최대전압에 해당한다. 앞서 정리한 태양전지의 전류-전압 관계식을 이용하면 태양전지에 빛이 인가된 경우의 개방전압 V_{OC}는 다음과 같다.

$$I_{rev} = -I(\text{개방회로}) = I_{opt} - I_S\left(e^{V_{OC}/V_{th}} - 1\right) = 0 \text{ [A]}$$

$$V_{OC} = V_{th}\ln\left(1 + \frac{I_{opt}}{I_S}\right) = V_{th}\ln\left(1 + \frac{(L_p + L_n + W)\alpha P_{vo}/h\nu}{I_S/qA}\right) = V_{th}\ln\left(1 + \frac{(L_p + L_n + W)\alpha P_{vo}/h\nu}{((p_{no}L_p)/\tau_p + (n_{po}L_n)/\tau_n)}\right) \text{ [V]}$$

따라서 반도체 pn 접합을 이용한 태양전지의 개방전압은 다음 조건에 의해 결정된다.

- 입사광의 세기 P_{vo}
- 입사광의 주파수, 또는 광자 1개의 에너지 $h\nu$
- 흡수계수 α
- 공간전하영역의 폭 W, 또는 이를 결정하는 도핑 농도 N_A, N_D
- 과잉 캐리어의 평균수명 τ_p, τ_n 또는 확산 길이 L_p, L_n

(a) 빛이 인가된 태양전지의 개방전압을 구하기 위해서는 중성영역의 과잉 캐리어 확산길이, 열평형 상태의 내부 전압과 공간전하영역의 폭, 빛이 인가되기 전의 역방향 누설전류, 빛에 의한 광생성률과 광전류를 구해야 한다. 흡수계수가 $\alpha = 10^4$ [cm^{-1}], 평균수명이 $\tau_o = 1$ [ns]과 $\tau_o = 10$ [ns]인 경우, 개방전압의 계산 과정과 결과는 다음과 같다.

▶ 중성영역의 과잉 캐리어 확산길이 L_n, L_p

$$\begin{cases} L_n\big|_{\tau_n=1\text{ [ns]}} = \sqrt{D_n\tau_n} = \sqrt{\mu_n V_{th}\tau_n}\Big|_{\tau_n=1\text{ [ns]}} = \sqrt{600\times 0.0259\times 1\times 10^{-9}} = 1.25\times 10^{-4} \text{ [cm]} \\ L_p\big|_{\tau_p=1\text{ [ns]}} = \sqrt{D_p\tau_p} = \sqrt{\mu_p V_{th}\tau_p}\Big|_{\tau_p=1\text{ [ns]}} = \sqrt{300\times 0.0259\times 1\times 10^{-9}} = 0.88\times 10^{-4} \text{ [cm]} \end{cases}$$

$$\begin{cases} L_n\big|_{\tau_n=10\text{ [ns]}} = \sqrt{D_n\tau_n} = \sqrt{\mu_n V_{th}\tau_n}\Big|_{\tau_n=10\text{ [ns]}} = \sqrt{600\times 0.0259\times 10\times 10^{-9}} = 3.95\times 10^{-4} \text{ [cm]} \\ L_p\big|_{\tau_p=10\text{ [ns]}} = \sqrt{D_p\tau_p} = \sqrt{\mu_p V_{th}\tau_p}\Big|_{\tau_p=10\text{ [ns]}} = \sqrt{300\times 0.0259\times 10\times 10^{-9}} = 2.78\times 10^{-4} \text{ [cm]} \end{cases}$$

▶ 열평형 상태의 접합 내부 전압 V_{bi}과 공간전하영역의 폭 W_o

$$V_{bi} = V_{th}\ln\left(\frac{N_A N_D}{n_i^2}\right) = V_{th}\ln\left(\frac{10^{18}\times 10^{18}}{10^{20}}\right) = 36.84V_{th} = 0.954 \text{ [V]}$$

$$W_o = \sqrt{\frac{2\varepsilon_{Si}}{q}\left(\frac{1}{N_A}+\frac{1}{N_D}\right)(V_{bi}+V_R)} \cong \sqrt{\frac{2\times 12\times 8.854\times 10^{-14}}{1.6\times 10^{-19}}\left(\frac{1}{10^{18}}+\frac{1}{10^{18}}\right)(0.954)} = 0.050\times 10^{-4}\ [\text{cm}]$$

▶ 접합의 역방향 포화 누설전류밀도 J_S

$$J_S = qW\frac{n_i}{2\tau_o} + q\left(\frac{D_n}{L_n}\frac{1}{N_A}+\frac{D_p}{L_p}\frac{1}{N_D}\right)n_i^2 = qn_i\left(\frac{W}{2\tau_o}+\frac{L_n}{\tau_n}\frac{n_i}{N_A}+\frac{L_p}{\tau_p}\frac{n_i}{N_D}\right) \cong qW\frac{n_i}{2\tau_o}$$

$$\begin{cases} J_S|_{1\,[\text{ns}]} = 1.6\times 10^{-19}\times 0.050\times 10^{-4}\times \dfrac{10^{10}}{2\times 1\times 10^{-9}} = 4.0\times 10^{-6}\ [\text{A/cm}^2] \\ J_S|_{10\,[\text{ns}]} = 1.6\times 10^{-19}\times 0.050\times 10^{-4}\times \dfrac{10^{10}}{2\times 10\times 10^{-9}} = 4.0\times 10^{-7}\ [\text{A/cm}^2] \end{cases}$$

▶ $P_{opt} = 100\ [\text{mW/cm}^2]$인 경우의 광생성률 g_o와 광전류 J_{opt}

$$g_o = \frac{\alpha P_\nu(0)}{h\nu} = \alpha\frac{P_{\nu o}}{h\nu} = \frac{10^4\ [\text{cm}^{-1}]\times 100\times 10^{-3}\ [\text{W/cm}^2]}{1.6\times 10^{-19}\ [\text{J/eV}]\times 1.2\ [\text{eV}]} = 5.2\times 10^{21}\ [\text{cm}^{-3}\text{s}^{-1}]$$

$$J_{opt} = qg_o(W+L_n+L_p)\ \begin{cases} J_{opt}|_{1\,ns} = qg_o(W_o+L_n+L_p)|_{1\,ns} \\ \quad = 1.6\times 10^{-19}\times 5.2\times 10^{21}\times(0.050+1.25+0.88)\times 10^{-4} = 0.18\ [\text{A/cm}^2] \\ J_{opt}|_{10\,ns} = qg_o(W_o+L_n+L_p)|_{10\,ns} \\ \quad = 1.6\times 10^{-19}\times 5.2\times 10^{21}\times(0.050+3.95+2.78)\times 10^{-4} = 0.56\ [\text{A/cm}^2] \end{cases}$$

빛이 인가된 경우, pn접합을 이용한 반도체 태양전지의 개방전압을 구해보자. 동일한 세기의 입사광이 인가되었을 때, 과잉 캐리어의 평균수명이 짧은 경우에 비해 평균수명이 긴 태양전지의 개방전압이 더 크다는 점을 확인할 수 있다.

▶ $P_{opt} = 100\ [\text{mW/cm}^2]$인 경우의 개방전압 V_{OC}

$$V_{OC} = V_{th}\ln\left(1+\frac{I_{opt}}{I_S}\right) = V_{th}\ln\left(1+\frac{J_{opt}}{J_S}\right) = V_{th}\ln\left(1+\frac{(L_p+L_n+W)\alpha P_{\nu o}/h\nu}{J_S/q}\right) = V_{th}\ln\left(1+\frac{(L_p+L_n+W)g_o}{J_S/q}\right)$$

$$\begin{cases} V_{OC}|_{1\,[\text{ns}]} = V_{th}\ln\left(1+\dfrac{0.18}{4.0\times 10^{-6}}\right) = 10.7V_{th} = 0.28\ [\text{V}] \\ V_{OC}|_{10\,[\text{ns}]} = V_{th}\ln\left(1+\dfrac{0.56}{4.0\times 10^{-7}}\right) = 14.1V_{th} = 0.37\ [\text{V}] \end{cases}$$

(b) $\tau_o = 10$ [ns]일 때, 흡수계수 $\alpha = 10^4\ [\text{cm}^{-1}]$와 $\alpha = 10^5\ [\text{cm}^{-1}]$인 두 경우의 개방전압을 비교하기 위해서는 열평형 상태의 내부 전압과 공간전하영역의 폭, 평균수명을 반영한 역방향 암전류를 계산할 필요가 있다. 또한 흡수계수에 따른 개방전압을 비교하기 위해서는 흡수계수 변화를 반영한 광생성률과 광전류가 필요하며, 그 결과는 다음과 같다.

▶ 접합의 역방향 포화 누설전류밀도

$$J_S = qW\frac{n_i}{2\tau_o} + q\left(\frac{D_n}{L_n}\frac{1}{N_A}+\frac{D_p}{L_p}\frac{1}{N_D}\right)n_i^2 = qn_i\left(\frac{W}{2\tau_o}+\frac{L_n}{\tau_n}\frac{n_i}{N_A}+\frac{L_p}{\tau_p}\frac{n_i}{N_D}\right) \cong qW\frac{n_i}{2\tau_o}$$

$$J_S|_{10\,[\text{ns}]} = 1.6\times 10^{-19}\times 0.050\times 10^{-4}\times \frac{10^{10}}{2\times 10\times 10^{-9}} = 4.0\times 10^{-7}\ [\text{A/cm}^2]$$

▶ $P_{opt} = 100\ [\mathrm{mW/cm^2}]$인 경우의 광생성률 g_o와 광전류 J_{opt}

$$g_o = \frac{\alpha P_\nu(0)}{h\nu} = \alpha \frac{P_{\nu o}}{h\nu} \begin{cases} g_o\big|_{\alpha=10^4} = 10^4\ [\mathrm{cm^{-1}}] \times \dfrac{100\times10^{-3}\ [\mathrm{W/cm^2}]}{1.6\times10^{-19}\ [\mathrm{J/eV}]\times 1.2\ [\mathrm{eV}]} = 5.2\times10^{21}\ [\mathrm{cm^{-3}s^{-1}}] \\ g_o\big|_{\alpha=10^5} = 10^5\ [\mathrm{cm^{-1}}] \times \dfrac{100\times10^{-3}[\mathrm{W/cm^2}]}{1.6\times10^{-19}\ [\mathrm{J/eV}]\times 1.2\ [\mathrm{eV}]} = 5.2\times10^{22}\ [\mathrm{cm^{-3}s^{-1}}] \end{cases}$$

$$J_{opt} = qg_o(W + L_n + L_p) \begin{cases} J_{opt}\big|_{\alpha=10^4} = qg_o(W_o + L_n + L_p)\big|_{10\ [\mathrm{ns}]} \\ \quad = 1.6\times10^{-19}\times 5.2\times10^{21}\times(0.050+3.95+2.78)\times10^{-4} = 0.56\ [\mathrm{A/cm^2}] \\ J_{opt}\big|_{\alpha=10^5} = qg_o(W_o + L_n + L_p)\big|_{10\ [\mathrm{ns}]} \\ \quad = 1.6\times10^{-19}\times 5.2\times10^{22}\times(0.050+3.95+2.78)\times10^{-4} = 5.65\ [\mathrm{A/cm^2}] \end{cases}$$

▶ $P_{opt} = 100\ [\mathrm{mW/cm^2}]$인 경우의 개방전압 V_{OC}

$$V_{OC} = V_{th}\ln\left(1+\frac{I_{opt}}{I_S}\right) = V_{th}\ln\left(1+\frac{J_{opt}}{J_S}\right) = V_{th}\ln\left(1+\frac{(L_p+L_n+W)\alpha P_{\nu o}/h\nu}{J_S/q}\right) = V_{th}\ln\left(1+\frac{(L_p+L_n+W)g_o}{J_S/q}\right)$$

$$\begin{cases} V_{OC}\big|_{\alpha=10^4} = V_{th}\ln\left(1+\dfrac{J_{opt}}{J_S}\right)\Bigg|_{\alpha=10^4} = V_{th}\ln\left(1+\dfrac{0.56}{4.0\times10^{-7}}\right) = 14.1V_{th} = 0.37\ [\mathrm{V}] \\ V_{OC}\big|_{\alpha=10^5} = V_{th}\ln\left(1+\dfrac{J_{opt}}{J_S}\right)\Bigg|_{\alpha=10^5} = V_{th}\ln\left(1+\dfrac{5.65}{4.0\times10^{-7}}\right) = 16.4V_{th} = 0.43\ [\mathrm{V}] \end{cases}$$

따라서 흡수계수가 다른 pn 접합의 태양전지에 동일한 세기의 빛이 인가된 경우, 흡수계수가 높을수록 광생성률이 우수하고, 그로 인해 광생성된 캐리어 농도가 높을수록 태양전지의 개방전압이 더 큰 값을 가짐을 확인할 수 있다.